蓝色弹珠（The blue marble）——陆地表面

（译注：这是1972年12月7日由阿波罗17号太空船拍摄的一张著名的地球照片，当时太空船正运行在距离地球45 000km位置）

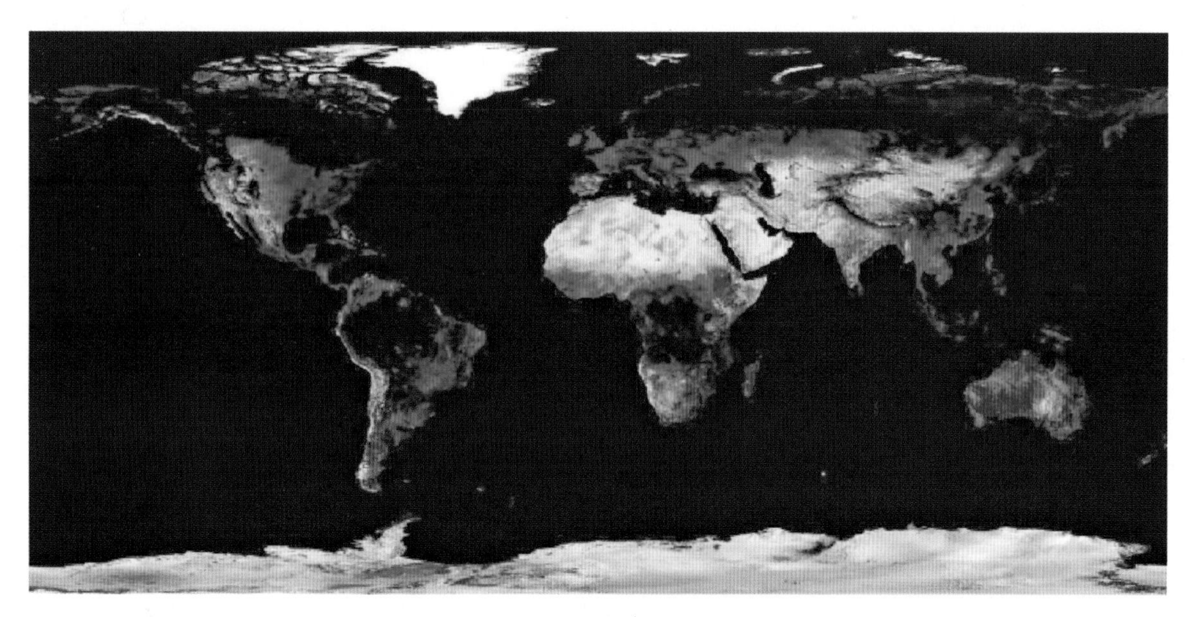

Terra卫星 MODIS（中分辨率成像光谱仪） 真彩色影像，NASA（美国国家航空航天局） / GSFC（戈达德航天中心）

地球表层系统

Terra MODIS和GOES（地球静止环境卫星）影像，NASA/GSFC

陆地与洋盆地形

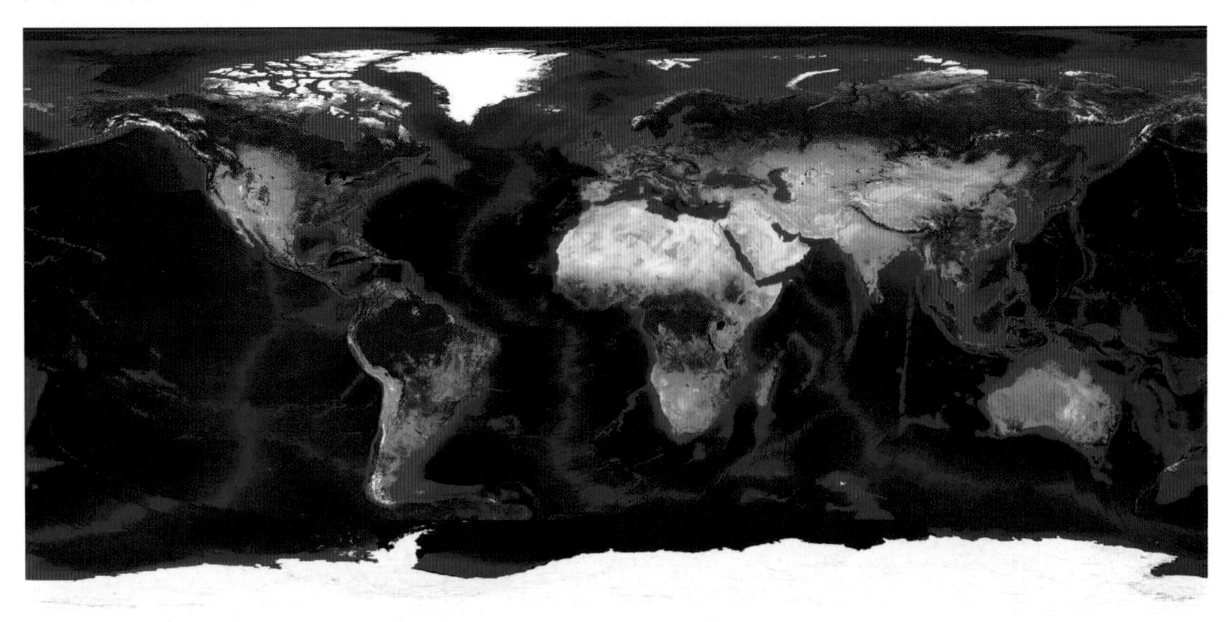

NASA/GSFC/GEBCO（大洋地势图）

夜晚地球上的城市照明灯光

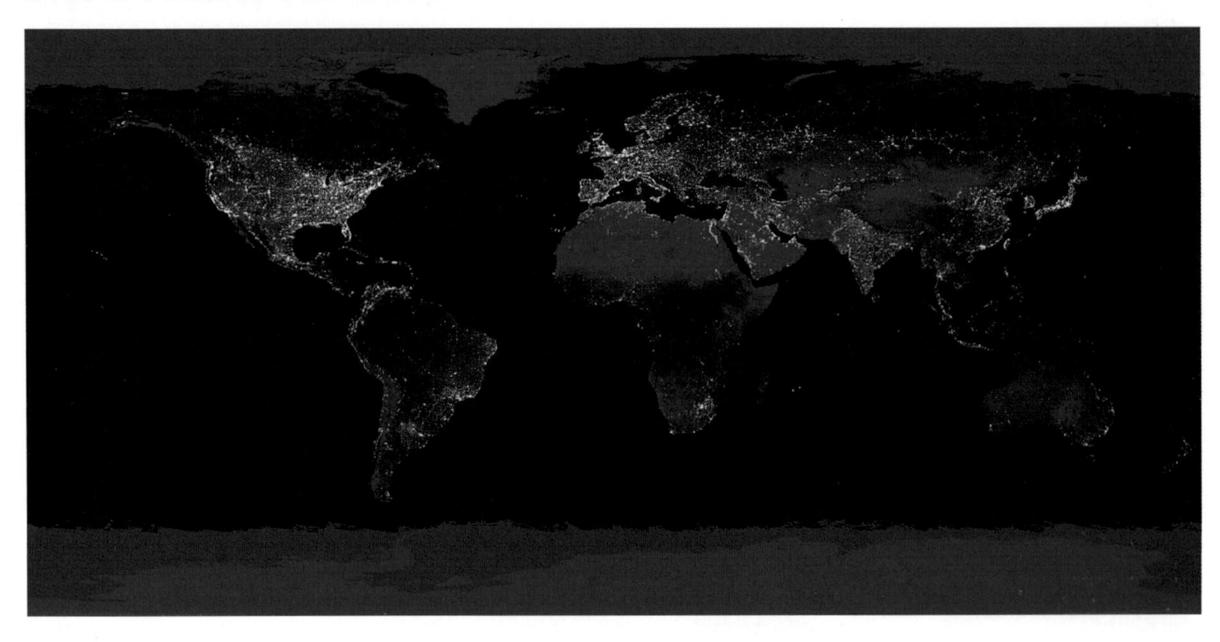

美国国防气象卫星计划（DMSP），NASA/GSFC

地 表 系 统

Geosystems

从35 000km（22 000mile）太空看到的南北美洲，图为Terra MODIS和GOES卫星图像合成的真彩色影像［提供者：NASA和NOAA（美国国家海洋大气局）的MODIS科学小组，GSFC］

阳光从积雨云缝的边缘散射出来，形成了曙暮辉（crepuscular rays）［Bobbé Christopherson］

（第二版）

地表系统：自然地理学导论

（原书 第8版）

[美] 罗伯特 W. 克里斯托弗森（Robert W. Christopherson） 著

赵景峰 效存德 译

科 学 出 版 社

北 京

图字 01-2014-5706

内 容 简 介

原书经多年、多版本的磨砺沉淀，已成为一部享誉世界的自然地理学经典权威著作，兼具高端地理学科普特点。自原书英文版（第1版）出版发行以来，影响力和知名度遍及各大洲，而且已有韩文版等其他版本译著先后问世。本书以地理学要素为开篇，以独特的编写结构对最新学科前沿动态及科技成果进行全方位系统展示。

本书为广大读者，尤其是青少年读者及高校学生构建了一个完整的地理学知识科普体系。全书分为“大气能量系统”“水、天气和气候系统”“地表-大气的界面”“土壤、生态系统、陆地生物群系、地球资源与人口增加”四个部分，逻辑清楚严密，除了介绍每个人需了解的自然地理学科普知识之外，通过“地学报告”等栏目设置，以及在线测试资源和数字资源下载，为教师尤其是新任教师提供最大限度的帮助和指导，从而使得本书将成为学生和教师案头必不可少的工具书！

本书适合作为地理学与资源环境相关专业本科生、研究生的参考用书，中学地理教师的工具书，还可作为地理学研究人员与地理爱好者的学习用书。

审图号：GS 川【2022】4 号

图书在版编目(CIP)数据

地表系统：自然地理学导论：原书第 8 版 / (美)罗伯特 W. 克里斯托弗森(Robert W. Christopherson)著；赵景峰，效存德译.— 2 版.— 北京：科学出版社，2024.1(2024.12 重印)

书名原文：Geosystems: Introduction of Physical Geography 8th

ISBN 978-7-03-076327-3

Ⅰ. ①地…　Ⅱ. ①罗…　②赵…　③效…　Ⅲ. ①地表　Ⅳ. ①P931.2

中国国家版本馆 CIP 数据核字(2023)第 169713 号

责任编辑：莫永国 / 责任校对：彭　映
责任印制：罗　科 / 封面设计：范文鹏　墨创文化

科学出版社出版
北京东黄城根北街16号
邮政编码：100717
http://www.sciencep.com

四川煤田地质制图印务有限责任公司 印刷
科学出版社发行　各地新华书店经销
*
2017年12月第　一　版　开本：889×1194 1/16
2024年1月第　二　版　印张：50 1/4
2024年12月第四次印刷　字数：800 000

定价：370.00 元
(如有印装质量问题，我社负责调换)

译 者 简 介

赵景峰

1965年生，内蒙古锡林郭勒盟人，教授，2003年获东京海洋大学海洋环境专业博士学位，于2005年在中国气象科学研究院大气科学学科完成了博士后科研工作。现任四川师范大学自然地理专业硕士点负责人。主要从事自然地理学及水资源方面的教学与研究工作，曾主持包括国家自然科学基金面上项目、国家水专项子专题在内的多项科研项目；曾在中国科学院重大国际科研合作项目及方向性项目中担任子课题负责人，积累了较丰富的野外工作经验。发表研究论文40余篇，出版专著1部，参编教材1部。

效存德

1969年生，甘肃定西人，教授。1997年在中国科学院兰州冰川冻土研究所获理学博士学位，北京大学大气科学系博士后。主要从事冰冻圈与全球变化研究。国家杰出青年基金获得者，中国科学院“百人计划”入选者；曾获“全国先进工作者”、“全国优秀科技工作者”、中央国家机关“十大杰出青年”、“世界气象组织（World Meteorological Organization，WMO）青年科学家奖”等称号。现任北京师范大学地表过程与资源生态国家重点实验室主任，兼任中国冰冻圈科学学会秘书长，中国科学探险协会副主席等学术职务。曾任冰冻圈科学国家重点实验室副主任，国际冰冻圈科学协会（International Association of Cryospheric Sciences，IACS）副主席，世界气象组织“极地观测、研究与服务”专家组（EC-PORS）成员，全球冰冻圈观测（Global Cryospheric Watch, GCW）专家组成员等。先后发表学术论文300余篇。

中文译本序

地理学是人类科学史上最古老的学科之一，而自然地理学则是地理学的分支之一，也是地理学的基石。19世纪，自然地理环境与地理环境的概念一致；20世纪初，俄国地理学家彼·布罗乌诺夫提出了“地球表层”一词；到了20世纪80年代，在系统论和耗散论基础上，我国地理学者开始使用“地球表层”这一术语，并把它作为地理学的研究对象。自然地理学作为我国高等教育中的二级学科，又包含了地貌学、气候学、水文学等三级学科，且可再细划分为第四层次的专门自然地理学。20世纪中期以来，随着对物理、化学和生物研究的深入，加之社会发展的需求，自然地理学在世界范围内发展日臻成熟，特别是系统理论、“3S”和计算机技术的出现，为地理学的进一步发展提供了新的理论基础和技术手段。

在当今全球环境变化背景下，世界面临着人口、资源、环境和发展等一系列重大问题。要想综合解决这些问题，我们必须把地球看作是一个巨型系统，因此“地球系统科学”的概念已成为社会可持续发展战略的科学基础。按照系统论的观点：自然地理环境是地理环境这个开放系统的一部分，是由水圈、岩石圈上层、大气圈、生物圈中各要素相互作用所形成的一个结构复杂的自然综合体。在我国的经济和生态建设中，许多问题的解决都需要自然地理学的理论指导。因此，在高等院校的自然地理学教育方面还存在着创新和提高的空间。

作为高等院校开设的一门课程，“自然地理学”通常是对该学科的导论或总论。根据课程设置要求或内容特点，名称有所不同，如“自然地理学”“现代自然地理学”“自然地理学原理”“地理科学导论”“自然地理学概论”等。这些是自然地理学的入门基础课、引导课程，或是论述自然地理学普遍性或综合性的课程。如上所列，目前国内高等院校“自然地理学”这门课程的教学用书已有许多版本，有些已成为国内优秀的经典教材。

前不久，译者邀我为*Geosystems:Introduction of Physical Geography*（8th）这本著作的中译本《地表系统：自然地理学导论》（原书　第8版）写序言，我阅览了该书的体系结构及内容，觉得这是一部极具特色的“自然地理学”优秀著作。自1992年全球发行以来，该书（英文版）已更新至第8版，发行地区包括中国的香港、台湾，而且已有韩文版（原书　第7版）译著。著者采用“系统科学”的构架，以能量流动为线索，把地球各圈层看作地理连续体（geographic continuum）对地表过程和现象逐一进行论述。该书把“自然地理学导论”直接纳入“Geosystems（地表系统）”书名之下，这在国内相关著作中还无先例。

该著作的特色可归纳为以下几个方面：①为了构建自然地理的“系统框架”，编者在结构体系上设计为：“大气能量系统”“水、天气和气候系统”“地表–大气的界面”“土壤、生态系统、陆地生物群系、地球资源与人口增加”四个部分（篇），这有助于读者掌握地理连续体及系统性的概念；②运用故事性语言，结合大量图片、数据和典型实例，通俗易懂；③对重要概念和原理的引入，往往先从本质入手，再详述其分析过程，最后叙述其内容与实际问题的联系，层层深入，这有利于读者深刻理解抽象性概念和片段化知识点，培养地理学思维的系统性；④引用最新的研究资料，文本中嵌入了大量的全球地学研究网站链接，为读者提供了全球最新的研究动态及地学基础数据资料；⑤各章中设置了“当今地表系统”“判断与思考”“地学报告”“专题探讨”等专栏，让专业内外的学生都能了解地表系统关注的热点，有助于培养学生的判断与思考的能力，提高认知能力和创新意识，开阔地理学研究的视野。

该书共分4篇，21章，译文60余万字（不包括图中文字）。为了保持原著的原貌风格，该书具有以下特点：①全书采用彩色印刷，其中实物实景照片、遥感影像、概念、原理图解及事件场景，共计750余幅彩色图片，可以称得上是一部中文版的彩色图画式“自然地理学”专著，其直观性更易激发读者的地理兴趣；②译文沿用了原著的语言风格，通俗易懂，还保持了概念和原理导入及具体分析过程的故事性。这些使得这部译著不仅具有学术上的严谨性和前沿性，而且部分内容（包括图片）还具地学科普价值。

自然地理学是地学中的基础核心课程，应用范围很广。原著是全球通用的国际专业课参考用书。译著内容涉及农林、师范、综合性大学的本科、硕士和博士的基础课程，不仅可以作为相关专业的自学辅助用书，也可以作为大中专院校、中学地理教师的教辅工具书，以及地学研究人员的参考书。

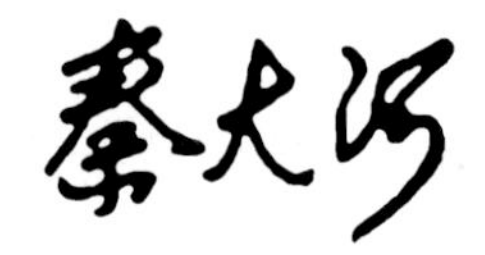

2016年8月

第二版译者序

本书第一版自2017年出版发行后，颇受广大读者欢迎，不到半年就全部售罄。很多读者来函问询是否会再版。2018年年底，科学出版社的莫永国编辑与译者联系，希望本书进一步完善后进行再版。这是一件好事，不仅能够扩大译著的影响，同时也给译者提供了一次完善更新本书的机会。本书第一版发行以来，一些专家、教师和读者陆续通过邮件和译者进行过交流讨论，提出了许多宝贵的建议。译者采纳了一些建议对第一版进行了修正和改进，以便为读者提供一本高质量的自然地理学参考用书和高端地理学科普读物。

在保留原书系统全面科学的主体结构和风格的基础上，本次的修正完善主要包括以下几个方面：①及时将自然地理学科的发展和最新成果融入内容体系，注重体现学科的最新成果，对于“第10章：气候系统与气候变化”，译者按照官方发布的最新气候数据和政府间气候变化专门委员会（Intergovernmental Panel on Climate Change，IPCC）第五次评估报告（Fifth Assessment Report，AR5）更新了部分相关内容（添加了必要注释），以便读者掌握气候变化的最新动态，更好地适应教学实际需要和满足大众读者的阅读兴趣；②更正了不规范的专业术语和名词；③逐句梳理了文字内容和全部图表，改进了一些语句表述方式，更正了文字错误。

最后，译者谨向为此译著出版作出贡献的专家、读者、同事和同学致以衷心感谢！

参与本次第二版工作的主要人员有：赵景峰、效存德、孙小雲、赵颖越、罗笛、冯仁银、杨雄、李姝玙、王捷、秦正、杨超、何亚玲和苏华丽。

赵景峰 效存德

2023年6月18日于成都

译 者 序

这部《地表系统：自然地理学导论》（原书 第8版）著作的翻译历时四年多的时光，终于和读者见面了。翻译和校阅过程也是一个自我学习和提高的过程。2005年，我从中国科学院的研究所调入高校着手地理科学专业“自然地理学”的教学工作。最初讲授该课程时，我常常结合一些野外实景照片来提高同学们的兴趣和感性认识，效果很不错。然而，对于一些不常见的实体（断层类型、海啸和活火山）或抽象概念［地转偏向力作用、厄尔尼诺–南方涛动（ENSO）和气候波动］，学生缺少实例联系，授课内容枯燥难懂，学习兴趣大受影响。

2009年，我第一次接触到Robert W. Christopherson所著的*Geosystems:Introduction of Physical Geography*（第7版），就被这部著作中精美的实例照片和所附的动画课件吸引住了。例如：“极昼和极夜”“断层露头”的实景照片，以及“板块运动与岩石循环”“大气三圈环流”“沃克环流与厄尔尼诺现象”的3D动画。于是我便利用这些教学素材，对理论课中的相关名词及抽象概念进行具体的可视化改进，获得了极佳的授课效果。之后，许多同学陆续向我询问课件来源及中文版译著情况。鉴于此，我开始仔细研读这部著作，并逐渐在授课过程中借鉴它的教学导入方式，即从事物本质入手介绍抽象概念和基本原理的由来，结合具体事例解释自然地理学的分析方法和应用前景。这期间一些同学也积极参与到该著作的翻译工作中。

2011年，四川省启动了高等教育“质量工程”双语教学项目，这对该著作的翻译工作又是一个激励。截至2013年7月，零散翻译的章节已占全书的80%左右。这时，我萌生了出版原书中文版的想法，这不仅仅因为原书的专业性、系统性及全球最新网络数据的链接，更重要的是原书故事性的语言风格、大量的实景图片、典型实例及地学报告和判断与思考栏目，这些能激发学生对自然地理学的兴趣，有利于学生地理学综合思维的能力培养。

“自然地理学”除了作为专业课，也是每个人需了解的科普知识。过去常用“上知天文，下知地理”来形容个人知识的广博，而现代自然地理学更是和环境保护与健康、灾害成因与防治、资源利用、气候变化与人类活动等联系密切。自然地理学不但是一门有趣的学问，也与我们的日常生活息息相关。比如：雾霾天气（$PM_{2.5}$）的成因及对人体的危害？气候变化到底会产生哪些后果？人类有哪些应对措施？广阔的大洋海底地形图是依据什么原理和技术手段才绘制得如此精细？原书通过最新科技成就的展示，逐一回答了这些问题。这不仅能够普及自然科学知识，而且能够唤起人们对自然地理学的关注。当今国际社会，不仅需要探索深邃的专业研究，更需要大力普及现代科学成果，以便获得社会的认同和理解。正如原书“专题探讨3.2”所述：尽管氯氟烃（chlorofluorocarbons, CFCs）消耗大气臭氧已被科学证实，但控制措施却被生产商拖延了15年！换言之，有时采取正确措施要比科学发现更艰难，在利益与良知的博弈之中，更需要全社会的监督和支持。人类只有一个地球，保护地球家园是每个人的责任！

2013年10月，培生出版集团同意了授权翻译这部著作，我们得知原书已更新至第8版，并且国内有几所高校已部分采用英文原版作为参考用书，国外已有韩文版译著。为了跟上原著的更新步伐，我们决定重新翻译原书（第8版），并由科学出版社全彩色印刷出版。能够下定这样的决心，要感谢科学出版社莫永国编辑的支持和鼓励、四川师范大学学术著作出版基金的部分资助及教务处的支持，还有地理学院刘寅、程武学、彭文甫博士对译著的关心和帮助，译者在此表示诚挚的感谢。

我们在翻译过程中尽量保持原著的故事性语言风格，除个别第三方版权的插图未能采用外，其余部分均保留了原著风貌。在倡导素质教育的今天，地理学教育的发展空间十分广阔。从这一点上来看，这本译著不仅适用于地理学专业的学生和教师，也可作为地理爱好者和大众读者的科普读物。正如，在2014年中国地理学年会上，地理学高等教育分会场的一些专家呼吁的那样：“地理学教材应该向生动性、趣味性和实用性方向发展。”若本译著能为这一目标有所贡献，我们将倍感欣慰。

鉴于译者认识水平有限，对原著的理解领会有一定的局限性，还请专家和读者予以指正。参加译著翻译和校稿工作的同学名单如下：

第Ⅰ篇：（第2章、第4章）肖瑶、李鑫；（第3章）李鑫、张雅梅、汪耀；（第5章）韩鑫、范文鹏、杨柳。

第Ⅱ篇：（第8章、第10章）杨芳、邓小清、赵倩；（第9章）肖瑶、颜旭。

第Ⅲ篇：（第13章、第14章）岑金蔚、钟静、张欣；（第15章、第16章）房彦杰、苏静燕；（第17章）李倩、杜妮、贾中钰。

第Ⅳ篇：（第18章、第19章）庄晴、杨琴；（第20章）岑金蔚、王荷。

书稿校对：李鑫、王亚斌、孙小雲、赵颖越、杨雄、徐其勇、冉小云。

封面设计：范文鹏。

封面照片：李成厚。

2017年1月22日于成都

前　　言

《地表系统：自然地理学导论（第7版）》（*Geosystems:Introduction of Physical Geography*, 7th）的发行取得了巨大成功，并被广泛传播。在此基础上，本书的第8版，不仅吸收了《地表系统基础（第6版）》（*Elemental Geosystems*, 6th）和加拿大版的《地表系统（第2版）》（*Geosystems*, 2th）语言叙述上的优点，而且对全书结构的系统性、科学上的准确性、插图和图题的整体性进行了完善，对**总结与复习**板块和各章节的整体关联性进行了更明晰的梳理。伴随地理空间科学地表系统不断发展，本书面向学生，以通俗易懂的故事语言，展示了最新的科学进展和地球物理学事件。

地表动力系统的要素包括能源、大气、水、天气、气候、大地构造、地貌、岩石、土壤、植物、生态系统和生物群落等。自然地理学的目标就是阐明地表动力系统的空间维度。系统认识人地关系是自然地理学面临的一个挑战，即为地球和它的居住者创建一个整体的（或完整的）视图。欢迎你走进自然地理学的世界！

第8版中的更新内容

第8版中，几乎每一页都包含有更新的数据资料、图文及新增内容，在此无法逐一列举。关于第8版中的新特点和新增内容，请参阅本节后面的“导读流程图”。

■ 为了改善学生的学习效果，本版对许多图片进行了更新和重组。全书共有750多幅照片和遥感图像，其中新增**照片**和**图像600余幅**，把现实世界的场景带进了教室。

■ 新增**24幅照片**，全书重新设计为4个部分（篇）及21章的开篇引言，其中第12章例外，仅更新了整合后的洋底地图。各篇的特征体现了本书的组织**框架**；请参阅各篇的开篇页。

■ 为了明晰讲述内容，各章以**重点概念**为开端，在第8版中重新撰写了很多条目；每一章结束之前，在**总结与复习**中采用开放式讨论方式对各章内容进行总结。此外，新版中还通过照片、插图、影像来强调每一概念。

■ 每一章新增案例开辟了**当今地表系统**专栏。这些独特的案例，有利于把读者的兴趣转移到本章内容上。各章**当今地表系统**的主题包括：

（1）美国四角州地标的精确位置到底在哪？

（2）追逐太阳直射点。

（3）人类仿制地球大气。

（4）是否应该限制北极航运的发展？

（5）温度变化对圣基尔达岛索厄羊的影响。

（6）洋流带来的入侵物种。

（7）湖泊提供了气候变暖的重要信号。

（8）锋面上的极端天气。

（9）美国西南部的水量平衡与气候变化。

（10）大比例尺地图上的波多黎各气候类型。

（11）地球磁极的移动。

（12）圣哈辛托断层与地震的关联性。

（13）美国田纳西州发电厂的人为块体运动。

（14）美国华盛顿州艾尔华河大坝的拆除与鲑鱼保护。

（15）全球环境问题：荒漠化与政治行动。

（16）拉福什缓流区的往昔。

（17）全球变暖对冰架和入水冰川的影响。

（18）高纬度地区土壤的温室气体排放。

（19）气候变化导致物种迁移。

（20）特里斯坦–达库尼亚群岛的物种入侵。

（21）从太空看地球和人类。

当你开始学习每一章时，一定要先阅读这些故事。例如，第6章中的"洋流带来的入侵物种"，描述了漂流于暴风雨中的南大西洋石油钻井平台，数月后钻井平台搁浅于特里斯坦–达库尼亚群岛；同时"入侵物种到达特里斯坦–达库尼亚群岛"这个故事，还在第20章中**当今地表系统**中进行了介绍。钻机平台造成了非本土物种的入侵，体现了特里斯坦海洋生态系统的脆弱性。此外，地表系统的认识路径还涉及地球系统中各章节之间的联系和过渡。

■ 各章开设的**地学报告**栏目，为各章的讨论提供了实例事件、为学生互动活动提供了题目、新信息。共有78个地学报告贯穿全书，主题包括：太阳系中的水，为什么我们只能看到月亮的一面？如何测量地球的旋转？极地气候变暖、冰岛火山灰与飞机飞行安全、冰山的风险、龙卷风与热带风暴的记载；怎样观测水分？政府间气候变化专业委员会与诺贝尔奖、地球的质量？大地震怎样影响全球系统？什么是缓流？高盐度的地中海、杀人波、高纬度的冰质量损失、土壤流失、物种灭绝速率、雨林中蕴藏的食物和医药资源等。

■ 新版中的**判断与思考**栏目贯穿各章。本版精心设计的53个条目，带你进入下一阶段的学习、检查你对概念的理解、激励你对问题的探索。本版主题包括：确定当地地理位置、跟踪四季变化、分析臭氧柱、收集自然地理基础资料、观测风速风向和云层、评估危险和知觉能力、感知当地气候、减缓气候胁迫；带你游览大洋海底、察看潜在滑坡、评估卡特里娜飓风袭击后的海湾海岸、联想海平面上升产生的问题、了解极地科考站的生活、观察生态系统的干扰、跟踪正在变化的气候。这些都与自然地理的学习紧密相关。

■ 各章结尾的**地表系统链接**栏目也被赋予了新特点。在本栏目中，不仅回顾了本章的知识，以及下一章将要学习的知识，还搭建了两章联系的"桥梁"。最后，第21章作为"桥梁"指出了学完本书之后未来可供探索的方向。

■ 每章的编写结构系统地体现了气候变化学科的框架。此版各章都对**扩展的气候变化内容**进行了更新。本书新增了"关切理由"用于开展关于气候的讨论。陆表温暖化创纪录的一年是2005年，紧随其后的是2007年和2009年。截至2010年8月，陆地和海洋的逐月温度记录已被不断刷新。对于南半球，2009年是现代温度记录中最温暖的一年。2001～2010年是现代温度记录中整体上最暖的10年。地表系统自1992年第1版以来，就开始介绍气候变化的各个方面。自然地理学作为一体化的空间科学，其完善的知识体系可用于识别气候变化对地球系统的影响。

■ 本版继承了在文本中嵌入互联网址URLs的方式。书中有200多个网址，除对所有网址进行了检验和修订之外，还增添了许多新网址链接。其作用是让你对有兴趣的主题深入探索，获取天气和气候、大地构造、洪水及本书所涉及的各学科最新信息。

■ 新版增加了**掌握地理学™**（**Mastering Geography™**）平台的链接，全球每年有100多万学生使用这一平台。该平台对于在线的课后练习、教程讲解、评估系统都非常有效，并得到了广泛使用。地表系统得到Mastering Geography™的技术支持。这包括：地球科学动画、“Encounter Geosystems Google Earth”的多媒体、空间思维和数据分析。在https://mlm.pearson.com/northamerica/masteringgeography/网站，可获取带有“标签任务的图形”，并附有“数据分析任务”和“MapMaster”的交互式地图，以及一个具备大量数字资源的学生“学习园区”，其中还有Geosystems的电子文本（e-Text）。

本书的学习/教学模式

本书为学生和教师提供了一套完整的关于自然地理学的学习/教学模式。

面向学生：

■ **Mastering Geography™**与培生的电子文本（e-Text）可以通过*Geosystems*（8th）获得使用**Mastering Geography™**平台许可，它可提供：

- 转让内容包括地学动画、Encounter Geosystems Google Earth多媒体、思维空间和数据分析，来自地学报告系列电视节目的地理视频和MapMaster™中的交互式地图。
- 各章结尾的习题，包括填空题和阅读测验。
- 学习园区配有：地球科学动画、卫星轨道、作者笔记、图片库、地理视频、MapMaster互动地图，新闻RSS订阅、网页链接、职业链接、自然地理学案例研究、抽认卡术语表、小测验等。
- 本书（第8版）原著电子文本，可以通过https://mlm.pearson.com/northamerica/masteringgeography/访问，其中包括强大的互动性和自定义功能。
- 通过学生代码卡（0-321-73038-0）访问**Mastering Geography™**，也可获得网址访问*Geosystems*（8th）。

■ **《应用自然地理学——地表系统（第8版）》**（***Applied Physical Geography: Geosystems in the Laboratory***）（0-321-73214-6）是由美国河流学院的查理·汤姆森和罗伯特·克里斯多夫尔森所著。螺旋装订的“地理实验室手册”按逻辑分割为20个实验练习。每个练习都附有关键词和概念术语列表。借助www.pearsoned.ca/highered/mygeoscienceplace/index.html，你可以通过“Google Earth”中的“.kmz”的文件链接进入演示。这里让你结合具体问题，通过数字高程模型来实际体验和操作地形图。本版更新了地形图便于使用最新版的**Google Earth™**查看“立体镜（Stereolenses）”，对于“地理信息系统”这一章的修订，要求你会使用ArcGIS Explorer软件（第

8版全部答案要点可供教师下载，www.pearsonhighered.com/irc）。

■ **Encounter Geosystem工作簿和付费网站**（Workbook and Premium Web Site，0-321-63699-6）。查理·汤姆森所著的《相遇地表系统》（*Encounter Geosystems*）是一个印刷体的工作簿，且可通过Google Earth™以各种交互式方式探索自然地理学的概念。根据不同班级的需要，每一章都可以在印刷体格式下进行网上探索和在线测验。所有练习册都附有对应的Google Earth™媒体文件，可从www.mygeoscienceplace.com下载。

■ **《古德世界地图集》（Goode's World Atlas，0-321-65200-2）第22版**。1923年以来《古德世界地图集》就成为世界一流的教学地图，包括有权威的自然、行政地图和重要的专题地图。地图占该书250余页，展示了许多重要主题的空间特征。该图集第22版包括160页新绘制的数字参考地图，以及关于全球气候变化、海平面上升、排放量、极地冰波动、森林砍伐、极端天气事件、传染性疾病、水资源和能源生产等新专题地图。

■ **《可怕的预言》（*Dire Predictions*）**（0-13-604435-2）。政府间气候变化专业委员会的定期报告，对气候变化带来的人类风险进行了评估。然而，数量庞大的科学数据对大众而言却高深莫测，尤其是对气候变化确实性怀有疑问的人来说。该报告仅用200余页的文字，就以震撼和无可争辩的事实，向普通读者展示了这些重要发现；并通过清晰的图示、惊人的图片和易懂的类比，对气候变化影响的科学研究和发现进行了概括。

面向教师：

本书地表系统的设计可保障授课的灵活性。正文主题不仅全面完整、易于理解，而且引自各类学科的真实题材。其内容多样性正是自然地理学的魅力所在，但也使得一个学期内很难完成全书的教学。地表系统的编辑特点有利于你按自己的习惯组织讲义。根据专业或关注点的需要，你会发觉重新组织书中的各篇章很方便。以下材料可帮助你。祝课堂教学成功！

■ **《教师资源手册》，仅供在线下载**。查理·汤姆森的《教师资源手册》（*Instructor's Resource Manual*）旨在为新教师或是资深教师提供教学资源，包括讲座大纲、关键术语、相关素材、教学提示及各章复习题的完整注解，可以在www.pearsonhighered.com/irc下载。

■ **查理·汤姆森和作者的测试题目（TestGen®Test Bank，仅供在线下载）**。TestGen®是一个测试题目生成器，可以查看和编辑Test Bank的题目，并转换成试卷，还能以自定义格式打印试卷。Test Bank包括约3000个单项、多项选择题、简答题和论述题。本版中，所有题目都对照美国“国家地理标准（National Geography Standards）”和“布鲁姆分类（Bloom's Taxonomy）”进行了修正。这有助于针对普通或具体教学（或学习）目标开展评估。Test Bank在Microsoft Word®中也可使用，并可导入到黑板和WebCT。下载网址为www.pearsonhighered.com/irc.

■ **黑板试题库（Blackboard Test Bank，仅供在线下载）**。它向“黑板系统”提供输入题目。下载网址为www.pearsonhighered.com/irc.

■ **教师资源中心DVD（Instructor Resource Center on DVD，0-321-73030-5）**。教师资源中心DVD可为你提供一切需求，有助

于节省你的时间和精力。数字资源集中于一个组织结构良好、易于访问的地方，内容包括：

● 课本中全部的图像，如JPG、PDF和PowerPoint幻灯片等；

● 预先授权的PowerPoint讲座采用嵌入式艺术演示稿，展示了各章的概念要点，你可根据讲座要求重新组织讲义；

● 在PowerPoint格式的“教室反馈系统（Classroom Response System）”中，点击问题，可对照美国“国家地理标准（National Geography Standards）”和“布鲁姆分类（Bloom's Taxonomy）”加以更正；

● 测试题目生成器（TestGen®）软件，可在Mac和PC两种电脑上运行，生成题目和答案；

● “教师资源手册”和“试题库”的电子文档；

● 教师资源的全部内容，可通过网址www.mygeoscienceplace.com和www.pearsonhighered.com/irc中的“教师资源”板块获得。

■ **地学报告电视——地理视频DVD（0–32–166298–9）**。这套DVD旨在向学生直观展示：人类的决定和行为怎样影响环境？个人应该采取哪些行动进行环境恢复？其主题范围从加速水系破坏的中美洲粗放式土地管理方式，到中国和非洲大力扩建水电设施。来自“全球环境报告电视节目——**地学报告**系列”的13个视频，向人们展示了全世界团结一致为保护地球所做出的努力。

■ **对于继续深造的读者：研究生和初级专业教师的资料手册（0–13–604891–9）**。这套资料吸取了数年来的研究成果，旨在帮助研究生和初级专业教师成功开启地理学及其相关社会和环境科学的职业生涯。它强调的是教学、研究及教学服务之间的依存关系；个人生活与职业生涯之间的健康平衡发展，而非彼此互不相关的任务集合。每章提供了前瞻性的议题。这些对大学低年级同学而言，往往是最有压力的议题。

■ **大学地理教学：研究生和初级专业教师的实践指导（0–13–605447–1）**。这一资源为你从一名新教师成长为一名优秀地理老师提供了一个起点。它分为两部分：第一部分在新教法中被称为“螺母和螺栓”教学问题，即学生人数统计、高等教育在21世纪的教学预期目标；第二部分探讨的重要问题是，使你从以下几个方面成为一名优秀的教师，即具有批判性思维并掌握地理信息系统与测绘技术的技术人才、从事地理大课堂教学且颇具魅力者的演讲者、在国际视野和地理问题上具备提升意识的研究者。

■ **学者和大学地理教学的AAG社区门户网站**。该网站是以地理学及相关学科为基础的专业社区论坛。这里你能找到本书中所涉及的主题活动和拓展措施。该活动可以在校园或学术部的讲习班、研究生研讨会、午休讲座和指导计划中开展。你还可以通过论坛进行讨论，并且与他人分享建议和材料，网址为https://media.pearsoncmg.com/bc/abp/aag/。

致谢

感谢我的家人对这项工作的支持，尤其是后辈们：查文、布莱斯、佩顿、布洛克、特雷弗、布莱克、大通、特勒沃、Téyenna和卡德。望着孙辈的脸孔，我看到了为什么要走可持续发展道路——这也正是本书致力要做的事情。

特别感谢我执教30年的美国河流大学

和各位同学，因为本书是在课堂教学熔炉中锻造出来的。尤其要感谢查理·汤姆森在Encounter Geosystems、应用自然地理实验室手册（*Applied Physical Geography lab manual*）和辅助工具中的创造性工作和合作——作为他的同事深感荣幸；还要感谢那些发表研究成果的作家和科学家们，这大大地丰富了本书的内涵；感谢那些全球范围内的学生和教师，他们通过电子邮件与我分享好的想法。

感谢所有的同事，他们或承担着本书不同版本的审阅工作、或在国家和区域性地理会议上提出了有益建议。丽莎·德查诺—库克和斯蒂芬·库尼还为本书进行了特别审查，感激他们在思路和时间上的慷慨付出。以下列出了地表系统各版本的主要审阅者。

Philip P. Allen, 弗罗斯特堡州立大学
Ted J. Alsop, 犹他州立大学
Ward Barrett, 明尼苏达大学
Steve Bass, 梅萨社区学院
Stefan Becker, 威斯康星大学奥什科什分校
Daniel Bedford, 韦伯州立大学
David Berner, 诺曼社区学院
Franco Biondi, 内华达大学–雷诺分校
Peter D. Blanken, 科罗拉多大学–博尔德分校
Patricia Boudinot, 乔治·梅森大学
Anthony Brazel, 亚利桑那州立大学
David R. Butler, 西南得克萨斯州立大学
Mary-Louise Byrne, 威尔弗雷德·劳里埃大学
Ian A. Campbell, 阿尔伯塔–埃德蒙顿分校
Randall S. Cerveny, 亚利桑那州立大学
Fred Chambers, 科罗拉多大学–博尔德分校
Muncel Chang, 巴特学院名誉教授
Jordan Clayton, 乔治亚州立大学
Andrew Comrie, 亚利桑那大学
C. Mark Cowell, 印第安纳州立大学
Richard A.Crooker, 库茨敦大学
Stephen Cunha, 洪堡州立大学
Armando M. da Silva, 陶森州立大学
Dirk H. de Boer, 萨斯喀彻温大学
Dennis Dahms, 北爱荷华大学
Shawna Dark, 加州州立大学–北岭分校
Lisa DeChano-Cook, 西密歇根大学
Mario P. Delisio, 博伊西州立大学
Joseph R. Desloges, 多伦多大学
Lee R. Dexter, 北亚利桑那大学
Don W. Duckson, Jr., 弗罗斯特堡州立大学
Christopher H. Exline,内华达大学–里诺分校
Michael M. Folsom,东华盛顿大学
Mark Francek, 中密歇根大学
Glen Fredlund, 威斯康星大学–密尔沃基分校
William Garcia, 北卡罗来纳大学–夏洛特分校
Doug Goodin, 堪萨斯州立大学
David E. Greenland, 北卡罗来纳大学
Duane Griffin, 巴克内尔大学
Barry N. Haack, 乔治·梅森大学
Roy Haggerty, 俄勒冈州立大学
John W. Hall, 路易斯安那州立大学–什里夫波特分校
Vern Harnapp, 阿克伦大学
John Harrington, 堪萨斯州立大学
Blake Harrison, 南康涅狄格州立大学
Jason “Jake” Haugland, 科罗拉多大学–博尔德分校
Gail Hobbs, 皮尔斯学院
Thomas W.Holder, 佐治亚大学
David H. Holt, 南密西西比大学
David A.Howarth, 路易斯维尔大学
Patricia G. Humbertson, 扬斯敦州立大学
David W. Icenogle, 奥本大学
Philip L. Jackson, 俄勒冈州立大学
J. Peter Johnson,Jr., 卡尔顿大学

Gabrielle Katz, 阿巴拉契亚州立大学
Guy King, 加州州立大学–奇科分校
Ronald G. Knapp, 纽约州立大学–新帕尔茨学院
Peter W. Knightes, 中央得克萨斯学院
Thomas Krabacher, 加州州立大学–萨克拉门托分校
Hsiang-te Kung, 孟菲斯大学
Richard Kurzhals, 大急流城市专科学校
Steve Ladochy, 加州州立大学–洛杉矶分校
Charles W. Lafon, 得克萨斯农机大学
Paul R. Larson, 南犹他州大学
Robert D. Larson, 西南得克萨斯州立大学
Elena Lioubimtseva, 大河谷州立大学
Joyce Lundberg, 卡尔顿大学
W. Andrew Marcus, 蒙大拿州立大学
Brian Mark, 俄亥俄州立大学
Nadine Martin, 亚利桑那大学
Elliot G. McIntire, 加州州立大学–北岭分校
Norman Meek, 加州州立大学–圣贝纳迪诺分校
Leigh W. Mintz, 加州州立大学–海沃德分校
Sherry Morea-Oaks, 科罗拉多州博尔德
Debra Morimoto, 默塞德学院
Patrick Moss, 威斯康星大学–麦迪逊分校
Lawrence C. Nkemdirim, 卡尔加里大学
Andrew Oliphant, 旧金山州立大学
John E. Oliver, 印第安纳州立大学
Bradley M. Opdyke, 密歇根州立大学
Richard L. Orndorff, 内华达大学拉斯维加斯分校
Patrick Pease, 东卡罗来纳大学
James Penn, 东南路易斯安那大学
Greg Pope, 蒙特克莱尔州立大学
Robin J. Rapai, 北达科他大学
Philip D. Renner, 美国河流学院名誉教授
William C. Rense, 西盆斯贝格大学
Leslie Rigg, 北伊利诺伊大学
Dar Roberts, 加州圣巴巴拉大学
Wolf Roder, 辛辛那提大学
Robert Rohli, 路易斯安那州立大学
Bill Russell, L.A.皮尔斯学院
Dorothy Sack, 俄亥俄大学
Randall Schaetzl, 密歇根州立大学
Glenn R. Sebastian, 南阿拉巴马大学
Daniel A. Selwa, 美国法典沿海卡罗来纳州大学
Debra Sharkey, Cosumnes, 河流学院
Peter Siska, 奥斯汀佩伊州立大学
Lee Slater, 罗格斯大学
Thomas W. Small, 弗罗斯特堡州立大学
Daniel J. Smith, 维多利亚大学
Richard W. Smith, 哈特福德社区学院
Stephen J. Stadler, 俄克拉荷马州立大学
Michael Talbot, 皮马社区学院
Paul E.Todhunter, 北达科他大学
Susanna T.Y.Tong, 辛辛那提大学
Liem Tran, 佛罗里达大西洋大学
Suzanne Traub-Metlay, 锋范社区学院
Alice V.Turkington, 肯塔基大学
Jon Van de Grift, 丹佛大都会州立学院
David Weide, 内华达大学–拉斯维加斯分校
Thomas B.Williams, 西伊利诺伊大学
Brenton M. Yarnal, 宾夕法尼亚州立大学
Catherine H. Yansa, 密歇根州立大学
Stephen R. Yool, 亚利桑那大学
Don Yow, 东肯塔基大学
Susie Zeigler-Svatek, 明尼苏达大学

总之，这些年来本书出版的团队力量至关重要。感谢1990年以来保罗・科里校长的领导。非常感激新编辑克里斯蒂安・博廷（Christian Botting）的指导、出版合作、有益的交谈及友谊；并向地学学者安东・雅科

夫列、克里斯汀・桑切斯、克里斯蒂娜・费拉和克里希・杜德尼斯的关照致谢。感谢总编辑吉娜・车塞尔卡、项目经理莎丽・托伦、开发部副总裁卡罗尔・图热哈特，他们的组织才能非常重要。我会永远记得给新泽西州的吉娜・车塞尔卡打卫星电话的情景，当时我正在南极探险，毛皮海豹吠叫着向人佯攻、帝企鹅盯着我，而我与吉娜却在讨论本书（第8版）的编撰细节——那是一种获得世界各地支持的感受。

我很感激培生出版社的艺术项目经理康尼・龙、杰伊・麦克尔罗伊，设计师马克・昂、兰德尔・古德尔，他们在本书这样一个复杂的艺术性项目设计中所呈现的精湛技艺……感谢出版社的全体工作人员——“Geosystems团队”，他们让我参与了本书出版的全过程。关于本书的销售途径，市场部经理莫林・麦克劳克林销售代表一如既往地花了几个月时间进行磋商，祝他们一帆风顺！

在协调制作过程中，感谢高等教育有限责任公司副总裁辛迪・米勒的友情及对我的著作的关注。制作编辑苏甘雅・卡鲁帕萨米负责审阅手稿、编辑复制、复合合成、样稿校正工作，她对反馈意见的反应能力令人敬佩；她的才华奉献于这项工作。感谢编审雪莉・歌德柏克、文稿校对员杰夫・乔治森、索引员罗伯特・斯旺森的高质量工作及对本书的工艺策划。十分感激发展编辑津格・波克兰德作为合作者和同事的大力协作。

当你翻阅本书时，你可以欣赏到我妻子（Bobbé Christopherson）拍摄的415幅具有特色的照片，她是一位专业摄影师，也是我的探险伙伴。她对本书成功出版的贡献是显而易见的。书中各篇章的首页图片都是她拍摄的。其中有张图片是她在北纬80° 22′ 生肖船筏上拍摄的。书中所有的照片和卫星图像都由Bobbé处理。请访问MasteringGeography™ 研究区的图库，你会从中了解更多内容。Bobbé不只是我的妻子，还是我最好的同事和朋友。

自然地理学为这样一个人类置身其中，却支撑着地球环境的错综复杂网络，树立了一种整体观念。在人地关系中，全球重大变化表现为：人类对物理、化学和生物系统的改变。我们之所以关注气候变化及其应用课题，是对正在发生或未来可能发生的影响做出的行动响应。以上所虑之时，正是你踏入自然地理学课程的关键时刻！愿你在学习中寓学于乐！

罗伯特 W. 克里斯托弗森
Robert W. Christopherson
P. O. Box 128
美国加州林肯市，95648-0128
电子邮箱：bobobbe@aol.com

地表系统独特的编写结构

本书以能量流、物质流和信息流为主线，按照事物的自然发生顺序逐一阐述了自然地理学的主题。就本学科而言，这种编写结构独一无二。本书采用面向学生的语言，讲述了自然地理学在社会各领域中的应用。为了提高教学效果，书中不仅包含有大量精美的实景照片、艺术图画、复合教学图，还配有多媒体动画。

开篇设计：

新的开篇设计，由插图和照片组成，强调了各章内容与各个系统的联系：

- 大气能量系统（第2～6章）；
- 水、天气和气候系统（第7～10章）；
- 地表-大气的界面（第11～17章）；
- 土壤、生态系统、陆地生物群系、地球资源与人口增加（第18～21章）。

地表系统链接

我们知道了地球在宇宙中的位置，以及地球与银河系、太阳、行星和卫星之间的关系。携带着辐射能量的太阳风和电磁波穿过太空到达地球。在地球上，我们能观察到太阳风沿大气层顶的分布状况及季节性变化。接下来，我们将学习地球大气层的结构、组成成分、温度和功能。电磁波的能量像下落的瀑布一样穿过大气层洒向地球表面，其中有害的电磁辐射被滤掉了。同时，我们还将讨论人类对大气层的影响：臭氧层的损耗、酸物质沉降及大气成分的变化，包括人类造成的空气污染。

新增！地表系统链接

栏目设置于各章“总结复习”板块之前，用于告知学生学习了哪些知识及学习进展状况。它在各章之间发挥着“桥梁”和“链接”作用，这对本书内容的系统性有加强作用。

学生和教师的教学工具

重点概念

阅读本章后，你应该能够：

- 基于大气的成分、温度和功能三种划分标准，**绘制**大气模型简图。
- 列出并**描述**现代大气中的稳定气体成分及各种成分的体积比率。
- **描述**平流层的状态，详细**阐述**臭氧层的功能和状态。
- **辨析**低层大气中天然因素和人为因素产生的不稳定气体成分及其来源。
- **描述**一氧化氮、二氧化氮、二氧化硫的来源和影响，用简图表述臭氧、硝酸过氧乙酰、硝酸及硫酸形成的光化学反应过程。

重点概念

每一章开篇都列出了**重点概念**，明确了本章的学习目标和任务；在每章末尾，还设置了**总结与复习**栏目。

判断与思考3.1　对流层顶的边界在哪儿

当下次你乘飞机达到最高高度时，向乘务员询问一下机舱外的气温。有些舱内有屏幕可显示外面的气温。根据定义，任何地方的对流层顶，这一高度的温值都是-57℃。

有兴趣的话，可以把海拔和温度间的季节变化做一个对比。看看冬季或季的对流层顶高度，哪个更高？

判断与思考9.1　你那里的水量收支

以你的校园或室内的盆栽植物为例，来了解水量平衡概念。水量供给来源是什么？这是根源吗？请估算给定区域内的最终供水量和需水量。关于PRECIP和POTET的估算，请先在图9.6和图9.7中找到你所在的位置，其次考虑水量供需的季节变化，然后估算需求水量，最后再把它们作为水量收支中的变化要素（成分）来分析它们的变化。

新改进！判断与思考

本书将新改进的**判断与思考**栏目融入各章节之中，使学生阅读后，有机会停下来对概念加以理解，并进行判断性的思考。这些问题对学生今后能否"学以致用"是一种挑战。

总结与复习

总结与复习栏目在每章的末尾，包含概念定义叙述、重要术语及索引页码，回顾**判断与思考**中的问题。同时还重现本章中的重要图表，以此来巩固刚学过的知识要点，提供一种复习方式。

4.4　总结与复习

- **辨别太阳辐射透过对流层到达地表的传输方式：透射、散射、漫射辐射、折射、反照率（反射率）、传导、对流和平流。**

太阳辐射能通过复杂路径到达地为生物圈供给能量。大气能量的收支组括：短波辐射输入（紫外线、可见光和外线）和长波辐射输出（热红外线）。

6.5　总结与复习

- **详述气压概念，描述测量气压的仪器。**

大气重量（由分子运动、大小和数量构成）形成了**气压**，其平均压强约为1kg/cm²，见第3章。测量地表大气压的仪器，有**水银气压计**（装有水银的一支玻璃管：一端密封，另一端开口，把开口一端放置在水银槽中，用水银柱的高度变化来测量气压变化），**无液气压计**（一个内部真空的密封盒，用以测量气压变化）。

正常值，中大西洋的气压相对偏低；较弱的纬向风使冬季冷气团流入美国东部、北欧和亚洲，北冰洋的海冰变得更厚；格陵兰比平时更温暖。2009～2010年，北半球冬季的特点为：冷空气罕见地进入中纬地区；2009年12月北极指数（Arctic Index）是1970年以来的最大负相位；2010年2月北极指数负值更低 arcticmet/patterns/arctic_osci 家冰雪数据中心）]。

自然地理学以其整体性和空间分析方法为特征，对全球综合特征和世界水资源经济的系统分析发挥着关键作用，因而能够在有效地分配投入资金，缓解面临的危机等方面发挥本学科的作用[见世界水评估纲要，UNESCO，https://www.unesco.org/en/wwap（世界水评估计划）]。

嵌入式URL（网址）

本书在文本中嵌入可以直接链接到网络资源的URL地址，以供学生或教师进行更深入的学习和探讨。在电子书中，点击这些URL可以链接到互联网，指引学生获取网络资源。

现实中的广泛应用

我们意识到学生难以轻松领会自然地理学在当今世界中的作用和意义。本书把书中内容与**当今发生的实际事件**和**真实现象**联系在一起，展现了**气候变化学科**中最完整和最综合的对策，使学生认识到学习自然地理学是十分必要的。

当今地表系统

锋面上的极端天气

你如何看待电视节目中的极端天气，如龙卷风和洪水。想象一下，处于锋面位置上的人类会面临着什么？尽管完善的预警系统会减少人员伤亡，然而更强、更频繁的自然灾害仍加剧了财产损失。

在美国堪萨斯州的格林斯堡，想想生活在道奇城东南部的1 600名居民。对于旅游者而言，该城镇的特点在于拥有一眼世界最大的手工开凿的水井。在遭受龙卷风之前，水井旁矗立着一座题有城镇名称的老水塔——美国中西部地区的一个小城镇（图8.1）。

2007年5月4日晚上，有一个锋面系统经过这里。伴随龙卷风警报和NOAA天气预警广播，人们躲避到地下室和风暴避难所。晚上10:00前，一个强度达到EF-5级的龙卷风从西南方咆哮而来。这是自2007年2月藤田风级修订后发生的第一个5级龙卷风。

这个宽达2.7km的“怪物”横扫整个格林斯堡，在不到10分钟内，就把所有房屋破坏得一团糟。风暴过后，寂静夜晚里有些灯光亮起，一些人呼喊救助，没有任何熟悉的东西能够保留下来。当有人找到钥匙和幸存的汽车时，打开了手电筒和车头灯。太阳升起后，人们被眼前的情景惊呆了，树木成行的街道成了荒芜之地，树木已被风削掉或折断。这一夜造成了11人死亡（图8.2）。

到处都是英雄事迹：动员起来的国民警

图8.1 美国堪萨斯州的格林斯堡的大部分区域于2007年被EF-5龙卷风摧毁；一年后，在老水塔倒塌的地方重建了新水塔［Bobbé Christopherson］

图8.2 艾克飓风夷平了邻近区域的街道房屋

注：在美国得克萨斯州的玻利瓦尔半岛，数千米长的海岸区域被飓风摧毁［Bobbé Christopherson］

新增！案例研究－当今地表系统

当今地表系统中的开篇案例研究，通过探讨一个与本章要点相关的趣味性案例，将学生引入本章的内容。这些独特的案例，都源自原作者及其夫人（她是专业摄影师）的野外或探险经历。他们是这些自然地理学和地球系统真实案例的见证者。例如：在大西洋上追赶太阳直射点（第2章）；在EF-4级龙卷风袭击后的第四天就造访了灾区——明尼苏达州的沃迪纳（第8章）；还记录了胡佛大坝建成之后的米德湖萎缩（第9章）。

专题探讨8.1 未来的大西洋飓风

1995～2009年，迈阿密国家飓风中心（NHC）的预报员在飓风季内一直都很忙碌。这是NHC预报史上风暴最活跃的15年，该期间共命名了207个热带风暴，包括111个飓风（其中48个飓风达到3级以上）。虽然1997年厄尔尼诺期间热带气旋数目有所减少，但风暴的活跃程度和单个风暴的强度仍达到了纪录水平。

据统计：随着热带气旋数目的增加，受风暴影响的海岸线遭受的财产损失也大幅增加，但世界各地的生命损失减少了，这要归功于风暴预报水平的提高。《科学》（Science）杂志给出以下“展望”：

> 一个完善的预警和救助系统，以及不断改进的预报水平可以使人员伤亡风险维持在较低水平。但是由于沿海地区人口、建筑和大量基础设施投资的持续增长，所以今后忧虑的主要是高额财产损失的风险（一次事件高达1 000亿美元）。*

例如，2005年的大西洋飓风季打破了多项纪录。这一年里被命名的热带风暴最多，共27个（平均值为10个）；达到飓风强度的次数也最多，共计15次（平均值为5次），3级以上的强飓风次数为7次（平均值是2次）。

* Bengtsson L. 2001. Hurricane Threats [J]. Science，293（7）：441.

（a）强度5级的卡特里娜飓风，摄于2005年8月28日上午11:00时（美国中部夏令时间）

（b）NOAA影像：风暴潮使整个密西西比海沿岸周边遭到毁坏，如长滩；风暴潮把残骸碎片带到离海岸1km远处

（c）桥梁和长堤的毁坏遗址，它们分别是密西西比州的第90号桥梁和圣路易斯湾堤道

图8.28 卡特里娜飓风夷平了周边地区，毁坏了高速公路的桥梁

［（a）Terra影像，NASA/GSFC；（b）NOAA；（c）Randall Christopherson］

地学报告2.3 为什么我们看到的总是月球的同一侧?

在图2.14中，从地球北极上方看月球，你会发现月球绕地球公转的同时，也绕月球自转轴呈逆时针方向自转。这两种旋转同时进行。……的速度略有变化，但是它的自转速度是恒定的；所以我们每个月只能看到59%的月球表面。更准确地说：任何时刻你只能看

地学报告1.4 GPS的起源

最初的GPS是20世纪70年代由美国国防部基于军事目的而设计的，现在GPS在全球市场均可购买。2000年，五角大楼取消了“选择可用性（selective availability，SA）技术”的安全控制，使得商业用途的GPS分辨率和军事上的一样。2003年和2006年又增加了额外频率，使得GPS的精准度进一步提高，地面误差小于10m。关于GPS的概述，见http://www.colorado.edu/geography/gcraft/notes/gps/gps_f.html。

新增！地学报告

为了避免“打断”各章的正文叙述，我们在各章页面的底部插入了2～6则**地学报告**。这一栏目为你呈现了与本章节正文内容相关的新旧事实、例证、应用和学生活动项目。

评论－专题探讨

专题探讨是自然地理学中有争议性的话题，并附有详细讨论。其目的是激发学生学习自然地理学的兴趣，引导学生进行探讨。如：五大湖问题；为何利用北极地区的冰芯可以追溯至80万年前的气候记录？如何理性看待海岸带的规划、风险评估与认知？大气和海水变暖的新纪录为什么会使热带风暴强度变得更强？如此等等。

用于教学的照片和艺术图表

作者及其夫人探险考察期间拍摄的照片，在书中构成了一个完美体系，提供了关于自然地理学和地球系统科学的权威例证与应用事例。书中有350多张照片是Bobbé Christopherson为编著本书而专门拍摄的。

精美的艺术图表中包含有多个复合图件，它们能够让我们明白最艰涩难以理解的概念。本书在重大修改中，为了阐述清晰，还对大量图片进行了更新，使风格保持一致，便于学生理解。

掌握自然地理学——学生的加油站（一）

Immerse your students in the study of physical geography with MasteringGeography. Used by over one million students, the Mastering platform is the most effective and widely used online tutorial, homework, and assessment system in the sciences.

Assignable Content:

- Geoscience Animation Activities
- *Encounter Geosystems* Google Earth Activities
- Thinking Spatially Activities
- Test Bank Questions
- End of Chapter Questions
- Reading Quiz Questions
- *Earth Report* Video Activities
- MapMaster™ Interactive Maps

For Student Self Study:

- Geoscience Animations
- Satellite Loops
- Author Notebooks
- Photo Galleries
- Career Links
- Destinations
- Quick Links
- Physical Geography Case Studies
- "In the News" RSS Feeds
- Pearson eText
- Visual Glossary
- Self Study Quizzes
- *Earth Report* Videos
- MapMaster Interactive Maps

地学动画

地学动画旨在阐明自然地球科学中那些难以形象化理解的主题。例如，太阳系的形成、水文循环、板块构造理论、冰川运动与退缩、全球变暖等。这些动画包含声音、文本及各种组合的多项选择题，这些题目附有提示和错误反馈信息，以帮助学生掌握这些核心自然过程的概念。当学生登录**掌握地理学**平台学习园区时，图标会提示动画演示。

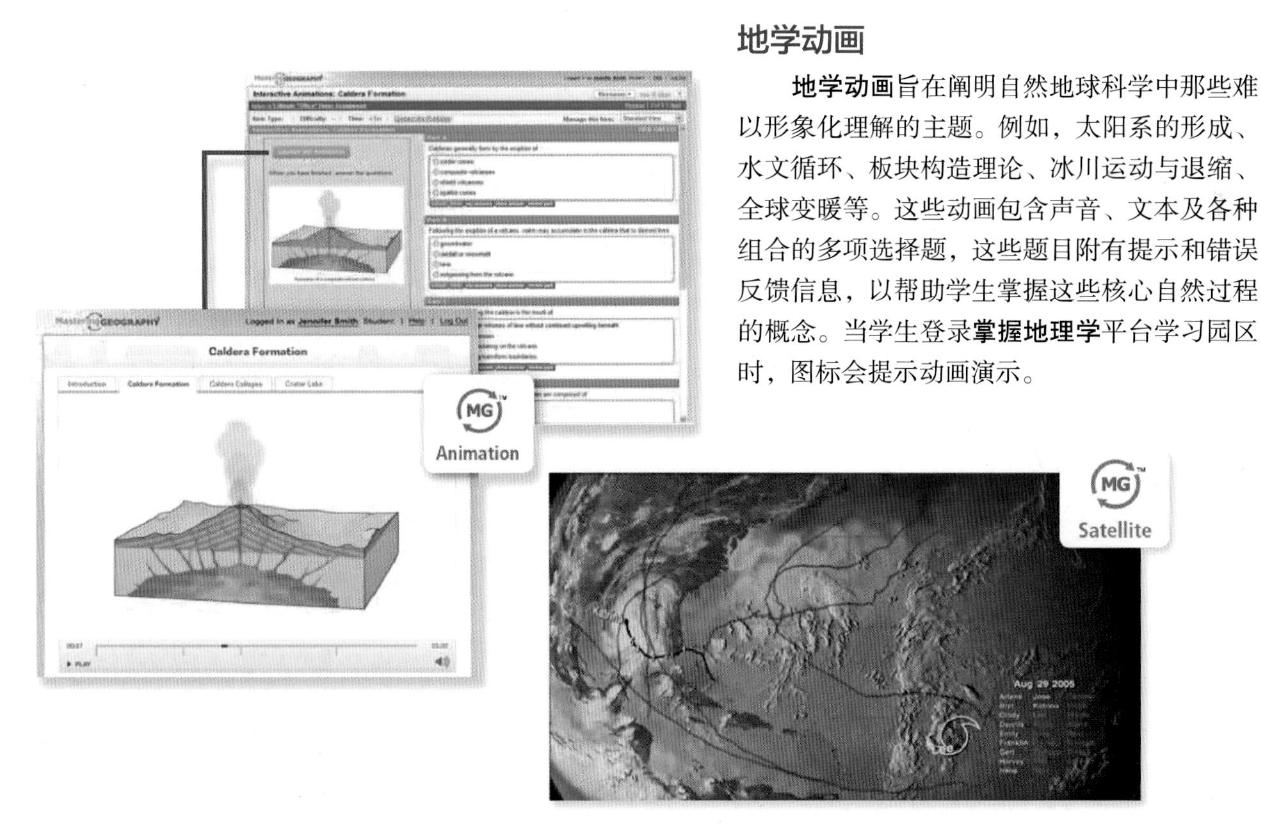

卫星轨道

这些卫星影像阐释了重要的自然地理学概念。当学生能够登录进入**掌握地理学**平台时，正文中有图标提示查看卫星轨道。

掌握自然地理学——学生的加油站（二）

Encounter Geosystems（译注：相遇地表系统）

Encounter Geosystems 活动是让学生利用Google Earth™动态演示的特点，设想和探索地球的自然景观，以回答与自然地理学核心概念相关的多项选择题和简答题。所有探索都有相应的Google Earth KMZ 媒体文件、答案提示和错误反馈信息，以帮助学生正确掌握各种概念。

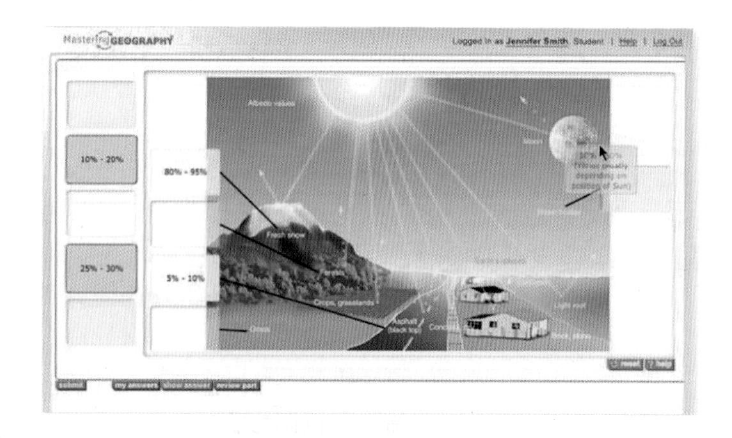

空间思维

空间思维活动是通过识别和标注地图、插图、照片、曲线图和表格中的特征信息，来帮助学生提高空间推理和批判思维能力。学生通过分析相关数据集来回答多项选择题和层次逐渐提高的概念简答题（附答案提示和错误反馈）。

地球报告视频

这些视频的制作目的，在于帮助学生认识人类的决定和行为是怎样影响环境的，以及为了生态环境的恢复人类应该采取哪些行动？这些视频涉及的主题很多，从以改善中美洲水系为目标的贫瘠土地管理策略，到中国和美国的水电发展趋势。来自全球环境**地球报告**系列电视节目中的13个视频，肯定了世界范围内保护地球的努力，这种努力正在从个体走向全球协作。

快速测验与成绩显示（一）

With customizable, easy-to-assign, and automatically graded assessments, instructors can maximize class time and motivate students to learn outside of class and arrive prepared for lecture.

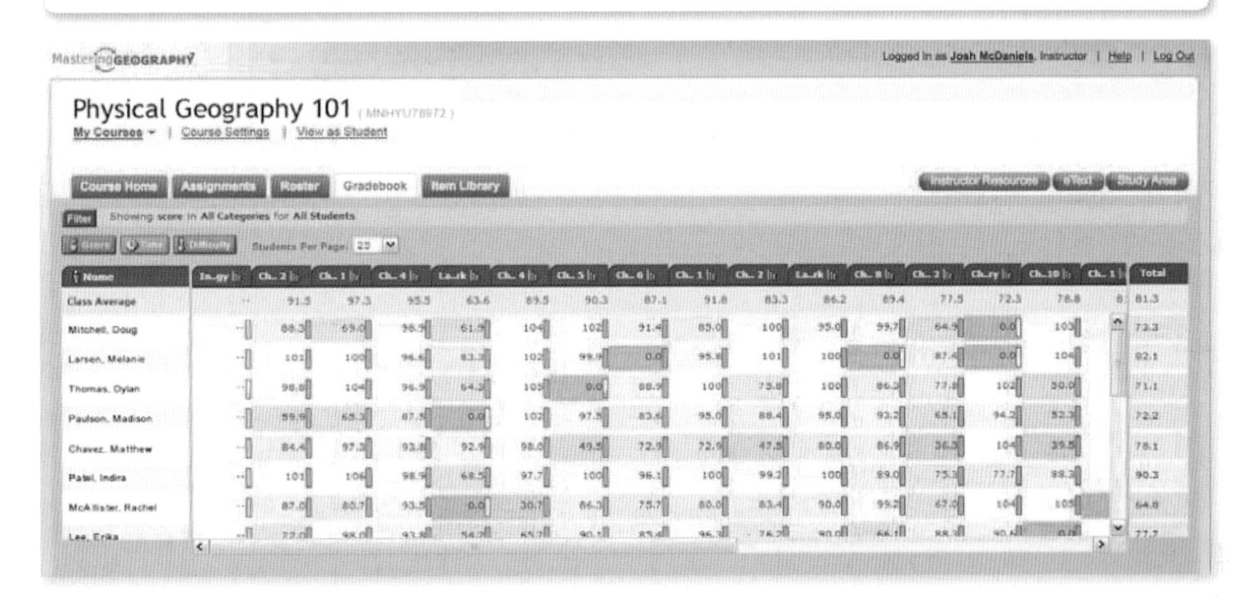

成绩单

每份作业都会自动给出成绩。红色阴影标识出了知识掌握存在弱项的学生和具有挑战性的作业。

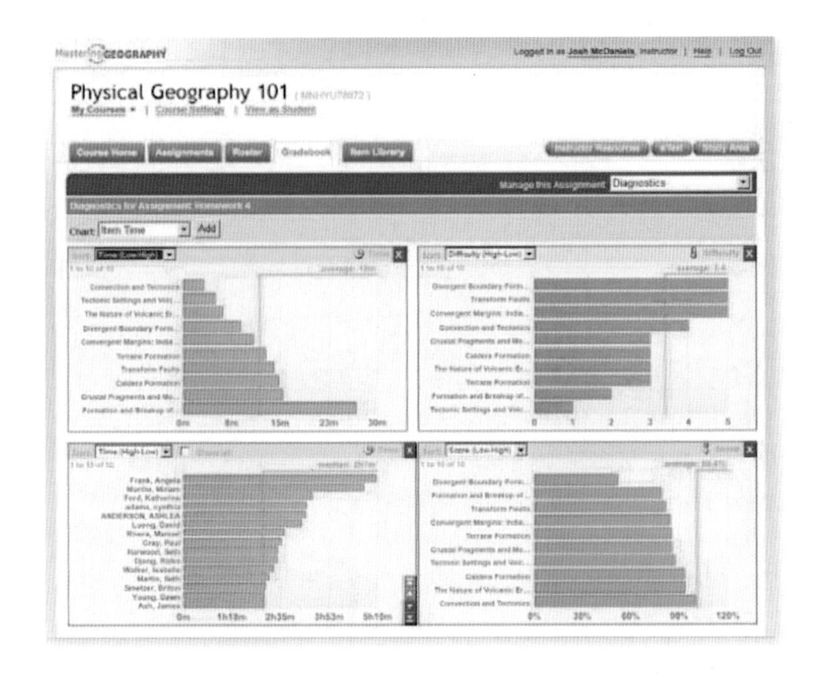

成绩单分析

这幅截屏展示给教师的是学生每周的成绩分析结果。只需单击一下，图表就会总结出最难的题目、成绩最薄弱的学生、成绩分布，以及学期和全年学生成绩提高的情况。

快速测验与成绩显示（二）

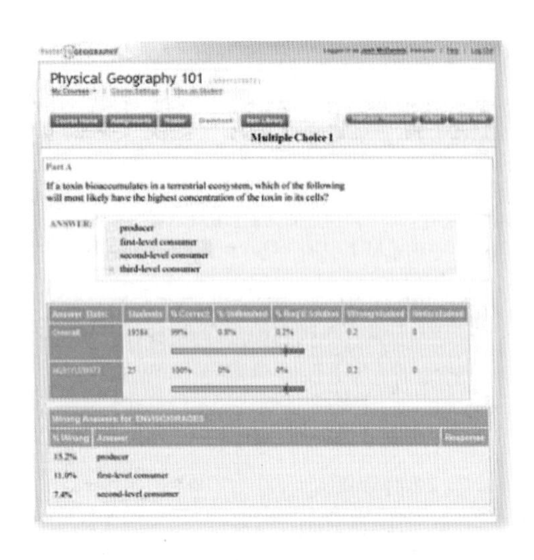

学生成绩数据

教师看一眼彩色标注的成绩单，就可以知道哪些学生有困难。教师还可以看到难度最大的作业和活动及活动中最难的部分，或者对每个同学需要帮助的细节问题进行评论。他们甚至可以将之前课程中的每次活动或活动步骤的评价结果与上届班级或全国平均水平进行比较。

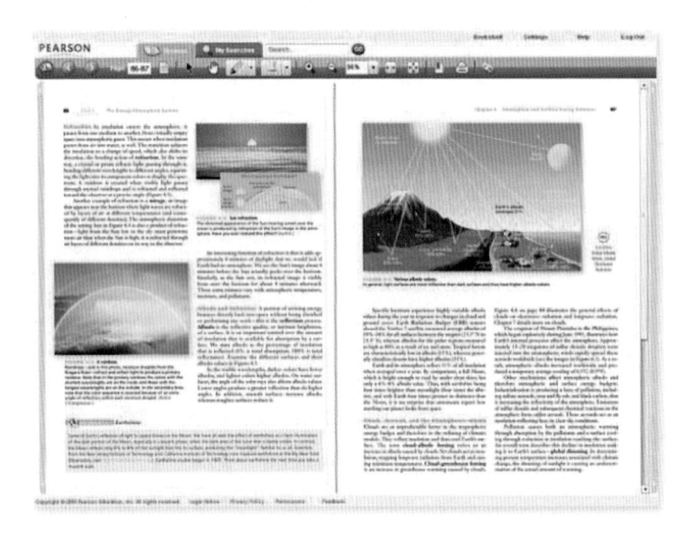

培生的电子书

培生的电子书可使学生利用互联网随时随地获取电子书。这些电子书的页面不仅与印刷本完全一致，而且有强大的交互定制功能。用户可以创建笔记、用各种高亮颜色显示文本、创建书签、启用放缩功能、点击单词或短语查看定义、以单页或双页显示文本。培生的电子书还为学生提供了相关的媒体链接，使他们在阅读时可以查看动画。此外，还有全文搜索、保存和导出笔记的功能。在本书（第8版）的培生电子书中，各章中嵌入的URL地址可以直接链接到互联网。

正在继续改进的内容

Mastering Geography™（译为：掌握地理学）提供了一个伴随学生使用而内容不断改进的动态库。学生成绩统计信息的详细分析，包括：学生的答题时间、学生提交的答案、解决问题的方案，以及学生对答案提示的反应；利用这些信息来确保动态库的内容达到最高质量。

1. 通过查阅学生成绩单的统计数据，我们将对每个问题进行**深入分析**。
2. 对于每一个问题，**重点改进**内容阐述的清晰度、准确度及答案选项。
3. **不断重复上述改进过程**。

这一进程在帮助同学学习的同时，也促进了这一系统的改进。

目 录

第Ⅳ篇

土壤、生态系统、陆地生物群系、地球资源与人口增加 600

第1章　地 理 要 素

利用地图、全球定位系统（global positioning system，GPS）和雷达仪，人类设计了一条从南极海峡（Antarctic Sound）至南极威德尔海（Weddell Sea，位于63° 31′ S）的考察路线。图中巨大的平顶冰山占据了整个地平线。拉森冰架边缘的纬度位置向南退缩了1.5°。[Bobbé Christopherson]

重点概念

阅读完本章，你应该能够：

- ■ **阐述**地理学与自然地理学的定义。
- ■ **描述**系统分析、开放系统和封闭系统、信息反馈，以及它们与地球系统之间的联系。
- ■ **说明**地球坐标系：纬度、经度、纬向地理带和时间。
- ■ **阐述**地图制图学的定义和制图要素：地图比例尺和地图投影。
- ■ **描述**遥感概念，**解释**什么是地理信息系统（geographic information system，GIS）；为什么说二者都是地理分析的工具？

当今地表系统

美国四角州地标的精确位置到底在哪？

独特的四角州地标坐落于美国西南部的沙漠之中，其十字路口的石碑是科罗拉多州、新墨西哥州、亚利桑那州和犹他州四个州的边界标志。现在已成为许多游客必看的一个景点。各国游客，每个人不仅可以同时把手和脚分别置于这四个州里，还可以看到边界指示圆盘中的精确标记。最初的测量员——钱德勒·罗宾斯于1875年在这里用高2.1m的砂岩纪念碑树了个标记。现在的纪念碑和游客广场是1992年建立的，分别隶属于纳瓦霍（Navajo）国家公园和休闲中心（图1.1）。

2009年春季，有新闻报道称："四角州地标的位置是错误的。纪念碑地址与精确位置相比，向西偏离了4km"。该报道称：美国国家大地测量局（National Geodetic Survey，NGS）利用全球定位系统及最先进的测绘技术进行的全新调查表明：原来1875年最初的测量有误。对于如此重要的地标来说，这无疑是一个大新闻！到底是新闻报道有误，还

（a）美国四角州游客广场坐落于160号高速公路旁侧

（b）1992年更换的测量基准点
［美国地质调查局］

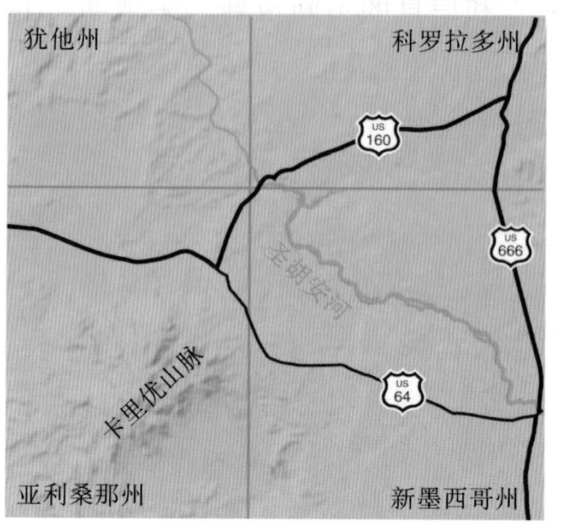

（c）位置

图1.1　纪念碑与游客广场

是需要移动纪念碑？

对于一般游客来说，测量精度可能并不重要；但对于科学家、设计师或相关专业人员而言，这种失误会带来较大影响。这是因为，坐落于美国西部的四角州地标是大地测量和地理位置的基准。

这个问题涉及基于子午线最初测量的准确性。1875年，英国国会责令钱德勒·罗宾斯利用伦敦格林尼治子午线（后被正式称为0°经线或本初子午线），沿东西方向测量地球经度；但19世纪末，许多西方国家参照华盛顿子午线（大约是格林尼治子午线的西经77° 3′）来设置测量基准。如果钱德勒·罗宾斯的测量利用的是华盛顿子午线，那么正如新闻报道所述，这个地标将被移除。

几个星期后，随着最初测量细节的曝光，新闻报道结论得到了纠正。尽管石碑确实与预期位置有所偏差，但实际上仅向东偏移了548m，而不是向西偏离。可是按照美国国家大地测量局的说法，纪念碑的位置是正确的。而通常划定边界位置的最终权威是石碑这样的实体物。因此，四角州地标石碑一旦建成并得到有关各方（四个州及美国国会）的公认后，它就成为四个州交汇的确定地点。这个位置的设定已超过100年，并被用作国家现代空间参照系，其精确坐标为36° 59′ 56.3150″ N，109° 02′ 42.6210″ W（http://www.glorecords.blm.gov/）。

地理学的核心主题包括空间场所、位置、经纬度、格林尼治本初子午线和地图绘制等。你将在本章中学习这些“地理要素”的概念。

欢迎使用第8版的**《地表系统：自然地理学导论》**，第8版大部分内容在本书第1版（Geosystems，©1992年）就呈现了。想象一下，这个充满机遇和挑战的社会是一个整体，生活在自然地理环境中的人类，需要了解地球系统的运行规律，然后去预测这些系统中的变化，从而确定我们未来可能的环境。本版每一章，仍如过去20年一样通过对科学和信息的不断更新，来帮助你认识我们的动态地球。

本书将对一些事件的来龙去脉进行介绍。比如，在冰岛，2010年埃亚菲亚德拉火山喷发，火山灰随着盛行风扩散，对航空业造成重大影响；在墨西哥湾，2010年深海地平线钻井平台发生的石油泄漏灾难所造成的各种污染，其影响至今仍在持续扩展（仅这一次石油重大泄漏事件，其规模就是美国阿拉斯加1989年埃克森公司/瓦尔德斯号石油泄漏事件的34倍）。参阅本书早期版本的第21章。

对于地球系统的探索，自然地理学是一个强有力的工具。地球系统影响着人类的生存，同时人类又以各种方式影响着地球系统。在21世纪20年代，我们有可能见证自然环境的更多变化，这对于自然地理学的研究来说，是一个令人兴奋的时代。因为这有利于人类对其所依赖的地貌、海洋、大气和生态系统等基本构件有更深入的了解。而气候变化将是21世纪全球最重要的社会议题。

本书第1版介绍了IPCC（政府间气候变化专门委员会，Intergovernmental Panel on Climate Change，http://www.ipcc.ch/）的第1次评估报告。2007年，IPCC完成了第4次评估报告。2009年3月，在丹麦首都哥本哈根举行了世界气候变化大会。这次IPCC大会有来自

80多个国家的2 500多位科学家出席（http://climatecongress.ku.dk/）。此次会议总结认为：

> IPCC（2007年）预测的最坏（或更糟）情况，正在变成现实……排放量飙升，海平面实际上升幅度高于预期，世界范围内出现气候影响的频率正逐渐增加。

2009年12月，联合国气候变化框架公约（UNFCCC，United Nations Framework Convention on Climate Change，http://unfccc.int/2860.php）缔约方大会举行了第15次会议（COP-15），并发布了哥本哈根协议，试图减少造成全球变暖的温室气体排放。在本书第8版编写期间，大气中CO_2（主要温室气体）含量又增加了16%，而2000年以来CO_2排放速度每年增加3.0%。这些变化对本书各章所对应的系统都会产生影响。

最近20年，陆地和海洋上观测的最高温度都刷新了纪录（图1.2）。2009年和2007年同为全球温度第二高的年份，仅次于2005年的数据；而2009年是南半球有温度记录以来气温最高的年份（见http://climate.nasa.gov/中的概括总结）。

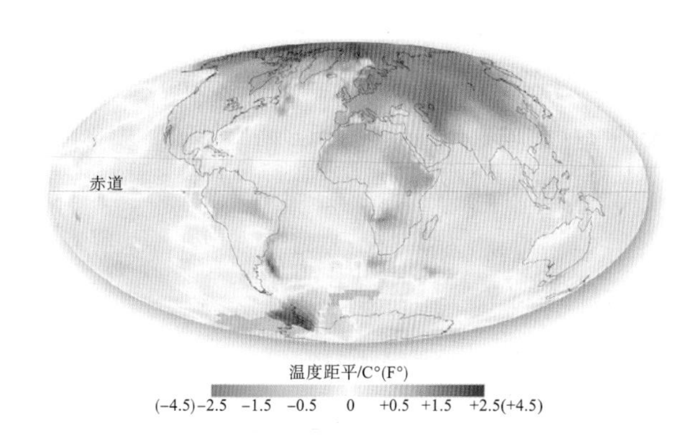

图1.2　全球气温距平（2000～2009年平均气温）
注：以1951～1980年为气温标准基线，2000～2009年平均气温的距平。这十年的平均气温是自1880年有记录以来的最高值；图中还包括了全球海洋和湖泊中的最高水温。［地图影像：GISS/NASA］

根据全球15个最大金融机构的财务数据估测，与天气相关的灾害（干旱、洪涝、冰雹、龙卷风、下击暴流、热带气旋、季风强度、风暴潮、暴风雪和冰暴、森林火灾等）造成的损失：2005年为2 100亿美元（仅卡特里娜飓风就造成1 250亿美元的损失），到2040年则有可能超过1万亿美元（按2012年美元计算）。在全球气候背景下，这种灾害损失正呈上升趋势，损失总额将不断增加。

2010年1月，7.0级的地震袭击了海地，随后还发生了成千上万次余震，造成20多万人死亡及数百万人无家可归，直接导致这个世界上最贫穷的国家濒临崩溃。虽然海地旧街区的受灾情况较轻与地震预测和防震准备有关，但海地暴露出来的主要问题是建筑落后、基础设施薄弱及缺乏科学规划。海地这次震灾损失是全国国内生产总值的两倍多。同年次月，8.8级地震又袭击了智利的莫尔（位于圣地亚哥西南方向），同样的情景再次重演。自然地理学从空间角度解释地球系统的运行规律，并提供了一个工具，让你明白在海地、智利及全世界正在发生的事情。

从赤道到中纬度地区，再从沙漠到极地，环境为什么会发生变化？太阳辐射怎样影响植被、土壤、气候的分布及人类的生活方式？为什么当今的森林大火会屡创纪录？为什么某些地区的地震和火山活动十分活跃，其风险又是什么？风系、天气和洋流的分布模式是怎样产生的？为什么全球海平面呈现出上升趋势？2007～2009年世界上许多国家都加入了“国际极地年”来开展极地研究，原因是什么？自然系统会对人类产生什么影响？反之，人类又会怎样影响自然？在本书中，我们将从地理学的独特视角来探讨这些问题。欢迎你一起来探索自然地理学！

在这一章中：对于地表系统的研究，首先从自然地理学及人们使用的地理工具入手，因为自然地理学的综合空间方法是研究整个地球系统的关键。

自然地理学家在环境研究中采用的是系统分析方法。因此，本章首先将对系统及影响系统运行的反馈机制进行介绍。然后，将阐述“地理位置”这一地理学中的关键主题，即地球表面的经度、纬度和时间坐标及其观测的新技术。对经度和世界时区制的学习，可以让读者体会到地理学的观察视角。地图作为地理学家描绘自然和人文信息的重要工具，本章也将进行详细介绍。本章结尾还将对地理学中的太空遥感、地理信息系统这些新技术领域进行概述。

1.1 地理学

接下来，进入**地球系统科学**的时代。这门学科有助于我们把地球看作是一个完整的实体——由物理、化学和生物系统相互作用而形成的一个有机整体。当我们回答与地球自然系统及其与生物的相互作用相关的空间问题时，自然地理学就成了地球系统科学的核心。

地理学（Geography）研究的是自然系统、自然区域、社会、文化活动之间的关系及其在空间上的相互依赖性。**空间性**是指物理空间的本质和特征，包括它的度量及内部属性的分布状况。例如，今天你要去教室、图书馆或工作单位。根据你对街道布局、交通拥堵点、单行道、停车场或自行车停放位置的了解，怎样选择你的最优交通路径？这些都是影响人类活动的空间问题。

为了使地理学的定义更加清晰，我们把地理学科分成五个空间主题：**区位**、**区域**、**人地关系**（人类与地球的关系）、**运动**和**场所**。图1.3就是针对上述五个空间主题给出的例子和详细说明。

1.1.1 地理学分析

对于上述五个地理主题，掌握好地理方法胜过一套特定的知识体系。这个方法就是**空间分析**。利用这种方法，地理学综合了各个领域的主题，并通过整合信息形成了一个整体地球的概念。地理学家观察各个空间、尺度大小及区位发生的现象；并用地理学的语言来反映其空间视野：空间、领域、地带、模式、分布、场所、区位、区域、范围、省和距离等。之后再对不同地点的异同之处进行分析。

过程作为地理学分析的核心，是指按照某些特定次序所进行的一系列作用或机制。例如，地表系统教材中，大量过程包含于地球上巨大的水-大气-天气系统、地壳运动和地震、生态系统及河流流域的动力学之中。地理学家运用空间分析方法对地球空间上或区域上的相互作用过程进行检测，了解这些过程是怎样进行的。

自然地理学（Physical Geography）就是对构成环境的所有自然要素和全部系统过程进行空间分析，包括能源、空气、水、天气、气候、地形、土壤、动物、植物、微生物和地球本身。自然地理学家作为自然科学研究者，运用的是自然**科学方法**。**专题探讨1.1**阐述了自然科学的基本过程。

1.1.2 地理连续体

地理学兼收并蓄了不同领域的各个学科；事实上任何事物都可以从地理学角度进行研究。图1.4展示的是某个地理要素连续分布（连续体）的排列；它的一端是自然

区位
地球上某一具体地址的定位，包括绝对或相对位置。美国新泽西州37号公路牌上的位置指示。

场所
地球上不存在两个完全相同的场所。芬迪湾把新不伦瑞克省和新斯科舍省隔开，它拥有世界上最高的潮差，平均最大潮差高达17m。

区域
区域就是拥有相同特征的某一地区。得克萨斯州中南部就是一个特殊的区域，拥有草地、大牧场、灌溉作物和饲养场。

运动
在相互依存的地表上，任何沟通、循环、迁移及传播都是动态的。动物随季节变化而迁徙，雪雁在迁徙途中会时而捕食时而休息。

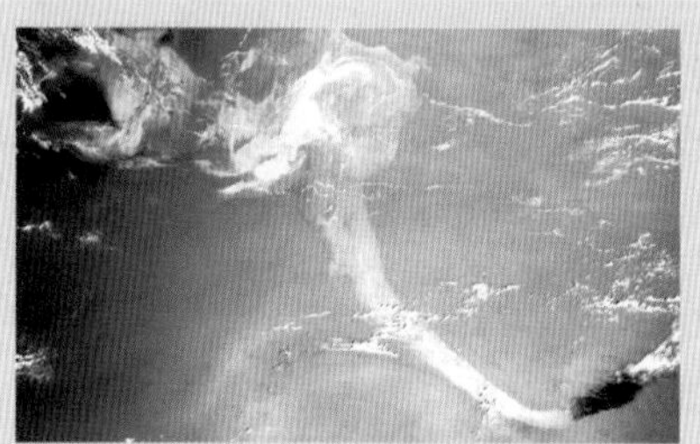

人地关系
人类与环境的关系，包括资源开发、风险认知、环球污染和改造。在Terra卫星影像上，墨西哥湾海面因“深海地平线”钻井造成的石油污染，在阳光下呈高亮度的灰白色，这是历史上最大的一次石油泄漏事件。

图1.3　地理科学的五个主题

你能从生活经历中为每个主题举出几个例子吗？

［照片：Bobbé Christopherson；影像：NASA/GSFC］

地理学，另一端则是人文地理学。图1.4中所示的大量地理学特性就是从这些学科领域中提炼出来的。

图1.4中的地理连续统一体反映了地理学的基本二元性（或分裂性），即自然地理学与人文地理学相对应。有些地理协会将这个二元性分隔开来考虑。人类有时候认为地球的自然过程与自己无关，这就像演员不注意舞台、道具、灯光一样。人类依赖地球系统提供的氧气、水、养分等物质及能量来维持自己的生命。由于人类与自然环境之间日益复杂的关系，我们对地理过程的研究，就应该以图1.4中的连续体为中心，获取更全面的认识。这就是自然地理的动力源泉。为了综合方法的发展和运用，许多学校的地理系都开设了与之相关的课程。

1.2 地球系统概念

系统一词常出现于日常生活中，例如“检查车辆的冷却系统”“网页浏览器可以用这个宽带系统吗？”“分级系统的作用是什么？”“某个天气系统正逼近某个地区”。系统分析方法始于19世纪，被用于能量和温度（热力学）方面的研究；在第二次世界大战期间，系统分析在工程学上得到了进一步发展。系统方法是一种重要的分析工具。本书第Ⅰ～Ⅳ篇中的21章内容就是按照系统的逻辑思维来组织设计的。

1.2.1 系统理论

简单地说，一个**系统**就是指通过物质流与能量流动态联结在一起的，由相关事物及其属性构成的任何一个有序集合体。它与系统外部环境存在显著差别。在一个系统内部，其组成要素可以构成一个系列，也可以与其他系列交织在一起。一个系统可以包含多个子系统。在地球系统中，物质和能量发生着储存和释放过程，其中能量是从一种形式转化为另一种形式（记住：物质是指具有物理形态和空间体积的质量体；能量是指能够改变物体运动或对物体产生作用的功）。

开放系统 自然界中的系统通常不是一个自给系统：系统中既有能量与物质的输入，也有能量与物质的输出，这种系统被称为开放系统。系统内的部分功能相互关联并以某种方式共同作用，使得每个系统具有各自的运行特征（图1.5）。从能量上来说，地球是一个开放系统，因太阳能量不但可以自由进入地球系统，而且地球系统中的热能还可以返回太空。大多数自然系统就能量而言都属于开放系统。

太阳辐射输入的巨大能量，使地球上的大多数系统具有动态特征（能量充沛的、运动的）。太阳辐射穿过地球大气最外层界面向地表系统输入能量，辐射在传播路径中转化为各种形式的能量，譬如动能（运动的）、势能（位置的）、化学能或机械能。这些能量使大气和海洋始终处于运动之中。最后，地球将这些能量以热辐射形式返回到寒冷的太空中。

封闭系统 与周围环境相隔离的独立系统称作封闭系统。虽然自然界中封闭系统很少见，但就自然物质和自然资源（空气、水、物质资源）而言，地球本质上是一个封闭系统。唯一例外的是大气层中慢慢逃逸到太空中的轻气体（比如氢气）和频繁输入地球系统中的微小流星和宇宙尘埃。由于地球是一个封闭的物质系统，所以若要保障全球经济的可持续发展，我们就必须努力实现物质的循环再利用。

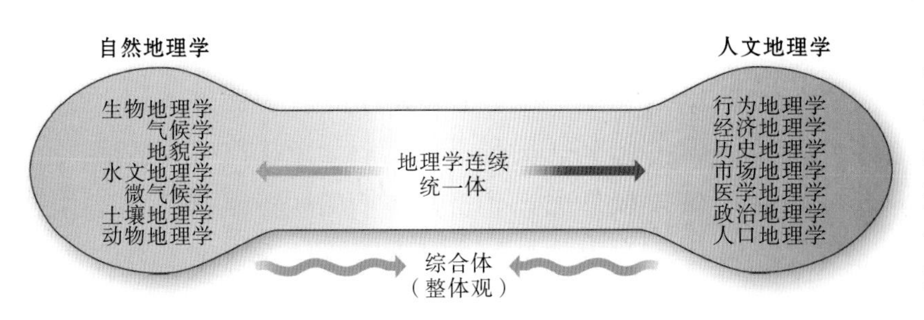

图1.4　地理学的内容

注：地理学的主题内容来自许多不同学科。虽然本书的中心内容是自然地理学，但却包含了一些整合后的人文要素。越靠近连续体的中部，自然（地球）要素与人文要素的综合程度越高。

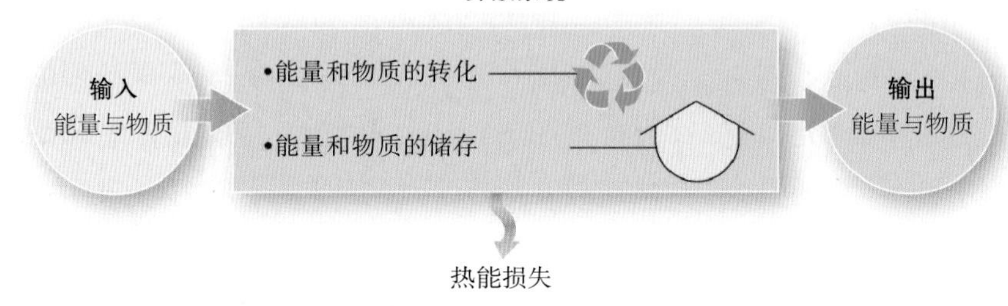

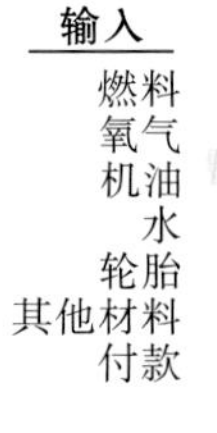

图1.5　开放系统

注：在开放系统中，输入的能量和物质在系统运转过程中经过转变后储存起来；系统输出包括系统中的能量流失、物质和热能损耗。对于开放系统，观察汽车运行过程中输入和输出之间的联系，再把你的认识延伸到汽车的整个生产系统：从原材料、装配、销售、车辆事故到废车场。你能举出在生活中遇到的其他开放系统的例子吗？

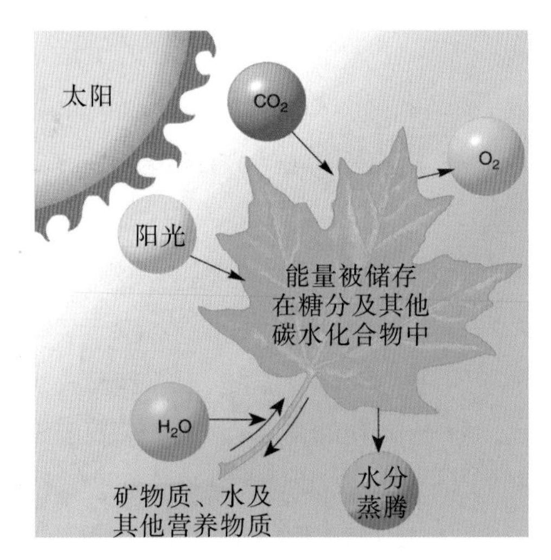

（a）光合作用过程中消耗CO_2、营养盐和H_2O，但制造了O_2和碳水化合物（糖，储存化学能）

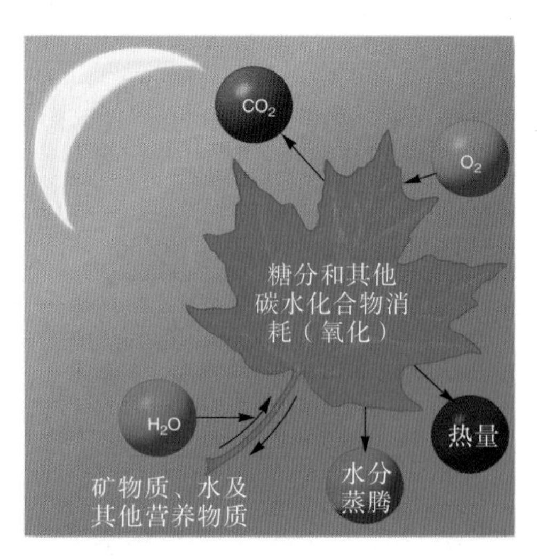

（b）植物夜晚的呼吸作用，相当于光合作用的逆过程

图1.6　天然的开放系统——树叶

注：天然的开放系统——以植物叶片为例。

系统示例 图1.6以植物叶片的光合作用和呼吸作用为例，来说明一个简单的、天然的开放系统。在光合作用过程中［图1.6（a）］，植物把吸收的太阳光作为能量输入，把吸收的H_2O、营养盐和CO_2作为物质输入，将这些输入的能量和物质转化为碳水化合物，并以化学能的形式储存起来，该过程中植物还释放出人类呼吸所需的O_2。

植物呼吸作用是光合作用的逆过程，通过呼吸作用植物获取自身所需的能量。植物在呼吸作用中消耗储存的化学能（碳水化合物）和输入的O_2，向环境释放CO_2、H_2O和热量［图1.6（b）］。因此，植物是一个开放系统，系统中的物质和能量可在植物体中流入流出（见第19章中光合和呼吸作用）。

系统反馈 一个系统运行时所产生的输出会影响其自身运转。这些“信息”功能的输出，可通过某种路径或反馈回路返回系统中。反馈信息可以引导，有时甚至可以控制系统的进一步运转。在植物光合作用系统中（图1.6），日照时间、CO_2和H_2O的增减所产生的反馈可使植物发生特定的反应。例如，减少水分输入可使生长过程减缓，而增加日照时间则在一定程度上可加快生长过程。

对系统变化起抑制作用的反馈信息称作**负反馈**。负反馈可进一步抑制系统变化。这种负反馈信息可使自然系统进行自我调节，从而维持系统的稳定。如果要保持健康的体重（人体是一个开放系统），当你站在体重秤上，可以想一想体重信息是否有助于你调节身体系统的活动？假如你超重太多，你就会减少摄食量或增加锻炼直到体重稳定下来。

对系统变化起促进作用的反馈信息称为**正反馈**。正反馈信息可加速系统变化。系统中不受抑制的正反馈会导致系统失控（“雪球效应”）。在自然系统中，这种不受抑制的正反馈达到阈值时，就会导致系统不稳定、崩溃或灭亡。

如第17章所述，全球范围内冰盖、冰川和冰架表面上的融水池增加，就是全球气候变化产生的正反馈的例证。由于融水池色彩偏暗、阳光反射偏低（反射率小），能够吸收更多太阳能，从而使更多的冰融化而形成更多的融水池；如此循环反复，运行中的正反馈回路对高温和变暖趋势产生了促进作用。

据卫星图像和航空勘测，科学家已确认：自2000年以来，北极地区的融水池在体积上增加了400%。1996～2008年，格陵兰岛的冰体总损失量增加了1倍多。融水池是全球气候变暖的证据。同时伴随海冰融化，表层水体色彩变暗、水面吸收更多的阳光，造成气温和水温进一步上升。

近10年来，全球毁灭性的森林火灾频繁发生，有记载的包括美国西部、澳大利亚等地区的森林大火。这些都是正反馈的实例。大火燃烧时，着火点四周的灌木和湿柴变得干燥易燃，从而提供了更多燃材；火越大，燃材就越多，进而造成更大的火灾——这是火灾的正反馈作用。

系统平衡 大多数系统随着时间推移能够维持自身的结构和特性，所谓系统平衡是指某一能量和物质系统在时间上能够维持平衡状态。能够使系统处于平衡状态的条件，称为稳态条件——稳定或动态稳定的条件。当系统中输入和输出的速率相等、能量和物质的储存总量恒定时（更确切地说，围绕一个稳定的平均值波动时），系统就处于**稳态平衡**。

然而，随着时间的推移，稳态系统开始出现某种变化趋势，这种状态被称为**动态平衡**。系统的变化趋势无论上升或者下降，其增减幅度是逐渐变化的。图1.7中包含了稳

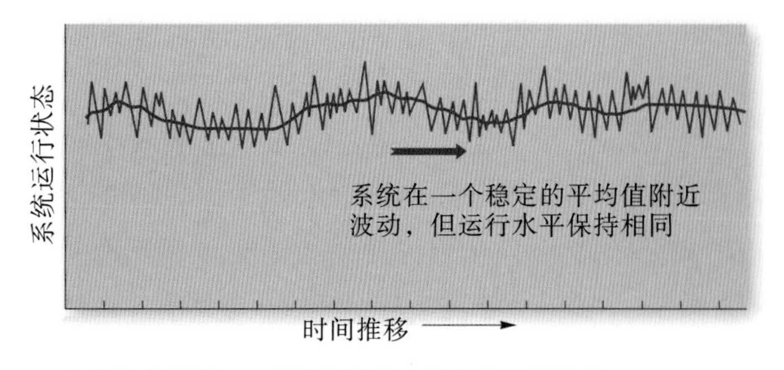

（a）稳态平衡——系统围绕某一稳定值上下波动

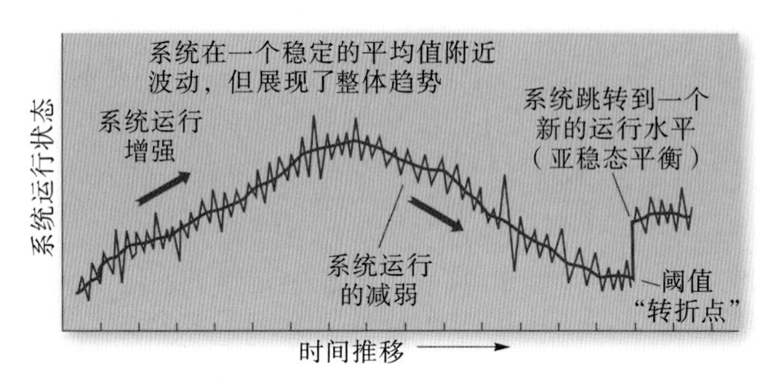

（b）动态平衡——系统呈现上升和下降趋势

突破阈值的海岸系统

图1.7　稳态和动态的平衡系统

注：旧金山南部的太平洋沿岸2010年1月发生的滑坡使崖壁向内陆推进了20.5m；这是突破阈值造成的悬崖崩塌。［Bobbé Christopherson］

态平衡和动态平衡两种状态。

请注意：系统为了维持其功能运行，对系统突变有抑制作用。然而，当系统达到某个**阈值**（转折点）时，系统就不再能维持自身的特性，而转变成新的特性。系统发生突变后处于亚稳态平衡。例如，山坡或海岸悬崖发生滑坡后所进行的调整，经过一段时间后，这些斜坡的形态与物质和能量之间最终将达成一种新平衡。

阈值这一概念在科学界受到广泛关注，尤其是当某些自然系统达到转折点时。例如，南极周围一些冰架的突然崩塌；加拿大埃尔斯米尔岛北海岸的冰架崩塌。这些都是系统达到阈值后转变为新状态的例子——原系统崩溃了（详见第17章）。

动植物群落中也存在阈值。由于海水变暖和污染，某些珊瑚群落系统达到了阈值，导致世界各地珊瑚礁白化（死亡）现象自1997年出现大幅度增加。现在，地球上大约50%的珊瑚出现了病症或濒临灭绝（详见第16章）。另外，分布于热带雨林中部和南美洲地区的

图1.8　丑蛙发出的物种灭绝警告

注：受气候变化影响，大约2/3的丑蛙物种在过去的20年灭绝了。图中"多拉多蛙（金蛙）"目前只存活于人工饲养条件下。［©Michael & Patricia Fogden/CORBIS，版权所有］

丑蛙也是一个达到阈值的例子——1986年以来它们的灭绝速度不断加快（图1.8）。

系统分析和物种灭绝 在哥斯达黎加蒙特沃德云雾林保护区及中、南美洲地区，如果要了解丑蛙和金蛙究竟发生了什么，关键是要了解气候及疾病（病原体）是怎样变化和传播的。究其原因，云雾林保护区位于中海拔（1 000～2 400m）地区，温度条件适宜于壶菌（*Bactrachochytrium dendrobactidis*）病原体的扩散。

专题探讨1.1 科学方法

科学方法这一术语听起来很高深，其实不然。简单地说，科学方法就是对客观方法和常识的有序运用。科学家通过观察事物，对观察结果进行总结概述，整理出来一个假说；然后，通过实验来检验这一假说，进而发展成一个理论，提出一条科学定律。艾萨克·牛顿（1642—1727年）提出的上述这种探索自然规律的方法，就是后来人们称谓的*科学方法*。

自然界是一个复杂系统，它运行时可能会产生各种不同的结果。对于这种不确定性的认识，科学方法发挥着重要作用。随着知识的增加，人类对于不确定性及可能发生情景（结局和事件）的认识越发清楚。反过来，人类更需要掌握更精深的科学知识。

图1.9自上而下地对科学方法的流程图进行了阐述：科学方法开始于人们对现实世界的感知，并取决于我们知道什么，想了解什么，有哪些未知问题。

研究自然环境的科学家求助于自然界中那些可观测、可度量的属性来探索自然规律。

第一步：观察和观测。先估计需要什么数据，然后收集数据。通过对观察结果的分析，识别样本之间可能存在的相互关联性。之后，再对样本进行归纳推理，或对具体事实进行综合概括。这一步骤在现代地理学中十分重要，其目的是了解地球的整体功能，而不是那种孤立的、零星分割的功能信息。这种认识有利于科学家构建地球系统运行的综合模型。

第二步：提出假说并检验。如果研究者发现了某种模式，就可以构建一个假说；然后对观察到的现象进行实验性的解释；再结合该假说建立的一般原则，展开进一步的观测。以此收集更多的数据，包括对假说支持、不支持的数据及检验预测是否准确的数据。通过这些分析得到的负反馈信息来调整数据收集和构建模型，对假说改进完善。

第三步：理论构建。理论一词可能在媒体和公众概念中很模糊。一个理论是在一系列假说的基础上构建的，这些假说需要经过大量的检验。理论是指真正具有广泛意义的普适性原则，即把一系列自然法则联系起来的统一概念。例如，相对论、进化论、原子理论、大爆炸理论、平流层臭氧损耗理论和板块构造理论。理论是认识自然界有序或无序（混沌）的有力工具。利用理论可对未知事物及可被实证检验（证实或证伪）的结果进行预测。一个理论的价值在于它能激发人们对自然界的认知，并对这种认知进行连续的观测、检验、认识和探索。普通理论的作用如同正反馈，能够增进我们对现实世界的认知。

纯粹的科学并不做价值判断，只提供客观信息。人们和相关机构基于这些信息来构建他们自己的价值判断基础。由于地球自然系统对现代文明的响应，科学应用对社会和政治方面的判断日渐重要。1997年，美国国家海洋大气管理局局长简·卢布琴科在美国科学促进会致辞中说到：

科学本身没有能力来实现可持续发展的伟大目标，但社会迈向这一目标却需要科学知识和科学智慧的帮助。

人们逐渐意识到人类活动所导致的全球变化，让科学家参与决策的社会呼声越来越高。学术期刊中的大量评论，也呼吁应用科学要积极投入到这项决策中来。

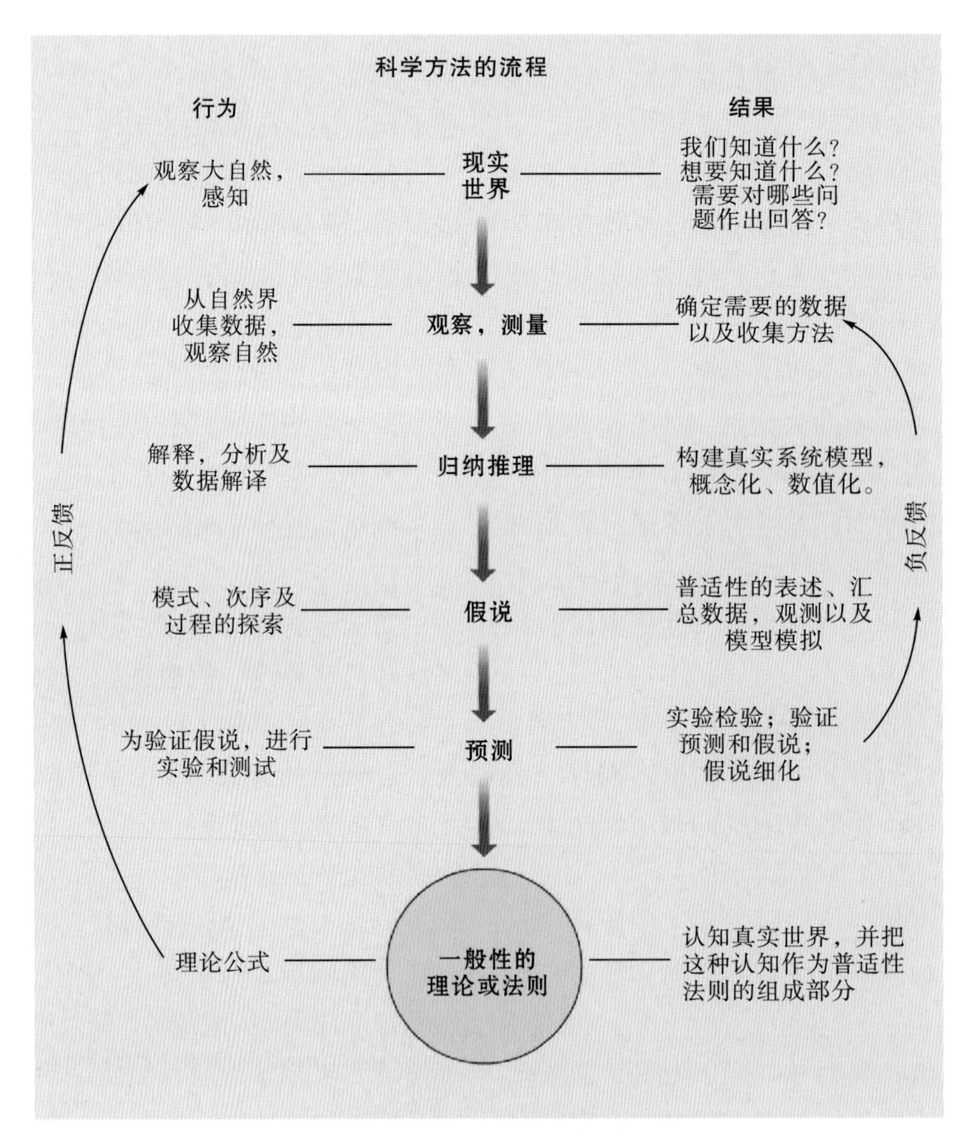

图1.9　科学方法的流程图

注：科学方法的流程为，从感知、观察，到推理、假设和预测，进而获得普适性的理论和自然法则。

人类活动导致的气候变化使大气和海洋的温度升高。温度越高，蒸发率就越高，从而对水汽的凝结高度造成影响（第7章）。当暖湿空气登陆或遇到山体时，气团抬升冷却，水汽发生凝结的海拔比以前的高（第8章）。云量增加对气温日较差也有影响：夜间云层有保温作用，使夜间最低气温增高；白天，云层的反射作用使最高温度降低（第4章）。

壶菌生存的最适温度是17～25℃。云量变化使得森林地表白天最高气温低于25℃。这种适宜的温度条件，使得壶菌病原体繁殖大大加速。这种病原体侵入丑蛙潮湿多孔的皮肤，导致丑蛙死亡。1986～2006年，已知的110种丑蛙约有67%灭绝了，即这些物种永远消失了。

从上述例子中，你能看到系统分析的强大吗？全球变暖导致水循环加剧，空气和水体的温度升高、蒸发量增加，而这些因子又会改变云层性质和气温日变化。

皮纳图博火山对全球系统的影响　这是火山喷发与全球系统相互作用的一个典型例子，本书将通过这个例子来说明空间分析的强大。菲律宾的皮纳图博（Pinatubo）火山于1991年发生了猛烈喷发，火山向高层大气中输送的火山灰和硫酸雾达1 500万～2 000万吨（图1.10）。这次火山喷发规模之大，在20世纪全球范围内位列第二（另一次更大的是1912年美国阿拉斯加的卡特迈火山喷发）。皮纳图博火山的喷发物，对地球系统的影响有以下几种方式，见图1.10中的注释说明。

在阅读本书过程中，皮纳图博火山的故事贯穿于书中八个章节之中：第1章（系统理论），第4章（火山喷发对大气能量收支的影响），第6章（火山碎屑物随风扩散的卫星影像），第10章（火山喷发对全球大气温度的短期影响），第11和第12章（火山过程），第17章（火山喷发对气候的影响）及第19章（火山喷发对净光合作用的影响）。除了对火山喷发作简单的描述之外，本书还要介绍这次火山喷发与全球系统的相互关联。

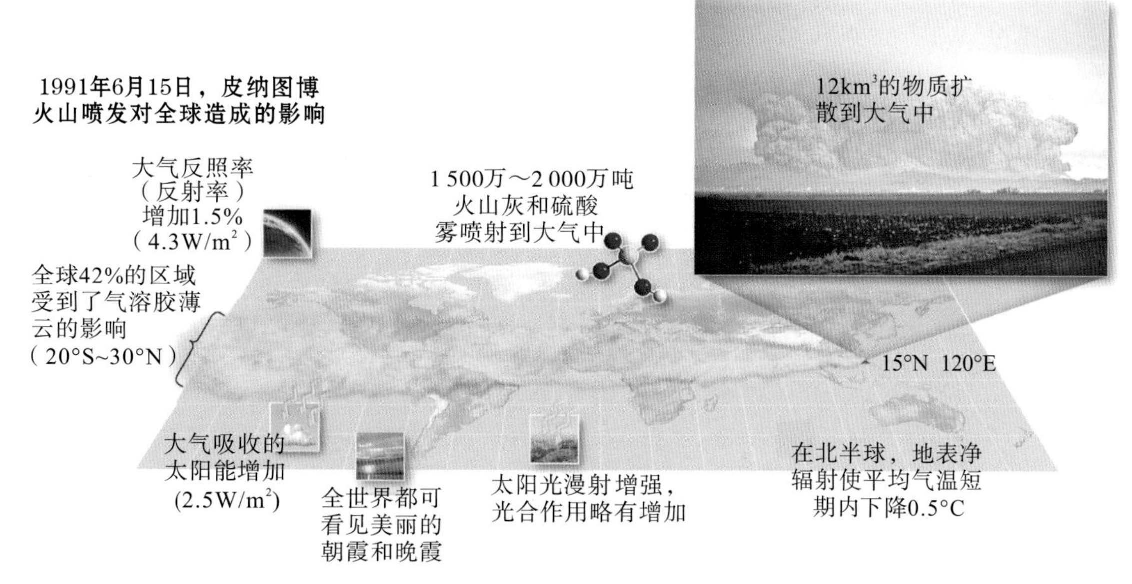
1991年6月15日，皮纳图博
火山喷发对全球造成的影响
大气反照率（反射率）增加1.5%（4.3W/m^2）
全球42%的区域受到了气溶胶薄云的影响（20°S~30°N）
1 500万～2 000万吨火山灰和硫酸雾喷射到大气中
12km^{3}的物质扩散到大气中
15°N 120°E
大气吸收的太阳能增加(2.5W/m^2)
全世界都可看见美丽的朝霞和晚霞
太阳光漫射增强，光合作用略有增加
在北半球，地表净辐射使平均气温短期内下降0.5°C

图1.10　皮纳图博火山的喷发

注：1991年皮纳图博火山喷发在全球尺度上对地球-大气系统产生了影响。阅读过程中，你将看到许多章节都与这一内容相关。第12章中对火山喷发影响进行了概括总结。[嵌入照片：美国地质勘探局，戴夫·哈洛]

1.2.2　本书的结构体系

了解本书的内容结构体系，请注意贯穿于各章节内容中的能量流、物质流和信息流线索（图1.11）。本书的主题顺序与它们在自然界的顺序一致，所以各主题的论述将遵循这样一种逻辑流程，即：对能量流和物质流的阐述要么针对某一个系统，要么按照时间或事件的发生次序。

从图1.11（b）可知，本书从第2章开始讲解太阳。太阳辐射能量穿越太空到达大气层顶界，然后穿过大气到达地表并参与到地表能量收支过程中（第3章、第4章）。接下来，再讲述能量输出的形式——温度（第5章）、

本书的内容结构体系

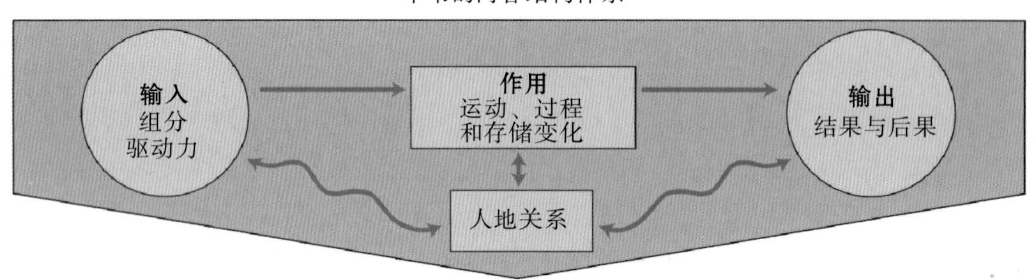

（a）系统内的输入输出及其相互作用顺序（流程图）

本书结构体系的举例

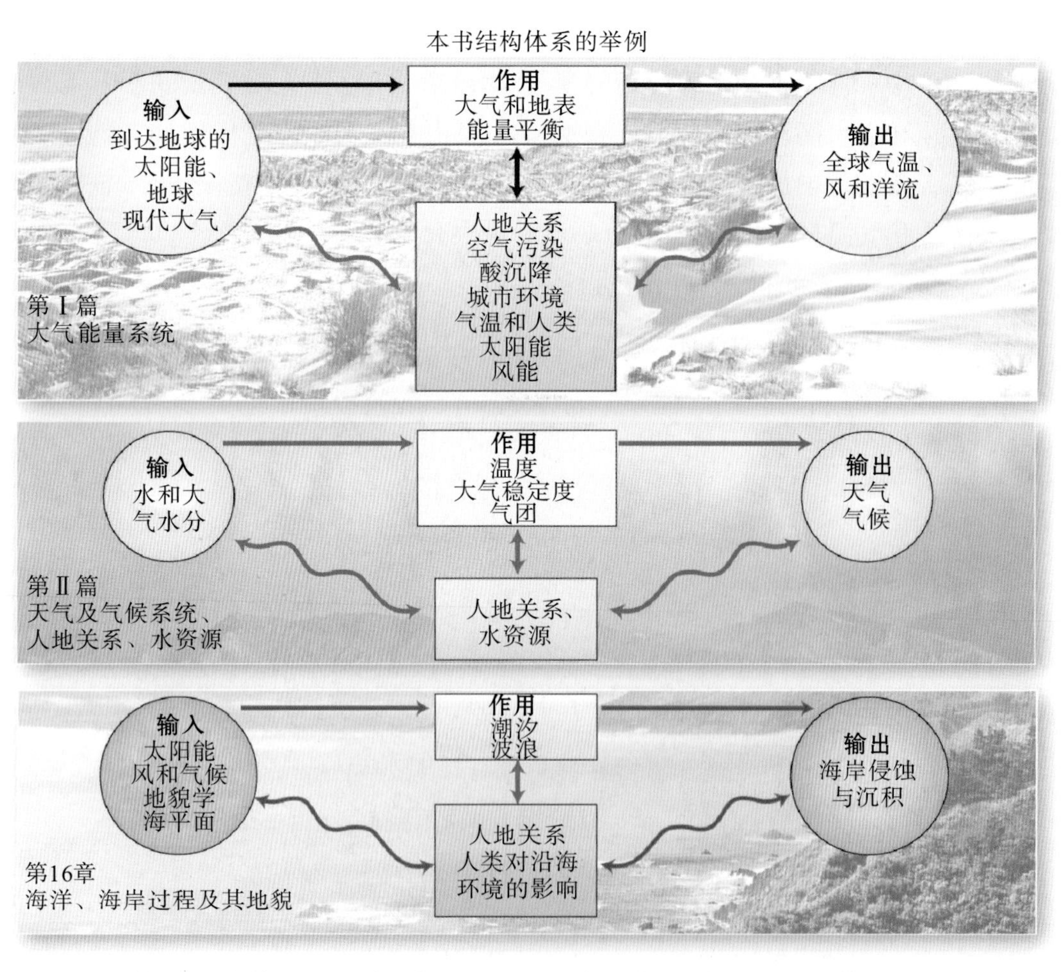

（b）第Ⅰ、Ⅱ篇中的结构体系；以“第16章 海岸过程”为例，说明各章内容的结构体系

图1.11　本书的结构体系

风和洋流（第6章）。请注意：本书的另外三篇各章内容也都遵循这一逻辑结构，这里把第Ⅱ篇及第16章作为示例展示出来。

系统模型 **模型**是对部分现实世界的一种简化的理想情景再现。模型设计可按概括程度来划分。在生活中，你可能已对某些事物建立或绘制了一种模型，这是对真实事物的一种简化，比如飞机或房屋模型。

通过模型简化，系统更易于被理解并开展实验模拟（如图1.6中的叶片模型）。水文系统模型就是一个很好的例子，作为全球水系统的一个模型，它通过水体运动把能量流动、大气、地表和地下环境联系在一起（见第9章，图9.2）。本书还将讨论另外一些系统的模型。

在模型中，人们通过调整参数变量来模拟不同情景，并对系统的运行状态进行预测。需要注意的是：这种预测结果仅仅与模型内置的假设和精度相对应。模型是复杂过程简要认识的最好方式。地球的四个“圈层”中，每一个“圈层”都可看作是地球系统的一个模型。

地球的四个“圈层” 地球表面积为5.0亿km^2，包含四个巨大的、相互作用的开

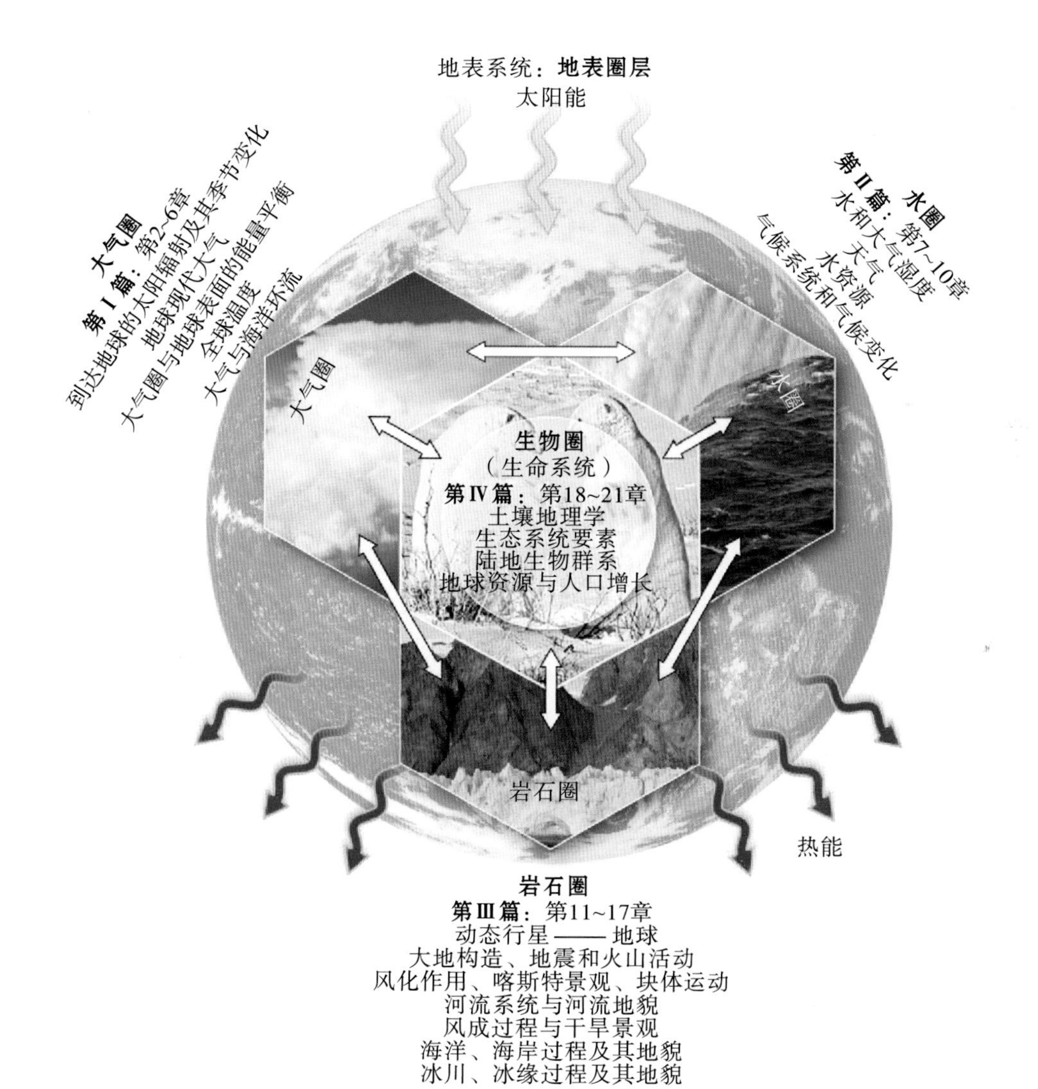

图1.12 地球的四个圈层

注：每一圈层都是一个巨大的地球系统模型。这四个圈层是本书的组织框架。［Bobbé Christopherson］

放性系统。图1.12展示的是由三个**非生物（无生命）系统**重叠构成的一个生物界（生命系统）简单模型。非生物圈层包括：大气圈、水圈、岩石圈。生物界的圈层仅指生物圈。

如图1.12所示，本书结构体系就是围绕这四个圈层来组织各章内容的。图1.12中箭头指示了各篇所包含的内容及各章节之间的相互联系。当我们讨论生物和非生物系统时，请参阅图中箭头指示。

地学报告1.1　濒临灭绝的两栖类动物

两栖类动物是动物中的濒危群体，大约有1/3的已知物种现在正处于灭绝风险之中。世界自然保护联盟（International Union for Conservation of Nature, IUCN, http://www.iucn.org/）的两栖类动物专家小组，为了保护两栖类动物采取了两种新举措：加强单一区域物种的栖息地保护；加强抗真菌药物的试验，防治导致蛙类死亡的疾病。以此来缓解当前两栖动物灭绝危机（详见http://www.amphibians.org/）。

地学报告1.2　太阳系中的水

在太阳系的行星中，只有地球上存在水圈，其中地表水体积大约为$1.36\times10^9 km^3$。人类还发现在月球极地、火星、木星的木卫二、土星的土卫二和土卫六上存在地下水。对于火星极地区域由地下冰和冻融作用造成的构造土现象，人们正在利用遥感飞船进行研究，见第17章关于地球的论述。在宇宙中，人类还通过深空望远镜来寻找星云及遥远行星上的水的存在迹象。

■　**大气圈**（第Ⅰ篇，第2章～第6章）。大气圈是指受地球引力作用包裹地球的薄层气体。大气形成于各个时期从地壳及其内部释放出的气体和所有生命呼吸排放的气体。地球低层大气在太阳系中独一无二；气体成分是由氮气、氧气、二氧化碳、水蒸气和其他气体组成的混合气体。

■　**水圈**（第Ⅱ篇，第7章～第10章）。地球上的水存在于大气圈、地表和浅层地壳中。这些水体共同构成了水圈。水圈中一部分水为冻结状态，而被称作冰冻圈（译者注：近年来已经把“冰冻圈”列为一个独立圈层）——冰盖、冰帽、冰川、冰架、海冰和地下冰。水圈中的水有三种存在形态：液态、固态（冰冻圈）和气态（水蒸气或水汽）。水有淡水和咸水（含盐分）两种化学状态。

■　**岩石圈**（第Ⅲ篇，第11章～第17章）。地壳与部分上地幔构成了岩石圈。与地表深层相比，地壳脆性很强，并在分布不均的热能和压力作用下缓慢移动。广义的岩石圈有时指整个固体地球。人们通常把覆盖在地球陆地表面的土壤层称作土壤圈。在本书中，土壤是岩石圈（第Ⅲ篇）和生物圈（第Ⅳ篇）之间的桥梁。

■　**生物圈**（第Ⅳ篇，第18章～第21章）。各种生物及其自然环境构成的复杂关系网，称为**生物圈**（生态圈）。生物圈是物理和化学因素共同形成的生命环境。生物圈存在于非生物（无生命的）圈层之中，其空间范围从海底、地壳上部岩层再到8km高的大气层。这是生命天然生存的极限范围。生物圈在进化中面对繁盛的机遇或灭绝的风险，不断地进行自我重组。

1.2.3　球体行星：地球

以前，很多人都认为地球是平坦的。此外，还有很多其他观点。这些观点不同于现代对地球的认识，即地球是一个球体。两千多年前，古希腊数学家和哲学家毕达哥拉斯（Pythagoras）(大约公元前580～公元前500年）通过观测推断出地球是个球体。但我们并不清楚毕达哥拉斯通过什么观测得出这一结论。你能猜出他是怎样判断出地球是球体的吗?

比如，他或许注意到超越地平线的航船，船只看起来已低于水面以下，可是当船只返回港口时，甲板却是干的。也许他注意到月食期间月球表面上的地球投影。他的推断还可能来源于：天空上的太阳和月亮不是平面圆盘，而是球体；同理，地球也一定是一个球体。

地球是一个球体。这个观点早在公元1世纪就被知识阶层普遍接受了。克里斯托弗·哥伦布在1492年航行时就已知道他是在绕着一个球体航行，这也是他认为已抵达东印度的一个原因。

大地水准面　直到1687年，完美的正球体模型才成为**大地测量学**的一个基本假设，这是一门通过测量和数学计算来确定地球形状和大小的学科。但是，在同一年，艾萨克·牛顿推测认为：“地球及其他行星，可能不是完美的正球体”。牛顿的理由是：赤道处的旋转速度更快（因为赤道距地球中心轴最远，因而运动更快），由于离心力使地球表面向外拉伸，这会导致赤道处隆起。他确信地球是一个略呈畸形的球体，即扁球体，或者更准确地说，是一个两极略扁的椭球体。

人们普遍认为地球赤道处凸出、两极略扁。这也被大量精确的卫星观测所证实。由于地球是一个“大地水准面（重力平面）”，所以现代地球测量进入“大地水准面”时代。**大地水准面（Geoid）**，其英文的字面意思是：“地球形状塑造于地球本身”。地球的大地水准面可以想象为：一个均匀的延展于陆地下方的全球海平面。无论测量陆地高度，还是测量海洋深度，都以这个假想平面为基准。大地水准面可被认为是一个由以下作用形成的平衡状态球面，即：地球表面的重力场、地表水的水面分布及地球自转离心力之间的相互作用。图1.13给出了地球两极和赤道的平均周长和直径。

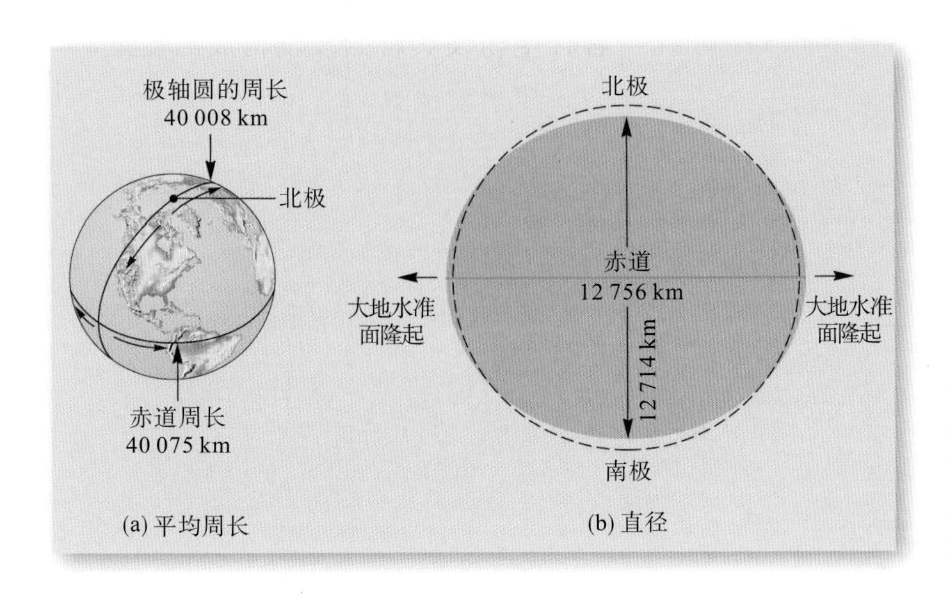

图1.13　地球的大小
注：图中数据为地球赤道和极轴圆处的周长和直径。虚线为正球体的正圆形投影，也是地球大地水准面的参照面。

1.2.4　公元前247年的地球测量

公元前3世纪，厄拉多塞（Eratosthenes，大约公元前276～公元前196年）任职埃及亚历山大图书馆管理员。他是一位在科学上具有重要地位的希腊地理学家和天文学家。亚历山大图书馆是古代世界上最好的图书馆。厄拉多塞的成就之一就是精确地计算出了地球极轴圆的周长。图1.14介绍了他的计算方法。

厄拉多塞从旅行者那里得知：太阳光线在6月21日这一天可以直射到赛尼城（Syene，现在埃及的阿斯旺）的井底。这意味着这一天的太阳处于赛尼城的正上方。可是，对于赛尼城以北的亚历山大城（Alexandria），厄拉多塞通过自己的观察得知：太阳光线从未直射到头顶上方，即使在6月21日正午。然而，这天正午的太阳位置却是太阳在天空中能够到达的最北端。厄拉多塞明白了：亚历山大城与赛尼城不同，这里的地表物体于6月21日正午时分总会投射出阴影。为了解释这两种观测现象，厄拉多塞利用几何学知识进行了一个试验。

在亚历山大城6月21日正午，厄拉多塞对一个方尖塔（一个垂直的柱状物）投下的阴影进行了角度测量。已知塔的高度，再以塔基为起点测量太阳阴影的长度，这样就可以利用三角形法则求得太阳光线的角度。由此，他确定出阳光偏离正上方7.2°；然而，在同一天赛尼城的正午太阳光线从正上方垂直照射，偏离角为0°。

厄拉多塞根据几何知识得知：亚历山大城和赛尼城之间的地面距离对应的是地球圆周上的一个弧段，弧段所对应的角度就是太阳光线在亚历山大城的偏离角7.2°。该弧段大约是地球圆周的1/50（360°/7.2°=50）。因此，亚历山大城和赛尼城之间的距离大约是地球极轴圆周长的1/50。

接下来，厄拉多塞测量了两个城市之间的地表距离为5 000斯塔蒂亚（stadia，单数为stadium，读作“斯塔德”）。斯塔德是古希腊的一种度量单位（1 stadium大约等于

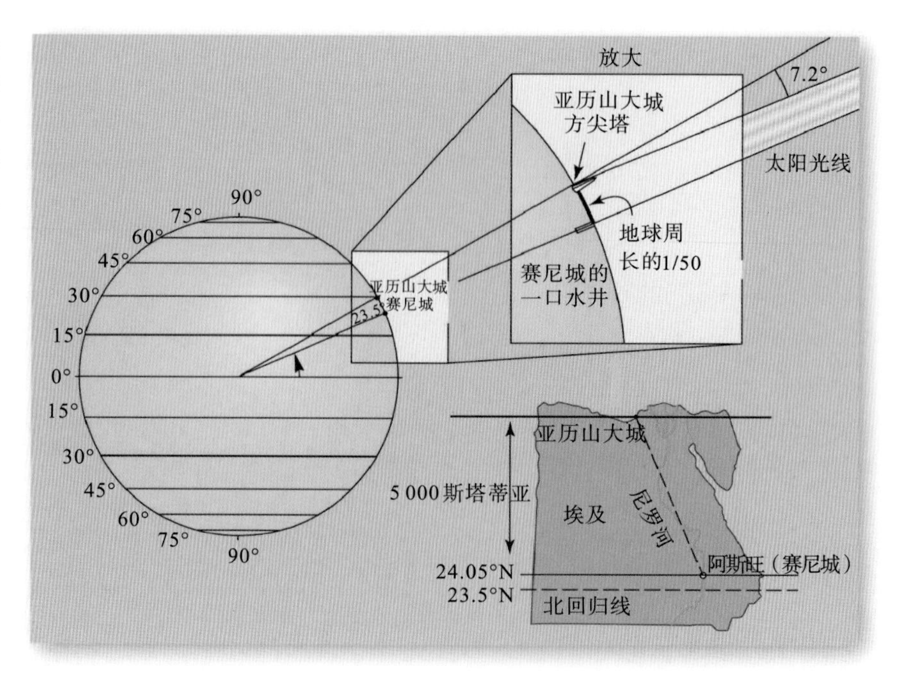

图1.14　厄拉多塞的计算方法
注：厄拉多塞对观测值及其综合分析给予了详细解释。关于地球周长的计算，还需要了解地球与太阳之间的位置关系及几何学和地理学知识。

185m）。他用5 000斯塔蒂亚乘以50，得到的地球极轴圆周长大概是250 000斯塔蒂亚，大约等于46 250km，这已非常接近准确的地球极轴圆周长40 008km。对于公元前247年来说，这个结论已经很不错了！

1.3 地球上的位置与时间

地理科学需要一个被国际认可的坐标网格系统来确定地球上的位置。从本章首页的照片中，你看到了坐标网格系统在确定考察船只位置、跟踪平顶冰山移动的重要性。专业术语纬度和经度早在公元1世纪就应用于地图中，其概念可以追溯至厄拉多塞等人。

托勒密（Ptolemy, 大约公元90～168年）是一位地理学家、天文学家和数学家。他对现代地图学的发展做出了巨大贡献，他提出的许多专业术语沿用至今。托勒密采用一种源于古巴比伦的方法，把一个圆划分为360度（360°）、每度60分（60′）、每分60秒（60″）。他使用这些度（°）、分（′）和秒（″）来确定地点的位置。然而接下来的1700年间，1个纬度和1个经度的精确长度仍未有答案。

地学报告1.3 长度单位斯塔德（stadium）

斯塔德（stadium）源于希腊语stade，斯塔德的长度随时间和地点的不同而存在差异。在厄拉多塞的相关测量和计算中，采用的是古希腊时代的平均值，即1斯塔德的长度等于185m。斯塔德这个词汇，原本用于度量单位，后来延伸为举行竞走比赛的竞技场——现代体育场。当你在校园看到体育场时，请回顾一下厄拉多塞的成就。

1.3.1 纬度

纬度是指以地球球心为测量原点，偏离赤道以北或以南的角距离［图1.15（a）］。在地图或地球仪上，不同纬度的纬线沿东西方向延伸且平行于赤道圈［图1.15（b）］。赤道位于北极和南极之间的正中间，赤道的纬度为0°。纬线从赤道向北移动，其纬度逐渐增加，至北极点纬度为90° N；纬线向南移动，其纬度亦增加，至南极点纬度为90° S。

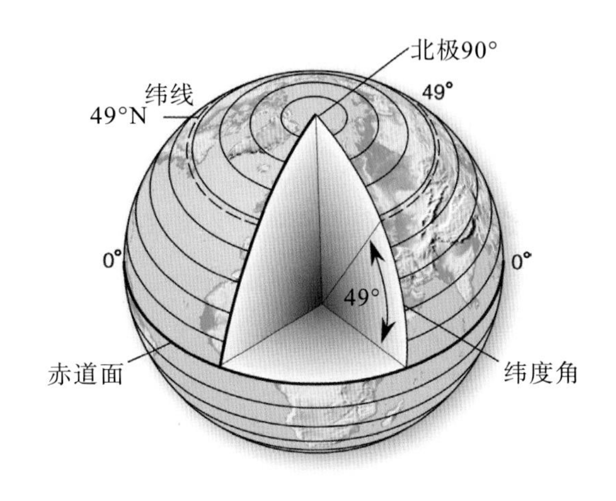

（a）纬度是指某一位置向北（或南）偏离赤道（0°）的角度；地球的两极为90°；注意纬度49° N的度量

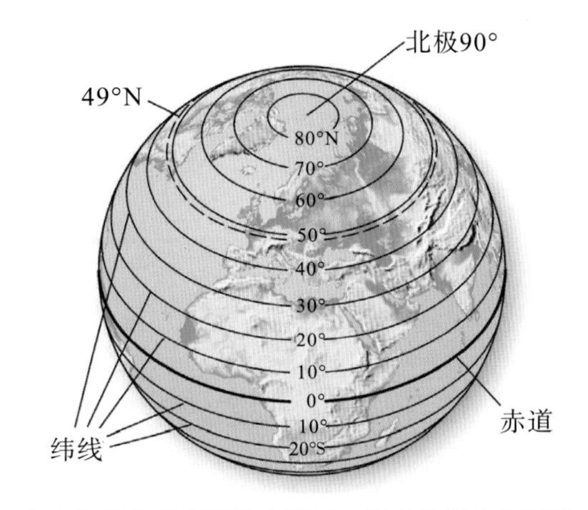

（b）纬度角确定了地表纬线；说出你所在位置的纬度

图1.15 纬度与纬线（圈）

纬度相同的点连接而形成的线，叫**纬圈**（或纬线）。如图1.15所示，以纬度为49° N

为例，连接该纬度上所有的点，就可得到49° N的纬线。因此，纬度是角度的名称（纬度49° N），纬线是线的名字（49° N纬圈，或第49条纬线），两者都表示向北偏离赤道的角距离。

通过对固定天体（如太阳或其他恒星）的观察，纬度很容易确定，这种方法可追溯至古代。利用白天太阳与地平线之间的夹角，再经过时间和季节的校正后，就可确定观察地点的纬度。由于北极星几乎位于北极的正上方，北半球任何地区的人们，仅凭夜晚观测北极星，就可以得知当地纬度——北极星高出地平线的角度就是观测点的纬度。通过掌握地理学（Mastering Geography）网站，你还可看到通过观测北极星来确定纬度的图解。在南半球，因为北极星低于地平线而看不到；因此赤道以南的纬度测量，可通过观察南十字座（*Crux Australis*）来确定，其天体位置指向南极上方。

纬度地理带　从赤道到两极，自然环境存在显著差异。这是因为随纬度和季节的变化，地表接收的太阳能量不同。为了方便起见，地理学家把纬度地理带作为区域的标识。“低纬度地区”是指赤道附近，而“高纬度地区”是指两极附近。

图1.16给出了这些区域，以及它们的位置和名称：赤道和热带、亚热带、中纬度带、亚北极与亚南极、北极与南极地区。这些概括性的纬度带在对照比较中很有用，但是它们之间并没有严格的界线，可以把这种界线看作是一个地区向另一个地区的过渡带。

北回归线（约23.5° N纬线）和南回归线（约23.5° S纬线）就是当地正午时刻太阳光线能够垂直（正上方）照射到的地球最北端和最南端的纬线。当太阳移动到回归线的正上方时（回归线详见第2章），就标志着对应半球的夏季的第一天。北极圈（约66.5° N纬线）和南极圈（约66.5° S纬线）是在以下情景时离极点最远的纬线，即当地冬季期间黑夜持续24h（包括黎明和黄昏）或当地夏季期间白昼持续24h。

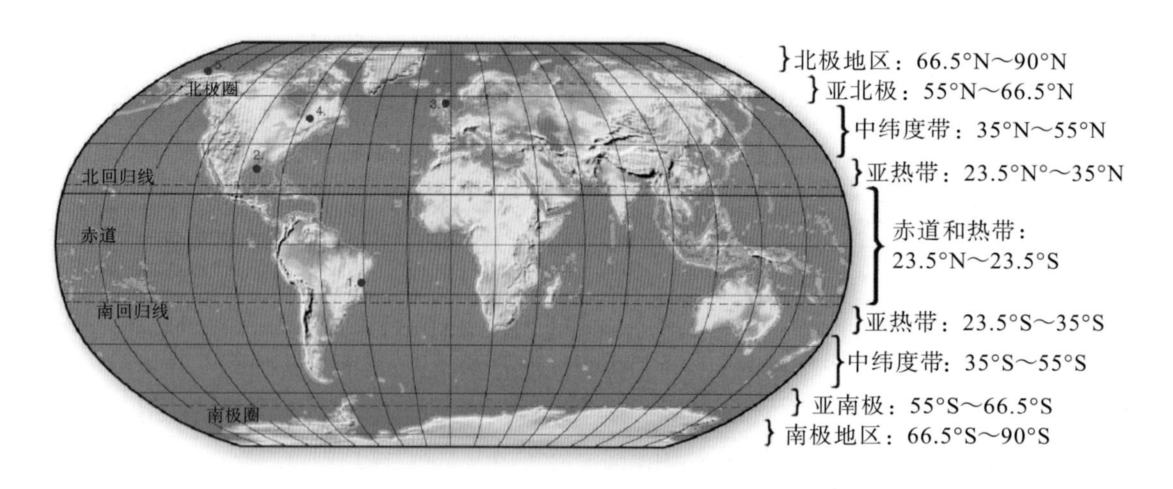

图1.16　纬度地理分带（译者注：纬度地带性）

注：地理分带是按照纬度差异对不同区域特征的概括，可以把它们看作是广域尺度上的相互过渡。请关注以下城市：1.巴西的萨尔瓦多市；2.美国的新奥尔良市；3.英国苏格兰的爱丁堡市；4.加拿大魁北克的蒙特利尔市；5.美国阿拉斯加的巴罗市。

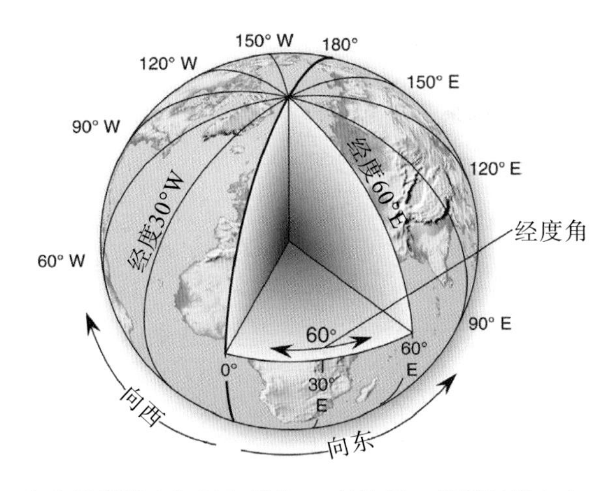

(a)经度以本初子午线为0° 起始线，根据经线向东（或向西）的偏转角度来度量（见经度60° E的图解）

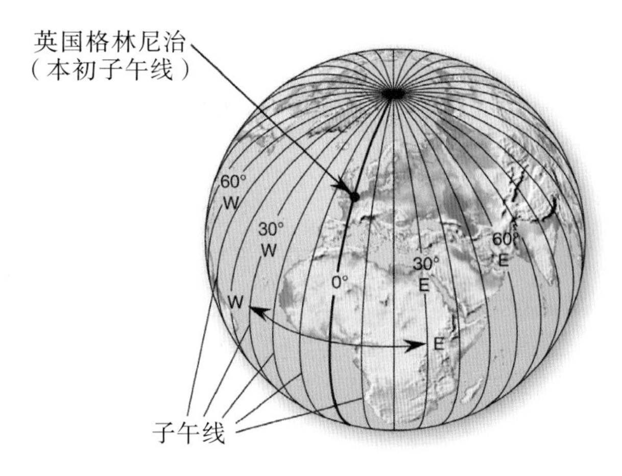

(b)某一经线的角度是指它和本初子午线之间的夹角，北美洲位于格林尼治西侧（西半球）；说出你所在位置的经度

图1.17　经度子午线

判断与思考1.1　纬向地带与气温

本书第5章图5.6给出了五个城市的年均气温分布图。这些城市的分布范围从赤道附近至北极圈以北区域。请注意每个城市在图1.16中所处的纬度地带，说出它们位于哪个纬度地带。查阅地图集、网站或百科全书确定它们的大致位置。请简要回答下列问题：从赤道向北极，气温的季节模式有哪些变化？你有哪些发现？

1.3.2　经度

经度是指地球表面上的某个点的位置以地心为原点向东或向西偏离的角距离［图1.17（a）］。在地图或地球仪上，表示经度的连线呈南北方向排列［图1.17（b）］。把经度相同的点连接在一起的线，称作**经线（子午线）**；图1.17 (a)所示经线的经度角等于60° E。经线与包括赤道在内的所有纬线相互垂直（90°）。

经度是指角度，经线是指弧线。两者均表示某个经线向东（或向西）偏离**本初子午线**（0° 经线）的角距离［图1.17（b）］。1884年，人们把格林尼治本初子午线确定为地球的本初子午线，即通过英国格林尼治旧皇家天文台的经线。

纬度和经度的确定　表1.1列出了不同的经纬度所对应的实际距离。因为经线于两极汇合，经度1° 在地面上所对应的实际距离随纬度不同而有差异：赤道处的距离最大（经线分隔的距离最大），至两极点距离减小到0（经线在极点汇合）。试比较从赤道到两极，纬度1° 所对应的实际距离。对于你所在地区的经度和纬度，请从表1.1中找出它们最接近的实际距离。

表1.1　不同的经度与纬度对应的实际距离

纬度位置	纬度1° 的长度		经度1° 的长度	
	km	英里	km	英里
90°（极地）	111.70	69.41	0	0
60°	111.42	69.23	55.80	34.67
50°	111.23	69.12	71.70	44.55
40°	111.04	69.00	85.40	53.07
30°	110.86	68.89	96.49	59.96
0°（赤道）	110.58	68.71	111.32	69.17

已知道：纬度大小可通过对太阳、北极星或南十字座的观测确定。然而，对于经度大小的准确定位方法，在1760年之前是个难题，尤其是在海上。某个位置的经度测量，其关键是要能够精确地确定时间。有关时间与经度的关系及令人惊奇的发明参见**专题探讨1.2**。

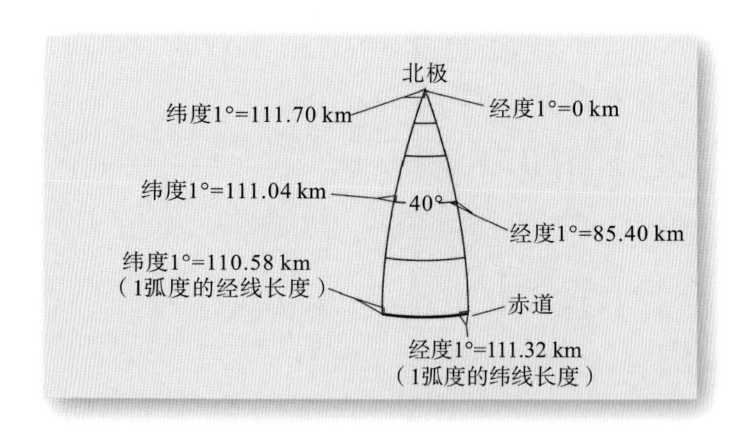

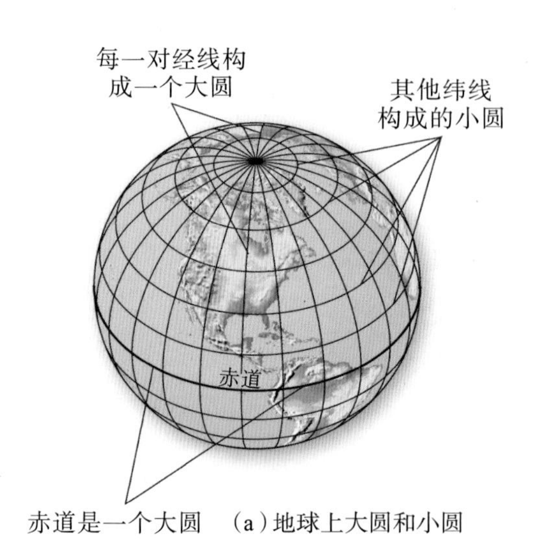

（a）地球上大圆和小圆

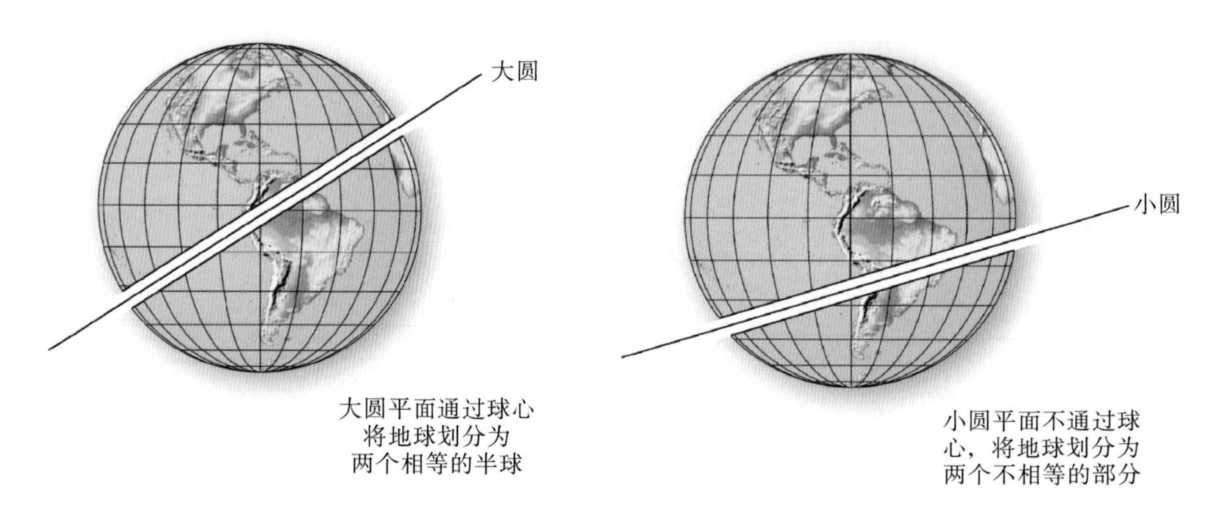

（b）大圆是指把地球等分为二的平面与地球表面相交形成的圆，大圆在地球上是一个完整的圆周，其圆周上的弧长是球面两点间的最短距离

（c）小圆是指将地球非均等分割的平面与地球表面相交的圆周

图1.18　大圆和小圆

专题探讨1.2 利用时间确定经度

经度无法像纬度一样通过固定天体来确定。这是由于地球自转，使太阳和星体位置不断变化的缘故。在没有地标可见的海洋上，确定经度尤为重要。

17世纪初，伽利略阐述了利用两个时钟测量经度的原理。地球上任何一点经过24h（1天）都可完成360°旋转；如果用24h来分割360°，那么地球上任何一点每小时跨过的经度为15°。因此，如果在海上能够精确地计量时间，那么通过两个时钟的时差对比，就可以得到海上位置的经度。

使用一个时钟用于指示母港的时间（图1.19），另一时钟以当地正午时刻为标准每天进行重新设定。正午时刻以太阳出现在天空中的最高位置来确定（太阳最高点）。船舶与母港之间的时差表明旅途造成的经度差异，即1h代表15°经度。这一原理表明，时差计量必须采用精确时钟。遗憾的是，基督教徒惠更斯于1656年发明的摆钟在陆地上是准确的，但在海上由于船舶晃动却无法使用！

1707年的一次海上灾难，英国失去了4艘军舰，并导致2 000人丧生；这次灾难主要归咎于经度问题。作为响应措施，1714年英国议会通过了一项政令："普布利克奖（Publik Reward）……用于海上经度的测定"，并授权建立一项相当于当今两百多万美元的奖金，用于奖励第一个成功发明精确航海时钟的人；为此，政府还设立了经度委员会来评定人们发明的各种装置。

1728年，一位自学成才的乡村钟表匠约翰·哈里森，开始着手研究这一难题。1760年他制出了一个绝妙的精密航海计时器，即第4号天文钟。1761年通过一次牙买加的航行对这个时钟进行了测试；当船舶靠岸后与母港时间相比，哈里森精密设计的第4号天文钟只慢了5秒，其误差转换为经度后仅相差1.25′或2.3km——完全满足议会设定的标准。虽然经过再三拖延，哈里森终于还是在他生命的最后几年里获得了大部分奖金。

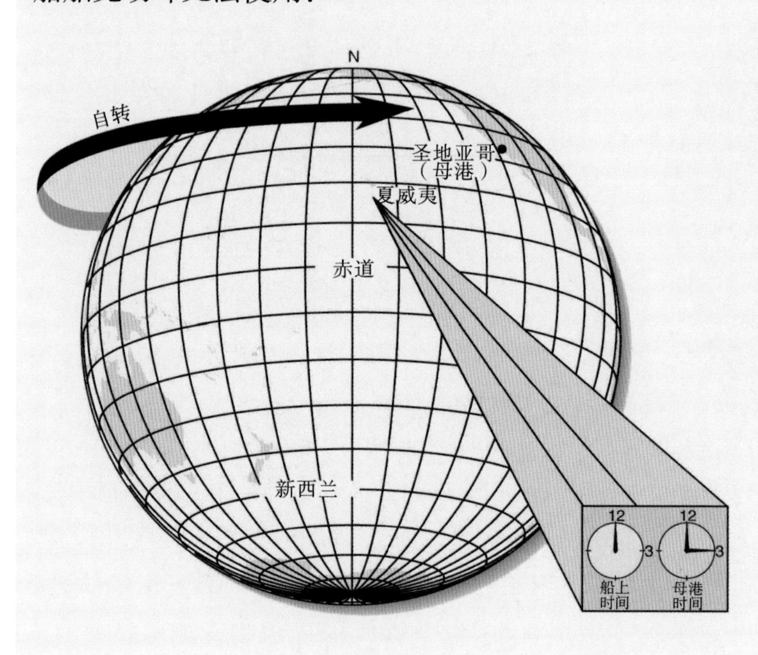

图1.19 利用时钟确定经度

注：如果以当地正午（12:00）作为海上时间，而母港的时间是下午3:00，船上时间比母港的时间早3h。因此，按15°/h计算，那么船舶向西偏离母港的经度为45°。

约翰·哈里森用他的航海时钟对海洋的时空进行了测量。他克服重重困难，成功地把第四维（时间）与空间三维球面上的点联系在一起。他不参照星体就能知道身处世界何处，并把这个奥秘寄托在一个怀表上*。

此后，只要选定了某一子午线作为时间参照标准，人们就可以精准地确定陆地和海上的经度。这条子午线就是经过英国格林尼治皇家天文台的本初子午线。在当今以原子时钟和精准GPS卫星为代表的时代，人类可以测定更精准的经度。

* 达娃·索贝尔. 2007. 经度：一个孤独的天才解决他所处时代最大难题的真实故事[M]. 肖明波译. 上海：上海人民出版社.

1.3.3　大圆与小圆

大圆和小圆是两个重要的概念，它有助于对纬度和经度概念的理解（图1.18）。**大圆**是以地心为圆心的平面与地球表面相交的任意一个圆周。在地球表面，可以画出无数个大圆。经线是经过两极的大圆，每条经线是大圆的1/2个圆弧。在平面地图上，航空和航海的线路呈弧线穿过大洋和陆地；这些弧线就是大圆的弧线，也是地球上两点之间的最短距离（下面将结合图1.29进行解释）。

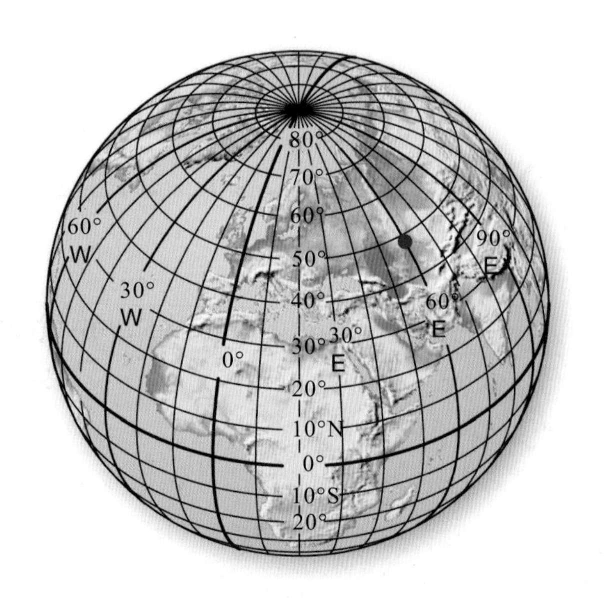

图1.20　地球坐标网格系统

注：纬度（纬线）和经度（经线），使得我们可以对地球任何位置进行精确定位。红点的位置：纬度49° N，经度60° E。

纬线不同于经线，它只有一个大圆，即赤道纬圈。纬线向两极移动，纬圈长度依次递减，这些平行于赤道的圆周构成了一系列的**小圆**，其圆心与地心不重合。

图1.20结合纬度（纬线）和经度（经线）说明了地球坐标网格系统。注意：我们前面所说的（49° N，60° E）位置，位于哈萨克斯坦西部。下次观察地球仪时，请留意你所关注地点的纬线和经线。

判断与思考1.2　你的地理位置？

选定一个位置（比如校园、家、工作场所或者某个城市），并确定下列内容：纬度、经度和海拔。描述这些地理信息的来源，比如地图集、网站、谷歌地球或全球定位系统。最后从表1.1中，找出你选定位置最接近的纬度和经度，计算每1°纬度和经度所对应的实际距离。

1.3.4　全球定位系统

如今，通过一个手持卫星无线电信号接收器，就可以查看精确的纬度、经度和海拔。当驾车行驶时，你能实时了解汽车的位置，还有电子提示音告诉你应当在哪里转弯。

全球定位系统（global positioning system，GPS） GPS是由6个轨道面上的24颗轨道卫星组成的，卫星向地球上传送导航信号（备用GPS卫星在备存轨道上作为替代卫星）。把这些卫星看作是一个导航星座，通过人机互动来确定你现在的位置。

内置在手机、数码相机和摄像机中的GPS接收器，就是利用3个（或更多个）卫星发出的信号，并通过三角定位法来确定自身位置的。这个过程是通过内置于GPS接受器中的时钟记录来计算各卫星与接收器之间的距离，它们之间的信息互动采用的是光速传播的无线电信号（图1.21）。GPS接收器可告知你的纬度、经度和海拔（图1.22）。差分全球定位系统（differential global positioning system，DGPS），即通过一个基站（参照接收器）读数作比较，通过差分校正，其准确度可提高到1～3m。

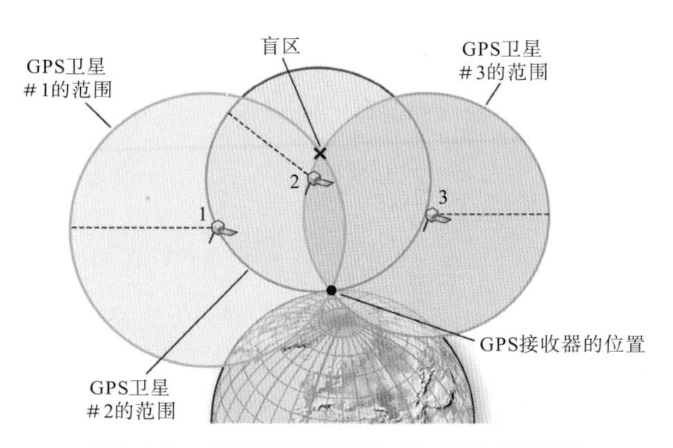

图1.21 GPS通过卫星三角定位来确定某一地点的位置

注：想象地球上空有三个按次序排列的球体，它们分别以GPS卫星为球心，这些球体最终相交于两点，其中一点位于地球上方被排除，另一点就是GPS接收器的实际位置。提示：这三个球体只有两个交点。

GPS卫星测量有助于我们提高对地球精确形状及其变化过程的认识。GPS的应用领域很广，如海上导航、土地测量、监测地壳微变化、管理物流车队和采矿、绘制资源分布图、跟踪野生动物行为和迁徙、布置警力与保安及环境规划等。户外旅游者和运动者通常携带手持GPS来记录自己的行踪和位置。航空公司则通过GPS来提高航线精度以节约燃料。

图1.22 工作状态中的GPS

注：穿过赤道（0° 纬线）的一艘研究船上，GPS装置上显示的地理坐标。在地球仪或地图上找到这些经纬度坐标，可知道最近的陆地有多远。请你说出这一海域的名称。［Bobbé Christopherson］

GPS技术也广泛应用于科研领域。对于美国加利福尼亚州南部的地震研究来讲，由美国地质调查局（USGS）、喷气推进实验室（JPL）、美国国家航空航天局（NASA）、美国国家科学基金会（NSF），以及其他合作单位共同建立的GPS观测室（GPS Observation Office），就是利用250个连续运转的GPS地震观测站构成的网络对地震进行持续监测（即SCIGN，http://www.scign.org/）。该系统能够记录到1mm的微小岩层断裂运动。

科学家还利用GPS技术来测量喜马拉雅山珠穆朗玛峰的精确高度（图1.23）。通过GPS测量，乞力马扎罗山的峰顶高度由5 895m更正为5 892m。

在精细农业中，农场主利用GPS来确定农田的作物产量，并绘制详细地图来指导农场工人合理施肥、播种、精确灌溉及其他管理。农用设备中的计算机和GPS模块可以指导这类工作。这就是基于GPS技术可实现的田间变量作业技术（variable-rate technology）。

图1.23　利用GPS技术测量珠穆朗玛峰的高度

注：安装于世界最高水准点处的天宝（Trimble 4 800）GPS装置；这里只比峰顶低18m。科学家利用GPS数据还精确地分析了构造作用力下山脉的移动速度和峰顶的新高度。

GPS在区位和空间地理学中也十分重要。这是因为更精准的技术使得地图制图和空间分析中所需的地面控制点个数减少了。从事野外工作的地理学家，利用GPS可以精确地确定他们的位置、研究区边界及数据采样点位置，同时数据检查和录入数据库也很方便。这大大地减少了对传统测量方法的依赖。

1.3.5　本初子午线和标准时间

世界时间系统对于协调国际贸易、航班时刻、商业和农业活动及日常生活具有重要意义。今天，我们认为确定标准时区和约定本初子午线是理所当然的，但这一标准相对来说却是近代发展的成果。

对于欧洲的小国家来说，设置时间不算什么大问题，其中大多数国家经度跨度不足

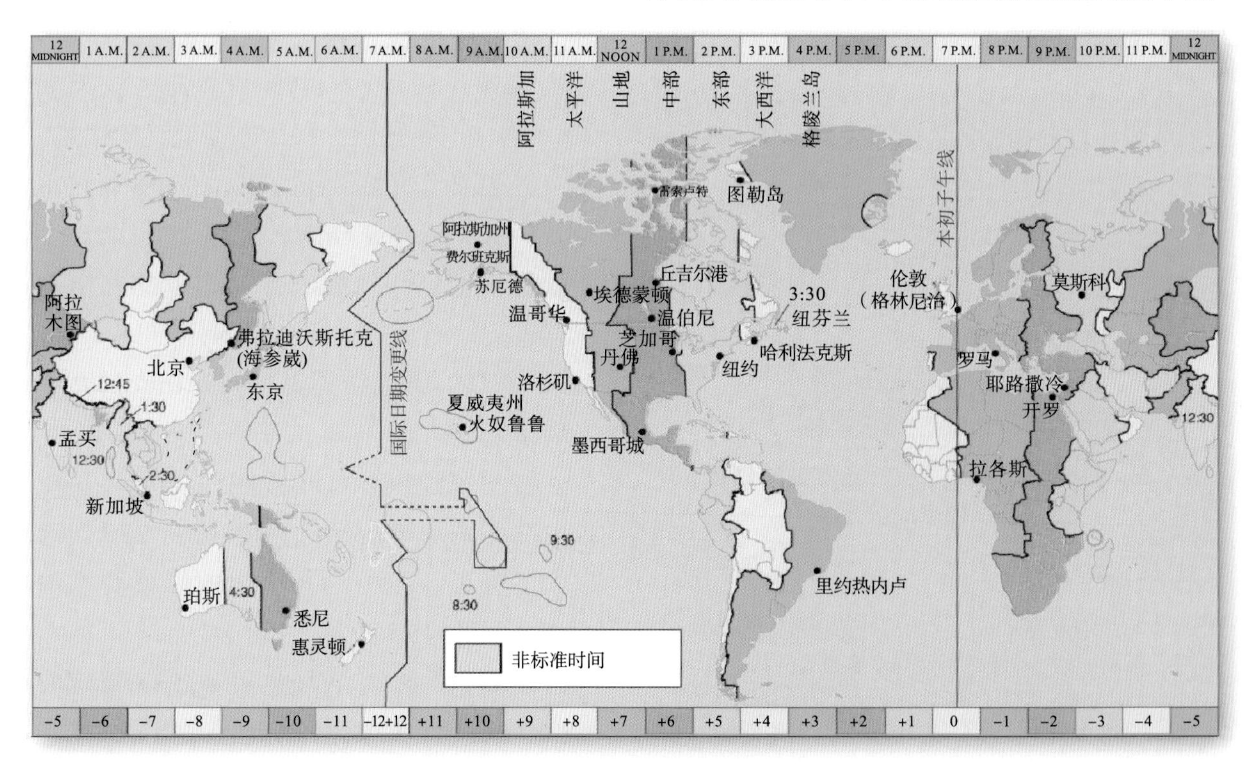

图1.24　现代国际标准时区

注：图底数字表示各时区时间换算为协调世界时（universal time coordinated，UTC，本初子午线时区）需要加上的时数。假设格林尼治是下午7时，请问莫斯科、伦敦、哈利法克斯、芝加哥、温尼伯、丹佛、洛杉矶、费尔班克斯、火奴鲁鲁、东京和新加坡的当地时间是多少？［改编于：美国国防制图局，见http://aa.usno.navy.mil/faq/docs/world_tzones.html］

15°。但是在北美洲，经度跨越范围超过90°（相当于6个15°的区时），这就出现了严重问题。1870年时，从缅因州到旧金山，铁路旅客需要调整22次手表才能保持与当地时间一致。

在加拿大，以桑福德·弗莱明爵士为代表的研究人员，建议设立标准时间并以国际协定来规定本初子午线。他的努力使美国和加拿大于1883年采纳了标准时间。为了建立一个全球标准，1884年有27个国家参加了在华盛顿举行的国际子午线会议；大多数国家选择了最受推崇的伦敦格林尼治皇家天文台作为0°经线（本初子午线）。就这样，一个世界标准建立了——**格林尼治标准时间**（Greenwich mean time，GMT），即统一的世界时（见https://greenwichmeantime.com/）。

时间基础是以地球每自转一圈（360°）为24h，或15°/h（360°÷24=15°）来确定的。因此，1h时区覆盖的范围就是以中央子午线为轴线向东西两侧各延伸7.5°经度。如今，在美国大陆只需调整3次时间，即从东部标准时间、中部时间到山地时间；而横跨加拿大时则需要调整4次时间，因为还有太平洋时间。

地学报告1.4 GPS的起源

最初的GPS是20世纪70年代由美国国防部基于军事目的而设计的，现在GPS在全球市场均可购买。2000年，五角大楼取消了“选择可用性（selective availability，SA）技术”的安全控制，使得商业用途的GPS分辨率和军事上的一样。2003年和2006年又增加了额外频率，使得GPS的精准度进一步提高，地面误差小于10m。关于GPS的概述，见http://www.colorado.edu/geography/gcraft/notes/gps/gps_f.html。

假设格林尼治时间是下午9:00时，那么巴尔的摩就应该是下午4:00时（+5h）、俄克拉荷马市是下午3:00（+6h）、盐湖城是下午2:00时（+7h）、西雅图是下午1:00时（+8h）、芝加哥是正午12:00时（+9h）、火奴鲁鲁是上午11:00时（+10h）；当转向东方时，沙特阿拉伯的利雅得此刻正是午夜12:00时（–3h）。“A.M.”是“ante meridiem”的英文缩写，意为“正午之前”；而“P.M.”是“post meridiem”的缩写，意为“正午之后”。使用24h时制时钟可避免3:00P.M.的表达形式，取而代之的表示形式是15:00，而3:00A.M.则是3:00。

正如你在图1.24中看到的现代国际标准时区，由于国界及政治因素，时区边界有时会发生弯曲。例如，中国横跨了四个时区，但是政府要考虑全国使用统一时间；因此，在中国某些地区的时钟时间会偏离日出日落几个小时。在美国，佛罗里达州部分地区和得克萨斯州西部也共用一个时区。

国际日期变更线 与本初子午线相对应的另一条重要经线是180°经线。这条经线就是**国际日期变更线**（International Date Line，IDL）。它是每一天正式开始的位置标志（在上午12:01）。新的一天就是从这条“线”开始向西推进。时间向西推进，是因为地球自转方向从西向东。之所以把国际日期变更线设置在人口稀少的太平洋，就是为了最大限度地减少各地日期的混乱。

在国际日期变更线上，线的东侧永远比西侧晚一天。无论哪一天中的哪个时间，如果跨越这条线，日期就变更一天（图1.25）。请注意图1.25图注中国际日期变更线和180°经线之间的偏离，这是出于当地政治和管理需要的选择。

协调世界时 几十年来，人们以皇家天文

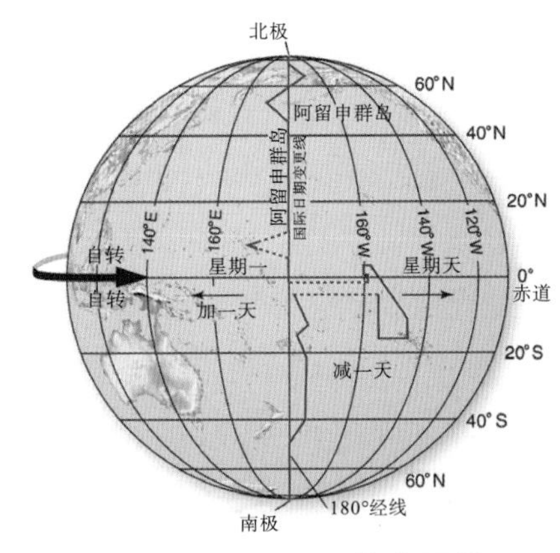

图1.25　国际日期变更线

注：国际日期变更线大致位于180° 经线上（见图1.24，国际日期变更线的位置）。注意图中的虚线——某些岛屿国家建立了自己的时区，然而岛屿的行政管辖区向海域延伸范围仅3.5海里。准确地说，当你自东向西跨越国际日期变更线时，日期就要增加一天（如从周一变为周二）。

台精准天文钟计时的格林尼治标准时间（GMT）作为全球世界时（UT）标准。早在1910年格林尼治标准时间就采用无线电来报时。1912年，法国政府正式召集一些国家来协调无线电报时；这次会议对格林尼治标准时间进行了标准化，并且建立了一个新的机构——国际度量衡局（International Bureau of Weights and Measures, BIPM，见http://www.bipm.org/），来管理发布"精确"时间。伴随1939年石英钟和20世纪50年代初期原子钟的发明，时间的精确测量取得了飞跃式进展。

测量准确时间并非简单地跟踪地球旋转的轨迹，因为地球自转还会随着潮汐力的拖曳作用和水体再分配而变慢。需要注意的是，1.5亿年前的"一天"时长为22h，而1.5亿年之后的"一天"将变成27h。

1927年**协调世界时（coordinated universal time, UTC）**[*]时间信号系统取代了格林尼治标准时间，并作为所有国家官方时间的法定依据。尽管本初子午线经过格林尼治，但协调世界时是根据世界范围内原子钟时间计算出来的平均时间。或许你仍可看到有学者把UTC称为GMT或祖鲁时间（Zulu Time，即格林尼治平时）。

美国国家标准与技术研究院（National Institute of Standards and Technology, NIST）时频服务中心所使用的几个时钟是最先进的。如果想了解精准时间，你可拨打303-499-7111或808-335-4363，也可以查看网页http://nist.time.gov/。加拿大国家科学研究委员会（National Research Council of Canada, NRCC）测量标准研究所，参与了协调世界时的确定：电话服务，英语613-745-1578；法语613-745-9426；详见http://time5.nrc.ca/JavaClock/timeDisplayWE. shtml。

夏令时　全球有70个国家在使用夏令时。这些国家主要分布在温带地区。它们采用的时间是春季向前调整1h，秋季向后调整1h，这种时间制度称作**夏令时**（又称日光节约时制）。这种时制把夏季白昼时间匀给傍晚（尽量多利用早晨阳光）的想法，是本杰明·富兰克林首次提出来的；但是直到第一次世界大战才被采纳，第二次世界大战再次被采纳。当时英国、澳大利亚、德国、加拿大和美国通过这种时制来节约能源（可减少照明时长1h）。

1986年和2007年，在美国和加拿大，除了几个未实行夏令时的地区（美国夏威夷、亚利桑那州和加拿大萨斯喀彻温省）之外，各地均采用了夏令时，即：在3月份的第二个星期天把"春季时间"提前（增加）1h；在11月份的第一个星期天把"秋季时间"推后（减去）1h。在欧洲，则把3月份和10月份的最后一个星期天分别作为夏令时的开始和结束日期（见http://webexhibits.org/daylightsaving/）。

* 对于UTC这个缩写词，是按英语单词顺序CUT，还是按照法语顺序TUC，并没有达成一致。UTC是一种折中表达，建议在今后计时中使用，而GMT这一术语将不再使用。

1.4 地图、比例尺、投影

最早为人所知的图解式地图可追溯到公元前2300年，当时巴比伦人用黏土泥板来记录关于底格里斯河和幼发拉底河流域（位于现在的伊拉克等）的信息。如今，地图绘制是一门融合了地理学、工程学、数学、制图学、计算机及艺术学科等特征的专业学科。它与建筑学科相似，将实用性与美学结合起来，用于制作一种实用产品。

地图是对一个区域（通常是地表的某一部分）总体概观的表述，如同是对尺度大幅缩小的地表进行俯视一样。**制图学**由于包含地图绘制，因此也是地理学的组成部分。地理学家利用地图这一重要工具，描述空间信息并对空间关系进行分析。

有时，我们通过地图来观察所在地与其他地方之间的关系，或计划一次旅行，或确定某一商业和经济活动的地点。你是否有过这样的经历：为到某个遥远的地方探险，看着地图来设计一条实际或想象的旅途路线？地图确实是一个奇妙的工具！了解一些地图基本知识对学习自然地理学是必要的。

地学报告1.5 麦哲伦船员丢失了“一天”！

在日期变更线概念之前，早期探险中有一个问题。例如，1522年麦哲伦船员完成第一次环球航行归来时，根据航海日志他们确认这天是9月7日（星期三）；然而他们却从当地居民口中得知这天实际上是9月8日（星期四）。他们震惊了！当时还没有国际日期变更线，他们没有意识到在向西环球航行时，在某个地方提前了一天。你能想象出当时船员们的困惑情景吗？

1.4.1 地图比例尺

地图制图师、建筑师和玩具设计师，他们的一个共同点就是制作比例模型。他们把实际物体或地点方位按某一比例尺缩小到一个便于制作的模型上，如汽车、火车或飞机的模型，一张图表或一幅地图。建筑师通过蓝图设计图纸来指导建筑承包商的施工，图中的比例尺告诉施工者图纸上的1cm所代表的实际长度。这种图纸的尺寸通常是实际工程大小的1/100～1/50。

绘制地图之前，人们做着同一件事。这就是地图上的图像与真实世界的比例，即**比例尺**；它把地图上的1个单位与实际上的1个单位联系起来。1：1的比例尺意味着地图上的1cm代表实际距离也为1cm；显然这是一个不切实际的比例尺，因为这样的地图就会和实际区域一样大！对于区域地图，一个较适合的比例尺是1：24 000，此时图上的1个单位代表24 000个相同单位的实际距离。

地图比例尺的表达方法有：数字比例尺、图形比例尺、文字比例尺（图1.26）。数字比例尺（RF）用比号或斜线表示，例如1：125 000或1/125 000；只要分子与分母的单位相同，就不必标注单位，因为这适用于任何单位：1cm对应125 000cm，1英寸对应125 000英寸，1手臂长对应的是125 000手臂长。

图形比例尺或条形比例尺是指一种具有单位的条形图，可以从地图上测量实际距离。图形比例尺的优点是：若放大或缩小地图，图形比例尺也会随着地图放大或缩小。对于文字比例尺和数字比例尺，当地图放大或缩小后，这些比例尺就是错误的。例如，将一幅地图从1：24 000，缩小到1∶63 360，那么“1英寸就相当于2 000英尺”的文字比例尺就是错误的；缩小后的正确比例尺应该是1英寸对应于5 280英尺。

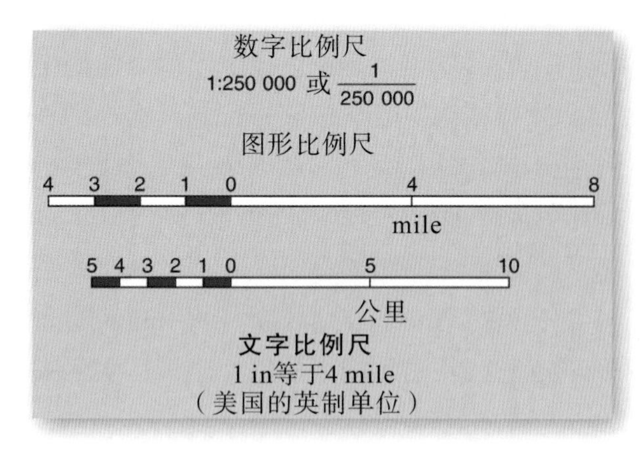

图1.26 地图中的比例尺

注：地图比例尺的3种常见表达方法：数字比例尺、图形比例尺、文字比例尺。

比例尺的大、中、小取决于它们采用的比率。相对而言，1∶24 000的比例尺为大比例尺；1∶50 000 000比例尺为小比例尺。在数字比例尺中，分母越大，比例尺越小，地图绘制的对象就越简略。表1.2列举了大、中、小比例尺地图中的数字和文字比例尺。

表1.2 大、中、小比例尺地图中的数字和文字比例尺

长度单位	尺度	数字比例尺	比例尺单位换算
		1∶3 168 000	1英寸=50英里
	小	1∶1 000 000	1英寸=16英里
		1∶250 000	1英寸=4英里
英制		1∶125 000	1英寸=2英里
	中	1∶63 360（或1∶62 500）	1英寸=1英里
	大	1∶24 000	1英寸=2000英尺
长度单位	尺度	数字比例尺	比例尺单位换算
	小	1∶1 000 000	1cm=10.0km
公制	中	1∶25 000	1cm=0.25km
	大	1∶10 000	1cm=0.10km

1.4.2 地图投影

地球仪对于地球的描绘不能完全替代地图的作用。当旅行时，你需要比地球仪更详细的信息，而大比例尺的平面地图可为你提供这些信息。平面地图是三维地球的二维表现形式（比例模型）。遗憾的是，从三维到二维的转换会产生变形。

地球仪能够形象地表示距离、方向、面积、形状和相似度。对于平面地图，这些属性则被扭曲了。因此在绘制一幅平面地图之前，必须首先确定哪些属性应该保留，哪些将会变形及变形程度。为了领会上述问题，必须了解地球仪的以下重要属性：

判断与思考1.3 比例尺的查看与计算

你在图书馆或地理系所看到的地球仪或地图，它们的比例尺是多少？你能否在墙壁上的地图、高速公路指示图或地图册中找到一些有关数字、图形和文字比例尺的例子？同时，再查找一些小比例尺和大比例尺地图的示例，注意这些地图表述的主题有何不同。

观测一个直径为61cm的地球仪（也可利用你所使用的地球仪的直径）。已知地球赤道直径为12 756km，因此该地球仪的比例尺应该是61cm与12 756km的比值。如果以厘米为单位来计算这个地球仪的数字比例尺，那么用地球仪的直径来除以地球实际直径（12 756km ÷ 61cm）就可以计算出来（提示：地球直径12 756km等于1 275 600 000cm；而地球仪的直径是61cm）。就整个地表而言，你认为地球仪相当于大比例尺，还是小比例尺地图？

- 纬线总是相互平行并沿经线等间隔分布，纬圈长度由赤道向两极递减。
- 经线在两极交汇，任何一个纬圈总是被经线等间隔地分割。
- 经线的间距总是从赤道向两极递减，60° 纬圈长度是赤道的1/2。
- 纬线和经线总是垂直相交。

问题是这些属性不能在平面地图上全部重现。怎样把地球仪平铺展开在桌面上？这是绘图人员面临的挑战（图1.27）。把地球仪展开后，可以看到展开的三角带之间的空隙。**地图投影**就是把地球球面转变为一个平面的过程。地球仪上的特征无法全部反映在一幅投影平面地图上。平面地图总是存在一定程度的变形，对于几千米范围的大比例尺地图来说，这种变形较小；而对于某些国家、某个大陆，或者世界全域地图，其比例尺很小而变形却很大。

投影的性质 地图投影方式有很多种，常见的4种如图1.28所示。最佳投影方式总是取决于地图的用途。选择哪种投影方式？关键涉及地图的性质，包括**等面积**（面积相等）和**正形性**（真实形状）。由于这两种性质不能在平面图上同时展示，因此如果选择其中一种性质，就必须放弃另一种性质。

如果绘图师把等面积作为地图的期望特征（如世界气候分布图），那么地图通过拉伸和剪切，其形状就会失真，经线和纬线也不能保持垂直相交。对于一幅等面积地图，无论你把一枚硬币放在地图上哪个位置，它所覆盖的面积总是相等的。反之，如果绘图师以真实形状作为地图特征（如以航行为目的的地图），那么就必须舍弃等面积性质，其比例尺也会随着地图上的位置变化而变化。

投影的本质和分类 尽管现代地图制作技术采用数学制图和计算机辅助制图，但投影（Projection）一词仍在沿用。该术语来源于过去地理学家把钢丝框架的地球仪影子投射在某个几何体表面上。这些钢丝线代表着经线和纬线及陆地轮廓。光源把这些经纬线图案投影到不同几何体表面上，如圆柱体、平面、圆锥体。

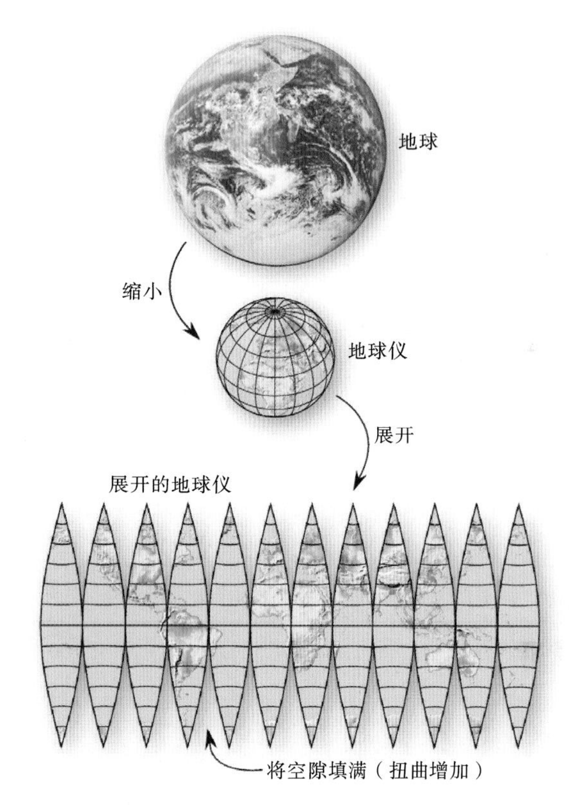

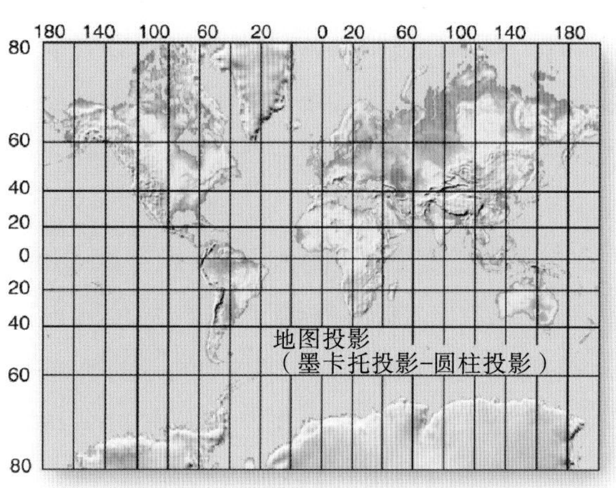

图1.27 从地球仪到平面地图

注：把地球仪投影转换为平面地图时，需确定地图中需要保持的属性及容许的变形程度。［照片：1972年阿波罗17号，NASA宇航员］

图1.28展示了地图投影的一般分类及其透视方法。投影方式的分类包括圆柱投影、平面投影（或方位投影）和圆锥投影；另一种投影类型是非物理透视方法获得的非透视椭圆投影；此外，还包括利用数学计算获得的其他投影类型。

在投影方法中，对于投影到几何体表面上的地球仪网格线来说，只有当它们与投影面相互接触时，这些网格点和网格线（标准线或标准点）才能保持地球仪上的全部属性。因此，标准纬线（或标准经线）才是真正按比例计算的标准线，沿标准线得到的投影未发生任何变形。绘图区域偏离这种重要切线或切点的距离越远，图形变形就越严重。因此，地图绘图师应该把这些具有准确空间性质的点或线作为地图中心绘图区。

常用的**墨卡托投影**（赫拉尔杜斯·墨卡托，公元1569年）是一种圆柱投影［图1.28（a）］。墨卡托投影是保持真实形状的一种投影方式，地图上的经线为等间隔直线，纬线是平行直线，距赤道越近，纬线的间距越小。纬圈长度在两极无限拉长，在84° N和84° S的纬圈长度被固定为和赤道一样的长度。注意：在图1.27和图1.28（a）中的墨卡托投影地图中，由于高纬度变形严重，南北半球已沿80°纬线把两极区域裁剪除外。

很遗憾，在墨卡托投影的教学地图上，对于中纬度及两极陆地所展示的面积概念是错误的。格陵兰岛就是一个显著例子，它看起来比整个南美洲都大；但实际上，格陵兰岛的面积仅相当于南美洲的1/8，比阿根廷还小20%。

墨卡托投影的优点是：有一条方向不变的直线，被称为**等角航线**（或等方位线），利用它可以很方便地测得图上两点之间的方向图［1.29（b）］；由于墨卡托投影在航行中非常实用，因而成为了美国国家海洋局海图的绘制标准。

图1.28（b）中的平面投影（或球心投影）是指位于地球仪中心的点光源投影到一个与地球仪相切（接触）的平面上的投影图。这种投影产生的严

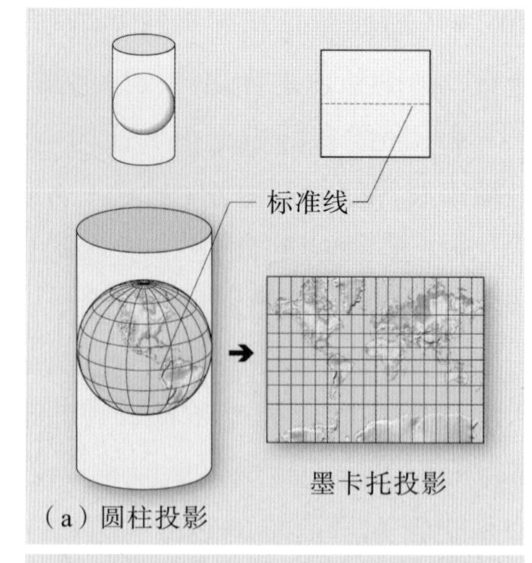

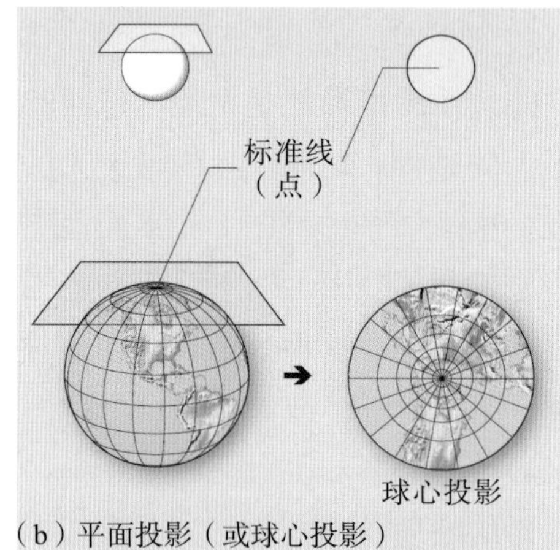

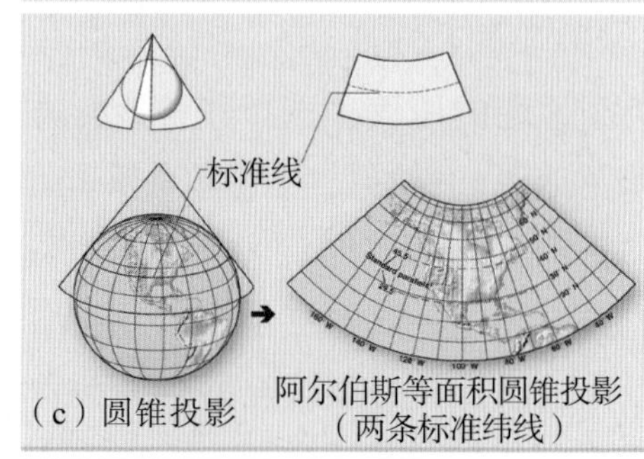

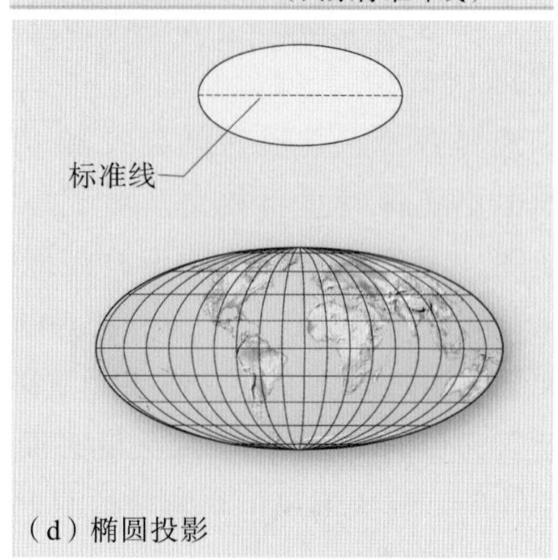

图1.28　地图投影方式的分类

注：地图投影的4种常用方式及其透视方法。

重变形，使一个半球难以完整地呈现于一幅地图上。然而，这也衍生了一个有价值的特征：所有大圆航线——地球表面两点之间最短距离，都被投影为直线［图1.29（a）］。标绘于球心投影中的大圆航线还可以转换为墨卡托投影图中的实际方位，从而能够精确地确定罗盘指向［图1.29（b）］。

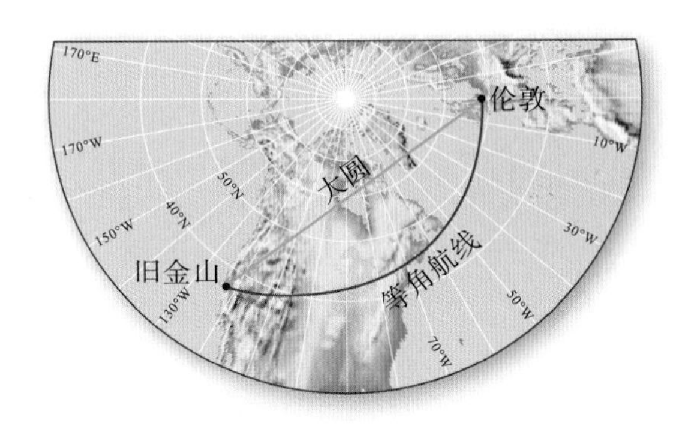

（a）球心投影，可用来确定从旧金山至伦敦的最短距离，即大圆路径；在这种投影方式下，大圆弧线成为一条直线

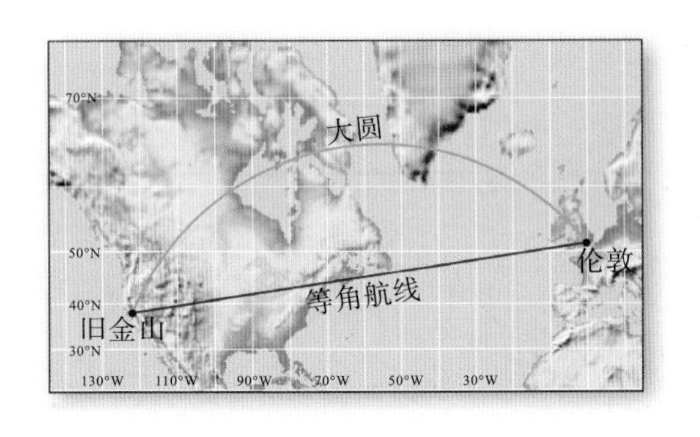

（b）墨卡托投影地图中的大圆路径是罗盘的实际方向
请注意：墨卡托投影图中的直线或方位——等角航线并非最短路径。

图1.29　大圆路径的确定

本书使用的地图及其标准符号，其详细说明见“附录A：本书的地图和地形图”。地形图是地理景观分析中必不可少的工具。地理学者、科研人员、旅行者及户外活动的任何人都可能使用地形图；你也许在一次远足计划时就曾用过地形图。本书几个章节中的地形图是由美国地质调查局（USGS）绘制的。

1.5　遥感与地理信息系统

地理学家通过遥感和地理信息系统（geographic information system, GIS）对地球表面进行探测、分析和地图绘制。这些技术增进了我们对地球的认识。地理学家利用遥感数据开展的研究除本书所列主题之外，还包括导致全球变化并对地球系统造成影响的人类活动。

1.5.1　遥感

人类可以从外太空轨道借助航空器和海洋潜水遥感器对地球进行观测，科学家由此可获得更多的遥感数据（图1.30）。遥感对人类来说不是新鲜事物，当我们环视周围环境时，眼睛就在做这件事：感知远处物体的形状、大小和颜色；并对电磁波中的可见光能量进行配准识别。类似地，当照相机按照胶卷或传感器设定的波长范围拍摄景物时，就是对景物反射（或发射）能量的遥感。

我们的眼睛与照相机相似，即在没有物理接触的情况下，获得远处物体的**遥感**信息。许多年前，航空照片被用于改进地图的准确度，这比现场调查的成本低很多，而且更便捷。从影像中提取准确测量信息是**摄影测量学**的范畴，也是遥感应用的重要内容。

卫星、国际空间站及太空船上搭载的传感器远远超出肉眼所能感知的波长范围，传感器能够“看见”比可见光更短或更长的波长，如紫外线、红外线和雷达微波等。

卫星通过火箭发射可进入3种类型的轨道（图1.31）：地球同步卫星轨道、极地卫星轨道和太阳同步卫星轨道。图1.31（a）中的地球同步（地球静止）卫星轨道，其典型高度为35 790km，卫星步调与地球自转速度一致，因此卫星能够“悬停”于地表某个具体位置上方，通常是赤道，从而能够很好地记录半个地球的天气，例如地球同步环境卫星（Geostationary Operational Environmental Satellite, GOES）。

图1.31（b）是一个极地卫星轨道，其典型高度在200～1 000km，卫星随着地球自转，从上空能够扫描到地球上的任何区域，

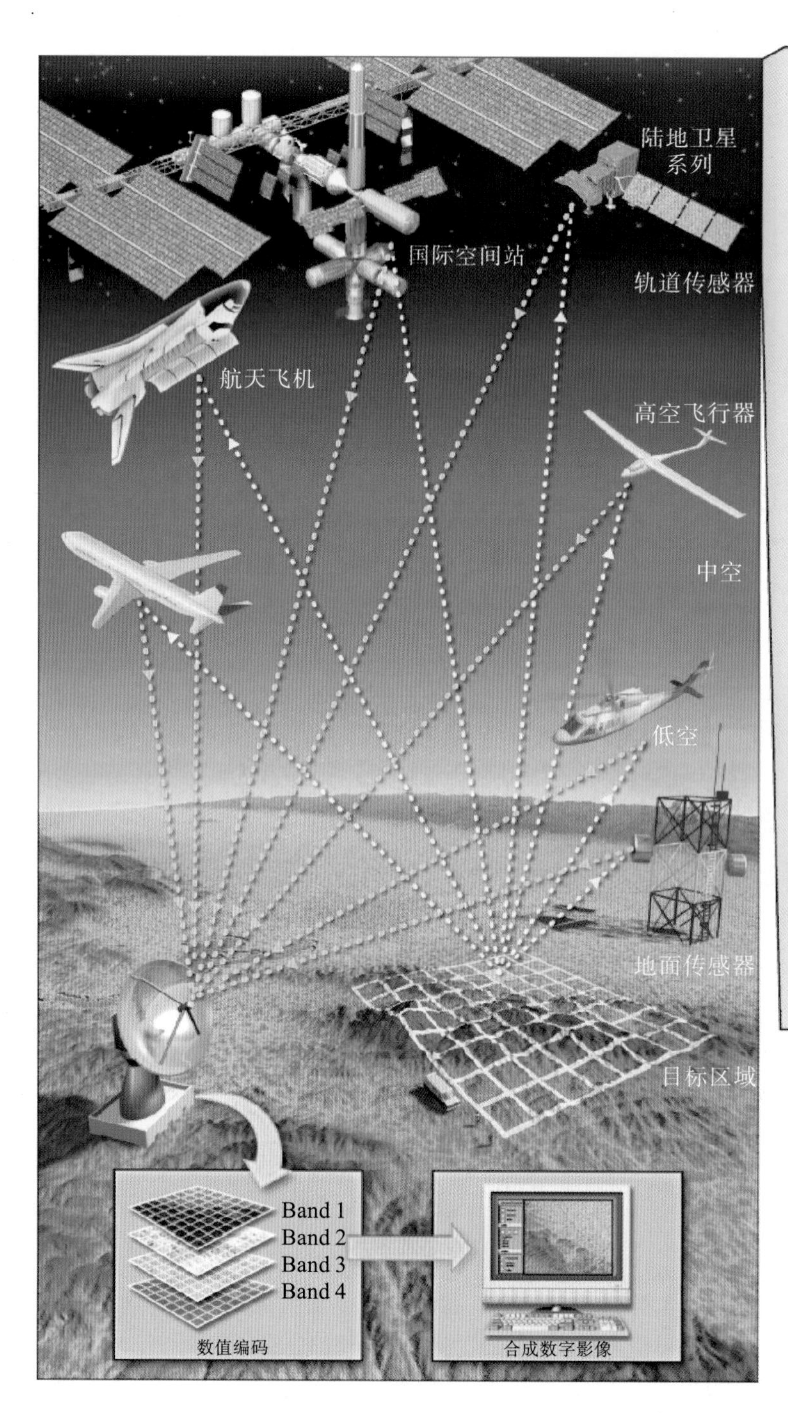

轨道平台的实例：

CloudSat，研究云的厚度、分布、辐射特性及结构。

ENVISAT，ESA环境监测卫星：10个传感器，包括新一代雷达。

GOES，天气监测和预报；GOES-11、-12、-13和-14。

GRACE，准确绘制地球引力场的地图。

JASON-1、-2，测量海平面的高度。

Landsat，从1972年的Landsat-1到1999的Landsat-7，为地球系统科学和全球变化提供了数百万幅图像。

NOAA，从1978年的第一批，NOAA-15、-16、-17、-18卫星到现在运行着的NOAA-19，采集全球数据，预测短期和长期天气。

RADARSAT-1、-2，在近极地轨道，由加拿大航天局操作的合成孔径雷达。

SciSat-1，分析在北极聚集的痕量气体、薄云、大气气溶胶。

SeaStar，携带SeaWiFS传感器（宽视野海洋观测仪器）来观测地球上的海洋和微观海洋植物。

Terra和Aqua，通过五个工具包，对环境变化、正常地表图像，云特征进行监测。

TOMS-EP，臭氧总量测绘光谱仪监测平流层臭氧，类似仪器有NIMBUS-7和Meteor-3。

TOPEX-POSEIDON，测量海平面高度。

TRMM，热带降雨测量卫星，包括闪电探测，以及全球能量收支测量。

更多信息请参阅：
http://www.nasa.gov/centers/goddard/missions/index.html

图1.30　遥感技术

注：遥感技术是指利用太空轨道上的航天器、大气层内的航空器及地面传感器，对地球系统进行测量和监测。通过传感器收集各种波长（频谱）的数据，再利用计算机对数据进行处理，生成用于分析的数字影像。遥感平台示例，见图右侧文字说明。图中航天飞机呈倒置轨道飞行模式（未按实际比例绘制）。

完成一次轨道运行用时90min。这类卫星适用于对偏远艰苦地区（如两极）环境的监测和研究，如Terra和Aqua卫星。

图1.31（c）是一个太阳同步卫星轨道，其高度范围为600～800km，属于近极地轨道卫星，其每天大约转1°（1年365天环绕地球1周，为360°）。这类卫星可提供的地表影像是在阳光持续照射下由可见光的波长生成的，或在连续黑暗条件下由长波辐射生成的图像。

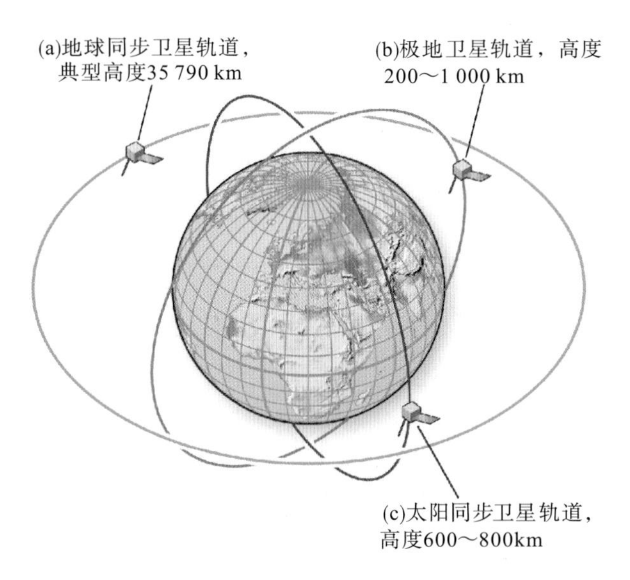

图1.31　三种卫星轨道路径

卫星记录图像**采用**的不是传统胶卷，而是以数码相机或类似于电视卫星的传输方式把图像传输至地面接收器。扫描的景象被分解成像素（图像元素）进行传输，接收到的每个像素再通过线（Lines，即水平的行）和列（Samples，垂直的列）的像素坐标进行识别。例如，由6 000线和7 000列组成的一个栅格影像中包含有42 000 000个像素，影像信息非常详细。生成一幅卫星影像所需数据庞大，需要地面站数据存储设备和计算机处理。

经过多种方式处理后的数字影像，实用性大幅增强：模拟自然色、利用“假”彩色凸显某些特性、增强对比度、信号分析过滤及各种采样率和分辨率分析。遥感系统包括主动和被动两种类型。

主动遥感　主动遥感是向某一表面定向发射一束能量波，对表面反射返回的能量波进行分析。雷达（无线电探测和定位）就是一个例子。雷达发射器向目标地域发出短促的能量波，其波长相对较长（0.3～10cm），能够穿透云层和夜空；之后，再对其返回的反射能量波进行分析。雷达接收到的反射能量，叫作反向散射。当前轨道上运行的几个重要雷达卫星包括：QuikSAT、RADARSAT–1和–2、SCISAT–1、JERS–1和–2卫星。

在美国加利福尼亚州的圣马特奥市附近，圣安德烈亚斯断层的图像就是由搭载于飞机上的合成孔径雷达系统完成的。为了跟踪该断层系统的运动及未来可能发生地震的能量积蓄区域，NASA和JPL的研发系统对断层进行反复观测，以获取详细的三维图像

地学报告1.6　美国地质调查局（USGS）地图周年纪念日

2009年12月是美国国会授权USGS系统绘制国家地图的125周年。USGS国家测绘项目完成了美国本土48个州的测绘任务，共计53 838幅，7.5′的矩形地图。美国国家地图（the National Map，见http://nationalmap.gov/）作为USGS和联邦、州和地方机构的协作成果，向全美国提供可下载的数字地形数据。数据类型包括：航片、海拔、道路、地理名称和土地覆被。美国国家地图已成为科研人员、教师、学生及公众获取地理信息的重要工具。

信息（图1.32）。根据某一时间序列的图像集，科学家利用电脑对图像中的像素进行逐一对比，监视图像上发生的微小位移（水平或垂直方向上），进而诊断地震断层中积蓄的应力。

图1.32　地震活跃断层的雷达影像

注：搭载于航天器上的合成孔径雷达系统按时序对断层连续重复拍摄，通过影像对断层中压力积蓄区进行研究。第12章还将讨论这一断层。从这幅2009年的假彩色影像中，你能看到已被水库淹没、呈南北走向的断层裂谷吗？［JPL/NASA，UACSAR图像；作者摄］

被动遥感　被动遥感系统就是对某一表面辐射能量的记录，尤其是可见光和红外线。我们的眼睛就是被动遥感器，就像阿波罗17号的宇航员在37 000km太空中使用照相机（胶片）拍摄的地球照片一样（译者注：见原著封底）。

Landsat卫星上的被动传感器提供了各种数据影像，譬如：第12章中阿巴拉契亚山脉和圣海伦斯火山的影像，第14章中卡特里娜飓风前后新奥尔良及河流三角洲的影像，第17章中冰岛瓦特纳冰帽的影像。当前Landsat–5和–7两个卫星仍在运行中。详细信息及链接，见http://landsat.gsfc.nasa.gov/和http://geo.arc.nasa.gov/sge/landsat/landsat.html。

在NASS、国家海洋和大气管理局（National Oceanic and Atmospheric Administration,NOAA，http://www.noaa.gov/）和英国联合开发的极轨运行环境卫星（POES）上，搭载有高级甚高分辨辐射仪（AVHRR）。它每天环绕近极轨14次。在太阳同步轨道上，NOAA–15和NOAA–17的工作时间为上午，而NOAA–16、–18和–19的工作时间为下午（参见http://www.oso.noaa.gov/poesstatus/）。

在NASA的地球观测系统（EOS）中，主要卫星是Terra。它于2000年开始传输数据和影像（http://terra.nasa.gov/），之后被该系列的另一个卫星Aqua所替代。卫星通过5个工具包对地球系统进行详细观测。本书文前的地球图像就是在Terra MODIS影像之上叠加了GOES云快照之后生成的影像。

地球同步环境卫星于1994年开始工作，电视上天气报道中的图像就来源于此。

位于135° W上的GOES–11用于监测北美洲和太平洋东部的天气。在75° W上的GOES–12则用于监测北美洲的中、东部及大西洋西部。想象一下，为了不间断地观测，这些卫星悬停于这些经线上方，白天监测可见光、晚上监测红外线。今后，GOES–13和GOES–14也将悬停于这些轨道之上以备不时之需（图1.33）。地球同步卫星服务器，见http://www.goes.noaa.gov/。关于GOES科学项目，参见http://rsd.gsfc.nasa.gov/goes/。

位于南达科他州苏福尔斯附近的USGS地球资源观测和科学（EROS）数据中心是地球物理与地理空间的国家数据库，其数据包括遥感影像、照片、地图、全球陆地编录系统（global land inventory system）及

USGS的EROS网口等。EROS是把全部数据和图像汇集在一起的数据中心，这些数据可以把当代地球系统和地球环境状况（见：http://eros.usgs.gov/）告知子孙后代。

举例说明：对于各种卫星平台的遥感采样区域，你在互联网中打开USGS全球可视化浏览器（Global Visualization Viewer），选定某个卫星后，再点击地图上的某一确定位置，就可以看到这一区域的遥感影像（见：http://glovis.usgs.gov/）。

图1.33 来自GOES-14的第一幅图像

注：2009年7月GOES-14拍摄的第一幅图像；该卫星改进技术使影像分辨率达到1km。你能找到无云层覆盖的美国西南部吗？还有得克萨斯州与俄克拉何马州边界上的雷暴吗？东太平洋上有两个明显热带波。［NASA］

对于正在运行的主动和被动遥感平台，相关更新信息可在掌握地理学（Mastering Geography）网站中查阅“遥感状况报告（Remote Sensing Status Report）”。值得一提的是，宇航任务专家托马斯·琼斯博士曾在奋进号航天飞机上利用雷达和照相机对克柳切夫火山（Kliuchevskoi Volcano）的喷发进行过研究，这些影像资料及他的个人经历都可在掌握地理学网址中查阅。

1.5.2 地理信息系统

遥感技术获取的大量空间数据必须通过存储、处理后才能得到进一步实际应用。**地理信息系统（GIS）**是指一种基于计算机技术，对地理信息进行收集、加工及分析的数据处理工具。当今，先进的计算机技术以前所未有的复合方式把实地观测（地面测绘）和遥感数据结合起来，使地理信息集成变为可能。

利用GIS可以对地球和人类社会的演变进行分析。例如，H1N1流感病毒和西尼罗河病毒引发的疾病、卡特里娜飓风造成的人口迁移、2010年海地和智利地震造成的毁坏及土地综合覆被图［图1.34（b）和（c）］的研究和预测。对于印刷式地图，其内容在出版之时已固定，无法更改；然而GIS地图却可以及时地更新和修改。

所有GIS的起始组件都是一幅具有辅助坐标系（例如，经度、纬度）的地图。你可根据这些已建立的参照点来确定其他数据的空间位置。在这种数字化的坐标系中，所有的点、线、面都是数字化的数据。GPS装置可为GIS提供绘制地图所需的基本数据；然后，再把遥感图像和数据添加到已有的坐标系中。这样生成的数字高程模型（digital elevation model, DEM）可应用于许多领域的科学分析，如地形、高程-面积分布、坡度及局部水系特征等。此外，这些数据还可用于计算机运算、结果显示及GIS平台上的进一步处理分析。

GIS还能对图层的数据进行图形模式和空间关系的分析，见图1.34（a）中的洪积平原图层或土壤图层。GIS还可以通过多层数据平面的互动，生成一个叠加分析层。GIS与印刷式地图相比，其实用性优点在于能够对变量进行分析操作及对地图的不断改进。

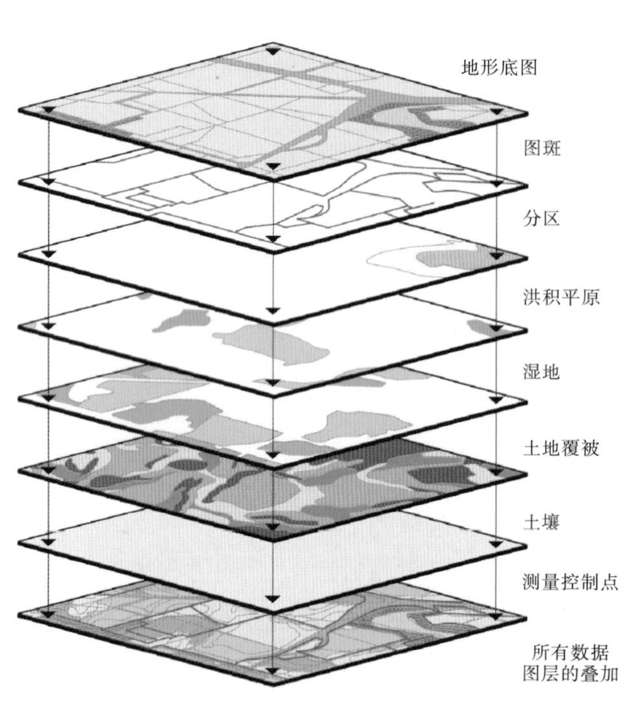

（a）GIS格式中的空间数据图层

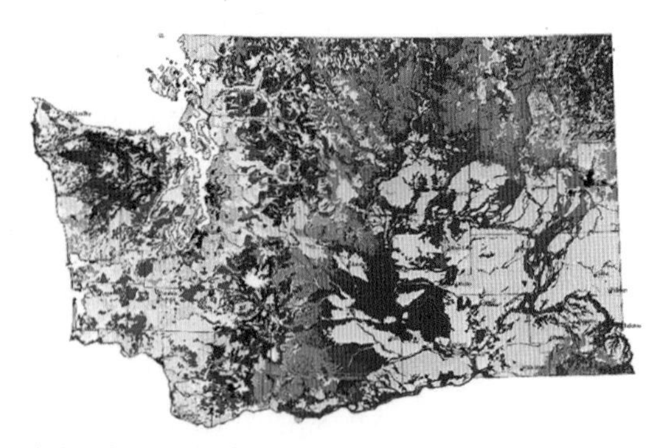

（b）这幅土地综合覆被图作为华盛顿州GIS全域分析的一个重要部分，被用于评估物种和生物多样性的保护

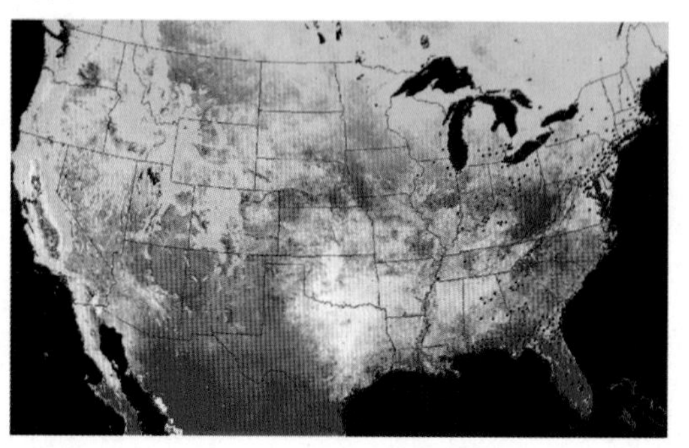

（c）NASA开展的一项GIS研究与预测，即利用卫星获得的温度、湿度和植被监测数据，再通过GIS对环境状况的叠加分析，绘制的西尼罗河病毒传播概率图

图1.34　地理信息系统（GIS）模型

［（a）引自USGS；（b）GIS地图：由Kelly M. Cassidy博士提供，Gap Analysis of Washington State，V.5，Map 3，华盛顿大学；（c）NASA/GSFC］

GIS的应用范围广泛，跨越多个学科。地理信息科学（geographic information science, GISci）体现了GIS的发展方向、运用方法和应用领域。始于2000年的GISci系列国际会议每半年举行一次（见http://giscience.org/）。这些会议汇集了学术界、工业和政府方面的领军科学家，主要探索跨学科最新显现的科研方向，寻找各领域的应用前景。GIS系统将来的一个重要发展方向就是面向用户的友好性能。

随着大量开源GIS软件包资源的增加，GIS的使用范围不断扩大。这些资源通常是免费的，而且还有持续更新的在线支持（见：http://opensourcegis.org/）。

比如，谷歌地球™这种地球可视化程序，可以从互联网下载（http://earth.google.com/），这些程序提供了全球范围的三维图像和地理信息。通过各种分辨率的卫星图像和航空照片，谷歌地球™可使用户“飞翔”于地球任何地方，并对感兴趣的景观和特征进行放大观察。请从中找一下你的居住小区和校园。谷歌地球™的用户，如同在GIS模型中一样，根据手头上的任务和图层叠加显示的需要，可以通过图层选择达到目的。

GIS方向的就业机会也在不断增长。无论你的学术专业是什么，数据空间分析的能力都很重要。在环境系统研究所公司（Environmental Systems Research Institute,

Inc., ESRI）的国际用户年会上，会议出席者接近15 000人，因此这个年会也是GIS专业人员分享GIS最新应用技术的最大集会（见：http://www.esri.com/）。

许多高校都开设了GIS学位课程。现有许多社区学院也开设了GIS课程及其认证课程。服务于GIS教育的国家地理信息及分析中心（NCGIA）是由三所大学联合组成的，它们分别是美国加利福尼亚州圣巴巴拉大学的地理系、奥罗诺市缅因大学的测量工程系和纽约州立大学水牛城分校（见：http://www.ncgia.ucsb.edu/）。

地表系统链接

现在你已了解了地理学的本质和地表系统的基础，下面将踏上新的旅程，看一下地球的4个圈层：第Ⅰ篇为大气圈；第Ⅱ篇为水圈；第Ⅲ篇为岩石圈；第Ⅳ篇为生物圈。第2章将从太阳开始，内容包括它在宇宙中的位置、运行方式及输入地球的能量流。此外，我们还将观察四季的进程。我们要跟随太阳辐射穿过大气到达地球表面，还要考察能量输入过程中形成的地表能量分布模式。在系统输出方面，我们将针对地球上广阔的风场和洋流，探讨全球的气温分布模式、大气环流和水循环。

在每章末尾，将会看到一个栏目地表系统链接，它是上、下章之间的连接桥梁，可帮助你过渡到下一主题。

1.6 总结与复习

为了方便学习，本书在每一章的标题页中，都对重点概念进行了简要介绍。每章的总结与复习都对其所包含的重点概念进行逐一回顾，随后还列有重要的术语名词（页码）及思考题。这种简介方式和复习方法贯穿于全书各章。

■ **阐述地理学与自然地理学的定义。**

地理学是把物理学、生命科学和人文学科结合起来，对地球整体进行研究的学科。自然地理学是**地球系统科学**这一新兴学科的重要基础。**地理学**是一门关于方法论的科学，即一种关于空间现象的特殊分析方法：**空间性**是指物理空间的本质和特征。地理学的综合主题范围涉及很广，地理学教育认可的五大主题为：**位置**、**区域**、**人地关系**、**运动**和**场所**。地理学方法是**空间分析**，即在空间或区域范围内对地理区域、自然系统，社会和文化活动之间的相互关联性进行研究。**过程**就是一系列作用或机制按照某一特定次序的运行，也是地理综合体的核心。

自然地理学是对构成环境的所有自然要素和全部过程的空间分析，包括能源、空气、水、天气、气候、地形、土壤、动物、植物、微生物及地球本身。由于地球自然系统和人类社会之间的相互交织，认识这些要素之间的复杂关系对人类生存十分重要。关于宇宙、地球和生命假说的理论发展必然涉及**科学方法**。

地球系统科学（005页）
地理学（005页）
空间性（005页）

1.地理学独特之处是什么？基于本章内容，阐述自然地理学的定义，回顾地理学的方法。

2.对于美国五大湖区的水污染，自然地理学者通常会采取哪些分析方法？

3.利用地图（册）检测你的地理素养。你曾使用过哪些类型的地图？行政的？自然的？还是地形图？你知道四大洋、七大洲及特殊国家的名称和位置吗？你能说出1990年以来新出现的国家名称吗？

4.对于五大地理主题，请各举一个典型例子，并使用每个主题造一个句子。

5.你今天做出过什么决定吗？在你论述的五大主题中，它们涉及哪些地理概念？请简要说明。

■ **描述系统分析、开放与封闭系统、信息反馈及它们与地球系统之间的联系。**

一个**系统**就是由相关事物及其属性构成的一个有序集合体，它与系统外的周围环境存在显著差异。系统分析是地理学家使用的一种重要组织方法和分析工具。就能量而言，地球是一个**开放系统**，接收来自太阳的能量；但就物质和自然资源来说，地球实质上又是一个**封闭系统**。

在系统运行过程中，“信息”通过**反馈回路**返回到系统中的不同节点。如果反馈信息抑制系统变化，这就是**负反馈**，而形成的负反馈又会进一步抑制系统变化。这种负反馈在自然系统中产生自我调节，来维持系统稳定。假如反馈信息促进了系统变化，就是**正反馈**，而正反馈信息进一步使系统变化加速。持续的正反馈可以使系统发生偏离（即，“雪球效应”）。当系统中输入和输出的比率相等，且储存于系统中的能量和物质量维持不变时（或者说，在一个稳定的平均范围内波动），系统就处于**稳态平衡**。伴随时间的推移，当系统呈现为平稳增加或减小趋势时，系统为**动态平衡**。阈值（转折点）是指一个系统无法继续维持自身性质时，开启的一个新层次运转；而这与系统原来的特征可能不兼容。地理学家为了更好地理解自然系统，经常建立简化**模型**。

在地球表面具有强烈相互作用的四个巨大开放系统中，三个是非生物（或非生命系统）圈层，即大气圈、水圈（包括冰冻圈）、岩石圈；一个是生物（或生命系统）圈层，又叫**生物圈**（或生态圈）。

6.为什么说系统理论是一种组织策略？什么是开放系统、封闭系统和负反馈？系统何时处于稳态平衡状态？人体是哪种类型的系统（开放或封闭）？一个湖泊、一株小麦呢？

7.从能量和物质的角度，以简图方式描述地球系统。

8.构成地球环境的三个非生物（无生命）圈层是什么？它们与生物圈层（生物圈）有何联系？

■ 阐述地球坐标系：纬度、经度、纬向地理带和时间。

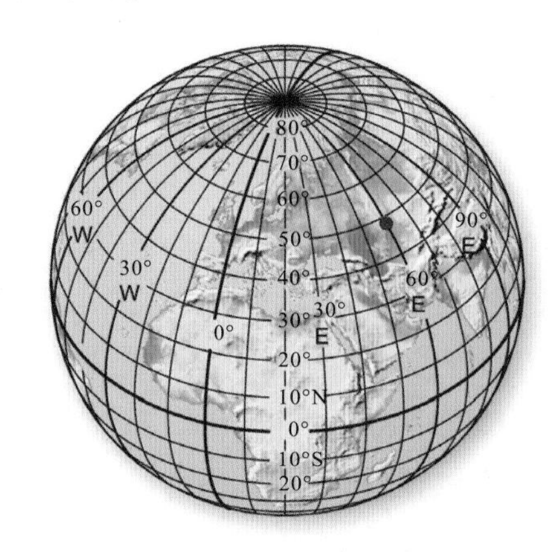

研究地球形状、大小的学科叫作**大地测量学**。地球是一个赤道略凸、两极略扁的球体，即**大地水准面**。地球上绝对位置可通过一个特定的网格坐标来表述；网格坐标是由**纬度线**（偏离赤道南北方向的角距离）和**经度线**（偏离本初子午线东西方向的角距离）构成的。随着国际**本初子午线**的建立（穿过英国格林尼治天文台的0°经线），以及能够准确测量经度的航海精密计时器的发明，导航和计时取得了历史性突破。**大圆**是指圆心与地心相重合的环绕地球的任何一个圆周。大圆上的圆弧是地球表面两点之间距离最短的路径。**小圆**是圆心与地心不一致的圆。利用接收卫星无线电信号的手持**全球定位系统（GPS）**仪器，你就可以精确地测定纬度、经度和海拔。

以本初子午线为基准的格林尼治标准时间（GMT），是世界上第一个通用的时间系统。与本初子午线相对应（注：并不完全对应）的180°经线称为国际日期变更线，它是每一天正式开始的位置标志。现在，协调世界时（UTC）是全球国际时区的标准和基础。夏令时（又称日光节约时制）是指随季节变化而进行的时钟调整，即在夏季月份将时钟向前调整1h。

9.用简图表示地球的形状和大小。

10. 利用太阳高度角，厄拉多塞是如何得知亚历山大城与赛尼城之间的距离（5 000斯塔德）就是地球极轴圆周长的1/50？即使知道了该距离为地球周长的一部分，他又是怎么计算出地球的整个周长？

11. 你当前位置的纬度和经度坐标（度、分、秒）分别是多少？你是怎样得到它的？

12. 绘制一幅带有标注的简图，阐述纬度和纬线，经度和经线的定义。

13. 阐述大圆、大圆路径和小圆的定义。利用这些概念来描述赤道、纬线和经线。

14. 区分地球表面上大致划分的几个纬向地理带。你生活在哪一个地理带？

15. 为什么测定经度需要精确的计时器？解释它们之间的关系。协调世界时（UTC）是怎么确定的？

16. 什么是本初子午线？它在哪里？这个位置是怎么确定的？描述本初子午线对蹠的经线。

17. 什么是GPS？它是怎样测定地球上的位置和海拔的？哪些著名山峰的海拔是利用GPS技术得以更正的，请举几个例子。

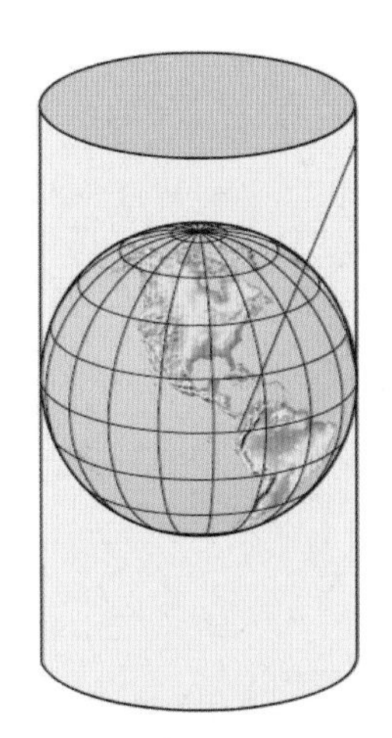

圆柱投影

■ **阐述地图制图学的定义和制图要素：地图比例尺和地图投影。**

地图是一个区域（通常为地表某一部分）的概观，就像是对尺度大幅缩小的地球进行俯视。**地图制图学**就是绘制地图的学科和艺术。地理学者利用地图对地球自然系统进行空间描述。**比例尺**是地图上的图像与实物之间的比例；它把地图上的一个单位与地表上的一个单位联系起来。地图绘图师基于地图的特定用途设计了**地图投影**，并根据不同的应用来选择最好的折中投影方式。选择折中投影是必然的，因为地球是一个球体，其三维表面无法精确完整地复制到一个二维平面地图上。在选择投影方式时，需要考虑的因素包括：**等面积性**（面积相等）、**正形性**（真实形状），以及真实方向和真实距离。**墨卡托投影**属于圆柱投影，能够保持真实形状并以直线表示某一恒定方向，即表示某一恒定方向的**等角方位线**，在墨卡托投影图上是一条直线。

地图（029页）
制图学（029页）
比例尺（029页）
地图投影（031页）
等面积（031页）
正形性（031页）
墨卡托投影（032页）
等角航线/等方位线（032页）

18. 阐述地图制图学的定义。为什么说它是综合性学科。

19. 什么是地图比例尺？地图上有哪三种表示方法？

20. 下列三个比例：1∶3 168 000、1∶24 000、1∶250 000，分别属于大、中、小比例尺中的哪一种？

21. 描述地球仪与平面地图之间的特征差异。

22. 在图1.16中，使用的是哪种地图投影方式？图1.24呢？（详见附录A）。

■ **描述遥感概念，解释何谓地理信息系统；为什么说两者都是地理学的分析工具？**

地球系统状态可通过航天和航空**遥感**进行分析。卫星遥感不是普通的照片拍摄，而是把记录的图像传输到地面接收站。数字形式记录的卫星影像可用于后期处理、增强及制作成衍生产品。航空照片多年来被用于提高地图的精确度，这不只是**摄影测量学**的范畴，也是遥感应用的重要方面。

大量的遥感数据，可通过**地理信息系统（GIS）**技术进行分析。计算机以前所未有的复合方式对实测数据和遥感地理信息数据进行处理。GIS方法对于我们更好地认识地球系统是一个重要工具，还能为地理专业学生提供重要的就业机遇。

当今，人类与地球之间的关系日趋复杂。自然地理学的不可替代位置，在于它把空间、环境和人类看作是一个综合体。

遥感（033页）

摄影测量学（033页）

地理信息系统（GIS）（037页）

23. 何谓遥感？通过电视上或新闻报纸，你在气象卫星影像中能够看到哪些信息？请说明。

24. 描述Terra、Landsat、GOES及NOAA卫星，请举几个例子详细说明。访问美国国家航空航天局（NASA）或欧洲空间局（ESA）的网站，进一步了解和查看卫星影像。

25. 假设你承担了一大片土地开发的规划任务，GIS技术能为你提供哪些帮助？如果这片土地中，有一部分是河漫滩平原或是基本农田，它们对你的规划有什么影响？

掌握地理学

访问https://mlm.pearson.com/northamerica/masteringgeography/，它提供的资源包括：数字动画、卫星运行轨道、自学测验、抽题卡、可视词汇表、案例研究、职业链接、教材参考地图、RSS订阅和地表系统电子书；还有许多地理网站链接和丰富有趣的网络资源，可为本章学习提供辅助支撑。

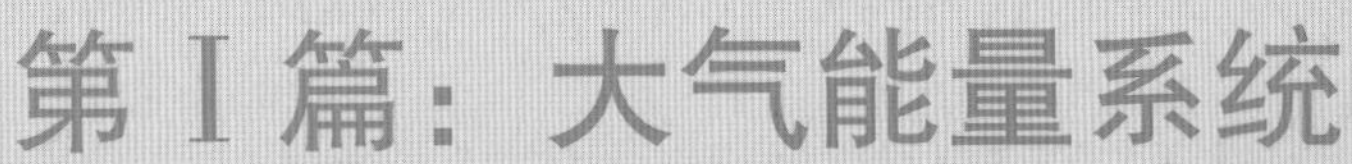
第I篇：大气能量系统

第2章　到达地球的太阳辐射及其季节变化
第3章　地球现代大气
第4章　大气和地表能量平衡
第5章　全球温度
第6章　大气与海洋的环流
输入
到达地球的太阳能；地球现代大气
作用
大气圈和地表的能量平衡
输出
全球温度、风、洋流
人地关系
大气污染；酸雨；城市环境；热指数、风寒指数；太阳能；风能

在美国亚利桑那州东北部的荒漠地区，冬季雪景与炎热夏季形成鲜明对比。［Bobbé Christopherson］

距离地球最近的恒星——太阳，释放的辐射为地球及地球上的生物提供了能量。46亿年来，太阳辐射穿越星际空间到达地球，被地球拦截下来的能量很少。因为地球表面是一个球形曲面，所以大气顶部的能量分布很不均匀，这导致从赤道到两极，能量收支不平衡：赤道地区的能量过剩，而极地地区的能量不足。此外，季节变化也影响着能量的分布。

大气圈就像一个有效的过滤器，吸收了太阳辐射中的大部分有害辐射、带电粒子及宇宙尘埃，使它们不能到达地球表面。而低层大气每天接收的能量也不均匀，这使大气和地球表面的能量收支产生差异，从而形成了气温、风带和洋流的全球分布模式。支撑生命的许多系统，其运转都依赖于太阳辐射。这就是第 I 篇的内容体系。

第2章　到达地球的太阳辐射及其季节变化

西非热带国家佛得角索塔文托群岛（背风群岛）的福戈岛上，男孩正在用驴子驮水。注意他们身体正下方的影子，阳光投射几乎垂直于地面（嵌入照片）：此时，太阳正好垂直照射在头顶，即男孩正位于太阳直射点区域。［Bobbé Christopherson］

重点概念

阅读完本章，应能够：

- **区别**星系、恒星、行星，找出地球的**位置**。
- **概述**地球的起源、形成和发展，**了解**地球绕太阳运行的公转轨道。
- **描述**太阳的运行，**解释**太阳风及辐射电磁波的特点。
- **描述**被大气拦截的太阳能及其在大气顶界的不均匀分布。
- **阐述**太阳高度角、太阳赤纬和昼长的定义，**描述**它们的年内变化——地球的季节。

当今地表系统

追逐太阳直射点

本章将追逐季节的脚步。太阳直射点就是地表接受太阳垂直照射的点，冬至日（12月21～22日），太阳直射于南纬23.5°，之后太阳直射点逐渐北移。到了春分日（3月20～21日），太阳直射赤道。夏至日（6月20～21日），太阳直射于北纬23.5°，再后太阳直射点逐渐南返。秋分日（9月22～23日）太阳直射赤道。到了冬至日，太阳再次直射南纬23.5°（图2.16）。

本章开篇的图片——西非岛国佛得角福戈岛的正午时分，两个人和一头驴在驮运水。此时，太阳在天空中的位置最高，他们的纬度位置接近太阳直射点，太阳光线和地面垂直。除南北回归线之间，其他地区没有太阳直射现象。例如，40度N正午太阳高度角的范围为26度（12月）～73度（6月），但不会到达90度。无论船上，还是大西洋的岛屿上，人类的科考船沿着航线追逐着太阳，以确保与太阳直射点最接近。以下是我们计算时刻的步骤。

大多数地球仪上，设计者都会在东南太平洋上绘制太阳移动的8字形曲线（即太阳赤纬时差图）。太阳赤纬时差图就像一个8字形曲线，可以在y轴上查找任何时间所对应的太阳赤纬，即太阳直射点的纬度（图2.1）。12月21～22日，太阳直射南回归线，即赤纬时差图中的最低处。据图2.1也可得知，3月20～21日，太阳赤纬到达赤道，然后继续向北移动，到6月太阳直射北回归线。利用这个表计算一下你生日当天太阳直射点的位置。

太阳赤纬时差曲线的形状就是太阳直射点在南北回归线之间的往返运动轨迹，这是由倾斜的地轴和椭圆形的地球运动轨道引起的。地球实际上是以椭圆形轨道围绕太阳旋转的，它在12月和1月移动速度较快，而在6月和7月移动速度较慢，由此产生了时差。

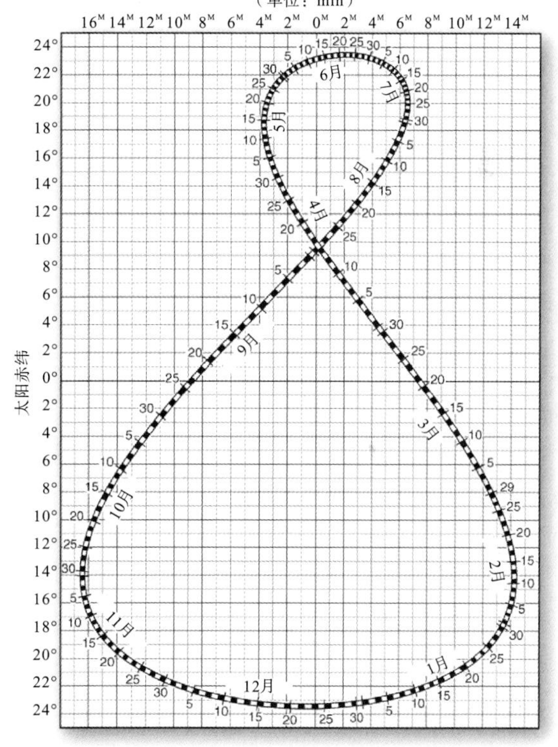

图2.1　太阳赤纬时差图（8字形曲线）

注：若已知日期，则可以确定太阳赤纬和时差。在8字形曲线上找一下你的生日，看看当天的太阳直射点在什么位置。

1个平均太阳日为24h（86 400s）。若把太阳经过当地子午线的实测太阳时规定为每天的正午时刻，这就是当地的真太阳日。在图2.1中，10月和11月由于太阳移动较快，对应于x轴上的时间比当地正午时间（12：00）更早。2月和3月，由于太阳移动较慢，太阳移动的时间比当地正午时间（12：00）更迟。

春分日到夏至日，太阳直射点从赤道向北回归线移动。根据太阳赤纬时差图，从3月23日～5月1日，太阳赤纬在1° N到15° N之间移动。4月25日～5月1日，太阳直射点也在这一纬度范围。

我们何时距太阳直射点最近？对于14.8° N的佛得角福戈岛，5月1日这一天太阳直射头顶（大约90°，垂直于地表），真太阳时比平太阳时（时差）快了2min。做一个试验：我们把观测的太阳高度角标注于太阳赤纬时差图上，再用GPS接收器确定位置。

宇宙中至少包含了1 250亿个星系，其中之一就是由约2 000亿颗恒星组成的银河系。太阳是这些恒星中的一颗黄色星球，尽管图2.3的SOHO卫片显示的太阳色调并不均匀！太阳向四周辐射能量，照射着绕它运行的行星。最让我们感兴趣的是照射在第三个行星上的太阳能，因为这颗行星是人类的家园。

在本章中：太阳能输入模式——到达地球大气的太阳能，驱动着地球的物理系统，并且影响着我们每天的生活。进入大气的太阳辐射由于地球的倾斜和旋转，会使昼长和太阳角发生变化，包括日变化、季节变化和年际变化。太阳是生物圈中绝大多数生命过程的能量源泉。

2.1　太阳系、太阳和地球

太阳系位于银河系的尾部边缘。**银河系**是一个扁平的碟状集合体（银盘），属于棒旋状星系，即围绕着一个略呈棒状的或拉伸的恒星核心旋转［图2.2（a）和（b）］。太阳系位于银河系的一条旋臂上，即人马臂上的猎户座，离银河系中心的距离超过了银盘半径的1/2。银河系的中心是一个超大质量的黑洞，约为太阳质量的两百万倍，称为人马座A*（英文读作“Sagittarius A*”）。太阳系中包含8颗行星、4颗矮行星及为数众多的小行星。太阳系位于银盘上方15光年的位置，距离银河系中心的黑洞大约3万光年。

从地球上观察银河系很受局限，夜空中的银河系呈现为一条朦胧的窄光带。晴朗的夜晚，人的肉眼仅可看到数十亿颗恒星中的几千颗，它们聚集在地球周围，就像我们的“邻居”。

太阳系的形成和结构　根据当前理论，太阳系是一个由尘埃和气体组成的缓慢旋转着的星云崩塌后凝聚形成的巨大天体系统。**重力引力**是一个物体通过质量与其他物体之间产生的相互引力（万有引力），也是太阳星云产生凝聚的关键作用力。当星云演化成扁平的圆碟状时，位于中心位置的早期原始太阳的质量不断增长，从而能吸纳更多的物质；而质量增长（积累）较小的天体涡旋，在不同距离上围绕太阳星云中心做旋转运动，它们就是原始行星。

星子假说（或尘云假说）　解释了太阳是怎样从星云中凝聚形成的，包括小行星形成及其运行轨道的质量重心。天文学家对这种形成过程进行了研究。他们在银河系中观察到，遥远的恒星也有行星围绕其轨道运行。截至2010年春季，天文学家已经发现了450多颗行星围绕着各自的恒星运转。太阳系中大约有165颗卫星（行星的卫星）绕着六大行星运行。截至2010年，对于4颗外行星的最新卫星统计结果是：木星有63颗卫星；土星有62颗卫星；天王星有27颗卫星；海王星有13颗卫星。

距离尺度　**光速**约为30万km/s，即9.5万亿km/年。光1年所传播的距离称为光年，它是度量浩瀚宇宙的距离单位。

做个空间比较，月球与地球之间平均距离是38.44万km，以光速计算就是光在1.28s内所传播的距离——而对于阿波罗宇航员来说这是一个为期3天的太空航行。整个太阳系的直径大约等于光传播11h的距离［图2.2（c）］。相比之下，从银河系一端到另一端的距离大约是10万光年。在地球各方向上能够观察到已知宇宙的最远距离是120亿光年（参见太阳系模拟器，http://space.jpl.nasa.gov/）。

地球轨道　地球绕太阳运行的轨道（公转轨道）是一个闭合的椭圆轨道［图2.2（d）］。地球距太阳的平均距离（日地距离）大约是1.5亿km，这意味着光从太阳到达地球平均需要8分20秒。在北半球，冬季（1月3日）地球到达**近日点**，距太阳最近（147 255 000km）；夏季（7月4日）地球到达**远日点**，距太阳最远（152 083 000km）。日地距离的季节性变化，使到达地球的太阳辐射能略有变化，但这并不是季节变化的直接原因。

地球的轨道并不是固定不变的，而是具有长周期的变化。如第17章的图17.36所示，以10万年为周期，日地距离变化幅度超过177 700 000百万km，在这一周期中，两者距离有时增大，有时减小。

2.2　太阳能：从太阳到地球

太阳对我们来说是独一无二的，但是它在银河系中只是一颗普通的恒星。与其他恒星相比，虽然太阳的温度、大小、色彩很普通，但它却是地球生物圈中绝大多数生命过程最根本的能量来源。

太阳星云中有99.9%的物质被太阳所捕获，剩下0.1%的物质形成了行星及其卫星，还有小行星、彗星和碎片。因此，在我们的太空区域中，太阳是主体。在整个太阳系中，太阳是唯一一个拥有维持核反应所需的巨大质量，并能够产生辐射能的天体。

太阳的巨大质量使其高密度的内部深处产生巨大的压力和高温。在这种条件下，太阳中大量的氢原子被强力聚集在一起，氢原子核成对地加入到**核聚变**过程中。在核聚变反应中，氢原子核形成了氦——自然界排列第二的轻元素，并且释放出巨大的能量。换言之，太阳损失的质量转换成了能量。

阳光灿烂的天空看起来很平静，看不出太阳上正在发生着剧烈的核反应。太阳输出的主要是太阳风和电磁波谱中的部分辐射能。让我们跟踪太阳辐射穿越太空直至地球。

地学报告2.1　运动中的太阳和太阳系

上面描述了大约46亿年前，太阳和地球的形成过程。在这漫长的时间跨度内，太阳、地球及其他行星已环绕银河系运行了27次。当你把这一运行距离与地球绕太阳的公转速度107 280km/h和地球自转速度1 675km/h相比较时，你就能体会到“静止”只是一个相对概念。

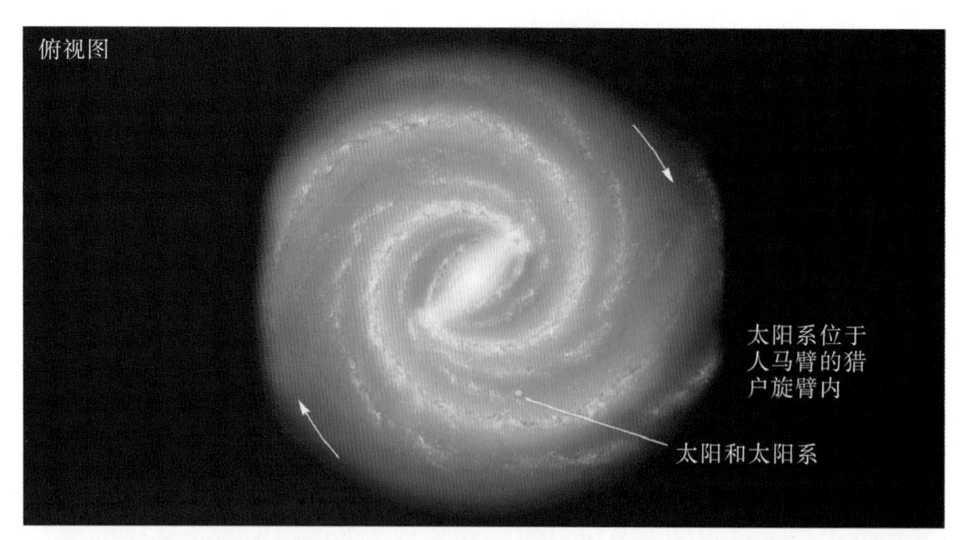

（a）俯瞰银河系图

（b）横截面侧视图

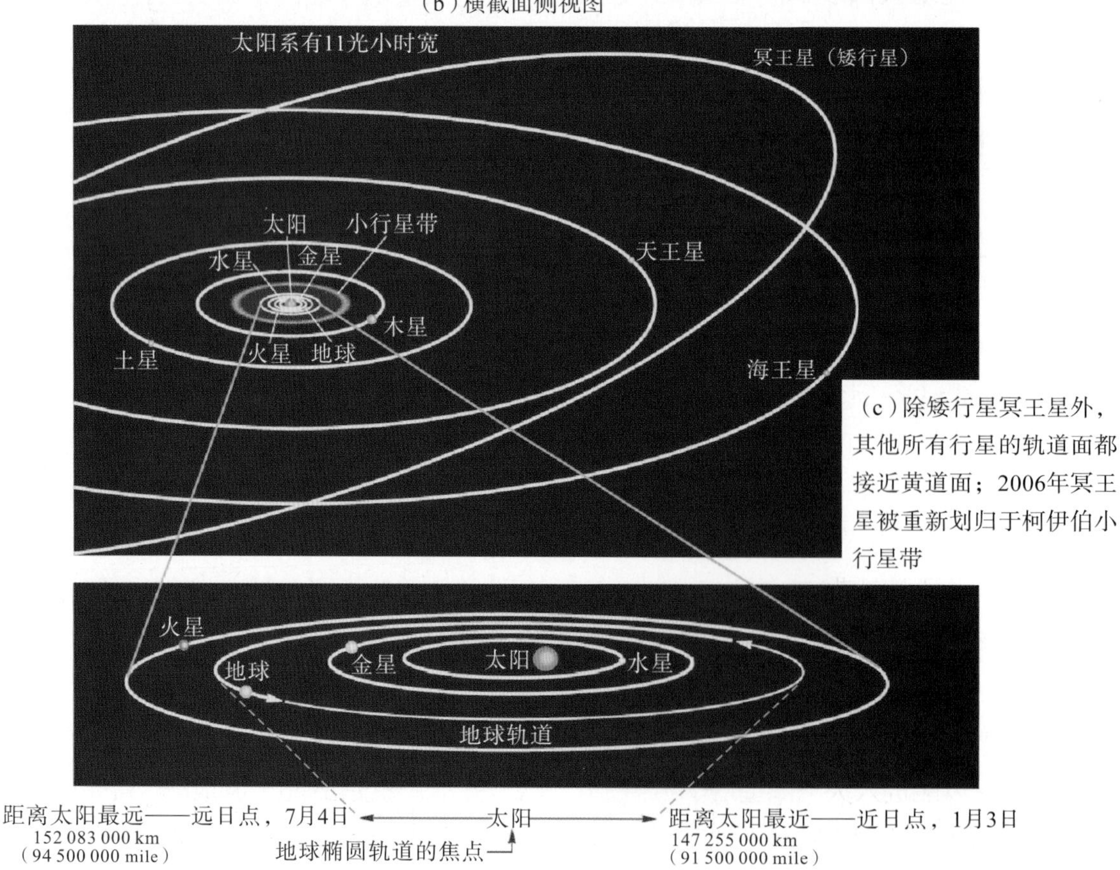

（c）除矮行星冥王星外，其他所有行星的轨道面都接近黄道面；2006年冥王星被重新划归于柯伊伯小行星带

（d）四个类地行星和地球椭圆轨道的季节轨迹，以及近日点（最近）和远日点（最远）的位置，你曾经在夜空中看到过银河系吗？

图2.2　银河系、太阳系和地球轨道

2.2.1　太阳活动和太阳风

太阳表面不断向各个方向爆发射出带电的粒子云（主要是氢原子核和自由电子）。这些带电物质流的传播速度比光速慢得多，一天大约传播5 000万km——大概需要3天才能到达地球。1958年，人们开始使用**太阳风**一词描述这种带电物质流。20世纪70年代发射的旅行者号和先驱者号太空飞船不仅远远飞出了太阳系，而且还逃离了太阳风的影响。

太阳最显著的特征是太阳磁暴所形成的巨大的**太阳黑子**。单个太阳黑子的直径可能在10 000～50 000km，一些黑子的直径甚至达到160 000km，是地球直径的12倍［图2.3（a）］。它们扰动太阳表面，使其产生跳动着的巨大火舌和凸起（日珥）［图2.3（a）］。带电物质向外喷发被称作日冕物质抛射，它使太阳风物质流进入太空。

太阳黑子的发生具有周期规律，从极小期到极大期，周期为7～17年，平均周期为11年［图2.3（b）］。2008年的极小期及2013年预测的极大期大致保持了这一平均水平（有关太阳周期的更多信息，参见http://solarscience.msfc.nasa.gov/SunspotCycle.shtml；最新天象，见http://www.spaceweather.com/）。

太阳风的作用　太阳风带电粒子接近地球时，首先与地球磁场相互作用。**磁层**就是包围着地球的一个磁场，产生于地球内部像发电机似的运动。磁层使太阳风向地球两极偏转，所以只有小部分太阳风能进入大气圈上层。

因为太阳风不能到达地球表面，所以对于太阳风现象的研究只能在太空中进行。1969年，阿波罗11号上的宇航员通过设置在月球表面上的金属箔片来进行太阳风实验（图2.4）。返回地球后，人们发现金属薄片上有粒子撞击的痕迹，从而证实了太阳风的特征。

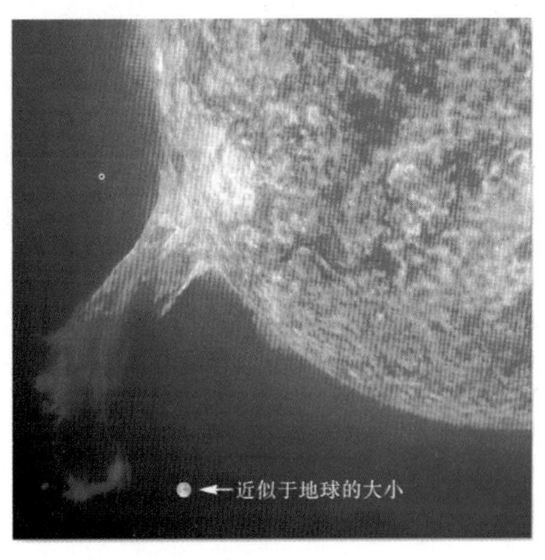

（a）SOHO卫星拍摄的巨大太阳
注：日珥上升至日冕中。参照图中的地球尺度，其大小远不及太阳黑子的平均规模。

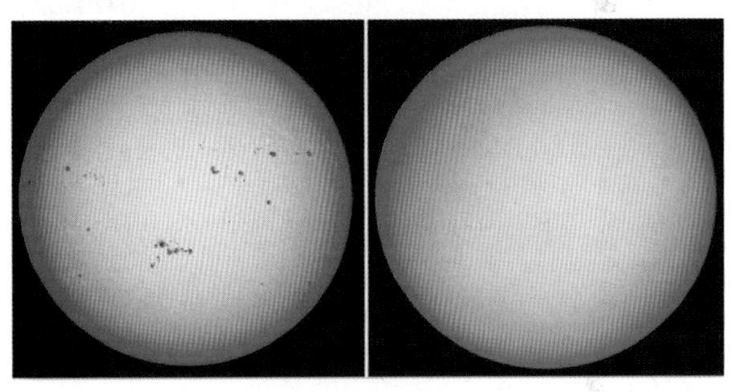

（b）2000年7月为太阳活动的极大期，2009年3月为极小期
注：图像源于SOHO卫星上搭载的MDI［Michelson Doppler imager（迈克尔孙多普勒成像仪）］。

图2.3　太阳和太阳黑子的图像
［图片：SOHO/EIT协会（NASA和ESA），请查阅http://sohowww.nascom.nasa.gov/（ESA/NASA SOHO天文台）］

地球大气圈上层大气，在太阳风的作用下，在地球两极附近产生了引人注目的**极光**。这种发光现象发生在80～500km高空，在南北极分别称作南极光和北极光。如图2.5所示，极光出现于极地65°高纬的地区上空，看起来就像绿、黄、红这三种颜色光叠在一起的彩色波状光层。2001年是太阳活动的极大期，远在南部的牙买加、美国得克萨斯州和加利福尼亚州都能够看见极光。

图2.4　宇航员和太阳风的实验

注：没有大气保护的月球表面能接收到太阳风带电粒子和各种太阳电磁辐射。1969年，阿波罗11号宇航员在月球上利用金属箔进行了太阳风实验。宇航员返回地球后，科学家对金属箔片进行了分析。为什么该实验不能在地球表面进行呢？［NASA］

太阳风会对某些电台和卫星的信号传播产生干扰，还会造成地上电力系统超负荷。2003年11月是太阳的一次特强喷发期，国际空间站的宇航员不得不躲进具有屏蔽设施的服务舱内。关于太阳黑子周期与干旱、洪涝发生期的联系（即：太阳黑子-天气的关系），人们仍在继续研究。

人类对太阳风的认识有明显进展，这是因为各类卫星收集到的数据越来越多，包括来自SOHO（太阳能子午观测）、FAST（卫星极光快照）、WIND、Ulysses、装置有太阳风收集器的Genesis、新的SDO（太阳动力学观测卫星）等。所有卫星数据都可从互联网上获取，关于极光活动，见http://www.swpc.noaa.gov/pmap/（空间天气预报中心）；有关预测，见http://www.gi.alaska.edu/（阿拉斯加费尔班克斯大学地球物理研究所）。

（a）南极光

（b）北极光

图2.5　在卫星轨道上看到的极光景象

注：卫星轨道上看到的极光景色。［（a）“发现号”航天飞机STS-114的空间图像GSFC/NASA；（b）国际空间站宇航员Don Pettit/NASA］

地学报告2.2　近来的太阳活动周期

在最近的太阳黑子周期中，太阳活动的极小期发生于1976年，极大期发生于1979年，并且可以看到100多个太阳黑子。另一次太阳极小期发生于1986年；然后是1990～1991年极其活跃的极大期，这期间可以看到200多个太阳黑子。1997年是太阳黑子极小期，2000～2001年又是太阳黑子强烈活动的极大期，可以看到200多个太阳黑子。2008年开始的太阳周期被命名为第24次周期。

2.2.2 辐射能与电磁波谱

太阳对生命最基本的能量输入形式是各种波长的电磁波能量。太阳辐射是带有能量的**电磁波谱**。太阳辐射以光速传播到达地球。带有辐射能量的全波谱是由不同波长的电磁波组成的。如图2.6所示，**波长**是指任意2个相邻波上相同相位之间的距离，在1s内某个固定点上通过的波数就是频率。

在太阳放射的辐射能中，紫外线、X射线和伽马射线波段占8%；可见光波段占47%；红外线波段占45%。如图2.8所示，电磁波谱自上而下，波长逐渐增大。注意：不同波长所对应的各种现象及人为利用。

热辐射基本定律指出，任何物体的辐射波长都与物体本身的表面温度有关：物体温度越高，放射的波长越短。这个定律同样适用于太阳和地球。图2.7表明：炽热的太阳，其辐射是以短波辐射为主，而且主要集中于0.5 μ m附近。

太阳表面温度大约是6 000K(6 273℃)，其辐射曲线如图2.7所示，这与表面温度为6 000K的理想物体(或黑体辐射)的预测曲线相似。理想黑体可吸收其接收的全部辐射能，随后再全部放射出去。单位面积上，高温物体(如太阳)要比低温物体(如地球)放射的能量更多。对于高温物体，短波辐射占主导地位。

尽管地球温度低于太阳，但地球几乎放射出了它吸收的全部能量，其作用和黑体一样（图2.7）。地球是一个较冷的辐射体，通过长波形式进行放射，而且大部分是红外辐射，波长集中于10.0 μ m左右。大气中的一些气体对于接收到的辐射表现不同，一部分辐射透射出去，而另一部分被吸收。

图2.9表明了地球系统中的能量输入和输出。总之，太阳辐射是短波辐射，其峰值在可见光波段范围；而地球的能量辐射却集中在红外波段的长波辐射。在第4章中，我们可以看到地球、云、天空、地面，还有地表物体向外放射的长波辐射。

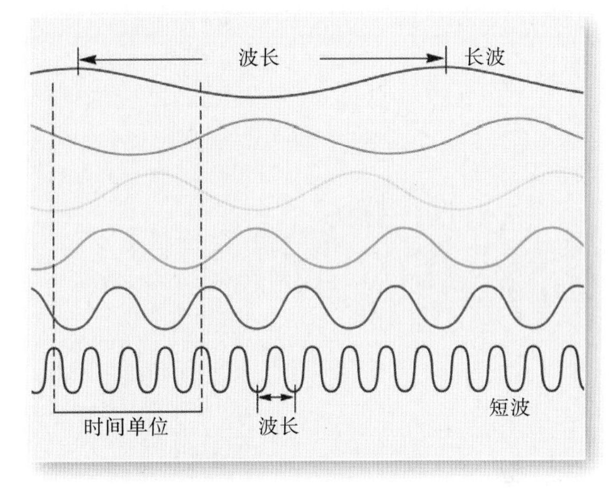

图2.6 波长和频率

注：描述电磁波使用波长和频率。短波的频率高，长波的频率低。

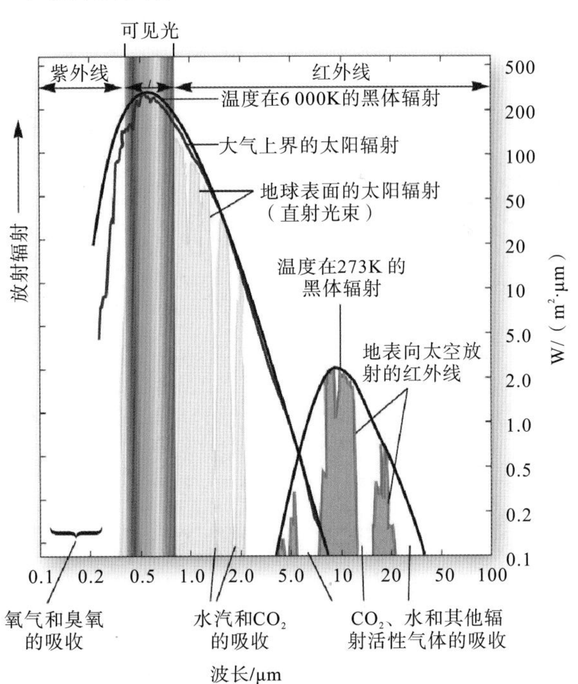

图2.7 太阳和地球不同波段的能量分布

注：高温太阳向外辐射短波，而低温地球向外辐射长波。黑线条代表的是理想状态下太阳和地球的黑体辐射曲线。在太阳和地球的辐射曲线上，缺失部分是水蒸气、水、二氧化碳、氧气、臭氧及其他气体的吸收带。［改编于：Sellers W D. 1965. Physical Climatology[M]. Chicago: University of Chicago Press.］

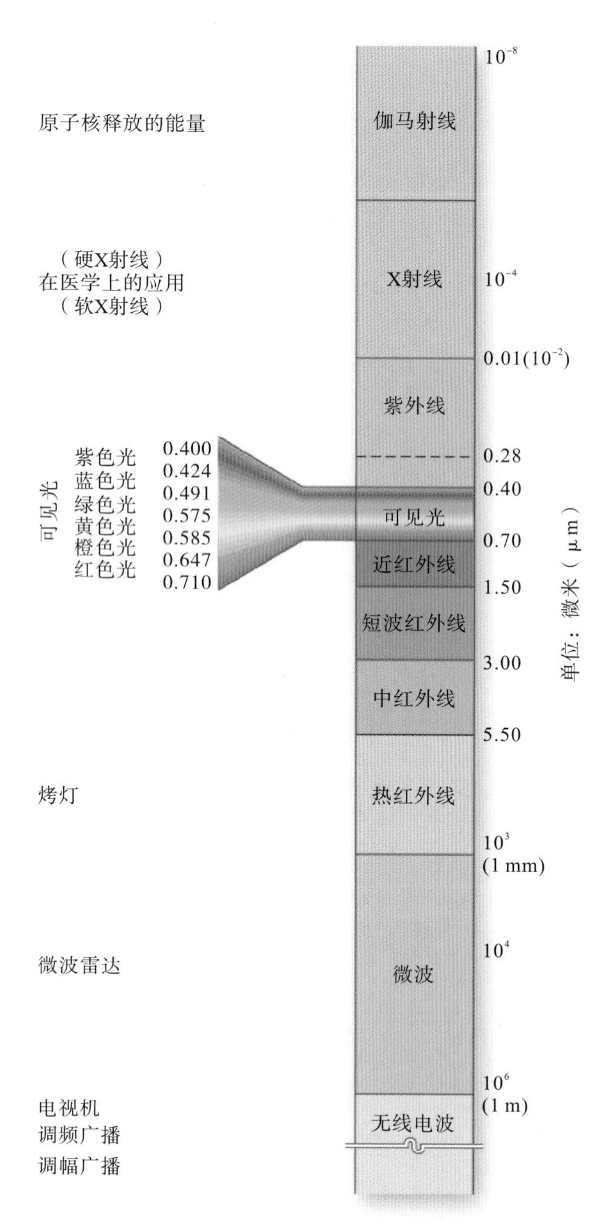

图2.8　辐射能量中的一部分电磁波谱

注：顶部为短波；底部为长波。

2.2.3　大气顶界的能量输入

大气层顶界，距地表大约480km，它是**热成层顶部**（图3.4），也是地球能量系统的外边界。以此为边界，可以估算出太阳辐射进入大气层之前未经散射和吸收的能量输入。

地球与太阳之间的距离，导致到达地球的太阳能只占太阳能量输出的二十亿分之一。尽管如此，这部分太阳能量却成为输入地球系统的巨大能量。入射日射（Insolation，源于*in*coming *sol*ar radi*ation*的组合）是指到达地球系统的太阳辐射，尤指到达大气和地球表面的辐射。到达大气顶界的日射量称作太阳常数。

太阳常数　对于气候学家来说，了解到达地球的日射量很重要。**太阳常数**是在日地平均距离下，大气热成层顶接收到的平均日射量，大约是1 372W/m²*。入射日射穿过大气层到达地表时（第3章和第4章），研究发现太阳常数值减少了1/2以上，这是短波的反

* 1W（瓦特）等于1J/s（焦耳/秒），为国际单位制（SI）的标准功率单位（单位换算，参见附录C转换表）。在非公制热量单位中，太阳常数约为2cal/（cm^2・min）（卡/平方厘米・分钟），或2Ly/min（1兰利等于 1cal/cm^2）。1cal相当于使1g水（15℃条件下）升温1℃的能量，等于4.184J。

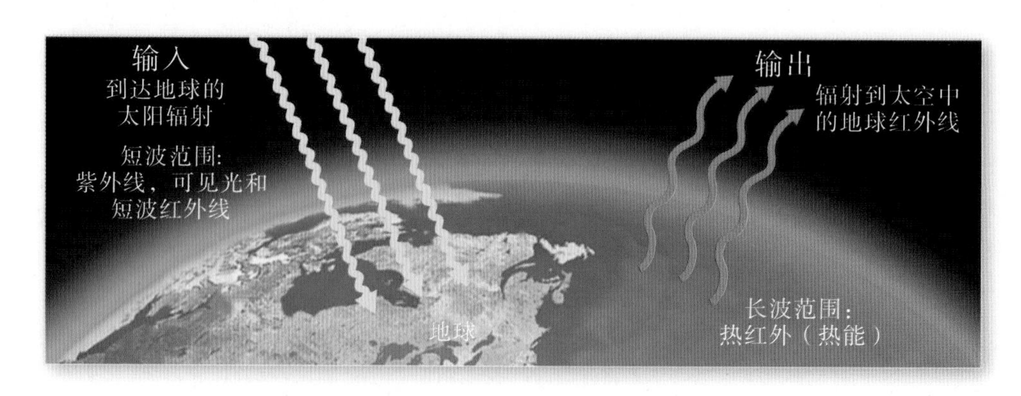

图2.9　地球能量收支的简图

注：太阳到达地球的短波辐射输入，地球向太空放射的长波输出。

射、散射和吸收所造成的。

日射量的不均匀分布 地球曲面与太阳平行入射光线之间的夹角呈连续变化（图2.10）。不同纬度上太阳光线的角度差异导致地表日射量分布不均，从而产生受热差异。地面正上方能够被太阳垂直照射的点只有一个，叫作**太阳直射点**或**日下点**。一年中，直射点在南北回归线之间（北纬23.5°和南纬23.5°）的低纬地带移动，使这一区域接收的太阳能量比较集中。在直射点以外，其他地区的太阳入射角度小于90°，因此接收的入射日射较分散，这在高纬地区表现得更为显著。

在赤道地区上空的热成层顶部，每年接收到的日射量是极地上空的2.5倍；此外，以更低角度射向极地的太阳光线必须要通过更厚的大气，这使日射量因散射、吸收和反射而遭受更大的损失。

图2.11中对比了四个不同纬度带热成层顶部一年期间每天接收到的能量差异，单位为W/m^2。图2.11中给出了从赤道地区至两极的日射量季节变化。6月份，北极每天接收到的日射量略高于500W/m^2，超过了40° N或者赤道地区接收到的太阳能。这样的高值来自于极地地区夏季的极昼：24h，这与纬度40° N只有15h的昼长和赤道地区12h的昼长形成鲜明对比。由于极地地区夏季正午太阳高度角很低，所以尽管它的昼长是赤道地区的两倍，但其辐射能量却只相差100W/m^2。

如图2.11所示，12月份的模式正相反。注意南极大气层顶部接收的日射量比6月份的北极更多（大于550W/m^2），这是因为地球位于近日点［1月3日，图2.2（d）］，距离太阳的位置更近。沿赤道地区，日射量的两个最大值（约430W/m^2）分别出现于春分和秋分，即直射点位于赤道时。

全球净辐射 搭载于人造卫星上的“地球辐射收支实验仪（Earth radiation Budget Experiment, ERBE）”对大气层顶部的短波和长波辐射能量进行了观测，可以利用ERBE传感器收集到的数据对图2.12加以完善。图2.12显示的是净辐射，即短波输入能量与长波输出能量之间的差值，即能量输入减去

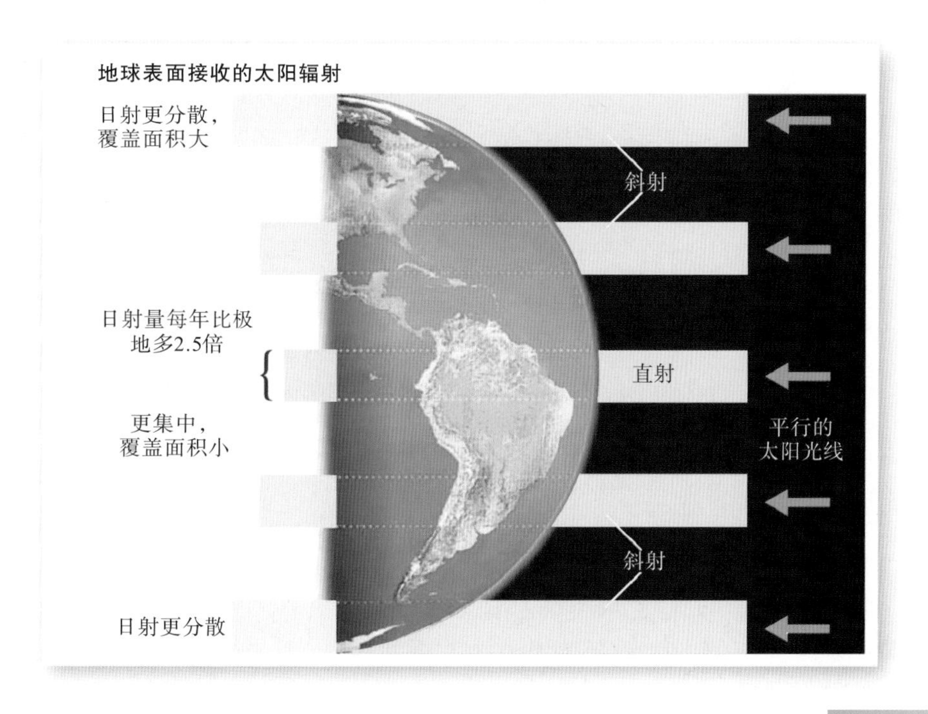

图2.10 地球曲面及其接收的日射量

注：地表接收日射量强度取决于太阳入射角及地表纬度。

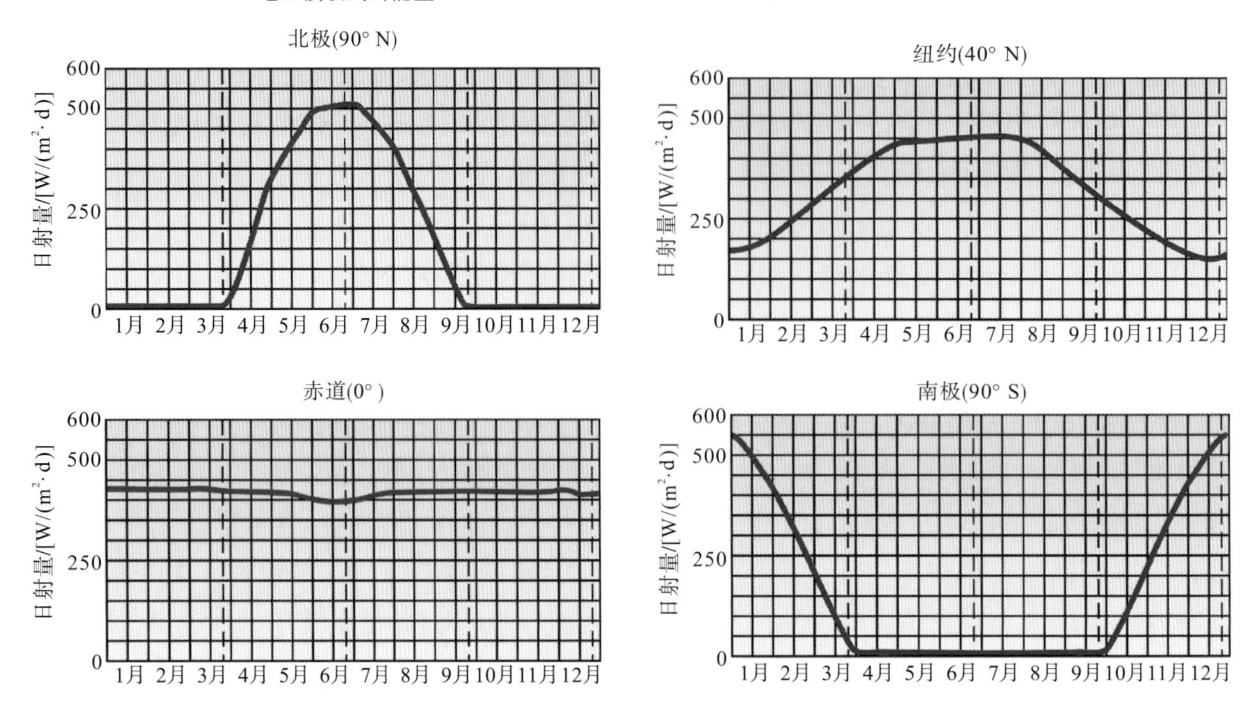

图2.11　大气层顶部每天接受的日射量

注：四个地区大气层顶部每天接受的日射总量，单位W/m^2［1W/（m^2・d）=2.064cal/（cm^2・d）］。

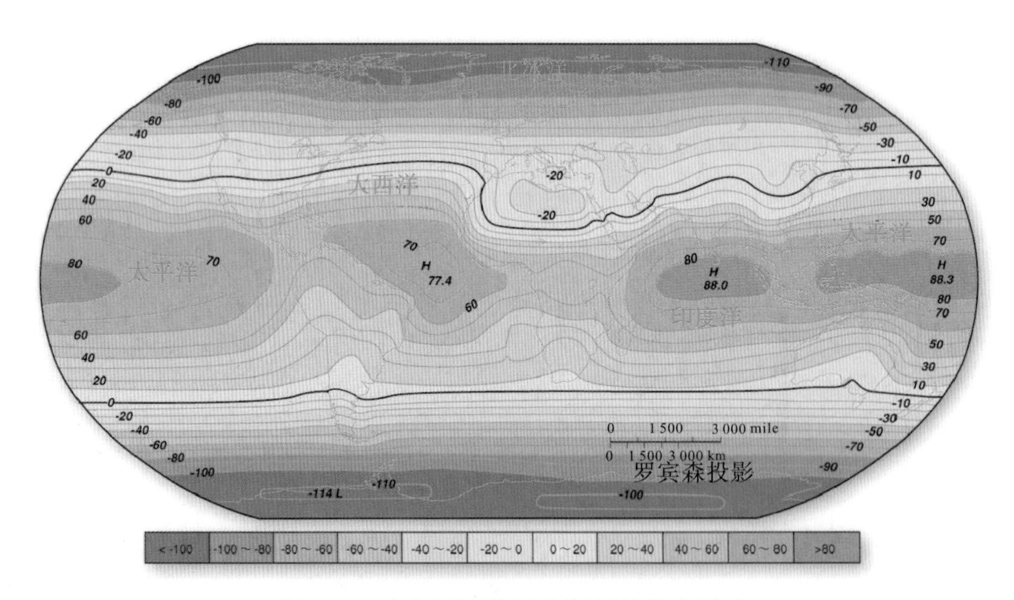

图2.12　大气层顶每日净辐射的分布模式

注：据“地球辐射收支实验（ERBE）”观测获得的大气层顶净辐射日平均值，单位W/m^2。［H.Lee Kyle博士，GSFC/NASA］

能量输出得到的值。

注意：在图2.12中，各纬度之间的能量分布是不平衡的——低纬度地区为正值，两极附近为负值。大约从南北纬36°至两极之间的中、高纬地区，净辐射为负值，这是因为地球气候系统向太空输出的能量大于太阳输入的能量，这可以通过大气层顶部的观测得知。在低层大气中，极地地区的能量亏损可由热带地区多余的能量流来弥补（在第4章和第6章论述）。净辐射最大值（平均80W/m^2）沿赤道狭窄带分布于热带海洋上空，净辐射最小值出现在南极洲。

有趣的是，净辐射为−20W/m^{2}的区域发生在北非的撒哈拉地区。由于这里天空晴朗，地表放射损失了大量的长波辐射，再加上浅色地表的反射作用，使得热成层顶界的净辐射量减少。在其他地区，由于云和低层大气污染使得返回太空的短波反射增加，从而对大气层顶部的净辐射造成影响。

在低层大气和海洋的内部，由于能量空间分布差异所产生的主要环流，使得大气圈和海洋成为一个巨大的热动力源。这些环流包括全球风系、洋流和天气系统（第6章和第8章的主题）。在人们的日常活动中，这些动态的自然系统正在告诉我们，持续的太阳能量流贯穿于环境之间。

上面分析了输入地球和大气层顶部的太阳能，下面来看当地球环绕太阳运动时，季节变化是怎样影响日射量分布的。

2.3 季节变化

地球上的节律周期——冷暖、黎明、白昼、黄昏与夜晚，曾使人类困惑了几个世纪。事实上，古代社会的人类对季节变化有强烈的意识，并且以节日、石碑、地面标记和历法等形式来纪念这些有节律变化的自然能量（图2.13）。这些石碑和历法标记遍及世界各地，仅北美就发现了成千上万处，这证实了古人对季节和天文关系的认识。

2.3.1 季节性

季节性是指地平线上太阳位置的季节变化和一年中的昼长变化。季节变化是对**太阳高度角**（地平线和太阳的夹角）变化的一种响应。日出或日落时分，太阳位于地平线上，此时太阳高度角为0°；白天，当太阳到达地平线与正上方之间的中点处，太阳高度角是45°；当太阳位于正上方时，高度角则为90°。

如本章首页上的照片所示，只有在太阳直射点处，太阳才位于头顶正上方（高度角为90°，或称*天顶*），其日射量达到最大值。除此以外，地球表面上其他任何位置的太阳高度角都小于90°，日射量都会发生分散。

太阳**赤纬**是指地球上直射点的纬度。赤纬每年在北回归线23.5° N和南回归线23.5° S之间移动，变化幅度为47°。除了位于19° N至22° N之间的夏威夷，太阳直射点不会出现在美国大陆、加拿大及其他更遥远的北方地区。

季节性还意味着**昼长**的变化，即持续接受太阳辐射的时间差异。一年中昼长变化幅度取决于纬度。在赤道地区，白天和

判断与思考2.1 日出和日落的计算方法

任何位置的日出和日落时间，可利用日出日落计算器（https://gml.noaa.gov/grad/solcalc/sunrise.html）网页上的计算器来计算。选择一个附近的城市，或在“Enter lat/long”选项中，输入你指定的地理坐标，以及当地时间与UTC之间的时差（注意：是否采用夏令时），并输入查询日期，然后点击“计算”，就会看到一个计算太阳赤纬、日出和日落时间的方程式，你可以尝试一下！

黑夜的时长总是相等的。如果你居住在厄瓜多尔、肯尼亚或新加坡，每个白天和黑夜都是12h，整年都是如此；如果你居住在40° N（费城、丹佛、马德里、北京），或是在40° S（布宜诺斯艾利斯、开普敦、墨尔本），冬季（9h）与夏季（15h）之间的昼长大约相差6h；而在南北纬50° 地区（温尼伯、巴黎、福克兰、马尔维纳斯群岛），一年中的昼长变化几乎达到8h。

在南北极地区，昼长时长很极端。两极无日照的时间长达6个月——先是长达数周的黄昏，然后是黑夜，接着又是数周黎明前的时光，之后才是日出。同样，两极还具有24h的白昼，时间持续6个月之久。简单地说，极地每年都要经历一个漫长的白天（极昼）和一个漫长的黑夜（极夜）！

2.3.2　季节的成因

四季是太阳每年的高度角、太阳赤纬（太阳直射点的纬度）和昼长变化的结果，而它们又是以下因子共同作用产生的：地球围绕太阳的公转，同时还有每天围绕地轴（倾斜轴）旋转一圈的自转，其中地球形状和倾斜轴指向不变（表2.1）。当然，唯一的辐射能源——太阳是基本要素。现在，让我们分别考察这些因子，请注意公转（地球绕太阳运行）和自转（地球绕地轴旋转）的区别（图2.14）。

公转　如图2.2（d）和图2.14所示，地球围绕太阳**公转**，地球在轨道上运行的平均速度是107 280km/h。这个速度和日地距离共同决定了地球绕太阳旋转一周所需的时间，因此也确定了一年的时间长度和四季的持续时间。地球用365.2422天完成一次公转。这一数字是基于太阳在二分点之间移动或两次跨越赤道时的周期长度，即回归年。

从远日点到近日点的日地距离变化看起来似乎是季节变化因子之一，但其作用并不明显。一年中，日地距离变幅大约为3%（480万km），可在两极夏季之间造成50W/m^{2}的辐射差额。注意日地平均距离是1.5亿km。

表2.1　四季的五个成因

因子	说明
公转	地球以107 280km/h的公转速度，环绕太阳一周需要365.2422天
自转	地球绕地轴旋转，环绕一周大约需要24h
倾斜	地轴与黄道面（地球轨道平面）垂线之间的夹角是23.5°
轴向平行	与北极星的相对位置保持不变，1年中北极星总是位于地球北极的正上方
扁球体	地球对于平行的太阳光线来说是一个扁球体，即大地水准面

图2.13　英国索尔兹伯里平原上的巨石阵

注：大约5 000年以前，新石器时代的人们建造了这一复杂的竖立着的巨石阵——砂岩柱，上端有顶石横盖。其排列方式是用于对重要季节日期的指示及对月球周期的精确预测。［Bobbé Christopherson］

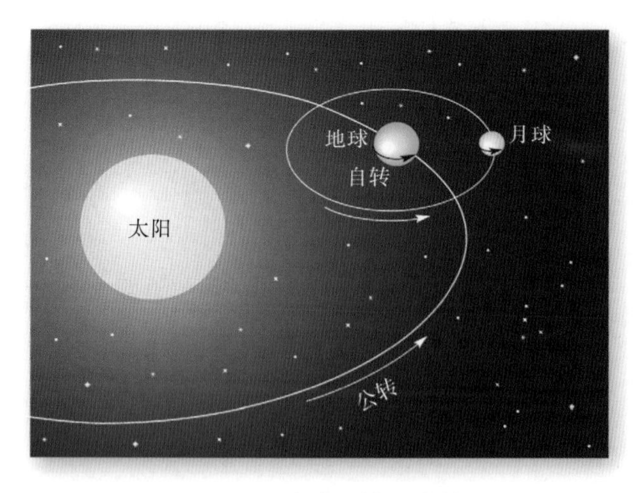

图2.14 地球公转和自转

注：从地球轨道上方看到的地球绕太阳公转和绕地轴自转；图中还标注了月球逆时针的自转（月轴）和公转（绕地球）。

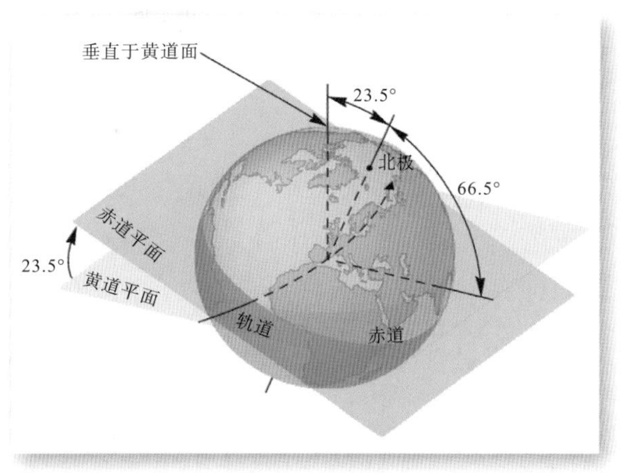

图2.15 地球轨道、黄道面和倾斜地轴

注：赤道面与黄道面之间的倾斜角约23.5°。

表2.2 不同纬度上的自转速度

纬度	速度/（km/h）	各纬度上的城市（大约）
90°	0	北极
60°	838	美国阿拉斯加州的加苏厄德；挪威的奥斯陆；俄罗斯的圣彼得堡
50°	1 078	加拿大魁北克省的希布加莫；乌克兰的基辅
40°	1 284	智利的瓦尔迪维亚；美国俄亥俄州的哥伦布；中国的北京
30°	1 452	巴西的阿雷格里港；美国路易斯安那州的新奥尔良
0°	1 675	厄瓜多尔的基多；印度尼西亚的坤甸

自转 地球**自转**（或绕地轴旋转）是一种复杂运动，自转一周的平均周期略小于24h。自转决定了昼长，并造成风和洋流发生明显偏转。此外，地球还受太阳和月球的引力作用，地球上每天发生两次潮汐运动。

地球绕地轴旋转，地轴是一条假想的贯穿于地理南北极的地球轴线。从地球北极上方看，地球绕地轴呈逆时针方向旋转。从赤道上空俯视时，地球自西向东旋转。地球向东自转，使太阳旅程看起来每天东升西落，向西运动，实际上太阳一直处于太阳系中心的固定位置。

尽管地球上的每个位置都以相等的24h完成一次自转，但地球表面各点的自转线速度却随纬度不同而有显著差别。赤道周长是40 075km，因此赤道自转的线速度需要达到1 675km/h，才能在一天之内完成这段旅程。在纬度60°处，与赤道平行的纬圈周长只有赤道周长的1/2，长度为20 038km，因此自转的线速度在这里只有

地学报告2.3 为什么我们看到的总是月球的同一侧?

在图2.14中，从地球北极上方看月球，你会发现月球绕地球公转的同时，也绕月球自转轴呈逆时针方向自转。这两种旋转同时进行。一个月内，月球沿公转轨道运行的速度略有变化，但是它的自转速度是恒定的，所以每个月只能看到59%的月球表面。更准确地说：任何时刻你只能看到月球的50%，即总是月球的同一侧。

838km/h。在南北两极，线速度等于0。地球自转速度的差异产生了地转偏向力（科里奥利力，简称科氏力），这将在第6章进行讨论。表2.2列举了几个指定纬度上的自转速度。

地球自转产生了昼夜交替。白天和黑夜之间的分界线叫作**晨昏圈**（图2.16）。由于晨昏圈与赤道相交，所以赤道地区的昼长总是相等的，即：12h的白天和12h的黑夜，而在其他纬度上，除一年中在二分点上的那两天之外（将球体平分为二的两个任意大圆），其他季节昼长并不相等。

实际上，一天的时间与24h稍有差异，但按国际协议一天则被精确地定义为24h或86 400s。这个平均值称为平太阳时，它消

判断与思考2.2　大时间尺度上天文因子的变化

本书图17.37展示了地球的地轴倾角、公转轨道及地轴摇摆的可变性。参照图17.37，把上述这些变化与表2.1及本章中相关的图进行比较。若地轴的倾角减小，地球上的季节效应会有怎样的变化？若地轴倾角变大呢？你可以在一个球体或球形水果上，标出两极后，让它绕灯泡旋转，就像地球绕太阳公转一样。注意：对比没有轴倾或倾斜90°的情景，以帮助你分析理解。若地球公转轨道比现在的椭圆形更圆会怎样？实际上，地球正在发生着这样的变化，这种变化以10万年为周期。

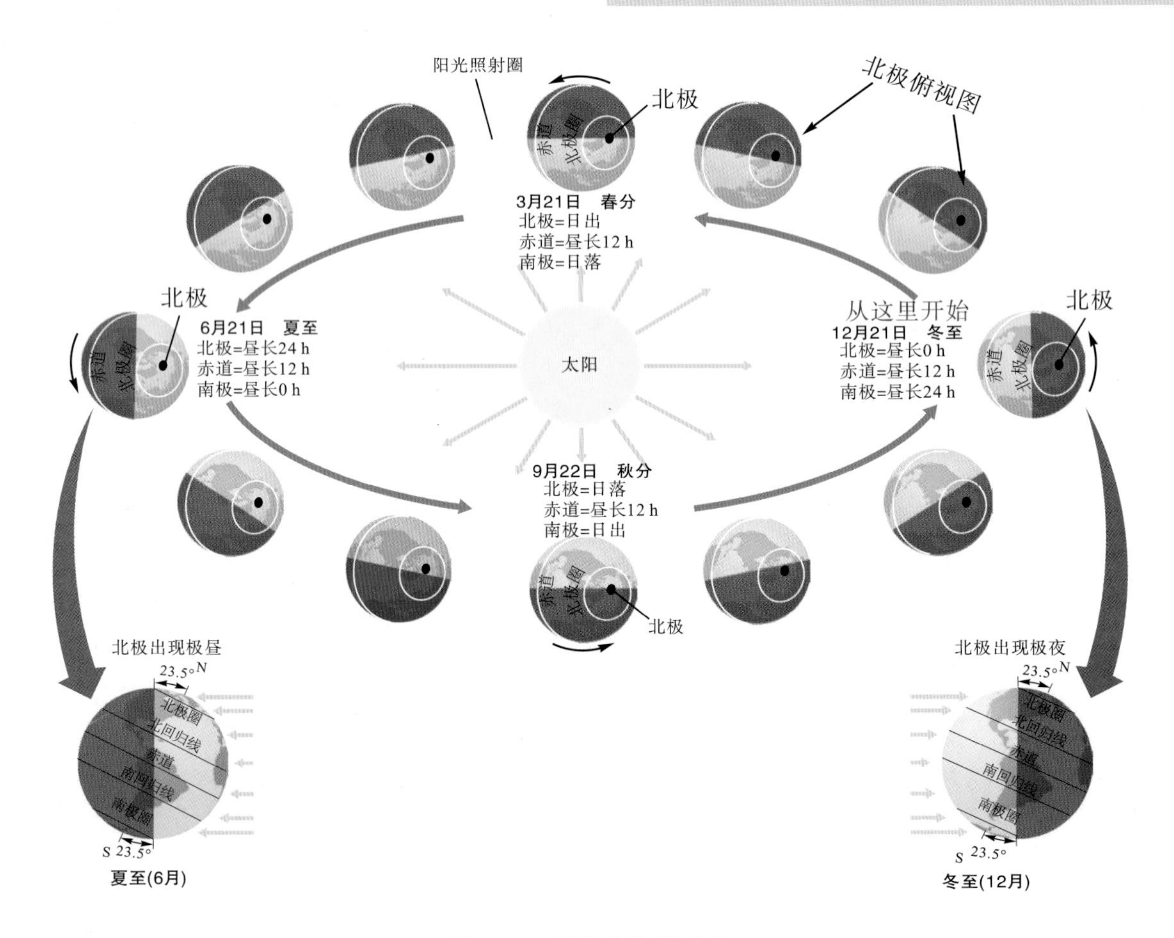

图2.16　季节变化的进程

注：地球绕太阳公转时产生的季节进程。图中标注了赤道和极地的昼长。请从右侧12月21日开始，按逆时针次序读图。阴影表明了晨昏圈的位置变化。

除了因地球自转和公转所造成的太阳日长度的年变化，而这种年变化是可以预测的。

地轴倾斜 为了理解**地轴倾斜**，想象一个与地球绕太阳运行的椭圆轨道相交的平面，太阳和地球的一半在平面的上方，另一半在平面的下方。地球轨道上所有的点都在这个平面上，这一平面称为**黄道面**。当地球绕太阳公转时，地球的倾斜轴与这个平面的相对位置保持不变。黄道面在讨论地球的季节变化中很重要。现在，想象一条垂直穿过黄道面的轴线。从这条垂线来看，地轴倾斜了23.5°，地轴与黄道面形成了66.5°的夹角（图2.15）。地轴贯穿地球的两极，其指向稍微偏离北极星方向。

本书使用“大约”来描述地轴倾角，是因为地轴的倾斜具有一个以41 000年为周期的复杂变化（图17.36）。地轴倾角与黄道面垂轴之间的夹角在22°～24.5°。当前的地轴倾角是23°27′（或与黄道面的夹角为66°33′），按十进制计算，23°27′大约是23.45°。讨论中为了方便，四舍五入记为23.5°的倾角（或与黄道面夹角为66.5°）。有科学证据表明，地轴倾角在它的41 000年的周期中正处于逐渐减小的时期。

假设地球向一边倾斜，使地轴与黄道面平行，世界范围内将经历最大的季节变化。相反，如果地轴与轨道面垂直，也就是说没有倾斜，则不会经历春夏秋冬的季节交替，而且各个纬度上的昼夜时长均为12h。你同意这种推断吗？

轴向平行 地球每年绕太阳运行一周，地轴与黄道面、北极星及其他恒星之间的相对位置保持不变。在图2.16中，可以看到这种方向位置的排列是恒定不变的。如果对比不同月份的地轴，就会发现地轴的指向始终是相互平行的，这就是所谓的**轴向平行**。

球体性 正如第1章所讨论的那样，地球不是一个标准的球体。我们可以把地球的球体特征作为季节性的一部分。如图2.10～图2.12所示，正是球面特征导致地球表面所接收到的日射量从赤道向两极分布不均。

表2.1总结了季节的五个成因：公转、自转、地轴倾斜、轴向平行和球体性。接下来，让我们围绕这些共同作用因子来讨论季节进程。

2.3.3 季节变化的进程

地球的季节进程中，昼长变化是高纬地区感知季节变化最明显的特征。昼长是日出和日落之间的时间长度，**日出**是日轮开始出现在东方地平线上的时刻，**日落**则是日轮全部消失在西方地平线以下的时刻。

昼长的极值发生于12月和6月。至点大约发生在12月21日和6月21日。严格地讲，

地学报告2.4 测量地球自转？

对于地球自转这种复杂运动的观测，可通过精确运行于数学轨道上的卫星来进行，包括GPS（全球定位系统）、SLR（Satellite Laser Ranging，卫星激光测距）和VLBI（Very Long Baseline Interferometry，甚长基线干涉测量）等测量技术。这些有助于我们对地球自转的认知。国际地球自转和参考系服务中心（IERS）在网址（http://www.iers.org/）上发布月度和年度报告。地球自转速度正在逐渐减慢，一部分归因于月球潮汐力的拖曳作用。现在，地球上“一天”的时长比40亿年前多了几个小时。

至点是具体的时间点。此时，太阳赤纬位于地球的最北端——**北回归线**，或最南端——**南回归线**。回归线（Tropic源于Tropicus，意为“返回或变化”）的纬度位置就是太阳赤纬出现短暂停留之处（太阳直射点或至点），然后“返转”调头向另一端的回归线移动。

表2.3列出了重要的季节进程日期，这些日期是二至点和二分点发生的具体时期，包括它们的名称及对应的太阳直射点位置（赤纬）。一年中除赤道地区外，地球上其他地区的昼长均在发生着连续渐变，昼长每天变化几分钟，同时太阳高度角也有微小的增加或减小。你或许已经注意到了春季和秋季的逐日变化更明显，因为这时太阳赤纬变化速度较快。

表2.3　季节的进程

大约日期	北半球名称	太阳直射点位置
12月21～22日	冬至	23.5° S（南回归线）
3月20～21日	春分	0°（赤道）
6月20～21日	夏至	23.5° N（北回归线）
9月22～23日	秋分	0°（赤道）

图2.16说明每年的季节进程，并且展示了一年中地球与太阳的关系。从图2.16右边的12月开始，每年12月21日或22日**冬至**时（冬季的太阳至点），晨昏圈的光照范围覆盖着南极地区，但是没有覆盖北极地区。这时的太阳直射点大约位于23.5° S，即南回归线纬圈上；因此就北半球地表而言，偏离太阳直射光线的角度较大，导致太阳光线的入射角度较低，日射量比较分散，从而形成了北半球的冬季。

大约从66.5° N到90° N（北极），太阳全天低于地平线。这一纬度（约66.5° N）记作**北极圈**，它是北半球经历24h极夜的最南端纬圈。这期间，在北极黑夜开始和结束之间，天空上如同黄昏和黎明时分的光照可持续一个多月。

图2.17（a）中的南极日落照片是穿越63° S布兰斯菲尔德海峡时拍摄的，当时正是冬至的前一周，再过2h后就会日出——当地时间上午2:00，没有太阳的黄昏（或黎明）很短暂，只有2个小时。

在接下来的3个月内，当地球运行到轨道的1/4时，北半球的昼长和太阳角度开始逐渐增加。**春分**发生于3月20日或21日，此时晨昏圈经过北极和南极，地球上所有地区的昼长和夜长均为12h。就生活在40° N附近（纽约、丹佛）的人们而言，从冬至算起，昼长增加了3h；自上一年9月开始，此时太阳再一次浮现在北极点的地平线上；而在南极点，这时正是日落时分，这对于在阿蒙森–斯科特南极站的工作人员来说，可是令人珍惜的三天时光。

从3月起，季节进程推进到6月20日或21日的**夏至点**，太阳直射点从赤道移至23.5° N的北回归线上。由于此时的晨昏圈光照范围覆盖了北极地区，**北极圈**以北所有地区的昼长均为24h，呈现午夜阳光的情景。

图2.17（b）是6月份80° N北冰洋上空的午夜太阳。照片的拍摄地点距北极点约855km，拍摄方向朝正北，照片中的太阳正在穿越北极点。此时自然光线看起来很奇特，如同15:00的阳光一样，然而时钟却指示为午夜时分。与此相反，**南极圈**至南极点（66.5°～90° S）这时正处于黑夜之中，因而被南极洲的工作人员称作夏至（6月至点）仲冬日。

9月22日或23日是**秋分**，太阳直射点返回赤道，此时地球的晨昏圈刚好经过地球两极，全球各地昼夜时长均为12h。之后，北半球昼长渐渐缩短，而南半球昼长渐渐变长。驻守南极站的工作人员看到不断上升的

（a）在63° S的南极大陆附近，12月份晚上11：30的南极日落；太阳高度角很低，日落的晚霞景象持续长达数小时；远景为一座巨大冰山和上覆冰盖的山脉

（b）在80° N的北冰洋上，6月份在考察船上看到的午夜太阳

图2.17　午夜太阳和极昼

注：你能从图2.16中找到12月份和6月份的示意图吗？［Bobbé Christopherson］

日轮，这表明6个月的黑夜结束了。对于北半球，色彩绚丽的秋季到来了，可南半球迎来的却是春季。

黎明和黄昏　黎明是指日出之前发生散射光照的时间段。日落之后，相应的时间段发生于傍晚则是黄昏。在这两个时间段内，光线受到大气中气体分子的散射作用，以及水分和尘粒的反射作用。上述两种作用的影响程度取决于纬度高低，这是因为太阳光线与地平线之间的夹角决定了光线穿过的大气厚度。当大气被火山爆发、森林和草原大火产生的气溶胶和悬浮颗粒污染时，大气亮度可能会增强。

在赤道地区，太阳光线几乎全年都在地平线上的正上方。因此在赤道地区，黎明和黄昏的持续时间只有30～45min；到了纬度40° 的地区，可增加至1～2h；再到纬度60° 的地区，时长可达2.5h，而且夏天几乎没有黑夜；在极地，太阳有6个月完全位于地平线以下，但由于黎明和黄昏分别占了7周时间，所以仅剩下2.5个月的黑夜。

季节观测　在北半球的中纬度地区，地平线上的日出位置每天都在发生移动，从12月的东南移至6月的东北。同期，日落的位置从西南移动到西北。40° N的正午太阳高度角从冬至的26° 增加到夏至的73°，其变化幅度为47°（图2.18）。

远离赤道的地区，其景观上的季节变化也很明显。回想过去那些年，你在植被、温度和天气方面观察到了哪些季节变化？最近，中纬度和高纬度地区的全球气候及季节时令也在发生着改变。春天和植物萌芽期比正常条件下的预期时间提早了3周，而秋天到来的时间却变晚了，相应的生态系统也随之发生了变化。

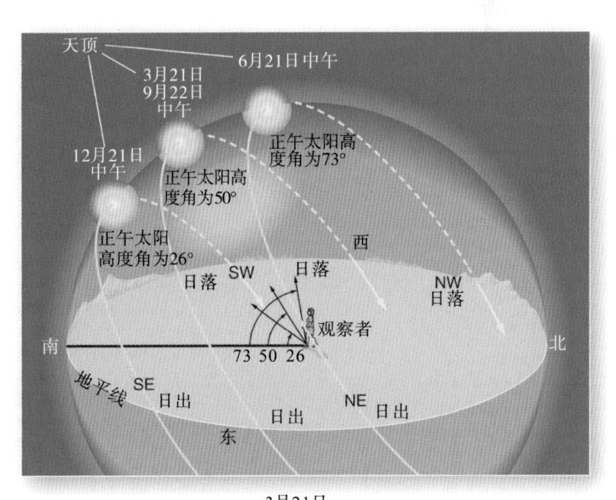

图2.18　季节变化的观测：日出、正午和日落

注：纬度40° N上的冬至、春分、夏至和秋分的季节观测。从12月到6月，太阳高度角从地平线之上26° 增至73°，变幅达到47°。注意：一年中日出和日落在地平线上的位置变化。

判断与思考2.3　季节变化的观测与跟踪

在一个能看到地平线的地方，每学期观察两次以上的日出和日落，并在笔记本上贴个提示标签。如果你有磁罗盘（或从地理系借一个），注意日出和日落偏离正北方向的角度。确定（或询问老师）所在地点的磁偏角以校正罗盘读数；然后，从正北方向开始沿顺时针方向读取方位角度数，0°与360°均为正北方向。

如果你是一个新手，就会对本学期几个月期间日出和日落的角度变化感到惊讶。根据观测数据，请你推测期末放假前的日出和日落时间。

判断与思考2.4　测量太阳高度角的变化

运用图2.18中的概念，使用量角器、木棍或直尺，对正午太阳高度角（若夏令时，下午1：00）进行测量。测量时，不要面向太阳，而是背对着太阳。当你用量角器测量光线夹角时，使瞄准点与小木棍顶点、木棍投射阴影端点连成一条线。然后，做好观测记录，为了提醒自己，请你把记录结果粘贴在书上，学期结束之前重复这一观测实验。最后，利用太阳高度角的测量结果，对比分析太阳高度角的季节变化。

地表系统链接

我们知道了地球在宇宙中的位置，以及地球与银河系、太阳、行星和卫星之间的关系。太阳风和电磁波携带着辐射能量穿过太空到达地球。在地球上，能观察到太阳风沿大气层顶的分布状况及季节性变化。接下来，将对地球大气层的结构、组成成分、温度及其功能进行学习。电磁波的能量像瀑布一样落下，透过大气层洒向地球表面，其中有害波长范围的电磁辐射被滤掉了。同样，还将讨论人类对大气层的影响：臭氧层的损耗、酸物质沉降、大气成分的变化和人类造成的空气污染。

2.4　总结与复习

■　**区别星系、恒星、行星，找出地球的位置。**

太阳系（太阳和8大行星）坐落于银河系遥远的尾部边缘，**银河系**是一个扁平的圆盘状集合体（银盘），大约包括2 000亿颗恒星。**重力引力**是一个物体与其他物体之间的相互吸引力，这个力是太阳星云凝聚的关键作用力。**星子假说**是指：恒星（如太阳）是从星云中凝聚而形成的，并伴有围绕质量中心绕轨道运行的小行星体（原行星）的形成过程。

银河系（048页）
重力引力（048页）
星子假说（048页）

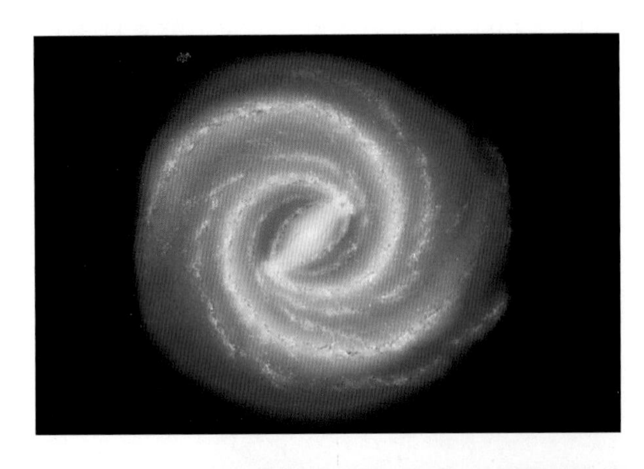

太阳最远的距离）。日地距离以光速计算，大约需要8分20秒。

光速（049页）
近日点（049页）
远日点（049页）

5.从地球到太阳的距离有多少千米？以光速表示是多远？

6.简述宇宙、银河系、太阳系、太阳、地球及月球之间的关系。

7.用简图表示地球绕太阳运行的轨道。一年中公转轨道有多大变化？

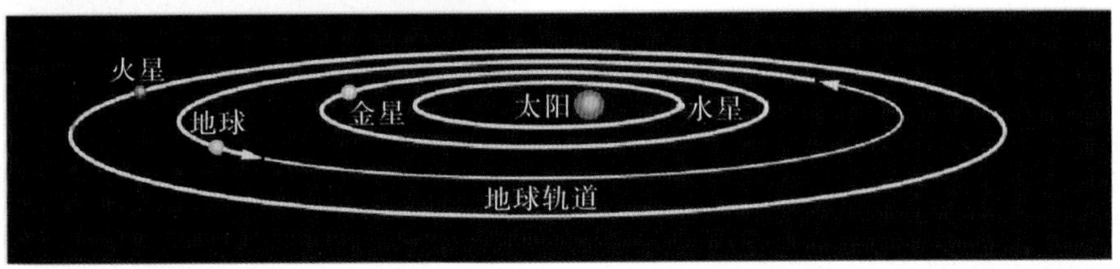

距离太阳最远——远日点，7月4日　　距离太阳最近——近日点，1月3日

1.描述太阳在银河系恒星之中的状态、位置、大小及其与行星之间的关系。

2.如果你在夜晚的天空看到过银河系，利用书中介绍的银河系特性进行简要描述。

3.作为太阳系的一部分，简述地球的起源。

4.比较太阳系八大行星的位置。

■ **概述地球的起源、形成和发展，构建地球每年绕太阳运行的轨道。**

46亿年前，星云的尘埃、气体、碎屑和彗星尘凝聚形成了太阳系、行星和地球。浩瀚的宇宙空间，其距离单位通常用**光速**（30万km/s，即9.5×10^{12} km/a）来表达。

在地球的运行轨道上，当北半球为冬季时（1月3日，日地距离是147 255 000km），地球位于**近日点**上（离太阳最近的位置）。当北半球为夏季时（7月4日，日地距离是152 083 000km），地球位置在**远日点**上（离

■ **描述太阳的运行，解释太阳风及辐射电磁波的特点。**

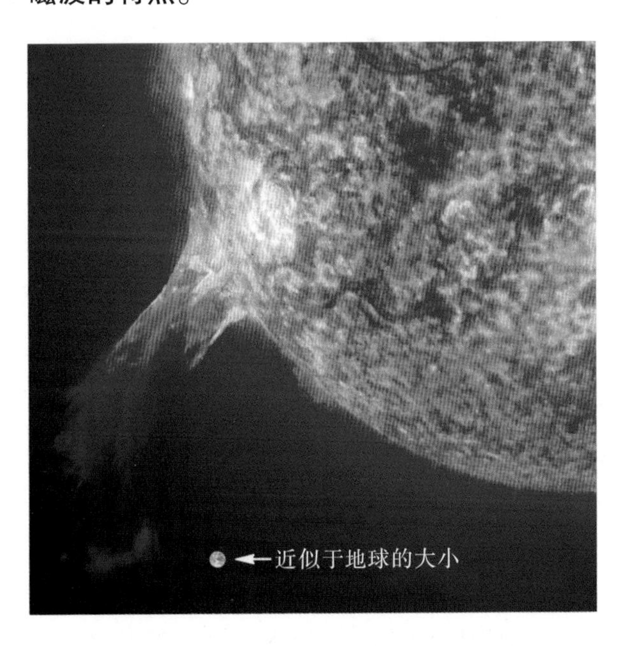

核聚变过程——在高温和高压作用下，太阳内部的氢原子核聚集在一起，产生了难以置信的巨大能量。太阳风产生于

太阳上的电磁扰动，比如大的**太阳黑子**。**太阳风**带电粒子传播的太阳能向各个方向传播。**磁层**使太阳风发生偏离，使上层大气中产生了多种效应，包括壮观的**极光**。在高纬度地区，呈波状的北极光和南极光横跨天际之中。太阳风对大气的另一种效应可能是对天气的影响。

太阳**电磁波**向各个方向放射辐射能。辐射能总波谱是由不同波长的电磁波组成的。有一部分辐射能最终到达地球表面。**波长**是任意2个相邻波相位相同点之间的距离。

核聚变（049页）
太阳风（051页）
太阳黑子（051页）
磁层（051页）
极光（051页）
电磁波谱（053页）
波长（053页）

8.太阳为什么能够产生如此巨大的能量？

9.太阳黑子周期是什么？2013年处于这个周期中的哪个阶段？

10.描述地球磁层及其对太阳风和电磁波谱的影响。

11.概括总结当前已知的太阳风效应，以及它与地球环境的联系。

12.从最短波长到最大波长，描述电磁波谱的各个波段特征。太阳辐射的主要波长范围是多少？地球向太空放射的波长范围是多少？

■ **描述被大气拦截的太阳能及其在大气顶界的不均匀分布。**

太阳电磁辐射穿过地球磁层到达大气层的顶界——**热成层顶部**，约500km的高度。到达地球系统的太阳辐射称作**入射日射**，特指到达地球表面和大气的辐射量。**太阳常数**描述的是大气顶部的日射量：当地球处于日地平均距离时热成层顶部的平均日射量。太阳常数的平均测定值为1 372W/m^2［2.0cal/（cm^2・min）；2Ly /min］。接受最大日射量的地点是**太阳直射点**，此处太阳光线直射地面（正上方的辐射）。除太阳直射点以外，其他地方接收到的光线是倾斜的，因而能量分散。

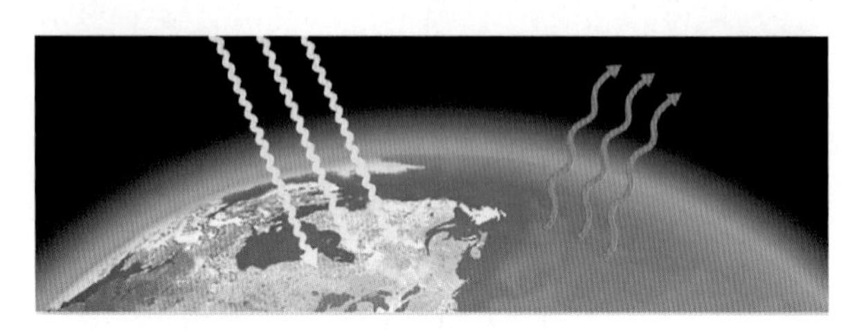

热成层顶部（054页）
入射日射（054页）
太阳常数（054页）
太阳直射点（055页）

13.什么是太阳常数？为什么它很重要？

14.对图2.11中的纽约（纬度40° N）大气顶部日射量变化图进行分析，在笔记本中记录全年各月的能量总和，单位采用每天W/m^2，并将它与北极和赤道地区的总能量作比较。

15.如果地球是平的，且太阳入射辐射（日射）呈直角，那么太阳能在大气层顶部的纬度分布会怎样？

■ **阐述太阳高度角、太阳赤纬和昼长的定义，描述它们各自的年变化——地球季节性。**

太阳光与地平线之间的夹角是**太阳高度角**。太阳**赤纬**是太阳直射点在地球上的纬度。赤纬每年在北回归线23.5° N（6月）和南回归线23.5° S（12月）之间移动，纬度变幅达47°。季节性意味着太阳高度角和**昼长**（或接收日射的时间）的年变化。

地球上的季节性很明显，这是地球**公转**（每年绕太阳运行）和**自转**（绕**地轴**旋转）相互作用的结果。在地球自转过程中，白天和黑夜的分界线称为**晨昏圈**。季节的成因还包括**地轴倾斜**（与**黄道平面**垂线的夹角约23.5°）、**轴向平行**（地轴全年呈平行排列）和球体性。

地球绕地轴自转，地轴是一条从地理北极到地理南极贯穿地球的假想轴线。太阳系中，地球轨道所在的假想平面称作**黄道面**。昼长是**日出**和**日落**之间的时长，**日出**是日轮开始出现于东方地平线上的时刻，日落则是日轮全部消失在西方地平线下的时刻。**北回归线**是一年中太阳直射点的最北端位置，纬度大约为23.5° N。**南回归线**则是一年中太阳直射点的最南端位置，纬度大约为23.5° S。

当12月21日或22日的**冬至**时，晨昏圈的光照范围覆盖着南极，太阳直射点大约位于23.5° S的南回归线纬圈上；此时的北极地区，太阳全天低于地平线。**北极圈**是指大约位于66.5° N的纬圈，这是北半球具有24h极夜的最南端纬圈，也是6月21日出现24h极昼的地方。**春分**发生于3月20日或21日，此时晨昏圈刚好经过南极和北极，所以地球上任何地方的昼夜时长均为12h。

夏至是6月20日或者21日。太阳直射点从赤道移动到23.5° N，也就是北回归线。这时的晨昏圈光照范围覆盖着北极地区，北极圈以北地区都有24h的极昼，即“午夜阳光”。同时期，从**南极圈**到南极点（66.5° S～90° S）出现24h的极夜。**秋分**发生于9月22日或是23日，晨昏圈刚好又一次经过地球两极，地球所有地区的昼夜时长均为12h。

16. 评价格里高利历法（现在通用的是阳历），包括各月不相等的天数、闰年，以及它与季节节律（季节进程）之间的关系，你有什么发现？

17. 季节性具体是指什么现象？在0° 纬度地区，一年中季节性的两方面变化是怎样的？在纬度40° 呢？纬度90° 呢？

18. 太阳高度角和地球表面的赤纬有什么不同？

19. 你所处的纬度上，一年中的昼长怎样变化？太阳高度角怎样变化？当地报纸发布的天气日历包括这些信息吗？

20. 列举形成季节的五个自然因子。

21. 描述地球的公转和自转，以及他们之间的区别。

22. 以地球公转轨道为参照平面，说明当前地球的倾斜角。

23. 对于一年四季的重要纪念节日来说，其条件是什么？何谓夏至、冬至、春分和秋分？在这些时间点上，太阳赤纬是多少？

掌握地理学

访问https://mlm.pearson.com/northamerica/masteringgeography/，它提供的资源包括：数字动画、卫星运行轨道、自学测验、抽题卡、可视词汇表、案例研究、职业链接、教材参考地图、RSS订阅和地表系统电子书；还有许多地理网站链接和丰富有趣的网络资源，可为本章学习提供辅助支撑。

佛得角福戈岛是大西洋上的一个西非岛国，距非洲大陆的距离约600km。这就是本章开篇当今地表系统所提到的太阳直射点（日下点）的地方。图中，福戈岛火山于1995年爆发，火山口位于山体中央东侧；巨型的破火山口内部有两个小村落。详见本书第12章。

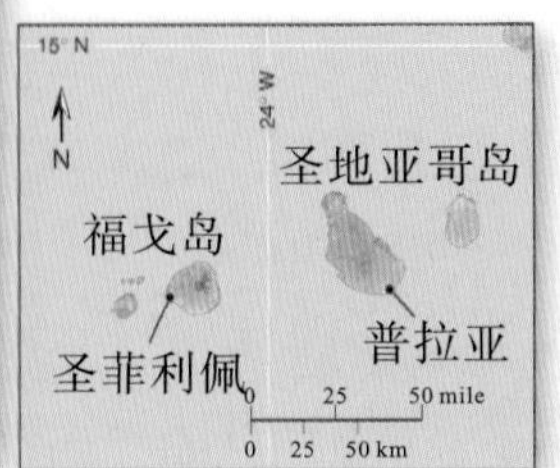

第3章　地球现代大气

南纬30°，大西洋上的日落［Bobbé Christopherson］

重点概念

阅读本章后，你应该能够：

- **基于**大气的成分、温度和功能三种划分标准，**绘制**大气模型简图。
- **列出**并**描述**现代大气中的稳定气体成分及各种成分的体积比率。
- **描述**平流层的状态，详细**阐述**臭氧层的功能和状态。
- **辨析**低层大气中天然因素和人为因素产生的不稳定气体成分及其来源。
- **描述**一氧化氮、二氧化氮、二氧化硫的来源和影响，用简图表述臭氧、过氧乙酰硝酸酯、硝酸及硫酸形成的光化学反应过程。

当今地表系统

人类仿制地球大气

人类要在太空中生存，就必须了解高层大气的知识。1994年，宇航员马克·李（Mark Lee）的太空行走，就是在离地表241km的太空轨道上进行的（图3.1）。他所在的位置已超出了地球大气的庇护范围，当时他以28 165km/h的速度运行，这一速度几乎比高速步枪子弹的速度还快9倍。在太阳照射下，航天服上的温度攀升到120℃；但在阳光阴影区，温度则跌降至-150℃。宇航员身处太空真空之中，宇航服表面要经得起辐射和太阳风的冲击。人类要在高层大气中存活显然有许多严峻挑战，挑战之一就是NASA的宇航服，即宇航服仿制地球大气的能力。

为了保障宇航员的人身安全，宇航服必须具备大气所有的保护功能。例如：阻挡宇宙辐射和宇宙粒子的冲击；此外，服装内部还要能够避免极端高温。

因此，宇航服必须能够仿制地球的氧气-二氧化碳处理系统，就像流体输送和废物管理系统一样；同时，宇航服内部还必须要保持一定气压以消除太空真空的影响。对于纯净氧气来说，这一气压值为32.4kPa，相当于海平面高度上氧气、水汽、二氧化碳共同产生的压强。宇航服上18 000个部件的作用就是生产人类日常所需的大气成分。你可以把第3章内容的学习过程看作是宇航服对所需大气成分的设计过程。

在沿太空轨道飞行之前，科学家并不知道人类怎样才能在太空中生存，也不知道如何设计现代宇航服中的人造大气。1960年，

图3.1　STS-64宇航员正在像地球太空轨道上的卫星一样进行太空行走［NASA］

图3.2　遥控相机捕捉到的载入人类历史的一跃［Vlokmar Wentzel/NGS影像集，国家地理杂志，1960年12月，第855页］

空军上尉约瑟夫·基廷格（Joseph Kittinger）乘坐一个漂浮晃动的氦气球到达了31.3km高空。他站在气球上一个未加压的小舱门前，这一高度勉强还可以测量到气压，即：飞机测试实验中的太空起始高度。为了测试大气层，他冒着生命危险，纵身一跃跳入平流层（图3.2）。他的座位和主降落伞上装有给呼吸面罩供应纯净氧气的仪器。

起初，对他来说可怕的是：什么也听不到，甚至没有风的呼啸，因为空气稀薄而不能产生任何声音；他的抗压服也没有任何摆动，因为空气不足，难以产生摩擦。由于平流层缺少空气阻力，他的降落速度非常迅速，速度很快就达到了988km/h，这几乎相当于声波在海平面上的传播速度。

自由落体运动使他穿过平流层和臭氧层，而稠密大气层的摩擦力减慢了他的坠落速度。然后，他坠入低层大气层，最终降到飞机飞行高度以下。自由落体运动持续了4分25秒后，他才在5 500m的高度上打开降落伞，并安全地飘落到地表。最后，他以非凡的13分35秒穿过了99%的大气层（质量比率），其高空跳跃纪录保持至今。

上述两个人的经历，展示了人类对在高层大气生存认识上的进步。从基廷格上尉冒险一跃的发现，到现在马克·李宇航员在太空中的常规行走，科学家已经具备了仿制大气的能力。在我们探索地球大气圈的同时，本章还阐述了人类现有的大气知识及宇航服的设计。

地球大气是独一无二的。它是一个具有46亿年发展史的气体储存库，并一直作为一个有效的过滤器为我们服务，保护我们远离来自太阳及太阳以外的有害辐射和有害粒子。像本章当今地表系统中所展现的那样，当宇航员离开低层大气进行探险时，他们必须穿一件精心制作的太空防护服来保护自己，在此期间太空服起到的作用如同大气层一样。

在这一章中，通过大气的成分、温度、功能来阐述现代大气的属性。此外，大气中还包括部分自然及人为污染的空间特征。人类在大气中进行呼吸、体能消耗、旅行和购物。人类活动还会导致平流层臭氧损失、形成酸雨，进而对生态系统造成破坏。这些是自然地理学必须面对的课题，因为人类正在影响着未来大气的组成成分。

3.1　大气的成分、温度和功能

现代大气在地球历史上可能已经是第四代大气，是古老大气的气态混合物，是地球史上生物吸入和排出全部物质相互作用的总和。大气中的主要物质是空气，即生命的介质，也是主要化工产业的原料。**空气**是由一些无色无味、没有形状的自然气体构成的简单混合物。空气混合得很充分，就像单质气体一样（图3.3）。

作为一种实体物质，大气层顶距地球表面约480km。第2章中，在同样的高度上来测量太阳常数和地球的日射入射量，该高度以上称为**逸散层**，意为“外圈层”，那里大气稀薄接近于真空，仅有稀少的氢、氦原子，由于重力作用微弱，其外边界距离地球32 000km以上。

在月地距离上观察到的地球呈现出一幅令人惊奇的景象——地球充满着活力。在图像背景中，月球表面干燥且凹凸破碎，如同陷入死寂般的沉默。然而，地球却被一层蔚蓝明亮的大气薄膜所包围，并呈现于高空自由漂浮的云层之下，成为了宇宙空间中唯一生机勃勃的天体……地球的生机活力表现在：地球自身拥有着生命活性的外貌，丰富的信息量，而且与太阳之间还维持着奇妙的关系……为了达到更好地利用太阳这一目的，生物从开始降临到地球之时，就开始了构建地球这一薄膜……总之，天空是自然界的一件神奇杰作。与自然界其他事物相同，天空发挥的作用与其设计所要完成的目标一样完美无瑕

图3.3　地出（Earthrise，意为：地球上升）

注：从荒芜的月球上看到地球正在升起。［JPL/NASA，引自细胞生命中的“世界上最大的膜”，Lewis Thomas，美国马萨诸塞州医学学会，1973年］

3.1.1　大气廓线

把地球上的现代大气想象成是由一系列并不完美的球面“薄壳”或“圈层”所构成的一个气体薄层，它们逐层过渡，并且受地球重力的束缚。为了研究大气，让我们来观察大气每一层的特性和用途。图3.4是一幅大气层垂直断面的廓线图（侧视图），可为下述讨论提供参考帮助。为了简化，选用了三个大气属性：组成成分、温度、功能，见图3.4（a）左侧标注。

由于自身质量，地球大气在重力作用下向下产生压力。气体分子的大小、数量和运动共同作用形成气压。与大气接触的各种地表都承受着气压的作用，我们每个人也都承受着大气的重量（气压）。幸运的是，我们体内存在相等的向外压力，它抵消了外部气压；否则，包裹着我们的大气会把我们压碎。

海平面上的大气压平均约1kg/cm^2。由于重力压缩，近地面的空气密度较大；随着海拔增高、气压减小，空气迅速变得稀薄［图3.5（a）］，人每次呼吸携带的氧气量也会减少。

1/2以上的大气总质量被压缩在海拔5 500m以下的大气层中，75%的大气位于海拔10 700m以下，90%的大气分布在海拔16 000m以下。如图3.5（b）所示，大气剖面图（最右侧百分比）中，只有0.1%的大气分布于海拔50km以上。

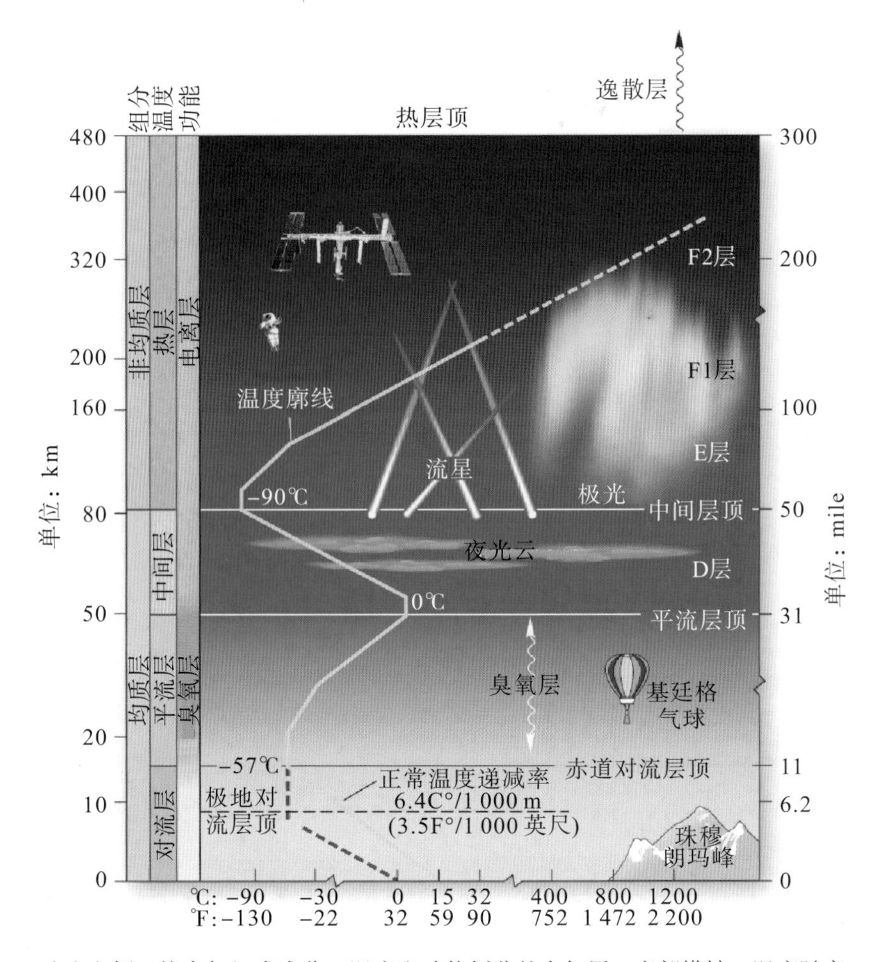

（a）左侧：按大气组成成分、温度和功能划分的大气层；底部横轴：温度随高度的变化；宇航员和热气球小图标，就是前文中讨论的马克·李和约瑟夫·基廷格到达的高度

（b）宇航员从卫星轨道上看到日落光线穿过各层大气；剪影状的积雨云、雷暴云砧出现在对流层顶［NASA］

图3.4　现代大气层垂直断面的廓线图

海平面上的大气压强为1 013.2mb（毫巴，单位面积上承受的压力），相当于760mm高的汞柱所产生的压强。在加拿大和其他国家，标准大气压表示为101.32kPa（千帕斯卡，1kPa=10mb）。有关大气压的测量仪器、大气压在风形成过程中的作用及更多相关内容将在本书第6章中学习。

3.1.2　按大气组成划分大气层

如图3.4（a）左侧所示，以化学组成作为划分标准，大气分为两层——非均质层（80～480km高空）和均质层（从地表到80km高空）。注意，下文编写顺序与太阳入射辐射穿过大气到达地表的次序相一致。

非均质层　**非均质层**（Heterosphere），英文中“Hetero-”前缀意为该层大气是非均质的，即混合不均匀，它在组分上属于大气外圈，其范围从**逸散层**（或行星际空间）向下延伸至距地表80km高度的大气层（图3.4）。在稀薄的非均质层中，大气质量所占的比例不到0.001%。国际空间站和大多数航天飞机的任务轨道，就位于非均质层中部到顶部之间［见图3.4（a）和图3.5（b）中的国际空间站的高度］。

非均质层中的大气具有明显的重力分层，按照原子重量，最轻的元素（氢和氦）分布于外空的边缘，而较重的元素（氧、氮）则主要分布于非均质层底。这种分布与近地表均质层中人类呼吸的混合气体有很大不同。

均质层　非均质层下面是均质层，其范围从80km高空延伸至地表。尽管均质层中大气密度变化迅速，即越接近地表，大气压强就越大，但气体混合程度几乎达到完全均质。仅有两个例外：①19～50km高空臭氧层中的高浓度臭氧；②大气最底层的水汽、污染物和痕量化学物质的浓度变化。

现在的混合大气大约是从5亿年前进化而来的。对于大气均质层，表3.1是按体积比例大小给出的干燥洁净空气的稳定气体成分。在美国夏威夷冒纳罗亚火山的气象观测塔，自1957年以来就开始大气采样，其数据表明海洋逆温层可使基拉韦厄火山（Kīlauea）附近大气火山灰的影响降到最低。

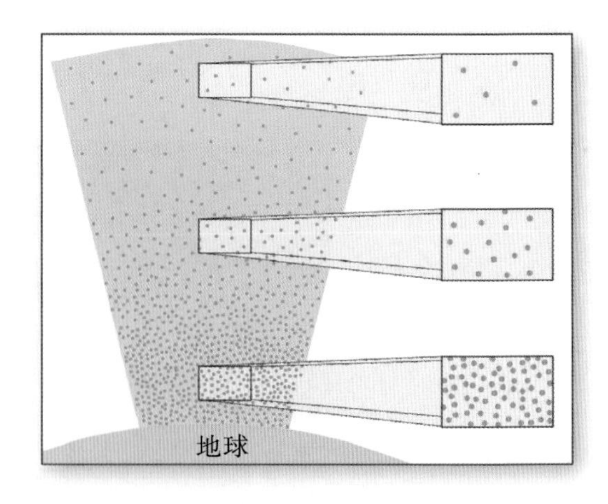

（a）大气密度随高度增加而急剧下降

注：你有耳膜感受到气压变动的经历吗？那一时刻你距海平面多高？

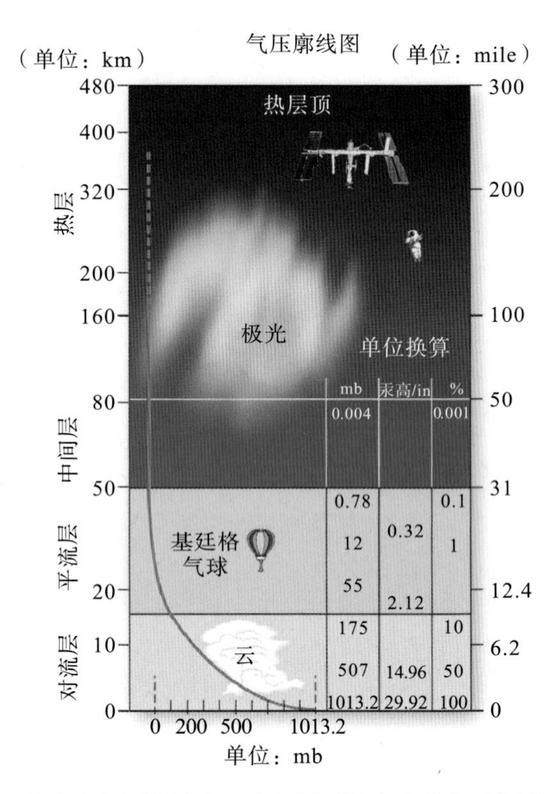

（b）在气压廓线中，大气压强随高度升高而急剧下降（对流层约占大气质量的90%）

图3.5　大气密度随高度下降而增加

地学报告3.1　飞机外面

下次你坐飞机时，考虑这样几件事情。很少有人知道，飞机在空中正常飞行时，乘客正坐在占大气总体积80%的大气层之上，外边的大气压力只有地面大气压力的10%，这就意味着在你之上只有20%的大气质量。如果乘坐的飞机大约在11 000m的高空，回忆一下当今地表系统中描述的基廷格上尉的空中一跳，他的起跳位置应该比你还要高20km。

对于主要源于火山喷发的惰性气体氮气来说，均质层的空气是一个巨大的储存库。虽然我们吸入多少氮气就呼出多少氮气，可是氮是生命体的关键元素。对于这一矛盾现象的解释是：我们身体中的氮，是通过食物混合物获得的，而非呼吸作用。氮气被土壤中的固氮菌固定，再通过反硝化细菌还原作用把有机物中的氮返回到大气。关于完整的氮循环过程见第19章。

氧气是光合作用的副产物，也是生命活动中不可缺少的元素。由于光合速率受纬度、季节的影响，加之大气环流混合效果缓慢滞后，因而大气中氧气的浓度在空间上存在微小差异。虽然氧气仅约占大气体积的1/5，但地壳中由氧元素形成的化合物却约占1/2。这是因为氧气很容易与其他元素发生化学反应，形成各种化合物。大气中的氮气和氧气储量巨大，人类目前还无法改变它们的含量比例。

氩气在大气中的含量不到1%，它是无生命意义的惰性气体。氩气是一种放射同位素（钾40，元素符号为^{40}K）的衰变残留物。现代大气中的全部氩气都是数百万年缓慢累积的结果。由于工业中已经发现惰性气体氩的用途（例如，电灯照明、焊接、激光），所以继氮气和氧气之后，为了商业、医药和工业用途，人类也开始从大气中提取或“开采”氩。

二氧化碳 二氧化碳（CO_2）是生命过程中的一种自然副产物。尽管CO_2正在快速增加，由表3.1可知，它仍属于均质层中的一种稳定气体成分。虽然它目前的比例很小，约占大气圈的0.0394%，但对地球温度有重要作用。

在第4章、第5章和第10章中讨论了CO_2作为一种温室气体对目前全球变暖的影响。图3.6是1958～2010年大气CO_2浓度的变化曲线。每年冬夏之间，CO_2的浓度波动是植物光合作用造成的。科学家认为，当前CO_2浓度增长主要是人类活动造成的。

过去的200年里，由于人类活动的影响——主要是燃烧化石燃料和采伐树木，大气中CO_2的比例一直在增长。冰芯记录表明，目前CO_2的含量比以往800年中的任何时期都高，且呈加速增长趋势。1990～1999年，CO_2排放量平均每年以1.1%的速度增长；可是自2000年以来，CO_2排放

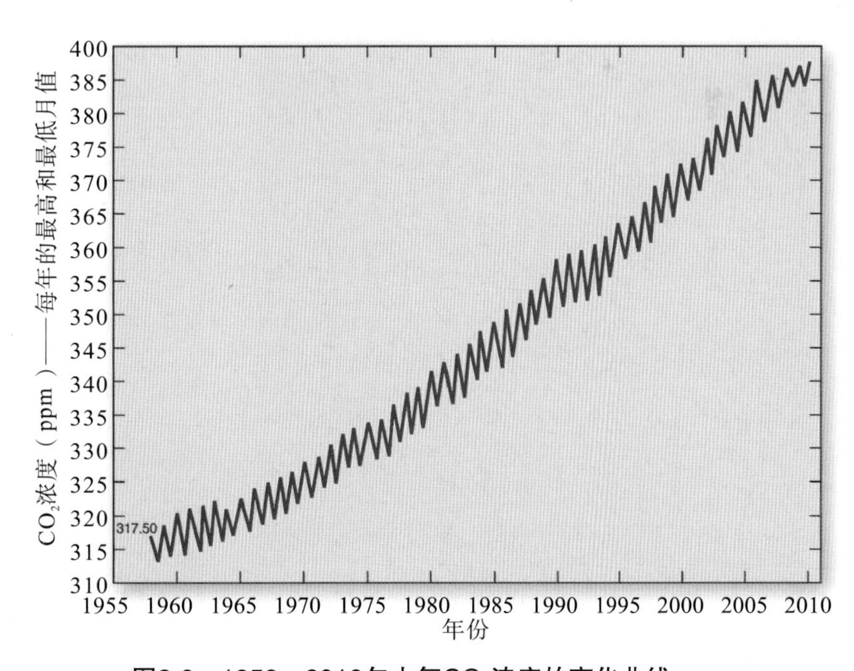

图3.6 1958～2010年大气CO_2浓度的变化曲线

注：截至2010年5月，过去52年间夏威夷冒纳罗亚火山观测站的CO_2观测数据。最低和最高月均值通常出现在5月和10月，纵轴单位为体积分数（百万分之一，ppm）。［数据，ftp://ftp.cmdl.noaa.gov/ccg/co2/trends/co2_mm_mlo.txt.］

量平均每年以3.1%的速度增长（每年增长2～3ppm）。在21世纪20年代的某个时候，CO_2浓度或许将达到450ppm这一气候阈值。超过这个触发点，冰盖和生物物种可能会发生不可逆转的损失。第10章将讨论CO_2增长对气候变化的影响。

2008年NASA戈达德空间研究所的科学家詹姆斯·汉森博士指出：

> 如果人类希望保留地球及其发达的文明，古气候证据和当前的气候变化表明，CO_2浓度需要降低，且最多不超过350ppm（1987年平均值）。

3.1.3 按大气温度划分大气层

若以温度为标准，大气圈可划分为四个显著温度层：热成层（又称热层）、中间层、平流层和对流层（见图3.4中标注）。让我们从大气最顶层开始，逐层认识各层大气。

热成层　**热成层**的范围大体与非均质层一致（80～480km）。热成层上界称为**热成层顶**。当太阳活动较弱时，很少爆发太阳黑子和日冕，这时热成层顶的高度就会从480km的平均值降低到250km；当太阳活动处于活跃期时，其外层大气膨胀上升至550km的高度，这会对低太空轨道上的人造卫星产生摩擦阻力。

表3.1　现代大气均质层中的稳定气体成分

气体（符号）	体积分数/%	百万分之一（ppm）
氮气（N_2）	78.084	780 840
氧气（O_2）	20.946	209 460
氩气（Ar）	0.934	9 340
二氧化碳（CO_2）*	0.03934	394
氖气（Ne）	0.001818	18
氦气（He）	0.000525	5
甲烷（CH_4）	0.00014	1.4
氪气（Kr）	0.00010	1.0
臭氧（O_3）	不稳定	
氧化亚氮（N_2O）	痕量	
氢气（H_2）	痕量	
氙气（Xe）	痕量	

注：*2011年夏威夷冒纳罗亚火山观测的CO_2平均浓度（见：http://www.esrl.noaa.gov/gmd/ccgg/trends/）。图为夏威夷冒纳罗亚火山的气象观测站和空气采样塔。[Bobbé Chrisotpherson]

在图3.4（a）中的温度廓线上，黄线表明温度在热成层可急剧上升到1 200℃甚至更高。尽管温度很高，但热成层并不像你预期中的那样“热”。温度和热是两个不同的概念。在热成层大气中，强烈的太阳辐射激发单个分子（主要是氮气和氧气）产生高速振动；我们把观测的振动能量作为温度，就是动能，即**运动能量**。

然而，由于空气分子的密度非常低，热成层实际所含的**热量**很少，因而气体之间因温差产生的动能流也很小。可是，近地面的大气受热却不同，因为气体密度大，大气中的大量分子以**显热**方式传递动能，显热一词含义是“可测量的、人体可感受到的能量”（密度、温度、热容量共同确定一个物体的显热）。详细内容见第4章和第5章。

中间层　**中间层**是指距地表50～80km高度的大气，处于均质层之中。如图3.4（a）所示，中间层顶是中间层的外边界，也是大气层中最冷的地方，尽管温度差值在25～45℃，但平均温度却为-90℃。由图3.5（b）可知，中间层气压极低（空气密度低）。

有时候，中间层会接收到一些来自宇宙的尘埃而成为冰晶凝结核。在高海拔地区，观察者可能会在罕见的**夜光云**中看到冰晶带的辉光，这是因为冰晶带位于高空，日落后仍能反射阳光。这些独特的云还在增加，或许在中纬度地区也能够看到，但原因尚不明确。请见网址，https://lasp.colorado.edu/our-expertise/science/earth-atmospheric/。

平流层　平流层是指高度在18～50km的大气层。在整个平流层中，温度随着海拔升高而上升，从海拔18km高度的对流层顶开始，到50km高度的平流层顶外边界，温度从-57℃升高至0℃。过去25年的观测数据表明，平流层大气中的氯氟甲烷正在增加，臭氧浓度在减少。平流层冷却就是对温室气体增加的显著响应。

对流层　**对流层**是太阳入射辐射穿过大气圈到达地表之前遇到的最后一个空气层。对流层是生物圈的家园，也是支持生命的大气层，同时还是主要天气活动的场所。

大约90%的大气质量，以及大部分的水汽、云、空气污染物都集中在对流层中。**对流层顶**（对流层的上界）的平均温度为-57℃，但是它的准确高度是随季节、纬度、地表温度和气压而变化的。在赤道附近，由于大气受到地表的强烈加热作用，对流层顶高度为18km；中纬度地区，对流层顶高度平均为12km；在南北极地区，平均高度仅有8km或更低。对流层顶之上，平流层的温度随高度增加而显著上升，这使得对流层顶的作用看起来像是一个盖子，阻止了下层冷空气（密度较大）对较暖（密度较小）平流层的入侵，如图3.4（b）所示。

地学报告3.2　大气中CO_2浓度的增加

从本书的第1版开始，全球大气中CO_2的浓度已从1992年的354ppm增加到2010年的394ppm，增幅达11%以上。作为对比，前工业化时代的CO_2浓度大约只有280ppm。如今，CO_2浓度已远远超过了过去80万年间CO_2的天然浓度（180～300ppm）。据预测，如果21世纪内CO_2继续保持这一增速，在表3.1中你可看到2100年的CO_2浓度将增至1 400ppm。

判断与思考3.1　对流层顶的边界在哪儿?

当下次你乘飞机达到最高高度时，向乘务员询问一下机舱外的气温。有些机舱内有屏幕可显示外面的气温。根据定义，任何地方的对流层顶，这一高度的气温值都是-57℃。

有兴趣的话，可以把海拔和温度之间的季节变化做一个对比。看看冬季或夏季的对流层顶高度，哪个更高?

如图3.7所示，对流层的昼间正常温度廓线，随着高度的增加，气温迅速下降，平均下降速率为每增高1km气温降低6.4℃，这就是**正常气温递减率**。在图3.4的对流层中也给出了这一温度变化线。

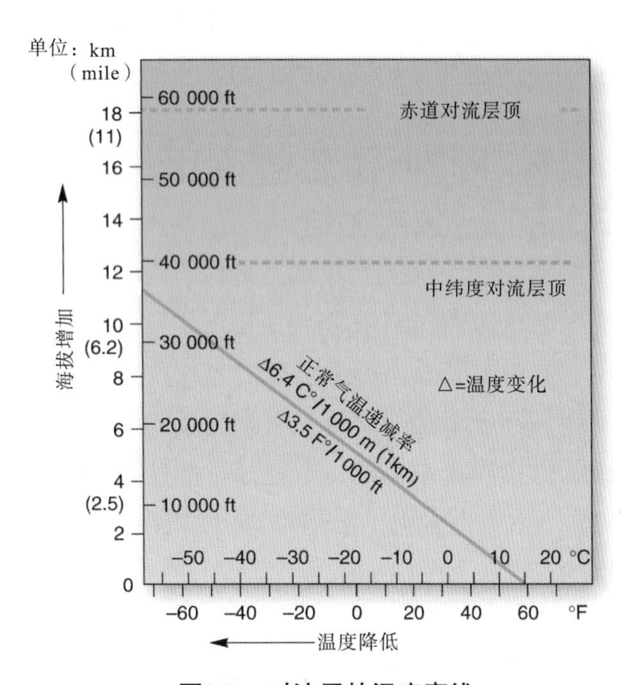

图3.7　对流层的温度廓线

注：气温随海拔升高而降低的速率被称为正常气温递减率。科学家使用标准大气来描述气温和气压随海拔的变化。注意：赤道和中纬度地区对流层顶的大致位置。

正常气温递减率是一个平均值。由于受天气条件的影响，当地实际的气温递减率（**环境气温递减率**）变化较大。在对流层低层，正常的和环境的气温递减率之间的气温梯度差异是第7章和第8章中天气过程的讨论重点。

3.1.4　按大气功能划分大气层

按大气功能划分，大气圈有两个特殊层：电离层和臭氧层；这两个空气层把太阳辐射中的大部分有害波长给过滤掉了，并使大气中的微粒子带电。不同功能的大气层吸收辐射的总体路径，见图3.8。

电离层　**电离层**是外圈功能层，其延伸范围跨越整个热成层，直至逸散层下方（图3.4）。电离层吸收宇宙射线、伽马射线、X射线及紫外线的短波辐射，并将气体原子转变为带正电荷的离子，因此称为电离层。第2章中讨论的极光现象，主要发生于电离层中。

图3.4给出了电离层中4个分层的昼间平均高度，它们分别被称为D层、E层、F1层、F2层。电离层对广播通信很重要，特别是在晚上，因为它们对某一特定波段的无线电波有反射作用，包括AM电波和其他短波广播。但是，白天电离层能有效地吸收无线电信号，从而阻碍了电波的远距离传输。对于通信卫星所发射的FM电波或电视电波，在空间传播上通常不受这种影响。

臭氧层　平流层中臭氧浓度高的区域称作**臭氧层（或臭氧圈）**。臭氧（O_3）是高活性的氧分子，它由三个氧原子构成。臭氧不同于由两个氧原子构成的氧气（O_2），它对特定波长范围的紫外线有吸收作用（主要包括：所有的UVC——短波紫外线，波长为100～290nm；大约90%的UVB，即中波紫外线，波长为290～320nm）*。随后，这些被吸收的能量转化为红外线长波辐射。这个

* 1nm（纳米）=10^{-9}m，1μm（微米）=10^{-6}m，1mm=10^{-3}m。

过程转化了大部分的有害紫外线，起到了“过滤”作用，有效地保护了地球表面上的生命。在到达地表的紫外线中，波长为320～400nm的UVA（长波紫外线）约占98%。

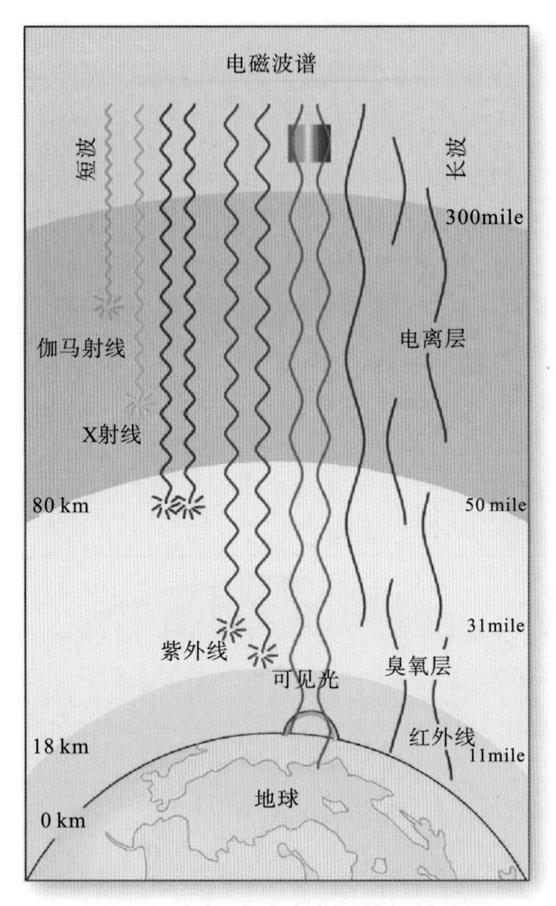

图3.8　大气对地球表面的保护作用

注：当太阳辐射穿越大气层时，波长最短的电磁辐射被吸收，而大部分可见光、红外线及一小部分紫外线能够到达地面。

人们认为在过去的几亿年里臭氧层是相对稳定的（不包括日变化和季节性波动）。然而，如今它的状态却是处于不断的变化之中。对于大气中的这一重要部分所发生的危机，**专题探讨3.1**进行了分析。

紫外线指数能帮助你保护皮肤　报纸和电视的每日天气预报中都有UVI（紫外线指数）的报告，如同1994年以来美国国家气象局（National Weather Service, NWS）和环境保护署（Environmental Protection Agency, EPA）的报告一样。2004年UVI按照世界卫生组织（World Health Organization, WHO）和世界气象组织（World Meteorological Organization, WMO）的原则进行了修订，你可以把它当作是关于平流层功能状态的报告。

判断与思考3.2　了解你那里的臭氧柱

确定你当前位置的臭氧气柱总量，在网页［https://disc.gsfc.nasa.gov/datasets/TOMSEPL3_008/summary（NASA戈达德地球科学（GES）数据和信息服务中心（DISC））］上，点击“在你房屋位置的臭氧气柱总量是多少？”。

在地图上选择一个地点或者输入经纬度及检索日期。臭氧柱是通过搭载于Aqua卫星上的臭氧监测传感器来观测的，主要用于监测平流层的臭氧浓度变化（注意数据的有效性范围）。你对不同日期进行检索之后，说说最低值和最高值分别出现在什么时候？对于你所找到的数据，予以简要的解释和说明。

如表3.2所示，UVI给出了过度日晒的风险预期值，大小范围从1到11以上。若平流层中的臭氧层变薄，就会使地球表面曝露在致癌辐射之下的风险增加。对于公众，特别是婴儿和儿童，要及时提醒他们采取必要的预防措施，如涂防晒霜、佩戴帽子、防护服和太阳镜。要注意日晒损伤积累效应，这个夏天日晒触发的病症可能是几十年的积累所致。查阅你所在地区的UVI预报指数，见https://www.epa.gov/sunsafety（美国环境保护署）。

3.2　大气中的不稳定成分

对流层中含有天然的和人为导致的不稳

定气体成分、微小颗粒物及其他化学物质。这些不稳定成分的空间特征在自然地理学应用方面很重要，对人类健康也有重要影响。

空气污染不是一个新问题。早在2000多年以前，罗马人就抱怨过城市的污浊空气。当时的罗马，空气中充斥着污水恶臭、烟雾，以及从制陶窑炉、冶金熔炉冒出的烟尘。纵观人类文明，在处理和回收废物方面，城市已给环境自净能力造成了巨大压力。历史上，空气污染主要发生在人口密集地区，并与人类在资源和能源上的生产和消耗有着密切联系。

解决空气污染问题需要国际、国家和地区策略的支撑，因为污染源常常远离被污染地区，是跨越了国界和大洋的。法规对于抑制人为空气污染已经取得了巨大的成效；当然，还有很多遗留工作要做。讨论这个主题之前，我们先来认识一些天然污染源。

3.2.1　天然污染源

从空气污染物数量上来看，天然污染源要比人为污染源更多，如CO_2，以及植物产生的NO_x、CO及碳氢化合物。表3.3列出了一些天然污染源及其排放到空气中的污染物，由于人类是从自然环境中进化而来的，所以适应了空气中的这些天然成分；但是对于人为污染，我们不能轻视，不能让人为污染成为大都市发展所付出的代价。

表3.2　紫外线指数UVI（EPA、NWS、WHO、WMO）

曝露风险等级	指数范围	评价
低	小于2	对于普通人危险低；晴朗天气，戴太阳镜；注意雪的光线反射
中	3～5	采取预防措施，如太阳镜、防晒霜、帽子、防护服，中午去阴凉处
高	6～7	使用SPF为15或更高的防晒霜；在11:00～16:00减少日晒时间。包括以上保护措施
很高	8～10	在10:00～16:00，日晒时间降到最低；使用SPF大于15的防晒霜。包括以上保护措施
最高	11+	裸露皮肤有灼伤风险。在户外，防晒霜应每2h更换一次；中午时分，避免在太阳直接曝晒；此外，还包括上述保护措施

专题探讨3.1　平流层中臭氧的损失：持续的健康危险

思考如下问题：

■ 1979年以来，南极上空春季（9～11月），平流层中臭氧损失持续增加，2006年记录到覆盖面积约3000万km^2的臭氧层已枯竭。随后的几年里也有类似的损失，2008年记录的臭氧损失位列第五位。尽管违规化学物质的积累速度在放慢，但臭氧恢复过程仍比人们预想的要慢。

■ 由于平流层臭氧是从低纬度地区流入臭氧枯竭区的，因此南美洲南部、南非、澳大利亚、新西兰、阿根廷乌斯怀亚地区的臭氧层变薄。在这些地区，地表紫外线的强度比正常水平高225%以上。

■ 国际科学界已达成共识，确认了臭氧层破坏是人类或人为原因造成的，见NASA、NOAA、UNEP（联合国环境规划署）和WMO的臭氧损耗科学评估报告。

■ 在地球的另一极——北极，也有类似的臭氧损失，每年损失量超过30%，1997年春季损失量达45%。加拿大和美国政府提出的“紫外线指数”报告，能够帮助公众保护自己［可参考：https://exp-studies.tor.ec.gc.ca/e/ozone/ozoneworld.htm（加拿大环境部万维网站）］。

■　紫外线辐射的增加正在影响着大气化学成分、生物系统、海洋浮游植物（海洋初级生产量基础的微小光合生物）、渔业和作物产量，危害着人类的皮肤、眼组织和免疫系统。

与以往相比，更多的紫外线正在突破和穿过保护地球的臭氧层。平流层中正在发生着什么，尤其是两极地区？为什么发生？人类和政府如何应对？对你个人有什么影响？

地球脆弱保护层的监测

在密度最大的臭氧层中（距地面29km高空）采集的样本表明，空气中的臭氧含量只有四百万分之一，若在地表大气压下，臭氧层压缩后只有3mm厚。然而，在过去几亿年间，这一稀薄的臭氧层一直处于稳定状态，它能吸收强烈的紫外线辐射，维持地球上的生命安全。

自20世纪20年代起，地面站就开始对臭氧层进行监测了。1978年搭载于各种卫星上的臭氧总量波谱仪（TOMS）开始运行。2004年，人类开始利用搭载于NASA Aura卫星上的臭氧监测仪（OMI）对臭氧消耗进行跟踪监测。图3.9显示的是2008年南极地区上空的臭氧洞［可参考：https://ozonewatch.gsfc.nasa.gov/（美国宇航局臭氧观察）］。

臭氧损失的原因

平流层中臭氧减少的原因是什么呢？1974年，两位大气化学家（Mario Molina和Sherwood Rowland）推测可能是一些合成化学物质释放的氯原子使臭氧发生分解（“平流层中臭氧减少是因为氯氟烃……”，见Nature，249［1974］：810）。这些**氯氟烃（CFCs）**是氯、氟、碳的合成物。

在地表环境下，CFCs是稳定的或惰性的，具有不寻常的热性能。这两种特征对制作喷雾剂和冷柜推进剂具有价值。此外，约有45%的CFCs可作为电子工业溶剂和发泡剂。CFCs作为惰性气体，不溶于水且在生物过程中不会被破坏。相反，来自火山爆发和海洋雾的氯化合物是水溶性的，很少能到达平流层。

Molina和Rowland推测指出，稳定的CFCs分子缓慢地移到平流层，在强烈紫外线作用下被分解并释放出氯原子。这个过程产生的一系列复杂反应，使臭氧分子（O_3）分解、氧气分子保留。这一现象导致了严重后果，因为一个氯原子会分解10万多个臭氧分子，且氯原子能长期（40～100年）滞留在臭氧层中。21世纪残存的氯可能会产生长期

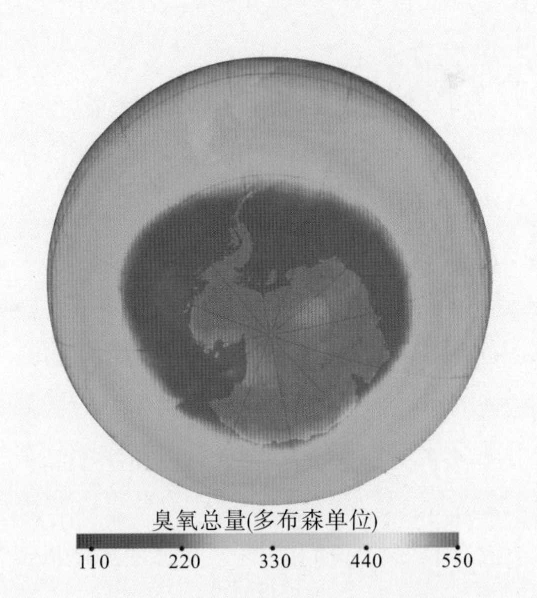

图3.9　南极地区上空的臭氧洞

注：2008年9月12日的OMI影像；臭氧洞面积接近2 700万km^2，其规模大小在卫星监控时代排名第五；2006年是臭氧损失最严重的一年。蓝色和紫色区域臭氧含量低于100多布森单位，绿色、黄色、红色表示臭氧含量较高。

影响。1950年以来全球售出的成千上万吨氯氟烃，将随后释放到大气中。

政治现实：国际响应及其未来

虽然CFCs的根源已被科学证实，可是直到1981年3月美国总统发布了关于CFCs禁令之后，CFCs的生产、出口和销售才开始下降。当阻止CFCs销量进一步增长的全球性协议开始生效时，CFCs销量仍持续增加，并于1987年创下了120万吨的新峰值。

化工生产商们曾声称，臭氧损耗没有确凿的证据可以证明，因而他们将补救措施成功地拖延了15年。如今，已有大量的科学证据和检验能说明臭氧损失，甚至CFCs生产商也承认了问题的严重性。

旨在减少和消除氟氯烃对臭氧层造成破坏的《关于消耗臭氧层物质的蒙特利尔议定书》，于1990年、1992年、1995年、1997年和1999年历经五次修订，共有189个签约国，这可能是历史上最成功的全球性协议之一（见：http://ozone.unep.org/）。

尽管存在着替代化合物及买卖禁运CFCs的黑市（在某些港口可与贩毒相匹敌），但CFCs实际销售量在持续下降，所有有害的CFCs产品于2010年停止销售。如果该协议执行彻底，预计平流层可在一个世纪后恢复到正常状态。

如果没有这个协议，世界可能会面临更严峻的挑战。可以想象，若全球2/3的平流层出现臭氧损失，将会产生多少恶性黑色素瘤（皮肤癌）病例，或许到2100年臭氧层也就不复存在了。我们应该十分感谢Rowland（罗兰）和Molina（莫利纳）博士。

由于Rowland、Molina和他的同事Paul Crutzen（保罗·克鲁岑）所做的杰出贡献，他们获得了1995年的诺贝尔化学奖。在颁奖时，瑞典皇家科学院说："这三位科学家阐明了影响臭氧层厚度的化学机制，其贡献在于拯救了地球环境，否则这个问题可能会导致灾难性的后果。"

极地上空的臭氧损失

北半球的CFCs是怎么聚集在南极上空的呢？显然，北半球中纬度地区释放的氯气是通过大气环流集中在南极洲上空的。南极持续的寒冷低温和平流层中稀薄的冰晶云促使了臭氧洞的发展，而臭氧洞形成于春季，通常在9月份达到峰值。由于北极春季条件有所变化，臭氧洞虽然每年都在增大，但与南极空洞相比要小（图3.10）。

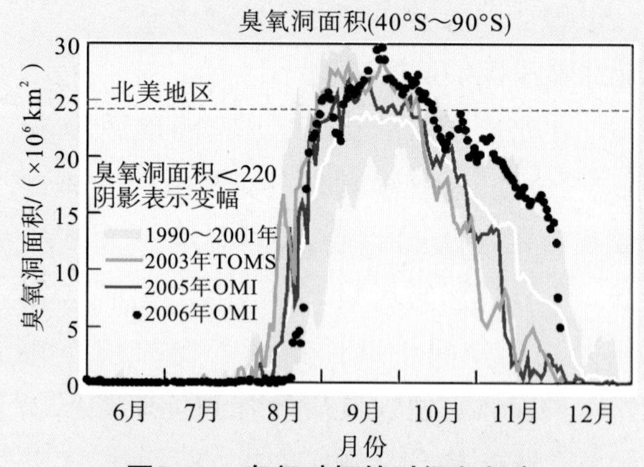

图3.10　臭氧破坏的时间和程度

注：臭氧层耗损面积的峰值通常出现于9月下旬，最高纪录发生于2006年。［数据来源，戈达德航天中心］

极地平流层云（Polar Stratospheric Clouds，PSCs）是一种稀薄云层，它在臭氧消耗反应中，对氯气释放起到重要的催化作用。在漫长寒冷的冬季，南极上空形成了密度较大的大气环流——极地涡旋。氯从PSCs的液滴中释放出来，触发其他惰性分子的分解，释放更多的氯来进行催化反应。

注意核对互联网中更新的数据，检查后来年份中平流层是怎样变化的？21世纪中，我们应该一直掌握这些知识和信息。

表3.3 大气不稳定成分的天然来源及物质成分

来源	物质成分
火山	硫氧化物、颗粒物
森林大火	一氧化氮、二氧化碳、氮氧化物、微粒、氮气、颗粒物
植物	碳氢化合物、花粉
腐烂植物	甲烷、硫化氢
土壤	灰尘、病毒
海洋	盐雾、颗粒物

1991年菲律宾的皮纳图博火山（位于120° E，15° N）喷发是一次重大的天然污染事件，这也许是20世纪第二大的火山喷发。这次事件中喷射到平流层中的SO_2将近2 000万吨。这些喷发物的扩散，参见图6.4中的卫星系列影像。

几大洲的毁灭性野火可造成空气的天然污染（图3.11），而且每年的野火季的影响还在加剧。在受影响的地区，烟粒、灰烬及各种气体使天空灰暗，损害人类健康。风使污染物从火灾地点扩散至附近城市，导致空港关闭，迫使人员疏散以免造成健康危险。野火烟雾中含有颗粒物（尘、烟雾、烟粒、灰烬）、NO_x、CO和挥发性有机化合物（VOC）。

科学研究建立了气候变化与野火事件之间的关联性。当前野火烟雾的污染源呈增加趋势。在美国西部，气候变化的影响与野火之间存在着某种联系：

> 在美国西部，春、夏季的气温越高，积雪融化得越早，这使得野火季延长、野火强度增大……大规模野火事件发生次数陡增；尤其是20世纪80年代中期，大规模野火事件频率偏高，野火持续时间及整个野火季都延长了*。

全球范围都存在这种相关联系，如受干旱困扰的澳大利亚，近几年就有数百万公顷的土地遭受到上千次野火的毁坏。世界范围内，野火面积每年都可能创新纪录（见：http://www.usgs.gov/hazards/wildfires/）。

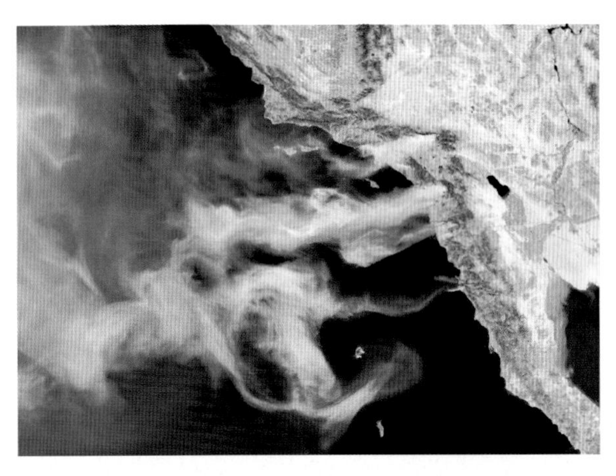

（a）在干旱高温的加利福尼亚州，2007年10月发生的野火一直持续到11月，超过11.7万公顷的土地被烧

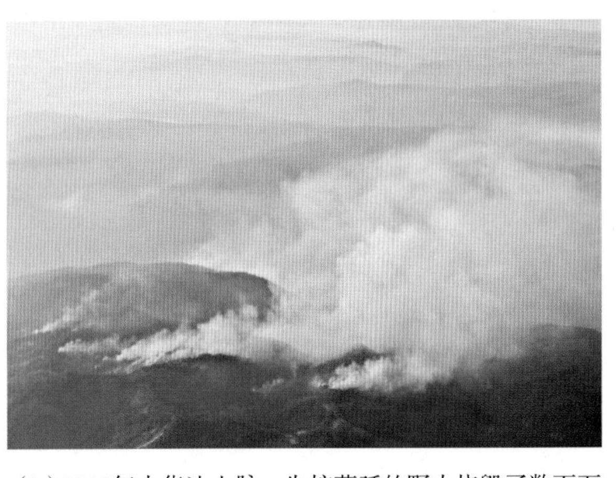

（b）2008年内华达山脉，失控蔓延的野火烧毁了数百万英亩已遭旱灾的灌木丛林和森林

图3.11 加利福尼亚州的野火使大气中烟雾弥漫
［（a）Terra MODIS，NASA/GSFC；（b）Bobbé Christopherson］

* Westerling A L,Hidalgo H G ,Cayan D R , et al. 2006. Warming and Earlier Spring Increase Western U.S. Forest Wildfire Activity[J]. Science , 313(5789):940.

3.2.2 影响大气污染的自然因素

大气污染原因包括人为因素和自然因素。有几个重要自然因素会加剧大气污染，其中起主导作用的有风、局部地形及对流层逆温。

风 风使污染物移动和汇聚，有时会降低某一地区的污染物浓度，却使另一地区污染物浓度增加。风可造成显著的沙尘运移，科学家利用化学分析来追踪并确定它们的源区（沙尘颗粒的粒径小于62μm）。盛行风可将非洲的沙尘搬运给南美洲和欧洲的土壤，源自美国得克萨斯州的沙尘也可以穿越大西洋进行扩散（图3.12）。想象一下，在任何一个时刻，大气中都携带着10亿吨的漂浮沙尘，它们通过风力环流在进行搬运！

风使大气状态成为一个全球问题。例如，盛行风把污染空气从美国输送到加拿大，造成了两国政府之间的许多诉讼和谈判；来自北美的污染物加重了欧洲的空气污染；在欧洲，由于各国相互邻近，污染物跨边界漂移成为一个棘手问题，这也是欧盟形成的因素之一。

北极霾这个术语源于20世纪50年代，当时飞行员经过北极地区时，无论是在水平角度上还是倾斜角度上，都发现大气能见度变差了。霾是指空气因颗粒物污染所导致的大气透明度降低的一种现象。在高纬度地区，没有重工业且人口稀少，因此季节霾是北半球工业化的一个显著特征。

此外，横跨北半球的野火增加趋势及中纬度地区的农业焚烧都对北极霾有影响。由于大气环流，风很容易把污染物输送至远离源区的地方。然而，南极大陆上却没有类似的霾。基于以上分析，你能说说南极为什么没有这种情况吗？

（a）2009年发生在美国华盛顿东部的沙尘是由风速高达69km/h的风从干旱农田带来的，它导致了某些高速公路关闭

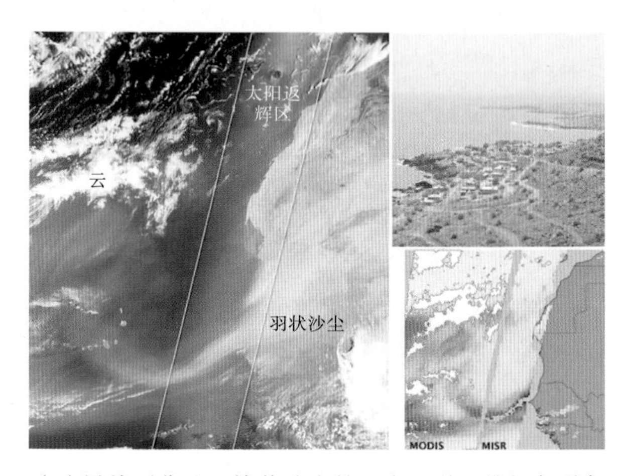

（b）风从西非地区挟着沙尘越过大西洋；佛得角群岛位于非洲沙尘移动路径上，在15° N的佛得角附近，沙尘笼罩之下，地平线上很难区分海面和天空（插图中照片）；由于日光返辉的影响，MODIS传感器采集的数据比较模糊，而Terra MISR不受此影响

图3.12 大气中的不稳定成分——天然沙尘

区域性和局部的地貌因子 区域性和局部的地貌因子是空气污染的另一主要影响因子。四面环山的地形造成空气流动受阻，阻碍了污染物向另一地区扩散。某些糟糕的空气污染往往是局部地形所致，因为“陷阱”一样的地形往往会造成污染空气聚集。

火山地区的天然污染很独特，如冰岛和夏威夷。当夏威夷地区的基拉韦厄火山处于连续活动时，每天可产生2 000t左右的SO_2；其浓度有时很高，甚至广播会发出警告，让人们注意安全！它形成的酸雨和火山烟雾——夏威夷人称作“*vog*”（火山烟雾），可造成农业和其他经济损失。

逆温现象　对流层中气温垂直结构、大气密度都会影响大气污染。通常气温随高度增加而降低；但有时某一高度上会发生逆向转变，即气温随高度增加而升高，这就是逆温现象。**逆温**现象从地面到几千米的高空都可能发生。

正常气温与逆温之间的廓线比较，如图3.13所示。在正常气温廓线下［图3.13（a）］，地表暖空气（低密度）上升，山谷气流通畅，可减缓地表空气污染。如果暖空气逆向翻转［图3.13（b）］，即下层空气温度低（密度大），则空气上升受阻，低空污染物不能和其他大气成分垂直混合。因此，污染物不仅不能被气流带走，还会被滞留于逆温层下方。

逆温现象大多是天气原因造成的，如晴朗的夜晚，近地面空气辐射冷却强烈；或因地形条件流入山谷的冷空气。此外，雪地上方及高压系统中下沉气流下方也容易形成逆温层。

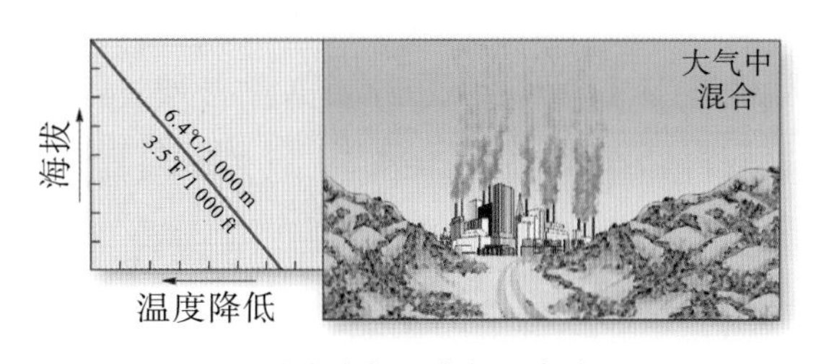

（a）大气正常气温廓线

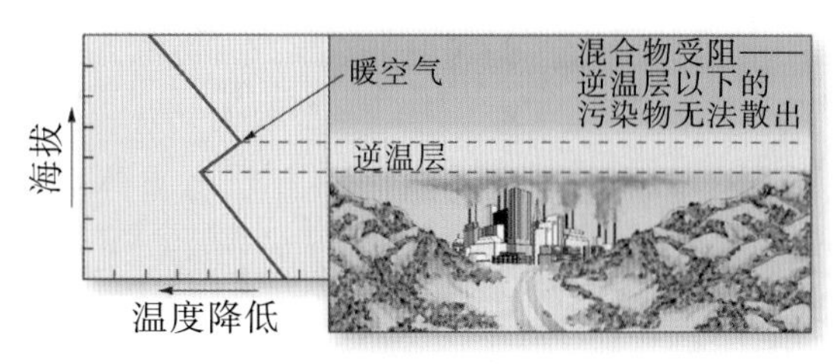

（b）低层大气中的逆温

注意：暖气层怎样阻止逆温层之下的冷空气（密度较大）混合，从而形成污染物陷阱？

（c）早晨时分，山谷地区上空可见的逆温层

图3.13　大气的正常气温廓线和逆温廓线

［（c）Bobbé Christopherson］

地学报告3.3　大气观测的新技术

大气研究得益于新技术的发展。例如，小型无人驾驶飞行器（UAVs无人机）（一种遥控轻型飞行器）。这些无人机可携带各种遥感设备，用来收集各种数据。2010年，NASA无人机“全球鹰”在太平洋上完成首次科学飞行。它在18.3km的高空按预编路径飞行了14个小时，并利用携带的仪器对平流层下层和对流层上层的臭氧消耗物质、气溶胶及空气成分进行采样。正在运行的气溶胶探测卫星，如云-气溶胶激光雷达和红外探测者卫星（the Cloud-Aerosol Lidar and Infrared Pathfinder Satellite Observation，CALIPSO），自2006年以来，一直对1～3km高空的大气污染浓度进行观测。

3.2.3　人为污染

人为（或人类造成的）空气污染普遍存在于各个城市。在美国，每年死亡的人数中大约2%可归因于空气污染。同样的风险还出现于加拿大、欧洲、墨西哥、亚洲，尤其是在印度等国家和地区。

随着城市人口的增长，空气污染对人类的影响也在加剧。到2012年，世界50%以上的人口生活在大都市，其中大约有1/3的城市空气达不到健康标准。这表明21世纪公共健康问题面临巨大的潜在风险。

低层大气中的人为污染物，表3.4列出了它们的名称、化学符号、主要来源及影响。表3.4中排在前面的7种污染物源于交通运输业的化石燃料燃烧（特别是汽车，包括轻型卡车），如不完全氧化产生的CO或未彻底燃烧的碳。CO的人为重要来源是汽车尾气。

总体而言，在美国和加拿大的人为空气污染中，汽车造成的污染分别占60%和50%以上。在交通环节上降低空气污染会涉及到现有的技术和策略、消费者资金储蓄及人们

表3.4　低层大气中的人为污染物

名称	符号	来源	污染物标准及其影响（表中主要来源适用于美国）
一氧化碳	CO	燃料不完全燃烧	无臭、无色、无味的气体 毒性表现为与血红蛋白的亲和性，置换血液中的氧气浓度达到50～100ppm时，会引起头痛，以及视力、判断力的丧失 **来源：**交通占78%
氮氧化物	NO_x（NO，NO_2）	高温/高压下燃烧	红褐色窒息性毒气，使呼吸系统发炎、破坏肺部组织、损害植物；浓度达3～5ppm时，对人产生危险 **来源：**交通占55%
挥发性有机化合物	VOC	化石燃料不完全燃烧，如汽油；清洁剂和涂料溶剂	臭氧形成的基本试剂 **来源：**工业占45%、交通占47%
臭氧	O_3	光化学反应	高活性、不稳定气体 对物体表面的氧化；使橡胶老化、失去弹性 浓度为0.01～0.09ppm时，对植物有害； 浓度为0.1ppm时，可造成农业损失； 浓度为0.3～1.0ppm时，刺激眼睛、鼻和咽喉
硝酸过氧化乙酰	PAN	光化学反应	NO+VOC的光化学反应的产物 不影响人类健康 主要损害植物、森林、农作物
硫氧化物	SO_x（SO_2，SO_3）	含硫燃料燃烧	无色；浓度为0.1～1ppm时，有刺激性气味；损害呼吸和味觉阈值 导致人体哮喘、支气管炎、肺气肿； 导致酸沉降 **来源：**燃料燃烧占85%
颗粒物	PM	沙尘、土粒、烟粒，盐粒、金属微粒、有机物颗粒，农业、建筑物、道路	固体和气溶胶颗粒形成的复合混合物 沙尘、烟雾、霾，影响空气能见度 各种人类健康影响：支气管炎、肺功能 研究表明PM_{10}对人类健康有负面作用 **来源：**工业占42%、燃料燃烧占33%、交通占25%
二氧化碳	CO_2	完全燃烧，主要是化石燃料消耗	主要温室气体 在大气中的浓度增加；在温室增温效应中占64%
甲烷	CH_4	有机过程	第二位的温室气体 在大气中的浓度增加；在温室增温效应中占19%
水汽	H_2O（气态）	氧化过程、蒸汽	见第7章——大气中的水汽作用

的健康利益。这些实际情况使得燃油效率的提高措施变得扑朔迷离，因而被再三延迟。

固定污染源，诸如使用化石燃料的发电厂和工厂，会产生大量的硫氧化物和微颗粒物。因此，污染物主要集中在北半球或工业发达国家。表3.4中排在后面的3种气体，将在本书其他章节中讨论：水汽在“水和天气”中（第7章和第8章），CO_2和CH_4在“温室气体和气候”中讨论（第4章、第5章、第10章）。

光化学烟雾污染　汽车出现之前光化学烟雾不常发生。如今，它却是人为污染的主要成分。**光化学烟雾**是太阳光与汽车尾气中的燃烧产物（NO_x和VOC）相互作用而产生的。烟雾（Smog）这个术语是由“Smoke”和“Fog”组合而成的，用来表示这种污染。在许多城市，光化学烟雾会减弱太阳光线并可导致雾霾天气。

汽车尾气和光化学烟雾之间的关联，直到1953年才在洛杉矶得到确认，又过了很久人们才意识到光化学烟雾是由汽车尾气造成的。尽管有了这一发现，可是大众公共交通和铁路运输仍在缩减，而高污染、低效率的私家汽车却是美国的首选交通方式。

图3.14概述了汽车尾气转化成为主要空气污染物——PAN、臭氧和硝酸的过程。汽车发动机的高温会产生NO_2；此外，发电厂也排放少量的NO_2。世界范围内**二氧化氮**的排放问题主要集中在都市区。在北美，都市区的NO_2浓度比非城市区高出10～100倍。NO_2与水汽反应形成硝酸（HNO_3），再通过降水形成酸沉降，**专题探讨**3.2中讨论这一主题。

在图3.14所示的光化学反应中，紫外线使NO_2分子释放出一个氧原子（O）和一个一氧化氮（NO）分子，游离的氧原子与氧分子结合形成臭氧；此外，NO分子与挥发性有机化合物发生化学反应形成硝酸过氧化乙酰（peroxyacetyl nitrate）。**过氧乙酰硝酸酯**（PAN）对人类健康的影响尚不清楚，

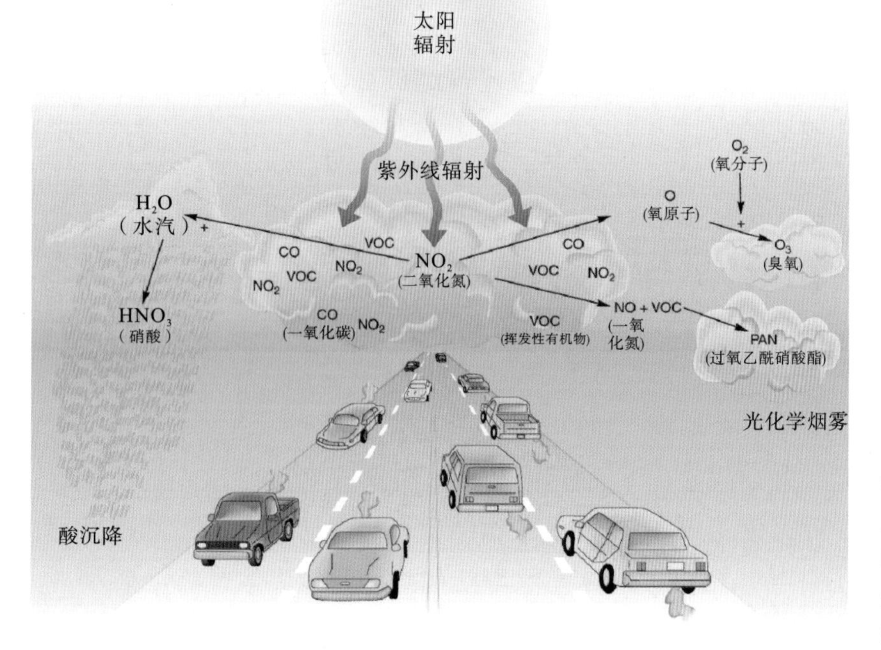

图3.14　光化学反应

注：汽车尾气（二氧化氮、挥发性有机物、一氧化碳）与太阳光中的紫外线相互作用产生光化学反应。注意图左侧硝酸的形成和酸沉降。

但它对植物的破坏性很强，包括农作物和森林。

臭氧是光化学烟雾的主要成分（即，平流层中吸收紫外线辐射对人类有益的气体）。臭氧的活跃性会损害生物组织，所以对健康有威胁。基于若干原因，儿童在臭氧污染中的风险最大。在美国城市中，1/4儿童的健康发育受到臭氧污染影响。这个比率非常高，这意味着1200多万儿童是空气污染的受害者，因为这些大都市的空气污染最为严重（如：洛杉矶、纽约、亚特兰大、休斯顿和底特律等）。更多相关信息和城市空气质量排名，请见http://www.lungusa.org（在网站上点击搜索框“城市排行榜”）。

挥发性有机化合物（volatile organic compound，VOC），包括汽油中的烃类、表面涂胶、电器元件的氧化物等，这些都是臭氧形成的重要因素。美国各州，比如加利福尼亚州，采取基于臭氧污染控制标准来控制VOC的排放，这是一种科学且精确的管控方法。

工业烟雾和硫氧化物　过去的300年里，除了一些发展中国家，煤炭渐渐地取代了薪柴而成为社会的基本燃料。工业革命需要高品质的能源来驱动机器运行，能源变革从生物能源（动物资源，如畜力驱动的农具）转换为非生命能源（非生物资源，如煤、水汽和水）。与燃煤产业有关的大气污染被称为**工业烟雾**（图3.15）。烟雾的英语单词“Smog”是1900年伦敦医生描述含硫烟、雾混合气体时（含硫矿物燃料中的杂质）提出来的。

图3.15　典型的工业烟雾

注：工业和燃煤火力电站产生的污染不同于交通污染。工业污染含有高浓度的硫氧化物、颗粒物和CO_2。照片中的斯瓦尔巴特群岛巴伦支堡的燃煤火力电站，其烟囱排放缺少除尘设备。［Bobbé Christopherson］

大气中的**二氧化硫**一旦与氧元素反应形成活性极高的三氧化硫，再遇到水或水蒸气时就会形成**硫酸盐气溶胶**颗粒，其直径为0.1～1 μm。常温下，即使空气为中度污染也会形成硫酸。燃煤电厂和钢铁生产基地是二氧化硫的主要来源。含有二氧化硫的空气会危害人类健康、腐蚀金属、加速石材建筑的破坏。自20世纪70年代人类首次记述硫酸和硝酸沉降以来，其增加趋势日益严重。**专题探讨3.2**讨论这一重要问题及其近期的发展。

颗粒物　**颗粒物**（particulate matter，PM）是

地学报告3.4　你眼中的烟雾

当把车停在市区的十字路口或是穿过一个停车场时，你可能会接触到浓度为50～100ppm的CO，这是一种无色、无味的气体。点燃一支香烟，烟雾中的CO浓度可达42 000ppm；二手烟对周边空气中的CO浓度有影响，会使人体出现生理反应。这是因为CO会取代氧气与血液中的携氧血红蛋白相结合，导致血红蛋白不能把充足的氧气输送给人体重要器官（如心脏和大脑）而造成的。

指由细小颗粒构成的各种混合体，如影响人体健康的固态颗粒和气溶胶。空气中的雾、烟和沙尘就是可见颗粒物，这些细小颗粒分散在空气中构成**气溶胶**。如今，人们利用遥感技术可绘制全球范围的气溶胶分布图。

PM对人体健康的影响随颗粒物粒径大小而不同。试比较：人类毛发的直径为50～70μm，而$PM_{2.5}$这种颗粒物的直径仅为2.5μm或更小，可它造成的健康风险最大。这些细小颗粒物，如氧化物颗粒、有机物和金属气溶胶，可以进入肺脏和血液中。虽然较大的颗粒物（PM_{10}）会刺激人的眼睛、鼻子和咽喉，但科学家很少关注它们。现在人们开始关注更细小的颗粒物，被称作超细颗粒物，即$PM_{0.1}$。这些超细颗粒物的危害性要比$PM_{2.5}$和PM_{10}的粗颗粒物大许多倍；因为它们能够进入肺部组织更细小的管道，对其造成伤害，使其异常增厚或造成纤维化。

1980年，美国的哮喘发病率几乎增加了一倍，其主要原因之一就是与汽车相关的空气污染，尤其是二氧化硫、臭氧及颗粒物。

人为大气圈是对下一代大气圈暂定的一个称谓，如今我们正在对它的塑造发挥着重要作用。今天的城市空气污染状况可能只是一个预演！在你生活、工作和上学的地方，空气质量如何？你从哪里获取空气质量信息？

专题探讨3.2　酸沉降对生态系统的破坏

美国、加拿大、欧洲和亚洲一些地区的主要环境问题是酸沉降。酸沉降最常见的形态是酸雨，但也会出现“酸雪”，以及干燥的沙尘和气溶胶（即：小液滴或固体颗粒）。此外，风可以把这些酸性化学物质从源头挟至很远，直至降落于河流和湖泊，成为地表和地下径流。

酸沉降会产生一系列的严重问题：美国东北部、加拿大东南部、瑞典、挪威等地，鱼类大量死亡；同时上述地区及德国，还有大面积森林被毁坏；土壤化学性质被改变；建筑、雕塑和历史文物被损坏。在新罕布什尔州哈伯德溪流实验林（http://www.hubbardbrook.org/），1960年开始的一项研究发现，土壤中1/2的钙镁阳基离子养分（见18章）被淋溶掉，酸物质过量是土壤衰退的原因。

尽管科学界认可这个问题，但美国审计总署称这个问题是“气象、化学和生物上的综合现象”，治理措施也因为其复杂性和政治原因而被耽搁。

降水的酸碱度可以用pH值来衡量，pH值表示的是溶液中游离态的氢离子相对含量。溶液中游离态的氢离子使其成为具有腐蚀性的酸，这是因为氢离子很容易与其他离子相结合。pH值是一个对数值，整数相差为1，则代表十倍的差异。pH值等于7.0是中性（既不是酸性也不是碱性）；pH值小于7.0偏酸性，pH值大于7.0则偏碱性。土壤酸碱度的pH在第18章中以图解形式说明。

天然降水溶解大气中的CO_2形成碳酸，这个过程释放的氢离子使降水的pH值平均为5.65，通常在5.3～6.0；因此正常的降水总是略呈酸性。一些人为气体在大气中被转化为酸后，通过干湿沉降过程而发生迁移。特别要提出的是，化石燃料在燃烧过程中所释放的氮硫氧化物在大气中可形成硝酸和硫酸。

酸雨的破坏作用

pH值为2.0的酸雨，曾降落在美国东部、斯堪的纳维亚半岛和欧洲。作个对比：醋和柠檬汁的pH值略小于3.0；若湖水的pH值低于4.8，水生植物和水生动物就会死亡。

在美国和加拿大有50 000多个湖泊和大约10万km长的河段pH值低于正常水平（pH值小于5.3），数百个湖泊丧失了维持水生生物的能力。酸沉降导致铝和镁从土壤的黏土矿物中释放出来，这些物质对鱼类和植物都是有害的。

当汞沉积于湖底时，其危害性相对较小，但在酸性湖水中，它可转变为剧毒的甲基汞，从而对水生生物产生致命破坏。在加拿大的2个省和美国的22个州，当地健康公告定期发布警告，告知哪些鱼类存在甲基汞问题。汞原子能迅速与碳原子结合以有机金属化合物的形式在生物系统中转移。

酸沉降对森林的危害：酸沉降造成了土壤养分的再分配、土壤微生物的死亡及铝元素引起的钙缺乏（正在调查之中）。森林遭受的影响最早发生在欧洲，特别是东欧，主要原因是当地燃煤历史悠久、工业活动密集。在德国和波兰，高达50%的森林遭到破坏或死亡，瑞士30%的森林也受到影响（图3.16）。

在美国东部，区域森林的覆盖面积明显减少，特别是红果云杉和糖枫林。对于某些枫树，铝富集于其细根周围；对于云杉，酸性雨雾可直接溶解针叶中的钙。这些受到影响的树木，其抗寒性和抗病虫害能力就会减弱。衰退的红果云杉林特征为：其树冠生长不良、树木年轮生长缓慢、树木枯损率非常高。在美国和加拿大，以糖枫汁为原料的槭糖产量几乎下降了1/2，而槭糖产量也成为了森林毁坏程度的一项评价指标。据政府估计：森林毁坏使美国、加拿大和欧洲每年的经济损失超过500亿美元。由于风和天气模式是全球性的，减少酸沉积也必须通过全球范围的努力。如图3.17所示，对于1990～1994年和2000～2004年这两个五年期间，硫酸盐沉降呈现减少趋势。不过，这种进步仅仅是一个开始。研究报告指出：火力发电厂及其他污染源必须达到《清洁空气法案》的要求，即减少80%的CO_2排放量来真正扭转这种破坏趋势。

有十几位研究的前沿学者，在生物科学中对酸沉降进行了大量的研究报道：

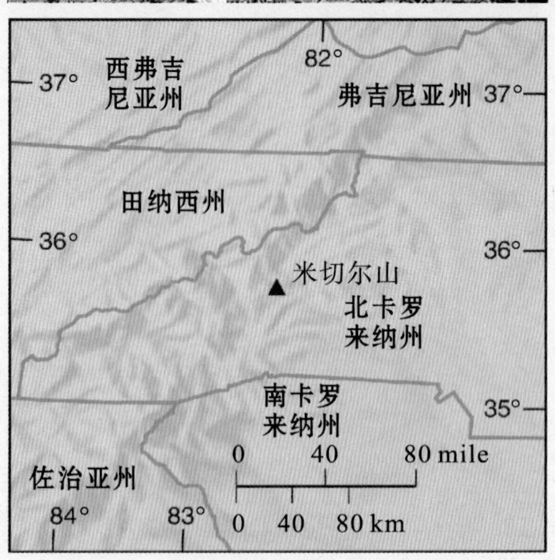

图3.16　酸沉降造成的树木枯萎

注：在阿巴拉契亚山脉的米切尔山中，森林遭受重创。［Will和 Deni McIntyre/摄影者］

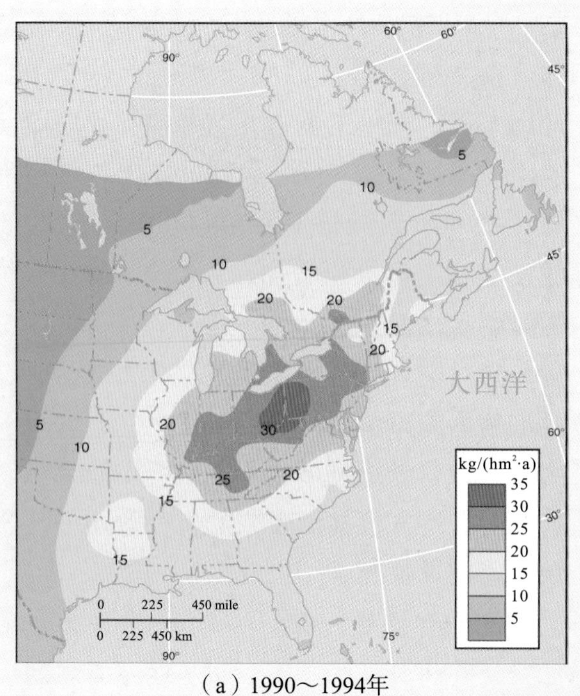

（a）1990～1994年

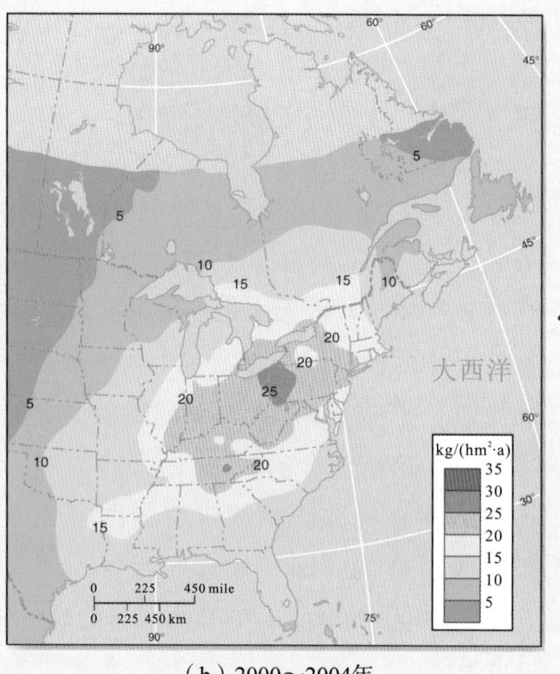

（b）2000～2004年

图3.17　硫酸盐湿沉降速率的治理

说明：1990～1994年和2000～2004年这两个5年期间，硫酸盐（主要是SO_4^{2-}）湿沉降的空间分布差异，单位为kg/（hm^2·a）；加拿大《环境保护法》、加拿大–美国边界空气质量管理策略、美国《清洁空气法案》共同发挥作用，使得酸排放量出现下降。［引自：加拿大环境部，2003年；转载于Minister of Public Works 和Government Services Canada］

模型计算结果表明，大气中的硫沉降出现了大幅度下降，其化学回收率和回收量很大。不坚决的硫排放控制措施，延缓了化学和生物恢复，以及生态系统的完整服务功能恢复。在北美和欧洲有一个大规模的实验场，这里的硫酸和硝酸已使土壤、湖泊和河流发生酸化，进而对陆生和水生生物造成威胁甚至毁灭*。

酸沉降是一个具有全球空间意义的问题，为此各国科学家发挥了巨大的作用。减少空气污染排放不仅与能源保护紧密相连，而且还与温室气体、全球气候变化问题直接相关，因此环境问题是相互关联的。

* D.宾克利, C.T.德里斯科尔, H.L.艾伦,等.1993.酸性沉降与森林土壤——美国东南部的沉降环境及研究实例[M].张月娥,曹俊忠译.北京:中国环境科学出版社.

3.2.4　《清洁空气法案》的效益

因为《清洁空气法案》（Clean Air Act, CAA）（1970年，1977年，1990年）的制定，过去几十年里，许多地方的空气污染物浓度下降了，这使得花费在健康、经济及环境方面的开支节约了上万亿美元。尽管这是事实，但空气污染控制条例在政治上仍不断遭受非议。

1970年《清洁空气法案》颁布以来，大气中污染物浓度显著减少了，如一氧化碳减少了近1/2（–45%），二氧化氮（–22%），挥发性有机化合物（–48%），PM_{10}（–75%），二氧化硫（–52%，见**专题探讨3.2**，图3.16），铅（–98%）。然而，《清洁空气法案》颁布之前，添加到汽油中的铅通过尾气排放扩散的范围很广，最后沉淀于生物组织内，尤其是儿童。污染物浓度的显著下降表明科学与公共政策的衔接是成功的。

公正地说，治理（减轻和预防）污染的成本不能超过减少污染损害所获的经济效益。遵守《清洁空气法案》会影响到工业生产的模式、就业及资本投资；虽然这些付出能够产生效益，但仍会造成一些地区出现混乱和失业，如对含硫煤矿开采的减少、对钢铁类污染工业的消减等。

1990年，美国国会要求美国国家环境保护局（简称美国国家环保局或美国环保局，U.S. Environmental Protection Agency，EPA或USEPA）对《清洁空气法案》实施的成本进行分析，比较了它在全民健康、生态和经济方面的效益。对此，EPA的政策规划评估部门进行了详细的成本收益分析，并于1997年发表了一份报告：《1970～1990年清洁空气法案的效益》。报告分析为成本收益分析提供了很好的示范，至今仍可借鉴。EPA的报告总结如下：

- 1970～1990年，全联邦、各州及地方直接用于《清洁空气法案》实施的成本为5 230亿美元（按1990年的美元计算），这些成本是由企业、消费者和政府承担的。
- 1970～1990年，《清洁空气法案》所带来的直接经济效益估计在5.6万亿～49.4万亿美元，它的平均值为22.2万亿美元。
- 因此，《清洁空气法案》的净收益估算值为21.7万亿美元！
- 美国EPA官员理查德·摩根斯坦，在描述41.5：1这一成本效益比率时，说道：“这一发现令人难以置信，CAA的效益远远超过了它的实施成本。”

CAA带给社会的直接或间接利益为整体人群共享，其中包括：改善了人体健康和环境水平、降低了铅对儿童的伤害和癌症发病率、减少了酸沉降，仅1990年因空气污染而死亡的人数就减少了206 000人。这些效益发生在美国人口增加22%和经济膨胀70%的时期。1990～2000年，这种效益一直保持着，同时空气质量也在改善。有人试图通过政治努力来减弱《清洁空气法案》，这似乎会对已取得的成绩产生不利影响。如果可以选择，在空气清洁法带来的各种效益中，公众会怎样选择呢？

2009年12月，EPA颁布了一个危害认定准则，并将其作为国家、州及地方的规划指南。这个准则宣称“温室气体对人类健康和福祉构成威胁”。把这样一个重要的联邦认定准则推行至地方性法规中，对环境规划者而言是一个挑战。

判断与思考3.3　成本效益评估

在1970～1990年《清洁空气法案》效益的科学研究中，EPA确定了：《清洁空气法案》使卫生、社会福利、生态和经济方面得到的收益比投入的成本高40.5倍（净收益的估算值为21.7万亿美元，成本仅为5 230亿美元），你认为效果显著吗？在未来减弱（或加强）《清洁空气法案》的辩论中，应该更多考虑成本收益分析吗？依你看来，市民为什么普遍不知道这些细节？告知公众这些信息的困难是什么？

对于EPA颁布的法案，诸如净水法案、风险带分区和规划，或全球气候变化行动、EPA的危险认定准则，你认为有类似的利益模式吗？对于这些问题，请花点时间想一想，我们应该采取怎样的行动来唤醒公众意识？

当你回想本章内容和现代大气状况时，面对臭氧层保护条约与CAA的效益，你应该感到鼓舞。科学研究想让社会知道：人类该做什么，通过哪些行动可以在获得巨大经济利益的同时，又能保障人类的可持续发展。几十年前，科学家在宇航服中仿制了大气，保护了宇航员马克·李。今天，我们必须反过来，维持和保护地球的大气层，让它持续为人类的生存提供保障。

地表系统链接

太阳辐射穿越大气热成层来到地球表面。对于电离层和臭氧层，你知道了它们的成分组成、温度和功能，还包括人类对现代大气的影响。下一章，将跟随太阳能量流穿过低层大气的路径，即太阳辐射到达地面的路径，建立“地表-大气”能量平衡。地表能量的根源是太阳辐射能。因此，后面还将探索太阳能利用的可能性。

3.3　总结与复习

■ **基于大气的成分、温度和功能三种划分标准，绘制大气模型简图。**

大气是一种混合气体，因为混合均匀使得它表现得就像一种单一气体。大气的主要成分是空气，也是生命介质。**空气**是一种无色、无味、没有形状的天然气体。

在海拔480km以上，空气非常稀薄，接近于真空状态，被称为**逸散层**(Exosphere，意为“外圈层”)。地表之上的大气重力被称为**大气压**，它随高度升高而迅速减小。

根据大气化学成分，大气划分为**非均质层**和**均质层**。前者海拔范围为80～480km，后者从80km高空直至地面。对于非均质层，以温度为划分依据，称为**热成层**(或热层)，其上限高度称作**热成层顶**，大约位于480km高空。**动能**——运动能量，就是我们测量的振动能量，又称作温度。实际上热成层产生的**热量**很少，因为空气分子的密度非常低，所以热成层只含很少热量，气体因温差而产生的动能流也很小。然而，近地面大气密度大，大量分子以**显热**方式传递动能，显热的含义是“人体可感受的能量”。

按温度标准的划分，均质层包括**中间层**、**平流层**和**对流层**。在中间层中，以宇宙和大气的尘埃为凝结核可形成细小的冰晶，产生夜间显现的云层，称为**夜光云**。

无论在哪里观测，对流层上界的气温都是-57℃，对流层上界又被称作**对流层顶**。

昼间，在对流层的正常气温廓线中，温度随高度升高而迅速下降，高度每增加1km气温平均下降6.4℃，这个比率称为**正常气温递减率**。在任何时间和任何地点，由于局部天气状况不同，实际气温递减率是有较大差异的，因而称作**环境气温递减率**。

在非均质层中，按照大气功能来区分大气层。**电离层**吸收宇宙射线、伽马射线、X射线和波长较短的紫外线辐射，并将它们转化为动能。**臭氧圈（或臭氧层）**是平流层中的一个功能层，它对生命有害的紫外线辐射具有吸收作用，使平流层的温度升高。

1.什么是空气？地球现代大气成分的来源是什么？

2.通过细胞类比的方式，刘易斯·托马斯是怎样描述大气保护地表环境的各种功能的？

3.为了便于研究，通常使用哪三种标准来划分大气？

4.描述大气圈的整体温度廓线，列出按温度划分的四个大气层。

5.描述大气圈按大气成分划分的两个大气层。

6.大气圈中的两个主要功能层是什么？它们各自的作用是什么？

■ **列出并描述现代大气中的稳定气体成分，以及各种成分的体积比率。**

虽然大气密度随高度的增加而降低，但各种气体混合（各种成分的比例）几乎是均一的，这种稳定混合气体是慢慢进化而形成的。

均质层是惰性气体的一个巨大储存库。N_2主要来源于火山喷发和土壤中的微生物作用；O_2是光合作用的副产物；氩仅占均质层的1%，是彻底的惰性气体；CO_2是在生命活动及燃料燃烧过程中产生的一种天然副产物。

7.均质层中最普遍的4种气体是什么？它们各自的来源是什么？如今它们的含量有变化吗？

■　**描述平流层的状态，详细阐述臭氧层的功能和状态。**

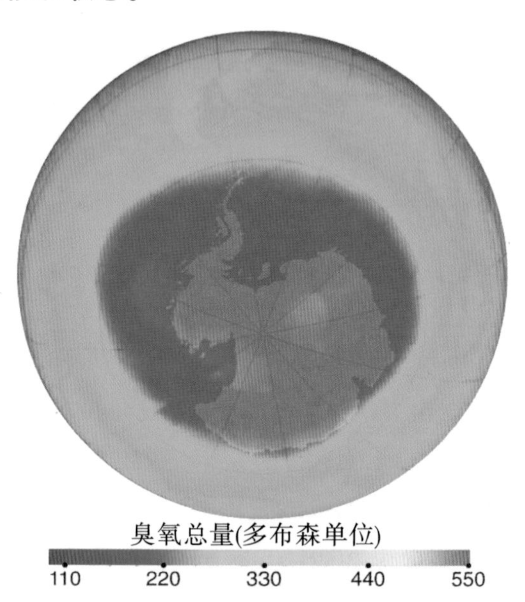

在过去几十年中，平流层中臭氧圈（或臭氧层）的整体减少表明了社会及自然系统处在风险之中，这是人类排放化学物质所造成的。第二次世界大战以来，人工合成的**氯氟烃（CFCs）**和含溴化合物以各种方式大量地进入到平流层中。在这个高度上，强烈的紫外线使这些稳定化合物分解，释放出氯原子和溴原子，而这些原子又是摧毁臭氧分子的化学催化剂。

氯氟烃（CFCs）（081页）

8.平流层中的臭氧为什么很重要？描述地面紫外线增加所产生的影响。

9. 概述臭氧状态，描述臭氧的变化趋势及保护臭氧层的各种条约。

10.对Crutzen、Rowland 和 Molina等人调查平流层臭氧耗竭所使用的科学方法进行评价，公众对他们的研究发现有何反应？

■　**辨析低层大气中天然因素和人类因素产生的不稳定气体成分及其来源。**

对流层包含的天然的和人为的不稳定气体、颗粒物及其他化学物质，都是大气的组成部分。我们伴随天然“污染”共同进化，并对它已经适应。然而，不能完全适应人类自己制造的污染，这类污染是人体健康的主要威胁，尤其是对聚集于城市里的人们来说。

在对流层，气温和空气密度的垂直分布对大气污染有影响。当正常气温随海拔升高而降低（正常气温递减率）出现逆转时，就产生了**逆温**。换句话说，气温在某一高度之上呈增加趋势。

逆温（085页）

11.为什么人为气体比天然气体对人体健康的影响更显著？

12.逆温是如何导致空气污染加重的？

■　**描述一氧化碳、二氧化硫、二氧化氮的来源及影响，用简图来表述臭氧、硝酸过氧化乙酰、硝酸、硫酸形成的光化学反应过程。**

一氧化碳是一种无色、无味的气体。

它是燃料或含碳物质在不完全燃烧（缺氧燃烧）条件下产生的；人为产生的一氧化碳主要来源于交通运输。一氧化碳具有毒性，这缘于它与携氧红细胞中的血红蛋白有亲和性。当一氧化碳出现时，血液中的氧被置换从而造成血液缺氧（表3.4）。

阳光和汽车尾气相互作用可形成**光化学烟雾**，汽车尾气就是最大的烟雾制造者。在汽车排放的尾气中，包含二氧化氮和挥发性有机化合物（VOC），它们在紫外线和阳光照射下转化成主要光化学副产物——臭氧、硝酸过氧化乙酰和硝酸。

臭氧（O_3）不仅对人体健康有负面作用，还可造成物质表面氧化、植物遭受损害或死亡。**过氧乙酰硝酸酯（PAN）**对人类健康的危害还尚未可知，但它对植物的破坏性很强，包括农作物和森林。**二氧化氮（NO_2）**损害人体呼吸系统、破坏肺组织，损害植物。氮氧化物参与大气中硝酸形成的化学反应，产生干湿两种酸沉降。**挥发性有机物（VOC）**来自于燃油中的烃类、表面涂胶和电器元件的氧化等，它们是臭氧形成的重要因素。

分布于北美、欧洲和亚洲的**工业烟雾**与交通运输及电力生产有关，这种污染物中含有**二氧化硫**。在大气中，二氧化硫发生反应产生**含硫的气溶胶**，含硫气溶胶可形成硫酸（H_2SO_4）沉降；它们不仅危害人体健康，而且对太阳辐射具有散射和反射作用，进而影响地表能量平衡。**颗粒物（PM）**由杂质、沙尘、烟粒和灰烬组成，来源于天然源和工业源。**气溶胶**就是悬浮于空气中的微小颗粒物，如沙尘、烟粒和污染物等。

节能高效与减少污染气体排放是降低大气污染的关键。对于地球的下一代大气圈，用**人为大气圈**（受人类影响的大气）来描述或许更为贴切。

一氧化碳（CO）（086页）
光化学烟雾（087页）
二氧化氮（087页）
过氧乙酰硝酸酯（PAN）（087页）
挥发性有机化合物（VOC）（088页）
工业烟雾（088页）
二氧化硫（088页）
硫酸盐气溶胶（088页）
颗粒物（088页）
气溶胶（089页）
人为大气圈（089页）

13.工业烟雾和光化学烟雾之间有什么区别？

14.描述汽车与城市中所产生的臭氧和硝酸过氧化乙酰之间的区别和联系。这些气体的主要负面影响是什么？

15.化石燃料中的硫杂质，与大气中的酸形成与地面的酸沉降有什么关系？

16.简述实施《清洁空气法案》的第一个二十年里，其成本效益如何？

掌握地理学

访问https://mlm.pearson.com/northamerica/masteringgeography/，它提供的资源包括：数字动画、卫星运行轨道、自学测验、抽题卡、可视词汇表、案例研究、职业链接、教材参考地图、RSS订阅和地表系统电子书；还有许多地理网站链接及丰富有趣的网络资源，为本章学习提供辅助支撑。

第4章　大气和地表能量平衡

菲尼克斯南部的两幅卫星影像（Landsat-5）

影像表明：1989～2009年，美国亚利桑那州的菲尼克斯市的城市面积显著扩张。影像右下方是钱德勒郊区，北面是梅萨郊区，左下方是南部山区；但城市的商业核心区没有扩张。城市扩张导致地表的透水性减小，而且颜色加深，由此改变了地表能量平衡，产生了城市热岛效应。菲尼克斯市区气温比郊区气温高7～11℃。［Landsat-5 TM影像，NASA/GSFC］

重点概念

阅读完本章，你应该能够：

- ■ **辨别**太阳辐射透过对流层到达地表的传输方式：透射、散射、漫射辐射、折射、反照（反射）、传导、对流和平流。
- ■ **描述**云对入射日射有什么影响，**分析**云和空气污染对地面太阳辐射的影响。
- ■ **回顾**地球-大气系统中的能量路径、温室效应和全球净辐射分布模式。
- ■ **绘制**地面太阳辐射的日变化曲线，**标注**入射辐射、气温及其日变化滞后等主要特征。
- ■ **描述**典型城市的热岛效应，**对比**城市与周围乡村环境之间的小气候差异。

当今地表系统

是否应该限制北极航运的发展?

几百年来，探险家们一直在寻找传说中的“西北通道”，即通过加拿大群岛的内河航道与大西洋和太平洋相连接的一条航线。“东北通道”或称“北海航线”，则是另一条穿越俄罗斯海岸并且连接欧洲和亚洲的北极航线。这两条北方航线解除了完全依赖巴拿马和苏伊士运河航运的限制。

北冰洋的海冰阻塞了这些航线，使其无法通航——这种情况一直持续到21世纪才有所改变。由于气候变化导致北极海冰减少，2009年两艘德国集装箱船第一次通过东北航道成功完成航行。

北冰洋的无冰状态促进了北部航道上货轮和油轮运输业的繁荣。随着2007年北极海冰创历史纪录的减少，“西北通道”呈现无冰状态并且东北通道夏季也一直无冰（图4.1）。由于水温和气温较高，之后3年期间，该地区又消失了大量的冰。

图4.1　北极的海冰范围

注：利用2007年卫星图像，探查穿越东北和西北通道的新航线。[美国国家航空航天局/戈达德太空飞行中心图像]

鉴于多年海冰的急剧减少，美国国家冰雪数据中心（National Snow and Ice Data Center, NSIDC）指出，北冰洋夏季无冰的情况可能是在2015年前发生的。随着多年核心冰的消失，仅有季节冰存留。这种较年轻、较薄的冰不需要消耗太多的能量就可以消融。科学家还报告说：强劲的北极风把冰吹到南方的温暖海水中，造成近1/3的海冰消失。

地表反照率对于海冰融化也发挥了关键作用。逐日观察表明：明亮的地表面有利于阳光反射从而保持较低温度，深色表面有利于吸收阳光而升温。冰雪地面是巨大的天然反射体；事实上，冰面反射的太阳能占入射量的80%～95%。海水颜色深，平均反射量仅占太阳入射量的10%，该比值称作反照率，或称地表反射。随着北极冰封区域的退缩，更大面积的深色水域或陆地受到阳光直射，吸收更多热量，这就进一步加剧了变暖趋势——正反馈效应。

大气中颗粒物对反照率有增强作用。现有科学证据表明：喜马拉雅山脉冰川积雪损失的重要原因是烟尘和气溶胶颗粒物沉降。在格陵兰冰原上，黑色煤烟、灰尘和颗粒物伴随积雪冻结在冰体中，使冰面颜色变深；随之地表反照率减小，冰体因吸收更多的太阳辐射而消融，进而导致冰面烟尘含量更浓、颜色更深。北极航运业的烟排放也会产生类似的影响。

2009年的《北极海运评估》（北极理事会）指出：“在北极及其附近，船舶的烟排放量将会增加”。自2000年以来，北极的通航期增加了三周多，而哈得孙湾和马尼托巴湖的通航期则增加了两个月（图4.2）。新通航的货轮和油轮排放的烟，增加了北极大气中的烟尘和颗粒物，这些排放物的沉降可能会造成一场灾难，因为这将导致残留冰架及冰川表面的颜色加深，进而吸收更多的太阳辐射。

是否开通西北和东北通道是一个与地表反照率有关的问题，也是本章中将要阐述的根本问题之一。到目前为止，对于地表能量收支平衡方面的考虑还没有纳入政治或经济的讨论范畴。

（a）加拿大海岸警卫队

（b）德国船主协会

图4.2　北冰洋上的航船交通和货物运输

太阳能是维系生命和大自然运行的能量流。伴随着这一能量流动，地球生物圈也呈现着脉动变化。通过季节变化、逐日天气状况及地球上的各种气候，我们知道了穿过大气层透射下来的这一恒定太阳能量流。第2章描述了地球的季节变换节律，第3章中简单地介绍了大气层。地表与大气之间的能量和水分交换是天气和气候的基本要素，这将在后面章节中讨论。

本章，我们将跟随太阳能穿过对流层到达地球表面。由于地表和大气的能量输出（反射和长波放射）抵消了日射输入，这种能量的输入和输出决定了地表系统所获得的净能量。此外，本章还将研究地表能量收支平衡，对净辐射的消耗途径进行分析。本章在“专题探讨4.1”中讨论了地表的太阳能利用，这是一种可再生能源且具有巨大的开发潜力。

本章将对城市中独特的能量和湿度环境进行概述。夏季，车辆拥挤的停车场和公路的炎热景象对我们来说再熟悉不过了。伴随着热能向天空放射，地面上的空气飘忽不定。如本章开篇图像所示，我们可以对城区与周边郊区之间的气候差异进行定量观测。

4.1　能量要素

从太空拍摄到的地球影像中，你可以清楚地看到太阳透射到地表的入射日射（封底地球照片）。陆地、水面、云及大气中的气体和尘埃，都对太阳辐射具有拦截作用。能量流存在于涡动天气、强大洋流及各类土地覆被之中。对于荒漠、海洋、山地、平原、雨林和冰冻地表，它们各自具有特定的能量模式。此外，由于云对入射能量有反射作用，云量多少可使到达地表的入射能量产生75%的差异。

4.1.1　能量传输路径和原理

太阳辐射能使地球大气和地表受热，其受热程度随纬度和季节变化而呈不均匀分布。图4.3是关于地球－大气能量系统中的短波辐射和长波辐射的流程示意图，下面对此进行讨论。图4.3对我们很有帮助，当你阅读后续

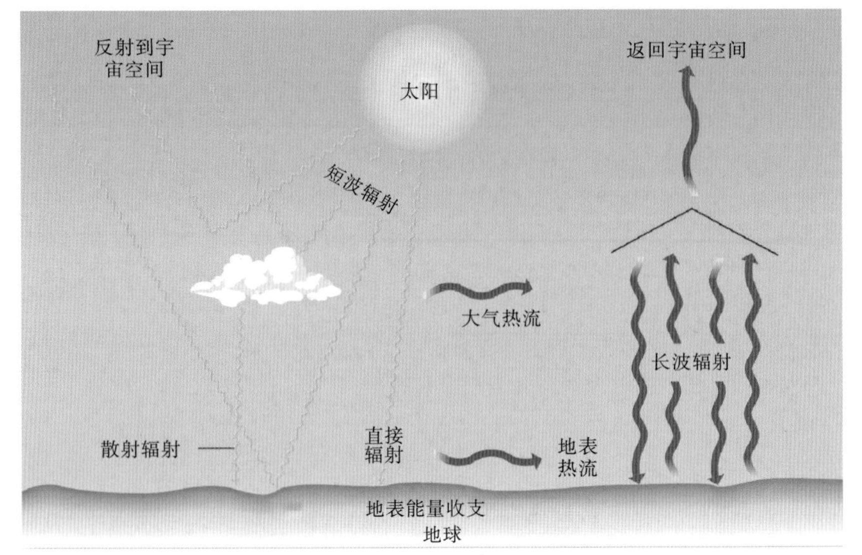

图4.3 地球–大气能量系统示意图

注：地球表面和大气能量的收入与支出。能量循环路径中包括短波入射日射、短波反射辐射和长波放射辐射。

部分时，你还能看到关于能量收支平衡更详细的图解（图4.12）。我们首先来了解入射日射穿透大气层到达地表的重要路径和原理。

透射是指短波和长波能量透过大气或水体的一种传送方式。大气能量收支构成包括：透过大气层的短波辐射输入（紫外线、可见光和近红外波长）和长波辐射输出（热红外线）。

4.1.2 日射能量输入

入射日射是驱动地球–大气系统的唯一能量输入。图4.4为全球地表平均每年接受太阳能的分布状况，它是到达地表的全部辐射，包括直接辐射和漫射辐射（大气散射）。

请注意，地图上给出的几个日射能量输入模式。在南北半球上，入射日射都是自纬度25°左右向两极递减。在赤道和热带地区，由于昼长不变和太阳高度角偏高，年均入射日射可达180～220W/m^2。在全球低纬度沙漠地区，天空常常无云，入射日射通常高达240～280W/m^2。注意这一能量模式适用于两半球上无云的亚热带荒漠（如：索诺兰沙漠、撒哈拉沙漠、阿拉伯沙漠、戈壁沙漠、阿塔卡马沙漠、纳米布沙漠、喀拉哈里沙漠、澳大利亚沙漠）。

散射（漫射辐射） 在日射照向地表的传递过程中，沿途的大气密度逐渐增大。日射与大气层中的气体、尘埃、云滴、水汽和污染物会发生物理上的相互作用。气体分子使辐射重新定向，但只是改变了光的传播方向而波长不变，这种现象就是**散射**。在地球反照率中散射占7%（图4.12）。

你想知道天空为什么呈蓝色，而在日出和日落之时却常常为红色吗？瑞利散射（Rayleigh scattering，1900年以英国物理学家瑞利勋爵命名）原理可以解释这一有趣现象。该原理说明了波长与造成散射的分子（或颗粒物）大小之间的联系。

该原理的一般规则是：波长越短，散射越大；波长越长，散射越小。由于空气分子小，对短波光线有散射作用；因此对可见光中的短波光线（蓝色和紫色）散射最多，而且在低层大气中占主导地位，另外阳光中的蓝色光比紫色光多，所以天空主要呈蓝色。对于受污染的空气，因其含有大颗粒污染物而对所有波长的可见光都具有散射作用，因此烟雾笼罩的天空总是呈白色。

入射角度决定了太阳光到达地球表面要

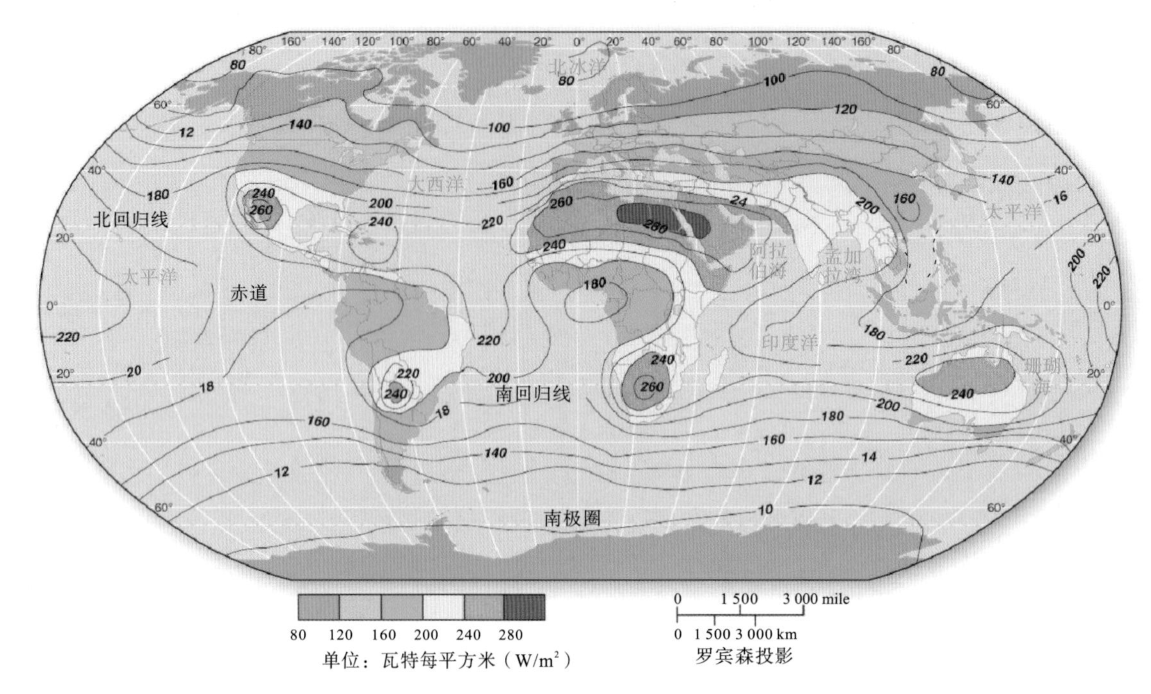

图4.4　地球表面的日射量分布

注：地表水平面上接受的多年年均日射量［单位为W/m^2，100W/m^2=75kcal/（cm^2·a）］。［改编于：Budyko M I. 1958.The Heat Balance of the Earth's Surface[R]// U.S. Department of Commerce: Dordrecht.The Netherland:99.］

穿过的大气厚度。光线直射（从正上方）与低角度入射光线相比，前者穿越的距离短，被大气的散射和吸收较少。当太阳高度角较低时，光线穿越大气的距离长，短波光线散射多。因此，日出和日落时，只能看到残余的橙色和红色。

由于云和大气的漫射作用，入射日射的一部分通过**漫射辐射**（即散射光线中向下的成分）传入到地表（见图4.12标注）。漫射光为多方向投射，所以不能在地面投下阴影。

折射　当日射进入大气时，日射从真空进入大气介质。日射从空气进入水体也如此。这不仅改变了日射传播速度，也改变了日射的传播方向，即**折射**的弯曲作用。同理，光线穿过水晶或棱镜也会发生折射，不同波长光线的折射角度不同，光线按其光谱组成被分离成不同颜色。当可见光穿过大量雨滴时，受折射和反射作用，不同颜色的光线以恰好的角度投向观察者，从而形成**彩虹**（图4.5）。

另一个折射的例子是**海市蜃楼**现象。该现象出现于地平线附近，这是光波在不同温度空气层（空气密度有差异）之间会产生折射形成的景象。图4.6中的落日变形也是大气折射造成的，因为低角度的太阳光线到达地表必须穿过更厚的空气层，传播途中受到了不同密度空气层的折射。

折射还有一个有趣现象：地球大气层的折射可使昼长增加约8分钟。换言之，如果没有大气，地表的昼长时间将会变短。我们在地平线上看到的太阳影像，要比太阳真正出现提前了大约4分钟。同样，日落后太阳影像在地平线上仍然可见，大约可延迟4分钟。昼长的延长时间会随大气的温度、湿度和污染物的不同而改变。

反射和反照率　到达地球的太阳辐射能，有一部分未被吸收或发挥作用就被直接反射返回太空，这个过程叫作**反射**。**反照率**是指某一表面的反射能力或本身亮度。它对地表吸收日射量的能力影响很大。反照率用反射量占入射日射量的百分比来表示（0%为全部吸收；100%为全部反射）。不同地表的反照率大小如图4.7所示。

在可见光波长范围内，深暗色的表面反照率较低，而明亮色的表面反照率较高。对于水面，太阳光线入射角度对反照率也有影响，低角度光线的反照率大于高角度光线；光滑表面的反照率大于粗糙表面。

对于某些特殊区域，由于云和地面覆被的变化，反照率的年内变化幅度很大。搭载于Nimbus–7人造卫星的地球辐射收支（earth radiation budge, ERB）传感器测得的数据表明：热带地区（23.5° N～23.5° S）各种地表的平均反照率为19%～38%；两极地区

图4.5　彩虹

注：水滴（来自尼亚加拉河）对光线产生折射和反射形成彩虹。注意：主虹内侧颜色是波长最短的光，外侧为波长最长的光与副虹的颜色顺序正好相反，这是因为每个水滴内部还存在着其他角度的反射。［Bobbé Christopherson］

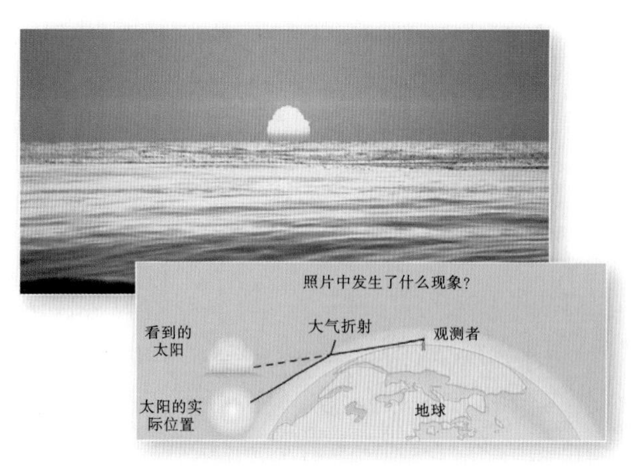

图4.6　太阳的折射

注：日落时分，海洋上太阳影像受大气折射影响，导致太阳形状发生扭曲。你注意过这种现象吗？［作者］

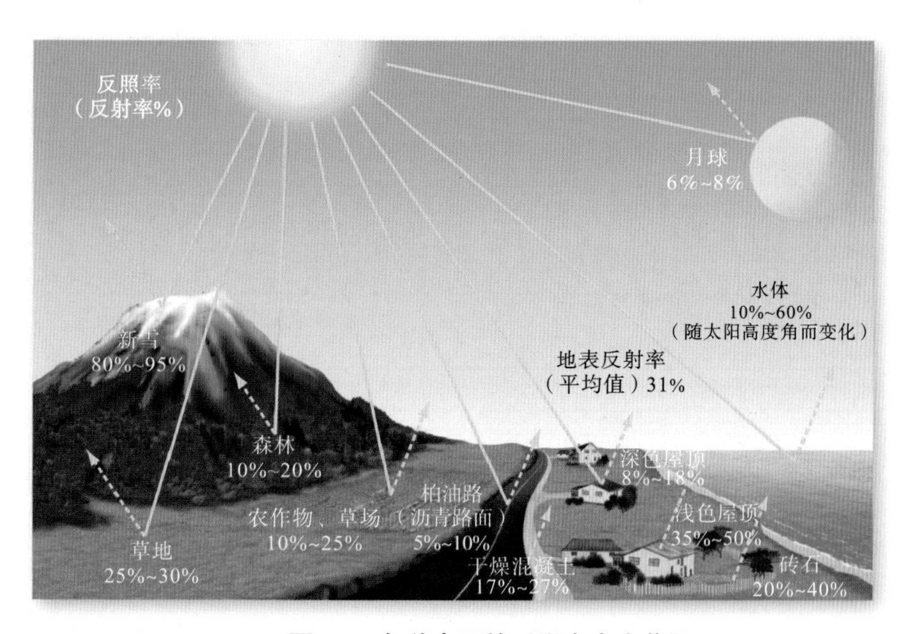

图4.7　各种表面的反照率大小范围

注：明亮表面的反射率通常大于昏暗表面（反照率较高）。

由于冰雪覆盖，反照率高达80%；热带森林的反照率显著较低，仅为15%；而无云的荒漠地区反照率较高，为35%。

地球及其大气的年均反射占全部日射量的31%。作为对照，天气晴朗时，人们在满月亮度下甚至能够阅读，即使这样，其反照率也只有6%～8%。地光比月光明亮4倍（4倍反照率），而且地球直径是月球的4倍，所以当宇航员报告在太空中看到了十分壮观的地球景象时，人们一点也不意外。

云、气溶胶和大气反照率 云在对流层能量收支中是一个不可预测的因子，因此在气候模型中被剔除。但云层对日射的反射作用会导致地表温度下降。**云反照率作用**（cloud-albedo forcing）是指由云层引起的反照率增加。云层还有隔热作用，通过吸收地表的长波放射使最低温度上升。**云温室作用**（cloud-greenhouse forcing）是指云层对温室效应的加强作用。云对短波和长波辐射的总体效应，如图4.8所示。云的详细介绍见第7章。

地学报告4.1 地球反照（地光）

地光是指月球上看到的地球反射光线。对于地光现象，其实我们都看到过，那就是月球昏暗区域发出的微弱光照，尤其是在娥眉月相期间，暗淡的月盘隐约可见。作为对照，月球表面的阳光反照率仅为6%～8%，这就产生了我们都熟悉的“月光”。地球反照的研究始于1925年，当前新泽西理工学院和加利福尼亚州理工学院的科学家们，仍在大熊湖太阳天文台观测研究地球反照（见：http://www.bbso.njit.edu/）。下次你在月光下漫步时，想一想地球反照。

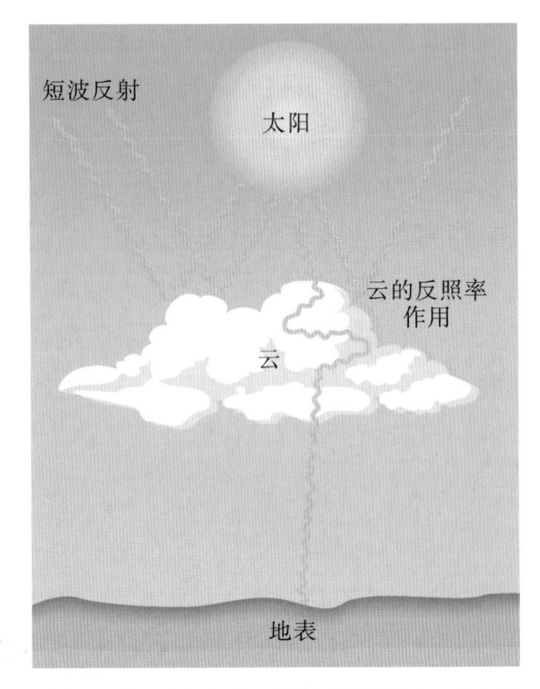

（a）云对短波辐射的反射和散射作用，使大部分日射返回太空

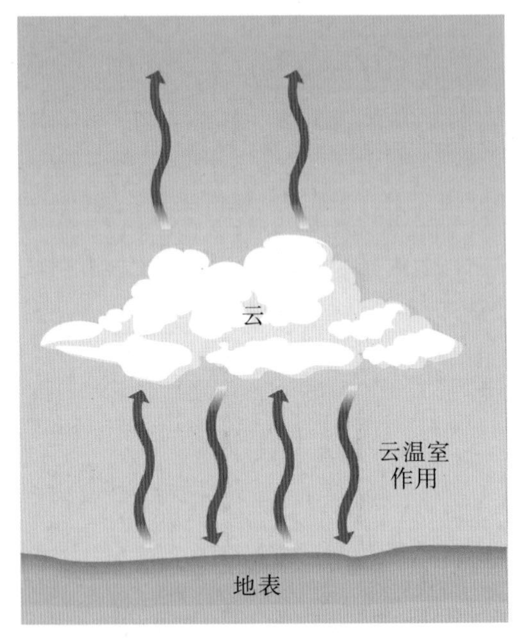

（b）云对地面的长波辐射有吸收和传播作用，使一部分长波返回太空，另一部分返回地表

图4.8 云对短波和长波辐射的总体效应

1991年6月喷发的菲律宾皮纳图博火山，体现了地球内部过程对大气的影响。火山喷发的（15×10^6）～（20×10^6）吨SO_2液滴进入了平流层。在风的作用下，这些气溶胶快速传遍世界各地（图6.4），导致全球范

围内大气反照率增加，短期内平均气温下降了0.5℃。

此外，火山喷发还会对大气反照率产生影响，进而影响到大气和地表的能量收支。工业化产生的霾污染，包括硫酸盐气溶胶、烟尘、飞尘和炭黑等，对大气反射有增强作用。排放的二氧化硫在大气中发生化学反应形成硫酸盐气溶胶，天空晴朗时导致日射反射，从而产生阴霾天气。

污染效应有两方面：①污染物吸收日射使大气变暖；②减少到达地表的日射量而使地表变冷。**全球黯化**（global dimming）是一个综合术语，用于描述到达地表日射量的减少程度。虽然我们知道当前气温上升与气候变化有关，但日照黯化却使人们低估了气候变化的实际增温效果。

图4.9云层和地球辐射能量系统（CERES）的影像表明，印度洋地区的大气能量收支受到霾烟污染的影响。图4.9（a）中，含炭黑和微颗粒物的气溶胶增加了；图4.9（b）中，大气反射增强，提高了大气反照率。一方面由于气溶胶对能量的吸收，导致地球变暖加剧［图4.9（c）］；另一方面，由于减少了到达地表的日射量，导致地表变冷［图4.9（d）］。这些气溶胶造成地表日射量减少了10%，却使大气吸收的能量增加了50%。

南亚的污染效应是通过改变区域“地球–大气”能量平衡进而对亚洲季风的动力产生影响（第6章的季风）。季风气流的减弱对区域水资源和农业产生不利影响。该研究是跨国多部门印度洋实验（the Indian Ocean Experiment，INDOEX）项目中的一部分（见：http://www-indoex.ucsd.edu/）。

吸收　物质分子对辐射进行同化，把能量从一种形式转化到另一种形式，称为**吸收**。入

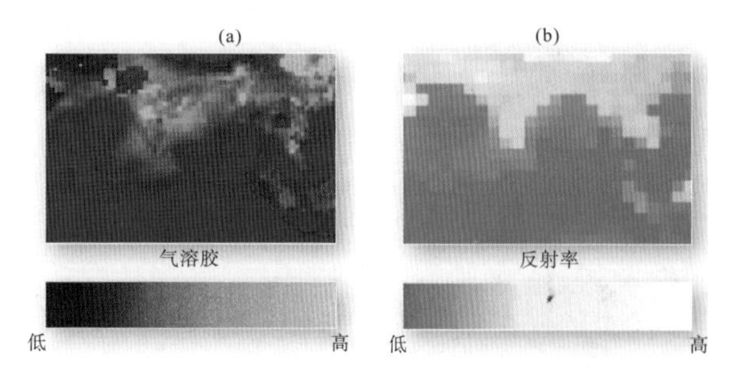

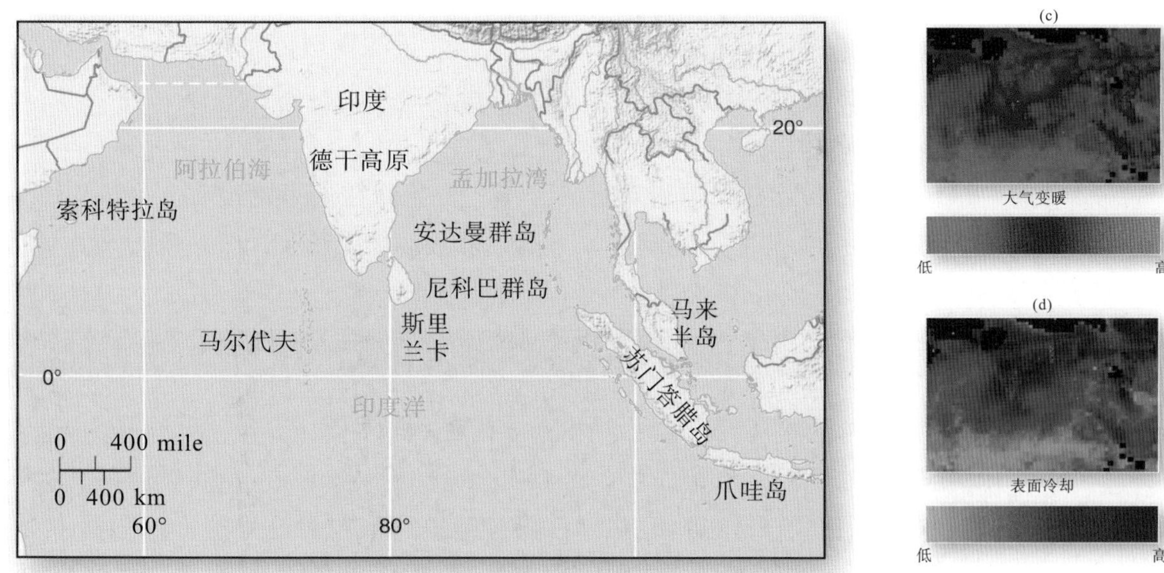

图4.9　气溶胶对地球–大气能量收支平衡的影响

注：通过搭载于Terra卫星上的CERES传感器拍摄的4幅图像，可分辨气溶胶对入射日射的吸收和反射。图像范围为南亚和印度洋地区，拍摄时间2001年1～3月。注意：色彩比例尺的高低排列次序。［GSFC/NASA］

射日射量减去被地表和大气反射的31%，剩余日射量（包含直射和漫射）被吸收后，转化为长波辐射或经由植物光合作用转化为化学能。

在辐射吸收过程中地表温度升高，而地表温度越高，以短波方式放射的能量就越多——表面越热，放射波长越短。例如，白炽灯灯丝随着加热而发光，还有高温熔化的金属也可发光。除了陆面和水面对日射的吸收（大约占入射日射的45%）之外，大气中的气体、尘埃、云，以及平流层的臭氧也吸收日射辐射（约占入射日射的24%）。图4.12概括了日射路径，以及大气和地表中的热量流动。

传导、对流和平流　一个系统中有几种热能传递方式。**传导**是指物质中的热能以分子相互传递的方式进行扩散。随着分子温度升高，振动加剧，相互碰撞造成相邻分子的运动，导致热量从高温物质传递到低温物质。

物质（气态、液态和固态）的显热传导是直接从高温区到低温区。在不同物质中，热量流的能量转移速率也不同，这取决于物质的导热性能。地球陆面的导热性比空气好，而湿空气又比干空气略好。

对于气体和液体，能量传递还可通过**对流**运动，即较强垂直运动的物理混合。**平流**是指占主导地位的大气水平运动。在大气或水体中，温度高（密度小）的块体有上升趋势，温度低（密度大）的块体有下沉趋势，从而形成了对流模式。对于气体和液体介质来说，显热以上述方式进行物理传输。

你在厨房可能体验过这样的能量流动：能量通过锅柄传导，煮锅中的沸水在对流运动过程中产生气泡（图4.10）；可能还有对流烤箱，为了使食物加热均匀，烤箱内的风扇用于热空气环流。

图4.10　热量传递说明：炉子上的水锅

注：炉子发出的红外线能量（辐射方式）传递给锅和空气，而锅和手柄间的能量传递则以传导方式，即分子传递。水中的热量传递则是对流方式，即物理混合作用。

关于能量的物理传递方式，我们可在自然地理现象中发现许多实例：

■　传导：在地表能量收支平衡中，由于温差导致的能量传递，如：陆地与水体、

地学报告4.2　地球辐射能量监测系统

为更好地理解自然云、喷气飞行云（凝结尾迹）及气溶胶对日射的影响，美国国家航空航天局于1997年开始启动搭载于热带降雨测量卫星（Tropical Rainfall Measuring Mission, TRMM）上的传感器，之后又于1999年、2002年启用了Terra和Aqua卫星。关于CERES，参见网页http://science.larc.nasa.gov/；若想浏览有关该学科的各种研究项目和航天器，请选择“网站地图（site map）”中的“云和气溶胶（clouds and aerosols）”选项。

昏暗与明亮的地表、热地面与上覆空气及土壤层之间的温度差异。

■ 对流：发生于大气环流与海洋环流中的能量传递。如气团运动、天气系统和地球内部运动所产生的磁场及地壳运动。

■ 平流：存在于“海洋–陆地”之间水平运动的海陆风，及其所形成的雾向其他地区移动，还有离开源地的气团运动。

现在，基于上述学习的能量和原理，我们把它们综合起来对低层大气的能量收支进行描述。

判断与思考4.1 海草指示地表能量动态

在南极洲的格雷厄姆海岸，离岸岛屿彼得曼岛的地面上有一束被鸟丢弃的海草引起了我们的注意，请见下面照片。这束海草陷入雪面以下10cm深，陷洞外形呈海草形状。依你来看，这种场景是哪些能量因子造成的?

现在把你的结论扩展至南极洲的采矿问题上，南极洲有煤炭和其他矿藏资源，《国际南极条约》禁止矿产开发，但2048年后可能还会重新审议。针对雪地中的这束海草，通过本章列出的地表能量收支信息、采矿释放的尘埃微粒和海平面稳定的重要性，分析它们的能量收支状况，并根据这些因素构建一个反对矿产开发意见的案例。此外，又有哪些因素让你赞同这种矿产开发活动?

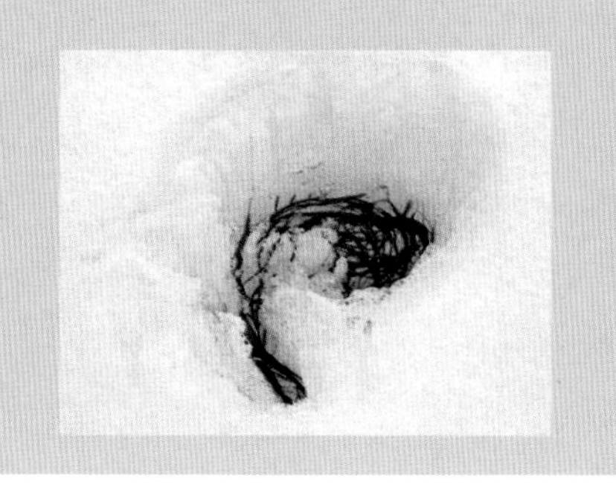

4.2 对流层的能量平衡

地球–大气系统在自然状态下能够自我调整能量收支，维持一个平衡稳定的状态。大气和地表放射的长波能量最终返回太空；除此之外，再加上反射的短波能量，刚好等于最初的太阳能输入——正如支票账户上流入、流出的现金流，当存款和提款相等时就会处于平衡状态。

大气中的温室气体能有效地推迟长波辐射返回太空的放射时间，使低层大气变暖。下面先阐述温室效应，再分析对流层的总体能量收支。

4.2.1 温室效应与大气变暖

以前我们把地球作为冷辐射体，地面和大气向太空放射长波能量。然而，一部分长波辐射被低层大气中的二氧化碳、水蒸气、甲烷、一氧化二氮、氯氟烃（CFCs）和其他气体所吸收，然后再辐射返回地球。辐射能量的吸收和放射是对流层变暖的一个重要因子。由于这一过程与温室作用方式大致相似，因此被称作**温室效应**。

温室的玻璃对短波日射来说是透明的，允许光线透射于土壤表面、植物及其内部，使物体产生吸收和传导。这些物体吸收能量后，再向温室玻璃放射长波辐射，玻璃实际上对长波能量和温室内暖空气有拦截作用；因此玻璃的作用是单向过滤，允许短波能量进入，却不允许长波能量输出，除非通过热传导作用。在阳光直射下的停车场，你在汽车中可体验这种效果。

打开温室顶棚的通风口或汽车窗，使内外空气混合，即通过对流使冷热空气互相交换。即使天气温和，汽车内部也可达到异常高温；许多人把遮阳帘放置在挡风玻璃前来阻止短波能量进入车内，防止车内发生温室过程。对于你的汽车或房间，你采取过什么措施来减少入射日照？

总体而言，日射在大气中的传播与在温室中的传播有所不同。二者进行类比并不完全合适，这是因为大气的长波辐射并非像温室玻璃的拦截作用，而是其返回太空的路程被延长了，也就是说大气中的某些气体、云层和尘埃吸收长波辐射后，再次向地表进行放射。根据科学认识，现代大气中的CO_2浓度增高加剧了低层大气对长波辐射的吸收，从而导致了“地球-大气”能量系统的变化和变暖趋势。

4.2.2　云层与地球“温室”

云层影响低层大气受热有几个方面：这主要取决于云层类型，如云的类型、高度和厚度（水分和密度）；而云的盖度对其也有影响。高空冰晶云对日射的反照率约为50%，而低空厚云的反照率约占入射日射的90%。

为了说明云对大气能量收支的实际影响，不仅要考虑短波和长波的辐射传递，还要考虑云的类型。图4.11（a）说明了高空

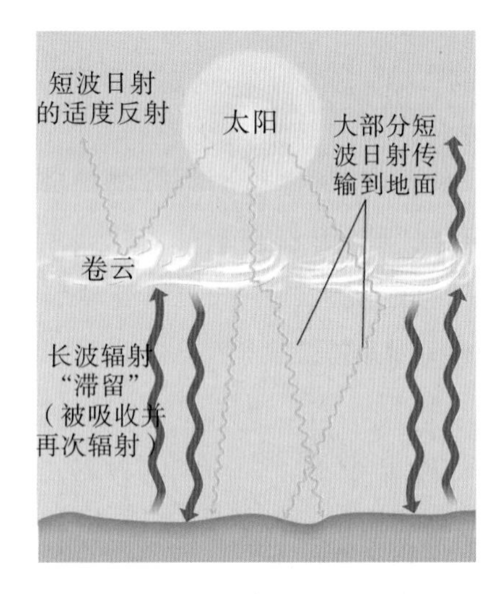

（a）高云：净温室效应和大气变暖
注：高空冰晶云（卷云）产生较强的温室作用导致地球净增温效应。

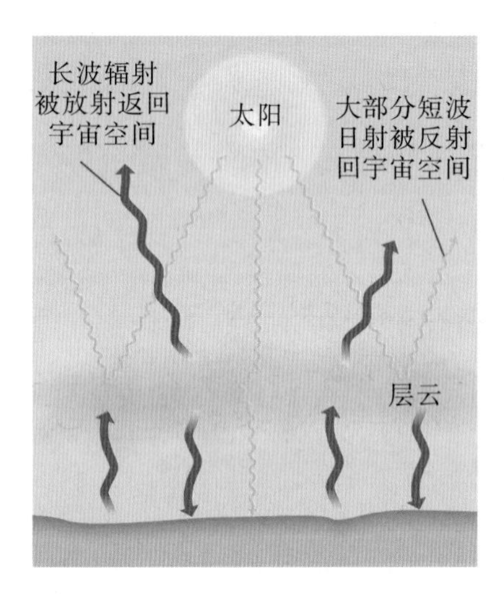

（b）低云：净反射效应和大气变冷
注：低空厚云（层云）反射了大部分入射日射，并向太空放射长波，反照率大可导致地球净降温效应。

（c）喷气飞行云触发形成较大密度的卷云
[NASA/JSC；Bobbé Christopherson]

（d）刚形成的喷射飞行云与扩散后的假卷云对比

图4.11　云类型及凝结尾迹对辐射能的影响

云引起的云温室作用（温室效应大于反射效应，有增温作用）；图4.11（b）说明了低空厚云产生的云反照率作用（反照率效应超过温室效应，有降温作用）。

喷气飞行云（凝结尾迹）是指飞机尾气激发产生的高卷云［图4.11（c）和（d）］，有时被称作假卷云。如图4.11（a）所示，由于高空冰晶云能有效地减少向外的长波辐射，因而对全球变暖有利。然而，凝结尾迹产生的假卷云与正常卷云相比，其密度更大、反照率更高，因此可减少地表日射。

2001年9月11日，世贸中心遭到袭击，这无意间给研究者提供了一次研究飞行云对气温影响的机会。在“9·11事件”之后的3天里，所有的商业航空处于停飞状态，因此整个美国上空没有飞行云。把过去30年来的4 000个站点的天气数据与航空停飞的这3天的数据进行比较得知：这3天的气温日较差（DTR，即白天最高气温与夜晚最低气温之间的差值）增大——下午气温略高，而夜间略低，其中云量减少对最高气温的影响更显著。

加之后续对这种天气条件的研究（把气压、湿度和气团数据都集中于一个特定的时间），包括对加拿大领空的分析，对这3天前后天气条件的核查及对航空停运期间还有少数军事飞行因素的考虑，目的是希望验证最初的发现并确定飞行云在能量收支中的影响*。

4.2.3 地球－大气能量平衡

如果把地球表面和大气分开来考虑，各自均不能达到辐射收支平衡。对于地表，其年均能量分布为正值（能量盈余）；然而对于大气，则为负值（能量亏损），这是因为大气会向太空放射能量。两者结合在一起考虑时，则正负相等；这使我们能在整体上建构一种能量平衡。

图4.12总结了地球－大气辐射平衡。它把本章讨论的所有因子结合在一起，并把穿过对流层的入射日射作为100%计算。图4.12左侧为短波的收支，右侧为长波的收支。

地球上的太阳能100%被分配支出，包括地球平均反照率占大气收支的31%；大气中的云、尘埃和气体所吸收的占21%，并计入大气的热量输入；平流层的臭氧吸收和辐射能量占3%；入射日射中大约还有45%是以短波直接辐射和短波漫射方式传至地表的。

自然界中的能量平衡，包括辐射和非辐射能量（物理运动），是通过地表长波的能量转移来实现的。非辐射能量的传输方式，包括对流、传导和蒸发潜热（水体在蒸发和冷凝过程中吸收和释放的能量）。辐射能量通过长波辐射在地表、大气和太空之间进行传输，如图4.12右侧所示的温室效应。

总的来说，在能量收支中，地球最终向太空放射的长波辐射能量组成为：21%（大气增温）+45%（地表增温）+3%（臭氧放射）=69%。

图4.13为全球能量通量（能量流）的月值分布，其能量通量中包含图4.12中的反射和放射，单位为W/m^2。图4.13（a）中，明亮区域表示反射到太空的日射大于吸收的日射——例如，浅色的陆地表面（如沙漠），云覆盖的地区（如热带陆表）；而绿色区域和蓝色区域表示日射反射较少。

图4.13（b）中橙色区和红色区表示被吸收和释放到太空的长波辐射偏多；蓝色区和紫色区则表示长波放射偏少。热带陆地的

* Travis D J，et al. 2002. Contrails reduce daily temperature range[J]. Nature，418（August 8）：601.

D J Travis，Carleton A M，Lauritsen R G. 2004. Regional variations in U.S. diurnal temperature range for the 9/11–14/2001 aircraft groundings：Evidence of jet contrail influence on climate [J]. Journal of Climate，17 (March 1)：1123–1134.

蓝色区，由于沿赤道地区分布有高厚云层（亚马孙、非洲赤道地区和印度尼西亚），导致地表长波放射较弱；然而，这些云层的短波反射较多。亚热带沙漠地区，由于几乎没有云覆盖，而且地表辐射能量损失较大（地表吸收了大量能量），所以长波放射较强。

然而，热带吸收能量多，两极吸收能量少，而且还存在着地区性和季节性差异。这种不平衡是全球环流模式的驱动力。长波和短波能量随纬度的变化分布如图4.14所示，它概括了地球–大气之间的能量收支平衡：

- 在热带地区，日射的入射角度高且昼长不变，季节变化不明显，因此能量收入大于能量支出——能量盈余占主导。
- 在极地地区，天空中的太阳高度角低，

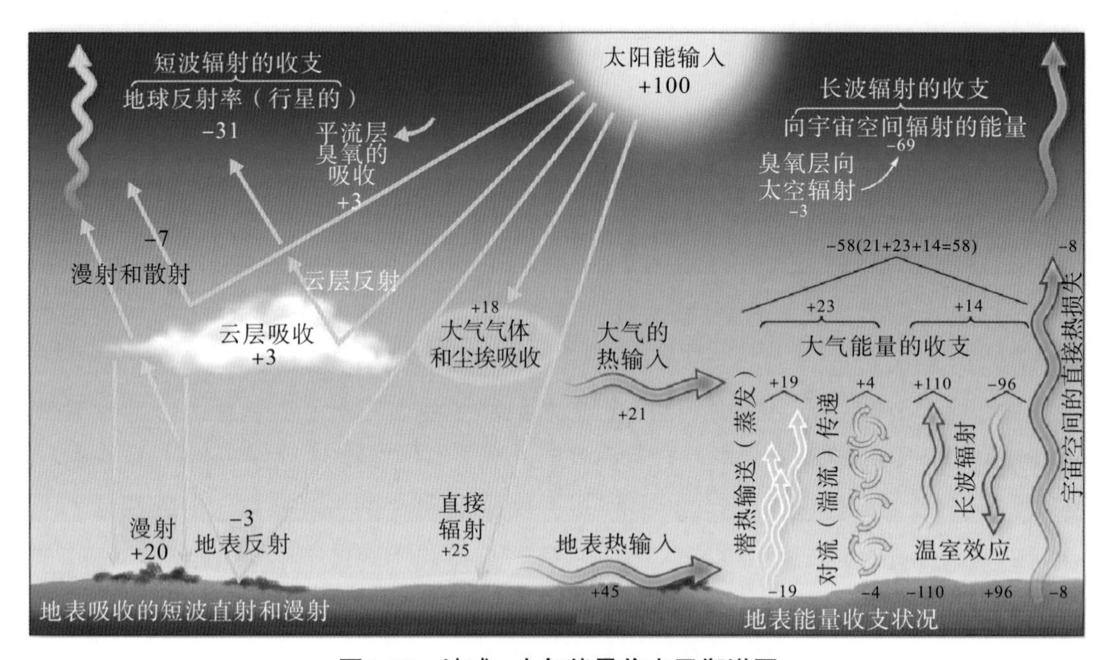

图4.12　地球–大气能量收支平衡详图

注：太阳辐射透射穿过低层大气（图左侧），并经大气的吸收、反射和散射。云、大气和地表通过反射向太空返回31%的日射量。大气的气体、尘埃及地表对长波辐射有吸收和放射作用（图右侧）。随着时间推移，地表向太空放射的能量占入射能量的69%；如果加上地球的平均反照率（31%被反射的能量），合计等于太阳输入的能量总和（100%）。

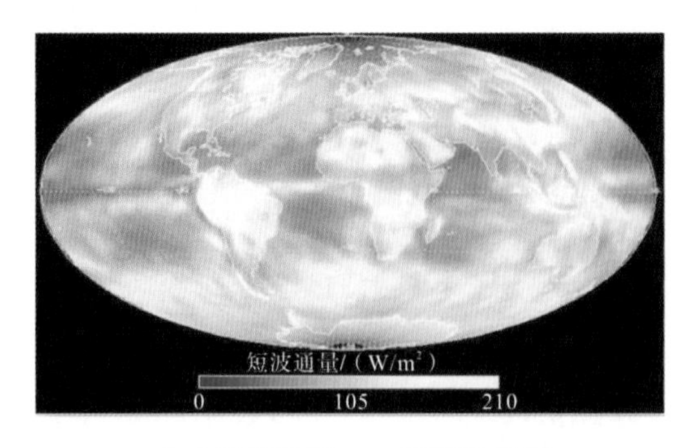

（a）短波放射——地球反照率

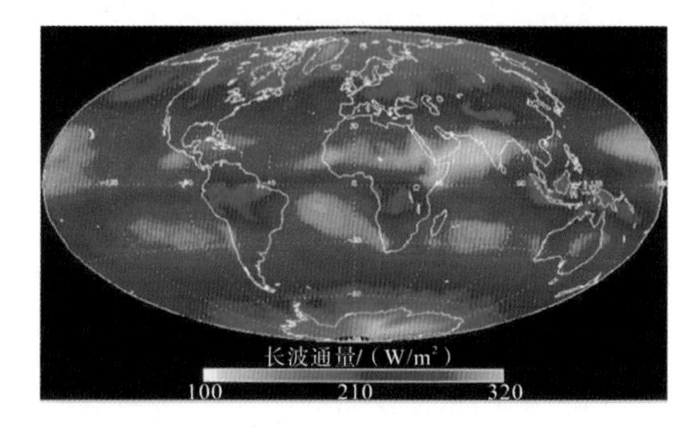

（b）返回太空的长波能量通量

图4.13　构成地球辐射收支的短波和长波辐射图像

注：图像由Terra卫星上的CERES传感器拍摄；（a）由云层、陆地和水体反射作用输出的短波能量通量，即地球反照率；（b）地表放射返回太空的长波能量通量。图像下方的比例尺的单位为W/m²。［CERES，兰利研究中心，NASA］

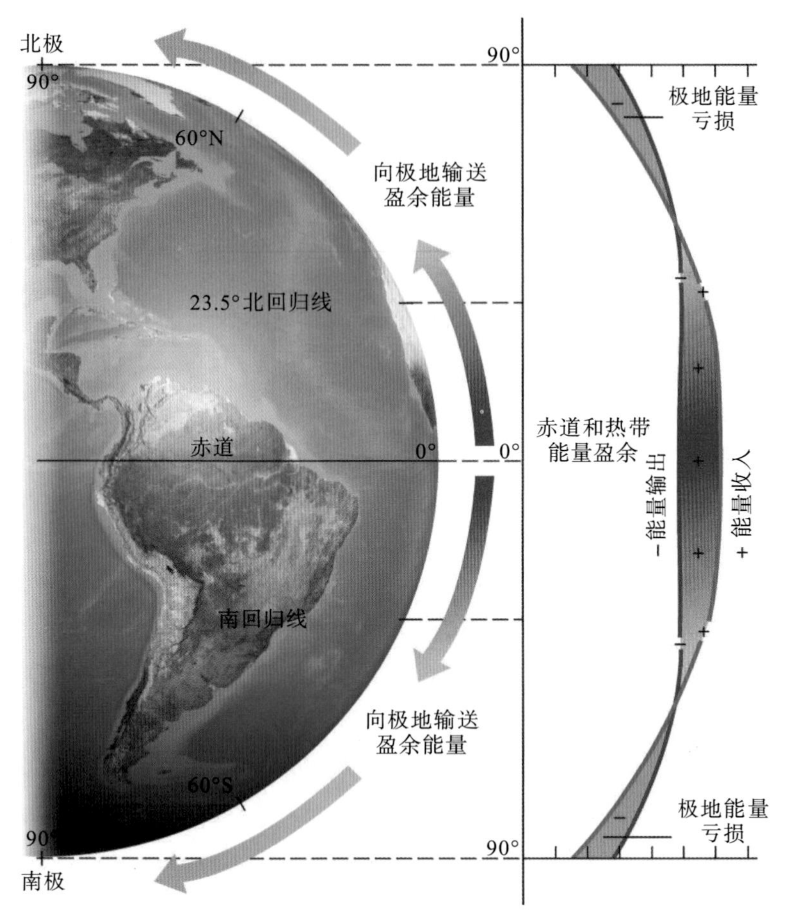

图4.14　不同纬度的能量收支

注：地球表层能量盈亏使南北半球的能量和物质通过大气和海洋环流向两极输送。热带地区之外，风在能量向两极传输中占主导地位。

地表明亮（冰和雪）反射能力强，长达6个月没有日射，因此能量支出大于能量收入——能量亏损占主导。

■　在纬度大约36° 地带，地球-大气系统的能量收支呈现平衡。

净辐射从热带盈余到极地亏损的不平衡，驱动着全球的能量和物质循环。代表性的例子是沿经线方向（北-南）移动的风、洋流、动态天气系统及相关天气现象。对于能量流动和物质转移，显著的例子是热带气旋（飓风和台风）。这些强烈风暴形成于热带地区，在发展过程中携带着巨大的能量、水和水汽向高纬度地区移动。

了解了上述地球-大气间能量平衡的背景之后，接下来我们将关注地球表面的能量特征，并对图4.12中地表能量收支进行详细说明。地表环境也是太阳能在地球能量系统中的最后阶段。

4.3　地表能量平衡

太阳能是地表的主要热源。图4.14阐释了太阳辐射通过直射和散射到达地表的长波和短波辐射。地表的辐射模式对地理学家甚至对每个人来说都有密切关系，因为地表是我们赖以生存的环境。

4.3.1　辐射的日变化模式

短波入射能量的吸收及其气温日变化模式如图4.15所示。图4.15表示的是理想条件下的一种状态，即中纬度地区无云层覆盖的地表。能量入射发生在白昼，始于日出，止于日落，中午达到峰值。

日射曲线的形状和幅度随季节和纬

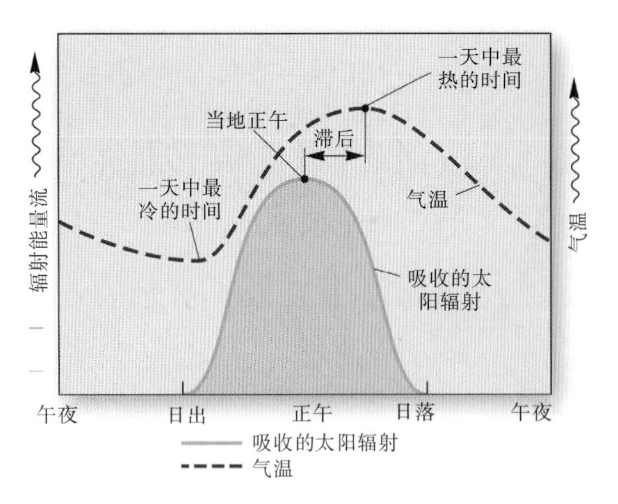

图4.15　辐射量日变化曲线

注：典型辐射曲线，表明地表入射日射（橙色线）和气温（虚线）的日变化。比较两条曲线可知，一天中气温最高值出现于当地正午（日射当天的最大值）之后。

度而变化。曲线最大值出现于夏至（北半球大约在6月21日，南半球大约在12月21日）。气温线也受季节和入射日射变化的影响。一天24小时内，最高气温一般出现在下午3:00～下午4:00，而在日出或略迟于日出时分下降到最低值。

有趣的是，图4.15中日射曲线与温度曲线之间的关系不一致，有滞后作用。一天中最热的时候并不出现于日射最大时，而是当地面所吸收的日射量达到最大值并向大气放射的时候。只要入射能量大于支出能量，空气温度就持续上升，直到下午随着太阳高度变低入射能量开始减少时，空气温度才达到最高。与之相反，若你在山区露营时，日出时分你醒来所体验的寒意，就是一天中最寒冷的时刻。

日射和气温的年内变化模式也有类似的滞后现象。在北半球，最冷月份出现在1月份，比冬至和白昼最短日期要迟些。同理，夏至时的白昼最长，可温度最高月份出现于7月份和8月份。

4.3.2　简化的地表能量平衡

地表的能量和水分不断地发生着交换，在全球形成了各种各样的“边界层气候”。**小气候学**是一门关于地表或近地表的自然状况的学科。如果你设想一个实际地表面——如公园、庭院或校园的某个地方，那么下面的内容将更有意义。

地表接收可见光和短波辐射，可见光和长波辐射产生反射，可列出下列简单表达式：

$$+SW\downarrow - SW\uparrow + LW\downarrow - LW\uparrow = NET\ R$$

（日射）（反射）（红外线）（红外线）（净辐射）

式中，SW表示短波，LW表示长波。

你可能在微气象学著作中遇到过其他符号，如“K”表示短波，“L”表示长波，“Q*”代表NET R（净辐射）。

地表能量平衡中的各组分如图4.16所示。随着土体深度逐渐增加，当到达某一深度（通常小于1m）时，土体与其周围物质或与地表之间的能量交换可以忽略不计。对于土壤，显热传输为传导方式，昼间或夏季向下传输占优势，夜间或冬季向上传递占优势。对于地表能量来说，大气能量传向地表时为正（获得），能量通过显热和潜热转移方式离开地表时为负（损失）。

通过地表能量流的加减运算，就能得出净辐射（NETR）或地表各项辐射的收支。上述简化方程中的变量，由于伴随季节、云量、纬度及昼长的变化而变化，因此净辐射也发生变化。图4.17为中纬度地区夏季典型的地表能量收支的日变化，呈现了净辐射中各组分的日变化。图4.17中直射日射和散射日射合计为+SW↓，地表反射日射记为–SW↑，到达地表的长波辐射记为+LW↓，离开地表长波辐射记为–LW↑。

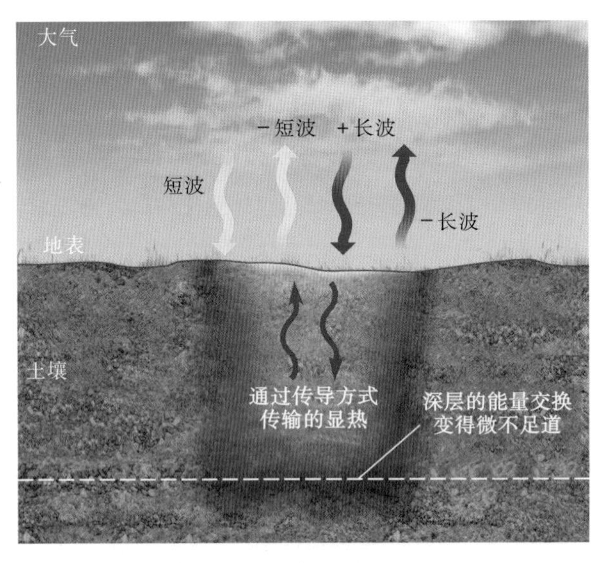

图4.16 地表的能量收支

注：理想状况下地表和土体的能量收支组成。在土壤中，显热传输是传导方式，白昼或夏季向下传输为主，夜晚或冬季向地表传输占优势（SW为短波，LW为长波）。

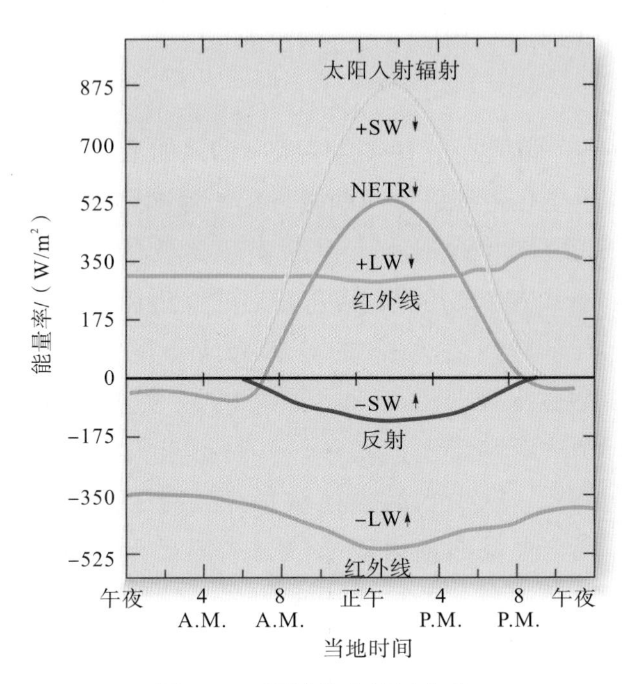

图4.17 辐射收支的日变化

注：中纬度地区（加拿大萨斯喀彻温省南部Matador，纬度大约51° N），7月夏季典型的辐射收支日变化。［改编于：Oke T R.1978. Boundary Layer Climates[M]. New York：Methuen&Co.］

日落后，虽然日射（SW）停止了，但地表继续向大气放射长波辐射，所以夜晚净辐射为负值（图4.17）。任何时刻的地表净辐射值很小或为零值——完全平衡。随着时间的推移，地表使能量收支达到自然平衡。

净辐射 地表获得的净辐射（所有波长的净辐射）是总能量平衡过程的最后结果。图4.18为全球的年均地表净辐射。图4.18中显示海洋与陆地交界处，辐射平衡发生急剧变化。图4.18中均为正值，负值或许只出现于南北半球纬度70° 以上的极地冰雪地表。年最高净辐射位于赤道偏北的阿拉伯海，可达185W/m^2。除大陆产生的明显干扰之外，净辐射值通常呈带状或平行分布，且从赤道向两极递减。

季节性观察有助于我们对净辐射变化模式的理解。基于Terra和Aqua卫星CERES传感器（图4.19）接收的数据，图4.19展示了冬至和夏至（12月和6月）、春分和秋分（3月和9月）的全球净辐射，净辐射比例尺的单位为W/m^2。偏红色地区的净辐射为正值，偏蓝绿色的为负值。请注意，赤道附近的热带地区呈红色表明净辐射盈余，中纬度呈黄色表示净辐射处于平衡，极地呈绿色表示净辐射亏损。

对于无植被覆盖的地表，净辐射扩散有以下三个途径。

- LE（蒸发潜热）：水蒸发时储存于水汽中的能量。当液态水变为气态时可吸收大量潜热，因此消耗地表热能。反之，当气态水转化为液态时，大量热能释放于环境中（见第7章相关讨论）。潜热消耗在地球全部净辐射中占有主导地位，尤其是水面。
- H（显热）：热量通过物质内部的对流和传导，在空气与地面之间以涡旋湍流方式往返传输。其活跃程度取决于地表和边界层的温度，以及大气对流运动的强度。地球全部净辐射中大约有1/5以显热方式通过物理放射方式离开地表，尤其是陆地。

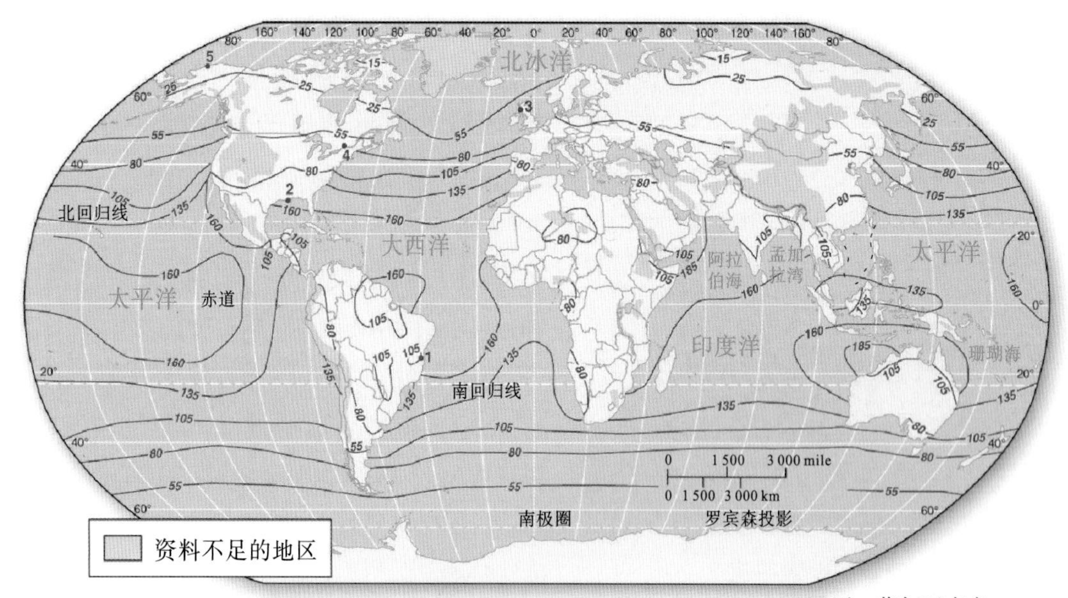

1.巴西，萨尔瓦多市
2.美国路易斯安那州，新奥尔良市
3.英国苏格兰，爱丁堡市
4.加拿大，蒙特利尔市
5.美国阿拉斯加州，巴罗市
（见图5.6）

图4.18　全球净辐射

注：全球地表年均净辐射，单位W/m^2［$100W/m^2=75kcal/(cm^2 \cdot a)$］。图中（还有图4.20和图4.21）标出的五个城市，其温度分布见图5.6。［引自：Budyko M I. 1958.The Heat Balance of the Earth's Surface[M]. Washington, DC: U.S. Department of Commerce.］

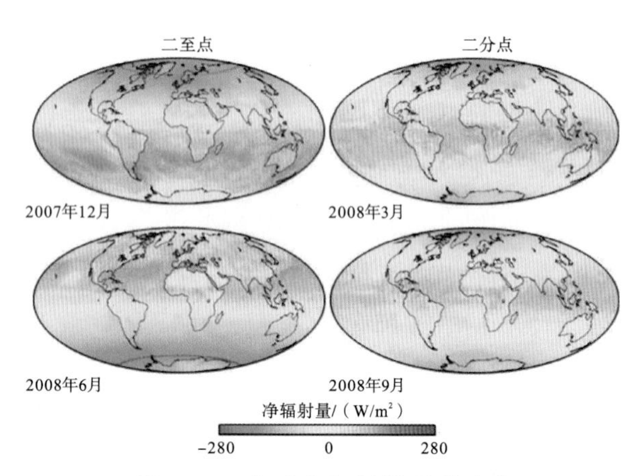

图4.19　全球净辐射的季节变化

注：从冬至、春分、夏至到秋分，净辐射的季节性变化。［CERES，兰利研究中心，NASA］

■ G（地面增温与冷却）：地表（陆地或者水面）的能量以传导方式进行的输入和输出。以年为周期，由于春夏季储存的能量与秋冬季损失的能量相等，所以G值为零。在地面受热过程中，还有一个因子也要消耗能量，即融冰过程。对于冰雪地貌，升温和融化过程所消耗的可用能量，其大部分是显热和潜热形式的能量。

陆地上，年蒸发潜热（LE）的最高值发生于热带地区，向两极方向呈递减趋势（图4.20）。海洋上，年蒸发潜热的最高值发生于干热空气与温暖海水相遇的亚热带地区。

显热值（H）的分布有所不同，其最高值出现于亚热带（图4.21）。这里是广袤的亚热带荒漠地区，其特征是天空晴朗无云，缺少水域且植被稀少。对于干旱地区，大量净辐射以显热方式消耗；而潮湿和植被覆盖的地表表现为显热消耗少而潜热消耗多，通过图4.20和图4.21之间的比较可以看到这一点。

了解净辐射对于短波太阳能利用技术很重要。全球太阳能潜力巨大，也是目前增长最快的人工能源。**专题探讨4.1**简短回顾了地表能量的直接应用。

实例样点　以两个实际地点为例，进行下面的讨论。自然界中，由显热（H，人体能感受到的能量）、潜热（LE，蒸发能量）

判断与思考4.2　了解更多太阳能应用技术

利用第4章的掌握地理学网站及本章列举的几个关于太阳能应用的网址。在网上检索一下人们对这些应用技术的评价（太阳热能、太阳能光伏电池、太阳能炊具等类似技术）。当我们面临气候对化石燃料时代的限制及化石燃料资源枯竭时，能源可再生技术对人类社会是必要的。简述你的查阅结果，根据检索结果，分析判断你所在的地方是否可以利用太阳能技术？

及地面加热和冷却（G）构成的净辐射消耗变化很大，导致环境差异也很大。我们以美国加利福尼亚州的埃尔默拉日地区（El Mirage）、加拿大不列颠哥伦比亚省的匹特草甸（Pitt Meadows）这两个地方为实例样本点，考察其日周期能量平衡。

埃尔默拉日位于35° N，地处热荒漠带，地表特点是土壤干燥、植被稀疏或裸地［图4.22（a）和（b）］。在晴朗夏天伴有微风的下午晚些时候，我们观测获得的净辐射量低于预期值。究其原因：尽管太阳接近天顶（夏至）且无云，净辐射预期值偏高；但这里的地表反照率高于森林和农田，加上干热的土壤表面整个下午都向大气放射长波辐射，所以净辐射量偏低。

在埃尔默拉日，用于蒸发潜热（LE）的能量极少。由于缺水和植被稀疏，大部分辐射能是以显热（H）湍流方式散失的，

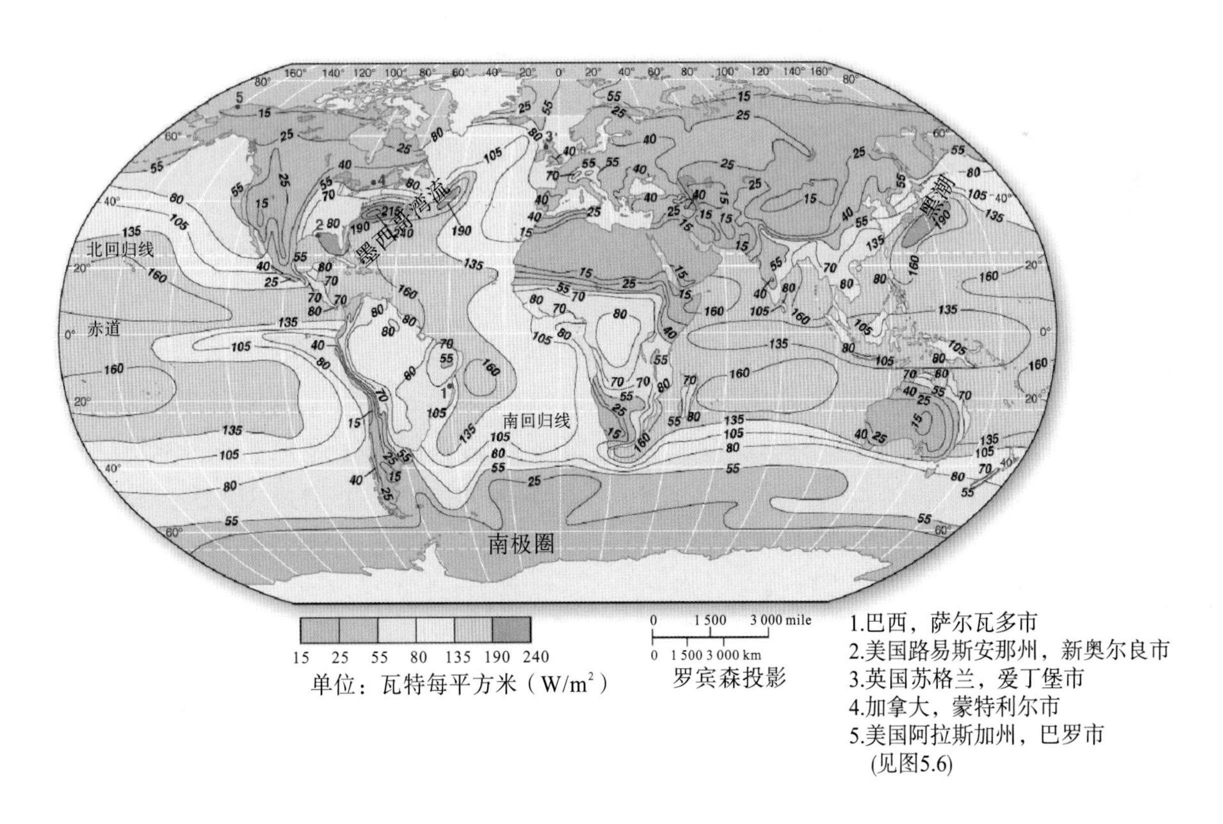

图4.20　全球蒸发潜热

注：地表每年以蒸发潜热方式消耗的能量，单位W/m²［100W/m²=75kcal/（cm²・a）］。注意：高值区域与墨西哥湾流，以及和黑潮的海面水温高有关。［改编于：Budyko M I. 1982. The earth's climate: past and future[M]. New York: Academic Press.］

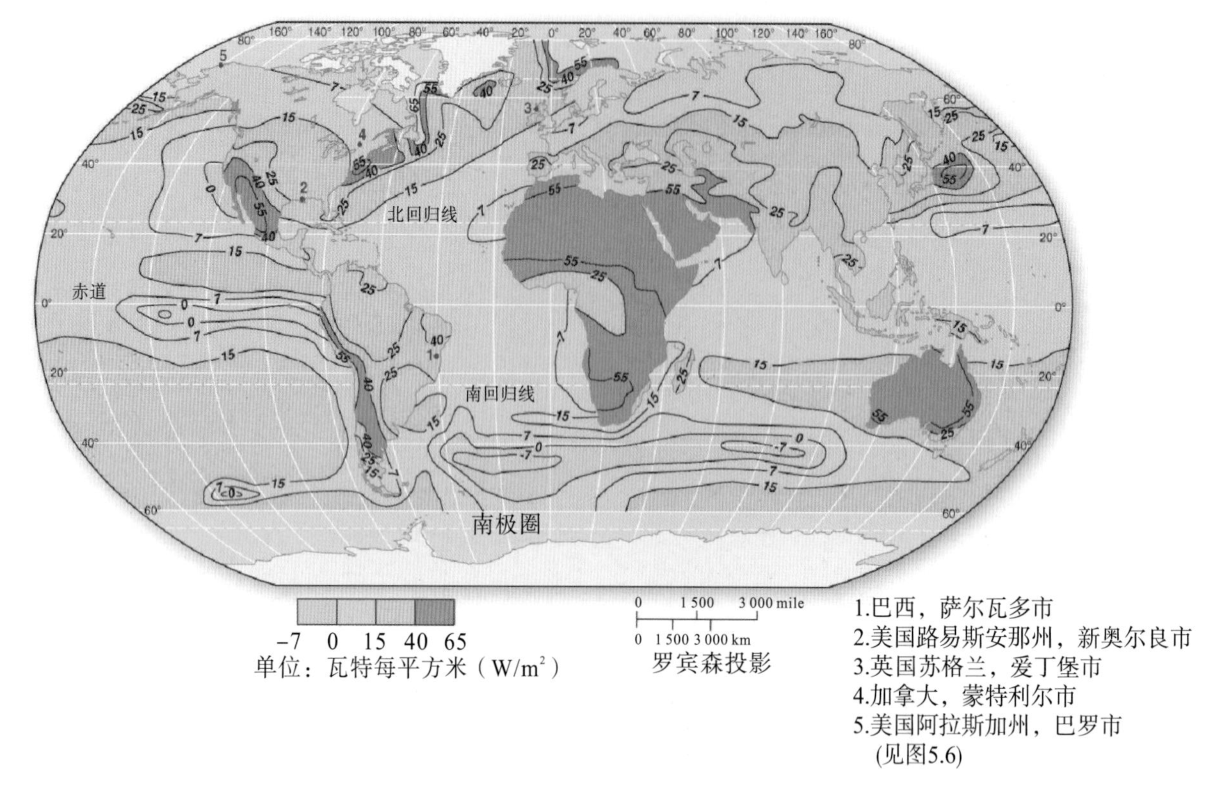

图4.21　全球显热分布

注：地表每年以显热方式消耗的能量，单位：W/m^2［$100W/m^2=75kcal/(cm^2 \cdot a)$］。［改编于：Budyko M I. 1982. The Earth's Climate: Past and Future[M]. New York: Academic Press.］

从而使空气和地表加热到较高温度。以24h为周期，净辐射中显热（H）占90%；其余10%用于地面增温（G），G的最大值出现于早晨，即轻风和湍流作用最弱时；下午，受热增温的空气上升脱离热地面，并且随着风力加强，热量对流消耗也加快。

比较埃尔默拉日地区［图4.22（a）］与匹特草甸［图4.22（c）］可知：匹特草甸位于中纬度（49° N），植被丰富、气候潮湿，其能量消耗与埃尔默拉日差异很大；与埃尔默拉日相比，匹特草甸由于反照率低（反射少），水分和植物多，地表温度低，因而能够保留更多的能量。

匹特草甸的能量收支观测，是在夏天无云条件下进行的。由于观测样地为黑麦草和灌溉混合果园，环境潮湿［图4.22（d）］，再加上昼间显热（H）传输水平中等适宜，从而导致潜热值（LE）偏高。

4.3.3　城市环境

我们每天都能明显感觉到城市环境产生的气温效应。城市的小气候一般不同于附近的郊区。事实上城市区域的地表能量特征与荒漠地区相类似。由于全球城市人口几乎占总人口的50%，因此城市小气候及城市其他特殊环境效应也是自然地理学的重要研究主题。

城市化区域的自然特征形成了**城市热岛**，其平均最高气温和平均最低气温都要高于周边乡村。表4.1列举了城市的5种温度和湿度效应，并用图4.23来描述了这些特征。每个大城市产生的空气污染，在城市上空形成**尘埃罩**（dust dome），受气流吹散作用呈现为细长的羽毛形态；如表4.1中的注释说

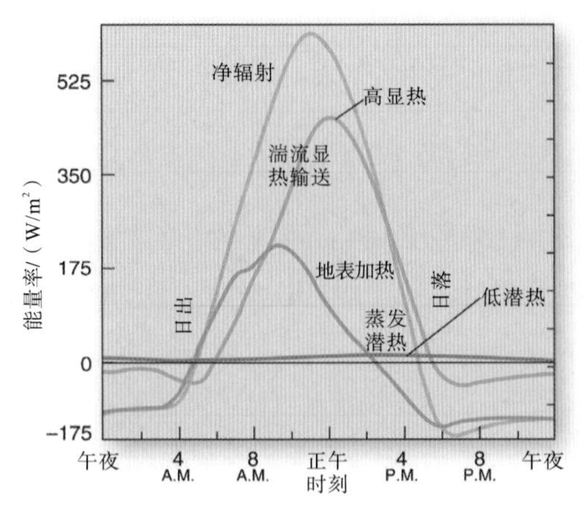

（a）埃尔默拉日的净辐射日变化，位于加利福尼亚州洛杉矶东部，纬度约35° N

（b）位于炎热干燥地区附近的典型荒漠景观（莫哈维荒漠）

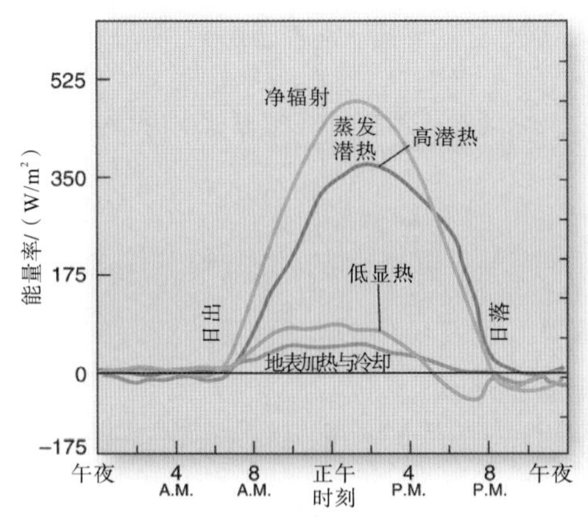

（c）匹特草甸净辐射日变化，位于加拿大不列颠哥伦比亚省南部，纬度约49° N

（d）气温温和的潮湿环境下，以蓝莓果园为代表的灌溉农业

图4.22　两个样点之间的辐射收支比较

注：H＝紊流显热传输；LE＝蒸发潜热；G＝地表加热和冷却［（a）改编于：Sellers W D. 1965. Physical climatology[M]. Chicago: University of Chicago Press.；（b）和（d）Bobbé Christopherson；（c）改编于：Oke T R.1978. Boundary Layer Climates[M]. New York：Methuen&Co.］

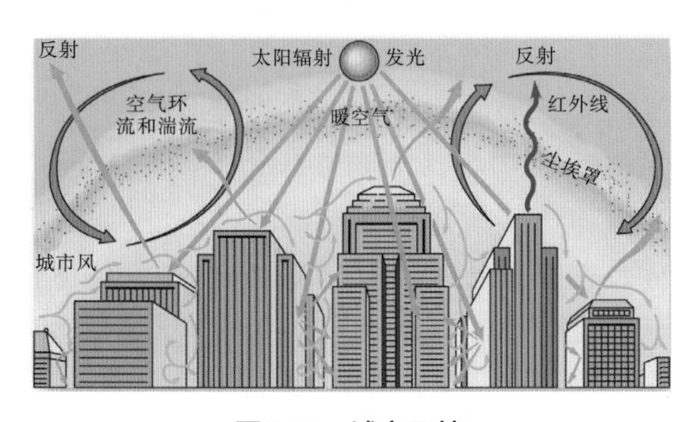

图4.23　城市环境

注：城市环境中的日射、气流运动和尘埃罩。

明，尘埃罩影响着城市的能量收支。

表4.2比较了城市与乡村环境之间的气候因子。更大规模的全球城市化趋势使越来越多的人处于城市热岛之中。本章以美国亚利桑那州菲尼克斯城作为开篇图片，关于这座城市的相关研究表明：随着人口增长和城市扩张，热岛效应不断增强。对于北美的一般城市而言，其热源已受到地表改造、交通运输、建筑和工业过程的影响。例如，一辆普通汽车（耗油量10km/L）每行驶1km产生

表4.1　城市区域的自然环境及其特征

城市特征	产生的后果及其特征
城市地表面通常由金属、玻璃、沥青、混凝土和石块所组成，其能量特征与自然地表面不同	城市区域地表反照率较低，导致净辐射偏高。城市地表的显热支出高于郊区（显热占净辐射的70%）； 城市地表以传导方式传输的能量，是潮湿沙质土的3倍，因此城市气温偏高； 无论在白天还是黑夜，城市表面上方的温度都比自然区域上方的温度偏高
城市外貌形状不规则，对辐射模式和风的分布造成影响	由于错综复杂的反射，使入射日射陷入辐射“峡谷”之中； 滞留能量传导至地表物质中，使温度升高，建筑物扰乱气流，降低了平流运动（水平运动）的热量散失作用； 热岛效应的最大值发生于晴朗无风的夜晚和白天
人类活动改变了城市的热力特征	在夏季，城市发电和化石燃料利用所释放的能量相当于25%～50%的日射； 在冬季，城市产生的显热平均要比接收的日射量高250%，降低了冬季供暖需要
许多城市为密封地表面（建筑物或铺设层），水不能渗入土壤	商业中心区不透水表面平均占50%，而郊区的不透水表面是20%，商业中心区产生的径流更多； 城市区域有些特征类似于荒漠地区：一场暴风雨可能在植被稀少的硬质地表上造成暴发性洪水，几小时后又转变为干涸
空气污染，包括气体和气溶胶，城市区域甚于自然背景；对流和降水的可能性增加	污染增加了城市区域上空大气反照率，使日射减少并吸收红外辐射，造成向下的红外辐射； 污染增加的微颗粒可作为水汽凝结核，因而可促进云形成和降水增加； 城市激发的降雨增加可能出现于城市的下风处

的热量足以融化4.5kg的冰。

城市降温有许多已知方法需要推广应用。这种城市温度策略，还可以降低能量消耗和减少化石燃料消耗，进而减少温室气体排放。在菲尼克斯城进行的试验中，将商业建筑物屋顶涂改为明亮色，屋顶的反照率由原来的31%提高到72%，屋顶温度下降了10～14℃，从而降低了室内制冷的能耗。铺设太阳能电池板的建筑物，在电池板的遮阳影响下，屋顶温度也显著降低。

图4.24是一个城市热岛效应的典型横断面。图4.24中表明，越接近城市中心商业区，气温越高；然而，在林地和公园上方气温却有所降低。这是因为潜热蒸发和植被影响（蒸腾和树荫），造成了显热减少。城市林地是使城市温度降低的重要因素。美国国家航空航天局（NASA）在一个露天购物中心的停车场观测的气温是48℃，但在相同地点的树林中气温仅为32℃——气温下降了16℃。纽约市中央公园白天的平均气温要比公园外城区的平均气温低5～10℃。

观察你所在的城市景观，有哪些对策可以降低城市热岛效应？或许可以把建筑物、街道和停车场改为浅色；提高屋顶的反照率；建造更多的林地、公园和空旷休憩地。2030年，全球将有60%的人口居住于城市，气候变化、空气和水体温度上升导致的城市热岛问题已迫在眉睫。更多信息（对策、出版物和热点关注）请浏览美国环境保护局（EPA）网站http://www.epa.gov/hiri/。

表4.2　城市与乡村之间环境气候要素的平均差异

要素	城市与乡村环境的比较	要素	城市与乡村环境的比较
污染物		沉降物（物质成分）	
凝结核	＞10倍	降雪，城市下风向（背风方向）	＞10%
微粒	＞10倍	雷暴	＞10%～15%
气态混合物	＞5～25倍		
辐射		气温	
地面总量	＜0～20%	年平均	＞0.5～3℃
冬季紫外线	＜30%	冬季最小值（平均）	＞1.0～2℃
夏季紫外线	＜5%	夏季最大值	＞1.0～3℃
日射时间	＜5%～15%	采暖度日数	＜10%
云量		相对湿度	
云	＞5%～10%	年平均	＜6%
冬季雾	＞100%	冬季	＜2%
夏季雾	＞30%	夏季	＜8%
降水量		风速	
总量	＞5%～15%	年平均	＜20%～30%
小于5mm日数	＞10%	极端阵风	＜10%～20%
市区降雪量	＜5%～10%	平静	＞5%～20%

源自：Landsberg H E. 1981. The Urban Climate, International Geophysics Series[M]. London: Academic Press.

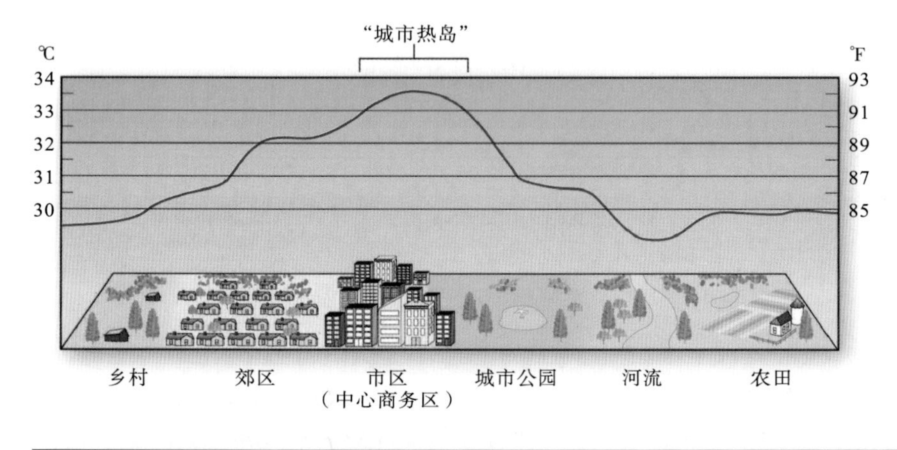

图4.24　城市热岛典型气温廓线

注：城市热岛的典型气温断面，从乡村到城市商业区。市区气温急剧上升，市郊建筑区气温曲线平缓，市区中心的气温值最高。公园区和河流区域比较凉爽。

判断与思考4.3　你那里的地表能量收支情况如何？

根据对反射、反照率、吸收和净辐射的了解，评估一下你自己的"能量智商"，包括以下几个方面：服装（面料和颜色）；住宅公寓或宿舍（外墙颜色，尤其是房屋的朝向——南或西；在南半球的朝向——北或西）；屋顶（相对于太阳的方向、屋顶颜色）；汽车（颜色、遮阳帘）；自行车坐垫（颜色）等方面。你给自己评定为哪一等级？仅就金钱花费而言，你能大致估算一下这意味着什么吗？从制定一个计划开始，改变你的能量用度。第21章中有几个网站资源可直接链接到方位、遮阴、颜色和运输类型等因子，它可引导你评估并减少自己的碳足迹。这是很酷的做法！

专题探讨4.1　太阳能的集中利用

思考如下：

■ 地球每小时接受1 000TW*太阳能，这足以满足全球1年的能量需求。美国利用化石燃料（煤、石油、天然气）1年产生的能量只相当于35min的日射量。

■ 在美国，一般商业建筑外表接收的太阳辐射是建筑内部供给热量的6～10倍。

■ 有记录显示，太阳能（平板式）热水器出现于20世纪早期的房屋顶部。今天太阳能热水器应用再度兴起，服务于全球5 000万个家庭，其中美国有30多万个。

■ 光伏产能增长每2年就翻一番。2010年安装的太阳能电力就超过了20GW。

日射不仅使地球表面温暖，还给人类未来提供了取之不尽的能源。直射太阳光可得到广泛利用，太阳能发电装置使用的可再生能源虽然分布比较分散，但属于劳动密集型产业。几个世纪以来，虽然采取各种技术对太阳能加以利用，但利用程度仍不充分。实用型能源工业更愿意选择间接的、集中的不可再生能源——资本密集型发电厂。

在发展中国家，农村受惠于最简单的、成本最低的太阳能利用方式——太阳能炊具。比如，在拉丁美洲和非洲，人们要走很远的路去采集薪柴用于炊火［图4.25（a）］，而且使得附近区域的植被被破坏。有了太阳能炊具，村民可以用它来煮水（消毒）和做饭，免得去捡薪柴［图4.25（b）］。这些简单的太阳能装置［图4.25（c）］十分有效，其加热温度可达到107～127℃。更多信息参见：http://solarcookers.org/。

* 太瓦（terawatt）=1×10¹²W；吉瓦（gigawatt）=1×10⁹W；兆瓦（megawatt）=1×10⁶W；千瓦（kilowatt）=1×10³W。

（a）在危地马拉，两个妇女和一个女孩从很远的地方采集的薪柴

（b）在非洲东部，妇女将太阳能炊具带回家中；组件为纸板，易于组装

（c）这些简易炊具利用透明玻璃或塑料聚集太阳辐射，把长波辐射收集在密封盒或烹饪袋中

图4.25　利用太阳能解决烹饪问题

［（a）和（b）美国加利福尼亚州的萨克拉门托市，国际太阳能炊具；（c）Bobbé Christopherson］

尽管较发达国家和能源企业不断推进资金密集型的电力项目，但对于不发达国家而言，用于发展电气化（集约技术）的

资金不足。现实中，分散型的能源利用具有迫切的需求，规模上要求适用于日常所需，如烧水、消毒和烹饪。如果不考虑燃料来源，太阳能炊具的人均净成本远远小于集中供电的生产成本。

太阳能的集中利用

能够接收阳光的各种表面都是太阳能收集器。由于地表接收的太阳能是分散的，因此需要把接收的太阳能进行集中、转化并储存起来以供使用。房屋采暖是最简单的应用方式，精心设计的门窗，可让阳光照进室内，而阳光则通过吸收可转化为显热——这就是温室效应的利用。

被动式太阳能系统是指把收集的热能储存于“热能载体”中，如装满水的水箱、土砖、瓷砖或混凝土。自动式太阳能系统还把加热后的水或空气通过管道系统输送至储能罐内，直接用于热水供给或房屋采暖。

太阳能系统产生的热能大约相当于当今美国家庭所用热能的1/2，其中包括热水供给和房屋采暖。在边际气候区，太阳能可作为采暖和水体加温的后备辅助能源，甚至在新英格兰和北部平原州，太阳能收集系统也是行之有效的。把几种太阳能利用技术结合起来可将水或热储液加热到很高的温度。美国加利福尼亚州的克拉默章克申位于洛杉矶东北方向大约225km，地处巴斯托附近的莫哈韦沙漠，这里有世界上最大的、运转中的太阳能发电系统，其发电能力为150MW。受电脑控制的曲面镜长槽聚集的阳光，可使密闭真空管道内（充满合成油液）的温度达到390℃。高温油液使水沸腾产生水蒸气，从而驱动涡轮旋转发电，创造了高性价比的电力。该装置在高峰时段内可以把23%的太阳能转化为电能［图4.26（a）］，而且其运行和维持的费用还在不断地降低。

太阳光直接发电

1958年，光伏电池（photovoltaic cell）第一次用于航天器发电。还有我们熟悉的袖珍计算器中的太阳能电池（使用者上亿），当阳光照射在电池半导体材料上时，就会激发电池内的电子流（电流）。

这些电池常常组装成大型阵列，其效

（a）位于美国加利福尼亚州南部的克拉默章克申太阳能发电系统

（b）住宅屋顶设有7 380W的太阳能光伏列阵发电系统；剩余电力输入电网，抵消了100%的家用电费

图4.26　太阳热能及光伏发电［Bobbé Christopherson］

率已改进到具有成本竞争力的程度，特别是政府打算通过政策和补贴来对能源结构进行均衡时，这将使其更具成本竞争力。在图4.26（b）中，住宅屋顶装置有36块太阳能电池板，每块发电量为205W，共计7 380W，其转化效率为21.5%。人们还可以将电量逆向输送给电网供电。

美国国家可再生能源实验室（National Renewable Energy Laboratory, NREL，见：http://www.nrel.gov）和国家光伏中心（见：http://www. nrel.gov/ncpv/）成立于1974年，其与私营企业以合作伙伴的关系协调开展太阳能的研究、开发和试验。科罗拉多州的戈尔登市的NREL室外试验设备正在开展试验，包括太阳能电池的开发，其转化率已突破了40%的瓶颈。

对于乡村而言，屋顶设置光伏发电装置要比铺设输电网线成本更低。在墨西哥、印度尼西亚、菲律宾、南非、印度和挪威，屋顶光伏系统为数十万的家庭提供电力（见：http://www.eere.energy.gov/solar/，即“光伏主页”）。

显然，限制太阳能采暖和太阳能发电系统的是多云天气和夜晚。因此，人们正在研究提高能量储存的方法和电池技术。

太阳能的应用前景

太阳能是未来的明智选择。这是因为化石燃料储量日趋减少和石油需求日益增长。这些都会促进石油进口、油轮运输、海上石油钻探的增加，从而导致石油泄漏事件增多；此外，还会加剧国际军事扩张速度，甚至核能安全危机，进而威胁到世界安全。所以，太阳能对未来发展而言是更经济、更有效的能源。

今后能否以太阳能作为替代能源属于政策调整范畴，而不是技术创新问题。大量技术储备已具备安装太阳能装置的条件，即使把替代能源所需的直接和间接成本全部计入在内，仍具成本效益。

地表系统链接

跟随日射输入穿过大气层到达地球表面，看到了太阳能量洒向地表的过程及作用。本章我们结束了从太阳到地表的旅程，分析了地表能量分布，介绍了能量平衡和太阳净辐射概念。下面，将在第5章、第6章中学习大气能量输出系统，输出的能量流使大气和海洋产生环流运动，并决定着全球的温度分布模式。

4.4　总结与复习

■　**辨别太阳辐射透过对流层到达地表的传输方式：透射、散射、漫射辐射、折射、反照率（反射率）、传导、对流和平流。**

太阳辐射能通过复杂路径到达地表，为生物圈供给能量。大气能量的收支组成包括：短波辐射输入（紫外线、可见光和近红外线）和长波辐射输出（热红外线）。

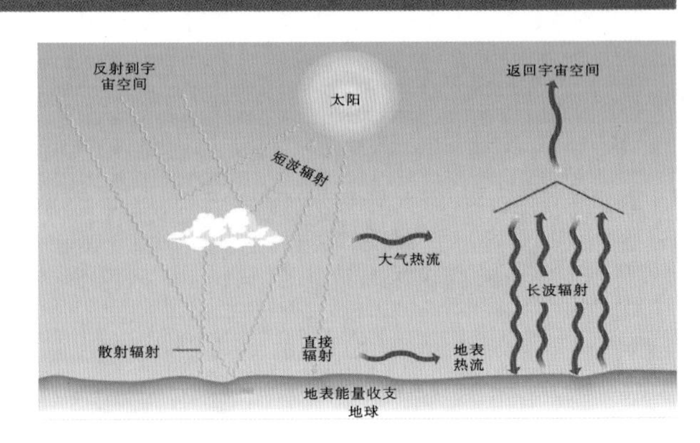

透射是指短波和长波能量透过大气或水体的通路。气体分子使辐射改变方向，只是改变光线传播方向而不改变波长。**散射**占地球反射或反照率的7%。尘埃、污染物、冰、云滴和水汽再次产生散射。一部分入射日射由于云和大气的漫射作用，以**漫射**形式传送至地球，即散射光的向下成分。进入大气的太阳辐射，由于从一种介质进入另一种介质，光线速度发生变化，而速度变化造成弯曲效果，称作**折射**。**海市蜃楼**就是一种折射现象，这是因为不同温度的空气层（空气密度不同）对光波产生折射作用，导致折射影像出现于地平线附近。

一部分入射能量，没有转化成热能或做功，就直接反射返回外太空。这些返回的能量是**反射作用**造成的，**反照率**是指表面的反射性质（本身亮度），并以反射日射的百分比来表示。反照率很重要，因为它决定着某一表面吸收日射量的大小。地球及其大气的平均反射量是全年总日射量的31%。

因为云层所增加的反照率和反射的短波辐射，称为**云反照率作用**。此外，云还有隔热作用，可截获长波辐射使最低气温上升。由于云层导致的温室增温称为**云温室作用**。**全球黯化**是指由污染物、气溶胶和云所造成的地表太阳光线减弱，或许它掩盖了全球变暖的实际程度。

吸收作用是指物质分子对辐射的吸收，而且把辐射从一种形式转变为另一种形式。例如，把可见光转变为红外辐射。**传导**是指能量以分子传输方式进行热量扩散。

气体和液体中的能量传输，还可通过**对流**（物理混合过程中包括的强烈垂直运动）或者**平流**（水平运动占优势）方式。对于大气或水体，温度高的块体（密度更小）呈上升趋势，温度低的块体（密度更大）呈下沉趋势，从而形成对流模式。

透射（101页）
散射（101页）
漫射辐射（102页）
折射（102页）
海市蜃楼（102页）
反射（102页）
反照率（102页）
云反照率作用（104页）
云温室作用（104页）
全球黯化（105页）
吸收（105页）
传导（106页）
对流（107页）
平流（107页）

1. 绘图表示简化的对流层能量平衡。标注短波和长波各组成成分及其流向。

2. 你认为50km高空是什么颜色？为什么？哪些因子可以解释低层大气呈蓝色？

3. 阐述折射的定义。它与昼长、彩虹及日落晚霞有什么关系？

4. 列举几种地表类型及其反照率大小。解释这些地表类型之间的区别。地表反照率取决于哪些因素？

5. 利用图4.7，解释为什么各种地表面的反照率不同。如果仅根据反照率来判断，哪种地表面更冷？哪种更暖？为什么？

6. 阐述透射、吸收、漫射辐射、传导和对流的定义。

■ **描述云层对入射日射有什么影响，分析云和空气污染对地面太阳辐射的影响。**

云层反射日射，从而能够降低地表温度，即云反照率作用。云还可以作为隔热体，拦截长波辐射提高最低气温，即云温室作用。云层对低层大气的增温效果，取决于云的类型、高度和厚度（含水量和密度）。高空冷云（冰晶）反射日射（反照率约为50%），并使红外线方向改变，向下照射地面，从而产生净云温室作用（变暖）；较厚的云层日射反照率大约为90%，产生净云反照率作用（变冷）。**喷气飞行云**（或凝结尾迹）是由飞机尾气、微颗粒物和水汽形成的，并能形成高卷云，有时被称为假卷云。

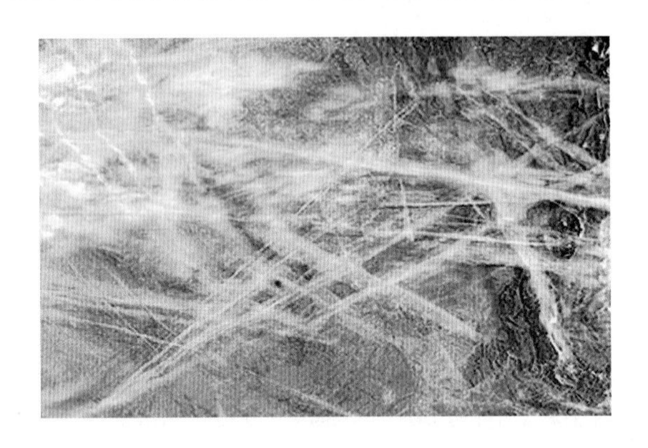

排放的二氧化硫及其在大气中的化学反应形成硫酸盐气溶胶，它在天空晴朗条件下反射日射形成阴霾天气，或者在云层中形成凝结核提高日射反照率。

喷气飞行云（109页）

7. 云层在地球-大气辐射平衡中起什么作用？云的类型重要吗？请比较高薄卷云与低厚层云的不同。

8. 喷气飞行云以什么方式影响地球-大气平衡？描述最近的相关科学发现。

9. 硫酸盐气溶胶以哪种方式影响地面日射辐射？对云层形成有怎样的影响？

■ **回顾地球-大气系统的能量路径、温室效应及全球净辐射分布模式。**

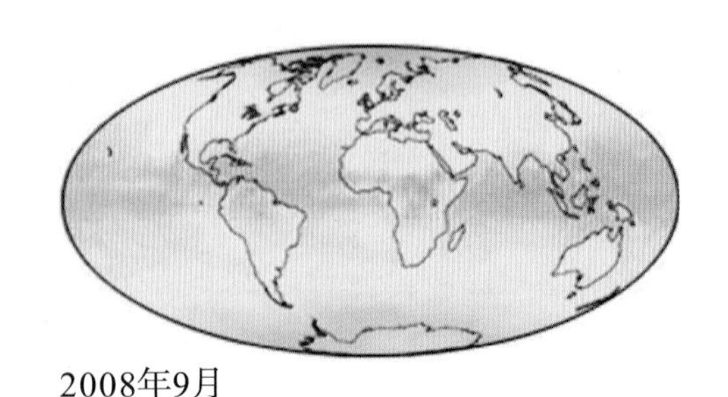

2008年9月

地球-大气能量系统通过自然的调整使自己保持稳定平衡状态。这是通过非辐射（对流、传导、和蒸发潜热）和辐射（通过地表、大气和太空之间的长波辐射）之间的能量转移实现的。

二氧化碳、水汽、甲烷、氯氟烃及低层大气中的其他气体成分吸收红外辐射，然后向地球放射，从而延缓了能量向太空的流失，这一过程就是**温室效应**。对于大气而言，长波辐射实际上并不像在温室中那样被拦截，而是通过吸收和逆辐射，延长了返回太空的路径（热能被滞留于大气中）。

在热带地区，由于日射角高和昼长大致相同，其能量收入大于能量支出，产生盈余能量。在极地地区，太阳角度极低，地表反照率高，加之每年长达6个月没有日射，能量损失较多，呈现能量亏损。净辐射表现为从热带盈余到极地亏损的不平衡，驱动着全球的物质和能量大循环。

地表能量平衡用于总结概括各项能量消耗。地表能量观测可用来作为**小气候学**的分析工具。通过地表能量流的加减，我们能够计算出**净辐射**或者作用于地表的全部辐射收支——短波（SW）和长波（LW）。

温室效应（107页）
小气候学（112页）
净辐射（113页）

10. 实际温室与气态大气温室之间有哪些相似点和不同点？为什么地球温室效应正在变化？

11. 从地表能量平衡的角度，解释净辐射。

12. 地表的净辐射消耗路径是什么？已完成的作用是哪一种？

13. 归纳总结全球的净辐射模式。净辐射模式怎样驱动天气（图4.18和图4.19）？

14. 潜热在地表能量收支中有什么作用？

15. 利用“蒸发潜热消耗”这个术语，描述图4.20中的年均分布图。

16. 请比较美国加利福尼亚州的埃尔默拉日和加拿大不列颠哥伦比亚省的匹特草甸的地表能量收支日变化。解释二者之间的差异。

■ **绘制地面太阳辐射的日变化曲线，标注入射辐射、气温及其日变化滞后等主要特征。**

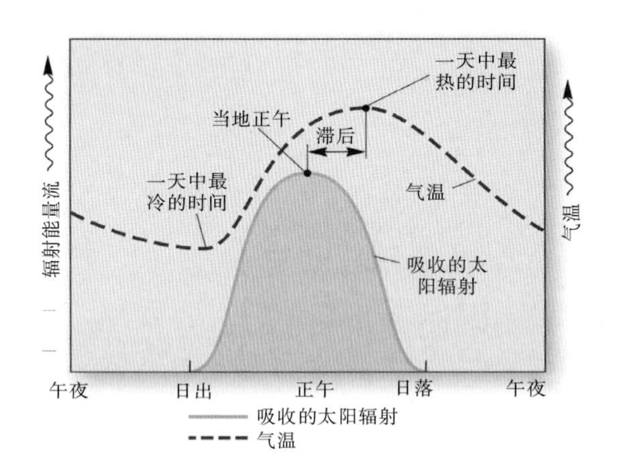

日射输入最大值出现在南北半球的夏至。在日周期的24小时中，最高气温一般是下午3:00～下午4:00，而最低值是在日出或略迟于日出时刻。

气温滞后于每天最大日射的时间。一天最热的时候并不是在日射最大时，而是被吸收的日射量达到最大时。

17. 气温的日变化表明：最高气温出现的时间滞后于太阳高度角达到最大的时间，这是为什么？请把你的答案与日射和气温的日变化相联系。

■ **描述典型的城市热岛效应，对比城市区域和周围乡村环境之间的小气候差异。**

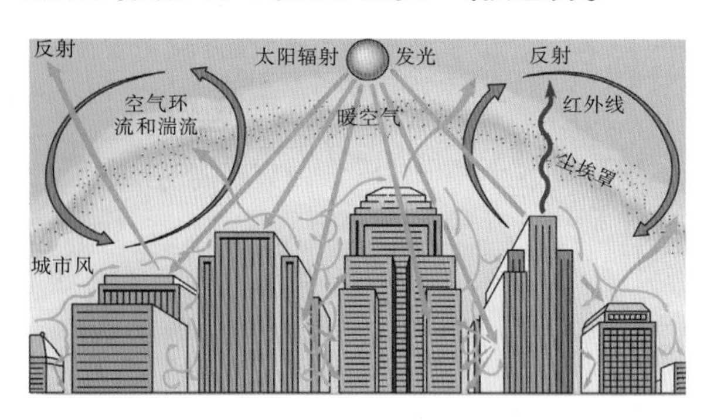

城市居住人口占全球人口比例的增加，人们体验了小气候改变后的独特境况：传导作用增加，反照率降低，净辐射值增大，地表径流增加，错综复杂的辐射和反射模式，人为热源和城市空气，尘埃和气溶胶造成的污染。由金属、玻璃、沥青、混凝土和石材构成的城市表面，其热量的传导作用是潮湿沙土的3倍，因此易于增温，产生**城市热岛**。城市区域的空气污染比乡村严重，包括气体和气溶胶。每个大城市的污染空气形成了自身的**尘埃罩**。

城市热岛（116页）
尘埃罩（116页）

18. 城市热岛概念的基础是什么？与非城市环境相比，描述城市区域的气候效应。

19. 在表4.2中所列的条目中，你自己体验过哪些？请解释说明。

20. 评价太阳能应用在人类社会中的潜力。负面因素是什么？正面因素是什么？

掌握地理学

访问https://mlm.pearson.com/northamerica/masteringgeography/，它提供的资源包括：数字动画、卫星运行轨道、自学测验、抽题卡、可视词汇表、案例研究、职业链接、教材参考地图、RSS订阅和地表系统电子书；还有许多地理网站链接和丰富有趣的网络资源，可为本章学习提供有力的辅助支撑。

第5章 全 球 温 度

苏格兰岛屿上的野生羊受到全球温度变化的影响。注意山坡上有许多石材建筑，小石屋是赫塔岛上居民数千年来的庇护所。[Bobbé Christopherson]

重点概念

阅读完本章，你应该能够：

■ **掌握**温度、动能及显热的概念，**区分**热力学（开尔文）温度、摄氏温度和华氏温度，**了解**它们是怎样测定的。

■ **认识**并**列举**对全球气温模式有支配或影响作用的主要因子。

■ **了解**海洋性和大陆性气温的成因，**列举**几个城市进行对比。

■ 根据1月份和7月份的气温和气温年较差分布图，**解释**全球气温分布模式。

■ **比较**风寒指数和炎热指数，**了解**人体对表观温度的反应。

当今地表系统

温度变化对圣基尔达岛索厄羊的影响

赫塔（Hirta）岛位于苏格兰的外赫布里底群岛（Outer Hebrides），其岛屿生态系统受到了全球温度变化的影响。在过去的1/4个世纪里，野生索厄羊体型变小的趋势一直困扰着科学家们。然而，现在有显著证据表明，这与近期气候变化造成的冬季气候偏暖、夏季变长有显著联系。

圣基尔达群岛位于苏格兰大陆以西180km远处，它是由赫塔岛、索厄岛和博雷岛等海岛组成的，其中心纬度为57.75° N（图5.1）。在墨西哥湾暖流的作用下，这里的气候十分温和（图5.1）。西海岸的爱尔兰与不列颠气候相似，但爱尔兰的夏季却更为凉爽。1月平均气温为5.6℃，7月平均气温上升至11.8℃。该区域降雪极少，年均降水量为1 400mm，且季节上分布均匀。本地的绵羊品种大约是在2 000年前引进的，经过隔离进化已成为一种体型较小的原始家畜——索厄羊（Soay sheep）。

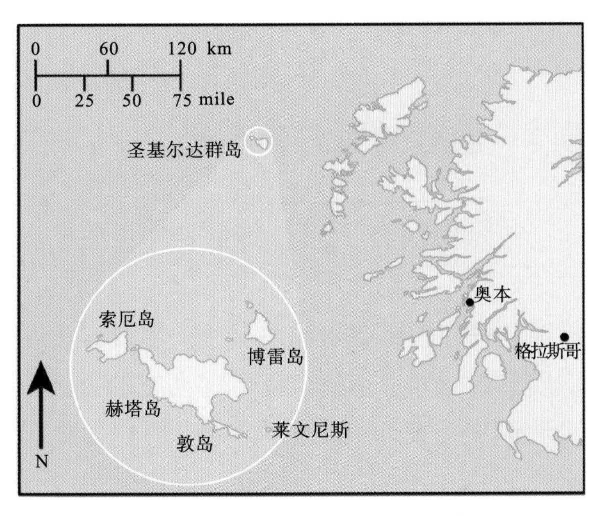

图5.1 苏格兰的圣基尔达群岛

在过去3 000～4 000年，圣基尔达群岛的主岛赫塔岛上一直有人类居住。赫塔人生活简朴，他们将食物存储在一种叫作“Cleits”草皮屋顶的石室内。19世纪后才出现石头薄壁的传统房屋。1930年，赫塔岛上的最后30位居民才被遣散，这个小社会彻底解体了；但索厄羊种群依然存在，而且不受限制地发展至今（图5.2）。

图5.2 赫塔岛上的野生索厄羊
[Bobbé Christopherson]

赫塔岛上的羊群给科学家们提供了一个绝好的研究机会：一个种群在没有重大竞争者（或掠食者）条件下的发展变化。根据生物进化理论，像索厄羊这种野生绵羊，其种群个体数量应出现成倍增长趋势；而且体大强壮的索厄羊在越冬和春季繁殖时，应该存活的概率更大。总之，增长趋势才符合自然选择的原则。然而，有趣的是：在全球气温变化背景下，科学家们看到的是索厄羊种群在呈相反的方向发展。

就世界范围来看，当前气候变化主要表现为夏季延长，春季提前几周到来而秋天推迟几周结束；此外，冬季变短，气候更温和。科学家们于1985年开始研究气候变化对野生索厄羊的影响，并于2009年公布了研究结果。出人意料的是，科学家发现索厄羊的体型并未变大，生物进化论似乎无法解释这到底是为什么？

科学家最先发现索厄母羊的分娩年龄提前至它们生理刚刚成熟之时，这导致母羊产出的后代体型逐渐变小，这种"幼母效应"解释了羊的体型为什么没有变大。但是羊为什么会变小呢？1985年以来，不同年龄段的索厄母羊在体格、腿长度与体重等方面整体下降了5%。此外，羔羊生长的速度也减缓了。问题答案可能与气候变暖有关：较长的夏季提供了更多的草饲料，冬季变暖预示着羊可以不用提前几个月增加体重来御寒越冬，即使体型小、生长缓慢的羊也可以安全越冬。而之前，羊羔在冬季是无法存活下来的。因此，体型小的羊在索厄羊种群中越来越常见。

这项研究表明：当地环境因素，如温度变化可能导致物种遗传基因在与环境交互过程中使生物体型发生变化。这种因素可以重塑自然选择和进化压力。第5章将探讨全球气温变化，我们必须牢记：生物和地球自然系统之间的相互关系，目前正处于全球温度升高背景之中（源引自：A Oxgul，etal. 2009. The dynamics of phenotypic change and the shrinking sheep of St. Kilda[J]. Science, July 24, v. 325, no. 5939: 464–67. And Supporting Online Material, by study authors, Science, July 2, 5231 wanzhong.）。

温度究竟是什么？温度包括室内温度和室外温度，当你阅读到这些词语时，会不会想到它如何度量，其度量值有何意义？气温怎样影响你一天的计划？人体凭借对温度的主观感受来判断舒适度，并对温度变化作出反应。气温在我们的生活中具有重要作用——无论微观尺度、宏观尺度或全球尺度。

1970年以来，全球气温平均每10年上升0.17℃，而且这一速度仍在增加。以1951～1980年为基准期，图5.3给出了各年代（10年平均）的地表温度距平变化。冰芯数据和其他间接观测结果表明，当前温度比过去12.5万年期间都高。全球气温变暖趋势已成为地理学等诸多学科和政策内容的主题。

2010年，全球范围内陆地、大气和海水的温度首次创下新纪录。2000年以来，CO_2排放量增加，并以每年3.0%的速率递增。正如第3章所述，当前大气中的CO_2浓度比过去80万年间的任何时候都高。

在本章中，温度对全球范围内的社会、政府决策和资源消耗都会产生影响。理解温度概念有助于着手研究与地球能量相关的天气和气候系统。温度的主要影响因子包括纬度、海拔、云覆盖和水陆热力差异。它们之间的相互作用，形成了地球温度分布模式。此外，本章还将验证温度对人体的影响，讨论全球变暖背景下当前温度的变化趋势。

5.1　温度的概念和度量

热量与温度不同。热量是能量的一种形式，在不同温度下从一个系统（或物体）传递到另一个系统（或物体）。**温度**是度量物质单个分子（运动的）平均动能的指标。我们能感受到的温度效应是高温物体向低温物体输送的感热。例如，当你跳进一个冷水湖里，你能感觉到热量通过你的皮肤转移到水中，就像跳水运动员的动能转移到水中一样。

温度与热量有关，因为温度变化是热量的散失或吸收造成的。“热量”一词常用来描述系统或物质中的能量得失。

5.1.1 温度标尺

当物质中的原子和分子运动完全停止时，温度为绝对零度。在不同温度标尺中，该温度值分别为-273℃、-459.4℉或0K。图5.4对这三种温度标尺进行了比较，关于摄氏温度、SI（国际单位）与英制单位之间的换算公式，见附录C。

华氏温度把冰的融点设定为32℉，而水的沸点定为212℉，之间划分了180个刻度。该温度单位是以德国物理学家丹尼尔・G.华氏（1686—1736年）来命名的。注意：冰只有一个融点温度；但水的冰点温度却有许多，为32～40℉，这取决于水的纯度、体积和某些大气条件。

使用华氏温度大约一年后，瑞典天文学家安德斯・摄尔修斯（1701～1744年）提出了摄氏温度标准（原为百分度）。他规定冰的融点为0℃，水在海平面的沸点为100℃，并采用十进制将上述温度范围划分为100个刻度。

1848年，英国物理学家开尔文勋爵（原名：威廉·汤姆森，1824～1907年）提出了开尔文（开氏）温度。科学家使用这一单位，是因为它从绝对零度开始，其读数值代表着物质中的实际动能。在开氏温标中，冰点温度为273K，水的沸点为373K。

大多数国家都采用摄氏温标来表示温度。美国是唯一仍在使用华氏温标的国家。在科学界和世界各地的压力下，美国将来可能也要采用℃和SI单位（译注：SI为国际单位）。

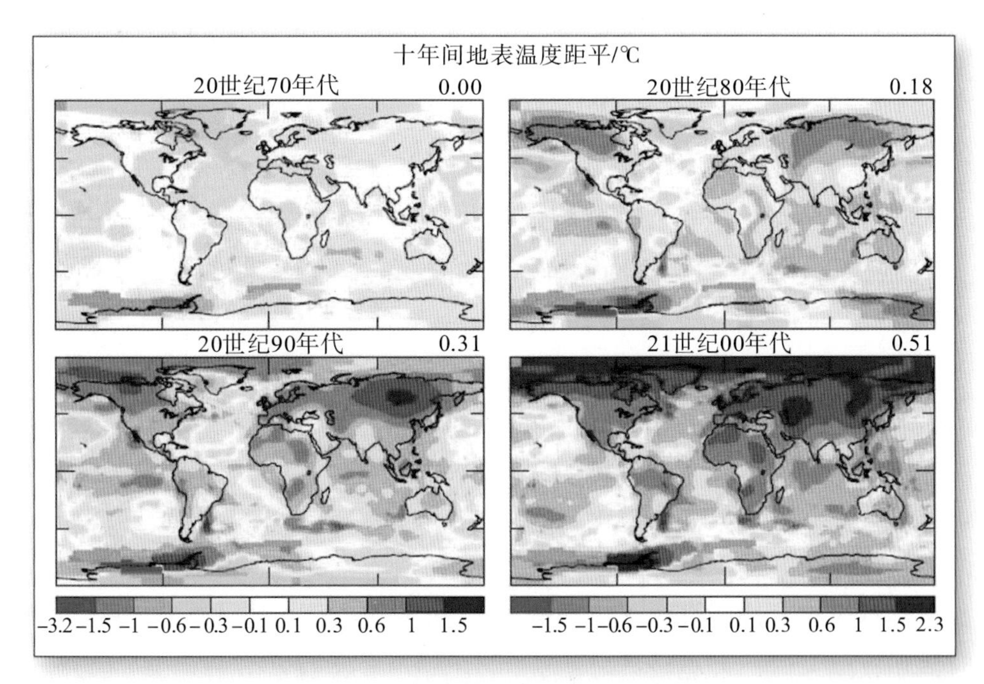

图5.3 各年代的地表温度距平变化

注：以1951～1980年的温度为基准，过去40年来的平均温度距平变化，其中近10年的增温趋势最明显。[GISS/NASA]

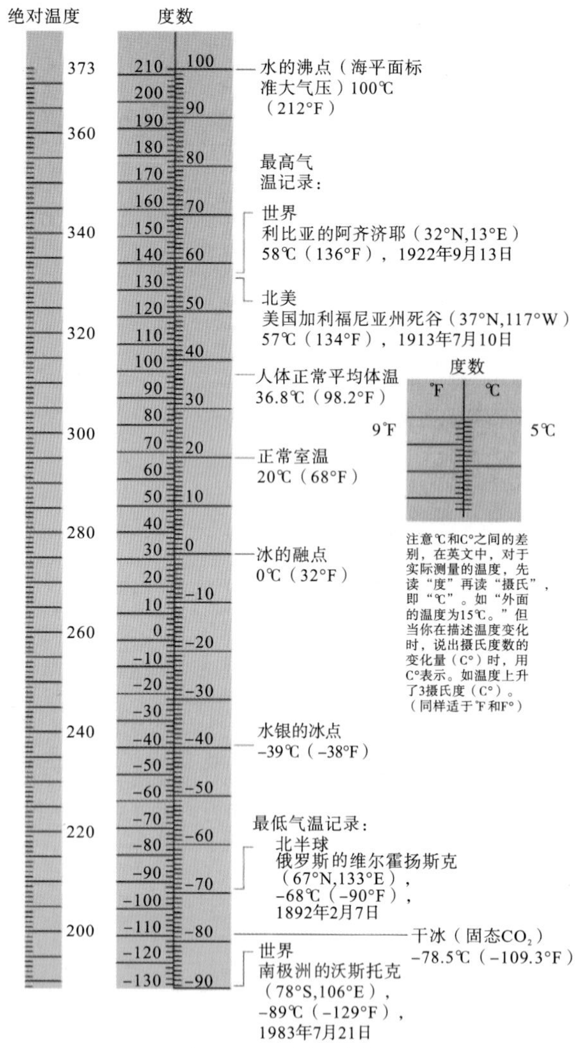

图5.4　三种温度标尺

注：用开氏度（K）、摄氏度（℃）和华氏度（℉）三种单位表示的温度计，图中有详细说明。注意温标类型、单位及其符号。

5.1.2　温度测量

水银温度计或酒精温度计是用来测量室外温度的一根密封玻璃管。上述两种温度计都是华氏发明的。测量低温需用酒精温度计，因为酒精在-112℃（-170℉）时才会冻结，而汞在-39℃（-38.2℉）就会冻结。这些温度计的原理很简单：流体受热时体积膨胀，冷却时体积收缩；设计者把校准好的液体置于温度计末端的封闭腔囊中，通过测量来标记液体的膨胀或收缩，以此来表示温度计周围的环境温度。

在户外，规范的气温测量是把温度计放置于一个白色（反射率高）通风的小百叶罩内，以避免仪器因曝晒而过热。百叶罩离地面至少1.2～1.8m高（在美国，1.2m是官方标准），通常安置在草坪上。为了避免直接日晒对温度测定的影响，气温观测需在庇荫处进行。

图5.5的百叶罩内放置的是一个半导体热敏电阻温度计。热敏电阻能感应温度的变化，即每增减1℃，电阻率会发生4%的变化。这种温度计把感应到的电阻变化以电子信号的形式传递给气象站。

图5.5　仪器的百叶罩

注：标准气温计的百叶罩为白色，通常安置于草坪地面上。它们替代了传统的百叶箱（Stephenson screen）起到遮阳作用。

温度值的读取间隔是逐日，甚至逐时，世界上有16 000多个气象站在进行着观测记录。有些有记录装置的气象站通常还会实时报告气温的上升或下降及温度的昼夜变化。全球气候观测系统（global climatic observation system, GCOS，http://www.wmo.ch/pages/prog/gcos/）的目标之一，是想建立一个监测站网络，平均每25万km²设置一个监测站（见世界气象组织，http://www.wmo.ch/）。

日平均温度是日最大值和日最小值的平均值。月平均温度是指某一个月的日平均温度之和除以这个月的天数所得的温度值。温度年较差是指某一年月平均温度的最大值与最小值之差。

5.2 气温的主要影响因子

全球气温分布模式是由几个因子相互作用所形成的。影响气温的主要因子包括：纬度、海拔、云量和水陆之间的热力差异。

5.2.1 纬度

影响温度变化最重要的因子是日照。图2.9表明距离太阳直射越远，地表接受的太阳辐射强度就越小。太阳直射点每年在南、北回归线之间（23.5° S～23.5° N）移动，各地的昼长和太阳高度角以年为周期发生着变化，并随着纬度增高，季节性更显著。图5.6中的5个城市表明了纬度位置对温度的影响。从赤道到两极，地表从持续暖温气候转变为季节性寒冷气候。

5.2.2 海拔

在对流层中，温度随着海拔的增加而逐渐降低（记录表明，正常温度直减率为6.4℃/1 000m，图3.7）。事实上，海拔5 500m处的大气密度仅为海平面大气密度的1/2左右。由于大气变得稀薄，它吸收和放射显热的能力也减弱了。因此，全球范围内，即使纬度相同的地区，山区气温也低于海平面的气温。

在高海拔地区，平均气温越低，夜间冷却越强，其昼夜温差大于低海拔地区；阳坡与阴坡的温差，在地势高的地区也大于海平面。如果你在山区，日落后不久你就会感觉到阴坡的气温明显下降，这是因为稀薄空气导致地表散失（或吸收）能量的速率很快。

山区雪线意味着雪线以上区域的冬季降雪量大于夏季融化量与蒸发量的总和。各地雪线高度是海拔、纬度与当地气候条件的函数。在赤道附近，安第斯山脉和非洲东部的山巅均有永久冰层和冰川存在，其雪线海拔大约为5 000m；随着纬度的升高，雪线海拔逐渐降低，从中纬度地区的2 700m降至格陵兰南部的900m。

通过智利和玻利维亚的两个城市的比较，可以说明纬度和海拔这两个温度影响因子的相互作用。图5.7显示的是几乎位于同一纬度上（16° S）两个城市的温度——康塞普西翁市和拉巴斯市。注意图5.7底部标注的海拔、年均气温与降水量记录。

低海拔城市康塞普西翁市的气候闷热潮湿，而高海拔地区拉巴斯市的气候则干燥凉爽，两者形成鲜明对比。拉巴斯市周边能够种植小麦、大麦、马铃薯等中纬度凉爽气

地学报告 5.1 正确高效的观测方法

NASA戈达德空间科学研究所正在不断完善全球温度记录的收集方法。图5.3地图上的温度数据来自6 300个观测站，其中城市环境和城市热岛对温度的影响已被校准更正。通过卫星得到的人口数据和夜间照明模式可对数据库进一步完善。详细说明，见http://data.giss.nasa.gov/。

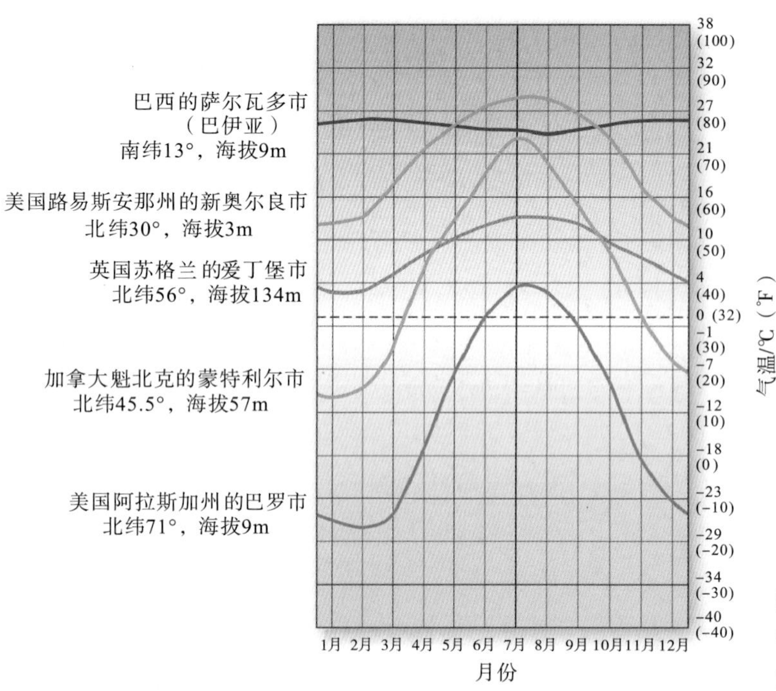

在地图上的位置，见
图1.16
图4.18——净辐射
图4.20——潜热
图4.21——显热

图5.6　纬度与气温季节变化

注：从赤道至北极圈北部，5个城市的气温对比表明，伴随纬度增高，平均最低气温与平均最高气温的季节性变化更为显著，两者之间的温差更大。

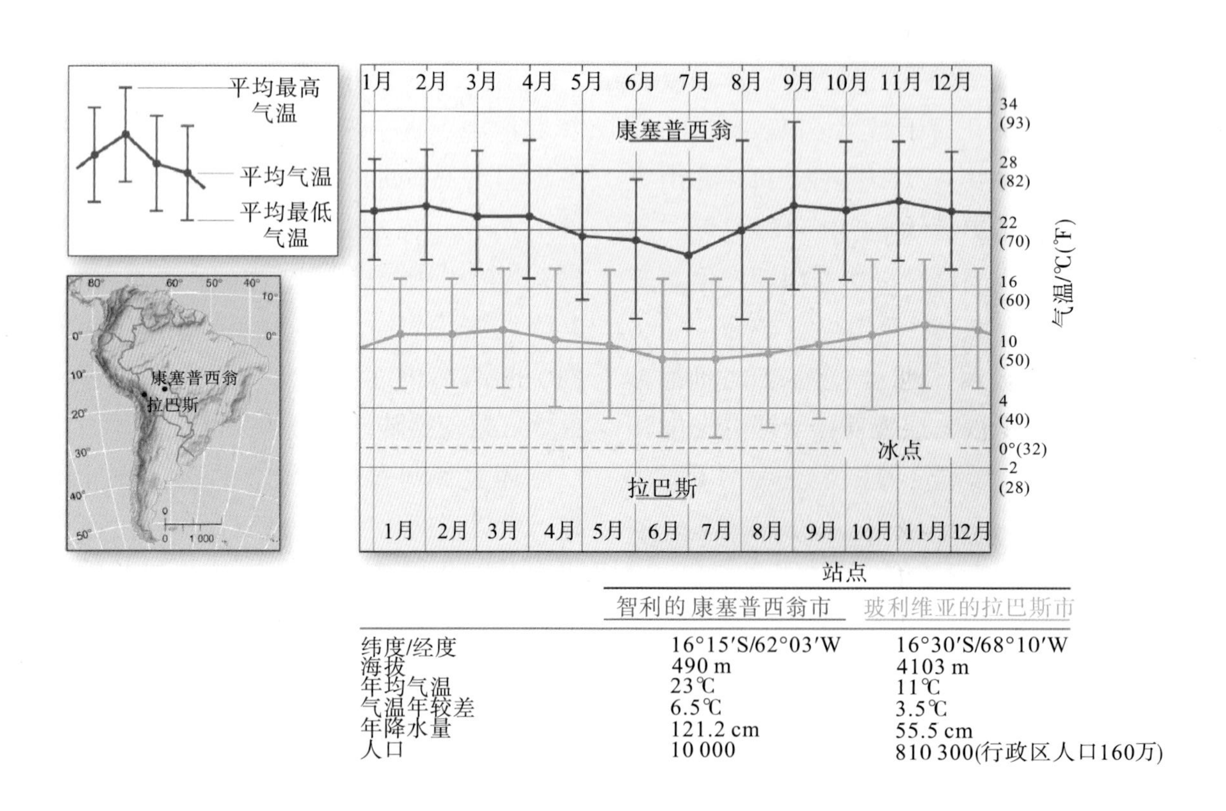

	智利的康塞普西翁市	玻利维亚的拉巴斯市
纬度/经度	16°15′S/62°03′W	16°30′S/68°10′W
海拔	490 m	4103 m
年均气温	23℃	11℃
气温年较差	6.5℃	3.5℃
年降水量	121.2 cm	55.5 cm
人口	10 000	810 300(行政区人口160万)

图5.7　纬度和海拔对气温的影响

注：智利和玻利维亚两城市之间气温模式的比较。

候区的典型农作物，因为拉巴斯市的海拔为4 103m（图5.8）（比较科罗拉多州派克峰，海拔4 301m；而华盛顿州雷尼尔山的海拔是4 392m）。

图5.8 高海拔地区的农场

注：远眺可看到安第斯山脉玻利维亚瑞阿尔山的永久冰峰，生活在高海拔村庄的人们种植着马铃薯和小麦。低纬度与高海拔的组合导致这里全年气温温和，平均气温为9℃。

高海拔的拉巴斯市地处低纬地区，使得该区域的昼长几乎不变且气候温和，常年平均气温为11℃。由于温湿适宜（年均气温24℃，气候温暖湿润），该地区发育的土壤比康塞普西翁市更肥沃。

5.2.3 云覆盖

轨道卫星显示，地球上空任何时刻都有大约50%的面积被云层覆盖。云层的温度和作用机制随云的类型、高度和密度的不同而不同。云中水分能够吸收、反射和释放（当水汽凝结成云时）大量能量。

夜间，云层作为保温层放射长波辐射，阻止地表能量快速散失。白天，云层的高反照率导致日射反射。一般情况下，云层可降低昼间最高气温、提高夜晚最低气温。第4章的图4.8和图4.11表明：云反照率和云温室作用与云的形成和云的类型有关。云层也可减少由于纬度和季节性所产生的气温差。

云层是影响地球辐射收支最大的可变性因素，这使其成为计算机模拟大气行为的主题，“国际卫星云气候计划”（http://isccp.giss.nasa.gov/）——作为世界气候研究计划的一部分，目前正在进行这方面的研究。“云和地球辐射能量系统”（CERES，http://science.larc.nasa.gov/ceres/）也利用搭载于TRMM、Terra和Aqua卫星上的传感器，开展云对长波、短波及净辐射模式影响的评价研究，这在以前是不可能做到的。

5.2.4 水陆热力差异

另一个温度主要影响因素是陆地和水体对太阳辐射的不同反应方式。地球表面上的陆地和海洋分布不规则，它们吸收和储存能量的方式也不同，由此形成了全球的温度分布差异。水体往往可形成温和的温度模式，而大陆内部则易出现极端气温。

陆地（岩石、土壤）和水体（海洋、湖泊）的不同物理性质是产生**水陆热力差异**的原因。这使得陆地的冷却速度或加热速度快于水体。图5.9直观地概括了水–陆温度调节因子：蒸发、水体透明度、比热、运动、洋流和海面温度。

蒸发 与同样面积的陆地相比，海洋表面蒸发要消耗更多的能量，因为洋面有充足的水

地学报告5.2 海平面以上的参照高度

高度（Altitude）不同于海拔（Elevation）。高度是指空中物体距离地面的垂直距离，而海拔通常是指地球表面某一点距某一参照平面的垂直距离。例如，我们会询问：“飞机飞行高度是多少？”或“滑雪场海拔是多少？”

可供蒸发。地球上大约有84%的蒸发量都来自海洋。通过蒸发，液态水变成水汽，在此过程中水体吸收热量并以潜热的形式储存于水汽里。这一过程，可从图4.20所示的蒸发潜热耗散分布图上看到。

可以通过吹干湿手背来体验蒸发带走潜热的过程。皮肤上的显热为蒸发过程提供了能量，所以你会感觉到凉爽。你可能会赞叹露天市场或咖啡馆的降温方法。与此类似，水面蒸发可从周围环境中直接吸收能量而使温度下降。陆地表面由于缺少水分，其蒸发冷却程度低于海面。

透明度　对于水体和土壤，光的传播明显不同：紧实的地面为不透明体，而水体却是透明体。入射光不能穿透土壤表面，但可被地面吸收，造成地面增温。在太阳曝晒的过程中，土壤中的能量不断累积，之后在夜间或者阴天迅速释放。

图5.10展示了中纬度地区土壤剖面及其上方大气的温度昼夜变化。图5.10中可以看到，最高气温和最低气温通常发生于地球表层。地表之下，即使深度很浅，全天温度仍可保持不变。在海滩你可能遇到过这种情况，即使沙面温度烫脚，可当你用脚趾向下挖几厘米后，就会发现沙层之下凉爽舒适。

相比之下，由于水是**透明体**，阳光到达水面后可以穿透表层。若海水清澈，光线的平均穿透深度为60m。透光层是指被照亮的水层，海洋中某些地方的透光层可达300m深。水体这一特点能把它吸收的能量扩散到一个更深、体积更大的空间内，形成一个比陆表更大的蓄能库（图5.11）。

图5.9　水–陆热力差异

注：由于水陆热力差异，海洋（较温和）与大陆（较剧烈）之间温度差异显著。

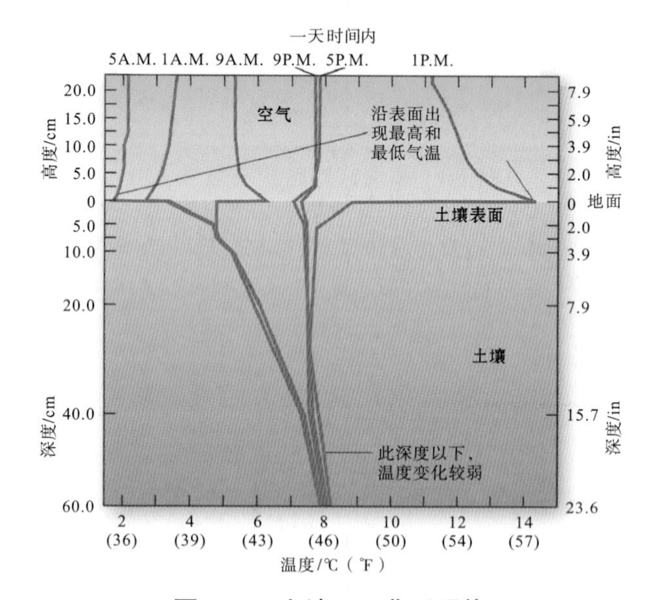

图5.10　土地——非透明体

注：美国新泽西州锡布鲁克的气温和土壤温度剖面。地表达到一定深度以下，温度日变化很小；太阳辐射主要被地表吸收，所以极温发生于地表。［改编：Mather J R. 1974.Climatology: Fundamentals and Application[M]. New York:McGraw-Hill, Inc.］

图5.11　透明体海洋

注：与陆地相比，海洋透明性使阳光能够到达更深处，使得海水吸收能量的空间增大。阳光还给基岩表面的生物提供了能量。

比热　比较相同体积的水和土壤会发现，增温相同时，水体所需的能量更多。换句话说，水体比土壤或岩石能容纳更多能量。因此，水的**比热**高（热容量大）。平均而言，水的比热大约是土壤的4倍。一定体积的水所容纳的能量要比土壤或岩石大得多，水体升温（或降温）的速度要比岩石（或土壤）慢得多。因此，水域附近的气温日变化较小。

运动　陆地是刚性固体物质，而水是可流动的流体。水温差异和水流导致冷暖水体的混合交换，而混合作用造成的能量扩散范围远大于静态水。表层水与深层水相互混合，使能量得到重新分配。在夜间，无论海面还是陆地表面都会释放长波辐射，但是与运动的海洋能量库相比，陆面的能量损失更快。

洋流和海面温度　**墨西哥湾暖流**自北美东海岸离岸向北移动，可进入遥远的北大西洋（图5.12）。它使冰岛南部1/3区域的气温变得十分温和，这大大地超出了65° N附近（北极圈66.5° N）预想的气温；如冰岛西南海岸的雷克雅未克市，全年各月平均气温均在冰点以上。同样，墨西哥湾暖流对斯堪的纳维亚海岸和欧洲西北部的气候也有调节作用。在太平洋西部，黑潮（或日本暖流）所起到的作用与墨西哥湾暖流一样，它对日本、阿留申群岛和北美西北边缘带都有一定的增温作用。

虽然2005年卡特里娜飓风、丽塔飓风、威尔玛飓风经过墨西哥湾流的海域时，曾使海水温度高达33.3℃，并对飓风有加剧作用；但就全球范围而言，海水水温超过31℃的海域并不多见。与此相反，在中纬度和亚热带西海岸，流向赤道的冷洋流对气温也有一定影响。当寒流经过暖湿地区时，洋流上空常因空气冷却产生大雾。见本书第6章洋流讨论部分。

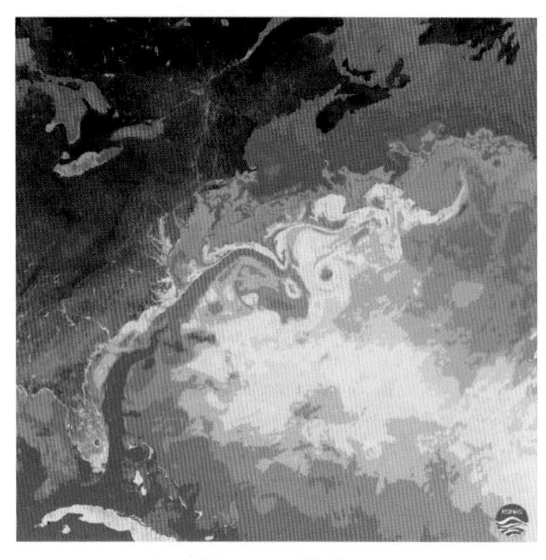

图5.12　湾流

注：卫星远红外线遥感影像中的湾流，通过计算机假彩色增强后，显示的温差：红/橙=25～29℃，黄/绿=17～24℃，蓝=10～16℃，紫=2～9℃。[RSMAS，迈阿密大学]

暖海水导致更高的蒸发率，海洋温度越高，蒸发率也越高，因而更多的能量以潜热形式从海洋中散失。由于海洋上空的水汽含量增加，其吸收长波辐射的能力也增加，因此使气团变得更暖。当空气和海洋变得越来越热，蒸发也就越强烈，空气中的水汽含量也就增大。大量的水汽聚集成云，反射太阳辐射并使温度降低。空气和海洋的温度降低后，蒸发速率和空气吸收水汽的能力都下降——这是一种负反馈机制。

NASA物理海洋学存档中心（PODAAC，http://podaac.jpl.nasa.gov/）承担着海洋物理状态数据的储存和分配工作，海平面高度、洋流与海水温度都是认识海洋与气候之间相互作用的基础数据。海洋表面温度（sea surface temperature, SST）的卫星数据与实测值之间具有很好的一致性。图5.13是2010年1月和2009年7月NOAA/NASA探路者遥感卫星对SST的监测数据。太平洋西南部的西太平洋暖池，水温在30℃以上，即图5.13中

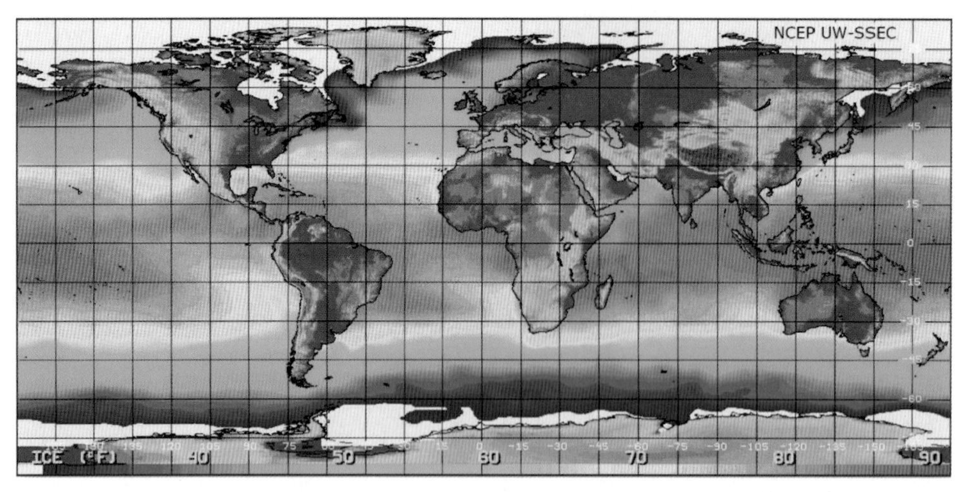

（a）2010年1月23日

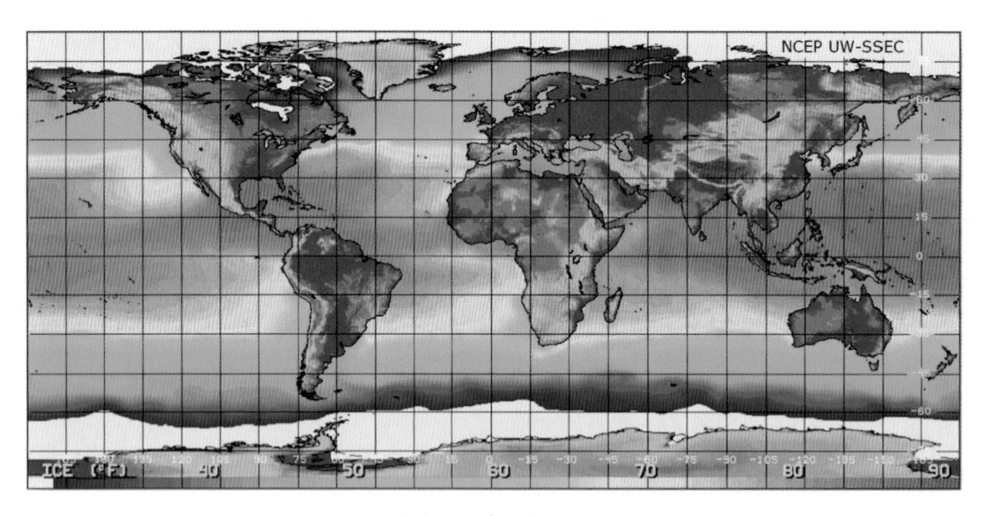

（b）2009年7月23日

图5.13　海洋表面温度（SST）

［卫星数据，空间科学与工程中心探路者，威斯康星大学，麦迪逊］

深红色区域。这一海域的平均温度为全球最高（注意：海水温度的季节变化及西海岸、北美、南美、欧洲和非洲的离岸冷洋流）。

1982～2010年，SST的年均值一直呈稳定增长趋势，至2010年无论是海洋温度还是陆地气温都刷新了纪录。2004年首次报告了在水下1 000m深度都可以测量到水温变暖，甚至在更深的大洋底部也发现了温度的轻微上升。科学家认为，海洋吸收大气余热的能力可能已接近极限。

海洋效应与大陆效应对比　如前所述，图5.9总结了海洋与陆地温度的调节因子：蒸发、透明度、比热、运动、洋流及海面温度。**海洋效应**（海洋性）是指海洋的调节作用，通常发生于沿岸或岛屿。**陆地效应**（大陆性）发生在海洋影响较小、气温日较差和年较差都较大的地区。

美国加利福尼亚州的旧金山市和堪萨斯州的威奇托市提供了一个海洋性和大陆性的对比实例（图5.14）。这两座城市都位于37° 40′ N附近。旧金山被来自太平洋和圣弗朗西斯科湾的冷海水三面环绕，夏季雾使得

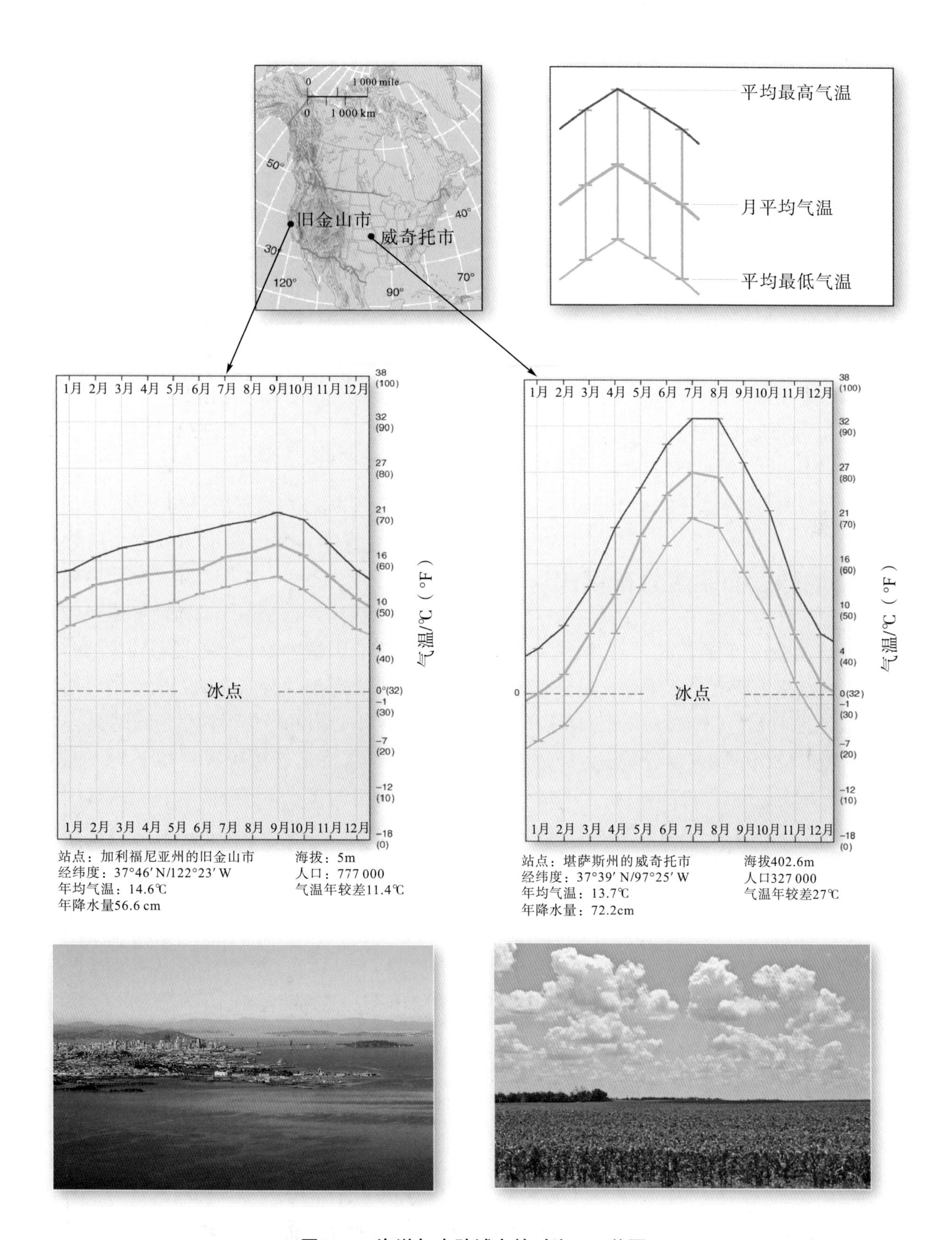

图5.14 海洋与大陆城市的对比——美国

注：温度比较：沿海性城市，加利福尼亚州的旧金山市；大陆性城市，堪萨斯州的威奇托市。[Bobbé Christopherson]

旧金山市最炎热的夏天每年推迟至9月份。纵观近百年的气象记录，由于海洋效应对温度的调节作用，旧金山每年夏季最高气温只有几天超过32.2℃，冬天最低气温也很少低于冰点。

相比之下，大陆性城市：威奇托市，其气温低于冰点的时期从10月下旬延长到次年4月中旬，加之气温日变化受海拔高度的影响，最低气温曾达到-30℃。在威奇托西部，由于远离具有调节作用的墨西哥湾入侵气团，其冬季更加严寒、漫长。威奇托每年最高气温超过32.2℃的日数达65天以上，最高气温纪录是46℃；2003年，气温超过38℃的日数达到23天（非连续日数）。

5.3　地球表面温度分布模式

全球温度分布模式是上述诸多因子综合作用的结果。观察全球平均气温分布图，包括极地地区1月（图5.15和图5.16）和7月（图5.18和图5.19）的气温分布图，经过分析得到图5.20，它是1月份和7月份之间的气温差异分布图，或者说是最冷月份与最热月份之间的平均气温差。

温度分布图所示的是1月和7月的气温，而不是12月和6月（太阳至点的月份），这是因为最高或最低气温存在滞后现象，见第4章中详述。上述图中数据由美国国家气候数据中心提供。尽管大部分温度数据为1950年以后的观测数据，但部分海洋数据可以追溯到1850年，陆地数据则可以追溯到1890年。

气温图上的等值线称为等温线。**等温线**是等值线的一种，每一条线表示一个恒定值，也就是温度值相同的点连成的一条线，就像在地形图用等高线来表示相同海拔一样。采用等温线描述温度分布模式，有助于分析温度的时空分布。

5.3.1　1月份气温

图5.15为全球1月份的平均气温。此时，南半球为夏季，太阳高度角较大，白昼较长；北半球为冬季，太阳高度角低，白昼较短。等温线通常都是由东向西沿赤道呈带状平行分布，但这种分布形式在遇到大陆时就会被间断。等温线分布表明：从赤道向两极移动，太阳辐射和净辐射均呈递减趋势。

热赤道就是连接所有最高平均气温值（气温约为27℃）的等温线。它向南延伸至南美洲和非洲内部，这表明大陆上有更高的温度。北半球大陆内部受冷空气影响，等温线向赤道方向弯曲；与大陆相比，相近纬度海洋上的等温线向北延伸的范围更远。

判断与思考5.1　开始做笔记：编写自然地理概况

在气温分布图（图5.15、图5.18和图5.20）上，找到你自己的家乡或城镇，请注意等温线上1月份和7月份的气温和年均气温变幅。将地图上的信息记录在你的笔记本上。记住，这些小比例尺地图只是对具体地点实际温度的一个概述，让你对自己家乡有一个粗略认识。

在阅读本书的过程中，可参阅书中其他专题地图，注意气压和风速、年降水量、气候类型、地貌、植被和陆地生物群系。在笔记本上，把这些信息补充到你的资料中。待到课程结束时，你会对该区域的自然地理环境有一个更完整的了解。

举个例子来说明，如图5.15所示，沿50° N来对比等温线分布：3～6℃等温线位于北太平洋区域，3～9℃等温线位于北大西洋，而-18℃等温线位于北美大陆内部，-24～-30℃等温线位于亚洲大陆中部。同样，注意山区等温线的延伸方向，以及它们随着海拔高度增加而降低的趋势。南美安第斯山脉就是验证海拔高程对气温影响的一个典型例子。

南北两极地区的特征可用两张地图来表示［图5.16（a）和（b）］。请记住：北极地区是一个被陆地包围的海洋；而南极地区却是被大洋包围的南极大陆。在北极地图上［图5.16（a）］，格陵兰岛上有一座山峰峰顶海拔高度达3 240m，它位于地球第二大冰盖区，也是北极圈以北地区海拔最高的地方。格陵兰岛有2/3的区域位于北极圈内，其北海岸距离北极点仅有800km。这种高纬度

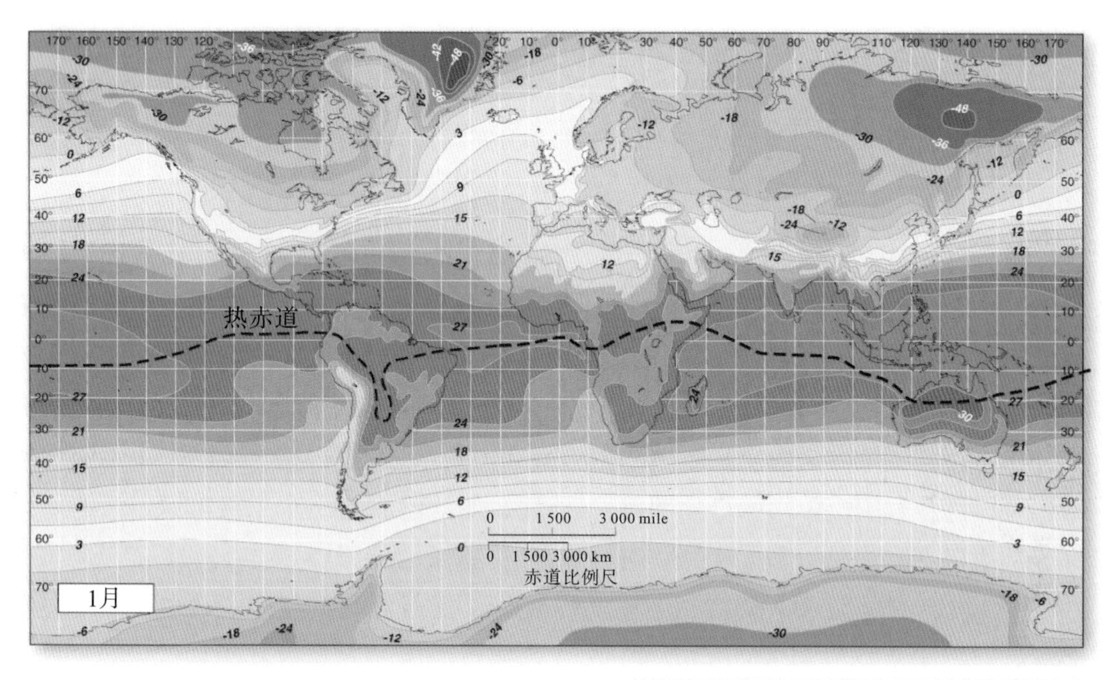

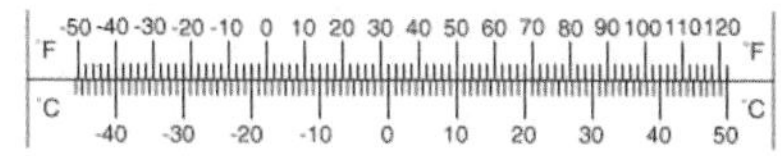

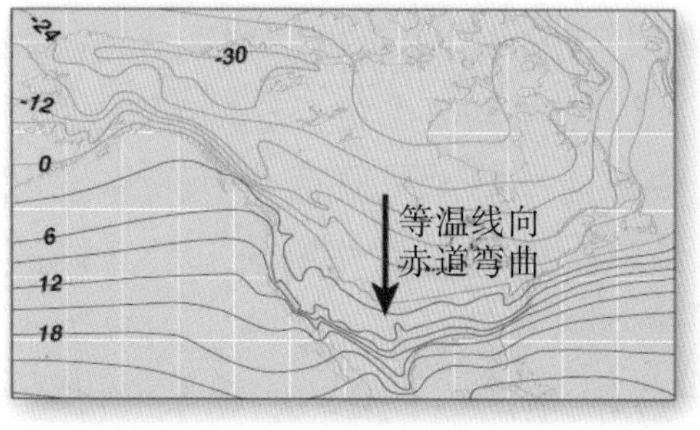

图5.15 全球1月份平均气温分布图

注：海洋和陆地的温度数据来自气温数据库，单位为摄氏度（℃）。注意：插图中北美和赤道附近的等温线，并与图5.18作对比。［改编于：美国国家气候数据中心. 1994.世界气候数据月值，47（1），WMO 和NOAA.］

地学报告5.3 极地地区的温暖化最显著

气候变化对高纬度地区的影响大于中、低纬度地区。1978年以来，北极地区的气温平均每10年增温1.2℃，这意味着近20年来的气温变暖速率是过去100年来的7倍。由于气温和海水温度的上升，1970年以来北极海冰将近消失了60%，2007～2010年为冰覆盖的低值期。类似的暖化趋势还影响着南极半岛和南极洲西部冰盖，导致沿岸冰架的退缩和崩塌。

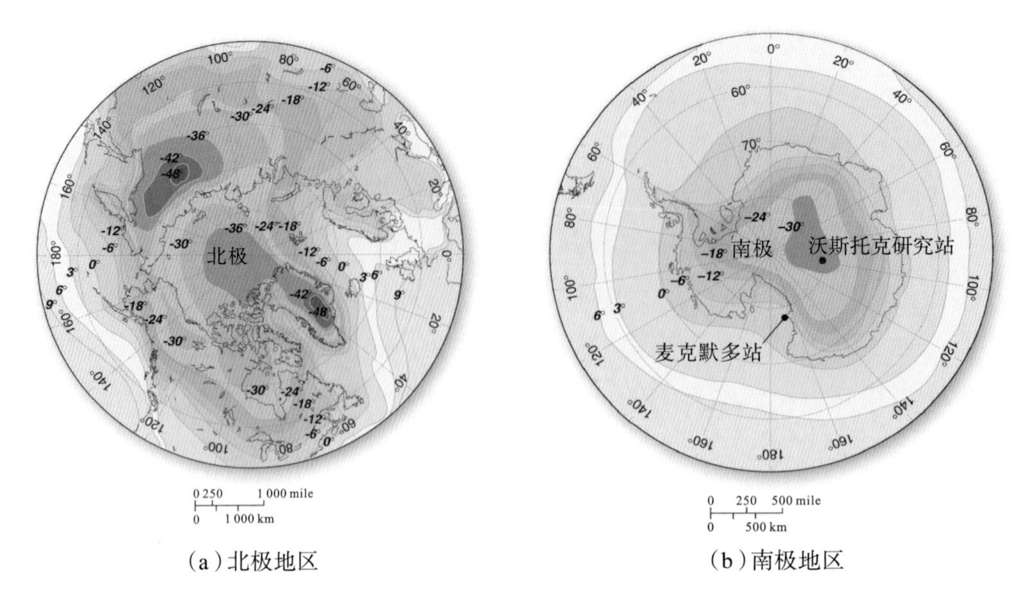

图5.16　极地地区1月份平均气温分布图（单位为摄氏度）

注：温度单位转换，参见图5.15。注意：两幅地图中的比例尺不同。

与冰盖区域上的高海拔组合，导致冬季气温极低。

南极洲［图5.16（b）］是地球上最寒冷、平均海拔最高的大陆，这里的“夏季”是12月份和1月份。图5.16（b）中标注了三个研究站的1月份平均气温，它们分别是：罗斯岛海岸的麦克默多站，其1月份平均气温为-3℃；南极点的阿蒙森斯科特站（海拔为2 835m），1月份平均气温为-28℃；还有一个是更具大陆性特征的俄罗斯沃斯托克研究站，其1月平均气温为-32℃。

俄罗斯——尤其是西伯利亚东北部地区，是除南极大陆以外地球上最寒冷的大陆。俄罗斯之所以极其寒冷，不仅因为冬季天气多为晴朗、干燥、无风，还因为太阳入射辐射量少及深居内陆不受海洋调节作用影响。全球盛行风系使太平洋对其东部的调节作用受到阻碍。俄罗斯的上扬斯克（Verkhoyansk，图上-48℃等温线内），而1月份实际最低气温曾降至-68℃，日平均气温曾达到-50.5℃。上扬斯克每年有7个月平均气温在冰点以下，其中至少有4个月平均气温在-34℃以下。

难以置信的是上扬斯克7月份的最高气温是+37℃，其最高与最低气温竟然相差105℃。在上扬斯克工作和生活的人口有1 400人。该地从1638年以来一直有人类居住，如今已成为一个二级矿区。

挪威的特隆赫姆与上扬斯克处在同一纬度上，而且海拔高度也近乎相同；但特隆赫姆靠近海岸，海洋对其年均气温有一定的调节作用（图5.17），其1月份的最低气温和最高气温分别为8℃和17℃，7月份的最低和最高气温分别为5℃和27℃。特隆赫姆的最低和最高气温纪录分别为-30℃和35℃，就极端气温而言，两地的差异很大。

5.3.2　7月份气温

图5.18是全球7月份的平均温度图。此时，北半球白昼时间最长，太阳高度角也最大。尽管南半球正值冬季，但要比北半球的冬季相对温和，这是因为南半球大陆陆块面积小，面积占优势的海洋可储存（或释放）更多的能量。伴随盛夏太阳的移动，热赤道

向北转移至波斯湾-巴基斯坦-伊朗一带。波斯湾是全球海面温度最高的地方，其最高温度可达36℃，对于像波斯湾这样辽阔的水体来说，这是很难想象的。

7月份的北半球，高温控制大陆之后，等温线向极地方向偏移。上扬斯克7月份的平均气温高于13℃，这意味着该地1月份和7月份之间的平均气温差为63℃。因此，西伯

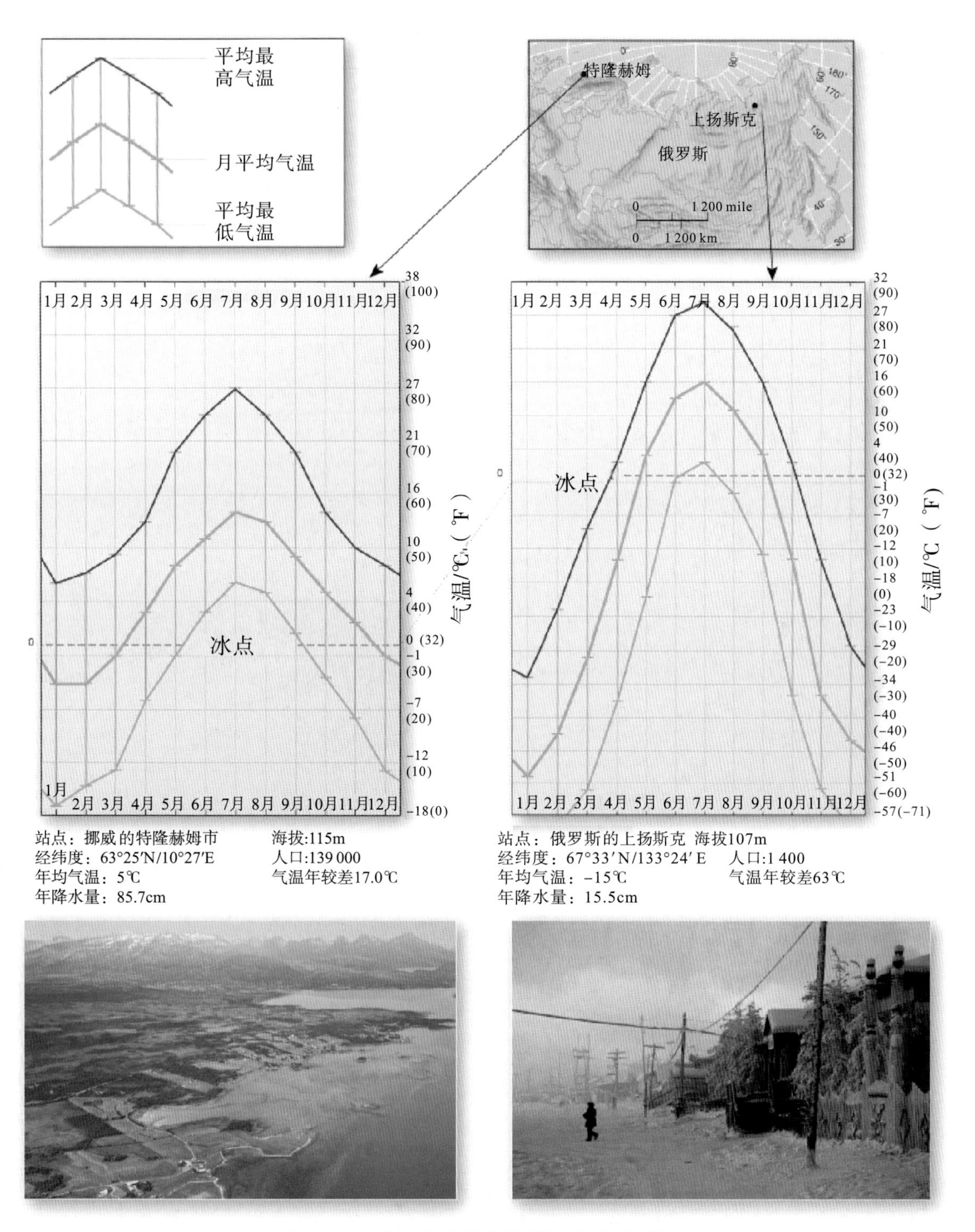

图5.17 欧亚大陆的沿海城市与内陆城市

注：海洋性气候的特隆赫姆市（挪威）与大陆性气候的西伯利亚（俄罗斯）的气温对比。请注意气温曲线图中的冰点线位置。

利亚地区的上扬斯克可能是地球上大陆性气温特征最显著的例子。

7月份最热的地方是北半球的荒漠地带。其原因很简单：晴空、地表受热快、地表水极缺、植被稀少。北美的索诺兰荒漠和非洲撒哈拉沙漠就是典型例子。1922年9月13日发生于利比亚的阿齐济耶省（Al'Azīzīyah）的最高极端气温（遮阳处）超过了58℃，这是有记录以来的最高气温。

北美洲的最高气温和最高年均气温都出现于加州的死谷。1913年，格陵兰牧场站的最高气温曾达到57℃，该站位于37° N，海拔高度-54.3m（负号表示低于海平面）。这种炎热的干旱区将在第15章予以讨论。

图5.19（a）和图5.19（b）展示了南北两极地区7月份的气温特征。7月份是北冰洋的"夏季"［图5.19（a）］，季节性浮冰和多年浮冰变薄。对于图2.17（b）呈现的午夜极昼太阳照片，在你看来像是几点钟的阳光？在过去的几年中，通往北极点的航道从各个方向都可沿张开延伸的冰裂缝到达目的地。

7月份，南极的夜长达24小时。由于日照不足，南极成为地球上自然界气温最低的地方。1983年7月21日，位于南极洲的俄罗斯沃斯托克站观测的最低气温为-89.2℃［图5.19（b）］。这一温度比干冰的凝结点还低11℃。如果空气中的CO_2的浓度足够大，理论上讲这种低温足以把CO_2冻结成干冰颗粒并从大气中分离出来。

南极洲的沃斯托克（Vostok）附近7月份

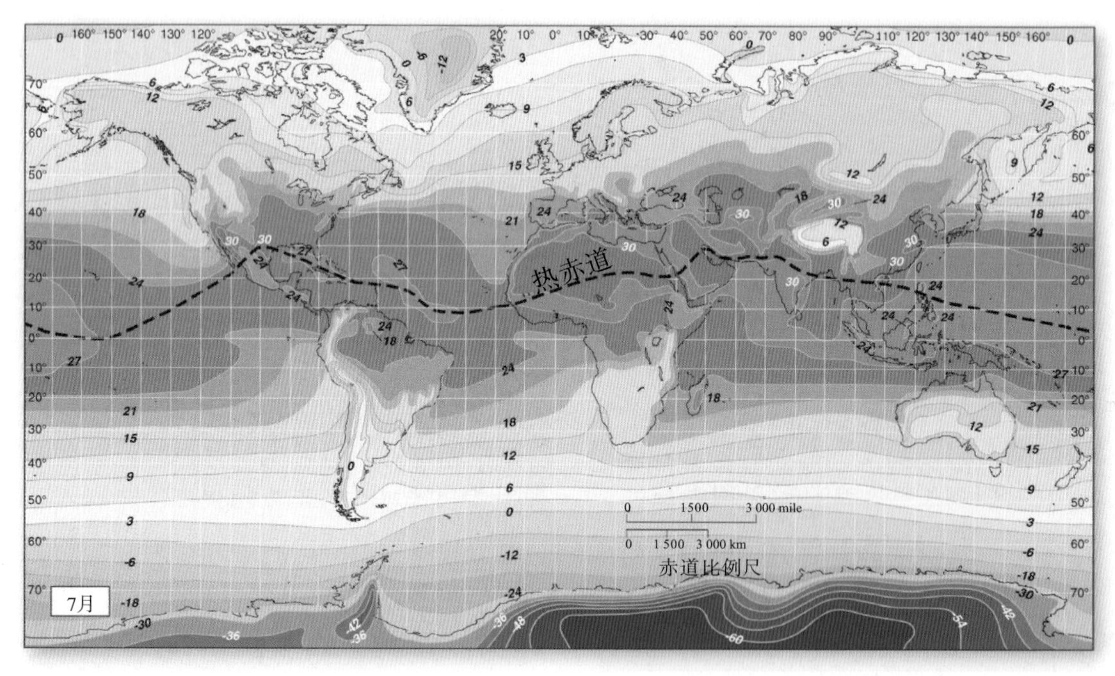

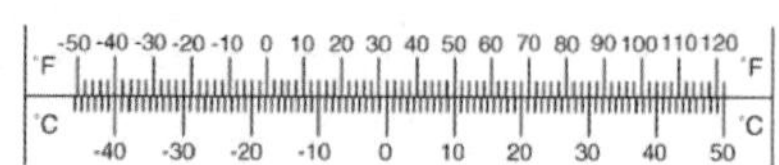

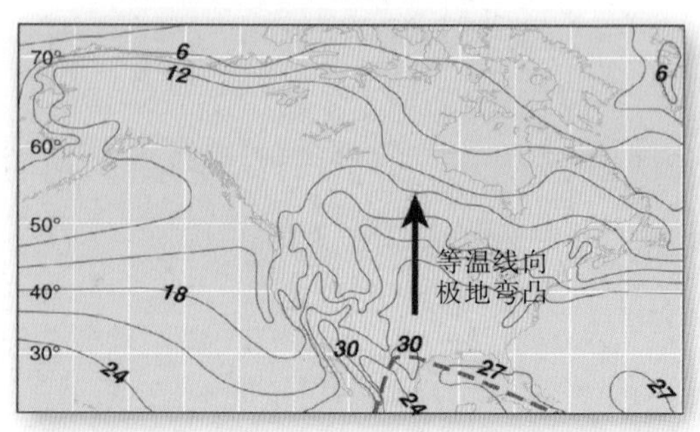

图5.18　全球7月份平均气温分布图

注：温度单位为摄氏度（℃），温度数据来自海陆气温数据库；注意：在北美地区的插图中，内陆气温等温线向极地方向弯凸。比较图5.15。［改编于：国家气候数据中心，世界气候数据月值，47（1994年7月），WMO和NOAA］

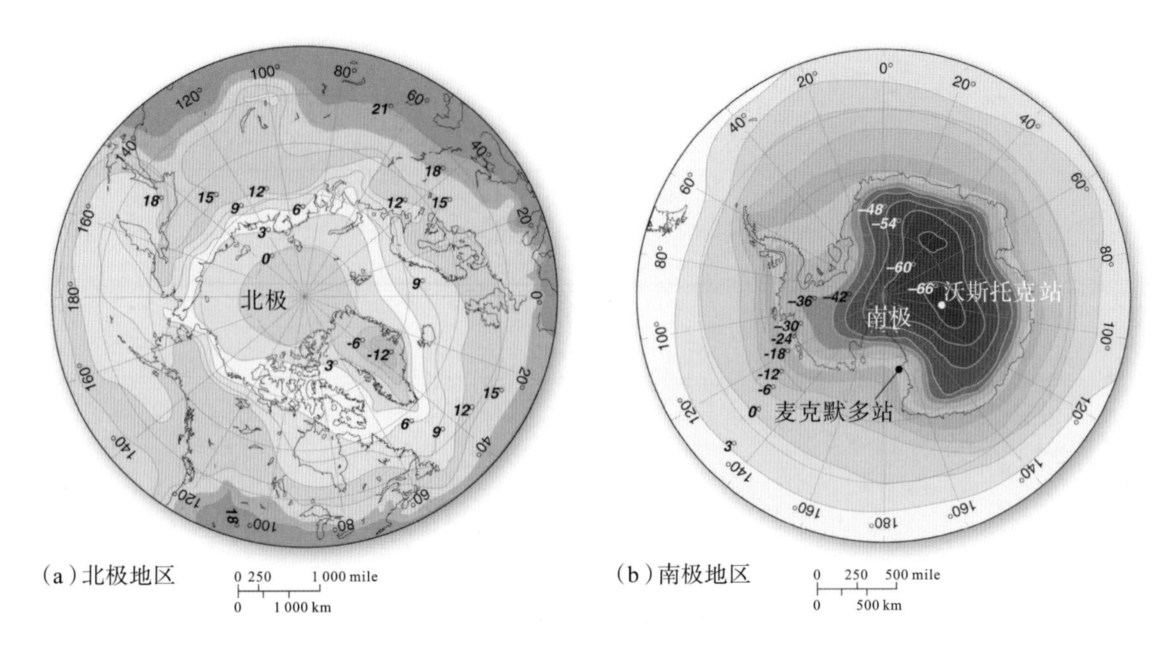

图5.19　两极地区的7月份平均气温分布图（单位为摄氏度）

注：两幅地图的比例尺不同。[作者绘，数据源相同于图5.18]

的平均气温为-68℃。就平均温度而言，阿蒙森·斯科特站的气温为-60℃，麦克默多站为-26℃[注：南极洲最寒冷的时期通常是8月，而不是7月，也就是太阳到达秋分点（9月）之前，即漫长极夜结束时]。

5.3.3　气温年变幅

将气温年变幅分布图（图5.20）与最适气温季节模式相比，可以帮助我们辨识极端气温变化幅度。如你所料，气温较差（温差）最大的区域位于北美洲和亚洲内陆的亚极地区域，其温差平均高达64℃（图5.20中暗棕色区）。然而，南半球的平均气温的季节变幅较小，这归因于南半球没有大块陆地，辽阔的海洋对极端气温有缓和作用。

南半球气温模式总体上是海洋性的，尽管其内陆区域也具有某种程度的大陆性效应，而北半球为大陆性气温。例如，1月份20～30℃的等温线在澳大利亚占优势（图5.15），而7月份12℃等温线横穿澳大利亚（图5.18）。在北半球，由于陆地面积大，其地表平均气温略高于南半球。

想象一下，如果你生活在这些区域，你应该怎样调节衣着穿戴，采取哪种措施来适应环境？请阅读**专题探讨5.1**来了解更多关于气温与人体感受的信息。夏季高温造成的死亡人数时刻提醒着我们：气温在人类生活中的重要性。

5.3.4　气温记录和温室效应

低层大气正在发生着复杂变化，人类面临与温度密切相关的严峻挑战。科学家认为：人类活动——主要是化石燃料的燃烧，使温室气体浓度增加；而它们对长波辐射有吸收作用，从而延缓了热量向空间的释放，加剧的温室效应，使我们处于人为气候变化之中。

在南极东部高原，冰穹C的冰芯数据表明，近10年来的温室气体——CO_2、CH_4和NO_x等，它们的浓度值均高于过去80万年中的任何一个年代！我们生活在一个不寻常的时代。截至2010年，过去15年是有气候记录以来气温最高的年代。

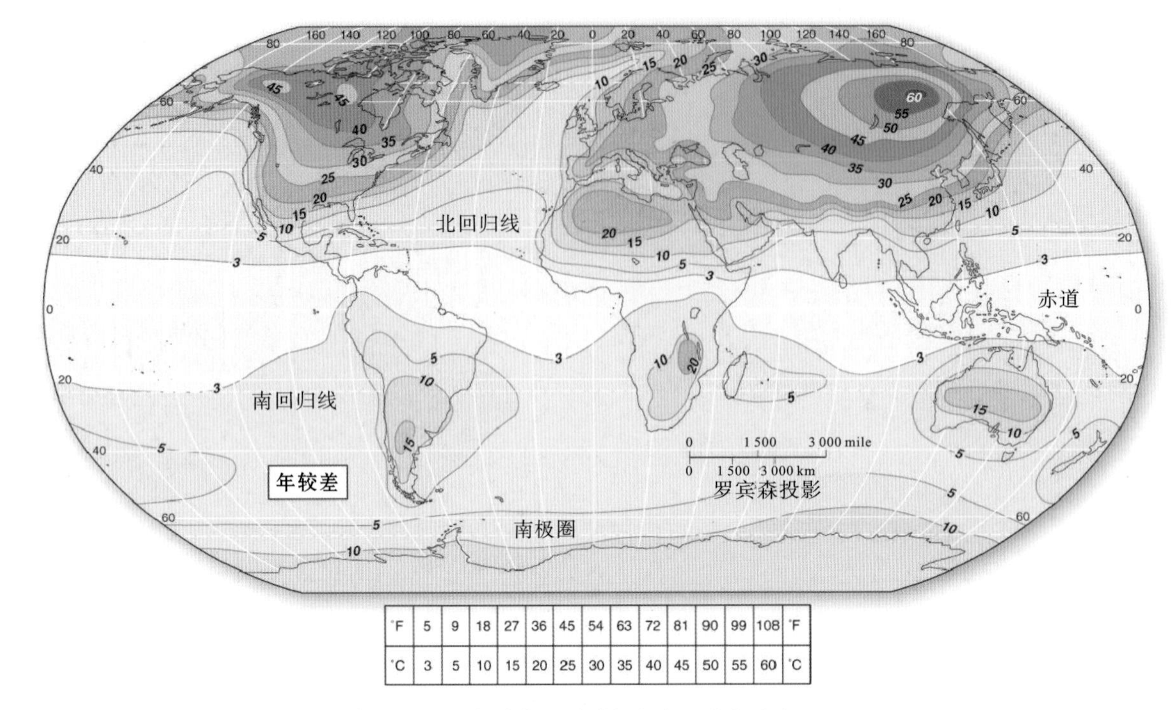

图5.20　全球气温年较差（温差）分布图

注：全球气温年较差，单位：℃；图上数值表示的是1月份与7月份气温之间的气温差值。

政府间气候变化专门委员会（IPCC）从1990年开始发布评估报告。2007年发布的第四次评估报告（AR4）证实了全球正在变暖的事实。IPCC评估报告达成的共识："全球气候系统变暖毋庸置疑，因为目前观测到的全球陆地和海洋的平均气温升高、大范围冰雪融化，以及全球平均海平面升高都证实了这一事实。"

美国国家科学院研究委员会（NRC/NAS）于2010年秋发布了3份报告，共计825页。在"推进气候变化科学"这一卷中，NRC/NAS在第2页中写道：

> "气候正在发生着变化，主要是由人类活动引起的，这将使人类社会和自然系统面临着普遍且重大的风险，其影响已在很多案例中显现出来了……。全球正在变暖……，过去几十年全球变暖的原因，大部分可以归因于人类活动排放的CO_2……。全球变暖与气候变化在许多方面都有密切关联，如暴雨频率的增加、冰雪覆盖及海冰的减少、更加频繁的极端高温、海平面上升、大面积海水酸化……。这些变化从各个方面对人类和环境系统构成了威胁。"

美国地理学家协会（Association of American Geographers, AAG）在2006年的芝加哥会议上通过了气候变化行动决议。这项决议让AAG与美国国家科学院及其他专业机构站在了同一立场上，共同支持减缓气候变化的行动。

2010年7月，NOAA国家气候数据中心（NCDC）发布了气候状态报告。在NCDC的报告中，对于这部分的研究总结是：

> 综合回顾所有关键气候指标，证实了近10年的全球气候正在变暖，而且是有记录以来最暖的时期。来自48个国家的300多名科学家分析了37个气候指

标数据，包括海冰、冰川和气温等。气候越暖意味着海平面越高，海洋和大气的温湿度就越高。气候变暖还意味着冰雪覆盖减小、北极海冰融化和冰川退缩……。最新研究表明：全球海洋由于吸收气候系统中增加的额外热量而升温，而这些额外热量源于温室气体的增加……。温度持续上升将在许多方面威胁着人类社会，包括：沿海城市和基础设施，供水和农业等方面。人类花费数千年建立起来的社会已适应了某一种气候，而现在却创造了另一种更加温暖、更加极端的新气候。

上述各种气候指标所发生的变化，在报告中均有详细阐述。

专题探讨5.1　气温与人体感受

人类能够感觉到周围环境温度的细微变化。通常用表观温度（apparent temperature）或感觉温度（sensible temperature）来描述身体感受的温度。人体对温度的感觉因个体和文化的差异而不同。

人类身体通过复杂机制使平均体温维持在36.8℃左右；早上或天气寒冷时，体温略有降低；在情绪激动、锻炼和工作时，体温略有升高*。

总之，空气中的水汽含量、风速和气温都会影响一个人的舒适感。高温、高湿和无风状态下，人体会感觉闷热不舒适；而低湿度、风大则可加快体温降温。尽管现代供暖和制冷系统可以调节改善室内温度，但受设备条件和经济成本的限制。此外，户外威胁人类生命危险的酷热或严寒天气依然存在。当环境气温变化时，人体会通过各种方式来调节体温，不惜一切代价来维持重要部位的体温和保护大脑。

风寒指数和炎热指数

风寒指数（wind-chill index）对冬季身处冰点气温以下的人们尤为重要。风寒指数是指体热在空气中的散失速率。风速越快，体热通过皮肤流失的速度也越快。美国国家海洋和大气管理局（https://www.noaa.gov/jetstream/global/wind-chill）和加拿大气象局（the Meteorological Service of Canada, MSC）建立了风寒温度指数（wind chill temperature, WCT），见图5.21。

如图5.21所示，如果气温为−7℃，风速为32km/h，皮肤温度将处于−16℃。风寒指数为低值时，意味着裸露皮肤有冻伤风险。想象一下，当一个滑雪选手以130km/h的时速从山坡上冲下来时所经历的风寒指数，他很有可能在两分钟内被冻伤。注意：风寒指数并未考虑阳光强度、人体运动、衣物防护（如风衣）等因子的影响。

炎热指数（heat index，HI）是指人体对气温和水汽的反应。空气中的水汽含量即所谓的相对湿度，本书第7章有这一概念的阐述。我们知道空气中的水汽含量会影响皮肤上的汗液蒸发，因为空气中水汽含量越多，汗液蒸发就越少，从而使自然蒸发冷却作用减弱。炎热指数用来表征普通人对空气的感受，也就是表观温度。

图5.22是美国气象局炎热指数的简化版本，如今也公布于相应月份的天气简介中。图5.22下文字解释了炎热指数对高

* 传统的“正常”体温值为37℃，它是1868年采用旧测量方法设定的。现据美国马里兰大学医学院菲利普马科维亚克博士的研究，36.8℃作为正常体温值更精确，人类种群的体温变幅为2.7℃（参考：Journal of the American Medical Association, September: 23–30.）。

风速/km/h (mile/h)	实际气温/℃(℉)								
静风	4 (40)	−1 (30)	−7 (20)	−12 (10)	−18 (0)	−23 (−10)	−29 (−20)	−34 (−30)	−40 (−40)
8 (5)	2 (36)	−4 (25)	−11 (13)	−17 (1)	−24 (−11)	−30 (−22)	−37 (−34)	−43 (−46)	−49 (−57)
16 (10)	1 (34)	−6 (21)	−13 (9)	−20 (−4)	−27 (−16)	−33 (−28)	−41 (−41)	−47 (−53)	−54 (−66)
24 (15)	0 (32)	−7 (19)	−14 (6)	−22 (−7)	−28 (−19)	−36 (−32)	−43 (−45)	−50 (−58)	−57 (−71)
32 (20)	−1 (30)	−8 (17)	−16 (4)	−23 (−9)	−30 (−22)	−37 (−35)	−44 (−48)	−52 (−61)	−59 (−74)
40 (25)	−2 (29)	−9 (16)	−16 (3)	−24 (−11)	−31 (−24)	−38 (−37)	−46 (−51)	−53 (−64)	−61 (−78)
48 (30)	−2 (28)	−9 (15)	−17 (−1)	−24 (−12)	−32 (−26)	−39 (−39)	−47 (−53)	−55 (−67)	−62 (−80)
56 (35)	−2 (28)	−10 (14)	−18 (0)	−26 (−14)	−33 (−27)	−41 (−41)	−48 (−55)	−56 (−69)	−63 (−82)
64 (40)	−3 (27)	−11 (13)	−18 (−1)	−26 (−15)	−34 (−29)	−42 (−43)	−49 (−57)	−57 (−71)	−64 (−84)
72 (45)	−3 (26)	−11 (12)	−19 (−2)	−27 (−16)	−34 (−30)	−42 (−44)	−50 (−58)	−58 (−72)	−66 (−86)
80 (50)	−3 (26)	−11 (12)	−19 (−3)	−27 (−17)	−35 (−31)	−43 (−45)	−51 (−60)	−59 (−74)	−67 (−88)

霜害时间段 30 min 10 min 5 min

图5.21 不同温度和风速条件下的风寒温度指数

危人群的影响。高温与高湿同时出现会严重降低人体体温的自我调节功能。美国气象局还提供炎热指数预报预警分布图（详见http://www.nws.noaa.gov/om/heat/index.shtml）、炎热指数计算器（http://www.crh.noaa.gov/jkl /? n=heat_index_calculator）。

夏季高温热浪造成的人员死亡

在造成人员死亡的天气原因中，高温热浪天气是主要因素之一。1979～1999年，高温天气造成美国8 000人死亡。在本章之前提到的NRC/NAS报告中，美国国家科学院指出："近几十年来，炎热的昼夜高温及热浪天气愈加频繁，它们发生的频率、强度及持续时间预计还会继续增加……"。

2003年夏季高炎热指数天气导致欧洲陷入瘫痪状态，6月、7月和8月的气温高达40℃。据官方估计，由此造成的欧洲大陆死亡人数超过2万人。

1995年7月，将近一周的时间里，在芝加哥没有空调的住宅中，炎热指数值达到I级（极危险等级）。

芝加哥从未出现过这样持续的高气温天气——气温高于35℃的天气持续了48小时！这场灾害的原因是：从北美中西部到大西洋都受到高气压（稳定的热空气）控制。此外，还有墨西哥湾湿空气的影响。

这种高温潮湿的组合令人窒息，尤其对病人和老年人的影响较大。在芝加哥的中途国际机场，气温记录显示为41℃；在一些没有空调的房间里，炎热指数温度达54℃以上。这次热浪天气造成芝加哥700人死亡。此外，在北美的中西部和东部也有近1 000人死于这次高温天气。

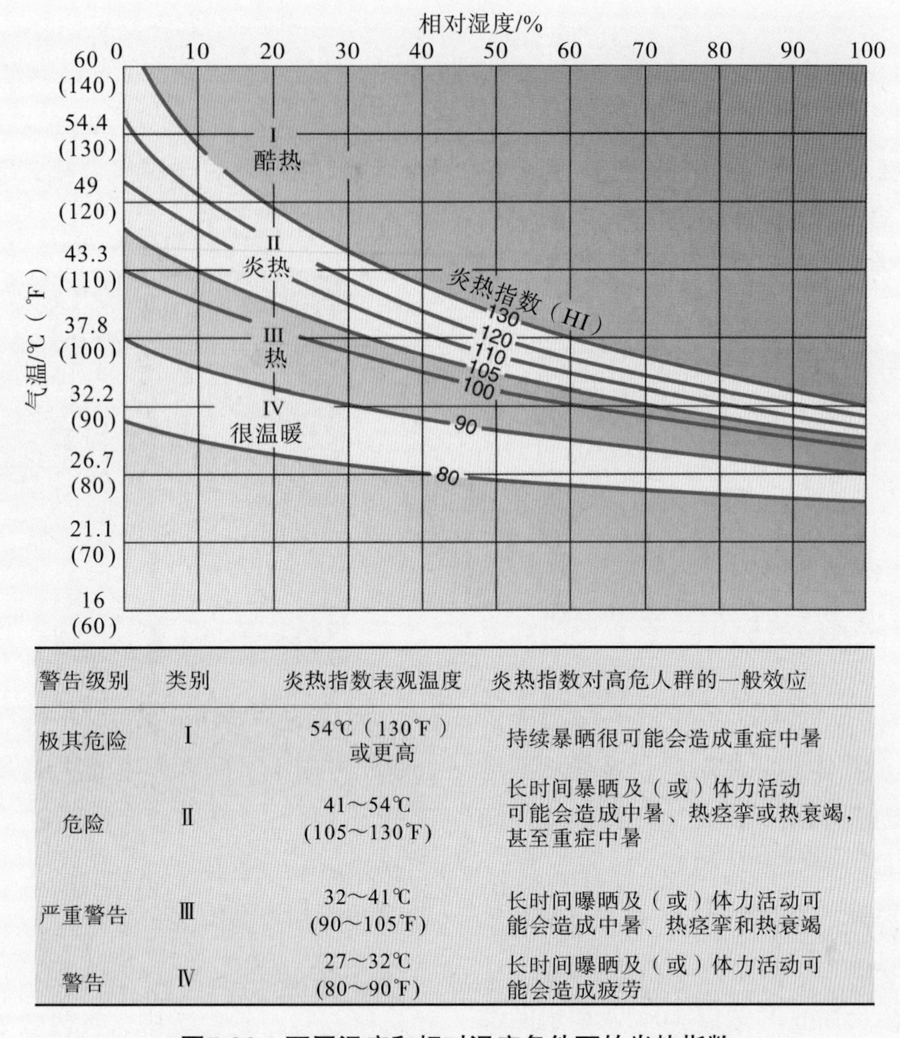

警告级别	类别	炎热指数表观温度	炎热指数对高危人群的一般效应
极其危险	I	54℃（130℉）或更高	持续暴晒很可能会造成重症中暑
危险	Ⅱ	41～54℃ (105～130℉)	长时间暴晒及（或）体力活动可能会造成中暑、热痉挛或热衰竭，甚至重症中暑
严重警告	Ⅲ	32～41℃ (90～105℉)	长时间曝晒及（或）体力活动可能会造成中暑、热痉挛和热衰竭
警告	Ⅳ	27～32℃ (80～90℉)	长时间曝晒及（或）体力活动可能会造成疲劳

图5.22　不同温度和相对湿度条件下的炎热指数

判断与思考5.2　你个人的舒适温度是多少?

你是否经历过高温或低温带来的不舒适感觉？在什么地方？你可以把**专题探讨5.1**中的风寒指数和炎热指数复印一份供以后参考。选定条件适当的某一天，对气温和风速做个观测，来确定一下二者组合对皮肤的降温效应。作为对比，再另选一天，观测气温和相对湿度，确定一下它们对舒适感的影响。在掌握地理学网站中有几个关于温度方面的链接十分有趣。

地表系统链接

全球气温分布模式是大气能量系统输出的一种重要表现形式。本章对产生这种模式的几个因子极其复杂的相互作用进行了阐述，并分析了它们的分布特点。下一章中，将学习大气能量系统的另一种输出形式——全球性风带和洋流，并重点讨论导致空气和海水运动的作用力及其相互作用。例如，在墨西哥湾2010年4月的石油灾难事件中，怎样解释海洋环流为何能将有毒物质扩散至几千英里之外，这些知识就显得十分重要。

5.4　总结与复习

■　**掌握温度、动能、显热的概念，区分热力学温度、摄氏温度和华氏温度，了解它们是怎样测定的。**

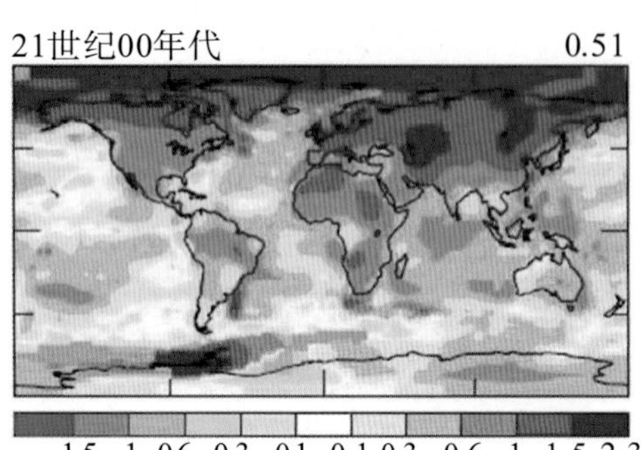

温度是度量物质单个分子平均动能的指标。当两个物体相互接触时，显热从温度高的物体传递到温度低的物体。我们可以感受到温度效应。温度标尺包括：

■　开尔文温标：在冰的融点（273K）和水的沸点（373K）之间划分出100个单位。

■　摄氏温标：在冰的融点（0℃）和水的沸点（100℃）之间划分出100个单位。

■　华氏温标：在冰的熔点（32℉）和水的沸点（212℉）之间划分出180个单位。

开尔文温标主要用于科学研究，因为它的起始值为绝对零度，这与物体的实际动能成正比关系。

温度（128页）

1. 显热与体感温度之间有何区别。

2. 气温表征的是哪种大气能量？

3. 比较温度的三种温标，写出人体正常体温对应于哪三种温标的温度值。

4. 你从哪里获取每天的气温信息？描述你体验过的最高气温和最低气温。通过本章学习，你能识别哪些因子会影响气温吗？

■　**认识并列举对全球气温模式有决定或影响作用的主要因子。**

温度的主要决定或影响因素包括：纬度（南北方向上，远离赤道的距离）、海拔、云层覆盖（吸收、反射和能量辐射）、水陆热力性质差异（自然蒸发、透明度、比热容、热量输送洋流和海面温度）。

5. 说明高度（或海拔）对气温的影响。为什么高纬度和高海拔地区的气温偏低？与低海拔相比，为什么高海拔的阴坡处感觉更冷？

6. 空气密度对能量的吸收和辐射有哪些显著影响？在此过程中海拔有何作用？

7. 玻利维亚的拉巴斯地区海拔达4 103m，距离赤道很近。为什么这里能够种植小麦、大麦、马铃薯等中温气候带的农作物？

8. 描述云覆盖对全球温度模式的影响。回顾上一章中不同类型云层的云反照和云温室作用，并简要概括相关概念。

■　**了解海洋性和大陆性气温的成因，列举几个城市进行对比。**

陆地（岩石和土壤）与水体（大洋、海、湖泊）的物理性质是产生**海陆热力差异**

的原因，这种差异导致陆地升温和冷却速度要比水体快。沿海地区气温比较温和，而内陆常常出现极端气温。引起这种差异的因子包括蒸发、透明度、比热容、运动、洋流和海面水温。

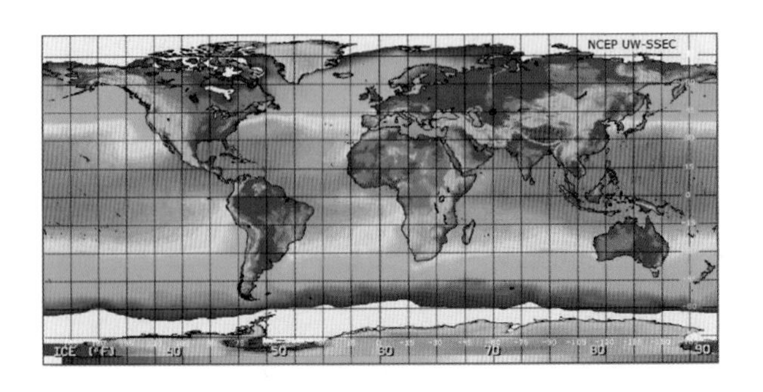

光线能够穿过**透明**的水体。清澈的海水中，太阳光线能够到达的平均深度为60m。与不透明的陆地相比，水体的透明性可使能量分布于更大的体积中，从而形成巨大的能源库。与同体积的土壤相比，水体增温所需要的能量更多。换言之，水体要比岩土容纳的能量更多，水的**比热容**（物质热容量）大约是土壤比热容的4倍。

洋流对气温也有影响。例如：**墨西哥湾暖流**对气温的影响，其暖流沿北美东海岸向北流动，将大量暖海水带入大西洋。因此，冰岛南部近2/3的区域，其气候要比在纬度65° N（北极圈为66.5° N）的预期气候温和很多。

海洋效应（或海洋性）是指某地理位置受海洋调节作用，通常是海岸或岛屿。**大陆效应**（或大陆性）发生在环境条件受海洋影响较小，气温日较差和年较差大的地区。

水陆热力差异（133页）

透明度（134页）

比热（135页）

墨西哥湾暖流（135页）

海洋效应（136页）

陆地效应（136页）

9. 列出水体和陆地的物理特征，它们对日照的吸收、加热的反应是什么？透明介质的具体作用是什么？

10. 什么是比热？比较水体和土壤的比热。

11. 根据卫星遥感监测影像，描述全球海洋表面的水温分布模式。说出地球上最温暖的海洋在哪里？

12. 海面水温对气温有何影响？描述高温海面与蒸发率之间的负反馈机制。

13. 比较海–陆之间的气温差异；利用书中美国、加拿大、挪威和俄罗斯的内容，给出地理案例。

■ **根据1月份和7月份的气温及气温年较差分布图，解释全球气温分布模式。**

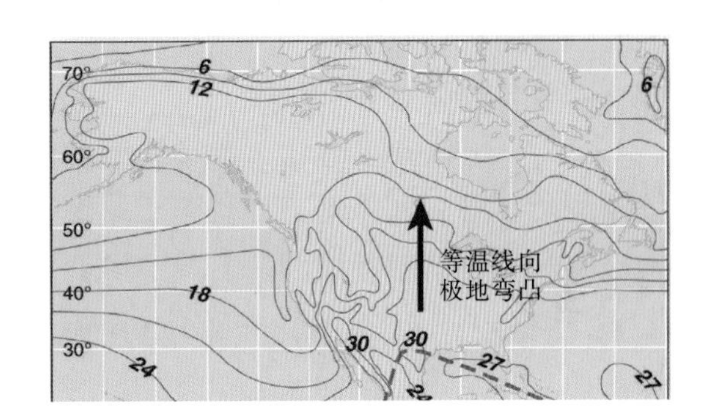

由于最高气温值（或最低气温）滞后于太阳辐射吸收，因此采用1月份和7月份的气温来代替至点月（12月和6月）的温度进行比较。气温分布图上的**等温线**，是将气温值相同的所有点连接在一起的等值线。等温线反映了气温分布模式。

等温线呈带状，大致平行于赤道沿东西方向分布。这表明距离赤道愈远，日照量和净辐射量总体呈递减趋势。**热赤道**（连接所有最高平均温度值的等温线）1月份的位置偏南；7月份伴随夏季太阳高度抬升，热赤道位置向北偏移。1月份热赤道向南延伸的距离更远，深入到南美洲和非洲内陆，这表明陆块上的气温偏高。

在北半球，1月份寒冷气流侵袭大陆内部，等温线向赤道偏移。地球上最寒冷的地区之一是俄罗斯，尤其是西伯利亚东北部。极寒气温形成于天空晴朗、干燥、无风的大气条件下，不仅因为太阳入射的辐射量小，还因深居内陆而不受海洋调节作用。

等温线（138页）

热赤道（138页）

14. 什么是热赤道？描述它在1月份和7月份的位置。解释其位置为什么每年都在发生变化。

15. 观察北美地区气温等值线的变化趋势，比较1月份和7月份的平均气温变化。为什么等温线位置会发生变化？

16. 描述并解释西伯利亚中北部地区1月和7月之间的极端气温变幅。

17. 地球上最热的地方在哪里？它们位于赤道附近，还是其他地方？地球上最寒冷的地方在哪里？请解释成因。

18. 根据图5.15、图5.18和图5.20来确定你当前位置的平均气温和气温年较差。

19. 比较图5.15和图5.18，（a）通过格陵兰岛中部的1月和7月的气温比较，说说你有什么发现。（b）根据南极地区的两幅图所示的季节变化，阐述南极半岛（60° W附近）沿岸地区1月份和7月份的气温特点。

■ **比较风寒指数和炎热指数，了解人体对表观温度的反应。**

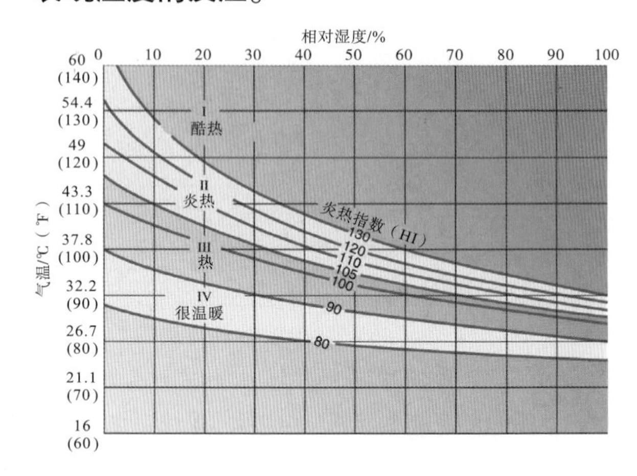

风寒指数表示人体热量散失到空气中的速率。风速增大，体表热量散失的速度也加快。炎热指数是指人类对气温和水汽含量的反应。空气相对湿度影响皮肤汗液蒸发，从而改变了皮肤的自然降温能力。

20. 若某天的气温为−12℃、风速为32km/h，那么风寒指数温度是多少？

21. 若某天气温为37.8℃，当相对湿度为50%时，会对表观温度有何影响？

掌握地理学

访问https://mlm.pearson.com/northamerica/masteringgeography/，它提供的资源包括：数字动画、卫星运行轨道、自学测验、抽题卡、可视词汇表、案例研究、职业链接、教材参考地图、RSS订阅和地表系统电子书；还有许多地理网站链接和丰富有趣的网络资源，为本章学习提供有力的辅助支撑。

第6章　大气与海洋的环流

图片说明：圣赫勒拿岛（15° 55′ S，5° 43′ W）是大西洋南部的一个偏远小岛，岛中枯木平原上矗立着6个正在运行的风力涡轮发电机。岛上约有15%的用电量来自这些风力发电机，这大量减少了石油进口。注意盛行风对树型的塑造。［Boobé Christpherson］

重点概念

阅读完本章，你应该能够：

■　**详述**气压的概念，**描述**测量气压的仪器。

■　**详述**风的定义，**解释**风是怎样测量的，如何确定风向和风级？

■　**解释**大气圈中的四种驱动力：重力、气压梯度力、科里奥利力和摩擦力。找出主要的高压区、低压区及主要风带。

■　**描述**高空环流，说明什么是急流。

■　**总结**气温和气压的年际振荡，简要**概述**北冰洋、大西洋及太平洋中的洋流环流。

■　**解释**几种类型的局地风和区域性季风。

■　**辨识**主要表层洋流和深海热盐环流的基本模式。

当今地表系统

洋流带来的入侵物种

随着人类社会的不断发展，排入海洋的废物和化学物质逐渐增多，废物也随洋流遍布全球。2006年发生了一次因南大西洋的洋流漂流引起的重大事件。本章将讲述这个故事，并在第20章中的“当今地表系统”中继续讲述它对生态环境产生的影响。

大气高压系统控制着风带及主要洋盆中的洋流，并在北半球呈顺时针旋转，南半球呈逆时针旋转。在南大西洋，洋流呈逆时针旋转并驱使南赤道洋流向西流动，西风漂流向东流动（图6.1）。沿着非洲海岸，本格拉寒流向北运动，而巴西暖流却沿南美海岸向南运动。这就是南大西洋的洋流环流系统。

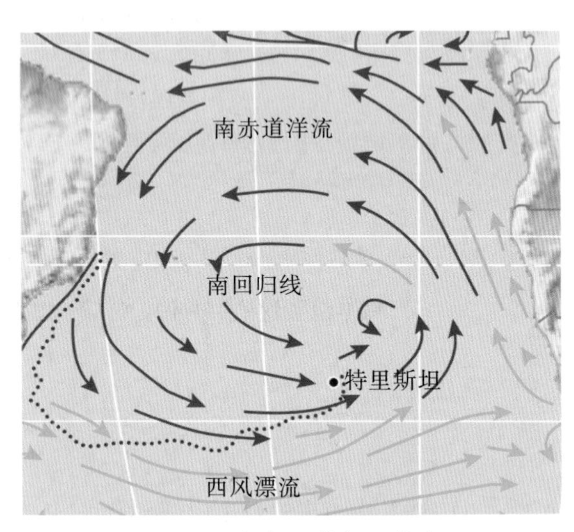

图6.1　南大西洋主要洋流

注：特里斯坦–达库尼亚群岛大约位于37° 4'S / 12° 19'W（注意：石油钻井平台的大致路径）。

南大西洋环流系统的东南部有一个偏远岛群——由四个岛屿组成的特里斯坦–达库尼亚群岛。这个群岛距离非洲大陆约2 775km，距离南美大陆约3 355km（其位置见图6.1）。在特里斯坦的爱丁堡村，居住人口仅有298人（图6.2）。

这个特殊的小社会实行自给自足的农业。大多数人种植马铃薯并出口；此外，当地人还依赖于精心管理的、丰富的海洋生物来维持生计。人们把捕获的特里斯坦龙虾（小龙虾）在工厂里速冻起来，然后向世界各地出口。尽管特里斯坦地区没有机场，也没有码头和港口，但每年都有一些船舶来运输这些产品。2006年，洋流给这个与世隔绝的岛屿带来了严峻警示。

小型船舶一样的石油钻井平台可以随处拖放并进行海底钻探。由国家控股的巴西石油公司，拥有一个这样的平台，称为Petrobras XXI（译注：巴西国家石油公司）。2006年3月5日，这个石油公司将一个80m×67m×34m大小的钻井平台，从巴西的马卡埃运往新加坡。该公司把这项工作承包给名为拯救者号的一艘拖船，然而它实际上是一艘用于内陆作业的“推动式”拖船，如同你在密西西比河或大湖上所见的拖船一样。就是这样一艘拖船，承包了这一任务，它要拖曳着这台钻机穿越世界上最变化莫测的南大洋。拯救者号向南航行，几周之后就遇到了大风浪。2006年4月30日，天气条件迫使该拖船的船员松开了连接着钻井平台的锁链，几天后平台消失不见了。

Petrobras XXI平台消失了，它被卷入了西风漂流和西风带中，漂泊于波涛汹涌的大洋之上。直到2006年6月7日，特里斯坦的渔民发现了这艘搁浅于当地Trypot海湾的钻井平台（图6.3）；这说明钻井平台在大洋中漂泊了将近1个月，或许5月下旬才搁浅。

通常拖曳钻井平台之前，要进行常规的清洗，这可以减小平台在水中的摩擦力，能够节省燃料并降低劳动成本。然而，Petrobras XXI钻井平台并未这样做，因此它携带有62种非本地海洋物种（包括银鲷和鲶鱼这些自由游动的鱼类）漂移在大洋之中。

海洋学家调查搁浅钻机时，发现一些物种已入侵到特里斯坦地区。科学家独家拍摄的潜水照片刊登在调查报告中（详见第20章）。在第6章中，将学习把Petrobras XXI带到特里斯坦地区的力量——风和大洋循环。

图6.2　特里斯坦－达库尼亚群岛的爱丁堡村
［Bobbé Christopherson］

图6.3　特里斯坦Trypot海湾搁浅的Petrobras XXI（巴西国家石油公司XXI钻井平台）
［生物学家 Sue Scott摄］

在菲律宾，休眠了635年的皮纳图博火山于1991年再次喷发［图6.4（a）］。这次喷发产生的影响是巨大的，它向大气圈释放了1.5×10^7～2.0×10^7t的火山灰、尘埃和二氧化硫（SO_2）。二氧化硫上升到平流层后，很快转变成硫酸（H_2SO_4）气溶胶，主要聚集于16～25km的高空。这些大气中的残留物使大气反射率增加了1.5%左右，科学家由此对喷发所生成的气溶胶体积进行了估算（图6.4）。

皮纳图博火山喷发形成的气溶胶扩散至全球。NOAA－11卫星上的甚高分辨率辐射仪（The Advanced Very High Resolution Radiometer, AVHRR）对气溶胶及其对太阳辐射的反射进行了监测。时隔三周之后，从图6.4（b）～（e）中可清晰地看出火山灰在世界范围的传播路径。火山喷发后60天左右（图6.4中最后一张卫星影像），气溶胶云层扩散范围占全球的42%，分布于20° S～30° N。之后近两年，天空都伴有色彩绚丽的日出和日落，同时平均气温略有降低。火山喷发对大气循环的动态变化，提供了一个独特的研究途径。

如今，科技使人类有能力对过去的未知事物展开深入分析——利用卫星追踪沙尘暴、森林火灾、工业烟雾、战争及火山喷发对大气的影响。例如：非洲每年被风蚀掉的土壤物质有几百万吨，而且被大气环流携带越过了大西洋，见图6.4（b）。

1963年，美国、苏联和英国签署了“部分禁止核试验条约”，而促成条约签署的一个重要原因就是全球范围的风力传播作用。由于大气环流可使放射性污染物传播到世界各地，因此该条约禁止进行地下核武器

（a）火山爆发

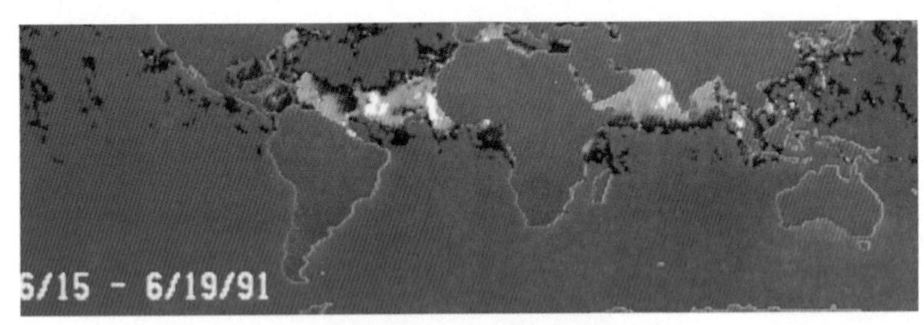

（b）1991年6月15～19日

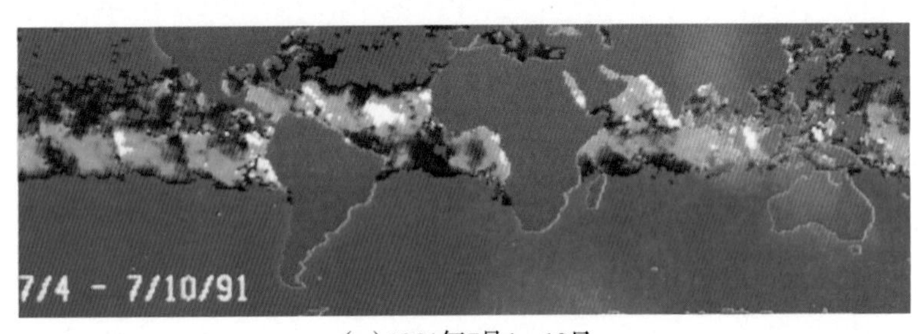

（c）1991年7月4～10日

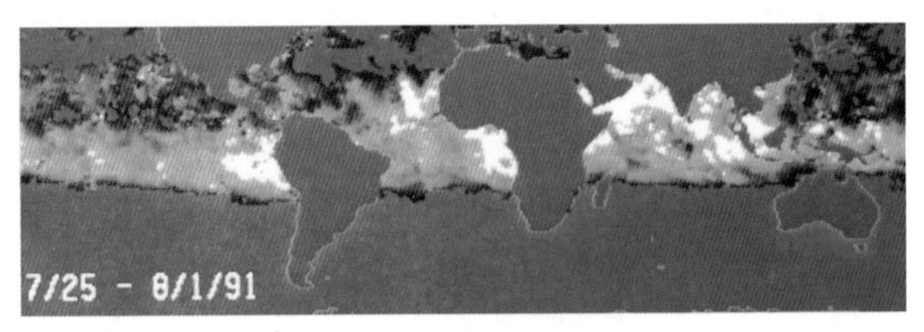

（d）1991年7月25日～8月1日

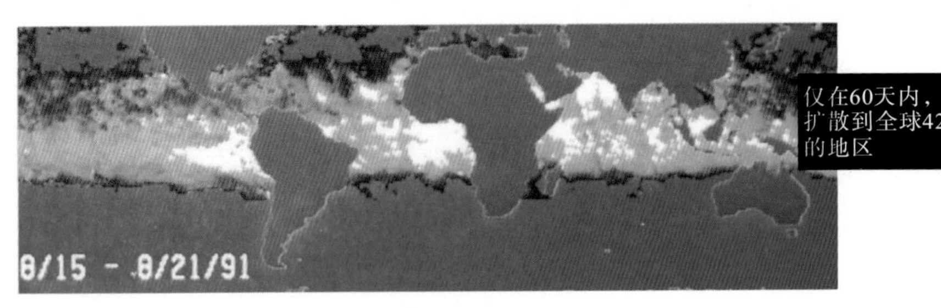

（e）1991年8月15～21日

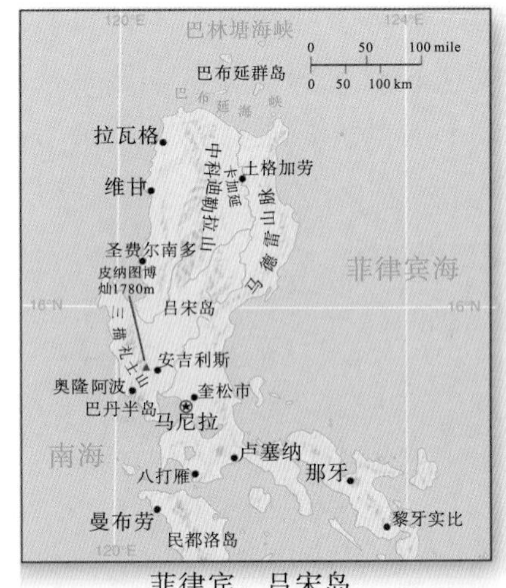

菲律宾，吕宋岛

图6.4　火山喷发物经风力扩散到世界各地

（a）1991年6月15日皮纳图博火山爆发；（b）～（e）假彩色影像中，可见皮纳图博火山喷发形成的气溶胶——火灾烟雾和火山灰，它们被大气环流扩散到全球各地；假彩色还可指示气溶胶光学厚度（Aerosol Optical Thickness, AOT）：白色区最浓厚、暗黄色区为中等、棕色区最小；（b）非洲西移的沙尘、（第一次海湾战争）科威特油井冒出的浓烟、西伯利亚森林火灾产生的烟雾、美国东海岸的离岸雾霾。［（a）AVHRR卫星影像，USGS，EROS数据中心，Sioux Falls，SD；（b）～（e）AVHRR卫星的AOT影像，NESDIS/NOAA］

试验。该条约表明：大气流动超越自然和文化因素，使得人类社会联系更加紧密。大气圈让世界变成了一个在空间上相互依存的社会，即：来源于某个人或某个国家的物质会传播扩散到另一个国家和地区。

在本章中：从风这一要素入手，包括大气压的概念、气压观测和对风的描述。气压梯度力、科氏力和摩擦力是地表风的驱动因子。我们将学习涵盖主要气压系统在内的地球大气环流及全球风系类型。此外，还包括地球上的风成洋流、大气流动、地方性风和强劲信风的多年振荡等内容。这些运动的驱动能量都来自太阳。

6.1　风的要素

尽管直至现代才揭示出全球风系的真实全貌，但几个世纪以来全球主要风系环流一直都令无数的游客、水手和科学家们着迷。受赤道能量盈余与极地能量亏损的驱动，地球大气环流输送着大量的物质和能量，这对气候系统和洋流的形成具有决定性作用。美国国家大气研究中心的科学家们指出：对于南北半球的能量输送来说，在纬度35°附近到极地地区之间，大气是能量重新分配的主导介质；而在南北纬度17°之间（跨越赤道）则主要依赖于洋流对其盈余热量进行重新分配。大气污染物（无论是天然的还是人为的）都是通过大气环流，从源地向世界各地扩散。

大气环流分为三个层次：构成全球总体环流的主要环流；高、低压系统移动形成的次要环流；第三个层次的局地风和短暂天气模式。经向风主要是指沿经线向北（向南）移动的风；纬向风是指顺着纬线向东（西）移动的风。

6.1.1　气压及其测量

气压的测量和表达是理解风的关键。大气因空气分子自身的运动、大小和分子数量而产生**气压**，这些因子决定了空气的温度和密度。大气压作用于所有与空气接触的物体表面。

1643年，伽利略的学生埃万杰利斯塔·托里拆利致力于研究一个矿井排水问题。研究中，他发现了一种测量气压的方法［图6.5（a）］，即矿井中的水泵把水提升到大约10m之后，就不能再提高了，而他又不能解释这种现象。细心的观察让他发现这不是泵机的负荷能力引起的，而是大气导致的。托里拆利留意到垂直抽水管中的水位一天天发生着波动，他认为是大气的重量，即气压随天气状况而变化。

对于矿井问题的模拟，托里拆利按照伽利略的建议，设计了一个装置：在高度为1m的玻璃管中使用一种密度大于水的液体水银（Hg）。将玻璃管的一端密封，在玻璃管内灌满水银，倒插在水银槽中［图6.5（b）］。他确定玻璃管内水银柱的平均高度在760mm，而实际高度则随着每天的天气变

地学报告6.1　沙尘飘移

源于非洲的沙尘有时会造成美国佛罗里达州水中的含铁量增加，使毒海藻生长繁盛［短凯伦藻（*karenia brevis*）］而形成“赤潮”。在亚马孙地区的土样中，也含有跨越大西洋来自非洲的沙尘成分。美国海军气溶胶分析和预测系统（NAAPS）正在积极地研究这些沙尘，见https://www.nrlmry.navy.mil/aerosol/。

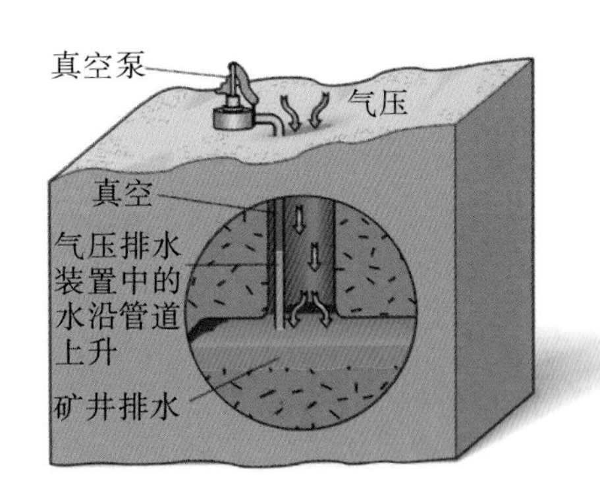

（a）托里拆利（Torricelli）在解决矿井排水问题时受到启发，发明了测量气压的气压计，目前有两种测气压的仪器

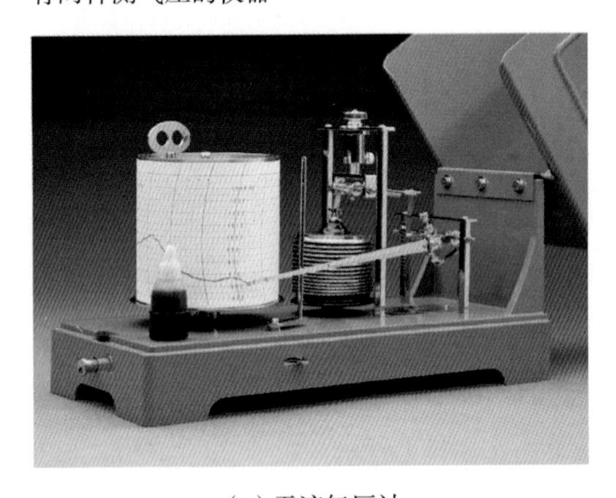

（c）无液气压计

注：你用过气压计吗？是哪一种类型的气压计？根据当地天气信息，你对它进行过调整校正吗？［Qualimetrics，Inc］

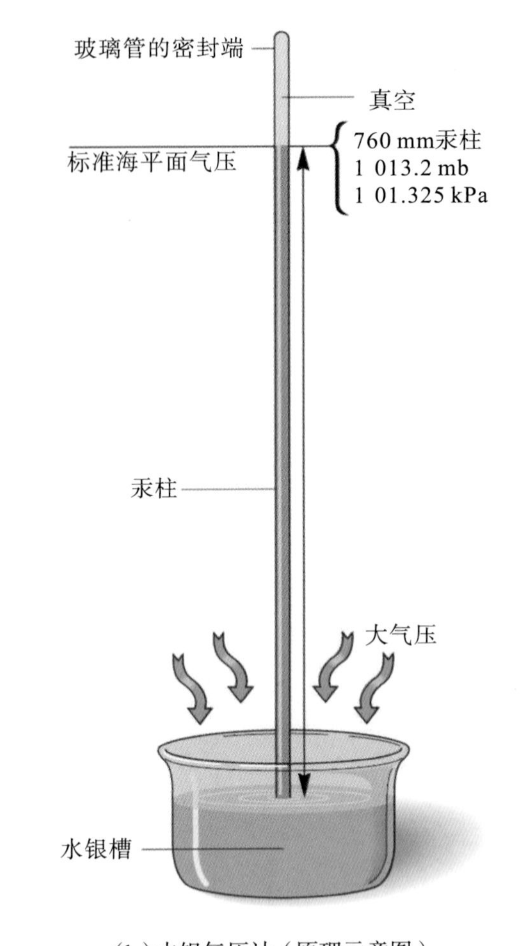

（b）水银气压计（原理示意图）

图6.5　气压计的设计

化而不断改变。由此，他得出结论：周围大气对水银槽里的水银施加了压力，从而使玻璃管内的水银柱实现了平衡。

利用相同的装置，科学家们测定的海平面标准大气压为1 013.2mb（毫巴，表示$1m^2$表面所受到的压力），或者说760mm的水银柱高度。在加拿大和其他国家，标准大气压表示为101.32kPa（千帕，1kPa=10mb）。

气压计（Barometer，Barometer源于希腊语*Baros*，意为“重量”）是一种测定气压的仪器。托里拆利发明了**水银气压计**，它没有长长的水银玻璃管装置，如图6.5（c）所示。另一种更简便的气压计是**无液气压计**，无液则意味着“使用的不是液体”，无液气压计的原理很简单：一个内部真空的密封小盒子，连接着一个有刻度盘指针的机件；随着气压的升高，盒子被挤压；随着气压的降低，盒子上的压力得到缓解；盒子对气压的变化作出反应并使指针移动。航空高度计就是一种无液气压计，它能准确地测定气压随海拔高度增加而减少的幅度。当然，其精度会随着温度的变化而作出调整。

图6.6中的刻度单位为毫巴和英寸汞柱高度，用来表示大气压。地表大气压正常变幅为980～1 050mb，图6.6还给出了美国、

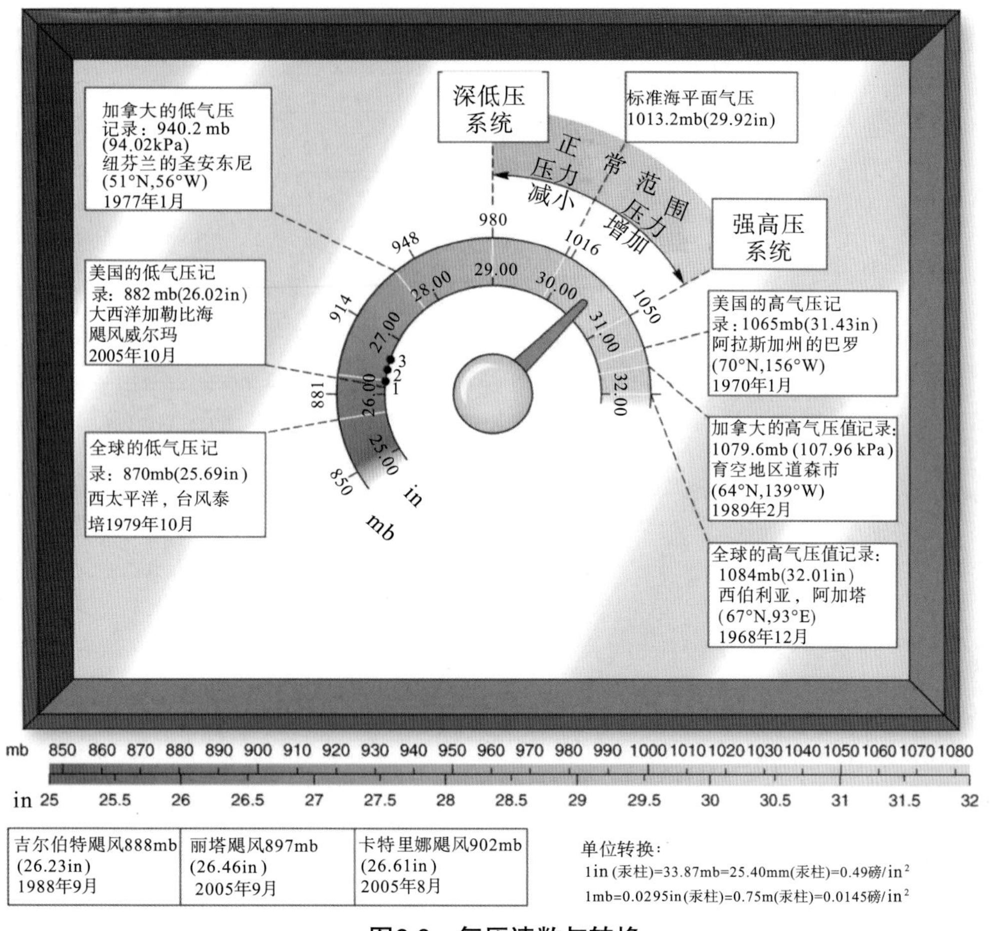

图6.6　气压读数与转换

注：刻度值为以毫巴和英尺为单位的大气压，注有平均气压值和极端气压值。加拿大的气压单位采用“千帕（kPa）”，10mb=1kPa；2005年的飓风季非常显著；请在气压标尺上标出卡特里娜、丽塔和威尔玛飓风的气压值。

加拿大，以及地球上的最高和最低气压记录值。2005年的威尔玛飓风是美国气压纪录的保持者，作为对比，请注意吉尔伯特飓风（1998年）、丽塔飓风和卡特里娜飓风（2005年）创造的最低中心气压纪录。

6.1.2　风的描述与观测

简单地说，**风**通常是指空气沿地表的水平运动，而湍流使风产生升降运动，给风增添了垂直分量。两个地方之间的气压差（空气密度原因）产生了风。风的两个主要属性——风速和风向可用仪器观测。**风速仪**用来测量风速，常用单位有：千米/小时（km/h）、米/小时（m/h）、米/秒（m/s）或海里/小时（knot，中文称为节，即1海里/小时。1海里相当于沿地球经线跨越纬度1′所对应的弧长，约等于1.85km或1.15英里）。风向用**风向标**测量，标准观测高度距地面10m高，这是为了减小地形对风向的影响（图6.7）。

风通常按照风的来向称呼，例如：从西面刮来的风称作西风（吹向东方），南面刮来的风称作南风（向北吹）。图6.8是一个简单的风向罗盘，气象学家把这16个风向作为风的主要方向。

传统的蒲福风力等级（蒲氏风级）是估测风速等级的一个描述性标准（表6.1），由英国海军将领蒲福（Beaufort）于1806年提出。1926年，辛普森（G.C. Simpson）把蒲氏风级扩展至陆地风速等级的划分。1995年，美国国家气象服务中心（早前的气象局）规范了风级标准（见https://www.wpc.ncep.noaa.gov/html/beaufort.shtml）。

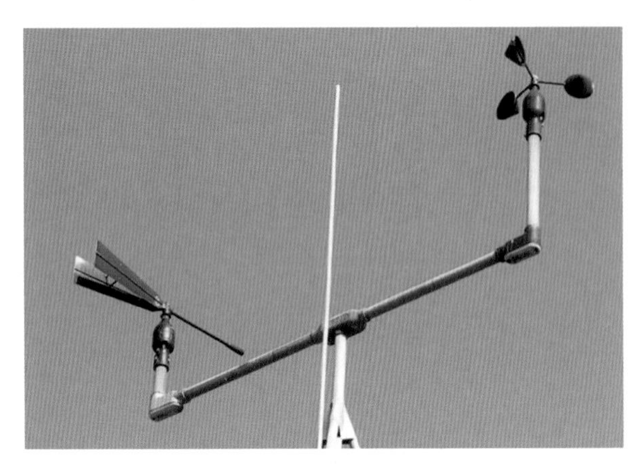

图6.7　风向标和风速仪

注：气象站用于观测风向（左为风向标）和风速（右为风速仪）的仪器。［NOAA图片库］

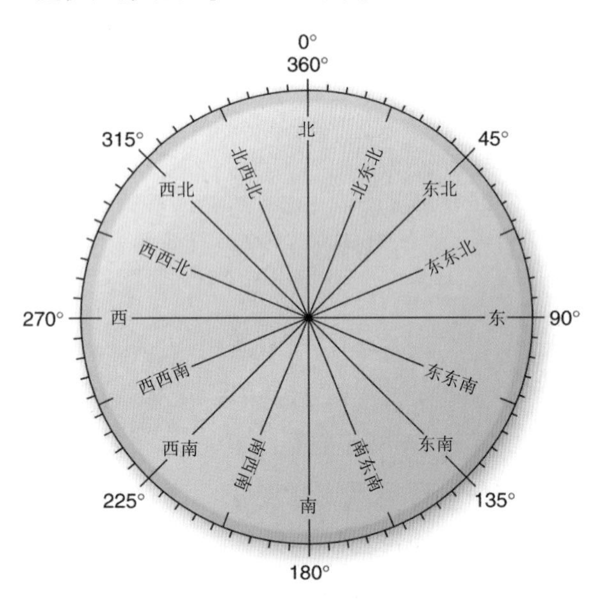

图6.8　风向罗盘上的16个风向

注：风向罗盘上标注了16个风向，并以风的来向命名；如来自西方向的风就称西风。

至今，这一风级标准仍在航海图中使用，便于在没有仪器的情况下估测风速。尽管大多数船只上都安装有先进的风速仪，可是你在航船驾驶台上仍可看到张贴的蒲福风级标准。

判断与思考6.1　风的测量

白天，当你在校园中漫步的时候，试着用蒲福风力等级标准（表6.1）来估测风速，一天至少两次，并把观测数据记录在笔记本上。如果条件允许的话，通过当地天气信息验证你的估测。对于风向观测，你可以通过手指来判定：把手指弄湿后，在空气中举起来，感觉手指因蒸发变冷的一侧，就是风向。根据你最近几天的观测，你发现风有什么变化吗？这种变化与这几天的天气有联系吗？

6.2　大气的驱动力

风向和风速取决于以下4种作用力。

- **地球重力**施加在大气层上的压力几乎一致。全球大气层在重力的压缩作用下，空气密度随高度的增加而减小。大气层的重力与地球旋转产生的离心力相互抵消。如果没有重力，大气及其气压也就不复存在了。
- **气压梯度力**驱使空气从高压区（空气密度较大）向低压区（空气密度较小）流动，从而产生了风。如果没有气压梯度力，也就没有风。
- **科里奥利力（科氏力）**就是地转偏向力。它是地球表面旋转所产生的力，可使风的直线运动发生偏转。科氏力使北半球的风向右偏转，南半球的风向左偏转。没有了科氏力，风将从高压区向低压区做直线运动。
- 当风沿地面运动时，**摩擦力**对风产生拖曳作用；随高度增加而减小。如果没有摩擦力，风将会平行于等压线做快速运动。

这4种力作用于沿地表移动的气流和洋流，对全球大气环流模式产生影响。接下

表6.1　蒲福风力等级标准

风速			蒲氏级数	描述	蒲氏风级	
km/h	mile/h	海里/时			海面情形	陆地情形
<1	<1	<1	0	无风	海面如镜	无风，树叶不动
1～5	1～3	1～3	1	软风	小的涟漪；鳞状微波；波峰无泡沫	树叶微动；烟雾指示风向；风向标不动
6～11	4～7	4～6	2	轻风	微波；波峰光滑，但不破碎	树叶有声；可感受到风拂面；风向标转动
12～19	8～12	7～10	3	微风	小波；波峰破碎并偶现白沫	树叶及树枝摇动；旌旗展开
20～29	13～18	11～16	4	和风	小波浪渐高；大量白沫	小树枝摇动；地面扬尘，吹起纸片、枯草和干树叶
30～38	19～24	17～21	5	清风	中浪渐高，波峰泛起大量白沫；偶起浪花	小树连枝摇动；内陆水面有小波
39～49	25～31	22～27	6	强风	大浪形成，白沫波峰到处可见；浪花渐起	大树枝摇曳；电线呼呼有声；举伞困难
50～61	32～38	28～33	7	劲风	海面涌突；白浪泡沫沿风成条	全树摇动；迎风步行困难
62～74	39～46	34～40	8	大风	更长的中高波浪；波峰破碎为浪花；浪花明显成条，沿风吹起	小枝折断；行人步行困难；使汽车移动和偏移
75～87	47～54	41～47	9	烈风	大浪；波峰翻滚，海面汹涌；浪花飞溅，能见度降低	屋顶瓦片被吹走；建筑物轻微受损；折枝满地
88～101	55～63	48～55	10	狂风（风暴）	高大巨浪翻滚；海面一片白浪；波浪悬垂；能见度更低	树木连根拔起；建筑物受损严重；破坏巨大；陆上少见
102～116	64～73	56～63	11	风暴（强烈风暴）	大量白沫覆盖海面，巨浪翻腾；小型和中型船淹没于波谷之间；波峰呈泡沫状	建筑物和树木被大面积破坏，很少发生
>117	>74	>64	12～17	飓风	空中充满浪花飞沫；海面上整个呈现白色；能见度很低或为零	灾难性破坏；受影响地区遭到毁灭性灾难

来，分别讲述气压梯度力、科氏力和摩擦力的作用（全球的重力作用是相同的）。

6.2.1　气压梯度力

大气中的高压区和低压区，主要是地表热力分布不均造成的。比如，极地的空气寒冷而密度大，产生的压力大于赤道地区的暖空气。这种气压差就会产生气压梯度力。

天气图上的**等压线**是气压值相等的点连接而成的等值线（每一条线上的值都是相等的）。天气图上的一系列等压线，给出了高压区与低压区之间的气压梯度，等压线的间隔反映了气压差的大小，或者说气压梯度的大小。

在地形图上，等高线密集的地方表示的是陡坡；在天气图上等压线密集的地方则表示的是气压梯度大。图6.9（a）中的等压线（绿色线）间隔越窄，气压梯度越大，空气从高压区向低压区流动的速度就越快；反之，等压线间隔越宽，其气压梯度越小，气流流

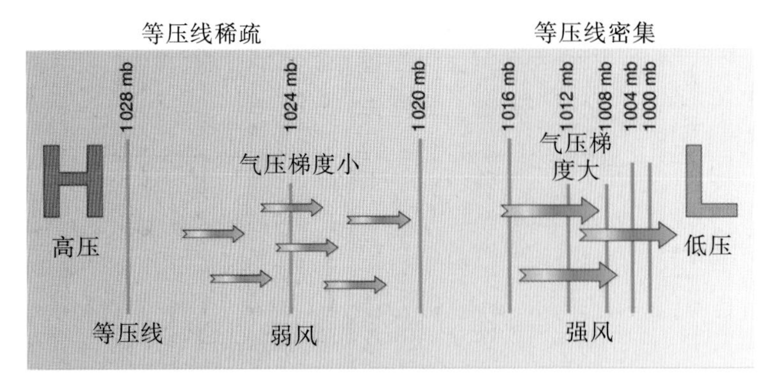

（a）气压梯度

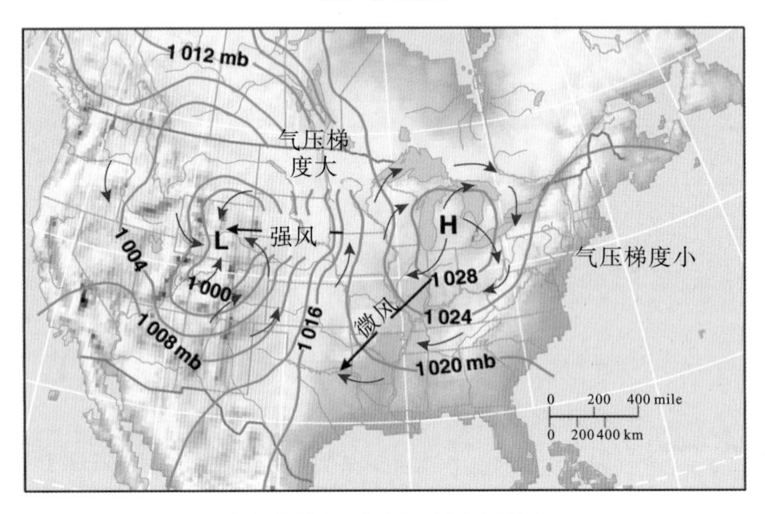

（b）绘制在天气图上的气压梯度

注：观察气压梯度与风力强度的关系。天气图中，地面风在高压系统中呈顺时针旋转，在低压系统中呈逆时针旋转。

图6.9　气压梯度决定风速大小

动就越缓慢。在同一水平面上，气压梯度力垂直于等压线，因此风垂直吹过等压线。注意比较：等压线的密集区（强风）、稀疏区（弱风）与图中风力强度的关系［图6.9（b）］。

图6.10展示了气压梯度力产生的风及自然作用力。图6.10（a）表示仅有气压梯度力作用时形成的风。空气下沉区发展为高压区，地表空气向四周辐散；相反，在低压区，地表周围的空气辐合上升。

6.2.2　科里奥利力（科氏力）

你可能觉得地面风是以直线方式从高压区流向低压区。对于无旋转的地球表面，情况确实如此。但是对于旋转着的地球而言，科氏力（地转偏向力）对于地球表面上飞行或流动的任何物体都有偏转作用，可能会导致风、飞机或洋流偏离直线路径。简单来说，科氏力是地球自转效应。地球的自转速度随纬度而变化，从极点（地轴表面）的0km/h增加至赤道（离地轴最远表面）的1 675km/h。表2.2列出了不同纬度上的自转速度。

不管运动方向如何，物体都会受到这种偏转作用。由于地球自转方向为自西向东，因此运动物体的偏转方向为：在北半球向右偏转，南半球向左偏转［图6.11（a）］。**赤道**地区的科氏力为零，在南北纬30° 地区增加到最大偏转值的1/2，到极地地区增至最大

(a)气压梯度力

注：假设地球不自转，理想化的高压和低压中心，以及气流流动，见俯视图和侧视图。

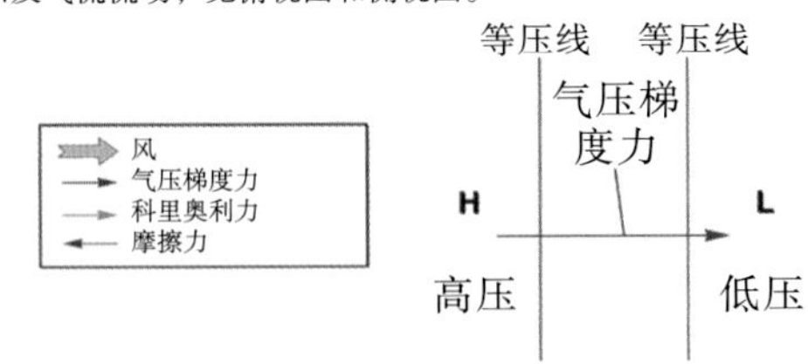

(b) 气压梯度力+科里奥利力(高空风)

注：地球自转产生的科氏力，使气流偏转。在高压区和低压区之间发展为气旋运动，气流在高低压之间沿等压线平行流动。

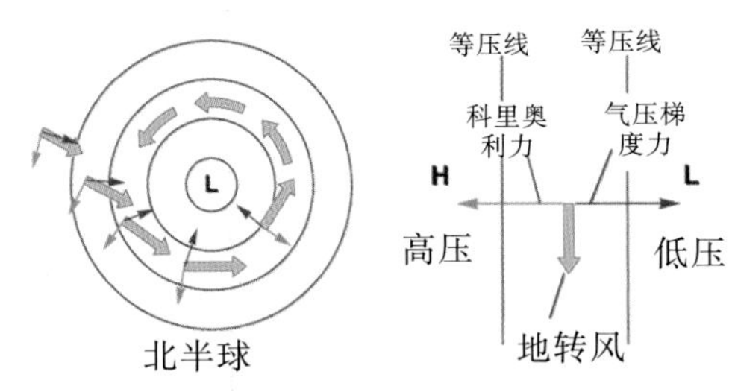

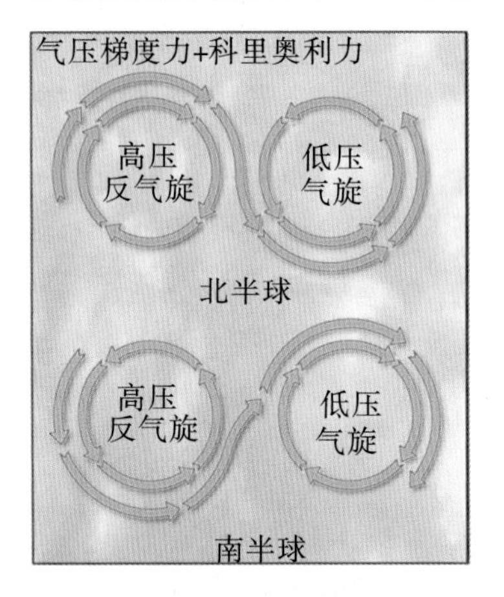

(c)气压梯度力+科里奥利力+摩擦力(地面风)

注：地面摩擦在科氏力之上，又增加一个分力，使得气流从高压区向低压区旋进，而地面风以某一角度穿过等压线，流入低压气旋的气流向左偏。

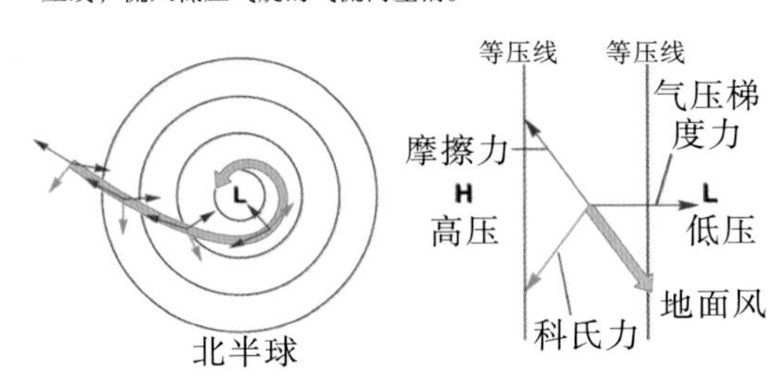

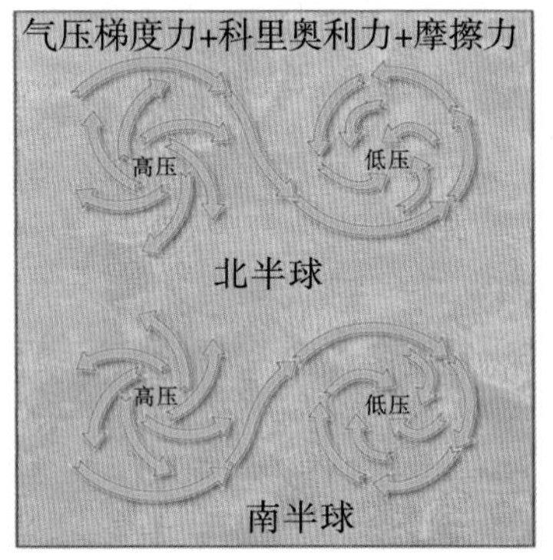

图6.10　风的三种自然作用力

注：三种自然作用力的相互作用，形成了地表风和高空风：（a）气压梯度力；（b）科里奥利力与气压梯度力方向相反，在高空大气中形成了地转风；（c）摩擦力和其他两个力共同作用形成了典型的地面风。

地学报告6.2　伴随地球的一种力

请注意，之所以把科里奥利力（科氏力）称为“力”是因为它符合这一称谓。正如物理学家牛顿（1643～1727年）所阐述的那样：当某个物体在空间内被加速时，就是受到了力的作用（即：力等于物体质量乘以加速度）。很明显，科氏力对运动物体（经典力学的一种惯性力）产生了显著作用。为了纪念法国数学家、应用力学家科里奥利（Gaspard Coriolis）（1792～1843年），地转偏向力被命名为科氏力。科里奥利于1831年首先描述了这种作用力。若想更深入地理解这一现象的物理性质，参见：Persson A. 1998. How do we understand the Coriolis force? [J]. in the bulletin of the American Meteorological Society 79, no. 7 (July): 1373–1385.

值。科氏力随物体移动速度的增加而增大。因此，风速越大，风向的偏转亦越大。科氏力不是那种在微小时空尺度上对小尺度运动发挥作用的普通力。

可以通过某个具体观测对象来做一个简单的解释。作为方法选择，你可以利用物理学知识对产生科氏力的各变量作用进行分析，也可以通过数学公式依据角动量和线动量守恒定律来解释。总之，随着纬度的变化，离地轴的远近也在发生改变，再加上重力和离心力的相互作用，由此产生了地转偏向现象。

掌握了以上这些，我们再从不同的角度观察科氏力。从飞机的视角看：飞机穿越地表上空时，向下看到的地表正在缓慢转动；然而，从飞机所处的平面来看，地表似乎是静止的，因此飞行航线发生偏离，呈现为弯曲轨迹。实际上，飞机并没有脱离直线路径，但是它看起来却是偏离的，这是因为我们站在飞机下方旋转着的地表面上。由于偏转作用及地球处于旋转状态，飞机必须朝着目的地不断地调整航线，以保持“直线”前行。

图6.11（b）的例子说明了科氏力的影响。当飞行员驾驶飞机离开北极，朝南飞向厄瓜多尔的基多时：如果地球不发生自转，那么飞机将会轻松地沿着经线到达目的地；但是在飞机下方，地球向东旋转。如果飞行

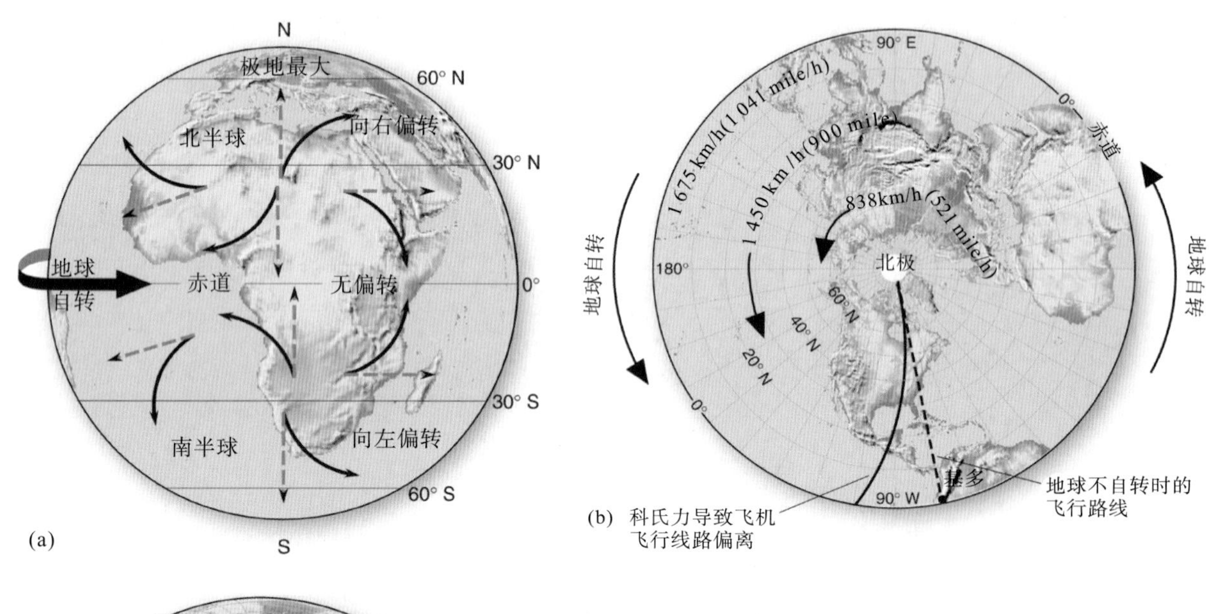

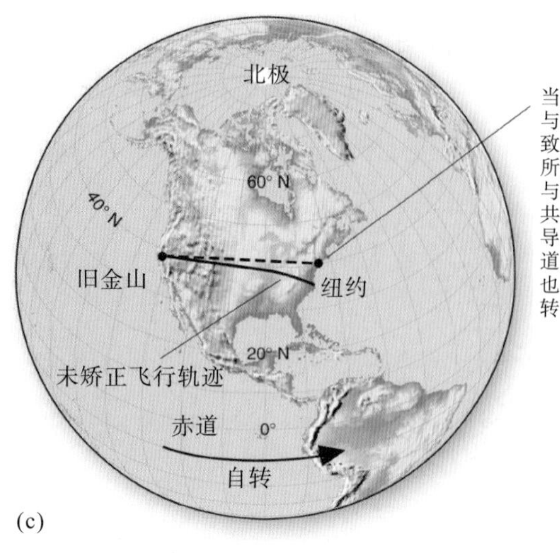

图6.11　科氏力造成的明显偏转

注：地球上的科氏力：（a）对于直线运动来说，在北半球明显向右偏转，在南半球向左偏转；（b）从赤道厄瓜多尔基多到北极之间的航线，科氏力使飞机航线发生偏离；（c）在美国旧金山市与纽约市之间的航线上，飞机偏离了直线路径，但这与飞机飞行方向无关。

员不考虑地球自转速度，那么飞机将沿弯曲路线飞抵赤道洋面上空时，会偏离目的地以西很远。同样，向北返航时，如果飞机飞行中仍保持着向东的速度，那么随着地球自转速度减小，若不调整航向，飞机将向右偏转到达极点以东的地方。所以，在飞行的航程计算中，飞行员必须要考虑科氏力产生的偏转影响。

这种偏转作用与物体运动方向无关。如图6.11（c）的例子，一架飞机由美国加利福尼亚州的旧金山市飞往纽约市。飞机航行时，因地转偏向力产生偏转，这是地球自西向东自转的结果；同时，飞机受到的离心力（地球的自转速度加上飞行速度）也会增大，使飞机向右偏转朝赤道偏移（远离地轴向低纬度移动）。若飞行员对这一偏转力不做调整修正的话，那么飞机最终将会到达美国北卡罗来纳州的某个地方；同样的，如果飞机向西返回的话，其方向与地球自转方向相反，可使离心力减小（飞行速度减去地球的自转速度），飞机向右方偏转（靠近地轴、向高纬度移动）远离赤道。

科氏力和风 科氏力是怎样影响风的呢？从最底层的地表大气开始，越向上，空气受到的地表摩擦力就越小，风速逐渐增大；同时，科氏力也随之增大，北半球使风向右旋，南半球使风向左旋，通常在高空形成了从亚热带吹向极地的西风。在对流层上层，科氏力与气压梯度力相互达到平衡，使得高、低压区之间的风向平行于等压线。

图6.10（b）展示了气压梯度力和科氏力对高空气流的综合作用。这种综合作用形成的风，不是从高压区直接流向低压区，而是围绕气压中心平行于等压线运动。这种风称作**地转风**（geostrophic wind，后缀-strophic意为“转向”），是对流层上层的典型环流。插图注释了：气压梯度力与科氏力共同作用形成了地转风。在图6.17中，地转风是高空天气图中的典型特征。

6.2.3 摩擦力

图6.10（c）是在科氏力和气压梯度力的基础上，对于风的运动又增添了摩擦力的作用。这三个力共同作用形成了我们看到的地面风运动模式。地面摩擦力影响高度可达500m，并随下垫面性质、风速大小、季节与昼夜变化及大气条件差异而变化。通常粗糙地面的摩擦力更大。

靠近地面，摩擦力打破了地转风中气压梯度力与科氏力之间的平衡［图6.10（c）］。由于地面摩擦力使风速减小，导致科氏力作用减弱，使风以某一角度斜穿等压线。如图6.10（c）所示，由于作用力的平衡作用，风在向右偏转的影响下，最终以左旋路径进入低压气旋中。

图6.10（c）中可见，北半球高压区气流呈顺时针旋转向外辐散，形成**反气旋**；而低压区呈逆时针旋转向内辐合，形成**气旋**（南半球气流环流模式相反，高压区反气旋逆时针旋转向外辐散，低压区气旋顺时针旋转向内辐合）。

地学报告6.3 科氏力：水槽或洗手间中的无效作用力

关于科氏力，常见的一种错误概念：它能影响水槽、浴盆或厕所中的排水。就水流或气流而言，在科氏力使其发生显著偏转之前，必须经过一定的距离和时间。科氏力会导致远距离的炮弹和导弹发生小小的偏转，所以必须进行精准性校正。然而就水管的排水来说，由于空间尺度太小，科氏力作用并不明显。

6.3 大气运动模式

掌握了上述各种作用力和大气运动，我们就为建立整个大气环流的一般模型做好了准备。在赤道地区，密度小的暖空气上升使地表形成低压；在极地地区，密度大的冷空气下沉使地表形成高压。如果地球不转动，那么风由极地直接流向赤道，也就是在气压梯度力的作用下，风产生经向流动。

然而，因为地球转动，风形成了一个复杂的流动系统。在转动的地球上，无论地表还是高空，从极地到赤道的大气均以带状（纬向）流动方式为主。无论南北半球，在中高纬地带，大气运动主要为西风（向东运动）；在低纬地带，主要为流向赤道的东风（向西运动）。全球大气环流系统把赤道地区过剩的热量、空气和水，通过波浪、河川及行星尺度的涡流传送到能量亏缺的极地。

6.3.1 地球上主要的高压带和低压带

关于地球上气压和风的模式，接下来的讨论中经常用到图6.12。图6.12是1月份和7月份地表大气平均气压等值线图。通过等压线，这两幅图间接地说明了地表盛行风。

在气压图中，对大气环流起支配作用的主要是高压区和低压区，通常为闭合的气压中心或沿地表延伸的气压带；这种气压带似乎被大陆中断而分布不均，主要风系就在这些区域之间流动。在直径达几百或几千公里、高达几百到几千米的高压和低压区范围内，进一步发展形成了副高压和副低压。这些副气压系统随季节而迁移，造成所经区域的天气模式发生变化。

北半球有四个大范围的气压区，南半球也有类似的分布。在南北半球，两个气压区是由热量（温度）因子产生的；它们是**赤道低压槽**（图6.12上标注为热带辐合带）和两极较弱的**极地高压中心**（注：图6.12中未显示，因80° N 和80° S两端被剪截）。另外两个气压区是由动力因素造成的，即**副热带高压中心**（H）和**副极地低压中心**（L）。表6.2总结了这些气压区的特征。下面，之后还对每个主要气压区进行论述。

表6.2 南北半球上的四个气压区

名称	原因	位置	空气温度/水分
极地高压中心带	热力	90° N，90° S	寒冷/干燥
副极地低压中心带	动力	60° N，60° S	凉爽/湿润
副热带高压中心带	动力	20° ～35° N，20° ～35° S	炎热/干燥
赤道低压槽	热力	10° N～10° S	温暖/湿润

赤道低气压槽——温暖多雨 这一地带的太阳高度恒定且昼长相等（全年每日昼长为12h），因而全年都可获得大量能量。由于空气受热，密度变小并抬升，导致地面风沿整个低压槽发生辐合。这些辐合空气十分潮湿、潜热充分；当它们抬升时，空气膨胀冷却，产生水汽凝结，导致整个区域降雨充沛。空气上升产生的垂直云柱常常能到达对流层顶，并伴有强烈的雷电天气。

在受热和辐合的共同作用下，高空大气形成了**热带辐合带**（intertropical convergence zone，ITCZ）。1月份和7月份气压图上的ITCZ（图6.12，ITCZ用虚线表示），其位置是根据赤道上的辐合风向和云带分布来确认的。1月份，ITCZ伸入赤道以南的澳大利亚北部，在南美洲和非洲东部呈下凹形（注：请利用降水分布，来确认图6.13卫星影像上的ITCZ位置）。夏季，伴随着ITCZ变动，标志性的湿季出现在不同区域。

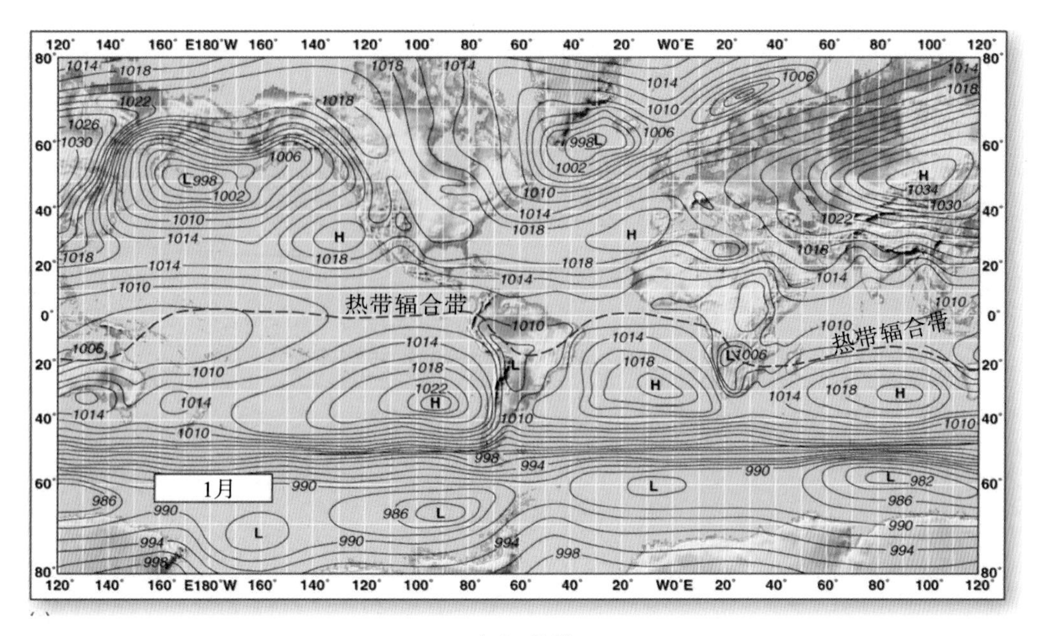

（a）1月份

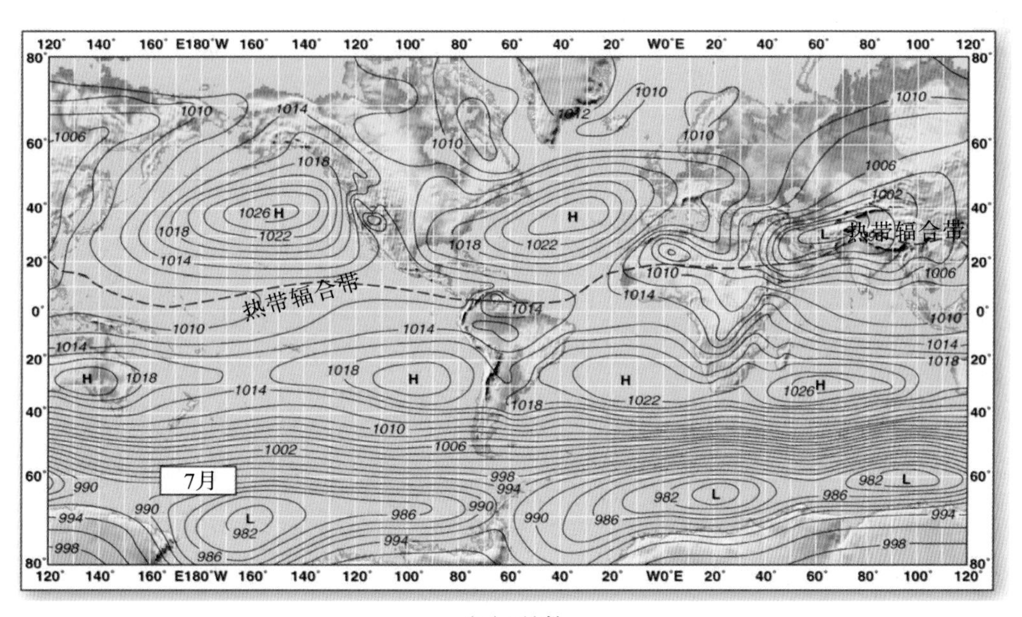

（b）7月份

图6.12　全球1月份和7月份的大气压分布图

注：全球地面平均气压分布（毫巴）；虚线为热带辐合带（ITCZ）的通常位置。比较某一地区1月份和7月份的变化，比如北太平洋、北大西洋和亚洲大陆中央。［改绘于：美国国家气象资料中心，世界逐月气候数据，46（1993年1月和7月），WMO和NOAA］

图6.13的卫星影像，利用1月份和7月份的降水分布展示了ITCZ赤道低压槽。图6.13中破碎状的累积降水带（月平均值）显示的就是这一低压系统，其7月份的位置略向赤道北部偏移。注意图6.12的ITCZ位置，请将它与图6.13中TRMM（热带测雨卫星）传感器捕获的降雨量分布进行比较。赤道低压槽不仅是一个延伸起伏的低气压狭窄地带（辐合上升气流），同时也是几乎环绕全球的多云带和多雨带；它在海洋上空的分布具有很好的一致性，但在陆地上空却被阻断。

图6.14是地球大气一般环流的两个视

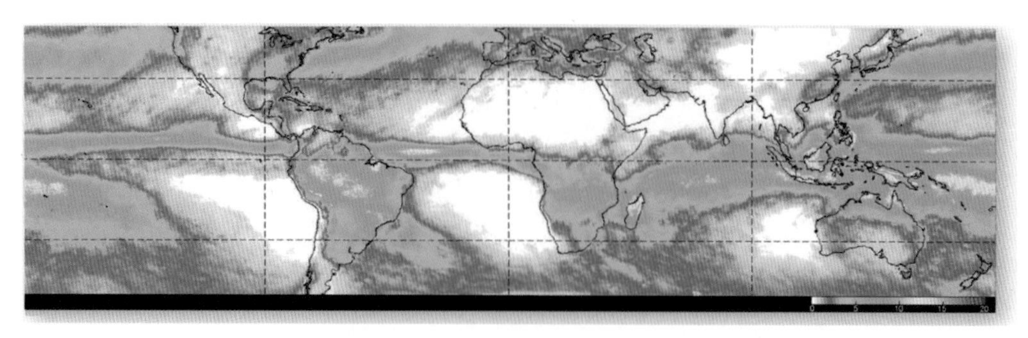

（a）1998～2010年的1月份平均降雨量；沿热带辐合带（ITCZ）的日均降雨带中，有一个间断

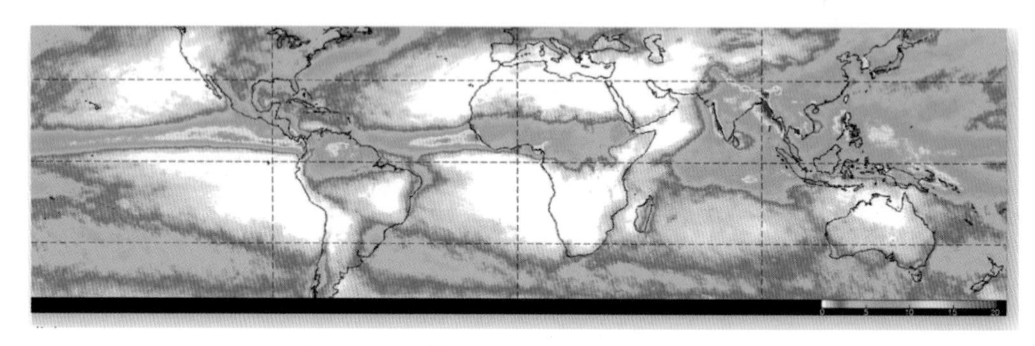

（b）1998～2009年的7月份平均降雨量；在ITCZ南侧和北侧，亚热带有若干个高压系统和晴空区域（无覆盖色）

图6.13　累积雨量带显现的赤道和亚热带环流

［几个同步卫星的TRMM微波影像，GSFC/NASA］

图。位于赤道低压槽的辐合风，就是通常所称的**信风**（或贸易风）。见图6.14（a）上的标注，北半球为东北信风，南半球为东南信风。信风（贸易风）这一名称源于航海贸易时代。

信风通过哈德雷环流圈携带大量的水汽返回，并开始下一次的抬升和凝结循环［见图6.14（b）截面图］。在南北半球都有哈德雷环流圈，其命名是为了纪念18世纪英国科学家哈德雷（Hadley）。哈德雷描述了信风，说明了气流沿ITCZ抬升进行的环流。上升空气向南北流向副热带后，由表面下沉再以信风的形式返回ITCZ。在南北半球的春分点和秋分点附近，这种环流模式的垂直对称性每年都很显著。

在ITCZ范围内，由于气压梯度均匀、空气垂直上升，无风或风速很小，这一静风区被称作赤道无风带（Doldrums，源于古英语，意为“呆滞的”，因为帆船通过这片区域时，航行困难）。从赤道低压槽抬升的空气，偏转上升并分别汇入南北两侧的地转风中。这些高空气流向东偏转，自西向东流动，在20° N和20° S附近开始产生下沉气流，并在副热带地区形成高气压系统。

副热带高压中心带——炎热干燥　在南北半球20°和35°纬线之间，全球分布着一个广阔的干热空气高压带（图6.12和图6.13）；很明显，在撒哈拉沙漠、阿拉伯沙漠和印度洋部分地区，天空常常晴朗无云，这就是受高压带控制而形成的。你能在TRMM卫星影像上（图6.13）找到这些沙漠吗？

由于副热带反气旋形成的动力因素十分复杂，本书难以展开详细论述。这些位于副热带上空的空气，在机械力的作用下向下移动，并在下沉过程中因空气压缩而加热升温

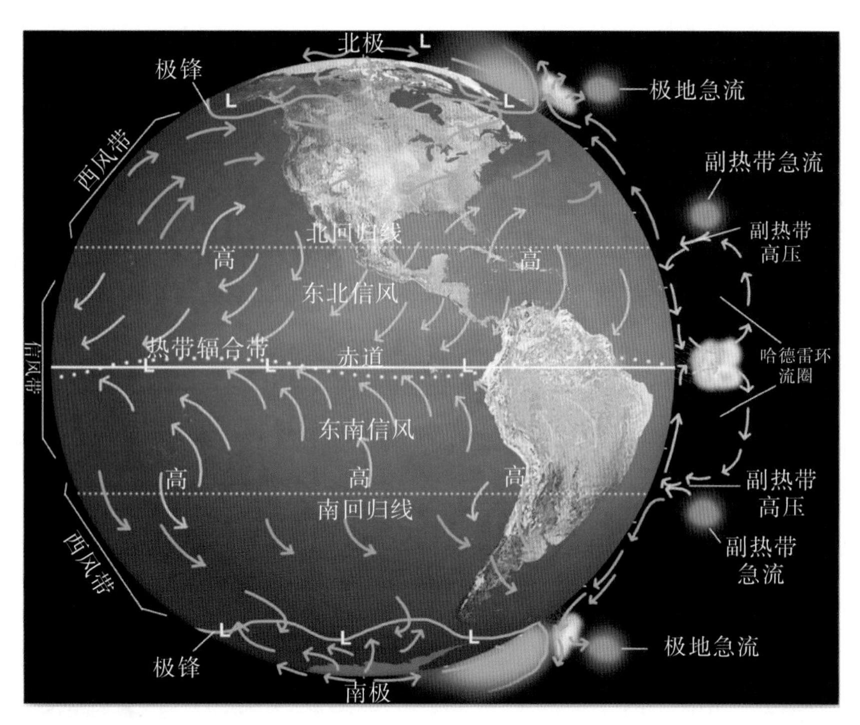

(a)大气环流的概念图

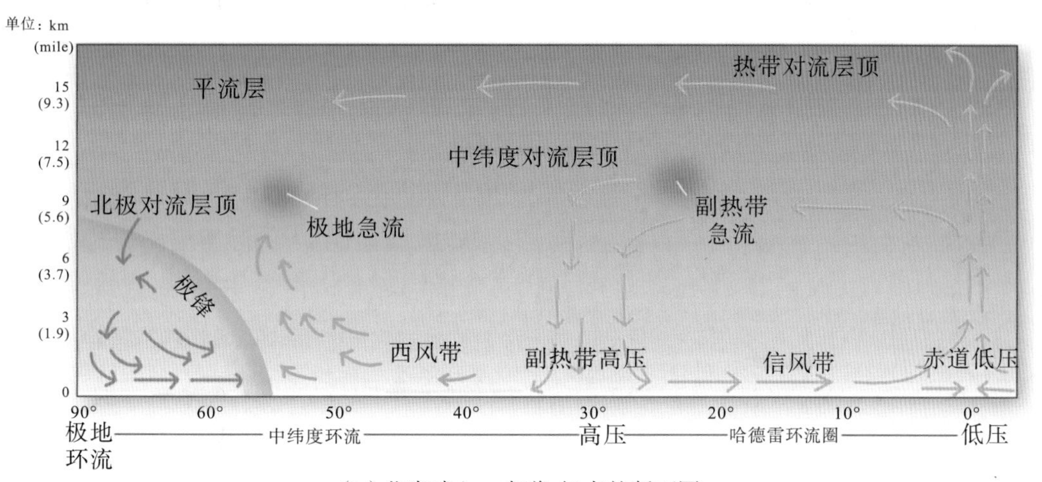

(b)北半球上，赤道-极点的断面图

图6.14　大气环流的一般模式

注：大气环流一般模式的两种视图，两个视图都给出了哈德雷环流圈、副热带高压、极锋、副极地低压带、副热带急流和极地急流的大体位置。

(图6.14)。暖空气吸收水汽的容量比冷空气大，这就造成下沉的暖空气相对干燥(水汽容量大，相对湿度低)。此外，赤道环流带上，一部分地区还因大量降水使得空气中水分减少，导致空气变得干燥。

从副热带高压中心带分流的地面气流，形成了地球上的主要地面风系：西风带和信风。**西风带**是指从亚热带流向高纬地区的地面盛行风系，在南北半球均表现为夏季减弱，冬季增强。

当观察图6.12所示的全球气压分布图时，可发现几个高压区。在北半球，大西洋副热带高压中心被称作**百慕大高压**(位于大西洋西部)或称为**亚速尔高压**(冬季移动到大西洋东部时)。在副热带高压下的大西洋海域，海水清澈温暖，海面漂浮有大量马尾藻（一种海草），因此这片海域被称作马尾藻海。**太平洋高压**或夏威夷高压，7月份在太平洋占优势，1月份向南退却。在南半球，三大高压中心对太平洋、大西洋和印度洋起支配作用，尤其是1月份，它们通常沿纬线改变分布位置。

整个高压系统伴随夏季太阳高度变化而移动，移动范围为5～10个纬度。位于反气旋系统东侧的空气更干燥、更稳定（对流运动较弱），洋流水温低于西侧。由图6.15可以看出，高压系统东侧的干燥气流和夏季干燥环境影响了副热带和中纬度西海岸地区的气候。事实上，地球上的主要荒漠通常分布于副热带，并扩展至各大陆的西海岸，南极洲例外。图6.15和图6.25中，非洲沙漠地区分布于南北半球的右（西）海岸；北半球为离岸向南流动的加那利寒流，南半球为离岸向北流动的本格拉寒流。

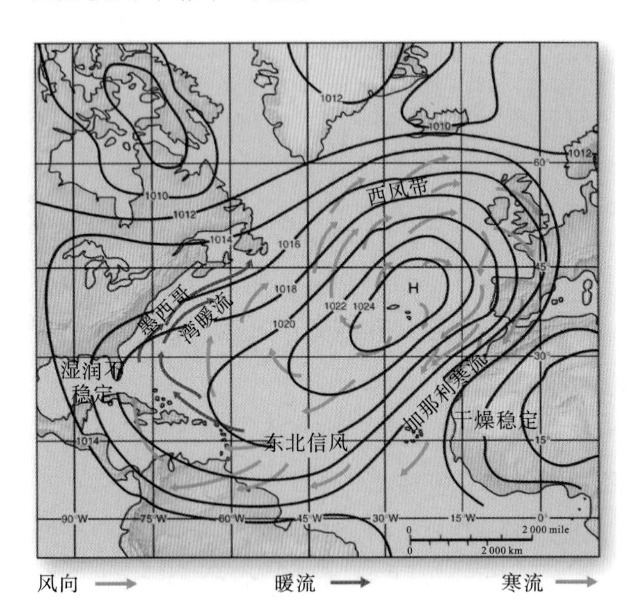

图6.15　大西洋副热带高压系统

注：北半球的环流特征；伴随离岸寒流，荒漠向非洲海岸延伸；而伴随离岸暖流，美国东南部湿润多雨。

由于亚热带位于25° N和25° S附近，这些区域常被称作北副热带无风带和南副热带无风带——这些无风区，空气炎热干燥，帆船航海时代海面一片死寂，获得了“马纬带（horse latitudes）”这一称谓。尽管这一称谓的真正起源不确定，但流行的说法与过去几个世纪的传说有关：当海上帆船受困于无风区时，海员们不想让牲畜消耗水和食物，就杀掉船上的马匹。

副极地低压中心带——凉爽湿润　1月份，在60° N附近的海面上有两个低压气旋中心，它们分别是北太平洋的**阿留申低压**和北大西洋的**冰岛低压**［图6.12（a）］。冬季，这两个低压中心处于支配地位；夏季，伴随副热带高压系统的增强，它们会减弱甚至消失。在高纬冷空气和低纬暖空气的交汇区域，两种不同性质的气团相互冲突形成了**极锋**。极锋锋面集中于低压区域，并围绕地球形成了环绕带。

图6.14展示了西风带暖湿空气与极地、北冰洋干冷空气之间的冲突，暖空气抬升过程中冷却凝结。低压气旋风暴退出阿留申和冰岛极锋区时，可能会在北美和欧洲地区分别产生降水。在这些气旋系统的登陆通道上，北美西北部和欧洲变得寒冷潮湿。请查看一下这些地区的天气，如加拿大的不列颠哥伦比亚省、美国的华盛顿州和俄勒冈州、爱尔兰和大不列颠。

在南半球，不连续的副极地低压系统环绕于南极洲周围。在图6.16的卫星影像上，可以看到这些气旋系统形成的螺旋云系。强烈的气旋风暴可穿越南极洲，产生强风和降雪。在这幅卫星影像上，你能找出多少个气旋系统？

极地高压带——严寒干燥　极地高压中心较弱。极地气团较小，接受的太阳能很少，因此驱动气团运动的能量有限。不稳定的干冷风沿反气旋方向从极地向外扩散，在北半球呈顺时针方向辐散（南半球呈逆时针方向辐散），形成了势力较弱、风向多变的**极地东风带**。

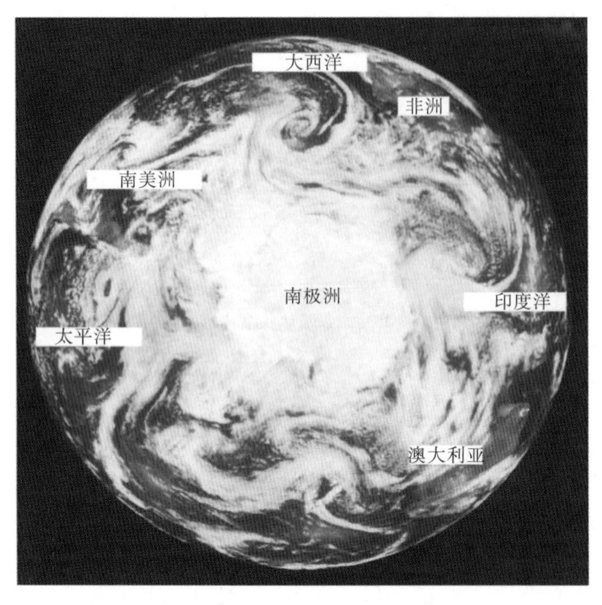

图6.16　云图显示的亚极地和极地环流

注：南极洲，影像中南半球有一系列的亚极地低压气旋。因为正处于冬至（12月的至点），南极洲正值仲夏，全天处于太阳照射之下。影像源自伽利略号宇宙飞船，拍摄时间为1990年12月，即飞船飞越地球之时。［康奈尔大学，行星研究实验室（ESA）和W.Reid Thompson博士］

在两极地区，南极大陆上空形成了更强劲持久的**南极反气旋高压**；相比之下，北冰洋上空的极地高压却明显偏弱，当它形成时，不是直接滞留于相对较暖的北冰洋，而是移至冬季严寒的北方大陆上空（加拿大高压、西伯利亚高压）。

6.3.2　高层大气环流

对流层的中层和高层环流是全球大气环流的重要组成部分。如同把海平面气压作为地面大气压基准面一样，我们把500mb大气**恒压面**作为高层大气压的基准面。

在高层气压图上，人们把500mb等压面上的高程（海平面以上）绘制成等高线图。图6.17（a）是一幅4月份某一天的高层气压分布图，图6.17（b）这个起伏等压面上所有点的气压值均相同。相反，在地面天气图上，我们在固定的海平面上（恒定等高面），可以描绘出不同气压的等值线。

我们利用500mb气压图分析高层风，并为研究地面天气状况提供可能的支持。与地面气压图类似，等压线越密、风速越快，等压线越疏、风速越慢。在这个等压面上，偏离基准面的高程差异，对高压而言叫作高压脊（等压线向极地凸出），对低压而言叫作低压槽（等压线向赤道凸出）。你能在图6.17中，辨认出等压面上的高压脊和低压槽吗？

在高层气流中，高压脊和低压槽的分布形态对维持地面气旋（低气压）和反气旋（高气压）环流十分重要。等压面上，高压脊附近的风速较慢，气流发生辐合（空气堆积）；而在低压槽最大风速区附近，风速增加、气流辐散（向外扩散）。注意图6.17（a）中风速的图符和注释，高压脊位于加拿大的阿尔伯塔省、萨斯喀彻温省、美国蒙大拿州和怀俄明州附近上空；而美国的肯塔基州、西弗吉尼亚州、新英格兰及加拿大滨海诸省则位于低压槽附近。此外，还请注意太平洋沿岸的离岸风。

观察图6.17（c），高层辐散气流对地面气旋环流来说很重要，因为它在高层形成了扩散气流，从而促使地面气流汇入低压气旋中（就像打开烟囱挡板后，烟囱出现冒烟现象一样）。相反，高层辐合气流产生下沉气流，反气旋高压之下的地面气流向外辐散。

罗斯贝波　地转风西风带内存在着巨大的起伏波，称作**罗斯贝波**（该名称是为了纪念气象学家Carl G. Rossby而命名的；他于1939年从数学上首次描述了这种长波）。极锋是冷暖空气相互冲突的边界线，其北侧为冷空气、南侧为暖空气（图6.18）。罗斯贝波使冷空气向南凸出、热带暖空气向北凹进。在

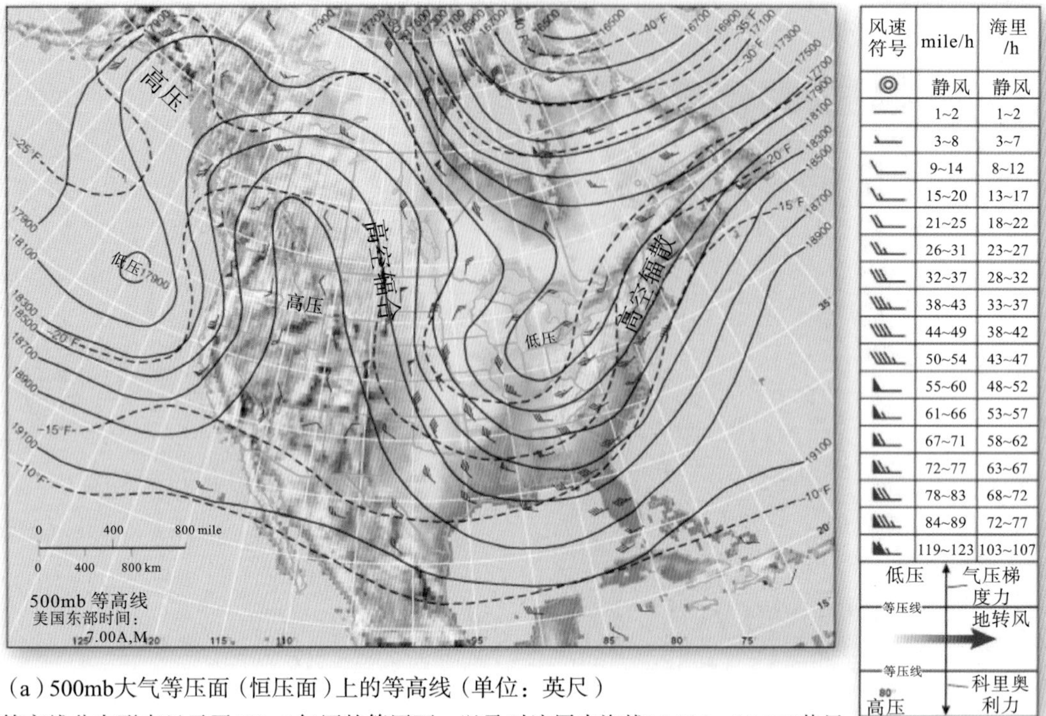

风速符号	mile/h	海里/h
	静风	静风
	1~2	1~2
	3~8	3~7
	9~14	8~12
	15~20	13~17
	21~25	18~22
	26~31	23~27
	32~37	28~32
	38~43	33~37
	44~49	38~42
	50~54	43~47
	55~60	48~52
	61~66	53~57
	67~71	58~62
	72~77	63~67
	78~83	68~72
	84~89	72~77
	119~123	103~107

（a）500mb大气等压面（恒压面）上的等高线（单位：英尺）

注：等高线分布形态显示了500mb气压的等压面，以及对流层内海拔16 500～19 100英尺（5 029～5 821m）的高层地转风。

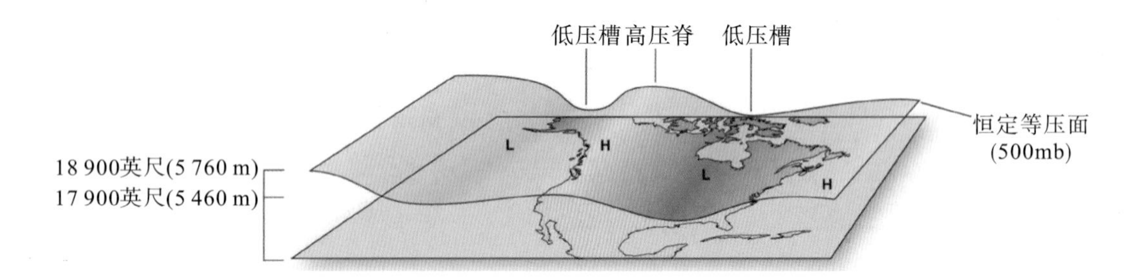

（b）注意地图和素描图，北美西部山区5 760m高层的高压脊，五大湖地区、太平洋离岸5 460m高层的低压槽

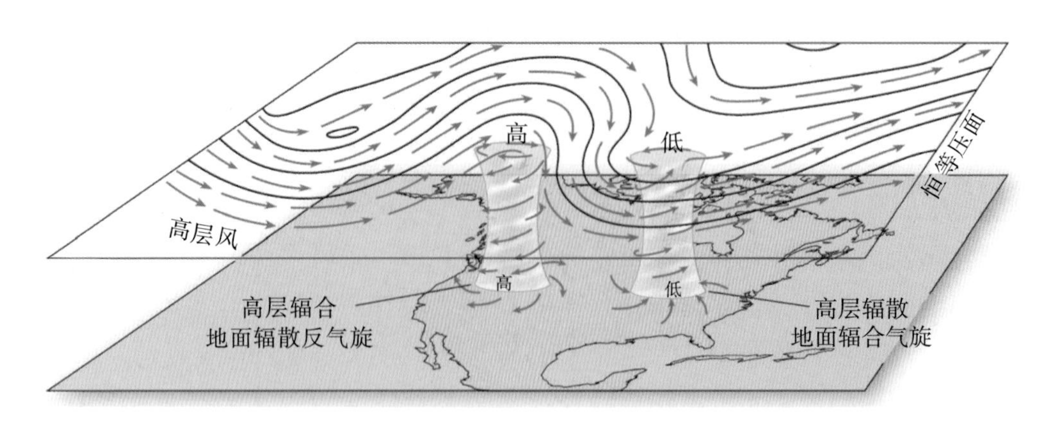

（c）注意高层辐合区（对应于地面辐散区）和辐散区（对应于地面辐合区）

图6.17　大气恒压面分析（4月份某日）

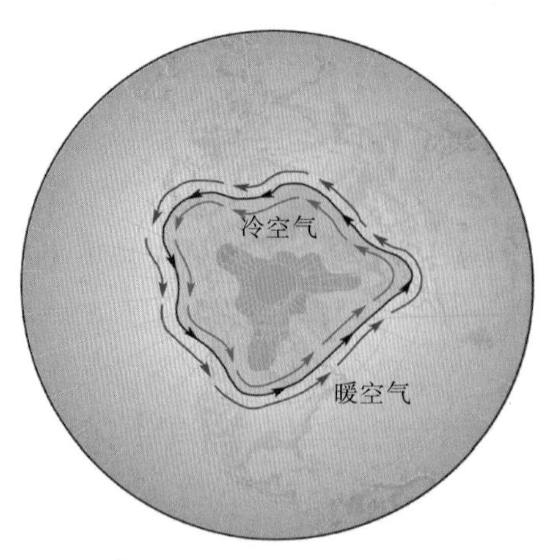

(a) 高层环流和急流开始缓慢波动

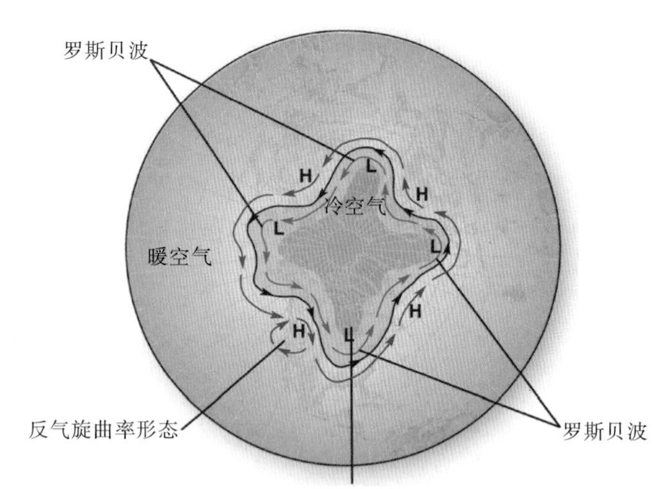

(b) 气旋曲率随低压槽的发展而加强
长波模式开始形成罗斯贝波

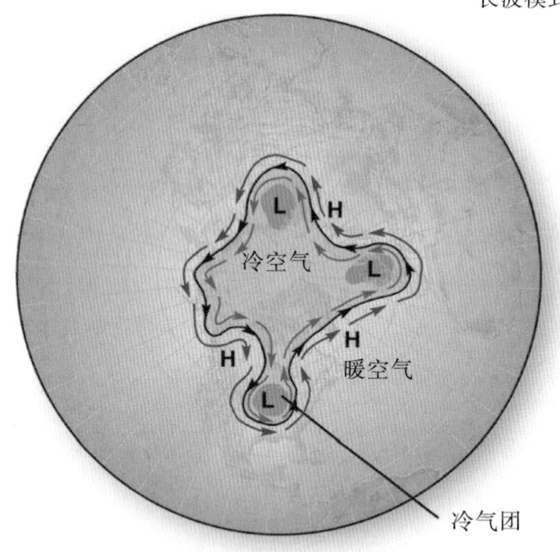

(c) 长波急剧发展形成冷、暖空气区——高压脊和低压槽

图6.18　高层大气中的罗斯贝波

注：高层大气环流中发展的波。注意罗斯贝波的波动，字母“L”表示低压槽，“H”表示高压脊。

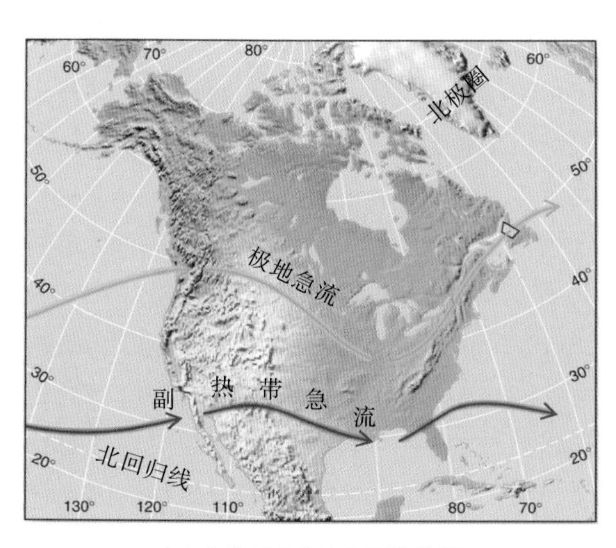

（a）北美两个急流的平均位置

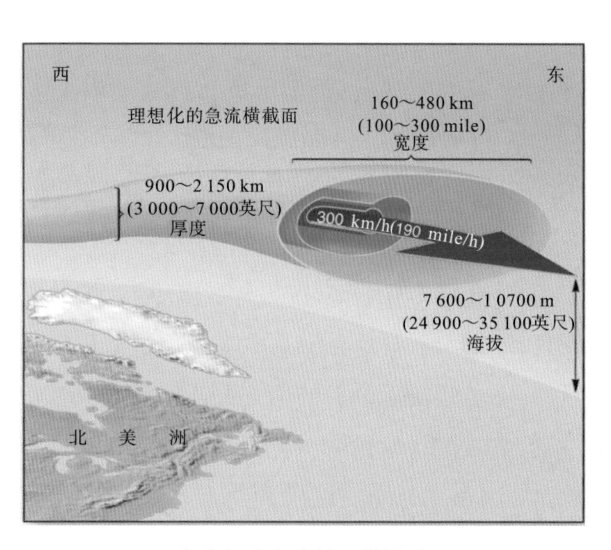

（b）极地急流的三维图示

图6.19　高空急流

注：1英尺=30.48厘米。

高层大气环流中，罗斯贝波的发展可用三个阶段图来表示。伴随着这些湍流向成熟阶段发育，锋面处因冷暖空气相互混合而产生明显气旋环流。这些波动涡旋和高层的气流辐散，对地面气旋风暴系统具有支持作用。罗斯贝波沿急流轴方向发展。

急流　高层西风带中最突出的气流运动是**急流**。它是一个不规则的集中风带，出现在几个不同位置，并影响着地面天气系统，图6.14（a）给出了四个急流的位置。急流在垂直剖面上相当平坦，正常情况下可达160～480km宽、900～2 150m厚，中心风速大于300km/h。南北半球上的急流，夏季变弱，冬季接近赤道而增强。高压脊和低压槽的形态格局会导致急流速度发生变化（辐合或辐散）。

在北半球的对流层顶，极地急流沿极锋波动于30° N～70° N，高度为7 600 ～10 700m。极地急流向南移动可达美国得克萨斯州，使冷气团进入北美地区，导致地面风暴路径向东移动。夏季，极地急流因停留于高纬地区，因而对风暴的影响较小。见图6.19中的极地急流立体示意图和北美上空的两支急流分布。

在亚热带纬度带——靠近热带与中纬度交界处，对流层顶附近的副热带急流（图6.14）徘徊于20° 至50° 纬度之间。它有可能与极地急流同时出现于北美上空，有时两支急流还会发生短暂合并。

6.3.3　全球环流的多年振荡

无论是多年振荡还是短期振荡，都对全球环流产生重要影响。人们对其认识正在不断深入，其中最著名的就是厄尔尼诺—南方涛动（El Niño-Southern Oscillation, ENSO）现象，见本书第10章。这种多年振荡对气温、气团和气压分布产生影响，进而影响全球的风系和气候。这里，简要概述三个全球尺度的振荡。详细内容请查阅文中给出的三个网址。

北大西洋涛动（或振荡）　北大西洋涛动（North Atlantic Oscillation，NAO）是指大气变异性在南北方向上的波动。它是大西洋上空气压差导致的，而气压差又是（冰岛低压与亚速尔高压之间）气压梯度由弱变强而产生的。当冰岛低压小于正常气压值，而亚速尔（葡萄牙西部）高气压中心大于正常值时，NAO指数处于正相位。此时，强劲的西风和急流穿越大西洋东部，拉布拉多海（格陵兰西部）刮北风，挪威海（格陵兰东部）刮南风；与欧洲北部冬季的强暖湿风暴相比，美国东部冬季并不十分严重；地中海地区干燥。

当NAO指数为负相位时，其特征为：亚速尔高压与冰岛低压之间的气压梯度小于正常值，西风带和急流减弱。在欧洲，风暴路径向南转移，携带的水汽使地中海地区湿润，而欧洲北部冬季则变得干冷。当北极气团进入低纬地区时，美国东部冬季寒冷而多雪。

就NAO指数来说，人们无法预测它的正负相位，有时每个星期都会发生变化。自1960年以来，已呈现出正相位多于负相位的趋势。1980～2008年，NAO平均多为正相位状态；然而，2009～2010年初的整个冬季，NAO转入负相位状态（见http://www.ldeo.columbia.edu/NAO/）。

北极振荡　北半球上空，中、高纬度之间气团变化的波动造成了北极振荡（Arctic Oscillation, AO）。AO与NAO有关联，尤其是冬季，AO指数与NAO指数的相位之间存在相关性。当AO指数处于正相位时（暖相位，NAO也为正值）：影响气压梯度的北极上空气压比常年气压低，导致低纬地区的气压相对偏高，由此形成了更强的西风和一个持续强劲的急流及一支流入北冰洋的大西洋暖流；此时，冬季冷气团南移的距离并不是很远，这使得格陵兰地区比平时更冷。

当AO指数处于负相位（寒冷阶段）时，NAO指数为负值，气压分布格局呈相反状态。此时，北极上空的气压高于正常值，中大西洋的气压相对偏低；较弱的纬向风使冬季冷气团流入美国东部、北欧和亚洲，北冰洋的海冰变得更厚；格陵兰比平时更温暖。2009～2010年，北半球冬季的特点为：冷空气罕见地进入中纬地区；2009年12月北极指数（Arctic Index）是1970年以来的最大负相位；2010年2月北极指数负值更低［见https://nsidc.org/arcticmet/patterns/arctic_oscillation.html（美国国家冰雪数据中心）］。

太平洋十年际振荡 横跨太平洋的太平洋十年际振荡（Pacific decadal oscillation，PDO）持续时间达20～30年，其生存周期比2～12年的ENSO周期还长。太平洋十年际振荡这一术语出现于1996年。它与两个区域海面的温度和气压有关：太平洋北部和西太平洋热带地区（#1区域），沿美国西海岸的东太平洋热带地区（#2区域）。

1947～1977年，#1区域的温度普遍高于正常值，而#2区域的温度偏低，这时PDO为负相位（凉爽期）。1977～1990年，PDO转变为**正相位**（温暖期）：此时，#1区域的温度偏低，而#2区域的温度普遍高于正常值；这与强ENSO事件发生期相一致。从1999年开始，负相位持续了四年时间，之后又持续了三年中等程度的正相位；自2008年开始，PDO处于负相位。对美国西南部已遭受旱灾的地区来说，这是一个坏消息，因为PDO负相位意味着旱情将会持续十年或者更长时间。

目前，PDO的起因和周期变化还是未知数。科学家们对太平洋环境进行监测，探索其变化模式。深入理解PDO将有助于科学家预测ENSO事件及区域旱灾周期（见https://sealevel.jpl.nasa.gov/science/goals-and-objectives/）。

6.3.4 局地风

海岸线地区大多都会发生**海陆风**（图6.20）。陆地和海面之间的热力差异形成了这种轻风。白天，陆地吸收热量，地面升温快于海面，空气受热而密度变小，陆地空气上升。这触发了海面冷空气向陆地吹送，以此置换上升的暖空气——这种气流通常下午最强盛。夜间，陆地表面冷却速度快（放射热量）。其结果是：陆地上方冷空气下沉，在温暖的海面上出现离岸气流，使海面空气被抬升。这种夜间气流模式与昼间气流发展过程正好相反。

山谷风是指夜间山坡处的空气快速冷却下沉，昼间谷地处的空气受热上升所导致的山坡与谷地之间做往复运动的地表气流（图6.21）。因此，白天（尤其午后）暖气流沿山坡上升；夜间冷空气下沉沿下坡方向吹送。

圣安娜风（或圣塔安娜风，Santa Ana winds）是当美国西部大盆地出现高压时，由气压梯度形成的局地风。它是一支从荒漠流出的强劲干燥风，吹向加利福尼亚州南部沿海地区。在它从高海拔流向低海拔过程中，空气被压缩升温，而当它穿过具有收束作用的山谷，吹向西南方向时，风速不断增大。圣安娜风把含有沙尘的干热空气带到沿海人口密集地区，容易引起野火。

下降风或下坡风（katabatic winds），还称作“gravity drainage winds”（意为：重力下沉风）。它是某种条件下形成的一种大地域尺度的局地风，比通常的局地风

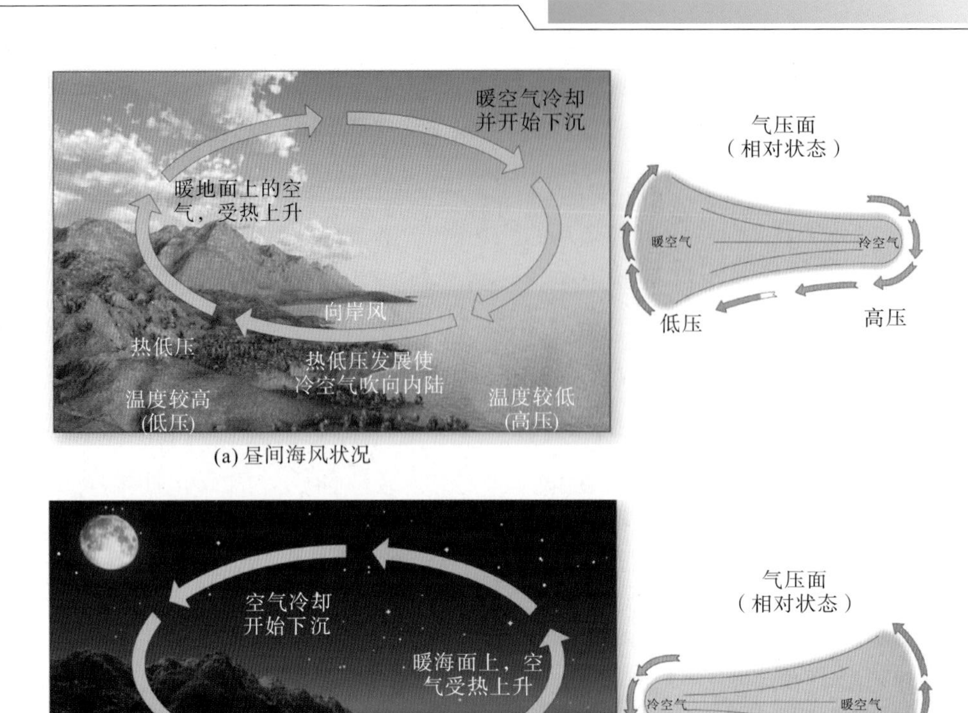

(a) 昼间海风状况

(b) 夜间陆风状况

图6.20　昼夜交替的海陆风

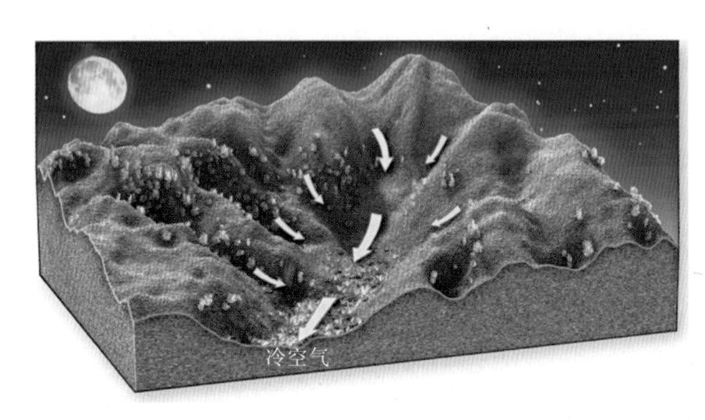

（a）夜间山风状况

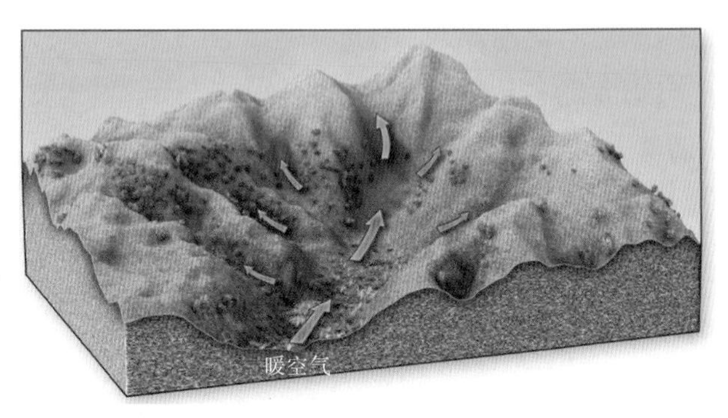

（b）昼间谷风状况

图6.21　昼夜交替的山谷风

强劲。下降风的形成基础是高海拔的高原和高地，因为高海拔地区的地面空气温度低、密度大，下沉气流沿下坡方向流动。这种重力风在特性上与气压梯度无关。在自然界中，这种强劲的下降风可以吹落南极洲和格陵兰岛冰盖上的坚冰。

风是一种区域性的、日益重要的可再生能源。**专题探讨6.1**将简要地探讨风力资源。

世界范围内，不同地域形成的局地风有很多区域性的称谓。法国南部罗纳（Rhône）河谷的**密史脱拉风**（Mistral）是一种吹向里昂湾和地中海的寒冷北风，它可导致当地葡萄园遭受冻害。冬季，受内陆高压系统的冷空气驱动，可形成频繁强劲的布拉风（Bora），它穿越亚得里亚海岸，吹向西部和南部地区；在美国阿拉斯加州，这种风被称为塔库风（Taku）。

6.3.5　季风

某些区域性风系随季节发生风向转变。这些强烈的季节性转变风系出现于热带地区的东南亚、印度尼西亚、印度、澳大利亚北部和非洲赤道地区。美国西南地区南端也受温和季风的影响。这种风伴随夏季太阳高度的年周期变化而产生季节性降水（注：从图6.13中的TRMM影像上，可看到降水量的变化；请比较1月份、7月份之间的降水差异）。

季风（Monsoon）一词，源于阿拉伯语的Mausim或Monsoon，意为“季节”。有关具体的季节天气、气候类型和植被区内容，将在第8章、第10章和第20章进行讨论。亚洲大陆，由于其地理位置、面积大小和靠近印度洋的原因，形成了南亚和东亚季风（图6.22）。高空大气环流中的风和气压分布，对季风形成也很重要。

在亚洲大陆上空，冬、夏之间的极端气温差与它的大陆性（不受海洋调节作用）有关。冬季，强高压反气旋占据了亚洲大陆［图6.12（a）和图6.22（a）］，而印度洋的中心区域则被赤道低压槽（ITCZ）控制；气压梯度形成了干冷风，气流从亚洲内陆喜马拉雅山脉上空吹来，穿越印度；在低海拔处，气流平均温度在15～20℃。3～5月，季风气流脱水变干，形成炎热天气。

在6～9月的湿润期，太阳直射点（太阳光线位于正上方）向北移至北回归线上，即印度河和恒河河口附近。ITCZ向北移动至

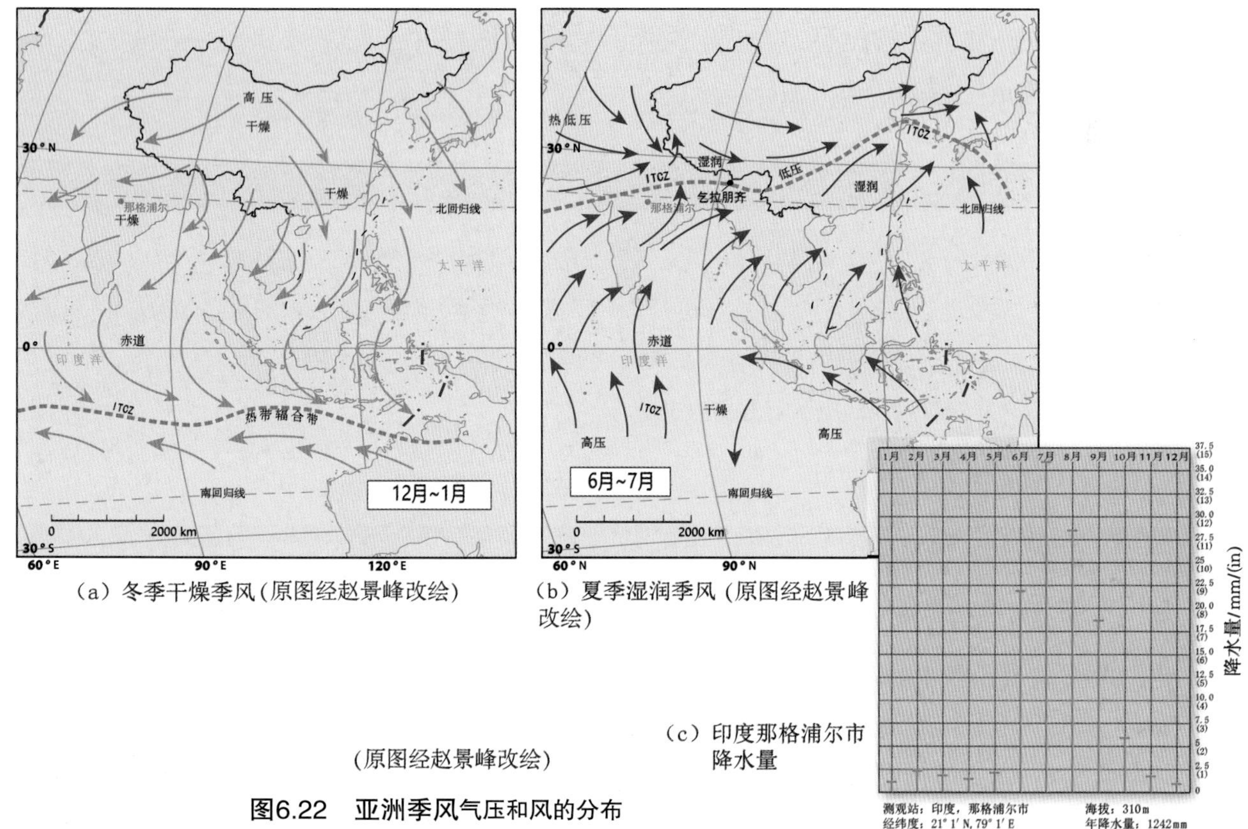

（a）冬季干燥季风（原图经赵景峰改绘）

（b）夏季湿润季风（原图经赵景峰改绘）

（c）印度那格浦尔市降水量

（原图经赵景峰改绘）

图6.22　亚洲季风气压和风的分布

注：ITCZ的位置移动、印度洋上空的气压变化，以及亚洲大陆上空的环境条件。印度那格浦尔市的降水量表明不同季节降水量差异很大。

南亚上空，在亚洲大陆内部发育形成一个热低压，并伴有偏高的平均气温（注：第5章提到的西伯利亚上扬斯克暖夏）。此时，亚热带高压控制着印度洋，使洋面温度达30℃。由于这种逆向气压梯度，炎热的亚热带空气扫过海面，导致蒸发率极高［图6.22（b）］。

当这个气团及辐合带到达印度时，多雷的乌云中水汽充沛。季风降雨发生于6～9月，这有利于改善土地干燥状况，缓解亚洲春季的沙尘和炎热。同时，季风也成为了印度音乐、诗歌和生活中的一部分。季风还给喜马拉雅山脉带来了降雪。图1.23中珠穆朗玛峰顶附近，GPS装置的照片摄于1998年5月20日；此时，正值尼泊尔春季登山季结束期，夏季季风即将来临。

湿润季风的世界降水纪录出现在印度。印度的乞拉朋齐创造了地球上最大的年降雨量（26 470mm）和世界排位第二大的年均降水量（11 430mm）。

事实上，南亚季风涉及全球气压系统。问题是：未来气候变化是否会影响当前的季风分布模式？2005年7月27日，一场淹没孟买的季风大洪水使人们对此更加关注。这次强季风降雨天气，数小时内降水量竟高达942mm，造成了大范围的洪水泛滥。2007年8月，又一次强烈季风造成了印度全国范围的大洪水；2010年，季风降雨打破纪录并对巴基斯坦造成了重大灾害。

如果仅考虑CO_2增加及其温室增温效应，科学家预测的降水量是偏高的。然而，当把气溶胶（主要是硫化物和黑碳）含量增加也考虑在内时，模型预测的降水量将减少7%～14%。空气污染使地表加热变弱，从而造成季风气流中心的气压梯度减小。由于整个季风区年降水的70%发生在湿季，在水资源减少的背景下，对于季风降水的任何变化，社会都必须作出艰难的调整（见图4.9中卫星影像和文中讨论）。

判断与思考6.2　编写你自己的风力评估报告

点击http://www.awea.org/和http://www.ewea.org/，分别进入美国风能协会和欧洲风能协会网页。利用网页提供的资料，评估风能发电的潜能。你怎样看待这种资源，包括它的潜力、发展相对滞后的原因及经济竞争力。对于未来的风能资源，请写一个简明的行动计划。

地学报告6.4　急流中的冰岛火山灰

2010年，冰岛埃亚菲亚德拉火山喷发，其喷发规模虽然小于1980年的圣海伦斯火山和1991年的皮纳图博火山，但喷射到急流中的火山碎屑仍达到0.1km^3左右。冰岛火山灰形成的云，席卷了欧洲大陆及大不列颠岛。为了避免喷气式飞机的发动机吸入火山灰，受影响地区关闭了航空机场，取消了成千上万次航班。由于急流对航班及日常生活的影响，人们开始关注急流的路径。

专题探讨6.1 风能发电：现在和未来的一种能源

风力发电的原理虽然很古老，但其应用技术却是现代化的，并为人类带来了实际利益。据科学家估测，风力作为一种能源，其生产潜能可超过当前全球能源需求量的许多倍。然而，尽管拥有技术，但风能发展仍然相对缓慢，这主要归因于不断变化的可再生能源政策。

风能的性质

风能发电依赖于具体地点的风力特性。有利于风力稳定的条件是：①受信风和西风影响的海岸线；②山区地形限制气流流向，谷地内部为热力低气压，从而形成了稳定的区域性气流；③形成局地风的区域，如开阔平坦的草原、下沉气流区或季风区。许多发展中国家所处地区都具有风力稳定的优势条件，如信风穿越的热带地区国家。

在风能资源充裕的地方，风力通过风场设置的发电机组或单个发电机来生产电力（见图6.23和本章开篇照片）。如果稳定风力的可信度低于25%～30%，那么只有小规模的风能发电在经济上是可行的。

（a）在美国堪萨斯州蒙特苏马附近，道奇城以西40km处的格雷县风力发电场，发电量为112MW；占地12 000英亩的发电场，其塔架和道路所占用土地仅6英亩

（b）阿森松岛上（大西洋，大约位置8° S，14° W）的风力涡轮发电机：英国发电装置（左图），美国发电装置（右图）

注：美国四个风力涡轮机的年发电量，相当于30万桶的石油能源。

图6.23 发电风场：美国堪萨斯州和阿森松岛上的风力发电［Bobbé Christopherson］

美国风能发电潜能巨大。在美国中西部地区，南、北达科他州和得克萨斯州的风能可以满足全美国的电力需求。在加利福尼亚海岸山脉地区，太平洋与中央谷地之间的海陆风，其强度在4～10月份达到最大，这正好与炎热夏季空调设备的用电高峰相一致。

在北美伊利湖东岸，伯利恒钢铁厂因工业污染而被关闭。2007年，该厂旧址上建立的8台2.5MW的风力涡轮机，使得这片区域重新发展起来了（图6.24）。如今，这片昔日的“棕色土地”提供的电量相当于纽约州拉克万纳市75%的需电量，而且很快将增加12台风力涡轮机。这里即将成为美国最大的城市发电装置，发电能力可达50MW。另有一个提案是在伊利湖上安装约167台涡轮机，使发电能力达到500MW。这个昔日的钢铁城市正在利用风能发电使自己摆脱经济上的不景气，其提出的口号是“把铁锈地区转变为风带”。

虽然美国大多数的风能发电厂建在陆地上，但海上风能发电更有潜力。在马萨诸塞州科德角附近，最近关于海角风能发电场的建设提案已获得批准，它是第一个被获准的国家级海上项目。支持者认为，尽管这可能增加额外费用，但海上发电量也会呈增长趋势，特别是在人口密集的东部沿海地区。目前美国正在酝酿的近海工程项目至少有12个，大多数布置于东海岸。

建在陆地上的风能发电厂，伴随自身收益增加而逐渐发展壮大。在美国艾奥瓦州和明尼苏达州，农场主通过租用涡轮机来生产风能产品，每年可获得2000美元的收益；如果利用自己的涡轮机，每年则可获益20 000美元，而这些风力发电机仅占地0.25英亩。

如果这些风能潜力得以开发，再加上输电线路的建设，那么美国中西部可能会变得经济繁荣。

风能电力的状况和优势

风能开发是一项发展最快的能源技术，全世界的装机容量不断增加，保持着每3年增长一倍的趋势。截至2009年底，世界上80个国家的总装机容量超过了159 213MW（百万瓦特或159.2GW）；2009年全球风能投资突破了630亿美元大关，该产业雇用的员工超过了55万人。预计2012年就业员工将达100万人。一般规模

图6.24　工业基地旧址上的风力发电机

注：在美国纽约州布法罗南部伊利湖东岸，昔日以“钢城之风”著称的拉克万纳市（Lackawanna），现在建有8台风力涡轮机，其发电量为20MW，今后还将扩增至50MW。［Bobbé Christopherson］

的发电风场所产生的电能超过100MW。

到2009年，美国的风力发电容量超过35 000MW，3年内增加了300%。美国37个州都有风能发电装置，容量最大的地区是得克萨斯州、艾奥瓦州、加利福尼亚州、华盛顿州、俄勒冈州和伊利诺伊州。这让美国的风能发电机容量居于世界最高水平，其次是中国和德国。

2009年底，欧洲风能协会宣布：他们的风力发电安装容量超过了74 767MW，1年内增加了23%。其中，德国增速最快，其次是西班牙、意大利、法国和英国。欧盟设定的目标是：到2020年，可再生能源要占到总能源的20%。

利用风能资源可获得巨大的经济效益和社会效益。从成本考虑，风能颇具成本竞争力，实际上要比石油、煤炭、天然气和核能都便宜。风能发电是可再生资源，对人类健康和环境无负面影响。关于风力涡轮发电机对鸟类伤害的问题，有一项调查表明：与通信塔、杀虫剂、高压线、家猫、建筑物或玻璃窗（碰撞）等相比，风力涡轮对鸟的致死率是最低的。

如果以风能替代煤炭，风能每生产10 000MW的电能就可减少3.3×10^7吨的CO_2排放；如果替代的是混合化石燃料，则可减少2.1×10^7吨的CO_2排放。如果全球协同合作，2020年之前可完成一项风电容量为1 250 000MW的6 000亿美元的产业，这可满足全球12%的用电量需求。

政府与跨国能源公司无论是否支持全面推行风能这类可再生资源，但不久的将来，能源现状都会让我们别无选择，全球政治现状也证实了能源的紧迫性。到21世纪中叶，风电能源等可再生能源将成为高效环保的常规能源。

6.4 洋流

风对洋面的拖曳力是驱动洋流的动力，它把大气系统与海洋系统联系起来。此外，对洋流运动起重要作用的还包括：科氏力（地转偏向力）、温度和盐度造成的海水密度差异、大陆和洋盆的分布格局、天文作用力（潮汐）及它们之间的相互作用。

6.4.1 表层洋流

图6.25是主要洋流的一般分布模式。由于洋流发生的时空尺度大，科氏力也会导致洋流偏转，但是洋流的偏转曲率不如大气环流那样大。将图6.25与地球气压系统图（图6.12）进行对比，你可以看到：南北半球上的洋流驱动力来自副热带高压中心周围的大气环流。这些海洋环流被称作流涡（Gyres），通常向洋盆西侧偏移。请记住：在北半球的高压中心附近，风和洋流沿顺时针方向移动，在南半球沿逆时针方向移动，你从地图上也可以印证这一事实。在当今地表系统讲述的故事中，石油钻井平台随洋流漂移至特里斯坦–达库尼亚群岛并搁浅。

为了贸易，在帆船航海时代，西班牙大型帆船从墨西哥的圣布拉斯和阿卡普尔科（16.5°N）出发向西南航行。帆船乘借东北信风穿越太平洋到达菲律宾马尼拉（14° N）。为了借助中纬度西风带，帆船返航时，先向北航行穿越大洋，到达今天的阿拉斯加州或不列颠哥伦比亚省海岸，之后再沿海岸航行。在大型帆船沿北美向南航行的旅途中，船员要与降雨、大雾及向右偏离海岸的科氏力进行抗争。到达航海目的地后，这些大型帆船再满载货物从东方返回墨西哥。因此，马尼拉大帆船的经历就是一堂环太平洋流涡的实践课。

洋流环流的例子　1992年，在美国加利福尼亚州（33.5° N）洛杉矶南部一个海滨小区——丹纳山岬，一个9岁的孩子把一封信放在空玻璃瓶内，投掷于大海的波浪中。伴随着瓶子的飘失，孩子的脑海中充满了对远方国度和寓言人物的想象。玻璃瓶的去向，取决于环太平洋高压的大气环流及呈顺时针旋转的洋流流涡（图6.26）。

三年过去了，洋流携带着装有信件的玻璃瓶到达了密克罗尼西亚（7° N）一个叫作Mogmog（穆格穆格）的小岛上。在小岛的珊瑚礁或白沙滩上，一个7岁的孩子结交了一个远方的笔友。想象一下这封信件的漂流旅程：它漂浮于西班牙大型帆船曾穿过的洋流上，经历过风暴和寂静，也经历过月夜和

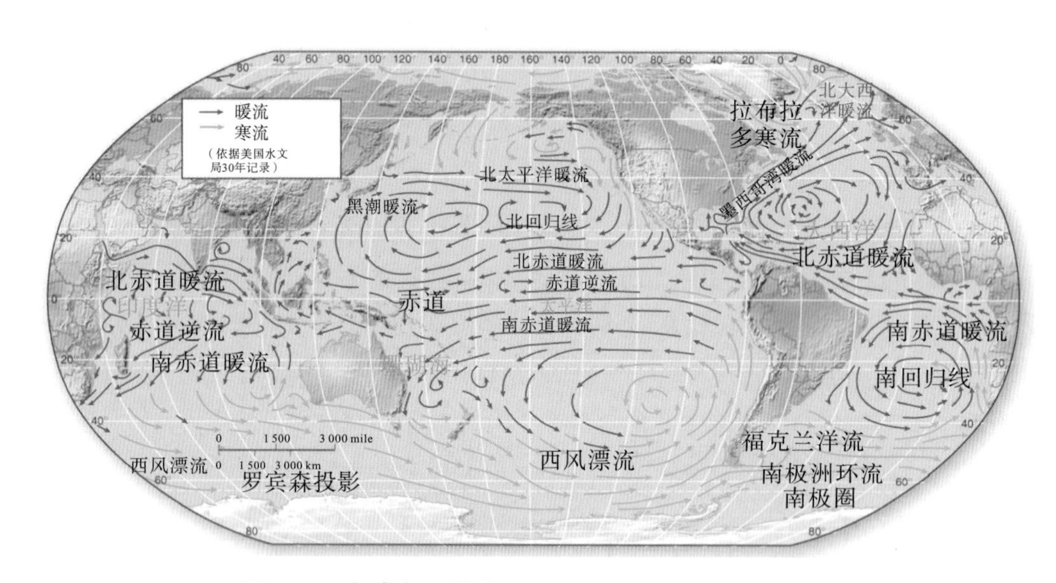

图6.25　全球主要洋流［改编于美国海军海洋办公室］

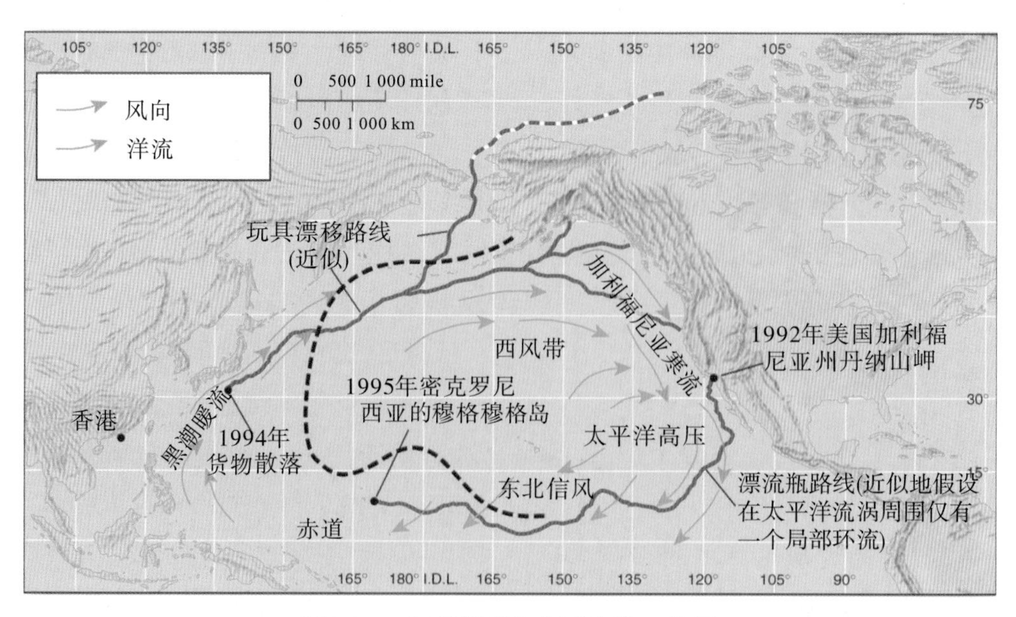

图6.26　太平洋洋流中漂流的工艺品

注：漂流瓶和橡胶玩具鸭漂移路径，还有伊欧凯台风的移动路径（黑色虚线），环太平洋流涡呈顺时针方向旋转。

台风。

1994年1月，一艘驶离香港装载有玩具的集装箱货船，遭遇了强风暴。船上的一个集装箱被来自于日本的离岸风吹落到海中，大约有3万只玩具（橡胶制成的鸭子、乌龟和青蛙）散落于北太平洋中。西风和北太平洋洋流携带着这些玩具，以每天29km的速度漂移穿越过大洋，到达了美国阿拉斯加州、俄勒冈州、加利福尼亚州与加拿大的海岸；其余的玩具仍继续漂流，穿过白令海最终进入北冰洋（漂流路径，见图6.26中的红色虚线）。

2006年8月19日，热带风暴伊欧凯大约在美国夏威夷以南1 285km处形成。该风暴横跨太平洋，途经威克岛和约翰斯顿岛，发展成为有历史记录以来最强的台风，即5级台风，见第8章所述。风暴向北转向日本东部和俄罗斯的堪察加半岛，进入高纬地区。伊欧凯台风的残余部分最终穿越阿留申群岛，成为到达55° N的一个中纬度低压。这次风暴路径大致遵循太平洋涡流路径，并与1994年这批橡胶玩具鸭子的漂流路径相一致。科学家通过漂流瓶、橡胶玩具、风暴路径等，能了解更多的风系和洋流。

赤道流 图6.25中，可看到信风驱动的表层海水沿赤道汇集并向西流动。赤道洋流之所以汇集于赤道附近，是因为赤道附近的科氏力很小，甚至为零。当这种表层洋流抵达大洋西部边缘时，海水在大陆海岸东侧形成堆积，堆积的平均高度为15cm，这种现象就是所谓的**西向强化**。

之后，堆积海水发生溢流。它们沿大陆海岸东侧的狭窄水道，分别向南北方向分流出一支强洋流。在北半球，由于西向强化作用，墨西哥湾暖流和日本暖流（日本以东的洋流，或称黑潮）向北移动强烈；它们的速度和厚度，随其宽度变窄而增加。墨西哥湾暖流（图5.12）呈条带状，其海水清澈、温暖且深厚。通常情况下，该暖流的宽度为50～80km、深为1.5～2.0km、流速为3～10km/h，24h内移动距离可达70～240km。

升降流 在表层海水发生离岸流的地方，无论离岸流是海水辐散（科氏力造成的），还是离岸风作用造成的，都会产生**上升流**。这种冷海水通常富含营养物质，它们从洋底深处上涌至海面，补偿置换流走的表层海水。这种低温上升流分布于南北美洲太平洋沿岸、非洲亚热带和中纬度西海岸，世界上一些主要渔场就分布在这些海域。

在其他海水集聚的地方，比如：赤道流西端、拉布拉多海、南极洲边缘，“堆积”的海水受重力作用，下沉形成**下降流**。下降流属于深海流，它携带着热能和盐分垂直向下流动，沿海底遍布整个洋盆。

6.4.2 热盐环流：深海洋流

由温度和盐度差异引起的海水密度变化，导致了海洋的**热盐环流**，这对深海洋流至关重要。热盐环流不同于风动力成因的表层洋流。虽然热盐环流的流速小于表层洋流，但它输送的海水体积更庞大。海洋的物理结构、水温、盐度与溶解气体含量，见图16.4所示的剖面（注意：温盐差异随深度的变化）。

为了描述这种高盐度的深层洋流，可以把它想象为一个连续的海水通道，冷水下降流在北大西洋和南极洲沿岸开始下沉，上升流在印度洋和北太平洋涌出（图6.27）。涌出的上升流，增温变暖后以表层洋流的形式返回北大西洋。从下降流开始到长达数千千米之外的深冷洋流，再到它上升重现于洋面，这样一个完整的洋流环流历程可能需要1 000年之久。在大西洋洋盆，位于这些洋流之下的底层海水向南流入深而平坦的南极海底。

上述洋流系统对全球气候具有深远的影响；反过来，全球气候变暖又对北大西洋的下降流和热盐环流具有潜在的干扰和瓦解作用。与低纬海域表层海水盐度的大幅增加相比，两极地区的表层海水出现淡化，这是因为冰川、海冰与冰盖融水速率加快，产生的低密度淡化海水覆盖于高密度高盐度海水上方的缘故。令人关注的是：海洋的这种温盐变化，可能会抑制北大西洋深层海水的下降速率。

由于人们对地球水循环所知甚少，这一问题成为了重要的研究前沿。这方面的研究机构有很多，如斯克里普斯海洋研究所（http://sio.ucsd.edu/）、伍兹霍尔海洋研究所（http://www.whoi.edu/）、地球海洋与空间研究所（http://www.eos.sr.unh.edu/）和贝德福德海洋学研究所（http://www.bio.gc.ca/）等，可以通过这些网址定期了解相关信息的更新。

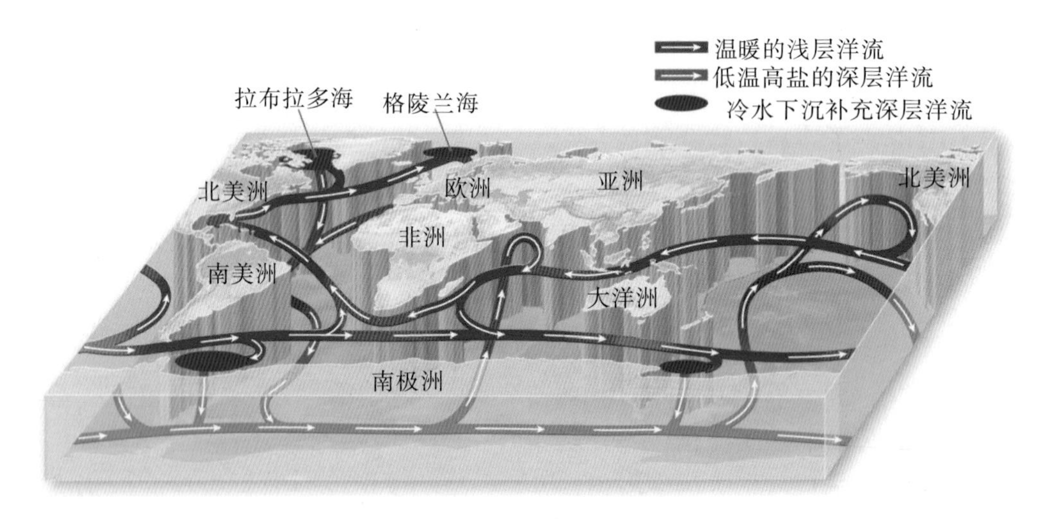

图6.27　深海热盐环流

注：热盐环流是一个巨大的全球海水传送带。它把浅层暖流中的热量传送给洋盆深处低温高盐的洋流。高纬地区的四个蓝色区表明：表层海水发生冷却下沉，形成深海环流补给。

地表系统链接

学完这一章，你已通过第I篇的各章内容，完成了大气能量系统中能量“输入-作用-输出”的学习任务。我们已论述了地球各个系统对人类的各种影响方式，以及人类社会对这些系统的反作用。在此基础上，将进入第II篇——水、天气和气候系统的学习。地球上水和冰的面积占地球表面的71%，使地球成为名副其实的水星球。水的驱动力源于上述讨论过的能量分布模式，而水与能量相互作用又形成了天气、水资源和气候。

6.5 总结与复习

■ **详述气压概念，描述测量气压的仪器。**

大气重量（由分子运动、大小和数量构成）形成了**气压**，其平均压强约为1kg/cm^2，见第3章。测量地表大气压的仪器，有**水银气压计**（装有水银的一支玻璃管：一端密封，另一端开口，把开口一端放置在水银槽中，用水银柱的高度变化来测量气压变化），**无液气压计**（一个内部真空的密封盒，用以测量气压变化）。

气压（155页）
水银气压计（156页）
无液气压计（156页）

1. 空气为何会产生压力？描述测量气压的基本仪器。比较两类气压计的测量机理。

2. 海平面的正常气压是多少？请以汞柱高度（单位：mm，in）、毫巴或千帕为单位分别表述。

■ **详述风的定义，解释风是怎样测量的，如何确定风向和风级？**

风是地表空气的水平运动，湍流使风产生上升和下沉气流，因而构成了风的垂直分量。观测风速的仪器叫**风速仪**（风力驱动的风杯旋转装置），风向观测使用**风向标**（指示风向的一个平坦叶片或薄板）。传统的蒲福风力等级是一种描述性的尺度标准，用于风速的目测估计。

风（157页）
风速仪（157页）
风向标（157页）

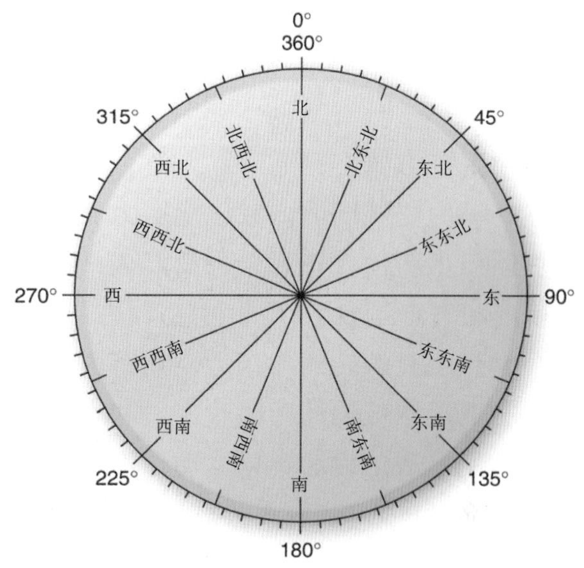

3. 1992年夏季，北美常常出现绚丽多彩的日出日落，其可能成因是什么？请联系全球环流予以回答。

4. 对“大气使人类社会化，让世界在空间上建立了社会联系”的陈述予以解释，请举例说明。

5. 详述风的定义。怎样观测风？风向是如何确定的？

6. 对于全球大气环流的层次划分，请指出主要、次要和第三层次之间的区别。

7. 提出蒲福风级的目的是什么？对于蒲福风级为4、8、12的风来说，描述它们的特征，当它们作用于水面和陆面时，有哪些具体特征。

■ **解释大气圈中的四种驱动力：重力、气压梯度力、科里奥利力和摩擦力。找出主要的高压区、低压区及主要的风带。**

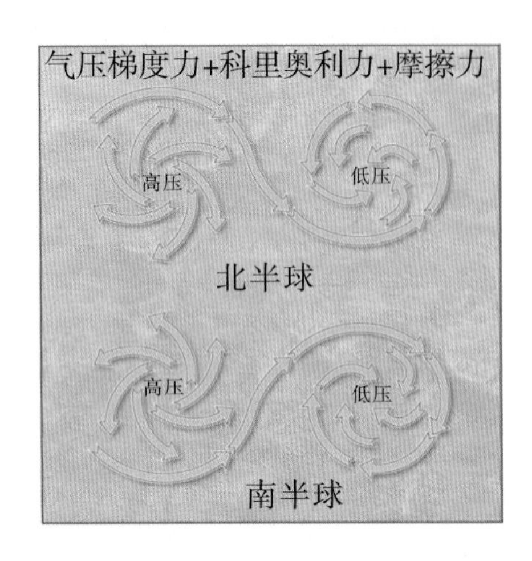

在垂直方向上，地球重力对全球大气施加的压力是相同的。**气压梯度力**驱使空气从高压区流向低压区，进而形成了风。**科里奥利力（科氏力）**是一种使风向或洋流路径发生明显偏转的作用力，它是由地球自转、地表距地轴的距离、重力和离心力共同作用造成的；北半球运动物体的方向向右偏转，南半球向左偏转。此外，风还受**摩擦力**的拖曳作用：地面对风还施加了一个反风向的拖曳力，以此来抵抗气压梯度力的驱动作用。**等压线**可用于绘制大气压分布图，它是把气压值相等的点连接起来的等值线。气压梯度力与科氏力共同作用形成**地转风**，运动方向平行于等压线的地转风位于地表摩擦层之上。

辐散下沉风，向外旋转形成**反气旋**（北半球顺时针方向旋转）；辐合上升风，向上旋转形成**气旋**（北半球逆时针方向旋转）。广义上讲，南北半球上的高气压带和低气压带分布模式造就了特定的风系分布。这些主要气压区是：**赤道低压槽**、较弱的**极地高压中心**（南北两极）、**副热带高压中心**和**副极地低压中心**。

赤道附近的风，向赤道低压带聚集形成了**热带辐合带（ITCZ）**。空气在赤道地区上升，然后在南北半球的亚热带地区下沉；当风返回ITCZ时，在北半球形成东北**信风**、南半球形成东南信风。

从亚热带地区刮向高纬度的风，在南北半球形成**西风带**。副热带高压中心带，通常位于南北半球20°～35°纬线，被赋予不同的名称，即：**百慕大高压**、**亚速尔高压**和**太平洋高压**。

在极锋和低压带上空，**阿留申低压**和**冰岛低压**分别在北太平洋和大西洋占主导地位。**极锋**是指移向两极的冷空气与移向低纬的暖空气交汇带。较弱且多变的**极地东风带**，源于极地高压中心的辐散气流，尤其是**南极反气旋**。

极地东风带（169页）

南极反气旋高压（169页）

8. 地面气压等压线分布图的用途是什么？对比1月份和7月份北美上空的气压差异。

9. 描述科氏力的作用效果，科氏力使大气和海洋环流产生了怎样的明显偏转？请解释这一现象。

10. 什么是地转风，大气层中哪些地方会遇到它？

11. 在高压反气旋与低压气旋中，空气的水平和垂直运动如何？请描述。

12. 用简图来表示地球大气的一般环流。提示：先标出4个主要气压带或气压区，再用箭头标注出各个气压系统之间的三个主要风系。

13. 热带辐合带（ITCZ）与赤道低气压槽有何联系？在图6.13中，1月份和7月份降水量卫星影像图上，ITCZ的形态表现怎样？

14. 描述副热带高压带的特征及高压中心的名称；叙述西风带和信风的生成过程。讨论航海条件。

15. 在北美，阿留申低压、冰岛低压与移动的低压气旋风暴有什么关系？欧洲呢？

■ **描述高空环流，说明什么是急流。**

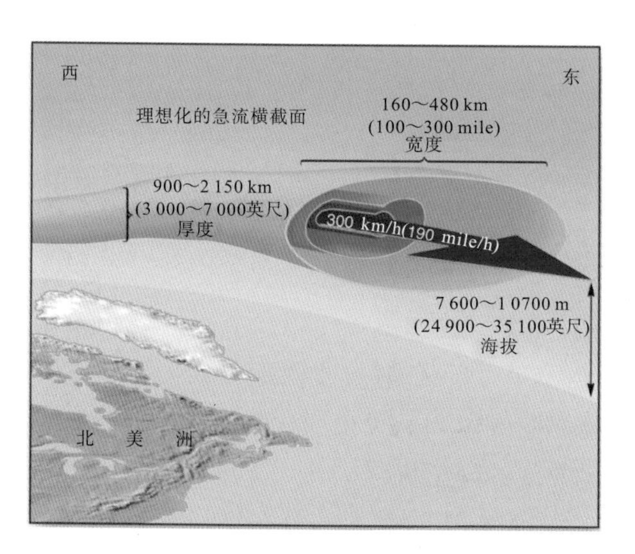

对流层的中、高层大气压，可利用大气**恒压面**（具有同一气压值的曲面）来描述，如500mb等压面（高程不同）。大气等压面距离地面的高程构成了高压脊和低压槽；它们对地面气压系统的维持和发展具有支配作用。高层辐散气流维持着地面低压，高层辐合气流维持着地面高压。

在高层西风带中，巨大起伏的长波运动被称作**罗斯贝波**。在对流层高层，显著的高速西风气流就是**急流**；依据急流出现的纬度位置，分别称作极地急流和副热带急流。

恒压面（169页）

罗斯贝波（169页）

急流（172页）

16. 风速与气压等压线的疏密有什么关系？

17. 恒压面（高压脊、低压槽）为什么与地面气压系统有联系？高层辐散气流与地面低气压有什么关系？高层辐合气流与地面高气压呢？

18. 阐述急流现象与一般高层大气环流之间的关联。大气环流与“纽约-旧金山”的航班往返时刻表，有什么联系？

■ **总结气温和气压的年际振荡，简要概述北冰洋、大西洋及太平洋中的洋流环流。**

地球上有几个系统存在着多年或短期振荡周期，它们对全球环流具有重要作用。最著名的是*厄尔尼诺—南方涛动*（ENSO）现象。大气变异性在南北方向上的波动，称作*北大西洋振荡*（NAO），它是大西洋上空气压差异所导致的，而这种气压差异缘于冰岛低压与亚速尔高压之间的气压梯度由弱变强。*北极振荡*（AO）是指北半球上空，中、高纬度之间气团变异性的波动。AO与NAO有关联，尤其是冬季，AO指数的正负相位与NAO指数的两种相位相互关联。2009～2010年冬季，AO指数是1970年以来的最低负相位。

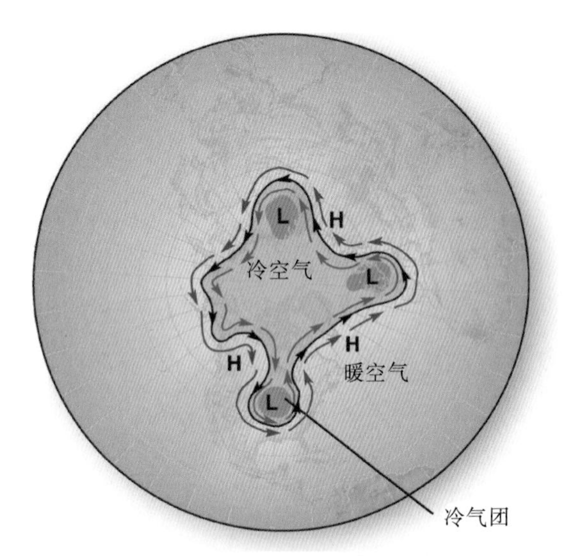

(c) 长波急剧发展形成冷、暖空气区——高汉脊和低压槽

横跨太平洋的太平洋十年际振荡（PDO），与以下两个区域的海面温度和气压有关：太平洋北部和西太平洋热带地区（#1区域），美国西海岸沿东太平洋热带地区（#2区域）。PDO正负相位的转换周期为20～30年。

19. 对于AO指数和NAO指数，能够确定哪些相位？在不同相位期间，美国东部的冬季天气怎样？在北半球，2009～2010年的冬季发生了什么？

20. PDO与厄尔尼诺强度之间有哪些显著联系？PDO相位与美国西南部的旱情强度有何关联？

■ **解释几种类型的局地风和区域性季风。**

陆地与海面之间的不同热力特征形成了**海陆风**。山顶与谷地之间的昼夜温差形成了**山谷风**。**下降风，**或称“gravity drainage winds”，意为重力排出的风。它是某条件下产生的一种大尺度的局地风，通常要比山谷风强劲。下降风形成的基本条件是高海拔的高原和高地，高海拔地面因空气冷却而密度增大，下沉气流沿下坡方向流动。

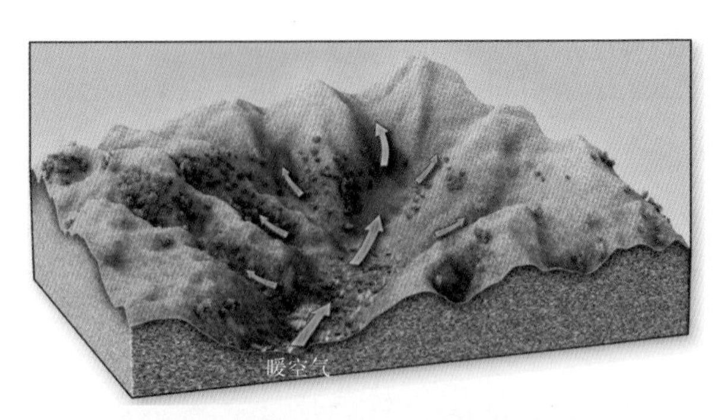

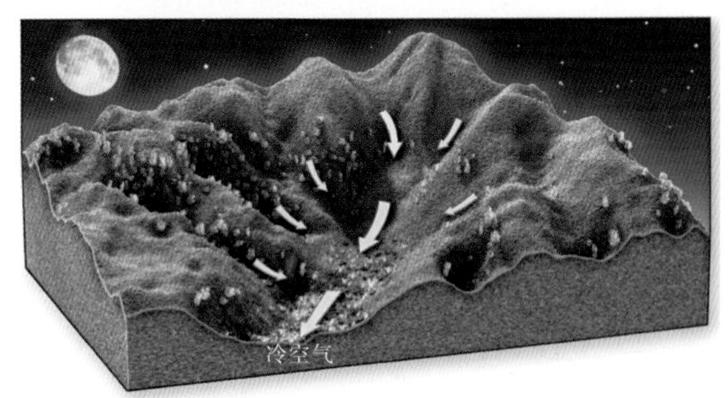

某些区域性风系的风向随季节发生转变。这些强烈的季节性风系出现于热带地区，包括东南亚、印度尼西亚、印度、澳大利亚北部、非洲赤道和美国亚利桑那州南部。这种风系伴随夏季太阳高度角所形成的降水具有季节性周期，**季风**一词源于阿拉伯语Mausim或Monsoon。亚洲大陆，由于其地理位置、面积大小，以及靠近印度洋，加之季节性移动的ITCZ，从而形成了南亚和东亚季风。

海陆风（173页）
山谷风（173页）
下降风（173页）
季风（175页）

21. 生活在海岸线附近的人们，通常都能感受到风向的昼夜变化。解释导致风向发生改变的因子。

22. 山脊与谷地的分布格局产生了局地

风，解释可能发生的昼风和夜风。

23. 亚洲气压分布模式对亚洲季风及降水具有支配作用，请描述气压模式的季节变化。对比1月份和7月份之间的气压差异。

24. 本章提出了风能、风电开发及其成本效益。根据已讲述的信息，通过思考判断，你的结论或观点是什么？

■ **辨识主要表层洋流和深海热盐环流的基本模式。**

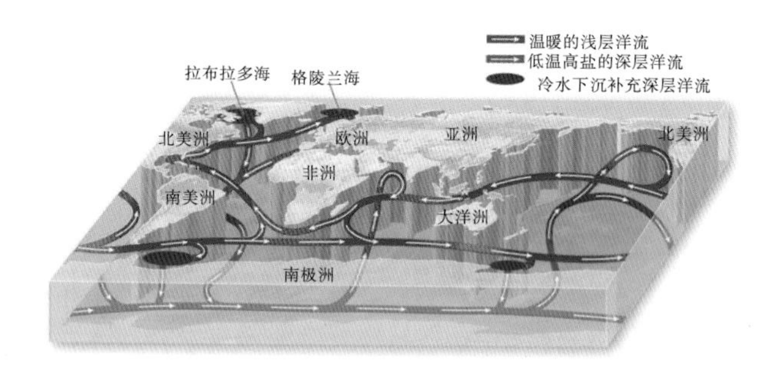

洋流主要是由风摩擦产生的拖拽力所引起的；无论是大洋表层还是洋盆深处，全球洋流均表现为不同的强度、温度和速度。南北半球副热带高压中心附近的洋流环流，在大洋环流图上呈现为很显著的流涡，这种流涡在洋盆中通常偏向西侧。

信风聚集于ITCZ，并驱动大量海水沿大陆东海岸产生堆积，这一过程被称为**“西向强化”**。无论是海水辐散（科氏力造成的），还是离岸风形成的表层离岸流，在近岸发生离岸流的地方都会产生**上升流**。这种冷海水富含营养物，它们从洋底上涌至海面，补偿表层海水。在其他海水集聚的地方，堆积的海水因重力下沉而形成**下降流**。这些洋流通过重要的混合过程，携带着热能和盐分，沿着海底扩散至整个洋盆。

由温盐差异导致的海水密度变化，对深海洋流的形成至关重要，有时形成垂直流动，这就是海洋上的热盐环流。虽然热盐环流的流速小于表层洋流，但输送的海水体积更庞大。科学问题关注于：海面和大气的温度升高，以及与气候相关的海水盐度变化，它们共同作用会改变热盐环流的速率。

西向强化（181页）
上升流（181页）
下降流（181页）
热盐环流（181页）

25. 详述西向强化的定义。它与墨西哥湾暖流及日本暖流有什么联系？

26. 上升流发生在地球上的哪些地方？这种洋流有哪些特征？对于这些高密度的上升流来说，4个下降流的补给区分布位置在哪里？

27. 什么是深海热盐环流？这种洋流的流速是多少？它与大西洋西部的墨西哥湾暖流有何联系？

28. 联系第27题，这些深海洋流与全球变暖有什么联系？它可能引起哪些气候变化。

掌握地理学

访问https://mlm.pearson.com/northamerica/masteringgeography/，它提供的资源包括：数字动画、卫星运行轨道、自学测验、抽题卡、可视词汇表、案例研究、职业链接、教材参考地图、RSS订阅和地表系统电子书；还有许多地理网站链接和丰富有趣的网络资源，可为本章学习提供辅助支撑。

第Ⅱ篇：水、天气和气候系统

本篇正文的系统框架：

输入
水；
大气湿度

作用
人类；
大气稳定度；
气团

输出
天气；
水资源；
气候模式

人地关系
灾害天气；
水资源短缺；
气候变化

正在形成的积雨云和倾盆大雨，这是巨大热能存在的证据。［Bobbé Christopherson］

地球是一个水球。第7章将对水的性质、属性、起源和分布进行描述。我们每天都可以看见大气的动态变化，比如：水与能量的强烈相互作用，大气的稳定与不稳定状态，变化莫测的云。这些对于认识天气都十分重要。第8章将讲述天气及其成因，包括气团的相互作用、天气图，以及对雷暴、龙卷风、飓风等剧烈天气现象的分析，还有这些天气现象近年来的发展趋势。

第9章将讲述地球上的水文循环，即水-天气系统的输出。我们将阐述水资源收支概念，它能帮助人类从全球、区域和局地这三种尺度上，深刻认识水资源与土壤水分之间的关系。21世纪，饮用水源正逐渐成为一个全球性的问题。第10章中，将看到“能量与大气”“水与天气系统”“全球气候输出模式”的时空效应。因此，第10章是把第2～9章的所有系统要素联系起来的综合阐述。第Ⅱ篇的内容包括：全球气候变化的讨论、当前气候现状、未来气候趋势的预测。

第7章　水和大气湿度

在大西洋中部的圣赫勒拿岛，海面层状雾是当地树木和草地水分的重要来源。
[Bobbé Christopherson]

重点概念

阅读完本章，你应该能够：

■ **描述**地球上水的起源，**了解**现存的水量，**列举**淡水的来源。

■ **描述**水的热力属性，**识别**水的三相（固态、液态和气态）特征。

■ **阐述**湿度定义及相对湿度表达式，**解释**大气露点温度和饱和温度。

■ **阐述**大气稳定度的定义，解释它与空气上升和下降的联系。

■ **联系**环境温度递减率（ELR）、干绝热递减率（DAR）和湿绝热递减率（MAR），用简图表示大气稳定性的三种状态——稳定、不稳定及条件不稳定。

■ **了解**云和雾的形成条件，说明它们的主要分类依据和类型。

当今地表系统

湖泊提供了气候变暖的重要信号

虽然全球湖泊水量仅占地球淡水资源的0.33%，但湖泊对于区域水资源、食物、生活和运输却具有重要意义。当前地球上的所有湖泊（包括表7.1中列出的7大主要湖泊），都受到了气候变化的影响。

气温上升对全世界湖泊产生了一系列的影响：从冰川融化引起的湖泊水位上升，到干旱和强烈蒸发造成的湖泊水位下降。气候变暖会对湖泊的生态健康造成损害。湖泊热力结构发生改变，可抑制深层水与表层水的正常混合。

正常情况下，大多数湖泊在夏季会出现表层水较暖、深层水较冷的分层现象。这会导致夏末浅水区的营养物质耗尽、深水区的溶解氧减少。秋季，表层水冷却下沉，水层相互翻转，从而使整个湖泊的表层营养物质和深层溶解氧浓度都能得到补充。对于某些湖泊，风可促进这种混合作用。

由于区域增温，夏季湖泊分层现象会提前出现，且持续时间延长，直到深秋才会减缓或停止。这会使冷水物种遭受胁迫，而入侵的暖水物种却繁盛起来。

太浩湖位于美国加利福尼亚州-内华达州边界的内华达山脉，湖水变暖速度是周围地区的两倍，每10年约升高1.3℃（图7.1）。这是过去35年大约经过7 300次测量所证实的。湖水顶层10m厚的水温增速最快，这使得湖水的热力稳定性增强，从而阻碍了上下水层混合。湖泊中，入侵的大口鲈鱼、鲤鱼和亚洲蛤的数量都在增加，而冷水物种却在减少。周围群山积雪减少就是对温度上升的反响，预计21世纪积雪将减少80%。

图7.1　暖化趋势对生态系统的影响——以太浩湖为例［Bobbé Christopherson］

东非的坦噶尼喀湖，其周围的人口约1 000万人。这里的大部分食物资源都依赖于湖泊中的鱼类，尤其是淡水沙丁鱼。当前，湖水温度达到了空前的26℃。据湖泊沉积物岩芯所揭示的气候记录，这是1 500年来的最高值。表层水与深水层的混合，对湖泊表层200m厚水层的营养物补充很重要，该水层是沙丁鱼的栖息地。当湖泊表层增温、水层稳定时，湖水的风成混合作用都会受到阻碍。科学家们担心这些鱼类种群仍会持续减少。

贝加尔湖是世界上最大最深的湖泊，也是海洋生物多样性最丰富的湖泊之一。该地区温度升高导致的冰雪融化引起了人们的关注。近60年的研究表明：当前该区域气温偏高，尤其冬季降水随着气候变暖而增加。这使得湖泊结冰期变短，冰的厚度和透明度都有所下降。

微小藻类处于贝加尔湖食物网的底层，其生长和繁殖都已经适应了冰覆盖的湖泊环境。目前，冰层厚度和透明度的变化，对春季藻类繁盛造成了影响，藻类生长速率下降，造成了以海藻为食的甲壳纲动物减少；沿食物链向上，鱼类的食物减少了。伴随春季冰融期的提前，贝加尔湖的海豹种群也受到了冲击；因为这种独特的淡水物种，它们的求偶和生育方式是在冰上进行的。气候变化对贝加尔湖的影响，还包括多年冻土融化和区域降水增加，这使营养物和工业污染物的输入量增加。

上述例子说明了气候变化对地球上湖泊生态系统的一些影响。类似的问题还有许多，它们都与第7章“水和大气湿度”的内容有关。

水是自然界的一种特殊混合物，人类的日常生活离不开水。在太阳系所有行星中，地球是唯一一个具有巨大水量的星球，水覆盖了地球表面的71%。据卫星探测，月球两极下方存在着冰；此外，根据三个轨道航天器和两个机器人登陆器的检测和拍摄，证明了火星的早期历史上曾出现过流水；一艘登陆飞船发现在火星高纬地区的陆地表面具有冰成特征。科学家正在火星上寻找与地下水、极地冰水及现代流水侵蚀相关的证据。距太阳更远的木星，它的两个卫星上［木卫二（Europa）和木卫四（Callisto）］，可看到宽阔的冰区——太阳系中水的新发现。

纯水是一种无色、透明、无味的液体；然而，水是一种溶剂（可溶解固体），所以在自然界中，纯水十分罕见。水的比重为1g/cm^3（1kg/L）。

在人体构成中，水分约占人体体重的70%。水还是动植物及人类食物的主要成分。一个人没有食物可以存活5～6天，但是没有水仅能存活2～3天。人类必须依靠适当的用水（数量和质量）来承担各种任务：从个人生活到国家用水工程。水是生命的介质。

在这一章中：将讨论地球上的水、大气中的水汽及大气稳定性的动力学特征——天气要素。解答的关键问题包括：水的来源？有多少水？水的分布？令人惊奇的是，水这种最常见的化合物具有很特殊的物理特性。水的热力性质很独特，在自然界中三相态并存，因而成为地球天气系统的重要动力。水汽凝结及大气稳定或不稳定状况对云的形成很关键。本章的结尾是大气状况的指示器——云。

7.1　地球上的水

地球水圈的总水量约为13.6亿km^3（具体地说，1 359 208 000km^3）。科学证据表明：地球上的许多水来源于冰彗星及小行星组成的氢氧碎片，地球就是由这些小行星合并而形成的。2007年，太空轨道上运行的斯皮策太空望远镜，在离地球1 000光年的一个星系中，首次观察到行星形成时产生的水汽和冰。这一发现证明宇宙中存在丰富的水。在一颗行星的形成过程中，水从行星内部向表面迁移并释放水汽。

释气作用是一个持续过程。水和水汽从距地表25km以下的地层深处或地壳下面，通过水汽释放溢出地表。全世界有许多这样的地方，图7.2展示了冰岛和美国怀俄明州的相关情况。

地球早期大气中，释放的大量水汽凝

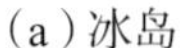

（a）冰岛

（b）美国怀俄明州的黄石国家公园

图7.2　地壳中释放的水汽

注：地热区域从地壳中溢出的水汽：（a）2010年冰岛西南端，埃亚菲亚德拉冰盖的火山喷发；（b）美国怀俄明州黄石国家公园，在游览步道上看到的水汽热力特征、钙华沉积和热矿泉。［（a）Bobbé Christopherson；（b）作者］

结，并以大暴雨的形式降落到地面。由于水滞留于地球表面，所以陆地温度下降至沸点（100℃）以下，这些大约发生于38亿年前。地球表面上的最低洼处开始积水——先形成池塘大小的尺度，再形成湖泊和海，最后形成庞大的大洋。巨大的流水冲刷着地球表面，把溶解的和未溶解的固体物质冲刷至早期的海洋中。水汽释放从未停歇。在火山喷发、热喷泉中，人们均可见到水汽溢出地表的现象。

7.1.1　全球水量平衡

水是地球表面最常见的化合物。大约20亿年前，水就已经达到了现在的体积。在水圈系统中，尽管水不断地在散失，但水量仍保持相对恒定。水可分解为氢气和氧气，如果其中的氢气挣脱地球引力进入太空或分解后的气体与其他元素形成新的化合物时，这部分水就消失了。由于水圈系统中的原始水并非存在于地表，而是来源于地壳内部，所以它能够弥补水圈系统中散失的水分。水的这种输入和输出，最终使地球上水圈水量处于稳定的平衡状态。

尽管水的总量保持净平衡，但是全球海平面确实在发生着变化。**海面升降（Eustasy）**这一概念用于描述全球海平面的升降状况。海平面变化与海水体积相关，可是地球上的总水量并未改变。海面变化的一部分原因是冰川和冰盖所储存的水量发生了变化，即：**冰川性海面升降（glacio-eustatic factors）**（见第17章）。在寒冷期，大量的水储存于冰川（山区和高纬度地区）和冰盖中（格陵兰和南极洲），从而导致海平面降低。在温暖期，冰储存的水量减少了，从而造成海平面上升。

距今最近的冰期大约发生于1.8万年前，当时海平面比现在低100多米；4万年前的海平面比现在低150m。过去100年来，全球海平面平均上升了20～40cm，而且目前上升速度仍在加快。这是气温变暖导致冰体融化加速和海水热膨胀的结果。

地壳均衡说是指陆块实际发生的垂直物理运动，例如大陆的抬升或沉降。相对于海岸环境来说，这种地形升降变化可导致明显的海面变化。第11章中将讨论陆地的海拔高度变化。

7.1.2　当今地球上的水量分布

从地理学角度看，地球表面的海陆分布不均匀。地球大部分陆地集中于北半球，而

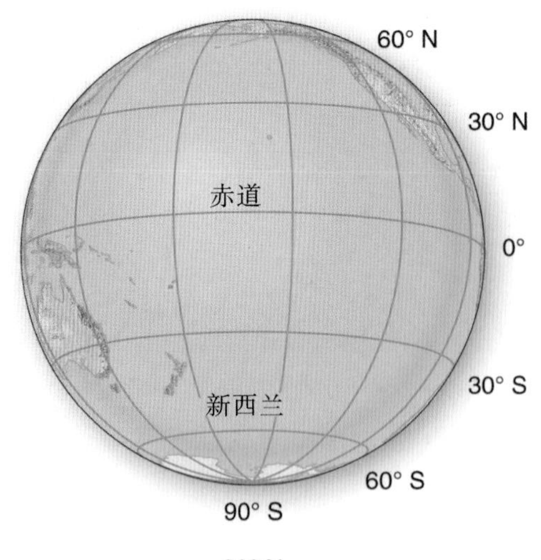

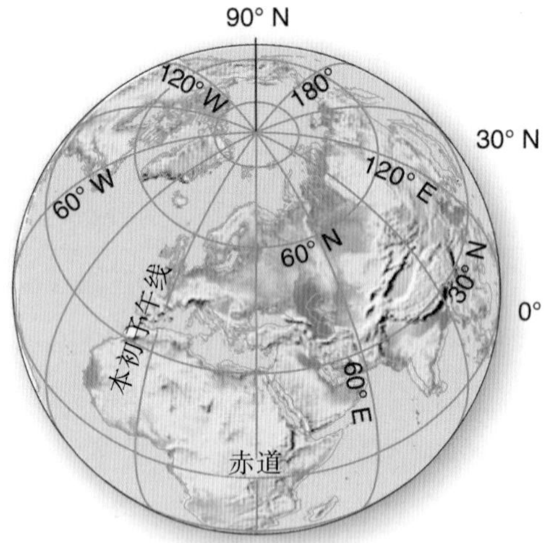

图7.3　陆半球和水半球透视图

海洋集中于南半球。若从特定角度来看，地球呈现为一个水半球和一个陆半球（图7.3）。

图7.4给出了当前地球上所有液态水和固态水（包括淡水和咸水）的分布比例。海洋占地球总水量的97.22%［图7.4（a）］。图7.4中对四大洋——太平洋、大西洋、印度洋、北冰洋进行了详细说明。环绕南极大陆的是“南大洋”，它由太平洋、大西洋和印度洋的最南端部分组成。在五个大洋中，南大洋的面积位列第四；由于其缺少精确边界，图7.4中把它合并在三个大洋中。

陆地水（淡水，非海水）仅占地球总水量的2.78%。如图7.4（b）和表7.1所示，陆地水包括地表水和地下水。冰盖和冰川是地表最大的陆地淡水储存库，占地球陆地总水量的77.14%；若再算上地下水和冻结的地表水，合计共占陆地水总量的99.36%。

其余的陆地水滞留于湖泊、河川和溪流之中，实际上这部分水量还不到陆地水总量的1%［图7.4（c）］。全球淡水湖总水量为12.5万km^3，有80%的水量集中在40个最大

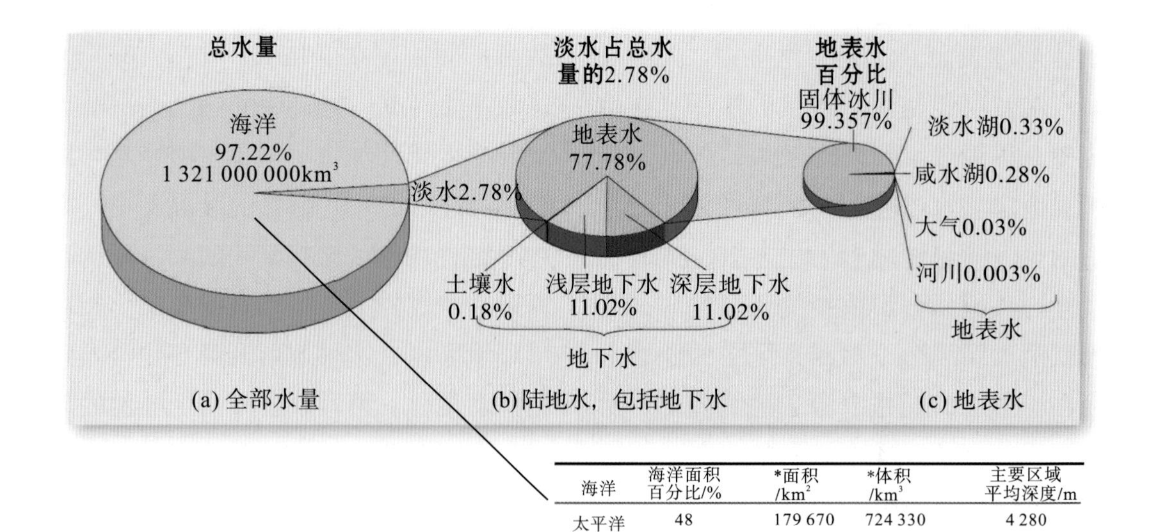

海洋	海洋面积百分比/%	*面积/km^2	*体积/km^3	主要区域平均深度/m
太平洋	48	179 670	724 330	4 280
大西洋	28	106 450	355 280	3 930
印度洋	20	74 930	292 310	3 969
北冰洋	4	14 090	17 100	1 205

*数据以千计($\times 10^3$)：包括所有边缘海。

图7.4　地球上海水和陆地水的分布比例

表7.1　地球陆地水的水量分布

分布区域	水量/km³	占陆地水比例/%	占总水量比例/%
地表水			
冰盖和冰川	29 180 000	77.14	2.146
淡水湖*	125 000	0.33	0.009
咸水湖和内陆海	104 000	0.28	0.008
大气	13 000	0.03	0.001
河流和溪流	1 250	0.003	0.0001
地表总水量	29 423 250	77.78	2.164
地下水			
地下水埋深：0～762m	4 170 000	11.02	0.306
地下水埋深：762～3962m	4 170 000	11.02	0.306
土壤水分	67 000	0.18	0.005
地下水总量	8 407 000	22.22	0.617
淡水总量（约值）	37 800 000	100.00	2.78
*主要淡水湖	水量/km³	水域面积/km²	水深/km
贝加尔湖（俄罗斯）	22 000	31 500	1 620
坦噶尼喀湖（非洲）	18 750	39 900	1 470
苏必利尔湖（美国/加拿大）	12 500	83 290	397
密歇根湖（美国）	4 920	58 030	281
休伦湖（美国/加拿大）	3 545	60 620	229
安大略湖（美国/加拿大）	1 640	19 570	237
伊利湖（美国/加拿大）	485	25 670	64

湖泊中，其中7个湖泊的水量就占50%左右（表7.1）。

贝加尔湖是水量最大的湖泊。它形成于两千五百万年前；其水量几乎相当于北美五大湖的总水量。非洲坦噶尼喀湖的湖水容量位列世界第二，其次是五大湖。总体而言，70%的湖泊水量分布于北美、非洲和亚洲，另外大约1/4的湖水散布于世界上数不胜数的湖泊之中。仅美国阿拉斯加州就有300多万个湖泊，加拿大的湖泊面积超过750km²。

咸水湖和内陆咸海与海洋相隔离。它们通常分布于内陆河流域（无出海口）。由于湖水不断蒸发，伴随时间的推移，湖水盐分浓缩升高。这些咸水湖和内陆咸海的水量总计为10.4万km³。例如，美国犹他州的大盐湖（图7.5）、加利福尼亚州的莫诺湖、亚洲西部的里海和咸海、以色列与约旦之间的死海。

想象一下，大气中的全部水分，以及地球上的所有河流和小溪，它们的水量加在一起只有14 250km³，仅占陆地水量的0.033%；或者说仅占地球总水量的0.0011%。然而，这部分水量是动态水量。一个水分子，在不到两周的时间内，就可从大气降落至地面，再变成地表水，至此完成了一次完整的水文循环（海洋–大气–降雨–径流）。与此形成对比的是深海环流中的地下水或冰川中的水分子，它们的移动速度十分缓慢，需要数千年才能完成水圈系统的循环。

图7.5　大盐湖——咸水湖泊

注：大盐湖是博纳维尔古湖泊的残留湖，该湖泊的水量除蒸发外并无排水出口。1.8万年前，博纳维尔湖的面积达到最大；古湖岸线曾延伸到内华达州东部、犹他州北部和爱达荷州南部；科学家正在对湖盆的古湖岸线进行研究。［Bobbé Christopherson］

7.2　水的特性

与其他星球相比，地球与太阳的距离使地球恰好位于一个理想的温度带。在这个温度带上，地球上的水能够以固态、液态和气态三种自然形态存在。

虽然水是地球表面最常见的一种化合物，但它却具有最不寻常的特性。两个氢原子和一个氧原子结合，形成一个水分子（图7.6左上角）。一旦氧原子和氢原子结合形成共价键（或双键），它们便很难分开，从而使水分子在地理环境中得以稳定存在。水分子不仅是一种通用溶剂，而且还具有非凡的热力特征。

水分子中的氢–氧结合键使水分子的氢原子一侧带正电，而氧原子一侧带负电。由于这种极性，水分子之间相互吸引：一个水分子的正电（氢）侧与另一个水分子的负电（氧）侧相互吸引。水分子间的这种结合就是氢键结合（图7.6的右上角）。

水分子的极性还可以解释水为什么具有“湿润作用”，且能够溶解许多物质。由于水具有溶解能力，水中总含有一些溶解物，所以自然界中纯水很少。

日常生活中也能察觉到水的氢键结合作用。例如，氢键结合能够产生表面张力，它能使一根针浮在水面上，尽管钢针的密度大于水的密度；它还能让水杯中的水面略高于杯口边缘。这是因为数以百万计的氢键对水分子的移动具有束缚作用。

当你用一张纸巾“擦干”物体时，可以看到因氢键作用所形成的毛管现象。正是由于相邻水分子之间的氢键作用，纸巾纤维才能够吸干水分。在化学实验课上，学生们可以看到烧杯或试管中凹陷的液面或水面，这是氢键作用使水略微“爬上”玻璃壁的缘故。毛管作用在土壤水分交换过程中占有的重要地位，我们将在第9章和第18章中进行讨论。如果水分子没有氢键的束缚，那么水和冰在常温下就会变成气体。

7.2.1　热力性质

水从一种相态转化为另一种相态（固态、液态或气态），必定会吸收或者释放能量。要改变水的相态，必须要有充分的热能来打破水分子之间的氢键。水和热能之间的这种关系对于大气过程十分重要。事实上，水的相态转变所交换的热量，在大气环流能量中占30%以上。

图7.6展示了水的三种相态，水从一种相态转变为另一种相态称作**相变**。在图7.6底

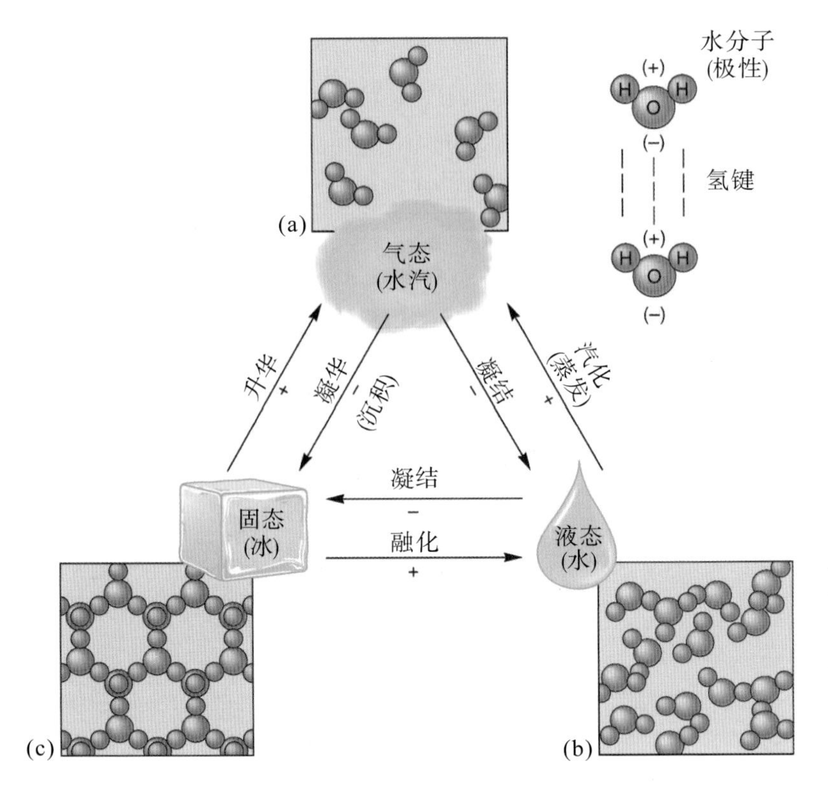

图7.6　水的相变

水的三种物理形态：(a)气态水或水汽；(b)液态(水)；(c)固态(冰)。注意各种形态的水分子排列方式，还有水发生相态转变时所采用的术语。正负符号含义：水发生相变时吸收热能（+）、释放热能（−）。

部，融化和冻结作用，使水在固态与液态之间发生相变；在图7.6右侧，凝结和蒸发作用（或水在沸点的汽化），使液态水与水汽之间发生转化；在图7.6左侧，**升华（Sublimation）**是指冰直接变成水汽；当水汽直接被冰晶吸附时，称作凝华（Deposition）。水汽凝华可在冰面上形成霜。

固态水——冰　水冷却时与大多数化合物一样，其体积会缩小。然而，当水达到最大密度时，其相态不是冰，而是4℃的水。当水温低于这一温度时，水的表现却不同于其他化合物：随着水分子运动的减慢，分子间的氢键增多，水开始膨胀，形成了如图7.6（c）和图7.7（a）所示的六边形结构。这种六边形结构组成了各种形状的冰晶——圆盘状、柱状、针状和树枝状等。冰晶具有固定的物理结构（都是六面体结构），但又表现出一种无序的独特相互作用（冰晶各不相同）。

当温度低于4℃时，水和冰的体积开始膨胀，至−29℃时，冰的体积可增加9%［图7.7（c）］。这种膨胀对岩石的风化具有重要作用，还会造成路面损坏和输水管道爆裂。更多有关冰晶和雪花的知识，参见https://www.its.caltech.edu/~atomic/snowcrystals/class/class-old.htm。

冻结过程中，随着体积膨胀，冰的密度

判断与思考7.1　冰山的分析

观察图7.7（b）和图7.7（d）中的冰山照片，这些照片拍摄于南极海域。在浮露出海面的冰山上有许多热融凹槽，其成因是什么？海水中的冰山在融化过程中，冰山高度反而会增加，为什么？把冰块放在一个装满水的玻璃杯中，然后比较水面上下的冰块体积。纯冰密度是水的0.91倍，而实际冰体内常含有气泡，因此冰山冰的密度只有水的0.86倍左右。你在观测中，怎样比较它们的密度？

减小（相同数量的分子占据更大的空间）。确切地说，纯冰的密度是水的0.91倍，所以冰可以漂浮在水面上。如果没有这种密度变化，许多陆地水将在海底形成巨大的冰体。

在自然界中，冰的密度会因冰龄和空气含量的差异而略有变化。因此，浮动冰山的排水量也略有差异，若按质量平均值计算，大约有1/7的冰山露出海面，6/7的冰山则淹没于海面之下［图7.7（d）］。由于海水中冰的融化速度要比露出海面的快，本来就不稳定的

（a）冰晶体图案与水分子的内部结构有关，该影像经过计算机的增强处理

（b）位于63.5° S附近南极海峡的冰山拱桥

（c）融水溪流中的冰针是在冻结过程中形成的

（d）南极近海的冰山块（小冰山），漂浮状态表明浮冰密度小于海水

图7.7　冰——独特形态

（a）增强影像©Scott Camazine/Photo Researchers，Inc.［改编于：W. A. Bentley］；（b）、（c）和（d）［Bobbé Christopherson］

地学报告7.1　路面损坏与水管破裂

夏季，养路工人忙于修缮破损的街道路面和高速公路。在寒冷的冬季，雨水渗入路面裂缝后冻结膨胀，使路面遭受破坏。也许你已经注意到了，桥梁因此受到的损坏最大，这是因为桥下的冷空气环流作用导致冻融交替更为频繁。水冻结膨胀所产生的力量很大，足以造成输水管道、汽车散热器及发动机缸体等破裂。冬季，用保温材料裹缠输水管道，在许多地方是一项日常的保温工作。历史上，人们开采石料过程中就利用了水的这一物理特性。冬天来临之前，工人向岩石的钻孔内灌水；寒冷天气到来后，水冻结膨胀，岩石按所需形状开裂成为建筑石材。

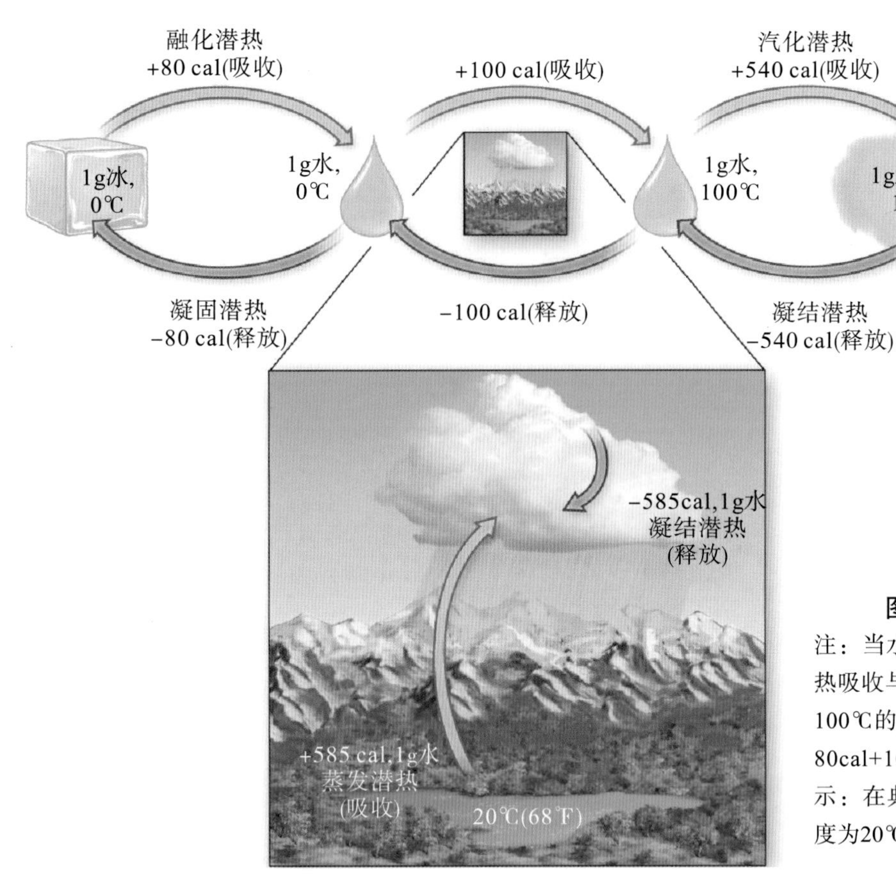

图7.8　水的热能特性

注：当水发生相变时，伴有大量的潜热吸收与释放；把0℃的1.0g冰转换为100℃的水汽需要吸收720cal的热能：80cal+100cal+540cal。底部景观图显示：在典型环境条件下，水（湖水温度为20℃）与水汽之间的相变。

冰山将发生翻转。在图7.7（b）中，你所看到的具有波纹凹槽的冰山，先前就在水下。

冻结作用作为一种重要的物理风化过程，将在第13章讲述；地表水和地下水的冻融作用将在第17章中讨论，受其影响的冰缘地区约占地球表面积的30%，由此产生了各种地表过程和地貌。

液态水　水作为一种液体，其形状取决于盛水容器。水是不可压缩的流体。从冰变成水，必须通过吸收热能来加快水分子的运动速度，以此来打破水分子间的氢键［图7.6（b）］。尽管0℃的冰与0℃的水在感觉温度上没有明显差别，但1g冰融化为1g水需要吸收80cal*的热量（图7.8，左上）。物质发生相变时，吸收或释放的热能称为潜热，它隐含于水的结构之中。当1g水发生逆相变（冻结）时，则会释放出等量的潜热。水的冻结潜热和融化潜热都是80cal。

使1g0℃的水升温至100℃（沸点），需要吸收100cal的热量，水温每增加1℃就需要1cal热量，在这个增温过程中水并未发生相变。

气态水——水汽　水汽是一种看不见的可压缩气体。水汽中每个水分子都是独自运动的［图7.6（a）］。在海平面正常大气压下，处于沸点温度的水，从液态转变至气态发生相变时，每克水需要吸收540cal热量，这就是**汽化潜热**（图7.8）。相反，当水汽凝结为液态时，每克水汽则把隐含的540cal能量释放出来，这就是凝结潜热。当你煮面条、烧菜或给茶壶加沸水时，你的手或许曾体验过水蒸气释放的凝结潜热。

总之，把1g、0℃的冰转变为水，再从100℃的水转变为水蒸气（水汽），即：从固态到液态再到气态，这一过程吸收的热量共

*　提示：如第2章所述，1克15℃的水每上升1℃需要的热量为1cal，相当于4.184J。

计720cal（80cal+100cal+540cal）。它的逆过程，即100℃的1g水汽转化为液态水，再变到0℃的固态冰，向周围环境释放的热量也是720cal。掌握地理学网站中利用动画演示对这些概念进行了解释。

7.2.2　自然界中水的热力性质

对湖泊、溪流、土壤水来说，液态水在20℃条件下，若要蒸发脱离水面，1g水必须从周围环境中吸收约585cal的热量，即蒸发潜热（图7.8）。这时蒸发所需能量略高于高水温（如沸水540cal）环境。当湿皮肤因水分蒸发变冷时，你感受到的就是水分潜热吸收。这种潜热交换在地球能量平衡中对冷却过程起主导作用。当空气冷却或水汽凝结为液态水时，这一相变的逆向过程可产生云滴；这时每克水释放的凝结潜热为585cal。平静天气状况下，一小朵的积云就含有500～1 000t的云滴，可以想象，这些云滴在水汽凝结过程中释放出了巨大潜热。

每克冰升华变成水汽，需要吸收680cal的**升华潜热**；而水汽直接冻结成冰，也会释放出相等的热量。

7.3　湿度

湿度指空气中的水汽含量。空气的水汽容量是一个以温度变量为主的函数，即：依赖于空气和水汽的温度（二者通常一致）。本节将讲述湿度的几种表达方式。

我们都能感觉到空气湿度，因为它与气温的关系决定了人体舒适度。在北美，每年要花费数十亿美元来调节空气湿度，即：使用空调（除湿和降温）或空气增湿器（增加水汽）。第5章中已讨论过湿度、温度与炎热指数之间的关系。若要了解天气动力的有效能源，还必须要知道空气中的水汽含量，包括它在特定温度下与空气平衡饱和度之间的比率。

7.3.1　相对湿度

除了温度和气压，**相对湿度**也是地方天气预报中最常见的信息。相对湿度是一种表述空气中水汽含量的比值（以百分比表示）。该比值是指在同一温度下，空气中实际的水汽含量与最大的可能水汽含量之比。

相对湿度，随气温和水汽含量变化而改变。相对湿度的计算公式（百分比）就是把空气中的实际水汽含量作为分子，而把相同气温下空气的最大可能水汽含量作为分母：

$$相对湿度=\frac{空气实际水汽含量}{相同温度下空气的最大可能水汽含量}\times 100\%$$

暖空气可使水面的蒸发速率增加，而冷空气可增加水面上的水汽凝结速率。由于某一温度下，一定体积的空气中所能容纳的水汽含量有一个最大阈值，所以蒸发率和凝结率有时候可以达到平衡，这时空气状态为湿度饱和。相对湿度可以指示空气湿度接近饱

地学报告7.2　冰山造成的航海悲剧

浮冰是高纬地区航海船只面临的主要风险。冰的密度约为水的0.86倍，一座冰山大约有6/7的体积淹没于海面以下。海面下的不规则冰体边缘很容易撞坏过往船只的侧翼。比如，1912年英国邮船泰坦尼克号，首次航行就撞上了冰山。由于船的侧翼被撞坏，加之还有不合格的铆钉，这艘邮船沉没于海底。这次事件曾一度使社会对技术产生了怀疑。

和的程度，还有空气与湿润地表之间水分子当前的移动状况。

如图7.9所示，下午5:00是一天中气温较高的时段，该时段内蒸发率大于凝结率，相对湿度为20%。上午11:00，因为气温不是很高，蒸发率仍高于凝结率，但差别不是很大，这时空气中的水汽含量约占同体积空气最大可能水汽含量的50%。早晨5:00，空气更冷而呈现湿度饱和平衡，此时，如果再降温或增加水汽就会产生净凝结。当空气达到饱和时，空气中的水汽含量就是当前气温下的最大水汽含量，相对湿度是100%。

饱和湿度　如前所述，当蒸发率和凝结率（水分子的净转移量）达到平衡时，空气中水汽达到**饱和**，相对湿度达到100%。在饱和湿度状态下，空气中再增加水汽或再降温都会导致蒸发率下降，从而造成有效凝结（云、雾或降雨现象）。

对于一定质量的空气，当温度降低至某一点时，空气中的水汽达到饱和，产生净凝结而形成水滴，这一点的温度称作**露点温度**。当气温与露点温度相同时，空气湿度处于饱和；有时把低于冰点的露点温度，称作“霜点”。

常见的例子：盛有冷饮的玻璃杯（图

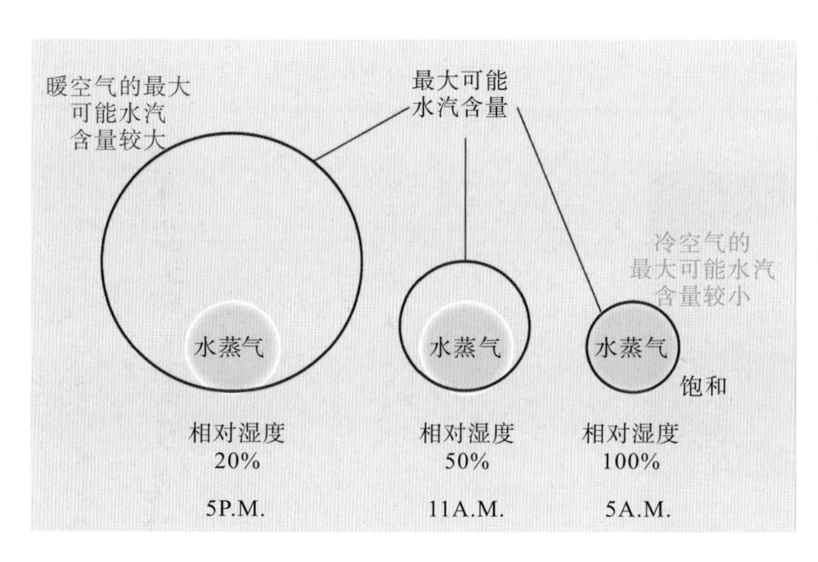

图7.9　水汽、温度与相对湿度

注：对于最大可能水汽含量来说，暖空气中的水汽含量高（净蒸发）而冷空气中水汽含量低（净凝结）。即使某一天空气中的实际水汽含量不变，相对湿度也会随温度的变化而不同。

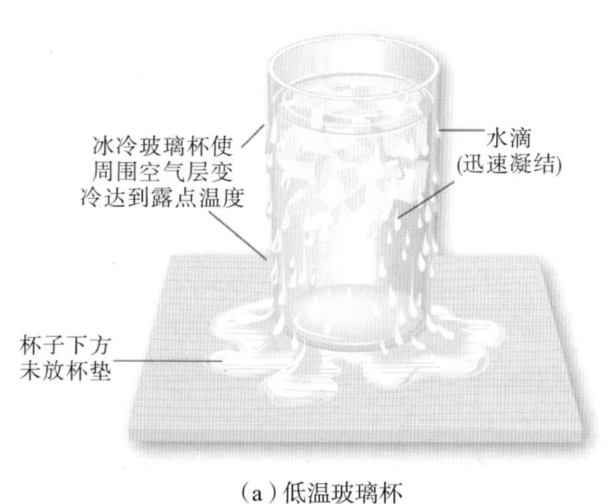

（a）低温玻璃杯

（b）冷空气

图7.10　露点温度的例子

（a）低温玻璃杯可使周围空气冷却至露点温度，这时水汽达到饱和，从空气中凝结出来在杯壁上形成露珠；（b）冷空气在雨水浸透的岩石周围达到露点温度，并呈现饱和状态；岩石中的水分进入空气，凝结后形成缭绕的云雾。［作者］

7.10），玻璃杯周围的空气被冷却至露点温度以下达到饱和，并在玻璃杯外壁形成许多水滴。此外，如图7.10（b）所示，在岩体附近，当冷空气达到水汽饱和时，岩体上方水汽就会出现有效凝结。寒冷的早晨，你在上学路上，或许看到过湿漉漉的草坪或布满露珠的汽车挡风玻璃，这些都是露点温度的实例。

配备红外线感应器的卫星，会对低层大气中的水汽进行例行遥感监测。由于水汽吸收长波（红外线），所以红外线感应器能够分辨不同地区之间水汽相对含量的差异。图7.11就是利用卫星传感器中“水汽通道”信息合成的一幅全球影像图。它对天气预测很重要，因为遥感影像表明了天气系统中可利用的水分、潜热和降水潜力。

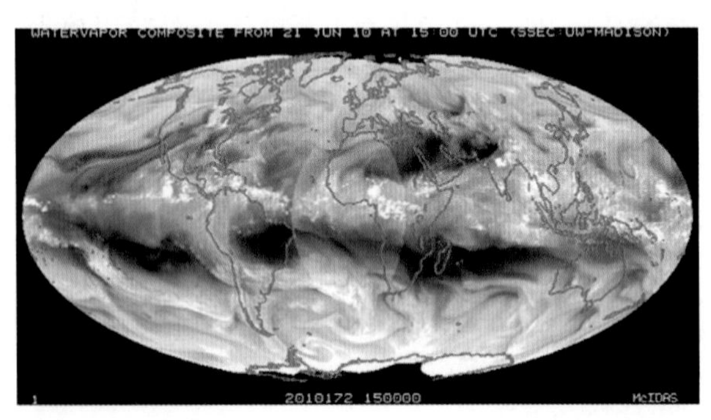

图7.11　利用GOES（美国）、METEOSAT（欧洲航天局）和MTSAT（日本）卫星合成的大气层水汽红外线影像

影像日期：2010年6月21日，高亮度表示水汽含量高、低亮度表示水汽含量低。［卫星数据来自空间科学与工程中心，威斯康星大学，麦迪逊］

相对湿度的日变化和季节变化　就日变化而言，气温与相对湿度通常呈逆相关关系，即：随着气温上升，相对湿度减小（图7.12）。黎明时分，气温最低，而相对湿度最高。夜间，如果你把汽车或自行车停在室外，就可看到上面凝结的露水。在生活中你可能也曾留意过：窗户、汽车或草坪上的晨露，在午前时分就被蒸发掉了。这是因为净蒸发量随气温上升而增加的缘故。

相对湿度的最低值出现于下午晚些时候，这时气温偏高、蒸发速率增大。如图7.9所示，尽管空气中的实际水汽量一天都保持不变，但是从早晨到下午，由于气温变化，相对湿度和蒸发速率都会发生变化。就季节变化而言，1月份的相对湿度高于7月份，因为冬季气温整体偏低。大多数气象站的相对湿度都有类似的变化规律，这表明相对湿度与季节、温度之间的关系相互一致。

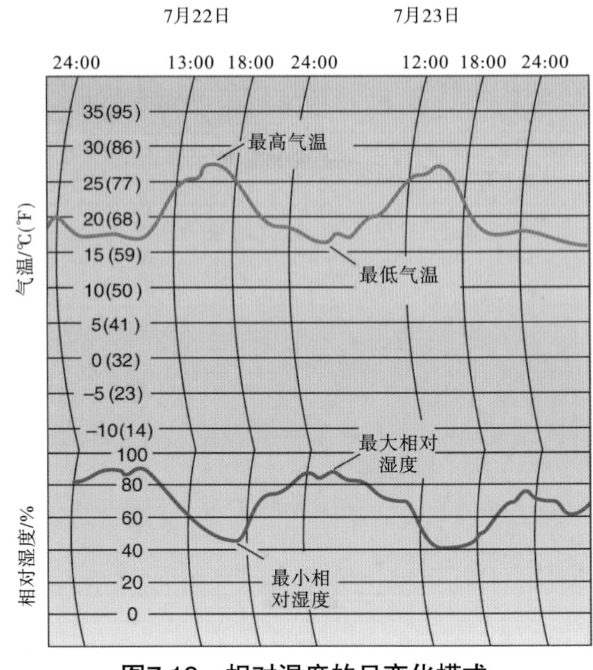

图7.12　相对湿度的日变化模式

注：温度与相对湿度之间的典型日变化关系。

地学报告7.3　卡特里娜飓风的威力

据气象学家估计，卡特里娜飓风（2005年）最强盛时所携带的水量超过30万亿吨。每1g水可释放585cal的凝结潜热，诸如飓风这样的天气事件，一场飓风天气包含的能量非常惊人。以英制单位的快速换算（1盎司=28.35g，1磅=16盎司，1t≈2 204.6磅，再乘以30万亿吨）。

7.3.2 湿度的表示方法

湿度、相对湿度有多种表示方式，每一种都有其实用性和应用性。水汽压和比湿是其中的两种表示方式。

水汽压　自由水分子从地面蒸发变成水汽进入大气。因此，当前大气压中包含了由水汽、氮气和氧气等分子各自构成的气压分量，其中水汽分子构成的那部分大气压就是**水汽压**，用毫巴（mb）表示。

如前所述，当地表与大气之间的水分子运动达到平衡时，空气就达到了饱和湿度。一定温度下，空气的最大可能水汽含量所产生的压力就是饱和水汽压。温度的上升或下降都会改变饱和水汽压。

图7.13给出了不同气温下的饱和水汽压。图7.13中表明：气温每升高10℃，空气的饱和水汽压大约增加一倍。这一关系解释了为什么海洋热带气团能够携带大量水汽，并且能够为热带风暴提供巨大潜热能量；同时也解释了为什么冷气团比较“干燥”，流向极地的冷空气为何不能产生大量降水（即使接近露点温度，水汽的凝结量也很少）。

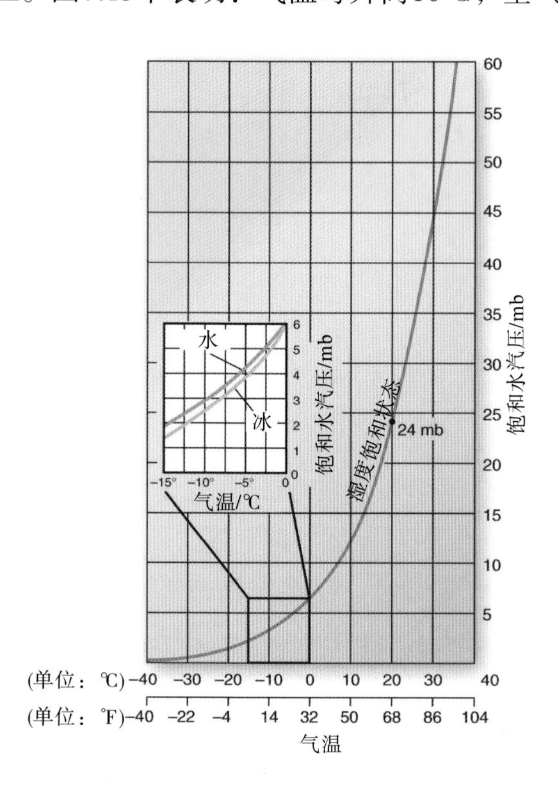

图7.13　不同温度下的饱和水汽压

注：饱和水汽压就是大气中的最大可能水汽含量所产生的压力（mb）；嵌入图：低于冰点的水面与冰面之间饱和水汽压的比较。24mb的标注，见文中说明。

如图7.13标注：气温20℃时，空气饱和水汽压为24mb；也就是说，如果空气中的水汽压为24mb，那么空气湿度就处于饱和状态。若气温20℃时，空气中的实际水汽压仅12mb，那么相对湿度就等于50%（12mb ÷ 24mb＝0.50 × 100%＝50%）。在图7.13中，嵌入图比较了冰点温度以下，冰面与水面之间饱和水汽压的差别。你可以看到，水面上的饱和水汽压大于冰面上的饱和水汽压，即：水面上的空气达到饱和湿度状态所需要的水汽分子数目要比冰面多。这一事实对水汽凝结过程和雨滴形成十分重要，本章后文将对两者进行阐述。

比湿　当气温和气压变化时，比湿仍保持恒定不变。因此，比湿成为一个重要的湿度度量单位。**比湿**是指任意温度下，单位质量（单位：kg）空气块中的水汽含量（单位：g）。由于比湿采用的是水汽质量，所以不受气温或气压的影响。例如，当气块上升至高海拔时，尽管气块体积发生了改变，但比湿仍保持不变*。

如图7.14所示，某一温度下，1kg空气中的最大可能水汽含量就是最大比湿。如图7.14中标注，当气温在40℃时，1kg空气所能保持的最大比湿是47g（水汽含量）；当气温为20℃时，最大水汽含量为15g；当气温为0℃时，最大比湿约为4g。由此可

* 混合比是相对湿度（接近比湿）的另一种度量方法，该方法与比湿类似，即单位质量（kg）干空气中水汽质量（g）的比率，单位为g/kg。

知：气温为40℃时，若1kg空气的比湿为12g，则它的相对湿度为25.5%（12g ÷ 47g= 0.255 × 100%=25.5%）。在天气系统中，对于大型气团水汽含量的相互作用，采用比湿描述则显得十分有利，可为天气预报提供必要信息。

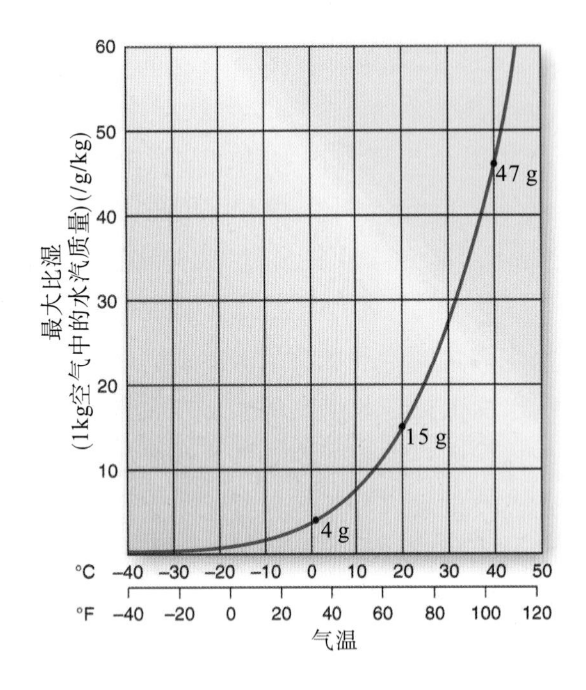

图7.14　不同温度对应的最大比湿

注：最大比湿是指单位质量空气中的最大可能水汽质量（g/kg）。注意：曲线中47g、15g和4g标注，文中稍后说明。

湿度观测仪　相对湿度的测量仪器多种多样。**毛发湿度计**的原理是：当相对湿度在0%～100%变化时，人的头发可产生4%的长度变化。该仪器把一束标准头发与机械装置连接起来，用来测量相对湿度；当头发在空气中吸收或失去水分时，利用其长度的变化，来指示相对湿度值［图7.15（a）］。

测定相对湿度，还有一种仪器是**通风干湿计**。如图7.15（b）所示，该装置把两支温度计并排放在同一支架上；其中一支是干球温度计，它只简单地记录周围气温；另一支温度计是湿球温度计，它放在支架上的较低位置上，其球囊用一块湿纱布包裹。这种干湿计的柄部可旋转，通过“悬挂通风”或者风扇装置，让空气在湿球周围流通。

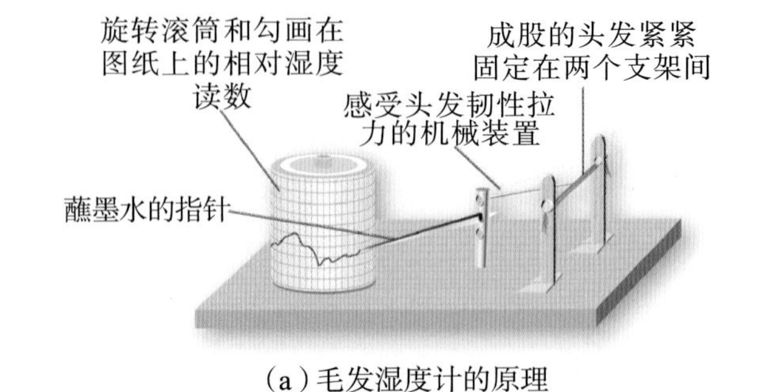

（a）毛发湿度计的原理

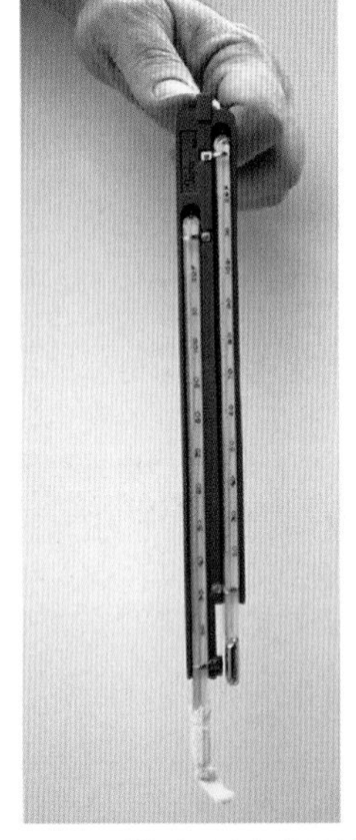

（b）悬挂式通风干湿计

图7.15　观测相对湿度的仪器

［Bobbé Christopherson］

湿球纱布上的水分蒸发速率，取决于周围大气相对湿度的饱和度。若空气干燥，水分蒸发很快，以蒸发潜热的形式从湿球温度计的湿纱布中吸收一定的热量，从而使湿球温度计冷却（湿球温差）。在高湿度环境中，湿球的水分蒸发很少；在低湿度环境中，水分蒸发偏多。观测温度时，把通风湿度计悬挂1～2min，然后对比两个温度计之间的温差，查对相对湿度图表，最后得到相对湿度值。

7.4 大气的稳定性

气象学家使用术语——气块（air parcel）来描述具有某一特定温度和湿度特征的气体。把一个气块想象成空气柱，其直径为300m，甚至更大。空气柱的温度决定了气块的密度。对于某一给定的空气柱来说，暖空气密度小，冷空气密度大。

气块上有两个方向相反的作用力：向上的浮力和向下的重力。密度小于周围空气的气块会上升（浮力较大），随着外部气压的降低，上升气块会产生膨胀；与此相反，密度大于周围空气的气块会下沉（浮力较小），随着外部气压的增大，下沉气块被压缩。图7.16说明了气块的这种关系。

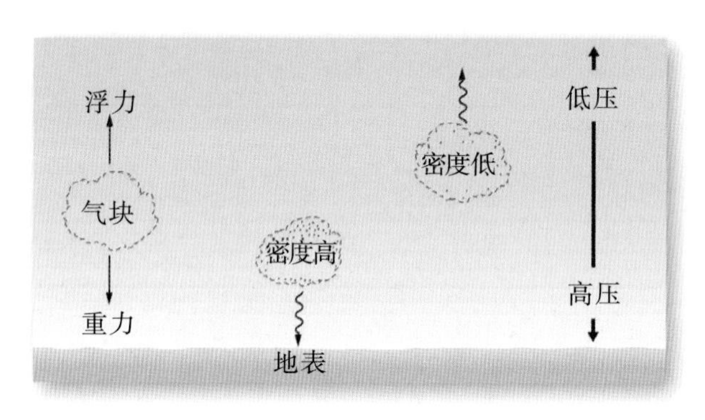

图7.16 气块上的作用力

注：作用于气块上的浮力和重力；空气密度差异导致气块受力不均衡，从而产生了上升或下降运动。

在大气中，气块的相对稳定性是天气状况的一个指标。**大气稳定性**（或稳定度）是指含有水汽气块的运动趋势，即气块是留在原地静止不动、还是上升或是下沉来改变垂直位置。如果气块能够抵制上升位移或受扰动后仍趋于返回原来的起始位置，那么这个气块就是稳定的。反之，若气块仍持续上升，直至到达某一高度而与周围空气的密度和温度相一致时，那么这个气块就是不稳定的。

为了观察大气的稳定性，请你想象热气球的放飞过程。当一个充满空气的气球在地面时，气球内部的温度与周围环境相同，就像一块稳定的气块。燃烧器点火后，气球内充满了热空气（密度低），气球受浮力而上升（图7.17），这时就如同不稳定的空气块。图7.17中的这些气球放飞于清晨，这是为什么？空气稳定和不稳定概念，把我们引入上述状况发生时的具体温度特征。

图7.17 热气球升空与空气稳定性原理

注：美国犹他州南部放飞升空的热气球，说明了空气稳定性原理；当气球内气温升高时，其内部气体密度小于外面的空气，从而产生浮力使气球上升。热气球作用原理与暖气块相同。［Steven K. Huhtala］

判断与思考7.2 相对湿度和露点图的使用

请在掌握地理学网站上，参阅已讨论过的相对湿度、气温、露点温度和饱和湿度。观察气温图和露点图之间的关系。在比较和对照这些分布图时，请你总体描述一下美国西北地区相对湿度环境。墨西哥湾沿岸呢？它们与东南和西南地区相比呢？记住：气温越接近露点温度，空气就越接近饱和湿度，而且有可能产生水汽凝结。

7.4.1　大气的绝热过程

确定稳定性和不稳定性的程度需要测量两个温度：气块内部温度和气块周围的温度。两者之间的温差决定了气块的稳定程度。有数千个气象站，利用氦气球携带的无线电探空仪对高空气温进行逐日观测。

第3章的正常气温递减率，是指气温随高度增加而发生的平均下降速率，其值为6.4℃/1 000m。这一气温递减率仅适用于静止无风的大气。实际上，不同的天气条件，它的变化幅度很大。然而，环境气温递减率（environmental lapse rate, ELR）是指某一时间某个地点的实际气温递减率，每千米可以相差几摄氏度。

绝热是指气块在膨胀或压缩过程中的增温或冷却速率。伴随海拔增高，气压降低，上升气块膨胀冷却；相反，下沉气块压缩增温。非绝热意味着上述过程中伴有热量交换，而绝热则意味着没有热量得失（这就是说，垂直运动的气块与周围环境不存在任何热量交换）。根据气块中的水分状况，绝热气温有两种递减速率：干绝热气温递减率（DAR）和湿绝热气温递减率（MAR）。

干绝热气温递减率　干绝热气温递减率（dry adiabatic lapse rate, DAR）是指干空气膨胀冷却或压缩增温过程中的气温变化速率。"干"意味着空气处于未饱和状态（相对湿度小于100%）。干绝热递减率平均为10℃/1 000m。

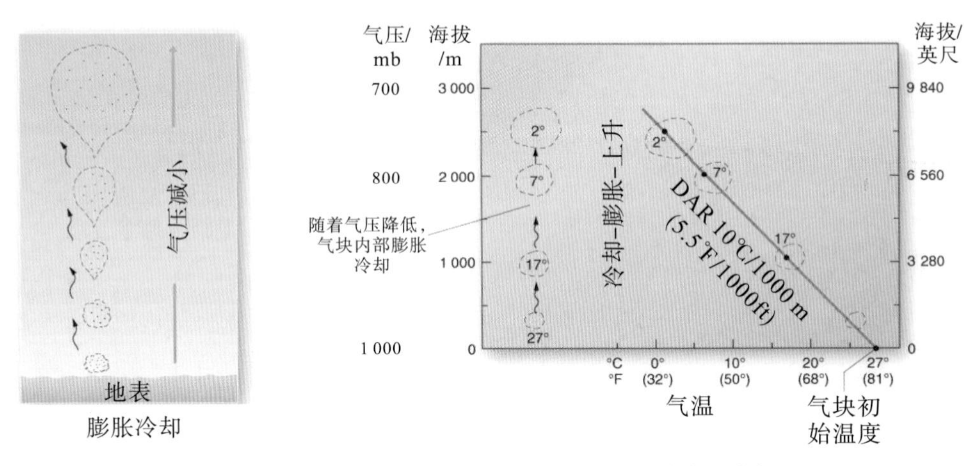

（a）湿度不饱和的上升气块，以DAR发生绝热膨胀和冷却

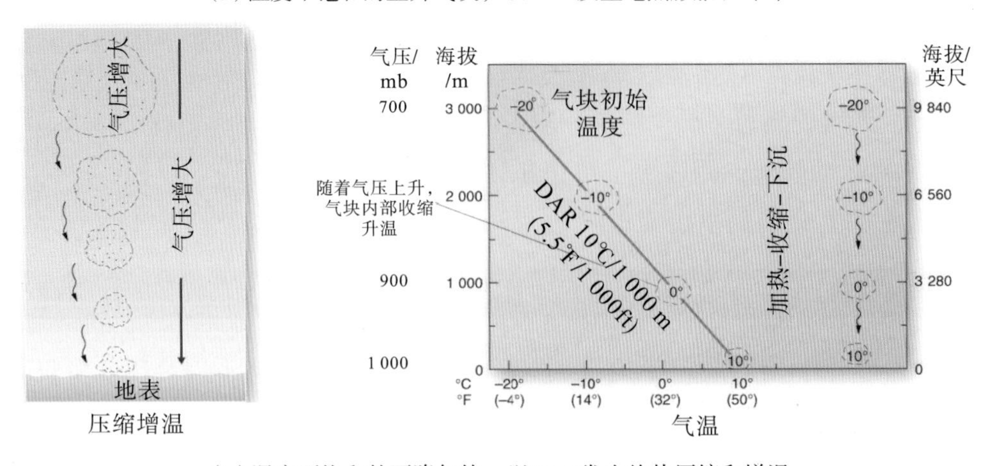

（b）湿度不饱和的下降气块，以DAR发生绝热压缩和增温

图7.18　空气垂直运动过程中的温度变化——绝热冷却、绝热升温

在图7.18（a）中左侧，上升气块说明了这一原理。为了理解干空气的具体变化过程，假设有一块湿度未饱和的气块，它在地面的温度为27℃；当它以DAR绝热上升2 500m时，气块发生膨胀和冷却；那么这个气块的温度变化了多少？下面利用干绝热递减率来计算这一气块温度的变化：

总气温下降：(10℃/1 000m)×2 500m=25℃

再用地面气温27℃减去绝热下降的25℃，由此可知：气块升高2 500m后，气温变为2℃。

在图7.18（b）中，假设有一块温度为-20℃的湿度未饱和气块距地面的高度为3 000m，当它绝热下降至地面时，气块增温。可利用干绝热递减率来确定这一气块到达地面时的气温：

总气温上升：(10℃/1 000m)×3 000m=30℃

气块的初始温度为-20℃，加上绝热增加的30℃，得知气块到达地面时的气温为10℃。

湿绝热气温递减率　湿绝热气温递减率(moist adiabatic lapse rate，MAR）是指潮湿或湿度饱和的上升气块，在膨胀冷却过程中的气温变化速率。MAR平均为6℃/1 000m，约比干绝热递减率小4℃。以该平均值作为对照，MAR伴随水分含量和气温的变化而不同，其变化范围为（4～10℃）/1 000m（注：对于饱和湿度的下沉气块，其气温以MAR速率递增，因为水滴蒸发时吸收显热，抵消了气块的压缩增温作用）。

凝结潜热正是气温递减率发生变化的成因，也是造成MAR低于DAR的原因。由于湿度饱和的空气会发生凝结，潜热将以显热形式释放出来，从而降低了绝热递减速率；至于能够释放出多少潜热，这取决于温度和水汽含量的高低。对于暖气团，MAR要比DAR低很多；对于冷气团，两个速率却十分相近。

7.4.2　稳定和不稳定的大气条件

下面，通过绝热过程来了解大气的稳定性。在特定时间和地点条件下，大气稳定度（或状态）取决于DAR、MAR和ELR（环境气温递减率）之间的关系。图7.19中的例子，说明了大气稳定度的三种状态。

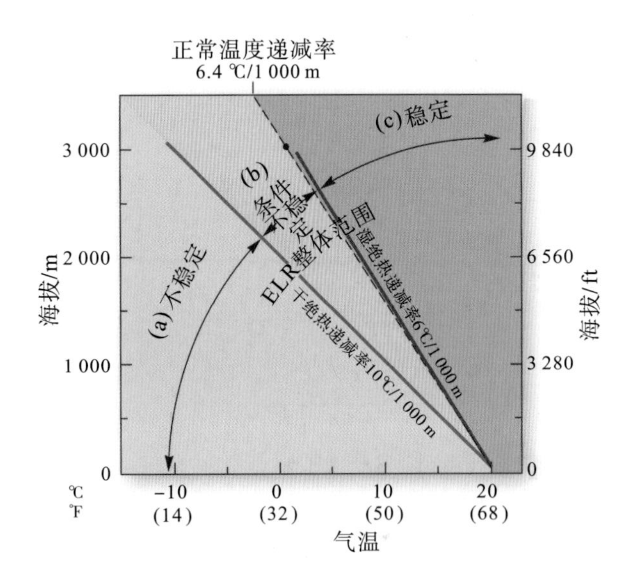

图7.19　大气稳定度与气温的关系

注：干、湿绝热递减率与环境温度递减率之间的关系，使大气稳定度呈现三种状态：不稳定状态（ELR>DAR）；条件不稳定状态（ELR介于DAR和MAR之间）；稳定状态（ELR<DAR和MAR）。

由于温度关系，大气有三种不同状态：不稳定、条件不稳定和稳定。为了便于说明，图7.20给出了三个例子，最初地面上的气块气温为25℃；对于每一个例子，请注意比较气块与周围空气之间的温差。假定有某一种上升机制触发了气块移动，如：地面受热、山脉抬升或锋面天气（第8章中将讨论空气上升机制）。

在图7.20（a）中，对于设定的大气不稳定条件，由于气块温度高于周围环境（密度低、浮力大），气块在大气中持续上升。注意：在这个例子中，环境温度递减率为12℃/1 000m，即：垂直高度每增加1 000m，周围大气的温度下降12℃。当这一气块上升1 000m时，气块因绝热膨胀而冷却，按DAR计算，气温则从25℃降至15℃；同时，周围大气温度则由地面的25℃下降至13℃。通过气块与周围环境之间的气温对比可知：气块升高1 000m后，它的温度仍比周围大气高2℃。这就是不稳定状况，因为密度小的气块还会继续上升。

气块在不断地上升和冷却过程中，最终会达到露点温度，呈现湿度饱和并产生凝结。空气湿度达到饱和时的高度称为抬升凝结高度，这也是天空中平坦云底的高度。

图7.20（c）描述的是ELR为5℃/1 000m时的大气稳定状态。由于ELR小于DAR和MAR，所以气块（密度大、浮力小）的温度低于周围大气的温度。低气温气块趋于返回到原始位置，所以空气是稳定的。密度大的气块不会上升，除非遇到上升气流或地形抬升，因此天空通常无云；即使有云形成，

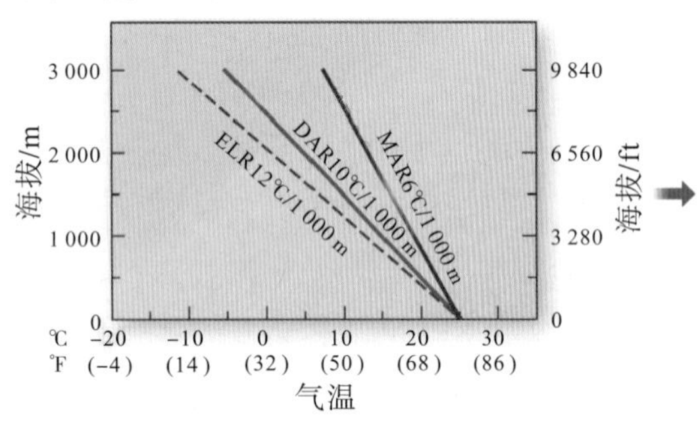

（b）条件不稳定

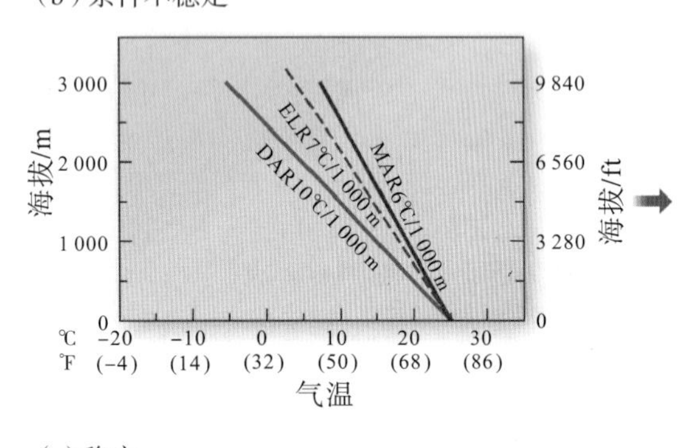

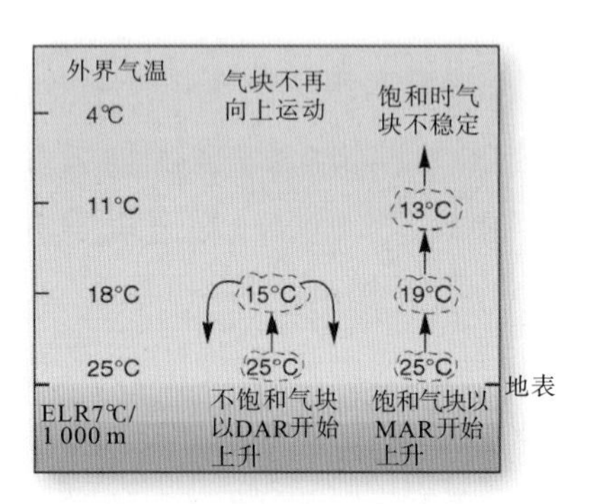

（c）稳定

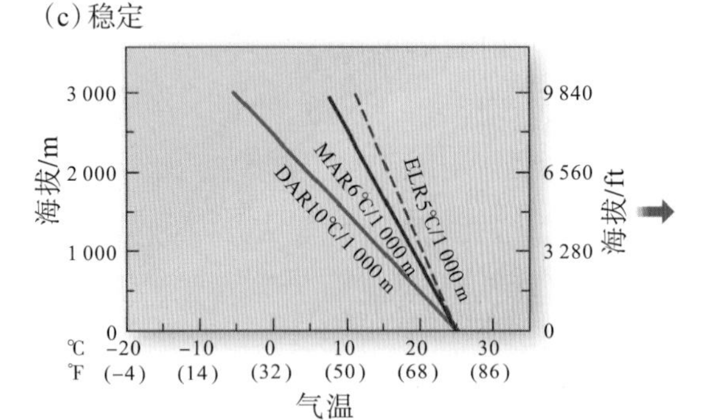

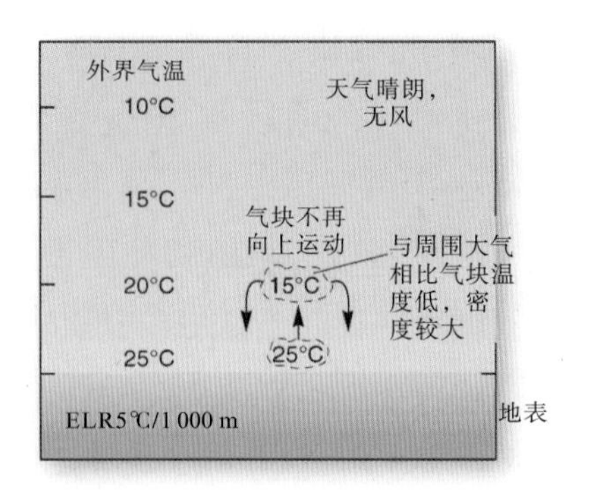

图7.20　大气稳定度的三个例子

注：说明低层大气稳定度的三个例子，右侧图是气块分别对应的稳定状态。

往往也是层状云（平坦状）或卷状云（纤细状），缺乏垂直发展。在空气污染地区，如果大气状态稳定则地表空气交换缓慢，可使污染状况加剧。

你可能想知道：若是某一地区的ELR介于DAR和MAR之间，大气的稳定性如何？稳定或不稳定？在图7.20（b）中，ELR为7℃/1 000m。在此条件下，当气块湿度不饱和时，它不会发生向上运动，除非有外力作用；但是若气块湿度为饱和状态，并以MAR速率冷却，那么气块则表现为不稳定，而且会持续上升。

当稳定状态的空气遇到山脉被迫抬升时，就会产生这种条件不稳定状态。随着空气的抬升冷却，空气达到露点温度，湿度出现饱和，水汽开始凝结。此时，MAR速率就会发挥作用，使气块转变为不稳定状态。这种状态下，天空可能晴朗无云，但是当它翻越山体后，其附近可能会发展成为大块云层。

7.5　云与雾

变幻莫测的云是天空中的美丽装饰，也是大气总体状态的基本指标，包括稳定性、水汽含量和天气状况。当空气中的水汽达到饱和时，就会形成云。云是很多学科的研究主题，尤其是云对太阳净辐射的影响，见第4章和第5章。通过相关知识和实践，你能够从典型的云层中“读懂”大气状况。

云——由悬浮于空气中的微小水滴和微小冰晶构成的集合体。只有当它的体积和浓度达到了肉眼可见的程度时，才能被称作云。雾，简单地说就是接触地面的云。云的类型有很多，这里难以完整地描述。因此，后文用一种简单分类法，来列举最常见的云。

7.5.1　云的形成过程

云不是刚开始就含有雨滴。最初，云中含有大量云滴，云滴很小，不经放大肉眼看不见。**云滴**的直径大约为20μm，即0.02mm；因此需要上百万甚至更多的云滴才能形成直径平均为2 000μm的雨滴，见图7.21。

在气块上升过程中，空气降至露点温度，相对湿度达到100%（某种条件下，当相对湿度在100%上下附近，气块中会产生水汽凝结）。气块上升得越高，气温的降幅就越大，凝结的水汽也就越多。水汽凝结不是在空气分子中形成的。水汽凝结需要**云凝结核**，也就是大气中的微小颗粒物。

就大陆性气团而言，每立方米空气中平均包含100亿个云凝结核。典型的凝结核包括：普通的沙尘、烟尘，火山和森林火灾产生的灰烬，燃料产生的颗粒物等（如硫酸盐气溶胶）。城市上空含有大量这类凝结核。对于海洋性气团而言，每立方米空气中平均含有10亿个凝结核，其中一部分来自海水飞沫形成的海盐微粒。低层大气中从不缺少凝结核。

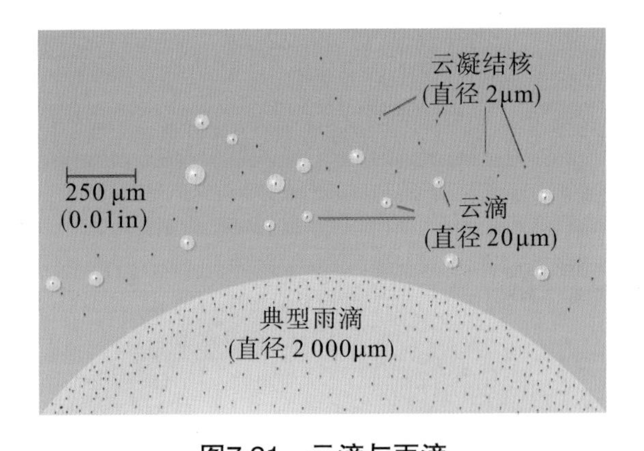

图7.21　云滴与雨滴

注：对比多倍放大后的云凝结核、云滴和雨滴大小（尺度大致符合实际情况）。

如果大气湿度达到饱和并含有云凝结核，那么在过冷却过程中（上升机制），水汽就会凝结。世界上大多数雨滴和雪花的形成过程，包括两个主要过程：冲并过程（暖云，包括云滴降落合并）和贝吉龙冰晶过程（冰晶吸收过冷水的云滴蒸发，导致冰晶增大而降落）。

7.5.2 云的类型与识别

如上所述，云是空气中飘浮的水滴和冰晶的集合体，并且集合体的体积和密度达到了肉眼可见的程度。英国生物学家兼业余气象学家卢克·霍华德（Luke Howard）于1803年在“云的形态变化”一文中，提出了云的分类体系，并给它们赋予了拉丁文名称，这些名称沿用至今。高度和形状是云分类的关键因子。云有三种基本形状：平坦状、蓬松状（Puffy）和纤细状；还有4个主要云高度等级，以及10种基本类型。水平方向上发展的云——其形状平坦呈层状，称作层云。垂直方向上发展的云——其形状蓬松呈球状，称作积云。纤细状的云通常高度很高——是冰晶形成的卷云。

云的三种基本形状发生在以下4种不同高度等级上：低层云、中层云、高层云及垂直穿越对流层所形成的云。表7.2列出了云的基本分级和类型，还有云的符号。图7.22展示了各种云类型的一般形态及典型照片。

中纬度的低层云，其高度范围从地面至2 000m高空，为形态简单的层云（Stratus）和积云（Cumulus）（拉丁语含义分别是“成层”和“堆积”）。层云，暗灰色、无明显特征。当它们产生降水时，则被称作雨层云（Nimbostratus，Nimbo-意为“雷暴”或

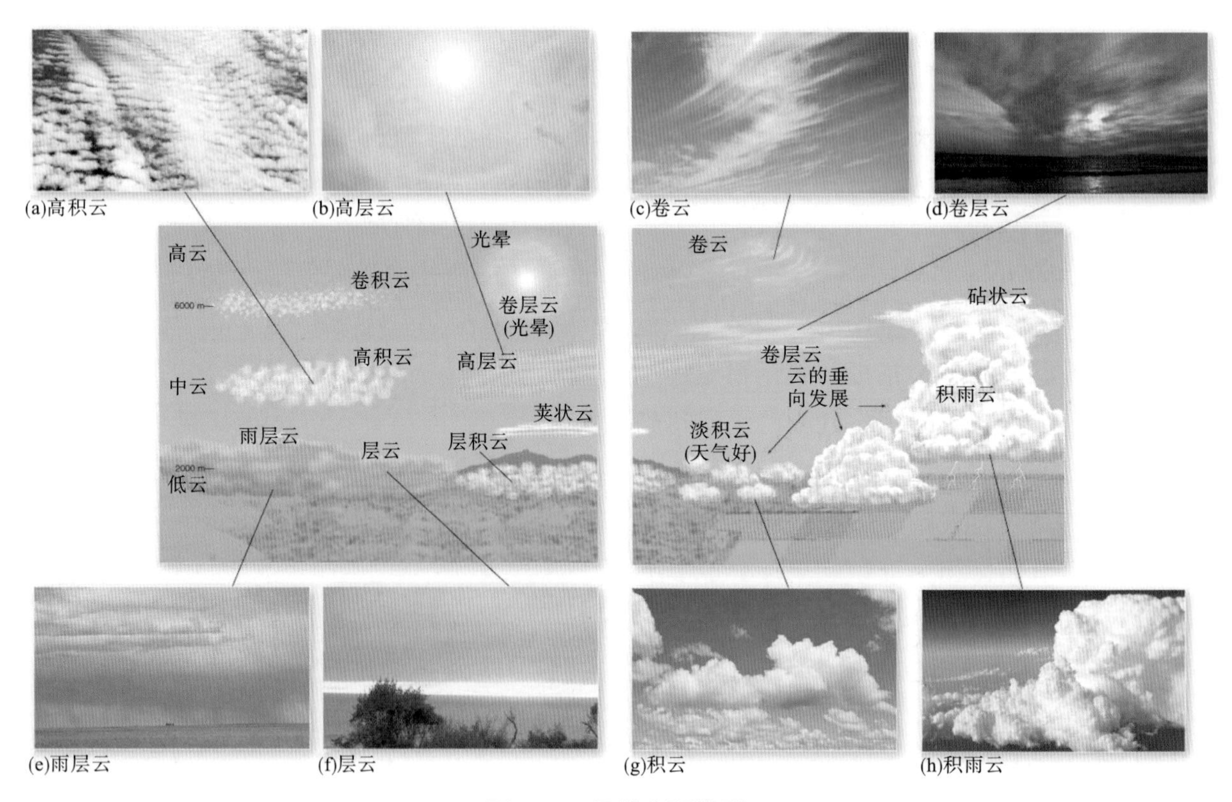

图7.22 云的主要类型

注：按照云的形状（卷状云、层状云和积状云）、云的高度（低、中、高）及云的垂直发展状况，划分的主要云类型：（a）高积云（航空）；（b）高层云；（c）卷云；（d）卷层云；（e）雨层云；（f）层云；（g）积云；（h）积雨云。［（a）、（b）、（c）、（g）和（h）由Bobbé Christopherson提供；（d）、（e）和（f）由作者提供］

“多雨”），毛毛状细雨是雨层云的典型降水形式［图7.22（e）］。

积云明亮而膨大，形状如巨大的棉花团一样。当漂移的积云还未遮蔽整个天空时，其形态是变幻莫测的。在表7.2中，垂向发展的积云被单独划为一个云族，这是因为低层积云进一步垂向发展，可形成中层积云和高层积云［图7.22最右侧图和图7.22（h）］。

傍晚时分，浅灰色的低层块状**层积云**有时成片地布满天空。落日时分，太阳光线被这些分散而膨胀的残留云层吸收和过滤，有时预示天气晴朗。

拉丁名前缀为“*alto-*”的中云是由微小水滴组成的。当气温冷却至一定程度时，这些微小水滴就会和冰晶混合在一起。中云代表着一大类不同类型的云，尤其是高积云（*Altocumulus*），它们为成行排列的片状云、波浪云、“鱼鳞天”或“荚状云”（透镜状）。

表7.2　云的分类和类型

云族	高度/在中纬度的云组成	类型	符号	说明
低云（C_L）	上至2 000m	层云（St）		均匀、无明显特征，灰色、像高空雾
	水	层积云（Sc）		松散、灰色，球状云，成行、成群或成波状排列，起伏明显，云层覆盖不规则
		雨层云（Ns）		灰黑色，低层，伴随毛毛状细雨
中云（C_M）	2 000～6 000m	高层云（As）		由薄到厚，无晕轮，太阳轮廓依稀可见，天空呈灰色
	冰和水	高积云（Ac）		棉花球形的块状、斑点状、水波状的云，常成行、成群、成波状排列，山脉附近常出现荚状云
高云（C_H）	6 000～13 000m	卷云（Ci）		马尾状云、纤细或羽毛状、发丝状、丝缕状、窄条状或羽状
	冰	卷层云（Cs）		冰晶融合呈薄纱状云幕，乳白色，日月晕轮可辨
		卷积云（Cc）		球块状的“鱼鳞天”、细小白色云片，常成行或成群排列，有时呈波纹状
垂向发展的云	近地表，至13 000m	积云（Cu）		轮廓分明、膨大凸起、巨大波涛状、云底平坦、顶部凸起，天气晴朗
	底部为水、上部为冰	积雨云（Cb）		云体庞大浓厚、天色阴暗有雷暴和阵雨，云顶垂直向上剧烈发展、呈高耸塔状，花椰菜状的云顶变成砧状云顶

地学报告7.4　卢克·霍华德对云的认识

1803年，卢克·霍华德发表了关于云分类系统的论文。此外，他还开展了一系列讲座。他不仅用拉丁语命名了所有的云，还设计了各种云的表示符号。如表7.2所示，所有这些符号沿用至今。

由稀薄冰晶构成的云，发生于6 000m以上的高空。这些纤细的丝状云就是**卷云**（拉丁语为“*cirrus*”，意为“卷曲的头发”），通常呈白色，只有在日出或日落时分才披上霞光。这些卷云的形态，有时也被称作马尾状。卷云看上去就像是艺术家在高空中精心绘制的羽毛。卷云可能预示着风暴即将来临，尤其当它们变厚且高度降低时。卷层云（Cirrostratus）和卷积云（Cirrocumulus），其前缀*cirro-*表明它们是具有薄纱状或蓬松状外貌的高云。

积云可发展形成高耸庞大的**积雨云**（拉丁语*Cumulonimbus*，其后缀*-nimbus*意为“暴雨”或“雷云”，图7.23）。这种云由于其形状及它所携带的闪电和雷暴，被称作雷暴云（Thunderheads）。注：这种云伴有地表狂阵风、上升和下降气流、强降雨，而且在其上升的云柱顶部有冰晶形成。高空风可能会将这种云顶剪切成为砧状的雷暴云。

7.5.3　雾

按照国际定义标准，**雾**是指贴近地面的能见度小于1km的云层。雾的出现，表明近地面气温与露点温度几近相等，空气湿度达到饱和。逆温层通常罩于雾层之上（逆温层上面气温高，下面气温低），雾下方的低温地面与上方的晴暖天空之间，温差可高达22℃。

几乎所有的雾都是暖性的，也就是说，雾中的云滴温度均高于冰点。当云滴温度低

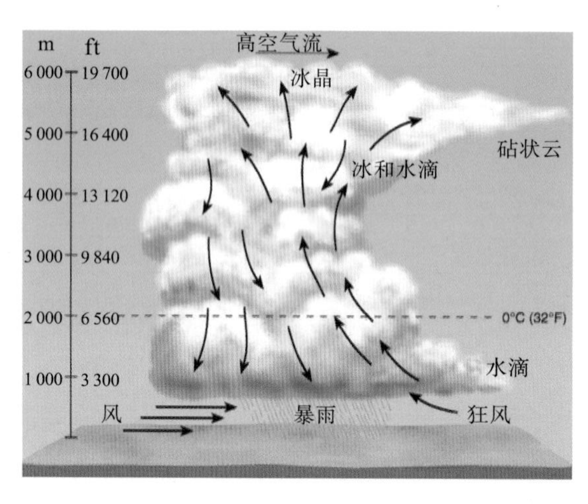

（a）积雨云的结构和形状；剧烈的上升和下沉气流形成了云内循环；地表有强烈阵风

（b）航天飞机途经美国得克萨斯州的加尔维斯顿湾上空时，宇航员拍摄到一个显著的积雨云云砧

（c）拍摄飞机高度达1万m以上，就飞行安全而言，雷暴及其湍流所释放的能量很强悍，几乎没有任何自然现象能够与之相匹敌

图7.23　积雨云的雷暴云砧

［（b）NASA；（c）Bobbé Christopherson］

于冰点时，就会产生过冷雾；过冷雾很特别，因为它可以被人工播种的冰晶或冰晶类似物驱散，关于冰晶生长原理前面已讲述。下面，我们将简要介绍几种类型的雾。

平流雾　空气从一个地方移动到另一个地方，当湿度正好达到饱和时，就会形成**平流雾**。比如，当暖湿空气覆盖于较冷的洋流、湖面或雪地上方时，位于这些低温表面上方的空气层，就会降低到露点而形成雾。在亚热带的美国西海岸附近，夏季雾都是以这种方式形成的（图7.24）。

在亚热带西海岸地区，荒漠生物显然已经适应了海岸雾。例如：非洲纳米布沙漠中的沙甲虫，能够从雾中收集水分；它们通过张开翅膀来收集凝结水，让水分流进嘴里；当遇到炎热天气时，沙甲虫就会钻进沙子里，直到第二天早晨或晚上平流雾入侵带来水汽时，它们才出来收集雾水。纵观历史，人类也收集雾水。在阿曼的沙漠地区，几个世纪以来海岸村民通过凝结在树上的水滴来收集海岸雾。

在秘鲁和智利的阿塔卡马沙漠中，居民们用大网拦截平流雾；凝结在网上的水滴滴落到盘子中，然后通过管道输送至10万升的储水池中。在埃尔白坯（El-Tofo）沿山脊上设置的大型尼龙网，用来收集平流雾雾水（图7.25）。在智利的丘恩贡果，有一个开发项目利用80个雾水收集装置可收集1万L水。该项目是1993年由加拿大（国际发展研究中心）和智利共同建立运营的。世界上至

图7.24　平流雾

注：夏季太平洋西海岸，美国旧金山金门大桥笼罩于入侵的平流雾中。［作者］

图7.25　收集雾水

注：在智利丘恩贡果内陆山区，人们用两根支柱撑开的尼龙网来收集平流雾雾水，以此作为饮用水源。［Robert S. Schemenauer］

判断与思考7.3　云和天气的观测

利用图7.22，定期对云开展观察。观测时，你能否把云的类型与特殊天气状况联系起来。在自然地理学课程中，你可能已习惯于做笔记。通过笔记方式记录对云的观察，这有助于你更好地认识天气，并让你在第8章学习中更容易。在本课程结束时，看看你是否辨认得出表7.2中的各种云类型。

少有30个国家，适合采用这种技术来收集水量（见http://www.oas.org/dsd/publications/unit/oea59e/ch33.htm）。

另一种平流雾，是指冷空气移至温暖的湖面、海面甚至游泳池上方所形成的雾。这种稀薄的**蒸发雾**或蒸汽雾，其成因是水面蒸发的水分子进入上覆冷空气中，造成空气湿度达到饱和，水汽凝结而成的雾（图7.26）。海上的蒸发雾被称作海雾，它会对船舶航行造成安全隐患。

图7.26　蒸发雾

注：破晓时分，因寒冷而出现的蒸发雾或海雾，摄于美国加利福尼亚州的唐纳湖。请问随着气温上升蒸发雾将会怎样？［Bobbé Christopherson］

还有一种平流雾，是指潮湿空气沿山脉或坡面抬升时所形成的雾。这种抬升气流，因空气膨胀而产生绝热冷却，形成了**上坡雾**；在湿度达到饱和的凝结高度上，上坡雾可形成层云。这种雾常于冬春季节在阿巴拉契亚和落基山脉的东部山坡上出现。此外，还有一种与地形相关的平流雾——**山谷雾**，由于冷空气的密度大于暖空气，冷空气下沉至低洼谷地，导致近地面空气层冷却而达到饱和，从而形成山谷雾（图7.27）。

辐射雾　由于地表辐射冷却，近地面大气气温直接降低到露点温度，使空气达到饱和状态而形成的雾，称作**辐射雾**。这种雾发生于湿润地面上，尤其是晴朗的夜晚；但水面上不会形成这种雾，因为夜晚水温下降不显著。微风有利于向冷却区域输送水汽，从而能够形成更多、更浓的雾（图7.28）。

图7.27　山谷雾

注：阿巴拉契亚山脉谷地内的空气冷却至露点，形成了谷雾。［作者］

图7.28　冬季的辐射雾

注：美国加利福尼亚州南部大峡谷的辐射雾。由于这种雾与莞草植物（莎草科草本）有关，而这种植物分布于低海拔岛屿，以及萨克拉门托河和圣华金河三角洲的沼泽区，所以这种雾在当地被称作**吐尔雾**（tule fog，意为“莞草雾”）。［Terra MODIS影像，NASA/NOAA］

在图7.29中，你能辨别出是两种雾吗？河水温度大于上方的冷空气，形成了蒸发雾，尤其是在弯曲河道的远方。湿润的农田夜晚辐射冷却，低温地表使农田上方气温降至露点，产生水汽凝结。在图7.29中，可以看到：随着空气从右向左缓慢运动，辐射雾

图7.29　雾的两种类型

注：沿河流上方冷空气形成的蒸发雾及农田上空形成的辐射雾。［Bobbé Christopherson］

随风缕缕飘移。

对于高速公路上发生的车辆连环撞击事故，媒体每年都有报道。这些交通事故大都是雾天环境下车辆高速行驶造成的。发生连环撞击的车辆有时可达几十辆，包括轿车和卡车。尽管雾天天气能够预测，但它仍给车辆驾驶员、飞行员、水手、行人及自行车交通造成安全风险。在航空港、港口或高速公路的建设中，雾的空间特征应该作为一个规划因子予以考虑。图7.30给出了美国和加拿大各个地区的大雾平均日数的分布。

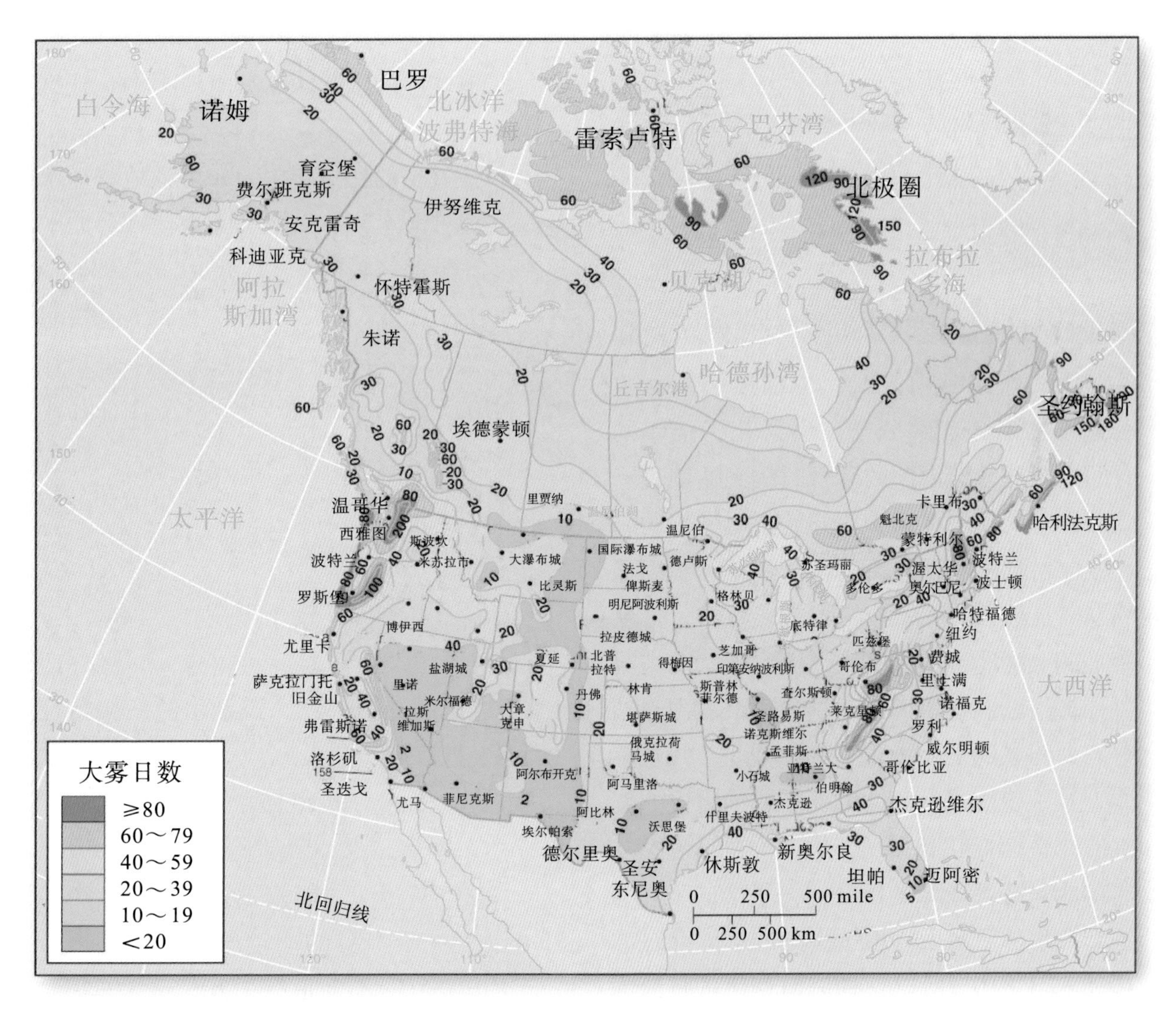

图7.30　美国和加拿大发生大雾的平均日数分布情况

注：美国雾天最多的地方是华盛顿哥伦比亚特区的太平洋河口处；世界上雾天最多的地方是加拿大纽芬兰的阿瓦隆半岛，尤其是阿真舍和贝尔岛，其大雾日数每年超过200天。［数据来自NWS；加拿大气候图，加拿大大气环境服务中心；加拿大气候，加拿大环境组织，1990年］

地表系统链接

前文已经学习了水的来源、分布和它的物理特性。本章还讲述了水在大气中的作用和湿度概念，这些是判断大气稳定或不稳定的基础，而大气稳定度与云和雾的形成有关。在此基础上，我们将学习第8章的内容：识别气团；导致气团抬升、冷却和凝结的条件及由此产生的天气现象。同时，还将了解剧烈天气事件，如雷暴、大风、龙卷风和热带气旋等。

7.6　总结与复习

■　**描述地球上水的起源，了解现存的水量，列举淡水供应的来源。**

下一次遇到雨天时，你回想一下这些水分子的历程。水分子历经了几十亿年的时间，通过地球内部的**释气**过程到达地表。此后，水就在水文系统中开始了无休止的循环，包括蒸发–凝结–降水。水占地球表面积的71%，其中大约97%的水是咸海水，其余3%的陆地水大部分是冻结的冰体。

据估计，当前地球上的水量为13.6亿km^3。它们大约在20亿年前就已经形成了，并且整体上处于稳态平衡。这似乎与地球历史上发生的海平面变化相矛盾；然而，实际情况并非如此。**海面升降**是指全球海平面的变化，这与海水体积有关。由于大量的水储存在冰川和冰盖之中，所以这种海面变化可解释为是**冰川性海面升降**因子导致的。目前，海洋升温和冰川融化使海面正在上升。

释气作用（192页）
海面升降（193页）
冰川性海面升降（193页）

1. 地球上的水起源于哪里？大约是什么时候？

2. 在过去的20亿年中，如果说地球上水量保持相对恒定，那么海平面为什么会波动呢？请解释。

3. 描述地球上水的空间分布，包括海水和陆地水。当前最大的淡水储存库是什么？水的这种空间分布对当今社会有哪些重要影响？

4. 就水的分布而言，气候变化为什么值得关注？

5. 为什么将地球描述为一个水球？请解释。

■　**描述水的热力性质，识别水的三相特征（固态、液态和气态）。**

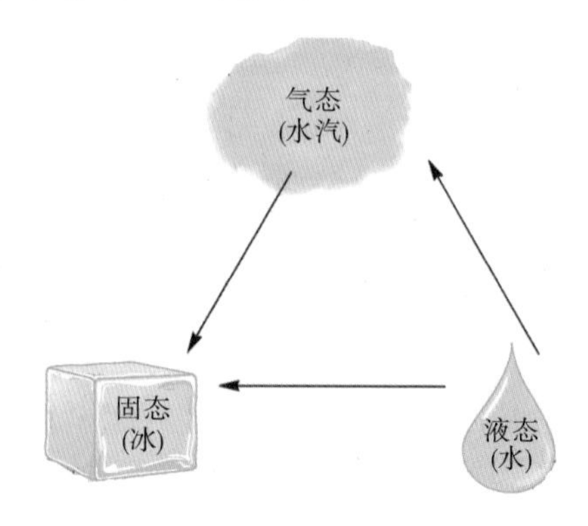

水是地球表面最常见的一种化合物，但却具有非凡的溶解性能和热力特性。由于地球与太阳之间的距离恰好适度，地球上的水在自然状态下可以固态、液态和气态三种相态并存（这是地球所独有的。水从一种相态转变为另一种相态称作**相变**）。从固态转变为气态叫作**升华**，从液态转变为固态叫冻结，从固态转变到液态叫融化，从气态转变到固态叫凝华，从气态转变到液态叫凝结，从液态转变到气态叫气化或蒸发。

水发生相变时，所需要的热能称作**潜热**，这是因为这种热能一旦被吸收，就会被隐含在水、冰或水蒸气的结构之中。在沸点温度下，1g的液态水转变为1g的水汽所需要的热量为540cal，又被称作**汽化潜热**。同样，当1g的水汽凝结时，又会释放出同等热量的**凝结潜热**，即540cal的热量。**升华（或凝华）潜热**是指冰转化为水汽或水汽转化为冰时，必需的能量交换。水的三种相变所产生的巨大潜热是天气形成的动力源泉。

相变（196页）
升华（197页）
潜热（199页）
汽化潜热（199页）
凝结潜热（199页）
升华潜热（200页）

6. 以冰、水和水汽为例，描述物质的三种相态。

7. 当温度低于4℃时，水的物理结构会发生什么变化？这些物理变化中哪些特征是可见的？

8. 何谓潜热？它与水的相变有什么关系？

9. 取1g温度为0℃的水，把它转化为100℃的1g水蒸气，描述在此过程中会发生什么？这种变化需要多少能量？

10.看图7.7描述水和冰的物理结构，并解释。

■ **阐述湿度定义和相对湿度表达式，解释大气露点温度和饱和温度。**

大气中的水汽含量称作**湿度**。空气中的最大可能水汽含量，主要取决于大气和水汽（两者的温度通常相等）的温度。暖空气具有较高的净蒸发率和最大可能水汽含量，而冷空气的水汽容量偏低，可产生净凝结。

相对湿度是指某一温度下空气的实际水汽含量与最大可能水汽含量之间的比值。相对湿度可反映空气接近饱和状态的程度，干燥空气的相对湿度值低，湿润空气的相对湿度值高。当蒸发率和凝结率达到平衡时，空气湿度达到**饱和**；如果再增加水汽或降低温度就会产生净凝结（相对湿度为100%）。空气达到饱和时的温度，叫作**露点温度**。

湿度和相对湿度有许多表达方式，水汽压和比湿只是其中两种。**水汽压**是指大气中水汽所产生的那部分气压。某一时刻，水汽压与饱和水汽压之间的百分比例就是相对湿度。**比湿**是指某一温度下，单位质量（单位：kg）空气中含有的水汽质量（单位：g）。由于比湿度量采用的是水汽质量，所以它不受气温或气压的影响。因此，比湿在天气预报中是一个有价值的度量指标。某一时刻，通过比湿与最大比湿之间的比值，可以得到相对湿度。

毛发湿度计和**通风干湿计**是测量空气相对湿度（间接测量实际湿度）的仪器。

湿度（200页）
相对湿度（200页）
饱和湿度（201页）
露点温度（201页）
水汽压（203页）
比湿（203页）
毛发湿度计（204页）
通风干湿计（204页）

11. 何谓湿度？它与当前大气中的能量有什么关系？就人体的舒适度而言，我们怎样感知表观温度？

12.详述相对湿度的含义。这个概念说明了什么？请解释饱和湿度、露点温度的含义？

13.除本章所使用的方法外，利用其他空气湿度度量指标，来推导图7.13和图7.14中的相对湿度值（水汽压/饱和水汽压；比湿/最大比湿）。

14.本章叙述的两种温度观测仪器，它们是怎样测定相对湿度的？

15. 与气温日变化趋势相比，描述相对湿度的日变化？

■ 阐述大气稳定度的定义，解释它与空气上升和下降之间的联系。

膨胀冷却

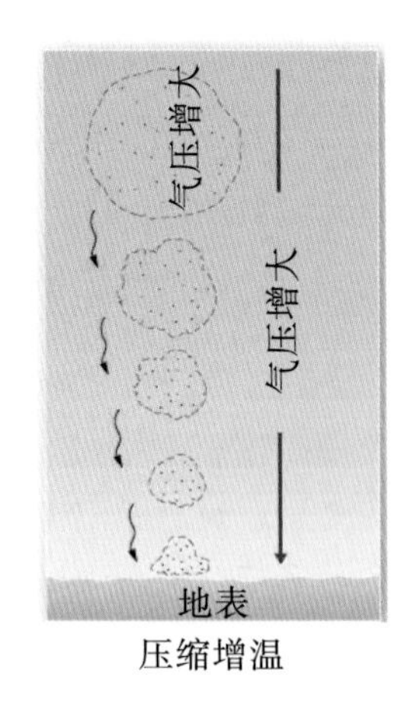

压缩增温

气象学家采用气块这一术语来描述具有特定温度和湿度的空气，并把一个气块看成是一个空气柱，其直径或许为300m。空气柱的气温决定了气块的密度。对于一定的空气柱来说，暖空气的密度小，冷空气的密度大。

大气的**稳定性**（或稳定度）是指含有水汽气块的运动趋势，是停留静止不动，还是通过上升或下沉来变化垂直位置。如果气块能够抵制上升位移，或受扰动后仍趋于返回原来的起始位置，那么这个气块就是稳定的。反之，若气块仍持续上升，直至升至某一高度，达到与周围空气密度和温度相同为止，那么这个气块就是不稳定的。

大气稳定性（205页）

16. 对于大气中垂直上升的气块来说，稳定和不稳定之间有什么差别？

17. 在垂直运动的气块上，有哪些作用力？这些力与气块密度有什么联系？

■ 联系环境温度递减率（ELR）、干绝热递减率（DAR）和湿绝热递减率（MAR），用简图表示大气稳定性的三种状态——稳定、不稳定和条件不稳定。

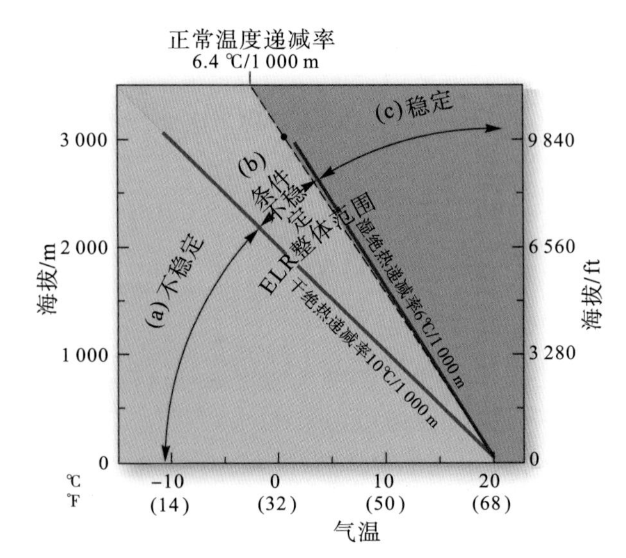

气块上升发生膨胀冷却，气块下降则压缩增温：这与高海拔的气压升降相对应。对于运动气块内的温度变化，可通过物理学气体定律得到解释。对于上升或是下降气块而言，如果垂直运动的气块与周围环境未发生任何显著热量交换，那么这种因气体膨胀或压缩作用所导致的气块升温和冷却速率，称作是**绝热**的。

干绝热气温递减率（DAR）是指“干”空气通过膨胀（上升）冷却，或压缩（下降）升温的速率。这里的“干”是指空气未达到饱和湿度（相对湿度小于100%）；DAR为10℃/1 000m。**湿绝热气温递减率（MAR）**是指湿润（饱和湿度）的上升空气或下降空气，在膨胀冷却或压缩升温过程中的气温平均变化速率。MAR平均为6℃/1 000m，大致要比DAR低4℃。可是，MAR随水分含量和温度而变化，变化取值在（4～10）℃/1 000m。

把气块垂直运动的DAR和MAR与周围空气的（ELR）进行比较，就可以确定大气的稳定性：不稳定状态（气块不断上升）、稳定状态（气块抵制垂直位移）和条件不稳定状态（若MAR起作用，气块则为不稳定状态；否则为稳定状态）。

绝热（206页）

干绝热气温递减率（206页）

湿绝热气温递减率（207页）

18. 对于垂直移动的气块来说，绝热增温或绝热冷却的速率与正常气温递减率、环境气温递减率有何不同？

19. 为什么干绝热气温递减率（DAR）与湿绝热气温递减率（MAR）有差别？

20. 在哪种气温和湿度环境中，可以让你预见这一天的天气是稳定还是不稳定的？回答时，回忆一下，你当时在户外观测时的体验？

21. 利用掌握地理学网站学习园地所提供的“大气稳定性”动画，在幻灯片中设置不同的温度来模拟大气的稳定或不稳定状态。

■ **了解云和雾的形成条件，说明它们的主要依据和类型。**

云是悬浮于空气中的微小水滴和微小冰晶的集合体。对于环境中的巨大热交换系统来说，云是永恒的指示器。当湿度饱和的空气遇到**云凝结核**时，就可凝结形成**云滴**。云滴通过冲并过程或贝吉龙冰晶效应形成雨滴。

中纬度的低层云，其高度分布从地面至2 000m高空，它们是**层云**（平坦、层状）或**积云**（蓬松、堆积）。当层云产生降水时，就叫**雨层云**。傍晚时分，浅灰色的低层块状**层积云**，有时可以成片地布满天空。中层云的拉丁名前缀是*alto-*，其中**高积云（Altocumulus）**代表着一大类各种类型的云。以冰晶为主的高海拔云，称作**卷云**。积云可发展为高耸庞大的**积雨云**（Cumulonimbus，其后缀*-nimbus*意为“暴雨”或“雷云”），由于这种云的形状，以及伴随它的闪电、雷暴、地面狂风、上升和下降气流、强降雨、冰雹，因而被称作雷暴云。

雾是一种出现于地表附近的云。**平流雾**是指空气从一个地方移到另一个地方，湿度达到饱和时所形成的雾——例如，暖湿空气移动至低温洋流水域上方。另一种形式的平流雾为**蒸发雾**，它是冷空气流动到温暖的湖水、海面或游泳池上方时形成的雾。蒸发雾（或蒸汽雾）是水面蒸发的水分子进入上覆冷空气中，水汽凝结形成的雾。**上坡雾**是指湿空气沿山坡或坡面抬升至高海拔区域所产生的雾。另一种由地形因子形成的平流雾是**山谷雾**，由于冷空气密度大于暖空气，冷空气下沉至低洼谷地，导致近地面空气层达到饱和温度而形成的雾。辐射冷却的地表也可以直接把地面空气层的温度降低到露点温度，从而形成**辐射雾**。

22. 具体说明云是什么？描述形成云层的云滴。

23. 解释水汽的凝结过程：有哪些条件要求？本章讨论了哪两种主要凝结过程？

24. 云有哪些基本形态？结合表7.2，描述云的基本形态随高度的变化？

25. 云为什么可以用来指示大气状况和预测天气？请解释。

26. 雾是哪种类型的云？列举雾的主要类型，分别给出它们的定义。

27. 描述美国和加拿大的雾天分布状况。哪些地区频繁发生大雾天气？

掌握地理学

访问https://mlm.pearson.com/northamerica/masteringgeography/，它提供的资源包括：可获取数字动画、卫星运行轨道、自学测验、抽题卡、可视词汇表、案例研究、职业链接、教材参考地图、RSS订阅和地表系统电子书；还有许多地理网站链接和丰富有趣的网络资源，为本章学习提供有力的辅助支撑。

第8章　天　　气

照片中，4天前龙卷风袭击了美国明尼苏达州的沃迪纳。1英里宽的EF-4级龙卷风把当地街区的住宅夷为平地。预警系统使沃迪纳避免了人员伤亡。2010年6月17日，明尼苏达州中部和南部遭到18次龙卷风袭击，其中有3次达到了EF-4级（风速为267～322km/h），明尼苏达州平均每年发生26次龙卷风。［Bobbé Christopherson］

重点概念

阅读完本章，你应该能够：

- **描述**影响北美的气团，**阐述**气团的源地和性质。
- **识别**和描述大气抬升的四种机制，并举例说明。
- **分析**地形降水的模式，**阐述**这些模式与全球地形的联系。
- **描述**中纬度气旋风暴系统的生命周期，**叙述**它在天气图中的特点。
- **列出**现代天气预报中的可观测要素，**阐述**它们所涉及的技术和方法。
- **分析**剧烈天气的各种形式及其特点，并结合实例**回顾**各种剧烈天气。

当今地表系统

锋面上的极端天气

你如何看待电视节目中的极端天气，如龙卷风和洪水。想象一下，处于锋面位置上的人类会面临着什么？尽管完善的预警系统会减少人员伤亡，然而更强、更频繁的自然灾害仍加剧了财产损失。

在美国堪萨斯州的格林斯堡，想想生活在道奇城东南部的1 600名居民。对于旅游者而言，该城镇的特色在于拥有一眼世界最大的手工开凿的水井。在遭受龙卷风之前，水井旁矗立着一座题有城镇名称的老水塔——美国中西部地区的一个小城镇（图8.1）。

2007年5月4日晚上，有一个锋面系统经过这里。伴随龙卷风警报和NOAA天气预警广播，人们躲避到地下室和风暴避难所。晚上10:00前，一场强度达到EF-5级的龙卷风从西南方咆哮而来。这是自2007年2月藤田风级修订后发生的第一场5级龙卷风。

这个宽达2.7km的“怪物”横扫整个格林斯堡，在不到10分钟内，就把所有房屋破坏得一团糟。风暴过后，寂静夜晚里有些灯光亮起，一些人呼喊救助，没有任何熟悉的东西能够保留下来。当有人找到钥匙和幸存的汽车时，打开了手电筒和车头灯。太阳升起后，人们被眼前的情景惊呆了，树木成行的街道变成了荒芜之地，树木已被风削掉或折断。这一夜龙卷风造成了11人死亡（图8.2）。

到处都是英雄事迹：动员起来的国民警

图8.1　美国堪萨斯州的格林斯堡的大部分区域于2007年被EF-5级龙卷风摧毁；一年后，在老水塔倒塌的地方重建了新水塔［Bobbé Christopherson］

图8.2　艾克飓风夷平了邻近区域的街道房屋

注：在美国得克萨斯州的玻利瓦尔半岛，数千米长的海岸区域被飓风摧毁［Bobbé Christopherson］

卫队，联邦州受灾面积的公布，闻讯赶来的媒体，没过几日政府官员们也启程了。居民们出现在电视节目上，谈论他们所经历的奇闻逸事。灾难救助程序也启动了，人们开始填写各种表格，上班工作被推迟。由于缺乏真实信息，谣言得以迅速传播开来。

接下来的两周里，外来者离开了；从大街清理出来的大量残骸，都堆积在城镇北部的紧急临时处理场里。在没有新闻媒体报道的几个月里，人们每天的任务就是处理残骸物。一年后，当我们询问当天夜晚的事情时，当地居民很爽快地讲述了他们的故事。生活在灾区的人们，在精神上和物质上是怎样对待这些变化的呢?

另一次是2008年9月13日凌晨2:00登陆的艾克飓风。一年之后，我们驱车行驶在墨西哥湾海岸的得克萨斯州玻利瓦尔半岛，途中经过被夷平的长达35km的沿海社区。在沿岸地区，艾克飓风风速超过177km/h，风把沙坝岛沙滩上的残骸碎片卷到这里，电力系统仍未恢复，只有零星树木残存于原地。在岛屿西端加尔维斯顿码头附近的沙滩上，许多房屋和商业建筑成了废墟，而且有几处废墟仍在燃烧，空气中弥漫着难闻的烟味——这时距飓风袭击已过去一年了。

玻利瓦尔半岛与哈特拉斯岛等许多沙坝岛一样，陈旧的下水道系统，同样也遭受了风暴潮的破坏。2009年，玻利瓦尔的居民对增建一条新的下水道而犹豫不决。有个建筑商正在8.5m高的支柱上建设小型住宅，他在为下一次飓风来临做准备。

对于上述灾难经历，我们很容易联想到被其他灾害（如：卡特里娜飓风、丽塔飓风、古斯塔夫飓风、辛迪飓风等）袭击的地区；英国石油公司漏油事件的受害地区——新奥尔良；此外，还有遭受洪灾的美国密苏里州、北达科他州、俄克拉荷马城、密尔沃基、芝加哥，以及得克萨斯州的部分地区，遭受龙卷风袭击的沃迪纳（本章开篇照片）。重述这一问题：处在锋面位置上的人们应该怎样应对天气灾难？当你学习天气这一章时，请从人类的角度进行深入思考。

在地球的广阔舞台上，水每天都在扮演着主导角色。水不仅对气团稳定性及气团的相互作用有影响，而且对低空大气也具有强大的特殊作用。气团相遇、移动并转变，此时在这一区域占优势，彼时又移动到另一区域，而且它们的强度和性质也随之改变。把天气想象成一场戏剧，北美地区作为舞台，气团是具有角色变换能力的演员。

在本章中：将跟随巨大气团穿越北美，了解大气层中对气团产生强力抬升作用的上升机制，重新审视气团的稳定性概念，详细观察气旋系统的迁移及其伴随的冷暖锋。最后，还将对近年来新闻中常出现的极端或突发天气进行总结概述。

水的特性是能够吸收和释放大量热量。这种特性使大气圈具有显著的日变化。由于各种天气在空间上的关联性及其与人类活动的关系，使得自然地理学及本章内容与气象学和天气预报紧密地连接在一起。

8.1　天气要素

气候是指某一区域天气条件和极端天气的长期平均值（数十年）。与之相比，天气是指短时间的、每一天的大气状态，同时还是大气状态的“快照”及地球-大气“热能收支”的状况报告。影响天气的重要因子包括气温、气压、相对湿度、风速和风向，还有与太阳辐射有关的季节因子（昼长和太阳入射角）。

自1975年以来，干旱、洪水、冰雹、龙卷风、下击暴流族、热带系统、风暴潮、暴风雪和大火等造成的财产损失增长了500%以上。因此，这些与天气相关的灾害成为了关注焦点。NOAA国家气候数据中心，在损失10亿美元的气候和天气灾害（1980～2009年）（http://www.ncdc.noaa.gov/img/reports/ billion/billionz-2009. pdf）的报告中指出，受灾损失超过10亿美元的天气事件有96次。

在美国国家气象局（NWS，http://www.nws.noaa.gov/）或加拿大气象中心（MSC，加拿大气象服务分支机构）（http://www.msc-smc.ec.gc.ca/cmc/index-e.html）可以获取天气预报，查看实时卫星图像和收听天气分析。国际上，协调气象信息的是世界气象组织（http://www.wmo.ch/）。在掌握地理学网站上，我们可以找到许多气象信息资源及相关主题。

气象学（Meteorology，Meteo意为“天堂”或“大气圈的”）是对大气圈的科学研究。气象学家对大气的物理特性、运动，相关的化学、物理和地质过程进行研究，包括大气系统之间的复杂联系及天气预报等。他们利用大型计算机处理从地表、航天器和卫星平台获得的大量数据，然后用于提高近期天气预报的准确率，或用于研究长期天气、气候学及气候变化的趋势。

多普勒雷达（图8.3）是认识天气的重要技术设备。它通过雷达两个脉冲信号的散射反射，来探测云滴的移动方向（靠近还是远离雷达），并可显示风速风向。这些信息对准确预警剧烈风暴至关重要。在下一代天气雷达（next generation weather radar，NEXRAD）计划中，由NWS、联邦航空管理局和国防部管理运行的159WSR-88D（天气监视雷达）多普勒雷达系统就是该计划的组成部分。

（a）印第安纳波利斯国际机场的雷达天线设置在穹顶建筑内

（b）美国WSR-88D的覆盖范围，其他装置设在日本、关岛、韩国和亚速尔群岛

图8.3　美国国家气象局的天气观测装置

［（a）Bobbé Christopherson；（b）俄克拉何马州的诺曼的NWS雷达中心］

8.2 气团

地球各种表面都会将自身的温度和湿度传递给上覆大气。受下垫面作用，区域性气团的温度和湿度都混合得很均匀并且很稳定。天气模式就是由这样的气团相互作用而形成的。**气团**是具有某一显著温湿特征的大块空气。气团最初反映的是它的源地特征，其厚度有时可从地表延伸至对流层高度的1/2，如天气预报中所说的“加拿大冷气团”和“热带湿润气团”。

8.2.1 影响北美地区的气团

气团通常按照源地的温湿性质来划分：

（1）湿度：符号m为海洋（湿润）、c为大陆（干燥）；

（2）温度（纬度因子）：符号A为北极、P为极地、T为热带、E为赤道、AA为南极。

北美地区影响冬季和夏季的主要气团，见图8.4。

极地大陆（cP）气团只形成于北半球，而且大多发展形成于冬季和寒冷天气条件下。这些cP气团主要影响中高纬度地区的天气。密度大的冷气团在前进过程中推动暖湿气团前移，迫使暖湿气团抬升而发生冷却和凝结。被cP气团笼罩的地区，冬季天气寒冷且空气稳定、天空晴朗，气流受高气压及反气旋控制。这些天气特征均可从图8.5天气图上看到。在南半球高纬度地区，由于缺少必要的大块陆地，所以不能形成这种cP气团。

极地海洋（mP）气团在北半球位于大洋北部上空。在这些气团的控制范围内，全年盛行凉爽潮湿气流，大气为不稳定状态。阿留申和冰岛亚极地低压属于mP气团，尤其是在冬季气团发育成熟阶段［图6.12（a）中的1月份等压线］。

两种热带海洋（mT）气团，即大西洋墨西哥湾mT气团和太平洋mT气团，对北美洲均有影响。在北美洲的东部和中西部，大气湿度就是大西洋墨西哥湾的mT气团造成的；从晚春到早秋，这一气团极不稳定。作为对比，太平洋mT气团从稳定状态到条件

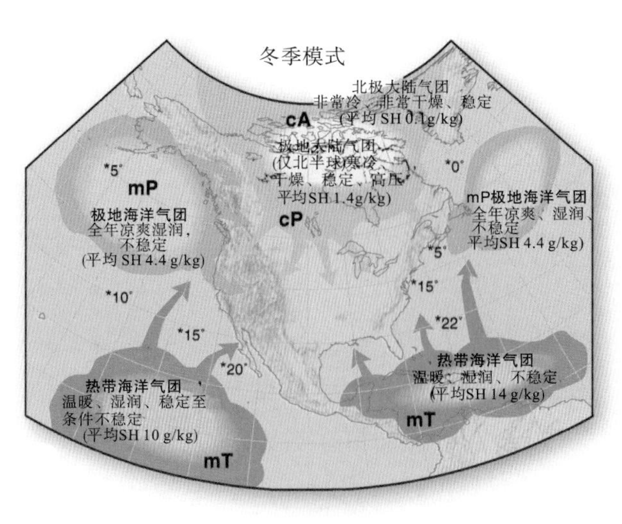

（a）冬季

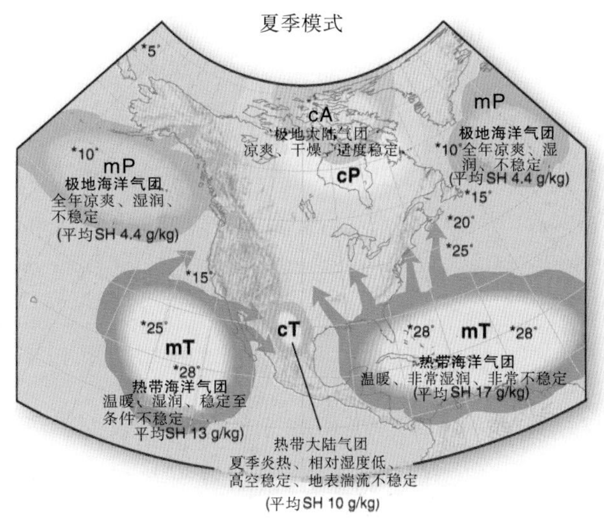

（b）夏季

图8.4 主要气团

注：影响北美的气团及其源地（⋆为海面水温，单位℃；SH=比湿）。

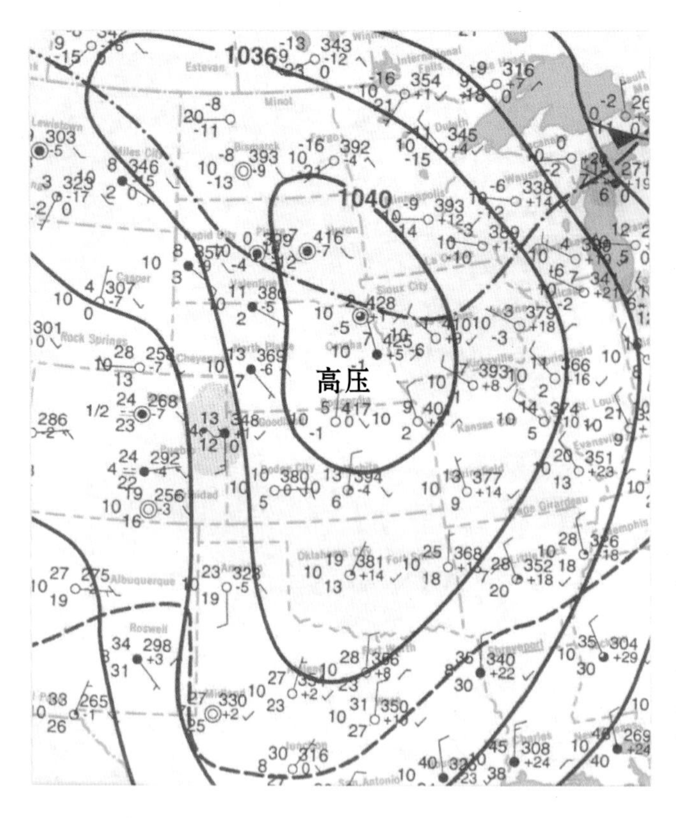

图8.5　冬季大气高压系统

注：美国中西部地区受大陆极地气团（cP）控制，其中心气压为1 042.8mb、气温-17℃、露点温度-21℃；天气晴朗、空气稳定、无风。其中，等压线勾绘出了cP气团轮廓，虚线为-18℃和0℃的等温线。［NWS，NOAA］

稳定，大气的含水量和能量通常均较低。其结果是：在较弱的太平洋气团影响下，美国西部地区的平均降水量小于其他地区。请回顾图6.15及有关亚热带高压带的讨论。

8.2.2　气团变性

当气团离开源地迁移时，气团的温度和湿度性质就会发生改变，慢慢地接近于它所经过下垫面的性质。例如，大西洋墨西哥湾的mT气团，可能会给美国芝加哥及温尼伯带来水汽；但随着气团逐日向北迁移，气团最初的温湿性质也逐渐消失了。

类似地，由于北方冬季cP气团的入侵，美国南得克萨斯州和佛罗里达州的气温偶尔也会降至冰点以下。然而，对于来自加拿大中部-50℃冬季源地的这一气团，它的温度会逐渐升高，尤其当它离开冰雪地面之后。

当cP气团向南或向东移动时，由于气团变性，使得五大湖东侧成为了多雪带。当低于冰点的cP气团经过温暖的五大湖时，气团吸收湖面的热量和水分而变得湿润。这形成了强烈的湖泊效应，即：导致下风方向的安大略、魁北克、密歇根州、宾夕法尼亚州和纽约地区产生强降雪——有些地区的年均降雪量甚至超过了2 500mm（图8.6）。

湖泊上方的气团，伴随逆时针旋转风向的推移，其气团变性与五大湖北部的低气压系统密切相关。随着全球气候变暖、区域气温上升，气象预报工作需要加强对未来几十年的湖泊增雪效应进行预测，因为暖空气可吸收更多的水汽。预测模型显示在21世纪剩余的时间内，尽管湖区下风侧降雨量可能继续增加，但降雪量将会随气温升高而减少。五大湖的温度和蒸发速率正在增加。

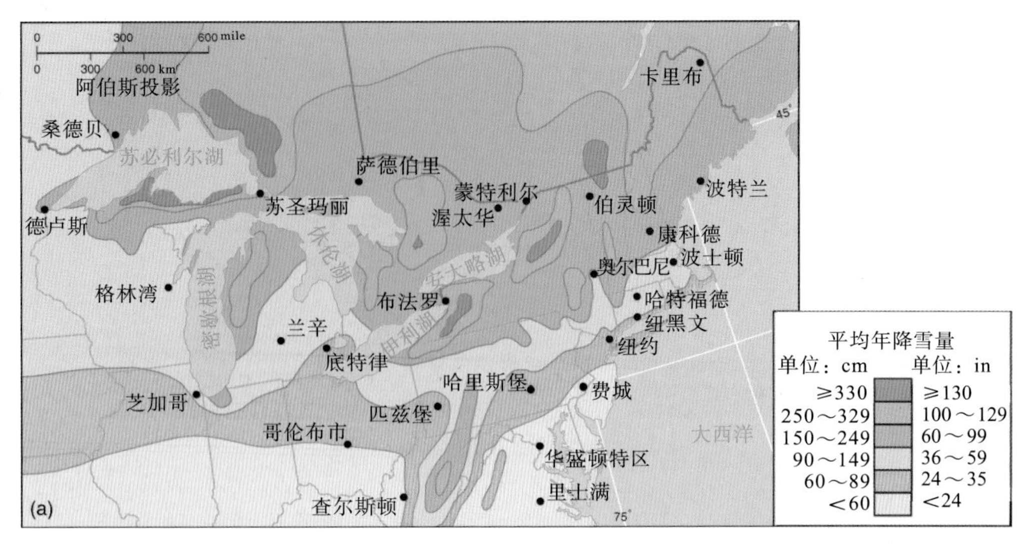

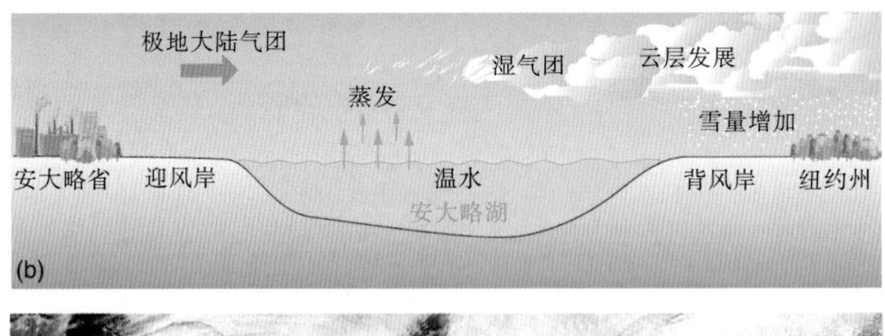

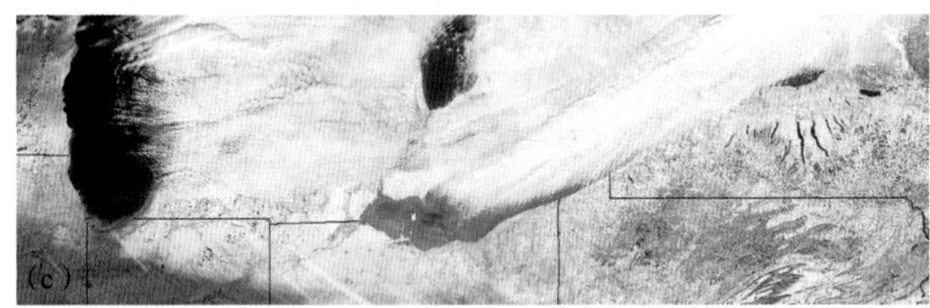

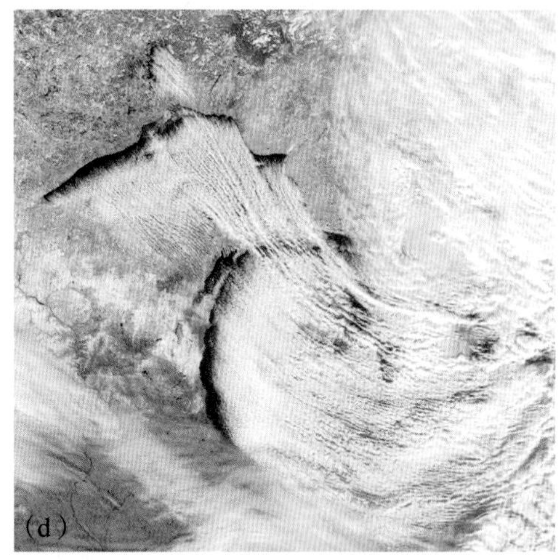

图8.6　五大湖的湖泊效应造成的多雪带

（a）五大湖背风侧形成的局地大雪；（b）湖泊效应造成的降雪，向内陆一般可延伸50～100km；（c）和（d）卫星影像，表明12月份湖泊效应影响下的天气状况，［（a）《美国气候图集》（*Climatic Atlas of the United States*），53页；（c）Terra MODIS影像和（d）OrbView–2影像；NASA/GSFC提供］

8.3　大气上升机制

上升气团绝热冷却（膨胀）达到露点温度，空气中水汽达到饱和而凝结成云，可能形成降水。大气的四种主要上升机制是：

■ 辐合上升：气流向低压区汇聚而上升；

■ 对流上升：空气受到局部地表加热而上升；

■ 地形抬升：空气被迫翻越屏障而抬升，如山地；

■ 锋面抬升：空气沿对面气团前缘向上移动。

对于这四种上升机制，说明如图8.7所示。

8.3.1　辐合上升

辐合是指不同方向的气流汇入同一个低压区域，之后气流再上升排出，这就是**辐合上升**。在整个赤道地区，东南信风和东北信风汇聚于热带辐合带（ITCZ），使这里成为

（a）辐合上升

（b）对流上升

（c）地形抬升

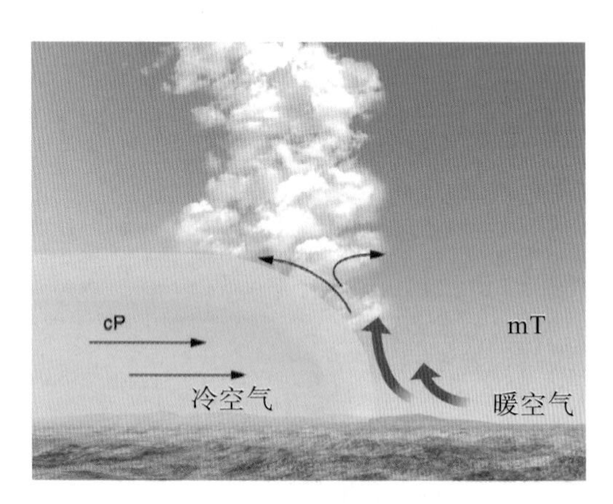

（d）锋面抬升，如冷锋

图8.7 大气上升的四种机制

了广阔的气流上升区，最终发展为高耸的积雨云，年均降水量大（图6.13）。

8.3.2 对流上升

当气团离开海洋源地穿越温暖的陆地表面时，气团受到地表加热而产生上升气流，气团内部形成对流。就地表热源而言，还可能包括：城市热岛、深色地表区域——温暖地表造成空气**对流上升**。若大气条件不稳定，空气将持续上升而形成云。图8.7（b）是在大气不稳定状态下，局部升温形成的空气对流。气块能够连续上升，是因为气块温度高，密度小于周围空气（图8.8）。

美国佛罗里达州的降水天气大体上说明了辐合上升和对流上升的机制。陆地加热作用产生辐合气流，风是来自大西洋和墨西哥湾的向岸风。作为局地受热和对流上升的例子，佛罗里达州的气温全天高于周围的墨西哥湾和大西洋区域（图8.9）。白天，太阳辐射使地面温度逐渐升高，地面辐射增温，下午和傍晚时分常常形成对流阵雨，因此佛罗里达州的雷暴天数最多。

8.3.3 地形抬升

山体对气团移动的作用是地形阻挡。当气团受到地形阻挡时，产生的“爬坡”抬升过程，称作**地形抬升**（orographic lifting，*oro*意为“山”）。空气上升，产生绝热冷

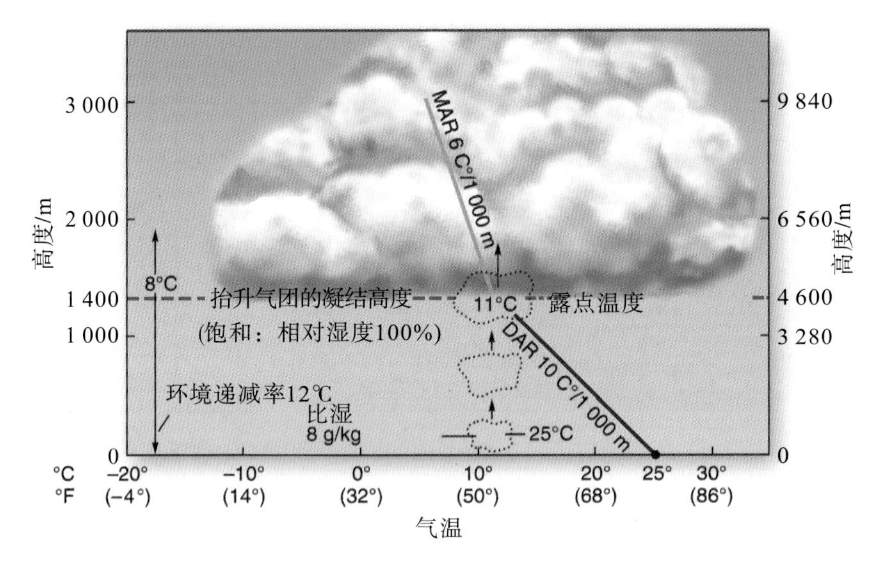

图8.8 大气不稳定状态下的对流运动

注：当大气不稳定时，环境气温的垂直递减率为12℃/1 000m。气块的比湿为8g/kg、初始温度为25℃。图7.14中，空气比湿为8g/kg，冷却至11℃时可达到露点温度。空气绝热上升至1 400m时，冷却降温14℃而达到露点。注意，若气块未达到饱和湿度，应采用干绝热递减率（DAR），而当上升至1 400m处达到凝结高度后，则应采用湿绝热递减率（MAR）。

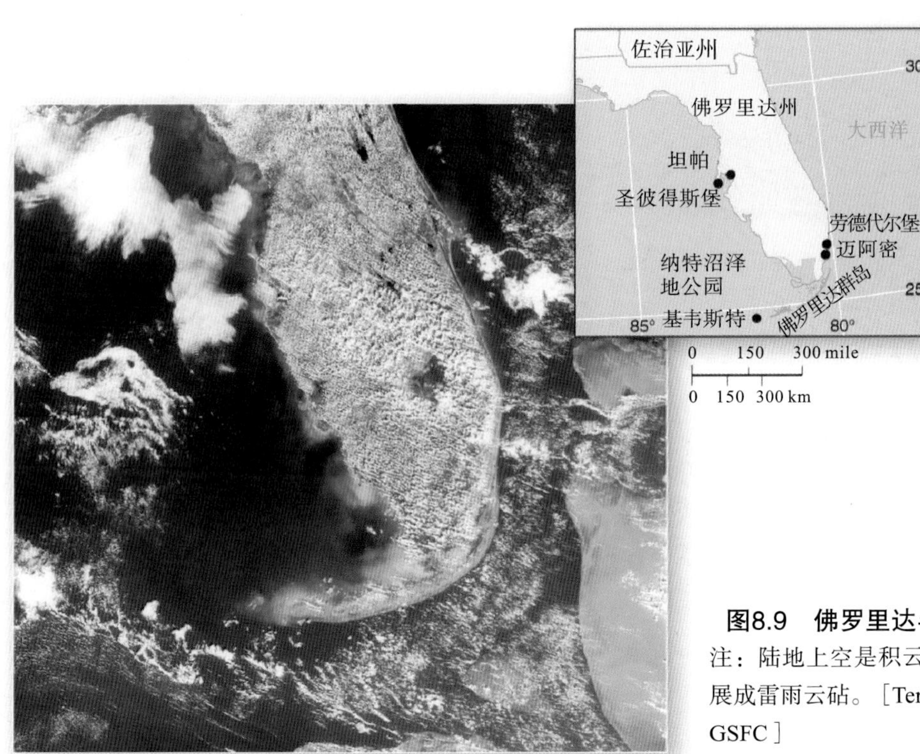

图8.9 佛罗里达半岛上空的对流活动

注：陆地上空是积云，其中有些积雨云已发展成雷雨云砧。[Terra MODIS影像，NASA/GSFC]

却。以这种方式上升的稳定气团可能形成层云，而不稳定或条件不稳定的气团通常形成线状的积云或积雨云。当锋面天气和气旋系统在翻越地形障碍时，对流活动得以加强并产生气流上升，气团移动中可凝结出更多水分。

图8.10（a）是不稳定条件下的气团抬升过程。迎风坡拦截水汽而环境湿润，背风坡则环境干燥。山体迎风面，由于气团抬升而产生水汽凝结；背风坡，因气团下沉而压缩升温，残存的凝结水在空气中蒸发［图8.10（b）］。因此，空气在迎风坡的上升过程中变得温暖潮湿；而在背风坡的下沉过程中则变得高温干燥，产生“焚风效应”。

如图8.10（c）和图8.11所示，美国华盛顿州的地形抬升气团就是一个典型的例

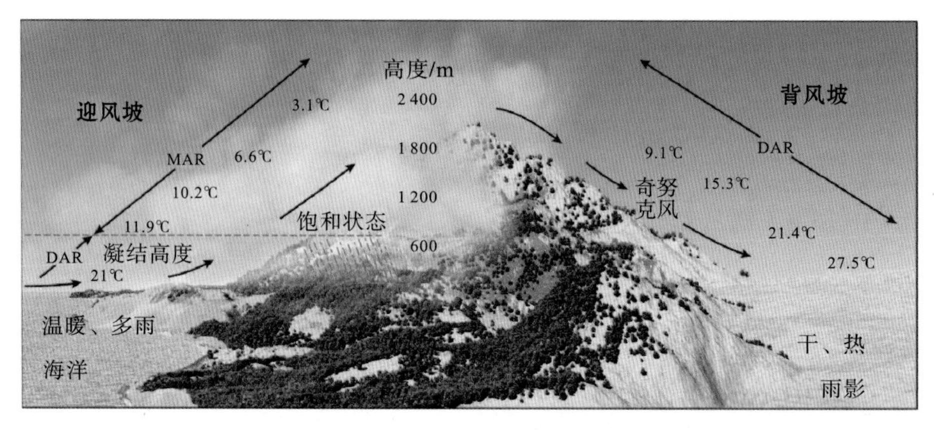

（a）盛行风迫使温暖湿润的空气沿迎风坡抬升，并按绝热递减率冷却，最终水分达到饱和，产生净凝结，形成了云和降水；而背风坡是“干燥的”下沉气流，气体受到压缩而升温，产生净蒸发，因此形成了高温且相对干燥的雨影区

（b）与迎风坡的云相比，雨影区为温暖下沉气流，下坡风可引起沙尘天气

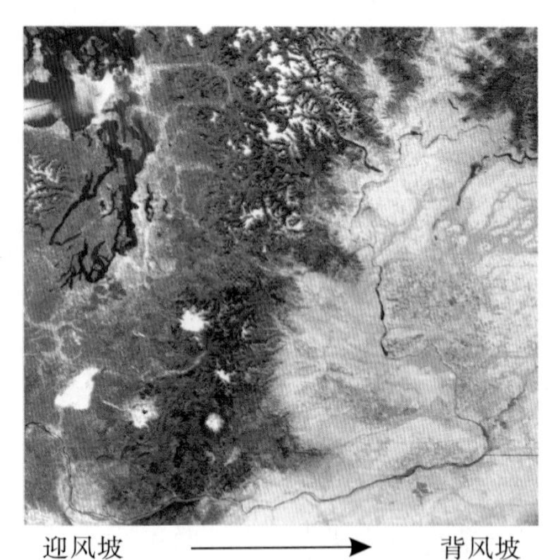

（c）在华盛顿州，湿润的迎风坡与干燥的背风坡景观形成了鲜明对比，参照图8.11中的地图

图8.10　大气不稳定状态下形成的地形雨

［（b）作者；（c）Terra MODIS影像，NASA/GSFC］

地学报告8.1　雪暴潮

湖泊效应所产生的雪暴被称为“意外雪暴”。2006年10月，纽约地区的布法罗降下了0.6m厚的湿雪。这种雪暴因为雪与水比率达到6∶1而备受关注，这也是137年来首次记录到的雪暴潮。这种被媒体称为“意外雪暴潮”的天气于2007年2月再次袭击了纽约北部，当天的降雪量就达到2m厚，而7天的累积降雪厚度超过了3.7m。

子。来自北太平洋的mP气团，经过奥林匹克山脉和喀斯喀特山脉时，在地形抬升过程中凝结产生的年降水量分别超过了5 000mm和4 000mm。

由奎纳尔特林区和瑞尼尔帕拉代斯的气象站观测可知迎风坡对降水增加的影响。这些山脉背风坡雨影区的降水特点是年降水量小，如皮吉特槽谷的塞奎姆市和哥伦比亚盆地的亚基马市。请在图8.11地形剖面图和降水分布图中找出这些观测站。

在北美，**奇努克风**（欧洲称为焚风）是指山体背风坡的高温下坡气流。这种风可使气温陡增20℃，而相对湿度大幅降低。

雨影区是指山脉的背风坡干燥区。喀斯喀特山脉、内华达山脉及落基山的东部以雨影区为主。事实上，迎风坡和背风坡的降水模式在世界各地都存在，北美（图9.6）和世界（图10.5）的降水量分布也证实了这一点。

8.3.4　锋面抬升（冷锋和暖锋）

锋面（frontal surface）就是移动气团的前缘。第一次世界大战期间，挪威气象专家小组的维尔海姆·别克内斯（1862—1951年）首次使用这一术语。天气系统就像是气团“军队”沿着锋面作战。锋面是两个不同气团之间的一个狭窄冲突带，也是大气在温度、压力、湿度、风向、风速和云量方面产生突变的地方。冷气团的前缘为**冷锋**，暖气团的前缘为**暖锋**（图8.12和图8.13）。

冷锋　在天气图上，见“判断与思考8.1”中的例子，冷锋是一条带有三角形符号的线，用于表示cP气团或mP气团的锋面移动方向。冷气团的锋面陡峭，具有紧贴地面的特性，因为与暖气团相比，它的密度大、物理性质较均匀［图8.12（a）］。

在冷锋前方，暖湿气团突然被抬升，空气上升冷却的绝热递减率相同，同时上升气块还受大气稳定或不稳定因素的影响。在冷锋过境前的1～2天，天空会出现高卷云，这预示着：一个大气抬升过程即将来临。

冷锋前移会带来风向转变、降温、气压降低等天气现象，这是因为大气正在沿锋面抬升。当发生强烈上升气流时，冷锋线仅略微超前于锋面，局部出现低气压。沿冷锋面可能会形成云，并可发展为积雨云，看起来像是向前推移的云墙；通常会出现大雨滴的强降水天气，有时伴有雹和雷电。

冷锋过境后，由于反气旋高压得以发展，通常在北半球产生偏北风，在南半球产生偏南风。在密度大的冷空气控制下，天气会出现气温下降、气压升高、云层消散转晴的现象。

北美大陆的特殊形状、大小和所处的纬度位置，使得cP气团和mP气团发展充分，并为它们相互接触提供了最直接的场所。这两种气团之间的强烈反差可导致极端天气，特别是晚春，这时冷锋两侧的温差很大。

地学报告8.2　山体造成的降水记录

位于美国夏威夷群岛考爱岛的怀厄莱阿莱山海拔为1 569m。1941～1992年，其迎风坡的年均降水量为12 340mm，而考爱岛雨影区的降水量每年仅为500mm。如果该地区没有岛屿，太平洋上这一区域的年均降水量就会只有635mm（统计数据源于有连续观测记录的气象站，虽然几个气象站声称它们的降水量还要高，但无可靠数据记录）。

印度的乞拉朋齐，位于喜马拉雅山以南25° N的阿萨姆邦山区域（其海拔为1 313m）。夏季从印度洋和孟加拉湾吹来的季风，使降水量在1个月内就达到了9 300mm。这毫不惊奇，乞拉朋齐地区至今仍保持着年降水量的最高纪录——26 470mm，以及15天～2年时长的最高降水量纪录；位居第二位的怀厄莱阿莱山，其年均降水量为11 430mm。

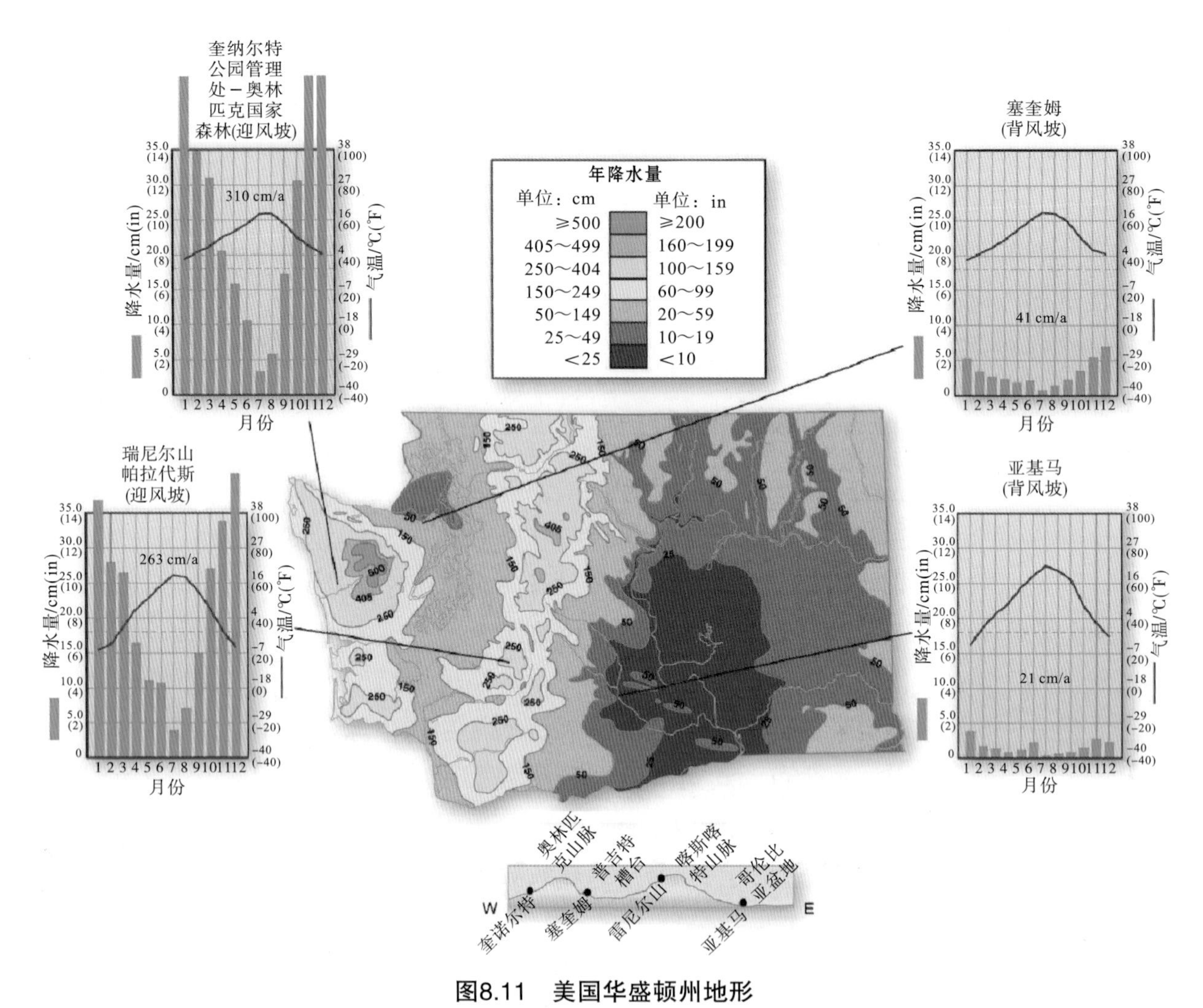

图8.11　美国华盛顿州地形

注：华盛顿州的四个测站的数据说明了地形的抬升效应——迎风坡降水多，背风坡为雨影区。地图中的降水等值线显示了降水量空间分布（单位，英寸）。[图中数据来源于：Scott J W，et al. 1989. Washington: a Centennial Atlas[M]. Bellingham，WA：Center for Pacific Northwest Studies，Western Washington University.]

快速推进的冷锋可造成空气剧烈抬升运动，并在冷锋的边缘或更前一点的地方形成一个带区，叫作**飑线**（squall line）。如图8.12（b）所示，在墨西哥湾飑线附近，风为剧烈的湍流，并伴有强降水天气。图8.12中轮廓清晰的锋面云上升迅速，并沿锋面形成雷暴；此外，沿飑线还可形成龙卷风。

暖锋　天气图上带有半圆符号的线是暖锋，半圆符号的指向为锋面前进方向（图8.14）。暖气团前进时，其前缘很难推动近地面密度大的冷气团。因此，暖气团在推动冷气团的过程中，转变为沿冷气团向上滑动，这使得下面的冷气团呈楔状。在冷空气区域，气温逆温层有时会造成空气不畅和滞留。

图8.13是一个典型暖锋，缓慢上升的mT气团，促进了层状云和积雨云（毛毛状降水特点）的发展。对观察者而言，暖锋展示了云的发展进程：高卷云和卷层云表明锋面系统正在推进；之后，云开始变低、增厚，并发展为高层云；最后，在锋面上数百千米范围之内，云层继续降低增厚而发展为层云。

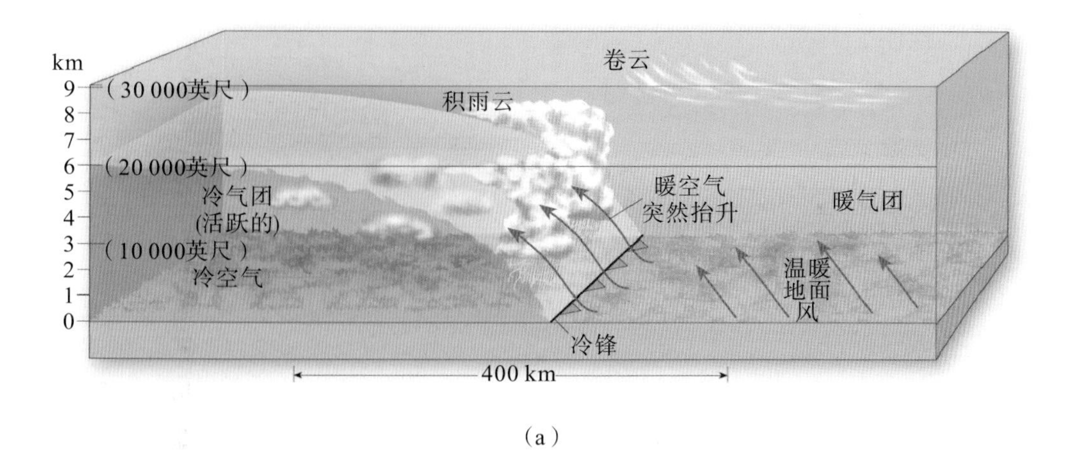

(a)

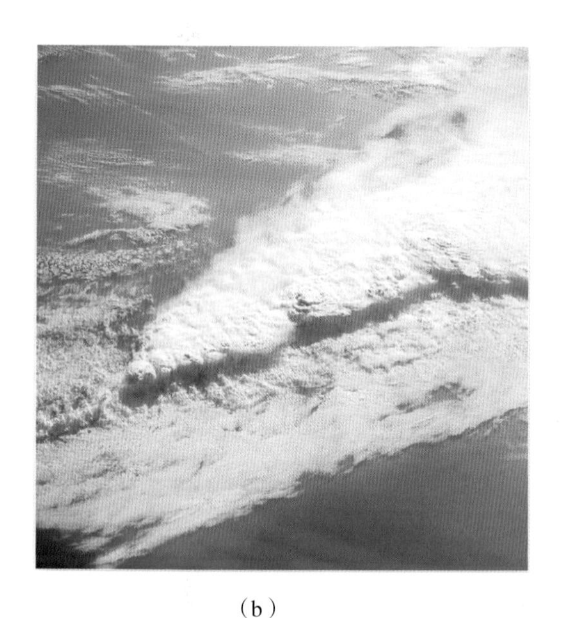

(b)

图8.12 典型冷锋

注：(a)密度大的冷空气推进，迫使暖湿空气迅速抬升。空气抬升时，以干绝热递减率(DAR)膨胀冷却，水汽到达凝结高度后(气温降至露点温度)形成了云。(b)在美国得克萨斯州沿岸和墨西哥湾附近，积雨云界线明显地展示出了冷锋和飑线。云层高度达到1.7万m；这种锋面系统常使近地面产生强风、积雨云，形成大雨滴和强降水，并伴有闪电雷鸣、冰雹甚至龙卷风。[NASA]

图8.13 典型暖锋

注：暖锋逼近时生成的云。暖空气向上滑动至“楔状”冷空气上方，下方冷空气密度大处于被动状态；暖湿空气缓慢上升，形成雨层云、层云，产生毛毛状降水；与降水显著的冷锋天气进行比较。

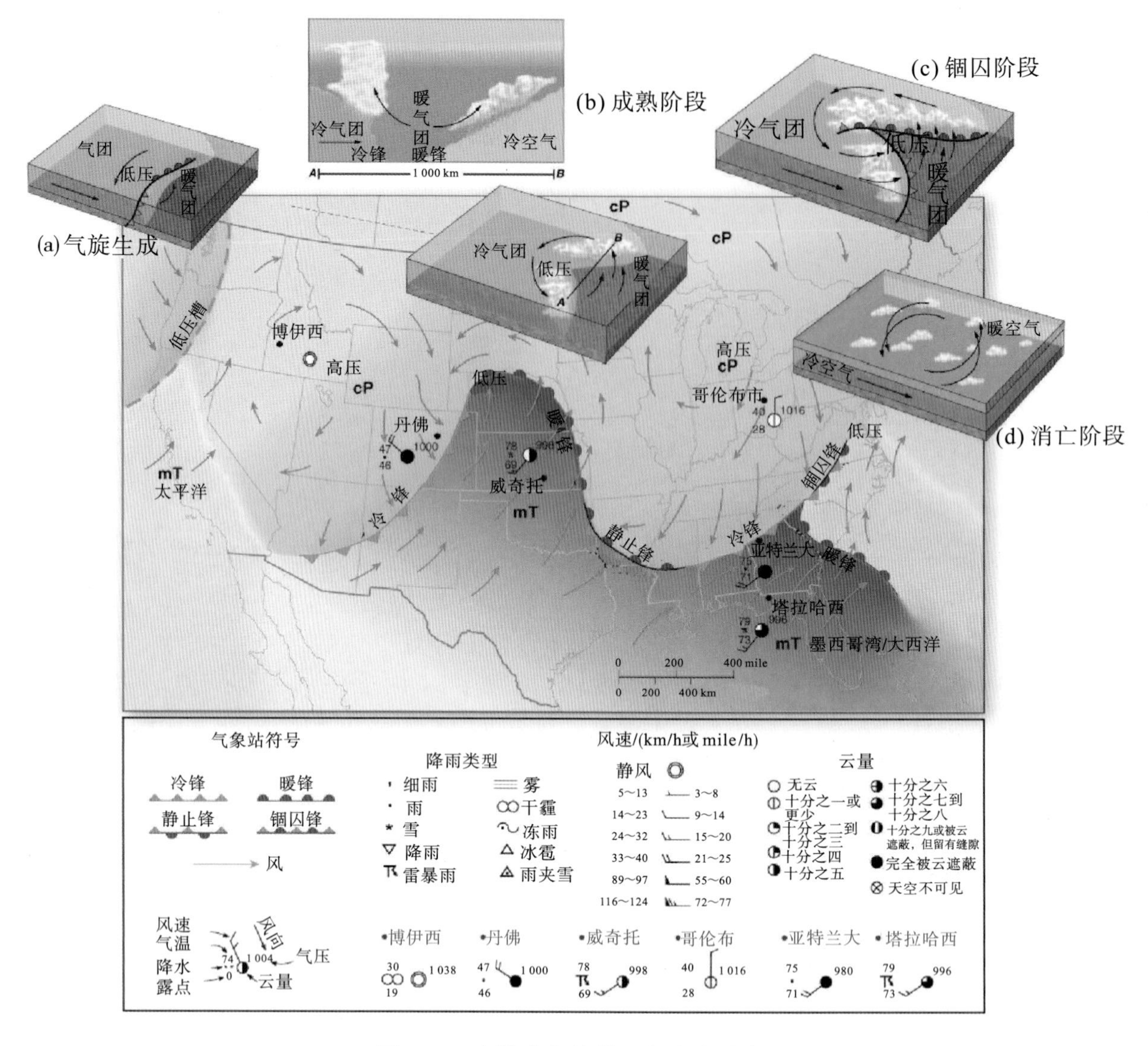

图8.14　中纬度气旋的理想发育阶段

图下方的标注：气象站采用的标准符号和6个城市的天气状态。立体图中：（a）气旋生成，即地表气流汇合并开始上升；（b）成熟阶段；（c）锢囚阶段；（d）消亡阶段：由于气旋下涡到达风暴路径末端，水汽凝结不再产生潜热，能量提供停止。

8.4　中纬度气旋系统

反差大的气团相遇发生冲突，可发展成**中纬度气旋**或**气旋波**。这种移动的低气压中心，在北半球伴有逆时针向内旋转的上升辐合气流（南半球为顺时针旋转）。由于锋面边界起伏，加之急流流向变化，所以用波来描述。气旋运动是在气压梯度力、地转偏向力和地表摩擦力共同作用下所产生的（见第6章）。

第一次世界大战之前，天气图上仅标有气压和风，维尔海姆·别克内斯增加了“锋”的概念，之后他的儿子雅各布·别克内斯又提出了低压气旋系统移动中心的概念。

气旋波在南北半球中、高纬度地区的天气模式中起主导作用，成为气团冲突的催化剂。这种中纬度气旋可能沿极锋带生成，特别是在北半球的冰岛和阿留申亚极地低压区。强烈的急流风对气旋路径有引导作用（图6.18和图6.19）。

8.4.1 中纬度气旋的活动周期

图8.14通过一幅理想的天气图说明了中纬度典型气旋的产生、发展和消亡等几个阶段。就平均周期而言，中纬度气旋从发源地到消亡，其经历的几个阶段需要3～10天。不过，由于混沌效应，日常天气图在某些方面会偏离理想模式。

气旋生成 低压气旋波发展增强的过程就是**气旋生成**过程。这个过程通常始于极锋附近，冷暖气团在这里相遇并发生冲突。

极锋是气团温度、湿度及风的突变带，从而导致大气处于潜在不稳定状态。对于沿极锋形成的“波状”气旋，其高空辐散气流是由地表辐合气流来补偿的，导致气旋沿极锋有一个轻微的扰动，或是急流路径上的微小变动，都可能触发气流辐合上升，进而形成地表低气压系统［图8.14（a）］。

除极锋之外，有些地区也有利于气旋波的发展和加强：落基山的东坡、南北走向的山脉屏障、墨西哥湾沿岸、北美和亚洲的东海岸。

成熟（开放）阶段 见图8.14（b）的气旋结构和内布拉斯加州西部上空的低压中心。在低气压中心以东，暖空气沿锋面开始向北移动；而冷空气则南下到达低压中心西部。成长中的环流系统风向改变进入高空风。随着中纬度气旋的日益成熟，逆时针旋转的气流会把北、西方向的冷气团及南面的暖气团吸引过来。在横截面图中，可以观测到冷锋、暖锋及各气团的剖面廓线。参照图8.12和图8.13进行比较。

在图8.14中，刚刚有一场冷锋从丹佛过境。如图8.14所示，过境前，风从西南吹来；但当前风向已转为西北风。由于寒冷的cP气团移动到丹佛上空，丹佛的空气已由mT气团（暖湿）转变为寒冷状态。与此同时，美国堪萨斯州的威奇托却经历了一场暖锋过境，当前正位于气旋暖空气区域中间。

锢囚阶段 对于一个气团，要记住气温与空气密度的关系。寒冷的cP气团要比mT气团的密度大。这种均质的冷气团就像一台推土机的铲具，移动速度要比暖锋快得多。冷锋的平均速度为40km/h；而暖锋的速度只有它的一半，为16～20km/h。因此，冷锋常常追上气旋中的暖锋，呈楔状插入暖锋之下，形成了图8.14（c）所示的**锢囚锋**（occluded front，Occlude意为“关闭”）。

在图8.14理想化天气图中，锢囚锋从弗吉尼亚低气压中心向南延伸到南、北卡罗来纳州的边界。降水最初可能是中到大雨，之后，随着暖空气被冷气团推进抬高，降水减弱。注意：东南边缘上暖锋仍然活跃，mT气团还在移动。在佛罗里达州的塔拉哈西，你会看到哪种天气？如果冷锋从这个城市南部过境，随后的12h内天气会怎样变化？

当冷气团与暖气团处于僵持状态时，尽管锋面两侧的气流方向相反，但几乎都与锋面平行，形成**静止锋**。缓缓抬升的气流可能形成小到中雨。最后，当某一气团占优势时，就会发展成为暖锋或冷锋，此时静止锋开始移动了。

消亡阶段 中纬度气旋最终进入消散阶段。在这一阶段，提供能源和水分的暖气团与大气抬升机制被彻底切断了。或许气旋系统离开这片土地之后，其残余部分才会在大气中消失［图8.14（d）］。

风暴路径 气旋风暴的宽度可达1 600km。气旋波及其伴随而来的气团，沿**风暴路径**

穿越整个大陆，其纬向移动与太阳和季节有关。横穿北美的典型风暴路径夏季偏向北方，而冬季偏向南方［图8.15（a）］。注意：地图上标注了一些气旋源地的名称。春季，由于风暴路径北移，cP气团与mT气团之间的冲突更加明显。这是锋面活动最强的时期，容易形成雷暴和龙卷风。风暴路径沿高空风路径横穿整个大陆。

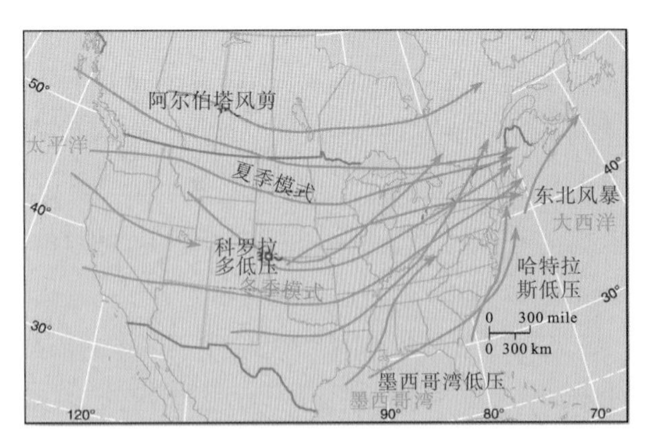

（a）具有季节性变化的北美气旋风暴，路径为平均值；它表明了气旋生成的几个源地；注意地区名称

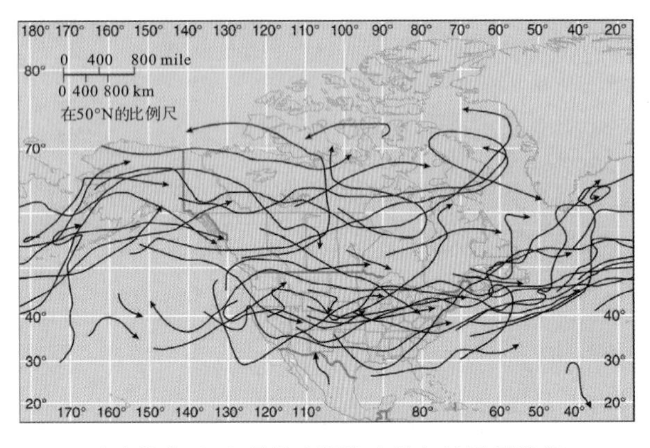

（b）北美地区3月份实际发生的气旋风暴路径

图8.15　典型风暴的实际路径

［（b）NOAA/NESDIS/NCDC］

图8.15（b）是一幅3月份实际发生的典型气旋风暴路径图。它展示了气旋生成的几个源区：太平洋西北上空、墨西哥湾（墨西哥湾低压）、美国东部沿海地区（海特拉斯低压，美国东北部）和北极地区。山脉背风坡也经常发生气旋环流，例如：沿落基山脉从加拿大阿尔伯塔省到美国南科罗拉多州（科罗拉多低压）地区。气旋系统穿越山脉时，会得到来自墨西哥湾mT气团的大量水分和能量补充，从而得到加强。

8.4.2　每日天气图分析：预测

天气分析是对特定时间内收集的气象数据进行分析预测。建立风、气压、温度和湿度的数据库，是数字天气预报（基于计算机）和天气预测模型的关键。开发数字天气预报模式是一个艰巨的挑战，因为大气运行是一种趋于混沌行为的非线性系统。输入数据稍有差异或模型行为的基本假设稍微变化，就会产生截然不同的预测结果。随着人类对天气认识的提高及仪器、软件的改善等，天气预测会更加准确。

编制天气图和预测天气必须准备的气象数据：

- 气压（海平面及其高度设定值）；
- 气压倾向（稳定、上升、下降）；
- 地表气温；
- 露点温度；
- 风速、风向及其特性（阵风、暴风）；
- 云的类型和运动；
- 当前天气状况；
- 天空状况（当前天气条件）；
- 能见度；视觉障碍（雾、霾）；
- 自上次观测以来的降水量。

有关天气图的网络链接、当前天气预测、卫片、最新雷达设施，请浏览第8章的“掌握地理学”网站。美国科罗拉多州博尔德的NOAA地球系统研究实验室（ESRL，http://www.esrl.noaa.gov/）使用的天气预测工具很多，包括35个雷达风速廓线仪（从地表到高空）、高性能超级计算设备、最先进的三维气象模型数据中心及其相关计算结果、基于地面GPS的气象项目、用

（a）［来源：Bobbé Christopherson］

（b）［来源：NWS，ESRL］

图8.16 地面自动观测系统（ASOS）和先进天气交互处理系统（AWIPS）的工作站显示器

于加强国际合作与气象数据共享的系统。

在美国，地面自动观测系统（automated surface observing system，ASOS）是观测地表天气的主要工作站［图8.16（a）］。一套ASOS装置包括：雨量计（翻斗式）、温度/露点传感器、气压计、当前天气识别器、风速风向传感器、云高度计、冻雨传感器、雷暴传感器及能见度传感器等。

为了提高天气预测和预报的准确度，NOAA利用先进天气交互处理系统（advanced weather interactive processing system，AWIPS）对多种来源的数据进行整合。一个AWIPS工作站采用三台显示器来显示数据，比如采用虚拟三维图像显示气压、水蒸气、多普勒雷达、实时闪电及风廓线［图8.16（b）］。

如图8.14所示，一次天气报告和预测，需要采用标准天气符号对天气图进行分析。就北美实际气旋路径而言，尽管它们在形状和持续时间上有很大差异，但根据你对暖锋和冷锋的认识，仍可以通过一般模型来解读天气图。天气图是一个有效的分析工具，尤其是当剧烈天气突然转变时。

8.5 剧烈天气

天气提供的能量流连续穿过不同纬度，有时演变为破坏性的运动和剧烈天气。本章的重点是雷暴、下击暴流族、龙卷风和飓风。洪水灾害将在第14章中讲述，沿海地区的风险见第16章。

天气经常出现在新闻上。过去三十多年来，与天气相关的灾害损失上升了500%以上，这是剧烈天气频发地区人口增长及气候变化引发的异常天气所造成的。20世纪90年代，与灾害性天气相关的财产损失每年就超过了100亿美元，远超过了过去年均不到20亿美元的纪录。21世纪以来，每年天气造成的损失都远远超过了上一个10年。2005年，卡特里娜飓风造成了1 300亿美元的损失，2008年古斯塔夫飓风和艾克飓风造成的损失也高达1 000亿美元！美国政府对极端天气的研究和监测机构主要是美国NOAA国家强风暴实验室和风暴预报中心（http://www.nssl.noaa.gov/和http://www.spc.noaa.gov/），此外还有一些其他组织机构；请查阅上述网站中列出的主题。

剧烈天气包括：**雨夹雪**冰暴（冻雨、冰雾凇和冰粒）、暴风雪和低温天气。降水穿过近地面零摄氏度以下的冷空气层时，可形成冻雨。1998年1月发生于加拿大和美国的大范围冰暴天气，造成70万居民的供电系统中断了几个星期。想象一下：突然一切都被冰覆盖了，沉重的冰雪压在电线和树枝上；冰雨和细雨持续了80多个小时，这是以往的两倍多。在加拿大蒙特利尔，累积冰厚超过了100mm，造成25人冻死。

8.5.1　雷暴天气

水汽大量凝结可释放出巨大的能量，这使空气局部受热，进而导致气流剧烈地上升和下降。上升气块会把周围空气拽入空气柱，而下落雨滴则因摩擦阻力会把空气拖向地面。巨大的积雨云可以造成天气瞬间突变——强降水飑线、雷电、冰雹、狂风和龙卷风。雷暴可能在气团内部发展形成，并沿锋面（特别是冷锋）呈线状分布，或者因山坡地形抬升而形成。

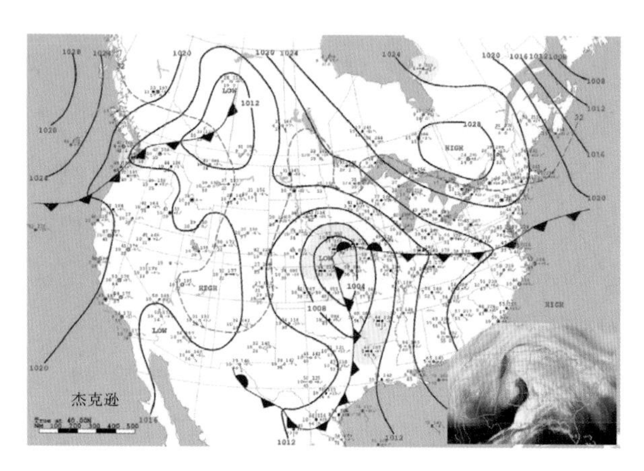

图8.17　天气图及水汽卫星影像（2007年3月31日）
［引自水文气象预报中心，NCEP，NWS］

地球上每时每刻都有成千上万的雷暴发生。在赤道地区和热带辐合带，雷暴的发生频率很高。例如，在东非，乌干达的首都坎帕拉市（维多利亚湖北部）几乎位于赤道上，该城市年均发生的雷暴天数高达242天。美国和加拿大的年均雷暴日数分布，见图8.18。由图8.18可知：北美的大多数雷暴发生在mT气团控制的地区。

判断与思考8.1　天气图分析

学习本章后，根据图8.14天气图，试判别博伊西、丹佛、威奇托、哥伦布、亚特兰大和塔拉哈西的天气状况，以此来测试一下你所掌握的知识。

接下来，观察图8.17天气图上处于开放阶段的典型气旋，其发生于2007年3月31日上午7:00（美国东部时间）；GOES–12卫星图像为当时的水汽状况。请采用图8.14中的图例符号对这幅天气图进行简要分析：找出低气压中心，注意逆时针流向的风系；比较冷锋两侧的气温，注意气温和露点温度；确定锋在天气图上的位置并说明理由；找出高压中心。

从图8.17中可以看到：新奥尔良的气温及露点温度分别为20℃和17℃；而犹他州圣乔治（该州的西南角）则分别为–3℃和–6℃。若使水汽达到饱和，新奥尔良的暖湿空气需冷却至17℃，而圣乔治的干冷空气则需要冷却至–6℃。在遥远的北方，哈得孙湾西海岸的丘吉尔，这里的气温和露点温度分别为–14℃和–16℃，天空晴朗。如果这时你在当地，会有什么感受？是否需要护唇膏？

描述这幅天气图上的气团空间分布。这些气团怎样相互作用？你见过哪类锋面活动？对于高压区和低压区，你在等压线分布模式中能获得哪些信息？

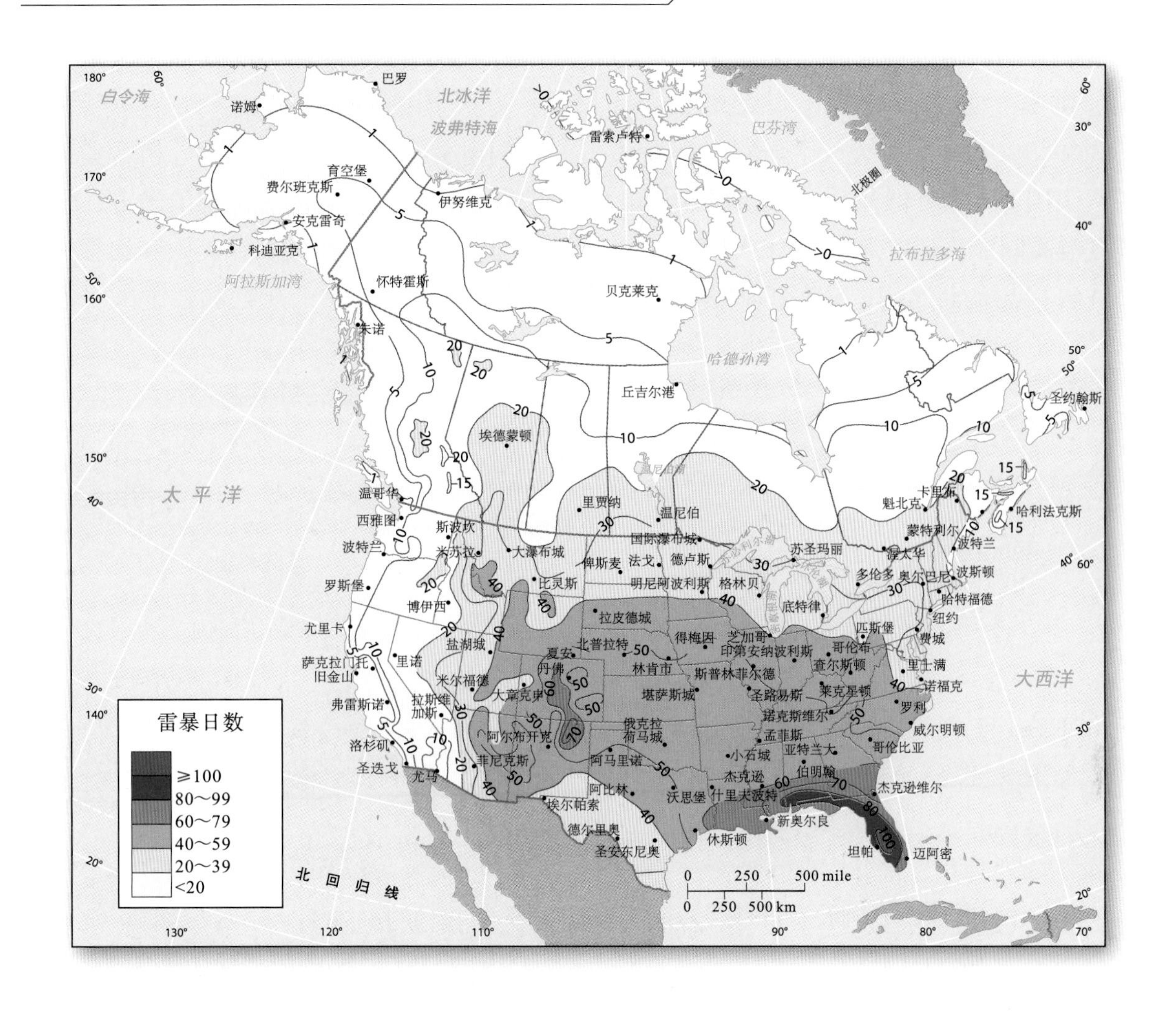

图8.18 雷暴的发生频率

注：雷暴的年均日数［数据来自：NWS，加拿大气候图集，地图系列-3；加拿大大气环境服务中心］

大气湍流 大多数飞机在飞行中都曾遇到过湍流，即穿过不同密度的空气或不同流速、流向的气流。湍流是大气的一种自然状态，飞机上乘客为避免受伤，即使安全指示灯不亮也应该系好座位安全带。

雷暴产生剧烈湍流，并以下击暴流的形式出现，它是非常强烈的下沉气流。下击暴流族按规模大小划分为：巨暴流（Macroburst），其宽度至少4.0km，速度大于210km/h；但微暴流（Microburst），其规模和速度较小。但微暴流可迅速改变风速风向，产生可怕的风切变，从而导致飞机坠毁。对于这种湍流天气，由于它的生命周期短暂，尽管ESRL等实验室在预测方法上取

地学报告 8.3 你能感受到的警告

如果你头部或颈部的毛发开始直立，请马上到室内去。如果你在户外，请尽量贴近地面，有可能的话到低洼处，蜷缩双脚但不要躺下。你的毛发告诉你，闪电正在这个地方积累电荷。树下不是庇护所，因为树是良好的导电体，常常会被闪电击中。

得了进展，但仍难以察觉。

闪电和雷击　据估计，地球上每天大约发生800万次闪电。**闪电**是指大气中强烈放电所引起的巨大闪光现象，即几千万到数亿伏的电压把气温瞬间加热到1.5万～3万℃。在积雨云内部或云层与地面之间，正负电荷聚集可形成闪电。**雷鸣**是瞬间加热而剧烈膨胀的空气在大气中产生的冲击波。

闪电会给飞机、人、动物、树木和建筑物带来危险。对于有闪电危险的地方，强制设置防雷措施是必要的；在美国和加拿大，每年闪电造成近200人死亡和数千人受伤。

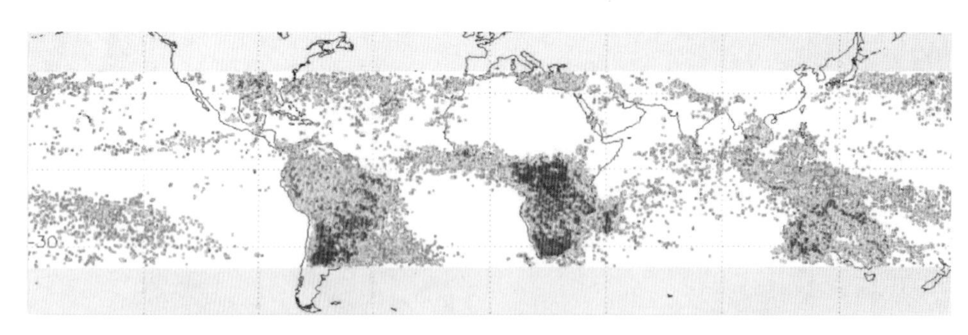

（a）冬季（1999年12月，2000年1月和2月）

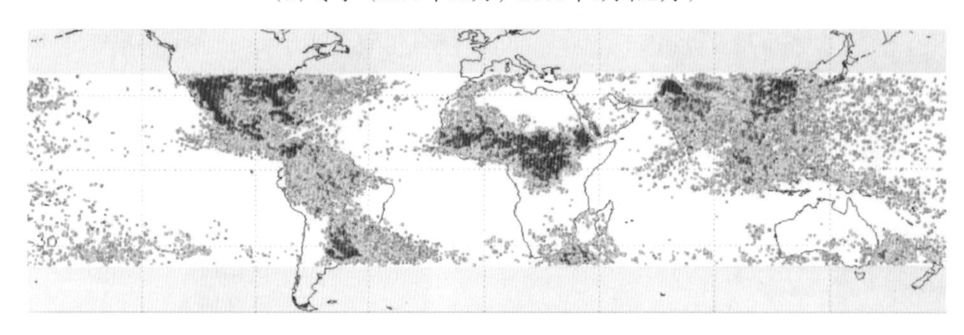

1　2　3　4　5　>5　>10　>15　>25　>50　>100　>150

比例尺

（b）夏季（2000年6月、7月、8月）

（c）在美国亚利桑那州南部，时移照片捕捉到的多个闪电

图8.19　全球各季节闪电影像记录

注：NASA闪电影像传感器（lightning imaging sensor, LIS）合成的影像；LIS传感器搭载于1997年发射的热带降雨测量卫星上。图中分别记录了三个月内发生于35° N～35° S的全部闪电。［（a）和（b），NASA全球水文和气候中心TRMM影像，MSC；（c）Kieth Kent/摄影家］

在闪电来临之际，美国NWS会发出强风警告，以提醒人们留在室内。

搭载于热带降雨测量（tropical rainfall measuring mission, TRMM）卫星上的NASA闪电成像传感器（LIS）承担着闪电等天气现象的监测任务。无论昼夜，LIS都可以对云内或云-地之间的闪电进行遥感成像。监测数据表明：由于陆面温度高、对流强，所以约有90%的闪电发生于陆地。雷击事件随太阳高度角不同呈季节性变化，见图8.19（a）和（b）（https://ghrc.nsstc.nasa.gov/lightning/）。

冰雹 **冰雹**通常在积雨云中形成。雨滴在云的冻结高度上不断上下起伏，从而使云层中的冰粒不断增大，直到云中的气流不再能托举冰粒重量才降落到地面。凝结于雪粒上的水分也可以使冰雹增长。

常见的冰雹如豌豆（直径为0.6cm）大小，当然还有像硬币（直径为2.5cm）、高尔夫球（直径为4.4cm）、鸡蛋（直径为5.1cm）、棒球（直径为7.0cm）或垒球（直径为11.4cm）大小的冰雹。2010年仅美国就遭受了五六次棒球大小的冰雹袭击（图8.20）。冰粒必须在空中停留较长时间才能形成较大的冰雹。2003年6月22日，美国内布拉斯加州的奥罗拉，一个超级雷暴降落

图8.20 冰雹大小［Weatherstock/照片库］

的冰雹被认为是世界上最大的雹块（直径达17.8cm，周长为47.6cm）。在美国和加拿大，冰雹天气很常见，但很多地区，冰雹发生频率并不高，频率最高的地区每隔1～2年发生一次。在美国，冰雹每年造成的损失约8亿美元。美国和加拿大的冰雹天气分布与图8.21中的雷暴天气分布大体一致，但2000年以来冰雹日数有上升趋势。

8.5.2 下击暴流族

尽管龙卷风和飓风抢占了头条新闻，但是与雷暴和降雨带相关的直线型风也造成了巨大破坏和农作物损失。这种强劲的线性风风速超过26m/s，又被称作**下击暴流族**（Derechos），加拿大有时也称为犁风（plow winds）。在雷暴系统中，对流风暴中暴发的风可以形成多个下击暴流族，而暴流族又是由下击暴流群构成的。这些下击暴流族有时形成直线型疾风，而疾风在地表附近沿其开阔的条带状前缘呈扇形散开。“Derechos”一词是由物理学家G.Hinrichs于1888年创造的，该词源于西班牙语，意为“径直的”或“一直向前的”。

1998年，在美国威斯康星州东部，下击暴流的风速超过57m/s。2007年8月，穿越伊利诺伊州北部的一系列下击暴流族也达到了同等强度；1986～2003年，研究人员发现了377个下击暴流族，平均每年21次。对于夏日户外活动来说，遇到下击暴流族是很危险的：疾风会吹翻船只、冲击飞行物、使树枝折断。从艾奥瓦州到伊利诺伊州再到俄亥俄河谷的中西部，下击暴流的最高频率（约70%）发生于5～8月；9月～次年4月，下击暴流活动区域向南迁移，穿过亚拉巴马州进入得克萨斯州东部。自2000年开始，报道的风灾事件呈增加趋势。更多有关下击暴流

族的信息，见http://www.spc.noaa.gov/misc/AbtDerechos/derechofacts.htm。

8.5.3　龙卷风

龙卷风是伴随冷锋飑线和积雨云发展而成的上升气流，在卫星影像图上表现为脉动的气泡云。在对流层中层，假设有一个呈气旋方式旋转上升的空气柱正在形成中尺度气旋，当其直径扩展至10km时，则**中尺度气旋**就从超级单体云（母云）中形成一个高达数千米的垂直旋转涡流［图8.21（a）］。发展充分的中尺度气旋将产生大雨、大冰雹、大风和闪电；有些成熟的中尺度气旋还会形成龙卷风。

随着大量湿空气的加入，气旋环流中有更多能量释放，进而加快了空气的旋转速度。中尺度气旋的尺度愈小，辐合气块被气旋吸入的自旋速度就愈快。中尺度气旋的

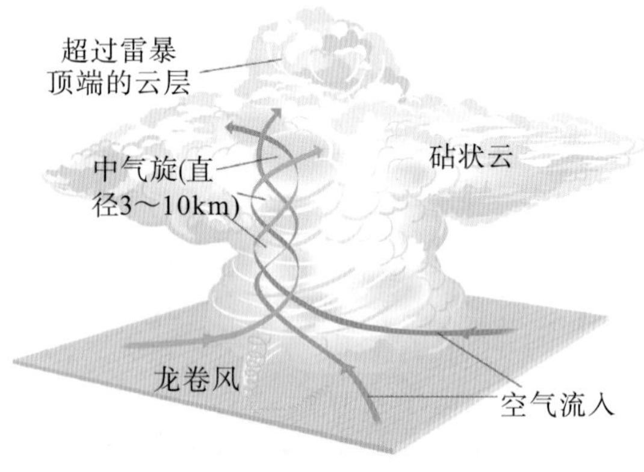

（a）强风在高空形成涡旋；在雷暴发展过程中，当上升气流使旋转空气发生倾斜时，雷暴中的旋转上升气流就是中尺度气旋。气旋一旦形成，龙卷风将从中尺度气旋底部向下伸出

（c）在美国堪萨斯州格林斯堡，2007年EF-5级龙卷风将整个街区夷为平地［照片摄于2008年］

（b）在美国得克萨斯州的斯皮尔曼，从云层底部伸出的超级龙卷风；龙卷风左侧，产生了强冰雹

（d）Landsat-7影像中龙卷风过后的残迹

注：美国马里兰州的拉普拉塔，沿EF-4级龙卷风路径廊道，被摧毁的地带长度达39km；有900多个房屋和200多个商铺被毁坏。

图8.21　中尺度气旋和龙卷风的形成

［（b）Howard Bluestein；（c）Bobbé Christopherson；（d）Landsat-7影像，USGS/EROS］

涡流肉眼可见，那就是从母云云底伸出的、形状较小的暗灰色**漏斗云**；如果继续发展下去，漏斗云接触到地表后就形成了**龙卷风**［图8.21（b）］。

龙卷风直径在几米至几百米，可在任何地方持续几分钟到几十分钟。在过去的20年里，龙卷风的平均速度和持续时间一直呈上升趋势。2007年5月，EF-5级的龙卷风实际上已把堪萨斯州格林斯堡从地图上抹掉了。据统计，这次龙卷风创造了空前纪录：沿35km长的路径上，漏斗风在地面上扫过的宽度达2.7km，风速超过330km/h。1年后拍摄的照片［图8.21（c）］显示，成片的旷地曾是居民小区。截至原著完成时，格林斯堡按照“能源和环境设计认证（Leadership in Energy and Environmental Design, LEED）”的“绿色”高效节能标准，正在计划进行重建。

龙卷风在地面擦过的路径清晰可见，它是一连串半圆形的“吸扫”痕迹；当然，也是一条遭受毁坏的残迹，如穿越马里兰的龙卷风路径，见图8.21（d）。当龙卷风涡旋发生于水面时，形成的**水龙卷**（**海上龙卷风**）可将3～5m高的水柱吸入漏斗云中。由于水汽快速凝结，水龙卷漏斗的其余部分也肉眼可见。

本章开篇照片和当今地表系统对明尼苏达州的沃迪纳龙卷风进行了详细说明。这些龙卷风的威力似乎很抽象，除非你直接看到它造成的后果。EF-4级龙卷风之后，作者与夫人（摄影师）在沃迪纳达调查了4天（图8.22）。龙卷风摧毁了大量建筑物：260座房屋、大量社区建筑、一个游泳池和一所中学。就美国而言，若把这次龙卷风造成的损失乘以近于2倍的平均频率，再把EF-3级、EF-4级和EF-5级暴风所产生的破坏加在一起，后果实在令人吃惊。

（a）322km/h的风力造成了铁杆弯曲

（b）社区中心刮落的金属板，穿过这座房屋落到它的左侧

图8.22 2010年6月17日明尼苏达州的沃迪纳

注：房屋中的一位男士抓着他的狗躺在客厅地板上得以幸存。［Bobbé Christopherson］

龙卷风观测和统计 龙卷风内部的气压通常比周围气压低10%左右。在水平气压梯度作用下，大量涌入的辐合气流使风速很高。芝加哥大学的著名气象学家西奥多藤田，按照相关财产损失显示的风速为龙卷风设计了藤田级数（1971年）。2007年2月，藤田级数经过改进，其级数尺度更加精确，称作改进后的藤田级数或EF等级（表8.1，https://www.tornadoproject.com/cellar/fscale.htm）。改进后的级数可以更精确地评估损失，它把风速与毁坏程度、建筑结构质量联系在一起。为了便于估测，EF级数包含了与建筑结构及植物有关的损坏指数，并附有损坏度的评价等级，你可从表8.1中列出的URL链接来查阅。

表8.1　改进后的藤田风级

EF-风级	3秒的阵风风速；损坏特征
EF-0，狂风	105～137km/h；轻度损坏：树枝折断，烟囱损坏
EF-1，弱	138～177km/h；中度损坏：飓风规定的起点风速，屋顶被掀飞，移动房被吹离房基
EF-2，强	178～217km/h；较大损坏：框架房屋的屋顶被损坏，大树被连根拔起或折断，棚、车被推倒，抛射小型物体
EF-3，剧烈	218～266km/h；严重损坏：结构稳定的房屋屋顶被损坏，火车被吹翻，树木连根拔起，轿车被吹离地面。
EF-4，破坏性的	267～322km/h；破坏性损坏：结构稳定的房屋被夷平，轿车被抛出，产生大型抛射物
EF-5，毁灭性的	大于322km/h；毁灭性损坏：房屋被吹刮至远处而瓦解，轿车大小的抛射物会被刮到100m以外，树皮被剥离

注：详见http://www.wind.ttu.edu/EFScale.pdf。

北美是地球上龙卷风最多的地方，因为它的纬度位置和地形为不同气团的相互接触提供了方便。美国50个州及加拿大全域都曾遭受到龙卷风的袭击。图8.23是51年的统计记录，你可以看到5、6月份是龙卷风的高峰期。请比较图上的统计值：2003～2009年的差异，龙卷风发生频次的年际变化趋势。

在美国，1950～2010年6月记录了53 757次龙卷风，造成的死亡人数超过了5 000人或每年约有85人死亡。此外，同一时期内，还造成了8万人受伤，财产损失超过了280亿美元（财产损失平均每年递增5亿美元）。

1990年之前，龙卷风的多年平均次数为787次，1990年之后的年均次数超过了1 000次，1998年龙卷风达到1 270次；高峰期是2004年，达到了1 820次，2009年报道的龙卷风是1 156次。

重要的是，EF-4级和EF-5级的龙卷风次数在增加，各季节发生的次数都超过了12次。图8.23表明3月份的龙卷风次数增加了近1倍，9月份增加了1倍多。这意味着热带海洋气团使春季提前到来而秋季延后结束，也预示着气候变化正在加剧这一趋势。

在加拿大，尽管无人居住的区域没有龙卷风报道，但平均每年仍能观测到80次龙卷风；英国利兹大学的研究人员根据观察者的报告指出，英国每年发生60～80次龙卷风。其他大陆经历的龙卷风次数较少。

位于密苏里州堪萨斯市的风暴预测中心，为公众和NWS现场办公室提供短期的雷暴和龙卷风预报。按照目前技术，风暴的预警时间可提前12～30min。

北美龙卷风频率逐年增加的原因，可归于全球气候变化及强雷暴活动的监测和视

地学报告8.4　五月份一天内的龙卷风

2003年5月，543个龙卷风袭击了美国大约20个州。5月上旬，12天内有354次龙卷风，这远远高于5月份的平均次数，是1950年以来龙卷风次数最多的一个月，共造成了40多人死亡，财产损失达数亿美元。

5月4日（星期日），美国8个州遭受了84次过境龙卷风。龙卷风破坏评级指出，美国中西部遭受了4次EF-4级和8次EF-3级的龙卷风袭击。堪萨斯市及其附近，遭受了5次龙卷风，其中EF-4级的龙卷风漏斗宽度达到了450m。有些破坏是下击暴流和下击暴流线型风造成的（卫星影像动画，见http://www.osei.noaa.gov/Events/Severe/US_Midwest/2003/SVRusMW125_G12.avi）。

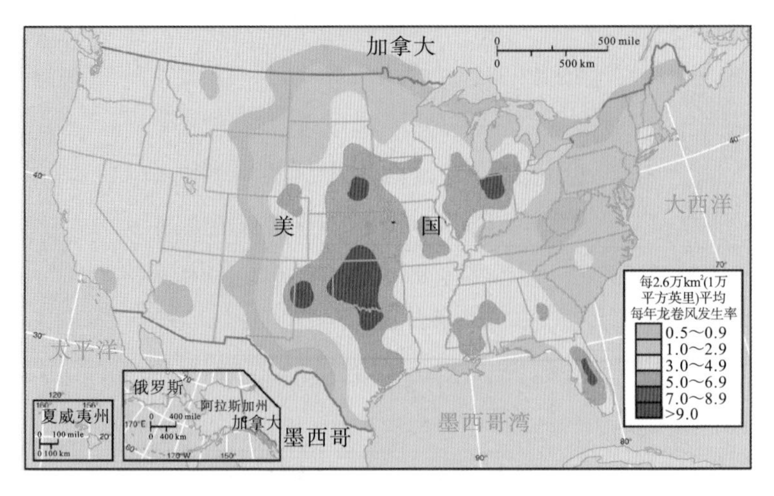

（a）每2.6万km²（10 000平方英里）范围内龙卷风的平均次数

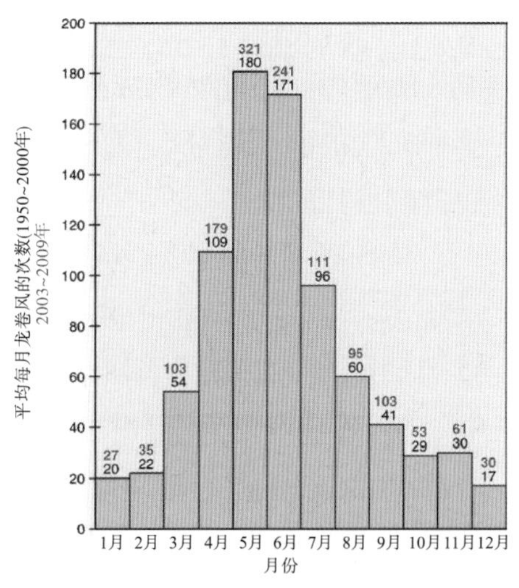

（b）1950～2000年龙卷风各月平均次数。值得注意的是，2003～2009年龙卷风的月均次数明显上升

图8.23 美国龙卷风发生频次的变化趋势
［数据：NWS风暴预测中心，NOAA］

频报道，后者缘于多普勒雷达和摄像机的普及。对于龙卷风这一主题，研究人员怀着科学热情和敬畏之心，正在探索更多的问题，正如著名龙卷风专家和气象学家霍华德·布卢斯坦（Howard Bluestein）给出的总结：

> 就龙卷风的探索而言，我们渴望看到大气主演的下一幕龙卷风。在对龙卷风令人敬畏的力量怀有敬畏之余，并没有激动的心情去观看龙卷风中的剧烈运动或“风暴之美”。*

8.5.4 热带气旋

热带气团中生成的**热带气旋**充分显示了地球与大气之间的能量收支。热带位于南北回归线（23.5°）之间，包括10° N～10° S的赤道地区。全世界每年大约生成80个热带气旋；其中约有45个的强度足以归类为飓风、台风和气旋（相同类型的热带风暴冠以不同的区域名称），30%发生在北太平洋西部。表8.2列出了热带气旋分类的风速标准。

表8.2 热带气旋分类的风速标准

名称	风速风向	特征
热带扰动	风向不定，风速低	地表是明显低气压区，有片状云
热带低压	可达63km/h	狂风，形成环流，小到中雨
热带风暴	63～118km/h	等气压线闭合，正在形成环流，大雨，有指定的名称
飓风（大西洋和东太平洋） 台风（西太平洋） 气旋（印度洋，澳大利亚）	>119km/h	环流，等压线闭合，大雨、风暴潮，逆时针旋转的龙卷风

热带地区气旋系统与中纬度气旋有很大差异，因为热带空气基本上是均质的，没有锋面或温差很大的气团相互冲突。此外，暖空气和暖洋流向热带气旋提供了丰沛的水

* Bluestein H, Tornado Alley.1999.Monster Storms of the Great Plains[M].New York :Oxford University Press.

汽，因此有充足的潜热给风暴提供能量。热带气旋把海洋热能转化成机械能——风。海洋和大气的温度越高，风的强度就越大、风暴就越强烈。

是什么机制触发了热带气旋？气象学家认为：气旋运动始于热带信风带中缓慢移动的低压东风波（图8.24）。在此过程中，海面温度必须超过26℃。热带气旋沿移动的低压槽东侧（背风侧）而形成，这是一个辐合降雨区。地表空气辐合进入低压区，然后上升至高空并向外辐散。高空辐散很重要，其作用如同烟囱一样，使发展中的气旋系统能够吸入更多的潮湿空气。只有当垂直气流不受（或微受）风切变的干扰或阻碍时，气旋才能维持和加强垂直对流。

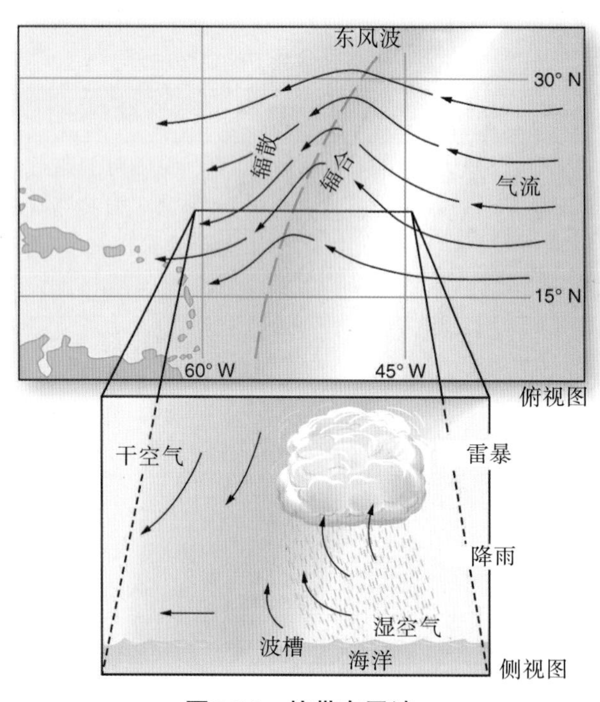

图8.24　热带东风波

注：沿东风波发展的低气压中心（向西移动）。波槽以东的湿润空气在地表辐合上升。风在槽前偏转辐合，在波槽下风方向离散。

飓风、台风和气旋　热带气旋是最具破坏性的风暴，全世界每年有数千人因此丧生。当热带气旋的风速和低气压升级成为**飓风**、**台风**或**气旋**（>119km/h）时，情况更是如此。世界上给这种风暴赋予了三种不同的名称：北美称飓风，西太平洋称台风（中国、日本和菲律宾），印度尼西亚、孟加拉国和印度称气旋。全球大约有10%的热带扰动具有成为飓风或台风的条件。有关它的空间分布和报告，可查阅美国国家飓风中心网站（http://www.nhc.noaa.gov/）或台风警报中心网站（https://www.usno.navy.mil/JTWC）。

图8.25（a）给出了热带气旋的形成区域及典型热带风暴路径，并指出了热带气旋最可能出现的季节和月份。例如，袭击美国东南部的风暴主要集中于8～10月。在大西洋，热带气旋活动季是每年的6月1日～11月30日。1856～2006年热带气旋的实际路径和强度分布，见图8.25（d）。

对美国中部和北部来说，热带低压穿越大西洋时，加强后可变为热带风暴。按照大拇指规则（经验法）：如果热带风暴沿其路径成熟较早，则倾向于朝北弯曲指向大西洋，从而避开美国；其关键位置是40° W经线附近。如果热带风暴到达多米尼加的经线（70° W）之后才发展成熟，那么美国遭受袭击的概率就会增高。

然而，2005年10月的热带风暴——文斯（Vince），却与平均状态不同，其残余威力使西班牙第一次遭到大西洋热带气旋的袭击［图8.25（b）］。在南半球，过去从未发生过飓风从赤道进入南大西洋的情况（参见风暴路径图）。然而，2004年3月卡特里娜飓风却在巴西南部圣卡塔琳娜州的拉古娜旅游胜地登陆了。在图8.25（c）中，NASA Terra卫星影像清晰地显示了具有典型中心眼和雨带特征的飓风。请将“吉尔伯特”飓风环流模式［图8.26（a）］与“卡特里娜”飓风的卫星影像进行比较，你看到了什么？注意地转偏向力的作用，飓风在北半球呈逆时针旋转，在南半球呈顺时针旋转。

2006年的第一个热带风暴在太平洋中部夏威夷以南大约1 285km的地方升级成为5级超强台风。这个超强台风“伊欧凯”，持续了近三周，其余威使阿拉斯加州沿岸遭到大规模侵蚀。2007年，超级气旋“古努”是阿拉伯海有记录以来最强的热带气旋，它袭击了阿曼和阿拉伯半岛。2010年6月，另一个热带气旋“钻石（Phet）”，则沿另一条路径进入到阿拉伯半岛。上述这

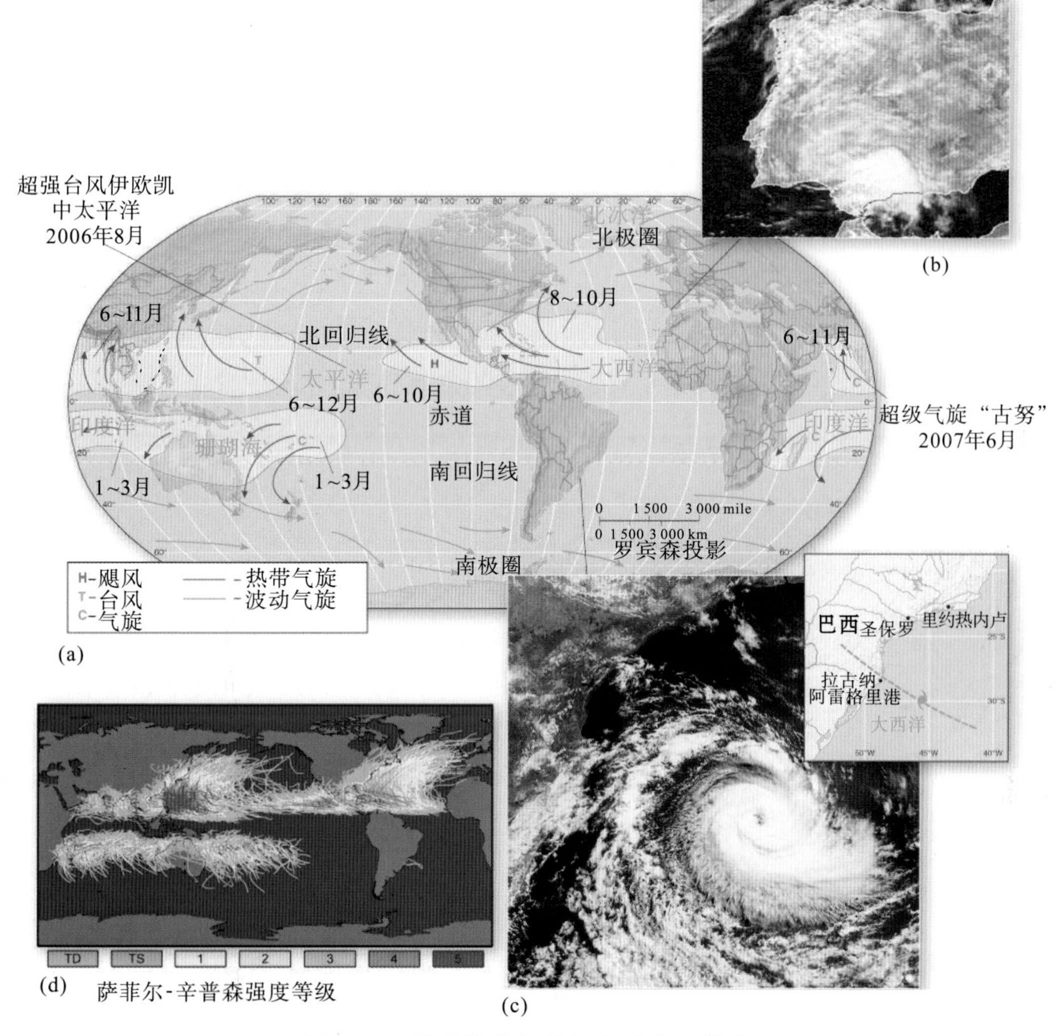

图8.25 最强热带气旋的全球分布模式

（a）典型热带风暴的路径，其主要发生季节和区域名称。标注了超强台风“伊欧凯（2006年）”和超级气旋“古努（2007年）”；（b）热带风暴“文斯”（Vince），其残余风力于2005年10月演变为首次袭击西班牙的大西洋热带气旋；（c）2004年3月27日，“卡特里娜”飓风登陆巴西东南沿岸，历史记录中仅此一次；（d）1856～2006年的全球热带气旋路径。你能在图上找到“卡特里娜”飓风吗？［（b）2005年10月11日，Meteosat-7卫星影像，乌尔姆大学，（c）Terra MODIS影像，NASA/GSFC，（d）R.Rohde/NASA/GSFC］

地学报告8.5 热带气旋的峰值

1871～2009年，北大西洋地区共形成了1 229个热带气旋（风暴和飓风）。这138年间，显示9月10日是大西洋地区的气旋高峰日，共发生过73个气旋。

些风暴是热带天气发生显著变化的信号。这与气旋系统的发生次数和强度增长有关，而气旋生成又与大气和海洋的温度上升趋势有关。

当气象学家说“4级”飓风时，是以萨菲尔–辛普森飓风等级来评估飓风的破坏力。表8.3是按风速和中心气压标准对飓风和台风划分的五个等级，从1级较小风暴依次增强至5级极危险风暴。风暴的破坏程度取决于风暴登陆地点的经济状况、防灾措施、风暴潮高度及是否伴有龙卷风（包括风暴整体强度）。请参照中心气压进行比较。

物理结构　结构完整的热带气旋，其物理外观特征很特别（图8.26）。热带气旋的水平直径为160～1 000km，西太平洋的台风甚至可达130～1 600km；在垂直方向上，这些风暴可占据整个对流层。

向内旋转的云形成了具有风眼的浓密雨带。绕中心区风眼旋转的雷暴云称作风眼壁，也是最强的降水区域。台风眼至今仍然是一个谜，因为在大风和暴雨的中间，台风眼却温暖平静，甚至能够看到一瞥蓝天和星空。在图8.26（a）（俯视图）、图8.26（b）（经艺术加工的立体透视图）和图8.26（c）（雷达侧视图）中，你可清晰地看到“吉尔伯特”飓风的雨带、风眼和风眼壁。

在热带气旋中，最强的风通常位于它的右前方（相对于风暴移动路径）；登陆的气旋可能携带着几十个发展成熟的龙卷风。例如，1969年的卡米尔飓风就携带了100个龙卷风。

热带气旋以16～40km/h的速度移动。

（a）俯视图

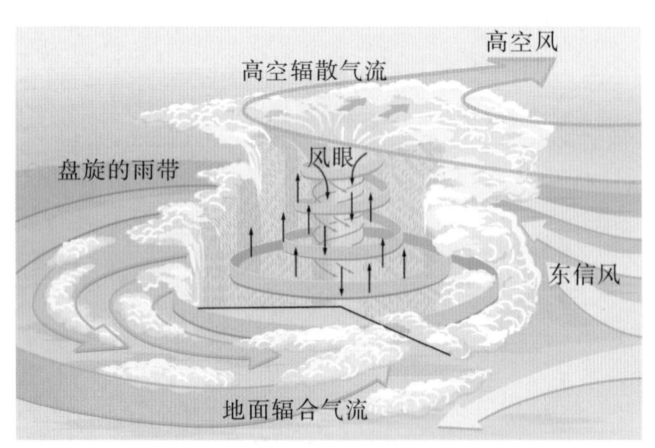

（b）立体透视图

图8.26　飓风廓线

注：在西半球，吉尔伯特飓风创造了空间尺度最大纪录（直径达到1 600km），其最低气压（888mb）位列第二，持续风速可达298km/h，风速峰值超过320km/h。1988年9月13日的吉尔伯特飓风：（a）GOES–7影像；（b）成熟飓风的透视图（包括风眼、雨带、气流模式）；（c）飞机穿越风暴中心，用SLAR（侧视机载雷达）拍摄的影像。浓密云中的雨带表示为黄色和红色（假彩色）。图中风眼区天气晴朗。［（a）、（c）源于NOAA和NHC］

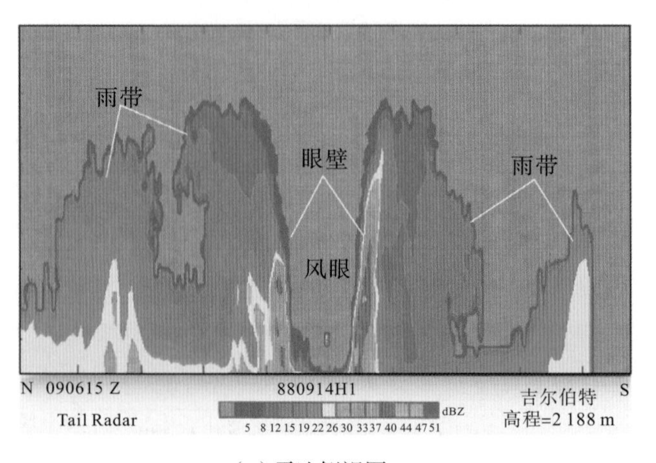

（c）雷达侧视图

当**登陆**或上岸时，风暴使海水涌向陆地，往往造成几米高的**风暴潮**。风暴潮很危险，常常让人措手不及，这也是飓风造成大多数溺亡事件的原因。1998年，邦尼、乔治和米奇飓风缓慢移向海岸，沿北卡罗来纳州、密西西比州和中美洲，分别形成了破坏性的风暴潮。这些缓慢前进的风暴形成持续降雨，并造成大面积洪灾。

2005年**卡特里娜飓风**引起的风暴潮（见“专题探讨8.1”，图8.28）使质量不合格的堤坝和运河遭到了严重毁坏；这一问题将在第14章的“河漫滩管理”中进行讨论。卡特里娜飓风之后，洪灾降临于新奥尔良，而灾难的主要责任应归咎于人造工程和建筑的失误，而非风暴本身；因为当卡特里娜飓风登陆时，它的风力已经降为3级飓风。

毁灭性热带气旋的例子 1970年热带气旋袭击了孟加拉国，据估计约有30万人丧生；1991年的热带气旋中又有20多万人丧生。虽然美国的死亡人数低得多，但依然严重。在得克萨斯州的加尔维斯顿市，1900年的飓风导致6 000人死亡；2005年卡特里娜飓风及其造成的水利工程崩溃，使路易斯安那州、密西西比州和亚拉巴马州死亡1 000多人；此外，造成人员重大伤亡的风暴还有：奥黛丽飓风（1957年），400人；吉尔伯特飓风（1988年），318人；卡米尔飓风（1969年），256人；艾格尼丝飓风（1972年），117人。1998年邦尼和乔治飓风也造成财产损失和人员伤亡。米奇飓风（1998年10月26日～11月4日）是两个世纪以来最致命的大西洋飓风，在中美洲造成了1.2万人死亡。2007年，大西洋在一个飓风季内就有两个5级飓风登陆，刷新了历史纪录，即迪安飓风（尤卡坦半岛）和菲利克斯飓风（洪都拉斯）。

表8.3 萨菲尔–辛普森的飓风破坏等级

等级	风速［中心气压/mb］	大西洋著名案例（登陆等级）
1	64～82海里 119～154km/h ［>980mb］	
2	83～95海里 155～178km/h ［965～979mb］	1954年黑兹尔；1999年弗洛伊德；2003年伊莎贝尔（5级）、胡安；2004年弗朗西斯；2008年多莉；2010年阿莱克斯
3	96～113海里 179～210km/h ［945～964mb］	1985年艾琳娜；1991年鲍勃；1995年罗克珊、玛丽莲；1998年邦尼；2003年凯特；2004年伊万（5级）、珍妮；2005年丹尼斯、丽塔和威尔玛（5级）；2007年亨丽埃塔；2008年古斯塔夫、艾克（4级）
4	114～135海里 211～250km/h ［920～944mb］	1979年弗雷德里克；1985年格洛丽亚；1995年费利克斯、路易斯、奥帕；1998年乔治；2004年查理；2005年艾米莉、卡特里娜（5级）
5	＞135海里 ＞250km/h ［＜920mb］	1935年的2号；1938年的4号；1960年唐娜；1961年卡拉；1969年卡米尔；1971年伊迪丝；1977年艾妮塔；1979年大卫；1980年亚兰；1988年吉尔伯特、米奇；1989年雨果；1992年安德鲁；2004年伊万；2007年迪安、菲里克斯

2003年9月，伊莎贝尔飓风袭击了北卡罗来纳州的外滩和哈特拉斯角，导致洪水泛滥。大风对这些脆弱的沙坝岛造成了严重破坏，造成36人死亡和20亿美元的经济损失。2004年，查理飓风给佛罗里达州墨西哥湾海岸带来了4级飓风，造成近150亿美元的损失，使20多人丧生［图8.27（a）］。

2008年飓风季，因为四个强风暴的7次登陆而格外引人注目。其中包括袭击路易斯安那的古斯塔夫飓风，袭击得克萨斯州东南部的加尔维斯顿及路易斯安那州南海岸的艾克飓风。艾克飓风在加勒比海达到了4级，当它穿过古巴后，其外形散开时强度仍维持着2级；2008年9月13日，它在加尔维斯顿岛登陆，给玻利瓦尔半岛东部造成了最严重的风暴潮和破坏性灾难，摧毁了80%～95%的房屋［图8.27（b）］，详见本章当今地表系统中的照片和说明，更多内容见第16章中的沙坝岛分布。

1992年，**安德鲁飓风**袭击了美国佛罗里达州，在迈阿密和佛罗里达群岛之间，造成7万间房屋被毁、20万人无家可归。此外，安德鲁飓风还对大沼泽地（基拉戈珊瑚礁以北）1万英亩红树林和南部沿岸松林造成了严重破坏。据科学评估：大沼泽地恢复能力很强，因为这里的生态系统是在周期性飓风伴随下，历经了上千年的自然进化过程所形成的。事实上，城市化、农业、污染及引水工程等对大沼泽地的威胁比飓风更可怕。

热带气旋通常破坏的是人工建筑而不是自然系统。早在卡米尔飓风灾难发生前的40多年，《财富》杂志就极具讽刺地评论道：这种可以避免的“建设、毁坏、再建设、再毁坏”重复周期在不断地加剧：

> 预计不久后，新的汽车旅馆、公寓、住宅、大厦和写字楼将在海滨地区密集地建设起来。墨西哥湾沿岸的商人们是盲目的乐观派，他们不相信还会出现下一个卡米尔飓风；他们郑重地宣称：即使有，我们将会重建更加强大的墨西哥湾*。

可悲的是，2005年卡特里娜飓风彻底

（a）美国佛罗里达州，2004年查理飓风（4级）摧毁了夏洛特港附近的蓬塔戈尔达，损失了150亿美元

（b）艾克飓风（4级）直径达965km，使玻利瓦尔半岛和得克萨斯沿岸遭到严重毁坏，经济损失达400亿美元

图8.27　飓风造成的毁坏
［Bobbé Christopherson］

判断与思考8.2　在风险认知与建设规划过程中，似乎缺少了什么？

关于热带气旋对沿海地区的破坏，本章有如下陈述：“这种可以避免的建设、毁坏、再建设、再毁坏……”。这说明：随着风暴预报水平的提高，热带风暴和飓风造成的生命损失明显减少了，而财产损失却在不断增加。1970年以来，沿岸海平面一直不断上升、热带风暴能量也持续增加。面对这种状况，依你之见，哪种方案可以解决这种周期性的破坏和损失？如何实现你的方案呢？

* Fortune，1969年10月，第62页。

摧毁了美国墨西哥湾沿岸相同的城镇，包括韦夫兰、圣路易斯湾、帕斯克里斯琴、长滩市、格尔夫波特；同样，1969年的卡米尔飓风也曾夷平过这些城镇。在新奥尔良市，位于海平面以下的城区可能再也无法恢复到以前的状态；然而公民却被告知“重建的墨西哥湾，今后将会更大更好”。

专题探讨8.1 未来的大西洋飓风

1995～2009年，迈阿密国家飓风中心（NHC）的预报员在飓风季内一直都很忙碌。这是NHC预报史上风暴最活跃的15年，该期间共命名了207个热带风暴，包括111个飓风（其中48个飓风达到3级以上）。虽然1997年厄尔尼诺期间热带气旋数目有所减少，但风暴的活跃程度和单个风暴的强度仍达到了纪录水平。

据统计：随着热带气旋数目的增加，受风暴影响的海岸线遭受的财产损失也大幅增加，但世界各地的生命损失减少了，这要归功于风暴预报水平的提高。《科学》（Science）杂志给出以下“展望”：

> 一个完善的预警和救助系统，以及不断改进的预报水平可以使人员伤亡风险维持在较低水平。但是由于沿海地区人口、建筑和大量基础设施投资的持续增长，所以今后忧虑的主要是高额财产损失的风险（一次事件高达1 000亿美元）。*

例如，2005年的大西洋飓风季打破了多项纪录。这一年里被命名的热带风暴最多，共27个（平均值为10个）；达到飓风强度的次数也最多，共计15次（平均值为5次），3级以上的强飓风次数为7次（平均值是2次）。2005年飓风季，墨西哥湾首次出现3次5级飓风（卡特里娜、丽塔和威尔玛），随后几年（2004年和2005年）又有3次3级以上飓风首次在美国登陆。2005年同样创造了年度损失总额最高的纪录，超过1 300亿美元。威尔玛飓风是当前大西洋纪录史中最强的风暴（中心气压最低）。掌握地理学网站，通过地图和表格详细汇总了2005年整个飓风季内的热带气旋和飓风，还有完整的卫星影像和视频资料。

2005年飓风——辛迪、丹尼斯、卡特里娜、丽塔、威尔玛和欧菲莉亚，连续袭击了墨西哥湾沿岸和大西洋沿岸；此外，2004年飓风——查理、弗朗西斯、伊万和珍妮，2008年飓风——多莉、费伊、古斯塔夫和艾克，这些风暴使美国遭受的财产损失高达2 500多亿美元，还有2 500多人因此丧生。

2008年艾克飓风登陆4～5天之后，政府才向200万避难者提供水、冰和食物供给，重蹈了卡特里娜飓风中的失误［图8.27（b）］。风暴过后，我们通过调查了解到：灾害发生后，当地反应缓慢、救援迟钝；在建设规划和工程中仍然存在错误。为此，我们基于综合科学方法提出了一个方案，关于这一地区的工程及河漫滩管理和堤防的相关问题，将在第14章中论述。

预测和未来

位于佛罗里达州迈阿密的国家飓风中心（National Hurricane Center，NHC），

---

* Bengtsson L.2001.Hurricane Threats [J].Science，293（7）：441.

会在网站（http://www.nhc.noaa.gov/）上发布风暴预报信息。工作人员通过分析1900～2006年的天气记录，揭示了大西洋热带风暴之间的主要因果关系：包括沿墨西哥湾和美国东海岸登陆的飓风，关键气象因子——譬如海面温度、对流层顶的横风（引起热带风暴垂直环流的剪切），以及太平洋状况等因子。

随后，NHC又在2005年发表的相关研究中指出，随着海面温度升高，风暴的生命活动期更长、强度更大*，这种关联性在2008年表现得更明显：

> 平均而言，大西洋热带气旋越来越强，其30年的趋势表明，这与海面温度上升有关……。其结果也确实如此，对于这些被卫星捕捉到的全球最强热带气旋而言，它们生命周期中的最大风速正在显著增强，这与气旋强度的热引擎理论是一致的。因此，随着海水变暖，海洋上会有更多的能量转化为热带气旋**。

引人瞩目的是：2005年的飓风——卡特里娜、丽塔和威尔玛，2007年的飓风——迪安、菲利克斯，当这些飓风穿越打破水温纪录的海面时，它们的中心低气压纪录也被打破了［见卡特里娜飓风的卫星图像，图8.28（a）］。

2005年10月19日，威尔玛飓风的中心气压在24h多一点的时间内下降了100mb；同时全球范围海面温度的纪录被频繁打

* Emanuel K.2005. Increasing destructiveness of tropical cyclones over the past 30 years [J].Nature，436（August 4）：686－688.

** Elsner J B，Kossin J P，Jagger T H.2008.The increasing intensity of the strongest tropical cyclones[J].Nature,455（September 4）：92–95.

（a）强度5级的卡特里娜飓风，摄于2005年8月28日上午11: 00时（美国中部夏令时间）

（b）NOAA影像：风暴潮使整个密西西比湾沿岸周边遭到毁坏，如长滩；风暴潮把残骸碎片带到离海岸1km远处

（c）桥梁和长堤的毁坏遗址，它们分别是密西西比州的第90号桥梁和圣路易斯湾堤道

图8.28　卡特里娜飓风夷平了周边地区，毁坏了高速公路的桥梁

［（a）Terra影像，NASA/GSFC；（b）NOAA；（c）Randall Christopherson］

破，并使暖水向深层延伸。这种由风暴引发的自然混合过程会把更多的热量带入大气，对气体环流起到加强作用。当前许多科学家认为：伴随气候变暖，即使不考虑海岸地区的人口增长，飓风也会造成更多的财产损失［图8.28中（b）和（c）］。

具有讽刺意味的是：1971～1994年，相对温和的飓风季却成全了不合格的区划，促使沿海地区盲目快速发展。在建筑物、公寓，以及政府机构周围随处可见建材堆料和新建设空地。不幸的是：无论是对沿海低地、河漫滩，还是对地震断裂带，公众或个体决策者很少实行全面彻底的风险规划；而最终结果则是——让整个社会来承担错误规划造成的财政支出，这还不算受害者在灾害中承受的身心创伤和经济困难。

无论风暴预报多么精准，沿海和低地区域的财产损失都将会继续增加，除非切实贯彻更好的风险区划和开发限制。财产保险公司似乎正在采取行动来促进如下改革：信贷资金要求更严格的建筑标准，或某种情况下对脆弱沿海低地的财产保险业务采取拒保对策。对于这些强度升级和破坏力增大的风暴，以及海平面上升的威胁，公众、政治家和商业利益者必须以某种方式来减轻这种困境。鉴于人类经历的和了解的地表系统，人类社会会从中吸取教训吗？

注：大西洋飓风季始于每年6月1日。

地表系统链接

天气是指短时间内能量、水、水汽及大气状态的表现形式。全球降水分布模式提出了水资源分析中的水量平衡课题。下一章中，我们将使用水量平衡模型来检验水资源的收支。在任何时空尺度上，都可以建立水量收支平衡预算，从室内植物到庭院草坪，从某个地区到整个国家。水质、水量和饮用水的问题，目前已渐变成全球的主要问题。

8.6　总结与复习

天气是大气的短期状态；**气象学**是研究大气的科学。大气现象的空间影响及其与人类活动的关系，把气象学和自然地理学紧密地联系在一起。

天气（223页）

气象学（224页）

■ **描述影响北美的气团，阐述气团的源地和性质。**

一个区域性的均质**气团**具有特定的湿度、稳定性和云覆盖。气团在一个区域内滞留的时间越长，其物理特性就越显著。气团的温湿均质性有时可从地表贯穿到对流层中部。气团按照含水量和温度（纬度的函数）进行分类：符号m代表海洋性（湿润）、c代表大陆性（干燥）；符号A为北极、P为极地、T为热带、E为赤道、AA为南极。

气团（225页）

1.源地对其上空形成的气团类型有什么影响？并给出各种基本类型的具体例子。

2.哪些气团对美国和加拿大影响最大？当它们迁出源地时会发生什么情况？举一个气团变性的例子。

■ **识别和描述大气上升的四种机制，举例说明。**

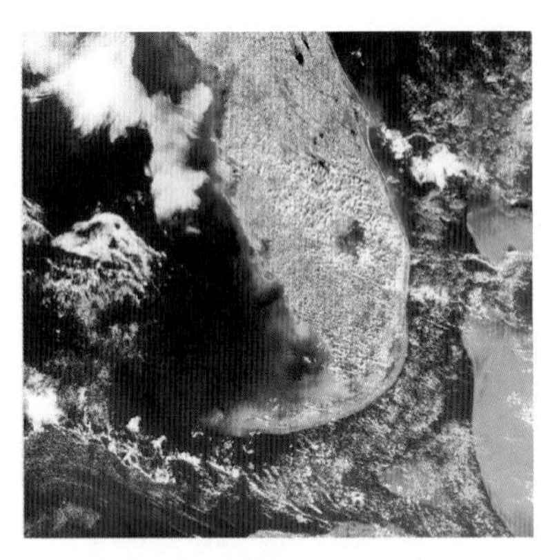

气团上升包括有**辐合上升**（气团相遇，空气被迫抬升）、**对流上升**（空气经过温暖地表获得浮力上升）、**地形抬升**（空气经过地形障碍被迫抬升）和锋面抬升。在北美，**奇努克风**（欧洲称为焚风）是沿山体背风坡向下吹送的典型暖气流。地形抬升使迎风坡湿润，而背风坡**雨影区**干燥。气团相遇于锋面并产生**冷锋**（有时是强风和强降雨地带）或**暖锋**。沿着锋面或锋面前缘有一个地带，称为**飑线**，其特征表现为剧烈的湍流和强降水。

辐合上升（227页）
对流上升（228页）
地形抬升（228页）
奇努克风（231页）
雨影区（231页）
冷锋（231页）
飑线（232页）
暖锋（232页）

3.对于气团来说，饱和、冷凝和降水过程，为什么需要上升气流？

4.导致气团上升、冷却、冷凝及成云并产生降水的四种主要上升机制是什么？分别简述。

5.冷锋和暖锋在结构上有什么区别？

■ **分析地形降水的模式，阐述这些模式与全球地形之间的联系。**

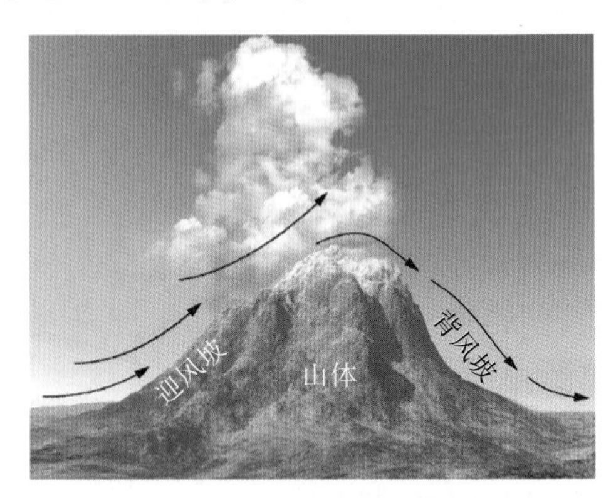

山体是气团移动的地形障碍。当空气移动遇到山脉时，气流沿山坡被迫抬升，产生地形抬升作用（orographic lifting中，*oro*-意为“山”），这会导致上升气流绝热冷却。地形障碍会增强大气对流运动，迎风坡和背风坡的降水模式遍及全球。

6.气团翻越山脉时会发生哪些现象？请描述湿润气团翻越山脉时，气团特征的变化，它会形成哪种降水模式？

7.地形抬升对华盛顿州的降水分布有何影响？请解释抬升机制。

■ **描述中纬度气旋风暴系统的生命周期，叙述它在天气图中的特点。**

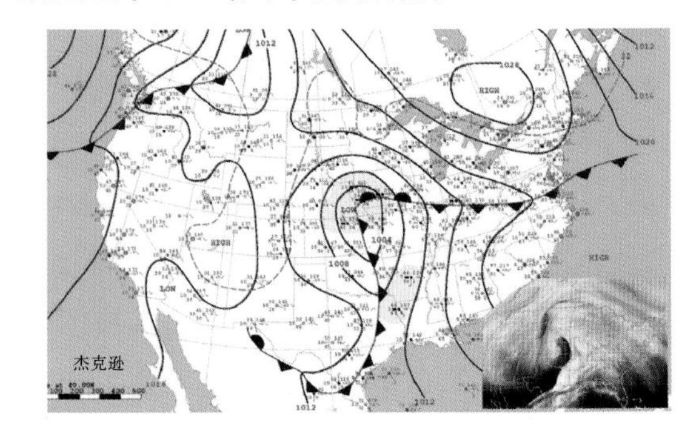

中纬度气旋或**气旋波**是横跨大陆迁移的巨大低压系统，也是气团沿锋面发生冲突的拖拽力。**气旋生成**——低压环流的诞生，可以沿北美西海岸、极锋、落基山背风坡、墨西哥湾和东海岸发生。中纬度气旋的生命周期包括发生、成熟、衰老和消亡四个阶段。成熟阶段的气旋，当冷锋超过暖锋时就会形成**锢囚锋**。在相遇冲突的气团间，有时会发育形成**静止锋**，其锋面两侧的气流相互平行。这种气旋系统的**风暴路径**在对流层高空急流的引导下，随季节而改变。

中纬度气旋（234页）
气旋波（234页）
气旋生成（235页）
锢囚锋（235页）
静止锋（235页）
风暴路径（235页）

8. 根据锋面抬升类型区分冷锋和暖锋；描述你对不同锋面天气的体验。

9. 中纬度气旋作为气团冲突的催化剂，其作用是什么?

10. 何谓气旋生成? 发生在哪里? 为什么? 对流层高空环流对地表低气压有什么作用?

11. 用简图说明开放阶段的中纬度气旋风暴，在图中标注每个组分，用箭头指示气旋系统中风的分布模式。

■ **列出现代天气预报中所使用的可观测要素，阐述它们所涉及的技术和方法。**

天气图分析，包括收集某一时刻的天气数据。如图8.5、图8.14和图8.17所示，天气图中的符号是气象站使用的标准天气符号，图8.14中的图例对这些符号有说明。对于基于计算机的天气预测和天气预报模型来说，建立数据库是关键，内容包括：

- ■ 大气压（海平面及高度设置）
- ■ 气压倾向（稳定、上升、下降）
- ■ 地表气温
- ■ 露点温度
- ■ 风速、风向及其特性（阵风、狂风）
- ■ 云的类型和运动
- ■ 当前天气状况
- ■ 天空状况（当前天气条件）
- ■ 能见度；视觉阻碍（雾、霾）
- ■ 自上次观测以来的降水量

天气观测技术包括多普勒雷达、风廓线仪、AWIPS工作站、ASOS仪器组及各种卫星平台和GPS。

12. 对于气象数据、天气预报，你的主要信息来源是什么？这些数据源又是从哪里获得的数据？你通过因特网和万维网获得过天气信息吗？获得了哪些数据？

■ **分析剧烈天气的各种形式及其特点，结合实例回顾各种剧烈天气。**

某些剧烈天气的巨大威力使人类社会处于风险之中。严重冰暴天气，包括**雨夹雪**（冻雨、冰釉和冰雹）、暴风雪，以及埋压道路、电线和作物的覆冰。雷暴天气产生**闪电**（大气放电）、**雷鸣**（雷爆声是闪电将空气瞬间加热后，气体急速膨胀而形成的）和**冰雹**（积雨云中的冰粒）。

风速超过26m/s的线性强风群被称为**下击暴流族**，它与前移过程中的雷暴和阵雨带有关。线性风可造成重大人员伤亡和作物损失。当呈气旋方式涡旋的气柱上升至对流层中间高度后，就被称作**中尺度气旋**。由于积雨云中有旋转气流，中尺度气旋有时肉眼可见，尤其是超级气旋系统，深灰色的**漏斗云**从母云底部向下伸出，当漏斗与地表接触后就形成了**龙卷风**；发生在水面上的龙卷风环流就是**水龙卷（海上龙卷风）**。

在热带气团内部，大型低气压中心可沿东风波槽形成，在适当的条件下可形成热带气旋。受中心气压控制，当风速超过119km/h时，**热带气旋**就变成了**飓风**、**台风**或气旋。随着天气灾害预报水平的提高，虽然生命损失减少了，但财产损失仍然持续增加。当飓风**登陆**或**风暴潮**驱使海水涌入内陆时，沿海地区就会遭受巨大破坏。

13. 什么构成了雷暴？它涉及哪种云类型？你认为在北美雷暴分布区活动的是哪种气团？

14. 雷电是超强的自然现象，简述它的发展过程。

15. 描述中尺度气旋的形成过程。它是怎样发展的？它与龙卷风有什么联系？

16. 评价美国龙卷风的分布模式。关于龙卷风的时空分布，你能够概括出哪些内容？你能察觉美国龙卷风的发生趋势吗？请解释。

17. 热带气旋有哪些不同分类？列出飓风在世界各地的不同名称。南大西洋曾有飓风出现吗？

18. 哪些因素让安德鲁飓风造成了重大破坏？过去30年来，人员死亡率减小，可为什么经济损失却在持续增长？

19. 关于1970年以来热带气旋强度的变化，科学家是如何解释的？本章引用了学术期刊中对风暴强度变化的一些论述，这里请你用自己的语言来概括。

20. 在提高天气预报水平方面，本章提到了哪些创新技术？

掌握地理学

访问https://mlm.pearson.com/northamerica/masteringgeography/，它提供的资源包括：数字动画、卫星运行轨道、自学测验、抽题卡、可视词汇表、案例研究、职业链接、教材参考地图、RSS订阅和地表系统电子书；还有许多地理网站链接和丰富有趣的网络资源，可为本章学习提供有力的辅助支撑。

第9章　水　资　源

美国西部长期干旱，尤其是西南地区。在亚利桑那州–内华达州交界处，胡佛水坝拦截科罗拉多河而形成米德湖。在1983年7月的米德湖照片中，水库正处于374.6m的最高水位。时隔26年之后的2009年3月，米德湖水位已下降至331m，这比1983年低了43.6m。详见第15章中15.1节。［1983年照片，作者；2009年照片，Bobbé Christopherson］

重点概念

阅读完本章，你应该能够：

■ **绘制**水文循环简图，**标注**每一个环节的定义和说明。

■ 以某一地区为例，联系你所了解的水循环、水资源和土壤水分的知识，阐述水量收支概念的重要意义。

■ 以计算供水支出为目的，**建立**一个水量收支平衡方程，**详述**方程中各个变量的含义和作用。

■ **阐述**地下水的性质，**详述**地下水的环境因子。

■ **认识**未来淡水供应问题的严重性，**列举**水资源的具体问题，以及水资源短缺的补救方法。

当今地表系统

美国西南部的水量平衡与气候变化

发源于科罗拉多州落基山脉的科罗拉多河流经美国西南部，全长约2 317km。该流域包括美国四个人口发展最快的州：内华达州、亚利桑那州、科罗拉多州和犹他州。面积快速扩张的城市——拉斯维加斯、菲尼克斯（凤凰城）、图森、丹佛、圣迭戈和阿尔伯克基，都靠科罗拉多河提供水源。这条河养育着美国七个州大约3 000万的人口。现在河水消失于沙地之中，已不能到达原来的河口——加利福尼亚湾，导致河道长度缩短了大约几千米（图9.1）。

人们利用水库蓄水来弥补科罗拉多河的流量短缺。米德湖、鲍威尔湖是胡佛大坝和格伦峡谷大坝拦蓄而形成的两个最大湖泊。这两个湖泊的蓄水量约占科罗拉多水系总水量的80%以上。然而，米德湖和鲍威尔湖的水量收支平衡出现了问题：就该水系长期平均水量而言，其水量超额支出已持续多年，因此供水危机迫在眉睫。美国西南部的水问题是：一方面，科罗拉多河的汇入水量不断减少；另一方面，河水的引水需求量持续增加。这表明当前的水资源管理方法是不可持续的。

自2000年起，旱情开始影响到科罗拉多河水系，其主要原因是气候变化。气候变化使温度和蒸发率增高，进而导致山区积雪减少和春季融雪提前；另外，副热带高压带向高纬度地区移动，导致永久干旱区域扩大。该区域的树木年轮记录显示：自1226年以来，对美国西南部造成影响的旱情有9次。可是当前的旱情是发生在人类需水量不断增加和全球气压系统不断变化的背景下，这种

图9.1　科罗拉多河流域

注：该区域被划分为上、下游两个流域。1990～2009年，河流的年均流量只有138.15亿m^3（11.20mfa，mfa意为百万英亩×英尺），由于水量收支失衡，水库水位呈下降趋势。

状况还是第一次遇到。

持续干旱对整个科罗拉多河流域的影响很明显。当前鲍威尔湖的入湖水量是多年平均值的1/3，遇到枯水年份（2002年），仅为25%。流域内的水库常常处于低水位，使水力发电量降至发电容量的50%。按照官方公布的水系“旱情”估计：至2010年中期，整

个水系的蓄水量占其库容量的58%，而米德湖的蓄水量更少，只占库容的41%。

最近的研究表明：由于整个流域河水流量的减少及饮用水量的增加，水库蓄水量状况正面临困境。科学家们2008年预测指出：①如果按50%概率估算，米德湖蓄水量将于2021年枯竭，2017年其水力发电功能将会失效；②如果按10%的概率估算，到2013年米德湖和鲍威尔湖将丧失“动态蓄水”功能（即没有重力泄水）(源引：http://scrippsnews.ucsd.edu/Releases/? releaseID=876；见Barnett T P ,Pierce W.2008.When will Lake Mead go dry? [J].Water resources research, 44WR3201（March 29）: 1-10.)。

据工程师估算：若想让科罗拉多河水系恢复原始状态，所需补充水量可能相当于13年的落基山冬季积雪及盆地内的降水量。这个恢复过程要比旱情恢复过程慢得多，这是因为气温升高造成美国西南地区全域蒸发量偏大，以及人类用水持续增加的缘故。目前来看，科罗拉多河年径流量出现盈余的概率只有20%。

在美国西南地区的规划中，目前还未考虑城市扩大和人口增长等因素。尽管科罗拉多河水系情况已如此严峻，但我们好像仍只关注它的水量“供给”功能。关于该流域的详细情况，见第15章的**专题探讨**。本章中，把水资源看作是水平衡模型中的供需水量。

生命依赖于水，地球上的生命浸润于水的世界中。人体和动植物一样，大约有70%的成分是水。我们用水做饭、洗澡、洗涤或稀释污染物、浇灌花园和农田。没有水许多工业就无法生产。由于水是生命的基础，所以水是地球系统中最重要的资源——生命的基本资源。

当人们需要水时，并非在任何时间、任何地点都能轻而易举地得到它。因此，我们需要对地表水资源进行重新分配来满足人们的需求。人类通过打水井、修建水塔、水库、大坝等活动，在空间（地理意义指从一个地区到另一个地区）和时间上（随着时间的推移，从一个时期到另一个的时期）实现对河流水量的调节分配，这类活动就是水资源管理。

幸运的是，水是一种不断循环的可再生资源。即便如此，世界上仍约有11亿人口缺乏安全饮用水，有80个国家即将面临水资源短缺（包括数量和质量上的短缺）。全球大约有24亿人缺乏足够的用水卫生设施——非洲约占80%、亚洲占13%。这意味着每年约有200万人因缺水而死，5万人死于水传播的疾病。在安全饮用水、环境卫生和卫生设施方面增加投资，可降低这些死亡数字。

21世纪上半叶，伴随人口增加和可用水量的减少，人均可用水量将下降74%。彼得·格雷克（P.Gleick）总结说：

> 满足基本用水需求的经济和社会活动，它们创造的整体收益远远超过为其提供这些需要的所有合理评估的成本……。许多疾病与水有关，社会在这方面每年花费的资金约1 250亿美元……。然而，如果按主要城市水务部门需要来提供新的基础设施，其全部成本则只要250亿～500亿美元*。

* Gleick P . 2008. The World's Water, a biennial report[R]. Washington DC：Island Press；http://www. worldwater.org/.

自然地理学以其整体性和空间分析方法为特征，对全球综合特征和世界水资源经济的系统分析发挥着关键作用，因而能够在有效地分配投入资金，缓解面临的危机等方面发挥本学科的作用［见世界水评估纲要，UNESCO，https://www.unesco.org/en/wwap（世界水评估计划）］。

在本章中：从水文循环入手，有助于了解全球水平衡。我们使用水量平衡方法（收支）认识水资源——这种方法类似于财务收支预算，通过这种方法来考察某个地方水量的"收入"和"支出"状况，并且这种预算方法适用于各种区域尺度的估算，从花园、农场，到大范围的流域，比如**当今地球系统**中的科罗拉多河流域。

美国大约有1/2人口的淡水资源来自地下水，而地下水依靠地表水补给。本章从水质和水量两方面，对灌溉、工业和市政等方面的供水需求进行具体阐述。世界许多地区能否在水量和水质两方面提供充足的水供应保障，似乎是21世纪最重要的资源问题。

9.1　水文循环

在一个全球性的、复杂的开放系统中，由液态水、水汽和冰所形成的巨大物质流和能量流，不停地在我们周围流动。它们共同构成的**水文循环**，而且已经在低层大气至地下几千米深度之间运行了数十亿年。水文循环所涉及的水环流和水转化，贯穿于大气圈、水圈、岩石圈和生物圈之间。

9.1.1　水文循环模型

图9.2是复杂的水文循环系统的一个简化模型。我们了解这个模型有许多切入点，以下以海洋为起点进行讨论。地球上97%以上的水资源存在于海洋中，而且地表大部分蒸发和降水也发生于海洋上。地球上总蒸发量的86%来自海洋，其余14%来自陆地，包括从土壤到植物根部再经叶片的蒸发量（即蒸腾作用，本章稍后介绍）。据估算，全球每年通过蒸发过程输送的水量以数千立方千米来计算。

从图9.2中可以看到，86%的蒸发量来自海洋，其中的66%再加上12%的陆地平流输送量（水平运移量），共有78%的蒸发量又以总降水量的方式返回到海洋之中。剩余的20%海洋蒸发量和2%陆地蒸发量，形成陆地上的降水量，占总降水量的22%。由此可知，陆地上的降水量主要来源于海陆之间的水循环。对于一个流域而言，伴随气候变化，水文循环的各个环节也在发生着相应变化；这会导致水平衡失衡，从而造成某个区域水量过剩而另一个区域水量短缺。

9.1.2　地表水

降水到达地表后，有两种基本转化途径：①坡面漫流；②土壤吸收。在此过程

地学报告9.1　我们使用的水

从个人角度看，美国城市居民直接用水量平均每人每天680L，而农村人均只有265L或更少。思考或推测一下为什么会有这种差别。实际上，个人总体用水量远远超过这些数字，因为还有间接用水量未包括在内，如密集型用水的餐饮行业。关于间接用水的更多信息，参见http://www.worldwater.org/water-data/，查阅2008～2009年*The World's Water*中的表19。

图9.2 水文循环模型

注：水在水圈、大气圈、岩石圈和生物圈中无休止地循环。三角形中的数字为全球水量输送的平均百分比例。从全球来看：总蒸发量（86%+14%=100%）等于总降水量（78%+22%=100%）；大气输送的水量差，通过地表和地下径流达到水量平衡。

中，降水被植被或其他地表覆被**截留**，被截留的水从植物的叶片沿茎秆向下流至地面，称作茎流，它是降水到达地面的一个重要途径。直接降落到地面的降水及从植被上滴落的降水（不包括茎流）构成了贯穿降水量（Throughfall）。如图9.3所示，水通过**入渗**（Infiltration）或土壤浸透进入地下，再通过**渗漏**（Percolation）作用进一步渗入到土壤或岩石中。

如图9.2上侧所示，就大气平流输送的水汽而言，从海洋到陆地与从陆地到海洋相比，两者之间的水汽输送量存在差异——有20%（9.4万km^3）由海洋移向内陆，但只有12%（5.7万km^3）由内陆移向海洋。这种交换造成的水量差为8%（3.7万km^3），这部分水量差通过陆地径流返回海洋来补偿。大部分径流（约95%）是地表水，并以坡面漫流和河川径流的形式冲刷着陆地；另有5%的径流缓慢地渗入到地面以下转化为地下水。上述比例关系表明，河川是动态水量，但水量不大；与之相比，地下水储量很大，但处于停滞状态，动态补给径流的比例不大。

在水文循环的各环节中，水分子的滞留时间决定了它在全球气候中的相对重要性：水在大气输送过程中的滞留时间短（平均为10天），对天气的区域性短暂波动有影响；若水的滞留时间长，则会对温度和气候变化产生减缓作用，比如周期为3 000～10 000年的深海环流，以及地下水、冰川的滞留周期，这些循环较慢的环节，其作用如同“系统存储”，通过延长热能的储存和释放过程来减缓水循环系统的变化。

9.2 土壤水量收支的概念

土壤水量收支法是评价区域地表水资源的一种有效方法，其区域尺度可以是某个大洲、国家、地区，也可以是某个场地或庭院。对于某一区域而言，关键问题是如何观测降水“供给”的水量输入及其分布，还有植物蒸发和土壤储水所“需求”的水量输出。这种水量收支方法适用于各种时间尺

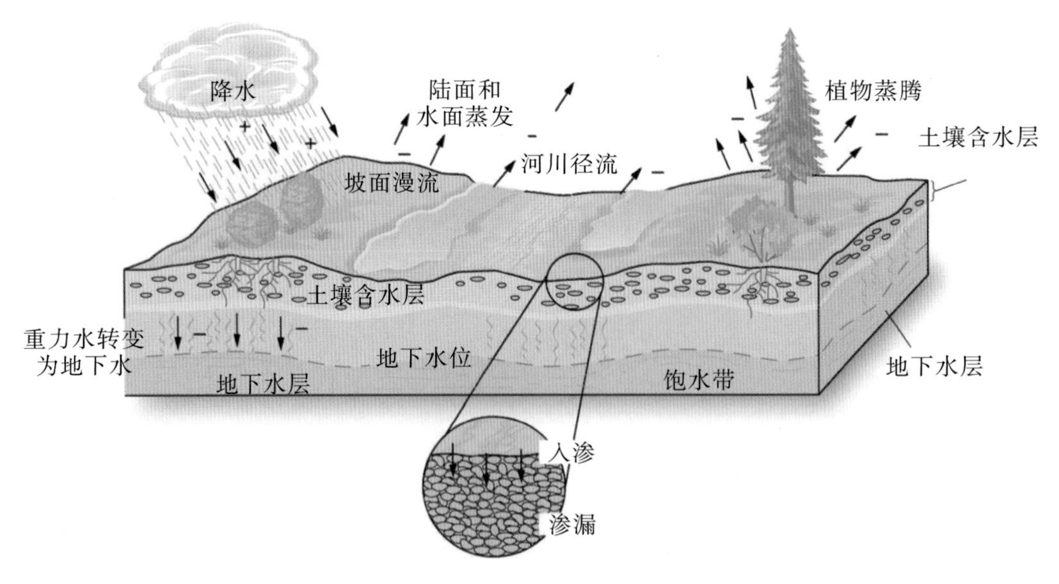

图9.3　土壤水分环境

注：降水的主要转化途径包括植物截留、地面的贯穿降水量；降水在地表聚集，先形成坡面漫流、再形成河川径流；植物产生蒸腾和蒸发，陆地和水面产生蒸发；重力水向下移动补给地下水。

度，从几分钟到若干年。

可以把土壤水量收支看作是财务收支概算：降水所产生的水量收入，必须要与蒸发、蒸腾及径流所产生的水量支出相互平衡。土壤储水量就像一个储蓄账户，接收水的存储和支取。有时所有消费全部支出之后，还有盈余的额外水量；有时降水和土壤的水量收入小于支出，导致水量赤字或称水量短缺。

地理学家查尔斯・W.桑斯维特（1899—1963年）率先使用水资源分析法，并与他人合作提出了水平衡法。他们利用水平衡概念来解决实际问题，尤其是灌溉，这需要精确的用水量和灌水时间才能使作物产量达到最大。桑斯维特还改进了蒸发和蒸腾的估算方法。他意识到，水资源供需之间的重要关系是一种基本气候要素。其实，他最初使用这些方法的目的是发展一种气候分类体系。

9.2.1　土壤水量平衡方程

若要理解桑斯维特的水量平衡方法及其“计算”或“记账”的过程，必须先了解一些术语和概念。土壤水量收支的基本特征如图9.3所示，其中降水（主要是雨雪）是水

地学报告9.2　水量的度量单位

在美国大多数州，水文学家以每秒立方英尺（ft^3/s）为单位来度量河水流量；加拿大以每秒立方米（m^3/s）为单位。在美国东部，对于大尺度评估，水资源管理者则以每日百万加仑、每日十亿加仑或每日十亿升来度量。

美国西部的农业灌溉非常重要，经常使用的水量单位是（英亩・英尺）/年，即：1英亩面积×1英尺的水量，相当于325 872加仑（43 560ft^3，或1 234m^3，或1 233 429L）。1英亩相当于边长约208英尺的正方形面积或0.4047公顷。全球规模的水量度量：1km^3=10^9m^3=81 000万英亩・英尺；1 000m^3=264 200加仑=0.81英亩・英尺。对于小规模的度量，1m^3=1 000L=264.2加仑。

量收入。就像财务收支概算一样，计算水量收支的目的，就是统计水量收入和支出的去向：除降水之外，还有蒸发和植物蒸腾实际消耗的水量、储存于河川和地下水的水量、土壤中的补给水量。

图9.4把水量平衡的各个要素组合成为一个方程式。方程式两边必须平衡，即降水输入项（左侧）全部核算后，必须等于输出项（右侧）。阅读下文时，请记住这个水量平衡方程。方便起见，我们用字母缩写（如："降水" 表示为PRECIP）来表示方程中的各要素变量。

降水（PRECIP）输入量　**降水**（PRECIP或P）是地表水量收入的来源。降水按照温度和水分来源可划分为几种形式。在"掌握地理学"中，表9.1总结了降水的不同类型，雨、雨夹雪、雪和冰雹，这些都是最常见的降水类型。观察这张表时，回忆一下你曾体验过哪些降水类型。

降水量用**雨量计**来观测，它是一个用来收集降雨和降雪的测量容器，可以测量水的深度、重量及体积（图9.5）。风可引起降水观测误差，如风力可使垂直降落的雨滴和雪花发生偏离，从而造成雨量计收集效率下降。一场风速为37km/h的风可使雨量计的收集效率下降40%，这意味着实际降雨量为1英寸，但观测值只有0.6英寸。如图9.5所示，雨量计容器口处的**挡风板**，就是用来减小由雨滴倾斜所带来的这种观测误差。据世界气象组织（http://www.wmo.ch/）统计，全球正在运行的气象监测站有4万多个，降水观测站有10万多个。

美国和加拿大的降水量分布模式如图9.6所示。回顾第8章中的湿润和干旱气候分布模式，以及气团和空气上升机制对降水的影响。在第10章的图10.3中，将给出世界降水分布图。在图9.4所示的水量平衡方程中，降水（PRECIP）是主要水量收入，下面将详细讨论这部分输入水量的支出（或消耗）要素。

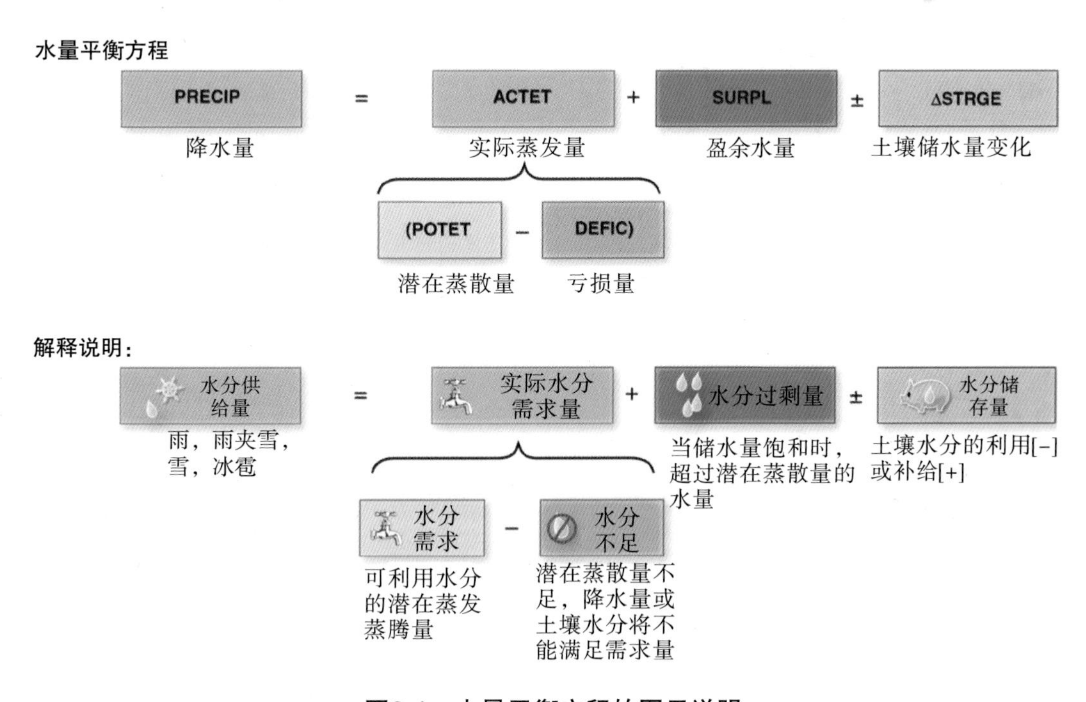

图9.4　水量平衡方程的图示说明

注：水量输出项（等号右边的要素）是从降水收入水量（左边）中支出的消耗水量。

图9.5　雨量计

注：收集的降水量，沿漏斗导入容器内设电子称重器的盛水杯桶中。为了避免观测值偏小，雨量计的设计要尽量减少蒸发量。雨量计顶部周围的挡风板，用于减小风力导致的观测误差。［Bobbé Christopherson］

实际蒸发量（ACTET）　如第5章和第7章所述，**蒸发量**是自由水分子脱离潮湿表面，移动到未饱和空气中的净水量。**蒸腾作用**是植物的一种冷却机制。在植物蒸腾过程中，水从叶片底部的气孔中溢出，就像人类排汗会降低体温一样，植物蒸腾可降低植物温度。蒸腾速率受植物自身的调控影响，这是因为气孔周围的保卫细胞具有保存和释放水分的功能。蒸腾消耗大量的水分：炎热的白天，一棵树可以蒸腾消耗数百升的水量，一片林地耗水可达数百万升。蒸发和蒸腾合在一起称为"**蒸散（或蒸发散）**"，全球陆地的蒸散水量约占全球蒸散总量的14%。下面，我们将学习蒸散率的估算方法。

潜在蒸散量（POTET）　蒸散量是指水的实际消耗支出。作为对比，**潜在蒸散量**（POTET，或PET、PE）是指在供水充分条件下（即有充足降水和土壤水分供给）由蒸发和蒸腾作用共同消耗的水量。

碗里的水面蒸发过程可以解释POTET这一概念：当碗里的水耗干后，还有蒸发吗？如果碗里一直有水，那么蒸发耗水量就依然存在，这种情况下的蒸散水量就是POTET，或者说就是供水充分条件下的最大蒸散需水量。如果碗里没水，POTET就不能得到满足，从而出现水量短缺或亏损（DEFIC）。注意：在水平衡方程式中，从POTET中减去DEFIC，就可得到实际发生的蒸发量（ACTET）。

图9.7就是利用桑斯维特方法推算的美国和加拿大的潜在蒸散量分布图。请注意，在平均气温较高和相对湿度较低的南部，POTET值偏高，其中西南部最大；而在平均气温较低且纬度和海拔较高的地区，POTET值偏低。

将这幅POTET（需水量）的图与PRECIP（供给）的图（图9.6）进行比较。根据这两者之间的关系，就可以确定图9.4中水量平衡方程中的剩余项（其他要素）。在这两幅图中，你能看出哪些区域的PRECIP大于POTET（如美国东部）吗？或者哪些区域的POTET大于PRECIP（如美国西南部）？在你生活的地区，降水供给的水量能够满足用水量的需求吗？你那里出现过天然缺水吗？你是怎样知道的？

测定POTET　尽管精确测量POTET很困难，但仍可以通过**蒸发皿**或蒸发计的测量来估算。在蒸发过程中，蒸发计利用自动水量补给装置，记录给蒸发皿中添补的水量（相当于蒸发量）。由于风可以加速蒸发速率使观测值偏高，所以通常在蒸发皿上方设置纱网来减弱风的影响。

蒸渗仪是一种更精确的观测设备，即一个埋在露天场地中的箱体容器，大小约1m^3

或更大，顶部敞开。蒸渗仪把一个具有土壤、底土和地面植被的试验样地隔离出来，从而能够观测该样地内的水分移动。如果蒸渗仪是称重式的，则整个箱体容器放置于称重平台之上（图9.8）。蒸渗仪旁边安置雨量计，用来观测降水输入量。

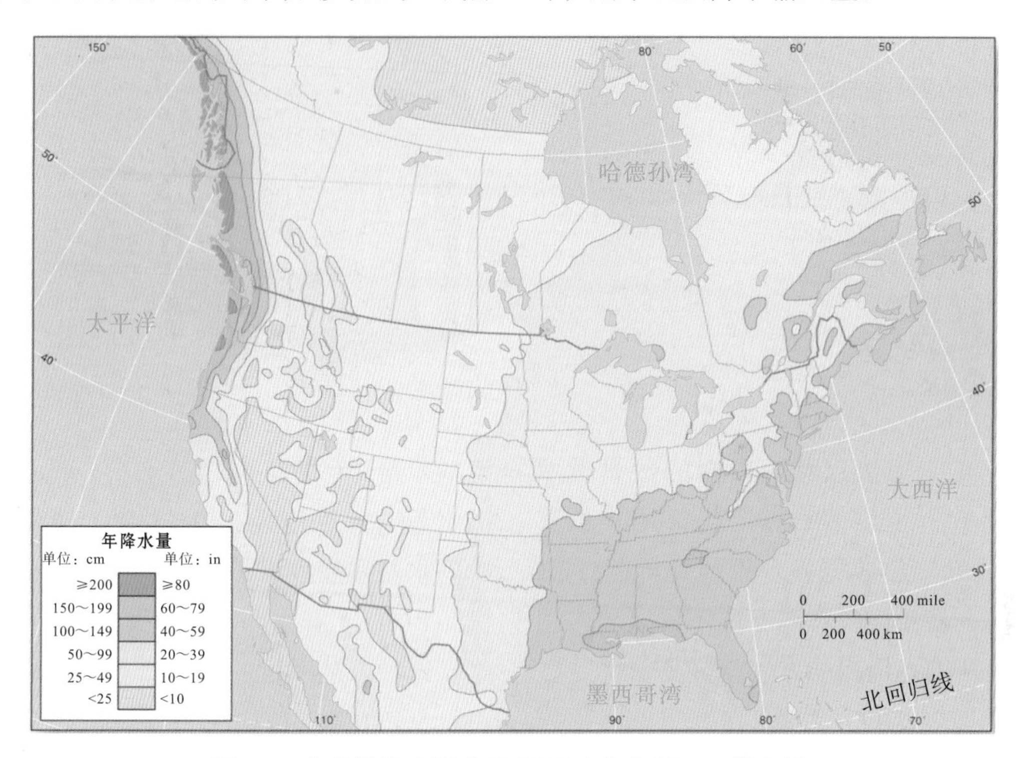

图9.6　北美的降水量（PRECIP）分布图——供水量

［改编于：美国国家气象局（NWS），美国农业部和加拿大环境部］

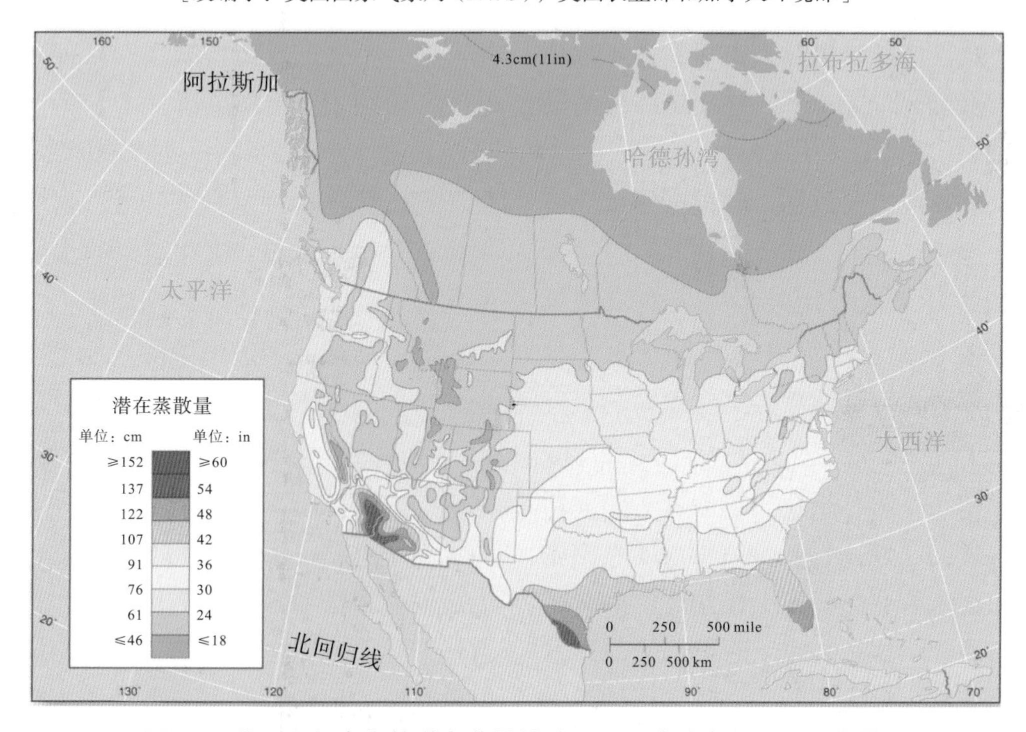

图9.7　美国和加拿大的潜在蒸散量（POTET）分布图——需水量

［引自：气候合理分类的一种方法，地理评论，38（1948）：64，©美国地理学会。加拿大数据源自：Sanderson M.1948.The climates of canada according to the New Thornthwaite Classification 1[J].Scientific Agriculture, 28：501-517.］

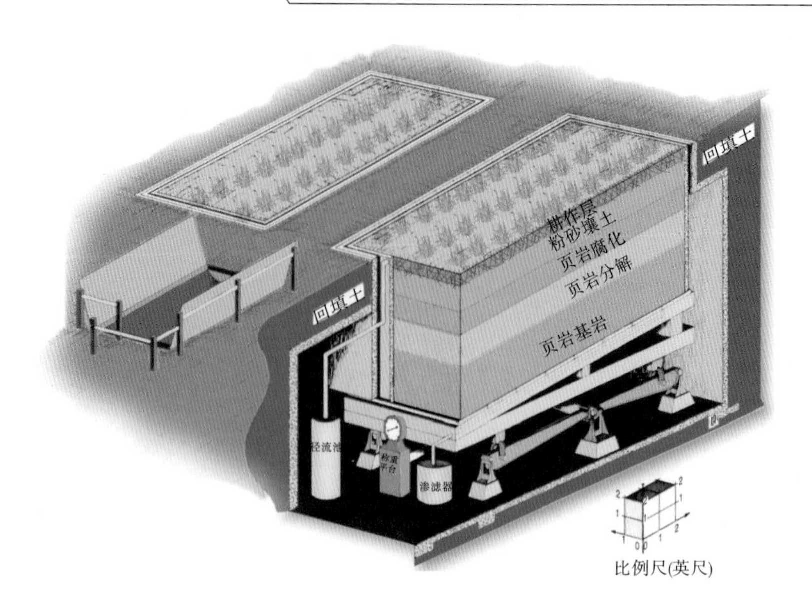

图9.8　用于观测蒸发和蒸腾的称重式蒸渗仪

注：水的几种转化路径：土壤中的储水量、植物组织包含的水量、从蒸渗仪底部排泄的水量，其余水量则用于蒸散消耗。对于某一具体环境条件，则可以利用蒸渗仪观测它的实际蒸散量。［改编于：劳埃德·欧文斯，农业研究服务中心，美国农业部，俄亥俄州科肖克顿（Illustration courtesy of Lloyd Owens, Agricultural Research Service, USDA, Coshocton, Ohio.）］

在北美，蒸渗仪和蒸发器的数量虽然不多，但它们提供的数据库仍可用来估算POTET。以气象数据为基础的几种POTET估算方法，使用广泛且易于在不同区域应用推广，桑斯维特提出的方法就是其中之一。

在桑斯维特的方法中，如果已知月平均气温和昼长，你就可以大致估算出POTET。由于这些数据都是现成的，所以计算POTET很容易，而且计算结果对于中纬度大多数地区也相当准确（回忆一下，昼长是纬度的函数）。这种方法可以利用逐时、逐日、各年数据，以及其他历史数据，对过去的水环境状况进行重建。

桑斯维特方法应用效果好，但只是针对某些特定气候条件而言，并不是对各种气候条件都适用。虽然该方法对积雪的蒸发估算进行了补充修正，但它忽略了地表冷暖空气的移动、冰的升华作用及地表水的滞留作用，后者的气候条件是低气温（冰点温度下）、地表排水不畅和冻土作用（多年冻土层，第17章）。尽管如此，这里仍然采用这种水平衡方法，因为它作为一种常用的教学工具，易于应用且总体估算精度基本达到了地理研究的需求。

亏缺水量（亏损量）（DEFIC）　满足POTET需水量有三种途径：PRECIP、储存于土壤中的水量和灌溉水量。如果这三种水源不能满足POTET需水，那么该地区就会出现缺水。这种未被满足的POTET就是**亏缺水量**。

从POTET中减去DEFIC，就可得到**实际蒸散量**（ACTET）（图9.4）。对植物来说，当理想条件下的POTET大致与实际蒸散量相同时，不会造成植物缺水；只有当水量亏缺时，植物才会出现旱情。

盈余水量（SURPL）　如果POTET得到满足而且土壤也达到水量饱和后，剩余的输入水量就是**盈余水量**。这些盈余的水量可以存留在地表的水坑、池塘和湖泊中，或者经由地表流入河道或透过土壤渗入地下。这些盈余水量伴随降水形成的**坡面漫流**及地下水流入河道而最终构成**总径流量**。由于河流或径流中的大部分水来自盈余水量，所以也可以用水量平衡法间接地估算河流流量。

土壤储水量（ΔSTRGE）　在水量的“储蓄账户”上，既接收水量“存款”补给，也提供水量“取款”支出，水量的“储蓄额”就是**土壤储水量**。存储于土壤中的这部分水量是植物根系可以吸收利用的水量。符号Δ在数学中意为“变化量”，这里是指该要素由土壤水分补给和利用（使用）两部分构成。土壤水量由吸湿水和毛管水两部分构成，但只有毛管水可被植物利用［图9.9（a）］。

植物无法利用土壤中的**吸湿水**，因为它是水分子通过氢键紧紧束缚于土粒上的分子薄膜水［图9.9（a）左侧］。即使在沙漠中，也存在吸湿水，但它不能为POTET所利用。对植物而言，当土壤中没有可被利用的水分时，土壤的水分状态便处于**凋萎点**；如果这种水胁迫状态持续时间较长，植物则会枯萎甚至死亡。

由于**毛管水**能克服重力作用滞留于土壤根系层中，因此通常可被植物根系吸收利用。毛管水现象可归因于水分子的氢键作用，它使水分子之间形成表面张力，对土粒产生吸附力，以此抵抗重力从而阻止水分子向下移动。对于土壤储水量来说，滞留于土壤中的大部分毛管水是**有效水分**。当一部分水从土壤中的大孔隙排出后，剩余的可被植物利用的水量，称作**田间持水量**或田间蓄水量，这部分水量可以通过植物根系和地表蒸发作用来满足POTET的需求［图9.9（a）中间］。对于每一种类型的土壤，其田间持水量都是相对固定的，其大小可通过土壤调查来确定。

降水后土壤水分达到饱和，土体中的剩余水变成**重力水**。这些水从浅层毛管水带区向深层的地下水带区渗漏［图9.9（a）右侧］。

土壤质地与土壤含水量之间的关系，见

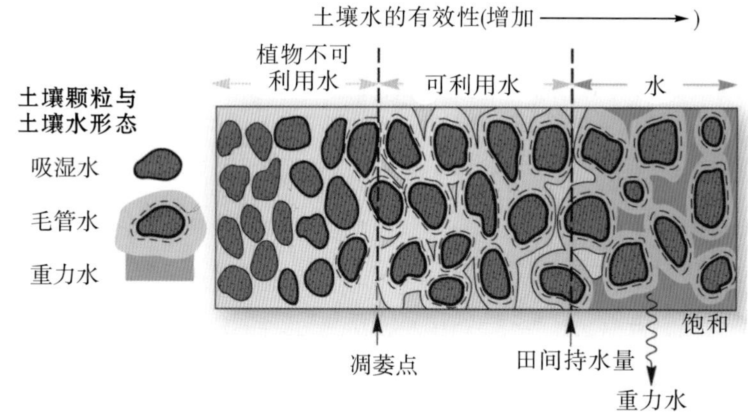

（a）吸湿水和重力水对于植物来说是无效水分，因为只有不受土壤吸湿束缚的毛管水才能被植物利用

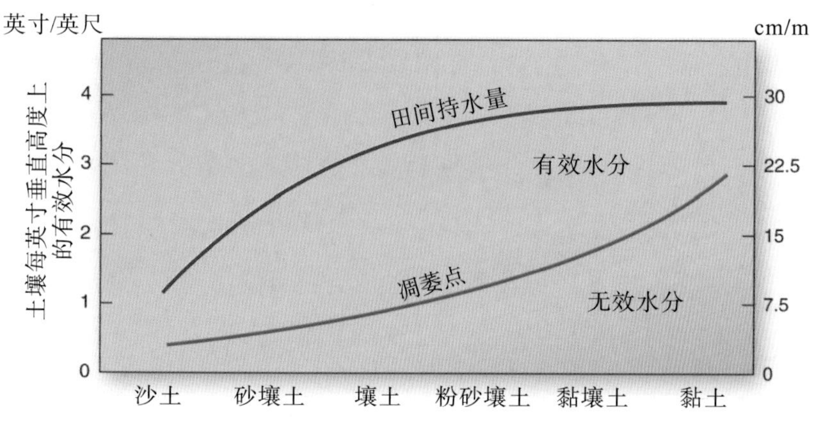

（b）田间持水量和凋萎点这两条曲线是通过土壤有效水分与土壤质地之间的关系确定的；由两条曲线间的垂直距离可知：各类土壤每英尺土层中有效水分的大小，其中最大的是壤土结构（沙、粉砂、黏土各占1/3）

图9.9 土壤水分类型及其可利用性（有效水分）

［（a）引自：Steila D. 1976. The Geography of Soils[M]. Upper Saddle River, NJ：Pearson Prentice Hall，Inc.；（b）改编于：USDA.1955.Yearbook of agriculture, entitled :water [J].American Potato Journal, 32(11):120.］

图9.9（b）。不同植物根系的深度分布各不相同，所以对土壤水分的吸收深度也不同。混合土壤可使有效水分最大化，这对植物是有益的。根据图9.9（b）中的最大有效水分，你能确定土壤质地吗？

伴随**土壤水分利用**，土壤中的水分逐渐减少，植物汲取水分就必须付出更大努力。其结果是：即使土壤中还存有少量的水，但植物也没有能力利用它。由此产生的**未被满足的需水量**就是**亏缺水量**（DEFIC）。灌溉的目的就是避免水量亏缺以保障植物的正常生长，因为植物获得水分越困难，生长就越缓慢，它们的产量也就越低，

无论是天然降水还是人工灌溉，水渗入到土壤中对可利用水分进行补充，这一过程就是**土壤水分补给**。土壤的有效储水空间是**孔隙**，而孔隙大小或孔隙度取决于土壤质地和结构。**透水性**是决定土壤水分补给率的一种土壤性质，其好坏取决于土粒的大小、形状及土粒集合体。

降雨刚开始的几分钟，水的入渗速率很快，但当浅层土壤的含水量达到饱和后，即使土壤深层仍很干燥，水的入渗速率也会慢下来。农业生产中，常常通过给土壤掺沙子、施肥或翻耕土地等措施来疏松土壤结构。这样做不仅可以提高土壤的透水性，还可以增加土壤储水层的有效渗透深度。在室内盆栽或花园种植中，你可能已经理解了自己在提高土壤透水性方面所做的努力——改良土壤以改善土壤水分补给。

9.2.2　干旱

给**干旱**下定义看起来是一件很简单的事情：降水量少及气温高造成的一种持续时间较长的干燥状态。然而，科学家和资源管理者却对干旱给出了四个不同的专业定义。其关键问题是不仅要考虑降水量、气温及土壤含水量，还要考虑水资源的需求，因为这些都与缺水相关。

- **气象干旱**是根据干燥度（与区域平均值相比）和干燥持续时间来确定的。由于不同区域的大气状况不同，所以这一定义是指区域性的干旱。
- **农业干旱**是指降水和土壤水分短缺对作物产量造成损失的干旱。虽然农业干旱过程缓慢并且较少受到媒体关注，但在美国每年造成的损失可达数百亿美元。
- **水文干旱**是指降水（包括雨和雪）短缺对水量供给造成的干旱效应，例如河川流量减少、水库水位下降、山区积雪减少，以及地下水开采量增长。
- **社会经济干旱**是指供水量减少造成的商品供不应求现象。比如，伴随水库的枯竭过程，水力发电量下降。这类干旱是一个更综合的衡量问题，因为它把水短缺所造成的生命损失、定量供水、野火事件等都考虑在内。

设在内布拉斯加大学–林肯分校的美国国家抗旱减灾中心（NDMC；https://drought.unl.edu/），每周星期四都会发布一次干旱监测图和一份时事通报——DroughtScape（干旱状况）。你可以通过NDMC的网站查阅植被干旱响应指数和无降水日数分布图。

2010年各大洲都出现了不同程度的干旱。澳大利亚持续十年之久的干旱是110年间最为严重的一次。在这期间，2010年上半年是澳大利亚西部最干旱的时期。对于2000年初以来发生在美国西南部的干旱，科学家报告称，这种异常状况与全球气候变化有直接联系：

> 预计未来西南地区的气候干旱更加严重，其原因是……亚热带干旱区域的范围正向极地方向扩展。对于这些正在趋于干旱的亚热带陆地区域，它们即将或已经承受的气候状况是自有仪器观测记录以来尚未出现过的。这与中世纪重创美国西南地区的长达几十年的特大旱情不同。未来最严重的旱情依然会在拉尼娜事件期间发生，但它的干旱状况要比中世纪以来的任何时期都严重，因为拉尼娜的干扰作用会导致气候的基本状态比以往任何时期都要干旱*。

换言之，与热带太平洋地区海面水温相关的以往干旱情景还会在该地区重演，但在气候变化背景下，由于炎热、干燥、亚热带高压系统、夏季热带大陆气团（cT）进一步向这一地区延伸，旱情将会更加严峻。在人口急剧增长和城市化程度较高的区域，这种半永久性干旱在空间上的影响很严重，并且直接关系到水资源规划。

9.2.3 水量收支的实例

在此基础上，利用折线图对以下几个典型城市水量平衡的构成要素进行分析说明。首先来看美国田纳西州东北角的金斯波特，其位置在36.6° N、82.5° W，海拔390m。

在图9.10中，水量平衡中的长期供水量和需水量的折线均采用月平均值。PRECIP和POTET的月均值是逐日和逐时数据的滑动平均。根据图9.10给出的PRECIP和POTET，可以判断哪些月份表现为水量**净补给**，哪些为水量**净消耗**——在10月至次年5月的寒冷期，表现为净供水（蓝色）；而6～9月的温暖期，水量则表现为净消耗。假设土壤储水量为100mm，那么典型的浅根性植物就可以在净耗水月份从土壤水分（绿线）中获得可利用的水分，而土壤水分在夏季会轻度亏损。

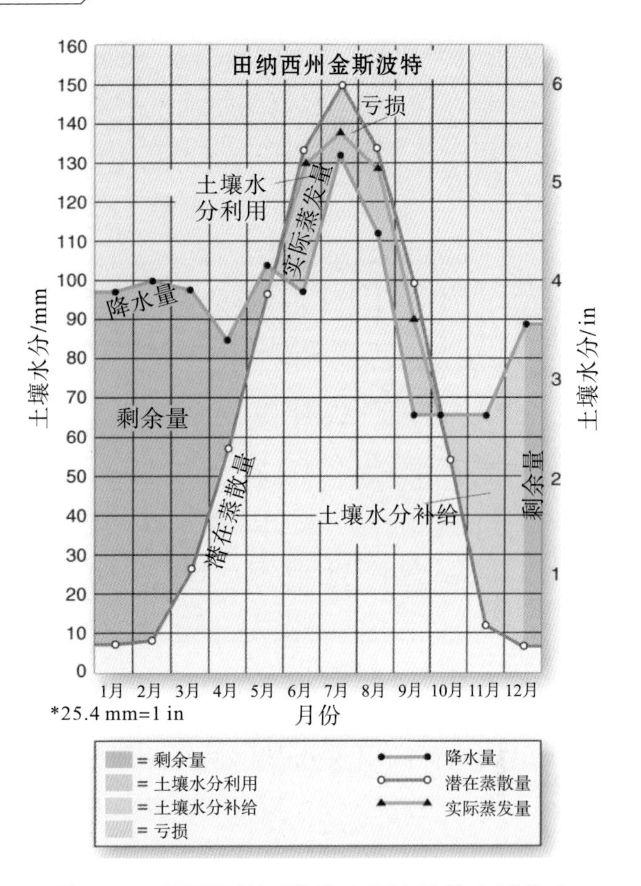

图9.10 美国田纳西州的金斯波特的水量收支

注：通过平均降水输入量和潜在蒸散输出量的比较，了解土壤水分环境状况。这一模式的季节性很明显：春季水量盈余较多，夏季水量亏缺较少（土壤水分被利用），秋季土壤水分接受补给、水量盈余消失。

很显然，美国各州并非都具有这种湿润地区的水量盈余模式。不同气候环境下，水量平衡要素间的关系也不同。图9.11给出了几个城市的水量平衡曲线。在这些例子中，请将夏季降水量最小的伯克利市（美国加利福尼亚州）与最大的锡布鲁克市（美国新泽西州）作个比较；此外，再比较一下沿海城市圣胡安（波多黎各）和沙漠城市菲尼克斯

* Seager R,Ting M,Held I , et al. 2007. Model projections of an imminent transition to a more arid climate in southwestern North America [J]. Science 316, no. 5828 (May 25): 1184

（美国亚利桑那州）之间的降水量差别。

有趣的是，用于水资源的水量平衡法，有时也用于某些特定事件的分析。比如，1969年卡米尔飓风，虽然飓风总体上对区域水资源有正面效应，但仍不可避免地对海岸地区造成严重破坏，见**专题探讨9.1**。

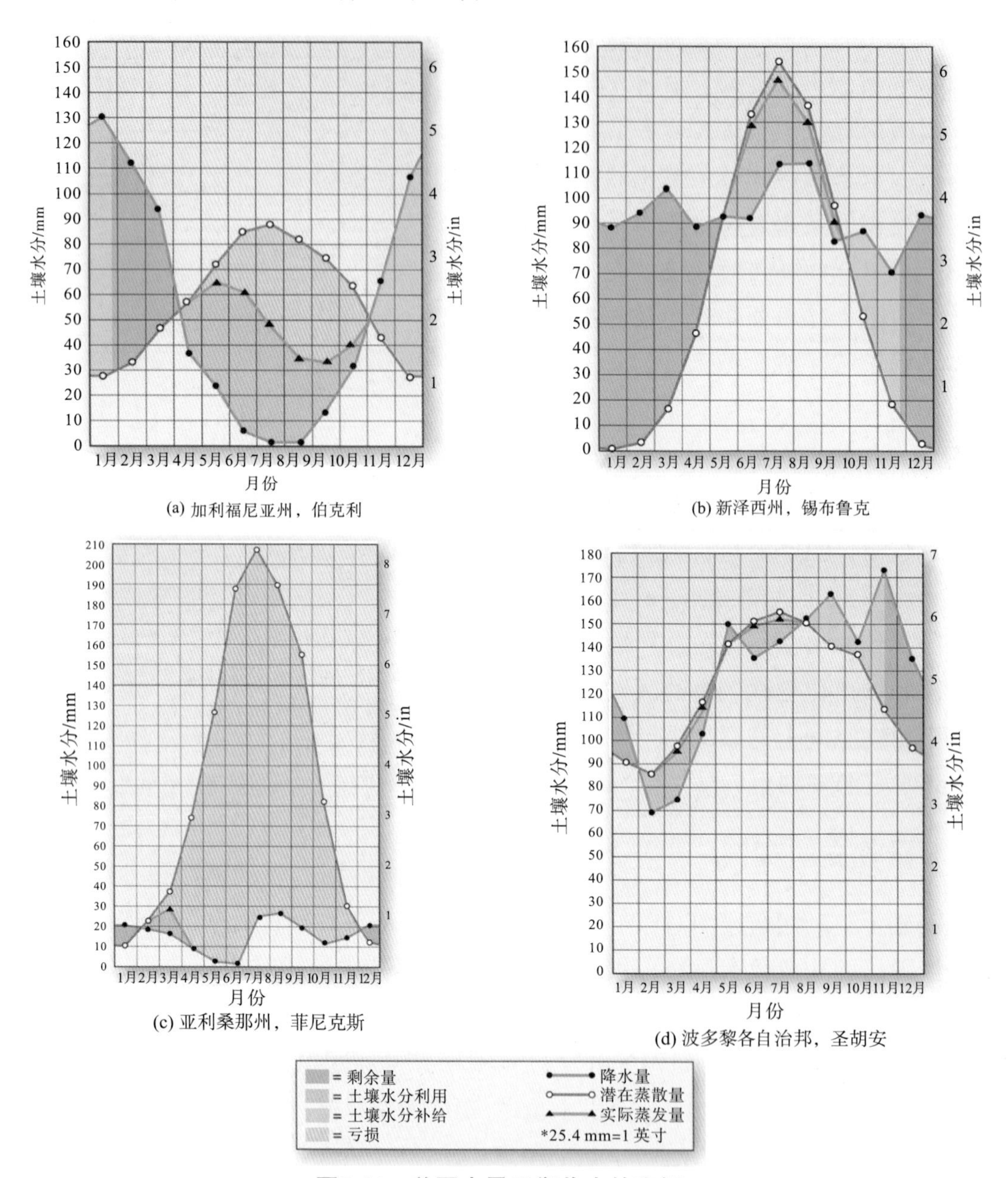

图9.11　美国水量平衡收支的实例

判断与思考9.1　你那里的水量收支

以你的校园或室内的盆栽植物为例，来了解水量平衡概念。水量供给来源是什么？这是根源吗？请估算给定区域内的最终供水量和需水量。关于PRECIP和POTET的估算，请先在图9.6和图9.7中找到你所在的位置，其次考虑水量供需的季节变化，然后估算需求水量，最后再把它们作为水量收支中的变化要素（成分）来分析它们的变化。

专题探讨9.1 1969年的卡米尔飓风：水平衡分析与旱情结束

卡米尔飓风是20世纪最具破坏性的飓风之一。2004年的伊万飓风，2005年的丽塔飓风、卡特里娜飓风和威尔玛飓风，2007年的温贝托飓风，2008年的古斯塔夫飓风唤起了墨西哥湾沿岸居民对卡米尔飓风的回忆。虽然卡米尔飓风造成巨大灾难（256人死亡，15亿美元的损失），但它的到来也结束了当地的旱情。

卡米尔飓风在墨西哥湾沿岸登陆（美国密西西比州比洛克西的北部，图9.12），登陆后风力锐减，产生的暴雨途经美国墨西哥湾沿岸、密西西比州、田纳西州和肯塔基州，最后到达弗吉尼亚州中部。严重的洪水淹没了登陆地点附近的沿岸地区及弗吉尼亚州詹姆斯河流域，刷新了该地区的洪水纪录。实际上卡米尔飓风也有有益的一面：沿风暴路径的主要地区，长达一年之久的旱情结束了。

图9.12 环境观测卫星-9（ESSA-9）拍摄的卡米尔飓风影像

注：卡米尔飓风于1969年8月17日夜间登陆，同年8月18日持续向内陆移动。图像显示，风暴正穿过密西西比州向北移动。[NOAA]

由图9.13（a）可知：卡米尔飓风的路径（从密西西比州登陆，再到弗吉尼亚州和特拉华州海岸）和飓风带来的降水分布。沿卡米尔飓风路径，人们比较了这三天内的实际水量收支与降水总量（人为调出水量之后）之间的差异，分析了这次风暴对该地区水量收支的影响。如图9.13（b）所示，卡米尔飓风带来的降雨，缓解了当地的缺水状况——消减了水量亏损。旱情终止归因于卡米尔飓风带来的降雨；受飓风影响的广大地区土壤旱情得以缓解，草场得以恢复，处于低水位的水库得到了水量补充。

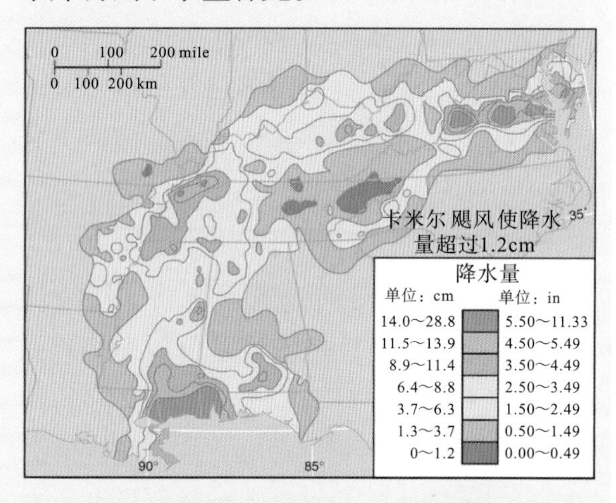

（a）风暴产生的降水（水量供给）

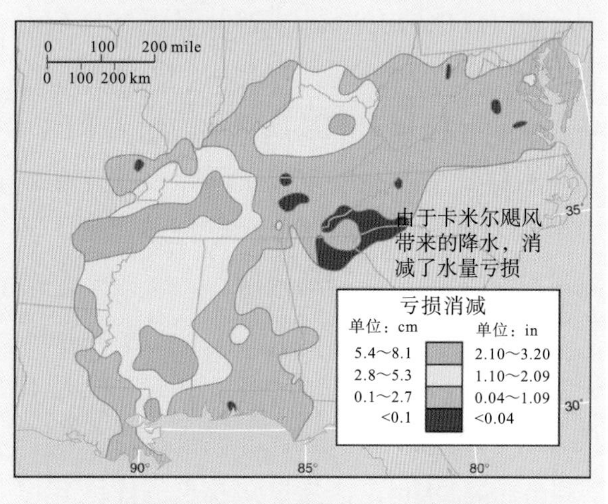

（b）卡米尔飓风缓解了水量亏缺（水量短缺消除了）

图9.13 卡米尔飓风有益于水量收支

注：从水资源角度上，卡米尔飓风对当地水量收支的益处。[数据和地图，Robert W. Christopherson]

因此，对于内陆地区来说，卡米尔飓风带来的经济利益已超过了它所造成的破坏，估计两者之比约为2∶1（当然，生命损失是经济无法估量的）。

2007年，温贝托飓风（1级飓风）向内陆移动，给美国东南地区带来了所需的水量。飓风应该被看作是一种正常的自然天气现象，尽管它对沿海低地有潜在破坏威力，但也对美国南部和东部的降水天气系统有贡献。据气象记录，在美国登陆的飓风中，大约有1/3可为当地水量收支平衡带来有益的降水。

9.2.4　水量平衡与水资源

水的时空分布是不均匀的。为了供水稳定，人们建立大型水利工程对水资源进行重新分配：将水从一个地方调配到另一个地方，或者通过蓄水以备不时之需。为了满足蒸散和社会需求，我们以上述方式存储盈余水量以减少水量亏缺，并供将来使用，进而提高水资源的利用效率。

水量平衡方程还可用来分析各河流对水资源的贡献率。河流有常年河（持续流水）或间歇河，其总径流量是由地表径流、地下水及地下径流构成的。全球河流的年均径流量的分布，见图9.14。最大径流量分布于赤道热带地区，这是因为该地域沿热带辐合带（ITCZ）分布，多持续降雨。在东南亚地区及北半球西北海岸山区，径流量也很高。对于径流量季节波动很大的地区来说，地下水就成为了一种重要的储水供应。在亚热带荒漠地区、雨影区和大陆内陆区域，径流量偏低，尤其是亚洲地区。

在中国，人们利用三峡大坝来调控不稳定的长江流量（图9.15）。该大坝及其相关建筑的总体规模为世界最大，大坝长2.3km、高185m，需要600km长的库区建设用地，对防洪治理、水资源再分配及水力发电的贡献巨大——发电总装机容量为2.2万MW。

在美国，几个大的水利管理项目已经投入运行：华盛顿州的博纳维尔水电局（Bonneville Power Authority, BPA）项目、东南部的田纳西河流域管理局项目、加利福尼亚水利工程及中央亚利桑那水利工程。BPA建设了31座水坝及其附属输电网，并于1937年开始运行[图9.16（a）]。

毫不夸张地说，加利福尼亚的水利工程不仅实现了对该州水资源的重新分配，即冬季储蓄径流以供夏季使用，还实现了“北水南调”的愿望。这条于1971年建成的长达1 207km的“河流”，从萨克拉门托河三角洲流入洛杉矶，沿途为圣华金河谷提供了农业灌溉用水[图9.16（b）]。

由于多功能水利工程的最佳地址早已确定，所以新水利项目建议书总是在利益冲突与环境负效应之间存在争议。有关利用水利工程实现河流管理方面的详细内容，将在第14章进一步讨论。

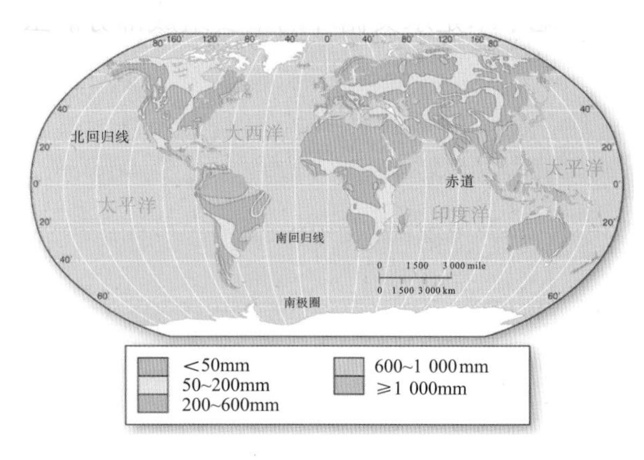

图9.14　全球河流的年均径流量

注：与预料相符，径流量分布与气候区密切相关，但与人口分布和人口密度的相关性较小。

(a) 2000年5月

(b) 2006年7月

图9.15　中国的大型水坝

注：卫星于2000年（建设中）和2006年（完成）拍摄的造价为250亿美元的三峡大坝。大坝位于从左向右奔流的长江之上，其主体部分长达2.3km，也是世界上最大的单体建筑工程。大坝北侧的通道是航运水闸。［Terra ASTER影像，NASA/GSFC/MITI/ERSDAC/JAROS］

(a) 华盛顿州BPA大古力水坝

(b)加利福尼亚的输水渠

图9.16　美国的两个大型水利工程

（a）拦截哥伦比亚河的大古力水坝是华盛顿州博纳维尔水电工程的一部分；（b）加利福尼亚的输水渠是加利福尼亚水利工程的一部分，远处的帕拉米德特水库位于圣安德烈亚斯断层区的洼地中。［（a）作者；（b）Bobbé Christopherson］

9.3　地下水资源

地下水是水文循环的重要组成部分。虽然地下水位于地表之下，且深度超越了土壤植物根系区，但它通过土壤和岩砾中的孔隙水与地表水补给紧密联系。地下水是水循环中最大的潜在淡水资源，其水量超过了地表上所有湖泊和河流的水量总和。从陆地地表到4km深度，全球的地下水储量大约有834万km^3，该体积相当于世界淡水湖泊总量的70倍。地下水通常是无色的、不含泥沙和致病生物体的水体，但地下水环境一旦污染，就可能变为不可逆过程。地下水污染会使水质遭受威胁，地下水过度开采（超过自然补给量）则会导致水量枯竭。

请记住：地下水并非独立的水源系统，因为它与地表水之间存在相互补给关系。在一些地区，人们必须树立一种观念：历经数百万年积累储蓄的地下水，不能因短期需水增加而过度开采。

在美国，1/2人口的淡水供应中都包含有地下水。例如，内布拉斯加州的地下水供给可占淡水供给的85%，而乡村这一比例可达100%。美国和加拿大的潜在地下水资源，见图9.17。这两个国家1950～2000年的地下水年均开采量增幅超过了150%。

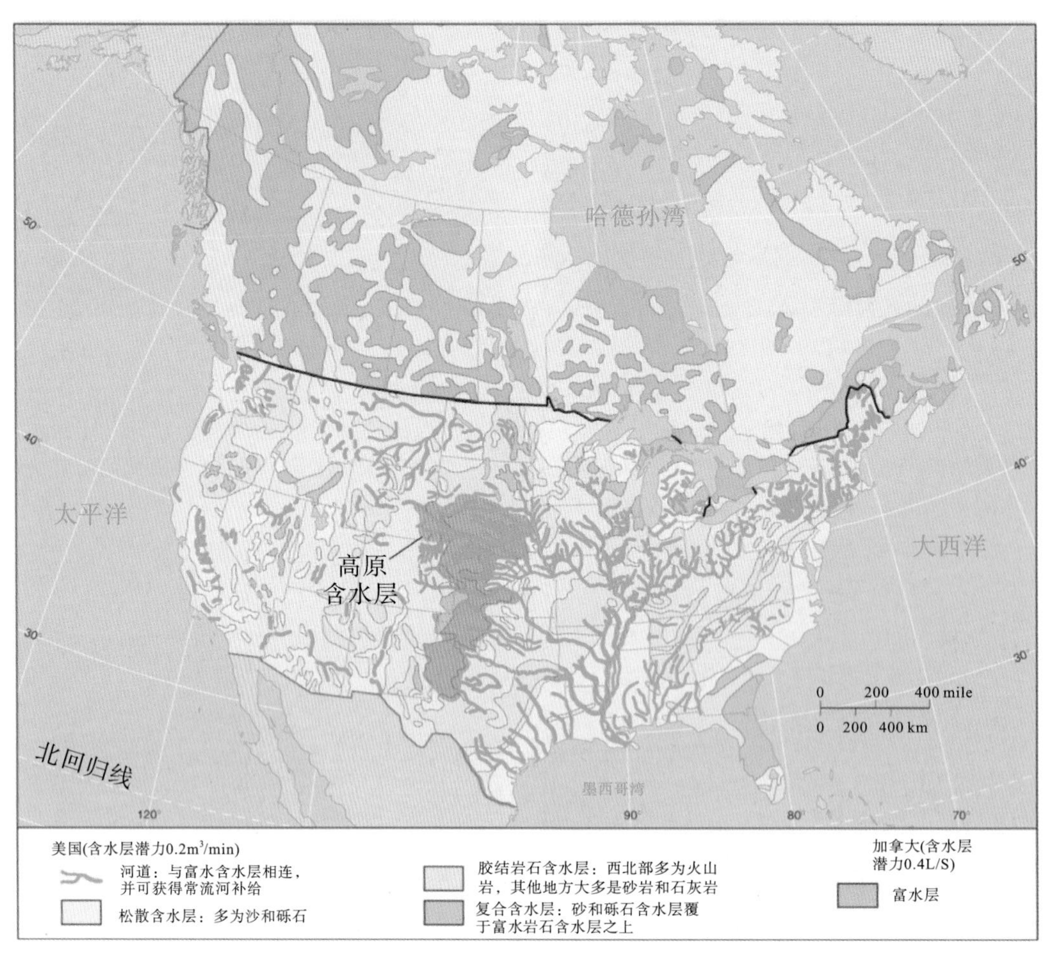

图9.17　美国和加拿大的潜在地下水资源

注：浅色区域对应于美国淡水丰富的地下含水层，其单井出水量大于$0.2m^3/min$（加拿大为大于0.4L/s）。[美国水资源委员会和加拿大联邦水政策研究]

9.3.1　地下水剖面及地下水运动

图9.18把地下水许多要素集合在一起，成为我们下面讨论的基础依据。盈余水量是地下水的源泉，以重力水的形式从毛管水带向下渗透，穿过**包气带**的岩土层（部分孔隙中含有空气）形成地下水。

岩土层中的孔隙度取决于岩土颗粒的大小、形状、排列、颗粒之间的胶结及紧实度。不论地下岩土层是否透水，其透水性都取决于它们的导水性，导水性好的为高透水性岩层，反之为低透水性岩层。

下渗水最终到达地下集水区——**饱水带**。这里岩土层中的孔隙被水充满，就像一个由沙、砾石、岩石组成的坚硬海绵体，饱水带中的水就存储在这些孔隙之中。**含水层**是透水性较好的岩层，可为水井或泉提供大量的渗透地下水。**隔水层**（也称为半透水层）是指渗透水量达不到利用程度的岩体。饱水带包括含水层饱和带及部分下伏隔水层，尽管后者渗透性很小、水分难以到达。

地下水位是饱水带集水区的上界，也是饱水带、毛管水边缘薄层与包气带之间的过渡面（图9.18中横线）。地下水位坡度通常与地形等高线一致，支配着地下水的运动。

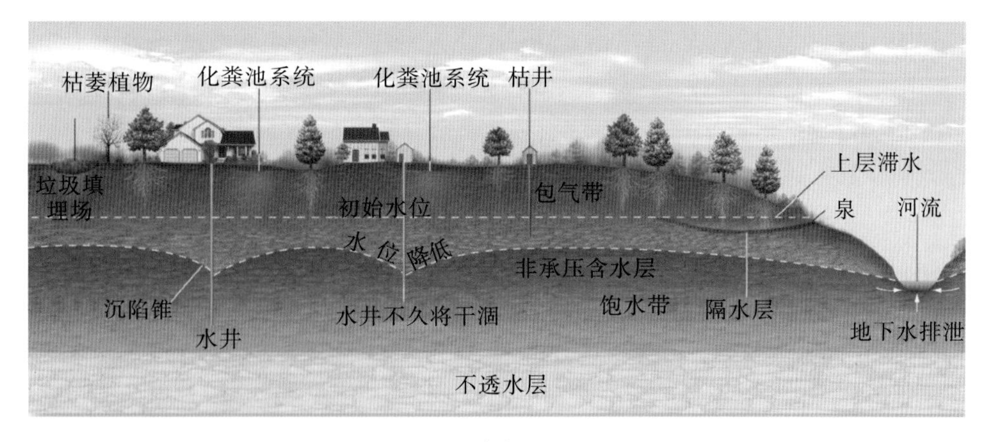

（a）

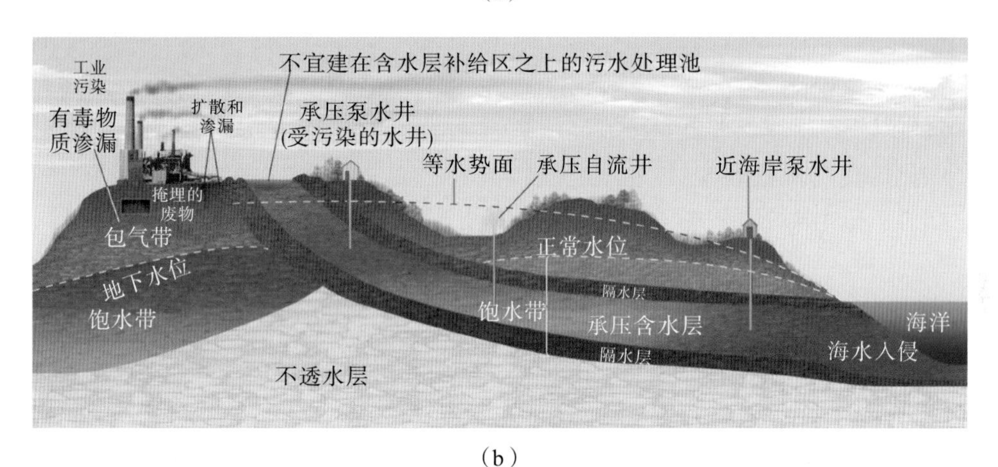

（b）

图9.18 地下水的特征

注：地下水的特征、过程、地下径流及人类的影响作用，图中标注概念从左到右，按文中的叙述顺序排列。

9.3.2 含水层、水井、泉

地下水供给是否充足取决于含水层的好坏。一个好的含水层意味着充足的水供给，人们可以通过山坡上的泉水或井水利用地下水。你利用过这种类型的地下水吗？

潜水含水层与承压含水层 不管是承压含水层还是潜水含水层，它们都有自身的特性。**承压含水层**被限制在上下两层由岩石或泥沙构成的不透水层之间。**潜水含水层**的顶部为透水层，底部为不透水层（图9.18）。

潜水含水层与承压含水层的补给区不同，补给区就是地表水渗入补给含水层的地表区域。**潜水层补给区**通常位于含水层正上方，水向下渗透直至地下水面。如图9.18所示，承压含水层补给区则受到很多限制，有限的补给区被污染后造成了地下水污染。图9.18中位于含水层补给区之上的污水处理池，因选址不当造成了右侧水井的污染。

潜水含水层与承压含水层的水压也不同。潜水含水层中的水井（图9.18），其井水必须利用水泵才能使地下水水位抬升；而承压含水层中的水井，其井水在自身重力作用下产生的压力可以使水位上升——其稳定水位称作**等测压水面**。

实际中，等测压水面有可能高于地面[图9.18（b）]，在这种条件下，**自流承压水**（artesian water）的井水水位抬升，当等测压水位高于井口时，地下水无需水泵就可以溢出地表。这些井称作自流井（artesian well），该单词源于法语，因为这种井在法国阿图瓦地区很常见。然而，当井水压力不足时，承压水必须通过水泵加压才能到达地表。

井、泉、河川径流 潜水坡面大致与地表等高线起伏一致，对地下水的运动起到支配作用（图9.18）——使地下水向低压或低洼区流动。

水井深度必须低于地下水位。水井太浅就会变成一口“干井”，但太深又会穿越含水层，到达下面的不透水层，也几乎没水。这就是打水井需要与水文地质学家磋商的缘故。

地下水位面与地表的交汇点产生泉水（图9.19），湖泊和河床中也有这样的交汇点。不管怎样，地下水最终会进入河道并且像地表水一样流动（图9.18中溪流旁）。事实上，干旱期间的河流流量就是依靠地下水水位来维持的。

图9.19 奔涌的泉水

注：泉水是地下水转为地表水的证据。［作者］

图9.20给出了两种不同气候环境下潜水与地表径流之间的补给关系。在潮湿环境下，潜水水面高于河道，潜水给河流基流提供持续的水量补给。由于河流接受周围流出的地下水，所以这种河流属于潜水补给型，如密西西比河等众多河流。干旱气候环境下，由于潜水面较低，河水流入相邻区域补给地下水，并维持沿河植物的生长，美国西部的科罗拉多河和格兰德河就是这种入渗河流的例子。

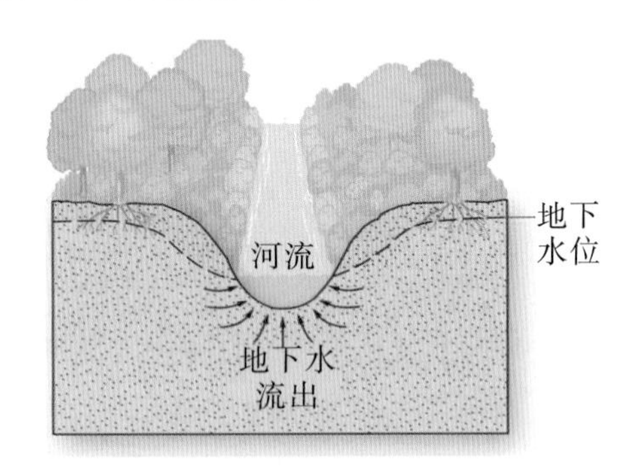

（a）湿润地区的特征：潜水补给型河流的部分基流来自高水位地下水的补给

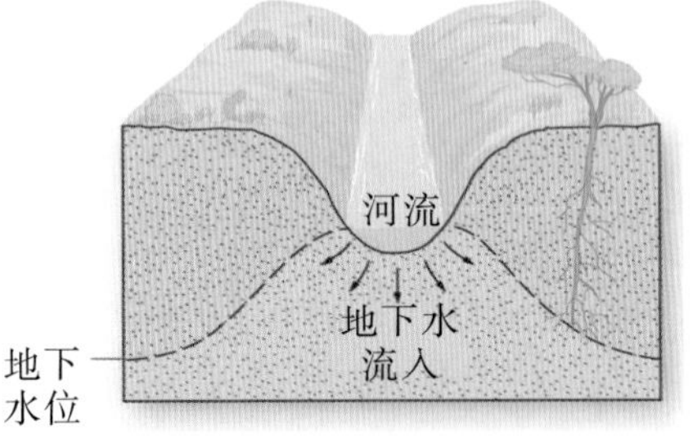

（b）干旱地区的特征：地下水位低于河道，入渗型河流向地下水提供水量补给，使河流变干

（c）先前阿肯色河由于河水流入地下含水层而使河道干涸；照片中的河道变成了越野车的通道

图9.20 地下水与河流径流的相互作用

［Bobbé Christopherson］

阿肯色河再也不能穿越堪萨斯州的中部和西部。如专题探讨9.2“高平原含水层的透支”中所述，这一地区地下水开采很普遍。当潜水面下降与河床脱离接触时，河水就会渗入含水层［图9.20（c）］，这将导致整个地区的大、小河床干涸。

专题探讨9.2 美国高原含水层的超采

高原含水层是北美已知的最大含水层。高原地面之下的含水层面积达45.06万km^2，从美国南达科他州南部到得克萨斯州［图9.21（a）］横跨8个州。该地区从西南至东北，降水量从300mm至600mm不等。

几十万年以来，这些砂砾含水层不断地接受冰川融水的补给。高原地下水大规模开采始于100年前；第二次世界大战之后，地下水开采强度伴随大型中心旋转式喷灌设备的引进进一步增强（图9.22）。这些大型喷灌设备为小麦、高粱、棉花、玉米及大约40%的美国谷物饲料种植提供了灌溉用水。

1988年，USGS开始对7 000多口水井的地下水开采进行监测。从开发地下水之前（约1950年）到2002年，这期间的地下水位变化，见2004年USGS绘制的水位图［图9.21（b）］。水位观测表明：自上一次井水灌溉季

（a）饱和含水层的平均厚度

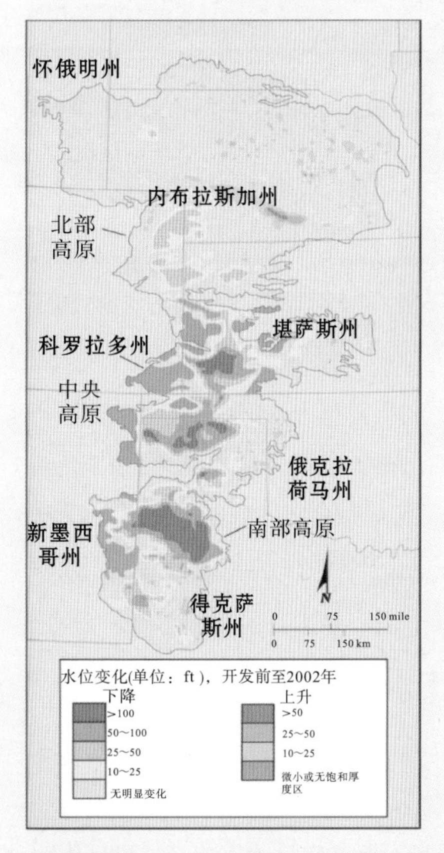

（b）水位变化，以1950年代表“开发前”状态

图9.21 美国高原含水层

图例中的色彩比例尺表明：地下水位出现大范围下降，只有少数地区出现上升。［地图：（a）Kromm DE，White SE. 1987. interstate groundwater management preference differences: the high plains region [J]. Journal of Geography, 86（1）: 5.；（b）改编于：McGuire V L. 2004.Water-level changes in the high plains aquifer, predevelopment to 2002, 1980 to 2002, and 2001 to 2002[J]. USGS Fact Sheet, 3026, Fig. 1.

以来，冬季或早春是井水水位的恢复期。水位下降地区以得克萨斯州北部最为严重，其饱和含水层最薄，分布范围穿过俄克拉何马州狭长地带伸入堪萨斯州西部。水位上升地区为内布拉斯加州中南部和得克萨斯州的部分地区，这里地表水接受灌溉补给的周期小于常年降水量的补给周期，以及运河和水库的水量渗透补给（见http://co.water.usgs.gov/nawqa/hpgw/HPGW_home.html）。

图9.22　大型中心旋转式喷灌设备

注：在美国西部地区，大量中心旋转式喷灌设备用于农作物灌溉。据天气状况不同，作物生长季内需要喷洒臂旋转10～20圈不等。喷洒臂每转一圈提供的水量相当于30mm左右的降水量。[Bobbé Christopherson]

高原含水层地区的12万口井为570万公顷土地提供了灌溉用水，这片土地约占美国农田的1/5。水井数量与1978年的17万口水井相比减少了。1980年从该地区含水层汲取的水量为260亿m³，是1950年的3倍多。进入21世纪，由于井水水量减少和汲水成本增加，地下水开采量下降了10%。

在过去50年中，含水层潜水面下降幅度超过了30m，20世纪80年代平均每年下降2m。据USGS估测：即使目前停止地下水开采，要恢复高原含水层（那些未塌陷的区域）也至少需要1 000年！

当然，数十亿美元的农业活动不能突然停止，但地下水开采也不能肆意进行。这个棘手的问题表现在：如何做到最好的农田管理？大面积灌溉可持续吗？该地区能否继续满足商品出口生产的需求？我们是否应该继续种植那些长期供大于求的高产量作物？是否应该重新认识美国联邦政府的作物补贴和价格优惠政策？生物燃料生产将会产生什么变化？改变现存体系会对农场主和乡村有什么影响？

按照现行的灌溉方式，截至2020年，高原地区将有1/2左右的含水层资源被耗尽（相当于得克萨斯州含水层的2/3）。此外，根据计算机模型预测：该地区气候变暖所导致的蒸散量增加，到2050年，还将造成大约10%的土壤水损失。这些重大的区域性水资源问题及社会挑战正是我们需要探索的课题。

9.3.3　地下水超采

汲取井水可能会使水井周围的潜水含水层**水位降落**（或变低）。也就是说，当井水汲取速率超过含水层的补给水量或水井周围的侧向补充流量，就会出现水位降落。其结果是环绕水井的潜水面下降形成一个**沉降漏斗**（图9.18）。

水量超采　地下水汲取量经常超出含水层的流出水量和回补能力，这种状况称作**地下水超采**。当今美国一些地区，包括中西部、西部、密西西比河下游河谷、佛罗里达州及华盛顿州东部集约种植业的帕卢斯等地区，普遍存在地下水长期透支现象，其中许多地方，潜水水位或承压水位的下降幅度已超过12m。对于高原地区大面积的含水层，其地下水开采使一些地区的水位下降幅度超过了30m。

在印度，大约有1/2的灌溉水量、1/2的工业及城市用水都依赖于地下水资源。农村地区大约有300万个手压井用于汲取地下水，提供了80%的生活用水；在占农业区总面积近20%的土地上，共有17万口水井（机动的掘井和管井）利用地下水进行灌溉，地下水开采量大大地超出了补给量。

在中东地区，地下水过度开采更为严重。沙特阿拉伯的地下水积累了数万年，形成的含水层称得上“化石含水层”，但当前日益增长的汲水量，使地下水补给仅依赖于荒漠气候环境下的天然补给量是远远不够的。实质上，地下水已变为一种不可再生资源。研究表明：伴随水质状况恶化，该地区的地下水将在未来十年内枯竭。可以想象，中东最关键的资源是水，不是石油！

> 如同任何可再生资源一样，地下水可以无限期地长期取用，只要开采速率不超过补给速率。可是就像一个银行账户，若取款大于存款，即开采水量超过补给水量，地下水储量就会减小。但很少有政府建立和实施相关的条例和规则来保障地下水开采维持在可持续利用范围内……即便政府不能够妥善地解决地下水枯竭问题，但至少应该更加关注这个问题*。

含水层塌陷 含水层其实就是岩体或沉积层。岩石颗粒之间孔隙中的水是不可压缩的，所以它能提高岩石结构强度。如果过度开采地下水，孔隙中的这些水就会被空气所取代。然而，空气易压缩，这可能导致含水层内部失去支撑，上覆岩石的巨大重量会把含水层压塌，造成地面沉降、房屋地基开裂或水系变化等现象。

在美国得克萨斯州的休斯顿地区，多年来的地下水和原油开采已造成了地表沉降，其半径范围可达80km，深度超过3m。另一个例子是加利福尼亚州圣华金河谷的弗雷斯诺地区，这里多年来依靠大量开采地下水进行灌溉，导致含水层水分流失和土壤压实，致使地面沉降接近10m。

地表采煤（也称为露天开采）也会造成含水层的破坏，这种现象发生于美国得克萨斯州东部、路易斯安那州东北部、怀俄明州、亚利桑那州等地区。为了应对当前燃煤电厂的气体排放，西弗吉尼亚州、肯塔基州和弗吉尼亚州地区的低硫煤炭开采，使得含水层崩塌问题日趋严重。

遗憾的是，崩塌的含水层再也不能接受水量补给了，即使是盈余重力水。这是因为含水层中的孔隙被永久地压缩了。这种事例在佛罗里达州圣彼得堡地区的坦帕湾水井分布区发生过，由于向城市输出的地下水量不断增加，地下水位逐年下降，区域内的池塘、湖泊、沼泽和湿地面积不断萎缩，最终导致地面发生沉降。

在近海或海岸地区，含水层的过度开采还会产生另一问题。沿着海岸线，地下淡水和海水之间存在一个天然接触面（或界面），界面之上流动的是低密度淡水。淡水过度开采可使这一界面向内陆移动，结果可能是海水入侵，海岸附近的地下水被海水污染，作为淡水资源的含水层失去应有价值，见图9.18（b）。利用淡水回灌含水层也许可以阻止海水污染扩散，然而含水层一旦遭受污染就很难恢复。

* Brown L R, the Worldwatch Institute.2000.Vital Signs: The Environmental Trends That Are Shaping Our Future[M]. New York：W.W.Norton & Co.

9.3.4　地下水污染

如果地表水被污染，地下水也会不可避免地遭到污染，因为地下水补给来源于地表水。地表水流动迅速，受污染的水很快就被冲到下游，但缓慢流动的地下水，一旦被污染，残留污染几乎无法彻底消除。

地下水的污染源很多，包括工业注入井（把废物注入地下）、化粪池溢出物、危险废物堆积场渗漏物、工业有毒废物、农业残留物（农药、除草剂、化肥）及城市固体垃圾填埋场等。美国加油站总计约有1万个地下汽油储罐，它们中的一些很有可能曾发生过渗漏，而汽油中含有的一些致癌添加剂，如含氧有机物MTBE（methyl tertiary butyl ether, 甲基叔丁基醚），可污染数以千计的供水地点。

从管理目的来看：*点源污染*（如汽油罐或化粪池等）约占35%，非点源污染占65%，其污染源分布区域有农田或城市径流等。无论污染源的空间性质是什么，污染物扩散距离都很远（图9.18）。由于人们无法得知含水层的性质，所以常常低估了地下水的污染范围。

由于政府没有采取对策，甚至没有尝试颁布一些保护法，所以严重的地下水污染继续在美国蔓延，这使多年前的引述至今依然有效：

> 地下水污染是一种不可逆的过程，这将导致污染清理成本变得极高……。在目前还能够采取措施来阻止污染进一步扩大之时，我们却把这种与地下水污染相关的潜在风险留给了后代子孙，这种行为令人质疑*。

9.4　水的供给

在水量和水质上充分满足人类的用水需求，是21世纪所要面临的一个重大问题。国际上，人均用水额度的增长速率是人口增长速率的2倍。从我们对水的依赖程度来看，人类似乎应该聚集在水量丰沛且水质优良的地方，而现实却是供水水源与人口密度分布、人口增长最快地区之间并没有很好的相关性。

表9.1展示了：2009年全球供水量和世界人口、2009年人口数量、2009～2050年人口变化（按目前增长率计算）、各大洲的人口数量及其在全球径流量中所占的比率，还有2006年各大洲CO_2人均排放量的估算值。由此可知：地球上的水供给是不均衡的，这种不均衡与气候差异和需水量有关，而需水量又与地区的发展水平、富裕程度和人均消费量相关。

例如，北美的年均径流量为5 960km^3，亚洲为13 200km^3。然而，北美人口只占世界人口的6.6%，而亚洲却占60.5%，而且亚洲人口增长速度要比北美高一倍多。在中国，生活在北方的人口有5.5亿，但北方大约有500个城市供水不足。做个对比：1990年的洪灾使中国损失100亿美元，而因缺水造成的经济损失每年超过350亿美元。世界银行的一位分析师指出：21世纪，中国一些水资源短缺造成的威胁可能远比洪灾更严重。

---

* Tripp J. 1984. Groundwater protection strategies in groundwater pollution// environmental and legal problems [J]. Washington, DC: American Association for the Advancement of Science, 137.

表9.1 按人口和地区估算的全球可利用供给水量

地区（2009年，百万人口）	土地面积/万km^2	年均水量/（km^3/a）	全球径流量/%	2025年预计人口/亿	人口变化（+）2009～2050年/%	2006年CO_2排放量/（t/人）
非洲（999）	3 060	4 220	10.8	13.85	100	0.9
亚洲（4 117）	4 460	13 200	34.0	48.58	33	3.0 中国：4.3
澳大利亚–大洋洲（36）	842	1 960	5.1	0.45	60	澳大利亚：19.0 新西兰：8.9
欧洲（738）	977	3 150	8.1	7.36	–5	8.4
北美洲（451）（加拿大，墨西哥，美国）	2 210	5 960	15.3	5.18	38	18.4 墨西哥：4.0
中美洲和南美洲（470）	1 780	10 400	26.7	5.45	40	3.1
全球（6 810）（不含南极洲）	13 400	38 900	—	80.87	38	发达地区：11.5 欠发达地区：2.4

注：数据引自2009年世界人口数据表（华盛顿：人口资料局，2009年）。数字经四舍五入处理。

在非洲，56个国家利用各种水源基地取水，这些国家共享50多个河湖流域。由于总人口及城镇居民的不断增长，用水量持续增长导致水资源开采过度。非洲有12个国家存在供水压力［＜1 700m^3/（人·年）］，有14个国家存在水资源短缺问题［＜1 000m^3/（人·年）］。

水资源不同于其他资源，因为没有替代品。水资源压力与水质恶化和水量不足有关，这将是未来政治议程中的主要议题。水资源短缺会增加灾难事件的发生概率，如国际冲突、公众健康危害、农业生产力下降及生态系统破坏等。面对21世纪，人们应该转变思维，摆脱大型集中式结构的发展模式，转向以分散型社区为基础的新战略，并把需求管理和高效技术作为关注重点。

9.4.1 美国的水量供给

水量供给来自地表水和地下水，而它们的补给水量又都源于降水。美国的日均降水量为4 200BGD（1BGD=10亿加仑/天，约为378.5万m^3/d），折算到美国48个州的区域上（不包括阿拉斯加和夏威夷地区），全年平均降水总量相当于762mm。

地学报告9.3 中东输水管道

在土耳其和中东地区之间，有人提议建立一条陆地输水管道，输水线路分为两支。一条支线是海湾支线，沿东南部穿过约旦和沙特阿拉伯，并延伸至科威特、阿布扎比和阿曼。另一条支线是沿南部穿过叙利亚、约旦和沙特阿拉伯，到达麦加和吉达。这条管道预计长度大约1 500km，相当于纽约到圣路易斯的距离（见中东水信息网中的链接，https://library.columbia.edu/libraries/global/mideast.html）。

判断与思考9.2　校园里的水

对于校园里的水，你了解多少？如果校园里有水井，你怎样检测井水水质？校园里的水井管理是谁负责监管？请你对水质味道、气味、硬度、透明度进行主观评价，撰写一份简短的评价报告，并将你的感知与其他同学的评价进行比较。

美国4 200BGD的日均降水量，不仅在空间上分布不均，季节上分配也不均衡。例如，美国新英格兰地区的水量供给很丰沛，可每年的耗水量只占可利用水量的1%左右。加拿大亦如此，不过其水资源量远超美国。

图9.23给出了美国4 200BGD供给水量的分配状况。在美国全国水量收支中，每天有两项常规支出：71%的实际蒸散量（ACTET）和29%的盈余水量（SURPL）。71%的实际蒸散量换算成体积，相当于2 970BGD。这部分水量消耗于非灌溉区，包括区域内的作物、牧场、森林、饲草（嫩叶、嫩芽和嫩枝）及非农业植被的消耗。最终，它返回到大气中，并通过水文循环继续它的旅程。另外，29%的盈余水量则是我们直接利用的水量。

需要注意是：地下水也可认为是地表水的一部分，因为它与地表水相互联系。在2005年开采的地下淡水总量中，用于灌溉的占67%、公共需水占18%，其中只有6个州的公共需水占到了50%，它们分别是：加利福尼亚州、得克萨斯州、内布拉斯加州、阿肯色州、爱达荷州和佛罗里达州（这些地方超过1/2的公共需水量取自地下水）。

9.4.2　河道内的消耗与非消耗性用水

在美国，以径流形式存在的1 230BGD盈余水量，可供取水、消耗及河道内的各种利用。

- **河道内用水**，是指河道内无水量移出的河水利用：如水上航运、栖息野生动物、保育生态系统、稀释或清洗废物、水力发电、渔业、休闲娱乐等。
- **非消耗性用水**，有时也称作**回收水量**或河道外用水，是指从供给水量中取出并利用的水量，之后又归还到河流中，但回收水量中仍有一部分被消耗了。非消耗性用水用于工业、农业、市政和蒸汽发电。
- **消耗性用水**，是指从河流中取出的水量，这部分水量不再归还于河流，也不能被再次利用。消耗性用水的例子包括：蒸发耗水量、蒸汽发电厂水汽散失等。

当水返回原系统时，水质通常发生了变化——污染物或废弃物导致化学污染、热能导致热污染。在图9.23的水收支概算中，这部分废水返回径流中，最后流入海洋，为水资源的再利用提供了机遇。

返回的废水无论水质是否受到污染，都将变成下游水量的一部分。例如，在密西西比河上，新奥尔良市是市政回收用水的最后一个城市，新奥尔良市接纳着来自密苏里-俄亥俄-密西西比河流域上被稀释的混合污染物。这些污染物的来源包括：化工厂排放物、数百万英亩农田（施用农肥和农药）的径流排放、已处理的和未经处理的污水、石油泄漏、汽油泄漏、上千个工厂的废水排放、城市街道和暴雨排泄，还有从无数建筑工地、采矿地、农地和采伐场地流出的浊水。在巴吞鲁日和新奥尔良之间，沿密西西比河生活的居民癌症发病率异常偏高，使这一地区具有“癌症廊道”的不祥称谓。2005年防洪堤发生溃堤后，这一区域成了臭名远扬的“污泥”覆盖区，其中一些污染物

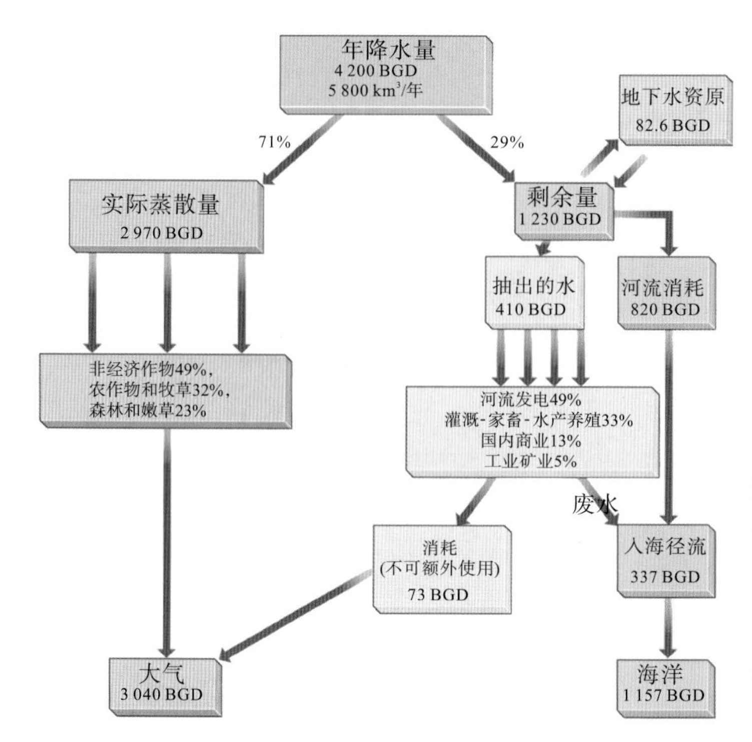

图9.23 美国的水量收支概算

注：在美国本土48个州的每日水量收支采用每天10亿加仑（BGD）为计算单位。［数据：Kenny J, Barber N, Hutson S, et al. 2005. Estimated Use of Water in the United States in 2005 [R] .Denver, CO: USGS Circular 1344.——可以获取最近1年的数据］

就来自上述污染源。

2005年，美国的回收水量为410BGD，这几乎是1940年美国回收水量的3倍、1950年美国回收水量的2倍，但与1980年的峰值相比却下降了5%。这是把规划、定价，以及管理的重点从供水方转移到需水方所产生的效益。2005年人均用水总量为1 367加仑/天。

2005年美国回收水量有四种主要用途：蒸汽发电用水占49%（其中约29%流入海洋和海岸地区），工业采矿用水占5%，灌溉-畜牧-水产养殖占33%，国内商业用水占13%。关于美国水资源利用研究及2005年USGS的美国用水量估算（可免费下载），参见http://water.usgs.gov/public/watuse/。

9.4.3 海水淡化

海水淡化可弥补日益减少的地下水供给，在增加淡水资源方面的作用越来越重要。全球范围内正在运行的海水淡化工厂超过1.2万个，2009～2017年预计还要增建140%的海水淡化工厂，总投资约600亿美元。中东的海水淡化工厂约占全球的50%。在沙特阿拉伯，海水淡化措施替代了地下水开采，从而避免了海水入侵。其实，目前这个国家70%的饮用水来自30个海水淡化工厂［图9.24（a）］。在美国加利福尼亚州南部沿岸和佛罗里达州，海水淡化应用正在逐步被推广。

在佛罗里达州的坦帕—圣彼得堡地区，坦帕湾（Tampa Bay）海水淡化工厂的起步水平很高。它是美国最大的海水淡化工厂，其淡水产量为25MGD（25百万加仑/天，或9.46万m^3/天），约占该地区饮用水量的10%［这一淡水产量约是沙特阿拉伯嘉巴（Jabal）海水淡化工厂的12%］。坦帕湾海水淡化厂的海水取水口位于大本德发电站冷却水排水处，海水首先通过一系列过滤工序除去藻类和颗粒物，再经过反渗透过程（通过半透膜），最后生产出饮用淡水［图9.24（b）］。

2010年，澳大利亚在悉尼建立了一个反渗透海水淡化工厂——肯奈尔海水淡化工厂。这个投资170亿美元的海水淡化工厂

（a）红海沿岸的Jabal海水淡化工厂向沙特阿拉伯提供淡水供应

（b）佛罗里达州的坦帕湾海水淡化厂利用过滤和反渗透技术向当地每天提供25MGD的淡水

图9.24 海水淡化

注：［（a）沙特阿拉伯联络局，（b）美国佛罗里达州坦帕湾水厂］

可为本地区提供约15%的淡水量，有67个风力发电机为该工厂提供能源。

9.4.4 未来思考

在水收支概算中，当降水量不足而使水资源受到明显限制时，怎样才能满足日益增长的用水需求？一方面，每个人的可利用水量伴随人口增长而减少；另一方面，个人需水量又随着经济发展、富裕程度提升、技术进步而增加。1970年以来，由于世界人口增长，人均供水额度已减少了1/3，而环境污染却使可选择的水源地越来越少，或许当人们感受到水量受限时，水质问题已成为区域健康发展的限制因素。

水资源问题的国际属性，可从全球200个主要河流流域边界上反映出来；具有跨国界河流流域的国家有145个，这体现了水资源的全球性属性。

政府间气候变化专门委员会第四次评估报告（2007年）——第Ⅱ工作组，在影响、适应性和脆弱性的报告中的结论是：全球气候变化和温室暖化将导致更多的水资源问题。

> 到21世纪中叶，在高纬地区和一部分热带潮湿地区，河流年均径流量和可利用水量预计会增加10%～40%，同时在中纬和热带一部分干旱地区，将会减少10%～30%，其中有些正是目前水资源紧张的地区……。受干旱影响的地区范围可能扩大……。进入21世纪，储存于冰川和积雪中的水量供给预计会下降。这会导致主要依靠山区融水供给地区的可用水量减少，而这些地区目前居住着世界1/6的人口。

地学报告9.4 食物和日常生活用水

简单地说，我们享用的各种食物需要大量水。例如，77g的花椰菜在生长过程中需要42L的水；生产250ml牛奶需要182L水；生产28g的乳酪需要212L水；1枚鸡蛋需要238L水；一块113g的牛肉饼需要2 314L水。还有盥洗间，大多数的冲厕用水量约3.8L。想象一下，对于拉斯维加斯这个沙漠城市来讲，其服务设施十分庞大和复杂：15万个宾馆房间，每个盥洗间每天冲洗的次数。该城市每年接待游客3 800万人，除服务设施用水之外，还有38个高尔夫球场，其中某个宾馆每天仅枕套洗涤就达1.4万个。

显然，需要摆脱世界水经济概念的束缚，继续通过共同协作面对水危机。地理空间上的问题是：何时能够启动更多的国际协作，由哪个（或哪几个）国家来引领未来水资源的可持续发展战略？对于这些问题，本章讲述的土壤水量收支方法就是起点之一。

判断与思考9.3　杯中之水

从早晨起床到现在，你喝了几杯水？这些水来源于哪里？请了解它们是哪个自来水公司或机构，怎样确定水量供给是地表水还是地下水？如何计量水量和水费。如果你所在的州或省有水质报告制度，你可以从供水商那里获得自来水的水质分析报告。

地表系统链接

本章通过水量平衡方法对水资源进行了分析。在水量平衡方程中，对供水量和需水量进行系统分析是理解水资源的最佳方法。美国西部的持续旱情把这种水量收支策略推到了应用前沿。由于水资源是水–天气系统输出的最终产物，我们将把目光转向气候。第10章中我们将学习全球气候，并以此来结束从第2章就开始的旅程：从第2章起，先是跟随太阳辐射穿过大气层到达地表，然后把目光转移到温度、风和洋流的输出上，最后又转移到水和天气上。学完下一章的综合内容，就完成了第Ⅱ篇的学习任务。

9.5　总结与复习

■　**绘制水文循环简图，标注每一环节的定义和说明。**

水循环是地球水系统的模型，它从低层大气到地下几千米深已经运行了数十亿年。降水遇到地表植被或其他覆盖物会产生**截留**。水通过**入渗**或土壤浸透进入地下，再通过垂直**渗漏**进一步渗入到土壤或岩石中。

水文循环（260页）
截留（261页）
入渗（261页）
渗漏（261页）

1. 对于地球上的复杂水流-水文循环，绘制一个简化模型图示，并解释说明。

2. 当雨滴到达或进入土壤表面时，可能的转化路径有哪些？

3. 比较海洋和陆地在降水量和蒸发量上的差异。描述水汽的平移输送量，以及反向输送的地表径流和地下径流。

■　**以某一地区为例，联系你所了解的水循环、水资源和土壤水分，阐述水量收支概念的重要意义。**

地表之上的任一区域都可以通过观测研究区域的降水输入及各种用水输出，来确定**土壤水量收支**。对水资源供给和自然需求的理解，是维持人类与水文循环相互关系可持续发展的基础。河水仅占总淡水量（1 250km^3）的很小一部分，也是淡水中水量最小的一类，但在人类用水量中却占4/5。在水文循环中，地下水是最大的潜在淡水资源，并与地表水存在互补关系。

土壤水量收支（261页）

4.对于某一特定地区，怎样理解它的水文循环？怎样利用土壤水量收支平衡评价某地的水资源？请列举一些具体例子。

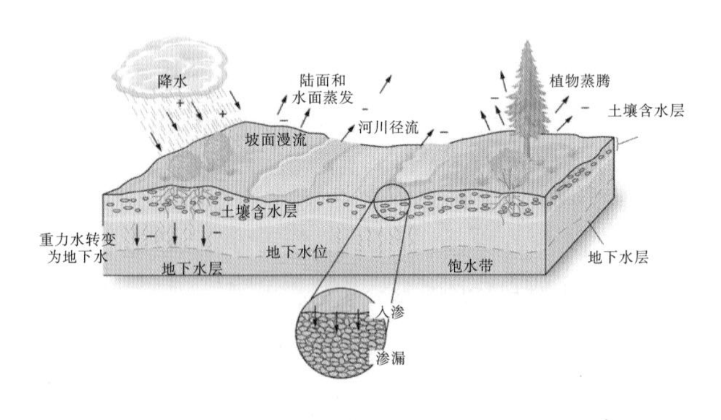

■　**以计算供水支出为目的，建立一个水量收支平衡方程，详述方程中各个变量的含义和作用。**

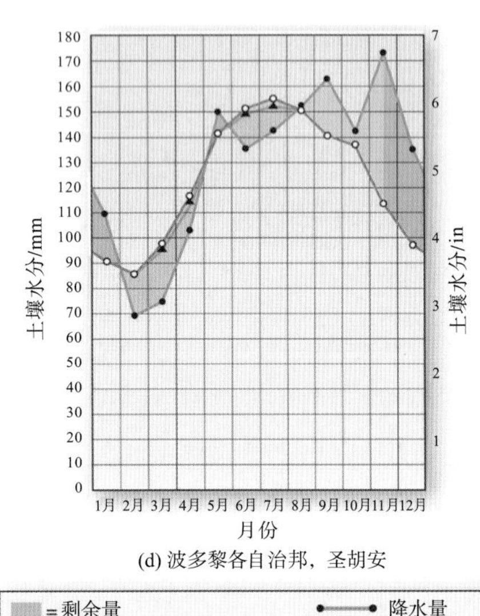

(d) 波多黎各自治邦，圣胡安

降水（PRECIP或P）是输入地表的供给水量，它以雨、雨夹雪、雪和冰雹等形式到达地表。降水使用**雨量计**测量。**蒸发**是自由水分脱离潮湿地表进入空气的净移水量。**蒸腾**是指水分经由植物组织返回大气中的水量，它是植物的一种冷却机制。蒸发和蒸腾合在一起称为**蒸散**。**潜在蒸散量**（POTET，或PE）是对水分的最大需求量，即在最佳供水条件下（降水和土壤水分供给充分）蒸发和蒸腾作用消耗的水量。蒸散量使用**蒸发皿**（蒸发计）或者更精确的蒸渗仪。

未得到满足的POTET就是**亏缺水量**（DEFIC）。从POTET中减去DEFIC，就可得到**实际蒸散**（ACTET）。理想条件下的潜在蒸散量大致与实际蒸散量相同，不会造成植物缺水。如果POTET得到满足且土壤含水量也达到饱和，多余出来的输入水量就是**盈余水量**（SURPL）。盈余水量可能存留于地表的水坑、池塘或湖泊中，或者经由地表流入河道或透过土壤渗入地下。伴随降水产生的**坡面漫流**和地下水，流入河道构成了区域**总径流量**。

随着水平衡条件的变化，水量“储蓄账户”上既接收水量“存款”补给，也提供水量“取款”支出，水量的“储蓄额”就是**土壤贮水量**（ΔSTRGE）。存储于土壤中的这部分水量是植物根系可以吸收利用的水量。植物无法利用土壤中的**吸湿水**，因为它是水分子通过氢键紧紧束缚于土粒上的分子薄膜水。随着可利用水分的消耗，土壤达到**凋萎点**（剩下的全是无法利用的水）。由于水的张力和氢键作用，滞留于土壤中的**毛管水**通常可被植物根系利用。就土壤储水量而言，滞留于土壤中大部分毛管水是**有效水分**。当土壤中的一部分水从较大孔隙中排出后，剩余的可被植物利用的水称为**田间持水量**或田间蓄水量。降水时，土壤达到饱和后，土体中的剩余水变成**重力水**并向地下水渗漏。伴随着**土壤水分利用**，土壤水分逐渐下降，植物汲取同样的水分就必须付出更大努力。**土**

壤水分补给是指进入土壤中的水量补给。

孔隙是土壤中的有效储水空间，孔隙大小或孔隙度取决于土壤质地和结构。土壤**渗透性**是指土壤的透水性能，渗透性取决于土粒的大小、形状及土粒集合体。

干旱不仅仅是一个按照水量收支给出的简单定义，它至少有四种形式的定义：**气象干旱**、**农业干旱**、**水文干旱**及**社会经济干旱**。

降水（263页）
雨量计（263页）
蒸发（264页）
蒸腾（264页）
蒸散（264页）
潜在蒸散量（264页）
蒸发皿（264页）
蒸渗仪（264页）
亏缺水量（266页）
实际蒸散量（266页）
盈余水量（266页）
坡面漫流（266页）
总径流量（266页）
土壤储水量（266页）
吸湿水（267页）
凋萎点（267页）
毛管水（267页）
有效水分（267页）
田间持水量（267页）
重力水（267页）
土壤水分利用（268页）
土壤水分补给（268页）
孔隙（268页）
透水性（268页）
干旱（268页）

5.解释“土壤水量收支概算是对某一地区水循环的评价”的含义。

6.水量平衡方程式的构成要素有哪些？构建一个方程式，在缩写词下方标注出每一个术语的定义。

7.结合金斯波特市（位于田纳西州）的全年水量平衡曲线，解释潜在蒸散（POTET）与降水（PRECIP）的关系，并通过水平衡方程说明它们的含义。

8.在水平衡方程中，怎样得到实际蒸散量（ACTET）？

9.什么是潜在蒸散量（POTET）？怎样估算？桑斯维特确定这个值时，参考了哪些因子？

10.解释土壤贮水量、土壤水分利用和土壤水分补给的作用，阐述田间持水量、毛管水和凋萎点的概念。

11.对于图9.9中的粉砂壤土，它的有效水储水容量大致是多少？你是怎样得出这个值的？

12.描述干旱的四种类型。为什么说媒体对干旱的报道不够？

■ **阐述地下水的性质，详述地下水的环境因子。**

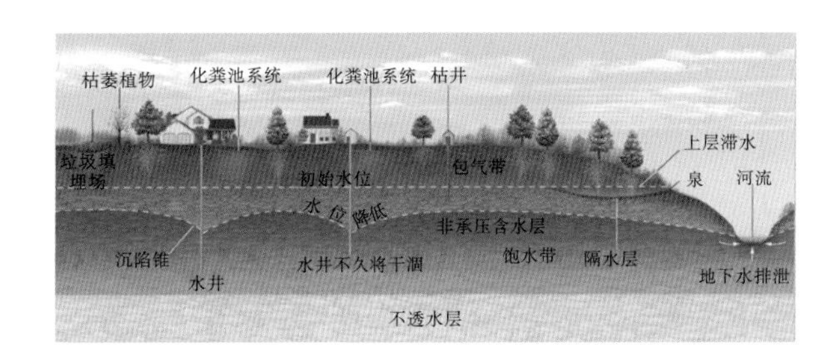

地下水是水文循环的重要组成部分，虽然它位于地表之下而且深度超过了植物根系区。地下水不是独立存在的，其水量补给来自地表盈余水量。盈余的地表水穿过水分未饱和的**包气带**，最终到达孔隙全部充满水的**饱水带**地层。

地下岩土层的透水性取决于它们的导

水性，导水性高的透水性也高，导水性低的则阻碍地下水流动，有些甚至是不透水的岩层。**含水层**是指地下水渗透量达到了可利用程度的岩层。**隔水层**（半透水层）是指渗透水量还达不到利用程度的岩体。

饱水带集水区的上界是**地下水位**。它是饱水带、毛管水边缘薄层与包气带之间的过渡面。**承压含水层**被限制在上、下两层隔水层之间，而隔水层由不透水的岩石或沉积物构成。**潜水含水层**的顶部为透水层，底部为不透水层。**潜水层补给区**通常整体位于含水层之上。承压含水层中的地下水在其自身重力下产生的水位抬升，就是**等测压水面**，等测压水面可以高于地面。承受压力作用的地下水就是**承压水**，如果水井井口低于等测压水面，地下水无需水泵就可自流涌出地表。

汲取井水时，水井周围的潜水含水层会出现**水位降落**（或变低现象）。当井水汲取速率超过水井周围含水层的平移补给水量时，这种过度汲水就会造成**沉降漏斗**。地下水的汲取水量经常超出含水层流出量和回补能力，这种状况称作**地下水开采**。

地下水（273页）
包气带（274页）
饱水带（274页）
含水层（274页）
隔水层（274页）
地下水位（274页）
潜水含水层（275页）
承压含水层（275页）
潜水层补给区（275页）
等测压水面（275页）
自流承压水（275页）
水位降落（278页）
沉降漏斗（278页）
地下水超采（278页）

13. 地下水是否接受地表水补给？请解释两者之间的联系？

14. 绘制地下水环境简图，标注出包气带、饱水带及潜水含水层的地下水位，然后在简图中添加一个承压含水层。

15. 哪种状况下的地下水利用可称作地下水开采？请以美国高原含水层为例予以解释说明。

16. 地下水污染有哪些特性？受到污染的地下水容易净化吗？请予以说明。

■ **认识未来淡水供应问题的严重性，列举水资源的具体问题，以及水资源潜在短缺的补救方法。**

非消耗性用水，也称**回收水量**或河道外用水，是指从供给水量中取出并利用的水量，之后又归还给河流。**消耗性用水**是指从河流中取出的水量，但这部分水量不再归还于河流，也不能被再次利用。在美国毗连的48个州，用于灌溉、工业和市政的回收水量，约占盈余径流量的1/3。**海水淡化**作为一种淡水资源的生产过程，通过净化和反渗透处理来除去海水中的有机物、碎屑和盐分，可为各国提供饮用淡水。

回收水量（282页）
消耗性用水（282页）
海水淡化（283页）

17. 阐述美国大陆48个州水量收支的主要途径。就水资源而言，回收水量与消耗性用水的区别是什么？请将它们与河道内用水进行比较。

18. 简要评价世界水资源状况。在人口和经济不持续增长的背景下，满足未来水量需求面临着哪些挑战？

19. 如果预测21世纪因水资源利用（水量和水质）而引发的战争，我们应该从哪些方面入手？应该采取哪些行动来避免这些冲突？

掌握地理学

访问https://mlm.pearson.com/northamerica/masteringgeography/，它提供的资源包括：数字动画、卫星运行轨道、自学测验、抽题卡、可视词汇表、案例研究、职业链接、教材参考地图、RSS订阅和地表系统电子书；还有许多地理网站链接和丰富有趣的网络资源，可为本章学习提供有力的辅助支撑。

第10章　气候系统与气候变化

波多黎各南部地处科迪勒拉中部山脉的雨影区，这里的干旱环境形成了热带稀树草原气候。图中近景中的金合欢树让人联想到非洲稀树草原或东南亚海岸景观。图中区域，一年降水量约690mm，其中连续5个月的降水量不足60mm。［Bobbé Christopherson］

重点概念

阅读完本章，你应该能够：

- **掌握**气候和气候学的定义，**解释**气候与天气的区别。
- **明确**气温、降水、气压和气团模式在气候分区中的作用。
- **了解**气候分类体系的发展，**比较**气候成因分类法和气候经验分类法。
- **描述**全球主要气候类别（荒漠例外），**确认**它们在地图上的分布位置。
- **说明**干旱半干旱气候区的降水及水分效应的划分标准，**确认**它们在地图上的分布区域。
- **解释**气候变化的原因及其可能产生的后果，**描绘**未来气候模式的概况。

当今地表系统

大比例尺地图上的波多黎各气候类型

通过小比例尺地图（图10.8）中，你可以了解世界气候的概况。在这个小比例尺地图上，1.0cm相当于实际距离1 045km。在大比例尺地图上，你可以以波多黎各岛为例，根据海拔高度和信风风向看到更详细的局地气候。在小比例尺地图图20.7的陆地生物群落中，波多黎各被标注为雨林；然而，在大比例地图上该地区却包含有三个生物群落：热带雨林、季节性森林，以及灌丛和稀树草原（图10.1中插图）。

大西洋和加勒比海，被大小安的列斯岛链隔开，波多黎各就位于这个岛链中间，其地理位置对整个区域的发展十分关键。波多黎各位于通往巴拿马运河的重要航海线上，地理位置很重要，其首府圣胡安是一个天然优良海港。波多黎各南部海岸大致平行于18° N纬线，盛行东北信风。该岛屿形状近于矩形，其南北长65km，东西长180km，面积9 104km^2，属于美国领土，与美国一样使用同一种货币、拥戴同一位总统，而且在美国国会设有列席代表席位。

图10.1　气候、典型景观照片和降水量

注：从图中景观来看，各地的年降水量有什么差异？年降水量以厘米为单位。［Bobbé Christopherson］

科迪勒拉中部山脉海拔达1 338m，是纵向分隔波多黎各的气候分界线。东部支脉卢基约山脉海拔650m以下为热带雨林气候，是云雀国家公园所在地，隶属于美国国家公园管理局；其北坡和东坡对水分有拦截作用，与南坡雨影区及其平坦区形成了鲜明对比。波多黎各全域的各月平均气温均大于18° C，属于热带气候。

从图10.1上，你可以看到热带雨林气候区的延伸范围，其各月的降水量均超过60mm。科迪勒拉中部山脉作为地形因子，增加了这里的年降水量。然而，山脉南面因为是背风坡形成了热带季风气候，每年有3～5个月的降水量不足60mm。庞塞和南海岸作为热带草原气候，6个月的降水总量小于60mm，景观上为合欢属稀树草原，如本章开篇图片和图10.1所示。记住：近距离观察全球气候类别时，我们应当转换视角。

不同的时间和地点，地球经历着不同的天气变化。如果考虑的是多年天气模式，包括天气变化和极端天气，那么就构成了**气候模式**。气候是动态变化的，并非静止不动的；事实上，我们正在见证气候的变化。气候涉及的因素远比气温和降水的平均值复杂得多。

如今，气象学家已认识到，在“地球–大气–海洋”系统中存在着耐人寻味的全球联系，如非洲西部的强季风降雨就与大西洋强飓风的发展有关；某一年太平洋上的厄尔尼诺现象也与美国西部的降水、路易斯安那州和欧洲北部的洪水及大西洋飓风季的偏弱有关；2007年和2010年持续的拉尼娜现象就加剧了美国西部的干旱。厄尔尼诺现象期间，平常呈现荒漠景观的美国死谷，却在春天野花盛开，表明这里曾发生过暴雨［图10.2（a）］。**专题探讨10.1**讨论了气候异常现象，如厄尔尼诺/拉尼娜现象。

气象学家与其他科学家一起，正在对全球气候变化进行研究，内容包括：破纪录的全球平均温度、冰川融化、土壤干旱化、农业产量波动，还有传染病扩散、动植物分布变化、珊瑚礁和渔业的衰退及高纬地带海洋和土地的冻融现象。对于气象学家已观测到的全球气候变化，人们更关注的是那些过去一千年以来未被记录证实的，但现在却正在发生的气候变化。未来50年内气候和自然植被的变化，可能会超过最后一次冰期峰值以来（1.8万年前）所有变化之和。地理学者杰克·威廉姆斯对此总结道：

> 到21世纪末，地表大部分地区可能会经历从来没有出现过的气候，20世纪的某些气候可能会消失……。预计异常气候主要发生在热带和亚热带地区……。对于特殊气候区的本土物种，消失的气候会增加这些物种灭绝和群落崩溃的可能性，预计这种影响在极地附近和热带山区最为显著。*

需要记住，在本章中所研究的气候类型及空间分布，并非是静止不动的，而是随着温度与降水关系的转变而变化的。

在本章中：你将学习多种多样的气候，地球表面任何两个地方的气候条件都不会完全一致。而事实上，地球是一个巨大的小气候汇集场所。只不过，可以把大量的局部小气候，按照它们的相似性归为不同的气候区。

* Williams J W,Jackson S T,Kutzbach J E.2007.Projected distributions of novel and disappearing climates by 2100 AD[J].Proceedings of the National Academy of Sciences, 104(14)：5739.

(a)厄尔尼诺现象造成当地破纪录的春季降水，使谷地野花盛开

(b)几年后的拉尼娜现象，使得同一区域呈现一片苍凉的荒漠景象

图10.2　厄尔尼诺对荒漠的影响

注：美国加利福尼亚州东南部的死谷。这种显著的景观变化起因于遥远的热带太平洋，详见专题探讨10.1。[Bobbé Christopherson]

前9章讲述了许多自然环境因子，后文把它们联系起来对气候进行解释。本书将通过一系列具有代表意义的典型城镇来阐述气候模式；并采用一种基于自然因子划分的简化气候分类体系。这有助于解释“为什么”的问题——为什么气候分布与地理位置有关？这一分类体系以柯本气候分类法为基础，尽管不完美，但易于理解。柯本气候分类法是气候学家弗拉迪米尔·柯本（Wladimir Köpen）提出的，其分类体系及划分标准详见附录B。

气象学家利用大型计算机模型，对大气圈、水圈、冰冻圈、岩石圈和生物圈之间复杂变化的相互作用进行模拟。本章最后还将讨论气候变化及其与人类社会的重要联系。

10.1　气候系统及其分类

气候学以气候及其变异性作为研究对象，是对天气的长期时空模式和各种气候的形成及其支配因子进行分析的一门学科。气候分析内容之一，就是把天气统计中相类似的区域确定下来，再把它们分组归类到不同的**气候区**。在气候分类中，各个气候区中占中心地位的气候模式是通过观测记录来确定的。

在你生活的地方，气候可能是季节性湿润或是持续干热或是湿润凉爽——各种组合类型都有可能。某些地方，逐月降水量大于200mm，全年月平均气温27℃以上；而另一些地方，同期可能连续十年都未发生过降雨。某种气候区内逐月平均气温均高于冰点，但农业仍会遭霜冻灾害。对于新加坡来说，人们每个月都会经历降雨天气，月降水量为131～306mm，年降水量可达2 281mm；然而，对于巴基斯坦卡拉奇而言，全年只能观测到204mm的降雨。

气候极大地影响着生态系统——动物、植物和无生命环境构成了可自我调节的自然群落。陆地上，基本气候区划分已宏观地确定了世界主要生态系统的区域分布范围。这些区域被称为生物群系（Biome，译注：相当于我国的地带性植被），包括森林、草原、稀树草原、苔原和荒漠。生物群系与植物、土壤和动物群落相互关联，由于气候的周期变化从未静止过，所以生态系统也始终处于不断地适应和响应的常态之中。目前，全球气候变暖正在改变着动物和植物分布。

气候系统是以大气、水圈、冰冻圈、岩石圈、生物圈为主要组成部分，还包括它们之间的相互作用而组成的复杂系统。气候系统的演变过程，除了自身内部动力学的影

响，还受外部强迫的影响——火山喷发、太阳活动变化和人为影响（如大气成分和土地利用变化等）。图10.3作为地球气候系统的示意图，展示了影响或调控气候的内部和外部过程，以及它们之间的相互联系。

10.1.1　气候要素：日照、温度、气压、气团和降水

主要气候要素包括日照（即入射日射）、温度、气压、气团和降水。这些要素在前面9个章节中讨论过了。简要回顾一下：日照向气候系统输入能量，但能量随地表纬度不同而有很大差异（图2.10、图2.11和图2.12）。昼长和温度模式也存在着日变化和季节变化。温度的主要控制因子包括纬度、海拔、海陆热力差异及云量。第5章中阐述了世界温度的分布模式和年际变化（图5.15、图5.16、图5.18、图5.19和图5.20）。

温度变化是大气动态作用与气压模式耦合的结果，并由此产生了全球风系及洋流系统（图6.12和图6.14）；此外，气团的地理位置和物理性质也十分重要。这些庞大的均质气团形成于大洋或陆地气团源地。

输入气候系统的要素还有水分，包括各种形式的降水。地球气候系统中，水文循环输送水分，同时伴有巨大的潜热输送（图9.2）。图10.5是全球降水量分布图，降水是水量供给的来源。相比之下，自然需水量的一种测算方法，即潜在蒸散量（POTET）可通过平均温度和昼长近似估算。

地球上大多数荒漠地区（永久缺水区）主要位于副热带高压控制的地带。随着降水量增加，与荒漠相邻的边缘带，地表景观逐渐向草原带和森林带过渡。地球上最稳定的湿润气候区分布于赤道南北两侧，即南美洲的亚马孙、非洲的刚果、印度尼西亚和东南亚地区。这些地区均受赤道低气压和热带辐合带的影响（图6.13）。

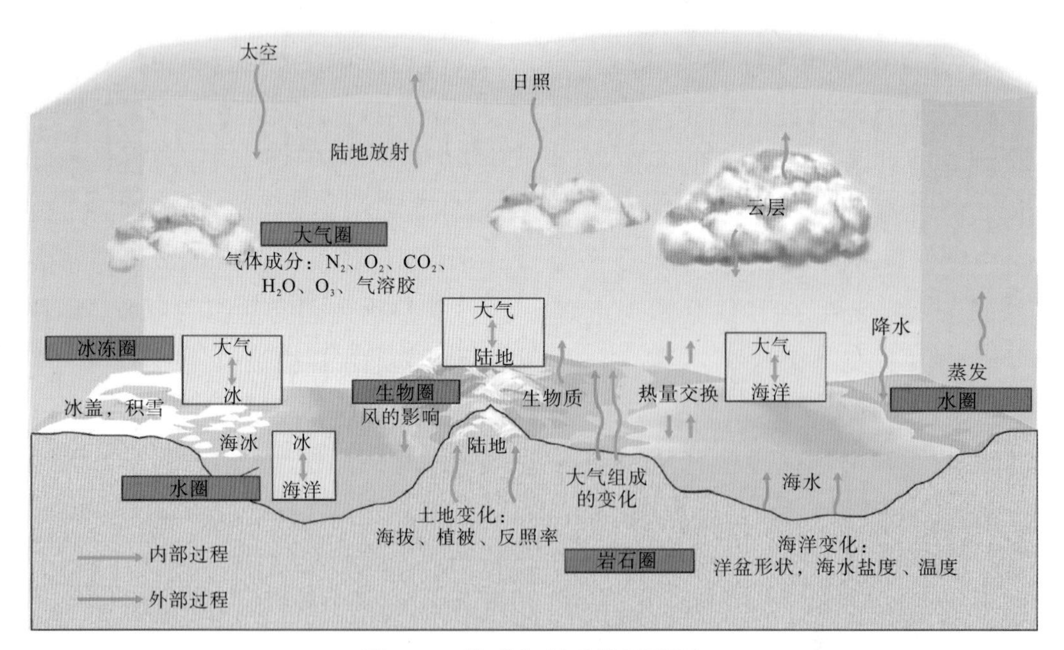

图10.3　地球气候系统示意图

注：当编写模拟全球气候的计算机程序时，需要考虑气候的内部和外部过程。气候的内部过程涉及大气圈、水圈（海洋和河流）、冰冻圈（极地冰体和冰川）、生物圈和岩石圈（陆地）——所有能量源于太阳辐射；外部过程主要是人类活动对气候平衡和气候变化的影响。［改编于：Houghton J .1984.The global climate[M].Cambridge :Cambridge University Press.和The Global Atmospheric Research Program (coordinated by WMO).］

将温度和降水这两个主要气候要素简单地结合起来，便可以判别通常的气候类型（图10.6）。在温度和降水的模式上，再加上其他天气因子，就是气候分类的关键依据。

专题探讨 10.1　厄尔尼诺现象——全球联系

气候是长期一致的天气行为，但平均天气状况还包含偏离常态的极端情况。太平洋上的厄尔尼诺-南方涛动（ENSO）现象，在全球尺度上造成了温度和降水的最大年际变异。过去120年中最强的两次ENSO事件分别发生于1997～1998年和1982～1983年。秘鲁人创造了厄尔尼诺（El Niño，意为“男孩”）这一名称，因为这类事件发生于12月份，即圣诞节前后。事实上，厄尔尼诺现象也可以提早发生在春、夏季并且全年持续。

回顾图6.25，南美洲西海岸海域受秘鲁北寒流的控制。这些冰冷的海水流向赤道，汇入向西流动的南赤道洋流。

南半球东太平洋受副热带高气压控制，围绕这一高压中心逆时针旋转的环流风和表层洋流是秘鲁洋流的部分成因。其结果：在高气压控制的地方，如厄瓜多尔的瓜亚基尔，常年降水量为914mm；而在低气压控制下的印度尼西亚群岛，常年降水量却高达2 540mm以上。正常情况下的气压分布见图10.4（a）。

什么是ENSO?

由于一些不明原因，气压及表层海水温度的空间分布偶尔会偏离它们的正常位置。在西太平洋上空，气压高于正常状态，而东太平洋上的气压却低于正常气压；正常情况下的东南信风，可被西风（从西向东）减弱甚至替代，这种横跨于太平洋上的气压和盛行风模式转变，就是*南方涛动*（southern oscillation）。第6章中讨论过太平洋十年际振荡（PDO），以及它与ENSO的相互关系。

南方涛动期间，太平洋的中、东部海面水温，有时比正常水温高8℃。这些暖海水替代了正常情况下沿秘鲁海岸上涌的营养丰富的冷海水，变暖的洋面称作“暖池”，其范围可延伸至国际日期变更线附近。当洋面上出现暖水池时，就发生了厄尔尼诺现象。ENSO名称源于“厄尔尼诺-南方涛动（El Niño-Southern Oscillation）”。图10.4（b）中的三维图和卫星影像展示了这种现象发生时的状态。

ENSO重复发生的预期间隔为3～5年，但间隔周期存在2～12年变幅。20世纪以来，ENSO的频率和强度有所增加。这是探求全球气候变化关联性的一个拓展课题。最近的研究表明：ENSO对全球变化的响应可能比以前更敏感。

东太平洋上，海水跃温层（低温深层海水界面）深度增加。正常情况下，海水中营养物质受上涌流支配；可是当风向改变及表层海水变暖时，上涌流就会减弱，从而导致上层海水营养贫瘠。这会影响浮游植物的生长和食物链的延续，剥夺鱼类、海洋哺乳动物和鸟类的食物。

据美国国家海洋与大气管理局(NOAA)推测，自14世纪以来，ENSO事件至少发生了十几次。最近一次厄尔尼诺的消退是2010年5月，经历了一个短暂的正常期之后，紧接着于2010年6月又出现了拉尼娜现象，见图10.4（b）～（j）中的卫星影像。

“拉尼娜–厄尔尼诺”姊妹现象

当太平洋中部和东部的海面水温比

常温低0.4℃以上时，就被称作拉尼娜现象（La Niña，西班牙语“女孩”）。与厄尔尼诺相比，拉尼娜强度偏弱、一致性也较差；两者在强弱上没有相关联系。例如

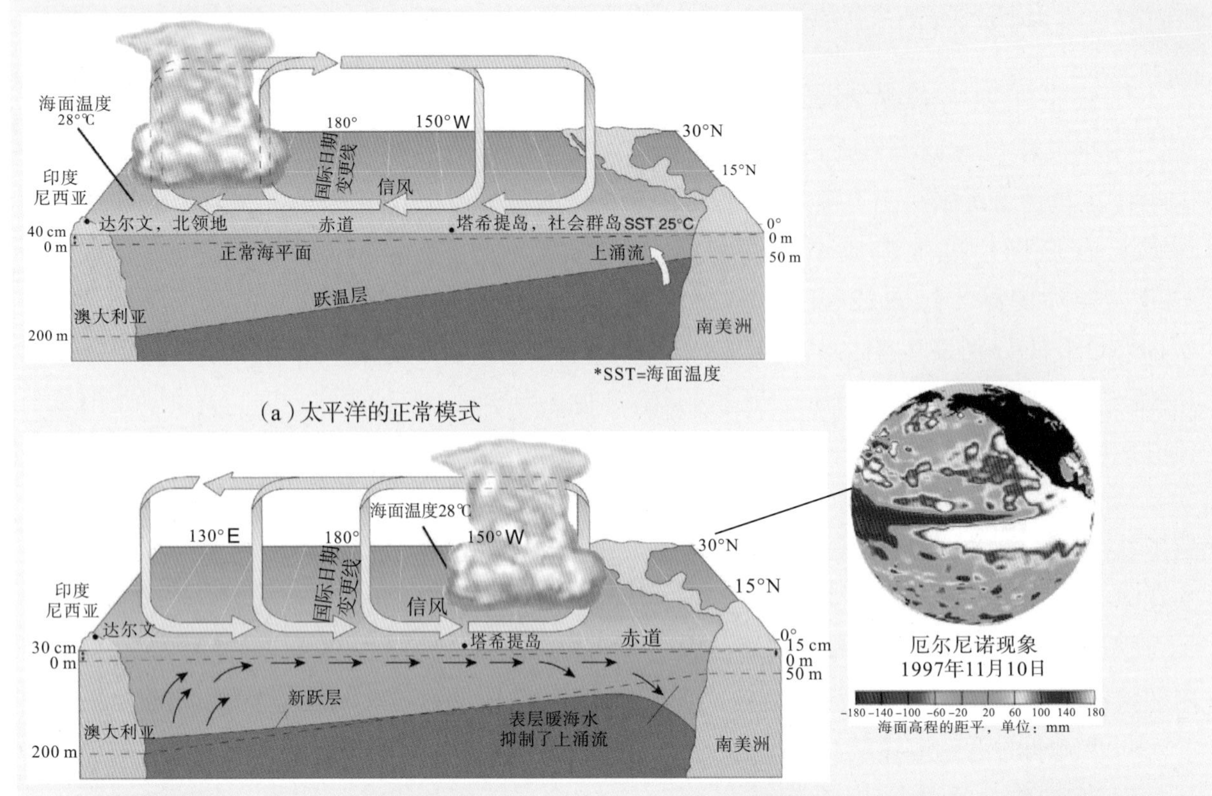

(a) 太平洋的正常模式

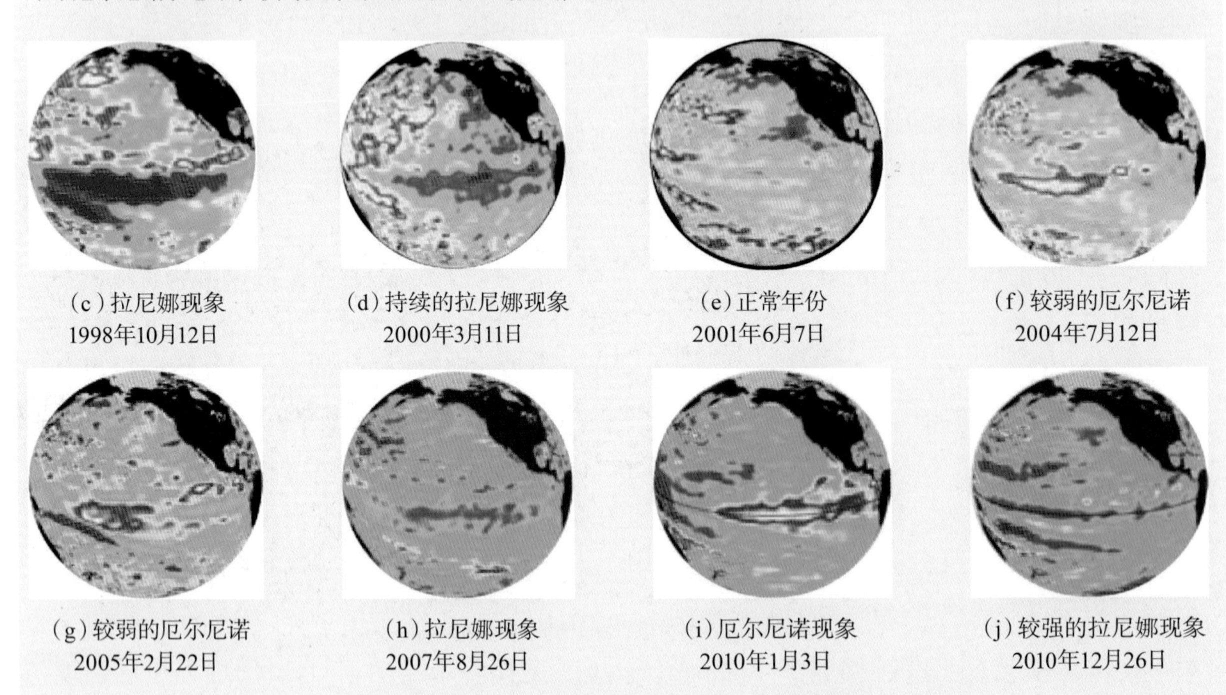

(b) 厄尔尼诺状态下，横跨太平洋的风系与天气模式；1997年11月的卫星影像（白色和红色代表海面暖水——暖池）

(c) 拉尼娜现象 1998年10月12日　(d) 持续的拉尼娜现象 2000年3月11日　(e) 正常年份 2001年6月7日　(f) 较弱的厄尔尼诺 2004年7月12日

(g) 较弱的厄尔尼诺 2005年2月22日　(h) 拉尼娜现象 2007年8月26日　(i) 厄尔尼诺现象 2010年1月3日　(j) 较强的拉尼娜现象 2010年12月26日

图10.4　太平洋上的正常状态与厄尔尼诺、拉尼娜状态下的对比

注：(c) 1998年10月12日太平洋上拉尼娜状态开始发生转变（紫色和蓝色表示海水表层冷水-冷池）。(d) 至 (j) 2000～2010年，跟踪拍摄的拉尼娜-厄尔尼诺现象。[(a) 和 (b) 改编于：Ramage C S. 1986. El Niño[J]. Scientific American, 254 : 76 – 83.；(b)～(e) TOPEX/Poseidon，(f)～(j) Jason–1影像，NASA，喷气推进实验室]

1997～1998年ENSO事件之后发生的拉尼娜强度并不如预想得那么强大，它与残留的暖海水共同存在于太平洋海域［图10.4（c）、（d）、（h）和（j）］。

厄尔尼诺、拉尼娜的全球效应

世界各地厄尔尼诺、拉尼娜现象的相关效应，包括：如南非、印度南部、澳大利亚及菲律宾的旱情；太平洋，以及塔希堤和法属波利尼西亚地区的强飓风；美国西南部及山区各州、玻利维亚、古巴、厄瓜多尔、秘鲁的洪水。近400多年来，印度的每次旱情似乎都与厄尔尼诺事件有关；而大西洋飓风季则在厄尔尼诺年间变弱，拉尼娜年间增强。

在美国西南部，厄尔尼诺年份的降水量大于拉尼娜年份。拉尼娜年份，太平洋西北地区比厄尔尼诺年份湿润。一个地方的气候与其他地方的气候是相互关联的，自然地理学的核心就是在全球尺度上发现这些实际存在的关联及其空间影响。NOAA的科学家Alan Strong说："不可思议的是，某个区域发生的事情会影响整个世界……。科学家们正试图从混沌中找出规律"（关于ENSO的监测和预测，请浏览美国国家气候预测中心网站，https://www.cpc.ncep.noaa.gov/；喷气推进实验室网站，https://sealevel.jpl.nasa.gov/data/el-nino-la-nina-watch-and-pdo/overview/；NOAA的厄尔尼诺主题网页，https://www.pmel.noaa.gov/elnino/）。

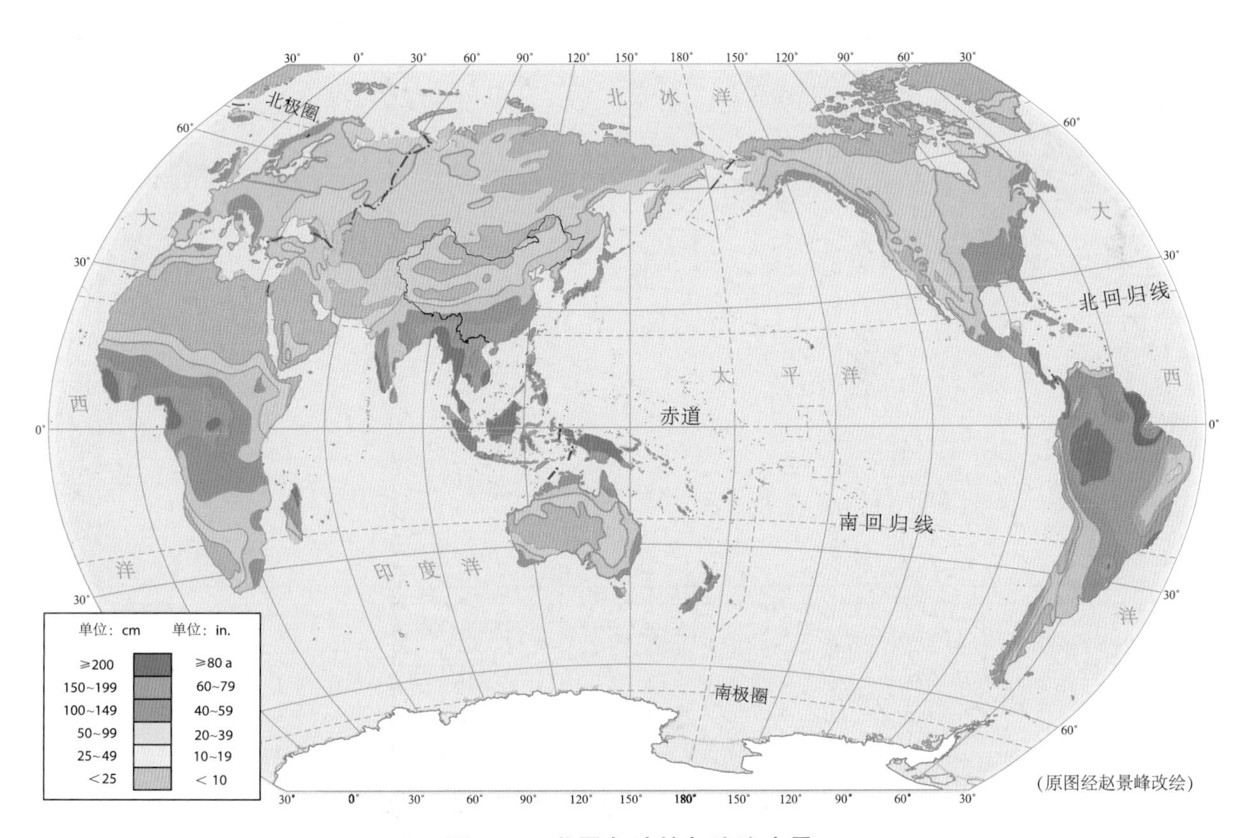

图10.5　世界各地的年均降水量

注：你应该能够确定图中分布模式的成因：温度和气压分布模式，气团类型，气流的辐合、对流及地形和锋面的抬升机理；能量从赤道向两极呈递减规律。

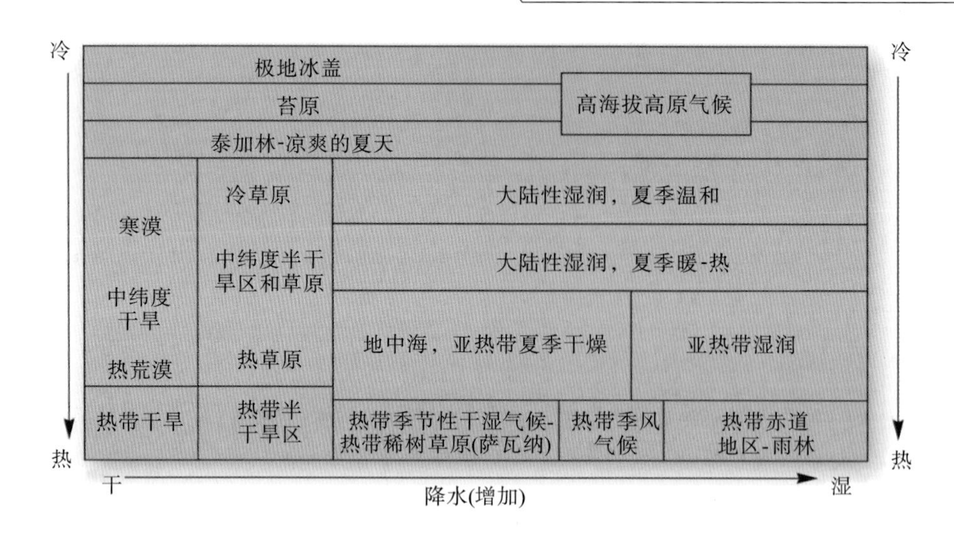

图10.6　气候关系

注：温度与降水所揭示的气候关系。根据你学校的地理位置，利用本图你能确定它的大致区域吗？你的出生地呢？

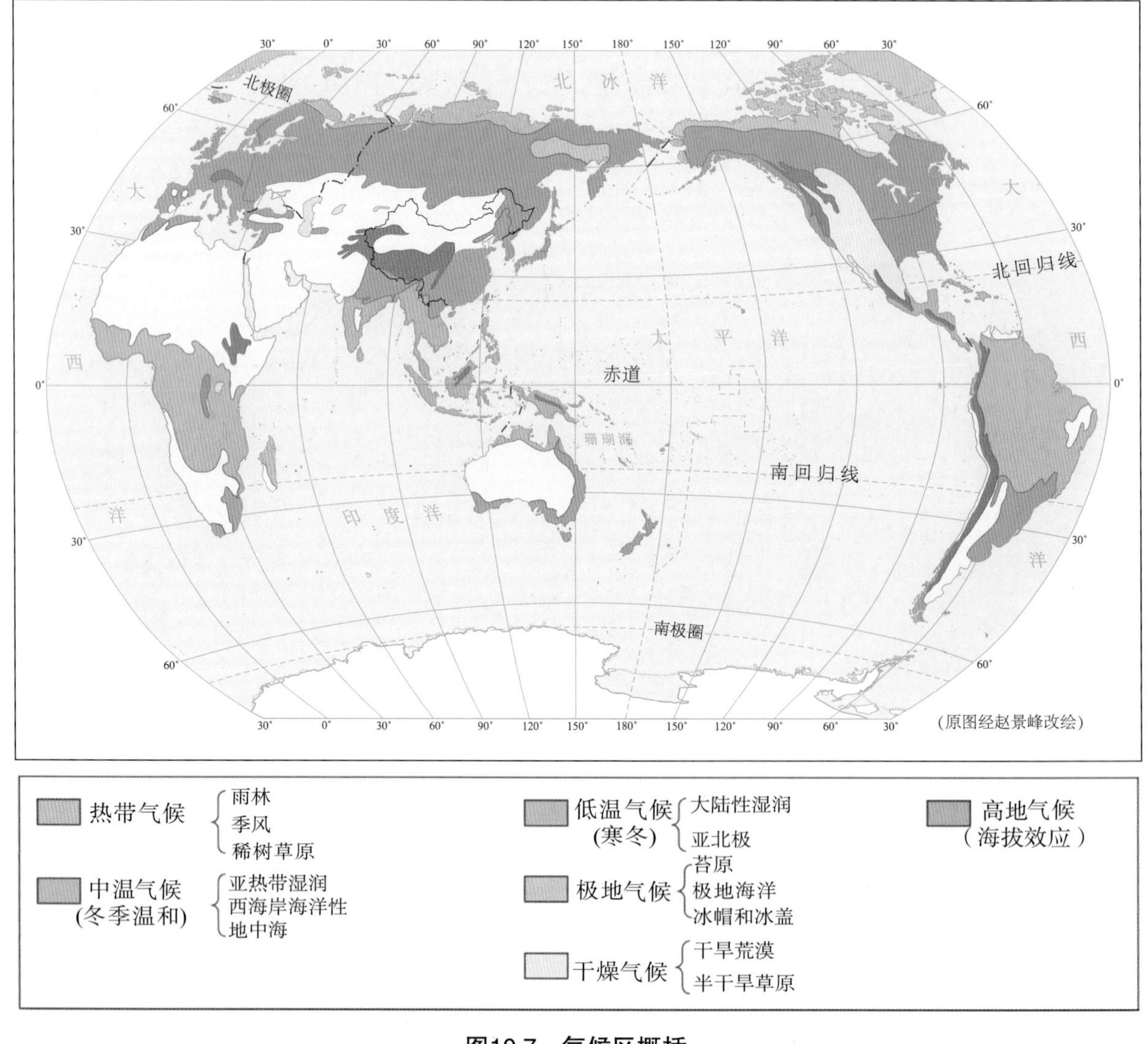

图10.7　气候区概括

注：六个基本气候区，图例和着色见图10.8中的说明。回顾图10.6中你的学校和出生地，在这幅气候图上标注其位置。

10.1.2　气候区的分类

分类是把数据或现象整理并划分为不同类别的一种方法，这种概括方法是科学领域中的一种重要组织手段，特别是对气候区空间分析更有意义。**成因分类法**（gentic classification）是一种基于成因的气候分类法——如气团相互作用。对于某一地区气候的综合要素，这种方法注重探究“为什么”的问题。此外，还有一种基于实际观测数据和统计值的气候分类法，被称作**经验分类法**（empirical classification）。

基于气温和降水的气候分类法就是一种经验分类法。在桑斯威特（C.W. Thornthwaite）提出的一套经验分类法中，区域湿润度就是通过水量平衡方法（第9章）和植被类型来确定的。另一种被广泛认可的经验分类法叫作柯本气候分类法，它是德国气候学家和植物学家弗拉迪米尔·柯本（Wladimir Köppen，1846—1940年）提出的。柯本对气候分类的研究，始于一篇关于热量地带的论文（发表于1884年），之后他一生都在持续这项工作。第一张世界气候分布图的挂图就是由他和他的学生鲁道夫·盖格尔（Rudolph Geiger）共同完成的。这幅挂图于1928年出版后，迅速传播于各地。柯本生前不断地对它改进。附录B中阐述了柯本气候分类体系，包括气候区划分及其详细标准。

分类类别　任何分类体系的基础，都是对类别的边界标准或成因要素等进行选择和确定。气候分类中采用的要素包括：月均气温、月均降水量、全年降水量、气团性质、洋流、洋面温度、有效水分、日照及净辐射量等。当划分空间类别和边界时，我们必须牢记：这些边界实际上是一个渐变的过渡带。边界线反映的趋势和整体分布模式，远比它们的精确位置更为重要，尤其在小比例尺的世界地图上。

本书气候分类的主要依据是气温和降水的观测数据，对于荒漠地区则是有效水分。请牢记：这些可测要素都是前文罗列出的气候要素。图10.7给出了六个基本气候类型及其区域类型是本章内容的组织框架。

■　热带（Tropical）气候，［热带纬度］

　　雨林（全年多雨）

　　季风（6～12月多雨）

　　稀树草原（雨季不到6个月）

■　中温（Mesothermal）气候，［中纬度、冬季温和］

　　亚热带湿润（夏季炎热）

　　西海岸海洋性（夏季从温暖至凉爽）

　　地中海（夏季干燥）

■　低温（Microthermal）气候，［中高纬度，冬季寒冷］

　　大陆性湿润(由炎热到温暖,夏季温和)

地学报告10.1　气候分类的古代思维

古希腊人把世界气候简化为三个气候带：“热带（torrid zone）”是指地中海以南的温暖地区；地中海以北则是“寒带（frigid zone）”；而他们居住的地区是“温带（temperate zone）”，并认为这里的气候最佳。他们认为人类若距离赤道太近或者太远（向北）肯定会死亡。世界是多种多样的，地球上谜一般的气候差异远比这些简单的认知复杂得多。

亚北极（夏季凉爽，冬季非常寒冷）

■ 极地（Polar）气候，［高纬度，极地地区］

苔原（高纬度或高海拔）

冰帽和冰盖（永久冻结）

极地海洋

■ 高地（Highland）气候，［不同纬度的高海拔地区；低温高地］

只有下列一种基于水分效率和温度的气候类别：

■ 干燥气候（Dry climate），［永久性缺水］

干旱荒漠（热带、亚热带炎热，中纬度寒冷）

半干旱草原（热带、亚热带炎热，中纬度寒冷）

全球气候模式　如果把上述详细信息添加到图10.7中，就可得到图10.8所示的世界气候图。以下各节将围绕前面列出的主要气候区，依次描述各种气候类型。在描述之前，先以专栏形式给出：①每个气候区的简述和主要成因；②每个气候区的空间分布及典型特征的城市。

本书列举的每个城市都代表一个气候区的代表，并附**气候图解**，每幅图中都给出了每个观测站的相关信息及月均气温和全年降水量，此外还包括：地理坐标、年均气温、全年降水量、海拔、当地人口数量、气温年较差、全年日照时数（日照时数数据可作为云量指标）及每个城市在地图上的位置。在气候图解的顶部，列出了该气候区内占主导地位的天气特征。

对于全球气候模式所涉及的土壤、植被和主要陆地生物群系等要素，本书将在第Ⅳ篇中阐述，其中表20.1综合概述了这些信息，帮助你对本章的全面理解，请在该页加入一个书签以便以后查阅。

热带气候（热带纬度地区）

全球热带气候区面积最大，占地表总面积的36%，包含海洋和陆地。热带气候分布于赤道两侧，纬度为20° N～20° S，大致位于南回归线（Tropic of Capricorn）和北回归线（Tropic of Cancer）之间，并因此获得“热带（Tropical）”这一名称。这一气候区内没有真正的冬天。热带气候区向北延伸至美国佛罗里达州北端和墨西哥中南部、印度中部及东南亚，向南延伸至澳大利亚北部、马达加斯加岛、非洲中部及巴西南部。热带气候的成因包括：

- 恒定的昼长和日照输入，形成了持续高温天气；
- 热带辐合带随太阳高度角变化而发生季节性移动，可以带来降雨；
- 海水温暖、海洋性气团不稳定。

热带气候有三种截然不同的类别：热带雨林（全年受ITCZ控制）、热带季风（一年中有6～12个月受ITCZ控制）、热带稀树草原（热带萨瓦纳）（受ITCZ控制的时间不足6个月）。

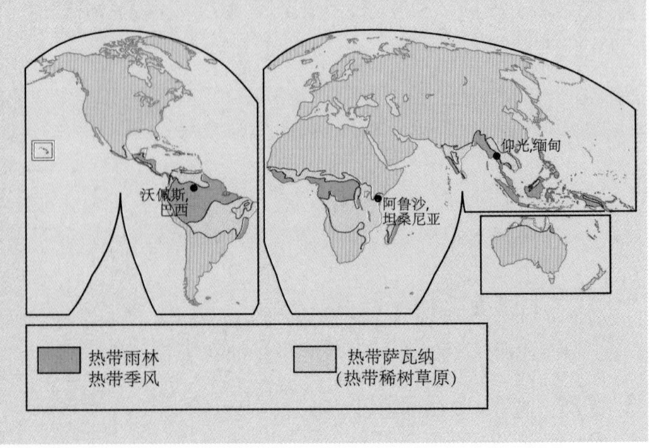

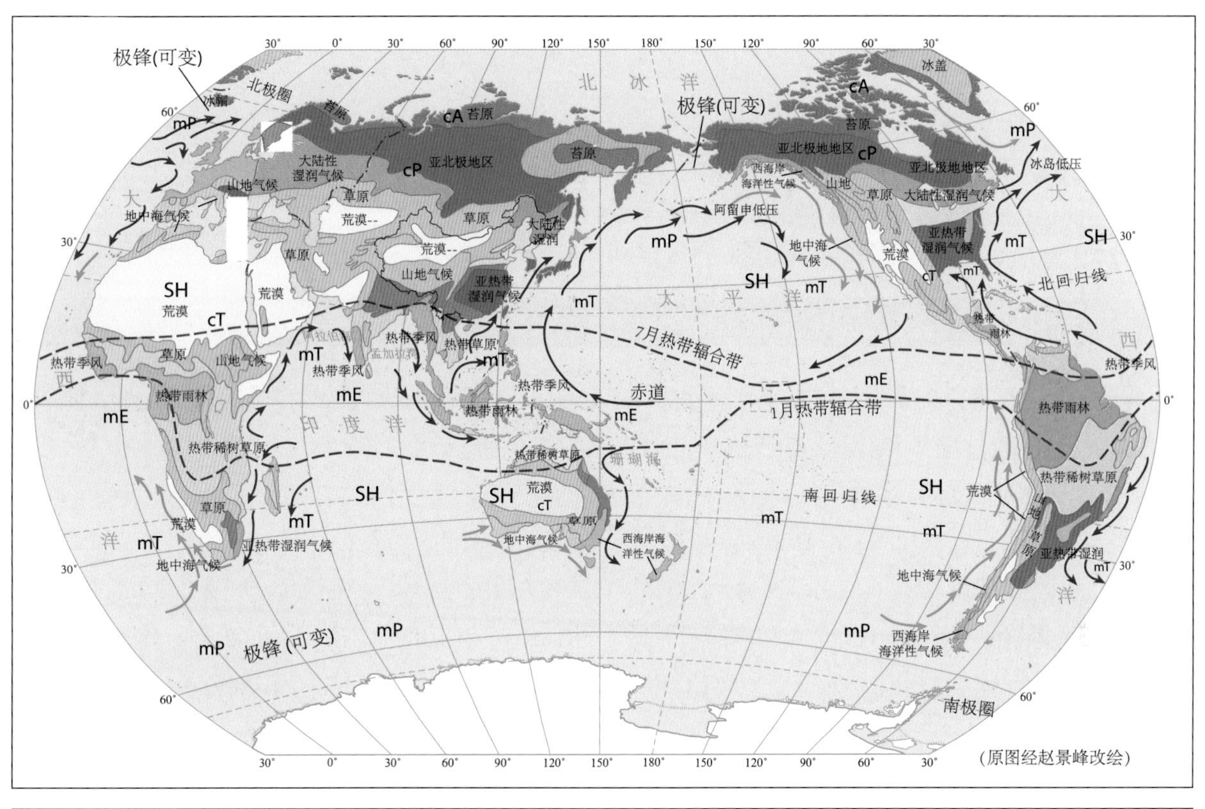

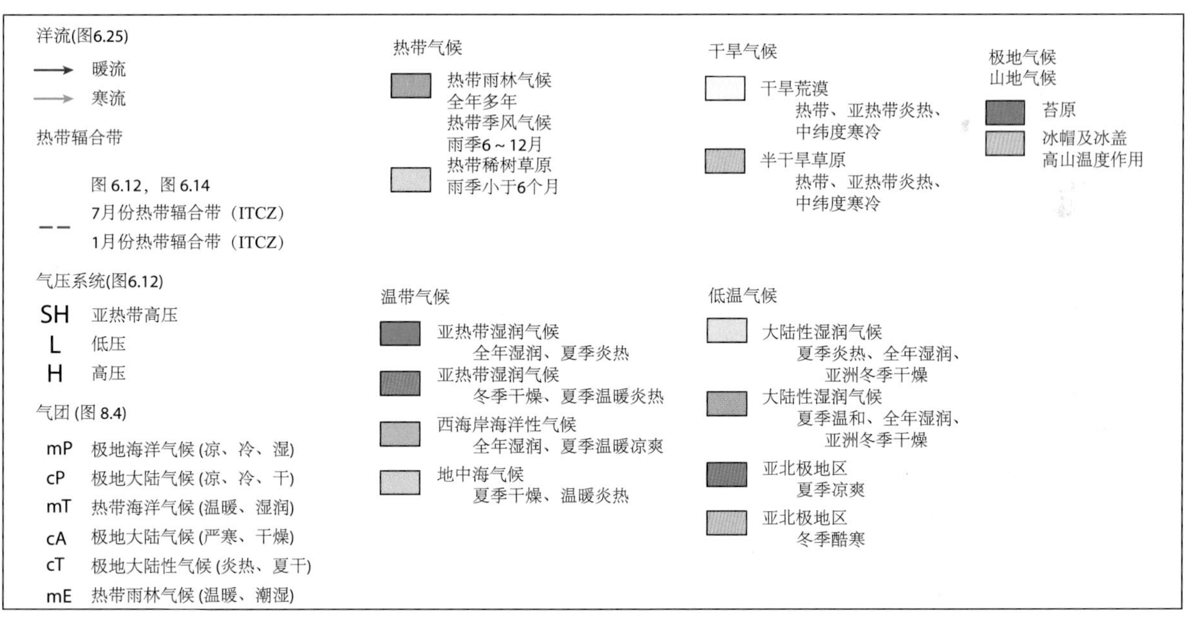

图10.8　世界气候分类

注：图上标注了气团、近岸洋流、气压系统11月份和7月份ITCZ所处的位置。图例着色代表各种气候类型。

判断与思考10.1　你那里的气候状况

图10.6和图10.7中要求你确定自己所在学校和出生地的气候状况。现在，请在图10.6～图10.8上标记出这些位置，然后收集当地各月的降水量和气温数据。简述数据来源：比如图书馆、互联网、教师、国家或省级气候研究单位的电话咨询。之后，请参阅附录B，改进当地的气候评估。根据附录中的柯本气候分类标准，简述你是怎样利用它们确定当地气候的。

地学报告10.2　气候边界的变化与考量

有时，把最冷月气温为-3℃或以下的等温线作为中温气候和低温气候的分界线。对于欧洲而言，这个划分标准或许是准确的，但对北美洲的气候状况来说，0℃等温线也许更合适。-3～0℃等温线的分布范围相当于美国俄亥俄州的宽度。图10.8中，你看到的气候边界就是依据0℃等温线来划分的。

气候变化意味着这些基于统计值所划分的气候边界是变化的。据政府间气候变化专门委员会（IPCC，本章稍后讨论）的预测，中纬度的气候模式可能在21世纪内向极地方向偏移150～550km。这种气候变化可能会使俄亥俄州、印第安纳州和伊利诺伊州划归到阿肯色州和俄克拉何马州的气候类别中。在图10.8上观察北美洲时，并通过比例尺估算一下气候区可能偏移的距离。

10.1.3　热带雨林气候

热带雨林气候始终表现为温暖的和湿润的。在内陆地区，由局部受热和信风辐合作用触发的对流雷暴天气，主要发生于15:00～晚上（20:00～22:00），而海岸地带在一天中的更早时段主要受海洋气候影响。伴随ITCZ的移动，降水带也会发生移动（见第6章）。夏季太阳高度角变化导致ITCZ发生季节性的南北移动，但热带雨林地区全年都受ITCZ的影响，因此这一地区会产生巨大的盈余水量，使得亚马孙河和刚果河流域成为世界上流量最大的河流。

丰沛的降水量能够维持常绿阔叶林的繁茂生长，从而形成了赤道和热带地区的雨林。热带雨林的林冠很密，光线难以照射到地面，林下地面由于阴暗而植被稀疏。茂密的地面植被通常仅分布于阳光充足的河岸地带（雨林大面积砍伐，详见第20章）。

较高的温度使土壤中的细菌活跃，加速了有机物的消耗；强降水冲刷着矿物和养分，导致土壤贫瘠，因此只有通过施肥才能支撑集约农业的发展。

巴西沃佩斯（Uaupés）的气候属于典型热带雨林气候（图10.9）。在气候图解中，这里的月降水量最小值为150mm，气温年较差仅2℃。在这类气候中，所有的气温日较差（昼夜之间）均超过气温年较差，即昼夜气温差大于11℃，超过年内月平均气温差值的5倍多。

沿赤道连续分布的热带雨林气候，仅在南美安第斯山脉和东非高原出现了中断（图10.8），因为这里的高海拔导致气温

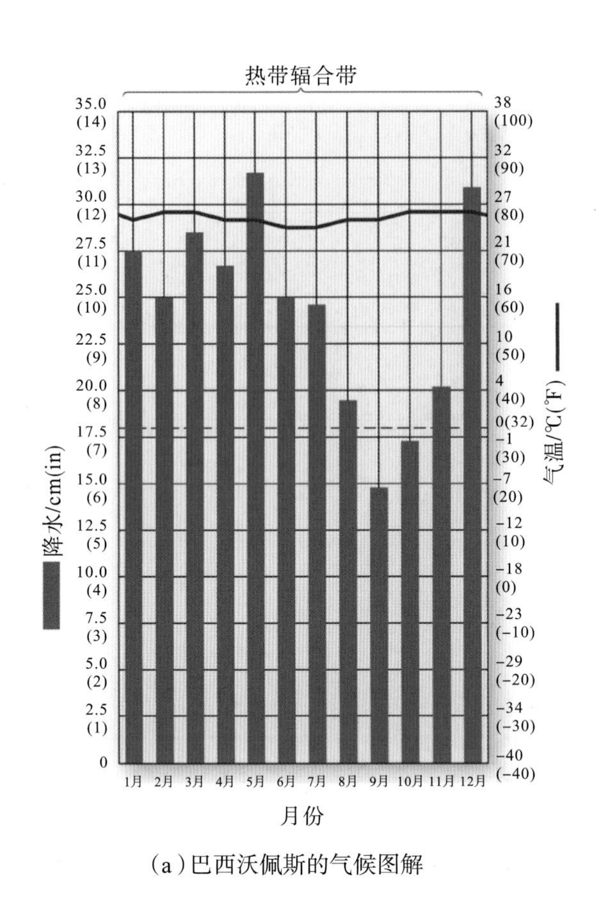

(a)巴西沃佩斯的气候图解

位置：巴西，沃佩斯　海拔：86 m
纬度/经度：0°08′S/67°05′W　人口:10 000
年均气温：25℃　气温年较差：2℃
年降水量：291.7 cm　年日照时数：2 018h

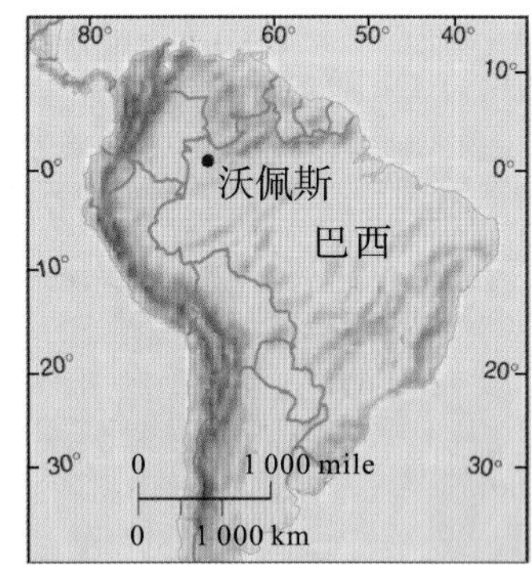

(b)内格罗河沿岸分布的热带雨林，巴西亚马孙

图10.9　热带雨林气候
[Gerard与Margi Moss/peterarnold.com]

较低，如乞力马扎罗山位于赤道以南不足4° S，但它的山顶海拔5 895m处却分布着永久冰川（尽管冰川因气温变暖消失殆尽），这样的高山属于高地气候区。

10.1.4　热带季风气候

热带季风气候的特征是其旱季可持续1个月以上。ITCZ每年带给该气候区的降雨长达6～12个月（记住：热带雨林气候全年都受ITCZ影响）；但热带辐合带离开时，这些地区便进入了旱季。如图10.10所示，缅甸仰光属于这种气候类型，因为山脉阻挡了来自中亚的冷气团，使其无法到达仰光，从而导致年均气温较高。

在仰光以北480km，位于孟加拉湾的另一个沿海城市缅甸实兑，其年降水量会高达5 150mm，而仰光是2 690mm。由此可见，仰光比北方的沿海地区还要干燥，不过这一降水量仍然符合该气候类型的标准，即年降水量2 500mm。因此，仰光的气候仍属于热带季风气候。

热带季风气候，主要分布于热带雨林气候的沿海地区，其风系和降水具有季节性变化特征，其更干燥边缘带与热带稀树草原气候毗邻，常绿林过渡为热带旱生林。

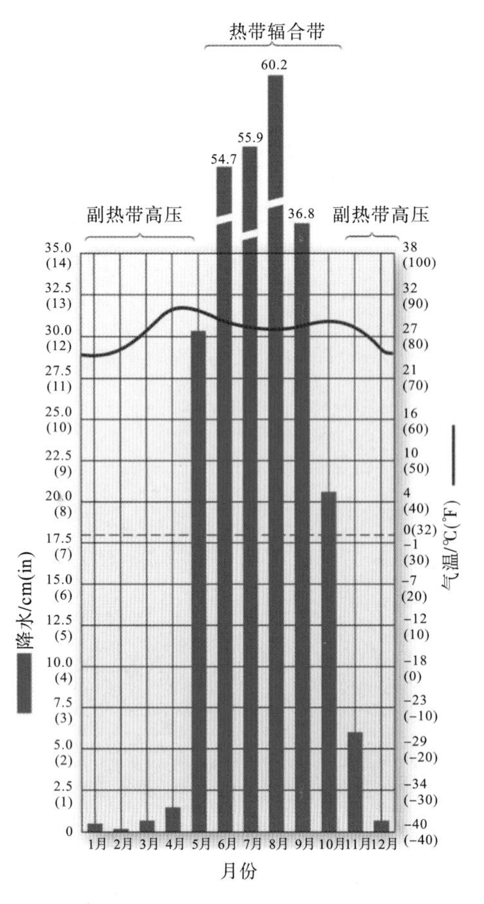

位置：缅甸，仰光市　　海拔：23 m
纬度/经度：16°47′N/96°10′E　　人口：6 000 000
年均气温：27.3℃　　气温年较差：5.5℃
年降水量：268.8 cm

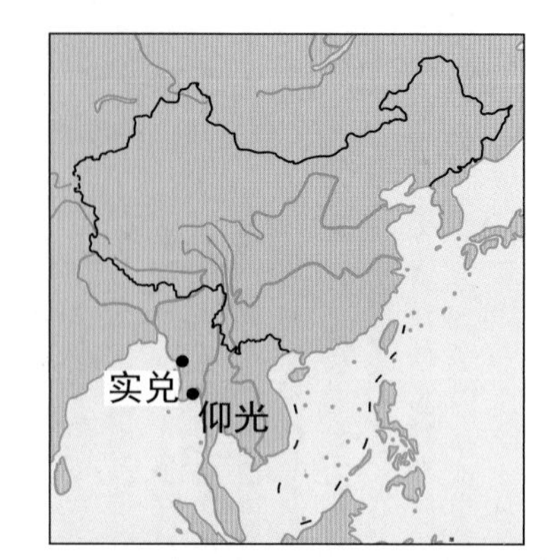

（a）缅甸仰光的气候图解；图中还标注了缅甸实兑（Sittwe）的位置

（b）印度东部的季风乔灌混交林

图10.10　热带季风气候
［shaileshnanal/Shuttershock］

10.1.5　热带稀树草原气候

热带稀树草原（萨瓦纳草原）气候分布范围从热带雨林向两极方向延伸。本章开篇照片中的波多黎各就属于这一气候类型。伴随夏季太阳直射点的移动，一年之中ITCZ控制这一地区的时间约6个月或更短。当ITCZ夏季移动至该地区上空时，产生的对流雨使其比冬季湿润；然而，当ITCZ远离后，这一地区就会受到高气压控制，其干旱状况很明显，因此冬季的POTET（自然需水量）大于降水量（自然水分供应量），水量收支出现亏损。

热带稀树草原气候区的气温变幅大于热带雨林气候区。热带稀树草原气候一年有两个气温最大值，这是因为太阳直射点在赤道与回归线之间移动，一年有两次经过它的正上方，即南北半球的夏至点。热带稀树草原气候区的特征：草本植物占优势并伴有稀疏的树木，它们具有耐旱性并对降水变率有较高的适应性。

坦桑尼亚的阿鲁沙是热带稀树草原上的一个城市（图10.11）。这个人口超过136.8万的大城市，位于著名的塞伦盖蒂草原和奥杜瓦伊峡谷（人类的起源地）以东、塔兰吉雷国家公园以北地区。尽管该地区

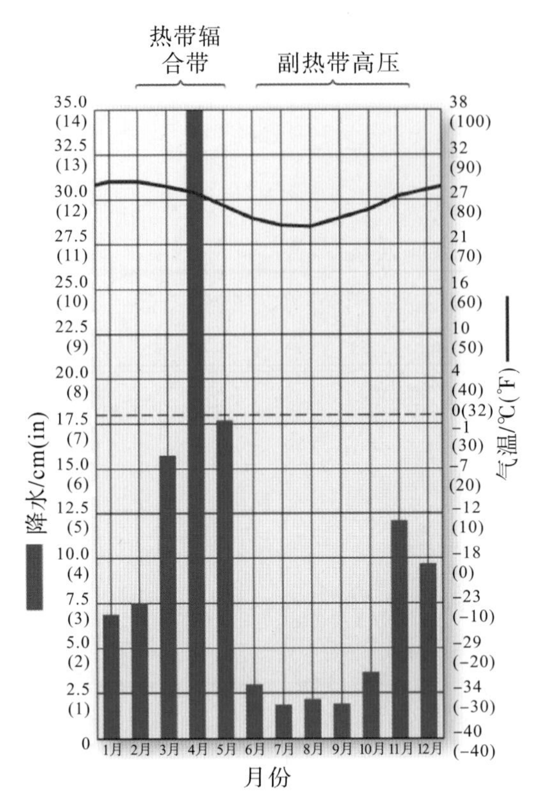

(a) 坦桑尼亚的阿鲁沙气候图解；注意图中的明显干旱期

位置：坦桑尼亚，阿鲁沙市
纬度/经度：3°24′S/36°42′E
年均气温：26.5℃
年降水量：119 cm
海拔：1 387m
人口：1 368 000
气温年较差：4.1℃
年日照时数：2 600 h

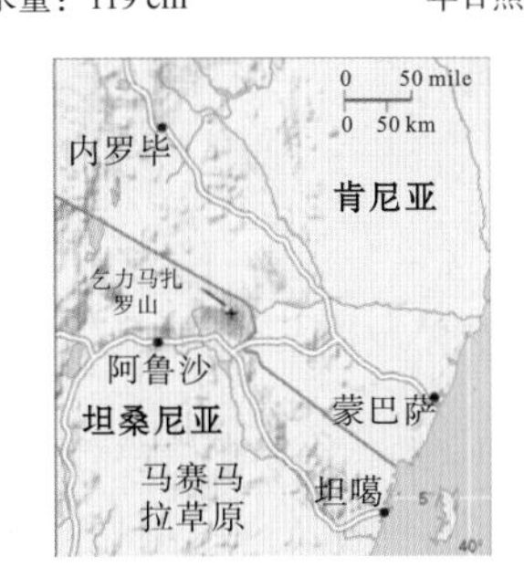

(b) 坦桑尼亚的恩戈罗保护区（阿鲁沙市附近）景观特征，植物已适应了季节性干旱

图10.11　热带稀树草原气候
[Blaine Harrington III/Corbis]

的海拔高达1 387m，可气温却与热带气候一致（注：这里6～10月的显著旱期，凸显的是主导气压系统的变化，而非气温年较差）。这一地区在东北方向上过渡为更干旱的热带荒漠草原气候。

10.1.6　亚热带湿润气候

夏热型亚热带湿润气候的特征是全年湿润或有一个明显的冬季干旱期，如东亚和南亚。夏季，海岸以东的温暖海域上形成的热带海洋性气团对夏热型亚热带湿润气候产生一定影响；这种不稳定的暖湿气团会在陆地上空形成对流雨；在秋季、冬季和春季，这种热带海洋性气团与大陆极地气团相互作用，导致锋面活跃、中纬度气旋风暴频繁发生。上述两种原因造成全年都有降水，年均降水量总体在1 000～2 000mm。

日本长崎市（图10.12）是一个具有夏热型亚热带湿润气候特征的亚洲观测站；而美国南卡罗来纳州的哥伦比亚市，则是美国东南部具有这种气候特征的北美洲观测站（图10.13）。同一气候区的美国城市（亚特兰大市、孟菲斯市、诺福克市、新奥尔良市和哥伦比亚市），会在冬季发生降水。与北美洲相比，日本长崎受亚洲季风

中温气候（中纬度地区，冬季温和）

中温意味着“中等温度”，用来描述温暖和温和的气候。该气候区的植被和土壤表现出了真正意义上的季节性，这一点从人们的生活方式上就可以得到印证——世界1/2以上的人口居住在中温气候区。该气候区约占地球表面的27%，所占比例仅次于热带气候区。热带和中温气候区，加在一起覆盖了全球1/2以上的海洋和1/3左右的陆地。

中温气候区及其周边低温气候区（冬季寒冷）天气变异性很大，因为它们位于气团相互作用最强的纬度地区。该气候的成因包括：

- 在高空西风带、罗斯贝波和高空急流的引导下，海洋气团和大陆气团发生偏转；
- 气旋（低气压）和反气旋（高气压）系统迁移导致天气多变和气团冲突；
- 海面温度对气团强度的作用：西海岸冷海水导致气团强度变弱，而东海岸暖海水则使气团加强；
- 纬度对日照和温度的作用：从热带向两极延伸，夏季气温从炎热，依次向温暖、凉爽过渡。

除副热带高压产生的夏季干燥气候以外，中温气候区的主要特征是潮湿。基于降水变化特点可划分为四种不同类型：夏季炎热型亚热带湿润气候（全年潮湿）、冬季干燥型亚热带湿润气候（亚洲，夏季从炎热到温暖）、西海岸海洋型（全年湿润，夏季从温暖到凉爽）和地中海夏干型气候（夏季从温暖到炎热）。

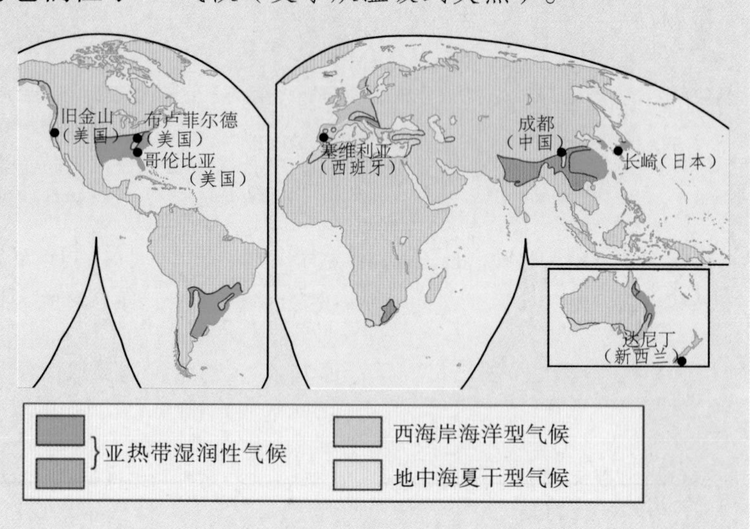

影响，虽然冬季降水量较少，但不能归类于冬季干燥型亚热带湿润气候。对比三个城市的年均降水量：长崎市的1 960mm高于哥伦比亚市的1 265mm［图10.13（b）］和亚特兰大的1 220mm。

冬季干燥型亚热带湿润气候，它与冬季干燥以及季风的季节性脉动有关。该气候区空间范围是从热带稀树草原向两极方向延伸，夏季一个月的降水量比冬季最干旱的月份高出10倍以上。

中国四川省成都市就是一个典型例子，图10.14中的降水量与夏季太阳高度角存在着强相关关系。2008年5月，成都及周边地区遭受到7.9级的地震袭击，地震造成了大范围的破坏，约8.5万人死亡，近40万人受伤［图10.14（b）］。这是1976年唐山大地震以来（死亡人数达25万）中国遭受的最大地震，详见第12章的内容。

关于夏热型亚热带湿润气候和冬干型亚热带湿润气候的宜居性和人口承载力，从人口密度分布上就可以印证，如印度中北部、14亿人口的中国及美国类似气候区的人

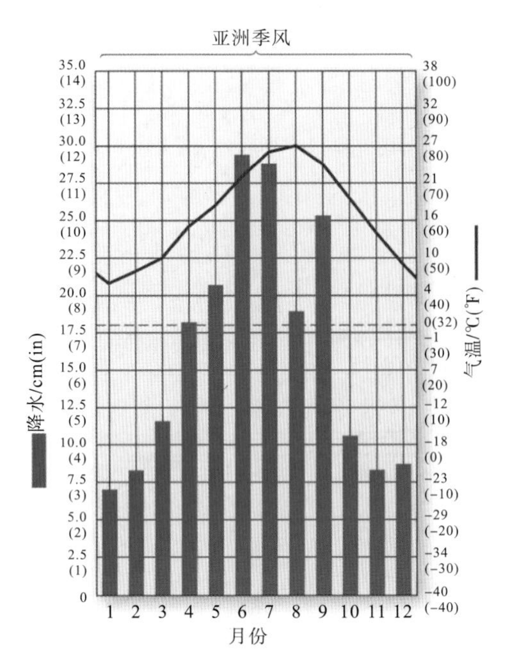

（a）日本长崎市气候图解

测站：日本，长崎市　　海拔：27m
纬度/经度：32°44′N/129°52′E　　人口：1 585 000
年均气温：16℃　　气温年较差：21℃
年降水量：195.7cm　　年日照时数：2 131 h

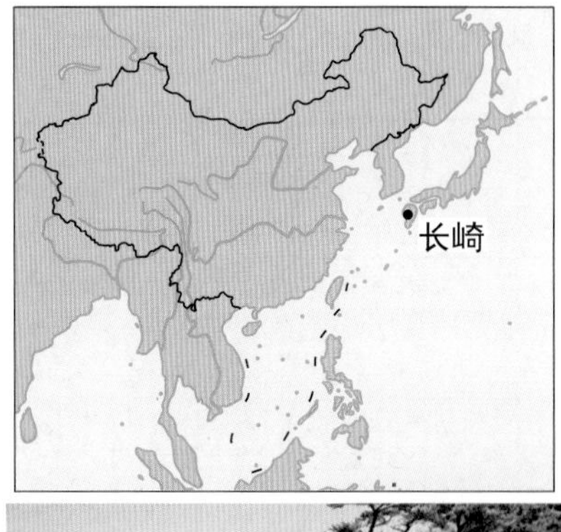

（b）北九十九里滨岛的春季景观，拍摄地点位于日本长崎市和佐世保市附近［JTB 照片/photolibrary.com］

图10.12　亚洲夏热型亚热带湿润气候

测站：南卡罗来纳州，哥伦比亚市　　海拔：96m
纬度/经度：34°N/81°W　　人口：11 600
年均气温：17.3℃　　气温年较差：20.7℃
年均降水量：126.5cm　　年日照时数：2 800 h

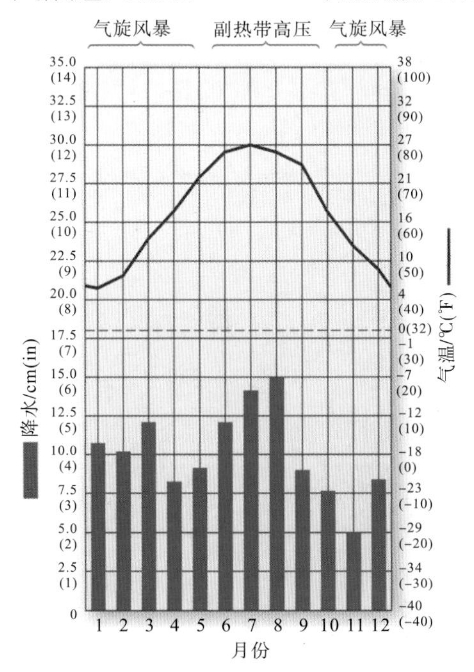

（a）美国南卡罗来纳州哥伦比亚市的气候图解

注：哥伦比亚市的降水模式要比长崎更稳定，因为哥伦比亚市受季节性气旋及夏季热带海洋性气团对流雨的影响。

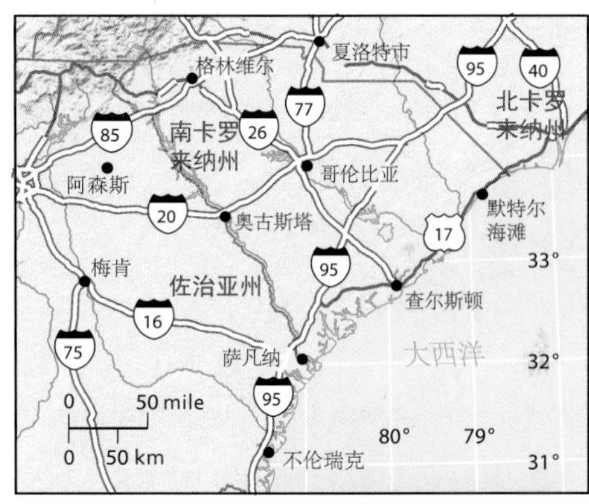

（b）格鲁吉亚南部的松柏常绿混交林旁边水域中的睡莲

（c）阿根廷的亚热带湿润地区，巴拉那河上的临时码头，地点位于布宜诺斯艾利斯西北部

图10.13　美洲夏热型亚热带湿润气候

［（b）和（c）Bobbé Christopherson］

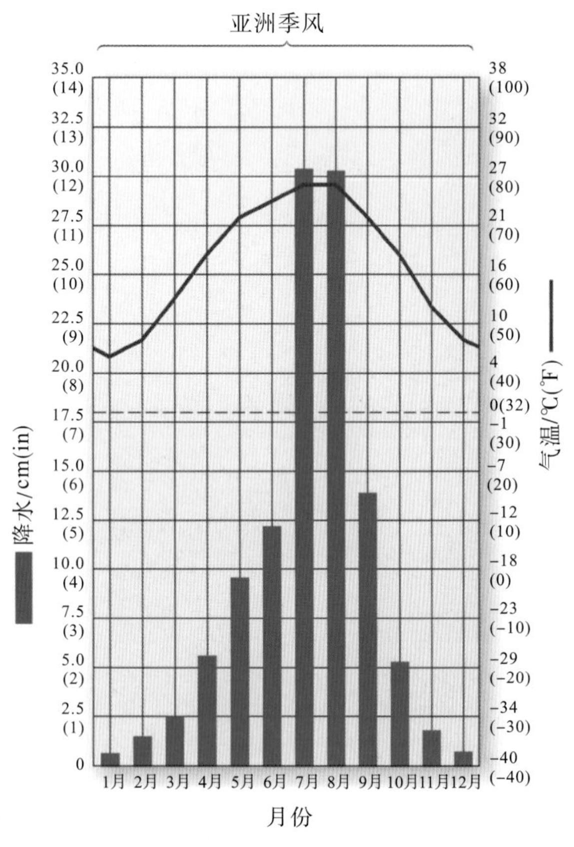

（a）中国四川成都的气候图解

注：夏季季风降水。

测站：中国，成都市　　海拔：498 m

纬度/经度：30°40′N/104°04′E　　人口：11 250 000

年均气温：17℃　　气温年较差：20℃

年降水量：114.6 cm　　年日照时数：1 058 h

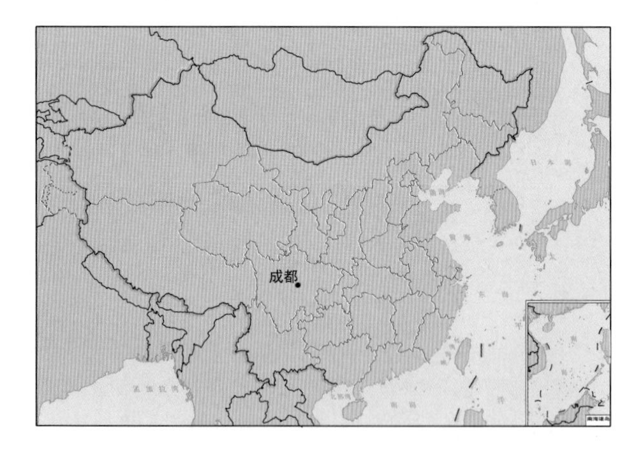

口密度。

夏季亚洲季风带来的强降水经常导致印度和孟加拉国洪水泛滥，比如过去十年间连续多年发生的洪灾。如第8章所述，冬季干燥季风气候仍保持着几项降水纪录。在美国东南部，强雷暴天气和龙卷风有时十分引人注目，龙卷风频数每年都会打破先前的纪录。

10.1.7　西海岸海洋性气候

西海岸海洋性气候的特征是冬季温和、夏季凉爽。欧洲及西海岸中高纬地区都受这种气候控制（图10.8）。在美国，这种夏凉气候与东南部的亚热带夏热湿润气候对比鲜明。

凉爽湿润且不稳定的极地海洋气团，控制着西海岸海洋气候。沿极锋形成的天气系统和极地海洋气团，全年占据这些地区，使这里的天气难以捉摸。每年长达30～60天的沿岸海雾，就是海洋缓和作用的结果。这可能发生霜冻，导致植物生长期缩短。

西海岸海洋性气候就其纬度范围而言，气候非常温和。这种气候从北太平洋

（b）汶川大地震时，中国四川省成都市的人们从高层建筑物中逃离出来［中国日报］

图10.14　冬干型亚热带湿润气候

扩张至阿留申群岛海岸边缘，覆盖了北大西洋冰岛南部的1/3、斯堪的纳维亚半岛沿岸，还控制着大不列颠群岛。令人难以想象的是，在如此高的纬度上，全年各月平均气温仍高于冰点。

西海岸海洋性气候对欧洲的影响非常广泛，但对于加拿大、阿拉斯加、智利和澳大利亚沿岸来说则不同，因为山脉限制了这种气候的影响。温哥华岛的温带雨林就是这种湿润凉爽气候的代表（图10.15）。

图10.15　西海岸海洋性气候

注：沿小魁河分布的温带雨林，摄影地点位于温哥华岛中部，毗邻于加拿大不列颠哥伦比亚省麦克米兰省立公园。［Bobbé Christopherson］

图10.16展示了南半球西海岸海洋城市的温和气温模式及气温年较差。

有趣的是，美国东部存在一个异常区域：位于夏热型亚热带湿润气候区内的阿巴拉契亚山地，其部分地区由于海拔高而气温低，形成了夏季凉爽的西海岸海洋性气候。尽管西弗吉尼亚州的布卢菲尔德位于美国东部，可是气候图解（图10.17）展现的气温和降水模式却属于西海岸海洋性气候。由于美国西北地区与阿巴拉契亚山区的植被类似，所以美国东部有许多居民迁居到气候环境熟悉的西北地区。

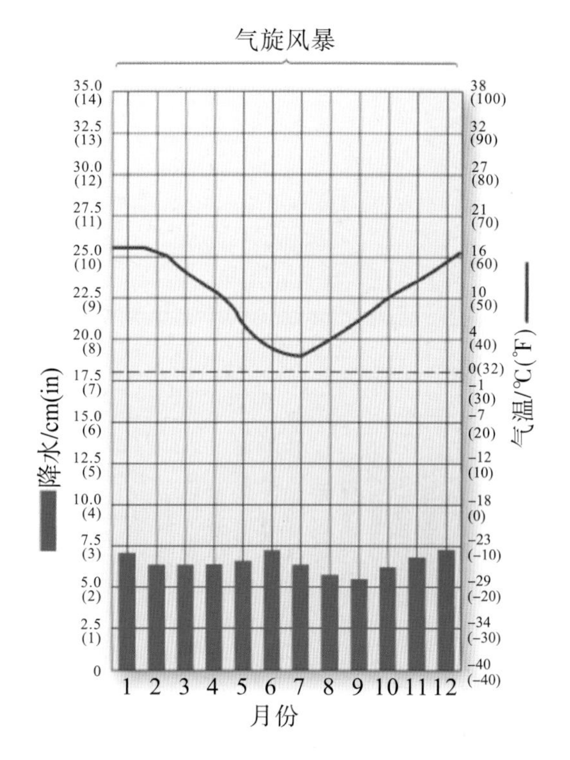

（a）新西兰达尼丁市的气候图解

测站：新西兰，达尼丁市　海拔：1.5 m
纬度/经度：45°54′S/170°31′E　人口：120 000
年均气温：10.2℃　气温年较差：14.2℃
年降水量：78.7 cm

0　400　800 mile
0　400　800 km
澳大利亚
新西兰
达尼丁

（b）新西兰南岛的草甸、森林和山脉

图10.16　南半球西海岸海洋性气候

［照片，Brian Enting/Photo Researchers，Inc.］

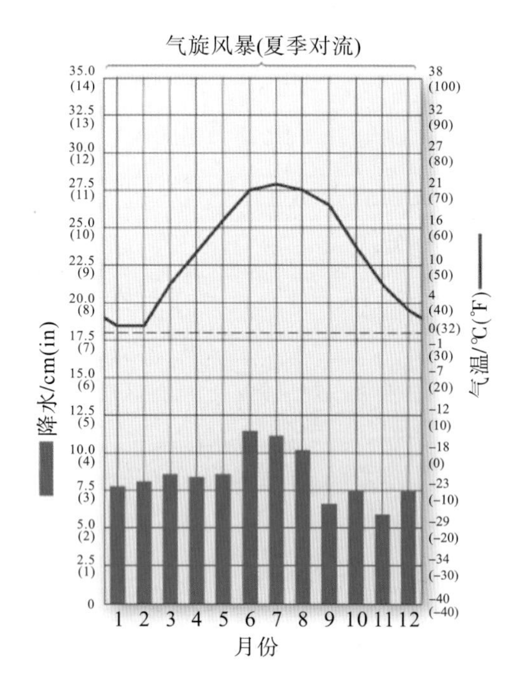

（a）美国西弗吉尼亚州布鲁菲尔德的气候图解

测站：西费吉尼亚州，布鲁菲尔德　　海拔：780 m
纬度/经度：37°16′N/81°13′E　　人口：11 000
年均气温：12℃　　气温年较差：21℃
年降水量：101.9 cm

（b）阿巴拉契亚山混交林冬季的景观

图10.17　美国东部阿巴拉契亚山的西海岸海洋性气候［作者］

10.1.8　地中海夏季干燥气候

地中海夏季干燥气候，冬季降水占年降水量的70%，这与世界大多数地区最大降水量发生于夏季形成了鲜明对比。夏季，全球范围内的副热带高压转移，阻挡了相邻地区的湿润气流，从而形成了稳定的暖干空气；如果某一地区，这种气流夏季到来、冬季离开，那么该地区就会形成夏干冬湿的气候模式，如夏季非洲撒哈拉沙漠上空的热带大陆性气团北移至地中海地区上空，阻挡了海洋性气团和气旋风暴的前移。

世界范围内的离岸寒流（加利福尼亚寒流、加那利寒流、秘鲁寒流、本格拉寒流和西澳大利亚寒流），使西海岸的上覆气团稳定性增加，并从副热带高压向两极方向延伸。如图10.8所示，地中海夏季干燥气候的分布范围包括北美西部边缘、智利中部，非洲西南端、澳大利亚南部和地中海盆地——气候名称来缘。请在世界气候图上，观察各个气候区的离岸洋流。

图10.18对比了旧金山与西班牙塞维利亚的地中海夏季干燥气候图解。海洋效应对沿岸的旧金山气候具有调节作用，所以夏季凉爽。从旧金山到夏季炎热的内陆地区，过渡带才不过24～32km宽。

地中海夏季干燥气候区的特征是夏季水量亏缺，尽管冬季降水对土壤水分有补给作用，可土壤水分通常在晚春时节就已消耗殆尽。虽然一些亚热带水果、坚果和蔬菜对这种气候具有特殊的适应能力，但大规模的农业仍然需要灌溉。这些地区的天然植被以硬叶和耐旱性为特征，被美国西部当地称作查帕拉尔（Chaparral）群落，即北美夏旱灌木群落（第20章将探讨这种植被在世界各地的地方称谓）。

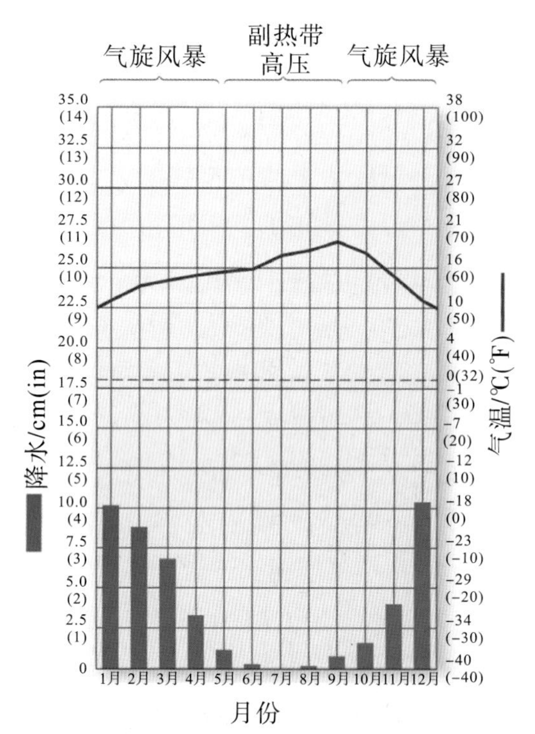

测站：美国加利福尼亚州，旧金山市　海拔：5 m
纬度/经度：37°31′N/122°23′W　人口:777 000
年均气温：14.6 ℃　气温年较差：11.4 ℃
年降水量：56.6 cm　年日照时数：2 975 h

(a)美国加利福尼亚州的旧金山市，夏季干冷

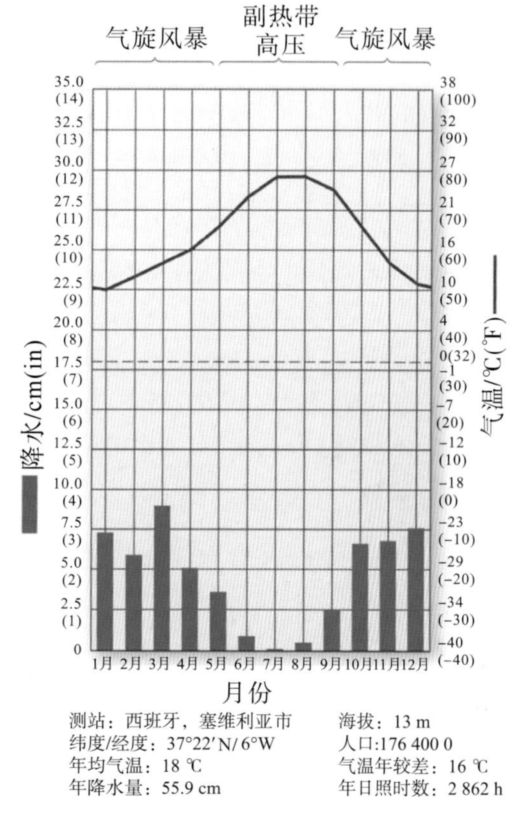

测站：西班牙，塞维利亚市　海拔：13 m
纬度/经度：37°22′N/6°W　人口:176 400 0
年均气温：18 ℃　气温年较差：16 ℃
年降水量：55.9 cm　年日照时数：2 862 h

(b)西班牙的塞维利亚市，夏季干热

(c)美国加利福尼亚州中部地中海的橡树稀树草原

(d)西班牙的塞维利亚市附近拍摄的埃尔佩尼翁山脉远景

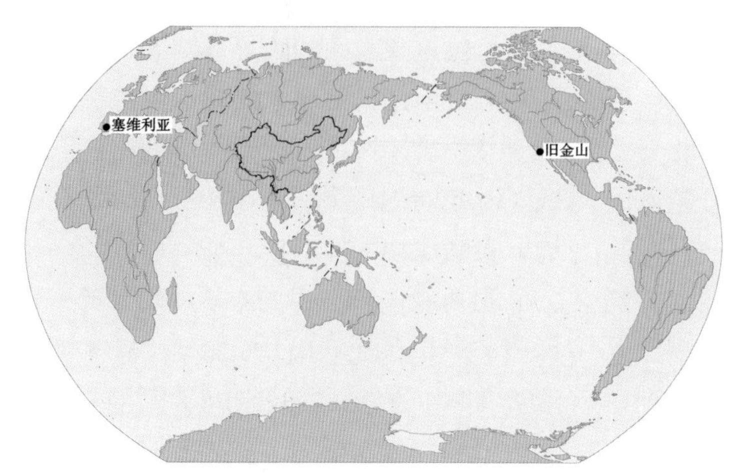

图10.18　美国加利福尼亚州和西班牙的地中海夏季干燥气候

[(c)Bobbé Christopherson; (d)Michael Thornton/图片设计/Corbis]

低温气候（中-高纬度，冬季寒冷）

低温湿润气候的特征为全年冬季，但伴有一段夏暖期。这里低温（Microthermal）一词，意味着气温从凉爽过渡到寒冷。全球约有21%的陆地面积受这种气候影响，约占地表总面积的7%。

这种气候的覆盖范围沿中温气候带外侧向两极延伸，由于大陆性及气团冲突的影响，气温变幅很大。纬度越高，该气候区向内陆扩进的范围越广，气温就越低，所以冬季十分寒冷。与终年湿润地区（横贯美国和加拿大的北部，穿过乌拉尔山脉一直到东欧）相比，该气候区因亚洲干燥季风和冷气团过境，冬季干燥。

在图10.8中，可以发现南半球缺失低温气候区。这是因为南半球陆地少，只有高原区才能形成低温气候。低温气候的主要成因包括：

- 季节性强（昼长和太阳高度角），温差大（日较差和年较差）；
- 高空西风和罗斯贝波使暖空气北移、冷空气南移，从而形成气旋，而夏季热带海洋气团可产生对流雷暴天气；
- 伴随大陆高压及其相关气团，亚洲冬季干燥模式自乌拉尔山以东向东亚、太平洋逐渐增强；
- 从中温气候带向北，伴随日照和净辐射量的递减，夏季气温由热变凉，冬季前后的春秋季节短暂、气温由冷转寒；
- 强极地大陆性气团以大陆内部为源地，冬季占支配地位，阻挡了气旋风暴。

由于低温气候区的温度与纬度、降水有关，低温气候被划分为4种不同类型：夏季炎热型大陆湿润气候（如芝加哥市、纽约市）、夏季温和型大陆湿润气候（如德卢斯市、多伦多市、莫斯科市）、夏季凉爽型亚北极气候（如曼尼托巴省丘吉尔）、极其寒冷的冬季严寒型亚北极气候（如上扬斯克市、西伯利亚北部）。

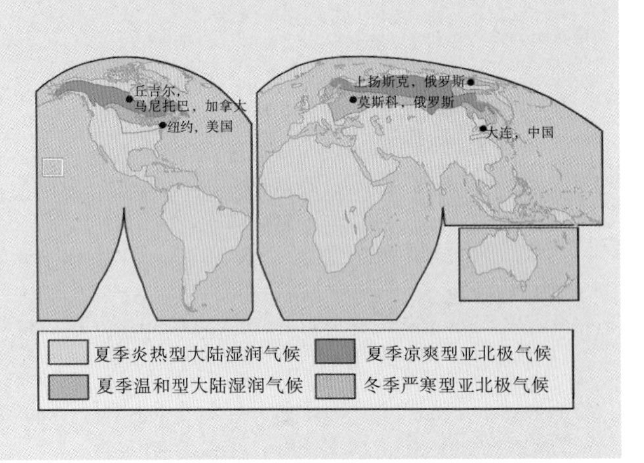

10.1.9　夏季炎热型大陆湿润气候

夏季炎热型大陆湿润气候，按照降水季节分布差异划分为不同类型。全年湿润型大陆湿润气候和冬季干燥型大陆湿润气候，夏季受热带海洋气团影响。在北美，频繁的天气活动可能发生在热带海洋气团与极地大陆气团相互冲突的区域——尤其是冬季。美国纽约和中国大连的气候图解（图10.19）展示了两种不同的夏热型低温气候：大连冬季干燥是大陆冷空气入侵产生的干燥季风造成的。

在欧洲人定居美国之前，美国夏季炎热型大陆湿润气候区的森林覆盖范围向西可延伸至印第安纳州-伊利诺伊斯州的边界，越过这条大致的边界后则为高草草原，这种景观向西延伸至大约98° W经线（98° W位于堪萨斯州的中部）及510mm等降水量线（Isohyet）附近，再向西延伸则为矮草草原，表明该地区降水少。

对于第一批在美国大草原定居的人们，深密的草根层使农田开垦艰难，对气候的适应亦如此。但这些草本植物很快就被小麦和大麦等作物所取代。各种发明创造（铁丝

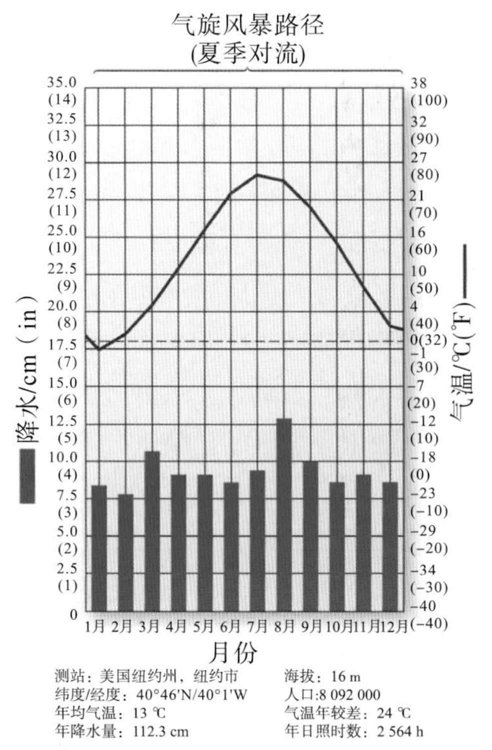

(a)美国的纽约市（夏热型大陆湿润气候，全年湿润）

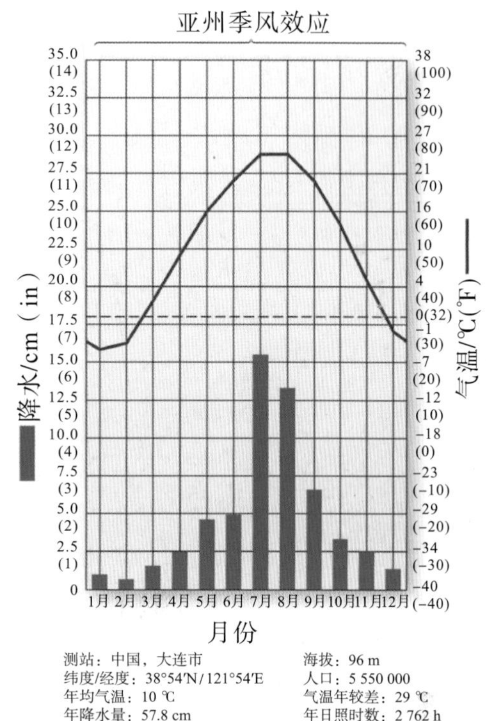

(b)中国辽宁省的大连市（夏热型大陆湿润气候，冬季干燥）

(c)位于美国纽约中央公园的眺望台城堡（1872年建），也是1919～1960年气象站所在地

(d)中国大连市的城市和公园夏季景观

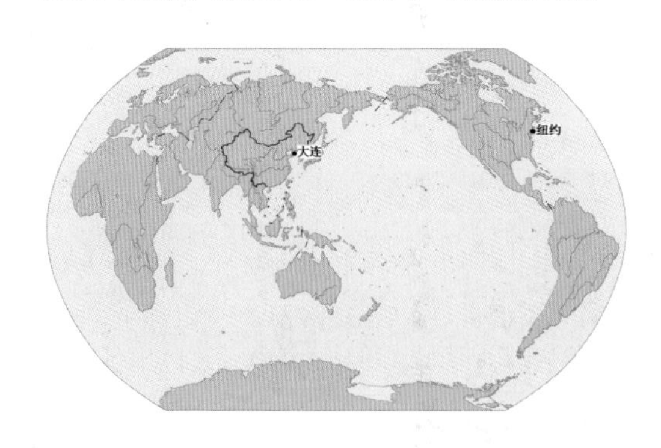

图10.19　夏热型大陆湿润气候——美国纽约和中国大连

[(c)Bobbé Christopherson；(d)保罗路易斯]

网、自冲式钢犁、钻井技术、风车、铁路和六发式左轮手枪）使定居于这一区域的外来人口不断扩张。如今美国的夏季炎热型大陆湿润气候区，已成为了谷物、大豆、生猪、饲料作物、乳制品和畜产品的产区（图10.20）。

夏季较温和型气候区沿夏季炎热型气候区外侧向两极方向延伸。该地区所处的气候过渡带受正在发生的气候变化影响。随着这些气候亚型的边界向高纬移动，温和的夏季将变得炎热。预计到21世纪下半叶，美洲东北部的森林将从目前的槭树-山毛榉-桦树森林群落（伴有榆树、杨树），转变为以栎树-山胡桃-铁杉为主的混交林。气候边界和生态系统的这种变迁正在世界各地显现。

图10.20　美国大陆湿润草原的谷物产区

注：大陆湿润气候区夏季炎热型与夏季温和型过渡带附近的谷物产区，明尼阿波利斯市东部。［Bobbé Christopherson］

10.1.10　夏季温和型大陆湿润气候

在夏季温和型的低温气候区内，土壤层薄且贫瘠，但仍是重要的农业产区，农牧产品包括乳制品、家禽、亚麻、向日葵、甜菜、小麦和土豆等。该区域从北至南，无霜期从不到90天增加至225天。总体而言，这一区域的降水量低于南方夏热型气候区，但厚厚的积雪融化对这里的土壤水分补给发挥了重要作用。人们为了收集降雪采用了各种

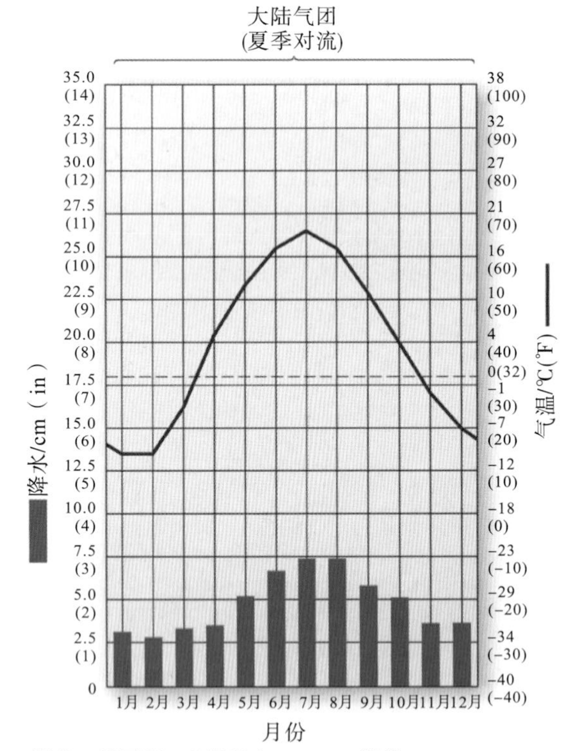

（a）俄罗斯的莫斯科市的气候图解

（b）俄罗斯的莫斯科市与圣彼得堡市之间，伏尔加河沿岸景观

（c）位于该气候区的北美地区，冬季混交林景观，拍摄于美国缅因州不伦瑞克附近的路边

图10.21　夏季温和型大陆湿润气候

［（b）Corbis / Dave G.Houser；（c）Bobbé Christopherson］

方法，如设置阻雪栅栏和作物留茬，因此土壤中能够保有较多的水分。

具有这种气候特征的城市，如美国明尼苏达州的德卢斯市、俄罗斯的圣彼得堡市。如图10.21中的气候图解所示，莫斯科市位于55° N，纬度位置大致相当于加拿大哈德孙湾南岸。

对于夏季温和型气候来说，冬季干燥特征只出现于亚洲，即沿冬季干燥型中温气候区一侧向极地方向延伸的远东地区。位于俄罗斯东海岸的符拉迪沃斯托克，就属于典型的夏季温和型大陆湿润气候区，也是俄罗斯仅有的两个不冻港之一。

10.1.11　亚北极气候

越靠近极地，气候季节性变化就越大；夏季长昼期间，生长季内的季节变化更明显。亚北极气候的覆盖范围很广，包括具有夏凉气候特征的阿拉斯加、加拿大和斯堪的纳维亚北部地区，以及冬季严寒的西伯利亚地区（图10.22）。由于矿产和石

测站：加拿大，曼尼托巴省丘吉尔港　　海拔：35 m
纬度/经度：38°45′N/94°04′W　　人口：1 400
年均气温：-7 ℃　　气温年较差：40 ℃
年降水量：44.3 cm　　年日照时数：1 732 h

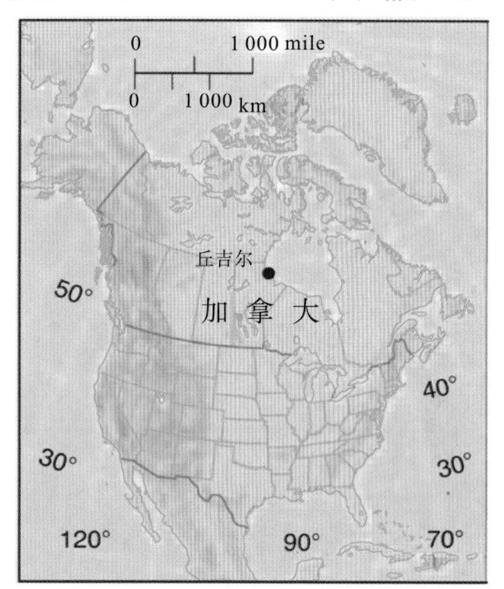

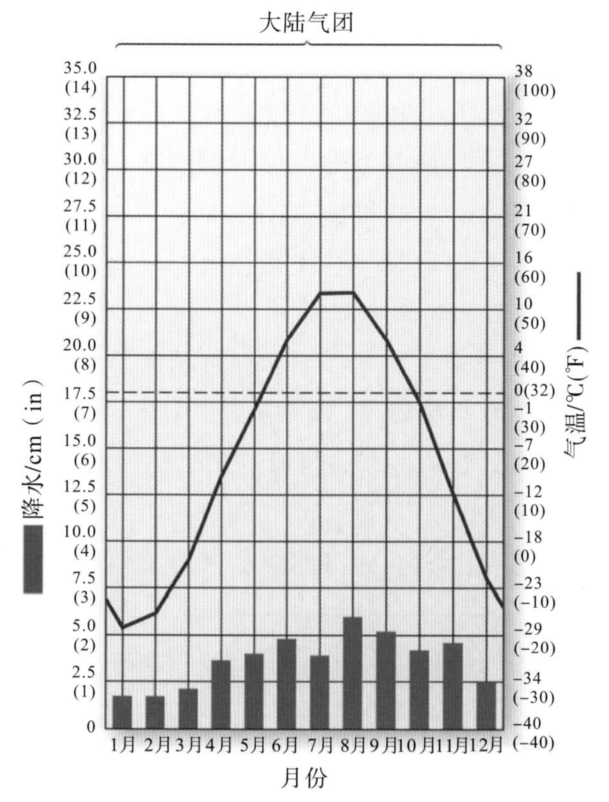

（a）加拿大曼尼托巴省，丘吉尔港气候图解

（b）哈德孙湾丘吉尔港的冬季景色和港口设施

（c）哈德孙湾附近，躲在庇护地的北极熊母子正在等待着浮冰的到来

图10.22　夏季凉爽型亚极地气候

［Bobbé Christopherson］

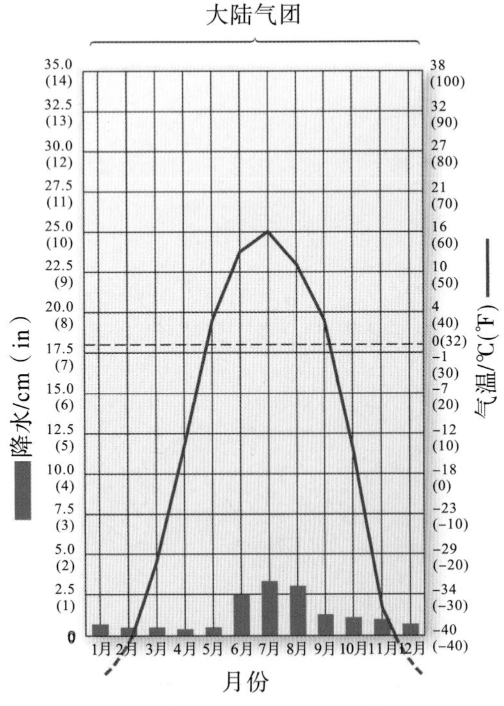

（a）俄罗斯上扬斯克的气候图解

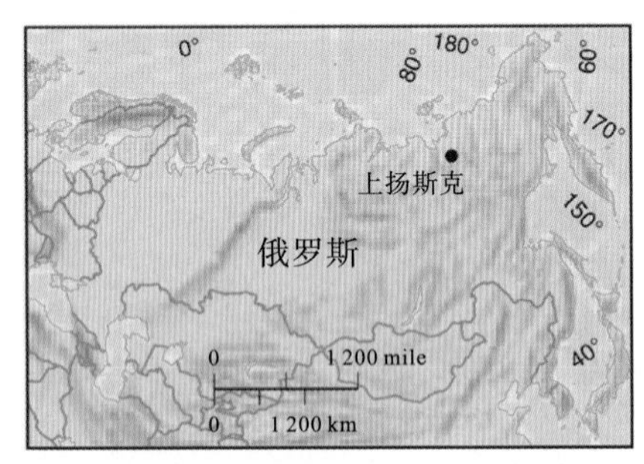

测站：俄罗斯，上扬斯克　海拔：137 m
纬度/经度：67°35′N/133°27′E　人口：1 500
年均气温：-15 ℃　气温年较差：63 ℃
年降水量：15.5 cm

（b）大陆独特地理位置上的夏季景象，上层永久冻土解冻形成了许多水塘

图10.23　冬季严寒型亚极地气候
［Corbis/Dean Conger］

油储量的发现，加之北冰洋海冰的消融，人们开始对这些地区产生兴趣，如丘吉尔港口的扩建［图10.22（b）］。

在大陆北部边缘年降水量大于250mm的地区，冷杉、云杉、落叶松和白桦等构成了雪林景观，即加拿大北方林和俄罗斯西伯利亚泰加林（又称北方针叶林）。这些森林向北过渡至稀疏林地带，再向北过渡至苔原地区。当最热月份的平均气温低于10℃时，向北过渡的稀疏林带渐渐消失。在未来几十年气候变暖的趋势下，北方针叶林将向北方迁移，进入苔原地区。

这些地区一旦有冰川过境，土壤就会变薄。此外，由于降水和潜在蒸散量偏低，土壤含水量普遍高，部分或全部土层处于冻结状态，出现所谓的多年冻土现象（见第17章相关阐述）。

加拿大马尼托巴省的丘吉尔港的气候图解（图10.22）表明：这里平均气温低于0℃的时间全年有7个月，在此期间地面被薄雪覆盖且保持冻结状态。寒冬期间，丘吉尔港受高气压控制，因而成为大陆极地气团的源地。丘吉尔港是典型的夏季凉爽型亚极地气候，气温年较差40℃，年降水量只有443mm。

在亚极地气候中，干燥且极端寒冷的冬季只出现在俄罗斯境内。西伯利亚、中北亚和东亚的极寒气候令人吃惊，因为该区域有7个月的平均气温低于0℃，最低气温记录为-68℃（详见第5章）。夏季，同一地区的最高气温又可以超过37℃。

位于西伯利亚的上扬斯克是冬季严寒型亚极地气候的一个例子（图10.23）。上扬斯克全年有4个月的平均气温低于-34℃；冬夏之间的气温年较差可能是世界上最大的——63℃；冬季，金属和塑料制品变得很脆，防冻液被冻结。因此，这里的房间窗户通常设有三层玻璃。

极地气候和高地气候

极地气候没有低纬地区那样的真正夏天。南极是被南大洋环绕的南极大陆，而北极却是北美和亚欧大陆围绕的北冰洋。南、北极圈以内的地区，昼长在夏季不断延长直至极昼，但月均气温从未超过10℃。参见图5.16和图5.19中1月份和7月份的极地气温分布。在这种气温下，树木无法生长。这些冰冻荒凉地区的气候成因主要是：

- 即便是夏季长昼期间，太阳高度角也很低，这是主要气候因子；
- 地表接受的太阳辐射量，主要取决于昼长的季节性变化；
- 湿度极低，导致降水少——地球上的冻漠；
- 地表反照率影响，冰雪表面增加了地表反射，减少了地表净辐射能量。

极地气候包括三种类型：苔原气候（高纬度和高海拔）、冰帽和冰盖气候（终年冻结）和极地海洋气候（海洋效应，对极寒有一定缓和作用）。

我们把高地气候也归类到同一气候区。低纬地区的高海拔地区也可能形成苔原和极地气候。热带的山顶冰川证明了海拔的冷却作用。地图上的高地气候区与山脉分布一致。

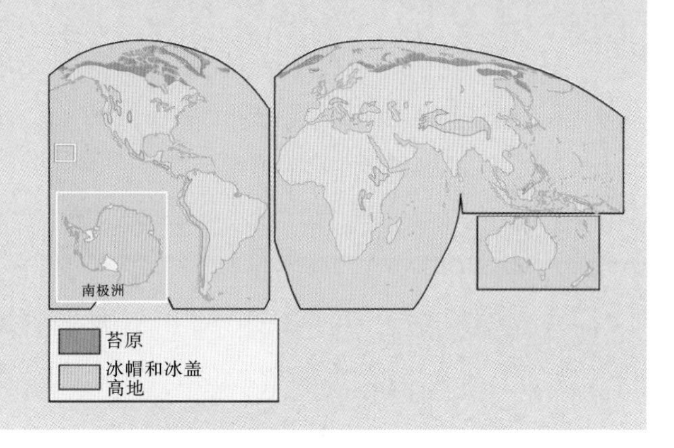

10.1.12　苔原气候

苔原气候区的地表积雪覆盖全年长达8～10个月，最暖月气温为0～10℃。由于海拔高度，美国新罕布什尔州华盛顿山的顶部（1 914m）在统计学上被划为小尺度的高山苔原气候。对于大尺度的苔原，格陵兰岛大约有410 500km^{2}不冻区被苔原和岩石覆盖，面积大约相当于加利福尼亚州。

春季冰雪融化时，地表生长出各种植物（矮小的莎草、藓类植物、有花植物、地衣），这些植物一直可持续到短夏结束［图10.24（a）］，但有些矮柳（7.5cm高）的树龄可长达300余年。许多地方都存在多年冻土和地下冰，而成为地球上的冰缘地带（见第17章）。

苔原气候主要分布于北半球，南半球仅分布于高海拔山区和南极半岛部分地区。

（a）9月下旬东格陵兰的秋季景观和麝香牛群

（b）斯匹次卑尔根尼奥尔松研究站，建在支架上的房屋和管道（供排水的管道被支架抬离地面）

图10.24　格陵兰苔原和科学研究站
［Bobbé Christopherson］

全球变暖给苔原带来了重大变化。在加拿大和美国阿拉斯加州的部分地区，气温纪录常常比平均值高出5℃，而且屡创新高。北极地区的增温速率是全球平均速率的两倍。由于气温升高，苔原中沉积的有机泥炭分解，产生了大量碳排放，从而增强了温室作用（见第18章当今地表系统）。

10.1.13　冰帽和冰盖气候

地球上有两个冰盖，一个是南极洲冰盖，另一个是格陵兰岛上的冰盖。南极洲的大部及格陵兰中部都属于冰盖气候。像北极一样，这些地区的各月平均气温均小于0℃。在干冷气团控制下，上述两个地区的气温始终低于0℃。在南极洲中部，冬季（7月）最低气温甚至常常低于CO_2的凝结点——“干冰”温度（-78℃）。

北极地区是一片冰洋，而南极洲却是一块陆地。尽管南极年降水量小于80mm，但一直被冰雪覆盖，而且冰层厚达几千米，成为地球上最大的淡水储藏库。

冰帽的总面积小于冰盖，粗略估计不到50 000km²。如同冰盖一样，冰帽也会掩埋下伏地表景观，例如冰岛东南部的瓦特纳冰帽。

图10.25是南极洲和格陵兰冰盖的景观照片，冰盖的多年冰层中保存有地球气候的长期记录。这些冻存于冰层气泡中的古大气成分和火山喷发记录的样品证据就达数千件。在第17章讨论的冰芯分析中，冰芯样本就来自格陵兰岛冰层；另据一个最新的南极冰芯样本分析，气候记录可追溯至80万年以前。

10.1.14　极地海洋气候

与其他类型极地气候相比，极地海洋气候区的冬季温和，各月气温均在-7℃以上，但比不上苔原气候温暖，海洋效应使这里的气温年较差偏小。这种气候占据了白令海、格陵兰岛南端、冰岛北部、挪威及南半球50° S和60° S之间的海域，位于南大洋54° S的麦夸里岛就是极地海洋气候。

（a）布兰斯菲尔德海峡与威德尔海之间的南极海峡；板块状冰山和雾气中隐现的群山

（b）西格陵兰冰川和地平线上的冰盖，冰川进入戴维斯海峡

图10.25　南极洲冰盖和格陵兰岛上的冰盖

注：地球上的固体淡水库。［Bobbé Christopherson］

图10.26　南乔治亚岛——极地海洋气候

注：南乔治亚岛上废弃的古利德维肯捕鲸站。1904～1964年，该捕鲸站加工处理了5万余头鲸，而这仅占岛上7家工厂加工总量的1/3左右；南大洋的鲸几乎灭绝。［Bobbé Christopherson］

南乔治亚岛也是极地海洋气候。该岛屿之所以闻名于世，是因为1916年英国探险家尼内斯特·沙克尔顿（Earnest Shackelton）在南极探险失事后，该岛成为了救援营地（图10.26）。尽管该岛位于南大洋，属于南极洲的一部分，但它的气温年较差只有8.5℃，1月份平均气温为7℃，7月平均气温为-1.5℃，一年有7个月的平均气温略高于0℃。尽管这里的纬度为54° S，但0～4° C的海水发挥了气候调节作用，导致这里年均降水量为1 500mm，全年各月都有降雪天气。

干燥气候（永久性缺水）

为了理解干燥气候，需要结合温度来考虑水分效应。干旱区占全球陆地面积的35%以上，是陆地上分布最广的气候类型。干旱区的稀疏植被使得地表裸露，其需水量始终大于降水供应，导致永久性缺水。按照水分亏缺程度，干旱区可划分为两类：干旱荒漠，其降水量不到自然需水量的1/2；半干旱草原，降水量达到自然需水量的1/2以上（关于荒漠气候的年气温和日气温，包括最高气温纪录、地表能量收支平衡，见第4章、第5章；荒漠景观见第15章；荒漠环境见第20章）。干旱地区的重要气候成因：

- 受副热带高压系统控制，干燥下沉气流占主导地位；
- 地处山脉雨影区（或背风坡），雨影区形成原因是水汽在迎风坡被拦截后，干空气下沉；
- 地处大陆内部，尤其是中亚地区，地理位置远离湿润气团；
- 副热带高气压系统的移动，导致沿干旱荒漠边缘形成半干旱草原。

按照纬度和水分亏缺程度，干燥气候可划分为四种不同类型：干旱气候（包括热带亚热带热荒漠、中纬度冷荒漠）；半干旱气候（包括热带亚热带热草原、中纬度冷草原）。

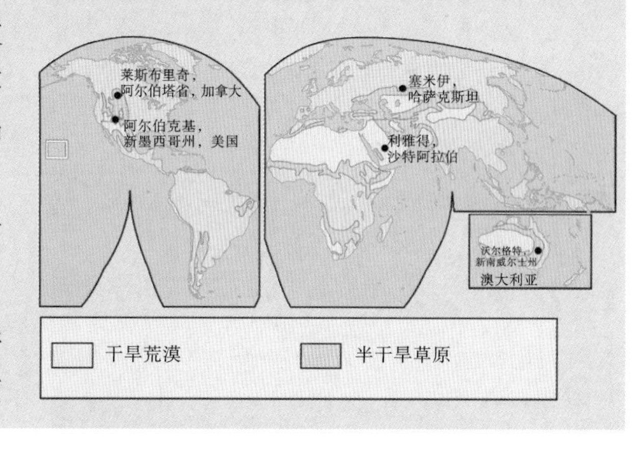

10.1.15　干燥气候特征

图10.8给出了干燥气候的分布模式。在南北半球，干旱区占据了15°～20° 纬度的广阔区域。干旱区内，副热带高压占优势，盛行稳定的下沉气流，空气相对湿度低（图10.27）。亚热带荒漠的分布可延伸至大陆西缘，其天空通常晴朗无云；在大陆西海岸，稳定的低温洋流为离岸流，夏季有平流雾发生，比如说智利的阿塔卡马沙漠、纳米比亚的纳米布沙漠、摩洛哥的西撒哈拉沙漠、澳大利亚沙漠，它们都与西海岸线毗邻。

地形隆起阻挡了潮湿天气系统，形成了沿山脉分布的雨影区，这使干旱区域延伸至更高纬度。注意气候分布图上南北美洲的雨影区。亚洲腹地远离潮湿气团，属于干燥气候。

按照水量的亏缺程度，干燥气候可再划分为荒漠和草原。尽管两者都属于永久性缺水，但荒漠比草原更缺水。比缺水更重要的是降水季节性分配：若降水季为冬季，则夏季干旱；若降水季为夏季，则冬季干旱；还有降水全年均匀分配。由于冬季的自然需水量低，所以此时的降水最有效。就温度而言，低纬地区的荒漠和草原要比中纬地区的荒漠和草原更炎热、气温季节性变化更小。中纬度干旱区的年均气温低于18℃，冬季可能有结冰现象。

（a）荒漠植被，如美国安沙-博里戈荒漠中的典型旱生植物，耐旱特征表现为蜡质硬叶或无叶，以此减少植物蒸腾的水分消耗

（b）犹他州南部沙丘的颜色取决于岩壁上的母岩矿物

图10.27　荒漠景观［Bobbé Christopherson］

草原（Steppe）是一个地域性术语，特指东欧和亚洲半干旱区广阔的草地生物群落（相当于北美矮草草原，非洲萨瓦纳草原；见第20章）。本章在气候背景下仍使用草原（Steppe）这一术语。草原气候对于森林来说显得太干旱，可对于荒漠来说又太湿润。

10.1.16　热带、亚热带热荒漠气候

热带、亚热带热荒漠气候区是地球上热带和亚热带真正意义上的荒漠，其年均气温高于18℃，通常分布于大陆西部；但埃及、索马里和沙特阿拉伯也属于这一类型。这类荒漠的降雨来自当地的夏季对流阵雨，可是有些地区几乎无雨，而另一些地区年降水量可能高达350mm。沙特阿拉伯的利雅得市，就是一个典型的亚热带热荒漠城市（图10.28）。

撒哈拉南部边缘的萨赫勒地区是一个严重干旱区域。由于荒漠环境扩张，人们在这里生活十分艰难。干旱环境迫使人们仍停滞在粗放的生活方式和维持生存的经济阶段，比如西非佛得角的福戈火山岛［图10.28（c）］。第15章的当今地表系统介绍了荒漠化过程（正在扩张的荒漠环境）。

美国加利福尼亚州的死谷（图10.2）属于亚热带热荒漠气候，其年均气温为24.4℃，7、8月份的平均气温分别为46℃和45℃，超过50℃的气温很常见。

近年来，媒体很关注伊拉克战争及其相关政治事件，可是许多媒体报道都忽视了一个事实，那就是伊拉克首都巴格达（图10.28）7、8月份的气温有时比死谷还高。这个城市里的人们要承受着50℃，甚至更高的气温。2007年巴格达再创高温纪录，而1月份平均气温（9.4℃）与死谷（11℃）大致相当。这两个地方的降水量都很低，其中死谷的年降水量更低，为59mm；巴格达为140mm。值得注意的是，由于受强副热带高压控制，巴格达5～9月的降水量几乎为零。当你关注新闻事件时，能否记住热荒漠区的这些气候特征。

测站：沙特阿拉伯，利雅得市　　海拔：609 m
纬度/经度：24°42′N/46°43′E　　人口：50 240 000
年均气温：26 ℃　　气温年较差：24 ℃
年降水量：8.2 cm

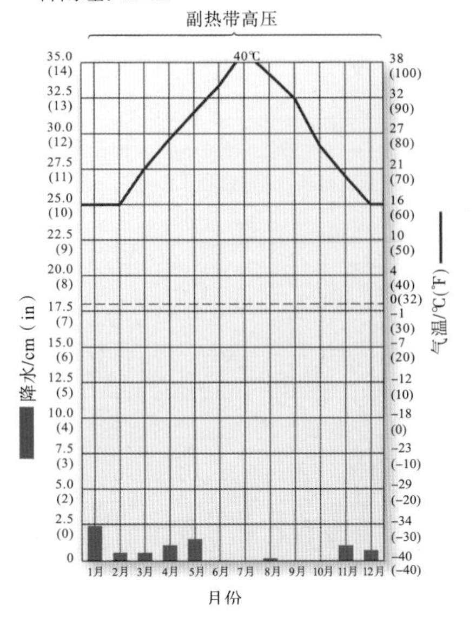

（a）沙特阿拉伯的利雅得市的气候图解

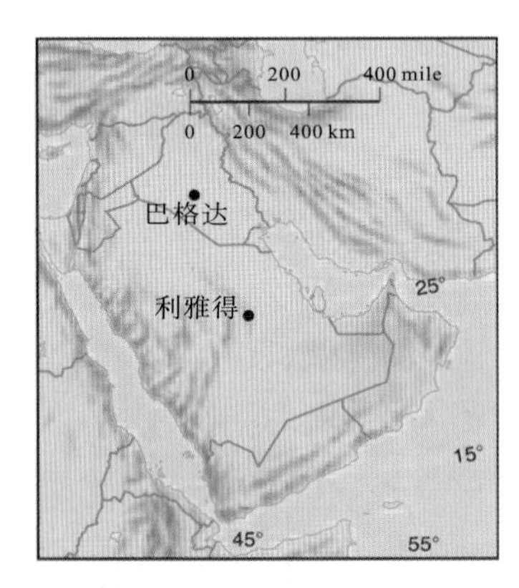

（b）利雅得市附近的红色沙质荒漠

（c）佛得角福戈岛荒漠，其水分仅能维持稀疏植被生长

图10.28　热带、亚热带热荒漠气候

［（b）Andreas Wolf/agefotostock；（c）Bobbé Christopherson］

10.1.17　中纬度冷荒漠气候

中纬度冷荒漠气候的占据面积不大：分布于亚洲，包括沿俄罗斯南部边界一些国家及戈壁荒漠；在美国包括内华达州中部1/3的区域，还有美国西南部，尤其是高海拔地区；阿根廷的巴塔哥尼亚。由于中纬度冷荒漠气候的低温和低湿特征，所以这里的多年平均降水量只有150mm。

美国新墨西哥州的阿尔伯克基市观测站是一个代表观测站，其年降水量为207mm，年均气温14℃（图10.29）。注：气候图中夏季对流雨使降水增加。中纬度冷荒漠分布很广，横跨美国内华达州中部，占据了犹他州-亚利桑那州的边界地区，并伸入新墨西哥州北部［图10.29（b）］。

10.1.18　热带、亚热带热草原气候

热带、亚热带热草原气候通常分布于热荒漠边缘地区。移动的副热带高气压在这些地区形成了一种独特的夏干冬湿气候模式。对于亚热带热草原气候来说，年均降水量一般小于600mm。在澳大利亚的新南威尔士州内陆的沃尔格特镇是该气候在南半球的一个例子（图10.30）。该气候还见于撒哈拉沙漠边缘地区，以及伊朗、阿富汗、土库曼斯坦和哈萨克斯坦境内。

10.1.19　中纬度冷草原气候

中纬度冷草原气候大约沿30°纬度和中纬度冷荒漠气候区向两极方向延伸，而一般而言，南半球没有这种气候。与其他干旱气候区一样，这种草原地区的降水变率大且不稳定，变幅在200～400mm。由于气旋风暴深入大陆，所以降水并非全部来自对流雨，但大多数风暴产生的降水并不多。

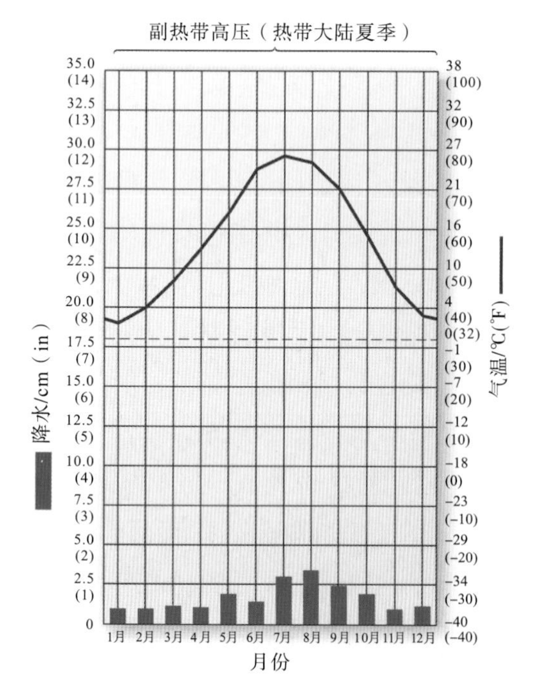

（a）新墨西哥州的阿尔伯克基市观测站的气候图解

测站：美国新墨西哥州，阿尔伯克基市
纬度/经度：35°03′N/106°37′W
年均气温：14 ℃
年降水量：20.7 cm
海拔：1 620 m
人口：522 000
气温年较差：24 ℃
年日照时数：3 420 h

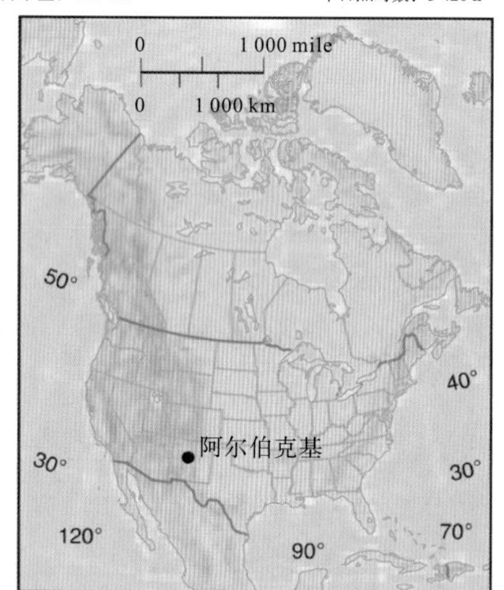

（b）新墨西哥州-亚利桑那州边界附近的冬季景观

图10.29 中纬度冷荒漠气候

［Bobbé Christopherson］

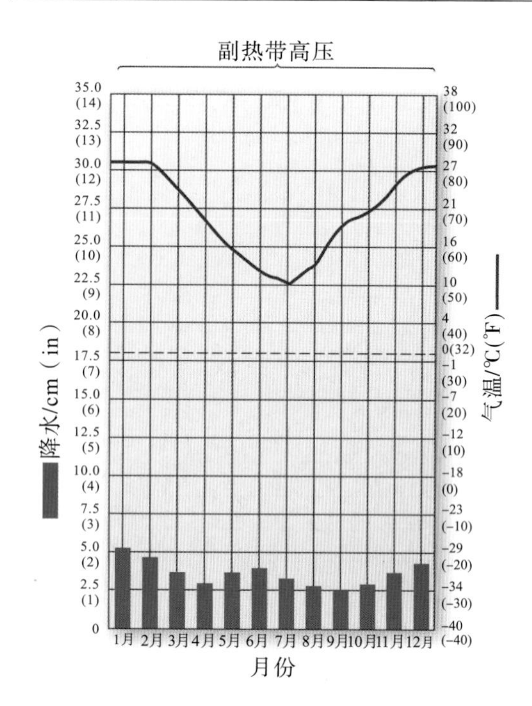

（a）澳大利亚的新南威尔士州，沃尔格特镇观测站的气候图解

测站：澳大利亚的新南威尔士州，沃尔格特镇
纬度/经度：30°S/148°07′E
年均气温：20 ℃
年降水量：45.0 cm
海拔：133 m
人口：8 200
气温年较差：17 ℃

（b）新南威尔士州中北部的广袤平原

图10.30 热带亚热带热草原气候

［Otto Rogge/Stock Market］

图10.31用来对比亚洲与北美的中纬度冷草原气候。亚洲哈萨克斯坦的塞米伊（塞米巴拉金斯克）测站，其气温变幅较大、降水季节分布较均匀；而北美洲加拿大的阿尔伯塔省莱斯布里奇观测站，气温年较差偏小、夏季伴有强对流降水。

测站：哈萨克斯坦，塞米伊市（塞米巴拉金斯克）　海拔：206 m
纬度/经度：50°21′N/80°15′W　人口：2 705万
年均气温：3 ℃　气温年较差：39 ℃
年降水量：26.4 cm

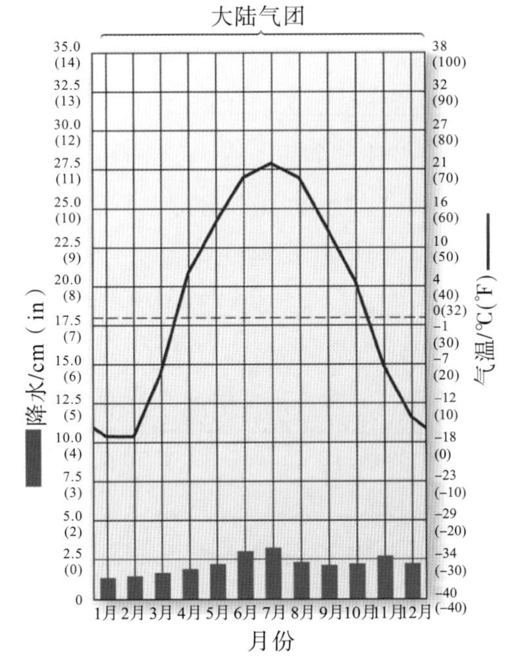

（a）哈萨克斯坦，塞米伊市（塞米巴拉金斯克）观测站的气候图解

测站：加拿大，阿尔伯塔省的莱斯布里奇市　海拔：910 m
纬度/经度：49°42′N/110°50′W　人口：7 300
年均气温：2.9 ℃　气温年较差：24.3 ℃
年降水量：25.8 cm

大陆气团
(夏季对流)
(冬季大陆极地气团)

降水/cm（in）
气温/℃(℉)
1月 2月 3月 4月 5月 6月 7月 8月 9月 10月 11月 12月
月份

（c）加拿大阿尔伯塔省的莱斯布里奇观测站的气候图解

（b）哈萨克斯坦，塞米伊和额尔齐斯河的景观航片

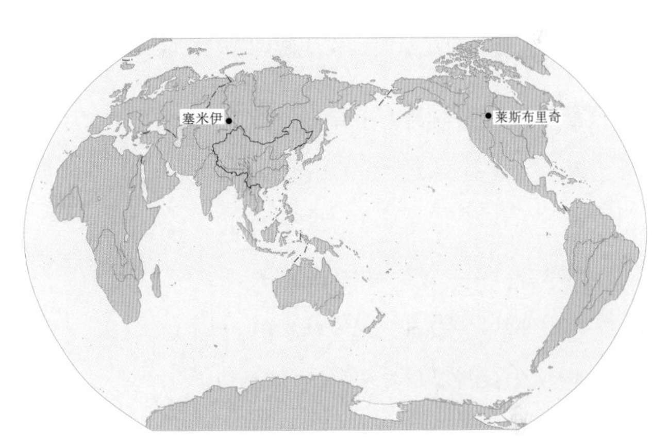

（d）加拿大阿尔伯塔省，各地的谷物输送升降机是一种景观

图10.31　中纬度冷草原气候——哈萨克斯坦与加拿大的比较

［（b）Dinara Sagatova;（d）图片设计 RF/Getty图片］

10.2　全球气候变化

现在开始讨论本书最重要的内容。正如第3章和图3.6讨论的内容，温室气体中危害最大的是CO_2。自2000年以来，排放到大气中的CO_2以每年3.0%的速度增加。低层大气的CO_2观测始于1958年，是在夏威夷冒纳罗亚火山测站展开的，其观测结果值得回顾：

- 2005年5月= 382ppm
- 2006年5月= 385ppm
- 2007年5月= 387ppm
- 2008年5月= 389ppm
- 2009年5月= 390ppm
- 2010年5月= 393ppm
- 2011年5月= 394ppm
- 2012年5月= 397ppm
- 2013年5月= 399.8ppm
- 2014年5月= 401.8ppm
- 2015年5月= 404.0ppm
- 2016年5月= 407.7ppm
- 2017年5月= 409.7ppm
- 2018年5月= 411.2ppm

在过去的80万年间，大气中的CO_2浓度在100～300ppm波动，但从未超过300ppm。你可以通过互联网（ftp://ftp.cmdl.noaa.gov/ccg/co2/trends/co2_ mm_ mlo.txt）查看当前大气中的CO_2浓度水平。由于植被的季节性变化，大气中CO_2浓度的最高和最低值分别出现于5月和10月。

科学家认为CO_2的浓度已处于危险水平。为避免发生不可逆转的冰盖融化和物种灭绝，大气中的CO_2最大浓度必须低于450ppm这一阈值。根据过去10年来的CO_2排放量增速，科学家可估测：CO_2浓度将何时达到这一阈值。为了保持气候稳定，社会应该采取行政措施，使CO_2浓度恢复到350ppm。这是依据温室气体的实际浓度给出的最危险底线。

地球上曾经发生过一些重大气候变化，而且可以肯定的是这种变化将来还会发生。虽然人类对于地球从冰期到温暖期这样长期的气候波动无能为力，但是国际社会必须关注当前几代人寿命范围内的短期气候变化。这也是当前人类切实可行的办法，因为这种气候变化是人类活动——人为因子造成的。1992年联合国签署了“气候变化框架公约（UNFCCC）”，其中第2条要求签约国控制温室气体排放，使温室气体浓度稳定在“防止气候系统受到人为危险干扰”的水平上。

在过去30多年中，无论海洋或陆地，白昼或夜晚，全球气温记录均以增温为主。当前气温不仅达到了过去140年有气候观测记录以来的最高值，而且还超过了12万年以来据冰芯记录任何时期的气温。这种变暖趋势极有可能*是化石燃料燃烧（煤、石油、天然气等）、温室气体累积造成的，大约有94%的CO_2排放来自化石燃料燃烧，其余的则来自水泥制造业等领域。

2007年，政府间气候变化专门委员会

* Hansen J, et al.2008.Target atmospheric CO2: Where should humanity aim?[J].The Open Atmospheric Science Journal,2(2):217-231.

Zickfeld K,Eby M,Matthews H D , et al.2009.Setting cumulative emissions targets to reduce the risk of dangerous climate change[J].Proceedings of the National Academy of Sciences, 106(38):16129-16134.

注：作为气候变化的科学参照标准，IPCC采用以下几种表述可能性的术语：几乎确定>99%的发生概率；极可能>95%；很可能>90%；可能>66%；多半可能>50%；不可能<33%；很不可能<10%；极不可能<5%。

（IPCC）*第四次评估报告（AR4）总结道：

> 气候变暖已毋庸置疑。已有观测数据表明：当前全球平均气温和海水温度正在升高，这导致了大面积冰雪融化及全球平均海面上升……。自20世纪中叶以来，在已观测到的全球平均气温升高现象中，大多数现象极有可能是已观测到的人为温室气体浓度增加所造成的。

2014年IPCC发布了气候变化2014：综合报告（SYR）**，SYR提炼并综合了第五次评估报告（AR5）三个工作组报告的成果***，这也是迄今IPCC完成得最全面的一份气候变化评估报告，报告中确认：

> 人类对气候系统的影响是明确的，而且这种影响在不断增强，世界各大洲和海洋都已观测到种种影响。自20世纪50年代以来，许多观测到的变化在几十年乃至上千年时间里都是前所未有的。目前有95%的把握确认人类活动是当前全球变暖的主要原因。……破坏气候的人类活动越多，对人类和生态系统造成严重、普遍和不可逆转影响的风险也就越大，而且气候系统的组成部分也在发生持久的变化。

10.2.1　“关切理由”

2001年，IPCC发表了第三次评估报告（TAR），在标题为气候变化的敏感性和关注的理由：综合性问题一卷的第19章中（911～967页），IPCC第Ⅱ工作组详细地阐述了关切理由。科学家根据“关注问题”的具体观测和影响分析，进行了分组讨论，并对未来的研究方向及具体的影响指标给出了建议。

在IPCC的第四次评估报告（AR4）中，科学家们仍继续关注评估气候变化的关键脆弱性和风险（779～810页）。从IPCC第Ⅱ工作组中，发现在TAR认同的“关切理由”中，对于脆弱性评估框架有所改进。有证据表明：与先前的认识相比，全球平均温度的小幅度增加可能会产生重大影响。这在后面所述的五个“关切理由”中有阐述。

自TAR和AR4发表以来，人类对于气候变化发现了更多的确凿证据，认识也得到了很大提高。另外，负责2001年和2007年报告的首席科学家乔尔·史密斯和史蒂芬·施耐德还成立了一个“通过更新IPCC‘关切理由’来评估气候危险变化”的研究小组，对“关切理由”进行了更新［美国国家科学院学刊，106期，11卷（2009年3月17日）：4133～4137页］。下面的总结概括来自于上述三个报告。

图10.32概括了IPCC的五个“关切理由”，它们都与气候变化有关。当你探讨气候变化时，这个框架也许能帮你构建研究计

---

* IPCC, Working Group I.2007.Fourth Assessment Report (AR4) [R]//Climate Change 2007.The Physical Science Basis：5，10.

** 综合报告（SYR）包括一份决策者摘要（SPM）和一份长报告（含附件）。长报告的主要参考资料来自各工作组的底报告及两份特别报告，这两份特别报告是可再生能源与减缓气候变化特别报告、管理极端事件和灾害风险促进气候变化适应特别报告。

*** IPCC目前有三个工作组和一个专题组，第一工作组（WGⅠ）的工作主题是气候变化的自然科学基础，第二工作组（WGⅡ）的工作主题是气候变化的影响、适应和脆弱性，第三工作组(WGIII) 的工作主题是减缓气候变化，专题组的工作主题是国家温室气体清单。关于上述综合报告和三个工作组的AR5报告（包括决策者摘要、技术摘要和常见问题）都有联合国官方语言的版本，读者可在IPCC网站上查阅和下载（https://archive.ipcc.ch/home_languages_main_chinese.shtml）。2016年IPCC第六次评估报告（AR6）的综合报告将于2022年完成，届时各国将审查其在实现“全球变暖远低于2℃”的目标方面取得的进展情况，同时努力将其“限制在1.5℃”。AR6三个工作组的报告于2021年编写完成。

划。IPCC的五个“关切理由”如下所示。

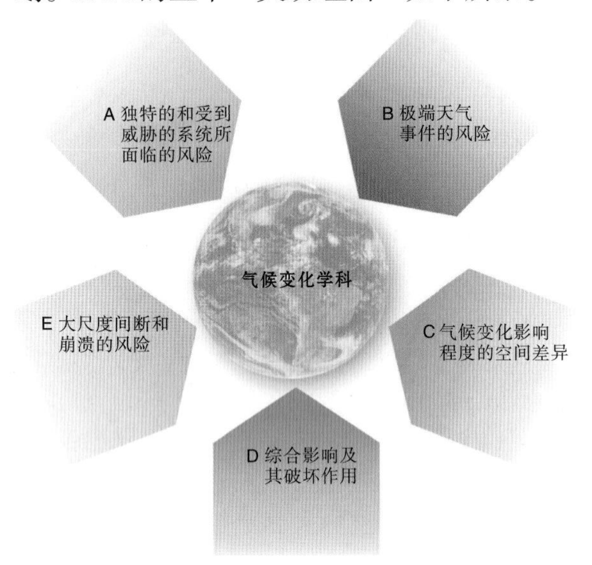

图10.32　IPCC的五个“关切理由”
注：见文字说明。

A. **独特的和受到威胁的系统所面临的风险**：风险包括物理系统（如冰川、珊瑚礁、湖泊、离岸沙岛、小岛屿）和生物系统（如生物多样性热点问题、红树林、生态系统迁移、物种灭绝）等，发生了不可逆转的损失。

B. **极端天气事件的风险**：极端天气事件强度和频率的增加、强降水和洪水、热带气旋及龙卷风的强度增大、热浪、旱灾、森林火灾等。

C. **气候变化影响程度的空间差异**：遭受影响最大的是中-低纬度地区、欠发达国家及北极附近的土著民族（不同经济阶层的人们，以及他们受影响程度的差异；疾病传播的媒介范围和季节性变化，以及对低纬度国家地区的健康影响）。

D. **综合影响及其破坏作用**：综合各种影响，评估经济总损失及生活的损失和改变；发展中国家或贫穷地区难以依靠财政、技术或工业基础来支撑适应气候变化。

E. **大尺度间断和崩溃的风险**：系统处于阈值点时，可能会产生突变响应。通常随着时间的推移，系统总是围绕某一平均值上下波动，呈一种动态均衡状态；然而随着环境的改变，系统无法维持原有的运行状态，而是迅速跃到另一种新的均衡状态，这就是一个“突变点”。导致的崩溃现象有：山岳冰川的消融、格陵兰岛和西南极洲冰盖的缩小、海水酸化、多年冻土层解冻、CO_2释放和海平面快速上升等。

对于气候正在发生变化这一事实，大多数科学家已接受并达成共识，当前重要的是如何确定这种气候变化的增速。在地质时期，环境的变化历经了数百万年，而今天气候变化的时间跨度仅仅几十年。

南极洲冰穹C冰芯中80万年的气候记录表明：在近1 000年间内，当地大气的CO_2浓度上下波动从未超过30ppm。可如今，仅仅最近的12年间，大气的CO_2浓度就增加了30ppm。这种变化速率大幅缩短了自然系统和生物系统的适应时间。气候变化的增速是五个“关切理由”中的关键因子。

2009年3月，国际气候变化科学大会在哥本哈根举行，这次大会对AR4进行了更新，并强调了“关切理由”的内容：

■ “IPCC预测得最糟糕的、甚至更甚的气候情景，正在变成现实”；

■ “CO_2排放量飙升，海平面上升幅度高于预期值”；

■ “在卫星影像中，有明显证据显示格陵兰岛和南极洲上的冰物质正在加速消融”；

■ “必须采取行动，制定2020年的减排目标，减小各种阈值被突破的风险”*。

表10.1列出了与全球气候变化主题或报告相关的一些主要科研机构和网站。“掌握地理学”平台也提供了许多相关网址。

* Kintisch E.2009.Global warming: Projections of climate change go from bad to worse, scientists report[J].Science, 323, 5921: 1546－1547.

表10.1　研究全球气候变化的信息资源

单位	网址
联合国环境规划署	https://www.unep.org/
世界气象组织	http://www.wmo.ch/
世界气候研究计划	http://wcrp.wmo.int/
全球气候观测系统	http://www.wmo.ch/web/gcos/gcoshome.html
政府间气候变化专门委员会	http://www.ipcc.ch/
北极理事会	http://www.arctic-council.org/
北极气候影响评估	http://www.acia.uaf.edu/
北极监测和评估计划	http://www.amap.no/
动植物保护	http://www.caff.is/
国际北极科学委员会	http://www.iasc.no/
美国全球变化研究计划	http://www.globalchange.gov.
美国环境保护局	http://www.epa.gov/climatechange/
戈达德空间研究所	http://www.giss.nasa.gov/
全球水文和气候中心	http://www.ghcc.msfc.nasa.gov
（美国）国家气候数据中心	http://www.ncdc.noaa.gov/
（美国）国家环境卫星数据和信息服务	http://www.nesdis.noaa.gov/
NASA的全球气候变化	http://climate.nasa.gov/
（美国）国家气象局气候预测中心	http://www.cpc.ncep.noaa.gov/
气候研究所	http://www.climate.org/
全球气候变化皮尤研究中心	http://www.pewclimate.org/
（美国）国家冰中心	http://www.natice.noaa.gov/
美国国家冰雪数据中心	http://nsidc.org/
（美国）国家大气研究中心	http://www.ncar.ucar.edu/
加拿大环境部	http://www.ec.gc.ca/climate/
英国南极调查局	http://www.antarctica.ac.uk/
国际自然保护联盟	http://www.iucn.org/
World.Org 100强气候变化网站	https://www.world.org/weo/climate

10.2.2　气候变化观测

在**古气候学**领域中（即研究过去气候的学科，见第17章讨论），科学家使用各种气候替代或取代指标对气候进行重建。据来自冰芯、湖泊和海洋沉积物、珊瑚礁、古花粉、树木年轮等数据可知：当前是近12万年以来最温暖的时期。这些替代指标还表明：20世纪的温度增幅很可能超过了过去1 000年来的任何一个世纪（图10.33），与过去12.5万年的最高平均温度相比，现在的地球温度下降了1℃。

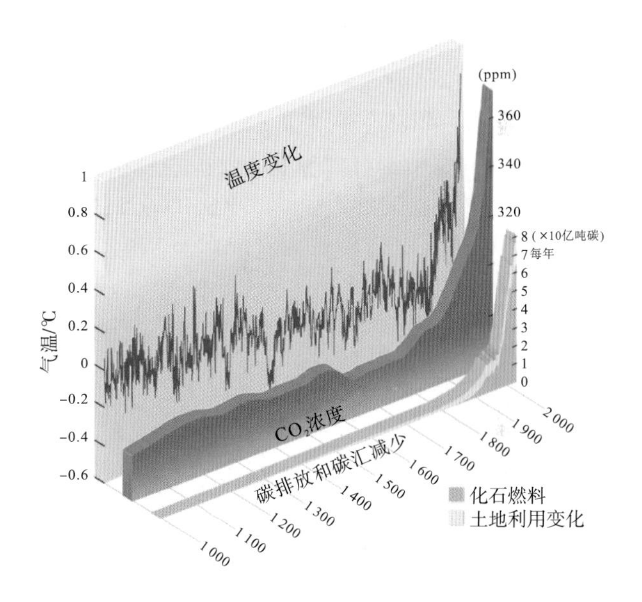

图10.33　1 000年来CO_2和气温的记录及两者的协方差

注：过去1000年来，碳排放量、CO_2浓度与气温的互相关关系，该图绘制于2005年最高温度纪录之前。截止于2010年5月，地球系统中的CO_2浓度水平已达到393ppm。［引自：ACIA. 2004. Impacts of a Warming Arctic[M]. London：Cambridge University Press.］

图10.34（a）是1880～2009年陆地表面的年均气温观测值及5年平均气温值。地表最高气温纪录发生于2005年，而2007年、2009年和1998年，分别位列第二位、第三位和第四位。以上所使用的海洋和陆地温

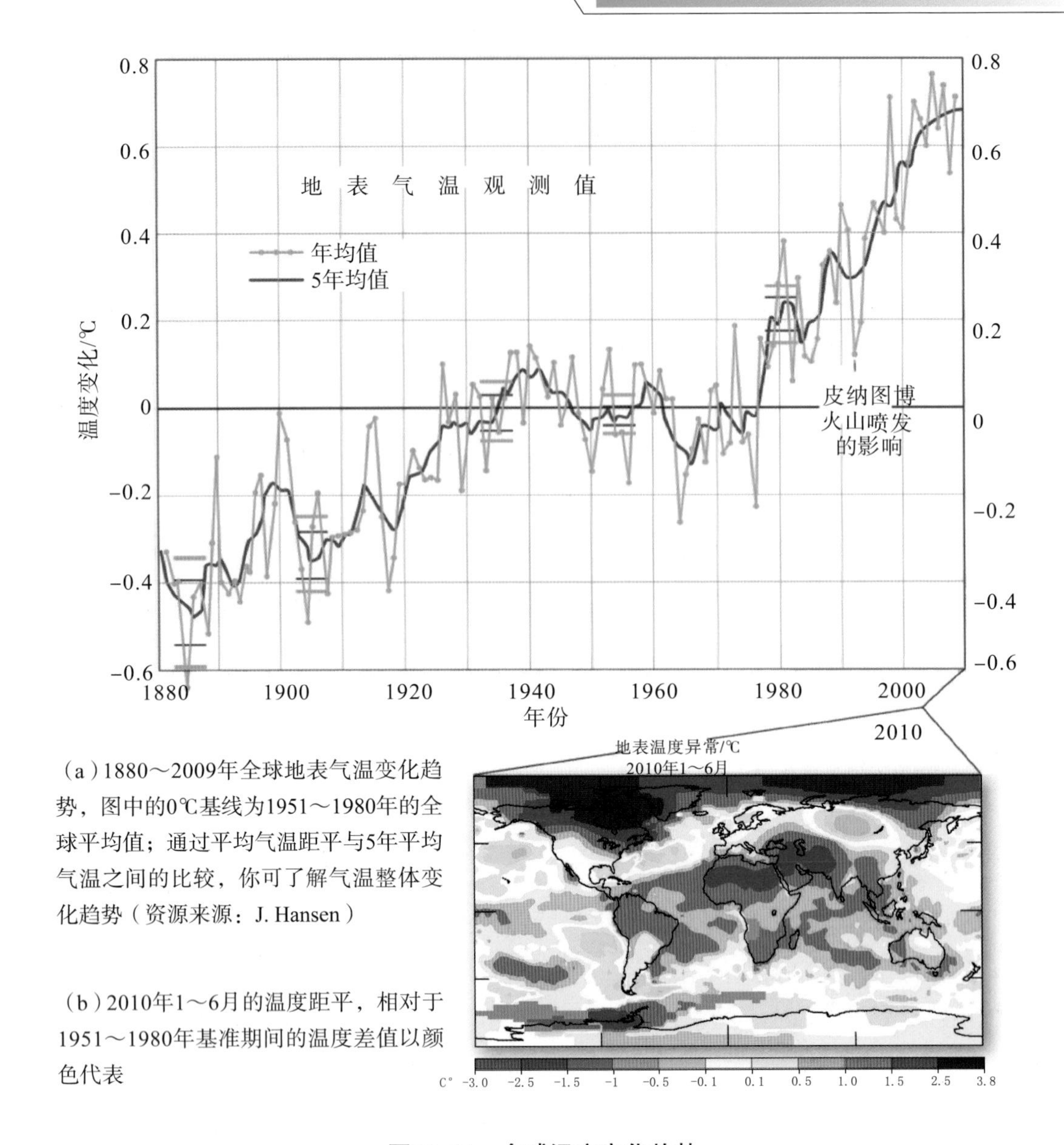

（a）1880～2009年全球地表气温变化趋势，图中的0℃基线为1951～1980年的全球平均值；通过平均气温距平与5年平均气温之间的比较，你可了解气温整体变化趋势（资源来源：J. Hansen）

（b）2010年1～6月的温度距平，相对于1951～1980年基准期间的温度差值以颜色代表

图10.34　全球温度变化趋势

注：［（a）和（b）数据来源，James Hansen 博士，GISS/NASA，NCDC/NOAA］

地学报告10.3　联合国气候变化框架公约（UNFCCC）的进程及其年会

1992年的里约热内卢地球峰会，制定了联合国气候变化框架公约（UNFCCC）。公约的领导机构是会议缔约国（COP），并由192个承认这个公约的国家来维持。之后在德国柏林（1995年，COP-1）和瑞士日内瓦（1996年，COP-2）举行了大会。这些会议为1997年12月在日本京都召开的COP-3奠定了基础，京都大会上的10 000名参会者一致达成了京都议定书；有19个国家科学院赞同京都议定书，有84个签署国，包括延迟签署的美国。关于京都议定书的更新情况，见http://unfccc.int/2860.php。2010年，第COP-16次会议在墨西哥城召开。

度记录均截至2010年9月。在南半球，2009年是现代温度记录中气温最高的一年。2001～2010年的这10年是整个温度记录中最温暖的10年。

图10.34（b）在同一基准期内（1951～1980年），以图解的方式给出了2010年1～6月的全球气温距平分布。请参见图1.2，对比几十年以来的气温距平分布。注意：从加拿大哈德孙湾到北极地区，这里曾经创造了海陆温度和海冰融化的最高纪录。在加拿大北极区域和南极半岛，观测的温度距平大于3.5° C。在掌握地理学网络平台中，观看1881～2006年温度距平的视频，从中可了解这一时期的气候变暖模式。

科学家们正在确定强迫波动（人为因素）和非强迫波动（自然因素）之间的差异，并把它作为预测未来气候趋势的关键要素。在图10.35中，气候模型比较了自然因子（蓝色阴影）和人为因子（粉色阴影）对全球的影响；图10.35中用黑色线条表示1906～2010年的观测值。很显然，如果仅考虑太阳活动和火山喷发（自然强迫模式）还不足以解释气温升高，只有把人为因素（人为强迫）包含在内的耦合气候模型才能精确地模拟出气温升高。

因为人为因素是温室气体增加的根源，所以可以通过管理策略来减缓人为造成的气候变化。接下来，从根源上探讨这一问题。

温室气体　CO_2和水汽是地球天然温室气体中对辐射产生主要作用的活性气体。大气属于辐射活性气体，如二氧化碳（CO_2）、甲烷（CH_4）、氧化亚氮（N_2O）、氯氟烃（CFCs）和水汽，它们吸收并放射长波辐射。图10.36中的三幅曲线图表明了这些温室气体1万年来的变化趋势。

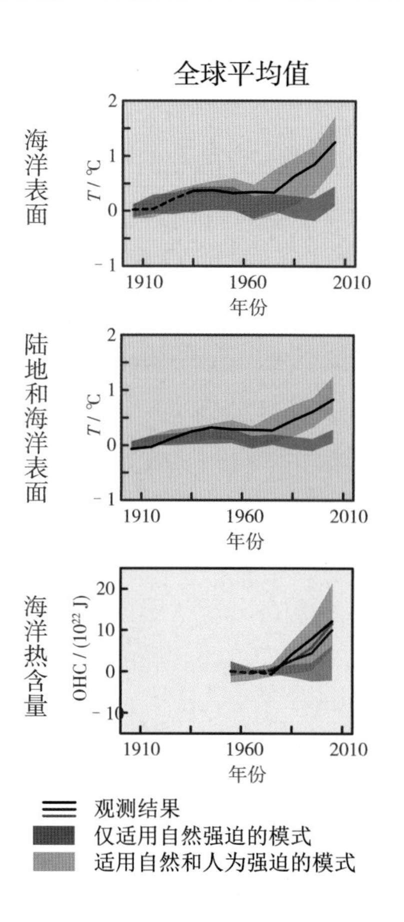

图10.35　全球气温和海洋热含量变化

注：大陆地表气温（黄色背景）和海洋表层热含量（蓝色背景）的观测值与模拟值比较，包括全球平均变化。地表气温距平相对于1880～1919年，海洋热含量的距平相对于1960～1980年；平均值为十年平均值并绘制于每10年的中心处。虚线表示不确定性更大［详情见IPCC第I工作组，第5次评估报告（中文版），气候变化2014：自然科学基础，P.18］。模式分析结果是耦合模式第五阶段（CMIP5）多模式集合的模拟范围，阴影表示5%～95%信度区间。

在过去几年里，中国的CO_2排放量位居世界第一，紧随其后的是美国。中国人口数量占全球总人口的19.5%，人均CO_2排放量为4.6吨；而美国的人口只占全球人口的4.5%，可人均CO_2排放量却达到了19.8吨。显然，美国人均CO_2排放量远高于中国。

另一种加剧温室效应的辐射活性气体是CH_4，目前它的排放量增速甚至超过了CO_2。在冰芯记录中，过去80万年间大气中的CH_4浓度水平从未超过750ppb；然而，从

地学报告10.4　中国与IPCC

政府间气候变化专门委员会（Intergovernmental Panel on Climate Change，IPCC）是联合国环境规划署（United Nations Environment Programme，UNEP）和世界气象组织（World Meteorological Organization，WMO）于1988年建立的一个政府间科学机构，负责牵头评估气候变化的国际组织。IPCC旨在向世界提供一个清晰的有关对当前气候变化及其潜在环境和社会经济影响认知状况的科学论点与论据，并对联合国和WMO的会员开放（现有193个会员）。IPCC负责评审和评估全世界在认知气候变化方面的最新科学技术和社会经济文献，但不开展研究，也不监督与气候有关的资料或参数。通过批准IPCC的报告，各国政府承认其科学内容的权威性，因此IPCC的工作与各国政府的政策具有相关性，但又和政府政策保持着中立关系，不对政府政策作任何指令或规定。2007年，IPCC与美国前副总统艾伯特·戈尔共同分享了诺贝尔和平奖，因为他们二十年来为提高人们对全球气候变化的理解和意识做出了突出贡献。

自IPCC成立以来，中国积极参与IPCC评估报告的编写和运行机制改革等活动。在中国，IPCC的牵头单位是中国气象局，参与部门有十几个之多，如外交部、教育部、科技部、自然资源部和中国科学院等。自IPCC的第一次评估报告（1990年）至第六次评估报告及特别报告（预计2022年完成），有148名中国科学家成为工作组报告、特别报告和方法学报告的作者；其中三位科学家连续四届担任第一工作组联合主席（第三次评估报告为丁一汇院士，第四、五次评估报告为秦大河院士，第六次评估报告为翟盘茂研究员）。在AR5报告中，有近千篇中国科学家的论文被引用，中国研发的6个气候系统模式参与了气候变化评估。

地学报告10.5　专家在气候变化上的共识

美国科学发展协会（American Association for the Advancement of Science，AAAS）对于“气候变化共识”的科学进展报道（Oreskes N.2004.The Long Consensus On Climate Change[J].Science，306(5702):1686.）：通过调查1993～2003年发表的有关气候变化的928篇学术论文，结果令人瞩目：“所有论文全都认同‘共识’的重要性。”

2006年美国地理学家协会（AAG，有1.1万名会员），通过了AAG请求对于气候变化采取行动的决议。该决议使AAG与相关专业组织、许多国家的科学机构联系在一起，并把减缓气候变化所做的行动记录在案。2007年美国气象协会（AMS，1.3万名会员）发表了AMS关于气候变化的声明；同年，美国物理协会（APS，4.6万名会员）通过了APS关于气候变化的国家策略，并声明“气候变化的人为成因是清晰的、无可争辩的事实。”

图10.36中可知，当前大气的CH_4浓度水平为1 780ppb，也就是说，我们当前身处80万年以来CH_4浓度最高的大气之中。

CH_4是有机物在无氧环境下（厌氧过程），通过消化和腐烂过程产生的。在CH_4的增加量中，大约50%来自于家畜肠道中的细菌作用、稻谷水田的有机生物过程；20%来自于植物燃烧；另外，白蚁消化系统内的细菌作用也是CH_4的重要来源之一。在大气变暖过程中，CH_4的贡献率至少占19%。

N_2O是人类活动产生的第三种最重要的温室气体，其浓度自1750年以来增加了17%，现在的浓度比过去1万年来的任一时期都高（图10.36）。农用化肥造成了土壤中的氧化亚氮排放增加，但原因还需进一步研究才能完全认识清楚。CFCs等其他碳卤化合物对全球变暖也有贡献，因为在对流层下部，CFCs能够吸收那些未被CO_2和水汽吸收的长波辐射。

10.2.3　气候模型与未来温度

除了气候要素实际观测和古气候记录，科学家还利用计算机模型进行了气候预测。理解气候变化的科学难题在于认识气候变化的趋势，从本质上说，这种趋势是自然系统的一种非线性、无序的变化过程。可以想象，要是建立一个包含所有气候要素的计算机模型，就需要在不同时间框架和各种尺度上把各种要素联系在一起（图10.3），这将是一个十分艰巨的任务。

最初的数学模型用于天气预报，现在开发的是另一种更复杂的计算机气候模型，叫作**大气环流模型**（general circulation model，GCM）。世界上正在使用的至少有十几种这类大气环流模型。GCM包含大气圈、海洋、陆地地表、冰冻圈、生物圈的子模型，其中最复杂的子模型是大气—海洋耦合模型，也被称作大气—海洋一般环流模型（AOGCMs）。

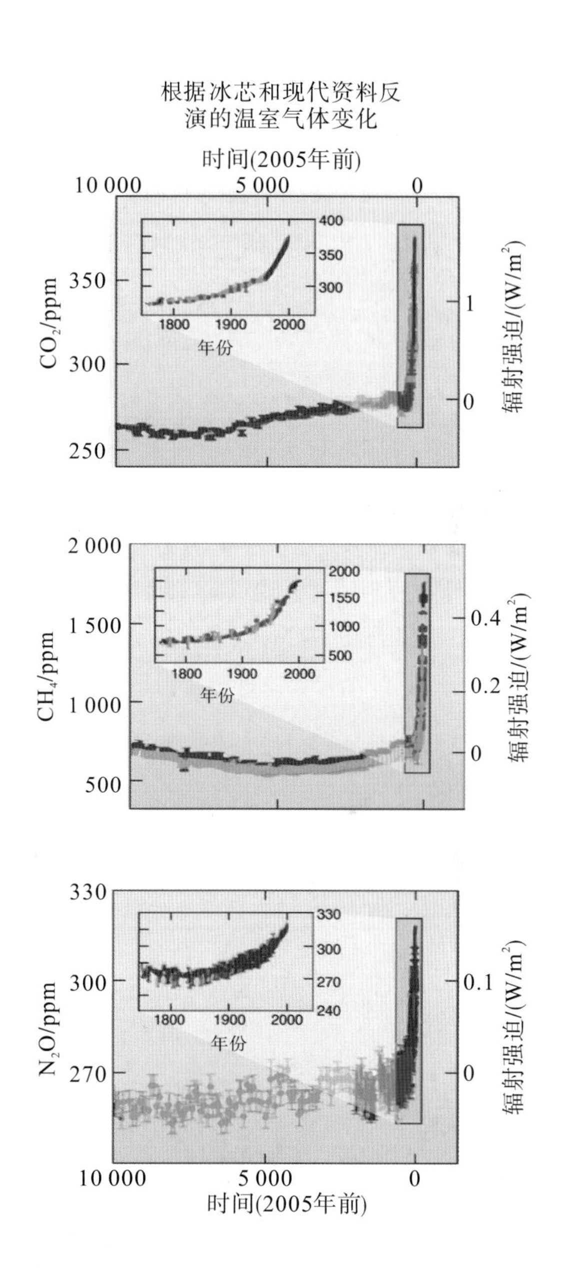

图10.36　过去1万年以来的温室气体变化

注：冰芯和现代数据显示了过去1万年以来，CO_2、CH_4和N_2O的变化趋势。图中表明我们生活在一个特殊时期。2010年5月更新的数据表明，CO_2浓度水平已超过了393ppm，CH_4达到1 780ppb，N_2O接近于330ppb。［改编于：IPCC, Working Group I. 2007. Fourth Assessment Report (AR4) [R]//Climate Change 2007. The Physical Science Basis, Fig SPM-1:3.］

在气候模拟分析中，首先要对地球气候系统中的可调控部分进行定义。气候学家建立了一个从海底到对流层顶的立体多层“格网箱”（图10.37）。对于大气圈，网格箱的分辨率现在已得到很大改进，水平方向上是180km、垂直方向上为1km；对于海洋而言，水平分辨率与大气圈相同，垂直分辨率为200～400m。模型分析师不仅要处理同一层内格点之间气候要素的关系，而且要考虑每个格点与上下层相邻点的相互作用。

气候敏感度作为GCMs模拟的一个对照基准，可以通过加倍大气中的CO_2浓度来模拟测试。虽然GCMs不能预测具体温度，但它能提供全球变暖的各种情景。1990年以来，科学家把GCMs生成的气候分布图与全球变暖的观测结果进行过对比，发现两者之间存在着良好的相关关系。

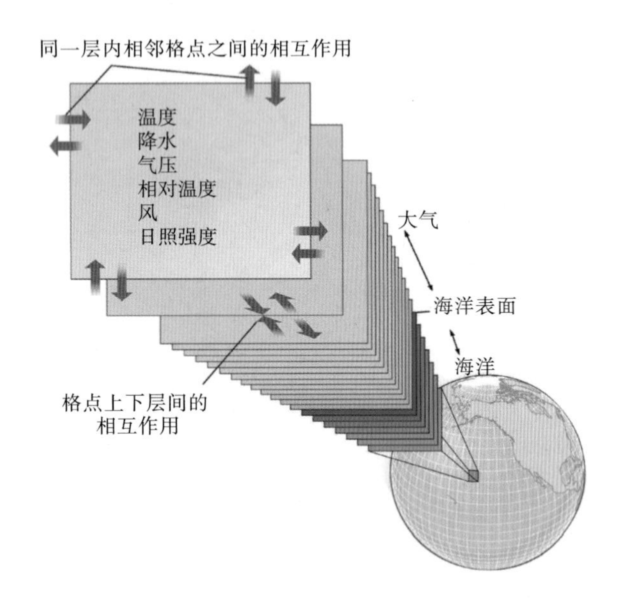

图10.37　大气环流模型的图解

注：把温度、降水量、气压、相对湿度、风、日照强度的样点数放置在网格箱中的每个格点上。经海洋中的样点数量很有限，但温度、盐度及洋流数据已考虑在内。对于网格箱中每一格点来说，它层内和层间的相邻点（6个相邻面）的相互作用都包含在大气环流模型的程序之内。

2014年IPCC第五次评估报告采用了GCM模型，并以4种典型浓度路径（RCPs*）为情景，模拟得到气候要素估测值——地表温度、海面上升、海面pH值等（图10.38）。图10.38（a）给出了1950~2100年全球地表变暖的估测范围，其中黑色线（灰色阴影）是利用历史重建强迫模拟的历史演变，蓝色线和红色线分别为RCP2.6和RCP8.5情景下地表温度变化的预估值和可能变幅（阴影）。图10.38中蓝色柱状图给出的是最乐观的估值及可能的变幅，例如从RCP2.6的“低预估值”至RCP8.5的“高预估值”，即使在RCP2.6情景下，全球陆地和海洋的温度上升幅度也会造成一系列的严重后果。

海平面变化　海平面正在上升，而且速率在加快：20世纪后期的上升速率约是19世纪后期的3倍。1901～2010年，全球平均海平面上升了17～21cm（平均19cm），这一速率是过去3 000年的平均上升速率的10倍多。海平面上升的原因是，冰盖和冰川的融水增加及海水吸收热能而增温膨胀（更多相关内容见第16章和第17章）。

自2007年IPCC发布AR4以来，人类对海平面变化的了解和预估程度有了显著的提高。全球平均海平面将在21世纪继续上升，速度很可能超过1971～2010年观测到的速度。

*　RCP是世界气候研究计划（World Climate Research Program，WCRP）中耦合模式比较计划第五阶段（CMIP5）框架下定义的一套新的情景模式，被用于新气候模式的模拟。具体而言，RCP就是一组包括了所有温室气体、气溶胶和化学活性气体排放和浓度的时间序列、还有土地利用/土地覆盖状况的情景模式，其中：①RCP2.6为低浓度路径，辐射强迫于2100年之前达到约3W/ m^2峰值，之后下降；②RCP4.5和③RCP6.0为中等稳定路径，辐射强迫于2100年后稳定于4.5~6.0W/ m^2；④RCP8.5为高浓度路径，辐射强迫于2100年前大于8.5W / m^2，之后还持续上升。［详见，IPCC第I工作组. 2013．AR5，气候变化2013[R]//自然科学基础（中文版本）:29, 199. 日内瓦］

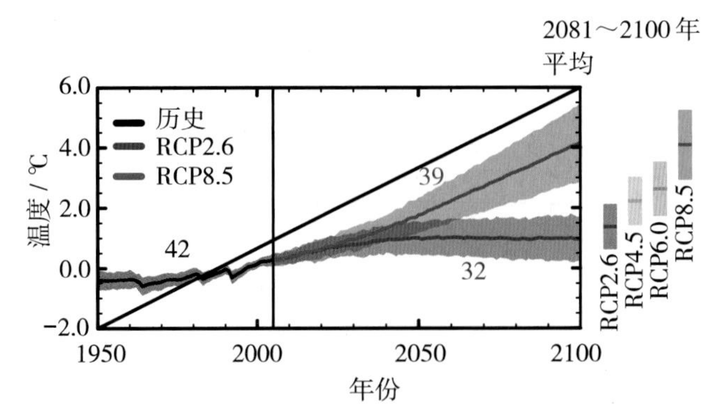

(a)全球平均表面温度变化（数字“42、39、32”为模式数量）

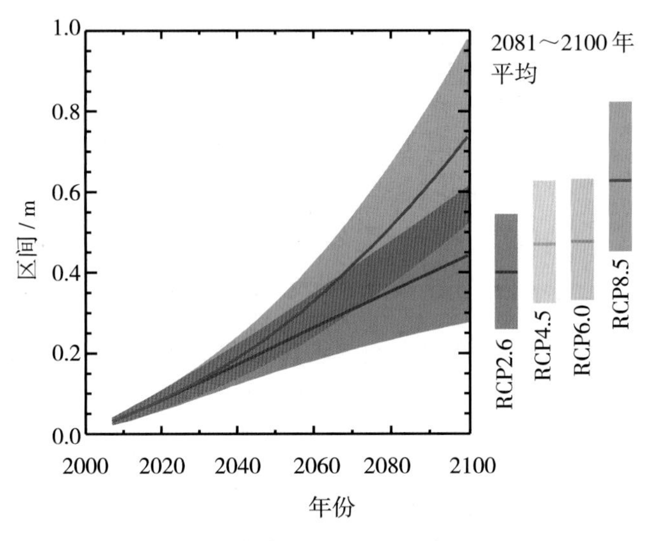

(b) 全球平均海平面上升区间

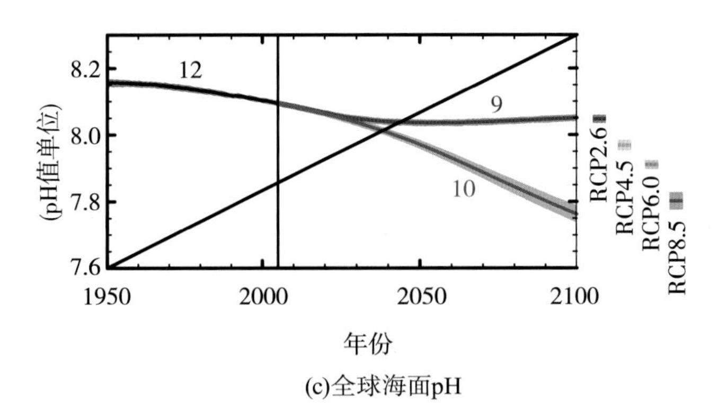

(c)全球海面pH

图10.38　全球地表温度、海平面上升和海面pH的估值（CMIP5*气候模式的预估值）

注：基准值为1986～2005年的平均值，右侧柱状图为2081～2100年4种RCP情景下温度和海平面的可能上升幅度，横线表示相应的中值。(b)为在RCP2.6和RCP8.5情景下，CMIP5气候模式集合预估的21世纪全球平均海平面上升。(c)为全球海面pH的估值。［IPCC. 2014. 第5次评估报告，气候变化2014[R]//综合报告（中文版）:11, 26. 日内瓦］

如图10.38（b）所示：与1986～2005年相比，在RCP2.6情景下2081～2100年海平面升幅为26~55cm，在RCP8.5的情景下海平面升幅为45~82cm。各地区海平面的升幅并不一致，21世纪末约有95%以上海洋，其海平面很可能将会上升，全球大约70%的海岸线预估将出现海平面变化。请记住：海平面每上升0.3m，海岸线就会向陆地平均推进30m。关切问题如下：

> 当前的数据已引起了人类对于气候系统的关注，尤其是海平面，它对全球变暖的响应可能比气候模型预测值更快……。在过去的20年间，海平面上升速率比之前115年间的平均上升速率（20年的均值）要快25%……。自1990年以来，观测到的海平面上升速率已经超过了模型预测的速率*。

即使温室气体浓度处于稳定状态，海平面上升也将持续至2100年之后。

全球海岸线的快速测绘结果表明：即使海平面平缓上升也会带来前所未有的变化。河口三角洲、沿海农业低地及陆地低洼地区将处于风险之中，因为它们将与高水位、高潮位和风暴潮进行抗争。这将导致严重的社会和经济后果，小的岛屿国家更为严重，因为他们无法在自己的领土范围内进行调整。海平面上升会导致生态系统崩溃、生物多样性减少、水资源

* Rahmstorf S,Cazenave A,Church J A , et al.2007.Recent Climate Observations Compared to Projections[J].Science,316(5825):709.

减少及居民遣散等问题。

由于海平面上升，人口将从海岸淹没区迁出——海平面每上升1m就会造成1.3亿人口迁移。第16章将给出海平面上升1m时受影响的海岸线分布图。未来，这将导致国内外长达数十年的持续人口大迁移。但目前的国际法条文尚未涵盖“环境难民”。

10.2.4 政策与“无悔”行动

在上述气候变化的学习过程中，你的心情一定十分“沉重”。但是，我们可以把这些信息当作采取行动的力量和动力，无论是个人的、局地的、区域性的行动，还是国家或全球性的行动。

IPCC宣称：对大多数国家而言，减少

判断与思考10.2 燃油经济的驱动因素

交通运输是产生CO_2排放的主要来源之一。实际上，美国自1975年开始就要求小汽车平均燃油消耗（CAFÉ）达到当前的8.55L/100km标准。对于轻型卡车（含SUV）而言，2007年要求的标准是22.2mpg（22.2英里/加仑，约等于10.6L/100km），2010年为23.5mpg（10.0L/100km）。图10.39列出了一些国家的更高标准。

每加仑燃油效率提高10英里，每天就可节约一百多万桶石油，这相当于美国从波斯湾国家进口石油量的1/2以上，因此2020年燃油效率达到35mpg（约6.7L/100km）的目标很诱人。然而，车辆和出行距离的增长在一定程度上抵消了这种燃油效率，解决这个问题比提升轿车和轻型卡车的燃油效率更复杂。图10.39表明美国车辆燃油效率相对偏低的事实。为什么美国的燃油标准只有欧盟国家标准的1/2，甚至目前仍远低于中国提高后的标准？为什么较高CAFÉ标准难以实行？请你从燃料价格，包括石油进口（冲突、漏油、贸易平衡）和石油开发等方面来思考。为了节省驾驶员的燃油开支和改善空气质量，怎样才能推进高标准的燃油效率？

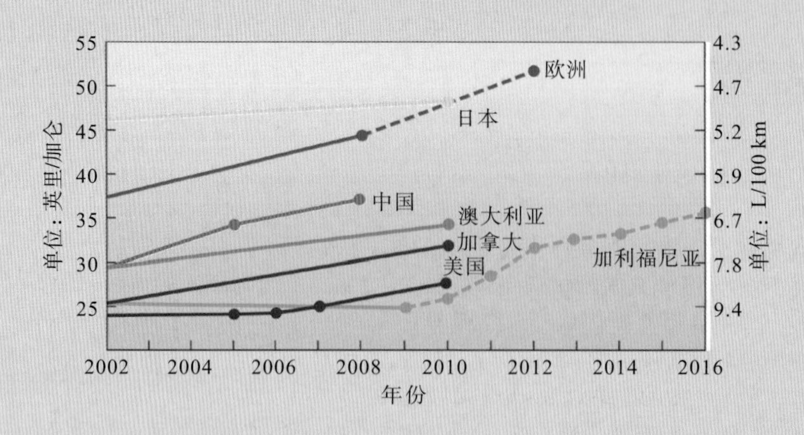

图10.39 一些国家和地区的燃油经济标准

注：［改编于：IPCC. 2007. Climate Change 2007: Mitigation and Climate Change [R].Geneva, Switzerland: IPCC Secretariat, February, Fig. 5.18, p. 373.］

CO_2排放的“无悔行动”是可行的，同时指出：

> “无悔行动”是对具有负效应、纯消费性温室气体的减排，因为这样做所获得的直接或间接效益，足以弥补实施这一选择所花费的成本。

伴随“无悔行动”的选择，相关的新商业机遇会不断涌现，社会收益将逐渐赶上或超过它的成本。这种选择包括降低能源成本、改善空气质量和提高人体健康、减少油

判断与思考10.3 如何减轻人为因子导致的气候变化？

如图10.40所示，气候受许多外部因子的强迫，我们通过图10.40来了解这些因子对气候变化趋势的影响。

x-轴（水平轴）上给出的是辐射强迫（RF）的估计值，单位为W/m²。最右一列是“科学认知水平”。在“0”轴右侧，横柱体（红、橙、黄色）表示气候变暖或称正强迫，见“长期存在的温室气体”。“0”轴左侧的横柱体（蓝色）表示气候变冷或负强迫，见云反照率作用。每个柱体包含了不确定的估值范围。

假设你是政策制定者，你的目标是降低气候变化速率，也就是减小气候系统的辐射正强迫。请参照图10.40中导致气候变化的各列取值范围进行选择，并对各个要素的组合比例进行调整，由此得出的政策建议是什么？此外，根据气候变化的缓解效率，对各项策略按照优先次序从最大到最小进行排列。针对你的策略，与同伴们开展一次头脑风暴并进行讨论。

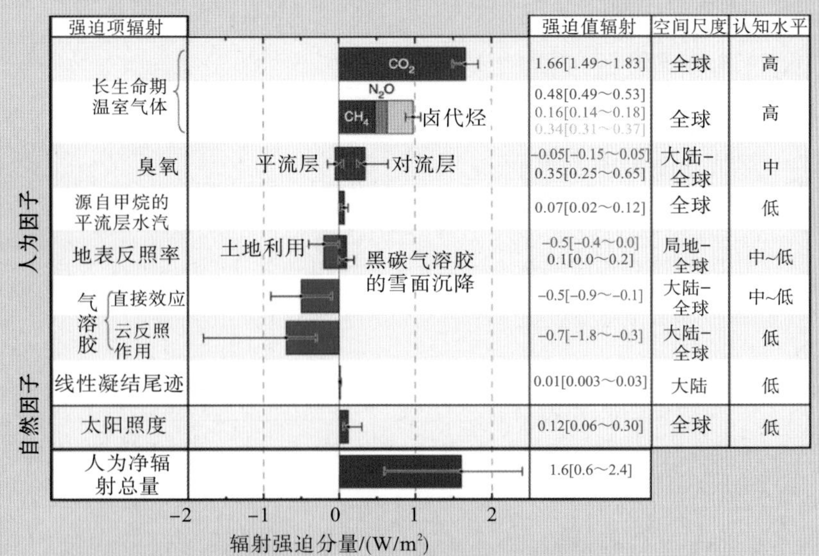

图10.40 气温辐射强迫的分析

注：［IPCC, Working Group I. 2007. Fourth Assessment Report: Climate Change 2007: The Physical Science Basis (Geneva, Switzerland: IPCC Secretariat, February), Figure SPM-2, p. 4, and Figure 2.20, p. 203.］

轮泄漏事件和石油进口，采用可再生能源和可持续能源等。毫无疑问，这些都是为了减缓气候变化的影响。

科学家确认欧洲2030年的碳排放将至少减少至1990年的1/2，届时减排成本会为负值。美国能源部国家实验室的研究发现，美国可以达到京都碳减排目标，而且总成本为负值——每年为-340亿～-70亿美元（节约现金）。当然，“无悔”的关键之一在于有待开发的能源效率和资源潜力。

对于减排成本，最全面的经济分析当数气候变化的经济学——斯特恩报告。它是尼古拉斯·斯特恩为英国政府编写的报告（英国剑桥：剑桥大学出版，2007年692页）。报告结论如下：

■　如果现在就采取强有力的行动，仍有时间能够避免气候变化的最坏影响。

■　气候变化会对经济增长和发展造成非常严重的影响。

■　保持气候稳定的成本很高，但可以控制；延迟行动将十分危险，而且成本会更高。

■　对于气候变化行动所涉及的所有国家，无需冠以富国和贫国的增长愿望。

■　消减排放有一系列可选措施，各国应以强有力的、稳健行动策略来激发人们采取行动。

■　基于对长远目标的共同认识，以及在行动框架达成共识的基础上，各国在应对气候变化中要有积极响应。

二十多年前，气候学家理查·霍顿与乔治·伍德威尔描述了现在的气候状况：

> 世界正在变暖，气候带正在移动，冰川正在融化，海平面正在上升。这些并不是科幻电影里的情节。上述变化中还包含其他一些正在发生的变化。据我们预期：随着人类活动的加剧，二氧化碳、甲烷与其他痕量气体还将在大气中不断累积，因此，这些变化在未来几年将呈加快趋势*。

本书作者对这段引文十分熟悉，因为自本书1992年第1版问世以来，每一版中都引用了这段文字。

* Houghton R A,Woodwell G M.1989.Global Climatic Change[J]. Scientific American, 260(4): 36–44.

地表系统链接

第10章是对第2章～第9章内容的系统综合，也是第Ⅱ篇的结束章节。气候类别描绘了不同气候区的能量、水分、日射量和地表能量收支状况，同时提供了一个跟踪气候区边界变化的基准线。接下来将进入第Ⅲ篇的学习，即地表与大气圈的界面——各个系统在这里相互交汇。自第11、12章的内源系统开始，我们将学习地球内部能量——这种能量拖曳和挤压地壳，并使之四处漂移，有时还会爆发剧烈运动。此外，还将学习岩石形成过程、岩层变形特征，如褶皱、断层和位移，还要讲述地震活动和火山喷发。

10.3 总结与复习

■ **掌握气候和气候学的定义，解释气候与天气的区别。**

气候是动态的，而非静止状态。**气候**是天气的综合表现，并具有多种尺度——从行星到局部地区。相比之下，天气则是某一地点大气的瞬时状态。地球上各地气候多种多样，人们可以根据它们的相似性把它们归类为各自不同的气候区。**气候学**以气候为研究对象，分辨天气统计中的相似性并确定**气候区**。

气候（292页）
气候学（293页）
气候区（293页）

1. 阐述气候的定义，并与天气进行比较。什么是气候学？

2. 气候区是怎样综合气候统计值的？请解释。

3. 厄尔尼诺现象为何造成了气候的最大年际变化？这种变化及作用会对全球产生哪些影响？

■ **明确气温、降水、气压和气团模式对确立气候分区的作用。**

气候系统中的输入量包括日照（地球大气环境中的太阳能量模式）、气温（空气包含的显热能量）、降水（雨、雨夹雪、雪和冰雹——水量供应）、气压（大气密度的变化模式）、气团（区域尺度上的均质空气单位）。气候是生态系统的基本要素，也是具有天然自我调节能力的动植物群落某一环境中茁壮生长的基本要素。

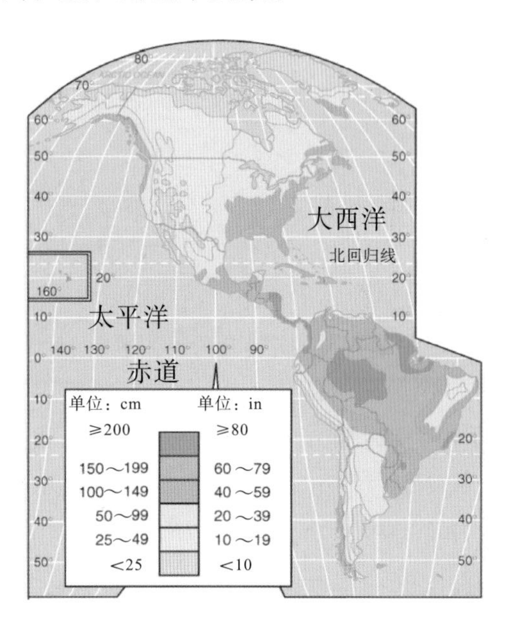

4. 对于辐射吸收、气温、气压及降水等分布模式，它们之间的哪些相互作用产生了不同的气候类型？针对湿润环境和干旱环境，各举一例说明。

5. 评价气候区、生态系统和生物群系之间的关系。

■ **了解气候分类体系的发展，比较气候成因分类法和气候经验分类法。**

分类法就是依据类别标准，对数据进行整理和划分的过程。根据成因进行的分类，叫作**成因分类法**，如气团的相互作用。基于统计数据的分类法，称作**经验分类法**，如温度或降水。本书中基于气候要素分布图，在气候分析中采用两种分类标准。

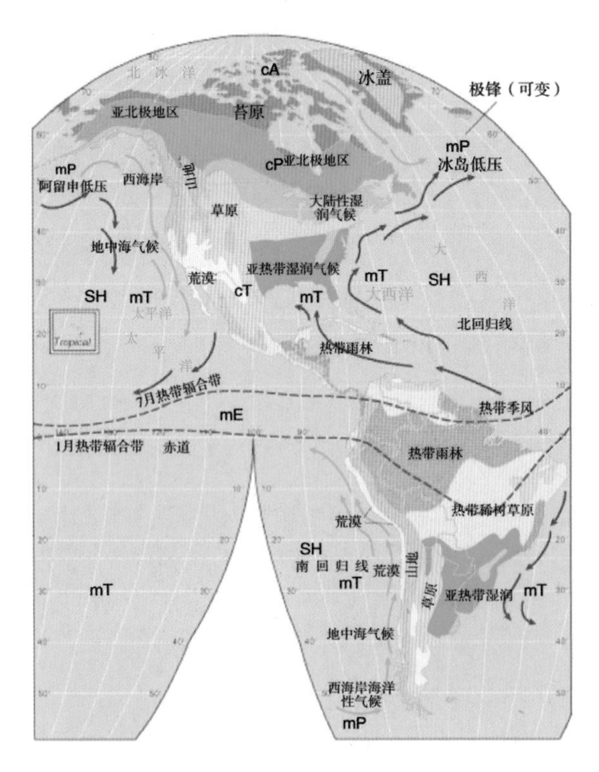

分类（299页）

成因分类法（299页）

经验分类法（299页）

6. 成因分类法和经验分类法之间的区别是什么？

7. 用于气候分类的气候要素有哪些？为什么采用这些要素？回答时，请参照图10.6气候类别分布图所采用的方法。

■ **描述全球主要气候类别（荒漠例外），确认它们在地图上的分布位置。**

请记住：气温和降水作为可度量的指标，是由天气和气候要素相互作用产生的。**气候图解**使用气温和降水曲线表示气候特征。

全球有6个基本气候类型，其中5种是基于气温和降水因子来划分的，还有一种是基于区域来划分的：

■ 热带气候（热带纬度）
 雨林（全年多雨）
 季风（6～12月多雨）
 稀树草原（多雨期不到6个月）

■ 中温气候（中纬度、冬季温和）
 亚热带湿润（夏季炎热）
 西海岸（夏季从温暖至凉爽）
 地中海（夏季干燥）

■ 低温气候（中高纬度，冬季寒冷）
 湿润的大陆（由炎热到温暖，夏季温和）
 北极（凉爽夏季及非常寒冷冬季）

■ 极地气候（高纬度，极地地区）
 苔原（高纬度或高海拔）
 冰帽和冰盖（永久冻结）
 极地海洋

■ 高地气候（不同纬度的高海拔地区，低温高地）

只有一种气候类型是基于水分效率和温度来划分的：

■ 干燥气候（永久性缺水）

干旱荒漠（热带、亚热带炎热，中纬度寒冷）

半干旱草原（热带、亚热带炎热，中纬度寒冷）

气候图解（300页）

8. 列出主要气候区中的每一气候类型并讨论。你生活的地区属于哪一种气候类型？哪一种气候区的气候类型仅与年降水量及分布有关？

9. 什么是气候图解？它是怎样表示气候

信息的？

10. 地球上最大面积的陆地和海洋属于哪种主要气候类型？

11. 通过气温、湿度和位置等特征，描述热带气候。

12. ITCZ带伴随太阳高度角而发生季节性移动。以非洲热带气候为例，阐述热带气候特征。

13. 中温气候（中纬度地区，冬季温和）是占地表总面积第二位的气候区。描述该地区的气温、湿度和降水特征。

14. 解释夏季炎热型亚热带湿润气候和地中海夏干型气候分布于同一纬度带上的原因。这两种气候类型在降水模式上有什么区别？描述与这两种气候型相关的植被差异。

15. 亚洲季风地区有哪些气候特征？

16. 为什么美国东部的阿巴拉契亚地区能形成西海岸海洋性气候？

17. 离岸洋流对西海岸海洋气候的分布有什么作用？在这些地区形成的雾是哪种类型？

18. 两极之外，地球上最寒冷地方的气候状况怎样？

■ **说明干旱、半干旱气候区的降水及水分效应的划分标准，确认它们在地图上的分布区域。**

干燥气候采用的是降水指标而非气温指标，它的主要类别为干旱荒漠和半干旱草原。在热带和中纬度地区的干旱荒漠，降水量提供的天然供水量不到自然需水量的1/2；在热带和中纬度的半干旱草原，降水量超过天然需水量的1/2。**草原**（Steppe）是一个地域性术语，特指东欧和亚洲半干旱区的广阔草地生物群系（相当于北美的矮草草原，非洲的萨瓦纳草原）。

草原（Steppe）（320页）

19. 一般而言，四种荒漠类型之间的区别是什么？如何利用水分和温度分布来区分它们的亚型？

20. 对于干旱和半干旱气候的全球分布，请列举三个以上的区域及其地理位置，并解释它们分布的成因。

■ **解释气候变化的原因及其可能产生的后果，描绘未来气候模式概况。**

当今人类各种活动正在引起气候变化，尤其是全球变暖趋势。自从有气象测量仪器以来，最近25年的平均气温连续保持最高纪录。气候变化与人为增强的温室效应有关，这是科学共识。

2014年IPCC第五次评估报告以4种典型浓度路径（RCP）情景预估了地球表面的变暖幅度。**古气候学**研究的主题是气候在地球历史中的自然变异性。用于预测气候模式的**大气环流模型**（general circulation model, GCM），其功能比过去更强更准确。人们及政策机构，依据GCM预测估算来制定政策以减缓不必要的气候变化。

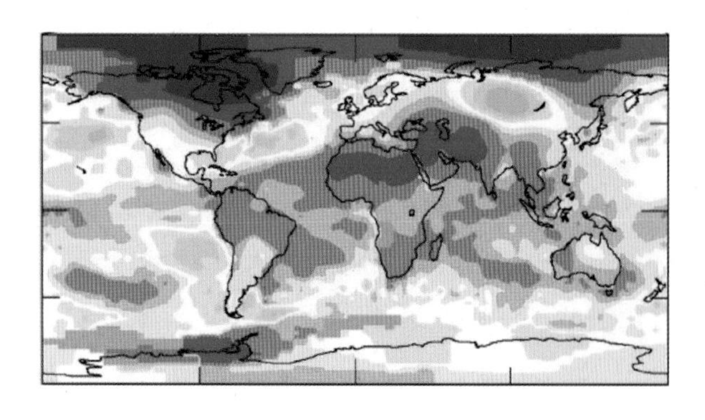

古气候学（327页）

大气环流模型（GCM）（331页）

21. 什么是气候预测估算？大气环流模型（GCMs）怎样得出这种预估值的？

22. 描述全球变暖对极地和高纬地区产生的潜在气候影响。气候变化对生活在低纬地区的人们意味着什么？

23. 气候变化如何影响农业粮食生产、自然环境、森林及疾病传播的可能性？

24. 为了延缓全球气候变化影响，当前应该采取哪些行动？什么是“京都议定书”？美国政府履行该协议的现状如何？

掌握地理学

访问https://mlm.pearson.com/northamerica/masteringgeography/，它提供的资源包括：数字动画、卫星运行轨道、自学测验、抽题卡、可视词汇表、案例研究、职业链接、教材参考地图、RSS订阅和地表系统电子书；还有许多地理网站链接和丰富有趣的网络资源，可为本章学习提供辅助支撑。

第Ⅲ篇：地表–大气的界面

图中展示的是美国西南地区一种奇特的地貌景观。在亚利桑那州与犹他州边境附近，纪念谷东部矗立着一些壮观的孤山和台地。数百万年以来的风化和侵蚀作用使大量岩石发生了运移，残留下高耸的孤山和台地。注意背景中的沙丘。图中心的地理坐标为36° 54′ N和109° 59′ W。［Bobbé Christopherson］

地球是一个动态星球。地球表面特征表现为自然因子的活跃性和变化性。第Ⅲ篇中讲述的这些因子，是由内源性系统和外源性系统两个巨大系统构成的。**内源性系统**包括地壳深处产生的热量流和物质流，这一内部过程的能量来自放射性物质的衰变。地球表面对地壳建造过程会作出响应，包括固态物质的响应。比如：地壳运动、褶皱、断裂，以及某时期发生的地震和火山喷发。

同时，**外源性系统**（第13章～第17章）涉及的外部过程包括：空气、水和冰的运动。它们所需的能量都来自太阳能。这些构成地球环境的流体介质对地貌景观进行着雕刻、塑造、打磨。在这些外部过程中，风化过程对地壳物质进行分解和溶解；侵蚀过程把已风化的物质挟带到河流、气流、海浪和冰川之中，然后形成沿途沉积。地球表面是两个巨大开放系统之间的界面：一个系统构建了地势起伏和地貌形态，另一个系统则把它塑造成为沉积平原。

第11章　动态星球——地球

本图为大西洋佛得角群岛上的福戈（Pico de Fogo）火山，海拔为2 830m。山坡上的小山锥是1995年形成的火山通道（含硫化合物）。该火山上一次喷发是在1637年，这次喷发迫使大火山口上的Chãdas Caldeiras村庄撤离；之前村里种植着葡萄和咖啡，耕作土壤为火山土；这里的村民们把玄武岩岩块用作房屋建筑材料。［Bobbé Christopherson］

重点概念

阅读完本章，你应该能够：

■ **辨别**内源性系统和外源性系统，**确定**每个系统的驱动力，**说明**各系统作用的时间跨度。

■ **绘制**地球内部圈层的剖面图，**描述**具有显著界面的各圈层。

■ 用图表示地质循环，**阐述**岩石循环和岩石类型及二者与内、外源性过程的联系。

■ **描述**泛大陆及其分离过程，**联系**几个实例来证明地壳至今仍在漂移。

■ **描绘**地球上主要板块的边界，**叙述**它们与地震发生、火山活动和大地热点之间的联系。

当今地表系统

地球磁极的移动

在本章，想像我们已旅行至地球中心，了解到地球核心是由一个固体内核和一个由流体包裹的致密外核构成的。地球磁场主要是外核运动所产生的。第1章讨论了地理北极——地轴极点，即经线顶点聚集的地方。它是一个表示正北方向的固定点。然而，地球磁场却集中于两极的磁极上，而磁极以能够被测量到的速度在移动。

用罗盘来确定方向时，罗盘指针指向北磁极（north magnetic pole，NMP）。在北磁极点上，磁场方向垂直向下——相对于地球表面的磁倾角。图11.1中绘制的就是通过地磁测量所确定的磁极位置。

设想有一个圆，以它顶端为正北方向，方位角便是沿圆弧顺时针旋转的角度。由此旋转至正东方时方位角为90°、正南方为180°、正西方为270°，再返回到正北方时方位角为360°或0°。罗盘所指示的北磁极和地理北极并不一致，或者说指南针指示的北方向并不是正北方向。以罗盘所在地为基准，测得的北磁极方向和正北方向之间的夹角，就是磁偏角。

2008年，美国加利福尼亚州旧金山市（采用熟悉叫法）的北方向，存在偏西15°的磁偏角。然而，艾奥瓦州、密苏里州、伊利诺伊州交界处的磁偏角却为0°；这就是说，这里的北磁极方向和正北方向是一致的。可另一方面，与旧金山市相比，波士顿市2008年测得的磁偏角却偏东15°。若想从罗盘读数上得到正北方向，则需要加上或减去对应的磁偏角。市面上发行出版的等角地图就是等磁偏角直线图。大多数地形图图例中标注有上述信息，但其精准度只适用于地图印制时间，因为北磁极是在移动的。

随着地球磁场的变化，北磁极缓慢漂移穿过加拿大的北极地区。科学家追踪北磁极的位置变化已有很长的历史。

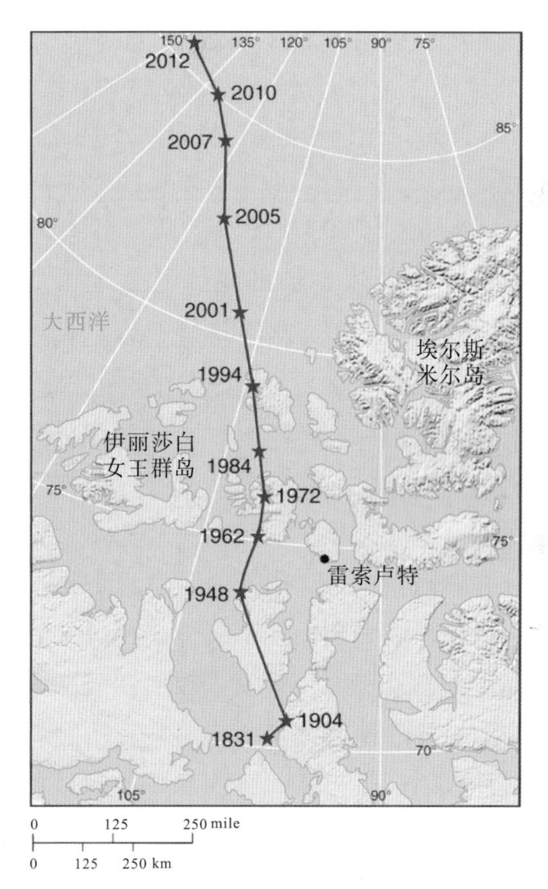

图11.1 北磁极的移动路径（1831～2012年）

作为地球磁场在地球表面的表现，北磁极仅在过去一个世纪内就移动了1 100km。加拿大地质调查局（GSC）通过追踪北磁极的移动来确定磁极的位置（见https://www.ncei.noaa.gov/maps/historical_declination/）。该调查是加拿大地质调查局（GSC）和法国地质研究矿产局（BRGM）合作完成的。目前，北磁极正在以每年大约50km的速度向西北方向的西伯利亚移动，自2007年以来，它的移动速度已经增至每年55～60km。1831～2012年观测的北磁极位置如图11.1所示。实际上，地球磁极每天都在围绕它的平均位置（地图上标出的位置）作小型椭圆运动。

2012年北磁极位于85° N、147° W附近（表11.1），这里是加拿大的北极地区；与它相对应的（相反的）南磁极（SMP），位于南极洲威尔克斯地海岸附近。南磁极的移动不同于北磁极，它目前仅以每年5km的速度向西北方向漂移。本章将讨论地球磁场强度的变化及地球磁场极性的周期性逆转。

表11.1　2001～2015年北磁极坐标的近似值

年份	纬度（N）	经度（W）
2001	81.3°	110.8°
2002	81.6°	111.6°
2003	82.0°	112.4°
2004	82.3°	113.4°
2005	82.7°	114.4°
2006	83.9°	119.9°
2007	84.4°	121.7°
2008	84.2°	124.9°
2009	84.9°	131.0°
2010	85.0°	132.6°
2011	85.1°	134.0°
2012	85.9°	147.0°
2015（估计值）	86.1°	153.0°

科学发现使人类对地球系统科学及海陆分布特征的认识发生了彻底改变。自然地理学的研究，以及与其他学科的相互结合，使人们的认识和理解跨入一个新时代。自然地理学的任务之一就是对所有这些新信息的空间含义进行诠释。

在本章中：地球内部大致可以看作是由同一个球心的圈层物质围绕地核构成的。这些物质中的不稳定元素发生放射性衰变，产生的能量导致地球内部受热不均。按照岩石的三种成因——火成、沉积和变质的过程，岩石循环相应形成了三类岩石。伴随岩石循环、水循环和地壳构造循环，地球内部过程最终形成了各种各样的地壳表面，其特征表现为陆地和洋底不规则的断裂、绵延的山脉，漂移的大陆和洋壳、频繁的地震和火山活动。本章的主题是地球内营力，即造成上述物质运动的原动力。

11.1　地质时间的跨度

地质年代表是按时间序列对整个地球历史的总体概括（图11.2）。它明确了当前人类对地球历史各阶段所公认的时间等级单位，从长时间跨度的宙（Eons）到较短时间跨度的代（Eras）、纪（Periods）和世（Epoches）。人们现在认为：早期地球是被火星大小的天体撞击后形成的，地球年龄大约为46亿年；而月球却相对地球年轻三千万年。

地质年代有两种重要表示方法：相对年代（地质事件的先后次序）和绝对年代（地质事件的实际年代）。在图11.2所示的地质年代表中，标注了地球史上发生的6次生物大灭绝，但这只是地球生命史上的阶段性枯竭，并非全部灭绝，其时间跨度为从距今4.4亿年前至现代文明中正在发生的事件。

相对年代是根据岩层的上下相对位置来确定的地质事件次序。确定相对年代的重要基本原则是地层叠置，即如果岩层未受

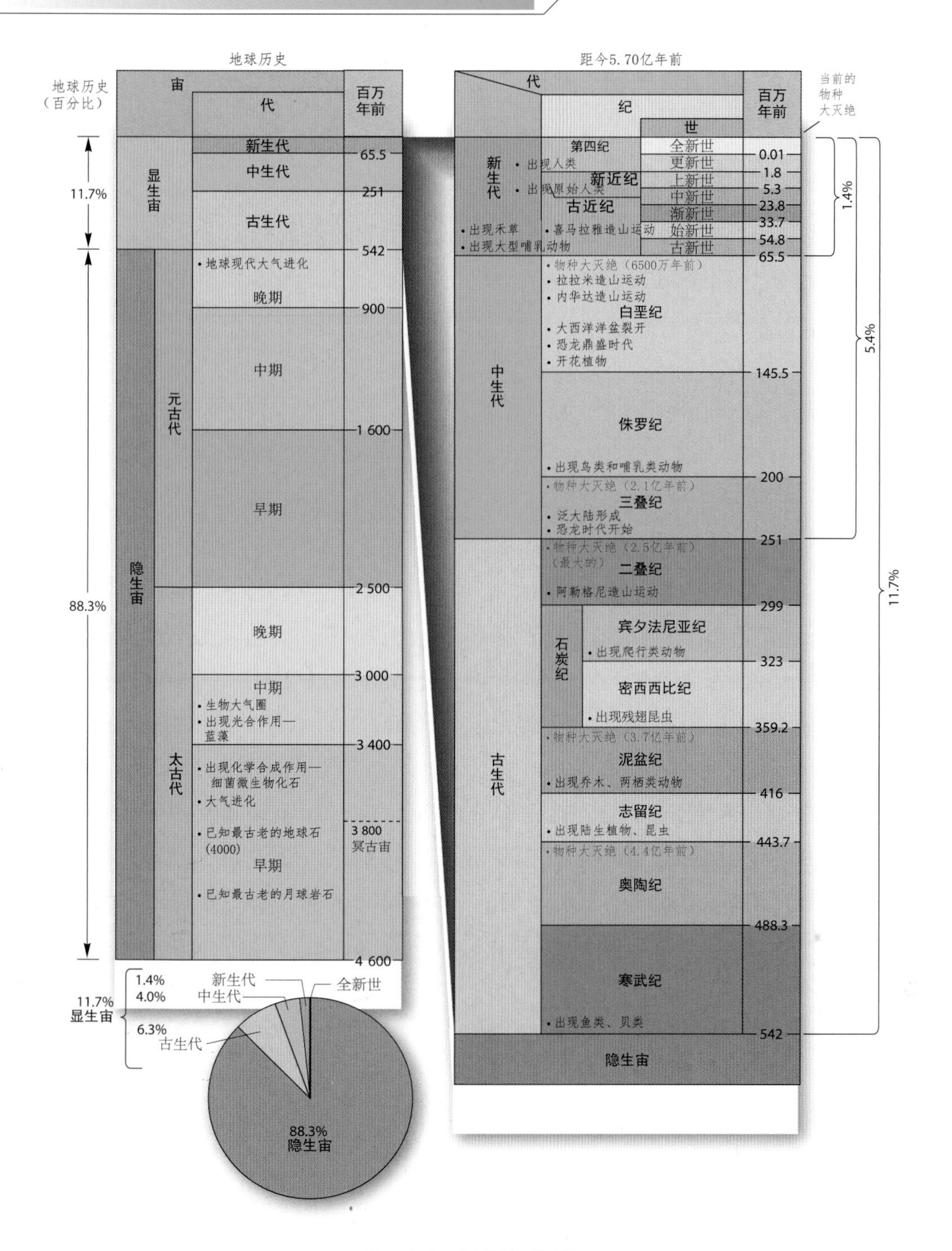

图11.2　地质年代表

注：地球生命史中的6次大灭绝（衰竭），表中以红色字体表示；当前正处于第6次大灭绝过程中。左图中，前寒武纪占整个地质时期的88.3%，年代单位以百万年计。［引自：Geological Society of America 和Nature 429（2004–5–13）：124-125.］

判断与思考11.1　对“人类世”时代的思考

思考以下几个问题，在地质年代表中怎样定义人类时代？对于景观变化、森林毁坏及气候变化等，怎样确定它们的变量参数？假如以全新世晚期作为“人类世”，那么它起始时间的判断标准应该是什么呢？

到扰动，那么最年轻的岩石和沉积岩层就会“叠置”在地层最顶部，而最古老的岩层则位于地层的最底部。关于地层序列的研究称作地层学（Stratigraphy）。依据相对地质年代，人们把前寒武纪放在地质年代表的底部（开始时期），而全新世（现今）放在顶端。化石是指埋藏并镶嵌于地层中的古代动植物遗骸或遗迹，40亿年以来，生命的演化在岩层中留下的印记可以作为确定地层年代的重要线索。

绝对地质年代可通过放射性同位素测定法等科学方法来确定，地质年代通常以“百万年”为单位。通过地层的绝对年龄，科学家可以不断地更新地质年代，完善年代序列，从而提供更准确的相对年代序列。关于地质年代详情，见http://www.ucmp.berkeley.edu/exhibit/geology.html。

地质年代表中，最年轻的年代是指自大陆冰川退缩以来距今最近的11 500年，并被赋予“全新世（Holocene Epoch）”这一名称。鉴于人类社会对地球系统的影响，人们正在讨论给“人类时代”指定一个新名称，有人提议命名为人类世（Anthropocene）。

然而，这个时代应该从何时算起呢？人们众说纷纭，有人认为应该以18世纪工业革命开始为起点；也有人认为应该是距今5 000年前左右，当时的亚洲人已开始灌溉水稻，稻田中产生的甲烷释放到大气中；或许8 000年前更恰当，因为当时农作物种植面积已扩长，森林中耕地遍布，而且人类已开始用火来改造自然环境。人类对大气的影响始于文明起源之时。

地球科学的一个指导理论是**均变论（Uniform-itarianism）**。该理论假定：贯穿于整个地质时期的自然活动过程与当今环境中的自然活动过程是相同的。若河流现在对河谷造成侵蚀，那么这种侵蚀过程将会持续5亿年。“现在是过去的一把钥匙”就是对这一原则的阐述。均变论从火山喷发、地震情景记录、外营力过程及相关探索中都得到了证据支持。这一概念最早是由詹姆斯·赫顿（James Hutton）1795年在《地球理论》（Theory of the Earth）一书中提出来的；1830年，查尔斯·莱尔（Charles Lyell）又在《地质学原理》（Principles of Geology）中进行了扩展。

均变论理论通过大规模的滑坡、地震、火山爆发、地外小行星撞击和时而重现的山脉建造等大灾难事件来确定地质年代。在距今最近的一次大冰期后期，广泛发生的超级大洪水就是因为冰塞湖的冰坝被冲毁而造成的，如冰川湖密苏拉湖（Lake Missoula）就在广大地区留下了证据。就地貌景观缓慢均匀的演化过程而言，这些区域性灾难事件仅仅是小干扰。生命科学和古生物学研究中的

地学报告11.1　放射性同位素年代测定法与地球年龄

地球物质的放射性同位素年代测定法，是基于原子的稳定衰变周期来确定的。原子核中包含质子和中子，同位素的原子核不稳定，即不能确定质子和中子是否保持在一起。当粒子破裂和原子核衰变时，产生放射辐射，而原子衰变为其他元素——这一过程就是所谓的放射。由于不同的同位素都具有精确的衰变周期，所以可以用作测定古老岩石年龄的稳定计时器。科学家通过比较样品中原始同位素与最终衰变产物之间的含量比例，从而可以确定岩石形成的年龄。

均衡间断论概念（事件被中断，系统跳跃到一个新的水平阶段），可能会在探索地球的长远发展史中得到应用。

我们现在向地球深处进发，因为地球的结构和内部能量是认识地球表面的关键。

11.2　地球结构和内部能量

如同太阳和其他行星一样，地球也被认为是距今46亿年前由星云物质凝聚和凝结形成的，而星云又是由尘埃、气体、冰彗星组成的（见第2章）。到目前为止，地球上几处已知的最古老地表岩石是：加拿大西北部的“艾加斯塔”片麻岩（Acasta Gneiss），年龄为39.6亿年；Slave Province附近的岩石年龄为40.3亿年；格陵兰岛的岩石年龄可追溯至38亿年前。

在澳大利亚西部，碎屑锆石（由锆硅氧化物的先成粒子构成的岩石）的年龄在42亿～44亿年，这或许是地壳中最老的物质。2008年研究发现，在加拿大魁北克北部Nuvvuagittuq的绿岩带中，矿物颗粒的年龄达到42.8亿年。这些发现告诉了我们一些重要事实：地球大陆地壳至少形成于40亿年前的太古宙；虽然这一时期还没有被正式命名，但太古代之前的提议名称已有了，见图11.2中的“冥古宙”。

随着地球的凝固，重力对矿物产生密度分选作用。像铁这种密度较大的元素被重力慢慢拉入地球中心，而硅这种密度较小的元素则慢慢涌向地表并汇集于地壳中。接下来，地球内部经过大致分选形成了几个不同的同心圈层，每一圈层都具有独特的化学成分和温度。地心的热能通过传导作用向外传递，而地幔和近地表的熔岩层及可塑圈层，其热能则通过物理对流作用向外扩散。

由于地壳的钻探深度受限，所以人类对地球内部圈层分化的认识完全依赖于间接证据。当**地震波**在地球中传播时，一般来说，低温圈层由于刚性强，地震波的传播速度较快，而高温圈层中地震波的传播速度较慢；此外，物质密度也会影响地震波的传播速度。地球内部的可塑圈层不只是简单地传递地震波，还有吸收地震波的作用。当地震波穿过地球时，由于物质密度变化，有些地震波还会产生反射，有些则会发生折射或扭曲。

根据地震波在地球中的传播方式及穿越各圈层界面的传播时间，地震学家能够推断出地球内部结构，这一学科被称为地震层析成像（seismic tomography）。这就像是每次地震时对地球进行CAT扫描一样。图11.3是地球内部结构的一个模型。

图11.4通过北美地图与地球内部之间的比较，让你直观地感受它们的规模大小。飞机从美国阿拉斯加州的安克雷奇市飞到佛罗里达州的劳德代尔堡市，其飞行距离相当于从地心到地表的距离，而地壳厚度仅相当于从海岸向内陆延伸了30km左右。

11.2.1　地核与地磁

致密的地核，其体积只占地球体积的1/6，但质量却占了地球的1/3。**地核**被一个数百千米厚的过渡带划分为内核和外核[图11.3（b）]。人们认为内核是由固态铁组成的，其表面温度远高于铁的熔点温度，但由于压力

地学报告11.2　地球的重量

地球有多重？按2000年的估算值，地球质量（或重量）为5.972×10^{18}t。

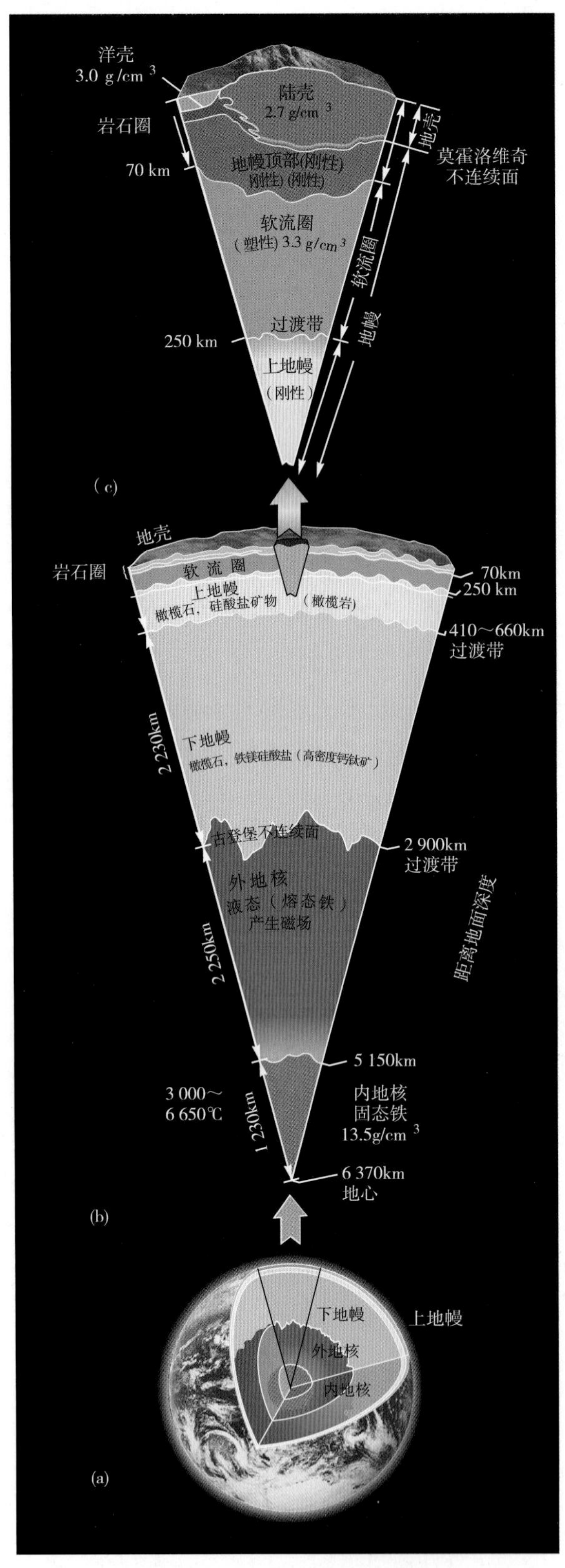

图11.3　地球内部结构模型

注：（a）地球内部结构的局部剖面图；（b）地核－地壳之间的剖面图；（c）岩石圈和软流圈的结构图（密度对比：水的密度为1.0g/cm³；汞是一种液态金属，密度为13.0g/cm³）。［引自：NASA］

巨大呈固态。科学家们认为内核的形成早于外核，内核在地球凝聚后不久就形成了。地核中的铁并不纯，可能含有硅、氧和硫。外核呈熔融态（液态），铁的密度小于内核。

90%以上的地球磁场和磁圈是由液态外核产生的，地球磁圈包裹着地球，使其免遭太阳风和宇宙射线的影响。有一种假说认为：地核外核把热能和重力能转换为磁场能量，从而产生了地球磁场。正如本章当今地表系统所述的磁极移动，南北磁极的位置就是地球磁场在地表的表现形式。

地球磁场有一个有趣现象：伴随着南北极的倒转，磁场有时减退至零，然后又恢复到完全强度；在这个过程中，磁场并不是忽大忽小，而是慢慢地减少到25%的低强度，然后再迅速恢复到完全强度。这种**地磁倒转**（geomagnetic reversal）在过去的400万年里只发生过9次，而在整个地球历史中则发生过数百次。在低强度的过渡期内，地表接收到的宇宙辐射和太阳物质偏高，但是过去地磁倒转与物种灭绝并没有关联。生命进化过程经历了很多这种过渡期。

地磁倒转的平均周期约为50万年。据数百次发生的记录来看，时间周期短的为2万～3万年、长的可达5 000万年；低强度过渡期的持续时间为1 000年～1万年。最后一次地磁倒转发生于79万年前，其前期是一个过渡期，持续时间从赤道处的2 000年到中纬度地区的1万年。虽然地磁倒转没有预测模式，但按照最近150年来的磁场衰退速率来估测，我们或许在1 000年前就已进入了下一阶段的磁场变化。在地质年代中，近期有明显趋势表明地磁倒转更为频繁。这是为什么呢？

尽管地磁倒转的原因还不清楚，但它们在地球表面形成的空间分布特征是认识陆地演化和大陆运动的一把钥匙。含铁熔岩（岩浆）在地表冷凝过程中，磁性微粒会按照当时的磁极方向进行排列；当岩石冷却凝固后，这样的排列就被固化于岩石之中。当地球磁场无极性时，地壳岩石中的磁性排列则混乱无序。

就整个地球而言，同龄岩石的地磁倒转记录应该相同——岩石中的可测磁性物质排列而成的“磁性条纹”。这些“条纹”反映了全球的磁性变化模式。科学家利用岩层的一致性进行对照匹配，重新拼接过去的大陆。本章后面还将论述磁性逆转的重要性。

11.2.2　地幔

如图11.3（b）所示，地球外核与地幔之间存在一个过渡带，平均深度位于2 900km，厚度达数百千米。过渡带是地球内部相邻圈层之间不连续或发生物理分异的带层。美国加利福尼亚理工学院的科学家们对25 000次以上的地震分析后，确认过渡带（被称作古登堡不连续面）是一个不均匀的且具有“峰谷构造”的崎岖表面。对于这个质地粗糙、地震波传播速度较慢的过渡地带，专家们认为地幔中的一些运动可能因它而起。

上、下地幔（upper/lower mantle）加在一起共占地球总体积的80%左右。地幔中富含铁、镁氧化物和硅酸盐。就地幔物质而言，深度越大，其物质的密度越大，而且更加紧密，越接近地表则密度越小。上地幔与下地幔之间有数百千米厚的过渡带，并集中分布在410～660km深度。随着深度的增加和压力的增大，地幔整体温度逐渐增高。人们认为下地幔是由铁、镁和硅酸盐的混合物构成的，其密度较大并含有少量的钙和铝。另有一种假说认为：地幔矿物中含有大量的束缚水。

如图11.3（c）所示，上地幔有三个差异显著的圈层：上地幔、软流圈及上地幔顶层。位于地壳正下方的上地幔顶层是一个刚性的冷却圈层，其地震波的传播速度较快。上地幔顶层与地壳共同构成了岩石圈（Lithosphere），厚度为45～70km。

岩石圈以下70～250 km是**软流圈**，或称塑性圈层（astheno-sphere，*asthenos*源于希腊语，意为“不牢固的”）。软流圈中的热能来自于地球物质的放射性衰变，易造成高温低密度物质产生缓慢对流。

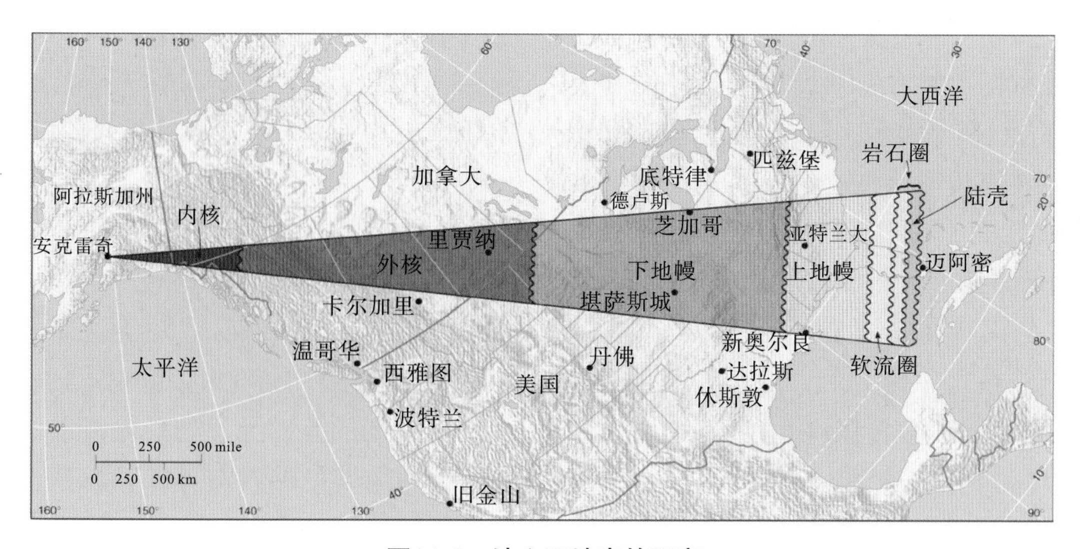

图11.4　地心至地壳的距离

注：从地心到外地壳的距离，相当于“阿拉斯加的安克雷奇-佛罗里达州劳德代尔堡”之间的距离。大陆地壳厚度仅相当于从海岸至劳德代尔堡市及其郊区的距离，大约30km。

由于动力作用，软流圈是地幔中刚性最弱的圈层，平均密度为3.3g/cm^3（3 300kg/m^3）。软流圈中熔岩约占10%，呈不均匀分布而且存在大地热点（hot spot）。该圈层的缓慢运动对上覆地壳产生侵扰，造成了构造运动——产生褶皱、断层或使地表岩层发生变形。许多科学研究把熔岩对流作用的深度作为研究对象。有证据表明：熔岩混合作用贯穿整个地幔，岩浆上涌流来自很深的地核—地幔边界；在它与地壳之间，有时以“小泡状”或“巨泡状”形式产生上下对流移动。另一种观点认为：地幔中的混合作用是分层的，以660km为界分为上下两层。当前有证据表明这两种观点都有一定道理。

地球上的大地热点，正是高温低密物质上涌之处。例如，在夏威夷、复活节岛和塔希提岛下方，大地热点位于上升的高大地幔柱（Mantle Plume）顶部，地幔柱根植于下地幔深处；冰岛之下的地幔柱源于660km深的过渡带。此外，还有一些小地幔柱顶部的热点出露于地表，它们的深度在200km左右。

11.2.3　岩石圈和地壳

岩石圈厚度约70km，包含地壳和上地幔顶层［图11.3（c）］。在地壳与上地幔顶部**高波速传播**带层之间，有一个重要的不连续界面，称作**莫霍洛维奇不连续面**（Mohorovičić discontinuity，简称**莫霍面**）。该名称源于克罗地亚一位地震学家的名字。在这一深度上，由于物质组成和密度差异，地震波传播速度有显著变化。

图11.3（c）说明了岩石圈、软流圈与地壳之间的关系。大陆内部的平均地壳厚度为30km，但山体之下的地壳更厚，可能达到50～60km；然而洋壳的平均厚度却只有5km。地壳只占地球总质量的一小部分。目前若想通过钻探技术到达莫霍面（地壳—地幔边界），仍是一个难以实现的科学目标。

科拉钻井（Kola Borehole，KSDB）是历时最长的深层钻探试验。该钻井位于俄罗斯托波利亚尔内地区附近的科拉半岛北部，北极圈以北250km的地方。这个单纯以探索研究为目标的高科技钻井项目（1970～1989年）历时20年，深度才达到12.23km，最深处的地温达到180℃，其岩石是距今14亿年前形成的结晶岩。这里还有其他钻探作业，当前正在进行的是第5个钻井作业［分析日志见https://www.icdp-online.org/（国际大陆科学钻探计划）］。天然气钻井的最深纪录是俄克拉何马州创造的，由于钻头碰到熔岩，所以停在9 750m深处。

洋壳比陆壳薄，因此常常作为钻探试验的对象。由日本、美国和欧盟各国政府共同建立的大洋综合钻探计划（the Integrated Ocean Drilling Program，IODP），取代了先前由美国得克萨斯州农工大学承担的大洋钻探计划（Ocean Drilling Project，ODP）。在过去的40年里，大约完成了1 700个钻井。这些钻机作业为研究人员提供的沉积物和岩心样本累积长度达160km，样本个数超过35 000个。这些科学资料（见IODP网站，http://www.oceandrilling.org/）对破译地质年代及板块构造之谜，提供了极大帮助。

日本最大的深海钻探船“地球号”于2007开始作业。这是第一艘能够在北极高纬度地区开展作业的钻探船（图11.5）。“地球号”采用的是“无立管”钻探技术，并以海水为主要的钻探流体，钻探深度可达7km，它的工作效率是美国海洋科学钻井船“联合果敢号”的3倍以上。当前ODP的主力钻探船果敢号也已改换成“无立管”式

图11.5　海洋钻探船

注：新一代的科考船“地球号”（Chikyu）已于2007年开始作业，在大洋海底钻探岩心样本。

（见http://joidesresolution.org/）。

陆壳与洋壳在结构和组成上有很大差异，这种差异是解释大陆漂移概念的关键所在。洋壳的密度比陆壳大，在碰撞中，密度大的洋壳陷入密度较小且具有浮力的陆壳之下。

- 陆壳基本上是**花岗岩**；它是富含硅、铝、钾、钙、钠元素的晶体岩石［有时陆壳也称硅铝层（Sial），即硅和铝的简称］。对比图11.3给出的密度，可知陆壳密度相对较小，平均为2.7g/cm^3。
- 洋壳是**玄武岩**，呈角砾状，富含硅、镁、铁元素［有时洋壳也称硅镁层（Sima），即二氧化硅和镁的简称］，洋壳的密度要比陆壳大，平均为3.0g/cm^3。

浮力是指某些密度低的物体（如木材）漂浮在某些密度大的物质（如水）之上。19世纪艾里将浮力与平衡原理相结合，创建了重要的**地壳均衡说（Lsostasy）**。该学说解释了地壳的一些垂直运动。

试想一下，地壳浮在密度较大的地层之上，就像船只浮在水面一样。由于冰川、沉积物或山体的重量负荷，地壳趋于下沉（软流圈受压下沉）。如果这种重量负荷被解除（如冰川融化），地壳就会回升隆起——均衡反弹（isostatic rebound）。因此，地壳在补偿调整或均衡作用下处于相对稳定状态。由于软流圈上方形成的挤、压、拉力作用，地壳开始缓慢地上升和下沉（图11.6）。阿拉斯加的环境演变与均衡反弹和气候变化有关。

伴随末次冰期冰川冰的退缩，阿拉斯加的地壳解除了巨大重量负荷。阿拉斯加费尔班克斯大学地球物理研究所的研究人员利用全球定位仪阵列，测得了冰川消融过程中的地壳均衡反弹。研究者期望：阿拉斯加东南部的地壳反弹速度会有所减缓，因为很久以前（冰川刚开始退缩时）地壳的反弹速度快。

研究人员监测到了地球上垂直运动速度最快的地壳——平均每年大约36mm。科学家把这种均衡反弹现象归因于当地现代冰川的消融，尤其是美国朱诺市冰川湾以北的亚库塔特湾、圣埃利亚斯山脉地区及其南部内陆通道。这种快速反弹归因于过去150年来的冰川融化和退缩，并与阿拉斯加的整体变暖有关。

地壳是地球最外层的壳，是一个不规则的脆弱层；而地壳之下的地球内部却是动态多变的。下面将阐述上述过程对地壳和岩石的作用。

11.3　地质循环

在物理、化学和生物过程中，地壳不断

地学报告11.3　夏威夷的大量玄武岩

由大量玄武岩形成的夏威夷岛，从海底到岛屿顶部，玄武岩的体积约有4万km^3。如果把它们覆盖在美国马萨诸塞州、康涅狄格州和罗得岛州之上，厚度可达1km。

地形成、变形、移动和破裂。一方面，内源性系统（内营力）构建着地貌形态；另一方面，外源性系统（外营力）又对地貌形态不断地风化剥蚀。在“地球-大气-海洋”界面上，这种大规模的“建造-剥蚀”过程就是**地质循环**（geologic cycle）。地质循环有两种能量来源，即地球内部热量和太阳能，同时还受重力引力的影响。

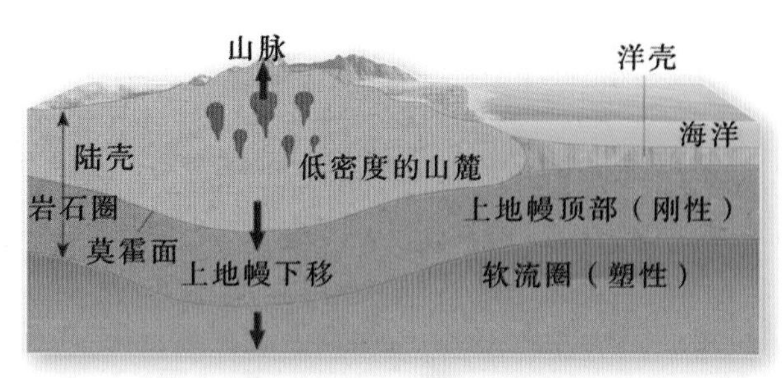

（a）山体缓慢下沉，取代地幔物质

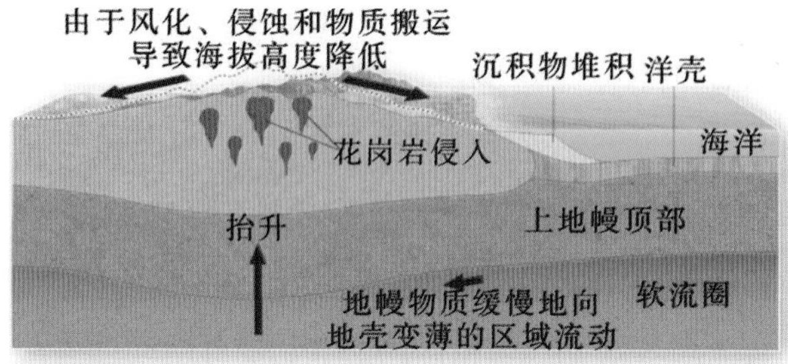

（b）侵蚀和搬运作用造成山体质量损失减少，从而导致地壳因静压调整而上升，海洋中产生沉积物积累

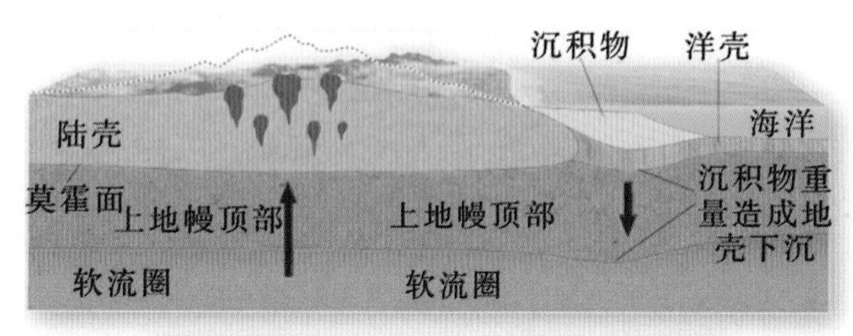

（c）由于陆壳变薄上升，近海沉积物重量负荷加大，使得海洋之下的岩石圈发生变形

（d）在内华达山脉，人们认为正在均衡抬升的部分岩基就是末次冰期冰融及上覆沉积物减少造成的

图11.6　地壳的均衡调节

注：地壳整体在补偿调节中处于稳定状态，补偿调节包括三个连续阶段。［Bobbé Christopherson］

文中所述的许多元素，正在进行着如图11.7所示的地质循环。地质循换主要包括三种循环：水循环、岩石循环、大地构造循环。如图11.7所示，伴随水、水汽、冰和风的物理化学作用，水循环通过侵蚀、搬运和堆积作用于地球物质。岩石循环在地壳中形成了三种基本岩石——火成岩、变质岩和沉积岩。构造循环向地表提供热量和新物质，使物质发生再循环，并造成地壳运动和变形。

11.3.1　岩石循环

有8种主要自然元素占地壳总质量的98.5%，其中氧和硅就占74.3%（表11.2）。在低层大气中，氧气的化学性质最活跃，容易与其他元素发生化学反应。因此，地壳中的氧元素含量要高于大气的氧气浓度（21%）。在地球内部的分异过程中，低密度元素移向地表。这解释了地壳中为何较轻的元素相对比例大，如硅和铝。

矿物和岩石　地球上的元素相互结合形成了矿物。**矿物**是具有特定化学分子式的天然无机（或非生命的）化合物，通常具有晶体结构。元素组合和晶体结构使每一种矿物都具有独特的硬度、颜色和密度等性质。例如：常见的矿物石英就是二氧化硅（SiO_2），它具有独特的六面体结构。注意：液态金属汞例外，它无晶体结构；水不是矿物，但冰却符合矿物的定义。

在4 200多种矿物中，最常见的造岩矿物大约有30种。矿物学是研究矿物组成、性质和分类的一门学科（见http://webmineral.com/）。

硅酸盐是地球上最普遍的矿物类型之

一。这是因为硅、氧元素很常见，而且它们很容易彼此或与其他元素发生化学结合。大约95%的地壳是由硅酸盐矿物构成的，这些矿物包括石英、长石、黏土矿物和宝石类等。另一种矿物类型是氧化物，它们是氧与金属元素结合而形成的，如赤铁矿（Fe_2O_3）等。此外，还有硫化物和硫酸盐类矿物，它们是含硫化合物与金属元素结合生成的黄铁矿（FeS_2）和硬石膏（$CaSO_4$）。

还有一种重要的矿物类型是碳酸盐。它们是碳元素与氧或其他元素（如钙、镁、钾）结合而成的矿物，如方解石，即为碳酸钙（$CaCO_3$）的一种矿物形式。

岩石是矿物的集合体（如花岗岩——主要由三种矿物构成的一种岩石），或者单一矿物的块体（如岩盐）或未分异的矿物（如非晶体的玻璃质黑曜岩），甚至还可以是固态的有机物质（如煤炭）。目前已确认的岩石有数千种，所有岩石可根据形成过程划分为三种类型：火成岩（岩熔形成的）、沉积岩（沉淀分离形成的）、变质岩（性质改变后形成的）。图11.8展示了这三大类岩石，以及构成**岩石循环**的三个过程，包括它们之间的相互关系。请注意观察各类岩石的形成过程。

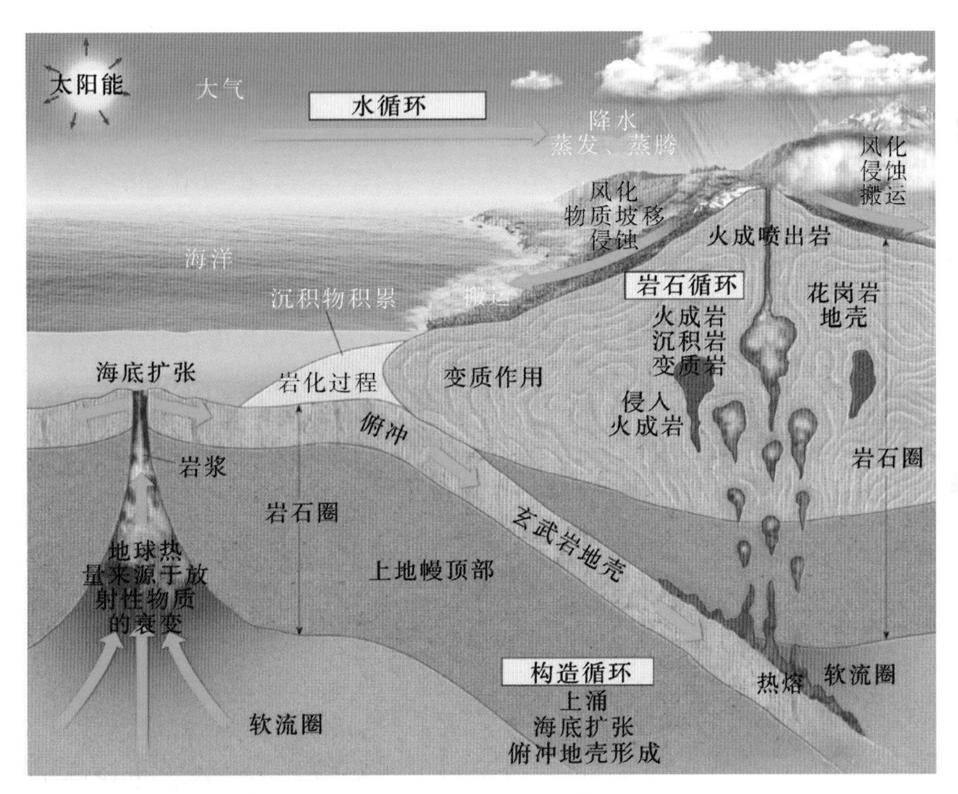

（a）地质循环模型展示了水循环、岩石循环及大地构造循环之间的相互关系

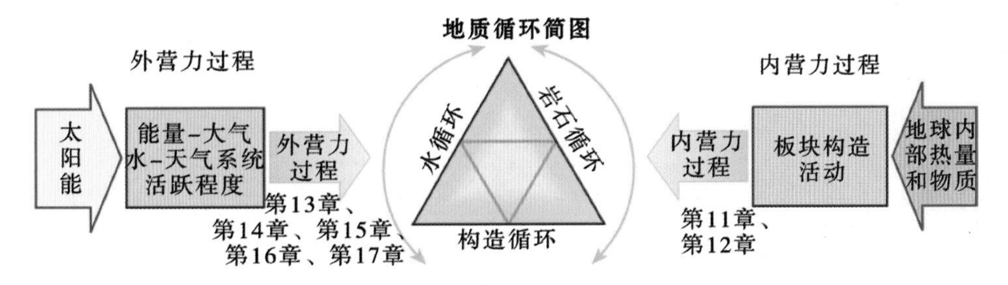

（b）地球表面是两个动态系统——内营力和外营力相互作用的场所

图11.7　地质循环

11.3.2　火成岩过程

火成岩（岩浆岩、火山喷出岩）是凝固和结晶的熔岩。常见的例子有花岗岩、玄武岩和流纹岩。火成岩（拉丁文：*Igneous*，意为“火形成的”）源于岩浆，即地下的熔岩。**岩浆**为流体，气体含量高，承受着巨大的高压。岩浆既可以侵入地壳岩层后冷却变硬，也可以**熔岩**形式溢出地表。

表11.2　地壳中的常见元素

元素	在地壳中的重量百分比/%
氧（O）	46.6
硅（Si）	27.7
铝（Al）	8.1
铁（Fe）	5.0
钙（Ca）	3.6
钠（Na）	2.8
钾（K）	2.6
镁（Mg）	2.1
其他	1.5
总计	100.0

注：石英晶体（SiO_2）是由地球上两种最丰富的元素，硅（Si）和氧（O）所组成。［插图引自：Busch R M. 1993. Laboratory Manual in Physical Geology(3rd) [M]. New York: Macmillan Publishing Co.］

对于岩浆岩的冷却过程，冷却速度有多快？降温过程是否稳定？这些过程决定了岩石晶体的物理特征（晶体化）。岩浆岩结晶程度从粗粒（慢速冷却，较长时间形成大晶体）到细粒或玻璃质（快速冷却）。

虽然岩浆岩常掩埋于沉积岩（砂岩、泥岩、石灰岩）、土壤、或海洋之下，但却约占地壳质量的90%。图11.9展示了地上和地下各种类型的火成岩。

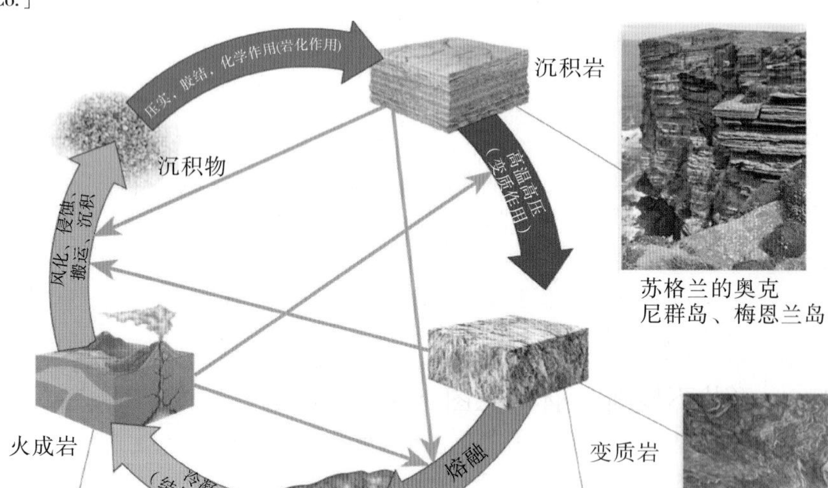

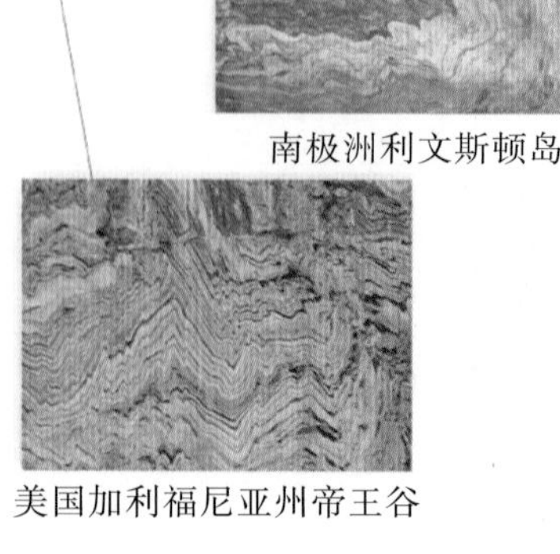
美国加利福尼亚州帝王谷

图11.8　岩石循环

注：在岩石循环中，岩溶、沉积、变质过程之间的相互关系如图所示。各类岩石在箭头指示处都可进入岩石循环而转换变为其他岩石类型。［Bobbé Christopherson］

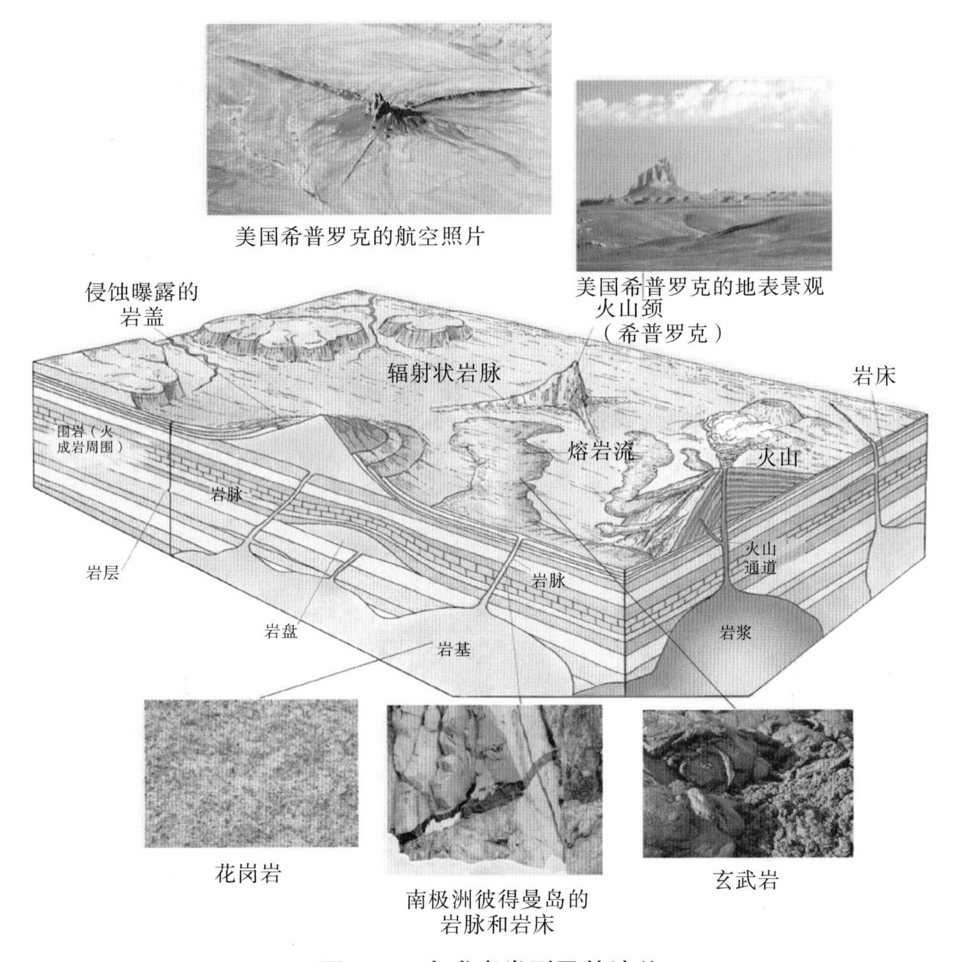

图11.9　火成岩类型及其地貌

注：各种类型的岩浆岩，包括侵入岩（地表以下）和喷出岩（出露于地表）。插图为花岗岩（侵入岩）和玄武岩（喷出岩）及其他火成岩的样本照片。［航片和岩石照片，Bobbé Christopherson摄；希普罗克火山口图片，作者］

火成岩的侵入和喷出　侵入地壳的火成岩缓慢冷却形成**深成岩体（Pluton）**。深成岩体泛指侵入地壳的任何火成岩体，不论大小形状。最大的深成岩体是**岩基（Batholith）**，岩基被定义为面积大于100km^2，形状不规则的块体［图11.10（a）］。岩基形成了许多高大的山脉，如美国加利福尼亚内华达山脉的岩基、不列颠哥伦比亚和华盛顿州爱达荷的岩基和海岸山脉的岩基。

小型的深成岩体，包括冷凝的古火山岩浆通道。平行于沉积岩层的侵入体称作*岩床*（Sills）；穿过岩层的侵入体称为*岩脉*（Dikes）。在图11.9中，你可以看到这两种火成岩的形态，它们位于南极洲彼得曼岛。岩浆也可以在侵入岩层之间膨胀形成“透镜状”的*岩盖*（Laccolith），这也是一种岩床类型。此外，岩浆通道自身也会凝固，之后经风化侵蚀，呈现为出露于地表的突兀柱体。在图11.9中，美国新墨西哥州希普罗克*火山颈*比周围平原高出518m，即航片中呈辐射状的岩墙。所有侵入体在空气、水和冰的风化作用下都可以出露于地表。

火山喷发和熔岩流动形成了火成侵入岩，如岩浆冷却形成的玄武岩［图11.10（b）］。详见第12章的火山作用。

火成岩分类　根据矿物成分和质地（或结构），通常可将火成岩划分为两大类别（表11.3）：

（a）出露于地表的侵入岩——花岗岩，其是岩基的一部分

（b）美国夏威夷的玄武岩岩浆流，炙热且透着红光的地方是岩浆流的通道，岩浆来自熔岩活跃的火山通道；刚凝结的岩浆，其表面细质且具光泽

图11.10　侵入岩和喷出岩［Bobbé Christopherson摄］

表11.3　火成岩的矿物成分

		酸性矿物（长石和二氧化硅）		**基性矿物（镁和铁）**		**超基性矿物（硅含量低）**	
一般特征		高←		二氧化硅含量		→低	
		高←		抗风化程度		→低	
		←		钾和钠增加；钙、铁和镁的增加		→	
		低←		熔融温度		→高	
		浅←		颜色		→深	
	石英	长石		云母	角闪石	辉石	橄榄石
矿物类	钾长石、SiO_2、K、Al、Si（正长石）	钠长石、Na、Al、Si（硅酸铝）	钙长石 Ca、Al、Si	K、Fe、Mg、Al、Si（黑云母；白云母）	Fe、Mg、Al、Si、Ca、Na（杂岩）（普通角闪石：黑色）	Fe、Mg、Si（暗色）	Mg、Fe、SiO_4（黑绿色）（不含石英、长石）
粗晶结构（侵入体，冷却速度慢）		花岗岩	闪长岩			辉长岩	橄榄岩
细晶结构（喷出体，冷却速度快）		流纹岩	安山岩 英安岩（钠长石） （圣海伦斯火山）			玄武岩	
其他纹理（构造）		黑曜岩（玻璃质）	浮石（气孔状构造）			火山渣（气孔构造）	

注：照片R. M. Busch摄；［源引：Busch R M. 1993. Laboratory Manual in Physical Geology(3rd) [M]. New York:Macmillan Publishing Co.］。

A. 酸性（硅铝质）火成岩：按岩石化学成分和矿物组成进行的分类，该名称源于岩石中长石和二氧化硅的含量。酸性矿物一般富含二氧化硅、铝、钾、钠，熔点较低。由酸性矿物组成的岩石，大多颜色较浅，密度低于基性岩。

B. 基性（铁镁质）火成岩：按岩石化学成分和矿物组成进行的分类，该名称源于岩石中的镁、铁成分。镁铁矿物（Mafic minerals）中富含镁、铁，但二氧化硅含量低，矿物的熔点高。与酸性岩石相比，由铁镁矿物组成的岩石，特点是颜色深、密度大。

相同的岩浆，既可以形成粗粒的花岗岩（地下缓慢冷却），也可以形成细粒的*流纹岩*（地上快速冷却，见表11.3中插图）。如果冷却快速，那么含有二氧化硅成分的岩浆——相当于形成花岗岩和流纹岩的岩浆，则会形成深色烟熏状的玻璃质岩石被称作*黑曜岩*或火山玻璃（见表11.3中插图）。另外一种玻璃质岩石——*浮石*，其泡沫状的质地形成于熔岩中的逸出气体。浮石中充满了小气孔，所以重量很轻、密度很低，甚至能浮于水面（见表11.3中插图）。

对基性岩来说，玄武岩是最普通的细粒岩浆喷出岩。玄武岩构成了大洋洋底的主体，而大洋面积又占地球表面的71%。如同夏威夷大岛上的岩浆流一样，玄武岩形成于岩浆流［图11.10（b）］。另一种与玄武岩相当的侵入岩——*辉长岩*，是母岩浆缓慢冷却形成的。

11.3.3 沉积岩过程

*沉积过程*的驱动力是太阳能和重力，水是该过程中主要搬运介质。岩石在风化作用下产生分解和溶解，并通过侵蚀和搬运作用发生移动，之后在河流中、岸边上和海洋中沉积下来，最后沉积物被掩埋，并由此开启了成岩过程。**沉积岩**形成包括沉积物的压实、硬化和胶结等**岩化过程（Lithification）**。

大多数沉积岩都是由岩石碎屑或有机物转化而来的。沉积岩的先成岩碎屑——主要为石英、长石和黏土矿物。这些被侵蚀矿物在水、冰（冰川作用）、风和重力作用下发生机械搬运，其搬运路径从“高能量”处移向“低能量”处。搬运介质在“高能量”处蕴含着用于携带和运移物质的能量，在“低能量”处运移物质发生沉淀堆积。

常见的沉积岩石包括：*砂岩*（固结的沙粒）、*页岩*（压实的泥）、*石灰岩*（海洋和湖泊中岩化的生物骨骼和贝壳，以及碳酸钙沉淀）和*煤*（压实成岩的古植物）等。

各种胶结剂均可把岩粒胶结在一起。最常见的是石灰（碳酸钙），其次是氧化铁（Fe_2O_3）、二氧化硅（SiO_2）；此外，干燥（脱水作用）、加热及化学反应等也可以把物质黏合在一起。

成层的沉积岩层是历史年代的重要记录。**地层学（Stratigraphy）**就是研究地层的层序、厚度及其空间分布的一门学科。地层层序可为岩石起源和地层年代的研究提供线索。图11.11（a）是沙漠中的沉积砂岩（注意：岩层多层叠加的特点及不同岩层抗风化能力的差异）。地层学可以揭示沉积岩成岩环境的气候史。在图11.11（c）中，火星上的沉积岩层表明，很久以前这里曾有水环境沉积。

碎屑沉积物和化学沉积物是构成沉积岩的两种主要物质。前者是机械搬运的古老岩石碎屑，后者是溶液中的溶质矿物和某些有机成分。

碎屑沉积岩 风化破碎的岩石，在搬运过程中经过进一步研磨形成了*碎屑沉积物*。

（a）砂岩岩层的风化差异；下层的粉砂岩脆弱，易风化；上面残留的岩块摇摇欲坠

砂岩　　石灰岩

（b）化学沉积形成的石灰岩景观，摄于美国印第安纳州中南部；插图中的样本是胶结在一起的贝壳和碎岩屑

火星上的沉积构造

（c）火星上的阿拉伯高地西部（8° N，7° W）的古代沉积证据

图11.11　沉积岩类型

［（a）和（b）Bobbé Christopherson摄；（c）火星探测，NASA/JPL/马林空间科学系统］

表11.4列出了从巨砾到黏土，不同粒级碎屑的粒径大小及它们对应的沉积岩类型。大多数沉积岩是由碎屑沉积物形成的，包括粉砂岩或泥岩（粉砂粒径颗粒）、页岩（黏土到粉砂的粒径颗粒）、砂岩（沙粒，粒径为0.06～2.0mm）。

表11.4　碎屑粒径大小及其对应的沉积岩类型

松散沉积物	颗粒粒径大小/mm	岩石类型
巨砾、大卵石	>80	砾岩（角砾岩）
砾石、卵石	>2	砾岩
粗砂	0.5～2.0	砂岩
中砂～细砂	0.062～0.5	砂岩
粉砂	0.0039～0.062	粉砂岩（泥岩）
黏土	<0.0039	页岩

化学沉积岩　化学沉积岩的组成物质来自溶液中溶解的矿物质（溶质），溶质通过溶液搬运，并在溶液中产生化学沉淀（本质上并非碎屑，因此不同于物理风化作用产生的岩屑）。最常见的化学沉积岩为**石灰岩**，它是无机物和有机物岩化作用形成的碳酸钙。类似的还有*白云石*，它是岩化形成的钙镁碳酸盐——$CaMg(CO_3)_2$。最常见的石灰岩源于海洋有机物，是贝壳和生物骨骼在生物化学作用下形成的（图11.11中照片）。这类岩石易受化学风化，形成独特的地貌形态，详见第13章的风化作用。

无机物化学沉积是指溶液蒸发后残留下来的盐类。这类*蒸发岩*，常见的如石膏、氯化钠（食盐）等，常以平坦成层的沉积形态出现

（a）刚降雨之后，谷地中水面面积可达几平方千米，但水深只有几厘米

（b）一个月之后水已消失，干涸的湖底披上了一层蒸发岩（硼酸盐）

图11.12　死谷的干湿季节［作者］

在干旱地貌景观中。图11.12中美国国家死谷公园的照片说明了这一过程。图11.12（a）是在一场25.7mm降水之后当天拍摄的，图11.12（b）则是一个月后在原地拍摄的。

（a）黄石国家公园中的猛犸温泉，一个以钙华（碳酸钙）为主的热液沉淀例子，这是高温泉水蒸发产生的化学沉淀

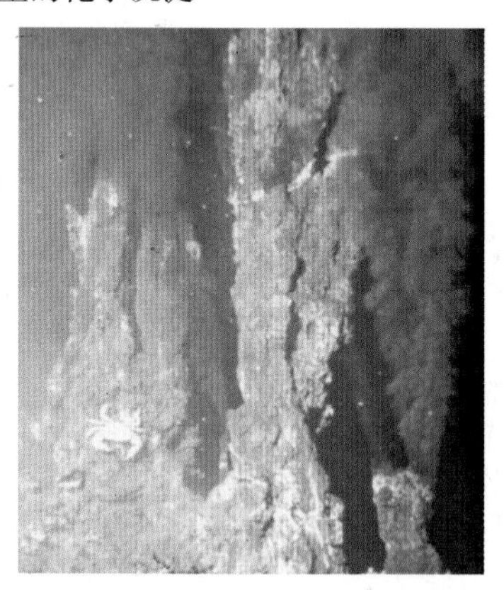

（b）大西洋中脊喷发“黑烟”的热液管道口

图11.13　热液沉淀形成的矿床

［（a）作者；（b）加州大学斯克里普斯海洋研究所，圣迭戈］

化学沉积还发生在天然温泉中，这是矿物与氧气化学反应的结果。这种沉积过程与热液活动相关。例如，美国黄石国家公园中的猛犸温泉形成的大量钙化沉淀，即碳酸钙的一种形式［图11.13（a）］。

沿着海底扩张形成的海底裂谷也有热液活动。这些喷吐着硫化氢、矿物质和金属物质的“黑烟囱”，来自玄武岩中浸出的高温热水（>380℃）。热液接触海水后，会产生金属和矿物沉淀而形成沉积［图11.13（b）］。在大西洋中脊的一个热液活动区，有一个由碳酸钙构成的高耸“黑烟囱”，高达30～60m，它形成于3万年以前，目前仍处于活动状态。

11.3.4　变质岩过程

无论火成岩还是沉积岩，任何岩石在高温高压下都可以通过较深程度的物理或化学变化转变为**变质岩**（*metamorphic rock*，源于希腊语意为“变形的”）。变质岩一般要比原岩更紧实坚硬，抗风化侵蚀能力也更强（图11.14）。

以下情况可导致变质作用发生。最常见的是数百万年以来地下岩层所承受的高温和高压。地壳板块碰撞使火成岩受到挤压（见本章，板块构造内容），当某一地壳板块俯冲至另一板块之下时，在巨大的重力作用下，岩石有时只是被简单地压碎；另一种情况则是岩层沿地震断裂带受到剪切和挤压应力，从而发生变质作用。

（a）格陵兰岛的变质岩露头，为岩龄38亿年的Amitsoq片麻岩，地球上最古老的岩石之一

（b）在美国亚利桑那州北部大峡谷的内峡谷，前寒武纪毗瑟奴片岩（Vishnu Schist）形成的悬崖，这些变质岩上覆多层沉积岩

图11.14　变质岩

［（a）Kevin Schafer摄，彼得阿诺德公司；（b）作者］

变质岩构成了古老的山基。在亚利桑那州大峡谷底部，暴露出来的前寒武纪（太古宙）变质岩——“毗瑟奴”片岩（Vishnu Schist），就是这种古老山基的残留部分［图11.14（b）］。尽管片岩比钢铁还硬，但科罗拉多河对科罗拉多高原隆起的下切侵蚀，还是让这些古老岩石遭到了暴露和侵蚀。

另一种变质状况则发生于广阔的地壳洼地内，由于沉积物累积产生的自重，洼地最底层承受的巨大压力使得沉积物转变为变质岩，又称作区域变质过程。此外，地壳内部熔岩上升对周围岩石造成“蒸煮”，称作接触变质过程。

原岩通过物理和化学作用可以转变为变质岩。表11.5列出了一些变质岩的类型、母岩及合成质地。岩石经过变质作用后，若矿物结构呈特殊排列，岩石则具叶理（Foliation）；新岩石中某些矿物可能呈现波状条纹（条纹或线条）。表11.5中四幅插图分别展示了岩石质地有叶理和无叶理质地的岩石。在图11.14（a）和图11.8中右边的照片中，利文斯顿岛上的变质岩质地属于哪一种（有叶理或无叶理）？

在苏格兰海岸西北部刘易斯岛上（外赫布里底群岛），人类建造的卡拉尼什巨石阵（Callanish Stones）大约已有5 000年的历史（表11.5最右侧照片）。它是新石器人类利用有叶理质地的刘易斯片麻岩排列的石阵，这些竖立的巨石约有3.5m高。

从岩石形成过程中，你看到了火成岩、

表11.5　变质岩

母岩	等效变质岩	纹理质地
页岩（黏土矿物）	板岩	片状（叶理）
花岗岩、板岩、页岩	片麻岩	片状（叶理）
玄武岩、页岩、橄榄岩	片岩	片状（叶理）
石灰石、白云石	大理石	无叶理
砂岩	石英岩	无叶理

沉积岩和变质岩在地壳中是怎样形成的。接下来，我们将学习大地构造过程对部分地壳的挤压、推动和拖拽作用，这会导致地壳大尺度移动，并产生大陆漂移。

11.4　板块构造

观察世界地图，可以看到一些大陆板块，尤其是南美洲和非洲，其轮廓形状如同拼图玩具一样好像能够拼接到一起。令人难以置信的是，这些大陆板块的确曾经拼合在一起！大陆板块不只是迁移至当前的位置，而且还将以每年6cm的速度继续移动。之所以说大陆板块是漂移的，是因为大陆板块覆在软流圈和上地幔之上被拖拽移动。关键的一点是今天的海陆分布并不是永恒的，而是不断变化的。

如同北美板块一样，大陆实际上也是由一些从其他地方迁移过来的板块“拼接”构成的。通过地质年代表，让我们来追溯一下哪些地质发现促成了板块构造理论（地球系统科学的一场革命）？

11.4.1　简史

通过早期的地图，一些观察者注意到了陆地之间的对称性，尤其是南美洲与非洲的轮廓十分吻合。地理学家亚伯拉罕・奥特柳斯（Abraham Ortelius，1527—1598年）在他的著作《Thesaurus Geographicus》（1596）中提到，一些大陆海岸线相互之间能够很好地拼接在一起。1620年，英国哲学家弗朗西斯・培根爵士，注意到了非洲与南美洲边缘的相似性（尽管他没有提出漂移概念）。1780年，本杰明・富兰克林写道：地壳肯定是个外壳，受其下方流体运动作用而发生破裂和漂移。另外，有人从非科学的角度，也记述了这种显著关系，但直到很久以后才出现了有说服力的解释。

1912年，德国地质学家和气象学家阿尔弗雷德・魏格纳在公开演讲中阐述了关于大陆漂移的思想，其著作《海陆的起源》于1915年面世。如今人们认为魏格纳是这一概念之父，也是他首次把这一概念称作**大陆漂移**。当时的科学家无法接受这一革命性观点，因此一场激烈争论持续了近50年，直到科学发展最终证明魏格纳是正确的。

魏格纳认为：大约2.25亿年前的三叠纪，所有的陆地形成了一个超级大陆。他把这个大陆称为**泛大陆**（**Pangaea**），意为“整个地球”［图11.18（b）］。在魏格纳的初始模型中：不仅认为大陆聚合在一起的时间太久，而且他对大陆移动驱动机制的观点也有误，但魏格纳的泛大陆空间分布及分离模式是正确的。在地球的历史长河中，泛大陆只是早期超级大陆的末期布局。

为了验证泛大陆模式，魏格纳研究了大陆内部岩层的地质、化石和气候记录。他总结说，南美洲与非洲之间存在着多种复杂的联系。他确认中纬度存在着最大的碳沉积，其形成可追溯到二叠纪和石炭纪（2.51亿～3.54亿年前），因为这些地区曾位于赤道附近，繁茂的植被可转变为煤炭。

鉴于现代科学有能力构建大陆漂移的情景模式，20世纪50年代人们再次对魏格纳提出的理论产生了兴趣，并最终证实了这一理论。目前，在大量证据支持下，板块构造理论已被公众接受，并把它作为地表演化途径的精准模型。

大地构造（Tectonic，源于希腊语*Tektonikùs*，意为建造、建设）是指内营力造成的地壳布局变化。**板块构造学说**包括：岩浆上涌、岩石圈板块运动、海底扩张、岩石圈俯冲、地震、火山运动，以及岩石圈变形，如翘曲、褶皱和断层。

11.4.2　海底扩张与新地壳形成

大陆漂移理论的建立，关键在于对海底有了更深入的认识。海底的一个明显特征：存在着一个关联全球的山脉链，其山脊长约64 000km、平均宽度超过1 000km。这个巨大的海底山脉链，其壮丽景观如第12章开篇图片所示。这个全球尺度的山脉链为什么会出现在那里呢？

早在20世纪60年代，地球物理学家哈里·H.赫斯、罗伯特·S.迪茨就提出了**海底扩张学说**，并把它作为山脉链建造和大陆运动的驱动机制。赫斯认为：这些海底山脉就是**大洋中脊**，它们直接形成于上涌的岩浆流，岩浆流则来自上地幔、软流圈的热点或下地幔深处。如前所述，这里的热液活动强烈。

当地幔对流使岩浆侵入地壳时，地壳发生破裂，导致岩浆溢流到洋底，并冷却形成新的洋底。这一过程建造了大洋中脊，并使海底向两侧横向扩张，两侧之间成为裂谷。

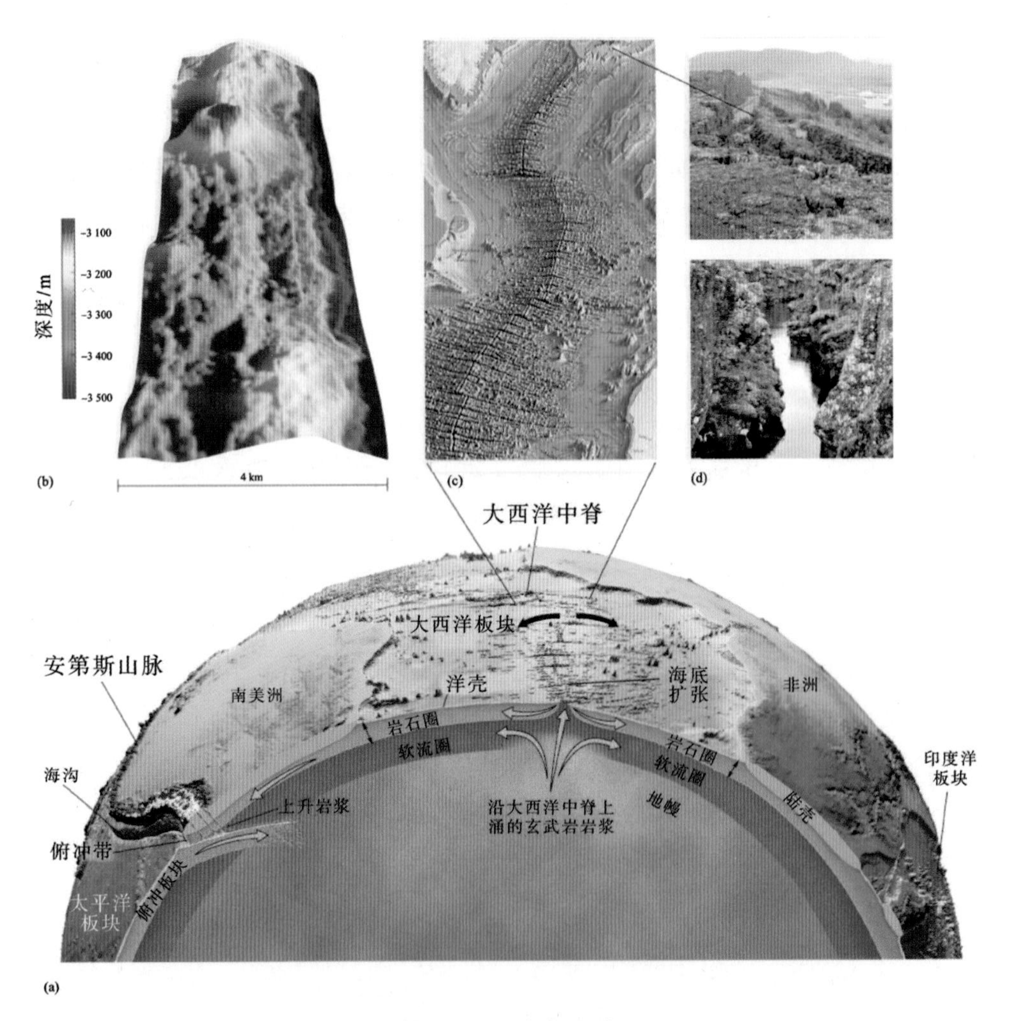

图11.15　地壳运动

注：(a)横断面中包含了海底扩张、上涌岩浆流、俯冲带和板块运动。箭头为海底扩张的方向；(b)大西洋中脊的影像中4km宽的断面上包含有线型断层、火山口、裂谷和山脊，地点位于29° N，采用TOBI（towed ocean bottom instrument，海底拖曳仪）拍摄；(c)洋底地形图；(d)大西洋中脊裂谷的地表露头穿过冰岛，这里是北美和欧洲地壳板块相汇之处。[(b)Woods Hole海洋研究所，D. K.史密斯；(c)Navel研究室；(d)Bobbé Christopherson]

图11.15展示了沿大洋中脊开裂和破碎的海底，还有大洋中脊遥感影像及大西洋海底系统影像。

图11.15（d）是大洋中脊的一部分，这一出露于地表的露头位于冰岛的辛格韦德利，并在此处形成一个裂谷，裂谷一侧是北美板块，另一侧是欧洲板块。公元930年，冰岛第一次国会会议就是在这里召开的，参会人员利用谷壁音响效果来传播声音。大洋中脊长达64 000km，其露出地表的部分只有在冰岛才能看到。

在新地壳生成和海底扩张过程中，熔岩中磁性颗粒的排列方向与地球磁场的方向一致。随着熔岩冷却凝固，磁性颗粒的排列方式被固化。因此，伴随新海底的形成，产生了一种海底磁带记录。不断形成的新洋壳记录着每一次磁性倒转及地球磁极方向的变化。

图11.16就是这种记录，发生地点位于大西洋中脊冰岛南部，不同颜色代表了洋壳矿物中保存的磁极转变。请注意：近乎对称的海底扩张，使裂谷两侧的发展具有"镜像"特征；岩石的相对年龄与距离裂谷的远近成正比。这些地球磁场周期的记录对认识海底扩张提供了有价值的线索，使科学家能够把地壳各个板块拼合起来。

通过这些海底磁场记录及其他测量，人们可以确定洋底年龄。板块构造与海洋扩张之间的协调性由此也变得更加清晰了。地球上最年轻的地壳都位于大洋中脊的中心位置，离中心越远，地壳年龄越老（图11.17）。最古老的洋底位于西太平洋靠近日本的地方，其年龄可追溯到侏罗纪时期。在图11.17中，注意南美洲西部、南太平洋洋盆与扩张中心的距离。

总之，洋盆相对年轻，没有超过2.08亿年的地方，可你知道地球年龄长达46亿年。洋壳寿命很短，是因为远离大洋中脊的最老洋壳，会沿海沟深处缓慢地俯冲到陆壳下面。"洋底很年轻"的发现，打消了人们早期试图在海底寻找最古老岩石的想法。

11.4.3　岩石圈俯冲

与大洋中脊的岩浆上涌带形成对照的是岩石圈下沉区 。在图11.15（a）左边，请注意板块是怎样下潜（或被拖曳）到其他板块之下进入地幔的。回忆一下：玄武岩洋壳的密度为$3.0g/cm^3$，而陆壳的密度为$2.7g/cm^3$。当陆壳与洋壳发生缓慢碰撞时，其结果是密度

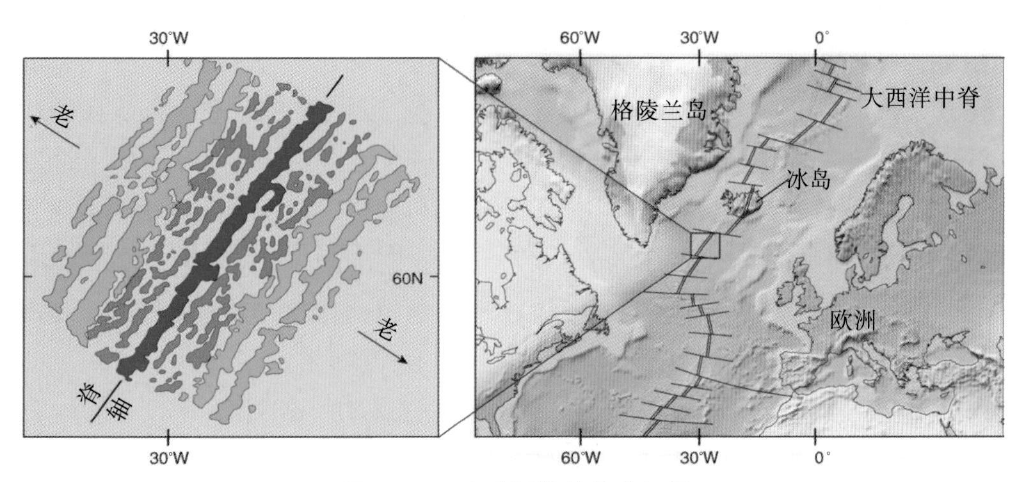

图11.16　地磁倒转的海底记录

注：大西洋中脊，冰岛南部的地磁倒转记录。［改编于：Heirtzler J R，Pichon S Le，Baron J G. 1966. Deep-Sea Research 13[M]. London：Pergamon Press. ］

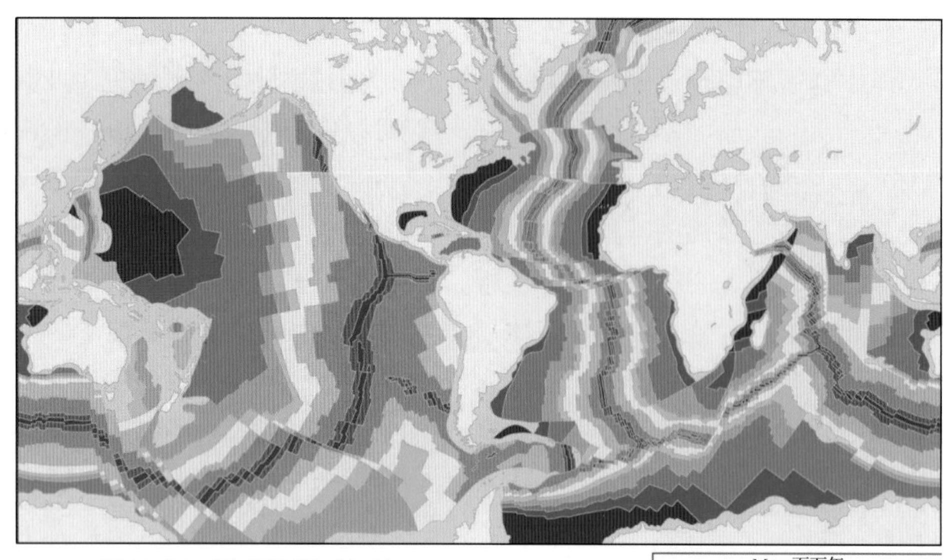

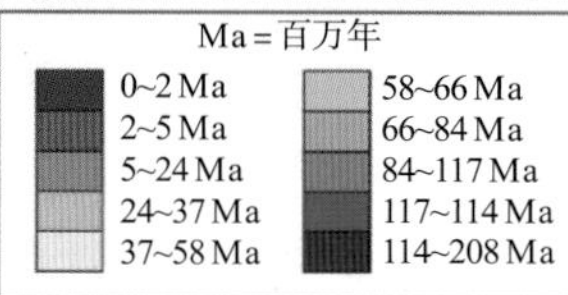

图11.17　洋壳的相对年龄

深红色带宽的比较：一个带区位于太平洋东部的东太平洋附近，另一个带区位于大西洋中脊；就板块运动速度而言，这两个地方的带宽差异说明了什么？［改编于：Larson R L, Pitman W C, Golovchenko X, et al. 1985. The bedrock geology of the world (map) [M]. New York: W. H. Freeman and Company.］

大的洋壳与上面的陆壳发生摩擦，形成了如图11.15所示的俯冲带。

地壳俯冲板块会对板块其余部分产生一个重力拉力——这是板块运动的重要驱动力之一。此外，沿岩石圈基部，板块运动产生的剪切牵引作用还可触发下面的地幔物质产生流动。

地球上的海沟分布与地壳俯冲带的分布位置相一致，它们是地球表面最低的地方。如：关岛附近的马里亚纳海沟是世界上最深的地方，位于海平面以下11 030m；其次是汤加海沟，深度为10 882m，也位于太平洋中；相比之下，大西洋中的波多黎各海沟，深度为8 605m；印度洋的爪哇海沟深度为7 125m。

向下俯冲的岩石圈进入软流圈后，重新熔化，甚至作为岩浆参与再循环——通过地壳深层裂隙和裂缝再次溢出地表。正如南美洲的安第斯山脉、加利福尼亚北部—加拿大边界的喀斯喀特山脉一样，这里的火山群曾是熔岩柱上涌的结果［图11.15（a）］，现在这一地区却变成了俯冲带的内陆区域。长达数百千米的下潜板块，有时保持完整，有时大块破裂。人们认为喀斯喀特山脉及其火山分布就属于这种情况。

扩张中脊和俯冲带就是地震和火山活跃的区域，这一事实为板块构造理论提供了重要证据。下面我们利用当代科学发现，重建地球历史和泛大陆。

11.4.4　泛大陆的形成和分裂

泛大陆这一超级大陆及其随后分裂而成的现代大陆，只能代表地球在过去46亿年中距今2.25亿年以来的历史，或者说只占地球历史时期的1/23，其余22/23的地质年代也有不断的变化。人类对大陆演变的很多过程还并不了解。

图11.18（a）始于一个距今4.65亿年的前期泛大陆（中奥陶纪时期）。研究者正在探索更古老的大陆分布形态。有人提出：一个暂且叫作罗迪尼亚（Rodinia）的超级古大

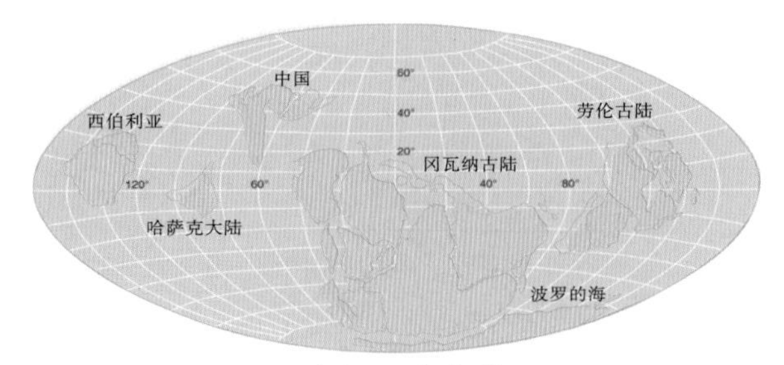

(a) 4.65亿年前

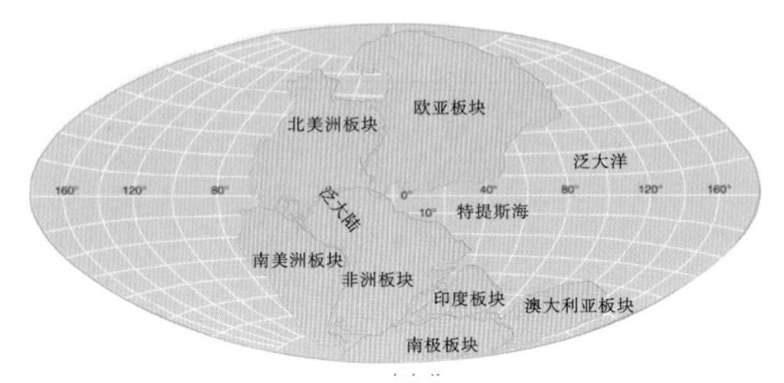

(b) 2.25亿~2.0亿年前

注：泛大陆，即整个陆地。泛大洋（即整个海洋）变成了太平洋，特提斯海（Tethys）（因非洲和欧亚板块碰撞而部分封闭）成为地中海，一部分海洋因堵塞变成了现在的里海，而大西洋还不存在。

非洲与南北美洲的边界线相同。如今美国东部的阿巴拉契亚山脉和非洲西北部的小阿特拉斯山脉（Lesser-Atlas Mountains）的前身相同，它们实际上属于同一山脉，现在被分隔数千千米。

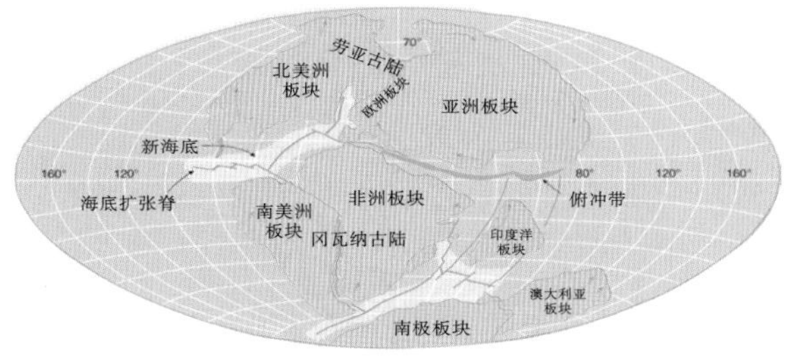

(c) 1.35亿年前

注：从这张图开始，新海底用高亮色（浅灰色）表示。一个活跃的扩张中心使北美洲远离大陆，形成了拉布拉多（Labrador）海岸。印度位于另一扩张中心以南，其北部有一俯冲带；印度板块前缘位于欧亚板块之下。印度板块正在撞向欧亚大陆的路途上，距离还很遥远。

在南半球，南美洲、非洲、印度、澳大利亚和南欧，全部包含在冈瓦纳古陆之内。在它的北部，北美、欧洲和亚洲统称劳亚古陆。

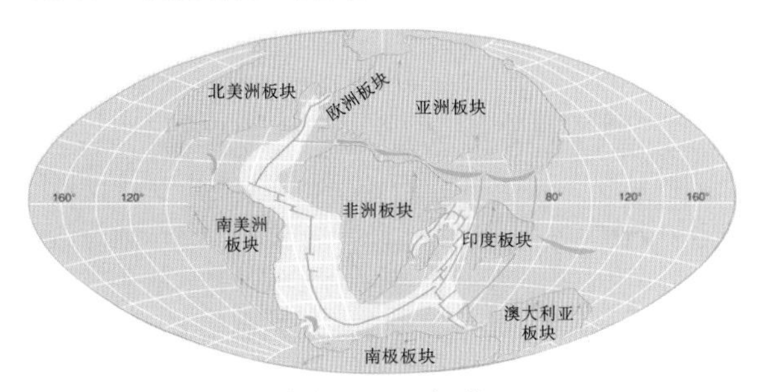

(d) 6 500万年前

注：沿大西洋中脊，海底7 000万年以来扩张了大约3 000km。非洲在纬度上向北移动了约10°，这使得马达加斯加（Madagascar）从大陆分裂出来，亚丁（Aden）湾开放。裂谷沿红海开始分裂。伴随亚洲顺时针方向旋转，印度板块向亚洲移动了3/4的路程。在所有的主要板块中，印度板块移动的距离最长，接近10 000km。

6 500万年以来，1/2以上的洋底被更新了。北印度板块下潜俯冲到亚洲南部下方，并在板块碰撞产生的隆起区形成了喜马拉雅山脉。今天板块仍在继续运动。

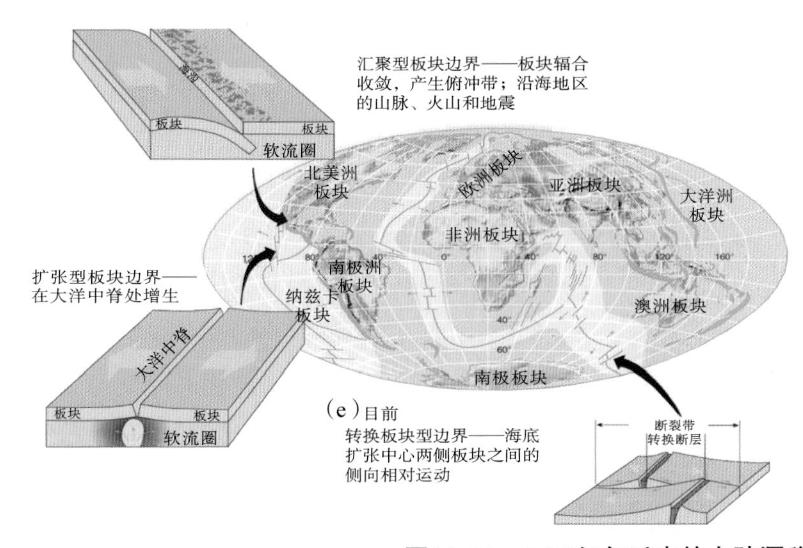

(e) 目前

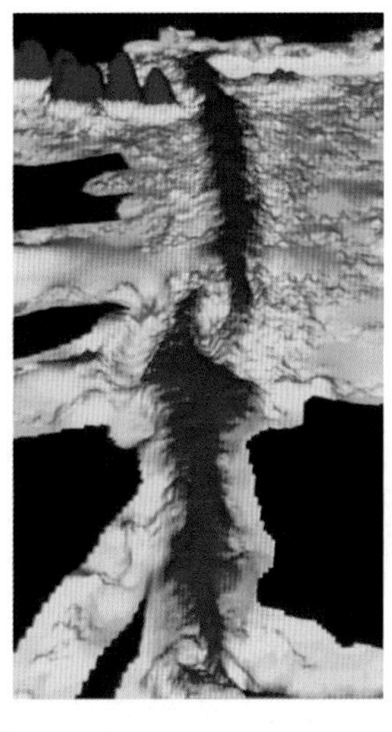

(f) 东太平洋海隆上的扩张海脊（影像中心位置位于90° N）

图11.18 4.65亿年以来的大陆漂移

注意观察：泛大陆的形成与分裂，板块边界处的运动类型。［(a) 引自：Bambach R K. 1980. Before pangea: the Geographies of the Paleozoic World[J]. American Scientist, 68(1):26-38.；(b~e) 源于：Dietz R S, Holden J C. 1970. Reconstruction of Pangea: breakup and dispersion of continents, Permian to Present [J].Journal of Geophysical Research Atmospheres, 75(26): 4939-4956.；(f) 遥感影像由罗得岛大学S.Tighe和伍兹霍尔，美国国家海洋与大气管理局R.Detrick提供］

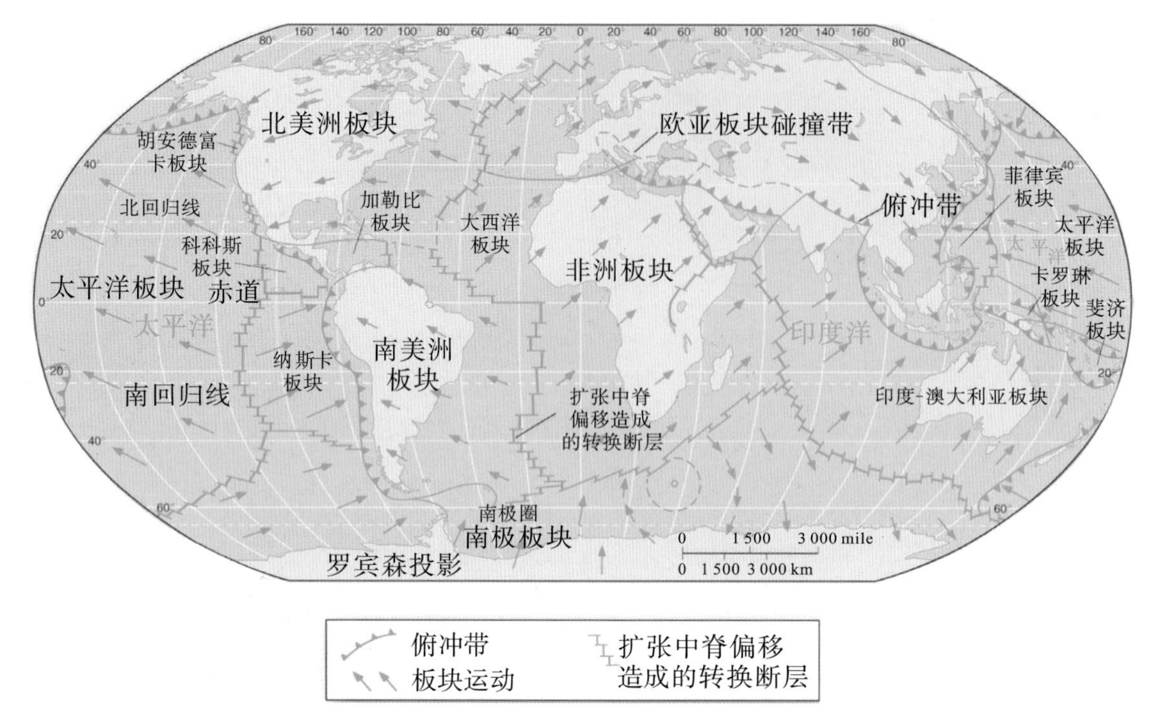

图11.19　地球岩石圈主要板块及其运动

注：箭头指示的是2000万年以来的板块运动。箭头长度表明：太平洋和纳斯卡（Nazca）板块的移动速度快于大西洋板块。试比较：箭头长度与图11.18中的灰白色区域之间的关系。［改编于：U.S. Geodynamics Committee，National Academy of Sciences and National Academy of Engineering］

陆，大约形成于10亿年前，并于7亿年前发生分裂。

图11.18（b）表述的是距今2.25亿～2.0亿年前（三叠纪-侏罗纪）改进后的魏格纳泛大陆。图11.18（c）中板块运动发生于1.35亿年前（白垩纪开始）。图11.18（d）为6 500万年前（古近纪开始不久）的板块分布。地质年代中描述的现代大陆分布格局［图11.18（e）］形成于晚新生代。

判断与思考11.2　跟踪泛大陆，了解你的位置变化

利用本章中的地图，请确定你当前处于地壳板块哪个位置？然后，再从图11.18（b）中确认该位置2.25亿年以前大致在哪里？请参照赤道和经度粗略地估算一下它的位置，并标注在地图上。

当前地壳至少分裂为14个板块，就面积而言其中约有一半是大板块，而另一半是小板块（图11.19）。数百个或数十个更小板块移动汇聚在一起构成较大板块。图11.19中箭头所示是各板块当前的移动方向，箭头长度指示了板块在过去2 000万年以来的移动速度。在掌握地理学网站，无论陆块存在与否，你都可以通过地图来刻画这些箭头速度和板块特性。

比较图11.19和图11.20中的海底影像。影像中的海平面高程是卫星雷达测高计测定的，高程的测量精度令人吃惊，可达0.03m。海平面高程并不一致，其高低差异是对海底山脉、海底平原和海沟的直接反映。海底地形使地球重力产生了微小差异。

例如，海底高大山脉的重力场较强，对海水有引力作用，使山体周围能吸引更多的水，水的堆积可导致山体上方海平面增高；

对于海沟而言，重力较弱而导致上方海平面下降。海底一座长20km、高2 000m的山脉可使海平面升高2m。斯克里普斯海洋研究所与美国海洋和大气管理局利用开发的卫星技术，通过海面遥感方法绘制了一幅综合海底地形图。

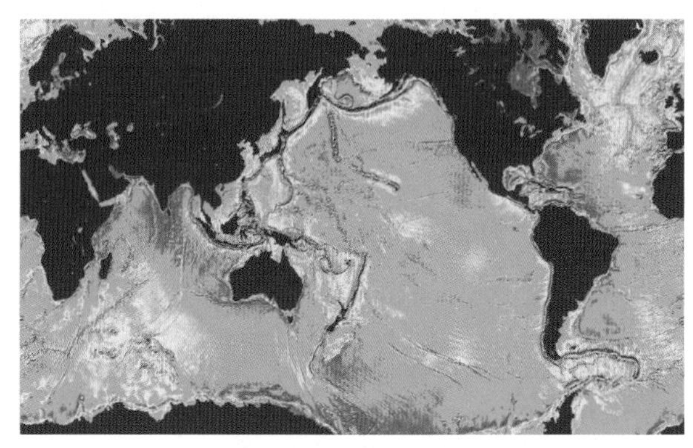

图11.20　海底地形

注：根据Geosat和ERS-1高度计观测数据绘制的全球重力异常分布图。利用雷达高度计测量海面高程。海面高程变差可直接反映出海底地形。［引自：斯克里普斯海洋研究所，Sandwell D T. 1995. Scripps Institution of Oceanography.］

第12章开篇图就是一幅海底地形图，它有助于我们辨别板块边界。你可以将图11.19和图11.20中的特征与海底地形图进行对比。

11.4.5　板块边界

板块边界是不同板块交汇的地方，尽管从人类的时间尺度上看，板块移动缓慢，但却处于动态变化中。图11.18（e）表明：板块边界通常有三种类型的运动和相互作用：

- 扩张（离散）型边界［图11.18（e）左下图］以海底扩张中心为特征。地幔上涌形成新海底、岩石圈板块分离——板块建造过程。海底扩张形成了张力地带。图11.18中一个例子表明：沿东太平洋离散型边界，孕育了纳斯卡板块（向东移动）和太平洋板块（向西北移动）。大多数离散型边界分布于大洋中脊，少数在大陆内部。例如，东非大裂谷就是正在开裂的地壳板块。
- 汇聚型边界［图11.18（e）左上图］以板块碰撞带为特征。这里是大陆与海洋之间岩石圈相互碰撞的区域，也是压缩带和地壳消亡区（消失过程）。示例中包括南、中美洲的西海岸、日本及阿留申海沟的离岸俯冲带。沿南美洲西部边缘，纳斯卡板块与南美板块相互碰撞，从而在南美板块之下形成了俯冲带。这种汇聚型边界形成了安第斯山脉链及伴生的火山。印度板块与亚洲板块的碰撞也是汇聚型边界的一个例子，见图11.18。
- 转换型边界［图11.18（e）右下图］产生于板块彼此之间的侧向滑动，且与海底扩张中心线呈直角关系。它们既不离散也不汇聚，通常也无伴生的火山爆发。这些横贯大洋中脊呈直角的断层遍及整个地球。

1965年加拿大多伦多大学的地理学家图佐·威尔逊（Tuzo Wilson）首次描述了转换边界的性质，以及它与地震活动的关系。至此，板块边界的又一个大地构造之谜得到了解释。沿地壳扩张中心均伴有与其垂直排列的破裂断痕。有些断裂长度为数百千米，而另一些，如沿东太平洋产生的断裂，其延伸长度可达1 000km甚至更长。横穿洋底的大洋中脊扩张中心是产生**转换断层**（transform fault）的地方。这些断层大多数平行于板块的移动方向。它们是怎样发生的呢?

从图11.19中可以看到，大洋中脊不是简单的直线断裂。大洋中脊裂谷始于地壳最薄弱的地方。图11.19的地壳断块，最初沿扩张中心产生了一系列的错位偏移。由于新物质上升至地表，生成的大洋中脊使板块扩张，这些偏移断块之间，通过水平断裂运动发生相对滑动。如图11.21所示，伴随地壳破裂，破碎带仅出现于扩张中脊产生的断块区段之间。

沿转换断层（图11.21中C与D之间的断层），断块运动只是一种水平位移——既无新地壳产生也无老地壳俯冲消失。作为对照，在远离扩张中心的地方，断层面两侧的破碎带渐渐消失，因而断层并不活跃；实际上，破碎带两侧的断块碎片移动方向是相同的，即远离扩张中心（图11.21中，破碎带位于A和B之间、E和F之间）。

转换断层一词缘于断层移动方向的明显转变。著名的加利福尼亚圣安德烈斯断层系统就与这种断层运动有关，因为陆壳之下就是转换断层系统。1995年触发日本神户地震的断层，就存在这种水平运动；土耳其北安纳托利亚断层也同样，它与1999年以及后来的地震有关。

11.4.6 地震和火山活动

板块边界是地震和火山活动的主要分布带。这种相互关联是板块构造理论的一个重要方面。2010年海地、智利大地震及冰岛火山爆发，引起了世界关注。下一章将详述地震和火山活动。

图11.22为地震带、火山活动、大地热点和板块运动的分布图。环绕太平洋洋盆的“火环”就是一个证据，该名称源于频繁的火山活动。太平洋板块边缘俯冲至地壳下方

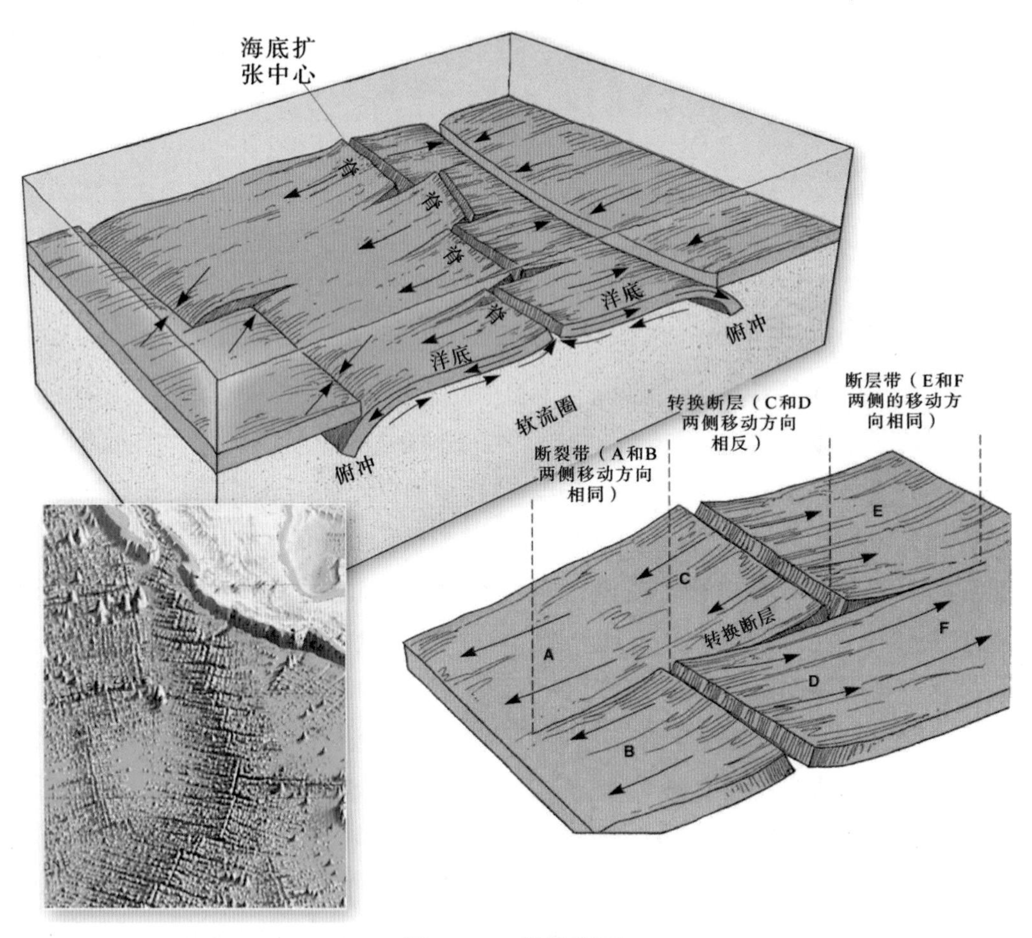

图11.21 转换断层

注：伴有转换断层的破碎断裂带。转换断层是指偏离扩张中心轴的断块区段，区段内相邻断块之间的运动方向相反——图中的C断块与D断块之间。［改编于：Isacks B, Oliver J, Sykes L R. 1968. Reply to Comments on paper by Bryan Isacks, Jack Oliver, and Lynn R. Sykes//Seismology and the new global tectonics [J]. Journal of Geophysical Research, 74(10): 2789-2790. ］

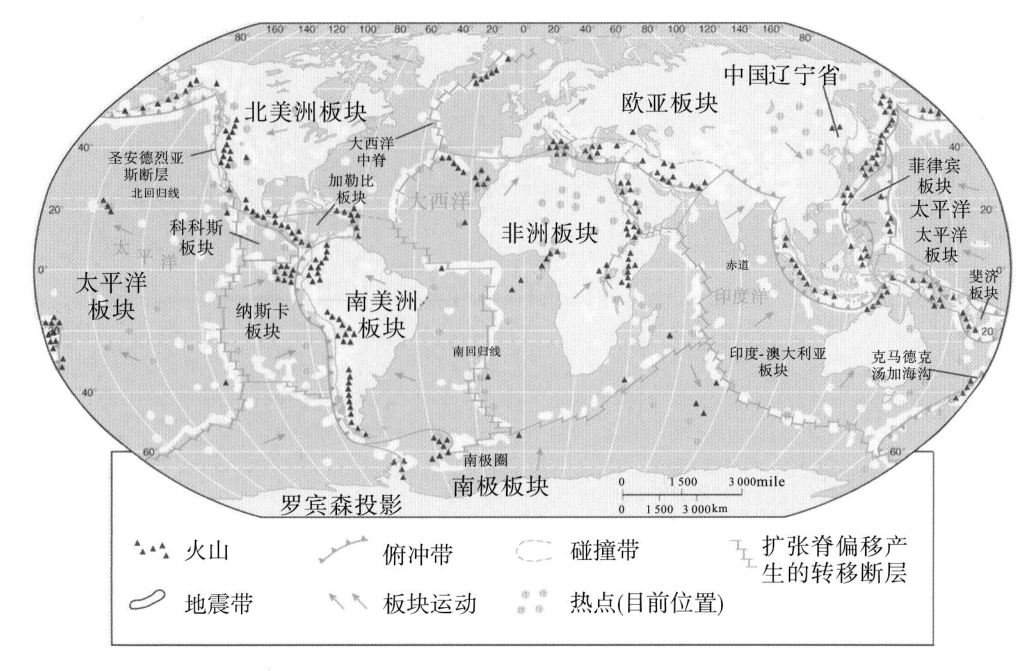

图11.22　地震带、火山活动、大地热点和板块运动的分布图

注：主要板块边界上的地震带、火山活动和主要大地热点。［地震、火山和大地热点数据，引自USGS］

或地幔中，转化为熔融态并再次返回地表。沿太平洋边缘，上涌岩浆使火山活动变得活跃。全球板块边界上都有这种类似过程。

11.4.7　大地热点

大地热点（hot spot）是地球内部动力活动显著特征之一，据估算全球地表共有50～100个大地热点（图11.23）。这些单个分布的热点就是地下炽热物质上涌之处，这些热物质包括：从高大地幔柱（熔岩柱）溢出地表的岩浆，还有从地下水和地壳中上升的热液。有些地方可作为地热能源来开发（专题探讨11.1）。热点位于洋壳和陆壳下面，其中有些热点根植于黏稠的下地幔，相对于移动板块而言，这种热点位置相对固定；而另一些热点则位于地幔柱上方，其位置可移动或可随板块一起移动。因此，在短暂的地质时间内（数十万年至上百万年），热点对其上覆板块具有局部加热作用。

太平洋板块移动穿过的热点是8 000万年以来向上喷发的一个地幔柱。这个热点形成了夏威夷–皇帝岛岛链（图11.23），目前该过程仍在继续。因此，沿夏威夷岛西北方向，岛链中的岛屿和海山年龄呈递增趋势，正如图11.23（a）中标注的年龄：夏威夷岛链中最古老的岛屿是考爱岛（Kauai），大约有500万年的历史，在风化和下切侵蚀作用下，它已被塑造成了峡谷和谷地。

在夏威夷活跃热点的西北方向，中途岛的隆起就归因于这一岛链系统。该岛链以皇帝岛海山为起点，沿西北方向一直延伸到具有4 000万年历史的岛屿为止，此后呈直线排列的岛链向北偏转。当前人们认为岛链弯曲是熔岩柱移动和板块运动变化造成的。“相对于运动板块，熔岩柱保持固定”这一旧观点已被修正。当前，最北端8 000万年前形成的海山正在逼近阿留申海沟，甚至将来可能俯冲于欧亚板块之下。也许再过8 000万年，夏威夷群岛也将消失于阿罗哈海沟。

夏威夷最新岛屿“大岛”实际上不到

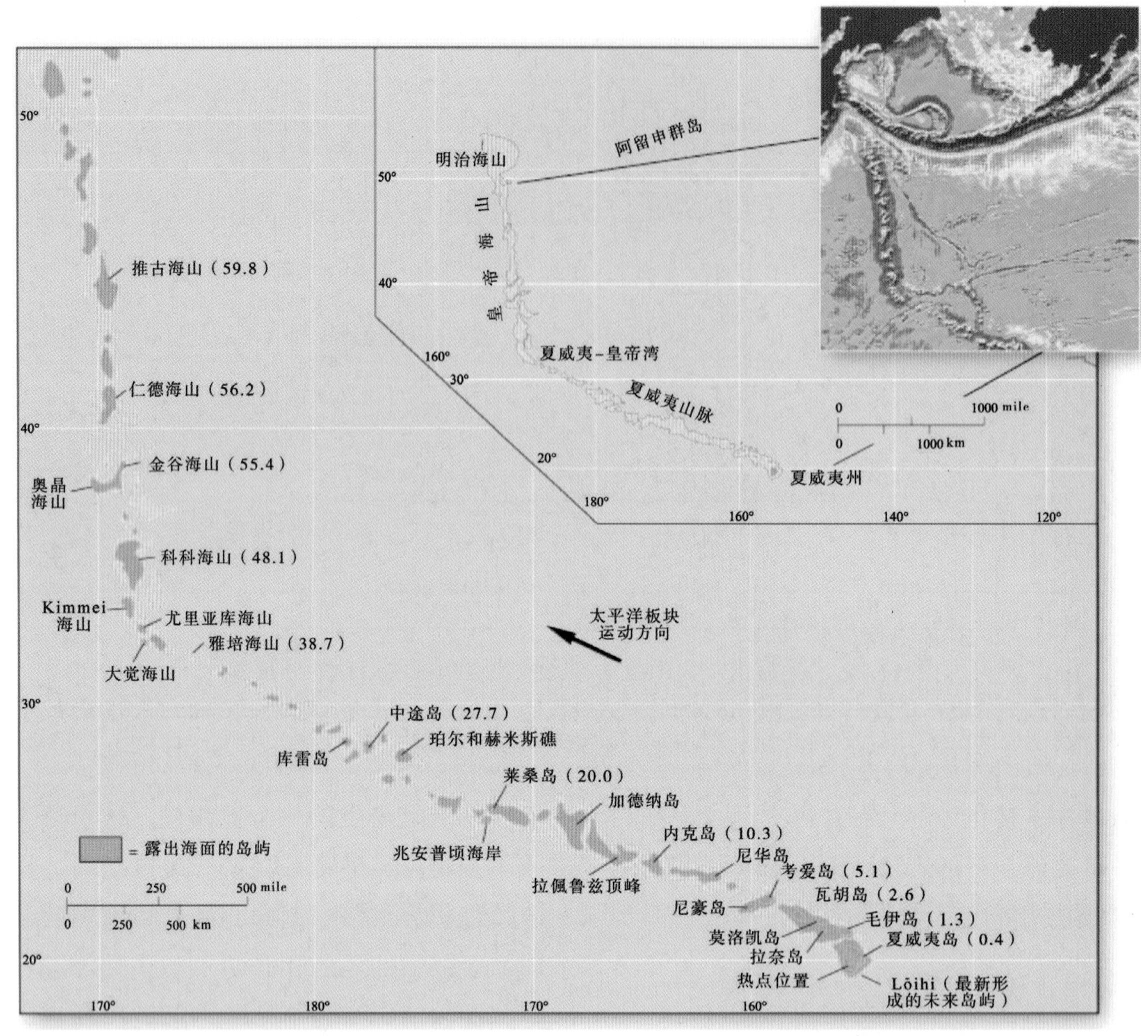

（a）沿东南方向，岛链中岛屿和海山的形成年代越来越年轻，括号内数字单位为百万年
注：中途岛具有2770万年的历史，这意味着它在地幔柱之上已有2770万年历史

（b）太平洋南端离岸处距海面975m深的Lōihi火山（当前为海底火山）仍在增长，它将成为夏威夷群岛中的下一个岛屿

图11.23　北太平洋的大地热点分布

注：夏威夷及“皇帝海山”线状火山岛链。［（a）引自D.A.Clague的“夏威夷西部山脊和皇帝海山链的岩理及火山岩石的钾-氩年龄测定”，美国地质学会公报，86（1975年）：991；镶嵌图：来自斯科利普斯海洋学研究所，全球重力异常地图影像；（b）Bobbé Christopherson摄］

一百万年的时间就建造成了如今的形态。该岛是一个巨大的熔岩丘，其熔岩直接源于海底五个火山的裂缝。它从海底上升至海面，高度就达5 800m，而最高峰——冒纳凯阿山的海拔高度为4 205m。因此，它的总高程大致为10 000m，如果从海底算起，它才是地球上最高的山体。

夏威夷岛链中最年轻的岛其实还是一个

海山。它自海底的上升高度为3 350m，但仍在海平面以下975m的深处；尽管10 000年之后，它仍不能露出海面，但已被命名为Lōihi岛（图11.23）。

从地图和海底地形图上可知：冰岛是一个跨越大洋中脊的活跃热点（图11.20）。它是大洋中脊出露于海面的一个特例。该热点产生的物质足以形成冰岛，而且物质还在不断地从地幔深处喷出，如2010年的喷发就使冰岛的面积和体积出现了增长。这也进一步证明了：地球是一个动态行星。

判断与思考11.3　太平洋板块的移动速度有多快？

相对于图11.23中太平洋板块的移动（地图左下角的比例尺）速度，距今2770万年前形成了中途岛；当时它的下覆热点位于今天夏威夷大岛东南海岸之下。按照地图比例尺，请你估算中途岛每年移动多少厘米，并以此推算太平洋板块的年均移动速度。

专题探讨11.1　地球内部的热量——地热与能源

地球内部有大量内源能量输向地表。地壳基部的温度为200～1 000℃。对流和传导作用将地热从地幔输送至地壳，然而在地热能源开发方面，某些地区却受到一定程度的限制（图11.24）。

什么是地热能源？

人们利用钻井技术将地热以热水或水蒸气的形式输送至地表后，再加以利用。蕴含于地下水中的地热能只是岩浆和地壳中的一部分热能。对于可利用的地下热能库（underground thermal reservoir）来说，其含水层必须具有高孔隙度和高渗透度，使热水能够通过相互连接的空隙自由运动。理想状况下，含水层的水温应该为180～350℃，埋深不超过3km，以便钻井利用（尽管6～7km深的地热水也能被利用）。

从字面含义来看，**地热能量（geothermal**

（a）冰岛赫伊卡达勒的天然间歇泉（Geyser，也是间歇泉一词的由来）；间歇喷泉的历史记载可追溯至公元1294年

（b）受人喜爱的冰岛蓝湖，其温泉水源为地热水；远处的史瓦特森吉（Svartsengi）发电站位于雷克雅未克半岛（Reykjavík）

图11.24　冰岛上的地热活动

［Bobbé Christopherson］

energy）是指来自地球内部的能量；而地热能源（geothermal power）却是指地热电力或直接利用地热的具体策略。地热电力就是利用水蒸气或将热水转变为水蒸气来驱动涡轮发电机；而地热直接利用则包括：通过热水交换装置调控室内温度，给温室、土壤或游泳池等增温，还可给制造业或水产养殖业等提供热水。

地热电力

1904年，第一个地热发电站建于意大利拉德莱罗，装机容量为360MWe（e代表电力），而且自1913年以来一直连续运行。目前，全球利用地热的国家有30多个，约有200个地热电厂，总装机容量达8 000MWe，直接热量为12 000MWt（t代表热能）。在冰岛的首都雷克雅未克，87%的供暖和18%的电力来源于地热。位于雷克雅未克半岛的史瓦特森吉（Svartsengi）地热电厂（40MWe）就是一个具有现代化设施的地热电厂（图11.25）。此外，为了直接利用热能，该地区还利用大型井阵收集热水向城市输送。

在法国的巴黎盆地，大约有25 000套住宅供暖直接使用70℃的地热水。在菲律宾，地热发电量占总电量的30%左右。地热发电装机容量排在前6位的依次是美国、菲律宾、意大利、墨西哥、印度尼西亚和日本。现在全球地热发电的总容量为8 933MWe，据估计地热发电潜力超过80 000MWe和数十万MWt。位于美国加利福尼亚州的间歇泉地热田于1960年开始发电，1989年发电能力达到峰值，为1 967MWe，现在发电能力下降至1 070MWe。20世纪90年代中期，地热田大约有600口井、平均井深2 500m。

图11.25　史瓦特森吉（Svartsengi）地热电厂

冰岛首都西南部的史瓦特森吉发电厂，为家庭和商业提供电力和热水。电厂名称意为“黑色草甸”，原指广布冰岛地区的熔岩床。[Bobbé Christopherson]

在美国加利福尼亚、夏威夷、内华达和犹他州，正在运行的地热发电能力约为2 800MWe，还有新提议的布劳利沙漠附近185MWe的电厂。图11.26是美国已知的高、中、低温地热资源区域（known

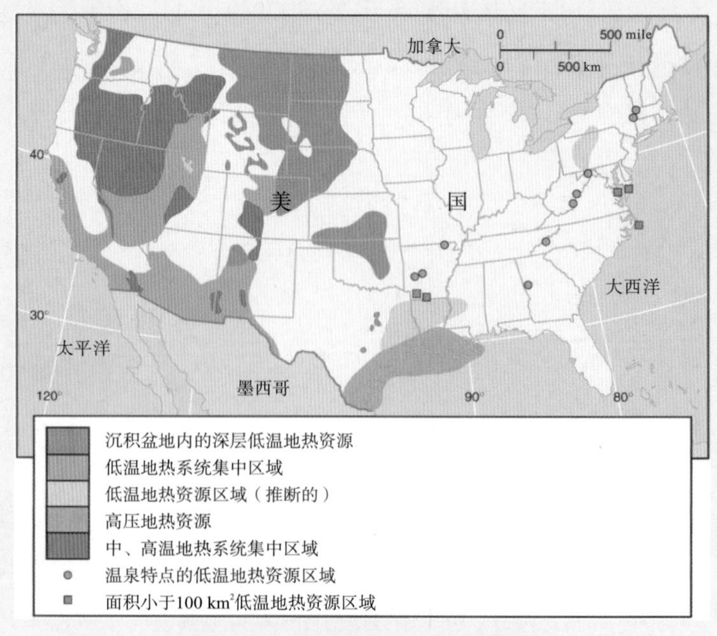

图11.26　美国著名的地热源区

注：美国本土的地热资源。[地球自然热源利用，地图提供：Duffield W A, et al. 1994. Tapping the earth's natural heat[J]. USGS Circula, 1125: 35.]

geothermal resource area, KGRA）分布图，其中大约有300个城市的地热资源深度不超过8km。美国能源部已经确认的潜在开发地点约有9 000个。详细信息，见https://www.energy.gov/eere/geothermal/geothermal-technologies-office（能源效率与可再生能源办公室），http://geothermal.marin.org/，http://www.geothermal.org/，或http://smu.edu/geothermal/.

地表系统链接

本章从地球内部结构开始跟踪流向地表的能量流。在地球内部动力和重力作用下，地壳中较重的元素被引力拉向地心。板块构造学说是研究大尺度板块运动的一门学科，包括板块之间的碰撞过程。当前全球地势图呈现的是内营力作用及地壳运动的结果。第12章中，这些运动中的能量和物质将展现于地表之上：形成褶皱、断裂和变形的压应力和张应力，山脉建造及地震和火山活动。

11.5 总结与复习

■ **辨别内源性和外源性系统，确定每个系统的驱动力，说明各系统作用的时间跨度。**

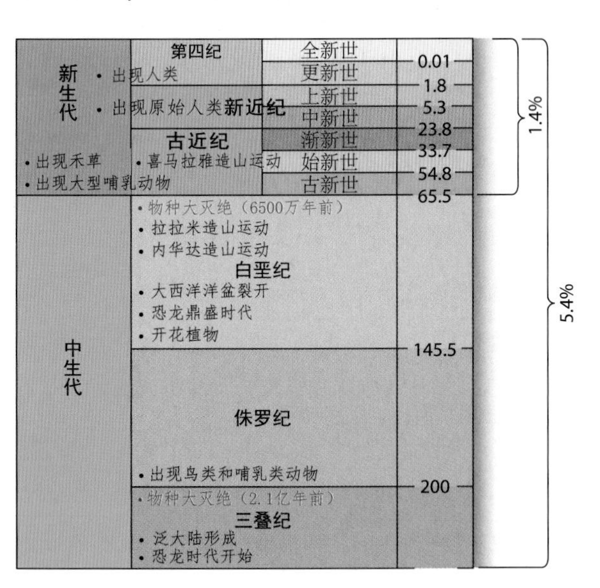

地表-大气界面是**内源系统**（内部的）与**外源系统**（外部的）相互作用的场所。内源系统的能量源于地球内部，而外源系统的能量则来自太阳辐射并受重力影响。这两个系统共同作用形成了不同的地球景观。**地质年代**对大时间跨度的地质时期是一个有效的排序设计。它描述了地球历史事件的时间序列（相对时间）和近似的实际时间（绝对时间）。

地球科学最基本的理论是**均变论**。尽管巨大滑坡或火山爆发等大规模地质事件能够中断事件流程，使原来的均衡状态间断，但是，均变论的假设是：当今环境中的物理进程与整个地质时期是相同的。

地球内营力（346页）

地质年代（346页）

地质年代表（347页）

均变论（348页）

1. 简述地壳活动史的时间范围？

2. 给出内源系统和外源系统的定义。描述驱动两个系统的能量。

3. 地质年代表是怎样设计排序的？相对年代和绝对年代的划分基准是什么？

4. 关于地球的发展学说，请比较均变论和均衡间断模型。

■　**绘制地球内部圈层的剖面图，描述具有显著界面的各圈层。**

对地球内部的了解主要来自于间接证据——各圈层**地震波**的传播方式。**地核**被一个过渡带分为内核和外核。地球磁场几乎完全产生于外核。含有铁矿物的岩浆冷却后记录了地球的磁极倒转。固定于岩石中的**磁极倒转**记录，有助于科学家探讨地壳移动的历史。

地核外面是**地幔**，分为上地幔和下地幔。随着深度的增加，地幔的熔岩温度逐渐增高，而且变得黏稠，这是压力增大的缘故。上地幔分为三个显著圈层。**岩石圈**由上地幔顶部和地壳构成。岩石圈之下是**软流圈**，或称塑性圈层。它蕴含着由放射性物质衰变而产生的热量，对高温物质的对流运动有减缓作用。**地壳**与上地幔顶部的高波速区之间存在一个重要的不连续界面，称为**莫霍面**。陆壳基本上由**花岗岩**组成，即富含硅、铝、钾、钙和钠元素的晶体岩石。洋壳为**玄武岩**，呈角砾状，富含硅、镁和铁元素。浮力和平衡原理相互结合创建了**地壳均衡说**，它解释了地壳的某些垂直运动，如当冰的重量被解除时，地壳就会均衡反弹恢复。

地震波（349页）
地核（349页）
地磁倒转（350页）
地幔（351页）
软流圈（351页）
地壳（352页）
莫霍洛维奇不连续面（莫霍面）(352页）
花岗岩（353页）
玄武岩（353页）
地壳均衡说（353页）

5.绘制地球内部结构简图，并标注每一圈层的名称，列出各圈层的物理特性、温度、组成成分及尺度范围。

6.地球磁场是如何产生的？磁场是恒定的，还是变化的？解释它的意义。

7.描述软流圈。它也被称为塑性圈层，这是为什么？其对流有什么后果？

8.什么是不连续面？描述地球内部的不连续面。

9.阐述地壳均衡原理与均衡反弹原理，解释地壳均衡概念。

10.用简图表示上地幔顶部和地壳，并以g/cm^3为单位标出每一圈层的密度。就岩石组成而言，本书中描述了哪两种地壳类型？

■　**用图表示地质循环，阐述岩石循环和岩石类型与内、外源性过程的联系。**

地质循环是关于内外源系统相互作用塑造地壳形状的一个模型。**矿物**是一种天然无机化合物，具有特定化学分子式和晶体结构。**岩石**是矿物的集合体（如花岗岩，含有三种矿物的一种岩石），或者是单一矿物的块体（如盐岩）。

地质循环由三个循环构成：水循环、构造循环和**岩石循环**。岩石循环描述了三种主

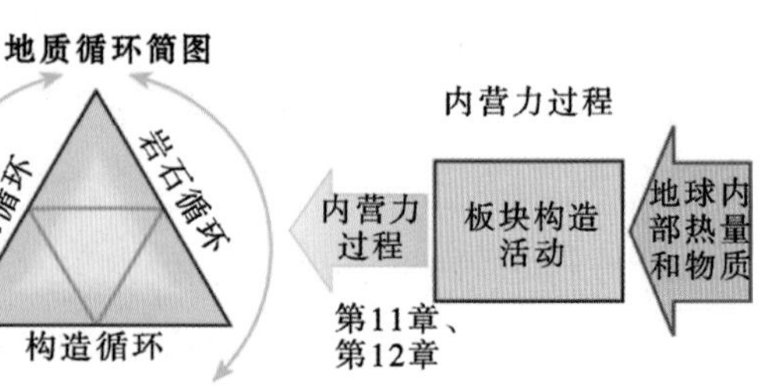

要成岩过程及其岩石类型。**火成岩**源于**岩浆**，即地下熔岩。岩浆为流体，气体含量高，承受着巨大的高压。岩浆侵入地壳岩层后，冷却变硬，也可以以**熔岩**形式溢出地表形成火山岩。缓慢冷却的侵入火成岩在地壳中形成**深成岩体**。最大的深成岩体形成**岩基**。

岩化作用是沉积物产生固结、压实、硬化形成**沉积岩**的过程。这些层状岩层是过去年代的重要记录。**地层学**就是研究地层层序、厚度及其空间分布的一门学科。地层层序为研究岩石起源和地层年代提供了线索。

碎屑沉积岩来自风化岩石的碎片。化学沉积岩是由溶质矿物质构成的，它们通过溶液搬运，并在溶液中产生化学沉淀（本质上并非碎屑的）。最常见的化学沉积岩是**石灰岩**，它是岩化的碳酸钙（$CaCO_3$）。

任何岩石，无论是火成岩还是沉积岩，在高温高压条件下都可以通过深度物理变化或化学变化转变为**变质岩**。

地质循环（354页）
矿物（354页）
岩石（355页）
岩石循环（355页）
岩浆（356页）
火成岩（356页）
深成岩体（357页）
岩基（357页）
沉积岩（359页）
岩化过程（359页）
地层学（359页）
石灰岩（360页）
变质岩（361页）

11. 图示地质循环，给出以下各循环的定义：岩石循环、沉积循环和水循环。

12. 什么是矿物？矿物类型？说出地球上最常见的矿物？什么是岩石？

13. 描述火成岩的形成过程。火成侵入岩与火成喷出岩之间有什么区别？

14. 描述酸性和基性矿物的特征。举例说明粗粒和细粒质地结构。

15. 简述沉积过程和岩化作用。描述沉积岩的来源及其颗粒大小。

16. 什么是变质作用，变质岩是怎样形成的？列出一些原始母岩及其等效变质岩的名称。

■ **描述泛大陆及其分裂过程，联系几个实例来证明地壳至今仍在漂移。**

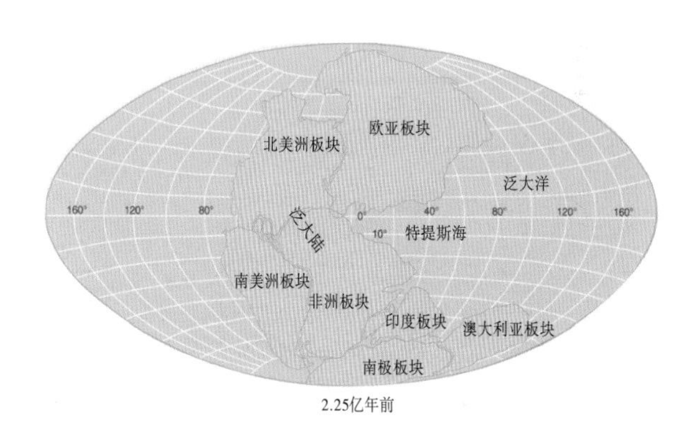

2.25亿年前

当前的海陆分布格局是大地构造过程的结果，涉及地球内部动力和地壳。阿弗雷德·魏格纳提出了**大陆漂移**学说，并用它来表述地球内部巨大力量推动地壳的这一观点。魏格纳认为**泛大陆**是所有陆地于2.25亿年前左右形成的，后来再次发生分裂。岩石圈破裂成巨大板块，而板块移动是对地球重力和地幔对流的响应，其中地幔对流对板块产生拖曳力。**板块构造学说**包括：**大洋中脊**的**海底扩张**、岩石圈**俯冲带**（密度大的洋壳俯冲到密度小的陆壳之下）。

大陆漂移（363页）
泛大陆（363页）
海底扩张学说（364页）
大洋中脊（364页）

俯冲带（366页）

17. 简要回顾大陆漂移、海底扩张理论和统一的板块构造理论。阿尔弗雷德·魏格纳的作用是什么？

18. 什么是洋底岩浆上涌，描述这种洋底的相关特征。什么是俯冲板块，解释其过程。

19. 什么是泛大陆？它在过去的2.25亿年期间发生了什么？

20. 描述三种板块边界特征和各种边界类型的活动。

■ **描绘地球主要板块的边界，叙述它们与地震的发生、火山活动和大地热点之间的联系。**

频繁的破坏性地震和火山活动都与板块边界有关联。板块边界有三种类型：离散型边界、汇聚型边界和转换型边界。偏离大洋中脊的断块，由于水平移动产生了**转换断层**。

地球表面有50～100个大地**热点**，是地幔柱（一些“根植”于下地幔层，另一些源于上地幔层）形成的上涌流。**地热能量**的字面含义是指源于地球内部的热量，而地热能源是指地热电力或地热直接利用的具体策略。

转换断层（369页）

大地热点（371页）

地热能量（373页）

21. 板块边界与火山和地震活动有什么关系？

22. 转换断层移动有哪些特征？对于此类断层的活动，有哪些著名的例子？

掌握地理学

访问https://mlm.pearson.com/northamerica/masteringgeography/，它提供的资源包括：数字动画、卫星运行轨道、自学测验、抽题卡、可视词汇表、案例研究、职业链接、教材参考地图、RSS订阅和地表系统电子书；还有许多地理网站链接和丰富有趣的网络资源，可为本章学习提供有力的辅助支撑。

第12章　大地构造、地震和火山活动

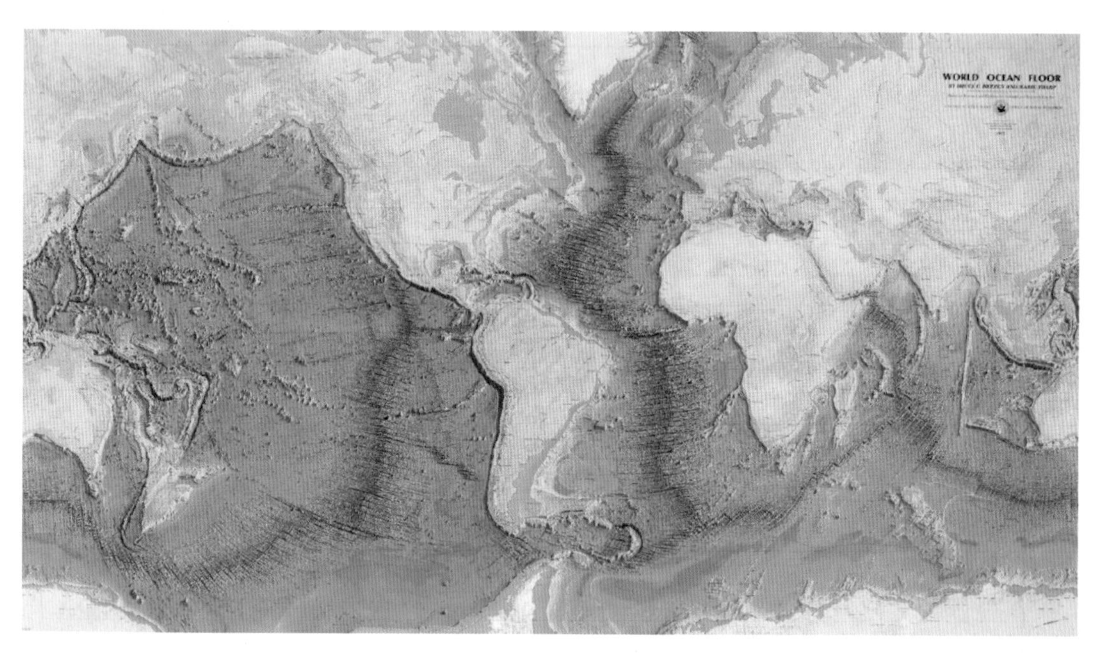

图中大洋洋底破碎状况清晰可见：延伸长度64 000km的大洋中脊就是海底扩张中心；深海沟是地壳俯冲带的标志，转换断层横切大洋中脊。［世界洋盆，Bruce C.Heezen 和Marie Tharp编制，1977年，海军研究局］

重点概念

阅读完本章，你应该能够：

- **描述**一级地势、二级地势、三级地势及全球主要地形区的相关例子。
- **描述**陆壳的几种起源，**详述**移置地体的定义。
- **解释**岩层的挤压过程和褶皱，**描述**断层的四种主要类型及其地貌特征。
- **阐述**构造运动与三种板块碰撞的关系，通过各种具体实例进行**识别**。
- **说明**地震性质，包括特征、观测、断裂机制及地震预测方法。
- **区分**火山的溢流式喷发和爆裂式喷发，通过实例**描述**它们的相应地貌。

当今地表系统

圣哈辛托断层与地震的关联性

美国南加州的圣哈辛托断层（San Jacinto fault）是一个活跃的地震断层，属于圣安德烈亚斯（San Andreas）断层系统的一部分，由数百个水平运动的断层组成。这些断层是西北方向运动的太平洋板块与西南方向运动的北美洲板块之间相对运动所产生的。它们以大约5cm/a的速度运动着，从而对地壳板块产生了压力和张力。圣哈辛托断层从墨西哥北部边界绵延至圣贝纳迪诺“内陆帝国”，平行于奥兰治县的埃尔西诺（Elsinore）断层和洛杉矶的惠提尔（Whittier）断层。此外，还有许多其他相关断层都以同样排列方式穿过这一区域（图12.1）。

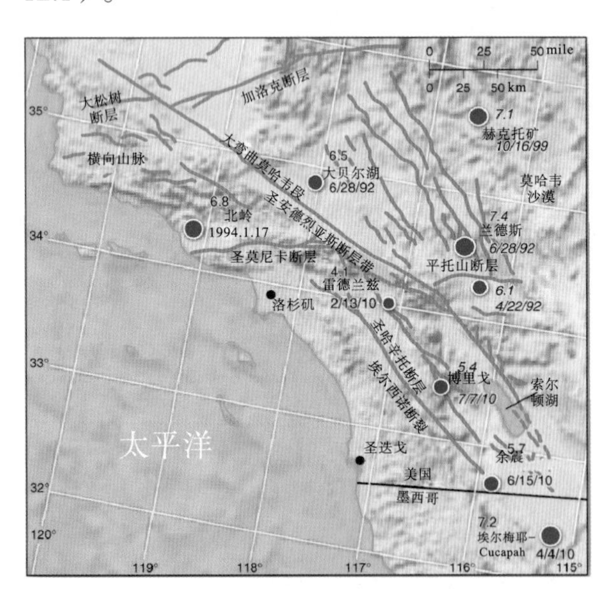

图12.1　美国南加州的地震分布图

从莫哈维沙漠中的内陆小城镇到沿海人口集中的大都市洛杉矶，南加州的人们与地震“相伴”。大家面临的首要问题是：“特大地震”什么时候发生？美国地质调查局（USGS）认为圣哈辛托断层能引发M 7.5级地震（“M”为矩震级的缩写，也是本章地震等级的评定尺度）。圣哈辛托断层与埃尔西诺、惠提尔，以及圣安德烈亚斯断层系统中的一些断层线相互联系，这表明加利福尼亚州南部的大都市有可能发生大地震。一次M 7.5级地震释放的能量，要比1994年加利福尼亚州北岭地震高出近30倍。因此，一次主震可与一次强震相匹敌。记住：1994年，加利福尼亚州北岭地震是美国历史上迄今为止造成财产损失最严重的一次地震。

断裂与地壳运动的相关科学证据表明，一个地区在大地震到来之前，可能有若干次小地震。证据指出：伴随断层面的破裂，小地震频次呈“波状模式”。沿圣哈辛托断层和埃尔西诺断层，最近的地震活动或许就是这种模式。

有记录显示近50年来，沿圣哈辛托断层至少发生过5次地震：1968年的M 5.8级和M 6.5级地震，1980年的M 5.3级地震和2005年的M 5.0级地震。2010年2月13日，在棕榈泉市（美国加利福尼亚州）以南约40km的地方发生了一次M 4.1级地震。2010年4月4日，塞拉埃尔梅耶（Sierra El Mayor）发生的M 7.2级地震是这一系列地震中最大的一次，震中位于加利福尼亚州埃尔森特罗SSE（南南东）方向上大约65km的地方。2010年6月15日该地区又出现了一次M 5.7级的余震。

随着余震密集地移向断层构造北部，实际上，2010年4月份地震已开始把应力转移到圣哈辛托断层上。按照这种发展模式，

2010年7月7日圣哈辛托断层发生了M 5.4级的博里戈（Borrego）地震，之后余震再次向西北方向延伸。如果应力继续沿这个断层系统向北移动，就应当引起注意。由100个全球定位系统（GPS）站点构成的监测网络，对该地区地壳变化持续监测，这或许能够预知地震的来临。关于地震预测的详细内容，见本章前半部分的介绍。

正如本书多次强调的那样：上述情况表明，在区域发展中为了保障规划、区划和筹备的合理性，地球系统科学和公共教育尤为重要。区划可以避免新建筑工程选址在极脆弱区域，还可以促进旧建筑的改造和加固。沿圣哈辛托及其相关断层发生大地震不足为奇，我们期待的是怎样制定适当的对策和减灾措施。

地球内源系统产生的热量流和物质流，流向地表形成了地壳。正在进行的这个过程形成了陆地景观和海底洋壳，有时还以剧烈的突发形式出现。无论是地震还是火山爆发（威胁城市的火山爆发大约50次/年），每次都会造成地球物质系统的变化。

2010年1月12日下午5点左右，海地这个贫困的国家发生了M 7.0级的地震，震中位于其首都西南15km处，7分钟之后，又发生了一次M 6.0级的余震。这次地震共造成22.2万多人死亡、30万人受伤、近30万座房屋遭到毁坏［图12.2（a）］，财产损失总额比其国内生产总值（gross domestic product, GDP）高出140亿美元。

相对于向西转移的北美板块，断层面解（断层面走向和滑动方向）导致加勒比板块向东移动，并以水平走滑方式沿恩里基略–普兰坦花园断层（Enriquillo-Plaintain Garden fault）——　一个50km长的断面移动。该断面运动使大约600km长的东部断层上突然增加了压力。整个断层系统正在积蓄的弹性能量速率与这次地震在断面上释放的能量速率相同。1751年、1770年和2010年的海地地震都曾摧毁过太子港。

2010年海地地震后的第6周，向西移动的南美板块之下向东移动的纳斯卡（Nazca）板块正在发生着突然转向，并在智利的马乌莱（Maule）附近的圣地亚哥西南造成了M 8.8级的地震［图12.2（b）］。这次地震发生在康塞普西翁附近，即20世纪最大地震（1960年的M 9.6级地震）的震中位置，其部分断层滑动带与2010年2月27日的地震分布区一致。与智利每年450亿美元的GDP相比，这次地震造成的损失在300亿美元以上，并导致521人死亡、1.2万人受伤；此外，它还引发了至少两次海啸，海啸大约在15个小时后到达夏威夷的希洛，但浪高只有1m。

该断层面解为地震俯冲带。在南美板块下面，纳斯卡板块俯冲带正在以每百年7m的相对速度移动。由于智利1985年实施了严格的建筑法规，地震造成的破坏程度大幅降低。

火山喷发威胁着周边人们的生命和财产。地球系统科学以前所未有的方式向人们提供地震分析和地震警告信息。例如，2010年4月冰岛南部埃亚菲亚德拉火山的爆发（图12.23）。该火山于1821年和1823年曾喷发过。2010年这次喷发中，火山云高达10 660m而且迅速扩散至欧洲及其航空走

(a) 海地，太子港

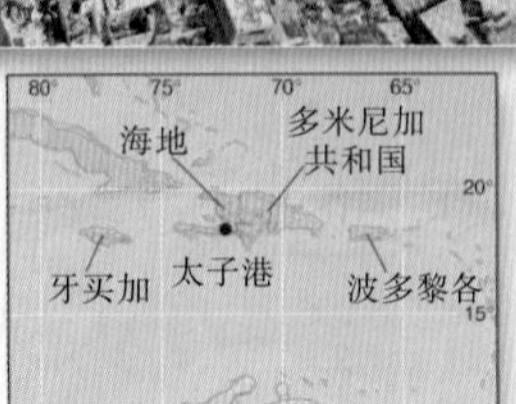

(b) 智利，圣地亚哥

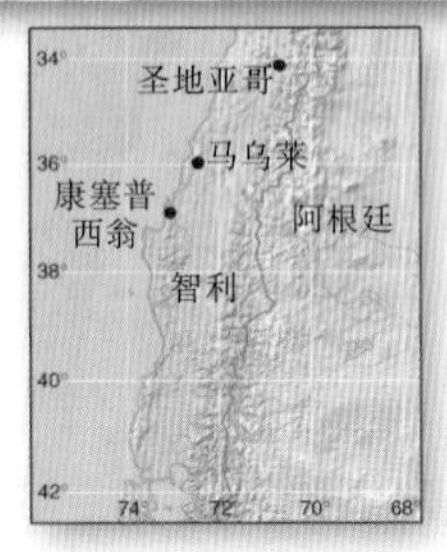

图12.2　海地和智利发生的地震

（a）2010年1月，海地遭到一次M 7.0级的地震毁坏，太子港市中心的房屋被毁坏；（b）智利圣地亚哥西南部2010年2月发生了一次M 8.8级地震；震毁的圣地亚哥公寓大楼表明大地发生了1～3m横向位移。［（a）Cameron Davidson/ Corbis；（b）Ian Salaseps/ Corbis］

廊；受其影响的航线关闭了5天，10万多次航班被取消。为了避开滞留不散的火山灰，航班恢复时更改了航线。与皮纳图博1991年那次垂直喷发相比，这次喷发形成的火山云呈水平状且位于低层大气中，因此未对全球大气造成气候影响。

在本章：我们将学习地表建造过程和全球构造区。构造运动导致地壳变形、循环和重塑。尽管这些过程有时会很突然且剧烈，但大多数都是缓慢渐变的。在46亿年的地球历史中，大部分时间都贯穿着陆壳的形成过程。

海陆分布、山脉起源、陆地和海底地

判断与思考12.1　洋底构造之旅

在北美板块西海岸下方，一部分向北移动的海岭及扩张中心（东太平洋海隆）消失于地震多发的加利福尼亚之下。请在地图上找出这个大陆，以及被淹没的离岸大陆架和广阔的深海沉积平原。

在印度洋海盆，可以看到印度洋板块向北移动留下的宽阔踪迹，印度洋板块沿着这条踪迹与亚欧大陆板块发生碰撞。大量的沉积物堆积于印度洋洋底、恒河南部、直至印度东部。喜马拉雅山脉的沉积物堆积于孟加拉湾（孟加拉国南部）海底，厚度达20km。这些沉积物源自几百万年以来季风环境下的土壤侵蚀。

在夏威夷群岛，一系列的岛链及海底山脉显示了太平洋板块上的热点足迹，它从夏威夷一直延伸至阿留申群岛。图中暗色的海沟是板块俯冲带，它们分布于阿拉斯加、日本南部和东部，以及中、南美洲西海岸。大西洋中脊扩张中心的起点自冰岛开始，纵穿整个大西洋。请仔细观察本章开篇中的洋盆地形图，并与第11章、第12章中的相关概念进行对照。

形、地震和火山活动的位置，所有这些都是动态地球的证明。由于主要的地震带和火山带沿板块边界和热点位置分布，所以板块构造与地震、火山的潜在威胁有关，此外它还会对全球气候产生影响。

从无法直接观察的海底开始，到了解它的构造和火山活动，本章开篇插图（洋盆地形图）不仅很好地体现了前面章节中的相关概念，还为本章及之后的章节奠定了基础。欲了解详情，请阅读“判断与思考12.1”中的快速指南。通过地壳板块及其边界分布图（图11.19）和重力异常影像图（图11.20），比较地壳板块与洋盆地形图之间的联系。

12.1 地球表面的地势特征

地势（**Relief**）是指地形在海拔高度上的差异。比如：内布拉斯加州和萨斯喀彻温省为低地势，山脉山麓地带为中等地势，落基山脉和喜马拉雅山脉为高地势。**地形**（**Topography**）是指地表的起伏形态，包括地势，而地形图则是地形的最好表述方式。

地球上的地势和地形对人类历史发展起着关键性的作用：高山对人类社会具有保护和隔离作用，山脊和山谷决定着运输线路，而快速通信和交通又离不开开阔的平原。地形激发了人类的创新和适应能力。

12.1.1 地壳起伏等级与高程测量

现代计算机和GPS（确定位置和海拔）等工具，有助于对地球的地势和地形进行研究。为了便于计算机处理和显示，科学家们使用数字高程模型（DEMs）——数字形式的海拔。

美国地质调查局（USGS）制作的美国数字化晕渲地形图就是一个例子，其整幅地图由1 200万个高程点构成，任意两点间的距离小于1km。在USGS网站的“时间和地形彩色挂图”上，你可看到一幅地形与地质相结合的美国地图。这幅合成彩色地图，通过不同色彩表示出了各种地表类型和下伏地层（http://tapestry.usgs.gov/）。

为了便于描述，地理学家将陆地地形划分为三个地势等级。这三个等级按照景观规模大小进行了分级，从巨大的洋盆与大陆，到局部的山岭与山谷。一级地势是层次最粗略的地形，由大陆和海洋构成。**大陆陆块**是指位于海平面以上或接近海平面部分的地壳，包括海面以下沿海岸线分布的大陆架。**大洋盆地**是指完全处于海面之下的部分。如本章开篇插图所示，大约71%的地表被海洋覆盖。

二级地势是中等层次的地形，适用于大陆和洋盆。大陆的二级地势包括：山系、平原和低地。例如：阿尔卑斯山脉、加拿大

地学报告12.1 珠穆朗玛峰的增高与移动

1999年11月11日，华盛顿特区发布通告称：珠穆朗玛峰有了一个修订后的新海拔，它是由安置于冰峰顶部的GPS直接测定的。这项工作是1995年测量项目的延续，原项目是已故著名山地摄影师和探险家布拉德福德·沃什伯恩发起的。

目前，珠穆朗玛峰还在以大约3.5cm/a的速度增高。此外测量结果还表明：由于板块构造运动（印度板块与亚洲板块碰撞的延续），喜马拉雅山正在向东北移动，即：山脉正在向亚洲深入。

和美国的落基山脉、西伯利亚西部的低地、青藏高原。构成各大陆陆块核心的巨大岩体“地盾（Shield）”也是二级地势。洋盆的二级地势包括：大陆隆（continental rise）、大陆斜坡、深海平原、大洋中脊、海底峡谷、海沟（俯冲带）。以上这些地势在洋盆地形图中均可辨识。

三级地势最细微，包括：孤峰、悬崖、山谷、丘陵及其他小尺度地貌。它们作为局部地形特征且容易辨识。

如图12.3所示，海陆面积高程曲线（hypsographic curve，源于希腊语*hypso*，意为“高度”）给出了地球表面积与海拔（与海平面相比）的对应关系。从最高峰到最深海沟，高差大约20km。若与地球直径12 756km相比，地表地势起伏很小，最高的珠穆朗玛峰高出海平面8.8km，最深的马里亚纳海沟比海平面低11km。

全球固体表面的平均高程实际上比海平面低2 070m。露出水面的陆地，平均海拔只有1 875m，海洋平均深度3 800m。从上述描述可知：就平均高度而言，海洋深度远大于陆地高度。总之，地球上最大的“景观”是由海洋之下的洋盆、海底及海底山脉构成的。

12.1.2　地球上的地形区

三个地势等级可进一步再划分为六类地形区：平原、高原、丘陵和低台地、山地、稀疏山地、低洼地（图12.4）。每类地形区常用海拔或限定定义来描述（见图例）。

全球四大洲分布有广阔的平原，区域内局部地势起伏小于100m、坡度小于等于5°。某些平原海拔较高，超过600m；在美国，高平原的高程达1 220m以上。科罗拉多高原、格陵兰岛和南极洲都是著名的高台地

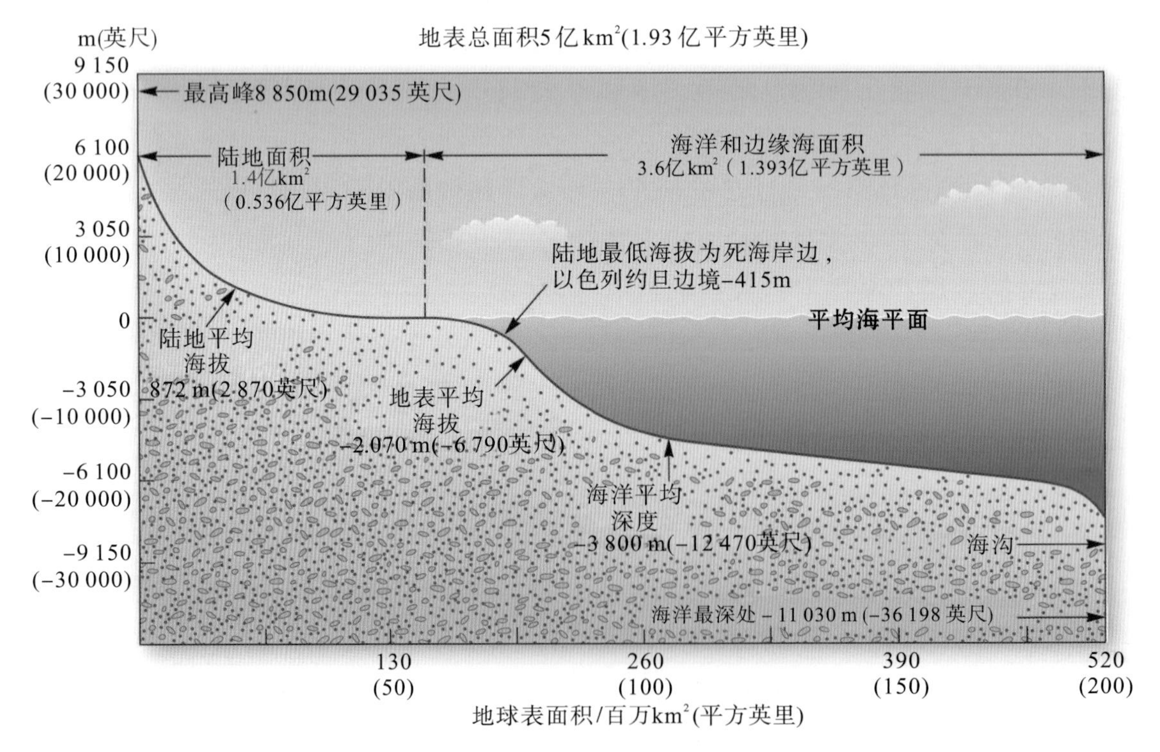

图12.3　地球海陆面积的高程分布

注：地球表面的海陆面积高程曲线与平均海平面有关。从海平面以上的最高点（珠穆朗玛峰）到最深的海沟（马里亚纳海沟），地势起伏的总高差约为20km。

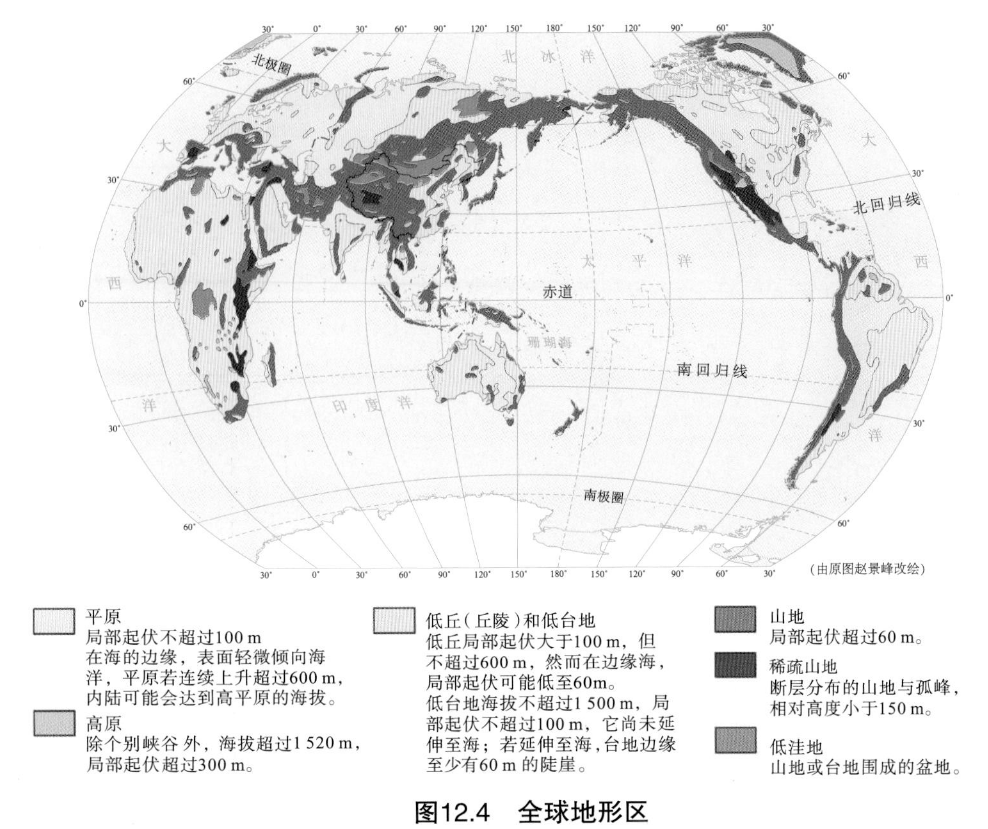

北极圈
北 冰 洋
大
大
北回归线
太 平 洋
西
西
赤道
珊瑚海
南回归线
洋
印 度 洋
洋
南极圈
(由原图赵景峰改绘)
平原
局部起伏不超过100 m
在海的边缘，表面轻微倾向海洋，平原若连续上升超过600 m，内陆可能会达到高平原的海拔。
高原
除个别峡谷外，海拔超过1 520 m，局部起伏超过300 m。
低丘(丘陵)和低台地
低丘局部起伏大于100 m，但不超过600 m，然而在边缘海，局部起伏可能低至60m。
低台地海拔不超过1 500 m，局部起伏不超过100 m，它尚未延伸至海；若延伸至海，台地边缘至少有60 m 的陡崖。
山地
局部起伏超过60 m。
稀疏山地
断层分布的山地与孤峰，相对高度小于150 m。
低洼地
山地或台地围成的盆地。

图12.4　全球地形区

注：把这幅图（含图例）与世界自然地理地图（见封底内页插图）进行比较。［改编于：Murphy R E. 1968. Landforms of the world [J]. Annals Association of American Geographers, 58（1）: 198-200.］

（高原）（high tablelands）（后二者由冰物质组成），海拔超过了1 520m。在非洲，丘陵和低台地占优势。

各个大陆都有山地分布，其局部地势起伏超过600m。伴随地壳的形成过程，地球上的地势和地形也在不断变化。

判断与思考12.2　把地形区的比例尺放大至你的所在地

利用图12.4区域地形图，对你校园周围方圆100km和1 000km范围内的区域进行评价。描述它的地形特征，对比它在两个不同比例尺下的地势差异。在分析的过程中，可能需要查阅当地的地图和地图集。你那里的地形区类型对当地的生活方式、经济活动和交通运输有何影响？你能察觉到吗？它对该地区的历史也有影响吗？

12.2　地壳形成过程

地球的陆壳是怎样形成的？上述三级地势的成因是什么？地球表面是以下两种对立过程表现的场所：内能驱动构造运动建造了地壳；太阳能外营力作用产生风化和侵蚀过程，并通过大气、水、波浪和冰体对地壳进行下切侵蚀。想象一下，本书第Ⅲ篇开篇图中的景观：由于风化和侵蚀的作用，隆起的科罗拉多高原形成了孤峰、平顶山和峡谷。

大地构造活动通常很缓慢，需要经历上百万年。内营力过程使地壳逐渐抬升并形成新地形，同时板块边界发生着造山运动。这些抬升的地壳区变化差异很大，它们可划分为以下三个类型，将在本章中分别论述：

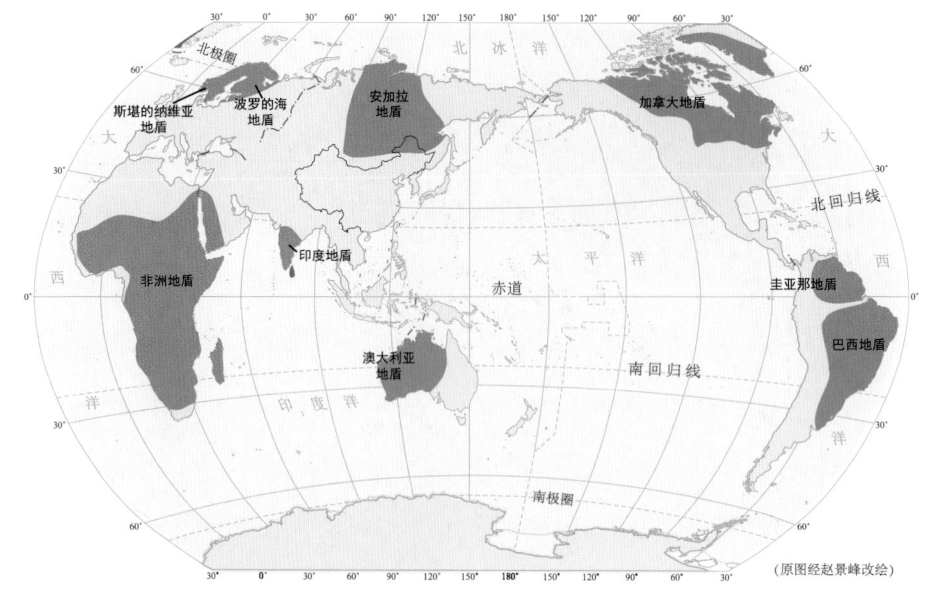

(a) 侵蚀作用下部分主要地盾在地表出露。部分地盾周边还残留有较年轻的沉积覆盖层

(b) 位于魁北克北部的加拿大地盾景观
数亿年来它一直很稳定，历经冰川剥蚀作用后，侵入火成岩（岩浆入侵）的岩脉痕迹清晰可见。在这幅图片中，你能找到大陆冰川流向的证据吗？

图12.5　大陆地盾

［(a) 改编于：Murphy R E. 1968. Landforms of the world [J]. Annals Association of American Geographers, 58（1）: 198-200.；(b) Bobbé Christopherson］

■　残山和稳定古陆核：由古老构造活动中不活跃的残余地块形成；

■　构造山系和构造地形：由活跃的褶皱、断层和地壳运动形成；

■　火山地貌：喷发的地下物质以熔岩形式堆积于地表形成的地貌。

由此可知，上述几种不同过程与我们周围的陆壳形成有关。

12.2.1　大陆地盾

所有的大陆都有一个古老的晶质岩核，地壳的碎片和沉积物“焊接”于这些岩核周围，大陆呈现“增长”趋势。这种岩核是大陆地壳的陆核（或称克拉通，Craton）或中心。陆核地区历经侵蚀，其海拔和地势起伏通常变得比较低缓。这些侵蚀过程大多可追溯至前寒武纪，达20亿年以上。陆核中缺少玄武岩成分，这是判断其稳定性的一条线索。岩石圈是由最上层地幔和地壳构成的。陆核区域的岩石圈厚度较大；相比之下，年轻地壳区域的岩石圈厚度较薄。

大陆地盾是出露于地表的陆核区域。图12.5给出了大陆地盾的主要出露区，以及一幅加拿大魁北克地盾的照片。随着时间推移，围绕地盾形成的年轻沉积岩层变得很稳定。具有这种稳定地台的分布区域：从落基山脉东部延伸至阿巴拉契亚山脉、再向北延伸至加拿大中部和东部；中国大部分区域；从欧洲东部至乌拉尔山脉；西伯利亚部分地区。

12.2.2　陆壳和地体的建造

陆壳形成过程很复杂，而且需要历经数亿年，其间包括一系列完整的海底扩张和洋壳形成；然后俯冲、再熔化，并再次变为上涌岩浆。图12.6概括了上述过程。

为了更好地理解这个过程，请认真观察图12.6及插图照片，并再次与图11.15进行比较。岩浆源于软流圈，并且沿着大洋中脊上涌。玄武岩岩浆由上地幔矿物形成，富含铁和镁；岩浆中二氧化硅含量小于50%，黏度稀薄易流动。这些铁镁物质上涌，从扩张中心喷出后，冷却形成新玄武岩洋底。玄武岩海底向外扩张，其边缘与陆壳挤碰，使密度较大的洋壳俯冲至密度较小的陆壳下面。洋壳再次进入地幔，变为熔融态。之后，其作为新岩浆再次上升冷却，以花岗岩侵入体的形式使陆壳增长。

当俯冲海洋板块向大陆板块下方移动时，海洋板块携带着从陆壳中截获的海水和沉积物一起移动。重熔过程使海水、沉积物及周围地壳混合在一起，并造成俯冲潜没板块产生上移岩浆（通常称作熔体）。这种岩浆的硅铝含量可达50%～75%（称作安山岩或硅酸盐，取决于二氧化硅的含量），黏度高（黏稠）易阻塞地表通道。

富含二氧化硅的岩浆可能产生爆发式火山喷发，或在暂停时形成地下侵入岩；这些侵入岩体冷却形成花岗岩深成结晶体，如岩基［图11.9和图11.10（a）］。请注意：这种合成物与从海底扩张中心涌出的岩浆差异很大。在地壳形成过程中，你可以通过构造

图12.6　地壳的形成

注：沿海底扩张中心，软流圈产生上涌物质。玄武岩构成的洋底潜没于密度较轻的陆壳下方，被再次熔化，与之相伴的还有沉积物、水和矿物。这些熔体形成的岩浆，上移穿过地壳后，形成火成侵入岩或火山喷发。圣海伦火山产生的英安岩火山弹（右侧颜色较浅的岩石，二氧化硅含量高），夏威夷玄武岩（左侧颜色较深的岩石，二氧化硅含量低），对岩石成因和成分来说，这些颜色能够告诉你什么？请在表11.3中查找这类岩石。［Bobbé Christopherson］

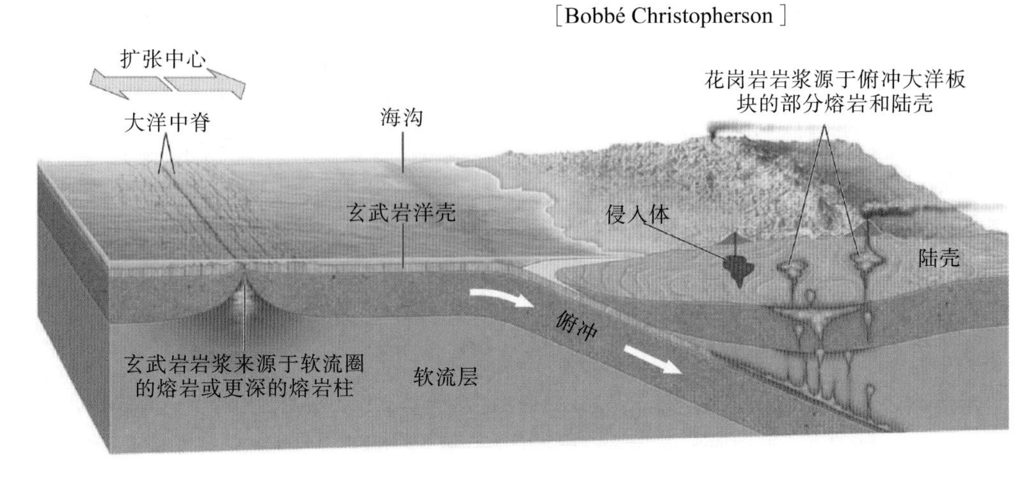

旋回逐一了解这些物质循环。

地球上各主要岩石圈板块，其实都是由许多地壳碎片拼接而成的，碎片的来源各不相同。对于海底的洋壳碎片、火山岛弧链和陆壳碎片来说，它们与大陆地盾和地台边缘相互挤撞。这些缓慢移动的地壳碎片，已经归属于或连生于板块上，被称作**地体**（Terrane），请不要与岩群（Terrain）混淆，Terrain是指大地形区域。这些移置的地体（displaced terranes，译为“移置地体”或“置换地体”），有时被称作微板块或者外来地体，与自己所归属的大陆形成史并不相同，它们通常由断层破碎带构成，岩石成分和结构不同于它们新归属的大陆。

增生地体在环太平洋地区很普遍。就北美西部扩张而言，50多个增生地体的面积至少占25%的贡献率，这些增生地体始于早侏罗纪时期（1.9亿年前）。兰格尔山脉就是一个典型例子，它刚好位于威廉王子海峡和阿瓦尔迪兹城（阿拉斯加州）的东部。兰格尔地体，以前是一个赤道附近的火山岛弧，并伴有海洋沉积物。它大约移动了10 000km，并沿大陆西部边缘形成了兰格尔山脉及三个不同地体（图12.7）。

阿巴拉契亚山脉，其延伸范围从美国亚拉巴马州一直到加拿大沿海各省，但只有很小一部分曾与古代的欧洲、非洲、南美洲、南极洲及其他岛屿相连接。这个20世纪80年代才被发现的地体，说明了大陆聚集的一种途径。

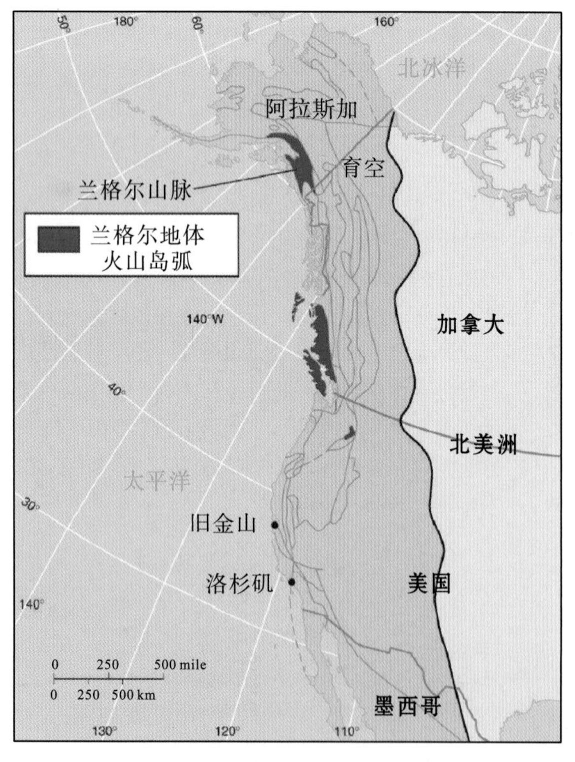

（b）楚加奇山脉北部积雪覆盖的兰格尔山脉，2001年11月7日摄；影像区域包括阿拉斯加中东部并横跨加拿大边界

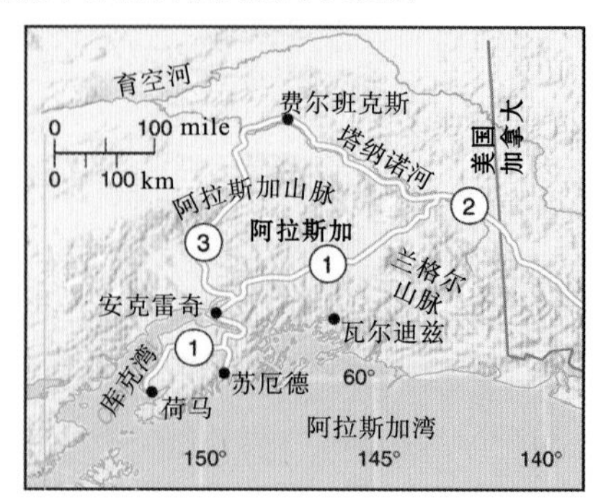

（a）兰格尔山脉地体包括四个区块，即图中最突出的红色区域；它们位于北美西部边缘（浅蓝色阴影区）的其他地体之间

图12.7　北美的地体

注：影像左上部为麦金利山（丹奈利峰），北美最高山峰，海拔为6 194m，位于库克湾北部（公路编号见位置图）。［（a）数据来自USGS；（b）Terra MODIS影像，NASA/ GSFC］

12.3 地壳变形过程

无论火成岩、沉积岩或变质岩，它们都承受着巨大的应力。这些应力来自于构造力、重力和上覆岩层压力。如图12.8所示，应力有三种类型：张力（拉伸）、压力（挤压）和剪切力（扭曲或撕裂）。

岩石对应力的响应就是应变。褶皱（弯曲）或断层（断裂）是岩石应变的表现形式。把应力作为一种力，岩石变形就是应力产生的应变。岩石发生弯曲还是断裂，是由多个因子决定的，包括岩石成分、岩石承受的应力大小，更重要的是岩石的脆性（易破碎）或韧性（延展性）。这些过程建造的地貌形态，如今依然清晰可见，尤其是山区。图12.8给出了各种应力、应变及其建造的地表形态。

12.3.1 褶皱和翘曲构造

水平岩层受到挤压作用，会产生变形（图12.9）。在汇聚型板块边界上，岩层受到强烈挤压，就会产生所谓的**褶皱**（Folding或Wrinkle）变形。做个类比，把几层厚布叠起来平整地放在桌面上，然后从两端向中间缓慢地推挤，布层就会弯曲形成如图12.9（a）类似的褶皱。

如果沿褶皱的脊或槽向下画一条中轴线，我们就会明白褶皱命名的缘由。沿着褶曲脊线，坡面向下远离中轴线的岩层叫作**背斜**（Anticline）；沿褶曲槽线，坡面向下靠近中轴线的岩层叫作**向斜**（Syncline）。

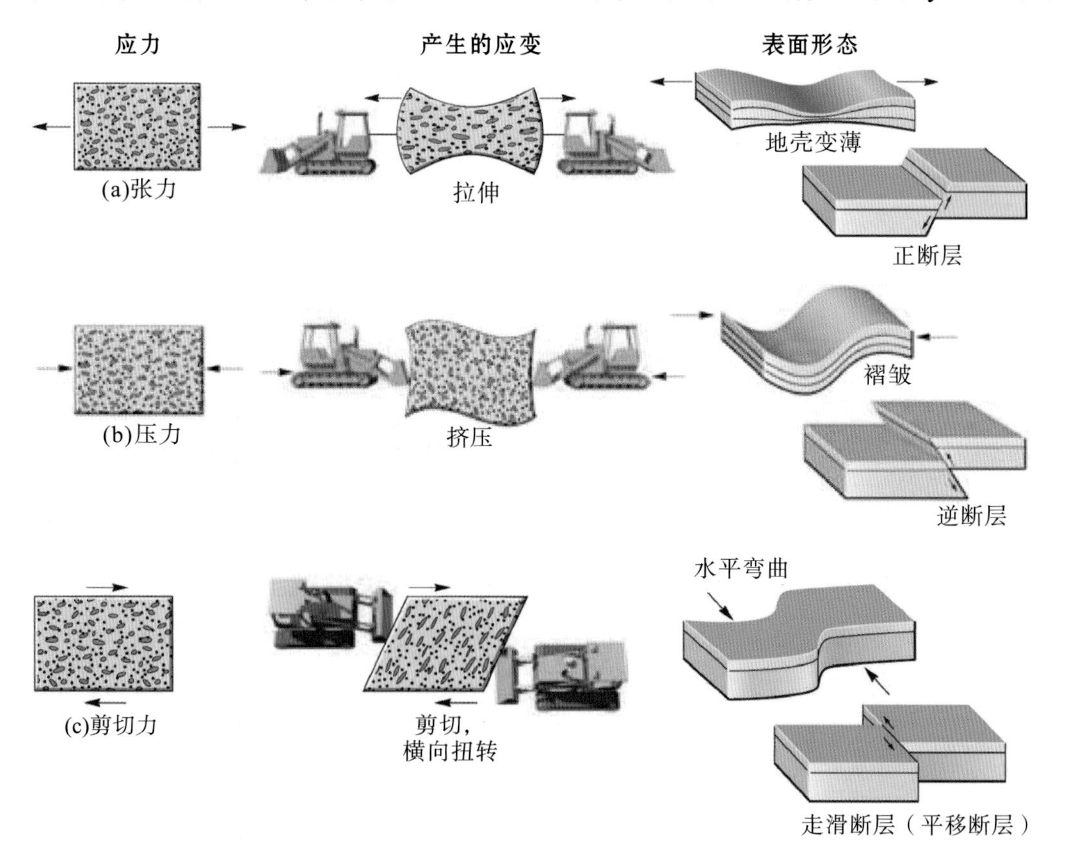

图12.8 三种应力、应变及其产生的地表形态

注：推土机代表岩层所承受的压力或拉力来源。（a）张力拉伸地壳，使地壳变薄、形成正断层；（b）压力挤压地壳，使地壳压缩、形成褶皱或逆断层；（c）剪切应力使地壳产生弯曲、断裂，或形成平移断层（走滑断层）。

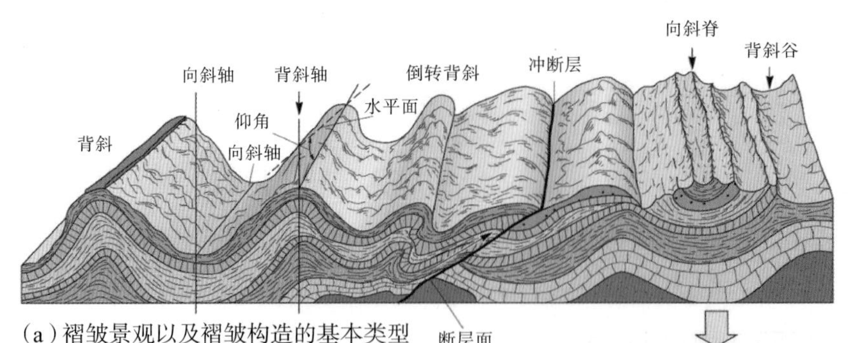

(a) 褶皱景观以及褶皱构造的基本类型

(b) 马里兰州西部公路断面上的向斜脊，马里兰州把它作为一个天然的户外课堂，公路上方建有观摩走廊，还有解说中心

(c) 在强烈的挤压力和剪切力作用下，褶皱、压缩和隆起形态清晰可见，羚羊谷高速公路断面上的圣安德烈亚斯断层带

图12.9 褶皱景观

[(b) Mike Boroff/Photri- Microstock; (c) Bobbé Christopherson]

褶皱的中轴线不是水平的（平行于地面）就是倾伏的，即以某一角度向下倾斜。怎样测定褶皱与地表之间的角度？如何确定褶皱位置？这些知识对于石油勘探很重要。例如：石油地质学家已知道石油和天然气汇聚于背斜褶曲上部的透水岩层中（如砂岩）。这要归功于西弗吉尼亚州地质调查局的创始者——I.C.White的“背斜油气聚集理论”。

在褶皱景观中，图12.9 (a) 进一步解释了风化和其他外营力作用形成的地貌：

- 残留的向斜脊形成于向斜褶曲，因为不同岩层对风化侵蚀的抵御能力差异很大。图12.9 (b) 中暴露于州际高速公路断面上的向斜脊，就是一个实例。
- 挤压力常常将褶皱推移一定距离，使它倾覆于自身地层之上，形成倒转背斜（overturned anticline）。
- 逆冲断层（thrust fault），岩层进一步挤压，则会沿断裂线发生破裂，导致一些倒转褶皱上冲投出，而原来的地层（冲断层）明显缩短。在挤压强烈的地区，公路挖掘断面上就可以看到挤压力所产生的褶皱和断层。例如，在加州南部羚羊谷下方，高速公路穿过圣安德烈亚斯断层带［图12.9 (c)］。

北美的落基山脉、阿巴拉契亚山脉和中东地区都体现了褶皱景观的复杂性。我们从卫星上可以观察到许多这种构造。如图12.10所示，在波斯湾北部，伊朗的扎格罗斯山脉就是脱离欧亚板块的离散地体。然而，阿拉伯地块向北推移产生的碰撞正在推挤这一地体返回欧亚地区，从而形成了一条活跃边缘带，即扎格罗斯破碎带——一个超过400km宽的持续碰撞带。在卫星影像中，背斜形成了平行排列的山脊，而强烈的风化侵蚀过程正在使下覆岩层暴露出来。

除了上述岩层褶曲之外，大范围翘曲（Warping）作用也对陆壳产生了影响。翘曲作用使岩层产生类似的上下弯曲，但是弯曲延伸的尺度要比褶曲大很多。翘曲作用力源于地壳的均衡调节和地幔的对流作用。比如，加拿大北部早期冰物质的重量负荷及热点上方的地壳隆起。翘曲形态既有小型的独立褶曲状构造——盆地或穹窿［图12.11（a）和（b）］，也有大型区域尺度的构造，如阿肯色州和密苏里州的欧扎克山脉复合体、美国西部的科罗拉多高原、非洲毛里塔尼亚的理查特穹窿（Richat Dome）及美国南达科他州的布莱克山［图12.11（c）和（d）］。

12.3.2　断裂构造

新浇筑的混凝土人行道，平整且坚固。

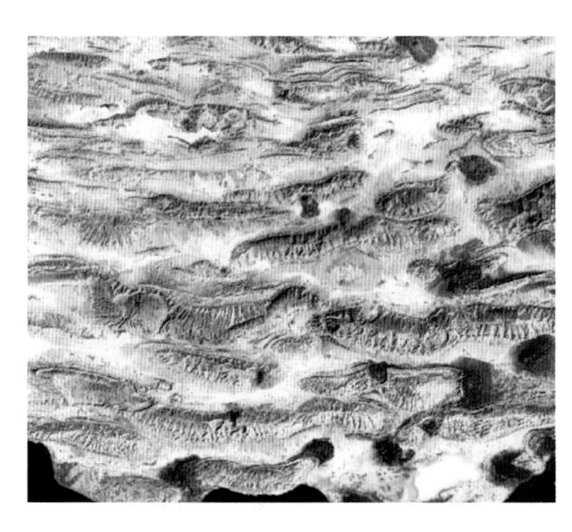

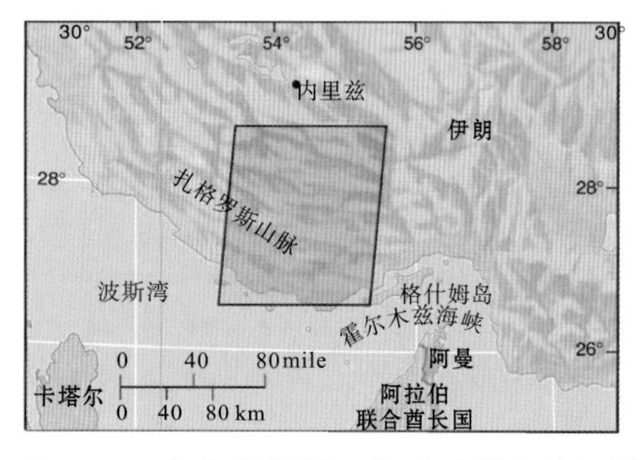

图12.10　伊朗的扎格罗斯破碎带上的褶皱

注：扎格罗斯山脉是扎格罗斯破碎带的产物；破碎带位于阿拉伯地块和欧亚板块之间。正在向北推移的阿拉伯地块，形成了图中的褶皱山脉。［NASA］

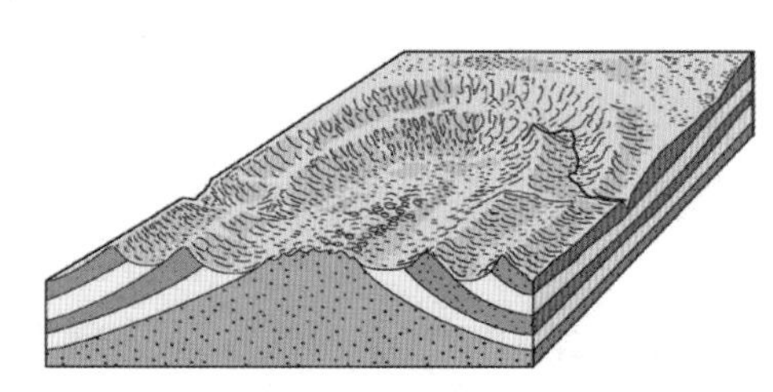

（a）向上翘曲的穹窿

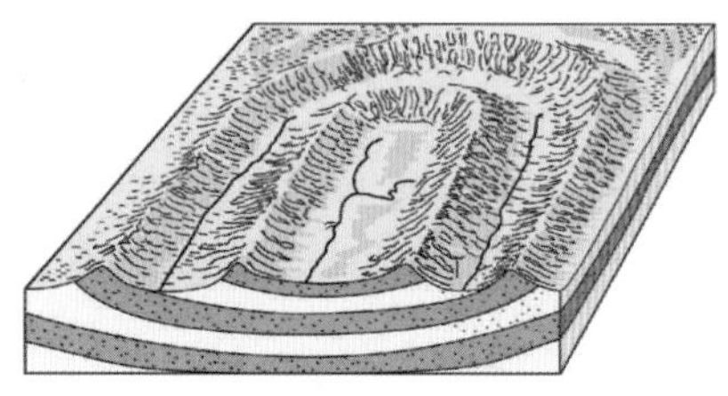

（b）构造盆地

（c）非洲毛里塔尼亚的理查特穹窿构造

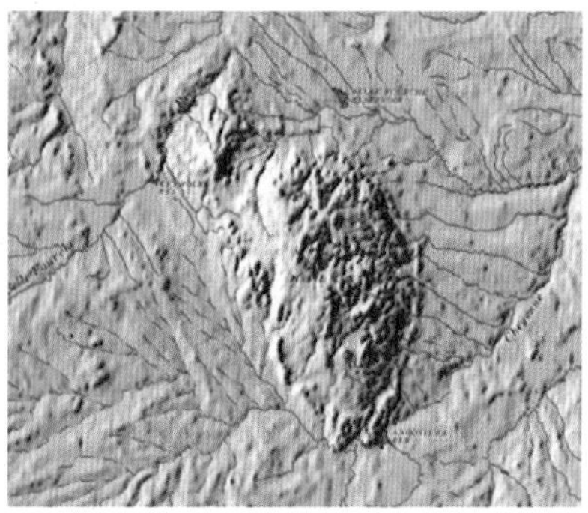

（d）美国南达科他州的布莱克山，数字化地形图表示的穹窿构造

图12.11　穹窿与盆地

［（c）Terra影像，NASA/Mark Marten/Science Source/Photo Researchers，Inc.，（d）USGS DEM I-2206，1992年］

可是当重型设备在人行道上行驶时，路面承受压力而产生应变，这可能会导致路面断裂。视所受压力方向的不同，断裂两端的碎片可能发生垂直或水平方向的移动。类似地，当岩层承受的压力超过了固体的抵抗能力时，破裂就成为了承压岩层的应变形式。岩层破裂后，两侧岩层发生相对位移的过程，称为**断裂（Faulting）**。由此，断裂带是指地壳运动产生的岩石破碎带。当岩层破碎时，能量迅速释放，从而发生**地震**或地动。

两侧断层间的相对位移是沿破碎面发生的，这个破碎面就是断层面。图12.12给出了三种基本断层类型的名称，命名依据是断层面的倾向和方位。正断层是指在张应力作用下岩层被拉力分离形成的断层；逆断层

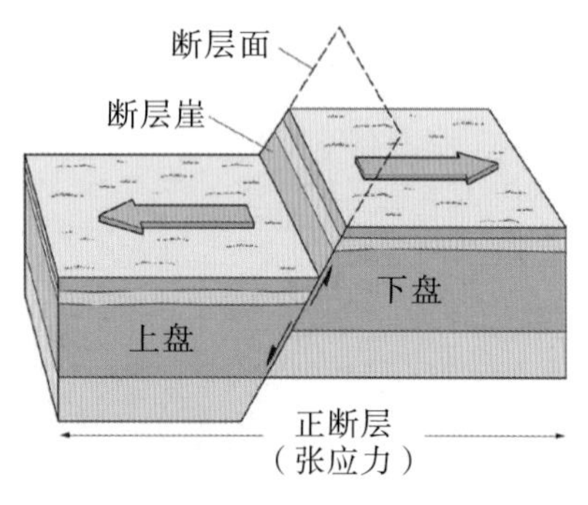

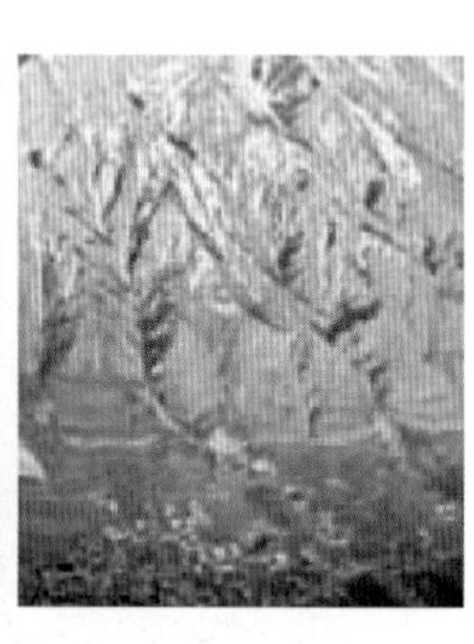

（a）张应力在地壳中形成正断层；这种断层在加州山脉边缘和犹他州瓦萨奇山前地带清晰可见

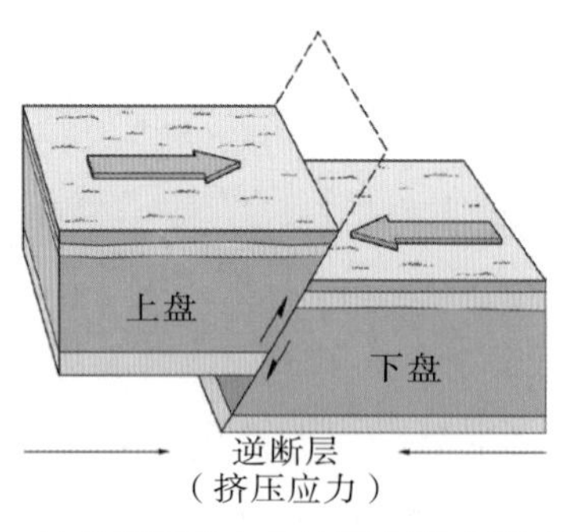

（b）挤压应力在地壳中形成的冲断层或逆断层；在加拿大不列颠哥伦比亚的煤层和火山灰中，这种断层可以在偏移地层中看到

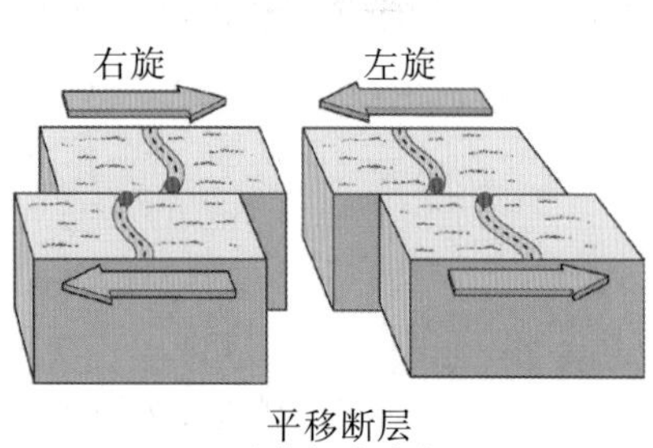

（c）横向剪切应力形成的平移断层；这种断层在圣安德烈亚斯断层裂谷带的东南方向上清晰可见，左侧为北美板块、右侧为太平洋板块上的卡里佐平原；箭头为断层相对运动方向

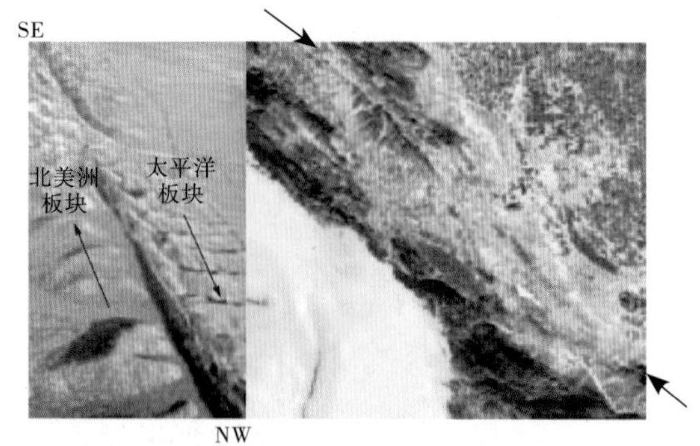

（d）在卫星影像上，你能找到圣安德烈亚斯断层吗？在海岸山脉和圣华金河谷的边缘，寻找呈东南-西北走向的线性裂谷，参见箭头指示

图12.12　断层类型

［（a）和（d）Bobbé Christopherson；（b）Fletcher和Baylis/Photo Researchers，Inc.；（c）Kevin Schafer/Photolibrary/Peter Arnold，Inc.；（d）Terra MISR影像，NASA/GSFC/JPL］

（或冲断层）是指在压应力作用下岩层相互挤压形成的断层；平移断层是指在横向剪切应力作用下，岩层撕裂形成的断层。

由张应力拉断而相互分离的断层是**正断层**（**normal fault**）或张力断层。岩层断裂时，一侧岩层沿倾斜断层面发生垂向分量运动［图12.12（a）］。向下移动的一侧是上盘（hanging wall），相对于下盘（foot wall）断块为下降移动。有时，这种断层面在断层山的基部可以看到，因为断层移动使个别山脊被截断，所以在山脊末端可看到断层三角面。由这种断层活动所形成的悬崖，称作断层崖（fault scarp）或断崖。

与汇聚型板块相关的是挤压应力，它迫使断层沿断层面上移，形成**逆断层**（**reverse fault**）或挤压断层［图12.12（b）］。尽管它的上盘易发生崩塌和滑坡，但它的地表形态与正断层相似。在英国，当矿工沿逆断层作业时，会站在位置较低一侧（下盘）并把矿灯悬挂在较高的一侧（上盘），由此产生了这些术语名词。

如果断层面与水平面的夹角很小，这种断层就称为**冲断层**（**thrust fault**）或逆掩断层。这意味着下伏地层之上的断层移动了很长距离（图12.9，“冲断层”）。五指并拢，把双手手掌朝下放在桌面上，然后将一只手滑动到另一只手的上面，这就像是低角度的冲断层运动，其中一侧断层被推移到另一侧断层的上方。

由于非洲板块与欧亚板块连续碰撞，产生的挤压力在阿尔卑斯山脉形成了几个冲断层。在洛杉矶盆地下面，冲断层使这里成为地震高风险区。20世纪这里已引发了多起地震，包括1994年造成300亿美元损失的美国加州北岭地震。这些潜伏于洛杉矶地区的地下冲断层（破裂时才能得知）随时可能引发地震，因而成为当地的主要威胁。

如果断层沿断层面呈水平移动，比如：沿转换断层产生的移动，则形成**平移断层**［图12.12（c）；回顾图11.21］。断层运动是右旋还是左旋，是指观察者对面断层的运动方向，即：站在断层对侧看到的断层相对运动方向。

虽然平移断层不会像其他断层那样形成断崖（陡坡），但是它们会产生线性裂谷。例如，美国加利福尼亚州圣安德烈亚斯断层就是这种情况：由于转换断层运动使北美洲板块与太平洋板块相互挤压，使得板块边缘形成了裂谷［图12.12（c）］。

圣安德烈亚斯断层系统的演变，见图12.13。注意图12.13中：①东太平洋海隆怎样发展成了与转换断层相关的扩张中心？继泛大陆分裂之后，此时北美板块正向西推进。②在应力作用下，转换断层发生转向，沿西北–东南轴线方向排列。③北美板块边缘覆盖于这些转变方向的转换断层之上。这里板块汇聚速率每年可达4cm。

相对而言，转换断层系列进行的是右旋运动，而北美板块实际上仍向西移动。因此，圣安德烈亚斯断层系统是一系列断层构成的，包括转换断层（与扩张中心相关）、平移断层（水平移动）和右旋断层（相对另一侧的断层移动，这一侧断层向右移动）。

断层组合 断层组合可以形成独特的景观［图12.14（a）］。在美国的西部内陆，盆岭省（一系列大致平行的断层山脉和断层谷）曾承受着因地壳抬升和变薄所产生的张力（见第15章，图15.24）。由此产生的断裂运动使地表破裂，形成的正断层成对排列，形成了一种独特景观。

地垒（**Horst**）是指向上移动的断层地块；**地堑**（**Graben**）是指向下移动的断层地

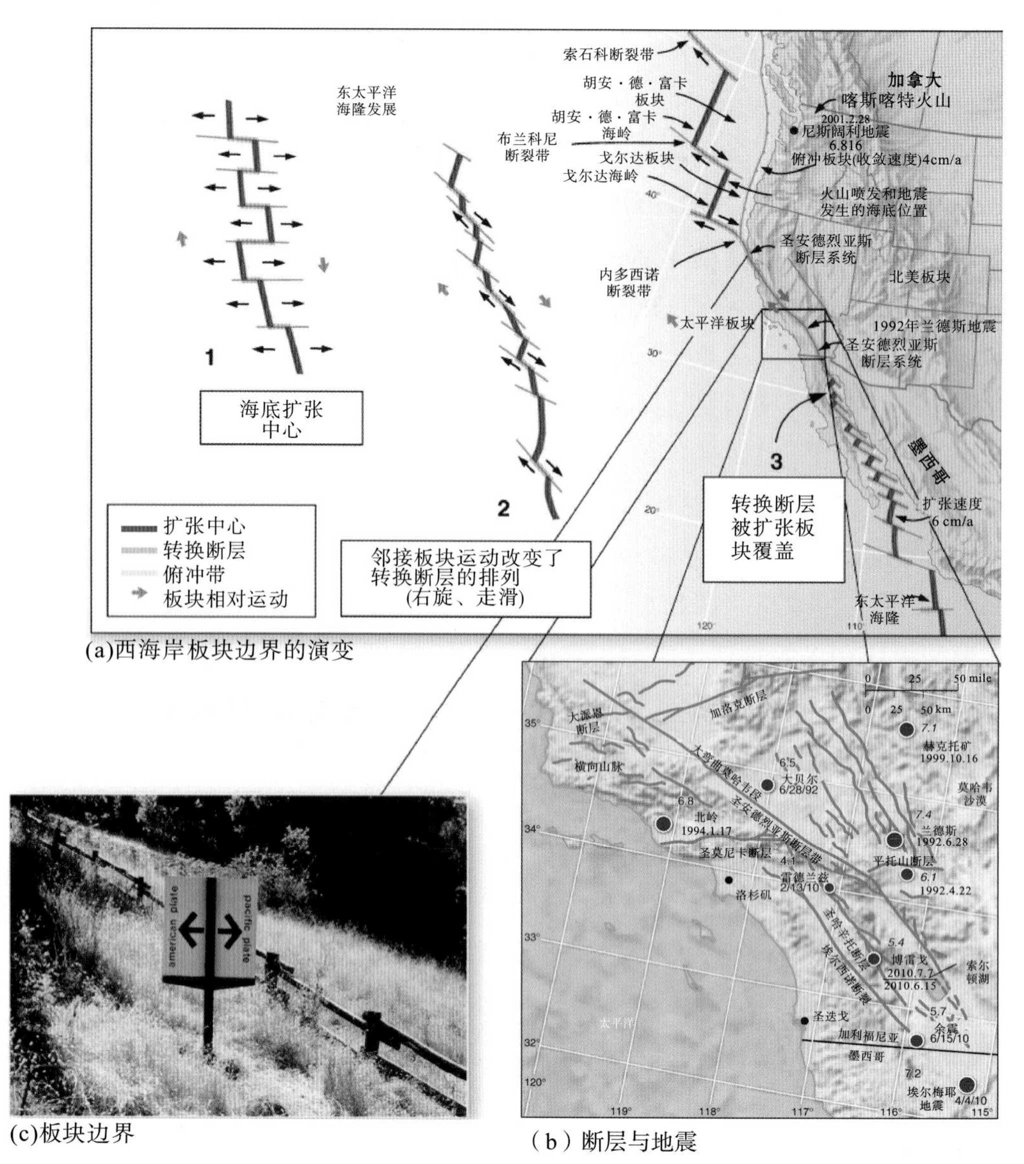

(a)西海岸板块边界的演变

(c)板块边界

(b)断层与地震

注：右箭头指向太平洋板块，左箭头指向美洲板块。

图12.13　圣安德烈亚斯断层的形成

注：(a)圣安德烈亚斯断层系统是由转换断层系列经过三个相继阶段形成的；(b)加州南部部分区域放大显示，这里发生的地震包括：1992年的兰德斯地震、1994年的北岭地震、1999年的赫克托矿山地震、2010年雷德兰兹地震、博雷戈地震和埃尔梅耶地震。注意：2001年1月华盛顿州尼斯阔利发生了M6.8级地震，这与图(a)中所示的近海俯冲带有关；(c)在1906年旧金山地震震中附近，路标位置是太平洋—北美板块的大致边界，它位于加利福尼亚州雷伊斯角国家海滨的马林县。[(c)作者]

块。例如，东非大裂谷(与地壳扩张相关)就是由地垒和地堑构成的景观；它向北延伸至红海，其中布满了由平行正断层形成的裂谷[图12.14(b)]。另一个例子是莱茵地堑，莱茵河经由这里流入欧洲。

12.4　造山运动(山脉建造)

造山作用(Orogenesis，*oros*源于希腊语，意为“山脉”)是指山脉生成。一次*造山运动*是指一个山脉的建造期，这需要持续数百万年。造山运动使地壳发生大规模的变形和抬升。一次造山运动包含：外来的迁移地体、大陆边缘的增生、花岗质岩浆侵入形成的深成岩体。这些物质积累使地壳变厚。伴随地壳抬升和侵蚀作用，深成花岗岩常常露出地表。地壳抬升是山脉建造中造山旋回的最终结果。**造山带**（orogenic belt）是指地球上由褶皱和断层构成的主要山脉链，与板块构造理论密切相关。

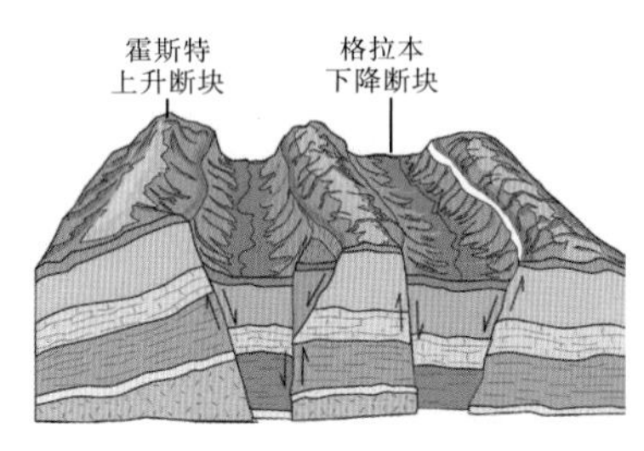

（a）成对断层构成了地垒和地堑

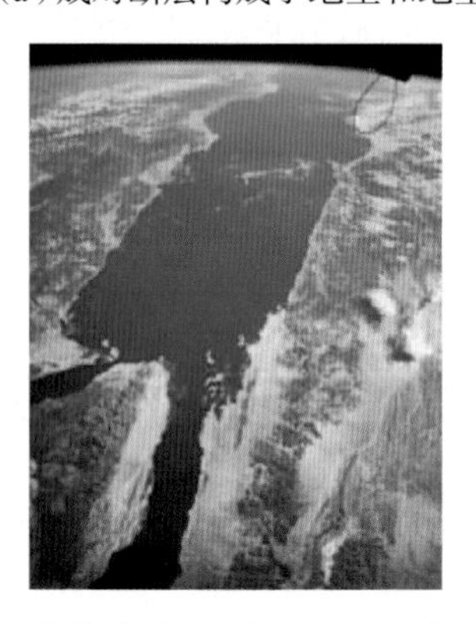

（b）红海作为东非裂谷的一部分，断层块发生下沉，形成地堑［NASS Gemini］

图12.14　断裂构造的景观

每次造山运动都不简单。许多造山运动要追溯到很久以前地球的发展阶段，这些过程至今仍在进行。主要山脉及其距今最近的造山运动如下。

- 北美落基山山脉：拉拉米造山运动距今4 000万～8 000万年；第三次造山期始于1.7亿年前，包括塞维尔造山运动。
- 北美加利福尼亚州的内华达山脉和克拉马斯山脉：内华达造山运动，断层运动发生于距今2 900万～3 500万年，老岩基侵入事件可追溯至8 000万～18 000万年前。
- 美国东部阿巴拉契亚山脉、岭谷省（山脊和山谷近于平行）和加拿大沿海诸省：阿利根尼造山运动与欧洲的海西造山运动距今2.5亿～3.0亿年，其形成与非洲板块和北美板块的碰撞有关，在这之前至少发生过两次早期造山运动。
- 欧洲阿尔卑斯山脉：阿尔卑斯造山运动距今200万～6 600万年，主要发生于古近–新近纪并持续至今，影响范围包括欧洲南部和地中海，之前还发生过许多造山运动（图12.15）。
- 亚洲喜马拉雅山脉：喜马拉雅造山运动距今4 500万～5 400万年，始于印度板块与欧亚板块的碰撞并持续至今。

图12.15　欧洲阿尔卑斯山脉

注：西部（法国）、中部（意大利）和东部（奥地利）构成了新月形的阿尔卑斯山脉。由挤压力形成的复杂倒转断层和地壳压缩，沿汇聚型板块分布。阿尔卑斯山脉长约1 200km，面积20.7万km^2。12月份影像中有积雪覆盖。［Terra MODIS影像，NASA/GSFC］

12.4.1　造山运动的类型

如图12.16所示为汇聚板块的三种碰撞类型，它们使板块边缘产生了造山运动：

（a）海洋板块-大陆板块碰撞产生的造山运动。这种汇聚类型正沿美洲太平洋发生着，形成了安第斯山脉、中美洲山脉、落基山脉和西部山脉等。在这些山脉腹地，能够看到沉积层褶皱，并伴有侵入岩浆形成的花岗深成岩体。在与大陆地块碰撞合并增长中，这类山脉建造还可俘获移置地体而进一步增强。此外，内陆俯冲带还伴有火山活动，如玄武岩的溢流喷发（图12.27和图12.32）和复合火山的发育（图12.33）。

（b）海洋板块-海洋板块碰撞产生的造山运动。这种板块碰撞既可形成简单的火山岛弧也可形成复杂的火山岛弧，如：日本和印度尼西亚，包括岩石的变形与变质、花岗岩侵入体。这种造山过程形成的火山岛弧链，从太平洋西南部可延伸至太平洋西部，包括菲律宾、千岛群岛及部分阿留申群岛。

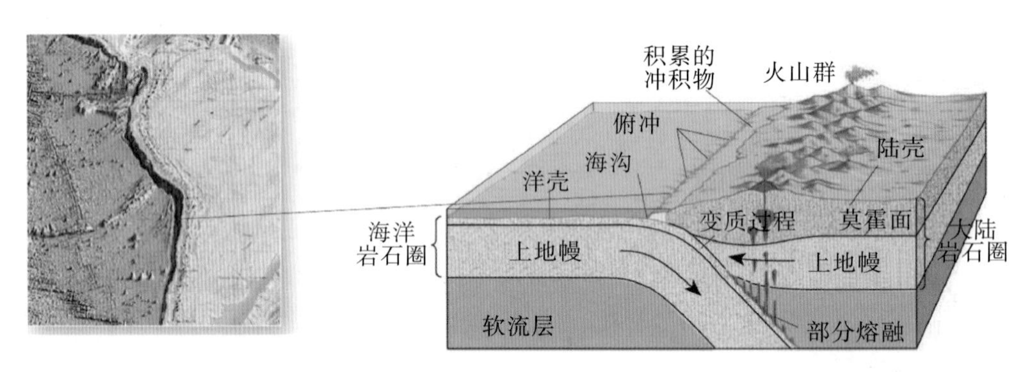

（a）海洋板块-大陆板块（实例：纳斯卡板块-南美洲板块之间的碰撞俯冲）

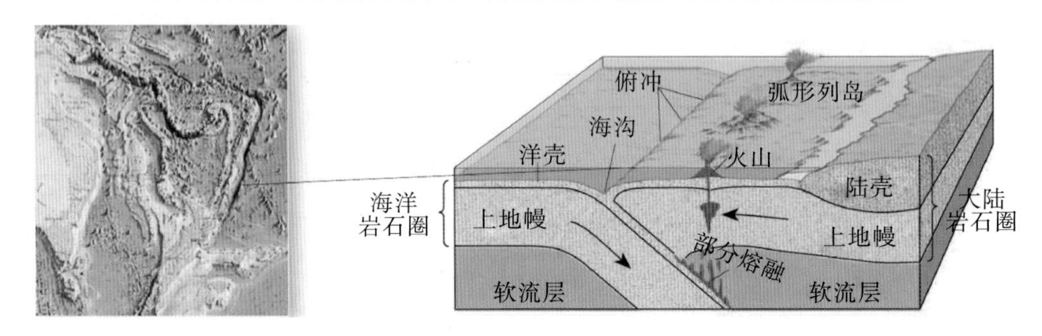

（b）海洋板块-海洋板块（实例：新赫布里底海沟位于瓦努阿图附近，16° S / 168° E）

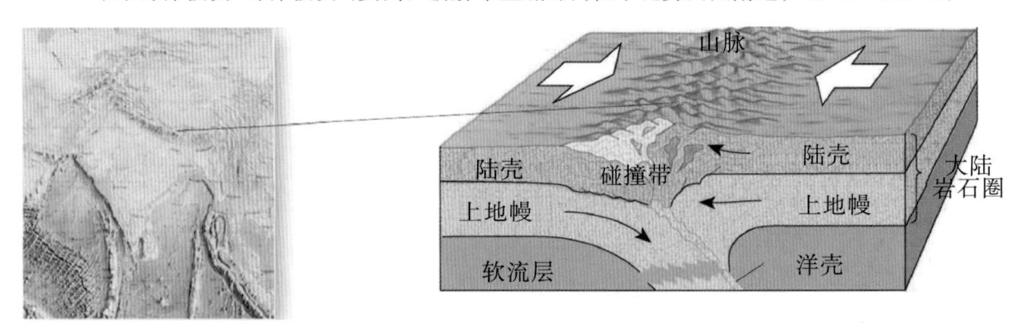

（c）大陆板块-大陆板块（实例：印度板块和欧亚大陆之间的碰撞，形成了喜马拉雅山脉）

图12.16　汇聚板块的三种类型

注：在本章开篇地图上，你能够找出更多的汇聚板块区域吗？

以上两种板块碰撞类型——海洋与大陆板块之间、海洋与海洋板块之间，它们活跃于环太平洋边缘地区。这两者都属于热成性质，因为俯冲板块熔化后，再以熔岩形式上涌返回地表。环绕太平洋分布的火山和地震活跃区，称作**环太平洋活动带**（circum-Pacific belt）或通俗叫作"**火环**"。

（c）大陆板块-大陆板块相互碰撞产生的造山运动。这类造山运动属于机械性质，即大块陆壳承受着强烈的褶皱、逆掩上冲、断裂和抬升作用。汇聚板块使海相沉积、玄武岩洋壳发生破碎或变形。欧洲阿尔卑斯山脉就是这种挤压作用的结果，还有相当一部分地壳被压缩，形成了大量倒转褶皱——推覆构造（Nappe）。

如上所述，印度板块与欧亚陆块相互碰撞形成了喜马拉雅山脉。据估计这次碰撞使大陆地壳整体缩短了1 000km，并在40km深处形成了一系列缩叠式的冲断层。喜马拉雅山是地球上海拔最高的山脉，包括海拔最高的8 848m的珠穆朗玛峰及地球上最高的10座山峰（距海平面的高度）。

该板块碰撞断裂已伸入中国境内，频繁的地震信号表明碰撞正在不断地快速推进，如印度板块正在以每年2m的速度向东北方向移动。地壳正在发生应变的证据：印度板块北移产生的压力，使呈东西走向的浅层冲断层于2001年1月在印度古吉拉特地区发生了一次地震。这次地震发生在一条潜入印度次大陆之下长达2 500km的建造带上，毁坏了100多座房屋。2005年10月一条长达40km的断层再次断裂，使巴基斯坦控制的克什米尔地区遭受了一次M 7.6级的地震，造成8.3万多人死亡。

12.4.2　大提顿及内华达山脉

造山运动最近的例子，如美国加利福尼亚州的内华达山脉和怀俄明州的大提顿山脉。这两者是掀斜断块（tilted-fault-block，或称倾斜断块）山脉，山脉一侧的正断层形成了地势奇特的倾斜山（图12.17）。侵入这些岩体中的岩浆冷却过程缓慢，从而形成了粗晶质花岗岩岩核。之后，经过巨大的构造抬升，其上覆岩层经风化、侵蚀和搬运作用被移除后，山脉中的这些花岗岩体暴露出来。在一些区域，先前岩基上的覆盖层厚度曾超过7 500m。

内华达山的最近研究表明：有些山脉抬升是地壳均衡作用造成的，其原因是1.8万年前最后一次冰期以来，地壳负荷遭受侵蚀及冰物质消融。然而，山脉西侧山谷中，沉积物堆积却使地壳下沉，导致地势起伏进一步增大。

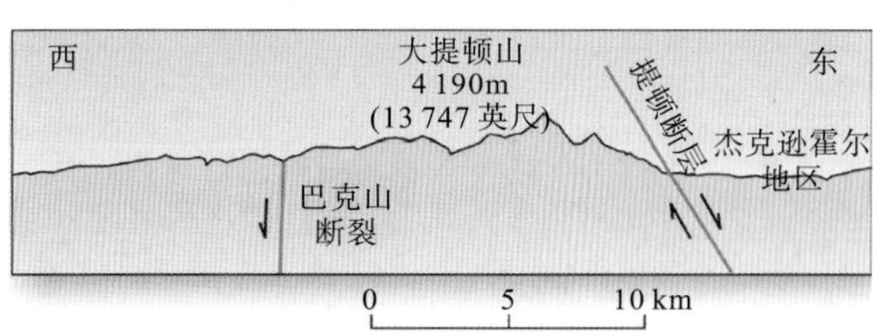

图12.17　掀斜断块

注：美国怀俄明州的提顿山脉是一个掀斜断块；山中景色秀丽，地势崎岖，从杰克逊霍尔至山顶地势高差达2 130m；其中大提顿山是最高峰，海拔4 190m。[作者]

12.4.3　阿巴拉契亚山脉

美国东部和加拿大东南部侵蚀的褶皱带和冲断层带起源于泛大陆形成，以及非洲与北美板块碰撞时期（2.5亿～3.0亿年前）。阿巴拉契亚山脉与北美西部的高大山脉（3500万～8000万年）形成了鲜明对照。如前所述：阿利根尼造山运动的复杂性在于它前期至少发生过两次造山旋回，产生过地层抬升及几个地体的捕获合并。

泛大陆时期连接在一起的陆壳，如今已被大洋分隔，大西洋两岸的山脉结构和组成相互一致。事实上，毛里塔尼亚和非洲西北部的小阿特拉斯山脉，过去曾与阿巴拉契亚山脉连接一起，直到它们随非洲板块漂移后，才脱离了阿巴拉契亚山脉。

阿巴拉契亚山脉地区是由以下几个亚景观区构成的（图12.18中的位置图）：美国岭谷省（绵延的沉积岩褶皱）、蓝岭省（主要为晶质岩，北卡罗来州、弗吉尼亚州和田纳西州汇聚的最高区域）、山麓区（地势从丘陵到平缓，分布于山脉东部和南部大部分边缘地区）、东部沿海平原（从平缓丘陵延伸至海岸平坦平原）、加拿大沿海地区。

图12.18展示了阿巴拉契亚山系的线形褶皱。请注意峡口的成因——河流在这里切断了山脊。18世纪这些崎岖山区中的重要峡口对人口迁移、定居及文化传播影响巨大，因为人口、物资及思想的交流，最初都要受到这种地形的限制。宾夕法尼亚州中东部的萨斯奎汉纳河，就是一条切穿了阿巴拉契亚山山脊和山谷的河道。

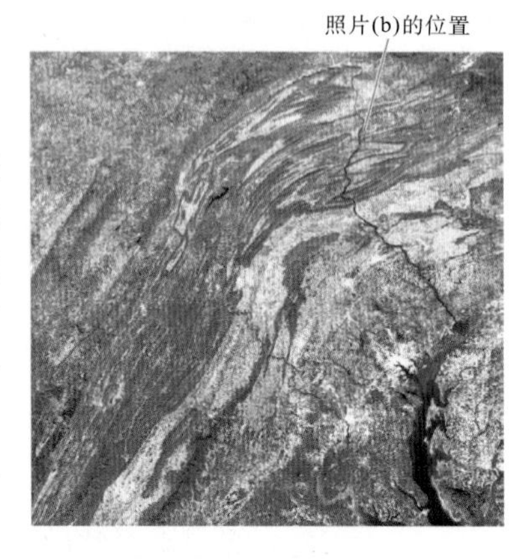

（a）2000年10月11日拍摄的Terra卫星影像显示了真彩色的秋季景观；阿巴拉契亚山脉自宾夕法尼亚州向南延伸，穿越了马里兰州、弗吉尼亚州和西弗吉尼亚州，整个区域的褶曲形态在卫星影像上清晰可见

（c）注意峡口（water gap）的运输通道作用

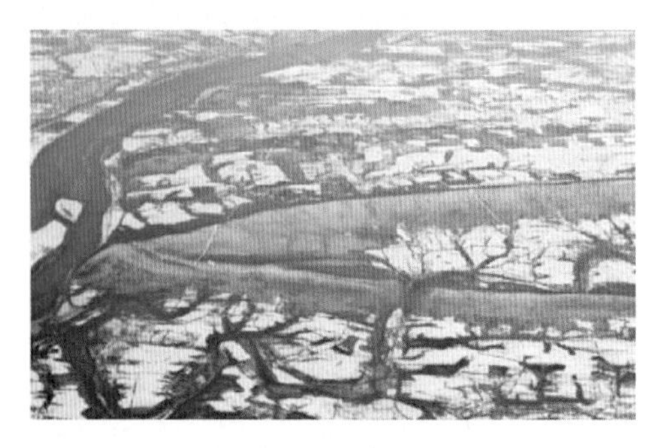

（b）在航片左侧，细小的线形褶曲山脉被萨斯奎汉纳河截断，地表有少量积雪

图12.18　阿巴拉契亚山脉

［（a）Terra MODIS影像，NASA/GSFC；（b）和（c）Bobbé Christopherson］

12.4.4　全球构造带

在本章前面两幅地图（本章开篇插图、图12.4）中，请注意观察两个高大陆地山系。西半球科迪勒拉山系，从南美洲最南端的火地岛一直延伸至阿拉斯加的群山之中，包含沿南北美板块西部边缘相对年轻的落基山脉和安第斯山脉。东半球欧亚–喜马拉雅山系，从欧洲的阿尔卑斯山脉跨越亚洲延伸至太平洋，包含年轻和古老的山脉。

作为高山系统的组成部分，全球构造带分布图中也标注了上述山系（图12.19）。依照自然特征相一致的原则，图12.19中划分了景观类型截然不同的7个基本构造带。观察它们的分布特征，有助于我们对三种成岩过程（火成岩、沉积岩和变质岩）、板块构造理论、地貌起因和建造，以及造山运动进行总体概述。

当你观察构造带分区图时，请确认每一陆块中心的大陆地盾。环绕该区域堆积的年轻沉积物构成大陆台地。图12.19中标注了各种山链、断陷区和孤立火山区。在澳大利亚大陆上，可以看到东部的古老山脉序列，山脉西部基岩之上有沉积层覆盖，而中、西

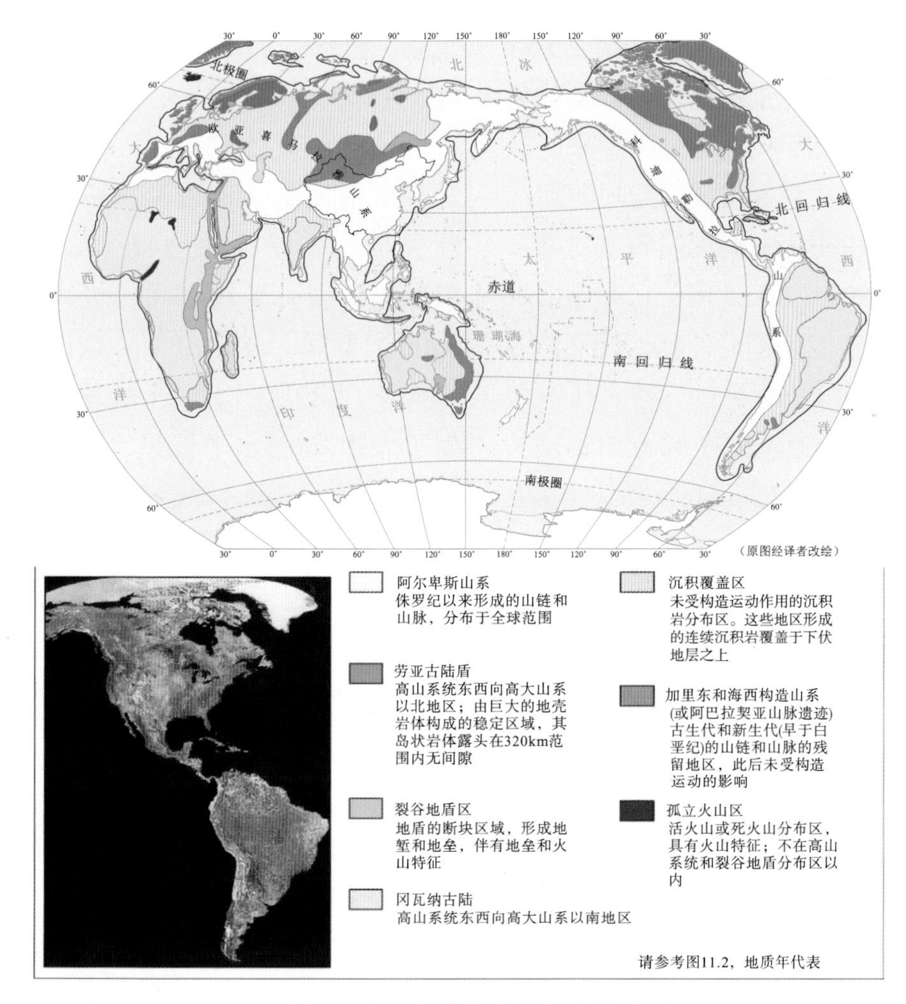

北极圈
北冰洋
大西洋
太平洋
印度洋
赤道
北回归线
南回归线
南极圈
珊瑚海
(原图经译者改绘)
阿尔卑斯山系
侏罗纪以来形成的山链和山脉，分布于全球范围
劳亚古陆盾
高山系统东西向高大山系以北地区；由巨大的地壳岩体构成的稳定区域，其岛状岩体露头在320km范围内无间隙
裂谷地盾区
地盾的断块区域，形成地堑和地垒，伴有地垒和火山特征
冈瓦纳古陆
高山系统东西向高大山系以南地区
沉积覆盖区
未受构造运动作用的沉积岩分布区。这些地区形成的连续沉积岩覆盖于下伏地层之上
加里东和海西构造山系
(或阿巴拉契亚山脉遗迹)古生代和新生代(早于白垩纪)的山链和山脉的残留地区，此后未受构造运动的影响
孤立火山区
活火山或死火山分布区，具有火山特征；不在高山系统和裂谷地盾分布区以内
请参考图11.2，地质年代表

图12.19　全球构造区和主要山系

注：有些区域比它们本身的构造区域要大，这是因为每个区域包含了与中心区毗邻的相关地貌（对比它与图12.4和图12.5之间的特征）。在合成的假彩色Landsat影像中，可以看见西半球的构造区域（植被为红色）。［改编于：Murphy R E. 1968. Landforms of the world[J]. Annals Association of American Geographers, 58（1）:198-200. 影像插图，EROS数据中心.］

部则为原始冈瓦纳大陆的一部分，是古老的构造景观。请记住：冈瓦纳陆块包括南极洲、澳大利亚、南美洲、非洲和印度南部，它们大约在距今2亿年前与泛大陆相分离。

12.5 地震

地壳板块之间并不是在平滑地滑动。相反，沿板块边界存在着巨大的摩擦力。板块运动产生的应力（一种作用力）在岩层中产生应变，直到岩层克服摩擦力并沿板块边界或断层线突然断裂时，应力才得以释放。断层面两侧的断层发生移动，产生的位移从几厘米到数米不等，同时向周围地壳释放出巨大的地震能量。地震能量在地球内部辐射传播。尽管地震能量随距离的增加而递减，但也足以让世界范围内的地震仪都能观测到。

2007年，印度尼西亚的苏门答腊岛南部发生了M 8.4级和M 7.8级地震；1998年以来围绕该板块边界还发生了另外4次大于M 7.9级的地震。在该板块边界上，澳大利亚板块以6.6cm/a的相对速度向东北方向移动，俯冲到巽他板块（Sunda plate）之下，其上方是苏门答腊。这里也是2004年12月26日发生苏门答腊—安达曼大地震（M 9.1级地震）的位置，这次地震引发了印度洋大海啸（详细内容见第16章），地震和海啸共造成22.8万人死亡。查阅上述地震和其他地震的完整列表，请访问http://earthquake.usgs.gov/earthquakes/。

如此剧烈的构造事件的机制是什么？为何大多数地震都出乎人们的意料，如2010年的海地和智利地震？

12.5.1 震源、震中、前震和余震

断层面地下部分产生地震波的地方就是地震的*震源*（Focus或Hypocenter）（见图12.20中标注）。震源正上方的地面位置是*震中*（epicenter）。地震产生的地震波，通过地壳从震源和震中向外辐射传播。部分地震波穿越地球，到达远距离的地震仪而被记录。科学家利用穿过地球圈层的地震波模式及其传播特性对地球内部进行研究。

地震主震之后可能会发生*余震*（Aftershock）。余震震中一般与主震相同，有些余震震级甚至与主震相当。主震之前，有可能发生前震，*前震*（Foreshock）模式已成为当前地震预测中的一个重要因子。1992年，美国加利福尼亚州南部兰德斯地震发生之前，在断层断裂处至少发生了二十多次前震。

1989年发生于美国加利福尼亚州的洛马普里塔地震，地表没有明显的断层面和断裂。这与以往的地震（如1906年旧金山地震，当时板块之间的最大相对位移达6.4m）不同。相比之下，这次地震的断层面如图12.20所示，两个板块在地下深处产生了大约2m的水平位移，同时太平洋板块向上冲出了1.3m。对于圣安德烈亚斯断层来说，这种垂直运动很不寻常，部分断层系统远比以前预想得更复杂。这次地震损失总计80亿美元，有1.4万人失去家园、4 000人受伤和67人死亡。

12.5.2 地震烈度和震级

*构造地震*是指与断裂有关的地震。由4 000多台**地震仪**（Seismograph）组成的全球网络，记录着地球内部及地壳中以能量波形式传播的震动。通过地震仪和实际观测，科学家按两种标准划分地震等级：破坏烈度的定性标准和能量释放的定量标准。

地震发生后，*破坏烈度*（intensity scale）

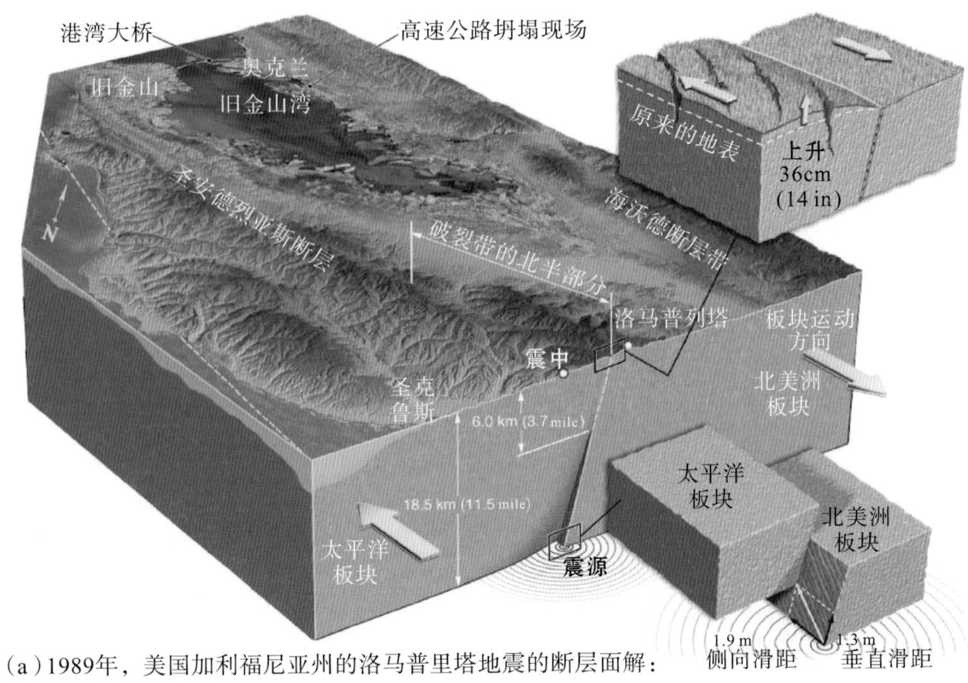

（a）1989年，美国加利福尼亚州的洛马普里塔地震的断层面解：地层深处的横向和垂直移动（冲断层），地面上看不到断层面

（b）在短短15s内，地震摧毁了880号赛普里斯高速公路2km长的路段

（c）美国旧金山奥克兰海湾大桥发生了部分垮塌

图12.20　地震解析图

［（a）改编于USGS.；（b）和（c）引自加利福尼亚交通运输部］

对地震分类，以及对地形和建筑结构破坏强度的描述很有效。地震破坏烈度按照麦加利地震烈度表来确定，采用罗马数字从I到XII表示，描述从“几乎无感觉”到“灾难性的毁灭”的地震。它制定于1902年，并于1931年进行了改进。表12.1给出了地震烈度标准及其各个等级每年可能发生的频率。1960年重创智利的M 9.6级地震，被认为是人类遭受过的最强烈地震，达到麦加利烈度XII等级。这次地震中，地壳断层线的断裂长度超过了1 000km。

1935年，查尔斯·里克特设计了一种地震仪来估测地震大小。他使用一个距离震中至少有100km远的地震仪来记录地震波振幅。这些测量结果随后被换算成**里氏震级**（**Richter scale**）。里氏震级对评定能量释放与地震大小的关系仍很有效。

里氏震级采用的是对数尺度：震级数增加一个整数就表示地震波振幅增大10倍；若换算为能量，每增加一个整数就意味着释放的能量增加了31.5倍。例如，里氏震级3.0地震释放的能量是震级2.0的31.5倍或震级1.0的992倍。此后，里氏震级变得更加定量化。里氏震级由于不能很好地度量或区分烈度大的地震，所以还需要改进。地震学家想知道更多有关地震矩（seismic moment）的信息，以便更广泛地了解地震期间可能产生的移动。

就大地震而言，1993年开始采用的**力矩震级（矩震级，moment magnitude scale）**远比里氏振幅震级更为精确。力矩震级包含了地震造成的断层滑移量、地表（或地下）破裂面积的大小、断层物质的性质，以及断层即将断裂时的抵抗性能。这个新震级还考虑了地表极端加速度（向上运动），而这一点在里氏振幅震级方法中被低估了。

若采用力矩震级来重新评估过去的地震，那么有些地震震级需要调高，而另一些地震震级则需调低。例如，1964年发生于美国阿拉斯加州的威廉王子湾地震，里氏震级为8.6级，但按照力矩震级划分，则震级为M 9.2。请注意：表12.2中，1960年之后记录的地震次数要比以前多，但这并不能反映地震频率增加，它所反映的是地震频发区人口密度增加，以及近期地震影响后果增大。

位于科罗拉多州戈尔登市的美国国家地震信息中心，对震中进行报告。更多信息见https://earthquake.usgs.gov/earthquakes/search/和美国国家地球物理数据中心网站（https://www.ngdc.noaa.gov/hazard/）。

12.5.3 断裂构造的性质

前面讲述了断层类型和断裂运动。尽管断层破裂的具体机制正在研究中，但**弹性回跳理论**阐述了它的基本过程。一般情况下，断层两侧似乎被摩擦力卡住了，尽管相邻断块承受的作用力很大，但不产生任何移动。应力沿断层面持续累积应变，就像压缩的弹簧一样积蓄弹性能量。一旦应变累积超过摩擦抵抗，断层两侧就会以突然位移来减轻应变，释放爆发的机械能。

表12.1 地震的震级、烈度和发生频率

震级描述	对人口聚集区的影响	力矩震级	改进的麦加利烈度等级	每年次数*
特大	几乎彻底毁坏	≥8.0	XII	1
大	大毁坏	7～7.9	X～XI	17
强	建筑物破坏相当严重、铁轨弯曲	6～6.9	VIII～IX	134
中	震感明显、建筑物轻微损坏	5～5.9	V～VII	1319
弱	从一些人有震感到许多人有震感	4～4.9	III～IV	13 000（估值）
小	轻微、少数人有震感	3～3.9	I～II	130 000（估值）
微小	无震感，但仪器可以记录到	2～2.9	≤I	1 300 000（估值）

注：*基于1990年以来的观测数据。来源：USGS，地震信息中心。

表12.2 特大地震举例*

年份	月/日	地点	死亡人数	麦加利烈度	矩震级（里氏）
1556	1/23	中国，陕西省	830 000	**	**
1737	10/11	印度，加尔各答	300 000	**	**
1812	2/7	美国，密苏里州，新马德里	若干	XI～XII	**
1857	1/9	美国，加利福尼亚州，特荣堡	**	X～XI	**
1870	10/21	加拿大，蒙特利尔到魁北克省	**	IX	**

续表

年份	月/日	地点	死亡人数	麦加利烈度	矩震级（里氏）
1886	8/31	美国，南卡罗来纳州，查尔斯顿	**	IX	6.7
1906	4/18	美国，加利福尼亚州，旧金山	3 000	XI	7.7（8.25）
1923	9/1	日本，关东地区	143 000	XII	7.9（8.2）
1939	12/27	土耳其，埃尔津詹	40 000	XII	7.6（8.0）
1960	5/22	智利南部	5 700	XII	9.6（8.6）
1964	3/28	美国，南阿拉斯加	131	X～XII	9.2（8.6）
1970	5/31	秘鲁北部	66 000	**	7.9（7.8）
1971	2/9	美国，加利福尼亚州，圣费尔南多	65	VII～IX	6.7（6.5）
1972	12/23	尼加拉瓜，马那瓜	5 000	X～XII	6.2（6.2）
1976	7/28	中国，唐山市	250 000	XI～XII	7.4（7.6）
1978	9/16	伊朗	25 000	X～XII	7.8（7.7）
1985	9/19	墨西哥，墨西哥城	7 000	IX～XII	8.1（8.1）
1988	12/7	亚美尼亚与土耳其边界	30 000	XII	6.8（6.9）
1989	10/17	洛马普列塔（美国加州，圣克鲁斯附近）	66	VII～IX	7.0（7.1）
1991	10/20	印度，北方邦	1 700	IX～XI	6.2（6.1）
1994	1/17	美国，加州北岭（里西达）	66	VII～IX	6.8
1995	1/17	日本，神户	5 500	XII	6.9
1996	2/17	印度尼西亚	110	X	8.1
1997	2/28	亚美尼亚－阿塞拜疆	1 100	XII	6.1
1997	5/10	伊朗北部	1 600	XII	7.3
1998	5/30	阿富汗－塔吉克斯坦	4 000	XII	6.9
1998	7/17	巴布亚新几内亚	2 200	X	7.1
1999	1/26	哥伦比亚的亚美尼亚	1 000	VIII～IX	6.0
1999	8/17	土耳其，伊兹米特	17 100	VIII～XI	7.4
1999	9/7	希腊，雅典市	150	VI～VIII	5.9
1999	9/20	中国，台湾南投县集集镇	2 500	VI～X	7.6
1999	9/30	墨西哥，瓦哈卡	33	VI	7.5
1999	10/16	美国，加利福尼亚州，赫克托矿	0	**	7.1
1999	11/12	土耳其，迪兹杰	700	VI～X	7.2
2001	1/26	印度，古吉拉特邦	19 998	X～XII	7.7
2002	11/3	美国，阿拉斯加迪纳利国家公园附近	1	X	7.9

续表

年份	月/日	地点	死亡人数	麦加利烈度	矩震级（里氏）
2003	12/26	伊朗，巴姆	30000	X～XII	6.9
2004	12/26	印度尼西亚北苏门答腊（西海岸）	170 000+***	X～XII	9.3
2005	10/8	巴基斯坦控制的克什米尔地区	83 000+	X～XII	7.6
2008	5/12	中国，四川省汶川县	87 000+	X～XII	7.9
2010	1/12	海地，太子港	223 000	X～XII	7.0
2010	2/27	智利，马乌莱	521	IX～XI	8.8

注：*为表中所列并不是近年地震次数有所增加，而是列举了较多近年来发生的地震；**为无数据；***为由地震海啸造成的11个国家死亡人数估值，海啸横跨印度洋。

若把断层面看作为一个不规则面，其作用如同防滑的黏接点，就像大小不一的几滴胶水（非均匀涂抹胶水）把两块木板黏接起来一样。USGS和加利福尼亚大学的研究者，确认这些高应变的微小区域就是凹凸粗糙区（Asperities）。如果这些点位发生断裂，两侧断层就能得到释放。

若沿断层线的断裂只局限于一个小的凹凸粗糙区，那么这个地震的震级不大。如果某些凹凸粗糙区破裂（或许是震级小的前震），显然会使其他凹凸粗糙区周边的应变增加。因此，一个地区的小地震往往是一次大地震的前兆。若断裂是数个凹凸粗糙区的应变释放，那么地震范围及地壳的移动量也就变大。研究表明：断层沿断层面发生的断裂是以波形模式扩散的，而非一次彻底断裂。

当两侧断层相互之间趋于侧向移动时，伴随应力和应变的积累与释放，仍有部分断层被卡住（图12.21）。应力作用不断累积应变，直到它克服黏接点摩擦力时，断层两侧突然断裂并跃移到新位置——地震爆发。

12.5.4　地震预测与建设规划

美国的地震风险区域分布图是通过地震发生频率来表示各地地震的相对风险（图12.22）。对于已发生过地震的地区，面临的挑战是在短时期内对下一次地震的具体时间和位置做出预测。

对于一个旨在减少地震伤亡人数和财

地学报告12.2　大地震对全球系统的影响

越来越多的科学研究表明，地球上的大地震具有全球性影响。2004年的苏门答腊-安达曼地震似乎对断层强度和全球地震活动都有影响，因为测到的应力发生了变化、应变增加了。与此相关联的是：2004年之后震级 M 8.0以上的地震异常增多。

2002年最大的地震是一次震级为M 7.9的地震，地点位于美国阿拉斯加州迪纳利国家公园附近。这次地震影响深远：黄石国家公园发生了200多次小地震，这些地震波在得克萨斯州仍可感受得到，而且宾夕法尼亚州的地下水位和井水也发生了变化。这说明地球确实是一个巨大的构造系统。

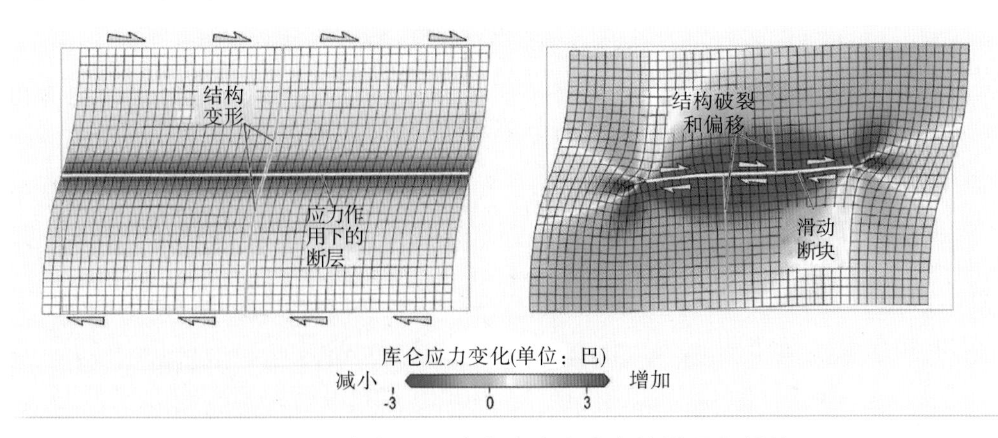

图12.21　在断层系统中应力和应变的增强和释放

注：弹性回跳机制适用于解释平移断层，如加利福尼亚州的圣安德烈亚斯系统断层、北安那托利亚断层（土耳其）、恩里基约断层（海地）、野岛断层（日本神户附近）等。注意：断层线区域的网格线。对于这些断裂点来说，应力不断增加会导致两侧断块突然滑动，而应变得到释放；此时，网格线不再是连续的线条，还有部分断层仍被卡住，导致应变增加。切应力的单位为库仑，表示断层移动前用于克服摩擦的作用力；颜色比例尺从蓝色（应力减小）到红色（应力增大）。［USGS，Serkan Bozkurt］

产损失的行动计划来说，在现实中贯彻实施是很困难的。政治环境使它变得更复杂，因为研究表明，精确的地震预测可能会威胁一个地区的经济。关于地震预测对城市社会经济的潜在影响，有调查显示，地震发生之前的经济负面效应令人惊讶。可以想象：对于商会、银行、房地产机构、估税员或政治家，有谁愿意在他们的城市里进行地震预言及类似的负面宣传呢？这些因素与有效的防震规划和准备措施相互冲突。关于地震预测有以下方法。

方法之一：对每个板块边界的历史进行研究，确定过去的地震频率——古地震学。古地震学家根据地震活动史，构建地震预期分布图来估测未来的地震活动。对于一个平静的、地震迟迟未发生的区域——地震空白区（seismic gap），它在地震记载中是空白，因此也是应变积蓄的地方。沿阿留申海沟俯冲带，曾经有三个这样的空白区，直到1964年的美国阿拉斯加大地震才填充了其中之一。

美国旧金山周围及洛杉矶东南和东北地区，也有这类地震空白区。这里的圣安德烈亚斯断层系统似乎被摩擦力卡住了，而应力增长必将导致应变积累。1988年，USGS的预测指出：未来30年内，断层系统中的洛马普里塔断层，发生M 6.5地震的概率为30%。事实上，1989年的地震显然填补了加利福尼亚中部的部分地震空白区。1995年日本神户地震，野岛断层断裂也发生在地震空白区内。

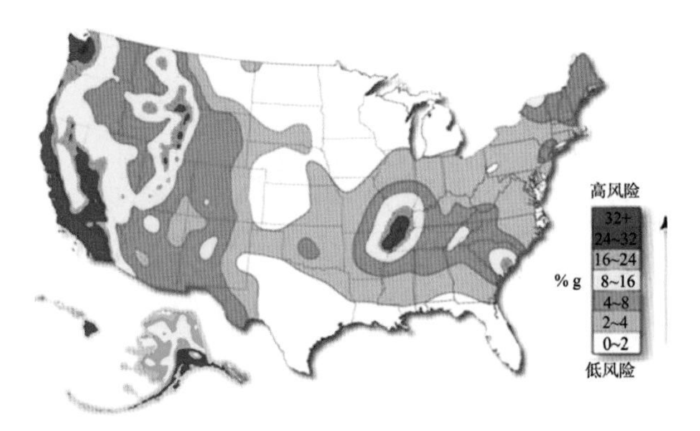

图12.22　美国的地震风险区域分布图

注：未来50年内，地震地面加速度达到峰值的概率为10%。加速度以每1g（重力）的百分比表示，红色区域的震动最强。地震活跃区包括：美国西海岸、犹他州瓦萨奇山前缘并且向北进入加拿大、密西西比河谷中部、阿巴拉契亚山脉南部、南卡罗来纳州的一部分、纽约州北部及安大略省。［USGS；见http://eqhazmaps.usgs.gov/］

方法之二：对地震来临之前可能发生的现象进行观察和观测。膨胀性（Dilatancy）是指岩层在应力和应变积累作用下小型破裂所导致的岩石体积微增现象。如果一个区域发生这种应变，可能产生相应的倾斜或隆起。因此，对于可疑地区可利用倾角仪来观察地层的倾角变化。膨胀性的另一个指标是地下水中溶解氡（轻质量的天然放射性气体）的增加。在地震风险地区，当前已有上千个氡监测点从观测水井中采样分析。不仅地震之前溶解氡含量有增加现象，当无后续地震时，这种现象也会出现。

在还不能提前提供几周、几个月或几年的有效地震预测之前，地震预警系统还是很有效的。1989年，在美国旧金山附近的洛马普里塔地震中，高速公路维修工人通过广播从远距离的震中得到余震警报时，比余震来临时间提前了20秒。在加利福尼亚州的南部，USGS与南加州地震观测网络（SCSN，网址http://www.scsn.org/）联合了350台仪器，即时地对地震开展定位分析和灾害协调。关于南加利福尼亚州地区，见http://earthquake.usgs.gov/regional/sca/。墨西哥城正在运行的一个地震网络，在远距离震中地震波到达前，可提前70s发出警报。

地震预报的科学依据是利用一系列集成数据对未来事件进行解译和预测。美国加利福尼亚州的帕克菲尔德附近的圣安德烈亚斯断层是世界上地震研究最集中的区域。这一区域设置有倾角仪、气体监测井、激光雷达测距仪，以及通过一个新完成的钻孔（仪器被置于钻孔内，位于2～3km深处）来对圣安德烈亚斯断层进行深层观测。1995年，日本神户地震是野岛断层引起的，这里也开展了一个类似的钻孔项目。钻孔用于获取震源深处滑动面的物质样本。

图1.32中的合成孔径雷达图像显示了位于加州圣马特奥市的部分圣安德烈亚斯断层。它能监测到断层中最细微的移动，这对地震预测十分重要。此外，还可跟踪测量地震期间所有的移动及余震。

相关对旧金山湾区的研究预测指出：2000～2030年，圣安德烈亚斯断层系统发生M 6.7以上地震的可能性为62%；另外在一些未知断层上发生重大地震的可能性为14%。港湾填埋区的风险更严重，这里约有1/2的原始海湾被填埋后成为建筑区。地震中，这种填埋区将遭到液化过程破坏，震动使水溢出地表，并导致土壤液化。

或许有一天，精准地震预报能够变为现实，但仍存在以下几个问题：对于地震预报，人们会有怎样的反应？大都市短时间内能做到疏散吗？震灾过后，城市会迁移到低风险地区吗？

长远规划是一个复杂的课题。1989年的洛马普里塔地震过后，美国国家研究委员会在报告中总结说：

> 从这些地震中得到的一个惨痛教训是：地震专家早就知道有很多事情应该做，因为那样可以减少地震损失……。在洛马普里塔地震的众多教训中，需要立即采取的两个行动是：减轻地震灾害成本，重视向研究人员、建筑者、政府官员及公众宣传地震知识。

若需要给出一个有效且恰当的概括，那就是：*人类及其社会体系似乎没有能力或者不愿意感知他们熟悉环境中的风险。*换句话说，我们情愿相信家园或社区是安全的，哪怕它坐落于一个静止的断层带上。人类的这一行为准则，确实能够解释为什么庞大的人群愿意继续在地震频发地区生活和工作。同样的问题还可以引申到洪水、干旱、飓风、风暴潮频发地区，还有隔离岛上定居的人们。参见科罗拉多大学的自然灾害中心网页http://www.colorado.edu/hazards/index.html，即home of the publication,《*Natural Hazards Observer*》。

12.6　火山活动

地球上的火山喷发告诉我们，地球内部蕴藏着巨大能量。如图11.22所示，活火山与板块构造活动的分布位置一致。火山喷发最近的例子包括：默拉皮火山（印度尼西亚）、埃亚菲亚德拉火山（冰岛）、基拉韦厄火山（美国夏威夷）、蒙特塞拉特岛的苏弗里埃尔火山（英国小安的列斯群岛）、埃特纳火山（意大利西西里岛）、尼亚穆拉吉拉火山（刚果民主共和国）、堪察加半岛的火山（俄罗斯）、拉包尔（巴布亚新几内亚）、格里姆火山（冰岛）、阿克西亚尔峰顶和杰克逊断块（美国俄勒冈州海岸附近海底扩张中心）、希沙尔丁火山（美国阿拉斯加州，乌尼马克岛；见图12.33）。

位于冰岛南部的埃亚菲亚德拉火山2010年4月13日的这次喷发格外引人关注，因为火山灰迫使欧洲航空线关闭了5天，大约有10万次航班被取消（图12.23）。冰岛气象局利用56个地震网络监测站监测了这次溢流式火山喷发，早在1999年就完成了风险评估和疏散计划。这种冰川覆盖下的火山喷发还引发了洪水，有时融水与熔岩相遇还会产生爆炸。火山附近主要是乡村农场和牧场，大城市没有受到威胁［图7.2（a）］。

尽管地球上的活火山不到600座（历史记载中至少喷发过一次），但却有1 300多座可辨认的火山锥和火山山脉。全世界平均每年约有50座火山喷发，活动强度从和缓到剧烈不尽相同。全球火山的索引网址是https://www.usgs.gov/observatories/cvo；美国国家自然历史博物馆全球火山计划列出了8 500多次火山喷发信息，见全球火山活动项目 • 矿物科学部 •美国国家自然历史博物馆网站（https://volcano.si.edu/）；全球火山观测站，见https://www.geo.mtu.edu/volcanoes/links/observatories.html。

在偏远地区和海底深处，大部分火山喷发不能被察觉；但在人口密集中心附近，偶然剧烈喷发的火山却是头条新闻。北美大陆西部边缘大约有70座火山（大部分是活火山）。美国华盛顿州的圣海伦斯火山就是著名的活火山，每年参观圣海伦斯火山旧址的游客超过100万人。

地学报告12.3　加利福尼亚州北岭的户外授课

在美国加利福尼亚州南部圣费尔南多谷，加州州立大学北岭分校就坐落在一次地震的震中附近。1994年1月17日发生的M 6.8级北岭地震（位于里西达）及10 000多次余震，造成校园建筑损失约3.5亿美元。这次地震是美国历史上财产损失最大的一次，整个地区损失了300亿美元。洛杉矶地区下有许多低角度的下伏逆断层，这次地震就是其中的一个逆断层造成的。地震发生时，距春季开学只有两周时间，三周之后新学期就在450个临时活动车房内开学了，地理教授有一段时间是在户外授课。惊奇的是1994年5月份学校依然如期举行了毕业典礼。

图12.23　埃亚菲亚德拉火山于2010年4月爆发
[Rakal Osk Sigurdardottir/Nordi]

12.6.1　火山特征

来自软流圈和上地幔的岩浆，上涌穿过地壳进入火山山体，并在岩浆中心通道或出口顶端形成了**火山**（Volcano）。**火山口**（Crater）或环状塌陷，通常形成于山顶或山顶附近。在火山地下深处的岩浆室中，上涌岩浆不断汇聚，直至达到喷发状态。地下岩浆释放的巨大热量可使一些地区的地下水沸腾，正如在黄石国家公园和其他地方看到的温泉一样——地热。

熔岩、气体和**火山碎屑物**（或火山灰，火山喷射出来的大小不等的岩屑和碎屑物质）经由火山口到达地表形成火山地貌。流动的玄武岩熔岩主要有两种形态，并以夏威夷语命名（图12.24）。一种称作“**aa（渣块状玄武岩熔岩）**”，其岩石质地粗糙、参差不齐且边缘锋利。岩石质地的成因缘于熔岩中气体溢出且熔岩流动缓慢；熔岩进入参差不齐的岩石裂隙中而形成壳状。另一种称作“**绳状熔岩**（pahoehoe lava）”，其流动性比渣块状玄武岩熔岩更强；熔岩流动时，表面形成薄壳状褶皱，就像盘绕扭曲的“绳索”。这两种形态可以产生于同一次火山喷发。有时绳状熔岩可变成渣块状熔岩，这取决于熔岩的流动过程。其他玄武岩熔岩类型，稍后讲述。

（a）渣块状玄武岩熔岩（夏威夷语“aa”），一种粗糙、参差不齐且边缘锋利的岩石；据说该名称源于人们在它上面踏行时所发出的声音；当岩浆被风卷入空气时，可形成火山毛，这是一种天然玻璃纤维的聚集形态，呈金色线状

（b）绳状熔岩形成的绳索状扭曲褶皱

图12.24　玄武岩熔岩的两种形态（近距离照片）——以夏威夷为例
[Bobbé Christopherson]

事实上，火山熔岩可以形成多种质地和形态。这取决于火山行为及其建造的地貌形态。12.6节将了解以下五种火山地貌及其成因：火山渣锥、破火山口、盾状火山、溢流玄武岩和复合火山。

火山渣锥（cinder cone）是指小锥形山

丘，高度通常不到450m，顶部由火山渣堆积呈平顶状，积累的火山渣源于和缓式火山喷发。火山渣锥由火山碎屑物和火山渣组成（火山渣岩中充满气泡）。例如，在大西洋8° S附近的阿森松岛上就发现了大约100座火山渣锥和火山口（图12.25）。

破火山口（Caldera，西班牙语意为“瓯穴”），是指盆状大凹陷。当火山喷发或岩浆流失之后，火山顶向内坍塌，形成火山口。如果火山口内汇聚了降水就会形成火山湖，如美国俄勒冈州南部秀丽的火山湖。

图12.25　阿森松岛分布着许多火山渣锥

注：南大西洋阿森松岛是一个巨大的复合型火山，高出海底3 000m、高出海平面858m，它被列为休眠火山。［Bobbé Christopherson］

长谷火山口（图12.26）位于美国加利福尼亚州与内华达州边界附近。它是在76万年前的一次强烈火山喷发中形成的，破火山口呈椭圆形，南北长15～30km，海拔2 000m。目前，这个古老的破火山口每天释放CO_2约1 200吨，毁坏了六个地区大约69公顷的森林。这些气体源于地下3 000m深处的岩浆。气体释放是火山活动的信号，也是火山潜在喷发的指示器。有关信息更新，见http://lvo.wr.usgs.gov/。

佛得角群岛（15° N，24.5° W）的福戈岛，一个称作“查（Cha）”的破火山口，其东侧开口面向大海。由于破火山口内部是一片肥沃的农田，人们选择在这里居住和

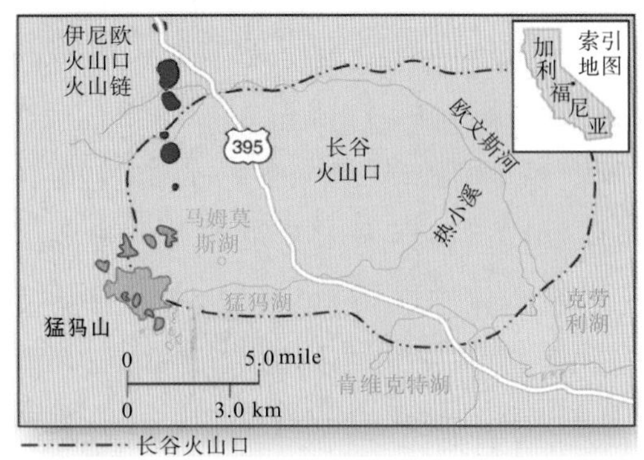

图12.26　美国加州长谷火山排放的CO_2导致大片森林死亡

注：警示牌上写着：前方危险！地下岩浆和火山活动正在排放高浓度CO_2气体，造成一人死亡。［Bobbé Christopherson］

耕作。1995年，福戈岛一侧发生了火山喷发（如第11章开篇插图所示），毁掉了农田并迫使5 000人撤离。在这之前，该火山还曾于1500～1750年喷发过，而19世纪就喷发过6次之多，每次喷发都会造成房屋和农作物毁损。然而，当火山喷发平息之后，人们又重新返回这里，继续在火山灰土上耕作并发展生态旅游业。第18章图18.27（c）照片中展示的就是在玄武岩质土壤上建立的葡萄园。

12.6.2　火山活动的位置和类型

地球上火山的分布位置取决于板块构造作用和大地热点活动。火山活动出现在三种环境（代表性例子）。

A. 俯冲板块边界，包括大陆–海洋板块汇聚处（如圣海伦斯火山、西伯利亚的克柳切夫火山）和海洋–海洋板块汇聚处（如菲

律宾、日本）。

B. 海底扩张中心区域，大西洋中脊（冰岛及其俄勒冈州与华盛顿离岸地区）；大陆板块的断裂区（如东非裂谷地带）。

C. 大地热点分布区，上升至地壳的单体热幔柱（如美国夏威夷和黄石国家公园）。

图12.27展示了这三种类型的火山活动，请与第11章图11.22中的活火山位置和板块边界进行对比。

在一次单独的喷发中，火山可能有几种表现形式，决定火山喷发类型的主要因素有：岩浆的化学性质（与它的来源有关）、岩浆的黏度——它在岩浆流动时产生阻力（“黏稠”），岩浆黏度从低黏度（易流动）到高黏度（黏稠则流动缓慢）不等。下面将介绍两种喷发类型及它们的地貌特征：溢流式喷发和爆裂式喷发。

12.6.3　溢流式喷发

溢流式火山喷发是一种相对温和的喷发类型，如每年从海底或从夏威夷和冰岛这样的地方喷出大量岩浆。从软流圈和上地幔直接喷出的岩浆，由于黏度低、易流动，冷却后形成了二氧化硅含量低（小于50%）、富含铁和镁的黑色玄武岩。由于这种岩浆黏度低，所含的气体已逸散，因此**溢流式喷发**和缓地倾泻于地表之上，只伴有相对较小的爆炸，很少见到火山碎屑岩；不过，有时也会因气体剧烈膨胀，发生剧烈喷射的现象。

溢流式火山喷发通道有时是单个通道，有时在火山侧翼形成多个通道。若火山通道是一个线状裂口，称作裂隙，那么岩浆喷发时就可形成壮观的火幕墙（熔岩呈片状，喷洒到空中）。具有喷发能力的破裂带，一般位于火山口（或火山通道）中心，如同夏威夷火山一样。这种火山口内部通常表现为沉陷凹地，当火山喷发时充满了低黏度岩浆就会成为熔岩湖；如果岩浆沿坡面溢出，则可形成壮观的熔岩河或熔岩瀑布。

在历史记录中，美国夏威夷的基拉韦厄火山（Kīlauea）是持续喷发时间最长的火山。它自1983年1月3日以来一直处于活跃状态（图12.28）。尽管该火山喷发是在冒纳罗亚火山的巨大山坡上，但是科学家们断定：基拉韦厄火山在地下60km深处有它自己的熔岩柱通道系统，在有历史记录的火

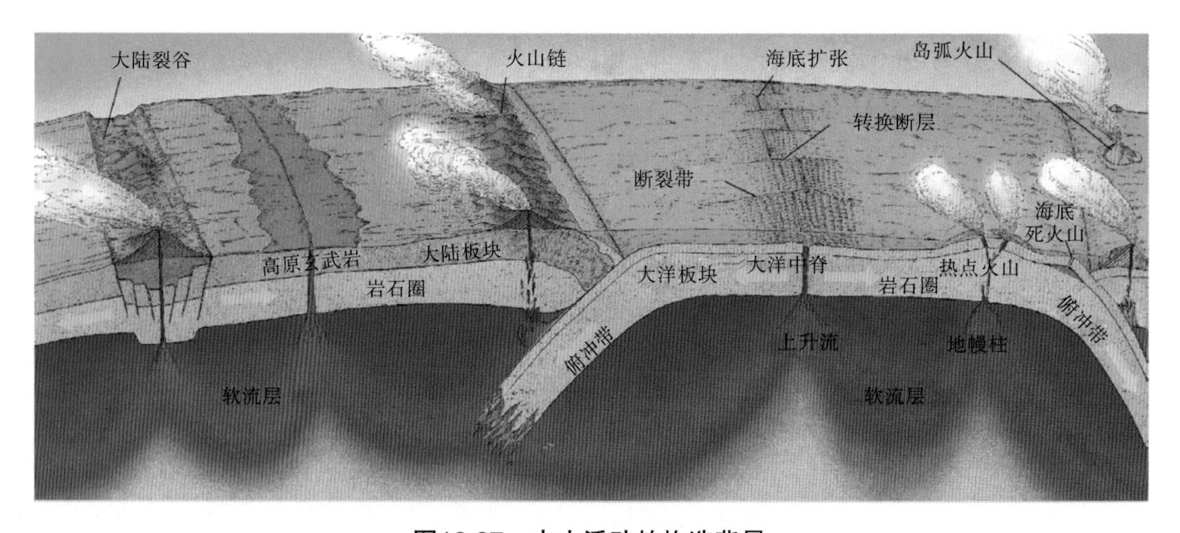

图12.27　火山活动的构造背景

注：上涌岩浆和喷出熔岩来源于裂谷、俯冲带上方、地幔柱上方的大地热点 。［改编于：U.S. Geological Survey. 1989. The Dynamic Planet[M].Washington, DC: Government Printing Office.］

山中，它是喷出熔岩最多的一座火山。迄今为止，基拉韦厄火山喷发所产生的岩浆体积达3.1km^3，覆盖面积117km^2。1989～1990年，在夏威夷火山国家公园内，基拉韦厄火山岩浆流毁坏了几座旅游建筑物。2002年5月12日母亲节刚开始的时候，该火山集中喷发不断增强，溢流岩浆翻越通往火山口的盘山道路。这次岩浆溢流持续了数年之久，岩浆流最终抵达海洋［图12.28（b）］。原来长达14km的火山口道路被岩浆流覆盖，使得国家公园管理处的巡视员不得不为游客道路设置禁止通行的标记。

普乌欧欧（Pu'u O'o）是指基拉韦厄的活火山口，目前仍在持续喷发。2007年，普乌欧欧火山口的西侧发生部分倒塌，岩浆充满后又再次倒塌（图12.29），见https://www.usgs.gov/observatories/hvo（夏威夷火山观测站，USGS）。

2008年，基拉韦厄火山的一个岩浆出口，在哈雷马坞马坞（Halema'uma'u）火山口底部打开了一个坑状出口。这一切都在夏威夷USGS观测站的监测之下，并通过网络摄像机每小时更新一次（http:// volcanoes.usgs.gov/hvo/cams/KIcam/）。火山口底部的岩浆出口正好位于原来游客观景停车区边缘的正下方（图12.30）。自2008年以来，岩浆出口周而复始地重复着岩浆的填充和溢出、岩屑的堵塞和清除。该火山产生的大量二氧化硫形成了火山烟雾（Vog）。

溢流式喷发形成的火山地貌，其典型特征是火山坡度缓和，地形逐渐抬升，直至山顶火山口；由于这种火山外形轮廓很像正面朝上的盾牌，被称作**盾状火山**。与华盛顿的雷尼尔火山（Mount Rainier）相比，夏威夷的冒纳罗亚（Mauna Loa）盾状火山在形状和大小上差异明显。如图12.31所示，雷尼尔火山是另一种类型的火山，它是喀斯喀特山脉最大的火山。

冒纳罗亚盾状火山的高度是火山相继喷发、流动岩浆逐次叠加的结果。冒纳罗亚火山是构成夏威夷岛的五个盾形火山之一，形成这样的岛屿至少需要一百万年。相比之下，尽管冒纳凯阿（Mauna Kea）火山稍高一些，但冒纳罗亚火山却是地球上最大的孤山。

在其他火山环境中，溢流式喷发是通过大地热点或张开裂隙来释放物质的，如大陆裂谷在地表形成的广阔玄武岩熔岩被（图12.27）。美国西北部厚达2～3km的哥伦比亚高原，就是**高原玄武岩**或溢流玄武岩喷发的结果。

印度德干玄武岩（Deccan Traps）的面积是哥伦比亚高原的两倍多，分布于印度中西部。“Trap”（玄武岩，又译为暗色岩石）一词，源于荷兰语，意为“楼梯”，这里是指典型阶梯状的火成岩侵蚀地貌。西伯利亚玄武岩（Siberian Traps）的面积是印度玄武岩的两倍多，仅次于覆盖在太平洋海底的翁通爪哇（Ontong Java）高原（图12.32）。这些地区有时被称作玄武岩高原。对于这些面积广阔的火成岩来说，当前还没有哪一次火山活动能和这些全球最大的火成岩相比，它们有些形成于两亿多年前。

12.6.4　爆裂式喷发

破坏性的爆裂式喷发形成于俯冲带的内陆火山活动。由俯冲板块等物质再熔产生的岩浆，要比溢流式火山岩浆的黏稠度高，其中二氧化硅含量为50%～75%，且富含铝。这种岩浆易造成火山岩浆通道堵塞，而被堵塞的火山岩及气体所产生的积蓄压力，可能导致火山**爆裂式喷发**。

（a）航片拍摄的最新陆地：夏威夷国家火山公园中的基拉韦厄火山（Kīlauea），大量的玄武岩岩浆形成了最新陆地；远处的雾气是1 200℃的熔岩与海水相遇所产生的水蒸气和盐酸雾；整个区域正在向海洋慢慢移动

（b）夏威夷颇为壮观的熔岩流进入海洋，形成了Kamoamoa岩滩；炽热闪烁的熔岩透过蒸汽仍清晰可见；即使在航片安全拍摄距离上，也可感知到熔岩流的炙热

图12.28　夏威夷基拉韦厄火山景观

［Bobbé Christopherson］

（a）1999年普乌欧欧火山口发生了破裂和断陷

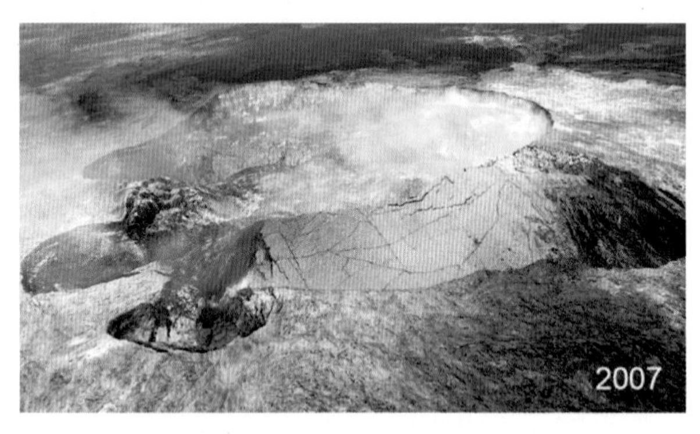

（b）8年之后的情景：2007年夏天火山口部分崩塌，火山口内部再次充满熔岩，又再次崩塌；从火山口溢出的熔岩不断流向海岸

图12.29　科学家对夏威夷基拉韦厄的普乌欧欧（Pu'uO'o）火山口进行监测

［（a）Bobbé Christopherson，1999年摄；（b）USGS，夏威夷火山观测站，2007年摄］

（a）

（b）

图12.30　2008～2009年哈雷马坞马坞（Halema'uma'u）破火山口的喷发

注：哈雷马坞马坞火山口深100m，大致呈圆环形，直径约800m。坑状火山口形成于2008年的火山喷发。美国著名作家马克·吐温于1866年也曾目睹了这座火山的喷发，并在他的游记中进行了描述。［USGS，2009年］

地学报告12.4 基拉韦厄火山南侧的缓慢移动

基拉韦厄火山南侧，长期以来一直沿一个低倾角断层向海洋整体移动，移动速度大约为每年7cm，见图12.28（a）。根据GPS、倾角仪的观测及发生的小地震，证明了它正在缓慢移动。2010年2月，它在36小时内滑动了3cm，同时伴生一些小地震。今后还可能发生岩滩崩塌或新玄武岩断块掉入海中，但是这种缓慢移动的最终后果如何？目前尚未可知。

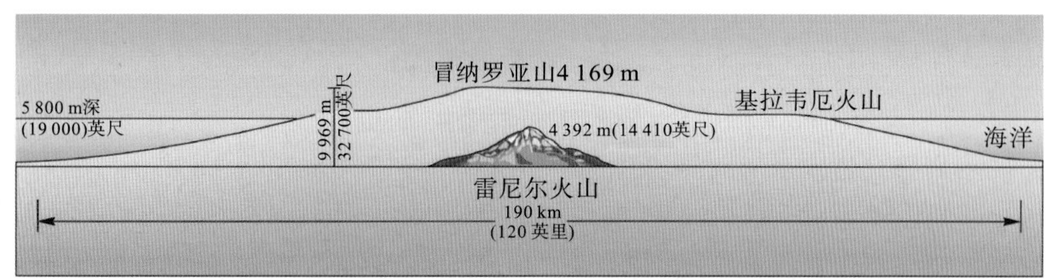

图12.31 盾状火山与复合火山的对比

注：比较夏威夷冒纳罗亚盾形火山与华盛顿州雷尼尔复合火山之间的区别：外形轮廓的显著差异表明两种火山的构造起源不同。插图中盾状火山的坡面和缓。［改编于：U.S. Geological Survey. 1986. Eruption of Hawaiian Volcanoes [M] .Washington, DC: Government Printing Office. 插图，Bobbé Christopherson］

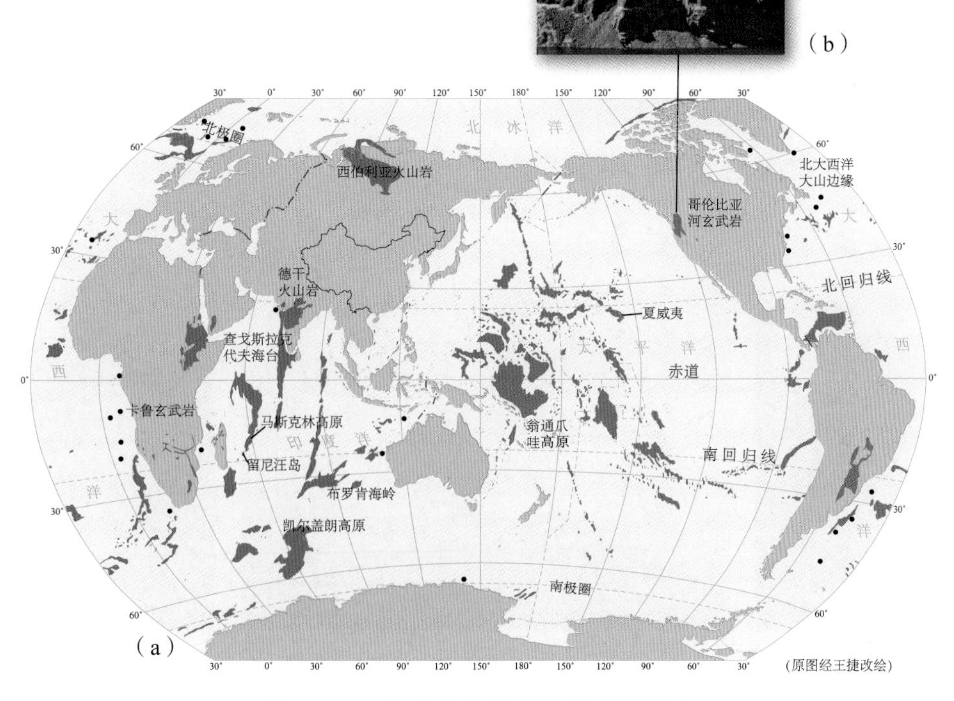

图12.32 地球上大面积火成岩的分布

（a）溢流玄武岩在全球形成了大面积火成岩；大部分玄武岩岩层古老且不活跃。目前已知的最大溢流玄武岩是太平洋海底的翁通爪哇高原，面积近200万km^2；黑点表示的是大陆边缘古火山作用区域；（b）近景为俄勒冈州哥伦比亚高原上的高原玄武岩（溢流）特征；远景中的胡德山是一座复合火山，位于高原西部。［（a）改编于：Coffin M F, Eldholm O. 1993. Large Igneous Provinces[J]. Scientific American, 269(4):42-43.；（b）作者］

如图12.6所示，这种岩浆在地表可形成浅色的英安岩（表11.3中的英安岩）。在夏威夷火山国家公园，游客们可以聚集在观景台上观察相对平静的溢流式喷发，或步行于凝固的熔岩流之上。然而与其不同的是，爆裂式火山喷发不欢迎近距离观察者，因为它可能在没有任何征兆的情况下就爆发了。

复合火山（compound volcano）是指爆裂式喷发形成的火山，有时也被称作层状火山（Stratovolcano），因为它们是火山灰、岩石和熔岩层交替建造形成的。并且，盾状火山也具有层状结构，所以采用"复合（Composite）"一词描述这种火山更恰当。复合火山大多坡面陡峭，形态上比盾形火山更接近圆锥形，因此也被称为复合火山锥（composite cone）。如果孤立的山顶火山口反复喷发，山体增长过程中可能会发育成对称状。例如，墨西哥的奥里萨巴火山、美国阿拉斯加州的希沙尔丁火山（图12.33）、日本的富士山、菲律宾的马荣火山（Mount Mayon），还有美国华盛顿州圣海伦斯火山喷发（1980年）之前的形状。

圣海伦斯火山或许是世界上研究最集中和摄影最多的复合火山。它位于美国俄勒冈州波特兰东北70km、西雅图-塔科马地区以南130km处。圣海伦斯火山是喀斯喀特山

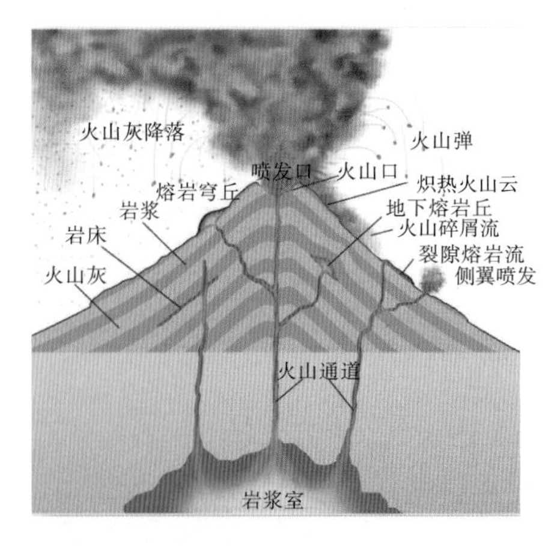

（a）爆裂式喷发形成的典型复合火山，呈圆锥体形状

（b）位于阿拉斯加州阿留申群岛西部乌尼马克岛的希沙尔丁火山，是一个高达2 857m的复合火山；图中是它在1995年的喷发；2001年该火山全年处于活跃状态

图12.33　复合火山

［照片，美国航空地图公司，摄于阿拉斯加州安克雷奇］

（a）圣海伦斯火山于1980年喷发前的景观

（b）1980年火山喷发后不久，烧焦的土地和摧毁的树木，总面积约38 950hm^2

（c）沿着图特尔河与碎屑流两侧，伴随生物重生和新生态系统的建立，1999年的景观恢复状况

图12.34　圣海伦斯火山喷发前后的对比：数天后与数年后

［（a）Pat和Tom Lesson/摄影研究者；（b）Krafft-Exploer/摄影研究者公司；（c）Bobbé Christopherson］

脉中最年轻、最活跃的火山。喀斯喀特山脉呈一条直线延伸，从加利福尼亚州的拉森火山到不列颠哥伦比亚省的米格峰。喀斯喀特山脉是胡安德富卡海底扩张中心和板块俯冲带的产物，见图12.13（a）右上，前者远离加利福尼亚州北部、俄勒冈州、华盛顿州和不列颠哥伦比亚海岸，后者位于离岸区域。**专题探讨12.1**详细描述了圣海伦斯火山于1980年的喷发，这次喷发彻底改变了当地的地表景观（图12.34）。

就复合火山而言，由于岩浆的化学成分和高黏度性质，上升岩浆在近地表处形成了岩塞（火山塞）。由于岩塞堵塞形成的巨大压力，造成岩浆通道内汇聚的气体被压缩甚至液化。当岩塞体承受不住岩浆和气体的高压时，就会发生相当于百万吨TNT的大爆炸，炸掉山顶和山坡。这种喷发所产生的熔岩，要比溢流式喷发少得多；但可产生大量火山碎屑，包括火山灰（直径小于2mm）、火山尘、火山渣、火山砾（直径达32mm）、火山岩渣、浮石和火山弹（爆裂喷射出的炽热熔岩团块）。炽热火山云（*nuée ardente*，源于法语，意为“闪烁的云”）是火山喷发时形成的喷射景观，它是一种由湍流气体、火山灰和火山碎屑岩构成的炽热闪烁的云。

皮纳图博火山的喷发　1991年6月，菲律宾休眠了600年之久的皮纳图博火山突然喷发了。火山在1 460m高的峰顶喷发了，摧毁了周围许多村庄，并导致美国管控的克拉克空军基地永久关闭。幸运的是：USGS和当地科学家们准确预测了这次喷发，周围乡村的人们及时撤离，因而挽救了数千人的生命，不过仍有800人丧生。

尽管火山喷发属于区域性事件，但它在空间上对全世界都会产生影响。皮纳图博火山的这次喷发对全球环境产生了重要影响，正如第1章～第5章和第10章中的论述一样（图1.10）。它对环境的影响概括如下所示。

- 有1 500万～2 000万吨的火山灰和硫酸雾进入到大气层，并集中在16～25km高空。
- 有12km^{3}的物质通过喷发被排放出来（体积是圣海伦斯火山喷发物质的12倍）。
- 喷发后的60天内，大气层中由于气溶胶薄云的扩散，全球约有42%的区域受到了影响（从20° S至30° N）。
- 全球范围内都可见到绚丽多彩的黎明和黄昏。
- 大气反照率增加了1.5%（4.3W/m^2）。
- 大气吸收的太阳辐射随之增加(2.5W/m^2)。
- 地表的净辐射量减少，据观测北半球的平均气温下降了0.5℃。
- 大气科学家和火山学家，已经能够利用卫星搭载的传感器及大气环流数值模型对这次火山喷发后果进行模拟研究。

12.6.5　火山预测与建设规划

美国火山灾害援助计划（VDAP）是由USGS和国际灾难救援办公室运营管理的（更多的计划列表见：https://volcanoes.usgs.gov/vdap/）。过去30多年的历史表明，人类很需要这样的计划，因为火山活动已造成了2.9万人死亡、80多万人背井离乡、财产损失高达30亿美元。1985年哥伦比亚的内瓦多德鲁伊斯火山喷发，造成了2.3万人丧生。VDAP就是在这次火山喷发事件后建立的。该计划致力于在风险最大的地方安装移动火山监测系统，以便帮助当地科学家预报火山喷发。

在皮纳图博火山爆发的几小时之前，该计划成功地使6万多人安全撤离。此外，VDAP正在利用卫星遥感对火山喷发开展监

专题探讨12.1　1980年的圣海伦斯火山喷发

圣海伦斯火山自1857年以来一直处于平静状态；但在1980年3月，伴随一次M 4.1级的地震，该火山苏醒了。一周之后，第一次火山爆发，起初是一次M 4.5级的地震，接着是一股黑色火山灰的烟柱，接着在山顶发展成一个小型火山口。10天之后，科学家围绕火山已布置好了监测仪器，首先记录到的是火山地震，称为谐波震颤。谐波震颤很缓慢而且振动稳定，它不像构造地震和断层地震那样迅速地释放能量。这些振动表明山体内的岩浆正在移动。

同时，在火山背侧还形成了一个巨大隆起，这表明了火山内部的岩浆流向。地形隆起说明复合火山处于喷发风险状态，因为这是火山侧向爆发的一个信号，一旦爆发，岩浆会穿过隆起地层覆盖整个周边地表。

1980年5月18日（星期日）一早，火山北部发生了一次当时震级最强的M 5.0级地震。伴随一个高245m的隆起产生，火山开始发生颤动，但仍没有其他事情发生。又过了几分钟，发生了M 5.1级的第二次地震，地震使地表隆起发生松动，触发了火山喷发。大卫·约翰斯顿是一名USGS的火山学家，当时正在距离该火山8km远处维护仪器，当他看到喷发开始时，用无线电向华盛顿州温哥华市总部报告："温哥华，温哥华，它喷发了！"不幸的是，他在这次喷发中殉职了。有关在约翰斯顿附近观测点的火山实地影像更新及其他详情，可浏览http://www.fs.fed.us/gpnf/volcanocams/msh/。设置在翰斯顿山观测站屋檐下的摄像资料是向公众开放的。

这次火山喷发特征：炽热的气浪（约300℃）、充满水蒸气的火山灰、火山碎屑物，以及火山云（迅速移动的炽热火山灰和气体）向北移动（并以高达400km/h的速度紧贴地面移动了28km）。

坍塌的山体北坡是滑坡记录史上最大的一次，大约2.75km^{3}的岩石、冰及其夹杂的气体，在水蒸气液化作用下，以接近250km/h的流速倾泻而下。滑坡物质前行了21km后涌入山谷，不仅埋没了森林，还埋没了一个湖泊和一些河流。这一系列的过程，全都被照片记录下来了，相机拍摄角度从东向西，拍摄间隔为10s（图12.35）。在这次喷发过程中，强烈的喷发持续了9个小时，先是把火山管道喉部的旧岩石清理出去，之后的几天中又不断喷出新的物质。

这种喷发对火山来说，既有破坏性，也有建设性；因为这是火山建造自身高度的一种方式。圣海伦斯火山喷发前高2 950m，而这次喷发使火山高度降低了418m。如今，圣海伦斯火山正在火山口处建造一个熔岩穹丘。在一系列的小穹丘中，黏稠的岩浆快速地重复着堵塞、裂开这一过程，而且可能要持续几十年。几个熔岩穹丘的高度已超过了300m。因此，一个新山体正在从喷发中诞生。

人们在熔岩穹丘上布置了十几个测量基准点和多个倾角仪，用来监测这座火山的发展状态。从2001年11月开始，山体北侧小地震频繁，使得这座火山仍不稳定。2007年，穹丘出现了不同强度的喷发。集中开展的科学研究和监测已获得了回报，因为自从1980年以来，除1984年的小型喷

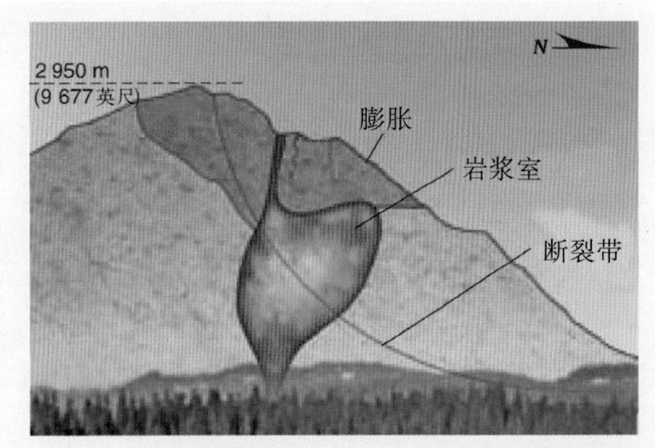

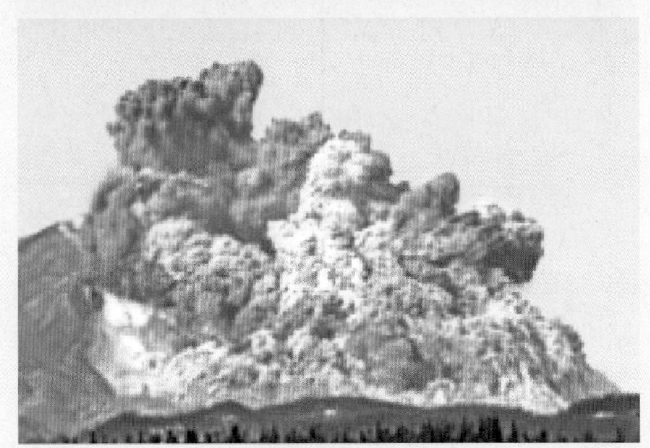

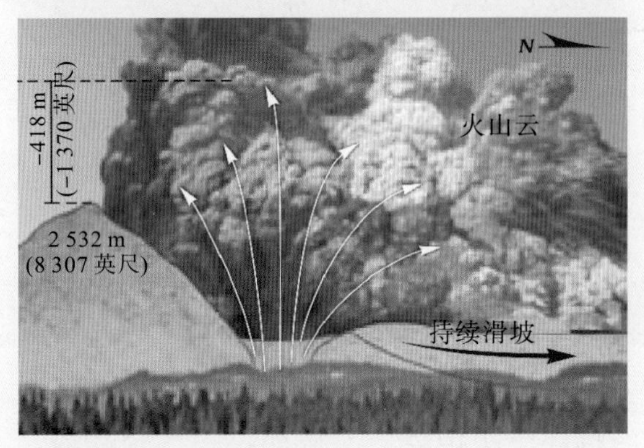

图12.35　圣海伦斯火山的喷发次序和图解［Keith Ronnholm］

发以外，每次喷发都能提前几天，甚至3周做出预报，对比1983～1999年拍摄的照片（图19.25）可知：一个弹性生态系统正在恢复中。虽然已经过去了30多年，但是人们对这一地区的兴趣依然不减：在圣海伦斯火山国家纪念旧址，每年到这里来参观的科学家和游客超过100万人。更多信息，见喀斯喀特火山观测站网页 http://vulcan.wr.usgs.gov/。

四十多年来，人们把注意力集中到圣海伦斯火山上是理所当然的，尤其是40年前的火山学研究状态，那时没有手机、便携式电脑和GPS。最近有一篇文章对此做了很好的总结：

> 这次火山喷发留下了一个有历史性启迪的事件——研究它的喷发和后果，让科学家彻底改变了火山学领域的研究方法。不仅能研究火山喷发时的壮观景象，还能靠近火山观察它白天的喷发。在拥有这种火山资源的国家，借助数字化技术的发展，可以把

这种灾难转化为科学研究的机遇。火山喷发造成生命损失的同时，还对下游和下风向的人群和基础建设造成影响；这些问题迫使科学家们必须对这些事件进行调查并与社会公众合作，来减少未来火山喷发中的损失。*

* Vallance J W, Gardner C A, Scott W E, et al. 2010. Mount St. Helens:A 30-year legacy of volcanism[J]. EOS, Transactions (American Geophysical Union), 91(19):169-170.

测，项目包括：火山云动态、气体排放及其气候效应、熔岩及其热测量、地形测量；火山地形测量；火山潜在风险评估，地质测绘改进。上述这些努力都是为了更好地认识动态地球。整合地震仪网络及其监测，就是为了让早期预警系统变为可能。

在互联网时代，可以利用安装在世界各地的“火山网络摄像头”对许多火山进行24小时监测。为了体验刺激的视觉冒险，请浏览https://www.usgs.gov/volcanoes/kilauea/webcams（请注意当地时间，白天或黑夜），并把它添加到收藏夹中。

地表系统链接

至此，已经完成了第11章、第12章的学习，这两章阐述了地球内源系统的地壳建造过程。地球表面地形是地壳形成及变形的结果，其原动力来自于地球内部放射性物质衰变所产生的热量辐射。造山运动、地震和火山活动都是内源系统的输出结果。下面，请将目光转移到外源系统。该系统以太阳能和重力为能量来源，通过水、风、波浪和冰等介质，产生风化、侵蚀和沉积作用，使地势和地表景观处于夷平过程之中。

12.7 总结与复习

■ **描述一级地势、二级地势、三级地势，以及全球主要地形区的相关例子。**

地球内部构造力创造了地表形态。**地势**是指局部地形在海拔高度上的差异。地球表面的自然起伏（包括地势在内）称作**地形**。地势等级是简便的描述性地形分类。最基本的地势等级包括：**大陆陆块**和**大洋盆地**，最细微的地势包含局地丘陵和山谷。

地势（383页）
地形（383页）
大陆陆块（383页）
大洋盆地（383页）

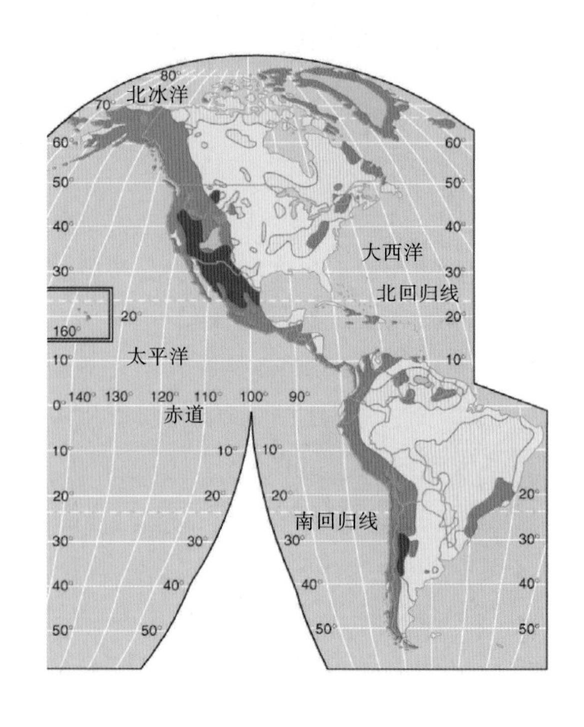

1. 在本章开篇插图中，洋盆地形图是如何展示板块构造理论的？请简要分析。

2. 什么是“地势等级”？每个等级举一个例子。

3. 说明地势与地形之间的区别。

■ **描述陆壳的起源，详述移置地体的定义。**

大陆有一个古老的晶质岩核，称作陆核。陆核出露于地表的区域是**大陆地盾**。当陆壳形成时，大陆地盾通过**移置地体**合并而扩张。例如，太平洋东北地区与阿拉斯加州的兰吉拉（Wrangellia）地体。

大陆地盾（386页）
地体（388页）

4. 什么是陆核？其结构与地盾和台地有什么联系？描述该区域在北美的分布。

5. 什么是移置地体（迁移地体）？它是怎样合并到大陆陆块上的？

6. 简述兰吉拉地体的迁移路径及目的地。

■ **解释岩层的挤压过程和褶皱，描述断层的四种主要类型及其地貌特征。**

褶皱、翘曲和断裂构造使地壳变形，形成了各种特征的地貌。挤压使岩层在**褶皱**过程中变形，弯曲的岩层可能形成倒转褶皱。沿着褶曲脊线坡面向下远离中轴线的岩层构成**背斜**。相反，沿褶曲的槽线坡面向下靠近轴线的岩层构成**向斜**。

当岩层承受的压力超过它维持固态单元的能力时，破裂就成了承压岩层的应变形式。岩层破裂后，两侧岩层相对位移的过程称为**断裂**。断裂带是指显示地壳运动的岩石破碎带。当岩层发生破碎时，能量被迅速释放，从而产生了**地震**或地动。

正断层是指在张应力作用下，岩层被拉力拉断且相互分离的断层，有时表现为断层崖或断崖景观。与汇聚型板块相关的压应力，迫使断层沿断层面上移形成**逆断层**。如果断层面的水平夹角很低，就称作**冲断层**。**平移断层**沿断层面产生水平移动，形成线性裂谷。在美国内陆西部，盆岭省就是由成对正断层构成的地貌组合——地垒与地堑，它们为独特的线型排列景观。**地垒**是指上移断块，**地堑**是指下移断块。

褶皱（389页）
背斜（389页）
向斜（389页）
断裂（392页）
地震（392页）
正断层（393页）
逆断层（393页）
冲断层（393页）
平移断层（393页）
地垒（393页）
地堑（393页）

7.绘制一个简单的褶皱横截面，辨认褶皱构造特征。

8.详述四种基本断层类型的定义。地震、地震活动与断层之间有什么联系？

9.美国西部的盆岭省是怎样进化而成的？对于这种景观，还有其他哪些例子？

■ **阐述构造运动与三种板块碰撞的关系，通过各种具体实例进行识别。**

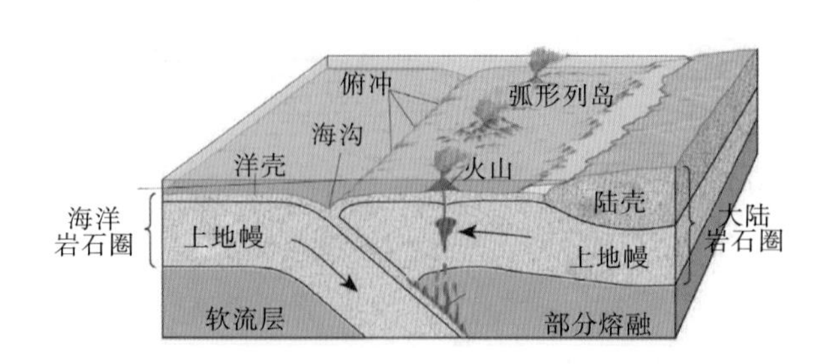

造山运动是指山脉生成。一次造山运动是指一次山脉的建造期，持续时间可达数百万年，最终会使陆壳变厚。它表现为大规模的地壳变形和上升，也可能是大陆边缘对迁移地体的捕获、胶结聚合及花岗岩岩浆侵入形成的深成岩体。

*海洋板块-陆地板块*碰撞产生的造山运动，现在正在美洲太平洋海岸发生，形成了安第斯山脉、中美洲山脉、落基山脉及其他西部山脉等。*海洋-海洋板块*碰撞产生的造山运动，既可形成简单的火山岛弧，也可形成复杂的火山岛弧，如日本、菲律宾、千岛群岛及部分阿留申群岛。环太平洋地区，包含**环太平洋活动带**（或称**火环**）的各种碰撞类型。

*大陆板块-大陆板块*碰撞产生的造山运动，很大程度上属于机械碰撞，如喜马拉雅山脉使大块陆壳承受着强烈的褶皱、逆掩上冲、断裂及抬升作用。

造山运动（394页）
环太平洋活动带（397页）
火环（397页）

10.叙述*造山运动*的定义。山脉生成的含义是什么？

11.给出一些重大造山运动的名称。

12.从地图上辨认地球上的两大山脉链。哪些过程对它们的发展有贡献作用？

13.板块边界与山脉建造有什么联系？不同类型板块边界为何产生不同的造山运动？景观上有哪些差异？

14.解释构造运动与阿巴拉契亚、阿勒格尼山脉形成过程的关系。

■ **说明地震性质，包括特征、观测、断裂机制及地震预测方法。**

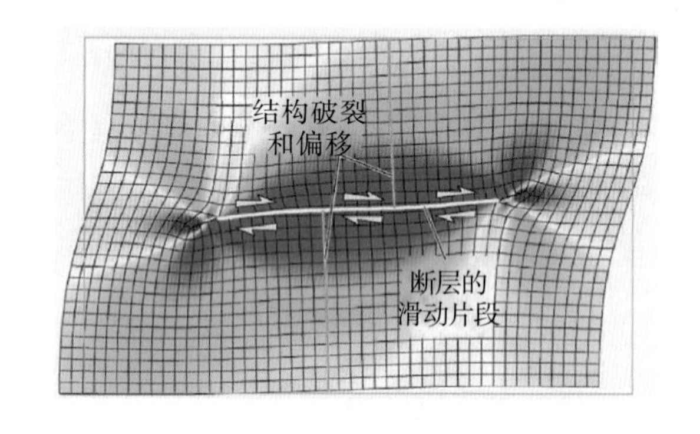

地震通常沿地壳板块边界发生，大地震常常造成大灾难。地震是断层活动的结果。人类正在对其研究，内容包括：断裂活动性质、应力和应变积累、断层面的凹凸特征、断层破裂方式及活动断层之间的关系。地震学重点关注地震预测和防震减灾规划、地震波及地球内部的研究。**地震仪**用于观测地震运动。

查尔斯·里克特制定了一种度量地震大小的**里氏震级**标准。地震矩是当前正在使用的一种更精确的定量震级标准——**力矩震级**；尤其对于大地震的定级。尽管断层破裂的具体机制正在研究中，但**弹性回跳理论**阐述了地震的基本过程。一般断层两侧似乎被摩擦力卡住了，没有发生任何移动。应力在断层面上产生的应变不断积累，就像压缩的弹簧一样积蓄弹性能量。当岩石断裂，能量突然释放之后，断层两侧应变则恢复至原来较小状态。

地震仪（400页）
里氏震级（401页）
力矩震级（402页）
弹性回跳理论（402页）

15.震中与震源之间有何联系？请以加利福尼亚州洛马普里塔地震为例进行说明。

16.麦加利地震烈度、力矩震级及振幅震级（里氏）之间的区别是什么？怎样用它们来描述一次地震？为什么要对里氏震级进行更新和修改？

17.为什么说弹性回跳理论和凹凸粗糙区有助于解释断裂性质？解释断层上的应力（作用力）与应变（变形）之间的关系。它们怎样导致岩层断裂和地震？

18.描述圣安德烈亚斯断层及它在转换断层上与古海底扩张运动的关系。

19.简述古地震学、地震空白区的概念，它们与地震预期发生率有什么联系？

20.对于有效的地震预测，你认为最大的障碍是什么？

■　**区别火山的溢流式喷发和爆裂式喷发，通过实例描述它们的相关地貌。**

火山为软流圈和上地幔的物质组成提供了直接依据。火山形成于岩浆中心通道或出口顶端，来自软流圈和上地幔的岩浆，上涌穿过地壳进入到火山山脉。**火山口**或圆环状洼地通常形成于山顶。靠近地表区域的岩浆可能会使地下水增温，产生地热能量。

火山喷发产生的**熔岩**、气体和**火山碎屑物**（火山喷射出的大小不等的岩屑和碎屑物质）经由地表裂缝或裂隙出口到达地表，建造了火山地貌。玄武岩熔岩流有两种主要结构：**渣块状玄武岩**，即粗糙的、参差不齐且边缘锋利的熔岩；**绳状熔岩**，即平滑、扭曲的绳索状熔岩。火山活动形成的地貌：有时是呈小山丘形态的**火山渣锥**，有时则是一个大型盆状凹陷，即火山顶塌陷形成的**火山口**。

按照岩浆的化学性质和黏度，火山可分为两种常见类型：**溢流式喷发**形成的**盾状火山**（如夏威夷基拉韦厄火山）、**高原玄武岩**或溢流玄武岩形成的大面积岩被；黏度高的岩浆导致**爆裂式喷发**（比如菲律宾的皮纳图博火山），形成**复合火山**。火山活动历史上有破坏性的一刻，但也在不断地建造着新的海底、陆地和土壤。

火山（408页）
熔岩（408页）
火山碎屑物（408页）
渣块状玄武熔岩（408页）
绳状熔岩（408页）
火山渣锥（408页）
破火山口（409页）
溢流式喷发（410页）
盾状火山（411页）
高原玄武岩（411页）
爆裂式喷发（411页）
复合火山（414页）

21. 什么是火山？用一般术语描述火山的相关特征。

22. 你认为世界上哪些地方能够发现火山活动？为什么？

23. 对比火山的溢流式喷发和爆裂式喷发，它们为什么各不相同？各类喷发形成了哪些独特地形？请举例说明。

24. 描述几个近期的火山喷发，比如美国夏威夷和冰岛地区的火山喷发。它们的现状如何？

掌握地理学

访问https://mlm.pearson.com/northamerica/masteringgeography/，它提供的资源包括：数字动画、卫星运行轨道、自学测验、抽题卡、可视词汇表、案例研究、职业链接、教材参考地图、RSS订阅和地表系统电子书；还有许多地理网站链接和丰富有趣的网络资源，可为本章学习提供有力的辅助支撑。

第13章　风化作用、喀斯特景观、块体运动

美国谢伊峡谷经风化过程形成了图中的砂岩蚀龛。美洲土著利用这种岩壁建立住所，图中的白色房屋是12世纪和13世纪的建筑。［Bobbé Christopherson］

重点概念

阅读完本章，你应该能够：

- **详述**地貌学的定义。
- **图解**坡地物质所受的作用力。
- **详述**风化作用的定义，**解释**母岩、节理和断裂在岩体中的重要性。
- **描述**冻融作用、晶体生长、解压节理，以及结冰在物理风化过程中的作用。
- **描述**矿物在不同化学风化过程中的差异，包括水合作用、水解作用、氧化作用、碳酸化作用和溶蚀作用。
- **回顾**与喀斯特地貌相关的过程和特征。
- **描绘**块体运动的各种类型，举例**说明**不同类型块体运动与含水率和移动速度的关系。

当今地表系统

田纳西州发电厂的人为块体运动

2008年12月22日凌晨，美国田纳西州金斯顿燃煤发电厂（KSP）的蓄污池发生了块体运动事件。本次事件中，该厂存放粉尘的蓄污池决堤了，含有潜在有毒污染物的413万m^3煤灰流入埃默里（Emory）河及周边地区。

块体运动（mass movement），又称物质坡移，是指地表某单元物质在以重力为主的作用下以一定的速度发生位置移动，具有连续的系列过程，常见例子如本章所涉及的滑坡、泥石流等。在地表景观遭到人类破坏的地区，块体运动会加剧，易产生灾难性的后果，如前文的煤灰滑塌事件。

田纳西州河流域管理局（Tennessee Valley Authority, TVA）于20世纪50年代建成的KSP，坐落于罗恩县金斯顿镇附近［图13.1（a）］。该发电厂每天燃烧1.4万吨粉煤，发电1 456MW，并向橡树岭附近的原子能设施提供电力。在烟尘通过高达305m的烟囱排放之前，除尘过滤出来的灰浆排入蓄污池（灰池）中，之后池中沉淀的固体物质再集中转移到河漫滩疏浚池中。

该疏浚池围堰使用的建筑材料起初是黏土，后来采用灰渣材料［图13.1（a）中部靠左］。随着废煤灰的增加，该疏浚池的围堰高度也增高到18m，而这是违反工程设计规范的。多年来，该地也曾有疏浚池渗水和泄漏的报道。

2008年12月中上旬，当地降雨量比平常增加了160mm。同年12月22日，灰池整个西北角及围堰多侧都发生了垮塌，造成了严重的物质坡移事件，大量灰浆倾泻而出，同时毁坏了许多房屋和基础设施；同时，泻出的

（a）滑塌之前，埃默里河从北部流入到航片中心位置，与克林奇河交汇；河漫滩上的疏浚池、主灰池和静水池（电厂位于航片下端之外）

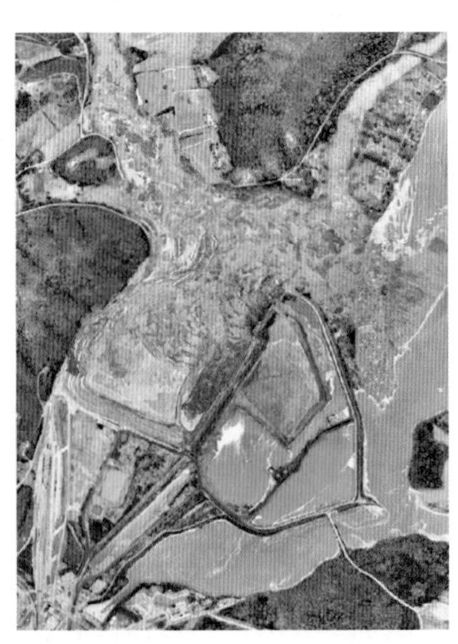

（b）滑塌事件一天之后，2008年12月23日，被煤灰污染的区域清晰可见

图13.1 TVA煤灰泥浆滑塌事件发生前后的对比

泥浆体积达11亿加仑（译注：约416万m^3），这相当于1989年埃克森-瓦尔迪兹号泄露油量的100倍［图13.1（b）］。更糟糕的是，灰浆中含有有害污染物和金属（砷、铜、钡、镉、铬、铅、汞、镍、铊等），这些污染物对人体健康造成了巨大威胁。

这次灾难发生后，田纳西河流域管理局（TVA）花了将近一年的时间，才清除了埃默里河中2/3的煤灰，并通过火车将它们运送到亚拉巴马州的垃圾填埋场。2010年春天，美国环境保护局（EPA）批准进入下一阶段处理，要求TVA对进入到各个河湾的煤灰进行就地永久贮存，以减少运输途中带来的风险。清除工作需要4年，耗资2.7亿美元。

后来，田纳西州环境保护部门(Tennessee Department of Environment and Conservation, TDEC）在一篇“经验教训”报告中，对TVA管理的金斯顿发电厂的批评指出：疏浚池存在致命缺陷，那就是KSP电厂在建筑设计上缺乏连续性，在建筑结构稳定性方面缺少有效监督（TDEC，金斯顿发电厂疏浚池围堰堤垮塌事件的经验教训［Nashville, TN：2009年11月30日，第5页］）。

如同我们在块体运动事件中得到的教训一样：如果忽视已知的动力学原理，人为因素就会造成严重灾难。

本书接下来的五章，阐述的是作用于地表景观的外营力过程。从本章开始，我们将学习地壳的风化作用和块体运动。后面的四章着眼于具体的外营力及其景观塑造效果，即水系、风沙地貌、干旱荒漠、海岸过程及海岸地貌、冰与冰川影响的区域。无论是流淌的河水、广袤的沙漠、波浪起伏的海岸，还是曾经被冰川覆盖的地方，你都能从这些章节中找到你感兴趣的内容。

在本章中：我们将学习物理和化学风化过程。它们造成了景观的破碎、分解，并使地表变得起伏平缓。风化作用使基本矿物质从基岩中释放出来，发育成肥沃的土壤。在石灰岩地区，化学风化作用形成了落水洞、洞穴及巨大溶洞。在喀斯特环境中，水的溶解作用在地下形成了巨大的神秘世界，至今仍有很多洞穴未被发现。

此外，本章还将学习块体运动，该过程在景观表面和内部经常发生。在新闻中，它可能被报道为：奥地利发生了一次岩体崩塌；墨西哥、中国和巴基斯坦发生了泥石流；中国、土耳其、印度尼西亚发生了滑坡灾害；美国加利福尼亚州的约塞米蒂国家公园发生了巨大岩崩；美国加利福尼亚州的南郊泥石流的预报；2008年，海地遭遇了三场由飓风引发的洪灾；森林采伐导致山坡发生大规模滑坡和泥石流等。本章将对这些过程进行讨论。

13.1　陆地剥蚀

地貌学（Geomorphology）是一门关于地形起源、演化、形成及空间分布的学科。该学科是自然地理学的一个重要分支。**剥蚀作用（Denudation）**是造成地形夷平和重新布局的各种过程。地表剥蚀过程主要包括：风化、块体运动、侵蚀、搬运和堆积，这些过程是在以水、空气、波浪和冰为动力介质的运动中产生的，而这些动力介质均受地球重力的影响。

陆地构造要素与侵蚀过程之间的相互作用很复杂，体现为地球的内力过程与外力过程之间、物质抗蚀性与风化侵蚀过程之间的持续对抗。美国犹他州的拱门国家公园内15层楼高的精致拱门（Delicate Arch），就是这种对抗关系的有力证据（图13.2）。正是岩层的抗蚀性差异，再加上不同程度的风化侵蚀，才塑造了精致拱门这一地标性雕塑，这就是**差异风化（differential weathering）**。其中，耐蚀的岩石盖层对其下方的支撑岩层起到了保护作用。

图13.2　美国犹他州拱门国家公园的精致拱门

注：拱门顶部的抗蚀岩层对下面的支撑岩层起到了保护作用，而周围岩层却被严重侵蚀。为了感受景观大小，请参照左下角插图中的人（拱门下方）。远处积雪覆盖的是拉萨尔山脉，也是侵蚀露出的岩盖（侵入岩浆岩）。［作者］

理论上讲，内营力过程建造了*初始景观*；而外营力过程使初始景观向地势低、地形缓和、稳定的*连续景观*方向发展，这两种过程持续对抗并存。目前，有几种假说被用于模拟剥蚀过程和解释景观外貌。

13.1.1　地貌动态均衡

所有地貌景观都是一个开放系统，在物质和能量输入上差异很大：地壳抬升高于海平面而具有位置*势能*，从而产生了不稳定性，即地势与能量之间的一种不平衡；太阳辐射能可转变为*热能*；水循环的机械运动提供了*动能*；*化学能*来自大气圈和地壳中的各种化学反应。

就一个地区而言，伴随物理因子的波动，地表的反应是不断地趋于均衡。每次变化都会产生补偿作用和反作用。这种均衡模式是一种**动态均衡模式**：构造抬升与风化、侵蚀作用所产生的夷平过程之间的均衡，岩层抗蚀性与不断的风化、侵蚀作用之间的均衡。可以认为：动态均衡状态下的地表景观，正在适应永不休止的变化条件，包括岩石结构、气候、局部地势及海拔高程。

内营力（如断层、熔岩流）与外营力事件（如暴雨、森林大火）共同作用构成新景观组合。伴随地表稳定性的破坏，地形系统达到**地貌阈值**——能量克服运动阻力的临界点。超过阈值点，景观系统发生崩溃而到达另一种新的均衡关系。与此同时，地貌及坡面将进入一个调整和重新组合的阶段。这种模式的次序为：①均衡稳定期——景观系统围绕平均值波动；②稳定性破坏期；③调整期；④发展期——另一种新的均衡稳定性。缓慢的连续变化事件（如土壤的发育和侵蚀），有助于景观大致维持均衡状态。突发性大规模地貌事件，如大规模滑坡，则需要较长的恢复时间才能建立新的均衡状态。如图13.3所示，崩塌的坡面正处于补偿调整中，浸水坡面崩塌造成了滑坡体进入河流，从而形成了不稳定环境；由此导致的后果是，落入河中

图13.3　非均衡状态的坡面

注：不稳定的饱和土壤倾泻下来，碎屑堆积像水坝一样阻挡了河流。图中的坡面、河流、森林生态系统，正处于非均衡状态，正向新状态方向调整。［作者］

的滑坡体阻塞了河流，从而打破了河水与输沙量之间的均衡关系。参照图1.7进行学习，注意：稳定态与动态均衡的区别，包括达到地貌阈值时的状况。

13.1.2 坡地

风化的松散物质易遭受侵蚀和搬运。然而，对于沿坡面下滑的物质来说，侵蚀力必须克服摩擦力、惯性力（运动阻抗）和颗粒之间的黏聚力［图13.4（a）］。当坡地坡度使松散物质的重力大于摩擦力时，或遭受降雨、冰雹、动物踩踏及风蚀影响时，风化物质就会发生侵蚀和坡地运动。

坡地或山坡倾斜曲面构成了地形的边界。图13.4（b）展示了坡地的基本组成要素，它们因气候条件及岩层结构不同而差异很大。坡地靠近坡顶的上部一般为凸坡（凸坡面）。这种凸坡的坡面向下弯曲，向下过渡至自由面（free face，又译为崖坡或临空面）。自由面作为抗蚀岩体的露头构成了陡坡或悬崖。

自由面以下为碎屑坡，接受从上方掉落的岩石碎屑物。碎屑坡形态能够反映当地气候环境状况：湿润气候环境下，流水不断搬运坡面物质，使碎屑坡高度降低；干旱气候环境下，碎屑坡上的物质则不断

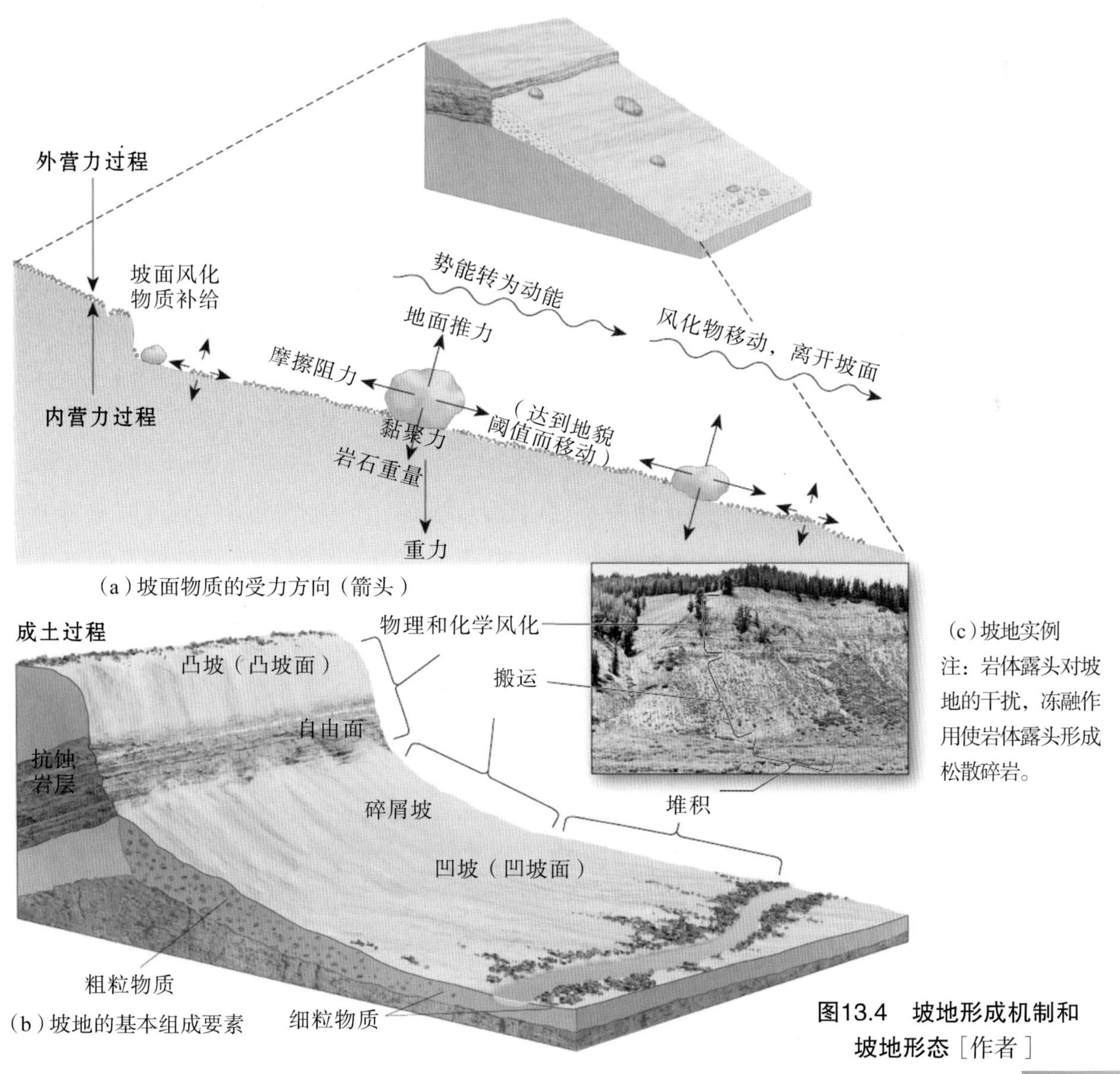

图13.4 坡地形成机制和坡地形态［作者］

积累。自碎屑坡向下过渡到凹坡，并沿坡地基部形成山麓面（Pediment）或坡度缓和且广阔的山前侵蚀平原。

坡地是一个开放系统。坡地通过调整寻求一个最佳坡度——均衡角，以使坡地上的各种作用力达到相互平衡。可以通过图13.4（c）中的实例，认识坡地的组成和状态。当坡地的均衡状态遭到破坏时，坡面上的各种作用力将通过调整补偿达到另一种新的动态均衡。

风化速率与坡积物破裂程度之间，加上块体运动速度与物质侵蚀之间的关系，共同塑造着坡地形态。如果坡地抗蚀强度超过剥蚀能力，坡地是稳定的；反之，如果坡积物抗蚀强度较弱，则坡地是不稳定的。坡地为什么会被塑造成上述形态？坡地组成要素是怎样演化的？在地壳发生迅速、中度或缓慢抬升期间，坡地会怎样响应？这些都是人类积极探索的科学研究主题。下面，我们来了解地形塑造的具体过程。

13.2　风化过程

风化过程使地表及其一定深度的岩石发生破碎，并分解为矿物颗粒或溶于水中。风化过程包括物理（机械）风化和化学风化。它们之间相互作用，并常常以协同和共同的方式组合在一起对岩体进行风化。

风化过程不包括搬运过程，只是简单地制造风化物质。风化物通过水、风、波浪、冰等动力介质（均受重力影响），进行侵蚀和搬运。就大多数地区而言，基岩上表面不断遭受风化作用，产生的破裂岩层就是**风化层**（Regolith）。伴随连续发生的风化、搬运和堆积过程，风化层形成了地表松散物质［图13.5（a）］。有些地区，风化层可能缺失或未发育，地表尚有未遭到风化的基岩露头。

基岩或岩床是风化层风化和土壤发育的**母岩**。对于相对年轻的土壤来说，都可以通过土壤矿物成分的相似性找到母岩源地。例如，图13.5（c）中沙子的颜色及特征表明它身后的母岩就是源地。火星上的沉积物同样也具有风化母质特征［图13.5（d）］。像沙粒这种未固结的碎屑物被称作**沉积物**，它与风化岩共同构成了土壤发育的**母质**。

13.2.1　风化过程的影响因子

风化过程有很多影响因子。决定风化速率的主要因子包括以下几个方面。

- **岩石成分和构造（节理）**。风化作用很大程度上受基岩特性影响：坚硬或松软、可溶解或不可溶解、破碎或未破碎。岩石节理对风化过程很重要。**节理**（joint）是指岩体的破裂或裂隙，不包括裂隙两侧岩体发生位移的状态（否则是断裂）。这些通常较为平坦的节理，增大了岩体的表面积，加快了物理和化学风化速率。
- **气候**。降水、温度、冻融交替是风化过程中最重要的影响因子。

判断与思考13.1　坡地调查与评价

在校园、家园或道路断面附近，找一个坡地。根据图13.4（a）～（c），你能判别该坡地上的作用力及坡地的形态吗？怎样评价这个坡地的稳定性？在校园或居所附近，也许有一个建筑工地或道路断面，你能发现坡地不稳定的证据吗？

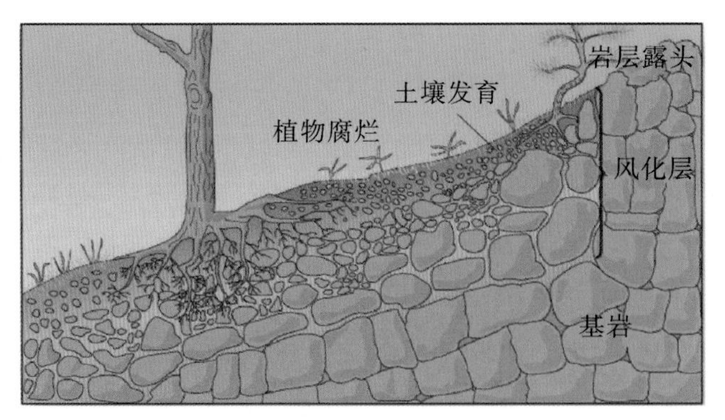

（a）坡地的典型纵剖面

（b）崖壁暴露的坡地组分

（c）纳瓦霍部落公园的淡红色沙丘，其沙源来自背后红色砂岩的母质矿物；摄于美国犹他州和亚利桑那州交界处

（d）裁剪的影像，其全景影像是火星探测器勇气号（Rover Spirit）于2004年3月12日拍摄的；影像中哥伦比亚山方向上可看到与真彩色相近的风化岩石和风成沙

图13.5　风化层、土壤及其母质

［（b）和（c）作者；（d）NASA/JPL，康奈尔大学］

■　**地下水**。地下水埋深、土壤及岩层内部的地下水运动都对风化过程有影响。

■　**坡向**。坡面的地理方位，不论坡面指向东南西北哪个方向，都会对坡面的阳光、风和降水产生影响。与阳坡相比，阴坡寒冷湿润，植被较多。在中纬度和高纬度地区，坡向效应尤为显著。

■　**植被**。尽管植被能使地面避免被雨滴直接撞击，其根系对土壤也有固定作用；但植物腐烂后，产生的有机酸可参与化学风化。当植物根系扎入岩体缝隙中，根系产生的压力迫使岩隙张裂，为风化过程提供更大的表面空间［图13.6（a）］。你可能看到过树根使混凝土抬升和破裂的现象，导致一部分人行道或车道被破坏。

在风化过程的分析中，尺度很重要。微尺度研究分析的是气候与风化之间一种更为复杂的关系，这与以前的观点和尺度不同。对于产生实际风化反应的岩石表面，这种微尺度的风化过程在任何气候条件下都不是单一的物理或化学过程，而是二者皆有。土壤水分（吸着水和毛管水）可激活化学风化过程，即使最干燥的景观也一样（回顾第9章，图9.9及土壤水分类型）。

为了方便学习，可以把风化过程划分为几部分，但实际上风化因子是共同发挥作用的，就像音乐合奏一样。就自然的复杂性而言，物理风化和化学风化过程通常是一起发生的。当然，对于风化过程中的各种因子来说，时间因子是关键，因为在风化过程中各种因子的作用都是长期的。

13.2.2　物理风化过程

岩石发生破碎或崩解，但未发生化学变化的过程，就是**物理风化**，或称机械风化。物理风化使岩石破碎，为化学风化作用提供了更大的表面积。一块岩石破裂为八个小岩块后，其表面积可能增加一倍，因此更利于风化过程。接下来，阐述以下三种物理风化过程：冻融作用、盐晶作用、解压节理。

冻融作用　水冻结后，体积可增加9%（见第7章）。这种膨胀产生的巨大机械作用力，就是**冻融作用**（frost action），或称冻裂作用，这种作用力可以超过岩石抗拉强度［图13.6（b）］。水的重复冻结（膨胀）和融化（缩小）过程会导致岩石碎裂。在潮湿低温气候（大陆湿润气候和亚北极气候）和极地气候环境中，冻融作用很重要，地处高原气候带的高海拔山区也有冻融作用。在北极和亚北极气候带，冻融作用在土壤成因中占主导地位（详见第17章讨论）。

冰的作用始于小裂口，之后裂口逐渐扩大直至岩石开裂或劈裂。图13.7中的岩块，就是沿节理和断裂产生的节理块状崩解。这种风化作用被称为冰楔作用（frost-wedging），它将破裂的岩块挤胀分开。破裂和断裂作用塑造的岩块形态各不相同，这取决于岩体构造。图13.7（a）中，板状岩体下的软质支撑岩在差异风化过程中风化速度更快。

冻融作用在许多文明发展史中发挥过重要作用，因为它是采石作业的一种动力。在美国西部，早期的开发者在岩石上钻孔，并在钻孔中灌水，然后堵住。经过几个月的寒冬期，冻结的冰体使大块岩石沿钻孔所确定的网格胀裂破开；到了春天，人们就把这些岩块运到城镇用作建筑材料。此外，冻融作用还能破坏路面、造成水管破裂。

就山区探险而言，春天可谓是一个风险期。当气温升高、冰雪融化之时，新破碎的岩块碎片会不经意地掉落下来，甚至可能引

（a）树根在岩石节理面上的作用

（b）冻融作用造成大理岩（变质岩）破裂，而冰的膨胀作用使得岩石碎片分离

图13.6　物理风化的例子
［Bobbé Christopherson］

发岩体滑坡。欧洲阿尔卑斯山的相关报道就有很多，且有增加趋势。掉落的岩块可能会在碰撞中造成物理性粉碎——另一种形式的物理风化（岩崩，图13.8）。

盐晶作用（盐风化）　尤其是干旱区，干燥天气使水分积聚于岩体表面。当水分蒸发时，

（a）物理风化沿岩层节理形成的节理岩块［摄于美国犹他州峡谷地国家公园］

（b）在冰冻作用强烈地区，板岩的块状崩解［摄于北冰洋地区伊斯峡湾，斯匹茨卑尔根岛的Alkehornet］

图13.7　物理风化形成的节理岩块

［（a）作者；（b）Bobbé Christopherson］

（a）

（b）

图13.8　岩崩

注：（a）大规模岩崩形成的破碎岩屑［摄于美国优胜美地国家公园］；新鲜的岩面呈浅色，这表明岩崩发生不久；（b）在美国犹他州的锡安国家公园，巨大岩块产生的岩崩；悬崖底部的小洞口是一条从悬崖内部开掘通向高速公路的隧道洞口。［作者］

地学报告13.1　美国优胜美地的岩崩

记录显示：美国加利福尼亚州内华达山脉的优胜美地峡谷，在过去的150年中发生过600多次岩崩。1996年7月，一块重达16.2万吨的花岗岩岩体以260km/h的速度向下坠落了670m，击倒了500多棵树木，震动了整个优胜美地峡谷，岩体落地粉碎时产生的浮尘笼罩面积达50英亩。1999年，该地区又发生一次岩崩，造成一人死亡。该地区近年来受人关注的大型岩崩事件还有：2006年的半圆形顶峰［图13.10（b）、（c）］、2008年的冰川角（Glacier Point）及2009年的Ahwiyah Point岩崩。美国国家公园管理局（National Park Service, NPS）绘制了一幅1857～2009年的岩崩分布图，见http://www.nps.gov/yose/naturescience/rockfall.htm。从该分布图中可发现：尽管大型岩崩在温暖季节会发生，但冬季和春季的岩崩事件占多数。

水中溶解的矿物就会造成晶体生长——结晶析出。随着时间的推移，晶体增长膨胀所施加的作用力足以使单个矿物颗粒分离而导致岩石崩解。这种盐晶增长（或晶体析出）也是物理风化的一种方式。

在美国西南部的科罗拉多高原，咸水缓慢地从岩层中流出。当咸水蒸发时，盐的晶体析出导致砂粒松散；之后，又经水力和风力的侵蚀搬运完成了整个地形的塑造。砂岩崖壁上发育了很深的凹槽，尤其是不透水岩层（如页岩）上面的砂岩。一千多年以前，美国原著居民将整个村庄修建在风化的崖壁龛中——如科罗拉多州的梅萨维德和亚利桑那州的谢伊峡谷（见图13.9和本章开篇照片）。

解压节理　回顾第11章，承受巨大压力的地下深层岩浆上涌形成了深成岩体——火成侵入岩，而这些深成岩体是岩浆缓慢冷却所形成的粗晶粒花岗岩。伴随由此导致的地壳抬升，上覆风化层经受风化、侵蚀，并在搬运过程中被移走，最终使得深成岩体以山区岩基（深成岩基，图11.9）的形式露出地表。

由于上覆岩层消失，地下深处的花岗岩岩基所承受的巨大压力也随之减轻。数百万年之后，作为一种响应，花岗岩逐渐上升成为巨大的膨胀隆起。在解压节理（pressure-release jointing）过程中，一层层的岩片从曲面状的岩块和板岩上剥落下来，使得岩体顶部变薄而四周较厚。在这种**片状剥落**（Sheeting）过程中，花岗岩块逐层风化。层状或叶状剥落（exfoliation process）塑造了拱状和穹状的裸地景观，有时成为**叶状剥落丘**（exfoliation dome，又译为：页状剥落丘或剥离丘）（图13.10）。这种剥离丘或许是地球上最大的风化景观（按面积范围）。

（a）美国亚利桑那州谢伊峡谷崖壁上的建筑物，直到900年前还居住着阿纳萨齐人（全景图见本章开篇照片）；岩壁上侵蚀龛的成因，一部分归于结晶作用，它可造成矿物颗粒离散和岩石破裂；岩石上的暗色条纹为荒漠漆皮，即含有微量锰、硅的氧化铁

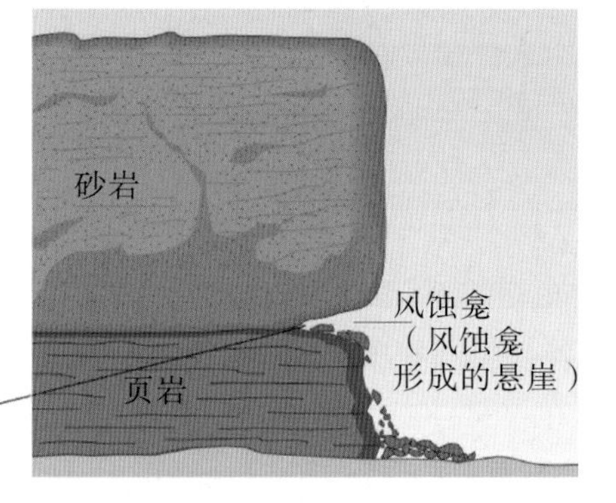

（b）水和不透水岩层加剧了上覆砂岩侵蚀龛的风化过程

图13.9　砂岩的物理风化
［Bobbé Christopherson］

(a) 怀特山脉中巨大的拱状构造［摄于美国新罕布什尔州］

(b) 典型花岗岩穹窿上叶状剥落的岩层清晰可见

注：松散的岩片有利于风化和坡面运动［照片是半圆形顶峰的东侧景观，摄于美国加利福尼亚州约塞米蒂国家公园］。

(c) 半圆形顶峰的西侧景观，从半圆顶峰顶端到冰川谷底，地势高差约1 500m

(d) 片状剥落的碎岩，摄于北冰洋东北地岛的贝弗利松德

图13.10 花岗岩的叶状剥落

注：叶状剥落使花岗岩变为松散岩片，为进一步风化及坡面运动提供了物质基础。［(a) 和 (d) Bobbé Christopherson；(b) 和 (c) 作者］

13.2.3 化学风化过程

化学风化是指岩石中矿物成分产生了化学变化，这种变化总是伴有水的参与。当温度升高和降水增多时，化学分解过程就会加快。即使岩石中只有一种矿物容易发生改变，也会对其他矿物都产生影响。

人们所熟悉的化学风化例子有很多，如酸雨对苏格兰圣玛格努斯大教堂建筑外观和墓碑的腐蚀。在欧洲，煤炭燃烧导致酸雨增加，很多建筑的化学风化现象很显著。圣玛格努斯大教堂是由红色和黄色砂岩建成的一座教堂，位于苏格兰北部奥克兰群岛上的柯克沃尔。在近9个世纪的化学风化过程中，由于砂岩中的胶结物质溶解，教堂内的岩石发生分解，使许多雕刻图案似乎被融化而变得“模糊”，甚至无法辨认（图13.11）。

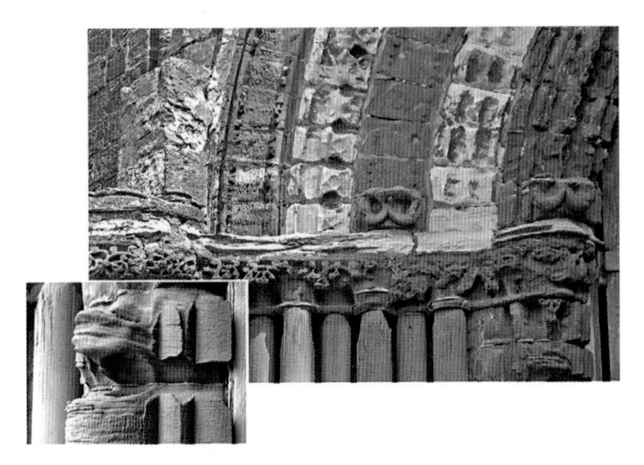

图13.11 化学风化对教堂砂岩建筑材料的破坏

注：在苏格兰的柯克沃尔，圣玛格努斯大教堂的西侧入口，石材中的胶结物质受到化学风化破坏后留下的痕迹。这座大型建筑建于公元1137年。［Bobbé Christopherson］

球状风化是另一种岩石化学风化。**球状风化**（spheroidal weathering）是指通过岩石矿物蚀变，岩石棱角被磨圆的过程。岩石节理为风化提供了更大的接触面。水渗入节理和破裂处，溶解了岩石中易溶解的矿物或胶结物质。对于一块巨石来说，它的各个方向都会受到化学侵蚀作用，被蚀岩石外壳

呈球状剥落，就像剥洋葱一样。球状风化这一名称，正是基于岩石风化形成的浑圆边缘。虽然岩石的球状风化与叶状剥落相似，但并非解压节理形成的。这种风化形态见图13.12，照片中岩石呈球状形态。

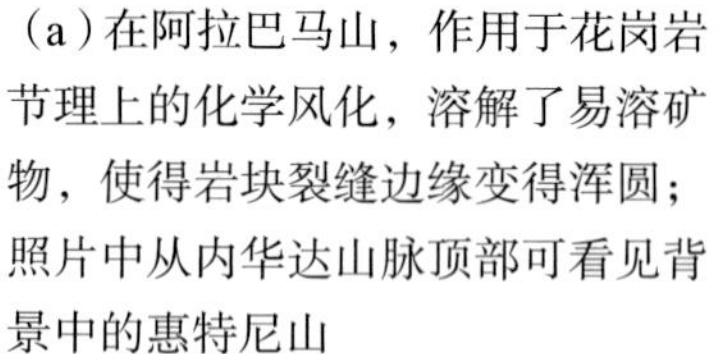

（a）在阿拉巴马山，作用于花岗岩节理上的化学风化，溶解了易溶矿物，使得岩块裂缝边缘变得浑圆；照片中从内华达山脉顶部可看见背景中的惠特尼山

（b）浑圆状的花岗岩露头，显现了球状风化和岩石崩解；岩石表面实际上很脆弱

图13.12　化学风化与球状风化
［Bobbé Christopherson］

水合作用和水解作用　它们是两种不同的分解过程，由于它们在岩石分解过程中都需要水，所以本书把它们归类到一起。水合作用是水与某种矿物的简单结合，而水解作用则是水与某一种矿物发生了化学反应。

水合作用（Hydration），含义为“与水结合”，但几乎不涉及化学变化。水只是变成了矿物化学成分的一部分（如石膏就是水合硫酸钙：$CaSO_4 \cdot 2H_2O$）。当某些矿物发生水合作用时，体积就会膨胀，这会对岩石产生强大的机械挤压力，即一种作用于岩石的楔裂压力，如同物理风化一样导致岩石破裂。

水合作用与脱水作用交替进行，导致岩石发生粒状崩解，更易发生化学风化。水合作用与碳酸化、氧化共同作用，可使长石（岩石中的一种常见矿物）转化为黏土矿物和二氧化硅。如图13.9所示，砂岩的侵蚀龛也会发生水合作用。水合过程中，水和矿物质变成了一种新的化合物。

如果矿物与水发生了化学反应，这一过程就是**水解作用**（Hydrolysis）。水解作用是指岩石中硅酸盐矿物的分解过程。与水合作用（水与岩石矿物之间的结合）相比，水解作用是指水与矿物元素通过化学反应形成另一种化合物的过程。例如，花岗岩中长石的风化——由于降水中可能溶解有常见的弱酸，从而引起了如下的化学反应：

长石（K、Al、Si、O）+碳酸+水→残留黏土+溶解矿物+SiO_2

上述风化过程产生的副产品包括黏土（如高岭石）和二氧化硅。当花岗岩中某些矿物向黏土物质转变时，岩石中的石英（SiO_2）颗粒残留下来。抗蚀的石英颗粒可能被冲到下游，最终成为沙滩上的沙粒；而黏土矿物却变成了土壤和页岩（一种常见的沉积岩）的主要成分。

当岩石中的脆弱矿物因水解作用而改变时，相互连接的晶体网格遭到破坏，从而造

地学报告13.2　纽约市中央公园的桥梁风化

纽约市中央公园里，有36座由各种石料建造的桥梁，石料来源地遍及美国东北部和加拿大。在过去的一百多年，这些桥梁经历了物理和化学风化过程。化石燃料燃烧加剧了空气污染，雨和雪的酸性加快了风化速率，当地冬天公路除雪时，作为融雪剂使用的“盐”使问题变得更加复杂。伴随石材表面的风化过程，如今这些桥梁上的装饰图案正在逐渐消失，一些风化严重的砂岩图案，只能使用混凝土替代修缮。

成岩石破裂和粒状崩解。如图［13.12（b）］所示，对于花岗岩来说，这种崩解可使岩石出现刻蚀、锈蚀和软化，甚至变得易碎。

表11.3第二行，给出火成岩矿物对化学风化的抗蚀性；表11.3的右侧，即超基性一侧，橄榄石和橄榄岩中的二氧化硅含量低，最容易发生化学风化；岩石的抗蚀能力随高硅矿物含量增多而增强，如长石。表11.3的最左侧，石英对化学风化具有较强抗蚀能力。由成岩矿物性质可知，玄武岩的化学风化速率要比花岗岩快。

氧化作用　化学风化的另一种形式是**氧化作用**，即某些金属元素与氧结合形成氧化物的过程。人们最熟悉的氧化物是岩石或土壤中的“铁锈”，它是氧化过程中产生的红褐色氧化铁（Fe_2O_3）。放置在室外的工具或铁钉，几周过后，它们就会披上一层氧化铁“外衣”。在岩石表面或重度氧化的土壤中都可看到铁锈斑，如美国的东南部、西南荒漠及热带地区的土壤（图13.13）。下面是铁的氧化反应式：

铁（Fe）+氧（O_2）→氧化铁（赤铁矿，Fe_2O_3）

当铁从岩石矿物中流失后，矿物的晶体结构就会遭到破坏，使得岩石更易发生化学风化或崩解。

碳酸盐溶蚀作用　矿物被溶液溶解时，也会产生化学风化，如溶解于水的氯化钠（食盐）。记住：水是“万能”溶剂，因为它至少能溶解57种天然元素及其大多数化合物。

水汽对CO_2的溶解能力也很强，因此降水中含有碳酸成分（H_2CO_3）。这种酸的强度足以溶解很多矿物，尤其是石灰岩，这种过程称作**碳酸化作用**（**Carbonation**），即碳元素与岩石矿物相互结合所产生的溶解反应。

这种化学风化作用，使含有钙、镁、钠、钾元素的矿物发生改变。当雨水冲击石灰岩体（碳酸钙，$CaCO_3$）时，岩体中的矿物成分就会遭到这种弱酸性雨水的溶解和冲刷：

碳酸钙 + 碳酸 + 水 → 碳酸氢钙［$Ca(HCO_3)_2$］

（a）氧化土中含铁矿物氧化形成的颜色［摄于波多黎各东部热带雨林］

（b）温暖湿润环境中生成的老成土，土壤颜色是铁铝氧化物的颜色，土地种植的是花生作物［摄于乔治亚州（佐治亚州）的萨姆特］

图13.13　岩石和土壤的氧化过程

［Bobbé Christopherson］

当你路过某个古老墓园时，可能会看到被溶解的大理石墓碑，大理石是石灰岩的一种变质岩（图13.14）。在水充分发挥溶蚀作用的地方，无论墓石还是岩体（石灰岩或大理岩）都会出现凹坑和磨损。当前人为原因导致的酸雨持续增多，碳酸化过程显著增强（见**专题探讨3.2**：“酸沉降对生态系统的毁坏”）。

碳酸盐溶蚀产生的化学风化作用，在石灰岩地区的景观中起主导作用，这就是接下来要学习的喀斯特地貌。

图13.14 石灰岩的溶蚀

注：苏格兰某教堂内，大理石墓碑上的文字由于化学风化已无法辨认；大理石是石灰岩在变质作用下形成的一种岩石。据周边墓碑判断，该墓碑应该修建于两百多年前。［Bobbé Christopherson］

13.3 喀斯特地貌及其景观

地球上石灰岩分布广泛，形成了众多地貌景观（图13.15）。在石灰岩地区，化学风化作用很活跃，塑造了一系列的独特景观：崎岖不平的凹坑地形、排泄不畅的地表水系、发达的地下溶蚀通道（溶解产生的裂隙和暗河）。地下水造成的风化侵蚀还会形成迷宫一样的地下洞穴。

以上就是**喀斯特地貌**（karst landform，或称**岩溶地貌**）的典型特征。喀斯特这一名称是以斯洛文尼亚（前南斯拉夫）的Krš高原命名的，因为这里是最早研究喀斯特过程的地方。地球上大约15%的陆地都具有一定程度的喀斯特特征，中国南方，日本，波多黎各，古巴，墨西哥的尤卡坦，美国的肯塔基州、印第安纳州、新墨西哥州和佛罗里达州等地区均有最典型喀斯特地貌。例如，在美国肯塔基州的地形图上，就标注有落水洞（又称天坑）而具有喀斯特特征的区域约占38%。

13.3.1 喀斯特地貌的形成

石灰岩景观发育形成喀斯特地貌所必需的几个条件：

- 石灰岩岩层的碳酸钙含量必须达到80%以上，以保障溶蚀过程充分进行；
- 不透水石灰岩中存在交错节理，以便于形成通往地下水的排水通道；
- 地表与地下水位之间必须有一个包气带（含有空气）；
- 要有植被覆盖，以便提供不同含量的有机酸，加快溶蚀过程。

虽然降雨量及其分布对喀斯特过程很重要，但就喀斯特发育的最适条件而言，气候的作用仍有争议。干旱地区也存在喀斯特地貌，这主要缘于先前的湿润气候。在两极地区，喀斯特地貌很少见，虽然这里有水，但大多呈冻结状态。

在各种风化过程中，时间是一个重要影响因子。早在20世纪，人们就认为喀斯特景观已经历了漫长的发展进化阶段，仿佛它们正在老化，然而这一理论缺少证据支持，如今喀斯特景观被认为是独特的局地景观，即特殊条件下的产物。不管怎样，成熟的喀斯特景观总有它自身的形态特征。

13.3.2 地面上的落水洞

石灰岩风化可形成很多**落水洞**（Sinkhole），即一种圆形的凹坑（传统上把落水洞称为天坑）。如果落水洞溶蚀穿透地下溶洞顶部就会发生塌陷，从而形成塌陷落水洞，塌陷规模有时很惊人。例如，2010年6月危地马拉首都危地马拉城地面突然塌陷，形成了一个深91m、宽18m的落水洞，并使一座三层楼房和部分街道落入洞底

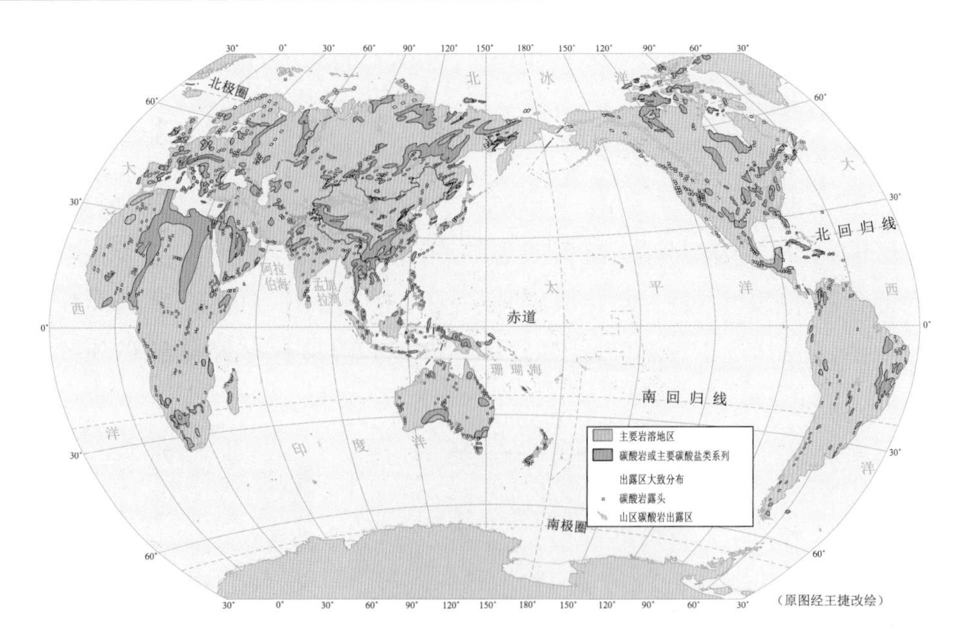

图13.15　喀斯特景观与石灰岩分布区

注：地球各大洲均有大面积的喀斯特分布；碳酸岩露头或碳酸盐按面积排序主要为石灰岩和白云岩（碳酸钙和碳酸镁），也可能是其他碳酸盐岩层。［地图由Pam Schaus改编于：Snead R E.1972.Atlas of the World Physical Features[M]. New York: John Wiley & Sons. 和Ford D C, Williams P.1989. Karst Geomorphology and Hydrology[M]. Dordrecht: Kluwer Academic Publishers.］

（图13.16）。落水洞的形成可能需要很多年，而塌陷则可能是一场热带风暴的暴雨所致，暴雨使这一系统最终达到地貌阈值。调查人员试图搞清楚这个落水洞的成因——是石灰岩自身还是地下排水因子？

在起伏缓和的石灰岩平原上，由于地表物质沉陷，可能遍布溶蚀凹坑［图13.17（a）］，这些凹坑2～100m深，直径为10～1 000m。如果溶蚀和沉陷连续分布，落水洞就会连接形成喀斯特谷地——一种延伸数千米长的洼地。

美国印第安纳州奥尔良西南地区，落水洞平均密度是每平方英里（$2.6km^2$）有1 022个。如图13.17（e）所示，该地区有一条洛斯特河（Lost River，意为“隐入河”），它从地表潜入地下，在地下溶洞中穿行13km后，直至奥兰治维尔附近才再次涌出地表。在图13.17（b）地形图左下角，可以看到隐入河的干河床。

图13.16　危地马拉城的落水洞

注：2010年6月危地马拉城北部，巨大的塌陷落水洞；落水洞塌陷的诱因可能是阿加莎热带风暴的降雨，落水洞的发育时间可能长达数十年。2007年，这附近曾发生过一起类似的塌陷。［美联社照片/Moises Castillo］

在美国佛罗里达州，落水洞塌陷就是因为当地市政地下水开采（地下水位下降）造成的，这成为了当时的重大新闻。这次塌陷破坏了住宅、商店，甚至还有一家汽车代理商代售的新车。1981年，在美国温特帕克市近郊地区也发生过一次类似的塌陷事件；另外两次发生于1993年和1998年（图13.18）。这些事例告诉我们，干扰地下水所产生的后果很严重，尤其是在复杂的喀斯特地区。

在热带湿润地区，喀斯特地貌发育在节理很深的厚石灰岩岩床上。风化过程留下了一些抗蚀性强的石灰岩岩块，孤立地矗立在地表上。这些坚硬的塔状石林在中国一些

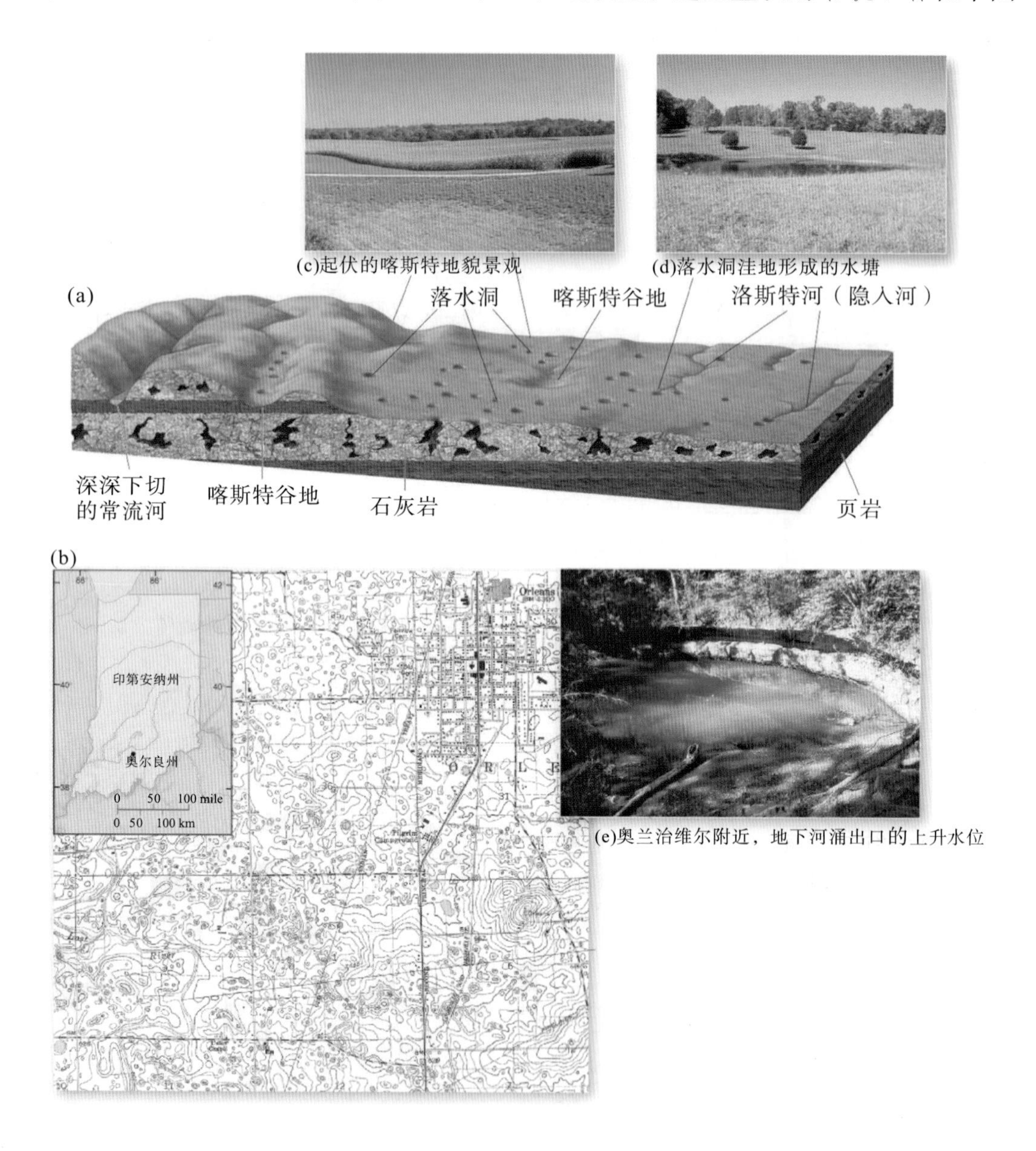

图13.17　美国印第安纳州的喀斯特地貌特征

注：(a)南印第安纳州喀斯特地貌特征概况；(b)印第安纳州奥尔良西南部，地形图上的喀斯特地貌；注意等高线和凹地，凹地等高线上的蓑状线（刻度线）指向下坡方向；(c)奥尔良附近，起伏缓和的喀斯特景观和玉米田地；(d)帕迈拉镇附近落水洞凹陷形成的池塘，摄于洛斯特河上升处北侧；(e)洛斯特河在奥兰治维尔的涌水口；强降雨期间，涌水口溢满了水。[(b) Mitchell，印第安纳州地形图，USGS.；(c)、(d)和(e) Bobbé Christopherson]

地区很显著，其塔状喀斯特山丘要比周边低平原高出200m。在波多黎各中央山脉以北，石灰岩小丘形成了另一种喀斯特景观（图13.19）。

麻窝状喀斯特（cockpit karst，又称星状喀斯特）是指落水洞交错分布的一种复杂的喀斯特景观。特定环境下，落水洞可被塑造成对称形状。例如，波多黎各的阿雷西博落水洞，其完美的形状可用来安装单面口径为305m的射电望远镜（图13.20）。阿雷西博望远镜既用于天文学——通过射电和雷达研究宇宙，也用于地球高层大气的研究。阿雷西博天文台是美国国家天文和电离层研究中心的一部分，由康奈尔大学和美国国家科学基金会（http://www.naic.edu/）管理运行。

13.3.3　洞穴和溶洞

由于石灰岩很容易在碳酸化作用下发生溶解，因此石灰岩地区常常形成洞穴。美国大型的石灰岩溶洞主要有肯塔基州的猛犸洞（世界上已考察的最长洞穴，长度为560km）、新墨西哥州的卡尔斯巴德溶洞，以及内华达州的雷曼溶洞。

卡尔斯巴德溶洞是在2亿多年前沉积的

（a）

（b）

图13.18　美国温特帕克的落水洞

注：（a）奥兰多市郊区温特帕克的佛罗里达落水洞；（b）地形图上的喀斯特区域位于温特帕克以北25km；洼地以蓑状线（刻度线）表示。［（a）Jim Tuten/Black Star.；（b）奥兰多市地形图，USGS.］

图13.19　波多黎各马纳蒂附近的喀斯特景观

注：背景中有许多石灰岩山丘和圆丘。［Bobbé Christopherson］

图13.20　安装在麻窝状喀斯特洼地中的太空探测设备

注：在波多黎各的阿雷西博附近，选择麻窝状喀斯特洼地作为太空观测站址，安装了世界最大的射电望远镜。盘碟脱色不会影响望远镜信号接收；上悬可移动接收器（位于盘底正上方168m）用于聚集信号。［Bobbé Christopherson；嵌入图，康奈尔大学］

石灰岩上形成的，那时这一区域为浅海环境。伴随落基山造山运动（4 000万～8 000万年前，拉拉米造山运动）产生的区域隆起，这一地区抬升至海平面以上，随后洞穴建造开始活跃。

洞穴建造位置通常略低于潜水面，后期水位下降使之曝露而进一步发育。当含有溶质矿物的水滴从洞顶缓缓滴落时，可形成滴水石（Dripstone）。水滴每次蒸发产生的碳酸钙分子，逐层沉淀，就某一位置而言，洞顶沉淀层向下累积增长、而洞底沉淀层向上累积增长。沉积过程中，钟乳石（Stalactite）从洞顶开始生长，而石笋（Stalagmite）是从洞底开始建造；当二者增长连为一体时，就称作石柱（Column），由此塑造出了一个巨大的地下世界［图13.21（b）］。

洞穴学是地貌学的一个分支。洞穴业余爱好者对洞穴内的独特生境和生物生活型的研究——洞穴生物学（Biospeleology），有重大贡献。在已知洞穴中，至今尚未进行过生物调查的占90%以上，此外世界上大约还有90%的洞穴未被发现。这一切都让洞穴成为一项前沿研究（见http://www.goodearthgraphics.com/virtcave/virtcave.html）。

独特且近乎封闭的洞穴生境，食物链简单，自给型生态系统十分稳定。在完全黑暗的世界中，细菌利用无机物合成有机化合物以维持洞穴内各种生物的生存，包括藻类、小型无脊椎动物、两栖动物和鱼类。这是一种基于化学能合成的食物网。

1986年，在罗马尼亚东南部的莫维里的洞穴中发现了无脊椎动物。上百万年以来，这些动物已适应了不见阳光的洞穴环境，其中有31种洞穴动物是新物种。在没有光的环境下，以硫代谢为生的细菌维系着莫维里洞穴的生态系统，因为这种细菌可以利用氧化过程中的能量合成有机物。这些化学自养细菌供养着其他细菌和真菌，进而又供养了洞穴动物。在一些洞穴中，硫细菌产生的硫酸化合物可能对化学风化过程具有重要作用。

13.4　块体运动过程

在哥伦比亚中央山脉的二十多座休眠（未熄灭，有时活跃）火山中，最北边的内华达德鲁兹火山在过去的3 000年间喷发过6次，距今最近的一次喷发是1845年，当时造成了1 000人死亡。1985年11月，这座火山在持续了1年的地震与谐波震颤（包括东北侧的隆起增长和数月来的山顶小规模喷发）之后，终于在1985年11月13日晚11时从侧面开始猛烈喷发。这座火山复活了。

这个夜晚，问题的严重性不在于常见的

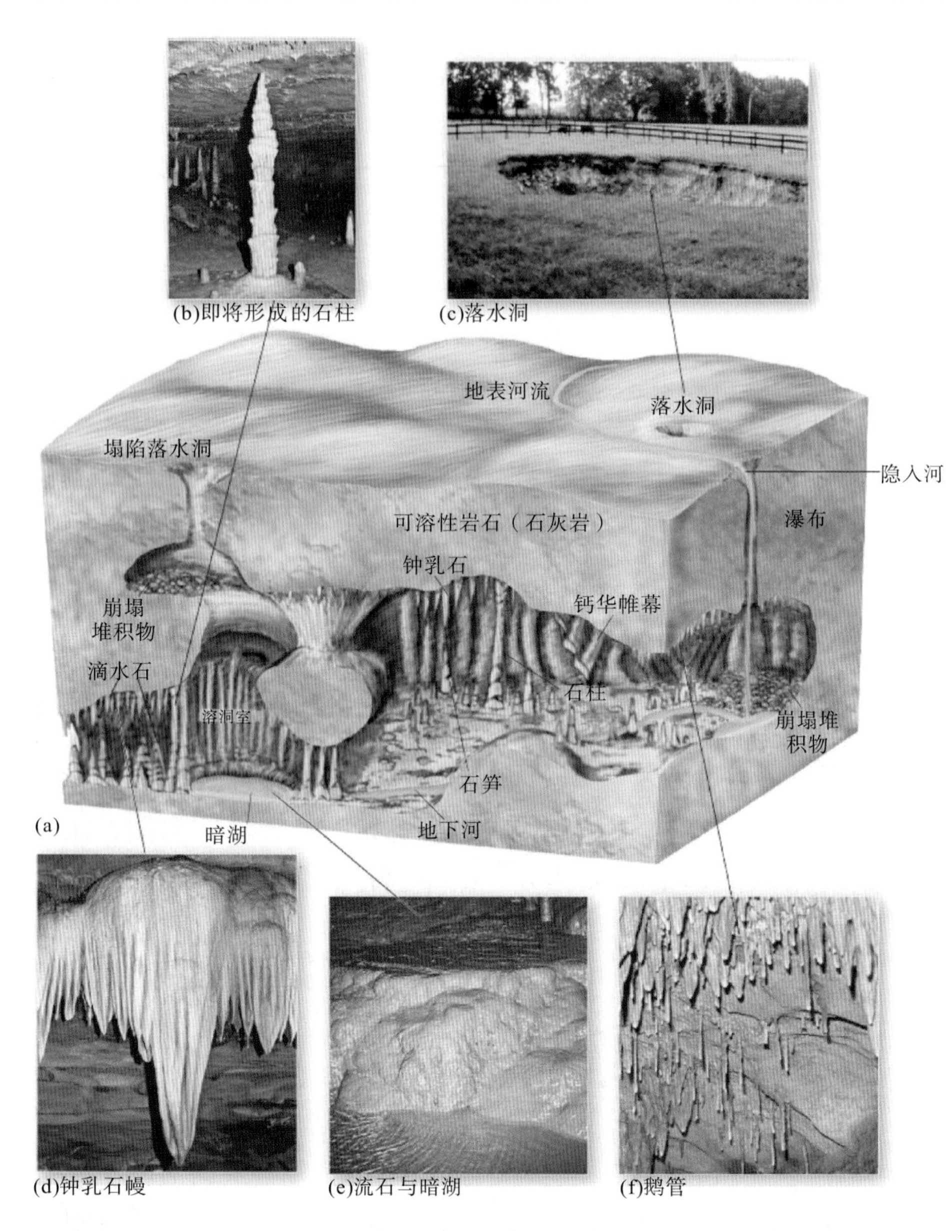

图13.21 溶洞特征

注：（a）石灰岩地下溶洞及其相关形态；（b）石柱是溶洞顶部的钟乳石与洞底生长的石笋连接形成的，图中石笋即将触到洞顶；（c）佛罗里达州牧场中的一个与地下石灰岩溶洞相连的落水洞；（d）、（e）和（f）为洞穴中产生的化学沉淀；照片摄于美国印第安纳州马伦戈洞穴（见本书**地学报告13.4**）。［（c）Thomas M.Scott，佛罗里达地质调查局；（b）、（d）、（e）和（f）Bobbé Christopherson］

地学报告13.3 人为原因形成的落水洞

布什基尔小溪自荷克利斯矿区顺流而下。2000年以来沿着这条溪流已有几十个落水洞发生了塌陷。地面塌陷摧毁了美国宾夕法尼亚州33号公路上的一座桥梁，并对该州北安普顿县斯多克镇周边社区造成了威胁。落水洞发育与地下水位下降有关，而地下水位下降又与附近矿区不断抽取地下水有关。这条高速公路干道于2006年又建了一座新桥梁。一些市民为了减少地表塌陷，对矿区经营者进行了施压和谴责，但结果尚未可知。

火山碎屑、熔岩和爆炸；而是高温炽热造成的冰雪迅速融化。这些融水与泥石和火山灰混合在一起，形成的高温泥石流沿山坡倾泻而下。这种流体称作火山泥流（Lahar，该词为印度尼西亚语），是指源于火山的泥石流。这一火山泥流冲入拉古尼拉河，并涌向下游村庄。当泥流到达一个有25 000人口的区域城镇——阿麦罗城时，泥流变成了一道至少40m高的泥流墙，当火山泥流掩埋这座城市时，城市正在睡梦中。这次灾难造成了2.3万人死亡，数千人受伤，整个地区有6万人失去了家园。这片火山碎屑流变成了遇难者的墓地。但不是所有的块体运动都具有破坏性——圣海伦斯火山喷发也会产生泥流，但对人类造成的破坏不大。这种过程对景观剥蚀具有重要作用。

更多有关块体运动的风险和滑坡信息，参见科罗拉多大学波尔得分校自然灾害中心网址（http://www.colorado.edu/hazards/），或USGS滑坡自然灾害网页（http://www.usgs.gov/hazards/landslides/）；后者“滑坡相关新闻”栏目中，有许多关于重大块体运动事件的报道。

13.4.1 块体运动的机制

地表岩石在物理和化学风化作用下，整体上变得疏松，从而更利于重力作用。**块体运动**（mass movement）是指地表某单元物质在以重力为主的作用下以一定的速度发生位置移动，具有连续的系列过程。（如上述的火山泥流）。因此，块体运动既可以发生于陆地地表，也可以发生于海底。就块体运动而言，分布范围从干旱区到湿润区，移动速度从慢到快，尺度从大到小，运动形式从自由下落到间歇性地缓慢移动。

块体运动有时作为**物质坡移**（mass wasting）的替代术语。物质坡移是指块体运动和景观侵蚀中的一般过程。将这两个概念结合起来，可以说：块体运动产生的坡移物质为侵蚀、搬运和沉积过程提供了物质原料。

坡地作用 坡地上的所有块体运动都受重力影响。当我们在沙滩上堆积干沙时，沙粒会下滑直至达到均衡状态，此时的沙堆坡度角取决于沙粒大小和质地，被称作**休止角**（angle of repose）。休止角是下滑力（重力）与抵抗力（摩擦力和剪切力）之间的一种平衡状态。大多数物质的休止角为33°～37°（水平夹角），而雪崩坡地的休止角则在30°～50°。

块体运动的驱动力是重力。事实上，块体运动是在重力与其他因子共同作用下发生的。这些因子包括：地表物质的重量、大小、形状；坡地的陡度（大于休止角的程度）；水的含量和形态（冻结或液态）。坡地越陡，就越容易发生物质坡移。

抵抗力（阻力）是指坡面物质的抗剪切强度，即物质的聚合力和内摩擦力。它的作用是抵抗重力和物质坡移。抗剪切强度减小就相当于剪应力增大，当重力最终达到摩擦力临界点以上时，就会触发坡面物质下滑。

黏土、页岩和泥岩易产生水合作用（水产生的物理膨胀）。如果这些物质在坡地岩层之下，即使驱动力不大也会造成物质坡移。这是因为黏土面浸湿后，会在移动方向上发生缓慢变形；当黏土中水分达到饱和时，则会变成黏性流体。这些都会使其抗剪切强度（运动阻力）减弱，从而难以维持坡地稳定。反之，如果岩层物质能够抵抗坡面滑动，则需要更大的能量才能驱动物质坡移，如地震产生的能量。

麦迪逊河谷滑坡　在美国蒙大拿州的西黄石镇附近的麦迪逊河谷中，一块白云岩（一种富含镁的碳酸盐岩石）阻塞岩体使下切很深的风化陡坡（40°～60°的坡角）维系了若干个世纪（图13.22中的白色区域）。然而，1959年8月17日午夜刚过，一次里氏7.5级的地震摧毁了这个白云岩岩体的坡底，导致$3.2\times10^7m^3$的山体以95km/h的速度倾泻而下，产生的狂风穿越整个峡谷，巨大的动量把崩塌物质推移至峡谷对岸120m高处，80m高的岩石困住了数百名露营者，造成了28人死亡。

滑坡体产生的坝体挡住了麦迪逊河，形成了堰塞湖。这个碎屑物构成的坝体给峡谷创建了一个临时基准面。为了防止大坝垮塌造成下游洪灾，美军陆军工程部

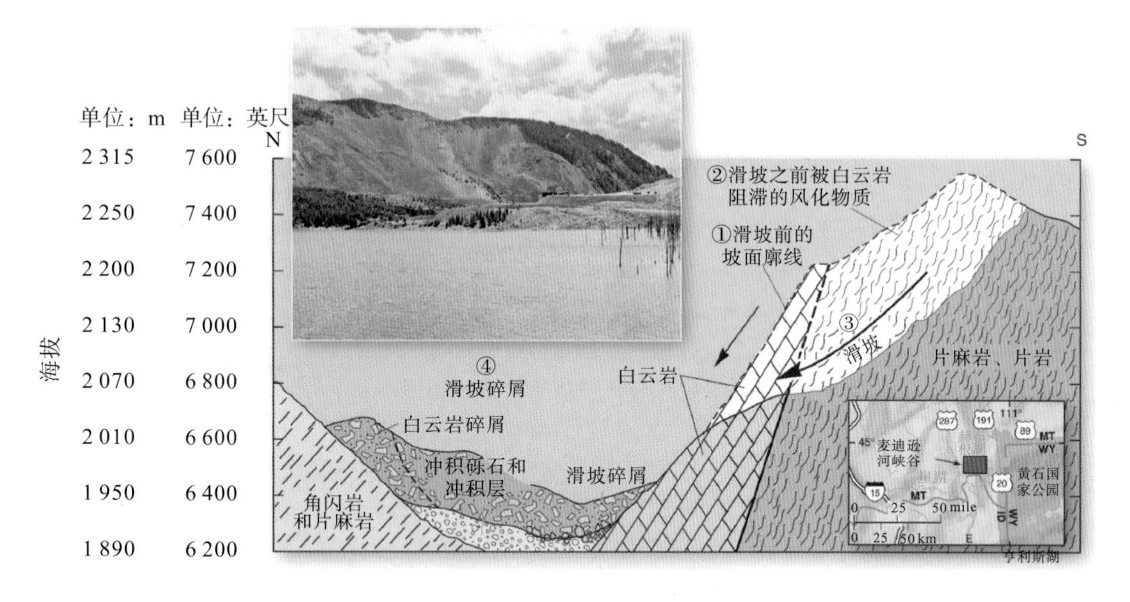

图13.22　麦迪逊河的滑坡

注：美国蒙大拿州的麦迪逊河谷的地质构造剖面图；1959年的地震在这里引发了一次滑坡：①震前，坡地轮廓；②不稳定风化岩体；③滑坡移动方向；④滑坡体的碎屑物阻塞了峡谷，从而形成了滑坡坝，请见嵌入照片。［USGS.专题论文435-K，1959年8月，第115页；照片，Bobbé Christopherson］

地学报告13.4　业余爱好者的洞穴发现

19世纪40年代，在美国印第安纳州的贝德佛德镇西南部，有个叫乔治·科尔格莱齐尔的农民。一天醒来，他发现田间蓄水池塌陷落入一个很深的塌陷落水洞（天坑）底部。如今这个天坑已成为一个大洞穴的入口，该洞穴十分开阔以至于能容纳一条可通航的地下河。

对洞穴进行探索和科学研究的学科称作洞穴学。除了专业的物理和生物学家对洞穴开展调查研究之外，很多重大发现都来自于业余洞穴研究者或“洞穴探勘者”。

神秘诡异且富有刺激性的洞穴探索，是在变幻莫测的地下暗道中进行的。洞穴内部景观：时而为巨大的洞室，时而空间窄得只能爬行通过，许多景象形态奇特，而水下景象则只有潜水员才能看到。企业财团和业余探险爱好者发现了很多大洞穴。事实上，洞穴探索这种大众科学（或运动）一直很活跃。全球有上千个相关信息网页，见http://www.cbel.com/speleology。

队很快就在坝体上开掘了一个导水槽；否则，当堰塞湖水面漫过滑坡坝时，坝体就会受到湖水冲蚀而崩溃，一旦如此，全部湖水将倾泻到下游农业区。

中国四川省2008年发生的5.12汶川地震（里氏7.9级）产生了100多个这样的滑坡体。这时工程人员优先考虑的问题是对高风险的堰塞体开掘导流槽，安县茶坪河上的滑坡坝就是一个例证。

13.4.2　块体运动的类型

当块体承受的重力达到它的临界剪切破裂点——地貌阈值时，才能发生块体运动。块体运动包括坠落、滑坡、流动和蠕移四种形式。图13.23概括了这些类型，注意图形边侧标注的温度和水分，它们反映了水分状况与移动速率之间的关系。麦迪逊河谷的块体运动类型属于滑动，而前面提到的内华达德鲁兹火山泥流则属于流动。下面说明块体运动的具体类型。

坠落和崩塌　这类块体运动包括岩崩和岩屑崩落。**岩崩**（rock fall）是指岩体突然坠落时不接触地面，落地时对地表造成撞击的块体运动。发生岩崩时，散落的岩块坠在陡坡基部形成独立的**锥形堆**（又称倒石锥），岩屑坡上的锥形堆是由不规则的碎岩块构成的，图13.24中几个连在一起的倒石堆。

岩屑崩落（debris avalanche）是指大量物质（包括岩石、岩屑和土壤）的坠落和滚落。它既不同于慢速移动的岩屑滑动，也不同于汹涌快速的滑坡。它的移动速度常常取决于冰或水对碎屑物的液化作用。岩屑崩落的最大

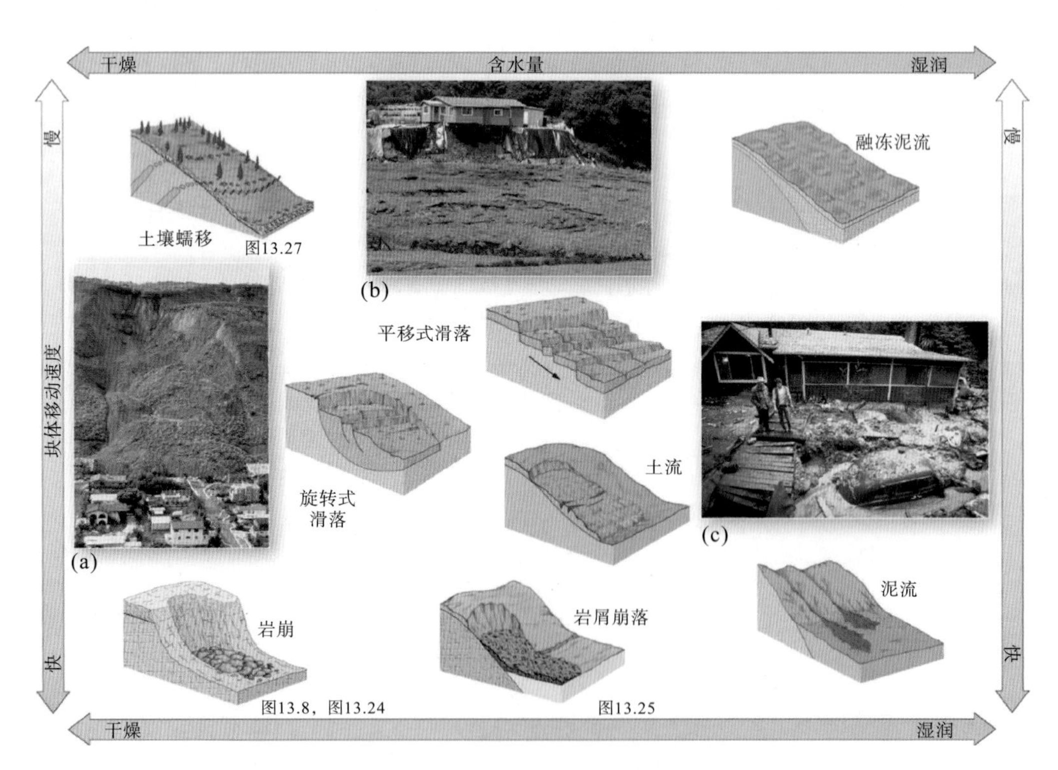

图13.23　块体运动的类型

注：块体运动和物质坡移的主要类型，因水分含量和移动速度差异而塑造不同的形态。（a）1995年，美国加利福尼亚州的拉孔奇塔社区发生的一次滑坡；2005年同一地点又发生了一次泥石流；（b）在加利福尼亚州的圣克鲁兹，坡地水分达到饱和后出现的滑动；（c）同样是圣克鲁兹地区，2m深的泥流。［（a）Robert L.Schuster/USGS；（b）Alexander Lowry/Photo Researchers，Inc；（c）James A.Sugar］

图13.24　岩屑坡

注：东北地道岛上的杜弗（Duve）峡湾，落石和岩屑堆积于陡坡基部；三个倒石堆来自上方的浅色岩层。［Bobbé Christopherson］

图13.25　岩屑崩落——秘鲁

注：1970年在秘鲁瓦斯卡兰的西侧发生了一次岩屑崩落，碎屑向下坠落了4 100m高度，掩埋了永盖市（Yungay）；1962年，前哥伦比亚时期这里也发生过类似的崩落事件；未来，潜在的大规模块体运动仍对山谷城镇有威胁。［George Plafker］

危险在于其移动速度极快，且没有征兆。

秘鲁安第斯山脉的最高峰内瓦多瓦斯卡兰峰西侧于1962年和1970年发生了严重的岩屑崩落事件。据估测：1962年的岩屑崩落，其体积约$1.3\times10^7m^3$，掩埋了Ranrahirca等8个城镇，造成4 000人死亡。1970年的岩屑崩落（图13.25）是由一场地震引发的，崩落产生的碎屑物超过了$1.0\times10^8m^3$，移动速度高达300km/h，掩埋了永盖市（Yungay），造成1.8万人死亡。

滑坡　水分未饱和的风化层或岩床聚合成的大块物体突然发生的整体下滑和快速移动现象就是**滑坡**（Landslide）——大量物质同时滑落的过程。由于坡地均衡状态是被重力突然打破的，所以滑坡具有突发危险。**专题探讨13.1**叙述的惊人事件，就是1963年在意大利隆加罗内附近发生的滑坡。

为了消除滑坡带来的突发威胁，科学家利用全球定位系统（global positioning system, GPS）监测滑坡移动。在监测区域，用GPS监测地面轻微移动，以此获取可能发生物质坡移的线索。日本有两个地方，GPS在滑坡之前监测到了速度为2～5cm/a的物质移动，这些信息引起了人们对滑坡风险的高度警觉。

滑坡有平移式和旋转式滑坡两种基本形式（见图13.23中的理想模式）。平移式滑坡是指大致平行于坡面无旋转的滑动。前面提到的麦迪逊峡谷滑坡就是平移式滑坡。事实上，流动和蠕移这两种形式也属于平移式滑动。

判断与思考13.2　潜在的滑坡风险

USGS已完成了美国本土的滑坡灾害潜在风险分布图，可通过网页https://www.usgs.gov/hazards/landslides查看。注意：网页放大功能可用于查看各区域详情。图例指示了滑坡等级和易发性。图中对滑坡是怎样描绘的？图中用什么方法评估一个地区滑坡的易发性？找一个你了解的地方，评估它的脆弱性。你所在的校园，是否存在这种风险？

当坡面物质沿着凹形坡滑动时，其滑坡形式称作旋转式滑坡。通常，对渗透水而言，下伏黏土层是不透水层；当地下渗透水沿黏土层表面流动时，会掏蚀上覆地层。这种滑动面可以造成单体旋转滑动，也可以产生阶梯状滑落。持续的旋转式泥流给美国加利福尼亚州的拉孔奇塔社区带来了灾难［图13.23（a）］。数千年以来，这一区域一直不稳定：1995年的一次滑坡掩埋了许多家园；2005年1月，紧随暴雨之后的一次泥流事件掩埋了30栋房屋、夺走了10条生命。

流动　流动包括土流（Earthflow）及流动性更强的**泥流**（Mudflow）。如果移动物质中的水分含量高，就可以使用“流”来描述（图13.23）。当暴雨浸透裸露的山坡时，就会发生坡地移动，如1925年春天发生在美国怀俄明州的杰克逊霍尔山谷东部的土流。如图13.26所示，格若斯·维崔河上游的松散物质整体向坡下滑落，坡移物质的水分含量很大，足以划类为土流。这次事件的起因是下伏岩层（页岩和沙泥岩）变得湿润松软后，导致上覆砂岩层滑动阻力变小。

这次土流约有$3.7 \times 10^7 m^3$的湿岩土从峡谷一侧滑下，涌至峡谷另一侧30m高的地方。土流拦截河流形了一个堰塞湖，如1959年美国赫布根湖地区的麦迪逊河谷滑坡一样。凭借当时（1925年）的设备条件根本无法开掘泄洪导流槽，湖中蓄满了水；两年之后，湖水冲垮了土流形成的湖堤，湖水携带着大量碎屑物冲向下游。

蠕移　以持续渐进方式移动的表层土壤，称为**土壤蠕移**（soil creep）。蠕移过程中，单个土粒受到抬升和扰动作用，这是土壤水分的冻结膨胀、干湿交替、昼夜温差、牲畜放牧和动物挖掘等因素造成的。

在冻融交替过程中，水分冻结使坡面上的土粒直角抬升（图13.27）；融化时，颗粒在重力作用下垂直向下降落。这一过程循环往复，造成表层土壤沿坡面向下缓慢蠕移。

坡地整体蠕移的面积可能很大，进而导致围栏桩、电线杆和树木向坡下倾斜。为了阻止坡地上的块体运动，人类采用了各种措施：减缓坡度、修建梯田、建设挡土墙和增加植被，但持续的蠕移运动常使这些措施可能变得无效。

13.4.3　人为块体运动（地表破碎化）

人类对坡地的扰动，包括路堑挖掘、露天采矿、购物中心建设、房地产开发等，这些都会加速物质坡移运动（这些不稳定的陡峭坡地正处于新的均衡调节期）观察图12.9（b）中的路堑断面，想一想它与坡地非均衡状态的联系。

图13.26　美国怀俄明州的杰克逊霍尔附近，格若斯·维崔河发生的土流

注：90多年过去了，1925年的土流遗迹仍清晰可见。［Steven K.Huhtala］

大型露天矿坑属于人为块体运动，通常造成**地表破碎化**（Scarification）。例如，美国盐湖城西部的宾厄姆峡谷铜矿、蒙大拿州布特市已停采的伯克利露天矿、巴西雨林中的几处铁矿、美国东西部的许多大型露天煤矿（如布莱克梅萨煤矿）等。就伯克利矿坑来说，其有毒排水已对区域地下含水层、克拉克福克河及当地的淡水供应造成了威胁。如今这里的铜、锌、铅、砷等残留物已使一条溪流失去生机，残留物还进入到布特山的土壤中，而这里是孩子们经常玩耍的地方。在美国西部一些区域，出现的特殊问题是风力对放射性铀尾矿的传播。

美国宾汉谷峡谷铜矿自1906年露天开采以来，整座矿山被全部挖掉，形成了一个宽4km，深1.2km的巨大深坑［图13.29（a）］。它无疑是地球上最大的人造坑穴，这个矿区每天矿石开采量达50万吨，矿石中含有铜、金、银和钼元素。无论哪一座矿山，尾矿（价值较小的矿石）及其废物处理都是大问题。这种大规模采掘制造的尾矿堆不稳定，而且易发生风化、块体运动、物质坡移，甚至被风力吹蚀传播。从尾矿和废料堆中渗出的有毒物质，给河流、含水层及公共健康带来的问题也越来越多。

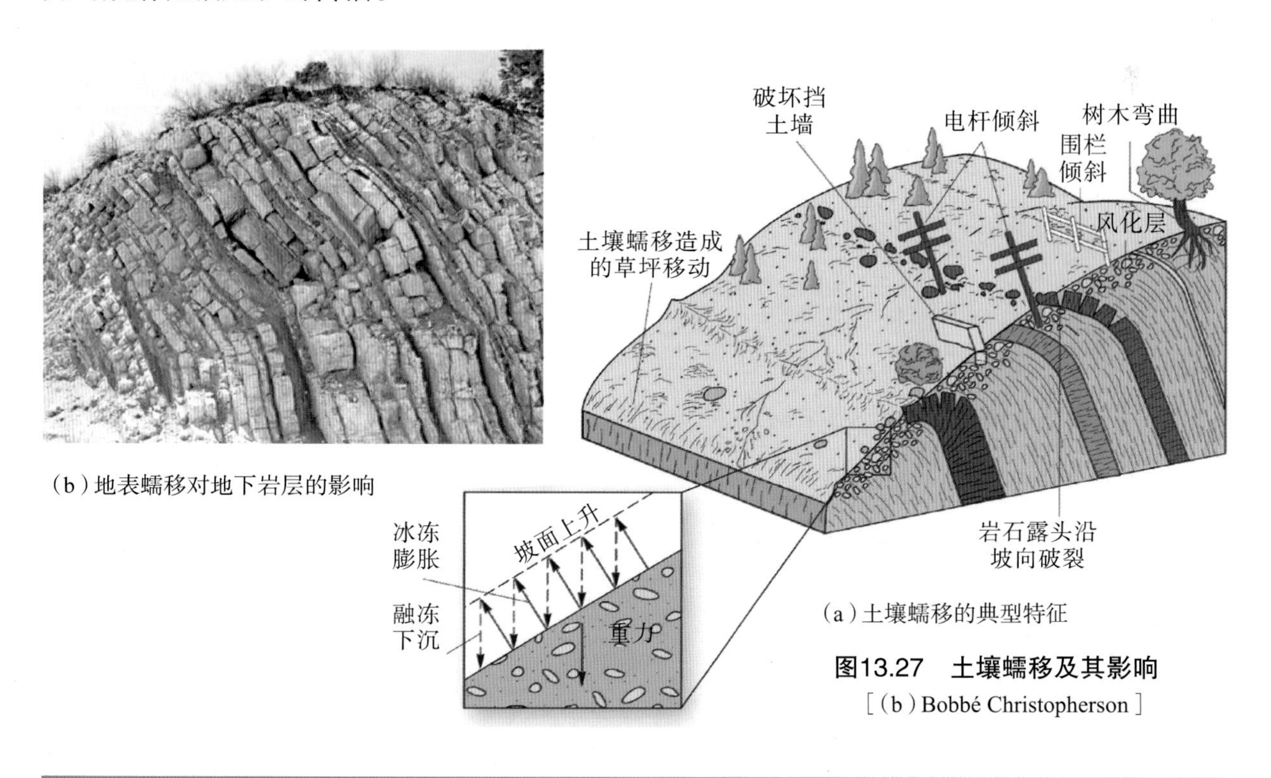

（b）地表蠕移对地下岩层的影响

（a）土壤蠕移的典型特征

图13.27 土壤蠕移及其影响

［（b）Bobbé Christopherson］

地学报告13.5 美化景观：灌溉造成的滑坡

2007年10月，块体运动袭击了美国加利福尼亚州的拉霍亚富人社区，沿索莱达山公路损坏了100多个家园。滑坡顺着山坡整体旋转式地从公路底部滑落下来，造成了天坑一样的塌陷。该区域原本就不稳定，自1961年起发生过三次垮塌，而这一次在7月份就出现了早期征兆。房主大量浇灌草坪和花园，相当于不断地给下伏地层提供排水径流，其后果是使滑落面变得更润滑、地层更不稳定。对于这种不稳定的坡地区域，很难想象房屋地基的填挖标准规范竟然能在建设区划阶段被审核通过。

专题探讨13.1　瓦伊昂水库造成的滑坡灾难

地点：意大利东北部，阿尔卑斯山脉的瓦伊昂峡谷，地势崎岖，海拔680m。

位置：42.3° N，12.3° E，靠近威尼托与弗留利–威尼斯·朱利亚的边界。

环境状况：地处该区域的中心位置，是水力发电的一个理想地址。

坝址：岸陡、狭窄、冰蚀峡谷，河流出山口敞向西部低地，人口密集；这里是深库容、窄顶高坝的理想坝址。

工程计划：世界上第二高的大坝建筑，高262m；采用了一种新的薄拱形坝体设计，坝顶长度为190m，拦蓄库容水量1.50亿m^3（世界第三大水库），用于水电供应。

地质分析：

（1）峡谷壁陡峭，由石灰岩和页岩相间组成；裂隙发达、岩层变形严重；页岩中的裂缝开口朝库体方向倾斜。陡峭的峡谷壁使岩石构造动力（重力）加重。

（2）水库蓄水时，就岸壁储水（峡谷壁吸收水量）来说，库区的高水位迫使库水向两岸渗流补给地下水，所有岩层都要承受增加的水压。

（3）页岩岩床性质：当岩层中的黏土矿物趋于水分饱和时，页岩聚合力会减小。

（4）在峡谷北岸，有过去的岩崩和滑坡证据。

（5）在峡谷南岸，有发生过蠕移的证据。

政策/工程决策：开始设计和修建薄拱水坝。

修建和蓄水过程中的事件：为了加固断裂岩层，工程人员像牙医一样向岩床

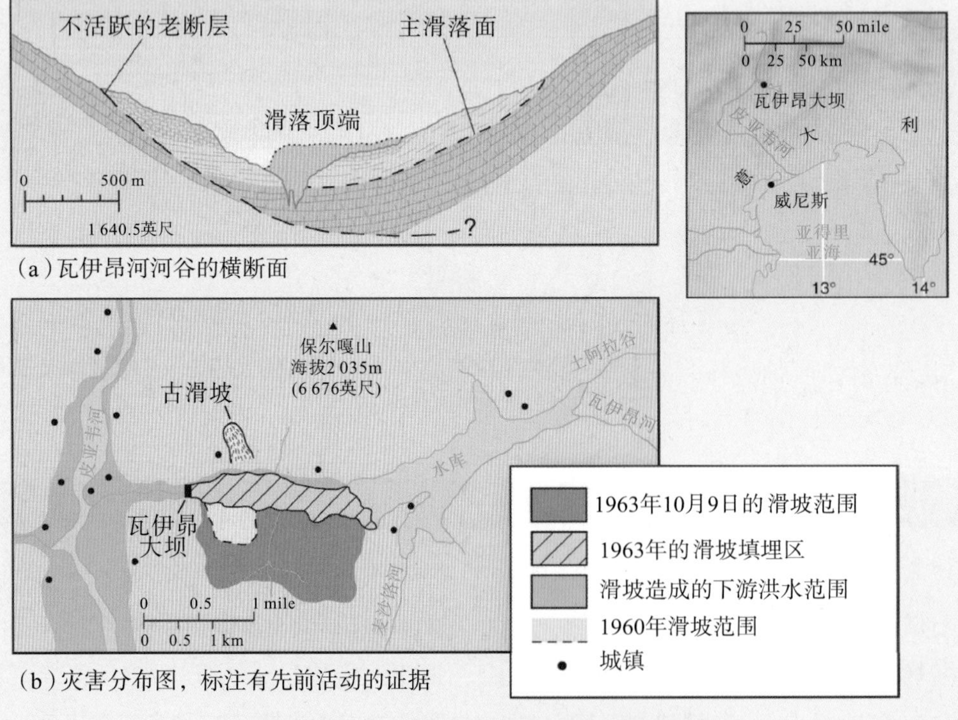

（a）瓦伊昂河河谷的横断面

（b）灾害分布图，标注有先前活动的证据

图13.28　瓦伊昂（Vaiont）水库滑坡灾害

［改编于：Kiersch G A. 1964. The vaiont reservoir disaster [J]. Mineral Information Service (California Division of Mines and Geology), 18, (7): 129-138.］

中注入大量混凝土。1960年，水库蓄水期间，有70万m^3的岩土物质从南岸滑入水库。稍后，整个南岸的坡地物质开始蠕移，1963年1月蠕移速度增加到大约1cm/周。蠕移速率随着水库水位上升而增加。1963年9月中旬，蠕移速率超过40cm/天。

上述一系列事件给历史上最严重的大坝决堤埋下了隐患。强降雨开始于1963年9月28日。降雨产生的径流进入水库，加速了峡谷南岸的蠕移速率，这是警告信号。工程人员于同年10月8日打开排水通道，试图降低库区水位，但已经太晚了！

1963年10月9日傍晚，2.4亿m^3的滑坡体在30s内冲入水库，震动了全欧洲的地震仪。一个厚150m，面积为2km × 1.6km的巨型山体突然滑落下来，产生了巨大的冲击波，库中水体向上游峡谷涌进了2km，掀起的波浪高出大坝100m。库区完全被岩床物质、风化层和泥土填满，库容几乎被整体替换（图13.28）。令人惊讶的是，测试中的大坝却保留了下来。

下游地区，在皮亚韦（Piave）河上的瓦伊昂峡谷出山口附近，毫无戒备的隆加罗内镇，人们尽管听到了远处的隆隆声，但迅速就被冲出峡谷高达69m的水浪所淹没。那个夜晚死亡了3 000人。作为这一灾难事件的教训或认识，我们需要重读上面讲述的地质分析。灾难之后，意大利法院起诉了相关责任人。

对于常见的地下采矿，特别是像阿巴拉契亚山脉这样的煤矿开采，地面的沉降和塌陷也会发展成为块体运动。它们会对住宅、公路、河流、水井和物业财产等造成严重影响。还有一种有争议的采矿形式，称作山巅移除法（mountaintop removal）。这种方法为了露天采煤和河道填积，把山脊和山顶挖掉，并将碎屑物倒入河谷。2002年美国修改了《清洁水法案》，删除了一条已经实施了20年的限制条款，即：禁止在河流100英尺范围内倾倒碎屑物以保护河流。河谷填积影响着下游水质，通常其中潜在有毒物质（镍、铅、镉、铁、硒）的浓度都超过了政府的规定标准。正如本章当今地表系统所述的那样：当煤灰泥浆阻挡墙倒塌时，河谷填积物垮塌就会造成灾难。

图13.29（b）是美国西弗吉尼亚州应用山巅移除法开采凯福德山的航拍景观。在图13.29（b）中心偏左处，有一台20层楼高的拉铲式挖掘机；图13.29（b）背景中，火烧清理出了一些空地，准备用于小片恢复用地；然而，做到恢复却很困难，因为原始景观已基本消失殆尽。如图13.29（c）所示，约有2 000km长的河道已被尾矿填积，采矿占用了12万英亩的土地，削平了500座山体。

煤矿企业申购土地的恢复状况很难核实，因为得到“恢复”的破碎化土地还不到10%。这意味着企业违背土地利用规范，把应当“保持原始状态”的土地，转化成了“经济用途”。2010年，对美国肯塔基州、西弗吉尼亚州、弗吉尼亚州和田纳西州的410个矿址调查表明：有336处的土地恢复未达标，26处在某种程度上表现为后矿业经济发展模式（见Ross Geredien，山巅移除开采后的矿区恢复……［The Natural Resources Defense Council, New York, NY, December 7, 2009］）。

在美国宾夕法尼亚州东部，板岩矿床形成于数百万年前。彭阿吉尔（Pen Argyl）的达利板岩采石场，现在正在开采第二个矿

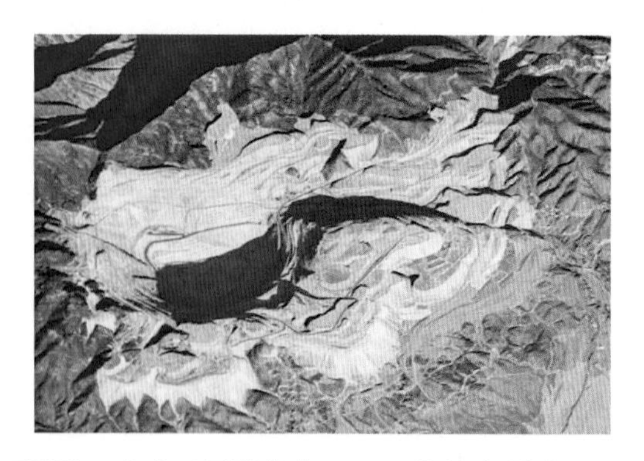

（a）犹他州盐湖城西部的宾汉谷露天铜矿区，左为地面照片，右为卫星影像［NASA国际空间站］

（b）凯福德山山顶被山巅移除采矿方式削平

（c）西弗吉尼亚州南部某一煤矿的尾矿堆

（d）矿坑深达55m的达利板岩采石场［摄于宾夕法尼亚州的彭阿吉尔（Pen Argyl）］

图13.29　地表破碎化（Scarification）
［（b）Dr.Chris Mayda，东密歇根大学，版权保留；（a）和（d）Bobbé Christopherson；（c）作者］

坑，矿坑深度55m［图13.29（d）］。开采的变质岩石板，由于劈理面平坦，开采起来很方便，采出的板岩可作为墙面板或工作台面板。当地已把第一个采石场转变为垃圾填埋场，使矿坑得到了实际利用。

为了对比自然剥蚀过程，科学家对人为块体运动的规模进行了估算。地质学家罗伯特·霍克（R.L.Hooke）曾估算过美国用于房屋建筑、矿物开采（三类用量最大——石材、砂石料、煤）、公路建设的采掘量；然后，依据国内生产总值、能源消费量、农业的河流输沙作用，按照比例推算了各个国家的土石搬运量，由此得出了全球人类制造的土石移动量。后来，研究人员对霍克的研究结果进行了证实和改进。

可以将人类活动看作为一种地貌营力，罗伯特·霍克对全世界20世纪90年代初期的这种地表搬运量做过估算，即400亿～450亿t/a。作为对比：天然河流的沉积物搬运量为140亿t/a，曲流的移动物质量390亿t/a，冰川搬运的物质量43亿t/a，波浪及其侵蚀产生的物质移动量12.5亿t/a，风力搬运的物质量10亿t/a，大陆和海洋造山运动产生的沉积物移动量340亿t/a，深海沉降的物质量70亿t/a。由此，罗伯特·霍克对人类的作用总结如下：

智人已成为一种重要的地貌营力。这包括人类无意中造成的河流输沙量增加及地表景观中看得见的人类作用，必须承认一个事实：无论好坏，生物地貌营力或许是当代首要的地貌营力*。

* Hooke R L. 1994. On the efficacy of humans as geomorphic agents[J]. GSA Today (The Geological Society of America), 4, 9 (September): 217–226.

2000年，罗伯特·霍克博士在另一篇相关主题的论文中提出了一个重要问题："有人可能会问，这种（人类的地貌作用）增长速度能持续多久？它是合理行为，还是会把人类带入灭亡的大灾难？"**

** Hooke R L . 2000. On the history of humans as geomorphic agents[J]. Geology, 28, 9 (September): 843–846.

地表系统链接

陆地剥蚀和坡地形态是外营力过程的核心。岩石的物理化学风化、石灰岩景观的溶蚀及块体运动，都是侵蚀搬运的物质来源。下一章将讲述流水过程中形成的河流系统及其地貌。作用于侵蚀和沉积过程中的其他营力，包括运动中的水、风、波浪，还有海岸和冰的作用，将在接下来的四个章节中分别讲述。

13.5　总结与复习

■ 详述地貌学的定义

地貌学是一门关于地形起源、演化、形成及空间分布的学科。由太阳能和重力驱动的外营力系统，通过陆地**剥蚀**过程对地表景观发挥夷平作用。剥蚀过程包括风化、块体运动、侵蚀、搬运和沉积。在风化过程中，不同岩层的抗蚀性有差异，体现在景观上称作**差异风化**。

剥蚀作用的动力介质包括：气流、水流、波浪和冰。20世纪60年代，人们对剥蚀过程的研究和理解转向**动态均衡模式**，该模式认为：坡地和地形稳定性是岩石抵抗剥蚀过程的结果。

地貌学（425页）
剥蚀作用（425页）
差异风化（426页）
动态均衡模式（426页）

1. 详述地貌学的定义，阐述它与自然地理学的关系。

2. 详述陆地剥蚀的定义。这一概念包含哪些过程？

3. 岩石结构的抗蚀性与差异风化之间有什么关系？

4. 图13.2中，地貌形态是如何形成的？

5.动态均衡模式主要考虑了哪些因素？

■　**图解坡地物质所受的作用力。**

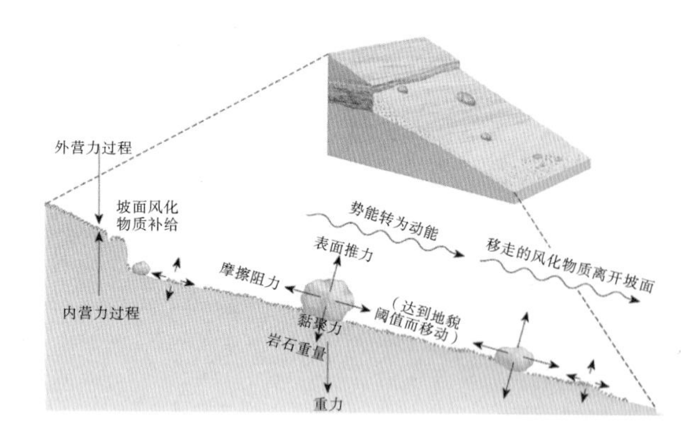

风化速率与坡积物破裂，再加上块体运动速度与物质侵蚀，共同塑造了坡地系统。在与重力抗争的过程中，坡地会达到某个**地貌阈值**——能量克服阻力开始运动的临界点。通常，构成地貌边界的**坡地**具有以下几个组成部分：凸形坡、自由面、碎屑坡和凹形坡。坡地在各种作用力之间寻找一个均衡角。

地貌阈值（426页）

坡地（427页）

6.描述一个恰好处于地貌阈值的坡地环境条件。哪些因子可能会打破坡地的阈值？

7.给出上述坡地所有发挥作用的变量，你认为该景观曾经达到过稳定状态吗？当时的环境条件如何？请解释。

8.理想化的坡地通常有哪几个组成部分？

9.解释坡地均衡角的含义。在图13.3中，你会应用这一概念吗？

■　**详述风化作用定义，解释母岩、节理和断裂在岩体中的重要性。**

风化过程把地表和地下岩石分解为矿物颗粒或溶解于水中。上层地表物质不断遭受风化作用，产生的破碎岩石层称作**风化层**。风化的**基岩**是形成风化层的母岩。由风化作用发展而来的未胶结的松散岩屑物质称作**沉积物**。沉积物与风化岩石共同构成土壤发育**母质**。

岩石中的**节理**——破裂和裂隙，在风化过程中很重要。节理造成岩石表面张开，使风化过程得以进行。影响风化的因子包括：基岩性质（坚硬或脆弱、可溶解或不可溶解、破碎或未破碎）、气候因素（气温、降水、冻融交替）、地下水位高低、坡地方位、地表植被及其根系、作用时间。

风化过程（428页）

风化层（428页）

基岩（428页）

沉积物（428页）

母质（428页）

节理（428页）

10.描述广阔基岩地区的风化过程。风化层是怎样发育的？沉积物是怎样产生的？

11.风化活动速率与中尺度气候条件有什么关系？描述小气候条件下的风化过程。

12.母岩、母质、风化层及土壤之间的关系是什么？

13.节理在风化过程中的作用是什么？从本章的插图中找一个例子。

■ **描述冻融作用、晶体生长、解压节理及结冰在物理风化过程中的作用。**

物理风化是指岩石被破裂成更小的碎块，但矿物化学成分未发生改变的过程。当水发生冻结（膨胀）和融化（收缩）时，水的物理作用就变成了塑造景观形态的强大动力。在**冻融作用**下，任何岩石都会发生破裂；如果是岩石节理，膨胀的冰则以冰楔方式造成节理块崩解（joint-block separation）。盐晶增长（盐风化）是另一种物理风化作用。盐结晶过程中，岩石中的晶体随时间推移而不断增大，最后导致矿物颗粒分离和岩石崩解。

当花岗岩基岩的上覆岩层被移除时，深层岩体承受的重压得以释放。花岗岩以解压节理的方式作为缓慢回应，导致一层层的岩片从曲面状的岩块和板岩上剥落下来。在**层状剥落**过程中，这些花岗岩块被逐层剥离风化。这种叶状剥落过程塑造了拱状和穹状的裸地景观，有时形成**叶状剥落丘**。

物理风化（430页）
冻融作用（430页）
片状剥落（432页）
叶状剥落丘（432页）

14. 何谓物理风化？举例说明。

15. 结冰对物理风化而言是一种有效因子，为什么这样说？

16. 花岗岩穹状构造是哪种风化过程塑造的？叙述该塑造过程的先后次序。

■ **描述矿物在不同化学风化过程中的差异，包括水合作用、水解作用、氧化作用、碳酸化作用和溶蚀作用。**

化学风化是指岩石中矿物发生的化学分解。化学风化可产生**球状风化**，其风化过程发生于岩石裂缝中。当胶结物被清除后，岩石开始崩解且棱角被磨圆。

水合作用使矿物吸水发生膨胀。这种膨胀产生的强大机械力作用于岩石上，从而形成一种物理风化。**水解作用**是对岩石中硅酸盐矿物的分解，如长石通过化学风化可分解为黏土和二氧化硅。水在化学反应中很活跃。**氧化作用**是指氧与某些金属元素发生的化学反应，最常见的例子是铁锈——氧化铁。溶液对矿物的溶解也被看作化学风化，如雨水中的碳酸（一种弱酸）将造成**碳酸化作用**，即碳与某些矿物产生的相互结合（如钙、镁、钾、纳等）。

化学风化（433页）
球状风化（433页）
水合作用（434页）
水解作用（434页）
氧化作用（435页）
碳酸化作用（435页）

17. 什么是化学风化？与物理风化过程进行对比。

18. 什么是球状风化？它是怎样产生的？

19. 什么是水合作用、水解作用？这两种过程有什么区别？它们对岩石有什么影响？

20. 为什么岩石中的铁矿物易发生化学风化？这种风化作用关联的典型颜色是什么？

21. 碳化合物可与哪些矿物产生化学反应？在什么环境下，碳酸盐矿物会发生溶解？这种风化过程的名称是什么？

■ **回顾与喀斯特地貌相关的过程和特征。**

喀斯特地貌是指凹凸不平的、被风化的石灰岩景观。地面塌陷的圆形**落水洞**，可以扩展成为喀斯特谷地。落水洞穿过地下溶洞，洞顶坍塌后形成塌陷落水洞（天坑）。溶洞是岩溶过程与地下水侵蚀的一部分。石灰岩溶洞中形成了很多独特的侵蚀和沉积特征。

喀斯特地貌（436页）
落水洞（436页）

22. 描述石灰岩的地貌发育。这种景观叫什么？这一名称来自哪个地区？

23. 指出落水洞、喀斯特河谷及麻窝状喀斯特之间的区别。波多黎各的阿雷西博射电望远镜安装在上述哪一种地形上？

24. 美国印第安纳州的奥尔良西南地区的总体特征是什么？请描述？

25. 在石灰岩的溶洞中，有哪些独特的侵蚀和沉积特征。

■ **描述块体运动的类型，举例说明不同类型块体运动与含水率和移动速度的关系。**

受重力驱使和支配的物体运动，就是**块体运动**或**物质坡移**。坡面上松散沉积物颗粒的**休止角**是驱动力与阻力之间的一种平衡状态。地表的块体运动制造了一些惊人事件，包括**岩崩**（岩体坠落，松散碎岩在悬崖基部可堆积形成**岩屑坡**）；**岩屑崩落**（大量岩石、碎屑和土壤以滚落或坠落方式发生的快速移动）；**滑坡**（大量物质同时滑落）；**泥石流**（高水分含量的运动物质）；**土壤蠕移**（持续运动的单个土粒，颗粒抬升原因：土壤水分的冻结膨胀、干湿交替、温度变化，以及牲畜放牧影响等）。此外，为采矿和建筑活动还制造了大量的**地表破碎化**（填挖改造）景观。

块体运动（442页）
物质坡移（442页）
休止角（442页）
岩崩（444页）
岩屑坡（444页）

岩屑崩落（444页）
滑坡（445页）
泥流（446页）
土壤蠕移（446页）
地表破碎化（446页）

26. 使用休止角、驱动力、抵抗阻力和地貌阈值这些专业术语，详述坡地在块体运动中的作用。

27. 麦迪逊河谷在1959年发生了什么事件？

28. 块体运动是怎样分类的？简要描述各种类型，指出它们之间的区别。

29. 哪种类型的泥石流与火山喷发有关？说出名称。

30. 内瓦多瓦斯卡兰山发生的坡地块体运动与滑坡有何不同？请描述。

31. 什么是地表破碎化（Scarification）？它为什么被看作是一种块体运动？举几个例子。为什么说人类是一种重要的地貌营力？

掌握地理学

访问https://mlm.pearson.com/northamerica/masteringgeography/，它提供的资源包括：数字动画、卫星运行轨道、自学测验、抽题卡、可视词汇表、案例研究、职业链接、教材参考地图、RSS订阅和地表系统电子书；还有许多地理网站链接和丰富有趣的网络资源，可为本章学习提供有力的辅助支撑。

2010年10月4日，匈牙利西部发生了一次人为导致的块体运动，其后果是：氧化铝工厂的一个堆放有毒物质的储蓄池决堤了，强碱性泥浆（pH值为10.0）涌入河流，漫过房屋和田地。照片中心偏左处是巴拉顿湖以北的Devecser镇。储蓄池（红色）位值为于47° 6′ N，17° 28′ E。［EO-1影像，NASA］

第14章　河流系统与河流地貌

阿根廷首都布宜诺斯艾利斯附近的拉普拉塔河由巴拉那河和乌拉圭河汇合而成，其河口湾（Estuary）处大约210km宽，河水与海水相互混合，有时被误认为是海湾（Gulf）（图中，左上角远方的地平线）。河口处河水含有大量沉积物，使水体呈浅棕色。［Bobbé Christopherson］

重点概念

阅读完本章，你应该能够：

- **阐述**流水作用的定义，**解释**河流侵蚀、搬运、沉积过程。
- **构建**一个基础流域模型，**辨别**河网形态和内陆水系，并举例说明。
- **描述**河流的流速、水深、宽度和流量之间的关系。
- **构建**一个曲流模型，包括边滩、凹蚀岸、裁弯取直，并解释河流比降的作用。
- **详述**河漫滩的定义，**分析**洪水期间的河道。
- **区分**河流三角洲的类型，并分别予以**描述**。
- **解释**洪水概率估算，**评论**减轻洪灾风险的策略。

当今地表系统

美国华盛顿州艾尔华河大坝的拆除与鲑鱼保护

2010年8月的新闻报道开设新的专栏对美国华盛顿州艾尔华河的生态恢复进行了报道：在对水坝环境影响评价及水坝拆除建议的最后一次声明后，又过了14年，国家公园管理局才以2 700万美元的高额代价与蒙大拿建筑公司签订了拆除艾尔华河水坝和格莱恩斯峡谷水坝的合约。拆除工作定于2011年9月进行，它是迄今为止美国拆除的最大水坝。

与其他水坝拆除的原因一样，拆除艾尔华河大坝的目的是让艾尔华河恢复自由流动，并使5种太平洋鲑鱼洄游返回该流域。水坝拆除后，预计未来30年内鲑鱼数量将从3千条增加到39万条。1999年，缅因州奥古斯塔市的肯纳贝克（Kennebec）河上的爱德华兹（Edwards）水坝被拆除，这是第一个因生态问题而被拆除的水坝。之后，西鲱、鲟鱼、大西洋鲑鱼和条纹鲈等洄游鱼类，因为河流与海洋之间的自然通道得到了恢复，很快就洄游到肯纳贝克。

美国华盛顿州西雅图市西部的奥林匹克半岛属于温带雨林气候区。其中，在奥林匹克国家公园，艾尔华河流域面积是最大的（图14.1）。这条长达72km的河流发源于奥林匹克山脉，向北流入胡安·德富卡（Juan de Fuca）海峡，在克拉勒印第安保护区进入海洋。艾尔华河水坝和格莱恩斯峡谷水坝分别建于1913年和1927年，这使得鲑鱼及其他鱼类的洄游路程至少缩短了8km。为了使这些溯河（*Anadromos*，希腊语意为“溯河的”）产卵的鱼类，能够从海洋洄游到淡水河流中；人们不惜拆除水坝来保护公牛鳟鱼（bull trout）、虹鳟（Steelhead）、大鳞大马哈鱼（Chinook）、大马哈鱼（Chum）、银鲟（Coho）、细鳞大马哈鱼（Pink）和红鳟（sockeye salmon）。

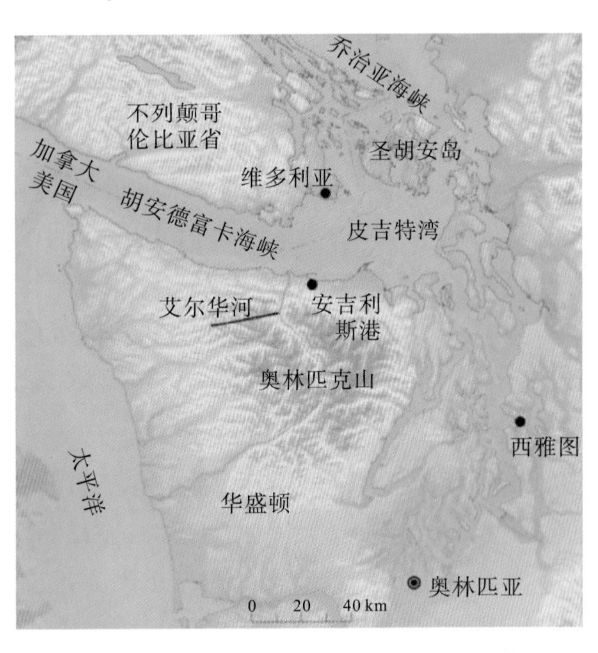

图14.1 华盛顿州艾尔华河流域
[美国国家公园管理局/USGS]

建设大型水坝有很多益处，如蓄水、水力发电、洪水调节等。修建艾尔华河水坝的目的是为木材加工工业提供水力发电。2000年，美国政府买下了艾尔华水坝在内两座水坝。水坝对河流下游生态系统影响巨大，如河流流量、沉积物补给、水温等都发生了变化，还会对河道形态、河岸植被、渔业和游憩观光产生影响。此外，水坝对本地物种也有负面影响，其具体影响表现在沉积物搬运过程（科学家估计，堆积于水坝上游侧的沉积物达到$1.3 \times 10^7 m^3$）及洄游鱼类的产卵方面，因为水坝修建后彻底截断了洄游鱼类的通道。

由于美国联邦能源管理委员会难以监管众多小型水坝，所以科学家、环保团体、市州及联邦的机构都主张拆除水坝。许多水坝因不安全、老化，或因初期用途失效而被拆除。

艾尔华河水坝高32m（图14.2），其上游的格莱恩斯峡谷水坝高达64m。本章以这两座水坝为例，讲述局地侵蚀基准面这一概念。把水坝从汇水盆地完全移除需要一个调整时期，因为河水要对水坝上游堆积的沉积物进行重新分配，使系统达到一个新的平衡点。

水坝拆除后，虽然会对下游生态系统产生一些负面影响，比如：细泥沙的沉积量将增加，而且会沉积于产卵的砂砾缝隙之间。但负面影响大多是短期的，可通过合理规划来减小——“艾尔华河水坝”就是其中的一个实例，详见https://www.usgs.gov/centers/pcmsc/news/final-beach-erosion-survey-elwha-river-delta-dam-removal和https://www.lib.berkeley.edu/。

图14.2　艾尔华河水坝［美国国家公园管理局］

地球上，河流和水道在陆地表面形成了巨大干流网络，并最终流入海洋。河流是地球的血脉，对矿物养分进行着重新分配。这对土壤的形成和植物的生长尤为重要，同时河流以各种方式服务于社会。它们还对风化和块体运动制造的产物进一步侵蚀，并把它们搬运到下游地区，进行地貌景观的塑造。

河流不仅提供了基本用水供应，还接纳、稀释和输送许多污染物，为工业提供冷却水，同时也构成了全球最重要的基本运输网。河流在人类历史上具有重大意义，如2010年8月发生的特大洪水使巴基斯坦和印度沿岸大面积被淹，每次毁灭性洪水灾害，都体现了河流和人类社会的相互关系。

与河流有关的过程称作**流水作用**（*Fluval*，源于希腊语，意为“河流”）。河流系统与其他自然系统一样，其特有的过程塑造了独特的地貌特征。然而就某一河流而言，它具有其自身的随机性，即表面上显得杂乱无序。河流（River）是指一条干流或一条主流，它与支流共同构成的网络称作河流系统（简称水系）。河川（Stream）是一个更通用的术语，但它并不体现河流的大小。河流和河川两个词在使用上有时会相互替代。

水文学（Hydrology）是一门研究水的学科，包括全球水的发生、循环、时空分布和性质及其对环境的反作用，尤其是地表水和地下水。通过http://weather.msfc.nasa.gov/surface_hydrology/网站，可访问全球水文和气候中心；也可在http://boto.ocean.washington.edu/story/Amazon网站查看亚马孙河的信息。

在本章中：从地球上一些最大河流的观察开始，然后介绍河流作用的基本概念，如：侵蚀基准面、流域、河网密度和河网形态。在此基础上，本章阐明河流过程的基本要素——河流流量“Q”，讨论流水特征的影响因子和流水作用，包括侵蚀、搬运；之后再把沉积地貌特征与塔拉哈奇河的河漫滩平原、密西西比河三角洲结合起来予以详细说明。最后，本章还将探究城镇化对河流水文的影响。在洪水和河漫滩平原的管理方面，社会反响对河流管理有重要影响，本章结尾将详述因堤坝及防洪堤毁坏而导致的新奥尔良洪水灾害。

14.1　河流的基本概念

地球上的水系河网时时刻刻都流淌着约1 250km^{3}的流水。虽然该水量只占全部淡水的0.003%，但这些水流蕴含的巨大能量却是陆地剥蚀的主要动力。世界上流量（单位时间经过某一河流断面的水的体积）最大的四条河流分别是南美洲的亚马孙河（图14.3）、非洲的刚果河、亚洲的长江和南美洲的奥里诺科河（表14.1）。亚马孙河携带的沉积物数以百万吨计，这些沉积物源于亚马孙河流域，流域面积大小与澳大利亚大陆相当。北美洲流量最大的河流分别是密苏里–俄亥俄–密西西比河、圣劳伦斯河和麦肯齐河。

太阳辐射和重力是水循环的动力，也是河流系统的驱动力。各河流之间，形态差异很大。这取决于当地的气候、地表物质的构成、流经的地形、植物及植被特征，以及它们在各自环境中的作用时间。

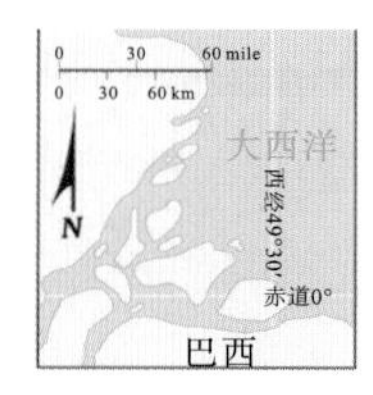

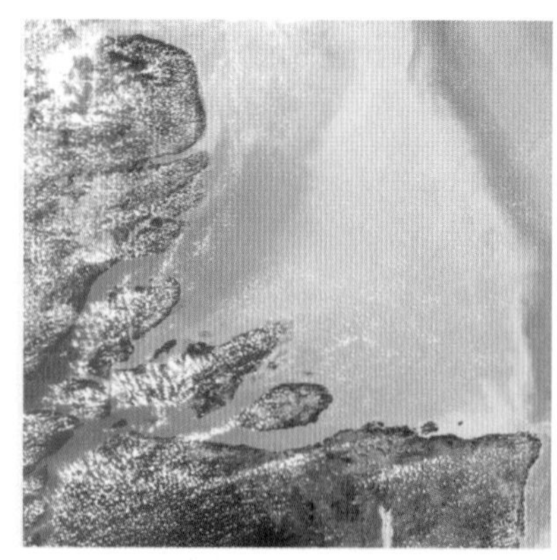

图14.3　亚马孙河的河口

注：亚马孙河流入海洋的水量占全世界入海淡水总量的1/5。该河口宽达160km，当河水携带的沉积物流入大西洋时，河口处可形成较大的岛屿。［Terra影像，NASA/GSFC/JPL］

表14.1　地球上最大的河流（按流量排序）

流量等级	河口平均流量/（$10^3 m^3/s$）	河流名称（支流）	入海口/位置	长度/km	长度等级
1	180	亚马孙河（乌卡亚利河、坦博河、埃内河、阿普里马克河）	大西洋/帕拉阿马帕，巴西	6 570	2
2	41	刚果河（卢瓦拉巴河）	大西洋/安哥拉，刚果	4 630	10
3	34	长江	中国东海/江苏，中国	6 300	3
4	30	奥里诺科河	大西洋/委内瑞拉	2 737	27
5	21.8	拉普拉塔河（巴拉那河）	大西洋/阿根廷	3 945	16
6	19.6	恒河（布拉马普特拉河）	孟加拉湾/印度	2 510	23
7	19.4	叶尼塞河（安加拉河、色楞格河、伊德尔河）	喀拉海海湾/西伯利亚	5 870	5
8	18.2	密西西比河（密苏里河、俄亥俄河、田纳西河、杰斐逊河、比弗黑德河、红岩河）	墨西哥湾/路易斯安那	6 020	4
9	16.0	勒拿河	拉普捷夫海/西伯利亚	4 400	11
17	9.7	圣劳伦斯河	圣劳伦斯湾/加拿大，美国	3 060	21
36	2.83	尼罗河（卡盖拉河、鲁武武河、卢维隆沙河）	地中海/埃及	6 690	1

流水通过流动、溶解或搬运作用对地表物质进行**侵蚀**。流水造成河流侵蚀（fluvial erosion）的同时，也把风化沉积物携带至新的地方。因此说，河流是水和固相物质的混合体。固相物质通过机械**搬运**（滚动或携带）或溶液方式进行着运移。在这个过程中，固相物质发生**沉积**（Deposition）下沉，形成了由黏土、淤泥、沙、砾石和矿物碎片构成的**冲积层**（Alluvium）。它们可以形成河漫滩、三角洲，也可以成为河床中分选或半分选的沉积物。

14.1.1　河流侵蚀基准面

侵蚀基准面（base level of erosion）是指河流对河谷产生下切侵蚀的下限水准面（临界面）。终极基准面（ultimate base level）通常是指介于高潮和低潮之间的平均海平面。把基准面看作一个从海平面向内陆延伸的表面，想象一下，它在地表之下并随深入内陆的距离增加而逐渐倾斜抬升。理论上讲，基准面是所有剥蚀过程的最低侵蚀面［图14.4（a）］。

美国地理学家J.W.鲍威尔（John Wesley Powell，1834～1902年）在1875年提出侵蚀基准面的概念。他是一名科罗拉多河探险家，也是研究美国西部地貌的先驱，曾担任美国地质调查局主任和美国民族局首任局长。

J.W.鲍威尔认识到并不是每条河流的地形都被下切侵蚀到海平面；很显然，河床与海平面之间还有其他过渡类型的基准面。局地（或暂时）基准面对一个区域河流的侵蚀下限有控制作用。局地侵蚀基准面可能是某一河流、某一湖泊、某一抗蚀岩体（质地坚硬），甚至是某一水坝拦截而成的水库［图14.4（b）］。在干旱景观中，主要受间歇性降水影响，局地侵蚀基准面取决于山谷、平原或洼地等地形。

随着时间的推移，河流作用可使地表景观发生了巨大变化。河流塑造地貌有两个基本过程：流水的侵蚀过程、河流泥沙的沉积过程。讲述这些过程之前，首先需要认识一下河流作用的基本单元——流域。

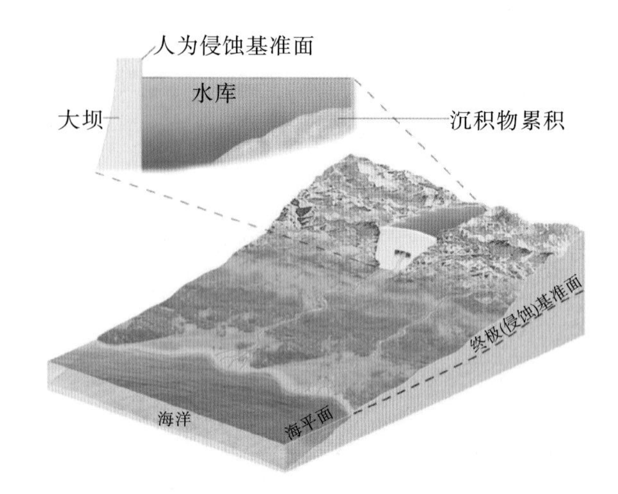

（a）最低侵蚀基准面（海平面）和局地侵蚀基准面（如天然湖泊，水库）

注意：侵蚀基准面从海洋向陆地过渡时逐渐向上倾斜；基准面是河流下切侵蚀的理论下限。

（b）当峡谷被格林峡谷大坝拦截后，大坝变成了科罗拉多河上的一个局地侵蚀基准面，导致大峡谷下游的沉积物减少［Bobbé Christopherson］

图14.4　终极侵蚀基准面和局地侵蚀基准面

14.1.2　流域

流域概念如图14.5所示，每条河流都有一个**流域**（drainage basin），其规模大小不一。山脊是流域的分水岭，它确定了每个流域的集水区域。也就是说，山脊是一条边界控制线，聚集了界线范围内的降水并形成该流域的径流。任何流域内，水流最初都是以薄膜形式沿坡面向下流动的，并被称为**片流**（sheet flow）或*漫流*（overland flow）。*河间地*（Interfluve）是指把河谷隔开或对片流有导流作用的高地。表面径流汇集形成*沟流*（Rill）——沟是坡面上的细小沟槽并可发展成为较深的*冲沟*（Gully），然后汇入山谷中的河流。

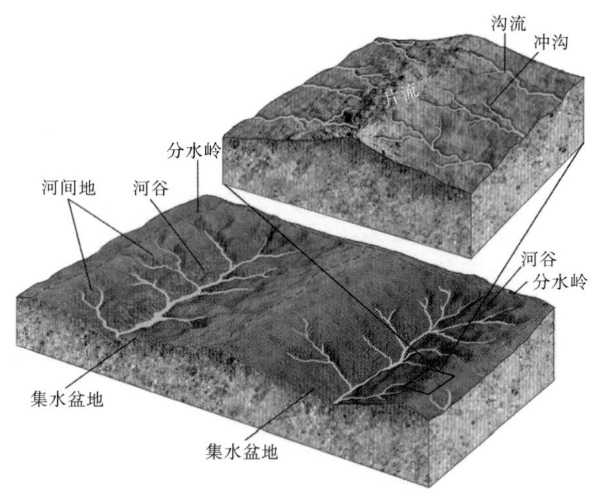

图14.5　流域

注：流域及其集水区域的流域分界线。

流域作为水和沉积物的汇集系统，汇聚了来自众多支流的水和沉积物。其具体过程是：从河流源头的侵蚀，到贯穿于全流程的搬运，再到河流洼地的沉积。图14.6说明了流域系统的作用过程：从最小的沟流和槽流，到主要支流和干流，再到河流最下游尾闾处，最后分散消失或在河口处汇入海洋或其他水体。

流域分界线与流域　美国和加拿大境内有几条海拔较高的流域分界线，被称为**美洲大陆分水岭**。这些延伸的山脉和高地把不同流域分隔开，使美国和加拿大的河流分别流入太平洋、墨西哥湾、大西洋、哈得孙湾及北冰洋。图14.7给出了美国和加拿大的主要流域及其大陆分水岭。这些大陆分水岭构成了水资源分区的区界，并为水资源管理规划提供了一个空间框架。

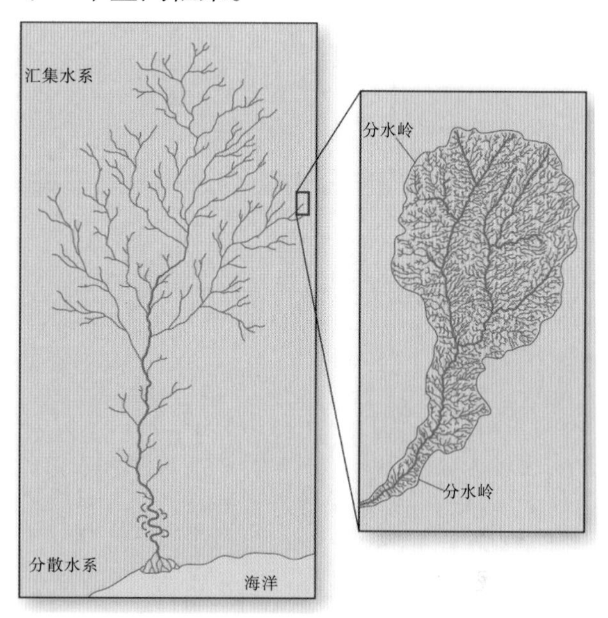

图14.6　流域系统的作用过程

注：以一个复杂的水系为例，从源头开始，河水和沉积物汇集后被输送到河流支流中。这些流体物质进入主河道，在河流尾闾形成发散水系，然后进入另一个水体。［改编于：Hamblin W K，Christiansen E H.2004.Earth's Dynamic System（10th）[M]. Upper Saddle River, NJ：Pearson Prentice Hall.］

一个主流域系统是由许多小流域构成的。每个流域把径流和沉积物汇聚到一起，再输送到一个更大的流域，并把汇聚的物质输送到干流之中。图14.7是个很好的示例：密苏里–俄亥俄–密西西比河流系统，流域面积约310万km^2，约是美国大陆面积的41%。

让我们看一下美国宾夕法尼亚州北部的降水排泄路径。降水给阿利根尼河流的数百条小河支流提供补给水量；同时在宾夕法尼亚州西部，降水还向汇入莫农加希拉河的数百条支流补给水量。这两条河在匹兹堡汇合形成俄亥俄河；之后向西南流动并在伊利诺伊州的开罗与密西西比河汇合，最后途经新奥尔良流入墨西哥湾。每条支流无论规模大小，其支流径流及其携带的污染物和沉积物

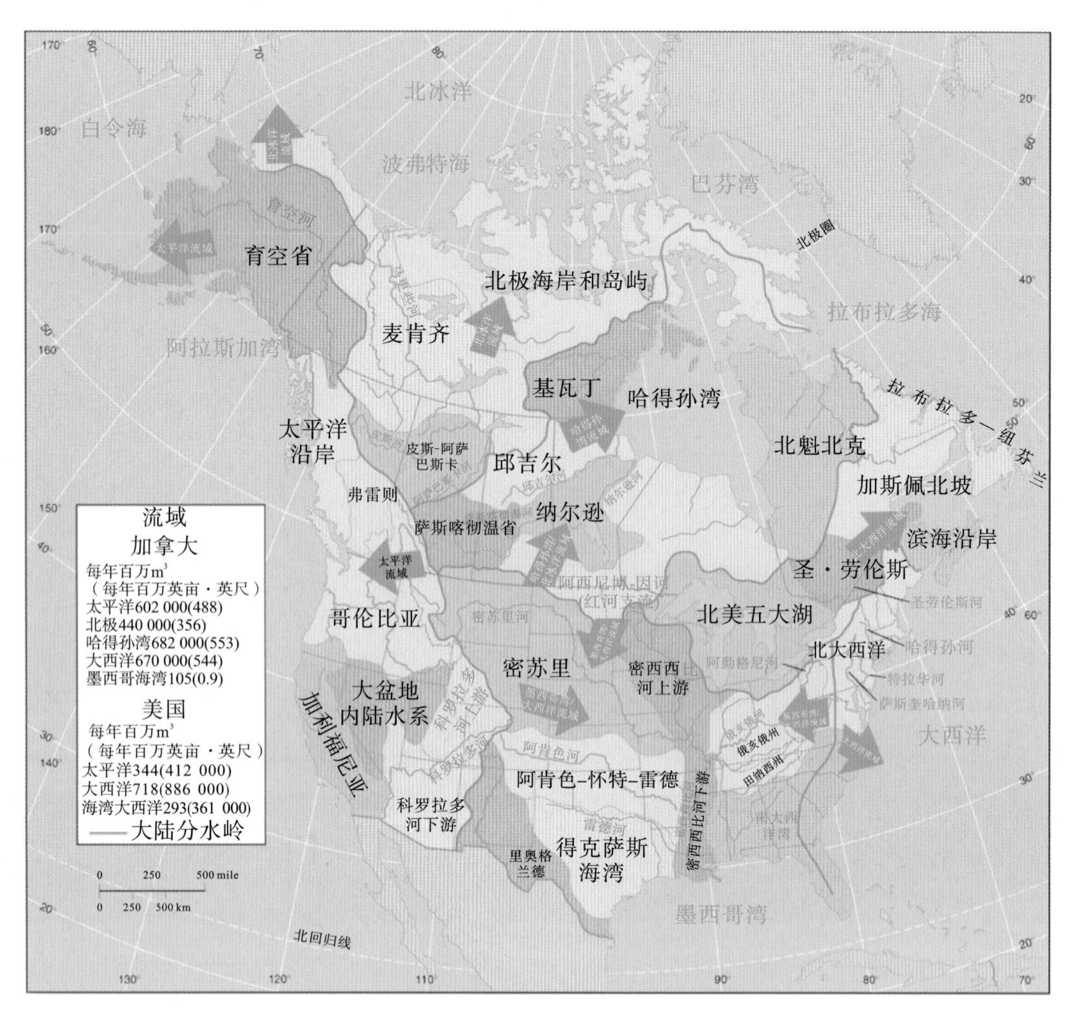

图14.7　美国和加拿大流域及美洲大陆分水岭

注：由美洲大陆分水岭（蓝线）分隔的主要流域，各流域的径流穿过美国境内分别流入太平洋、大西洋、墨西哥湾、向北穿过加拿大进入哈得孙湾和北冰洋。大流域进一步分隔构成主要河流流域。［改编于：U.S. Geological Survey. 1985. The National Atlas of Canada[R]. Energy, Mines, and Resources Canada. 和Environment Canada. 1986. Currents of Change-Inquiry on Federal Water Policy[R]. Final Report.］

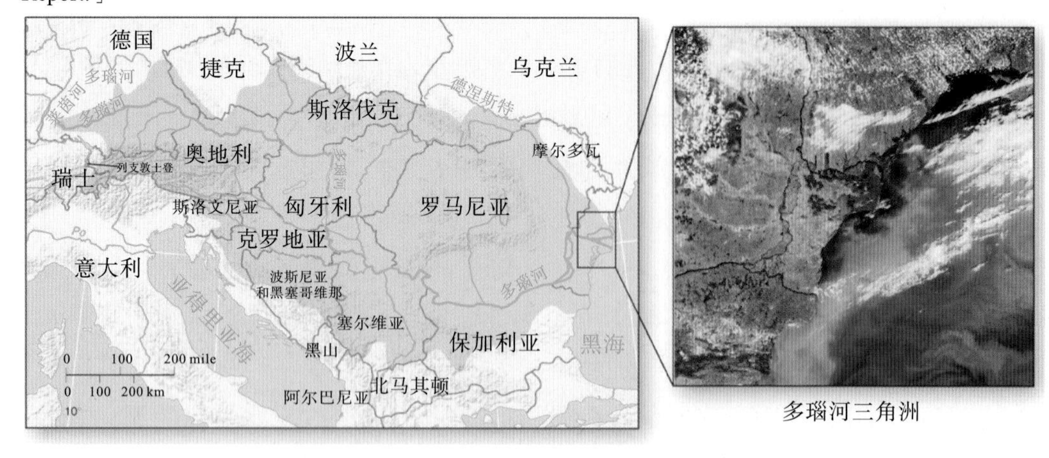

图14.8　国际性流域——多瑙河流域

注：从欧洲到黑海，多瑙河途经9个国家。河水穿过弧形三角洲，把受污染的径流倾入黑海。关于匈牙利有毒物质泄入多瑙河造成的灾难，见第13章末尾说明。［Terra影像，2002年7月15日，NASA / GSFC］

都要汇入到更大的河流。在这个例子中，宾夕法尼亚州的风化侵蚀沉积物被搬运几千千米远的距离，并在墨西哥湾沉积形成了密西西比河三角洲。

可以想象国际性流域的复杂性。例如，欧洲的多瑙河发源于德国西部的黑森林，最后流入黑海，总长度为2 850km。这条河流流经了9个国家（图14.8），流域面积达81.7万km^2，包含了大约300条支流。

多瑙河具有多种经济服务功能：商业运输、城市用水、农业灌溉、渔业和水力发电。为了减轻这条河流的负担，目前国际上正在开展一项关于多瑙河的保护工作，内容包括：减少工矿企业产生的废弃物、污水、化学排放物，以及农业和船舶排放的废水。实际上，多瑙河的许多航道都存在污染物扩散问题，从而导致河流生物环境持续恶化，而且这些污染物都要流经罗马尼亚及黑海的三角洲生态系统。因此，人们普遍认为多瑙河是地球上污染最严重的河流之一。

1989年欧洲政治风波后，多瑙河整个河流系统才得到科学分析。联合国环境规划署（UNEP）和欧盟等组织开展了对多瑙河的清理工作，以保护三角洲生态系统及恢复资源环境，见http://www.icpdr.org/。

开放的流域系统　流域是一个开放系统（如多瑙河）。河流系统的输入物质包括降水及区域矿物和岩石等，但随着河流对地貌景观的不断改变，能量和物质被重新分配；而系统的输出物质则包括水和沉积物，它们将在河口处汇入海洋、湖泊或其他河流（图14.6）。

在流域内，任何区域的变化都可能影响到整个流域系统。伴随着河流流量的变化，河水的含沙量比例也不断变化。当某一河流系统达到某一阈值而不能维持现状时，河流系统就会失去稳定，而在达到新的稳定状态之前，河流要经过一个过渡期。为了使河水流量、沉积物负荷、河道形状和比降之间达到相互平衡，河流系统不断地进行着自我调整。

实例：特拉华河流域　特拉华河流域属于大西洋流域（图14.9）。它起源于纽约州卡兹奇山区，流域面积33 060km^2、长595km，从河源至河口涉及五个州的区域范围，最终从特拉华湾流入大西洋。该流域地势从低缓的东部海岸平原上升至北部阿巴拉契亚山脉。整个流域属于温湿气候环境，年均降水量为1 200mm。

据估计，这条河为大约2 000万人口提供水源，不仅包含流域内的人口，还涉及流域外的城市人口。几条主要的输水渠从特拉华河取水向外输出，输水渠系经过纽约市北部的特拉华渡槽，再通过特伦顿附近的特拉华和拉雷顿水渠，最后流入纽约市区。由于水库蓄水主要用于旱季供水，所以几个水坝的功能是调控水量。对整个地区而言，关键问题是水资源的可持续利用。显然，流域的有效规划需要区域合作，以便对各种变化因子进行详细的空间分析。

判断与思考14.1　你所在地区是哪个流域?

确定你的校园所属流域的名称。它的源头在哪里？它的河口位于什么地方？如果你在美国或加拿大，请利用图14.7来确定你所处地区的大流域名称和分水岭。你所在流域的各管理机构中，有哪些的监管计划和协调政策？学校的图书馆或地理学院（系）有该流域的地形图吗?

内陆河流域　大多数河流按次序汇入更大河流并最终流入海洋。然而，某些地区的河流并不流入海洋：流域内汇集的径流因水分蒸发或地下重力而消失，这类河流最终消失于**内陆河流域**（internal drainage）。

亚洲、非洲、澳大利亚、墨西哥和美国西部的部分地区都有这种内陆河流域模式。如图14.7和图15.24（a）所示，美国西部大盆地就属于内陆河流域。例如，洪堡河经过内华达州流向西部，沿途由于蒸发和下渗补给而消耗水量，最终消失于洪堡洼地。许多河流及溪流流入大盐湖，蒸发是大盐湖湖水的唯一消耗途径，这是内陆河流域的一个典型例子。中东的死海、亚洲的咸海、里海等，这些地区也没有通往海洋的出口。

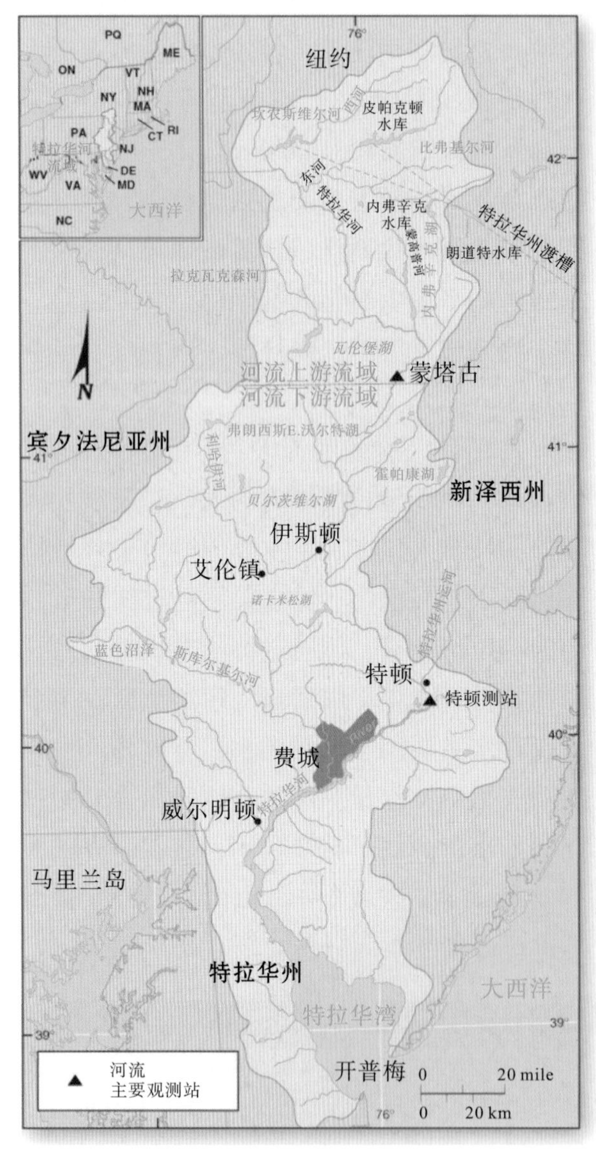

图14.9　特拉华河流域

注：USGS与当地大学正在开展的几项主要研究是分析气候变化对该流域的影响。［改编于：USGS.］

河网密度和河网形态　**河网密度**作为流域的主要特征之一，是指流域内所有河道（干支流）总长度与面积的比值。某一区域内河道的数量和长度反映了该区域地质条件和地形状况。

由图14.10中Landsat影像和地形图可知，俄亥俄河位于美国西弗吉尼亚州、俄亥俄州、肯塔基州三州边界交汇处。由于地层大致平行，而且地层由受侵蚀的砂岩、粉砂岩和页岩层构成，加之湿热气候的作用，该地区河网密度大、沟壑纵横交错。这种切割地形是河流与其他剥蚀过程共同造成的。

河网形态（或**水系形式**，drainage pattern）是指一个区域内河道的排列方式。河网形态具有显著特征，因为这是当地坡度、岩层抗蚀性、气候、水文、地面起伏，以及下伏岩层等区域性因子共同作用的结果。因此，任何区域的河网形态都具有各自明显可见的综合特征——地质和气候的区域特征。

常见的河网形态　如图14.11所示，最常见的河网形态有7种；其中最熟悉的是树枝状水系［dendritic drainage，图14.11（a）］。树枝状（源于希腊语*Dendron*，意为“树”）水系与许多自然系统很相似，如人体循环系统中的毛细血管、叶脉、树木的根系。由于这种河网分支的总长度趋于最小化，因此消耗的能量较低。图14.10中的水系就是树枝状水系，可以通过卫星影像和地形图绘制河流分支形态。

格状水系［trellis drainage，图14.11（b）］反映的是倾斜或褶皱地层的地形特

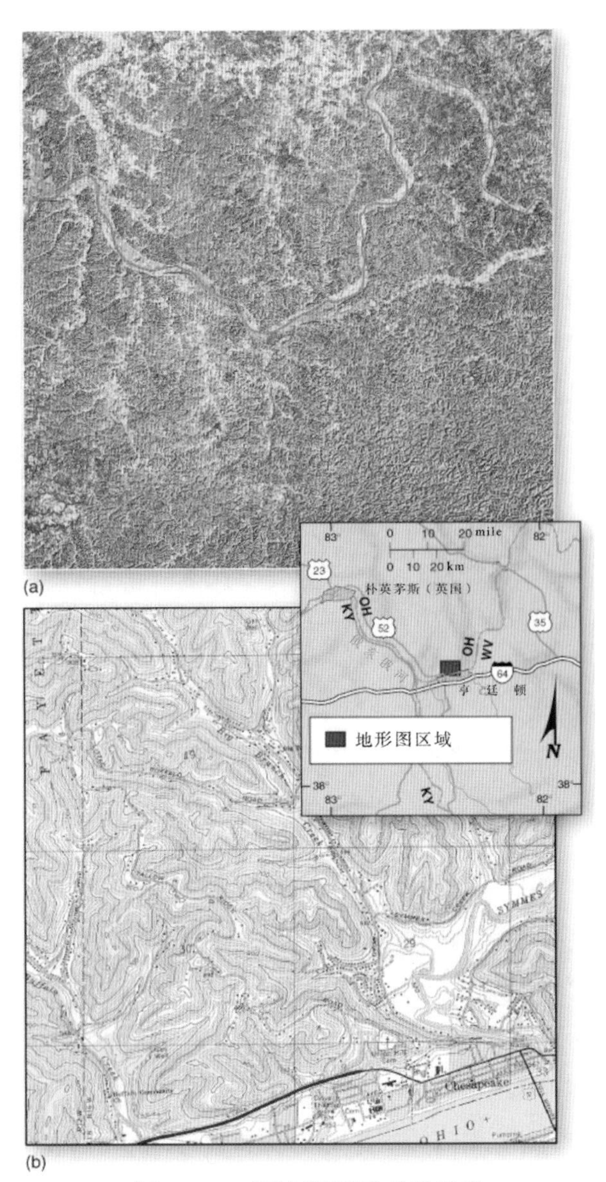

图14.10　河流切割形成的地貌

（a）在美国西弗吉尼亚、俄亥俄和肯塔基州交界处附近，河流深度切割形成的地貌（图14.11中的树枝状水系），这里的州界是以河流来划分的；（b）在美国西弗吉尼亚州的亨廷顿（Huntington）北部地区，USGS地形图呈现了交错复杂的切割地貌（注：卫星影像与地图的比例尺不同）。［（a）Landsat影像，NASA;（b）亨廷顿地形图，USGS］

征。在美国东部盆岭省（译注："省"含义是"地形区域"，又译为"地文省"）大致平行的褶皱山脉中，存在这种水系形态。图12.18该区域的卫星影像展示了这种独特的河网形态，河网形态受褶皱构造的抗蚀性差异影响。平行褶皱构造决定了河流的主流

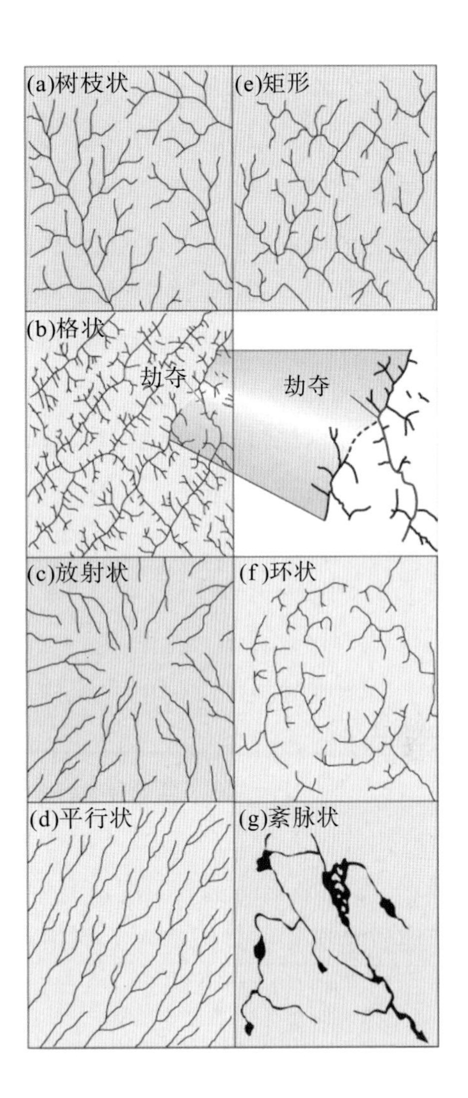

图14.11　7种最常见的河网形态

注：各种形态都是当地地质和气候条件的综合体现。［（a）至（g）源于：Howard A D. 1967. Drainage analysis in geological interpretation: a summation[J]. Bulletin of American Association of Petroleum Geologists, 51: 2248.］

判断与思考14.2　识别河网形态

从图14.12中的照片，你看到了哪两种河网形态？图14.11中的7种河网形态，哪一种与美国蒙大拿州中部航空照片的河网形态最相似？图14.6中的河网形态，又与哪一种相符？请解释原因。下次乘坐飞机时，请靠近舷窗从空中观察河网形态。

向，而周围坡地的树枝状小支流呈直角汇入干流，如同工业区的格状分布。

图14.11（b）的嵌入图中，有一条河流发生了溯源侵蚀（嵌入图右下方），这种侵蚀能突破分水岭劫夺另一河谷的水源——实际情况亦如此。图14.11中虚线表示废弃的旧河道。河道上的两处急弯曲称作袭夺湾（elbows of capture），这是河流冲破分水岭缺口的证据。在其他河网形态中，也会发生河流劫夺（stream piracy，又称河流袭夺）。

在图14.11（c）～（g）中的河网形态，还反映了以下地质构造特征：

- 放射状水系［Radial，见图14.11（c）］：由发源于山峰或圆顶山顶部的河流构成，如火山山顶形成的河流。
- 平行状水系［Parallel，见图14.11（d）］：与陡地形相关。
- 矩形水系［Rectangular，见图14.11（e）］：形成于地质断层和节理构造上，河道转弯呈直角。
- 环状水系［Annular，见图14.11（f）］：形成于穹窿构造上，河道流向受同心圆岩层构造影响。图12.11（c）是圆丘结构上发育的环状水系。
- 紊脉状水系［Deranged，见图14.11（g）］：形成于地表受到破坏的地区，如加拿大、北欧、美国密歇根州等部分受冰川作用的地盾区。该水系既无清晰的几何形状，也无真正的河谷形态［图17.17（a）］。

河网形态，偶尔也会与流经地区的地形景观不一致。例如，某一水系的流向可能与侵蚀露出的地下古岩层地形构造相互矛盾，河道似乎嵌入地层构造中。这是由于在岩层抬升过程中，河水一直流动，而且保持其原有路径，河道在下切侵蚀作用下形成了与地质构造不一致的河流形态。这种河流称作叠置河（superimposed river）（河流对抗蚀性不同地层的下切侵蚀）。例如，美国马里兰州坎伯兰Haystack山中的威尔斯河峡谷、华盛顿州喀斯喀特山脉的哥伦比亚河，喜马拉雅山脉中的阿龙河。

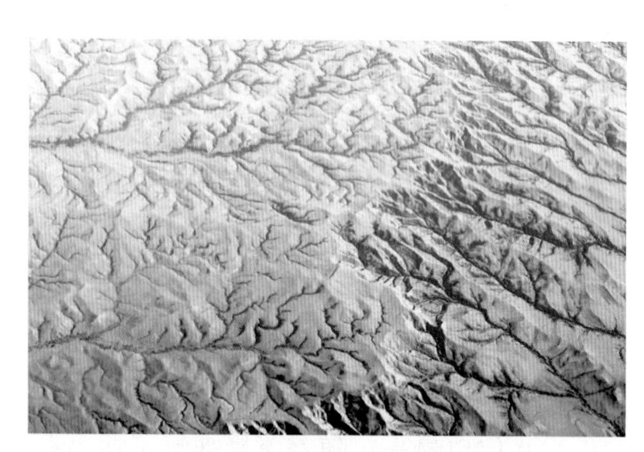

图14.12　美国蒙大拿州中部的两种河网形态，它反映了这里的地形和岩层构造
［Bobbé Christopherson］

14.2　流水过程与河流地貌

侵蚀基准面以上的河水都具有势能。在重力作用下，当河水沿坡面流动或向下游流动时，势能转化成动能。势能与动能之间的转化速率取决于河道坡度和水量大小。

14.2.1　河流流量

流量是指河流在单位时间内通过某一过水断面的水量，其大小取决于河道宽度、深度和流速。某一横断面上的流量等于以上三个变量的乘积，流量单位为m^3/s。其计算式为

$$Q=w\times d\times v$$

式中，Q为流量，w为河道宽度，d为河道深度，v为流速。

随着支流水量的汇入，越往下游，流量越大；对应于公式中的河道宽度、深度、流速，这些变量值也变大（注：尽管人们往往

误认为下游河水流速缓慢，可实际中，越往下游，流速通常也伴随流量增大而增快，这是因为下游流速常常被表面平缓且安静的水流所掩盖）。

河道某一断面的流量是随时间而变化的，尤其是洪水期间。图14.13给出了美国犹他州的圣胡安河（San Juan）某一断面在一场洪水中的流量变化。在洪水期间，随着流量的增加，河水流速加快，河流搬运沉积物的能力也增强，导致河水对河床的冲刷能力变大。这种冲刷具有强大的清除作用，尤其对于冲积层。

在图14.13中，1941年10月14日圣胡安（San Juan）河的河床（蓝线）最深，所对应的洪水水位也最高；随着流量恢复正常，水流动能的减弱，河床被沉积物重新填积。对比红、绿、紫线条之间的差距，就可以明白这一过程。图14.13中的洪水及冲刷过程，使得河道横断面上的沉积物厚度变化达到3m。河道的这种调整，使得河流系统不断趋于均衡状态，以达到流量、沉积物负荷与河道形态之间的相互平衡。

14.2.2　大坝过水流量与沉积物再分配

在美国犹他州和亚利桑那州边界附近，科罗拉多河的格林峡谷大坝对排放到下游的流量和沉积物有控制作用（见**专题探讨15.1**中地图）。河流沉积物补给常年中断使得下游河岸沙源减少，这不仅干扰了鱼类栖息，还消耗了大坝回水区通道中的养分。

1996年、2004年及2008年，美国大峡谷通过大坝放水形成人工洪水，开启了史无前例的“冲刷-再分配-沉积”试验。第一次试验持续了7天，之后的试验期较短。由于河流的沉积物补给源于支流，所以该试验是在支流洪水期开展的。

然而试验结果很复杂，获得的成效也很有限。这是因为生态系统已遭破坏，下游的沉积物很快被冲刷侵蚀。相关研究认为：沉积物补给不足是河岸生态恢复和栖息地改善的问题所在。沉积物的重新分配仍在监测中，进展报告及相关分析，见http://www.gcm rc.gov/。

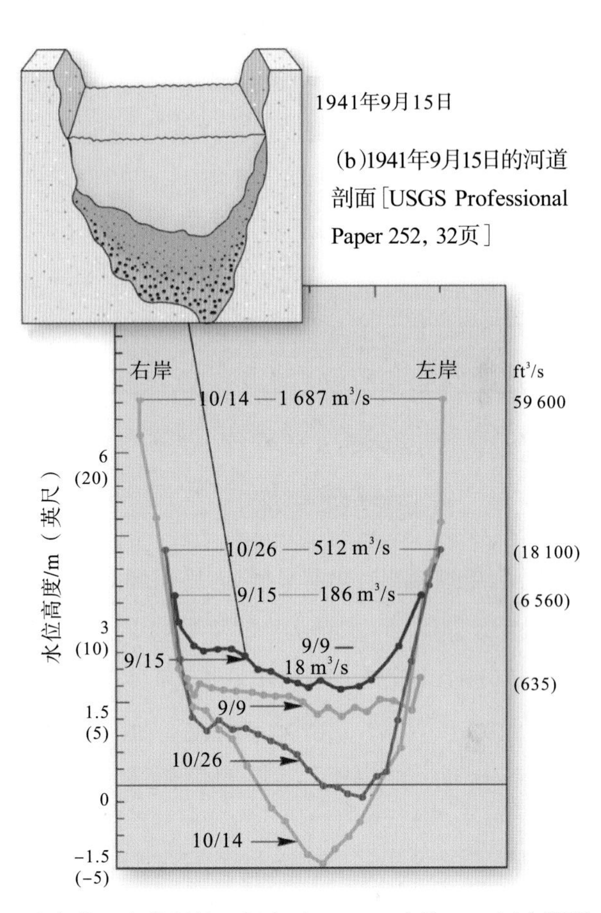

（a）美国犹他州的圣胡安（San Juan）的Bluff河床横断面，在1941年洪水期间的变化

图14.13　洪水对河道的作用

14.2.3　外源河

人类生活的大多数流域，沿河流而下河水流量一般都会增大。密西西比河就很典型。它发源于诸多小溪流，逐渐发展成为一条壮阔的大河，注入墨西哥湾。然而，当发源于湿润区的河流流经干旱区时，其情况就不同了，由于干旱区的潜在蒸散率很高，

可能导致水量向下游方向逐渐减少。这类河流就是**外源河**（exotic stream，exotic意为“外源的”）。

尼罗河就是一条外源河。作为地球上最长的河流，尼罗河在非洲东北部汇集了大量河水，可是当它流经苏丹和埃及的荒漠时，由于蒸发和农业取水，尼罗河水量逐渐损失；当它流入地中海时，其水流已经大幅减少，以致河流流量在世界仅排第36位。

美国的科罗拉多河也是一条外源河，其流量随流程增加而减少。事实上，它的天然流量已流不到加利福尼亚湾河口了，河口三角洲地区仅有一些农田排水径流。科罗拉多河的水量减少，不仅因为流经荒漠地区，还受上游的农业和市政取水影响，参阅**专题探讨15.1**。

14.2.4　河流侵蚀与搬运

河流的湍流侵蚀、磨蚀及对地表形态的塑造是通过河水流动来实现的。**水力作用**（Hydraulic action）仅指流水所做的功。流水产生的“挤压-释放”水力作用使岩石松动和抬升。一旦岩屑颗粒发生移动，河水就像液态砂纸一样通过研磨和刻蚀对河床进行**磨蚀**（Abrasion），这大大加强了河床的机械侵蚀。

上游支流的流量通常较小且不稳定，水流能量大多消耗于湍流涡旋，其结果是上游河段水力作用最强，但河水中的粗质颗粒较少。在河流下游，由于河流断面通过的水量巨大，所以河水中携带了大量的悬移质（图14.14）。

在雨后的河流或溪流中，水流被搬运的泥沙染成黄褐色。河水中的泥沙含量，取决于它流经地区的地形、岩土性质、气候、植被及该流域的人类活动。输沙能力（transportability of sediment）是指河水对不同粒级泥沙颗粒的搬运能力，它是水流流速和有效悬移搬运能量的函数。输沙容量（Capacity）是指河水能够搬运泥沙的最大负荷量。如图14.15所示，河流对侵蚀物质的四种搬运方式：溶液、悬移、跃移和推移。

溶液（Solution）是河水的**溶质搬运**（dissolved load）方式——尤其是矿物（如石灰石、白云石或可溶盐类）溶解形成的化学溶液。溶液中的物质主要来源于化学风

（a）波多黎各的云雀国家公园（El Yunque National Park）的拉米娜溪流：流量小、流速慢、但属于湍流

（b）作为对比，美国乔治亚州的奥克马尔基（Ocmulgee）河：流量大、流速快、水流平稳

图14.14　河流流速与流量同步增长

［Bobbé Christopherson］

化。有时，河水中含有来自岩层或泉水的有害盐分，限制了人们对河水的利用。例如，在美国犹他州–亚利桑那州边界附近，圣胡安河及小科罗拉多河排放的溶解盐类汇入了科罗拉多河。

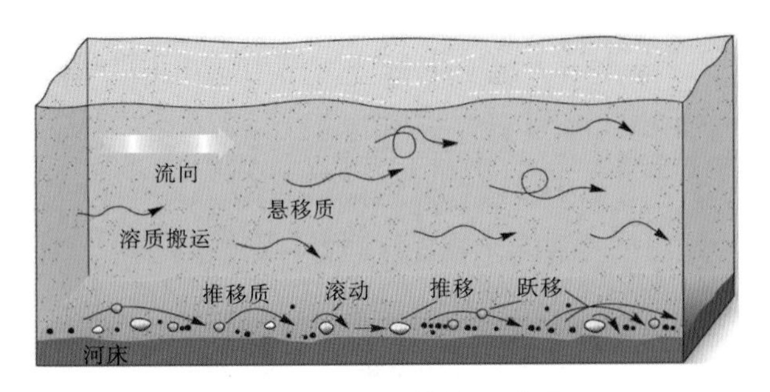

图14.15　河流的搬运作用

注：河流的侵蚀搬运方式有溶液、悬移、跃移、推移。

悬移质（suspended load）是由细小的碎屑颗粒（细小岩石）构成的。它们在河水中呈悬浮状态，只有河水流速下降到近于零时，细粒物质才会发生沉降。湍流的河水伴有随机上升运动，这是沉积物产生悬浮搬运的一个重要物理因素。

推移质（bed load）是指在**推移**（Traction）或**跃移**（Saltation）作用下沿河床滑动、滚动和跳跃的粗粒物质。跃移（Saltation，源于拉丁文"*Saltim*"意为"跳跃"）是指颗粒以短距离弹跳方式发生的移动。跃移方式搬运的颗粒物，因为其粒径太大而无法维持悬移状态，但又不只限于推移过程中的滑动或滚动。颗粒物的搬运方式与河水的流速及水流的悬浮能力有直接关系。伴随着水流动能的增加，部分推移质被抬升而转变为漂移的悬移质。

若泥沙负荷（底移质和悬移质）超过了河流输沙容量，沉积物就会累积产生**堆积作用**（Accumulation），使河道填积增高。如果河道中沉积物过多，河道则相互交织，呈现形态复杂的辫状河流（图14.16）。**辫状河流**经常在以下情况下出现：洪水过后河流流量减小而搬运能力下降时；河流上游发生滑坡时；沙质或砾石河岸造成河水载荷增加时。

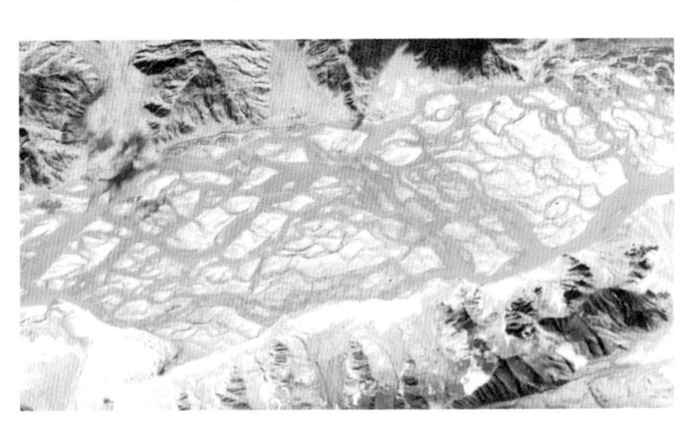

图14.16　辫状河流

注：中国青藏高原南部雅鲁藏布江峡谷中，辫状河道宽达15km（西藏拉萨以南约35km）。[ISS，JSC/NASA]

辫状河流常见于冰川环境中，因为这里的沉积物丰富、河道坡度陡，冰川侵蚀产生的沉积物超过了河流的输沙容量。例如，中国西藏的雅鲁藏布江。

14.2.5　河流与河道特征

观察河流横断面是了解河流特征的最佳方法。河流的最大流速出现于河道中心河面（图14.17），并与河道断面上的最深位置相对应。由于河道的水流摩擦阻力，越靠近河岸和河床底部，河水流速就越小。在曲流河道的横断面上，最大流速的水流从一个凹曲转向另一个凹曲，呈对角线方式交替前移。

水流在浅水或粗糙的河道上形成湍流（Turbulent）——如同在急流断面上一样。水流受河岸或河床摩擦形成小涡流。复杂湍流可以推动沙粒、卵石甚至巨砾，此外还增加了悬移、推移和跃移的搬运量。

在地势坡度平缓的地方，河道蜿蜒曲折，形成了迂回摆动的河流景观，这就是**曲流**（Meander，又称**河曲**）。曲流的演化趋势表明：自然界中的河流系统以最小的代价在自组织秩序（均衡状态）与混沌无序之间进行调节。

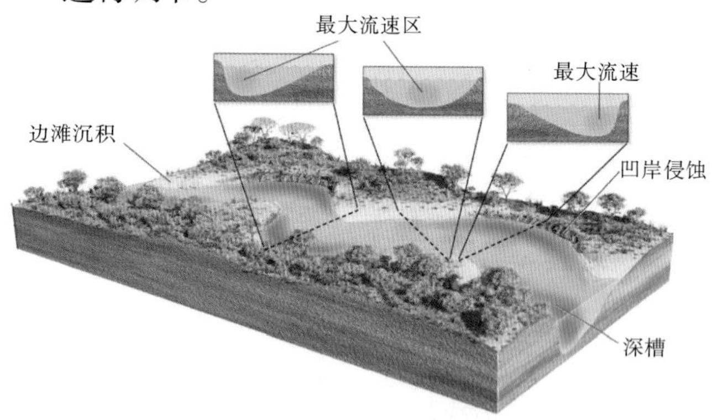

图14.17　曲流剖面

注：曲流立体图和横断面：最大流速，边滩沉积位置，凹岸侵蚀区。

河曲凹岸处的水流速度最快，冲刷侵蚀作用最强；因此凹岸可能是陡岸或称为**凹蚀岸**（undercut bank或Cutbank）（图14.17和图14.18）。相反，曲流凸岸处水流速度最慢，接受沉积物形成**边滩**（alternative bar）。随着曲流发展，这种“掏蚀-填积”不断地作用于河岸，其结果是：在曲流周边的景观中，留下了旧曲流河道的残积物痕迹（图14.25）。美国阿拉斯加州的Itkillik河的曲流及残流痕迹，见图14.18（a）。

曲流河在景观上呈显著环状，如图14.18（b）所示的四个阶段：①河水侵蚀凹岸，河曲不断向下游移动逐渐形成曲颈；②环状河曲形成的曲流颈在侵蚀作用下不断变窄；③甚至形成切穿贯通的截弯取直（或裁弯取直，Cutoff）（注：截弯取直是河流横向运动中的

（a）阿拉斯加州的Itkillik河

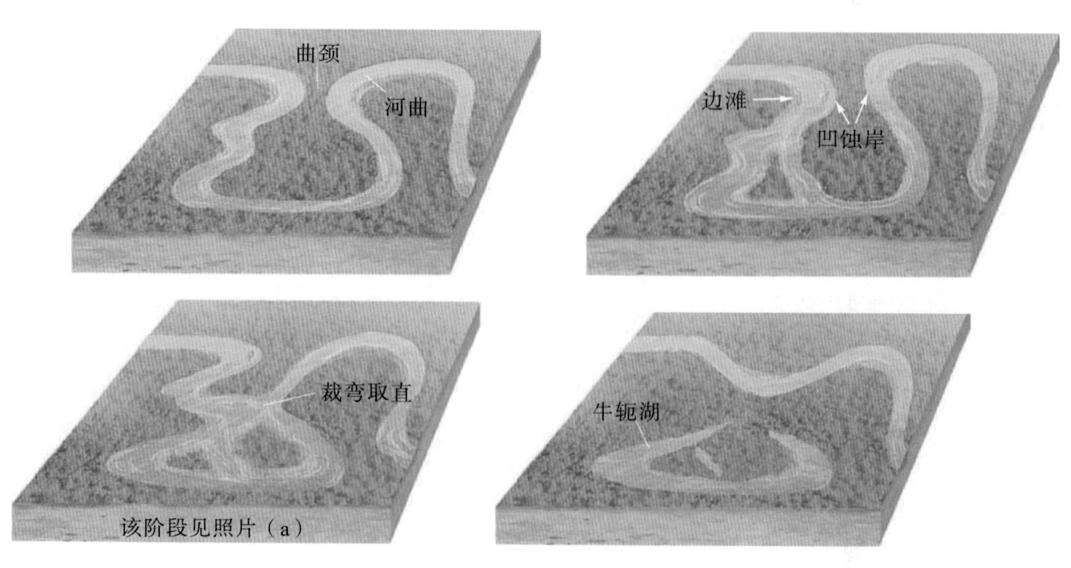

（b）曲流、牛轭湖的四个发展阶段（简化）

图14.18　曲流发展

［（a）由USGS提供］

突变，使河流变得更直）；④截弯取直后，河曲与河流相互分离，形成**牛轭湖**（oxbow lake）。牛轭湖可能被有机残体和泥沙逐渐填积，若再遭遇洪水时也可重新转变为河道。今天的密西西比河与19世纪30年代相比，河道缩短了数千米，为了改善航道和航运安全，河道曲颈被人工“裁弯取直”以疏通河道。在图14.19的航空照片中，你能找到哪些河流特征？

图14.19　曲流河

注：图为美国怀俄明州东部的一条曲流。你能辨别出截弯取直后的曲流、牛轭湖和旧河道吗？［Bobbé Christopherson］

河流常常作为行政区的自然边界，如多瑙河。但是很容易发现：当河道改变时，这种基于河道的边界划分就会产生分歧。比如俄亥俄河、密苏里河及密西西比河，它们在洪水期间的河道位置变化很快，若以河道来确定行政区边界，则会造成边界混乱。美国艾奥瓦州的卡特湖镇就是一个例子（图14.20）。它位于内布拉斯加州与艾奥瓦州的边界，最初是密苏里河的中轴线，1877年，密苏里河河曲在卡特湖镇附近发生了截弯取直，内布拉斯加州的卡特湖镇被“劫夺”隔开，新形成的牛轭湖叫卡特湖，但两州的边界仍未变动——以卡特湖为界。

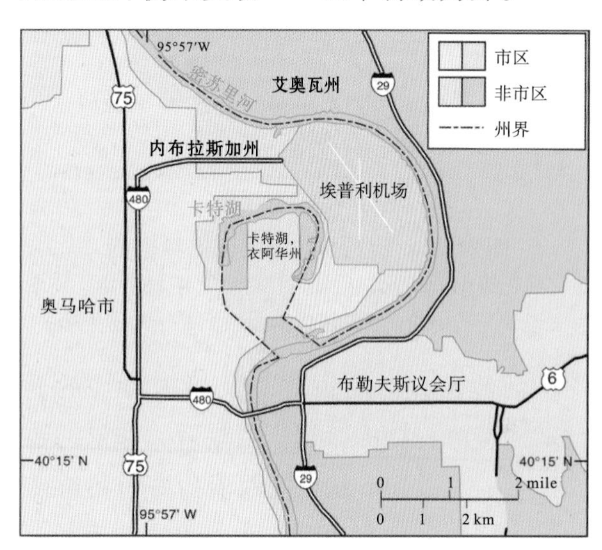

图14.20　孤立的小镇

注：美国卡特湖镇坐落于密苏里河已被切断的河曲上；虽然小镇的城区和牛轭湖搁浅于内布拉斯加州内部，但行政上仍隶属于艾奥瓦州。

河道变迁会导致边界争端。因此，边界线应该通过测量固定下来，而不是依赖河流位置来确定。比如，得克萨斯州厄尔巴索附近的格兰德河（Rio Grande）、亚利桑那州和加利福尼亚州的科罗拉多河，人们通过测量建立了与河流位置变迁无关的永久性行政边界。

14.2.6　河流比降

在海拔上，每条河流从源头到河口都有一个倾斜角或**比降**（Gradient）。河流比

地学报告14.1　河流的轰鸣声

根据早期科罗拉多峡谷探索者的考察报告称：由于激流和泥沙搬运，河流发出的声音如雷鸣一般，考察人员夜不能寐。想象一下：在没有任何水坝之前，自然状态下，科罗拉多河携带着巨量泥沙奔腾的情景；然而，当大坝建成后水流得到调控之时，大坝排放的水量却不足以移动底移质中的粗粒物质。

降通常形成一个凹形剖面（图14.21）。河流纵剖面（river longitudinal profile，侧视图）的典型特征为上游坡度较陡，而下游坡度较缓。凹形剖面的成因很复杂，这与河流的泥沙载荷及搬运能力有关。

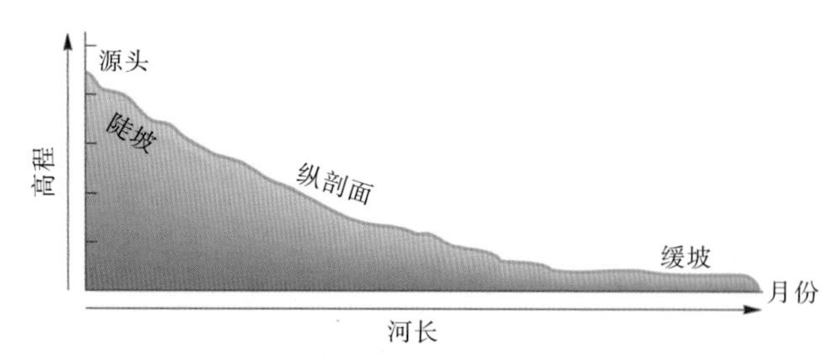

图14.21 理想状态下的河道纵剖面

注：河道纵剖面的倾斜角就是比降。上游段陡峭、下游河段缓和。图中的中游和下游河段坡度处于动态平衡。

河流通过对河道比降及相关特征的调整来适应沉积物的搬运。调整后，如果河道的比降、宽度和形状，使河流恰好有足够的能量来完成泥沙搬运。此时，河流的流量、输沙量与河道形状处于一种动态均衡状态。这种河流称作**均衡河流**。流域内河水、河道和景观共同维持这种平衡，无论比降大小都能达到均衡状态。河流纵剖面展示了河道的坡度、流量及输沙特征。

> 所谓均衡河流是指：经过数年的时间，河道通过坡度的精细调整后，河流所具有的流量及主要河道特征使河水流速恰好能够适合于流域内的沉积物输送。*

均衡状态并不意味着河流比降最小，而是某个时期某一河段侵蚀、搬运、沉积之间达到了动态平衡。均衡河流概念应用的问题在于：一条河流可能同时具有均衡和不均衡河段，即某些河段达到了均衡状态，但整条河流还未达到均衡比降。事实上，均衡状态常常被打破或发生变化，这是规律而非偶然。

河流比降可能会受构造抬升影响，因为侵蚀基准面改变了。如果地形抬升缓慢，河流比降会增加，从而重新激发侵蚀活动。曲流经过抬升地形而再次复活（Rejuvenated），即河流会恢复下切侵蚀能力，甚至可形成嵌入曲流（entrenched meander）。图14.22为侵蚀复活的实际地表景观。

（a）在犹他州梅西肯哈特（Mexican Hat）附近，圣胡安河对抬升的科罗拉多高原下切侵蚀，在圣胡安境内形成了鹅颈状的曲流深切景观

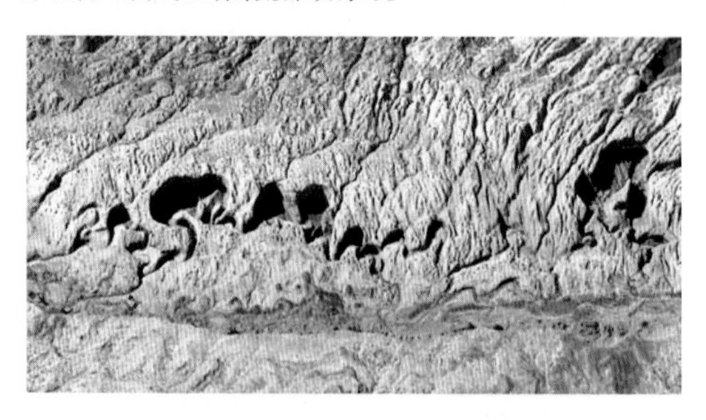

（b）在犹他州圆顶礁国家公园水波褶皱地区，靠近霍尔河（Hall's Creek）形成的下切曲流

图14.22 曲流下切俯瞰图

［Bobbé Christopherson］

裂点 河流纵剖面上比降出现急剧变化的地方——如瀑布或急流区这类断点，就是**裂点**（Nickpoint或Knickpoint）。位于裂点的瀑布口，水流势能转化为动能，并集中作用于河底，使裂点特征逐渐消失，河道趋于平滑。图14.23展示了河流上的两个断

* Mackin H J. 1948. Concept of the graded river[J]. Geological Society of America Bulletin, 59(5): 463.

(a) 耐蚀岩层产生裂点；裂点处河水势能转化为动能，加剧侵蚀，最终使裂点特征消失

(b) 美国南达科他州苏福尔斯市（Sioux Falls），瀑布和急流使大苏河水流出现断点

图14.23　裂点–河流纵剖面上的断点

［Bobbé Christopherson］

点，还有一个位于美国南达科他州的实际裂点。

如果河流穿越一个岩性坚硬、耐侵蚀、或发生构造抬升的地层带，就会产生裂点，如断层线上的裂点。河道上，由滑坡体和枯木拥塞形成的暂时堰塞体也可以看作为裂点；但堰塞体疏通后，河道很快就会恢复到原来的比降。

瀑布不仅美丽，而且也是很有意思的坡度突变点。在瀑布边缘，河水自由下落，因重力加速作用产生高速水流，对下游河道有很强的冲蚀和水力作用。瀑布不断下切，最终，水流掏蚀造成了瀑布口的岩架崩塌，使瀑布向上游移动。由于碎岩堆积于瀑布基部，瀑布落差逐渐减小［图14.24（b）］。因此，裂点向上游迁移，有时可达数千米，直至变成一系列小急流并最终消失。

加拿大安大略省和美国纽约州边界上的尼亚加拉大瀑布，这里曾被晚期冰川所覆盖，冰川约在1.3万年前就消退了。冰川消退后露出的耐蚀岩层之下是抗蚀性较弱的页岩层。这种倾斜地形就是单面山（Cuesta），它是一侧陡峭而另一侧坡度较缓的山脊［图14.24（a）］。事实上，尼亚加拉的急斜面绵延长度达700km以上，它起于大瀑布的东部并向北延伸，穿过加拿大安大略省和美国密歇根州密歇根上半岛，转而向南沿密歇根湖西岸和多尔半岛，穿过美国威斯康星州。抗蚀性弱的下部岩层不断风化，导致上覆岩层坍塌，使尼亚加拉大瀑布的侵蚀朝上游伊利湖方向推进。

尼亚加拉瀑布是自然过程中消除裂点的地方，有裂点的河段转化为一系列的小急流。事实上，该瀑布已从尼亚加拉断崖的陡峭面向上游移动了11km以上。在景观特征上，裂点具有相对的暂时性和移动性。为了

地学报告14.2　曲流称谓的起源

曲流（Meander）一词源于小亚细亚古希腊的Maiandros河（现在的土耳其Menderes河）。Maiandros河是希腊神话中的一条河流，最早记载于公元前2世纪。如今，人们采用这条河的曲流特征来描述所有曲流河道。

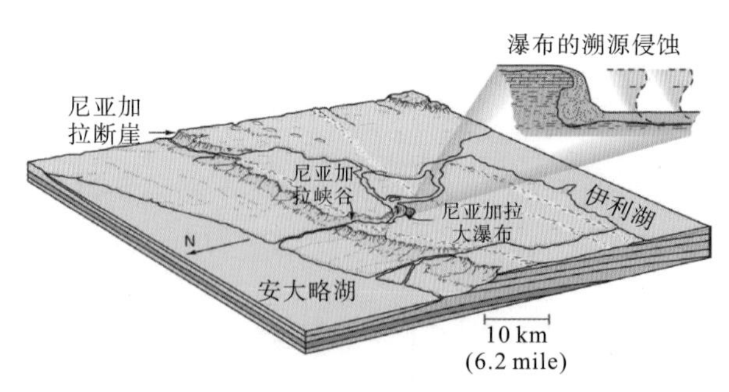

（a）在尼亚加拉断崖处，瀑布溯源移动已持续了大约1.2万年，每年平均移动1.3m

（b）美利坚瀑布断崖的仰视图

（c）由于上游工程检修，断流时的美利坚瀑布；远处马蹄瀑布的落差为57m

（d）与（c）对比，大流量时的美利坚瀑布

图14.24　向上游移动的尼亚加拉瀑布

译注：尼亚加拉瀑布由三个瀑布组成：马蹄瀑布、美利坚瀑布和新娘面纱瀑布。［（a）据：Hamblin W K. 1992. Earth's Dynamic Systems, 6th [M]. Upper Saddle River, NJ：Pearson Prentice Hall, Inc.: 246, 图12.15.；（b）、（d）Bobbé Christopherson］

对比小流量与正常流量［图14.24（d）］对断崖的侵蚀差异，人们曾在尼亚加拉河上游采用控制措施来减少通过马蹄瀑布的水量［图14.24（c）］。

14.2.7　河流沉积及其地貌

逻辑上讲，沉积作用是风化、块体运动、侵蚀、搬运过程之后的下一个必然过程。沉积过程中，河流冲积物和松散沉积物堆积下来，形成沉积地貌，如边滩（沙洲）、河漫滩平原、阶地和三角洲等。

如前所述，河曲具有向下游移动的趋势。随时间推移，曲流附近的地表留有由废弃河道残积物形成的曲流痕迹。先前的边滩沉积作为低垄残留下来，塑造出一种边滩——草滩地势（bar-and-swale relief）（草滩是指地势低洼区），形成了缓起伏地形（scroll topography）。1999年的Landsat影像（图14.25）展示了曲流的典型残痕：河曲、牛轭湖、天然堤、边滩，以及掏蚀河岸。请参照1944年美国陆军工兵部队的地形图进行比较。按照日期显示，在卫星影像和地形图中对比河流位置的变化。

河漫滩平原　由于周期性洪水的作用，在许多河道两侧沉积形成的平坦低洼区域就是**河漫滩平原**（flood plain）。它是由洪水期河水溢出河道形成的。洪水期河漫滩平原被淹没；洪水消退后，平原上的冲积层增厚，河道就嵌入这些冲积层中。图14.26是一个典型的河漫滩平原，图14.26（a）显示了它的相关地貌特征，图14.26（d）是密西西比州菲利普地区附近的地形图。

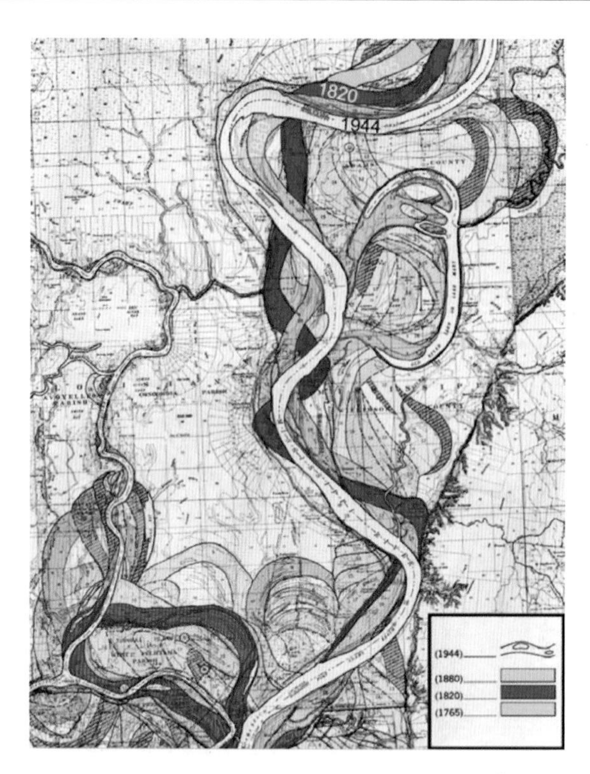

图14.25　密西西比河河道的历史迁移

注：1765年、1820年、1880年、1944年的河道变迁（年份标注，见河流截弯取直河段的上部）。［美国陆军工兵部队（Army Corps of Engineers），Geological Investigation of the Alluvial Valley of the Lower Mississippi，1944年；Landsat，NASA和UMD Global Land Cover Facility，http://glcf.umiacs.umd.edu /index.shtml］

某些河流的一侧，低垄状沉积物发展成为**天然堤**（natural levee），它是洪水的副产物。洪水期间，河水溢出河岸，水流蔓延而搬运能力减弱，一部分堆积的沉积物形成了天然堤坝。河流中最先沉降的是较大的沙粒，它是构成天然堤的主要组分；之后，细颗粒的粉砂和黏土也沉降下来。连续多次的洪水使得天然堤（Levees，源于法语*levée*，意为“上升”）不断增高，直至河道高出周边河漫滩平原，形成悬河（perched river）。

从图14.26（d）可看到，紧邻Tallahatchie河的是由几条等高线表示的天然堤。这些等高线（高程间隔为5英尺）高出河流或邻近河漫滩3.0～4.5m。当你下次有机会看到一条河流及其河漫滩平原时，试着寻找一下天然堤，尽管它的形态可能低矮或微小。

请注意图14.26（a）中标注的天然堤**河漫滩沼泽**（flood plain swamp）和**亚祖支流**（Yazoo tributary）。天然堤及河道抬升阻碍了亚祖支流进入主河道，支流与主河道平行流动并从天然堤河漫滩沼泽区穿过。该名称源于密西西比河河漫滩平原南部的亚祖河（Yazoo River）。

尽管遭受洪水威胁，人们仍然在河漫滩平原上修建城市，因为河漫滩平原地势平坦且靠近水源。就定居者而言，这可能有历史传统因素。洪水发生时，人们常常得到政府援助，包括人工防护设施的保护和灾难救援。政府援助往往是在天然堤之上修建人工防洪堤，这虽然能够提高河道容量，但也存在若洪水超过堤坝或发生像新奥尔良那样的溃坝事件时，就会造成更大洪灾（图14.27）。

某些河漫滩平原最好的利用方式也许就是种植业，因为洪水携带的冲积物会给土地带来新的养分。埃及尼罗河流域就是显著的例子，每年一度的洪水使那里的土壤十分肥沃。然而，如果河漫滩平原是由粗粒沉积物（沙砾）组成的，则不适宜于农业。若你生活在河漫滩平原地区，你对那里的土地利用方式有何感想？对区域性和地带性土地利用

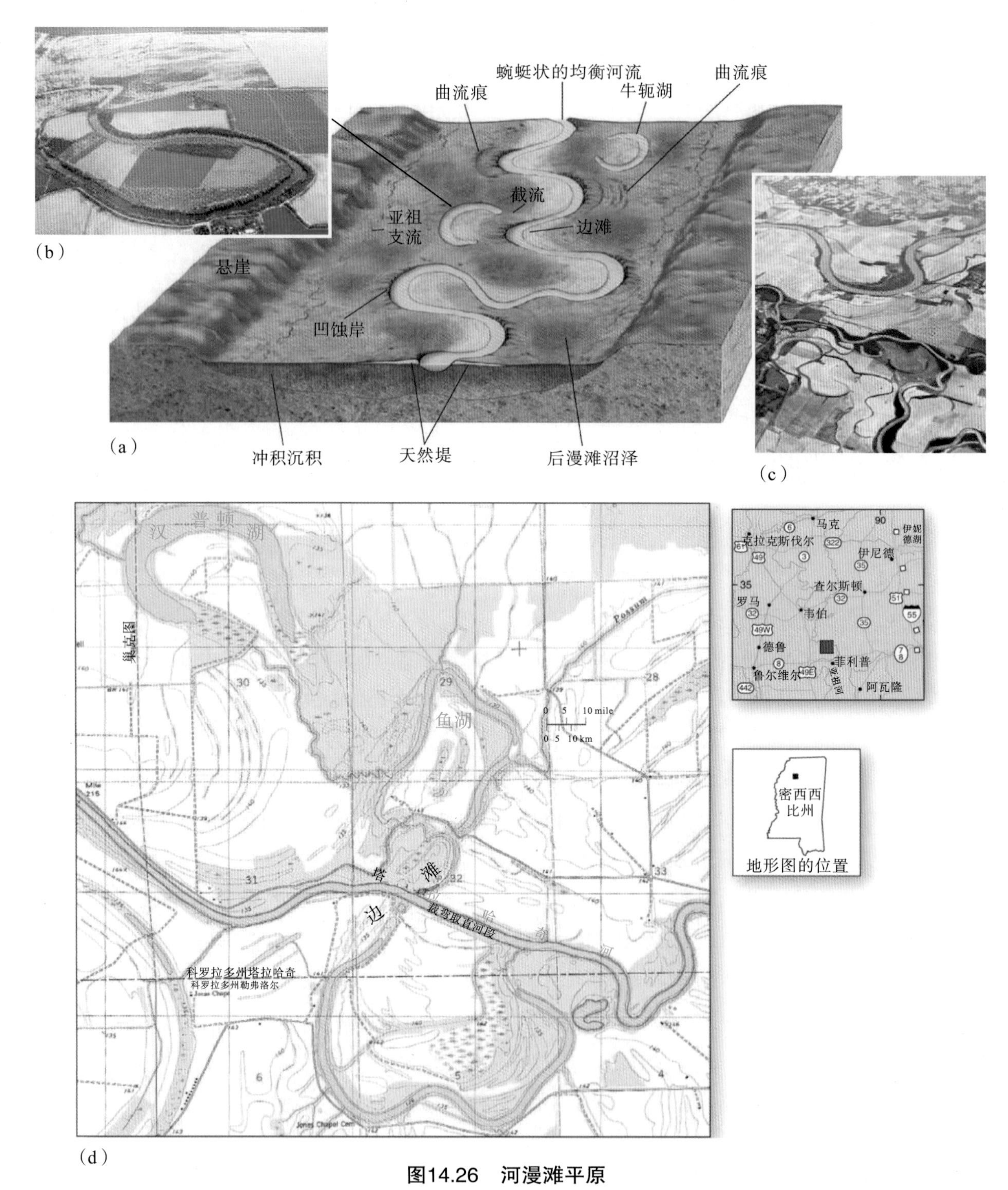

图14.26　河漫滩平原

（a）典型河漫滩平原及其相关地貌特征；（b）牛轭湖；（c）典型泛滥平原上的天然堤、牛轭湖、亚祖支流和农田（图左上部）；（d）矩形地形图仅包括密西西比州菲利普（Philipp）的部分区域。［（b）、（c）Bobbé Christopherson，（d）USGS地形图］

图14.27　美国新奥尔良市的水坝决堤造成的洪水灾难

注：2005年8月30日该水坝决堤，洪水淹没了城市及内河航道。这是工程技术、堤坝设计建造及规划上的一次重大失败。[(c) Vincent Laforet/EPAl / CORBIS]

规划呢？当地人们对风险的总体认识如何？

河流阶地　地势抬升或侵蚀基准面下降可使河流恢复侵蚀能力。伴随侵蚀能力的增加，河流再次向下侵蚀，造成河槽切入河漫滩下方，在河谷两侧形成**冲积阶地**（alluvial terraces），阶地看起来像是河流之上的地形台阶。冲积阶地通常位于河谷两侧，成对阶地的海拔大致相同（图14.28）。如果成对阶地不只出现一对，那么河谷经历的侵蚀复活也不只一次。

如果河谷两侧的阶地在海拔上不对称，那么河槽一定受到了连续冲刷作用。由于河流从一侧向另一侧迂回弯曲，每个河曲都会对河流阶地产生下切侵蚀，从而使阶地的高度略微降低。因此，冲积阶地代表着原始的沉积（河漫滩平原）特征，但随河流比降的变化，该特征必然遭受侧向侵蚀或下切侵蚀的影响。

河流三角洲　河口是河流到达侵蚀基准面的地方。当河流汇入到较大的静水区时，河水流速迅速降低，这导致河流输沙能力和容量减弱，并产生沉积。该过程中，首先沉降的是粗粒沉积物（砂粒和砾石），它们堆积于河口最近处；细粒黏土则被搬运至更远处形成最末端的沉积，它们可能位于水面以下，甚至低潮带。河口处形成的水平或近水平的沉积平原称作**三角洲**（delta），因形态呈三角形，英文名称采用希腊字母Δ来表示。

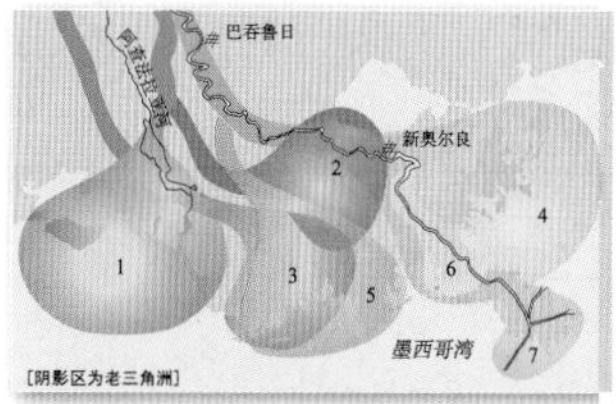

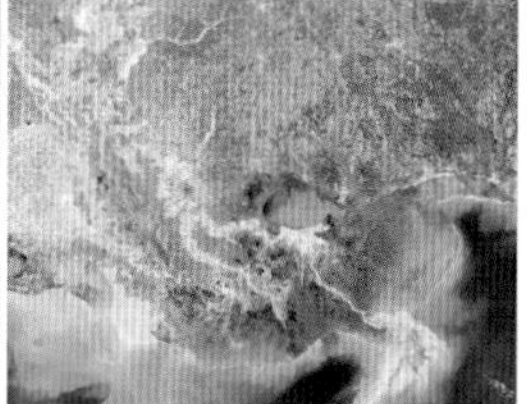

(a) 5 000以来的7个三角洲

(a) 河谷受河流下切侵蚀形成冲积阶地

(b) 美国新泽西州沿Rakaia河的冲积阶地

图14.28　河流冲积阶地

[(a)改编于：Davis WM. 1964 (1909). Geographical Essays[M].New York: Dover: 515.；(b)来自Bill Bachman /Photo Researchers, Inc.]

洪水每次带来的新冲积物沉积于三角洲上，使三角洲范围向外扩张。比如辫状水系中，河道分支出更多更小的汊河支流，与前述树状支流相比呈逆向排列。举例如下：

- 广阔而低洼的恒河三角洲平原，其形成与拱形（弧形）高潮带相关。平原上汊流水系交错复杂。由于上游森林采伐，坡面上丰富的冲积物为下游提供了丰富的沉积物，这些沉积物形成了很多三角洲（图14.29）。恒河与布拉马普特拉河形成的复合三角洲是世界上最大的三角洲，面积约为6万km^2。
- 尼罗河三角洲为拱形三角洲（图14.30）。具有同样形态的三角洲，还包括从罗马尼亚

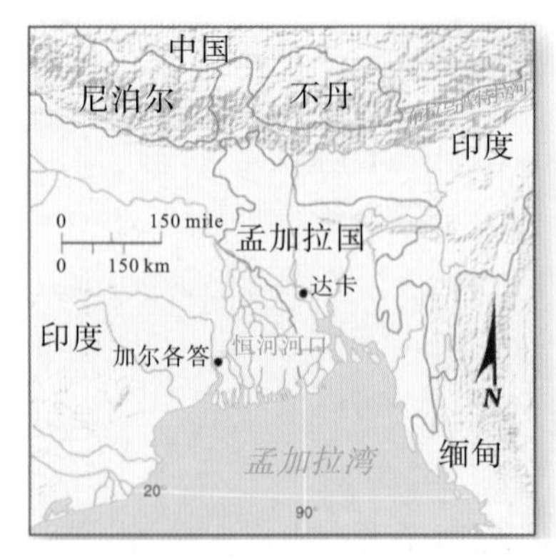

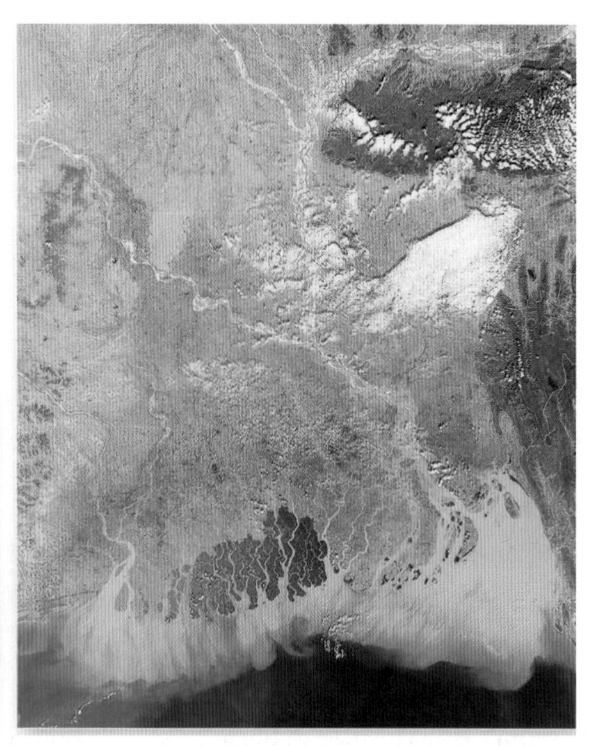

图14.29　流入孟加拉湾的恒河

注：在孟加拉和印度最东端，Terra卫星拍摄的恒河三角洲，复杂支流具有“多个河口”。可以想象：当这片略高于海平面的三角洲受到锡德4级热带风暴（Sidr，2007年11月）袭击时，造成了地势低洼的岛屿上数千人死亡的灾难。［Terra MODIS，NASA］

汇入黑海的多瑙河三角洲、印度河三角洲。

- 意大利的台伯河河口三角洲，**河口湾**（Estuary）正处于填充阶段，淡水和海水在河口相遇。

密西西比河三角洲　在过去的1.2亿年里，密西西比河把流域内的大量冲积物搬运至墨西哥湾。在过去的5 000年间，这条河沿着美国路易斯安那州海岸先后形成了7个三角洲复合体。

图14.31中的7个区域，每个区域都明显地反映了密西西比河的河道变迁，这可能是洪水期天然河堤决堤造成的，三角洲的分布格局也因此而改变。第7个区域是当前的三角洲，至少形成于500年前，它是一个*鸟足形三角洲*——具有众多汊河的一条长河道，大量沉积物越过三角洲伸入墨西哥湾内。

由于冲积物堆积和汊河迁移，密西西比河动态变化很明显［图14.31（b）］。它的主河道能够保留下来，是因为对人工堤坝系统的养护投入了大量的人力和物力。密西西比河流域面积325万km^2，每年产生的沉积物达5.5亿吨，这足以使路易斯安那州的海岸每

地学报告14.3　正在消失的尼罗河三角洲

1964年，阿斯旺水坝的建成，导致尼罗河三角洲的沉积物供给开始减少。几个世纪以来，三角洲上开挖的渠道长度超过了9 000km，从而使支流系统大幅扩增。由于渠系从河水中引水，导致河水流速下降，其搬运能力和容量均减小，泥沙的搬运距离很短，根本到达不了地中海的三角洲；实际上河水也不能流入海洋。其结果是：三角洲海岸每年以50～100m的速度不断后退；内陆深处的地表水和地下水遭受海水侵入，情况堪忧。毫无疑问，人类对于这种状态的反应和行动，将决定着三角洲的未来发展方向。

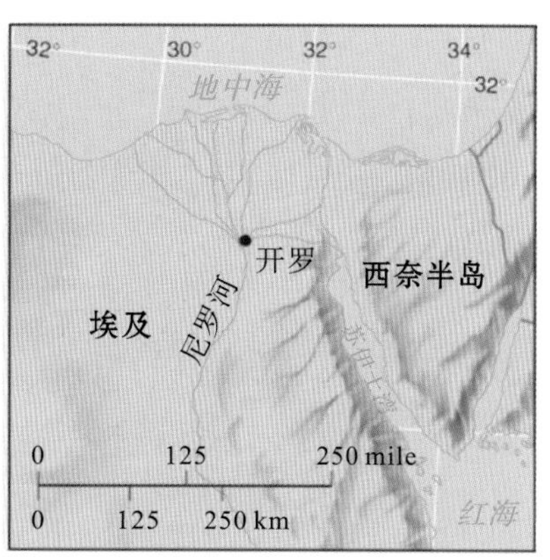

图14.30　尼罗河拱形三角洲

注：真彩色卫星影像：尼罗河三角洲和冲积平原上分布的密集农业区及分散居住地。开罗位于三角洲顶端。影像中两条主要支流明显可见，东边为杜姆亚特（Damietta）河，西边为罗塞塔（Rosetta）河。［Terra image，2001年1月30日，NASA/ GSFC/JPL］

年向外扩展90m；然而，几种因素却导致三角洲面积每年在减小。事实上，由于大坝和堤岸建设、河流改道、油气勘探开采、管道铺设、航道疏浚、伐木及工业需要等因素，路易斯安那州大部分海岸地带（面积约占美国海岸沼泽的40%）遭受到了巨大的改变和破坏；墨西哥湾海岸低地平均每年缩减约65km^2。

在密西西比河中，沉积物的巨大重量及压实作用使地壳产生均衡调整，造成三角洲区域整体下沉，从而给下游沿岸的天然堤、人工堤及相关建筑工程带来了持续增长的压力。由于油气工业和航运业需要，三角洲上开凿了大量的运河和水道，减少了三角洲的冲积物来源。此外，海岸和海上数以千计的钻井对油气的大量开采，可能也是该区域地面下沉的原因之一。

密西西比河下游河谷还存在一个严重问题：河流可能冲出当前的河道，另开辟一条流入墨西哥湾的新河道。由图14.31（c）的地图和卫星影像［图14.31（b）］可知：在主三角洲西部，沉积物使海水呈浑浊状，密西西比河除现有河道外还有另外一条明显的河道——阿查法拉亚河。该河道要比现在的河道长度短一半多，河道比降更陡。截至本书完成时，这条支流的流量约占密西西比河总流量的30%。若密西西比河完全绕开新奥尔良，那将是一件幸事，因为新奥尔良就可以避开洪水威胁。然而，这种转变也是一个财政灾难，因为一个主要港口将被淤积，淡水资源也会受到海水侵入。

如图14.31（c）所示，目前的人工堤阻挡阿查法拉亚河汇入密西西比河，由于堤坝没有水闸隔开，所以两条河流仍连在一起。距密西西比河河口约320km的老河道水利工程（1963年），由三个建筑物和一个水闸构成，用于确保这些河流各行其道［图14.31（d）］。密西西比河下游地区曾多次遭受风暴潮和其引发的洪水，如2003年和2005年的辛迪飓风、卡特里娜飓风、丽塔飓风，2008年的古斯塔夫飓风。所以说，下一次使河道改道至阿查法拉亚河的大洪水，只是一个时间问题。

无三角洲的河流　亚马孙河是全球流量最大

的河流，流量超过17.5万m^3/s，它把沉积物搬运到大西洋深处；但亚马孙河缺少真正的三角洲。在160km宽的河口处，水下沉积物堆积于倾斜的大陆架上，结果是亚马孙河通过岛屿和河道相间分布的开阔区域流入海洋（图14.1）。同样，巴拉那河与乌拉圭河汇集形成的拉普拉塔河（见本章开篇照片）、巴布亚新几内亚的塞皮尔河，其河口处也没

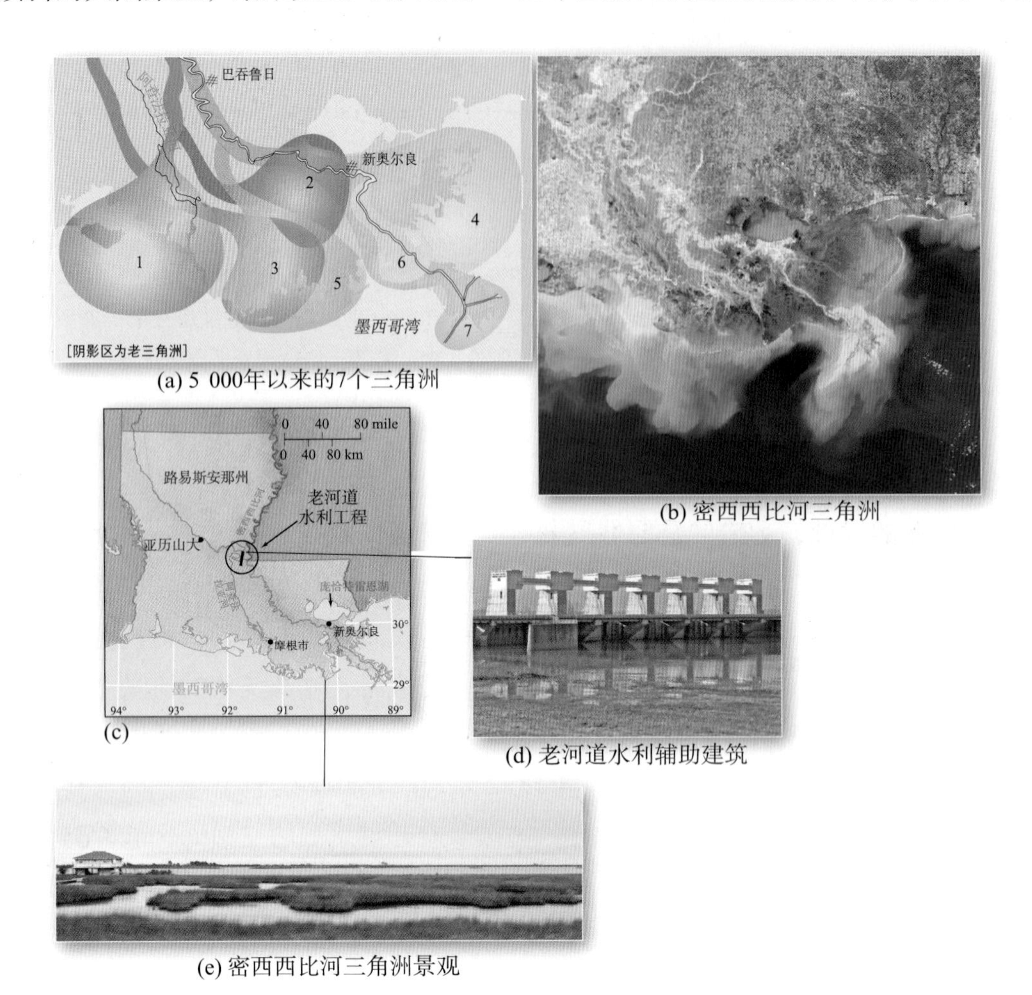

(a) 5 000年以来的7个三角洲

(b) 密西西比河三角洲

(c)

(d) 老河道水利辅助建筑

(e) 密西西比河三角洲景观

图14.31　密西西比河三角洲

注：(a)三角洲演化过程：从5000年前的(1)至现在的(7)；(b)密西西比河的鸟足形三角洲，尽管三角洲下沉和海平面上升导致三角洲总体面积减少，但三角洲仍可不断获得穿过堤坝的沉积物的补给；(c)旧水利工程和潜在截流点(箭头位置)，当前的阿查法拉亚河(Atchafalaya)将来或许在截流点处发生改道；(d)河道上的旧辅助水利设施，其中一个坝体的作用是将密西西比河维系于河道之内；(e)密西西比河三角洲上的水域景观，图中房屋底部有支撑柱。[(a)改编于：Kolb C R, Van Lopik J R. 1966. Depositional Environments of Mississippi River Deltaic Plain// Southeastern Louisiana: ABSTRACT[J]. AAPG Bulletin, 49(10): 1755-1755.；(b)Terra影像，Liam Gumley，威斯康星大学空间科学与工程中心，NASA；(d)和(e)Bobbé Christopherson]

地学报告14.4　什么是缓流(Bayou)？

缓流(Bayou)是对密西西比河下游水系水文要素的泛称，包括溪流和次要水道。水流有时滞留不动，其水道蜿蜒曲折地穿过海岸沼泽和湿地，有时三角洲低地还有潮水侵入。见第16章开篇故事——拉福什缓流(Lafourche Bayou)。

有三角洲。

如果河流搬运的沉积物不足或河水汇入海处的海流侵蚀强烈，那么河流也没有三角洲。美国西北部的哥伦比亚河就是因为堆积的沉积物被离岸流移走了，才造成的三角洲缺失。

14.3　洪水与河流的管理

纵观人类历史，人类文明常发源于河漫滩平原和三角洲，尤其自农业革命以来（始于一万年前），这是因为河漫滩平原上的土壤肥沃。早期的村落通常建在远离洪水区或河流阶地上，而河漫滩平原只限于农业耕作。随着商业的发展，运输的重要性逐渐显现，港口、码头及桥梁也修建起来，人们对河流附近地区的竞争日趋激烈。水资源作为基本工业原料，可用于冷却、稀释和清除废物，因此工业选址也需靠近水边。人类常常争夺这些易遭受淹没的土地，但洪水期间却让当地的生命和财产遭遇险境。

在美国，洪水造成的损失每年平均大约60亿美元。1993年，密西西比河及其支流造成的特大洪灾，损失300多亿美元。2010年7月，艾莉森热带风暴“徘徊”于得克萨斯州，造成的损失达60亿美元。2005年，奥尔良河堤和防洪墙崩溃，导致80%的城区被洪水淹没，生命财产遭受巨大损失，估算价值高达2000亿美元。2010年，据陆地和海洋的温度记录得知，气团因获得了充裕的能量而变得很活跃，导致降水量总体过剩，洪水侵袭了美国30个州及全球许多国家。

特大洪水对人类是一种巨大威胁，尤其是在世界上欠发达的地区。孟加拉国可能是遭受洪灾最典型的例子：这个国家是地球上人口密度最大的国家之一，河漫滩平原占国土面积3/4以上，广阔绵延的冲积平原与美国亚拉巴马州的面积相当（13万km^2）。

在孟加拉国，严重的洪灾是人类经济活动与强降水共同作用的结果。在恒河–布拉马普特拉河流域的上游地区，森林过度采伐使径流量增加，随着时间的推移，增加的泥

图14.32　2010年的印度河洪水

注：为了增强洪水与地面的对比效果，图片为可见光与红外线的合成影像；水体呈蓝色、暗蓝绿色。亚洲都曾遭遇过类似季风暴雨。［Terra卫星影像，NASA/GSFC］

沙量经河流搬运作用堆积于孟加拉湾，形成了新岛屿（图14.29）。这些刚刚露出海面的岛屿很快就成为了新农庄，其结果导致大约有15万人丧生于1988年和1999年的洪水和风暴潮中。

发展中国家遭受洪灾的另一案例——印度河经巴基斯坦进入阿拉伯海。2010年8月发生的强季风降雨，造成印度河及其众多支流的暴涨，其程度超过了历史纪录；洪水造成的破坏比2004年的印度洋海啸还严重。巴基斯坦因此有2 000多万人变得无家可归（图14.32）。欲了解全球洪水信息，可查阅网址：http://www.dartmouth.edu/～floods/Archives/index.html，浏览达特茅斯（Dartmouth）洪水观测站网站，或从http//www.nws.noaa.gov/oh/hic/current/fln/fln_sum.shtml网址了解逐日洪水状况。

14.3.1　2005年美国新奥尔良防洪工程的崩溃

正常情况下，新奥尔良城区几乎完全位于密西西比河水位以下，而且大约1/2的城区低于海平面，因此该城市长期饱受严重洪灾威胁，除非有更好的防洪措施，甚至城市将面临重新选址。当地已发生的洪水表明：由美国陆军工兵部队修建的人工土质堤坝、混凝土防洪墙及各种防洪建筑，似乎仅能延迟洪灾发生。伴随卡特里娜飓风的到来，政府建成的最大防洪工程之一崩溃了，由此造成了2005年的洪灾，其影响将持续多年——这次洪水冲毁了4个防洪堤，导致40多个堤坝出现破裂，河水溢出防洪堤，淹没了主要城区，使新奥尔良城区在污水中浸泡了数周之久。

图14.33（a）中的Landsat-7卫星影像展示了新奥尔良市的庞恰特雷恩湖沿岸的当时情景，图14.33（a）和（b）分别摄于2005年4月24日和2005年8月30日。从图14.33中可以找到：低于海平面的区域、堤坝和防洪墙及四个主要决堤口。图14.33（b）中暗色区域为洪水区，周围一些被淹没的社区洪水水深达6.1m；在拍摄图14.33（b）时，新奥尔良市约80%的区域遭洪水淹没。

(a) 2005年4月24日

(b) 2005年8月30日

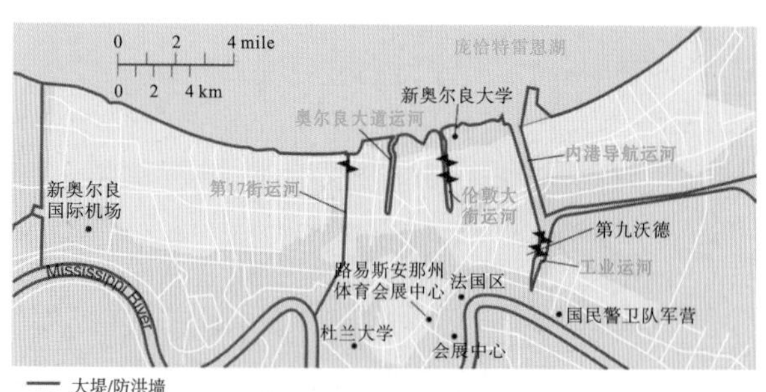

图14.33　卡特里娜飓风前后新奥尔良市的对比

注：Landsat-7卫星影像（a）摄于2005年4月24日，（b）摄于2005年8月30日；二者清晰地显示了河道位置和城市被淹区域。地图上比较它们的特征：许多堤坝遭到破坏或决堤，80%的城区被淹时间在超过一周。[USGS Landsat影像库]

土木工程师、科学家、政治团体对这次洪灾开展6次调查后认为：该防洪系统的“保护措施”在理念、设计、建设和维护上都有缺陷；许多建筑结构在洪水尚未超出设计限度时就已毁坏，因为卡特里娜飓风登陆海岸后，强度已减弱；有几座防洪墙及打桩工程未达到设计深度，比如第17号街道沿岸渠道的防护工程（图14.34）。这些不达标的锚固工程，导致防洪系统存在多处隐患。2007年，土木工程师在调查城市各处堤坝中发现：筑坝材料中的黏土含量过低、沙子含量过高——这是今后需解决的问题。

图14.34　毁坏和决堤的堤坝

注：第17号街道堤坝已毁坏，右侧的民居被淹，左侧Metairie 街道却完好无损。漂浮物阻塞了桥梁北部，水流被钢制桥梁所阻挡。注意图中漂浮的垃圾。［NOAA］

新奥尔良市的恢复重建工作正在进行，已经完成的部分工程并不牢固，所以2008年，当古斯塔夫飓风入侵新奥尔良市西部时，洪灾再现。虽然大多数防洪堤起到了作用，但仍有些防洪堤被洪水漫过，溢出的洪水淹没了未设堤防的辖区。对新奥尔良市来说，古斯塔夫飓风是一次侥幸躲过的卡特里娜灾难。

14.3.2　河漫滩平原上的风险评估

洪水（Flood）是指河流沿天然河岸任何位置溢出的高水位水流。以历史数据为基准，洪水频率是指两次洪水时间间隔的统计期望值。你或许听说过“10年一遇的洪水”“50年一遇的洪水”等提法。10年一遇意味着洪水每10年就可能发生一次，也表示该规模的洪水在任何一年中的发生概率为10%，也可以说每个世纪大约可能发生10次洪水。这一洪水频率对河漫滩平原而言，意味着威胁程度达到中等。

50年或100年一遇的洪水，可能会带来更严重，甚至是毁灭性的后果，但它每一年可能发生的概率更低。地图上的各种洪水概率等级分布区，确定了各区域河漫滩平原的洪水频率，还有“50年一遇的泛滥平原”或“100年一遇的泛滥平原”的标注。

这些统计估算概率值是指某一时期某

判断与思考14.3　卡特里娜飓风灾后墨西哥湾沿岸地区发展的评价

利用互联网引擎搜索“New Orleans flooding，2005（2005年新奥尔良洪水）”“Gulf Coast damage，Katrina（墨西哥湾沿岸破坏，卡特里娜）”“New Orleans levee failures（新奥尔良堤坝决堤）”。你至少可找到10个网址链接来了解实况。你有何发现？能找到相关图片库、工程报告或新闻报告吗？从密西西比河下游地区洪灾中，包括新奥尔良市和墨西哥湾沿岸城市，你得到了哪些教训？这一区域未来的发展思路是恢复还是重建？是反思风险，还是采用新策略？是把都市区作为低密度人口的游憩地利用，还是建立合理的灾害缓冲区，甚至放弃？你还有其他更好的选择建议吗？

一年的随机事件发生的可能性。当然，有可能20年中未遇到50年一遇的洪水，也可能3年内连续发生了50年一遇的洪水。1993年密西西比河发生的洪水，打破了洪水纪录，轻易地超过了1 000年一遇的洪水概率；2005年卡特里娜飓风灾难亦如此。有关河漫滩平原的风险和管理策略，详见**专题探讨14.1**。

14.3.3　河水流量的测量

某个流域的洪水模式如同天气一样复杂，因为洪水与气候一样，同样具有多变性和不可预测性。对于大流域及大河流的变化特征来说，工程师和有关部门可通过测量和分析，来制定最合理的洪水治理策略。遗憾的是对于小流域或动态变化的城镇，常常没有可靠的数据。

防治洪水的关键是大量掌握河流流量数据及汛情信息［图14.35（a）］。计算河流流量之前，需要在河流横断面上进行宽度、深度和流速三项测量。通过野外实地测量获得这些数据可能很困难，这取决于河流大小和流速。在河流断面上，各截面单元的河水流速常使用移动流速仪观测；然后将流速和对应单元的宽度和深度相结合，以此来计算各截面单元的流量；最后合计河流横断面上的各单元流量求得总流量［图14.35（a）］。由于河床常为冲积物堆积而成，因此短时期内也会发生变化。河流深度是河面与参考（基准面）高程（常数值）间的高差——水位（Stage）。科研人员可以使用水位尺观测水位，也可以采用河岸静水井的计量仪观测水位［图14.35（c）］。

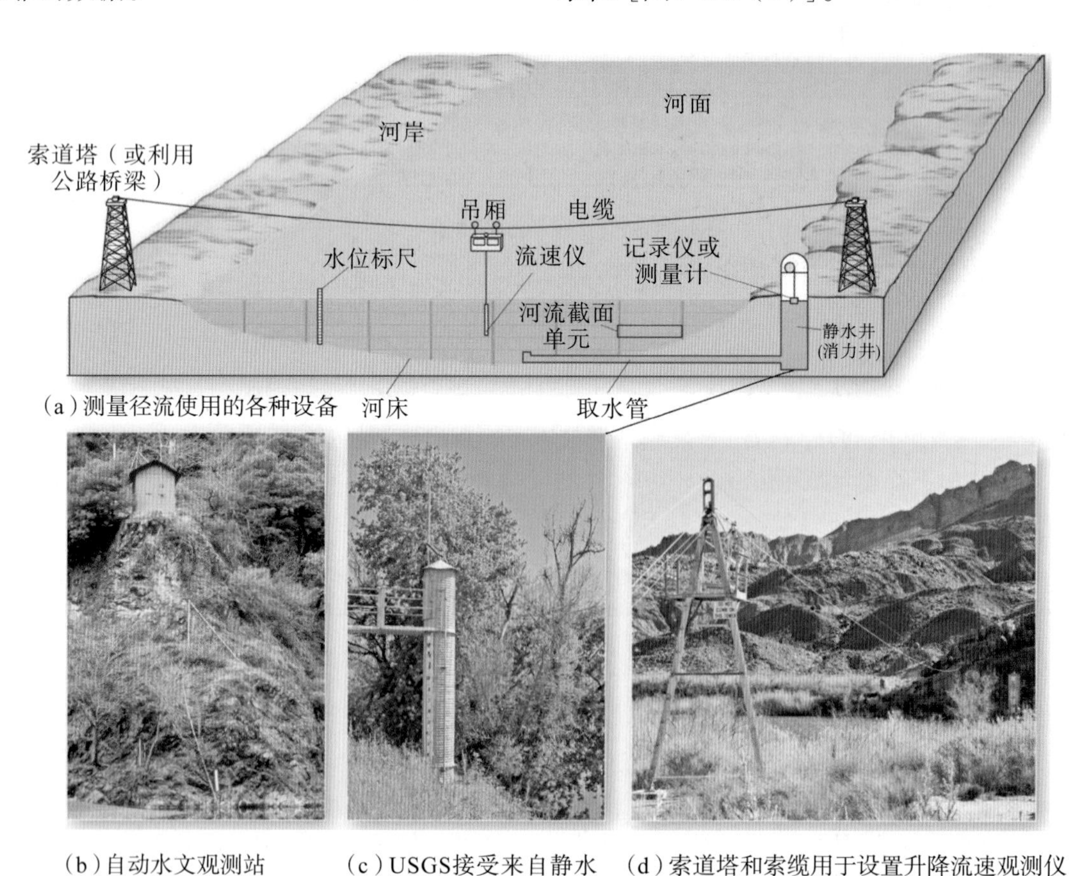

（a）测量径流使用的各种设备

（b）自动水文观测站

（c）USGS接受来自静水井的卫星发射信息

（d）索道塔和索缆用于设置升降流速观测仪

图14.35　河流流量的测量

［（b）加利福尼亚水资源局；（c）和（d）Bobbé Christopherson］

在美国，运行中的水文观测站约有1 1000个（每个州平均200多个）；美国地质调查局管理的7 000个水文站都设有水位和流量的记录仪，能够对河流进行连续观测（见http://pubs.usgs.gov/circ/circ1123/）。许多观测站能够自动地将数据发送给卫星，再由卫星把信息转发到各区域中心［图14.35（b）和（c）］。在格林峡谷大坝南部，科罗拉多河上的利兹弗雷（Lees Ferry）水文站建于1921年，它是一个历史悠久的观测站［图14.35（d）］。科学家们希望有充足资金把该水文站并入到水文观测网络中以维持水文连续监测，因为这些数据是风险评估和合理规划的基础。

流量过程线　河流某一具体位置流量随时间的变化曲线称作**流量过程线**。图14.36（a）中的流量过程线表明了降水（柱状图）与河流流量（曲线）的关系。在干旱期，当河流处于低水位时，流量主要依赖于区域地下水补给，这时的流量称作基流（深蓝色线）。

流域内降雨形成的径流汇集于溪流或支流中。洪峰流量（peak flow discharge）取决于降水量、降水分布和降水时间。同样重要的还包括流域的地表性质，因为这与降水的渗透性有关。流域内的森林火灾或城镇化，都会导致某河段的流量过程线发生改变。

人类活动对流域内的流量有重大影响。城市化对河流水文特征的影响十分显著，可导致洪峰增强或提前。如图14.36（a）所示，对比城市化前后的流量线（紫色线、淡蓝色线）便可了解这种影响。事实上，城镇区域的径流模式与荒漠地区的状况很相似。城市的不透水地表，大幅减少了渗透作用对地下水和土壤水的补给，效果与荒漠的干硬地表类似。城市地表的改变是洪涝发生的一个重要原因，因为地表改变后径流汇聚时间缩短了，洪峰前兆也变得不明显了。对于易遭受洪灾的地区，伴随城市化的发展，洪灾问题越加严峻。在图14.36（b）中，美国加利福尼亚州的一个城镇在1986年和1997年都遭受到了洪涝灾害。

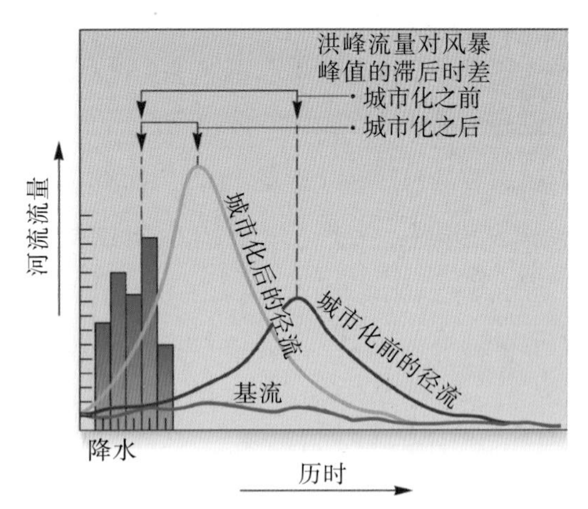

（a）深蓝色线：正常基流；紫色线：城市化前风暴产生的流量；淡蓝色线：城市化之后大幅增加的流量

(b) 1986年，美国加利福尼亚州的萨克拉曼多河（Sacramento）发生决堤，导致琳达城区遭受严重洪灾，1997年这里再次遭受洪灾

图14.36　城市化对河流水文特征的影响

［（b）加利福尼亚州水资源局］

地表系统链接

本章沿着河流考察了河床演变、流水地貌及河流系统的输出（流量、沉积物、洪水）。了解了人类社会与河流变迁、洪水风险、河漫滩平原之间的联系，可提高在熟悉环境中预测洪灾风险的能力。下一章，将学习风营力作用，包括风蚀、风力搬运、风成沉积。此外，还将了解干旱区及荒漠的一些独特景观特征。

专题探讨14.1　河漫滩平原的观测与管理策略

美国地质调查局针对河流流量开展详细观测的历史只有100年左右——主要观测始于20世纪40年代。洪水预测就是基于这些历史不长的观测数据。就河流某一断面而言，最大可能洪水（probable maximum flood, PMF）只是一个推测值，而非实际中能够超越的洪水量。由于洪水是由降水汇集而成的，因此水文学家指出：某个流域内产生的最大可能降水（probable maximum precipitation, PMP）作为总降水量，其值远远大于最大可能洪水量是必然的。

水土工程师利用上述参数来确定设计洪水标准，并依据设计洪水标准采取防洪措施。靠近河流城镇区域的规划图，通常包括50年或100年一遇洪水的河漫滩平原勘测图。对于美国大多数城镇地区而言，水文学家已完成了这种规划图。设计洪水常用于强调规划限制条件和特殊防护措施保障。依据河漫滩平原规划设计，限制性分区是避免灾害风险的有效方式。

这种政策行为并非始终能够得到贯彻执行，有时会出现如下情景：①小区域的预防措施得不到有效监督；②造成了一次洪灾；③公众因安全未得到保障而愤怒；④令人意外的情景是，企业和房产所有者抵制实施严格的法律和规划方案；⑤再一次洪水再次唤醒了人们的记忆，促成更多的规划会议和质疑。奇怪的是，伴随风险增大，我们对风险的感知力并未得到提高。相关信息，见河漫滩平原管理机构网站：http://www.floods.org/。

泄洪道是一种规划策略

修建泄洪道接纳季节性或突发性洪水，制造人工河漫滩平原，这对某些大型河流系统来说是一种规划策略。未发生洪水时，泄洪道可服务于农田，土壤水分偶尔还受益于洪水补充。当河水达到洪水水位时，开启泄洪闸，把洪水导入泄洪道。这个备用水道可减轻主河道的流量负担。

新奥尔良市北部，密西西比河下游河岸的Bonnet Carré泄洪道就设置了这种水闸［图14.37（a）］。当洪水到来时，河水由泄洪闸导入泄洪道，泄洪闸两侧为导流堤。洪水通过9.7km的泄洪道后，流入庞恰特雷恩湖。1937年以来，该泄洪道为保护新奥尔良进行过7次分流。详细信息可查阅网址：http://www.mvn.usace.army.mil/pao/bcarre/bcarre.htm。

美国加利福尼亚州的萨克拉门托（Sacramento）地区的都市区外围洪水就是通过水闸导入到泄洪道的。萨克拉门托的泄水闸和泄洪道，见图14.37（b）和（c）。

河漫滩平原管理的思考

任何防洪堤、泄洪道及其他防洪工程，都是以抵御洪水破坏的能力来度量的，同时还要论证防护设施的修建成本。因此可以用不断增加的防护措施损坏程度，来证明进一步增加防洪设施需要的必要性。虽然这些防洪策略都需经过成本效益核算，但这种核算分析是由代理机构或组织来承办的，可他们通常在重建和扩大防洪工程上存在既得利益，因此这种具有倾向性的核算分析存在着严重的弊端。

正如W. Kollmorgen于1953年发表的一篇题为“Settle-ment Control Beats Flood Control（合理布局胜于洪水防御）”*的文

* Kollmorgen W. 1953. Settlement control beats flood control[J]. Economic Geography，29, 3（July）：215.

章所提议的那样：除了利用庞大的、昂贵的工程，有时甚至对环境产生破坏作用的工程，是否还有其他方式来保护人类？

（a）密西西比河，在新奥尔良地区的Bonnet Carré泄洪道（一种分水堰）在洪水期发挥作用，使洪水绕过新奥尔良流入南部的庞恰特雷恩湖（Lake Pontchartrain）

（b）萨克拉门托（Sacramento）溢洪闸用于萨克拉门托河洪水分流，洪水通过水渠直接进入

（c）Yole泄洪道（图中远景）；洪水消退后，泄洪道还可种植农作物

图14.37　分洪堰与泄洪道

［Bobbé Christopherson］

对河漫滩平原实行严格分区就是途径之一。然而，由于河漫滩平原地势平坦，容易开发建设且风景优美，迎合了房屋建设者的愿望，从而削弱了政策上的约束（图14.38）。合理的分区策略可把河漫滩平原留出用作农耕或休憩区，如：修建滨河公园、高尔夫球场、植物和野生动物保护区，以及不受自然洪水影响的其他用途。这一论述概括起来就是：面对于城市和工业区所遭受的损失，可以通过撤销防洪堤及实施分区体制逐出水坝工程论证中的最大利益者，同时在很大程度上还能避免灾害损失。

（a）在艾奥瓦州Harpers Ferry小镇附近，坐落于密西西比河的森林沙洲上的房屋

（b）为了扩展土地面积，正在向河流中倾倒填积物；处于高水位期的河流

图14.38　洪水泛滥平原上的生物和建筑

［Bobbé Christopherson］

14.4　总结与复习

■　**阐述流水作用的定义，解释河流侵蚀、搬运和沉积过程。**

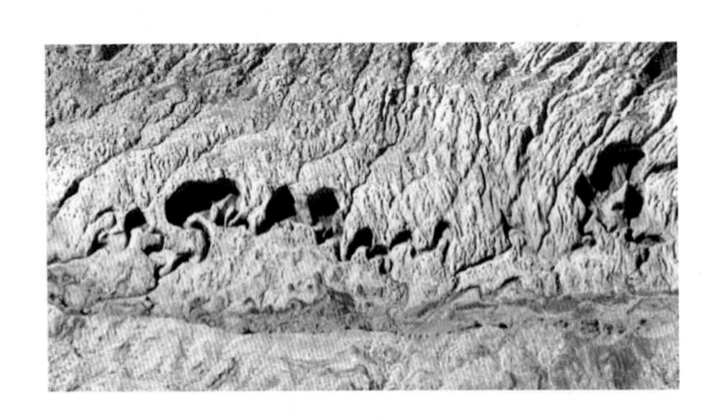

流水过程与河川相关。**水文学**是关于水发生、全球水循环、水的分布、水的性质及其对环境的反作用的学科，尤其是地表水和地下水的特征。在**侵蚀**过程中，水使地表物质发生移动、溶解和搬运。河川产生流水侵蚀，并将风化沉积物搬运至新的位置。在另一过程中，**沉积作用**使沉积物沉降产生堆积。冲积层一般是沉积于河漫滩平原、三角洲或河床上成层堆积的黏土、淤泥、沙、砾石，或其他未固结的岩屑和矿物碎片，它们是经过流水分选或半分选的沉积物。

基准面是指某一地区河流发生侵蚀作用的最低高程。当河流被水坝或滑坡截断而形成局地基准面时，河流抵达基准面的能力就被中断。

流水作用（458页）
水文学（458页）
侵蚀（460页）
搬运（460页）
沉积（460页）
冲积层（460页）
侵蚀基准面（460页）

1. 简述流水作用的定义？什么是流水过程？

2. 河流在水文循环中的作用是什么？

3. 按流量排名，地球上最大的五条河流是哪几条？这与当地的天气模式、潜在蒸散量（POTET）和降水（其概念见第9章）有什么联系？

4. 河流发生沉积的顺序是什么？

5. 解释侵蚀基准面的概念。修建水库对局地侵蚀基准面有什么影响？

■　**构建一个基础的流域模型。辨别河网形态和内陆水系，并举例说明。**

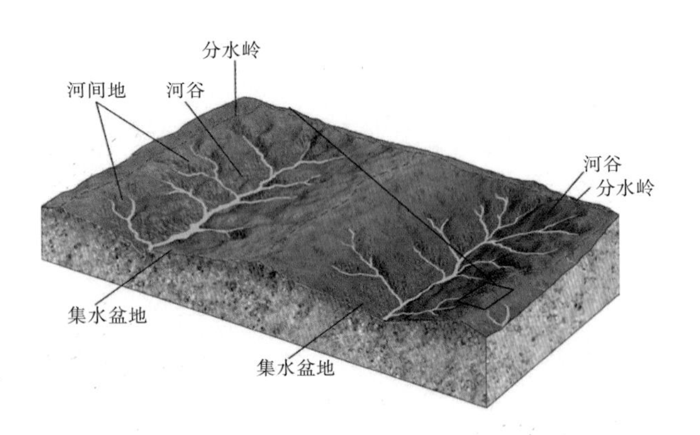

流域是流水系统的基础，也是一个开放系统。分水岭确定了流域的集水面积。任何流域中，水最初是以薄膜状的**层流**或坡面漫流方式流动的。这种地表径流汇集于沟流或小沟槽中，沟槽可进一步发展成较深的冲沟或河道。河间地是指把两个河谷隔开的高地，它确定了坡面径流的流向。大的山脉和高地，其作用如同分隔主要流域的**大陆分水岭**。某些地区作为**内陆流域**（如大盐湖流域）其河水不能汇入海洋，因此蒸发和地下重力流是该流域地表水的唯一排泄方式。

河网密度取决于一定面积内的河道数量和长度，也是景观地形的表面特征。**河网形**

态是指一个地区的河道分布格局，取决于坡度、岩石抗蚀性、气候条件、水文条件、地表起伏，以及景观结构的相互作用。自然条件常见的7种基本水系形式：树枝状水系、格状水系、放射状水系、平行水系、矩形水系、环状水系和紊脉状水系。

流域（460页）
片流（461页）
大陆分水岭（461页）
内陆河流域（464页）
河网密度（464页）
河网形态（465页）

6. 河流系统的空间地貌单元是什么？在景观上，它是怎样确定的？给出几个重要术语名词的定义。

7. 在图14.5中，从阿勒格尼–俄亥俄–密西西比河水系到墨西哥湾，分析支流形态并描述河道特征。该流域中，大陆分水岭的作用是什么？

8. 描述水系形式。详述自然环境中常见的几种形式。你家乡的水系是哪种形态？你的学校所在地呢？

■　**描述河流的流速、水深、宽度和流量之间的关系。**

河道的宽度和深度是变化的，河道中水流流速及其沉积搬运也是变化的，所有这些因子随流量的增大而增加。**流量**是指单位时间内通过河道某一具体过水断面的水量体积，其大小是流速、河道宽度和深度三者的乘积。一些河流发源于湿润地区，然后流经干旱地区，其流量会随流程的增加而减少。这类河流就是**外源河**，如尼罗河和科罗拉多河。

水力作用是指水体中的湍流作用。流水造成“挤压–释放”水力作用使岩石松动和沉积物上升。岩屑移动产生的机械**磨蚀**过程对河床造成进一步侵蚀。

溶液搬运是指河流的**溶质搬运**，尤指矿物（石灰岩、白云岩或可溶盐类）溶解形成的化学溶液。**悬移质**是指悬浮于水中的细粒、碎屑状的颗粒物；除非流速近于零，否则最细颗粒物不会发生沉积。**底移质**是指粗颗粒物在**推移**（拖曳、推动或滚动）或**跃移**（弹跳）作用下沿河床发生的搬运。如果河流中的沉积载荷超过了河流容量，沉积物累积产生的**堆积作用**会使河道抬高。过量的沉积物可使河流演变为河道相互交织的**辫状河**。

流量（466页）
外源河（468页）
水力作用（468页）
磨蚀（468页）
溶质搬运（468页）
悬移质（469页）
推移质（469页）
推移作用（469页）
跃移作用（469页）
堆积作用（469页）
辫状河流（469页）

9. 在美国犹他州布拉卡（Bluff）小镇附近，洪水流量对圣胡安河道有什么影响？为何会发生这些变化？

10. 河流流量对侵蚀作用有什么影响？作用于河道的侵蚀过程有哪些？

11. 河流输沙能力和输沙容量之间有何差异？

12. 河流是怎样搬运沉积物的？包括哪些过程？

■ **构建一个曲流模型，包括边滩、凹蚀岸和裁弯取直，并解释河流比降的作用。**

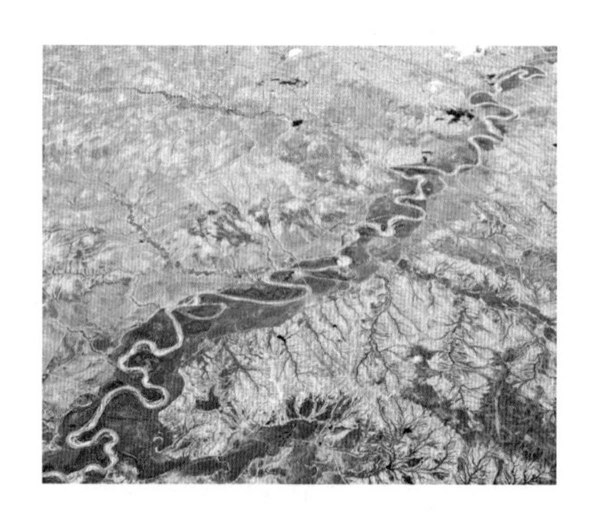

在地势平缓的地方，河道形态蜿蜒曲折，而被称为**曲流**。在河曲凹岸处，水流速度快而形成陡峭的**凹蚀岸**；然而在河曲凸岸处，由于流速缓慢而形成**边滩**沉积。当两个凹蚀岸合并时，也就是当曲流颈部被截断时，被隔开的孤立河曲称作**牛轭湖**。

河流发育形成的河床**比降**构成了河道纵剖面。**均衡河流**是指河道中水流能量刚好能搬运它所携带的沉积载荷；这表明河道的坡度、流量等与流域内的泥沙补给量达到了一种平衡状态。河流纵剖面上的突变点被称为**裂点**，河道比降突变点发生于坚硬、抗蚀岩床河段或地质构造抬升后期。

曲流（469页）
凹蚀岸（470页）
边滩（470页）
牛轭湖（471页）
比降（471页）
均衡河流（472页）
裂点（472页）

13. 描述曲流河的水流特征。河道具有哪种流水形式？曲流河有哪些侵蚀和沉积特征？其典型地貌是什么？

14. 解释以下句子的含义：(a) 所有河流都有比降，但并不是所有河流都会达到均衡状态。(b) 均衡河流可能包含不均衡河段。

15. 为什么说尼亚加拉瀑布是一个裂点？如果没有人类干预，你认为尼亚加拉瀑布的最终结果什么？

■ **详述河漫滩平原的定义，分析洪水期间的河道。**

纵观人类历史，河漫滩平原是人类活动的重要场所。土壤不断从洪水中汲取新的养分而变得肥沃，因而成为农业活动和城市化的主要区域。虽然我们了解历史上的洪水灾害，但河漫滩平原作为人类的居住地仍存在风险——人类对这种灾害风险缺乏感知能力。沿河岸分布的**河漫滩平原**是周期性洪水

作用生成的低洼平坦区域，是洪水溢出河道形成的。某些河流沿岸还分布有洪水副产物形成的**天然堤**。河漫滩平原还可能发育成**河漫滩沼泽**和**亚祖支流**。天然堤和河道抬高使亚祖支流不能汇入主河道，支流与河道平行流动并从河漫滩沼泽区穿过。河流下切侵蚀并嵌入河漫滩后形成**冲积阶地**。

河漫滩平原（474页）
天然堤（475页）
河漫滩沼泽（475页）
亚祖支流（475页）
冲积阶地（477页）

16. 叙述河漫滩平原的形成。天然堤、牛轭湖、河漫滩沼泽及亚祖支流是怎样形成的？

17. 在密西西比州菲利普地区地形图上［图14.26（d）］，辨认第16题所列的地貌特征。

18. 描述你的居住地或大学所在地附近的河漫滩平原。在本章所述的河漫滩平原特征中，你见过哪些特征？

■ **区分河流三角洲的类型，并分别予以描述。**

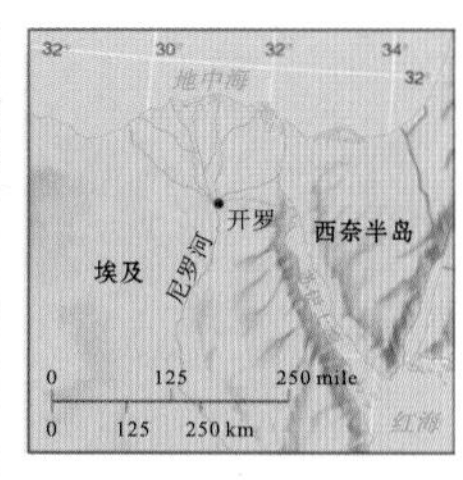

河口处形成的沉积平原，称作**三角洲**。河流在河口汇入海洋时，混有淡水的海水淹没区域称作**河口湾**。

三角洲（477页）
河口湾（478页）

19. 什么是河流三角洲？有哪些类型？举出几个例子。

20. 利用第8章和本章中的材料，评论新奥尔良发生的事件？21世纪，新奥尔良将会怎样变化？并解释。在你看来，洪灾是卡特里娜飓风引起的，还是工程失误、风险规划缺陷造成的？

21. 描述恒河三角洲。上游的哪些因子可以解释它的形成和形态？评价在这类三角洲上定居的后果。

22. “尼罗河三角洲正在消失”的含义是什么？

■ **解释洪水概率估算，评论减轻洪水风险的策略。**

洪水是河流沿天然河岸任何位置溢出的高水位水流。对于洪水及河漫滩平原洪灾，可以通过统计学对洪水发生的时间间隔进行估算，如“10年一遇的洪水”统计概率为每隔10年发生1次。对于某一具体地点，其河流流量的时间变化图称作**流量过程线**。

政府机构承担着抗洪减灾的各种责任，所采取的管理措施包括：人工防洪堤坝、泄洪渠、矫直河道、分水渠、大坝和水库的修建。在动态的河流系统环境中，人类正在探索一种可持续的方式来提高生活质量。

洪水（483页）

流量过程线（485页）

23. 具体说明什么是洪水？怎样观测洪水及其行踪？

24. 从流量过程线来看，自然河流与城镇化区域的河流之间有何差异？

25. 对于河漫滩平原的管理，你认为需要考虑的主要因子是什么？请描述社会上对自然灾害和风险的普遍态度。

26. 你认为题目为“Settlement control beats flood control（合理布局胜于洪水防御）”的这篇文章，作者要表达什么意思？利用本章提供的信息，解释你的答案。

掌握地理学

访问https://mlm.pearson.com/northamerica/masteringgeography/，它提供的资源包括：数字动画、卫星运行轨道、自学测验、抽题卡、可视词汇表、案例研究、职业链接、教材参考地图、RSS订阅和地表系统电子书；还有许多地理网站链接和丰富有趣的网络资源，可为本章学习提供有力的辅助支撑。

第15章　风成过程与干旱景观

航片左侧是位于美国亚利桑那州科科尼诺县境内的沃德露台（Ward Terrce）台地，海拔约1 645m。沃德露台（Ward Terrce）台地边缘为悬崖，其右侧地表海拔高度下降至1 400m左右。航片中心点位置大约为35° 58′ N，111° 15′ W。图中的浅色条纹大约是400年前复活的流动沙地和线性沙丘，该景观位于纳瓦霍保护区内。［Bobbé Christopherson］

重点概念

阅读完本章，你应该能够：

- **阐述**风和风成过程塑造的独特地貌特征。
- **描述**风蚀作用，包括吹蚀、磨蚀及其合成地貌。
- **描述**风成搬运作用，**解释**跃移和蠕移。
- **识别**沙丘主要类型，并**举例**说明。
- **详述**黄土沉积及其起源、分布和地貌特征。
- **描绘**荒漠景观，找出它们在世界地图上的分布位置。

当今地表系统

全球环境问题：荒漠化与政治行动

全球**荒漠化**（desertification）造成荒漠面积不断扩大。世界范围的荒漠化现象多发生于干旱与半干旱地区的边缘地带。全球干旱区是本章讲述的主题之一。

不合理的农耕技术是荒漠化的成因之一。比如：不合理的农耕技术会对土壤结构和肥力产生破坏，并使土壤水分调节失当；过度放牧会引起侵蚀、盐碱化及对森林的乱砍滥伐的影响。此外，全球气候变化也是一个日益严重的诱发因素，它导致温度和降水发生改变，使副热带高压系统向两极地区移动。这些内容在本书相关章节中已有论述。

如图15.1所示，全球荒漠化风险区是指丧失了农业活力的土地。在许多受荒漠化影响的地区，贫困使这一问题变得更为严重，因为大多数人既无资金来改进耕作方式，也不能开展保护措施。在印度和中亚地区，许多土地处于高风险状态。实际上，2009年的一项测绘结果表明：印度有25%的土地正在发生着荒漠化。在中亚地区，由于气候干旱，再加上水资源的过度开采，荒漠化面积不断扩张。早前，咸海曾是世界上的四大湖泊之一，可是自20世纪60年代以来，由于汇入该湖泊的河流不断改道及河水外调，咸海的湖泊面积持续萎缩。伴随湖水的消失，咸海的湖底细粒泥沙和碱尘被风力吹蚀，造成了严重的沙尘暴。

非洲的萨赫勒地区位于亚热带撒哈拉荒漠与湿润赤道带之间的过渡地带。荒漠化环境向南扩展，覆盖了萨赫勒部分地区，这使该地区近30年来都未出现过降雨。当然，气候变化只是其中部分原因，导致萨赫勒地区

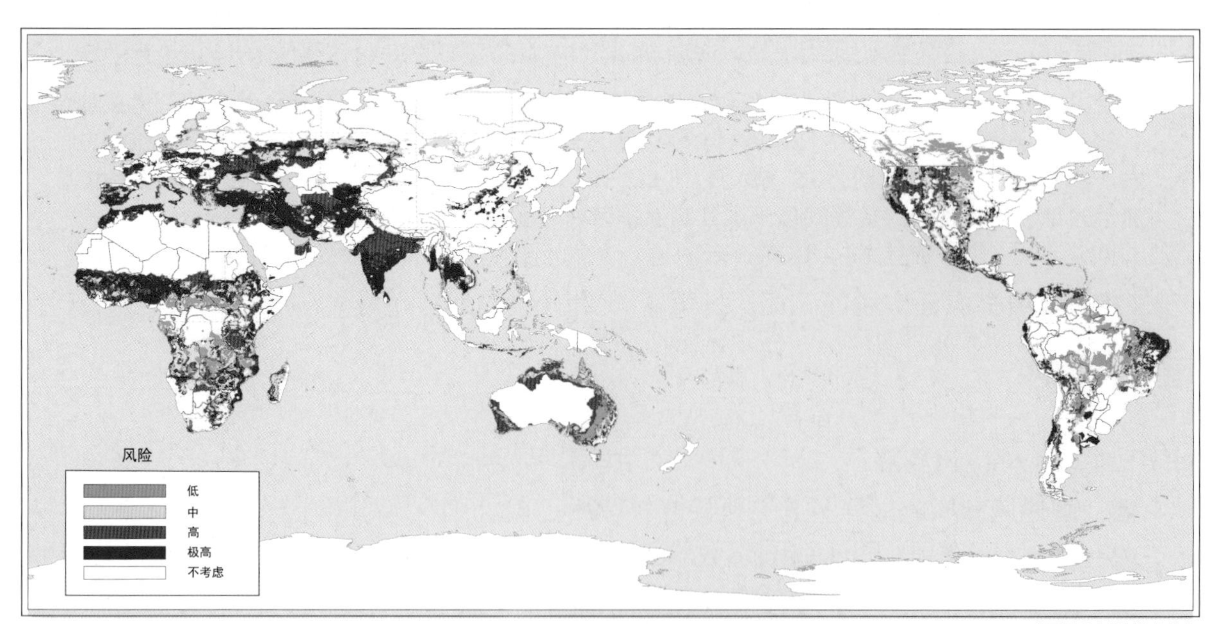

（原图经赵景峰改绘）

图15.1　全球荒漠化风险区分布

［地图引自：美国农业部、自然资源保护服务中心、土壤调查局（U.S. Department of Agriculture-Natural Resources Conservation Service, Soil Survey Division）；人口密度引自：加利福尼亚大学圣塔芭芭拉分校的国家地理信息分析中心（The National Center for Geographic Information Analysis at University of California, Santa Barbara）］

荒漠化的因素，还包括人口增长、贫困、土地退化（森林乱砍滥伐、过度放牧）及连续性环境政策的缺失。

据联合国估计：全球土地退化面积约8亿公顷，每年还在以数百万公顷速度增加。当前，另一项迫切任务是完善全球范围的荒漠化数据库，这有利于更精确地统计荒漠化事件，以便更好地认识荒漠化过程。

《联合国防治荒漠化公约》是1992年里约热内卢地球峰会达成的一项成果，该公约于1994年开始实施并延续至今。我们应将公约作为行动指南，继续做出努力。

2010年8月召开了第二届“半干旱地区气候、可持续性及发展”国际会议（http://www.unccd.int/），有100多个国家的相关问题被列入议事日程。此次会议提出了未来十年全球努力的目标——《联合国荒漠与防治荒漠化十年规划》（UNDDD）。

所有这一切都是为了提高公众和政府对荒漠化问题的关注。2010年第二届“半干旱地区气候、可持续性及发展”国际会议呼吁：在许多问题上要行动起来，这些问题包括可持续发展和气候变化、干旱区民众的政策参与、整合并关注全球环保行动、金融和教育的发展，以及对紧迫问题的识别。

全球大约有十亿人正在遭受荒漠化的影响，荒漠化已经威胁到了他们的生计。这些问题应该在近几年内采取行动，否则将会花费更高的成本。有关全球干旱区的更多信息见：http://www.undp.org/drylands/。

风是改变地貌的一种营力。尽管空气黏度低于水（密度小），但运动中的空气（气流）作为一种流体，具有类似于水的性质，可对物质造成侵蚀、搬运和沉积。虽然气流不具备像水一样的托举能力，但仍可以对荒漠、海岸线物质进行大规模地改造和搬运。

在冰川曾经活跃的地区，大量细粒物质被风搬运到远方形成土壤。休耕（未种植的）放弃的土壤资源任由风蚀破坏。科学家们得到一张洲际间海洋高空大气沙尘的精确影像，并利用化学分析技术和卫星技术，追踪到风成沙尘路径可从非洲漂移到南美、从亚洲漂移到欧洲。风甚至可以传播生物体，南大洋有一项研究发现：相隔数千英里的岛屿之间，岛上的藓类、苔类和地衣具有相似性。风向一致的局地风对植被和冰雪表面具有修剪整形、雕刻塑造的作用（图15.2）。

在海洋为主的地球表面上，干旱地区显得很突出。在荒漠环境中，水分缺乏、植被稀少，风力塑造了广袤的沙海及形态各异的沙丘。气象监测报告表明，美国亚利桑那州的尤马地区与南极洲两地的年降水量相当，对此你不必感到惊讶，因为极地也是荒漠。极地和高纬地区独一无二的荒漠特征与当地的寒冷及干旱环境有关。相关内容见第17章。

面对干旱景观所呈现的独特地貌和生命形式：“观察者只对简单形态、精确重复和几何排列感到惊奇，而忽略了对混沌无序的（背后真相）发掘。”*

这一章中：将详述风的作用，包括风蚀、搬运及沉积过程，还有它所形成的地貌。风蚀的细粒物质形成了广阔的黄土沉积，为肥沃的农业土壤奠定了基础。此外，本章还将对干旱区进行讨论。大多数荒漠是砾质荒漠，地表为砾石覆盖层；其他荒漠则

* Bagnold R A. 1941. The Physics of Blown Sand and Desert Dunes [M]. London: Methuen.

表现为沉积沙丘。荒漠环境的景象：烈日当空、地势嶙峋，水分匮缺且植被稀少；尽管水资源稀缺，但水仍是荒漠中的主要侵蚀因子。本章将论述全球荒漠的起因和分布。科罗拉多河和西部干旱是**专题探讨15.1**中的重要主题。

（a）靠近夏威夷南端，风力塑造的旗形树，这是风向一致的信风对树形的自然修剪

（b）风形成的雪面波纹；观察图中的雪面，你能知道盛行风向吗？

图15.2　风力作用

［Bobbé Christopherson］

15.1　风的作用

风的作用称作**风成作用**（Aeolian或Eolian），是指风蚀、搬运和沉积过程。风成（*Aeolian*）一词源于希腊神话中的“风神（Aeolus）”。英国陆军少校R.A.Bagnold是一名机械军官。1925年，他在驻扎埃及时在风沙方面开展了许多研究。在尼罗河西部荒漠地区，R.A.Bagnold通过观测和设计构思，形成并发展了关于风和沙漠形态的假说。想象一下20世纪20年代的情景：一辆福特T型车缓缓地驶入开罗西部荒漠中，R.A.Bagnold乘坐在车上赶往研究区；为了防止陷车，他把成卷的铁丝网铺在车轮下的流沙地面上。R.A.Bagnold于1942年出版的《风沙和荒漠沙丘物理学》是一部经常被引用的经典著作。

空气的密度比水和冰等介质的密度低，因而风营力的搬运营力相对较小（与水、冰相比）。但随着时间推移，风积累输送的物质量是巨大的。R.A.Bagnold对沙丘表面输沙率的研究表明：在沙丘表面1m宽的输沙断面上，风速为50km/h每天的输沙量可达0.5t（图15.3）；由图15.3中曲线可知，随着风速的增大，输沙量迅速增加。

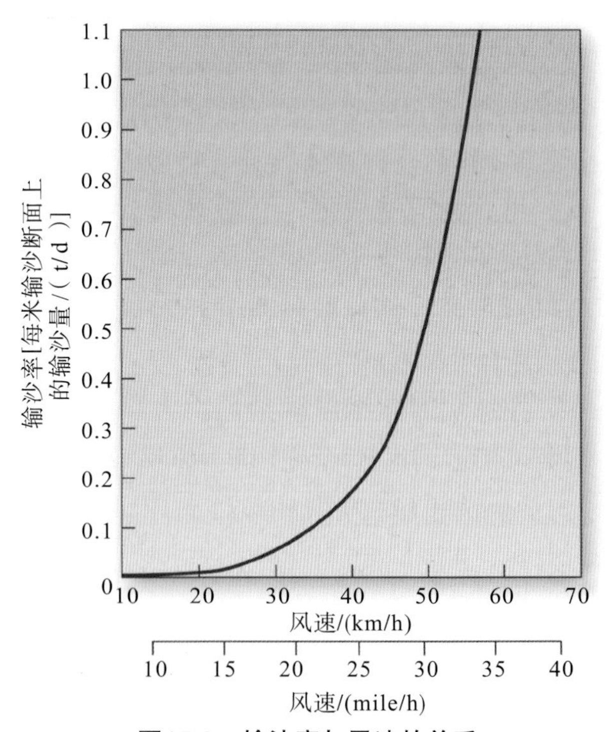

图15.3　输沙率与风速的关系

注：当地表输沙断面宽度为1m时，输沙率与风速之间的关系。［改编于：R.A.Bagnold在1942年出版的《风沙和荒漠沙丘物理学》］

沙粒大小对风蚀作用有重要影响。中等粒径的沙粒最容易移动，它们以弹跳方式移

动。很粗或很细粒径的沙粒需要更大的风速才能移动。粗沙粒重量大，需要强风；细小颗粒难以移动，是因为细沙粒相互黏合在一起而且通常具有光滑（流线型）的表面。但是细小的沙尘一旦进入高空，就会从一个大陆漂移到另一个大陆。本章开篇图片中，在沃德露台（Ward Terrace）台地左侧，就能看到呈浅色条纹状的流沙。

15.1.1 风蚀

风蚀主要包括**吹蚀**和**磨蚀**两个过程。**吹蚀**（Deflation）是指风作用于松散单个颗粒而引起的尘土、沙的飞扬、跳跃和滚动的侵蚀过程；而**磨蚀**（Abrasion）是指气流中的沙粒以“喷沙”的方式对岩石表面因摩擦而发生颗粒位移，使侵蚀表面出现平行于风行的擦痕。吹蚀和磨蚀造成了多种独特的地貌和景观。

吹蚀作用　吹蚀把松散的、未黏合在一起的沉积物直接吹走，并与雨水共同作用形成了类似于石子路面的地表——**荒漠砾石覆盖层**（desert pavement，又译作荒漠砾幂），它使底层沉积物避免遭受进一步的风蚀和水力侵蚀。传统观点认为吹蚀是风蚀的关键过程，对细粒的沙尘、黏土和沙粒造成侵蚀；之后留下一个由砾石和沙砾聚集而成的**荒漠砾石覆盖层**［图15.4（a）］。

另一个假说——沉积累积假说更好地解释了某些荒漠砾石覆盖层的成因：砾石覆盖层应该是风沙沉淀作用形成的，而非吹蚀作用造成的，风沙颗粒物沉降在粗砂砾缝隙之间或之下，结果导致砾石逐渐上移至地表。另外，对于黏土颗粒来说，在雨水作用下，干湿交替所产生的膨胀和收缩作用，也会使砾石碎屑物逐渐上升至地表，形成砾石覆盖层［图15.4（b）］。砾石覆盖层在荒漠地区很常见，以至于许多地方都以此来命名，如澳大利亚的砾质荒漠（Gibber Plain）、中国的戈壁（Gobi），以及非洲地区残存细粒物质的一些砾漠和石漠（lag gravels，serir和reg）。

过度的旅游活动会破坏脆弱的荒漠景观。尤其是在美国，每年行驶的越野车超过了1 500万辆，这些越野车压坏植物和动物、破坏了砾石覆盖层，从而加剧了荒漠地区的吹蚀作用，同时在碾压车辙上还容易形成片蚀和冲沟。

任何地方的吹蚀作用都会将松散的沉积物移走，形成**风蚀洼地**（deflation hollow）。洼地的大小，从不足1m宽的小型凹地，到数百米宽且很深的洼地。尽管化学风化作用在干旱缺水地区很缓慢，但在风蚀洼地吹蚀过程中却非常重要，因为它能破坏颗粒物聚合所需的胶结物质。撒哈拉沙漠中的一些大型洼地在一定程度上是由吹蚀作用形成的。位于埃及西部荒漠地区的盖塔拉洼地（Qattâra Depression）靠近地中海，面积达

地学报告15.1　时代的先驱者——R.A.Bagnold

在荒漠研究中，R.A.Bagnold把沙丘描述为复合的自组织系统——从无序混沌状态中产生的有序规律。如今，沙丘成为复合系统的行为科学，系统中各成分通过自我增强行为相互作用。以沙波纹为例：随着沙波纹的增大，其捕获的沙量呈增加趋势，导致空气中含沙量减少，因此间隔一定距离之后才能形成下一个沙波纹。第17章中，将研究冰缘地区的自组织行为，包括冻融交替作用对岩砾的分选及排列形式的自组织行为。

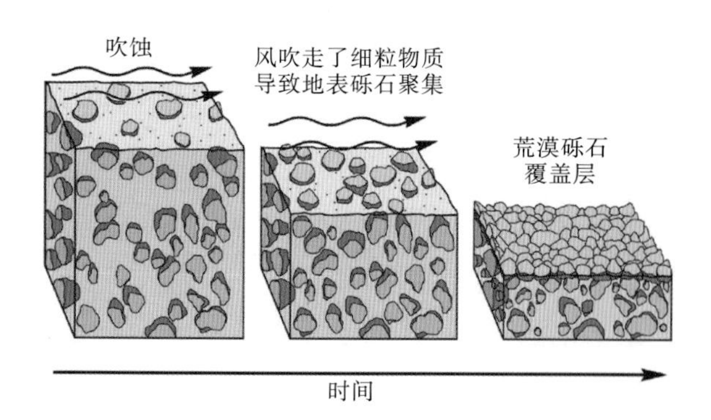

（a）吹蚀假说：当吹蚀和片流把细颗粒的沙尘、粉沙和黏土移走后，残留的粗岩块和碎屑就形成了荒漠砾石覆盖层

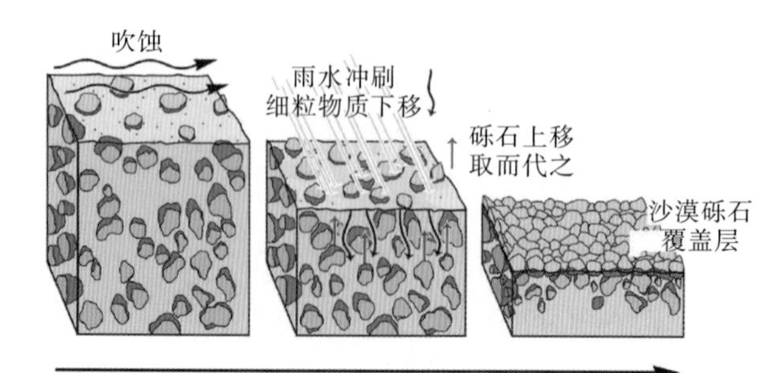

（b）沉积累积假说：荒漠砾幂的另一种形成过程，风沉积的细粒物质在冲刷作用下向下沉淀，再经周期性胀缩作用，砾石逐渐上移形成了砾石覆盖层

（c）典型的荒漠砾幂

图15.4　荒漠砾石覆盖层（又称荒漠砾幂）
［Bobbé Christopherson］

1.8万km^2，其最低点位于海平面以下130m。

磨蚀　你也许早就见过人们利用喷砂方法来清除建筑物（桥梁、街道）表面的污迹。喷砂就是利用含沙压缩气流对某个表面进行的快速磨蚀。风沙磨蚀是自然界的慢速喷砂形式，沙粒硬度越大、棱角越尖锐，风沙流对裸岩的磨蚀效果就越强。此外，磨蚀速率还与裸岩的硬度、风速大小和风向稳定性有关。由于沙粒被气流抬升的高度不大，因而风沙的磨蚀作用仅限于某一高度以下，通常距地面只有1～2m。

风的磨蚀作用使岩石具有凹痕、凹槽（沟）或光泽特征，其空气动力学形态，在方向上通常与盛行起沙风相一致 。**风棱石**（Ventifact，意为“风的艺术品”）是具有风磨蚀特征的岩石。吹蚀和磨蚀作用，使大尺度岩土层形成与起沙风相平行的流线形态，留下细长而独特的垄脊或**雅丹**（Yardang）地貌。这种风蚀作用塑造的地形，其长度从

（a）小型的风蚀岩层，位于美国犹他州圣乔治的雪谷（snow canyon）

（b）北大西洋熊岛，恒定风向作用下裸露岩石的风蚀形态，地表为冰缘地区的多边形土（见第17章）

图15.5　雅丹地貌
［Bobbé Christopherson］

几米到数千米，高度数米左右。

有些雅丹地貌形态很宏大，甚至在卫星影像上都能辨认出来。例如，秘鲁南部伊卡山谷的雅丹地形高度达到100m，绵延几千米；伊朗卢特沙漠中的雅丹地形高达150m。雅丹的迎风面主要受磨蚀作用，而背风面受吹蚀作用，其风力雕琢的地貌形态见图15.5。

埃及的狮身人面像，其头部和身体的局部形态使人联想到雅丹地貌。有科学家认为，古人在构思这一砖石结构的雕像时，可能得到了雅丹地貌的启示。

15.1.2　风力搬运

大气环流在几天之内就可以将火山灰、火灾烟雾和沙尘这样的细颗粒物输送到全球各处。风作用于地表颗粒物质上的拖曳力（或摩擦力），就像河水能把沉积物卷走一样，使颗粒物在空中漂移（空气是一种流体）。气流中的颗粒物，其输送距离因颗粒大小不同而有很大差异，只有粒径最小的颗粒物才能被输送到很远的地方。因此，尘暴中悬浮漂移的细粒物质，其上升高度远远高于沙暴中的粗粒物质。

在**尘暴**（dust storm）发生频繁的地区，人们的生活起居经常受到细粒物质的侵扰。如图3.12所示，细小的尘粒能够穿过很小的缝隙，侵入到家庭居室和企业厂房内。沙漠和沙质海岸地区的**沙暴**（Sandstorm）频繁，风沙“喷砂”作用常常对玻璃窗和漆面物品造成磨损。

在图15.6中，海岸沙地上由于采取了保护措施——引入本土固沙植物、铺设阻沙网、限制人行通道等，无论自然因素还是人为因素导致的风沙活动（侵蚀和搬运）都减少了。在海岸沙丘带，由于人类定居的侵占，沙子搬运变成难题。

（a）美国缅因州波帕姆海滩州立公园内，利用固沙措施来防治沙丘的侵蚀和搬运，如种植本土植物、限制人员通行［译注：提示牌上写有“沙丘植被用于固沙……，但它们很脆弱，请从海滩人行道绕行”］

（b）在美国新泽西州的大西洋城，人们种植丛生海滩草来固定海岸沙地，可一次风暴潮摧毁了这些植被

图15.6　固沙措施
［Bobbé Christopherson］

跃移（Saltation）这一术语，曾在第14章中用于描述河水中的颗粒物运动。当然，它也可用来描述风对地面沙粒的搬运方式，以这种方式搬运的沙粒粒径通常大于0.2mm。在风力搬运中，以跳跃和弹跳方式完成的输沙量约占80%（图15.7）。河流中跃移搬运方式是水力抬升造成的，而风力跃移搬运方式则是通过空气动力上升力、弹性跳跃和撞击来实现的［比较图15.7（a）与图14.15］。

运动中的沙粒撞击其他沙粒，使它们进入到气流中。跃移沙粒撞入沙面时，沙面颗粒因撞击而变得松散，沙粒受到撞击而前移。**表面蠕移**（surface creep）是指沙粒以滑动和滚动方式进行的风沙搬运。这些沙粒对跃移搬运来说粒径太大，蠕移输沙量约占风力搬运量的20%。沙粒一旦运动起来，较低的风速也能移动沙粒。在沙漠和海岸沙地，有时会听到微弱的嘶嘶声，有点像蒸汽逸出的声音，这就是无数跃移沙粒沿沙质地面弹跳和碰撞发出来的。

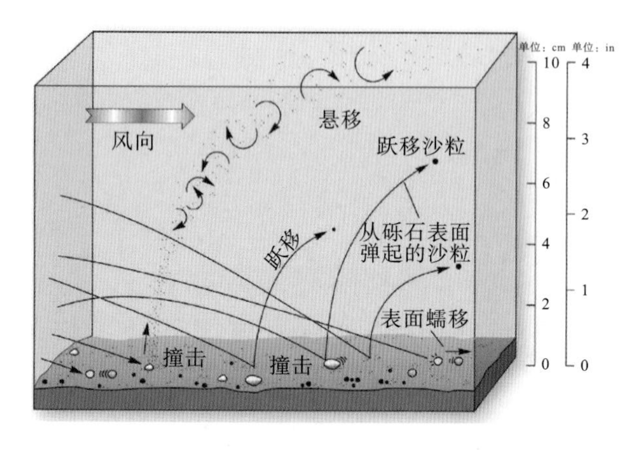

（a）风沙颗粒移动方式包括：悬移、跃移和表面蠕移；对比图14.15中水流中颗粒物的跃移和推移方式

（b）美国加利福尼亚州死谷的Stovepipe Wells地区，沙丘表面上的跃移风沙

图15.7　风沙颗粒的移动方式［作者］

15.1.3　风积地貌

沙波纹（sand ripple）是单个跃移沙粒形成的最小地貌形态（图15.8）。风成沙波纹与水成沙波纹相类似，不过水流中的跃移沙粒碰撞比较轻微。沙波纹波峰和波谷的走向垂直于风向（呈直角）。由于风沙流中部分沙粒被截获，下风区气流中的含沙量减少，因此沙波纹波峰之间就会形成一定的间距。这就是复合系统的自我增强行为。

图15.8　沙波纹

注：这些沙波纹的形态岩化后可保存于岩层中。照片上的实际距离只有1m宽。［作者］

很多人对干旱景观的了解来自电影，印象中荒漠大多都被流沙覆盖。实际上，亚热带大部分干旱区的地表是被砾石所覆盖，沙子覆盖的荒漠面积仅占10%左右。沙粒沉积一般形成不稳定的垄脊或丘体，称为沙丘。

沙丘（Dune）是风力塑造的沙粒堆积形态。在北非，人们把广阔的沙丘分布区称作**沙质荒漠**（erg desert）或**沙海**（sand sea）。撒哈拉中部的东部大沙漠，沉积层厚度超过1 200m，面积达19.2万km^2，相当于美国内布拉斯加州的面积，这个流动沙漠已存在了130万年以上。相似的流动沙漠还有沙特阿拉伯的鲁卜哈利大沙漠。

在阿尔及利亚东部，伊萨万尔格沙漠的面积达3.8万km^2，分布着由多风向形成的具有几个落沙坡的星状沙丘（star dune）［图15.9（a）］。星状沙丘是沙漠中的巨大沙山，沙山整体形态呈风车状，几个放射状的沙臂在沙山顶部形成中央峰顶，高度可达200m，如索诺拉沙漠中的星状沙丘。在图15.9（a）的照片中，你看到的沙丘形态不是由单一风向的盛行风形成的，还有其他风向的作用。此外，沙丘还分布于半干旱地区，如美国大平原，甚至在火星上也有沙丘分布［图15.9（b）和（c）］。

沙丘的形成及移动 无论是干旱地区还是海岸地区，沙丘的移动方向都与起沙风方向一致。就起沙风而言，季节性强风或过境风暴有时要比一般盛行风有效。当跃移沙粒遇到片状积沙时，沙粒消耗动能（运动）而产生堆积。当片状积沙高度增至30cm以上时，堆积沙粒就会产生滑落面（落沙坡），从而形成了沙丘形态。

在图15.10的沙丘剖面图模型中，在风的作用下，沙丘迎风面（迎风坡）形成一个典型的缓坡面，而背风坡却形成一个陡峭的**滑落面**（**Slipface**）。沙丘形态通常是不对称的。滑落面坡度是松散物质稳定状态时的最陡角度——休止角（angle of repose）。因此滑落面上新增的堆积沙粒就会不断下滑，从而形成崩塌坡面（avalanche slope）。气流使沙粒沿迎风坡面上移，至沙丘顶部越过沙脊线后，沿滑落面发生沉降、崩塌和滑落，导致滑落面不断调整前移，以维持休止角（通常为30°～34°）。沙丘以这种方式沿风向移动，见图15.10中沙丘剖面中的堆积层序。

风力塑造了很多种沙丘形态，类型划分很困难。如表15.1所示，可以把沙丘形态简化为：新月形（Crescentic，或弯曲的）沙丘、线形（Linear，直线的）沙丘、星状沙丘（star dune）及其他。图15.11是各种沙丘类型的示意图。不断变化的风成沉积展现了沙丘奇妙的形态，一位作家形象地写道："我看到绵延起伏的沙丘就像是翻滚的波浪；它们的色彩也在变幻之中，中午像白纸，黎明时像灰色的重雾，到了傍晚又变成了鸡蛋壳一样的褐色。" *

* Bowers J E. 1985. Seasons of the Wind[M]. Flagstaff, AZ: Northland Press.

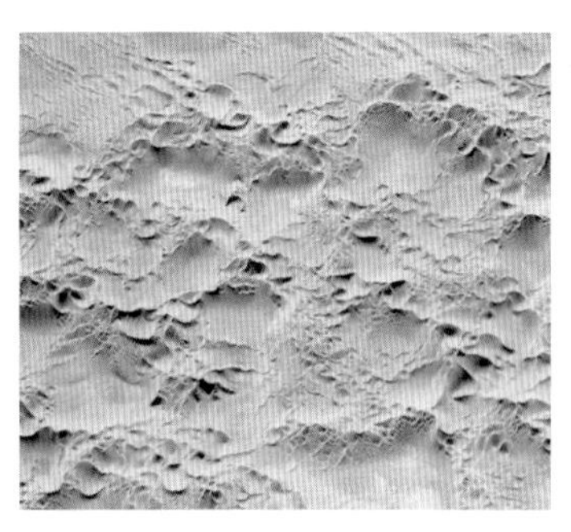

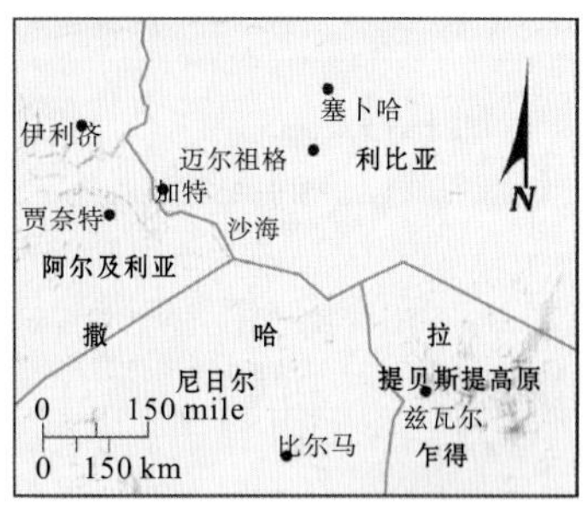

（a）阿尔及利亚东部的伊萨万尔格沙漠（Issaouane Erg）：这里沙丘类型以星状沙丘为主，还有新月形沙丘，左上方远处为线形沙丘；这些沙丘形态表明了该地区的盛行风向

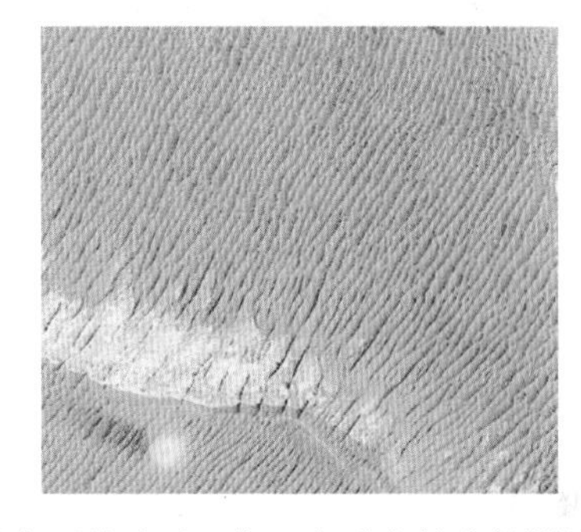

（b）火星表面的沙丘，位于水手谷的米拉斯峡谷南部，注：左下角可见尘卷风，照片表示的实际宽度约2km

（c）美国内布拉斯加州中部高平原：这里高大沙山的下部为地下含水层（图9.12）；沉积的沙粒和粉沙来自北部冰川地区和西部落基山；密集新月形沙丘600多年前就被植被所固定

图15.9 沙海

［（a）国际空间站摄，NASA/ GSFC；（b）火星环球探测者的火星轨道照片，NASA/JPL/马林空间科学系统；（c）Bobbé Christopherson］

表15.1　沙丘类型及形态描述

类型		形态描述
新月形沙丘	新月形沙丘	新月形沙丘的“兽角”指向下风向；形成于风向稳定或变化很小的地区；沙源有限；具有一个滑落面；零星地分布于裸岩地表、砾石地表或一般沙丘地带
	横向沙丘	沙丘脊线不对称、与风向垂直（直角）；只有一个滑落面；起沙风相对弱、沙源丰富
	抛物线沙丘	植被具有重要的固沙作用；迎风坡面被“吹出”突向背风坡的凹型轮廓，两翼被植被固定；具有多个滑落面，其中有些是稳定的
	新月形沙链	沙脊呈波状起伏、不对称，排列方向与起沙风垂直；由多个新月形沙丘连接而成，就像成排连接的新月形沙丘，各排之间有一个开阔区
线形沙丘	纵向沙垄	长条形略弯曲的脊状沙丘，走向与风向平行；有两个滑落面；平均高度100m、长100km；高大沙丘的高度可达400m，由同一风向上的强起沙风变化所形成
	塞夫沙丘	英语为“Seif”，最早源于阿拉伯语“刀剑”；比纵向沙垄短，沙脊线更弯曲；迎风坡平缓、背风坡陡峭（无图）
星状沙丘		一种巨大的沙丘；呈金字塔状或星状；以沙丘峰顶为中心，呈放射状向外延伸出三个（或更多）弯曲的沙臂；具有多个方向的滑落面；沙丘形成于各风向上的起沙风；沙丘高处的起沙风有利于形成孤立丘顶，而低处的起沙风则利于形成弯曲沙臂
其他	穹状沙丘	圆形或椭圆形的丘体，无滑落面；可以塑造成为新月形沙链；局部海岸地区，植被发挥了作用
	逆向（反向）沙丘	沙脊不对称，星状沙丘与横向沙丘的过渡形态；风向变化可使这几种沙丘形态相互转化

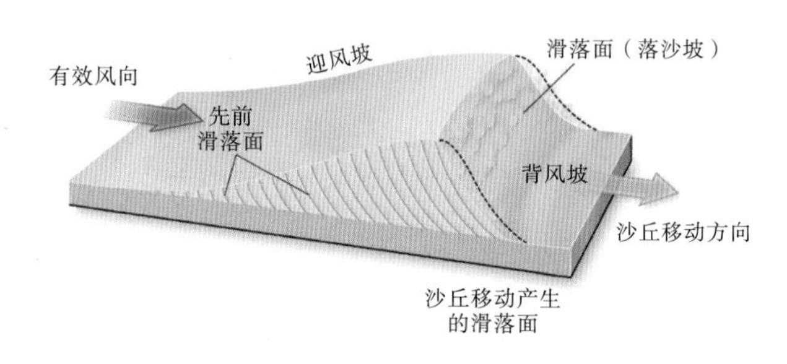

图15.10　沙丘剖面图模型

注：当沙丘沿起沙风方向移动时，滑落面（落沙坡）排列次序说明了沙丘的移动模式。

图15.12展示了流动沙漠与荒漠（热带的、内陆的和海岸的）在分布区上的联系。注：流动沙丘覆盖的荒漠面积很有限，约占30° N和30° S之间陆地面积的10%左右。此外，图15.12中还可看到，湿润气候区也有沙丘分布，如俄勒冈州海岸、密歇根湖南岸、墨西哥湾、大西洋海岸线及欧洲等地区。

沙丘形成的原理及名词术语（如：丘体和滑落面）同样也适用于积雪景观。风雪堆积可形成雪丘（snow dune）。在半干旱农业区，防护栏和田间高留茬作物拦截的风雪堆积，融化后可补给土壤水分。

15.1.4　黄土沉积

在大约1.5万年前的几次事件中，世界很多地区的更新世冰川发生了消退，留下的冰水沉积物中包含大量的细粒黏土和粉沙。这些物质经风力长距离输送后，再次沉积下来，呈现为均质无层理（均匀混合）的形态。德国莱茵河谷耕作的农民把这些沉积物叫作“**黄土**（**Loess**）”。虽然黄土本身不创造地形，但它却厚厚地覆盖在原有地形之上，与原有地形共同构成了综合地貌景观。

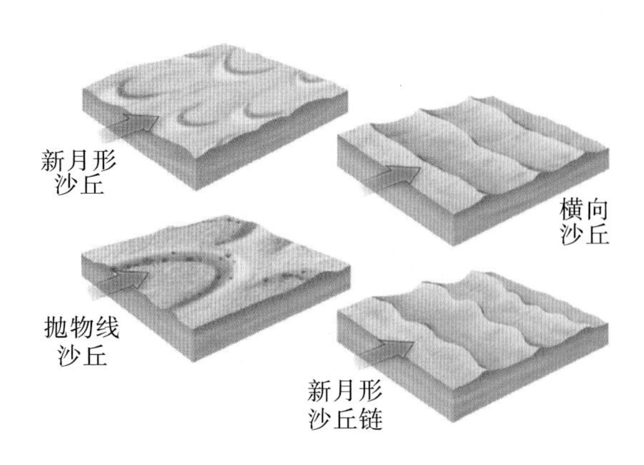

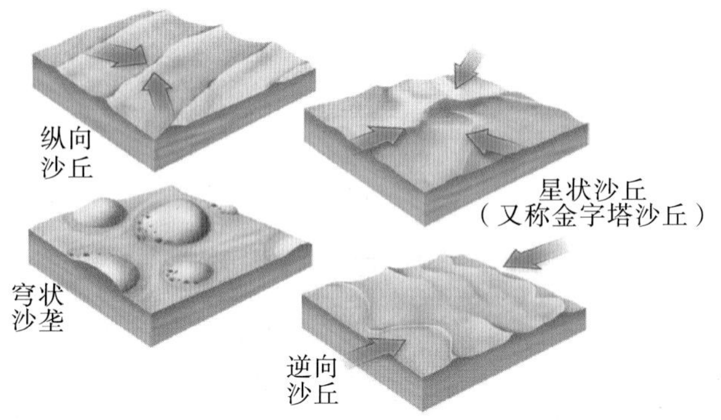

图15.11 主要沙丘形态的类型

注：表15.1是对沙丘类型与形态的描述，该图箭头表示风向。［改编于：Mckee E D. 1979. A study of global sand seas[J]. U. S. Geological Survey Professional Paper // Washington: US Government Printing Office, 1052: 137–170.］

由于黄土具有较强的聚合力和黏结力，风化和侵蚀后，黄土层可形成陡崖或垂立面。在河岸下切侵蚀形成的岸坡上，黄土沉积通常呈现直立性；当土层被水浸透后，有时会发生坍塌（图15.13）。据历史记载，美国国内战争时期，在密西西比州的维克斯堡，就有士兵居住在黄土岸坡的洞穴中。在中国一些地区，黄土窑洞被用做住宅居所。

图15.13 黄土沉积示例

注：美国艾奥瓦州西部的黄土陡崖，注意黄土直立结构的强度。［Bobbé Christopherson］

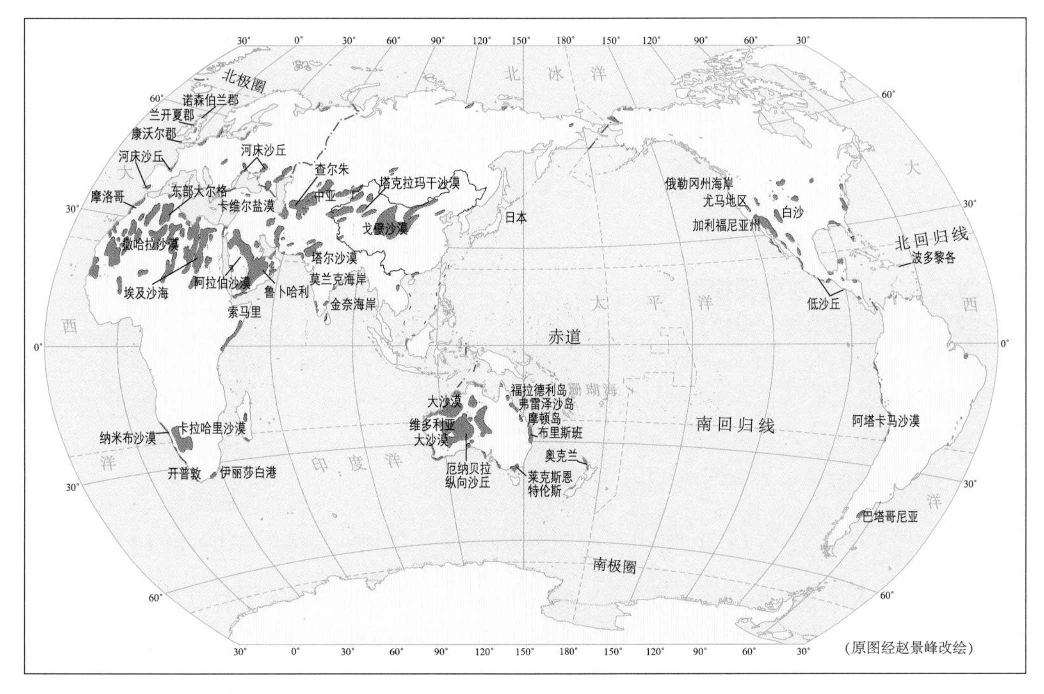

图15.12 世界干旱半干旱区分布

注：全球流动沙区和固定沙区分布。［引自：Snead R E. 1972. Atlas of World Physical Features[M]. New York: John Wiley & Sons］

图15.14（a）给出了全球黄土沉积的主要分布区。在密西西比河和密苏里河河谷中，大量黄土形成的连续沉积厚度达15～30m。华盛顿州及爱达荷州的东部也有黄土沉积。在艾奥瓦州黄土丘陵区，图15.14（b）中的山丘和冲沟要比附近的草原农田及密西西比河高出61m左右，南北走向延伸长度超过322km。更大规模的黄土沉积主要分布于中国。由于黄土沉积物排水良好、土层深厚、保水性强，所以这些地区的土壤肥沃。乌克兰、中欧、中国、阿根廷潘帕斯草原—巴塔哥尼亚、新西兰低地，都覆盖有大面积的黄土沉积。某些地区得益于由黄土发育而来的土壤而成为世界农业产粮区。20世纪30年代在美国发生的灾难性黑风暴（dust bowl）中，曾出现了黄土风蚀搬运。

在欧洲和北美地区，人们认为黄土主要来源于冰川与冰缘地带。中国有大量的黄土堆积，分布面积达30万km^2以上，但这些黄土来自于荒漠风蚀区，而不是冰川地区。中国黄土高原堆积的黄土厚度超过了300m，其中有些是复合式风蚀劣地，有些则是良田。在中国的社会历史进程中，许多事件都与这些风成堆积有关。

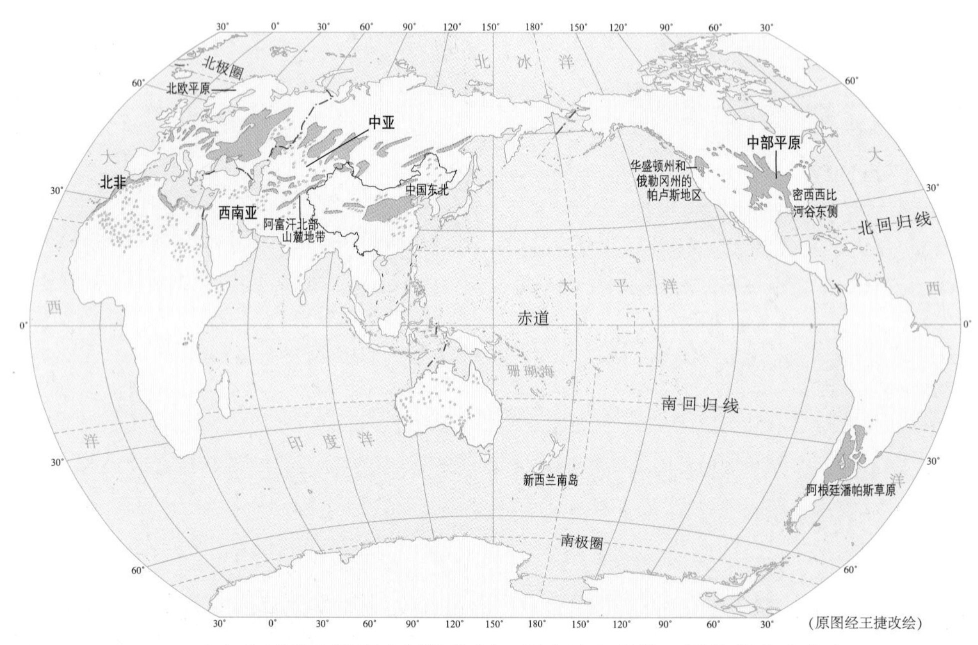

（a）全球黄土堆积主要分布区，圆点为小片的、零散的黄土分布

（b）美国艾奥瓦州西部的黄土丘陵是最后一次冰期的证据；这些黄土源于冰川搬运的细粒沉积物，被风吹到此处形成沉积

图15.14　全球、艾奥瓦州的黄土沉积

［（a）改编于：NRCS，FAO和USGS.；（b）Bobbé Christopherson］

判断与思考15.1　距离你最近的风成地貌

目前你所在的位置，距离哪种风成地貌最近？它们是海岸、湖岸、沙丘还是黄土堆积？在本章节讨论过的诱发因素中，哪些可以解释这些地貌的成因和分布位置？你能到这一地区实习考察吗？

15.2　全球荒漠总览

干旱气候区约占地球陆地总面积的26%。若再把全球的半干旱气候区考虑在内，则有35%的陆地趋向干旱，从而构成了世界上最大的单一气候区（图10.7和图10.8分别给出了干旱荒漠和半干旱草原气候区的分布范围，图20.7给出了这些荒漠的分布范围）。

从全球来看，分布于平原地形上的荒漠包括：澳大利亚的大沙漠和辛普森荒漠，非洲的阿拉伯荒漠和卡拉哈里荒漠，中国塔里木盆地中部的塔克拉玛干沙漠的部分地区（约27万km^2）。高山地区也有荒漠分布：如

地学报告15.2　军事冲突加速沙漠化扩张

军事活动使荒漠地貌遭受破坏。伊拉克和阿富汗战争已造成了严重的环境影响。战争中使用的炸药和重型车辆，破坏了具有稳固作用的荒漠砾石覆盖层。砾石覆盖层破裂面积达数千平方千米，这使得周围城市和农区的沙尘灾害更为严重。

例如，阿富汗坎大哈省以南是地势平坦的雷吉斯坦荒漠。该荒漠干旱环境下的砾石覆盖层在战争中受到了破坏，使得稀疏的农耕区饱受流沙侵袭，被流沙覆盖的村庄已达100多个。

地学报告15.3　“黑风暴”事件

20世纪30年代，土壤（包括黄土）的大规模吹蚀搬运造成了美国大平原上的一场大灾难——黑风暴事件。一个多世纪以来，由于过度放牧和密集农业活动，土壤在干旱风蚀过程中变得很脆弱。降水减少和高温引发了频繁且严重的尘暴天气，给农业造成了巨大损失。

土壤层被吹蚀数厘米的现象，不仅发生于美国内布拉斯加州南部、堪萨斯州、俄克拉何马州、得克萨斯州和科罗拉多州东部，甚至在加拿大南部和墨西哥北部也曾出现过。大气中的尘土使美国中西部城市的天空变得黑暗，致使路灯需要全天开放，沉降在农田上的尘土甚至掩埋了农作物。1940年，有两百万人迁出平原地区，这是美国历史上最大的一次人口迁徙。

对树木年轮的分析表明：在过去的400年里，与黑风暴程度类似的旱情大约每50年发生一次。就美国内布拉斯加州而言，这种强度的旱情曾于13世纪出现过。可如今，这次旱灾已经持续了近40年。这种黑风暴天气似乎与海面温度有关——太平洋温度偏低而大西洋偏暖。第6章中论述了太平洋的代际振荡，以及它与美国旱情的关系。有关黑风暴的更多信息，请浏览网页：http://www.pbs.org/wgbh/americanexperience/films/dustbowl/。

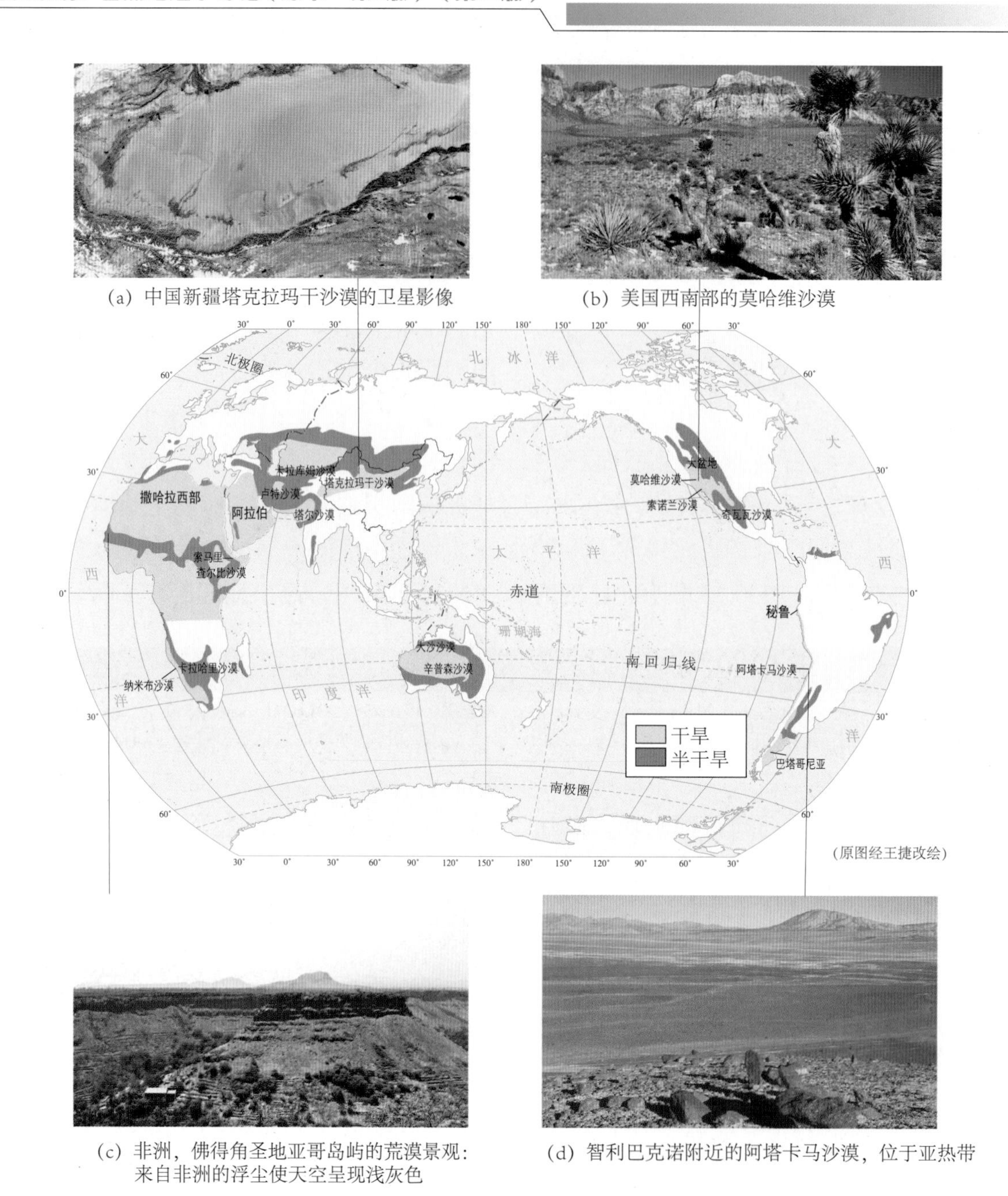

(a) 中国新疆塔克拉玛干沙漠的卫星影像

(b) 美国西南部的莫哈维沙漠

(c) 非洲，佛得角圣地亚哥岛屿的荒漠景观：来自非洲的浮尘使天空呈现浅灰色

(d) 智利巴克诺附近的阿塔卡马沙漠，位于亚热带

图15.15　世界干旱区

注：全球干旱地区（干旱荒漠气候）与半干旱地区（半干旱草原气候）的分布。［（a）作者；（b）Terra影像，NASA/GSFC；（c）Jacques Jangoux/摄影公司；（d）Bobbé Christopherson］

判断与思考15.2　荒漠之水

与湿润地区相比，虽然荒漠地区能够利用的水很少，但水却仍是侵蚀搬运的主要营力。荒漠非常干旱，这怎么可能会是真的呢？请用本章学习到的知识来证明上述说法的正确性，参照曾经列举过的例子。

在亚洲内陆，从伊朗到巴基斯坦，从中国到蒙古；在南美，位于海洋与安第斯山脉之间的阿塔卡马沙漠。此外，荒漠环境还分布于小岛上，如位于西非海岸15° N附近的佛得角群岛，就是撒哈拉沙漠环境的东部延伸［图15.15（c）］。正如当今地表系统中论述的那样，全球荒漠正在扩张。现在，让我们去看看气候与荒漠的联系。

15.2.1　荒漠气候

干旱地区的空间分布与以下三种气候环境有关：

- 南、北纬15°～35°受副热带高压带控制的区域（图6.12及图6.14）；
- 山脉背风坡雨影区域（图8.10）；
- 远离湿气团的区域，如中亚地区。

图15.15依据本书采用的气候分类，描绘了上述气候类型的分布，并附四种主要荒漠区的图片。

图4.22（a）和（b）是美国加利福尼亚州埃尔默拉日地区地表能量每天的收支状况，图4.22中强调了荒漠中的高显热及地面增温强烈。这些地区，晴天强烈吸收太阳辐射，夜晚放射大量辐射热能。荒漠地区水平衡具有典型特征：潜在蒸散量高、降水补给少，夏季缺水时间长［比如，美国亚利桑那州的菲尼克斯市，见图9.11（c）］。

15.2.2　荒漠中的流水过程

流水是荒漠地貌中最重要的侵蚀因子。荒漠中的河流按流水类型可划分为：常年河流、季节河流和间歇河流。常年河流（perennial stream）全年流动，接受融雪、降雨或地下水的补给，常常为混合补给型河流（图15.16）。季节河流（ephemeral stream）仅在降雨之后才有流水，与地下水没有水力联系；这些经常干涸的河流，一年中可能多次断流。间歇河流（intermittent stream）的水流每年可持续数周或几个月，或许有地下水补给。间歇河流是荒漠地区流水过程中最常见的类型，这是因为荒漠地区土层薄、土壤未发育且质地坚硬、植被稀少，导致暴雨过后地表形成强径流。

图15.16　穿过干旱区的河流

注：维琴河是科罗拉多河的一条常年河流支流；降雨期间易发生山洪；河岸植被由柳树、白杨、耗水的柽柳和耐盐的雪松组成。［Bobbé Christopherson］

荒漠中降水或许较为罕见，降水间隔甚至长达1～2年；可是一旦发生降水，**暴洪**（flash flood）就会使间歇河流的河水暴涨。暴雨来临时，河道可能几分钟内就会产生水流；暴雨期间或之后，河道中甚至形成短暂洪流。这种干旱河道在不同地区分别称作**干河道**（Wash，或西班牙语*Arroyo*，或阿拉伯语Wadi等）。荒漠地区穿越干河道的公路旁，通常设有提醒司机的警示牌：临近下雨时，请勿前行；遭遇暴洪有生命危险！如果区域内发生长时间的稳定性降水，山坡上的松散物质被雨水浸透后将会下泄到峡谷中。当大量的泥沙、土壤、岩石碎块与足量的水相互混合后，在重力作用下产生持续块体流动，就是泥石流（debris flow）。在陡峭峡谷中，泥石流的流速很快；当速度减缓时，泥石流留下沉积物，常常形成未分选的冲积层。

当洪水涨满干河道时，一种独特的生态关系便会迅速发展起来。在岩石和卵石的撞击过程中，植物坚硬的种皮被打开，散落的种子因得到及时有效的水分而发芽；其他动植物也因得到充足的水量补给，进入生命周期中的短暂活跃期。

荒漠中的强降雨有时让人印象深刻。图15.17是美国加利福尼亚州的死谷沙丘地带的两张照片，拍摄时间前后仅相隔1个月。这个地方年均降水量仅46mm，可是一次降雨量就达到了25.7mm；照片中持续了几个小时的流水汇集到地表由坚硬黏土构成的洼地。然而，由于蒸发作用强烈，水消耗很快，仅仅一个月这些积水就干涸了，而地表则被残留的冲积物所覆盖。例如，图15.9（a）中阿尔及利亚沙丘地带的积

（a）当日的降雨量为25.7mm

（b）一个月后（同一位置）的景象

图15.17　加利福尼亚州死谷中的临时河流

注：加利福尼亚州的死谷，Stovepipe Wells沙丘地带。这次降雨发生于1985年，2004年又发生过一次强度更大的降雨。［作者］

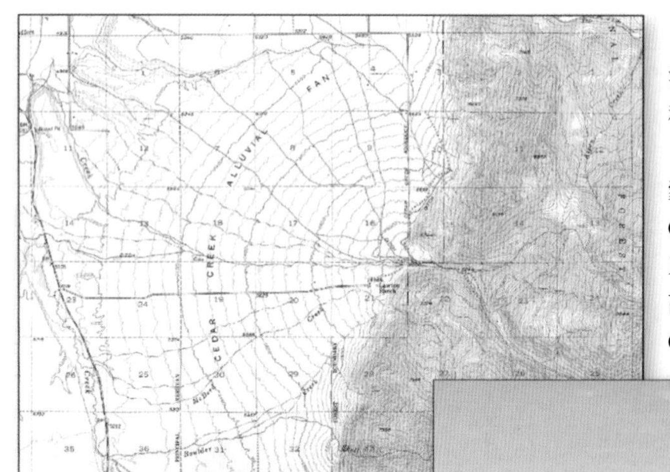

蒙大拿州锡达克里克冲积扇

图15.18　冲积扇

注：图片展示了荒漠中的一个冲积扇。地形图中的锡达克里克（Cedar Creek）冲积扇位于美国蒙大拿州西南部恩尼斯区（Ennis Quadrangle），矩形地形图是15'系列图，比例尺为1∶62 500，等高线间距12m。［照片，Bobbé Christopherson；地图，USGS绘制］

加利福尼亚州死谷，布莱克山冲积扇

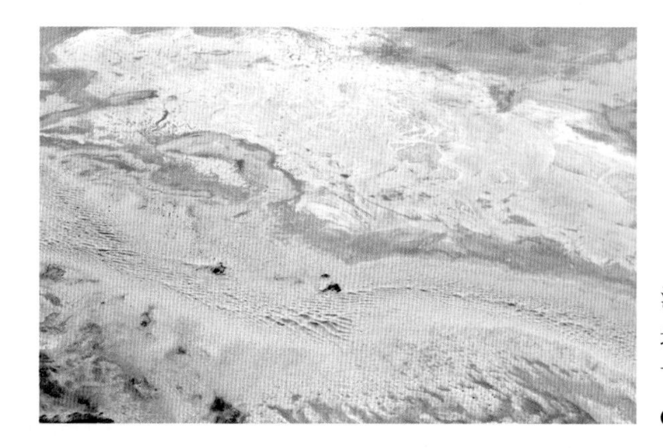

图15.19　流沙地与干湖盆——沉积物的天然分选

注：溶质矿物和细粒物质构成的干盐湖（图上部），山坡上分布的沙丘（图中部）和粗粒物质构成的地表（图下部）；这是在荒漠景观中形成的天然分选。［Bobbé Christopherson］

水洼地（青白色区域），当积水蒸发后残留下来的大片白色盐渍十分明显。

死谷的上述降雨事件发生于1985年。2004年8月15日，雷暴雨带又一次停留在了死谷东侧山区的上空，这次降雨强度更大，仅一个多小时降水量就达到了63.5mm。这次暴雨造成的后果是：炉溪酒店停车场的车辆全被冲走，190号、178号高速公路约有4.8km长的路段被冲毁，还造成了扎布里斯基角地区2人死亡。从一座建筑物上留下的水位痕迹可知，洪水淹没的高度为3m。尽管流水是荒漠地区的主要侵蚀营力——有时还很显著，但在此重申：在荒漠地区水是稀缺的。有关死谷的地图及最新信息，请浏览网页：http://www.nps.gov/deva/。

径流水域的蒸发，可能会使荒漠地区的**干盐湖**（Playa）湖底残留有盐壳。在封闭流域的低洼地，间歇性地发生着干湿交替，当洼地变为水域时就成为了季节性湖泊。对比图11.12中干盐湖蒸发的讨论，1985年降雨后仅一个月，湖底黏土层就沉淀了一层盐壳。

与较湿润地区相比，荒漠地区的永久性湖泊和常流河比较少见。尼罗河和科罗拉多河很著名，可是这两条河都属于外源河，因为它们都发源于湿润地区，只是大部分河道流经干旱区而已。**专题探讨15.1**将讨论科罗拉多河，包括当前的旱情及干旱区需水增长的问题。

在干旱、半干旱气候区，**冲积扇**（alluvial fan）是一种显著流水地貌，形成于出山口处——季节性河流汇入河道的地方（图15.18）。当流水冲出山口不受地形约束散流或坡降逐渐减小时，水流速度会突然减慢，水中的沉积物就会沿山前层层堆积，叠加形成冲积扇。穿越冲积扇表面的流水可形成辫状水系，有时可使流水从一个河道转移至另一个河道。由多个冲积扇相互连接形成的连续坡面，叫作冲积裙或**山麓冲积扇**（*Bajada*，西班牙语“斜坡”），见图15.24（d）。湿润地区的冲积扇都不大，因为常年河不断地把沉积物冲走。

冲积扇的特征之一就是沉积物粒径经历了天然分选。靠近出山口的冲积扇顶部，沉积的是粗颗粒物；随着距谷口距离的增加，沉积物逐渐从卵石过渡至细砂砾，然后是沙子和粉沙；而粒径最细的黏土和溶质则分别以悬浮和溶液方式汇入河谷。

溶质矿物堆积是指季节性湖水及地下水中所含的溶解盐，经水分蒸发后在谷底形成沉淀。图15.19所展现的干盐湖边缘带和流动沙丘带，物质的粒径经过了天然分选：沙粒沉积于沙丘区，粉沙和黏土在干盐湖周围，而颗粒最细的物质及溶解盐则沉积于干盐湖盆腹地。

发育好的冲积扇还可能成为地下水源地。一些城市就建立在冲积扇之上，就地汲取地下水供给城市用水，如美国加利福尼亚州的圣贝纳迪诺市。在世界其他地区，这些含水的冲积扇通过坎儿井（Qanat源于伊朗；巴基斯坦称作Karex；撒哈拉西部称作Foggara）开采地下水。

专题探讨15.1 科罗拉多河：失衡的系统

外源河起源于湿润地区，但是河流大部分河段流经干旱区，只有少量剩余水量汇流入海。

有关科罗拉多河的故事已在第9章的当今地表系统“水预算、气候变化和美国西南地区”中讲述过，请复习这一案例。

落基山脉的降水形式大多为降雪，其1 020mm的年降水量是科罗拉多河河源（落基山国家公园）的补给水量。然而，河流末端的亚利桑那州尤马地区，年降水量还不足89mm，这远远低于其每年高达1 400mm的潜在蒸散量。

科罗拉多河很快就流出了河源地区（相对较湿的落基山区），进入了气候干旱的科罗拉多州西部和犹他州东部。在犹他州边界附近，科罗拉多州大章克申（Grand Junction）的年降水量仅有200mm［图15.20（b）中的上游］。河流下切穿过犹他州峡谷地之后，水流进入鲍威尔湖［格伦峡水坝上游水库，图15.20（c）］，然后通过大峡谷；再后，河流转折向南流动，最终到达加利福尼亚州与亚利桑那州的交界处，完成了644km的流程。河流途中依次坐落着胡佛大坝（位于拉斯维加斯东部，见图15.20（d）和第9章开篇）、戴维斯水坝——调控胡佛大坝的出水量［图15.20（e）］、帕克水坝——满足洛杉矶的用水需要；此外还有三个用于灌溉的水坝——帕洛贝尔德水坝、科举水坝和拉古那水坝［图15.20（f）］；最后一个水坝是墨西哥边境附近的莫雷洛斯水坝。河流终点是墨西哥湾，剩余的水流都流向那里。由于河流水量沿途已消耗殆尽，因而河水已不能到达加利福尼亚海湾的河口［图15.20（g）］。

图15.20（h）给出了亚利桑那州尤马地区科罗拉多河的逐年（1905～1964年）流量与悬移输沙量数据。20世纪30年代建成的胡佛大坝使悬移质沉积物明显减少了。后来，尤马上游修建的水坝也使河水流量与悬移质沉积物不断减少，到20世纪60年代中期几乎接近于零。

总体来看，科罗拉多河的流域面积为641 025km^2，跨越墨西哥和美国，在美国穿越7个州，涵盖了山地、高原、峡谷、盆岭和热带荒漠地区。本章之所以讨论科罗拉多河，不仅因为它在美国西南地区占有重要历史地位，更在于这一地区饱受干旱困扰，未来前景堪忧。

科罗拉多河的水坝调水

约翰·卫斯理·鲍威尔（1834—1902年）是有被记录的第一位穿越大峡谷完成科罗拉多河航行的欧美人。鲍威尔湖就是以他的名字来命名的。鲍威尔意识到，依靠个体力量移居美国西部面临的挑战太大，他认为只有通过个体合作才能解决某些问题——如供水问题。他1878年的研究报告（1962年重新印刷）——《美国干旱区土地报告》，是一个值得纪念的里程碑。

鲍威尔可能会对当今政府大规模开展围垦项目提出怀疑。华莱士·斯特格纳（W. Stegner）在《Beyond the Hundredth Meridian》一书中写道：在洛杉矶举办的1893年国际灌溉大会上，一些激进代表们吹嘘说，美国整个西部将被征服，大自然也将被征服，“雨水一定会伴随耕种而来”。鲍威尔反驳道：“告诉你们吧，先生们！没有充足的水源来灌溉土地，你们是在利用水权制造冲突诉讼。”*虽然鲍威尔的言论令在场的人们唏嘘不已，但是历史证明他是正确的。

1923年，该河流域内的7个州中有6个州签订了“科罗拉多河条约”（1944年第7个签约的是亚利桑那州；同年美国还签订了《墨西哥水条约》）。该条约在行政上把科罗拉多河流域划分为上、下游两个子流域，分界点是犹他州-亚利桑那州边

* Stegner W. 1954. Beyond the Hundredth Meridian[M]. Boston：Houghton Mifflin.

界附近的李斯渡口［见图15.20中的标注，图14.35（d）中照片］。1928年，美国国会通过了《博鲍尔德峡谷工程法》（Boulder Canyon Act），授权胡佛大坝为科罗拉多河上的首例主要围垦工程；同时，还授权“全美运河”进入帝王谷，并配建一个配套水坝。而后，洛杉矶又启动了另一项工程，即通过科罗拉多河上的一个水坝和水库，把水引至390km远的城市。

胡佛大坝建成后不久，位于下游的企业得到了防洪保障，随之其他相关工程也迅速完成。现在，科罗拉多河上已经建成了8个主要水坝，还有许多灌溉工程。为了重新分配科罗拉多河的水量，亚利桑那中央工程是最后一次努力，其目的是把河水引入菲尼克斯城区。

极不稳定的河流流量

由于外源河流量极不稳定，所以所有的河流规划及配水方案都存在水量缺口问题，科罗拉多河也不例外。1917年李斯渡口的总流量为29.6km^3；1934年流量减少了近80%，仅为6.20km^3；1977年流量为6.19km^3；1984年李斯渡口的总流量又上升到30.22km^3——创历史新高。相比之下，2000～2007年李斯渡口的总流量非常低；其中，2002年最低仅为3.82km^3，2003年为7.89km^3。2003～2009年李斯渡口7个水文年的平均流量是记录以来最低的。查阅第9章的两幅开篇图片，比较1983年7月与2009年3月之间胡佛大坝米德湖的水位变化，就可验证上述水量变化。截至2009年，米德湖的水位比1983年的库容水位375m下降了43.6m。政府规划科罗拉多河的依据是《科罗拉多河条约》，可是该条约制定时（1923年签约）所依据的年均流量却是1914～1923年异常偏高的平均值23.19km^3。如果水量一直如此丰沛，那么足以满足给上、下游流域分配的9.25km^{3}水量；之后，1944年又签订了《墨西哥水条约》，分配给墨西哥1.85km^{3}的水量。

对于极不稳定的河流来说，我们能靠短期流量记录资料来制定长期规划吗？树木年轮对气候历史的研究表明：科罗拉多河达到1914～1923年那样高的年均流量，只在1606～1625年出现过。条约规划者高估了科罗拉多河的保障流量，使得水量预算中的需水量大于供水量，因此产生了水量缺口（表15.2）。

目前，美国有7个州“一厢情愿”地希望每年能够获得总水量为30.84km^{3}的水权。然而，当把分配给墨西哥的保障水量再加上时，每年的需水量则高达32.69km^3（远远超出了河流水量）。为此，其中6个州达成共识：加利福尼亚州的水权必须限制在法定的1.8mfa水量之内（5.45km^3,mfa为灌溉水量单位，见表15.2的尾注）。可是直到2002年加州取用河水的通道被停用之前，这一水量限额一直被超支。对于处于旱情中的美国西部而言，今天已经不存在余量水了。

科罗拉多河水量的流失

伴随水库及河流流量调节引起的水量减少和整体需水量的增加，出现了几种自然过程。李斯渡口（科罗拉多河两个子流域的分界点）北部的格伦峡谷水坝就是一个例证，见表15.2。

格伦峡谷水坝于1963年建成并开始为鲍威尔湖蓄水。据美国农垦局透露：格伦峡谷水坝主要用于科罗拉多河两个子流域之间的水量调节；此外，它还兼有水力发电功能，新形成的景点还带动了鲍威尔湖周边的旅游业，原先遥不可及的荒漠风光，现

图15.20　科罗拉多河流域

注：图中，科罗拉多河流域上、下游的边界位于亚利桑那州北部李斯渡口附近。（a）河源位于科罗拉多落基山的李希霍芬山附近；（b）犹他州摩押附近的河流景观；（c）亚利桑那州李斯渡口附近的水利调控设施——格伦峡谷大坝；（d）胡佛大坝和米德湖的水位正在下降；（e）1983年汛期全力泄洪的戴维斯大坝；（f）帝王谷中灌溉种植的鲜花，通过田间保鲜车、货运飞机运输到远方市场；（g）科罗拉多河末端（左下角）不能到达老三角洲；（h）大坝建成前后流量和输沙量的变化。[（a）、（c）、（d）和（f）Bobbé Christopherson；（b）和（e）作者；（g）Terra影像，NASA/GSFC提供；（h）数据来源：Geological Survey.1985. National water summary 1984[J]. Water Supply Paper 2275（Washington, DC: Government Printing Office）.]

如今游客乘船便可轻松地游览观光。

鲍威尔湖淹没的河道长度达299km，其中有很长一段下切河道穿过多孔的纳瓦霍砂岩层。据估算，当湖区蓄满水时，纳瓦霍砂岩层每年可吸收0.62km^{3}的河水作为岸区蓄水量；湖区水位越高，砂岩层吸收的水量越大。就像干旱区的干热气流穿越水面时所产生的蒸发一样，湖区还有水量蒸发。湖区每年蒸发耗水量为0.62km^3，约占科罗拉多河上全部水库蒸发耗水量的1/3；同样，湖区水位越高，水量蒸发损失越大。

由于当地大型水库上游河道的水位波

动及大坝对下游河水的调节，河道中的沙洲和沙岸变为了半永久性的，因而这里变成了河岸植被的定居地，其中包括需水旺盛的茂密灌丛——湿地植物，这些植被每年吸收和蒸腾的水量达0.62km^3。这里讨论的三种水量损失（河岸蓄水、蒸发和植被耗水），伴随旱情持续，所占河流水量的比例大幅上升。

表15.2　科罗拉多河2009年的用水预算

需用水	水量/mfa[a]（km^3）
上游流域7.5；下游流域7.5[b]	15.0（18.60）
亚利桑那中央工程（上升至2.8mfa）	1.0（1.24）
墨西哥分配的水量（1944年墨西哥用水条约）	1.5（1.86）
水库满蓄时的蒸发量	1.5（1.86）
鲍威尔湖区河岸的满蓄水量	0.5（0.62）
湿地植物耗水量	0.5（0.62）
总计	20.0（24.80）
李斯渡口的年均流量	
1906～1930年（年均流量）	17.70（21.95）
1930～2003年（年均流量）	14.10（17.48）
1990～2006年（年均流量）	11.34（14.06）
2002年	3.10（3.84）
2003～2009年（年均流量）	7.34（9.10）

资料来源：美国农垦局、亚利桑那州、加利福尼亚州和内华达州。

注：水文年为当年10月1日～次年9月30日；上标a为1million acre-feet（mfa）≈1.24km^3；上标b为流域内消耗性用水，农业占75%。

科罗拉多河的持续旱情

如本书第9章当今地表系统所述，科罗拉多河流域的旱情始于2000年并持续至今。整个地区人口不断增长，再加上流域内水量的减少，使缺水问题日益严重。旱情本身似乎与随气候变化而移动的副热带高压有直接关联。亚热带干旱区域的扩张为科学家认识旱情提供了一种新途径。比如：在美国西南部地区，如果考虑到长期平均气候的变化，人们对旱情（Drought）这一术语又有了新的认识。如果未来发生旱情——如太平洋上的拉尼娜现象，那么它将叠加于正在变旱的新气候基础之上，成为一种更干旱气候状态，这将是当地气候记录中前所未有的。

引用第9章中的一段话来说明旱情的严重性："据预测，美国西南地区的气候干旱趋势将会加剧，这是由于……亚热带干旱区域向极地方向扩展造成的。副热带地区的旱情……即将或已经来临，它不同于我们从观测记录仪里所了解的任何气候状况"［源引自：Seager R, Ting M, Held I, et al. 2007.Model Projections of an Imminent Transition to a More Arid Climate in Southwestern North America[J]. Science, 316(5828): 1181-1184.］。

2007年12月，面对水资源的短缺应该采取什么措施，已变成了当地政府的头等大事。此时美国内政部签署了一项历史性的决议，这是一项代表着利益者共识的协议。该协议规则包括：旱情期间怎样处理水资源短缺，以及如何决定削减哪个地区的供水量；在水资源短缺时期，如何建立以旱情为基础的规划；干旱危险期如何利用米德湖和鲍威尔湖发挥更好的协调作用；余量水再分配及再利用的规则；推进节水措施的规则（http://www.usbr.gov/lc/region/pro-grams/strategies/RecordofDecision.pdf）。

必须以节水（使用更少的水）和效率（更有效地利用水）作为缓解美国西南地区巨大需水量的基本原则。美国内政部的该项决议对严厉的节水和效率对策有引导作用。例如，内华达州南部就发起了一场以节水型园艺（Xeroscaping，即荒漠景观设计，desert landscaping）来代替草坪的行动；但是这对于拥有15万个客房的酒店来说，他们可能会对这种规划质疑。通过拉斯维加斯的水量占科罗拉多河水量的90%，若酒店和住宅利用简单节水装置就可节水30%。

在科罗拉多河流域，限制或停止城市扩建及人口增长的策略，目的已经不是为了降低需水增长，而是为了解决当前的供水问题。我们不禁会问：如果约翰·卫斯理·鲍威尔还活着，当他看到人们为了控制科罗拉多河这条强大且不稳定的河流所犯的错误时，会有何感想？正如他所预言的那样：这些做法是在“制造冲突和诉讼案”。

15.2.3　荒漠景观

荒漠不是荒芜的土地，荒漠中具有丰富的有特殊适应能力的动植物。不仅如此，稀疏的植被和开阔的景色构成了壮丽的景观：阳光和裸露岩层构成了荒漠景色，闪烁炎热的气浪及海市蜃楼是光线穿过空气层时折射产生的现象（注：折射是地表温度高，近地面空气受热产生温度梯度所致）。但并非所有的荒漠都如此，如与亚洲的一般裸地荒漠相比，北美荒漠植被覆盖度明显偏高，如图15.15所示。

独特的荒漠景观是季节性降水、风化过程及风与下伏地质构造相互作用所共同创造

（a）犹他州平衡岩

（b）亚利桑那州的蜘蛛岩

图15.21　差异性风化

（a）美国犹他州拱门国家公园的平衡岩，整体高度为39m，由恩特拉达砂岩构成；其中平衡岩高17m、重3 255t；（b）美国亚利桑那州谢伊峡谷的蜘蛛岩（Spider Rock）独石柱高耸于谷底，有244m高；注意岩石顶部峰顶石的颜色较浅。［（a）作者；（b）Bobbé Christopherson］

的。美国西南部的孤峰、台柱和台地是抗蚀水平岩层在差异风蚀过程下形成的。对于抗蚀性较弱的砂岩地层，风蚀过后残留的岩层形成了独特的荒漠雕塑——拱门、构造窗、台柱及平衡岩。拱门、孤峰或台柱顶部的覆盖层抗蚀性较强，对下层砂岩起到了保护作用（图15.21）。

当差异性风化把周围的岩石清除后，残留下来的巨大孤峰矗立于地表之上构成了荒漠景观。想象一下：图15.22中的手套状孤峰（Mitten Buttes），如果沿其顶部平面画一条平行线，可以推测出风蚀移走的物质有多少！这些孤峰的高度超过了300m，相当于纽约克莱斯勒大厦或洛杉矶联邦银行大厦（图书馆大楼）的高度。

荒漠景观特征表现为：侵蚀残余体以圆丘或山丘的形态突兀于周围地形之上。这类曝露于地表的光秃岩石称作残丘（Monadnock，又称岛状山）。例如，澳大利亚的乌鲁鲁巨石（又称艾尔斯岩），该巨石长2.5km、宽1.6km、高348m。乌鲁鲁岩是土著居民眼中的神石，并作为乌鲁鲁-卡塔·丘达国家公园（1950年建立）的一部分受到保护。

在干旱地区，脆弱的地表物质经过风化可形成崎岖复杂的地形，通常是相对低洼的各种地貌，这类景观被称作**劣地**（Badland）。

图15.22　纪念谷的景观

注：（a）美国犹他州与亚利桑那州边界处，纳瓦霍部落公园纪念谷中的手套状孤峰、梅里克孤峰及其天空上的彩虹；它们已成为许多影片中的背景；（b）示意图，由风化、侵蚀和搬运作用移除的大量物质；（c）纪念谷鸟瞰图；（d）刚好位于（c）的东部，残留Yie Bi Chei（纳瓦霍语）岩形成的峰顶，高137m、10m宽的图腾柱。［（a）和（b）作者；（c）和（d）Bobbé Christopherson］

这样称谓可能是因为它在美国西部的经济价值不大，而且19世纪的交通工具（马车）也难以通行。亚利桑那州中北部（佩恩蒂德沙漠）和达科他州的劣地区域就是这样命名的。

在古老的荒漠中，有时会发现由沙丘岩化作用形成的交错层理（cross-stratification）。它的形成过程是：在沙丘堆积增高过程中，沙粒沿落沙坡形成下滑沙层，当沙丘岩化之后就变成了交错层理（图15.23）。这些沙岩层中有时残留有波痕、动物足迹和化石等。

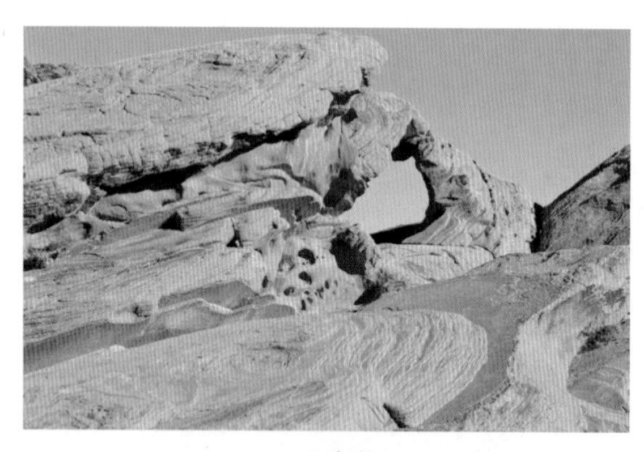

(a) 火谷

(b) 红色岩层

图15.23　沉积岩中的交错层理

注：沙岩岩层中的交错层理表明，岩化作用（硬化成岩石）之前这里曾是风沙环境。［Bobbé Christopherson］

15.2.4　美国的盆岭省

自然地理区（physiographic province，又称地文省，或简称省）是指按地质或地形特征划分的大区域。美国西部的**盆岭省**（Basin and Range Province）就是由这样的盆地（谷地）和山岭相间交替所构成的（图15.24）。盆地和山脉区位于内华达山脉的雨影区，属于中纬度冷荒漠气候。这种气候和地质状况，使得盆岭省内很少见到常流河和内陆河（无入海口的河流）（见图14.7，大盆地及其内陆水系）。

广阔的盆岭省面积约80万km^2，曾是早期移民向西迁徙的一个主要地形障碍。荒漠气候和南-北走向的山脉是人们面临的严峻挑战。如今，当你沿美国50号高速公路穿过内华达州时，需要翻越无数个高度超过1 950m的山垭，还要穿过无数的盆地。在驾车行驶过程中，有高大路标提示你所在的位置，标牌上直白地写着："美国最孤独的公路"。难以想象的是：如果驾驶的是牛马车，人们是怎样穿过这种地形的？［图15.24（e）］。

约翰·麦克菲（John McPhee）1981年在《Basin and Range》（盆地和山脉）一书中描写了他对荒漠中盆地和山脉区的感受：

> 寂静超越了一切。身处盆岭省中，你认为偶尔的鸟鸣声、一群狼崽的嚎叫声已不再重要，这种空旷的寂静变得如此纯粹。山脉中浩瀚无声，你站立着……并在山前仰望、继而转目望向80km宽的深谷，在那里会出现更彻底的寂静。*

盆地和山脉是构造运动的结果。当北美版块向西移动时，由于移动速度很快，使得板块超过并上覆于先前的海洋地壳

* McPhee J. 1981. Basin and Range[M]. New York, NY: Farrar, Straus, Giroux.

和大地热点之上，并从俯冲板块上碾过。地壳被迫抬升和拉伸，产生了许多张裂断层。现在，这里的景观由近于平行的断层序列组成：一些是倾斜断块；另一些则是成对的断层，即上升盘（断层的上升侧）形成地垒（horst），被称作“山脉”。下降盘（断层的下降侧）形成地堑（graben），即“盆地”。这种正断层及其张力拉伸的模式，见图15.24（c）。

盆岭省的特点是地势突兀、岩石有棱角且粗糙不平。随着山脉侵蚀，搬运到盆地中的堆积层厚度越来越大，渐渐形成了广阔的荒漠平原。区域内盆地平均海拔为1 200～1 500m，其中山脊又高出盆地900～1 500m。加利福尼亚州的死亡谷是最低的盆地，海拔高度为-86m；然而，在死亡谷西侧，帕纳明特山脉的特利斯科普峰海拔达3 368m，这使得荒漠山地的垂直高差接近3.5km。

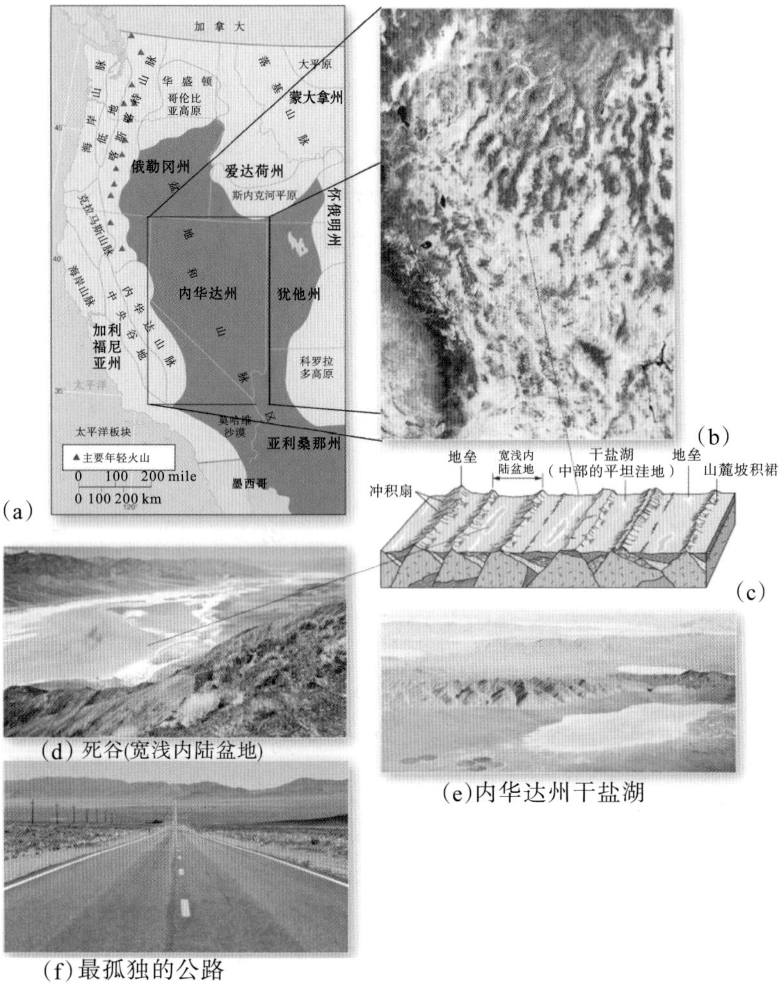

在图15.24（c）和（d）中，注意**宽浅内陆盆地**这一标注，它指的是干旱内陆流域内，相邻山脊之间的“谷坡-盆地”区域。图15.24（c）中还标了干盐湖（中部的平坦洼地盐磐）、山麓坡积裙（连接在一起的冲积扇）及因风化侵蚀而不断后退的山麓面。山麓面（Pediment）是指覆有冲积物薄层或覆盖层的基岩区域。它是一种侵蚀面，而不是沿山麓由沉积物形成的坡积裙。

广袤的干旱半干旱地区为何存在于地球这颗水行星上，目前仍是一个谜。这些地区的用水需求对于我们来说是一个挑战，而且获取用水还需要技术创新。然而，这些地区却另有一种魅力，或许正是如此缺水，才激励了人类更好的生活。

(a)

(b)

(c)

(d) 死谷(宽浅内陆盆地)

(e)内华达州干盐湖

(f)最孤独的公路

图15.24　美国西部的盆岭省（地文省）

注：（a）该区域的地图，（b）Landsat卫星影像，研究范围是从该地区南部至墨西哥的北部和中部；（c）平行断层产生的一系列山脉和盆地，包括宽浅内陆盆地；（d）死谷的特征是以干盐湖为中心、分布有平行山脉、冲积扇和山麓坡积裙；（e）盆地中的干盐湖；（f）横穿该地区的50号高速公路，也是“美国最孤独的公路”。[（b）NASA提供；（d）作者；（e）Bobbé Christopherson]。

判断与思考15.3　科罗拉多河危机的关联

结合科罗拉多水系，根据定义进行对照分析，谈谈你对供给策略或需求策略的认识。请考虑，每种策略与科罗拉多河当前用水预算之间有哪些相互联系（**专题探讨15.1中的表15.1**）？对于科罗拉多河及其相关区域规划，你认为起作用的是哪种政治和经济因素？谁是利益相关者？根据自己的分析，你认为应该做哪些改变？请简述你的推测理由。

地表系统链接

风是一种地貌塑造营力，造成了沉积物的风蚀、搬运和沉积，有时还可造成各大洲之间的物质再分配。沙粒堆积形成了各种类型的沙丘，有新月形沙丘、线形沙丘和星状沙丘。风力搬运的黏土和粉沙可形成黄土沉积。风和水（尽管稀少）是地球荒漠区的主要营力，荒漠地区既有沙质地表也有砾质地表。下一章，将讲述海岸过程，包括波浪、潮汐和洋流等营力作用。这些作用塑造了海岸线上的侵蚀和沉积地貌。由于沿岸地区居住的人口很多，因此在海面上升的背景下，第16章的主要内容包括：风险感知、规划制定和未来发展。

15.3　总结与复习

荒漠化过程使全球荒漠土地面积正在发生不必要的持续扩张，大约有十亿人口受到影响。在联合国荒漠与防治荒漠化十年（United Nations Decade for Deserts and the Fight against Desertification, UNDDD）规划的努力下，国际上形成了一个新的合作框架。

荒漠化（494页）

1. 什么是荒漠化？利用图15.1和图15.15及图中文字说明，找出几个受荒漠扩张影响的地区。

■　**阐述风和风成过程塑造的独特地貌特征。**

气压差引起的大气运动形成了风，而风是侵蚀、搬运和堆积的一种地貌营力。在荒漠和海岸沙滩，**风成**过程对堆积沙进行着塑造和搬运。就水和冰而言，风的搬运能力相对较弱。

风成作用（496页）

2. R.A.Bagnold是谁？他对风沙的研究有什么贡献？

3. 解释风成含义及它在本章的概念。对于风力的搬运能力的特征，你怎样描述？

■ **描述风蚀作用，包括吹蚀、磨蚀及其合成地貌。**

吹蚀和**磨蚀**是两种主要的风蚀过程。吹蚀是风作用于单个松散颗粒物而引起尘土、沙的飞扬、跳跃和滚动的侵蚀过程；磨蚀是指含沙气流对岩石表面的“喷砂”作用。吹蚀直接将未黏结在一起的松散沉积物吹走，并结合雨水作用形成了一种砾石地表，类似于砾石路面——**荒漠砾石覆盖层**（**荒漠砾幂**），它保护下伏沉积物免遭吹蚀与流水侵蚀。任何地表松散沉积物一旦遇到风，吹蚀作用就可能会吹走它们；当被吹蚀的物质量达到一定程度时，地表就会形成盆地。这种**风蚀洼地**规模大小从不到1m宽的小凹坑，到数百米宽、数米深的大型洼地。风棱石是具有风蚀特征的一类岩石。大范围的吹蚀和磨蚀，有时可使残留于地面的岩土层形成独特的流线型结构，有时形成细长的脊状地形，而称作**雅丹**。

吹蚀（497页）

磨蚀（497页）

荒漠砾石覆盖层（497页）

风蚀洼地（497页）

风棱石（498页）

雅丹（498页）

4. 结合气流运动描述风蚀过程。

5. 解释吹蚀作用，简述关于荒漠砾石覆盖层形成过程的各种假说。

6. 风棱石和雅丹地貌在风的作用下是怎样形成的？

■ **描述风成搬运，解释跃移和蠕移。**

风作用于颗粒表面的拖曳力（摩擦力）使颗粒进入到气流中漂移输送。相比沙暴中的粗颗粒物，悬浮于尘暴中的细颗粒物能够被风吹得更高，因此只有最细粒径的沙粒才能远距离搬运。跃移沙粒冲入沙面时，使沙面沙粒变得松散化，被撞击的沙粒在叩击作用下前移。蠕动通过滑动和滚动产生移动，若沙粒粒径太大则不会产生跃移。

表面蠕移（500页）

7. 对比尘暴和沙暴之间的区别。

8. 风成跃移和河流中的泥沙跃移有何不同？

9. 解释地表蠕移概念。

■ **识别沙丘的主要类型，举例说明。**

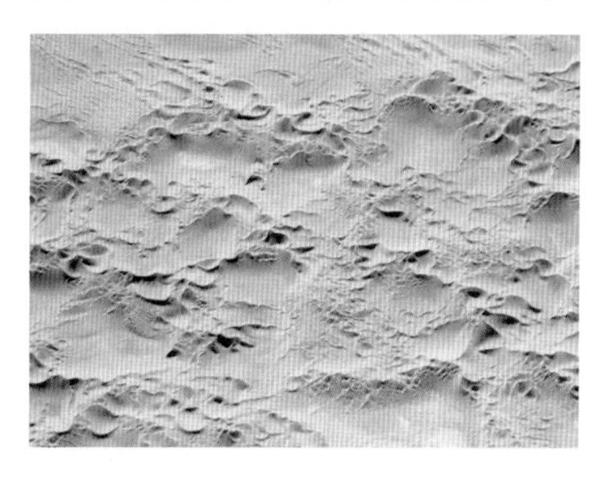

在干旱与半干旱气候区及海岸沿岸带，

沙源充沛，因此可堆积形成沙丘。大面积的**沙丘**（如北非地区）被称作**沙质荒漠**或**沙海**。当跃移沙粒遇到片状积沙时，其动能（运动）会消耗，从而堆积形成小丘。当小丘高度增加至30cm以上时，就会在背风坡产生一个陡峭的滑落面，从而具备了沙丘的形态特征。沙丘形态概括地划分为：新月形沙丘、线形沙丘和星状沙丘。

沙丘（500页）
沙质荒漠（500页）
沙海（500页）
滑落面（501页）

10. 沙质荒漠和砾漠有什么不同？沙海属于哪种类型？所有的荒漠均有沙物质覆盖吗？请解释。

11. 沙丘形态分为哪三类？描述每类沙丘的基本类型。你认为形成沙丘的主要营力是什么？

12. 沙漠中的巨大沙山属于哪种沙丘形态？形成这种沙丘的风力特征是什么？

■ **详述黄土堆积及其起源、分布和地貌特征。**

风成搬运对远距离的土壤形成有贡献。风成黄土沉积遍及世界各地，并可发育为良好的农业土壤。这些细粒的黏土和粉沙被风输送到很远的地方，再以均质无层理形式沉积下来。

黄土（502页）

13. 黄土物质是怎样生成的？黄土的沉积形态是什么？

14. 列举全球几个主要黄土沉积区的名称。

■ **描绘荒漠景观，找出它们在世界地图上的分布位置。**

干旱、半干旱气候区约占地球陆地面积的35%。干旱地区的空间分布具有以下特征：位于15°～35°（不分南、北纬度）的副热带高压带；山脉背风坡的雨影区；远离湿气团的地区，如中亚地区。

尽管荒漠地区的降水非常稀少，但流水作用仍是荒漠中的主要侵蚀营力。一旦发生了降水，汹涌的山洪就会将干涸的河道填满。不同地区的人们把这种干河床分别称为**干河道**［（Wash）、*Arroyo*（西班牙语）或Wadi（阿拉伯语）］。在荒漠中，地表径流蒸发之后常会留下盐壳。在封闭流域内，间歇性的干湿交替低洼地叫作**干盐湖**，当它有水时就变成了季节性湖泊。

冲积扇是在干旱气候区的一种显著地貌，形成于河流出山口——季节性河流汇入河谷的地方。当流水冲出山口不再受地形约束时，水流速度就会突然减慢，流水携带的泥沙物质在山体基部堆积下来形成成层沉积的冲积扇。当多个冲积扇相互连接形成一个连续坡面时，就形成了冲积裙或**山麓冲积扇**。在荒漠地区，脆弱的地表可被风化形成崎岖复杂的地貌，通常是一些低洼且崎岖的地表，这种景观就是**劣地**。自然地理区（或地文省）是指按地质或地形特征划分的一个大区。在美国西部，由盆地和山岭交替构成了**盆岭省**（盆地和山岭构成的大区）。**宽浅内陆盆地**是指干旱内陆流域内两个相邻山脊之间的“谷坡-盆地”区域。

暴洪（507页）
干河道（507页）
干盐湖（509页）
山麓冲积扇（509页）
劣地（515页）
盆岭省（516页）
宽浅内陆盆地（517页）

15. 描述荒漠区的能量和水量平衡特征。干旱区景观的显著模式是什么？

16. 请你描述科罗拉多河的用水预算？关于科罗拉多河水量分配协议，签订该协议的基础是什么？对于这条河的水量，人们为什么一直持乐观态度？在旱情较轻的情况下，结合当前需水量的增长，概述科罗拉多河的现状。

17. 描述什么是宽浅内陆盆地。绘制一幅标注景观特征的简图。

18. 美国盆岭省在什么地方？简述其外貌特征。

掌握地理学

访问https://mlm.pearson.com/northamerica/masteringgeography/，它提供的资源包括：数字动画、卫星运行轨道、自学测验、抽题卡、可视词汇表、案例研究、职业链接、教材参考地图、RSS订阅和地表系统电子书；还有许多地理网站链接和丰富有趣的网络资源，可为本章学习提供辅助支撑。

第16章　海洋、海岸过程及其地貌

阿森松岛的海龟沙滩上，雌性绿海龟爬上海滩挖巢产卵。龟卵孵化后，幼海龟爬向大海。绿海龟以海草为食，它的产卵地点离海水有很长一段距离。这个火山岛上的浅色沙子来源于以钙藻为食的鱼类排泄物。阿森松岛的经纬度为8°S，14.5°W，海滩位于乔治敦附近。［Bobbé Christopherson］

重点概念

阅读完本章后，你应该能够：

- **描述**海水的化学组成及海洋的物理结构。
- **识别**海岸环境的组成，**列举**海岸系统的自然输入、潮汐和平均海平面。
- **描述**海洋和近岸的波浪运动，**解释**海岸平直化、海蚀和海积地貌的成因。
- **描述**滨外岛及其作为人类定居地的风险。
- **评估**现在的沿海环境：珊瑚、湿地、盐沼和红树林。
- **构建**一个环境敏感模型，**评价**海岸带的土地利用及居住建设特点。

当今地表系统

拉福什缓流区的往昔

从美国南北战争时期至1904年，拉福什缓流（Lafourche Bayou）曾是密西西比河的一条主要排水支流。1904年，排入拉福什缓流的河水被水坝截断了，这导致海岸湿地中的水流滞留和水量消耗。1955年，人们试图利用水泵设施恢复一部分湿地水流，以此来扭转这种局面。

在拉福什缓流地区，加利亚诺镇和哥登梅多镇大约有1万居民。为了避免水位上升、潮汐波动、飓风和风暴潮带来的灾害，环城区设置了复合堤防体系来保障安全。这个长65km、高约4m、地基宽28m的堤坝始建于20世纪70年代末。当洪水逼近时，人们采取关闭堤坝两端的防洪闸门来保护城区（图16.1）。

随着河流三角洲下沉及海平面上升，抬高堤坝变成了一个不断重复的过程，即开展堤坝加高工程。2009年，该堤坝又加高了1m，人们寄希望于以此来抵御风暴潮。然而具有讽刺意味的是：以前位于墨西哥湾风暴潮与内陆之间的海岸湿地曾是一个缓冲区，可如今，这里已被人类破坏，在哥登梅多与原三角洲海岸线之间只剩下一片开放的水域。

飓风——卡特里娜飓风、丽塔飓风、辛迪飓风和古斯塔夫飓风会卷起油驳船、捕虾船等船只的巨大残骸碎片抛向内陆。位于墨西哥湾海岸港口东部的格兰德艾尔，于2005年遭到飓风的严重破坏，2008年该地甚至被夷为平地，灾害中大约有80%的房屋、商铺和渔业区被摧毁。

2008年，古斯塔夫飓风刚好从这个堤防区的西侧登陆，地点靠近路易斯安那州科德里；此外，艾克飓风及其巨大的降雨带经过其南部，给路易斯安那州南部带来了暴雨。在这两次天气过程中，尽管堤防区内的居民及时撤离，且堤坝体系也发挥了防护作

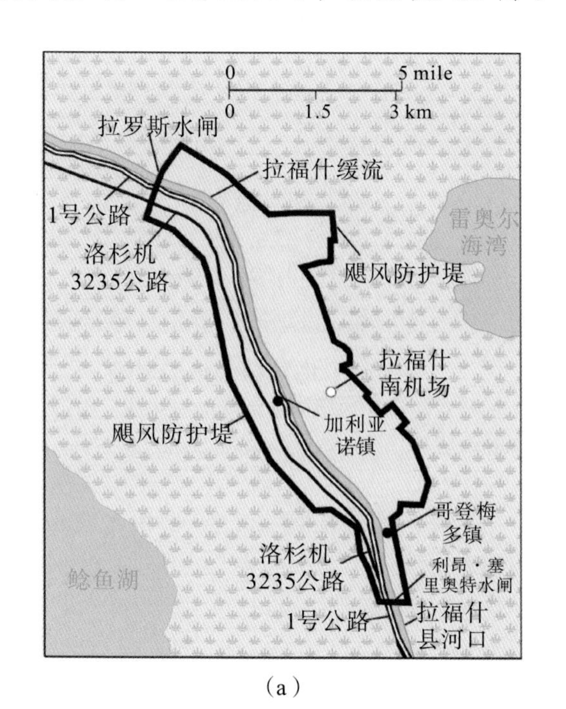

（a）

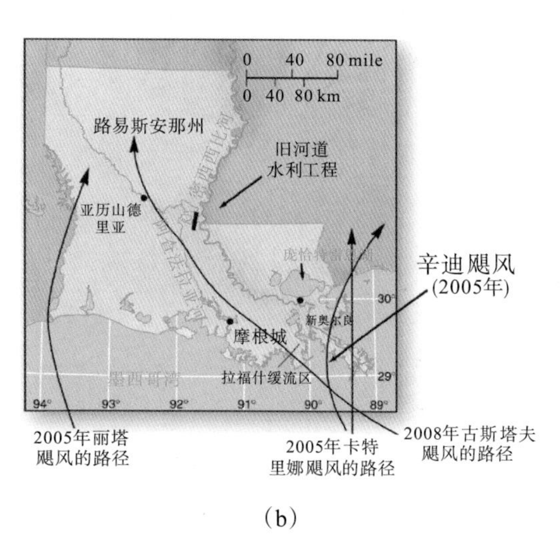

（b）

图16.1　密西西比河三角洲上的飓风防护围堤

注：（a）沿高速公路延伸的拉福什缓流是一条河道；防护围堤南北两端都设有防洪闸门，当风暴潮来袭时可关闭闸门；（b）图上标注了近期的风暴路径。

用使洪水未能进入城镇，但强风暴雨还是给居民造成了很大损失。

实际上，这里所有人的生计都依赖于墨西哥湾，包括渔业、旅游业、石油和天然气工业等。在距离加利亚诺镇仅23km的地方，大约有6 000名工人往返于弗尔雄港和石油钻井平台之间。想象一下，2010年4月英国石油公司在墨西哥湾发生的漏油事件对那些已遭受了飓风袭击的人们所造成的冲击。除环境污染外，四个多月的石油泄漏不仅摧毁了当地的经济，而且还将对人口和环境产生持续多年的影响。已开展的几项研究（如：由哥伦比亚大学、路易斯安那州立大学开展的研究）指出：飓风、风暴潮和石油泄漏事件，已对居民的身心健康造成了巨大损害，同时也对社会产生了负面影响，而后引发的一系列经济冲击又让人们感到雪上加霜。

我们对今后心存忧虑，因为人们从这一地区看到了一种警示：伴随大气和海水变暖，气旋活动频繁，同时风暴威力变得更强。石油泄漏造成的污染在沿海湿地继续扩散，有毒化学分散剂及石油类溶解物侵入至水体和食物网中。以捕捞牡蛎和螃蟹为生的渔民可能会丧失生计，而这种谋生方式在一些家庭中已延续了五代人。

虽然堤防区内的加利亚诺镇目前高出海平面122cm，但是密西西比河三角洲地面正在缓慢下沉，而海平面却在持续上升。在海洋对海岸土地入侵的背景下，上述情况将会进一步恶化。

当你沿着海岸线散步时，就会发现浩瀚的海洋与大气、岩石圈之间存在显著的相互作用。海洋有时以巨大的侵蚀力量猛烈地冲击着海岸；有时伴随微微的海风、潮湿的海雾，海水运动和缓且平静。美丽的海岸线是一个动态变化的区域（图16.2）。很少有人能够像生物学家雷切尔·卡森（Rachel Carson）那样捕捉到海洋与陆地之间的对峙：

> 海洋边缘是一个美丽而陌生的地方，这里的一切都经历过地球的漫长历史，且永不休止地在变化着，海浪猛烈地冲击着海岸，潮汐向前涌入陆地、后退、再涌入。相隔一天，海岸线就有变化。不仅潮汐以永恒的节律前进和后退，海平面本身也从来不会停息不变。冰川的消融与增长、沉积物累积造成的深海洋盆移动、大陆边缘因应变调整而产生的地壳变形，这些都会造成海平面的升降。今天海洋占据的土地可能多一点，明天又可能会少一点。海洋边缘的边界永远都是模糊的、难以捉摸的。*

图16.2　海洋与陆地的对峙

注：加州海岸中部地质构造活跃的海岸线。附近伴有海岸雾和中层云。［Bobbé Christopherson］

商业、航海运输业、渔业和旅游业的发展促使了许多人沿海定居。据科学评估显

* Rachel Carson. 1955(1983). The Marginal World//in The Edge of the Sea[M]. Boston: Houghton Mifflin.

示：全世界大约40%的人口居住在离海岸线不到100km的范围内，仅美国就有大约50%的人口居住在沿海地区（包括五大湖地区）。

对世界近1/2的人口来说，理解海岸过程和海岸地貌显得尤为重要。由于海岸过程常常会发生巨大变化，所以在考虑区域发展规划时，它们就成为了必须考虑的因素。世界资源学会的研究表明：全世界高达50%的海岸线存在被毁的风险，风险因素来自海岸侵蚀、海平面上升和环境污染带来的破坏。美国国家海洋管理局对许多有关海洋的科技活动进行了协调，相关信息见http://www.nos.noaa.gov/。

海洋是一个庞大的生态系统。它与生物圈、大气圈、水圈及岩石圈中的生命系统存在着错综复杂的联系。海洋作为一个巨大的缓冲系统，它能吸收大气中过量的二氧化碳和热能。然而，在过去的几十年里，这个系统的变化速率令人十分堪忧。2009年，在意大利威尼斯召开了第二次气候海洋观测系统会议（第一次会议是10年前），会议纲要提出：海洋系统已发生了复杂变化，并制定了2015年新海洋观测系统（物理及碳的观测）的目标，见http://www.oceanobs09.net/。

在本章中：首先，简要介绍全球的大洋和海。1998年是联合国确定的国际海洋年，所有成员国都发来了贺电。其次，本章将讨论海水的物理化学性质，包括潮汐、波浪、海岸的侵蚀和沉积地貌（海滩和滨外岛）；同时，阐述形成珊瑚、湿地、盐沼和红树林的重要有机过程。本章对于海岸过程的阐述，其体系框架则由具体的输入（物质成分和驱动力）、作用（运动和过程）和输出（结果和后果）构成。最后，本章以人类对沿海环境的重要影响和相互作用作为结尾。

16.1 大洋与海

海洋是地球上有待深入研究的重大科学前沿领域之一，也是地理学者最感兴趣的主题之一。搭载于卫星、航空器、水面舰艇和潜艇上的遥感装置，为揭示海洋系统增添了新技术，并提供了丰富的数据。图5.13展示了海洋表面的温度分布模式，图6.25和图6.27给出了海洋表层及深海的洋流分布。图7.4列出了世界各大洋的面积、体积和深度。图16.3是各大洋的地理位置及其周边海的分布图，图例中的名称按英文字母顺序排列。

16.1.1 海水的化学成分

水是一种“万能溶剂”，它至少能够溶解自然界中57种元素（自然界中已发现92种元素）。事实上，大多数天然元素及其形成的化合物都能在海水中被发现，它们是被溶解的固体或溶质。因此，海水是一种溶液。**盐度**（Salinity）是指海水中被溶解的固体物质的含量。

海水是一种均质混合物，尽管其盐度略有波动，但各种盐分之间的比例是恒定的。1874年，英国皇家海军舰艇挑战者号进行环球航行时，对海面和深海分别采取了水样。通过对这些样品的分析，这次航行首次得出了海水是组成成分均一的混合体这一结论。

人们认为显生宙（过去的5.42亿年之前）时期的海水化学性质相当稳定，但最近证据表明，海水化学性质在小范围内随时间的推移仍有小幅变化。这种变化与海底扩张速率、火山喷发和海平面的变化相一致。这些证据来自海相地层中的流体包裹体，如包含古海水的石灰岩和蒸发沉积岩。

海洋的化学特征 海水、大气、矿物质、海底沉积物和海洋微生物之间的复杂交换作用，塑造了海洋的化学性质。此外，海底还有大量富含矿物质的水流，从热液（热水）出口排入海洋。这些出口通道被称为“黑烟囱”，那些浓黑色的富含矿物质的水流就是从这些黑烟囱中喷出来的［图11.13（b）］。海水的均质性是后期化学反应和海水持续混合的结果，因为洋盆是相互连通的，加之海水的环流作用。

以下7种元素占海水溶解固体的99%以上，它们（包括其离子形式）分别是氯（Cl^-）、钠（Na^+）、镁（Mg^{2+}）、硫（硫酸根离子，SO_4^{2-}）、钙（Ca^{2+}）、钾（K^+）和溴（Br^-）；此外，海水中还有溶解气体（如CO_2、N_2和O_2等）、悬浮物、溶解的有机物及各种微量元素。

作为商业用途，海水具有实际效益的只有萃取海水中的氯化钠（普通食盐）、硫酸镁和溴。至于未来的海底采矿，虽然这在技术上行得通，但在经济上却可能并不划算。

平均盐度：35‰ 海水盐度（单位体积海水中溶解的固体物）通常采用世界平均值，有以下几种表示方式：

- 3.5%（百分比）；
- 35 000ppm（百万分比）；
- 35 000mg/L；
- 35g/kg；
- 35‰（千分比），最常用的方式。

对于全世界各地的海水来说，盐度正常变化取值为34‰～37‰。盐度变化取决于海面大气状况和流入海洋的淡水体积。在赤道海域，由于全年降水量大，海水盐度被稀释，所以略低于世界平均盐度（34.5‰）。在亚热带的海域，由于干热的副热带高压影

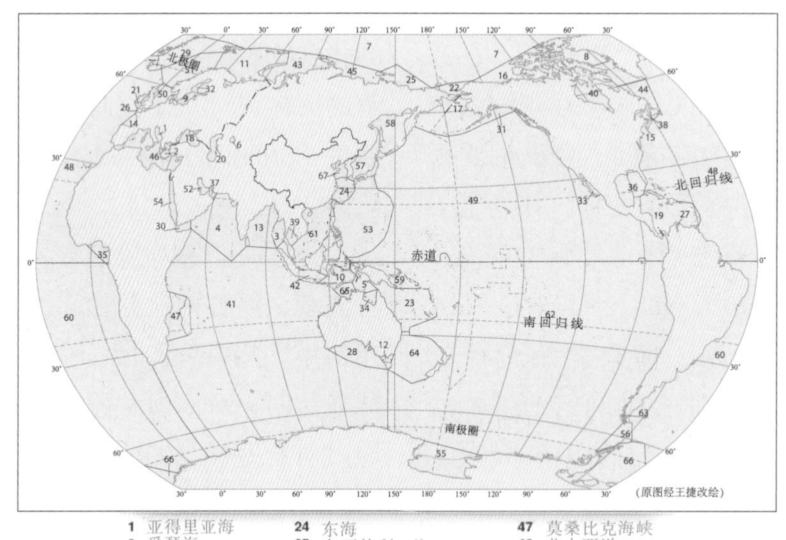

1 亚得里亚海
2 爱琴海
3 安达曼海
4 阿拉伯海
5 阿拉弗拉海
6 咸海
7 北冰洋
8 巴芬湾
9 波罗的海
10 班达海
11 巴伦支海
12 巴斯海峡
13 孟加拉海
14 比斯开湾
15 芬迪湾
16 波弗特海
17 白令海
18 黑海
19 加勒比海
20 里海
21 凯尔特海
22 楚科奇海
23 珊瑚海
24 东海
25 东西伯利亚海
26 英吉利海峡
27 委内瑞拉海
28 大澳大利亚湾
29 格陵兰海
30 亚丁湾
31 阿拉斯加湾
32 波的尼亚湾
33 加利福尼亚湾
34 卡奔塔利亚湾
35 几内亚湾
36 墨西哥湾
37 阿曼湾
38 圣罗伦斯湾
39 泰国湾
40 哈德逊湾
41 印度洋
42 爪哇海
43 喀拉海
44 拉布拉多海
45 拉普捷夫海
46 地中海
47 莫桑比克海峡
48 北大西洋
49 北太平洋
50 北海
51 挪威海
52 波斯湾
53 菲律宾海
54 红海
55 罗斯海
56 斯科舍海
57 日本海
58 鄂霍次克海
59 所罗门海
60 南大西洋
61 南海
62 南太平洋
63 麦哲伦海峡
64 塔斯曼海
65 帝汶海
66 威德尔海
67 黄海

图16.3　世界上主要的大洋和海的分布图

注：总体上，海要比大洋小，而且距离大陆较近；“海”有时用来指大的内陆咸水水体。地图中数字所对应地理位置和名称，在图例中按英文字母顺序排列。

响，海水蒸发率最大，所以盐度偏高，可达36‰。这些海区的盐度偏高，是因为海水蒸发率随温度增高而增大。

盐水（Brine）是指平均盐度超过35‰的海水。**半咸水**（brackish water）是指盐度小于35‰的海水。一般情况下，靠近陆地的海洋因受淡水径流和河水流入的影响，海水盐度较低。波罗的海（波兰和德国以北）和波的尼亚湾（瑞典和芬兰之间）作为极端例子，二者海水盐度平均为10‰或更低，这是大量淡水径流的流入和低蒸发率造成的。

相比之下，位于北大西洋亚热带环流带内的马尾藻海，其平均盐度却高达38‰。更有甚者，波斯湾海水的平均盐度为40‰，其原因是几乎封闭的海盆内蒸发率很高。在地中海和红海海底，深水袋（deep pockets）(或称“盐水湖”）中的盐度竟高达225‰。

海洋能反映地球环境的状况。如前所述，高纬度海洋在过去的十年里发生着淡化现象。海洋酸化则是另一种正在发生的变化，这是因为大气中快速增加的CO_2被海洋所吸收，并通过水解过程形成了碳酸，从而导致海水pH值降低——酸化作用。在酸性强的海水中，某些海洋生物（如珊瑚和一些浮游生物）因为难以维持其碳酸钙结构的外壳而死亡。当前海洋的平均pH值为8.2，21世纪内海水的pH值可能会减小0.4～0.5个单位。由于pH采用的是对数值，pH值每下降0.1个单位，就相当于酸度增加了30%。在这种变化下，如何保护海洋生物多样性和食物网，目前尚未可知。

海洋中储存的溶质盐类可通过水循环来实现持续再利用。太阳能是水循环的驱动力。你今天喝的水中，或许某些水分子就来自于不久前的太平洋、长江，或瑞典的地下水、秘鲁上空的云等。

16.1.2　海洋的物理结构

海洋的物理结构，见图16.4中的分层结构，图16.4中列出了海洋的四个重要特征：平均温度、盐度、溶解CO_2及溶解氧，它们随海水深度而变化。

海洋表层接受太阳辐射使水温升高，同时海面还受风力驱动作用。海水混合层（mixing zone）仅占海洋质量的2%，其水温和溶质的空间差异可通过迅速混合而达到均匀一致。混合层之下的跃温层过渡带（thermocline transition zone）深度超过1km，温度梯度为负值（减小）；在这个深度上，由于衰减作用，表层洋流的效应已不存在，海水不像表层海水那样具有运动特征。此外，该水层底部的冷水对海水的对流也有抑制作用。

从水深1～1.5km直至海底，温度和盐度相当均匀一致。海洋深层冷水的水温接近0℃，但深层冷水的海水不会冻结，这是因为海水盐度高和水压大；而海面大约会在-2℃时发生冻结。最冷的海水通常分布于海底。接下来，把视线转向大海边缘，来了解地球上的海岸线。

16.2　海岸系统的构成

地表特征是历经数百万年形成的，如高山和地壳板块，然而大部分海岸线却相对年轻，而其当前状态仍在不断变化之中。由于陆地、海洋、大气、太阳、月球之间的相互作用，大陆边缘产生了潮汐、洋流和波浪，进而形成了相应的侵蚀和沉积特征。

海岸环境输入包括许多前文已讨论的因素：

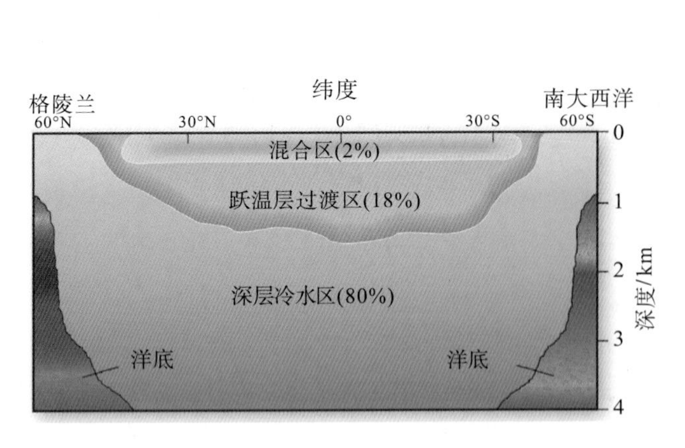

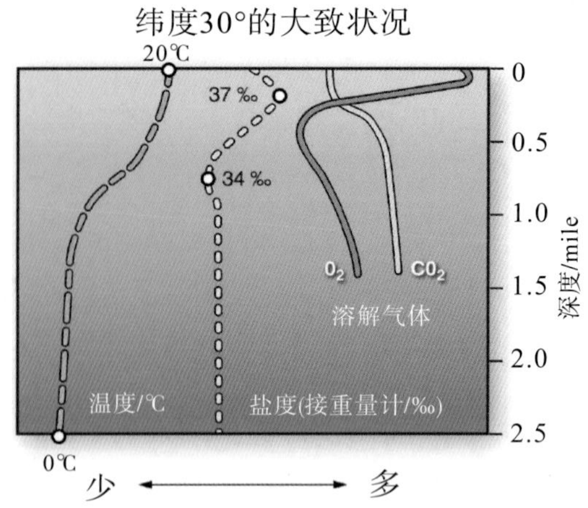

图16.4 海洋的物理结构

注：大西洋平均物理结构图：从格陵兰岛至南大西洋，沿线采样观测到的大洋垂直剖面。海水的水温、盐度和溶解气体在深度上的变化。

- 太阳能驱动了大气圈和水圈，太阳入射辐射转化为动能产生了盛行风系、天气系统和气候；
- 风系是海岸环境的重要输入，它形成了洋流和风浪；
- 气候系统是入射辐射和水汽相互作用的结果，对海岸地貌过程具有强烈影响；
- 海岸岩石性质和海岸地貌对侵蚀和沉积速率有重要作用；
- 人类活动对海岸变化的影响日益显著。

上述这些输入发生时，都会受到重力作用。重力引力不仅来自地球，还有月球和太阳的万有引力。重力为运动中的物体提供了位能（势能），还会产生潮汐现象。由于各组分成分之间处于一种动态均衡状态，所以塑造了美丽多样的海岸线。

16.2.1 海岸环境与海平面

海岸环境就是指**滨海带**（或**近海岸带**，littoral zone），该词来自拉丁语*Litoris*，意为“海滨”。图16.5给出了本章后面将要讨论的滨海带的具体构成。滨海带包括一部分陆地和水域。在风暴期间，滨海带在陆地方向上可延伸至岸上最高水位线；在海洋方向上，滨海带范围以风暴波浪的有效作用深度来界定，这个深度（通常在60m左右）以下，激浪对海底沉积物不起作用。海岸线（Coastline）是指海洋与陆地的交接线。海岸线随潮汐、风暴、海平面的变化而改变。海岸（Coast）是指从高潮位开始向内陆延伸至地貌第一次发生重大变化之间的带状区

地学报告16.1 日益咸化的地中海

目前，地中海海水变暖速度要比大洋快，在距海底不到600m的深水层，海水的盐度和水温正在上升。地中海的咸化状况改变了海水密度，导致通过直布罗陀海峡的海水为净流出，从而阻塞了地中海与大西洋的天然混合。正如第7章中当今地表系统所述，由于气候变化和海水变暖，这些水体的天然混合过程被扰乱了。

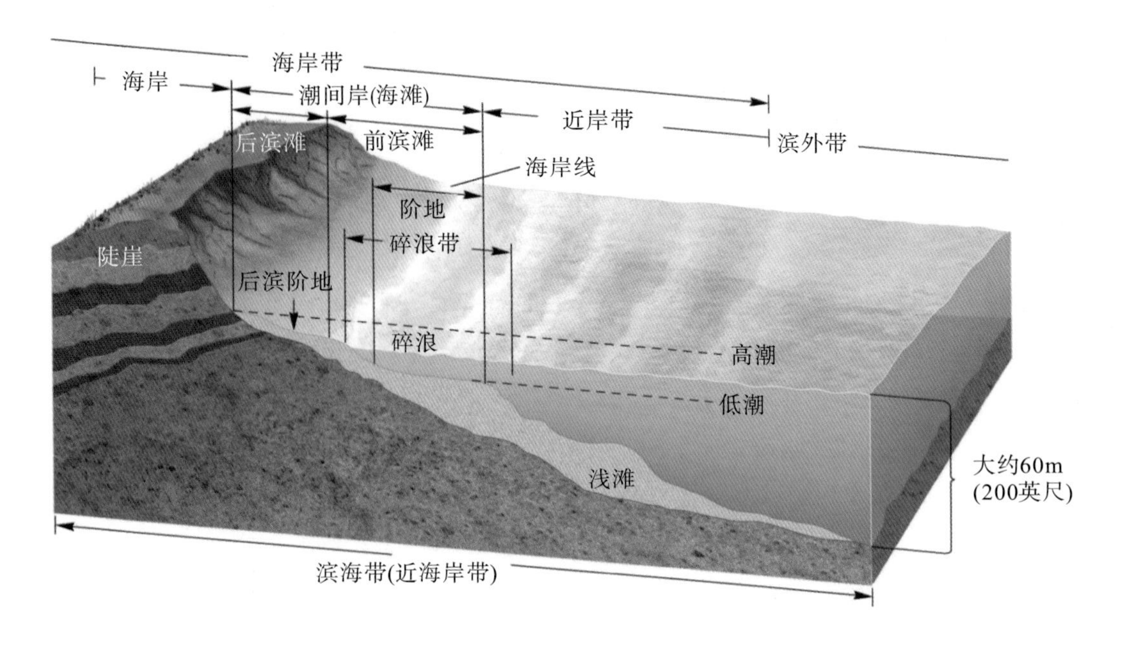

图16.5　滨海带的基本构成

注：滨海带包括海岸、潮间带（海滩）和近岸环境。

域，还包括一部分被利用的海岸区域。

由于海平面的不断变化，滨海带的位置随时间而改变。海面上升会淹没陆地，海平面下降则会曝露出新的海岸。此外，陆地自身隆起或沉降，也会引发滨海带的变化。

海平面是一个重要概念，在地图册或地图上，你看到的每个高程都是以平均海平面为基准高程。然而，平均海平面不仅随潮汐具有日变化，还随气候变化、构造板块运动和冰川波动而发生着长期变化。因此，海平面（sea level）只是一个相对概念。目前，尚无一种国际体系能够精确地确定各个时期的海平面。“全球海平面观测系统（The Global Sea Level Observing System, GLOSS）”作为一个国际组织，正积极致力于海平面问题的研究，它也是“平均海平面常设事务处”的组成部分，相关介绍可查阅该机构网址http://www.pol.ac.uk/psmsl/programmes/。

平均海平面（mean sea level, MSL）是某一指定地点多年逐时潮水水位（潮位）的平均值。MSL在空间上有差异，其原因是洋流、海浪、潮汐变化、气温和气压差异、风系模式及海水温度变化、重力微变化、海水体积变化。

美国的平均海平面是根据大陆海岸边缘大约40个观测点的记录数据计算得来的。这些观测点的下一代水位测量系统正在围绕新一代潮位观测计技术开展更新换代，重点区域是美国和加拿大的大西洋沿岸、百慕大和夏威夷群岛。同时，美国新一代卫星导航系统——导航星全球定位系统［Navstar（NAVigation Satellite Timing and Ranging）GPS］使地面和海洋的网络观测数据能够相互联系起来。

16.2.2　海平面变化

长期来看，海平面波动使海岸地貌出露，相当于为潮汐和波浪过程制造了机会。无论气候处于寒冷期还是温暖期，全球温度的周期性变化都会使南极洲和格陵兰岛的冰盖及数百条高山冰川的冰储量发生波动，进而引起海平面变化。在距今最近的更新世冰期盛期——距今约1.8万年，当时的海平面要比现在大约低130m。另外，如果南极洲和格陵兰岛变成无冰之地（冰盖全部融化），那么世界各地的海平面至少会上升65m。

仅仅过了100年，美国佛罗里达州南部海岸的海平面就上升了38cm。意大利的威尼斯自1890年以来海平面上升了25cm。平均而言，全球海平面上升了10～20cm，这一速率是过去3 000年以来平均速率的10倍。自1930年以来，海平面正在不断加速上升，这些变化从全球水坝建设和水库蓄水现况得到了体现。平均海平面上升幅度在空间分布上是不均匀的，如阿根廷沿岸的海平面上升速度几乎是法国沿岸的10倍。

判断与思考16.1　关于海平面上升的思考

从图16.7中洪水淹没的海岸范围来看，如果海平面升高1m，路易斯安那州南部将会怎样？该地区的未来又会如何？请你做个评价。打开地图网站http://www.geo.arizona.edu/dgesl/，点击“易受海平面上升影响的区域图”，选择你感兴趣的某一沿海地区。首先输入海平面上升1m，查看网页中生成的地图；再尝试改变上升的高度值，简要分析一下你的发现。当然，任何温室气体减排计划所产生的成本，都应该与洪灾带给海岸带的损失相互对比，对此你有什么看法？

当前海平面的上升，50%源于水温造成的热膨胀，其余则归因于山岳冰川及格陵兰和南极洲两大冰盖的融化。

根据前面所预测的气候变化及上述海平面的变化趋势可知，海平面还将继续上升，因此许多沿岸地区可能会面临灭顶之灾。海平面每上升0.3m，全球海岸线就会向内陆平均入侵30m；海平面上升会把世界各地沿岸的宝贵地产淹没于海水之中；北美沿岸大约将有2万km^2的土地被淹没，损失高达数万亿美元。如果海平面上升0.95m，则可能淹没埃及15%的耕地、孟加拉国17%的国土面积，甚至会整体淹没一些小的岛国及部落，不过预测中存在不确定性因素。

2007年的“政府间气候变化专门委员会（IPCC）”对21世纪全球平均海平面上升的高度进行过预测：考虑到地区差异，海平面上升幅度为0.18～0.59m。尽管上述预测值未考虑2006～2009年格陵兰冰川的损失量，但仍足以表明冰川融化与海平面上升的速率都在加快。同时，科学家们还在仔细监测南极洲西部日益不稳定的冰盖。对于21世纪的海平面上升幅度，当前客观的估计值是1.0～1.4m，而1.4m也正是美国加利福尼亚州现在所采用的规划依据。

遥感技术加强了对这些地区的观测，包括1992年发射至今还在运行的TOPEX/

地学报告16.2　沿美国海岸线的海平面变化

沿北美海岸线，各处海平面都发生了变化。美国墨西哥湾沿岸的平均海平面（MSL）要比北美的最低值——佛罗里达州东海岸MSL高出约25cm。沿该东海岸向北MSL逐渐上升，至缅因州MSL增高了38cm。沿美国西海岸，加利福尼亚州的圣地亚哥市和俄勒冈州的MSL要比佛罗里达州的最低值分别高出约58cm和86cm。总体而言，北美太平洋沿岸的MSL要比大西洋沿岸的MSL平均高出大约66cm。关于美国的海平面，参见“海平面在线”网址：http://tidesandcurrents.noaa.gov/sltrends/sltrends.shtml。

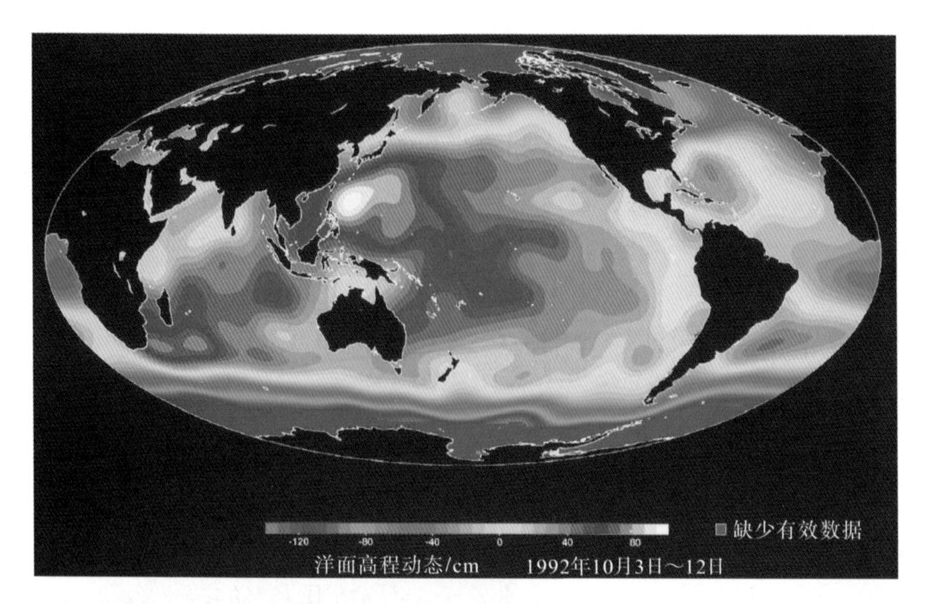

图16.6　卫星雷达高度计展示的海洋高程

注：海平面数据采用的是色彩比例尺，数值大小为高于或低于大地水准面的差值（单位：cm）。影像中的地势总体高差约2m，海平面最高值位于西太平洋（白色区域），最低值位于南极洲附近（蓝色和紫色）。［TOPEX/Poseidon卫星影像，JPL和NASA/GSFC］

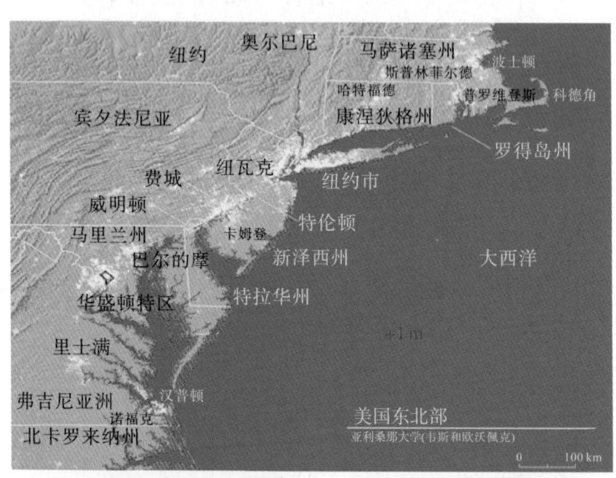

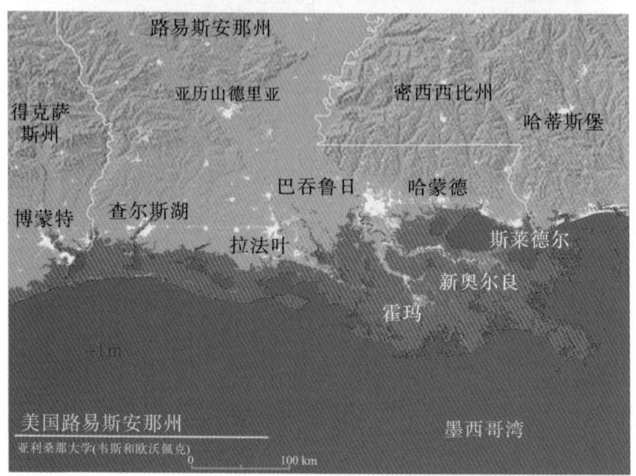

图16.7　海平面上升1m造成的海岸淹没

注：根据美国地质调查局的数字高程数据，亚利桑那大学的科学家们制作了美国沿岸三个地区的海水淹没分布图，图中展示了海平面上升1m所产生的影响。［地图绘制：韦斯和欧沃佩克，美国亚利桑那大学地球科学系的环境研究实验室］

Poseidon卫星（详见http://tope-www.jpl.nasa.gov/；点击“海平面显示”），该卫星有两个雷达高度计，用于观测66° N～66° S任何位置每10天的平均海平面变化，其测量精度达到4.2cm（图16.6）。专题探讨10.1中，TOPEX/Poseidon卫星影像展示了太平洋上的厄尔尼诺和拉尼娜现象。另一颗海面地形卫星——杰森1号（Jason–1），发射于2001年12月，它推进了平均海平面、海洋地形、大气–海洋相互作用及洋流的科学观测；2008年美国航天局等又联合发射了杰森2号（Jason–2）。

亚利桑那大学环境研究实验室编写了一系列关于海平面上升的重要地图集。科学家们利用数字高程模型（digital elevation model, DEM）绘制了海平面上升1m的海岸淹没区域分布图（图16.7）。当你观察这三幅图时，请考虑一下该怎样协调人类的居住环境。

16.3　海岸系统的作用

海岸系统是潮汐、风、海浪、洋流和风暴共同作用的舞台。这些营力不仅塑造了各种地貌形态——从平缓沙滩到陡峭悬崖，同时还维持着这里脆弱的生态系统。

16.3.1　潮汐

潮汐（Tides）是指全球海面上每天发生的两次振荡波动，波幅从几厘米至数米高。世界各大洋海岸的潮汐变化幅度各不相同。潮汐运动是一种改变地貌的能量营力，伴随涨潮（上升）和落潮（下降），海岸线每天都会在陆地与海洋之间进退，这对沉积物的侵蚀和搬运过程有着重大影响。

潮汐对人类活动影响巨大，比如航海、捕鱼及休闲娱乐等。潮汐对航船来说尤为重要，因为许多港口的水深不一，有些船仅在高潮位时才能通过，而另一些高桅杆船只能在低潮位时才能从高架桥梁下方通过。大型湖泊也存在潮汐，只不过潮差较小，很难与风力引起的波浪区分开来。例如，苏必利尔湖的潮汐高差变化就只有5cm。

潮汐成因　潮汐是太阳引力和月球引力两者共同作用形成的。在第2章中，讨论了地球与太阳、月球之间的关联及四季的成因。由于太阳距离地球很远，所以太阳对地球的引力只有月球引力的1/2，尽管如此，太阳仍是一种重要的引潮力。图16.8说明了太阳、月球和地球之间的关系，以及地球两侧潮汐隆起变化的原因。

月球对地球上的大气、海洋和岩石圈均有引力作用。太阳也是如此，只不过引力较小。在它们的引力作用下，地球上的固体和流体都会被拉伸。这种拉伸作用使大气发生大型潮汐隆起（肉眼看不见），海洋中表现为小型潮汐隆起，而刚性地壳则为很微小的隆起。这里，我们关注的是海洋潮汐隆起。

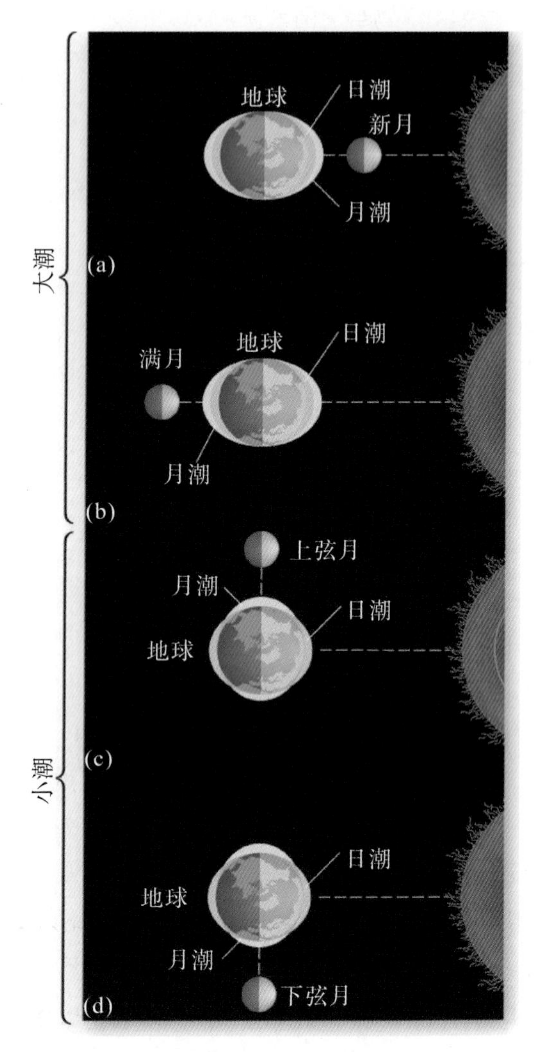

图16.8　潮汐的成因

注：太阳、月球和地球的引力关系共同作用形成了大潮（a）、（b）和小潮（c）、（d）（为了演示，潮汐被放大）。

重力和惯性是理解潮汐的必备知识。重力是指两个物体之间的吸引力，惯性是指物体保持静止（如果物体没有运动）或维持原有运动方向（如果物体运动着）的一种倾向。地球朝向月球或太阳的一侧（近侧）

受到的引力要比背侧（远侧）大，而背侧的惯性力却更大一些。从惯性的角度来看，近侧的海水和地球被拉向月球和太阳，远侧的海水则因重力引力较弱而落在后面。因此，地球两侧形成了一对对跖（方向相反）的潮汐隆起。

潮汐表面上看起来是海岸线的进退，其实是地球自转使地表某处的海岸线出入于“位置相对固定”的海面隆起所产生的现象。潮汐隆起的位置与地球、月球和太阳之间的空间排列有关。由于地球自转使任何地点每隔24小时50分钟都要穿过这两个潮汐隆起，所以大部分沿海地区每天会遇到两次高潮（上升）——**涨潮**（flood tide）和两次低潮（下降）——**落潮**（ebb tide）。相邻发生的高潮与低潮，它们的水位差称作潮差（tidal range）。

大潮和小潮　当太阳和月球位于地球的同一侧且呈一条直线排列时，二者合成的引力作用最强，此时高低潮之间的潮差最大，而被称作**大潮**（spring tide，Spring意为“向前涌动”，而非指季节）。图16.8（b）给出了另一种产生大潮的直线排列方式，即太阳与月球分别位于地球两侧，此时太阳和月球各自形成了独立的潮汐隆起，分别影响着离自己最近一侧的海水。此外，在地球的另一侧（对跖点，背侧），因惯性向外的拉力作用使海水落后滞留，也会造成同样的潮汐隆起。

当太阳和月球既不在地球的同一侧，也不在对侧，而是大致在图16.8（c）和（d）所示位置时，它们的合成引力就会减弱，产生的较小潮差被称作**小潮**（neap tide，Neap意为“无前进动力”）。

此外，潮汐还受其他因素影响，包括洋盆特征（大小、深度和地形）、纬度、海岸线形状。这些因素会使潮差变幅放大。例如，某些地方几乎没有经历过潮差，可当开阔海域的海水涌入半封闭海湾时，却能产生极高的潮汐。在加拿大新斯科舍的芬迪湾，记录到的潮差高达16m，这是地球上记录到的最大潮差［图16.9中的（a）和（b）］。相比之下，图16.9（c）所示的则是潮差较小的英格兰东海岸。关于潮汐、潮汐预报及其完整的列表，见http://ocean.peterbrueggeman.com/tidepredict.html。

潮汐发电　伴随潮汐，海面升降的日变化给人类提供了一个获取能源的机会，能否利用这些可预测的潮流来发电呢？在适当条件下，答案是肯定的。海湾和河口有利于汇聚潮汐能量，也就是说潮汐能量可聚集于一个较小区域而不是大洋。这为修建水闸大坝提供了机会，建坝后既可使船只通过，也可利用涡轮机发电。

世界上适合潮汐发电的地方有30个，而目前主要是3个地方利用潮汐发电：第一个是俄罗斯1968年开始运行的4MW容量电站（位于白海Kislaya-Guba湾）；第二个是法国1967年开始运行的发电站（位于布列塔尼海岸的朗斯河口），朗斯河口的潮差高达13m，几乎不间断地在发电，可提供240MW的电量（大约为胡佛大坝发电量的20%）；第三个是加拿大新斯科舍的芬迪湾，1984年在该海湾的一个有利地点修建了安纳波利斯潮汐发电站，这个20MW的电站是由新斯科舍省电力公司运营的［图16.9（d）］。加拿大政府声称，在合适的地点建设潮汐发电站在经济上要比建设化石燃料电厂更有竞争力。

挪威采用的是另一种潮汐发电方式：利用海底设备通过沿岸流来发电。这种涡轮机被设计成风车状，驱动力为潮汐和海流，就像驱动涡轮船桨一样。这种发电方式2003年

（a）涨潮

（b）落潮

（c）在英格兰诺森伯兰郡，几个小时内巴姆伯格海港的潮差变化了大约3m

（d）涨潮和退潮产生的潮流是驱动涡轮机发电的理想选择，这与新斯科舍芬迪湾附近的安纳波利斯潮汐发电站的原理相同

图16.9　潮差和潮汐发电

注：某些海湾和河口地区的潮差很大，如芬迪湾附近的Halls港。[（a）Jeff Nawbery；（b）～（d）Bobbé Christopherson]

就已开始采用。

16.3.2　波浪

流动空气（风）对水面产生的摩擦作用使水体发生起伏而形成**波浪**（Wave），波浪以波列群（wave trains）的方式传播。波浪规模差异很大：小规模的波浪——船只航行产生的小波浪尾流；大规模的波浪——风暴产生的大型波列群。极端情况下，夏威夷群岛的背风尾流能够在太平洋海面上向西传播3 000km远。岛屿扰乱了稳定的信风，使海面温度和风系随之发生改变。

海上风暴区是大型波列的生成区域，波列以此为中心向外围辐射。海洋上各方向的波浪纵横交错，所以在海岸看到的波浪，或许是几千千米之外某个风暴中心生成的。

开阔海域上发育成熟的具有平滑浑圆规则波形的波浪，称作**涌浪**（Swell）。波浪离开生成区域时，波能可通过涌浪的形式继续传播。涌浪尺度可从小小的涟漪到巨大的平峰波。波浪离开深水生成区时，其水平波长仅数米左右，但偶尔可聚积巨大能量形成巨大波浪。1933年的一个月夜，美国海军油轮拉马波号（Ramapo）报告说：太平洋上出现了一个大约34m高的巨浪，比油轮的主桅杆还高。

当观察开阔水域的波浪时，海水似乎沿波浪传播方向移动，但实际上只有很少量的水在真正前移。波浪其实是波能以柔软水体为介质的能量传播。对开阔大洋中的波浪来说，水的能量传播是通过水分子的简单周期波动来实现的，即传导波（waves of transition）(图16.10)。单个水粒子在波浪中只是稍微地前移了些，实际上却是垂直环流。

水粒子环流运动的圆周轨迹，其直径大小随深度增加而减小。当深海波浪逼近海岸线进入浅水区（10～20m深）时，做圆周运动的水粒子在垂直方向上就会受到限制，这种限制导致海底附近的圆周轨迹向椭圆、扁平方向发展。这种从圆周到椭圆的轨迹的变化使波浪整体移动速度减慢，从而造成更多的波在此聚积。这样一来，波浪的间距变短、高度和陡峭度增加，波峰变得更尖锐。伴随波峰增高，当高度超过其维持垂直稳定度的临界值时，波浪就会散落形成**碎浪**（Breaker）并冲上海滩［图16.10（b）］。

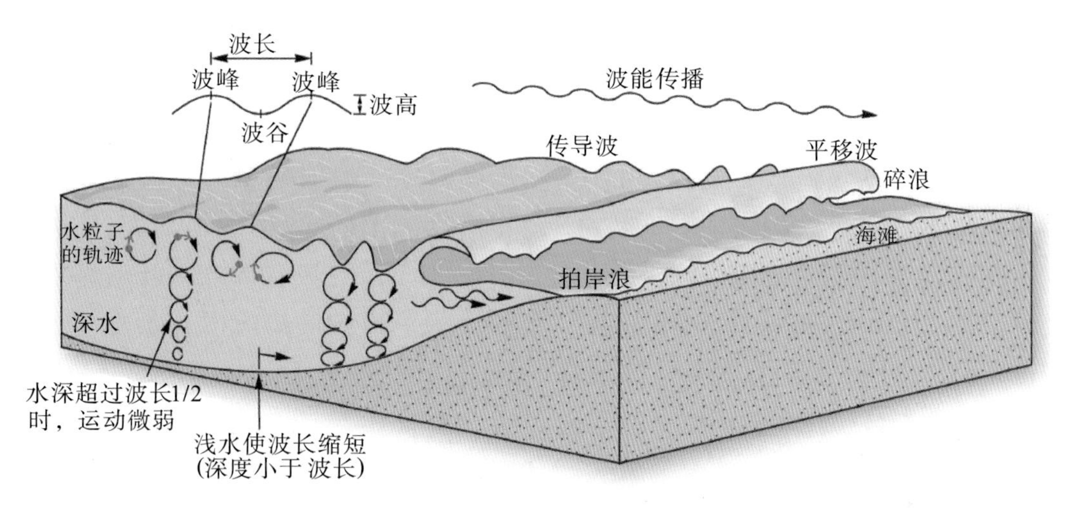

（a）水粒子运动轨迹的变化：在深水区为圆周轨迹和涌浪（传导波），在浅水区海底附近为椭圆形轨迹（平移波）

（b）受波浪连续冲击的墨西哥加利福尼亚沿岸

（c）危险的退潮流打断了正在逼近的碎浪

图16.10　波浪形态和碎浪

注：水花翻腾的地方就是退潮流与拍岸浪相遇之处。［Bobbé Christopherson］

地学报告16.3　海浪放大作用造成的人员伤亡

2010年3月3日，地中海西部的一艘大型游轮在离开法国马赛海岸之后，遭到3个7.9m高的巨浪袭击。波浪震碎了玻璃，海水涌入船舱造成两名乘客死亡、多人受伤，伤者被送往西班牙巴塞罗那医院。目前科学家们正在研究，开阔海域上为什么会发生这种异常波浪？它的成因是什么？请考虑强风和波浪的干涉作用。

当碎浪中的水粒子轨迹转变为平移波（waves of translation）中的椭圆轨迹时，碎浪携带的能量和海水就会冲向海岸。波浪类型反映了海岸坡度：咆哮的碎浪表明海底坡面陡峭；散落的碎浪则表明海底坡面浅缓。在某些地方可能会突然涌起意想不到的巨浪，当你在这些地区进行海岸探险之前，学会识别巨浪发生的条件对你大有裨益。

当海水集中从海滩返回海洋时，回流急流的方向通常与碎浪波线呈直角，这种回流急流就是退潮流（rip current）。这些突发的短暂急流对人具有一定的危险性［图16.10（c）］，倘若人在游泳时遇上这种退潮流，可能会被卷入海里，不过它的流程通常很短。

在开阔的海域中，移动中的各种波列可发生相互干涉（Interference）。这些发生干涉的波浪有时会排成一行，致使某一波列的波峰波谷偶尔会与另一波列的相位一致，此时波浪的高度会被放大，甚至放大很多倍；由此产生突发性的“杀人波”或“潜伏波（sleeper waves）”常常造成人员伤亡。在美国加利福尼亚州、俄勒冈州、华盛顿州和不列颠哥伦比亚省，部分海岸线上会见到提示牌警告游人：注意“杀人波”。2009年8月，在美国缅因州海岸的阿卡迪亚国家公园，尽管公园管理员提前发布了警告，但当几个巨浪同时来袭时，还是造成了1人死亡。这次“杀人波”的能量来源是比尔飓风。相反，相位不一致的波列可削弱海岸的波能。当你观察海滩碎浪时，拍岸浪的节奏变化其实就是波浪干涉造成的，这种干扰作用可能产生于遥远的海区。

波的折射 波浪作用通常可使海岸线平直化。海岬作为凸出的海岸地貌，一般是由抗蚀性强的岩石构成，波浪靠近海岬这种形状不规则的海岸时，会发生弯曲（图16.11）。海底地形迫使逼近的波浪发生折射或弯曲，导致折射能量集中于海岬周围，因此海岬遭受波浪强烈冲击；但在小湾、海湾及海岬之间的水下岸谷处波能则被分

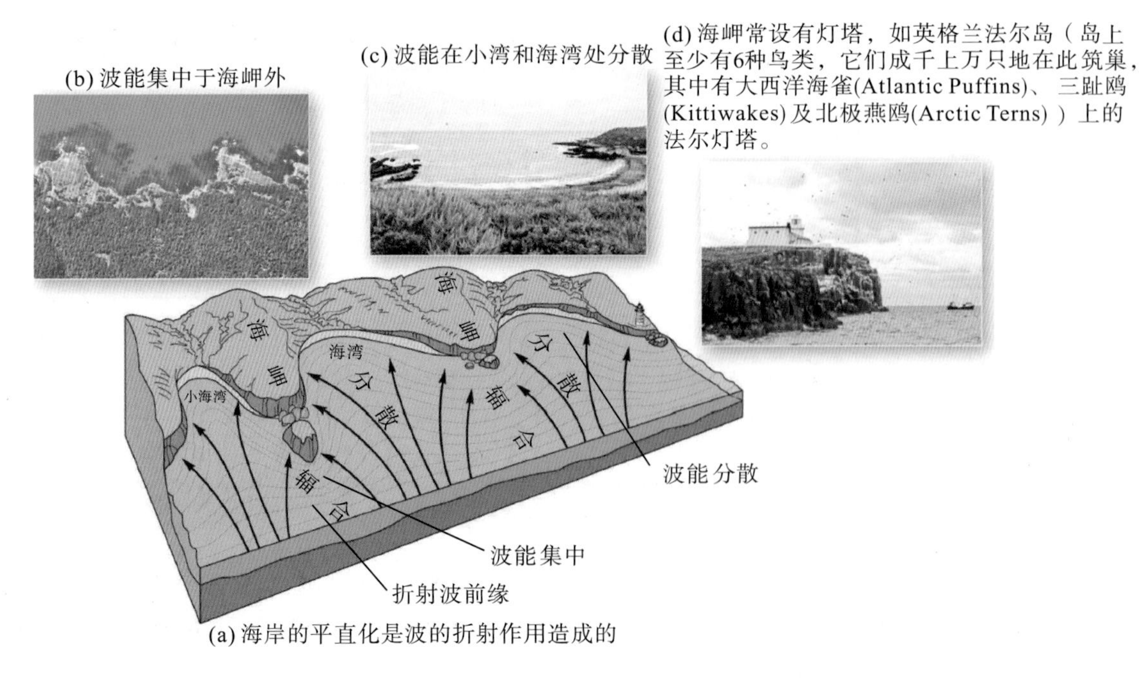
(b) 波能集中于海岬外
(c) 波能在小湾和海湾处分散
(d) 海岬常设有灯塔，如英格兰法尔岛（岛上至少有6种鸟类，它们成千上万只地在此筑巢，其中有大西洋海雀(Atlantic Puffins)、三趾鸥(Kittiwakes)及北极燕鸥(Arctic Terns)）上的法尔灯塔。
海岬
海湾
小海湾
海岬
分散
辐合
分散
辐合
分散
波能分散
波能集中
折射波前缘
(a) 海岸的平直化是波的折射作用造成的

图16.11 海岸的平直化过程
［Bobbé Christopherson］

散。**波浪折射**使波能被重新分配，伴随海岸平直化的长期作用，不同地段海岸线的侵蚀潜力亦不同。

如图16.12所示，波浪靠近海岸时，波峰线通常是与海岸线呈一定夹角，而不是平行的。波浪进入浅水区后，由于海岸线折射作用，波速减慢直至停下来。相比之下，深水区的波浪移动速度快，从而产生了平行于海岸的水流，其流向受波浪作用而呈“Z”形。**沿岸流**（**longshore current**），也称滨海流（littoral current），其方向取决于风向与波浪的合成方向。沿岸流只形成于碎浪带，并与波浪相结合，对沿岸的沙子、砾石、沉积物等碎片进行大量搬运，这一过程被称作沿岸漂移（longshore drift）或**海岸物质流**（**littoral drift**，更综合的术语）。

伴随拍岸浪往复于海陆之间所形成的冲刷回流作用，海滩上的颗粒物也会发生移动，形成**海滩漂移**（**beach drift**）。单个沉积颗粒沿海滩的移动轨迹呈拱形。你在海滩上或许听到过无数沙粒和拍岸浪在回流过程中发出的声音。这些移动沙粒可被搬运至小海湾（Cove）或湾口处堆积，形成大的堆积体。

海啸或地震海浪　海啸是一种偶然发生的、短暂的，但对海岸影响巨大的海浪波。**海啸**（**Tsunami**，英文单词源于日语“津波”的读音，意为“港口波浪”）将波能聚集于港湾，对海港地区可造成毁灭性的破坏。海啸经常被误报道为“潮汐波”，但两者并没有直接联系。由地震、海底滑坡或海底火山喷发引起的突然剧烈运动，都可以引起海啸，因此更恰当地说，海啸是地震海浪。

一次海底大震动通常可形成一个波长很长的孤立波。海啸的波长（相邻波峰之间的距离）通常超过100km，而高度却只有1m左右。海啸在深水区的传播速度很快，常见的速度为600～800km/h，由于海啸波长太长，水面涨落难以观察到，所以当它通过开阔海域时，常常不易被察觉。

然而，当海啸逼近海岸时，浅水地形迫使海啸波长缩短，波浪高度可达15m以上。这种巨浪足以摧毁海岸，造成重大财产损失和人员伤亡。例如，1992年尼加拉瓜卡萨雷

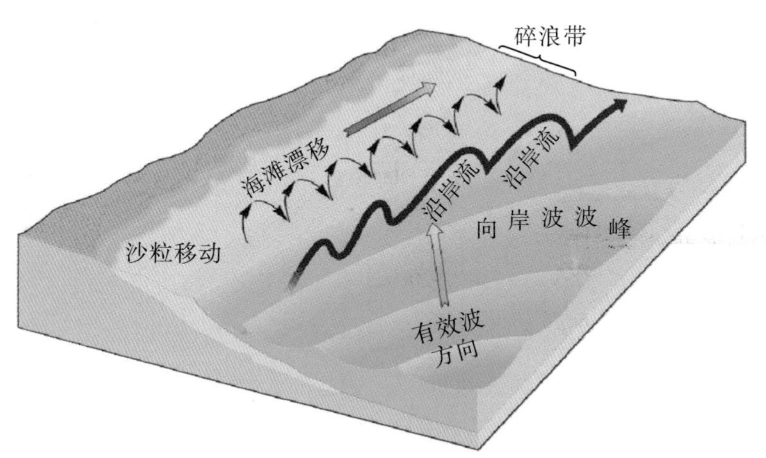

（a）波浪靠近碎浪带和浅水区时，形成了沿岸流；沿岸物质流和海滩漂移使大量物质沿海岸移动

（b）加利福尼亚州的雷斯岬国家海岸公园，雷斯岬海滩上的沿岸流作用（南部鸟瞰图）

图16.12　沿岸流和海滩漂移物［Bobbé Christopherson］

斯地区的市民对一个12m高、夺走270人生命的海啸感到十分震惊；1998年巴布亚新几内亚海啸是一次大规模的海底滑坡（体积约4km³）造成的，海啸造成了2 000人丧生。20世纪，有记录的破坏性海啸141次、小规模的海啸900次，共造成7万人死亡。

美国夏威夷是容易遭受海啸影响的地区之一，因为它位于太平洋中央，并被环太平洋火环围绕。如果在菲律宾附近发生海啸，海啸到达夏威夷只需10个小时。美国陆军工程师团的报告称：夏威夷在过去142年间共发生过41次破坏性海啸——平均每隔3.5年就会发生1次。在夏威夷东南沿海，预测人员正在对基拉韦厄这个不稳定地区进行观察。该地区有一个长40km、宽20km、厚2km的潜在崩塌体——相对年轻的玄武岩地壳的一部分，它一旦崩塌就会影响到整个太平洋海盆。在大西洋洋盆中，火山岛崩塌的威胁一直存在，如加那利群岛的康伯利维亚火山，所以人们一直密切关注它的动静。

由于海啸的传播速度很快，加之在开阔海域无法观测，所以海啸很难被准确预测，发生时往往出人意料。如2004年，地处海啸主要发生地的环太平洋的国家正在使用一种新的深海评估和海啸预报海啸预警系统（Deep-ocean Assessment and Reporting of Tsunamis project, DART），当地震台站监测到可能引起海啸的重大地震或海底滑坡时，该预警系统就会发出警报。一个系统开始用于海啸减灾网络，它在海底布置了6个带有水面浮标的压力传感器，其中三个布置在阿拉斯加南部的阿留申群岛，两个布置在美国西海岸，最后一个布置在赤道附近的南美海岸。当今国际社会面临的挑战是如何让这种预警技术覆盖所有海啸易发区，如印度洋。

2004年12月26日，一次9.3级的地震（100年内位列第4的大地震）袭击了苏门答腊岛北部的西海岸。它引发的海啸横跨印度洋–苏门答腊–安达曼。在地震和海啸发生的地方，没有任何预警系统。这次地震是由缅甸板块之下的“印度–澳大利亚”板块，对巽他海沟（爪哇海沟）俯冲带连续俯冲造成的。想象一下，这次地震竟使苏门答腊岛的海拔抬升了13.7m！见第12章开篇的海底地形图，这个海沟位于印度洋海盆东部，请你沿着印尼海岸延伸方向找到它。

在来自4个卫星的雷达影像上，我们可以清晰地看到这次海啸横穿了印度洋。图16.13就是其中的两幅影像，一幅是海啸发生后2小时5分钟，另一幅是海啸发生后7小时10分钟。实际上，这次海啸的波能环全球洋盆绕了几圈才安静下来，其衍生的巨浪在大洋中脊山链的导向下，分别抵达加拿大的新斯科舍省、南极洲及秘鲁海岸。

在这次地震之后，地球物理学家发现地球自转速度甚至都产生了轻微变化（变慢了3微秒），北极点位置也移动了2.5cm。地震和海啸造成死亡人数超过15万，但真正的死亡人数也许永远是个未知数，灾后恢复重建需在若干年后才能完成。作为对这次海啸的行动响应，联合国海啸预警系统项目已把“印度洋海啸预警和减灾系统”作为一个组成部分来创建。

尽管许多海啸警报让人虚惊一场，但人们还是应该提高警惕。虽然遥感设备的精度在不断提高，但海啸起因却隐藏于大洋之下且难以采用统一的方式进行监测。关于海啸研究计划，见http://nctr.pmel.noaa.gov/；海啸主页，见http://www.ess.washington.edu/tsunami/index.html。不可思议的是：2010年2月智利地震之前，新西兰和美国夏威夷的海啸预警竟然引来了围观者甚至还有冲浪爱好者。幸运的是，这次海啸浪高只有1m，但瓦胡岛上的各宾馆在海啸来临之际仍把员工和客人疏散到三楼上。

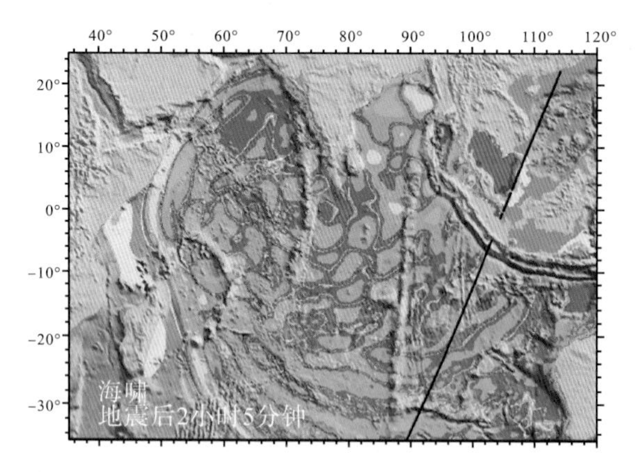

(a)9.3级地震发生2小时5分钟后，从杰森-1(Jason-1)卫星影像可以看到60cm高的波浪自苏门答腊岛震中向外扩散

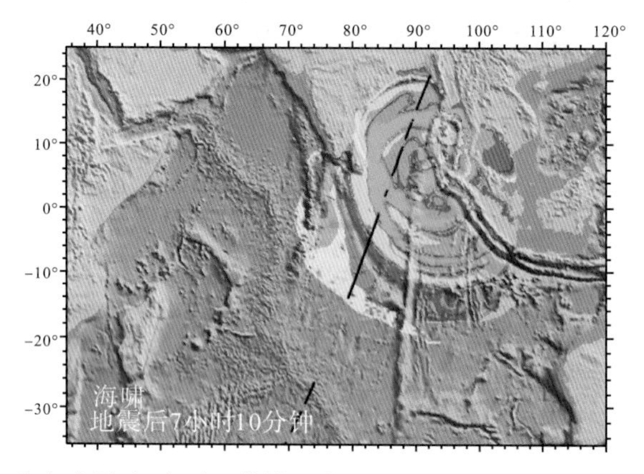

(b)地震后7小时10分钟，由Geosat Follow On(GFO)卫星雷达捕捉到的波浪状况

图16.13　2004年卫星跟踪拍摄的跨印度洋的海啸
[图片：NOAA，卫星测高实验室]

16.4　海岸系统的输出

如你所见，海岸线是一个狭窄的活跃带，伴有不断到达的能量和沉积物。潮汐、洋流、风、波浪和变化中的海平面，它们共同作用形成了各种各样的侵蚀和沉积地貌。我们首先介绍侵蚀海岸线——如美国西海岸；然后再来了解沉积海岸线——如美国东海岸及墨西哥湾。海平面上升时期，海岸线变得更活跃。

16.4.1　海岸侵蚀过程及其地貌

沿南北美洲太平洋边缘活跃带，分布着典型的侵蚀海岸线。侵蚀海岸线(erosional coastline)往往地势高而崎岖、地质构造活跃；正如人们预期的那样：它们与岩石圈漂移板块的前缘有关联(见第11章中板块构造)。图16.14给出了侵蚀海岸的一些常见特征。在侵蚀环境中，也会出现沉积过程，产生沉积地貌。

海蚀崖(sea cliff)是海水下切作用形成的。随着海面侵蚀凹槽的缓慢扩大，海蚀崖不断地遭到掏蚀，直至崩塌而后退。以海蚀崖为主的海岸线，侵蚀形态还包括：海蚀穴、海穹(海蚀拱桥)和海蚀柱。随着侵蚀的继续发展，海穹可能坍塌，而后在水中留下孤立的海蚀柱[图16.14(b)、(c)和(d)]。

波浪作用在潮间带内可产生水平状的侵蚀台地，其延伸范围从海蚀崖至海中，这种侵蚀台地被称作**海蚀台**(wave-cut platform)或波蚀阶地(wave-cut terrace)。如果陆地与海平面之间的高差随时间而改变，就会造成多级海蚀台或阶地的抬升，就像离岸的阶地一样。这些海相阶地是海陆之间发生过重大变化的显著标志，比如某些阶地可高出海平面370m以上。在地质构造活跃带——如美国加利福尼亚州海岸，可以发现许多多级海蚀台，它们有时很不稳定，且容易遭到毁坏[图16.14(e)和(f)]。

16.4.2　海岸沉积过程及其地貌

沉积海岸通常分布于地势平坦的陆地，沉积物有多种来源。例如，大西洋和美国墨西哥湾沿岸平原位于北美岩石圈板块的后

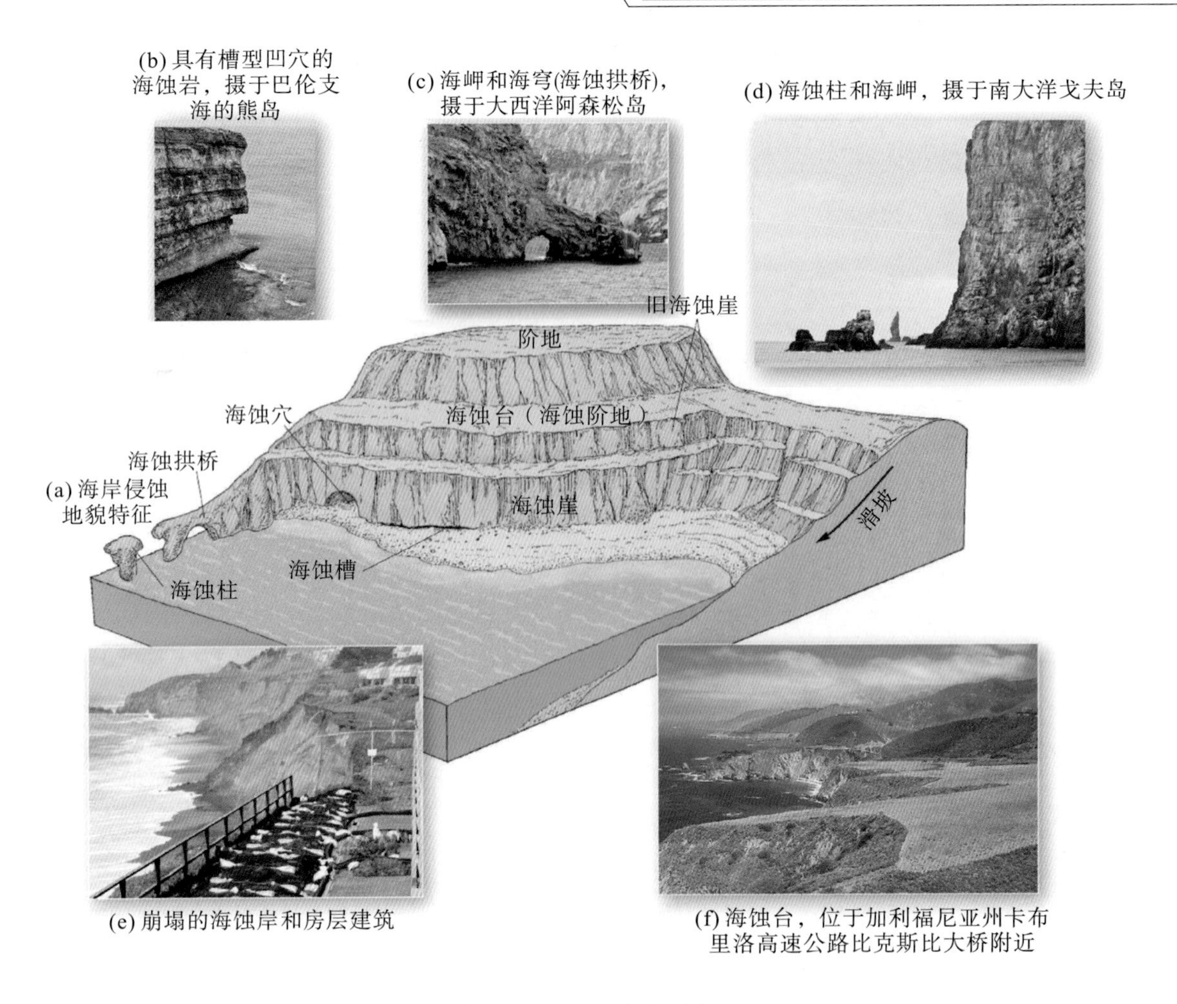

图16.14　侵蚀海岸特征

［Bobbé Christopherson］

缘，相对不活跃。因此，这里的沉积海岸受侵蚀过程和海水淹没的共同影响，这种影响在风暴活动期间尤为明显。

由波浪和洋流形成的典型沉积地貌，见图16.15。由沉积物构成的**连岸沙嘴**（barrier spit）就是显著的沉积地貌之一。它是一条从海岸向外延伸的长脊，常常横置于湾口之前或堵塞湾口。美国新泽西州（纽约市南部）的桑迪胡克就是一个典型的连岸沙嘴，加利福尼亚州的雷斯岬［图16.15（a）］和莫罗湾［图16.15（b）］也有这种形态的沙嘴。

如果沙嘴继续扩展，并把海湾与海洋之间的通道完全切断，海湾就变成了内陆潟湖，沙嘴则变成了**湾口沙坝**（bay barrier），或称湾口沙洲（baymouth bar）。沙嘴和沙坝是在滨岸漂移（海滩漂移和沿岸漂移的共同作用）的侵蚀和搬运过程中形成的。由于沉积物大量堆积，离岸流必然很弱，否则沉积物在沉积之前就被海流带走了。潮滩和盐沼的典型特征是地势低洼，在其任何地方潮汐的影响都比波浪作用大。如前所述，如果海湾与海洋的联系被沉积物完全切断，海湾就形成内陆**潟湖**（Lagoon）。在海面以下的波成阶地上，当沉积物堆积使离岸岛（或海蚀柱）与海岸线连在一起时，离岸岛就变成了**陆连岛**（Tombolo）［图16.15（c）］。

世界上并非所有的海滩都是由沙子组

（c）陆连岛：加利福尼亚州中部沿岸苏尔岬地区的陆连岛，沉积物把海岸和岛屿连接在一起

（d）贝壳堆积的海滩

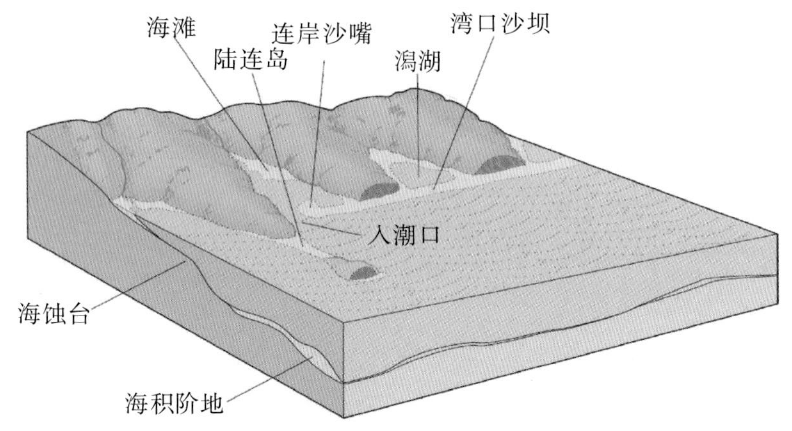

（a）连岸沙嘴：美国加利福尼亚州的雷斯岬，利芒图尔连岸沙嘴把通向雷克斯特罗的入口几乎阻塞了

（b）连岸沙嘴：莫罗湾沙嘴，湾口附近178m高的摩洛岩（火山岩塞）

图16.15　陆连岛海岸沉积特征

注：沉积海岸的典型地貌：连岸沙嘴、潟湖、连岛沙坝和海滩。［Bobbé Christopherson］

成的，也可以由砾石、贝壳及其他物质组成［图16.15（d）］。让我们到海滩仔细地观察这些不稳定的海岸沉积物吧。

海滩（Beach）　海岸线上的沉积地貌中，人们最熟悉的可能是海滩（潮间带）。海滩的类型永远处于变化之中，尤其是在波浪作用占优势的海岸线上。严格说来，**海滩**是指接受波浪和海流沉积物堆积的海岸，不过这里的沉积物仍保持着运动状态。这些陆源物质只是暂时地停留在当前的海滩上，它们沿海滩活跃地移动。在海岸、湖岸或河岸边上，你可能见过沙滩，甚至曾经在沙滩上建造过自己的“地貌”，当你看着它们被波浪冲走，那就相当于上了一堂侵蚀实验课。

平均而言，海滩带范围在高潮位以上5m至低潮位以下10m（图16.5），但就具体的海滩而言，则会因为海岸线不同而有很大差异。全球范围内，海滩沙主要以石英（SiO_2）为主，因为其他矿物易流失，而石英抗风化。在火山活跃地区，海滩的组成物质来自经过波浪作用的熔岩，如美国夏威夷和冰岛的黑沙海滩。

由于沙源不足，许多海滩是由中、小鹅卵石构成的粗砾海滩（shingle beach），如法国南部和意大利西部海滩。另外，还有一些海岸根本就没有海滩，人们沿这种海岸前行的唯一方式就是在巨石和岩块中攀爬穿行。美国缅因州海岸、加拿大大西洋省部分海岸就是典型例子：海岸由坚硬的花岗岩组成，地形崎岖，几乎没有海滩。

海滩的作用在于能够吸收波浪能量，保持海岸线稳定。海滩上不断运动的大量物质可以印证这一点［见图16.12（a）中的“沙粒运动”］。有些海滩是稳定的，而另一些却具有季节性周期变化特点：夏季海滩发生堆积，冬季风暴波浪把沉积物移向海中形成水下沙洲，来年夏季再次向岸沉积。海岸线上受庇护的区域往往有沉积物堆积，并可以形成高大的海岸沙丘。盛行风常常将这些沙丘移向内陆，有时会掩埋树木和公路。

海滩维护　海岸沉积物在搬运过程中会发生变化，而这些变化可对人类活动产生干扰，如海滩消失、海港关闭、海岸公路和房屋被沉积物掩埋等。因此，人们常常采用各种策略来阻挡沿岸漂移和海滩漂移，其目的是利用海岸线防护工程或“硬结构”措施，来阻止泥沙沉积或让泥沙按照人们的意愿堆积。

图16.16展示的是海岸线防护工程中常用的方法：丁坝用来减缓沿岸漂移，导流坝用来阻挡来自港口的物质，防浪堤是在海岸线附近创建一个静水带区。然而，阻断沿岸漂移（海滩的天然补给）可能会导致下游沉积物分布不当。精细规划和影响评价应当成为所有海滩保护（或改造）策略的一个组成部分。

相比于硬结构这一说法而言，人工运沙子来补充海滩沙源属于海岸线的“软”保护措施。人工育滩（beach nourishment）是指人为更换或恢复海滩上的沙子。以这种方式建造的新海滩，沉积物收支通常为净损失，因而需要不断补充新沙源来“补养”。然而，人类多年努力所创建的海滩，可能会因一场风暴就被毁掉。

自20世纪70年代以来，人们坚持不懈地对海滩开展重建。美国佛罗里达州的迈阿密市和周边的戴德郡为此已花费了近7千万美元。人们不断地把沙子从源区运送到需要“补养”的海滩。为了维护一个200m宽的海滩，规划师们计算出每年沙子的净损失量，并设定一个沙源补充的时间表。就迈阿密海滩而言，这种沙源补充已经维持了8年。

伴随海滩的沙源补充，人们无法预料的环境影响可能随之而来，特别是在沙源与沙滩的生态特征不匹配的情况下。如果新沙源的理化性质不能与现存的沙物质相适应，那么就有可能对海岸海洋生物造成伤害。在美国，从纽约到佛罗里达州，迄今为止海滩沙源补充已花费了20多亿美元，预计在下一个10年里，成本将达数十亿美元之多。有关人工育滩的详情，见http://www.csc.noaa.gov/beachnourishment/；相关基础情况，见http://www.brynmawr.edu/geology/geomorph/beachnourishmentinfo.html。

滨外滩的形态　滨外岛链是指在近海形成的、大致与海岸平行的、通常是由沙物质沉积构成的一种狭长海岸地貌。常见的形态是

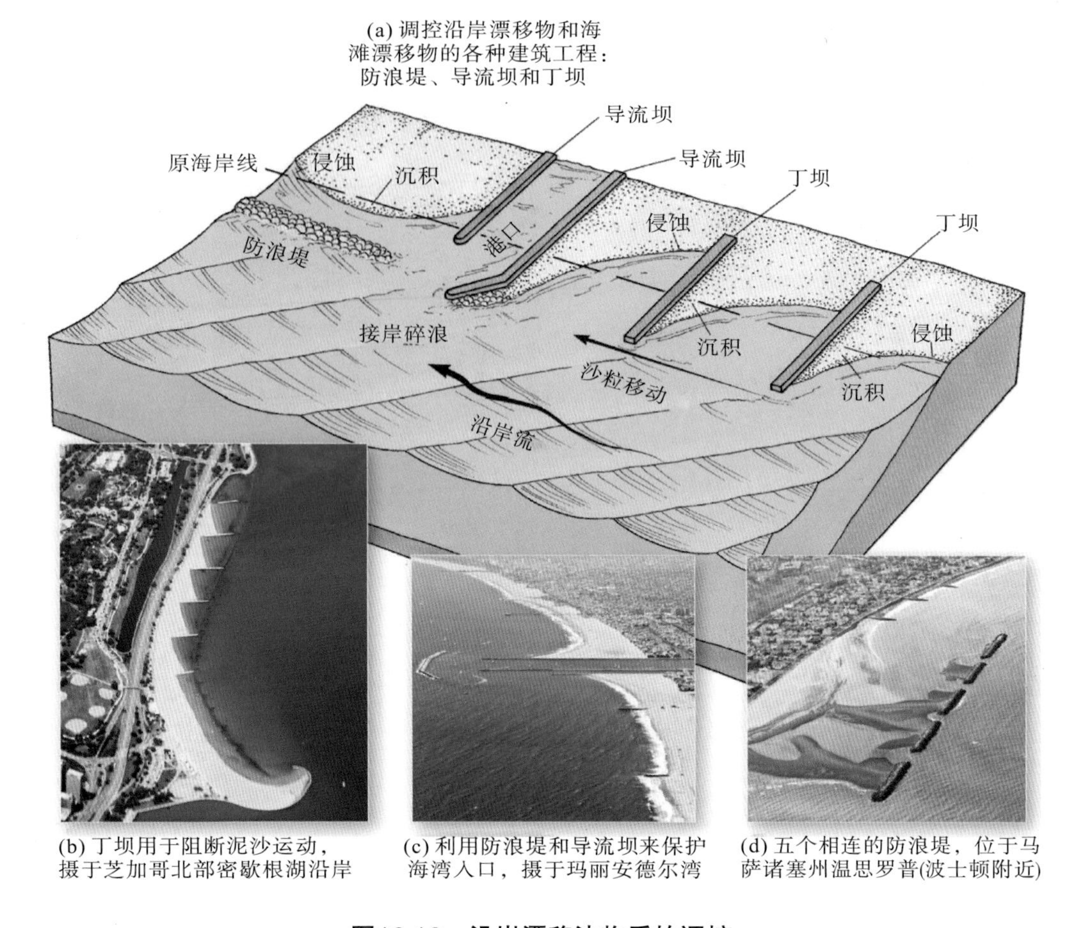

(b) 丁坝用于阻断泥沙运动，摄于芝加哥北部密歇根湖沿岸

(c) 利用防浪堤和导流坝来保护海湾入口，摄于玛丽安德尔湾

(d) 五个相连的防浪堤，位于马萨诸塞州温思罗普(波士顿附近)

图16.16　沿岸漂移沙物质的调控

注：自1930年以来，防浪堤后形成了由粗砂砾堆积而成的沙坝，航空照片展示了海岸建筑工程。［Bobbé Christopherson］

滨外滩（barrier beaches），还有更宽广的形态称作**滨外岛**（barrier islands）。这些地区的潮差通常为中等或较低，附近海岸平原的沉积物供给充足。以北卡罗来纳州著名的外滩群岛为例，它就包括从美国大陆延伸出来的潘力柯海峡和海特拉斯角，滨外岛链的一些特征如图16.17所示。当前，该地区被指定为美国十大滨海保护区之一，由美国国家公园管理局负责管理。

滨外岛内侧（朝向陆地）分布有：潮滩、湿地、沼泽、潟湖、海岸沙丘和海滩，见图16.17。滨外滩似乎可以随海平面变化而自我调节，并随时间自然地改变原来的位置以适应波浪作用和沿岸流。滨外岛中的缺口是海湾连接海洋的入口。滨外岛又称屏障岛，这一名称表明，它能够消耗风暴能量的冲击，起到庇护陆地的作用。屏障岛的成因有多种假说，它们有可能形成于滨外沙坝或近岸水下沉积低垅，并伴随海平面上升逐渐向海岸迁移。

滨外滩和滨外岛在世界各地都很常见。它们分布于滨外带，约占全球海岸线的10%，如非洲海岸、印度东海岸、斯里兰卡、澳大利亚、阿拉斯加北坡的滨外带，还有波罗的海、地中海的滨外带。地球上最长的滨外岛链位于美国大西洋和墨西哥湾沿岸，从长岛一直到美国得克萨斯州和墨西哥，延伸距离约5 000km。

滨外岛的脆弱性及其安全风险　把滨外岛作为定居点或商业区是不明智的，因为它们似

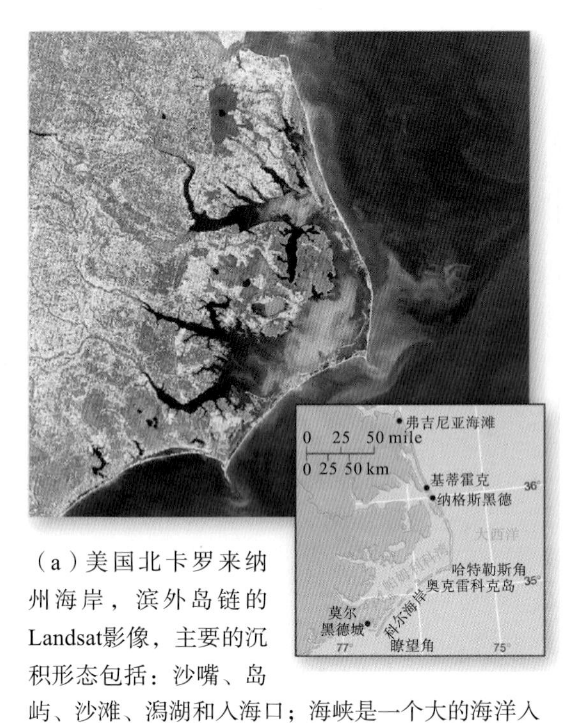

（a）美国北卡罗来纳州海岸，滨外岛链的Landsat影像，主要的沉积形态包括：沙嘴、岛屿、沙滩、潟湖和入海口；海峡是一个大的海洋入口，如潘力柯海峡

（b）1999年海特拉斯角灯塔从这里迁往内陆方向，目前这里是道路和停车场

（c）海特拉斯角灯塔新址，位置向内陆方向迁移了488m

图16.17　滨外岛链

注：［（a）Terra MODIS影像，NASA/GSFC；（b）和（c）Bobbé Christopherson］

乎正在向陆地方向移动。尽管如此，虽然知道滨外岛是风暴袭击的对象，人们仍常常把它们作为建设区。1989年，美国北卡罗来纳州南部遭到雨果飓风袭击后，滨外岛定居者承受的风险就表现出来了：在查尔斯顿地区，雨果飓风卷走了海滩边上的房屋和数百万吨的沙子，破坏了屏障岛的发育；一个社区95%的住宅房屋被飓风摧毁；此外还有一个岛的南部也被彻底摧毁了。随着开发速度的增加和房地产的升值，将来的每一场风暴都将造成更严重的财产损失。

海特拉斯角与外滩群岛上的定居区，由于常常遭受热带风暴和海滩侵蚀，所以表现得十分脆弱。这些热带风暴分别是：1993年的艾米丽飓风，1999年的丹尼斯飓风、弗洛伊德飓风和艾琳飓风，2003年的伊莎贝尔飓风，2004年的亚历克斯飓风和邦妮飓风，2005年的奥菲莉亚飓风，2008年的汉娜飓风和2010年的厄尔飓风。由于构成岛屿的沙物质不断损失，为了保护著名的海特拉斯角灯塔，1999年人们把灯塔向内陆方向迁移了一段距离［图16.17（b）］。灯塔新址向内陆迁移了488m，这个距离大约和1870年旧灯塔建造时离大海的距离一样，由此可见海水冲走的沙量十分可观。为拯救灯塔这个地标，人们付出了巨大努力，详见http://www.ncsu.edu/coast/chl/。

路易斯安那州海岸的滨外岛正在消失。这与沉降因素有关：密西西比河三角洲沉积物的压实作用、石油天然气的开采、海平面的变化（当地每年上升1cm）和热带风暴增强。1998年，乔治飓风摧毁了钱德尔勒尔群岛的大片区域，使该群岛与路易斯安那州–密西西比州海岸的相隔距离增至30～40km，滨外岛对大陆的保护作用也减弱了（图16.18）。该州湿地逐渐暴露于侵蚀作用下，并以每年65km^{2}的速率消失。卡特里娜飓风（2005年）一次就移除了与这一湿地面积相当的土地，它冲走了残留于钱德尔勒尔群岛的大部分土地［图16.18（c）和（d）］。美

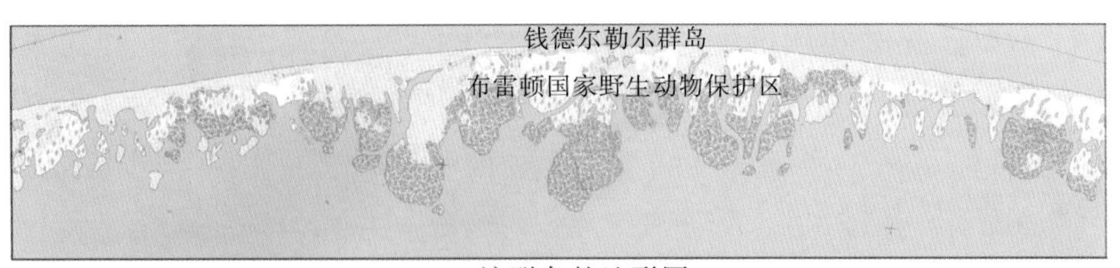

(a) 该群岛的地形图

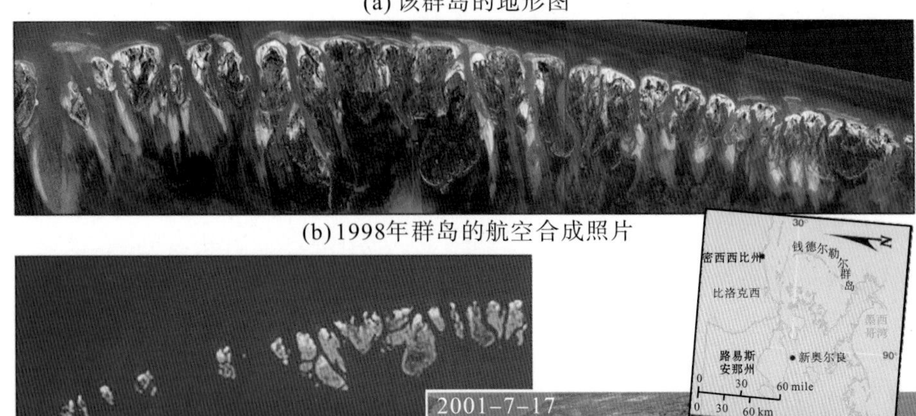

(b) 1998年群岛的航空合成照片

(c) 2005年9月16日，卡特里娜飓风移走了大约80%的沙物质，之后只能看到少部分的滨外岛链

图16.18　乔治飓风（1998年）和卡特里娜飓风（2005年）造成的损失

注：在钱德尔勒尔群岛，乔治飓风造成了大量沙物质侵蚀，该群岛不远处是路易斯安那州和密西西比州墨西哥湾。［（a）USGS；（b）航空数据服务部，地球影像；（c）和（d）USGS飓风影响研究］

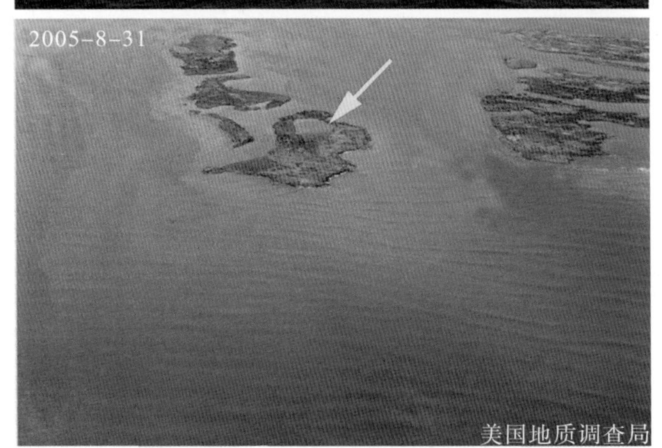

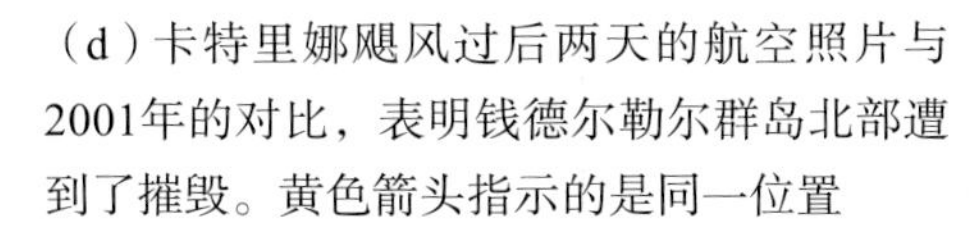

（d）卡特里娜飓风过后两天的航空照片与2001年的对比，表明钱德尔勒尔群岛北部遭到了摧毁。黄色箭头指示的是同一位置

国地质调查局区域办事处预言：这些滨外岛可能几十年内就会消失。

玻利瓦尔半岛是一个位于得克萨斯州-墨西哥湾海岸加尔维斯顿附近的连岸沙嘴。航空照片［图16.19（a）］展示了这个半岛上的开发情景。由于海平面持续上升，部分滨外岛链的海滩受侵蚀作用平均每年退缩2m。艾克飓风（2008年9月13日）袭击了加尔维斯顿岛、玻利瓦尔半岛及得克萨斯州-路易斯安那州海岸，飓风登陆区域，见图16.19（b）。此次飓风摧毁了滨外岛的城市化过程，冲毁了价值300亿美元的建筑物，造成195人死亡，还有近20人失踪。灾后调查显示：有80%～95%的居民家园被毁。飓风过后一年，废墟遗址仍然清晰可见［图16.19（c）］。有关艾克飓风的信息，见第8章当今地表系统和图8.28，有关海岸线规划的环境方法，见**专题探讨16.1**。

16.4.3　生物过程：珊瑚群系

海岸线并非都是在纯粹的物理过程中形成的，有些是生物过程的结果，如珊瑚生长。**珊瑚**（Coral）是一种简单的海洋动物，因其个体小且具有圆柱形的囊状体型而被称为珊瑚虫（Polyp），它与海葵、水母等海洋无脊椎动物有亲缘关系。珊瑚体的下半部分泌碳酸钙（$CaCO_3$），使其形成了坚硬的钙质外壳。

珊瑚与藻类有共生（Symbiosis）关系：它们以互利方式生活在一起，彼此相互依赖而生存。珊瑚不能进行光合作用，但是它们能获得一些自身的营养物质。藻类进行光合作用，把太阳能转化为系统中的化学能，为珊瑚提供大约60%的营养物质，并协助珊瑚完成钙化过程；同时，珊瑚又可为藻类提供营养物质。珊瑚礁是生物多样性最高的海洋生态系统。据初步估计，

（a）玻利瓦尔半岛上的一个连岸沙嘴，位于得克萨斯州和墨西哥湾之间；注：玻利瓦尔半岛两岸之间的水道用于行船，航道位于吉尔克雷斯特（Gilcrist）和水晶海滩（Crystal Beach）之间，远处是狭窄沙嘴

（b）2008年9月12日，艾克飓风移向海岸，红点标出了图片（a）的位置

（c）得克萨斯州玻利瓦尔半岛，被摧毁的水晶海岸；照片拍摄时，灾后建筑垃圾仍未清除完毕

图16.19　沿得克萨斯湾和墨西哥湾海岸被摧毁的滨外滩

［（a）和（c）Bobbé Christopherson；（b）Terra 影像，SSEC/NASA］

全球珊瑚种类有100万种；然而，对于大多数生态系统，无论是陆地群落还是水生群落，生物多样性都在衰退。

图16.20是活珊瑚群系的世界分布图。珊瑚大多繁盛于温暖的热带海洋环境中，因此大陆东西海岸之间的海水温差对珊瑚的分布至关重要——西海岸海水温度偏低，对珊瑚活动有抑制作用；而东海岸的洋流偏暖，对珊瑚生长有促进作用。

活珊瑚分布在30° N至30° S之间。珊瑚占据的生态区域很明确：水深为10～55m，盐度为27‰～40‰，水温为18～29℃。珊瑚生存的水温上限阈值是30℃，如果海水温度超过这一阈值，珊瑚就会出现白化和死亡。珊瑚要求海水透明而且无沉积物，因此不能在含有泥沙或淡水的河口处生存。你可以留意一下，美国墨西哥湾海岸就缺少这些结构特征。世界范围内，珊瑚的基因多样性偏低，而且世代间隔长，这意味着珊瑚对环境的适应较慢，易受环境变化的影响。

然而，除生存于上述环境中的珊瑚之外，还有一个很有趣的例子，这就是独特的冷珊瑚物种。它生存于冰冷漆黑的深水环境中：水温低至4℃、水深达2 000m，远远超出相关研究的预料范围。科学家们对这种奇特现象进行了研究，研究结果表明：这种珊瑚不依赖藻类，而是从浮游生物和颗粒物中获取养分。

珊瑚礁　珊瑚有独居和群居两种群系。巨大的珊瑚构造是由大量群居的珊瑚所形成。

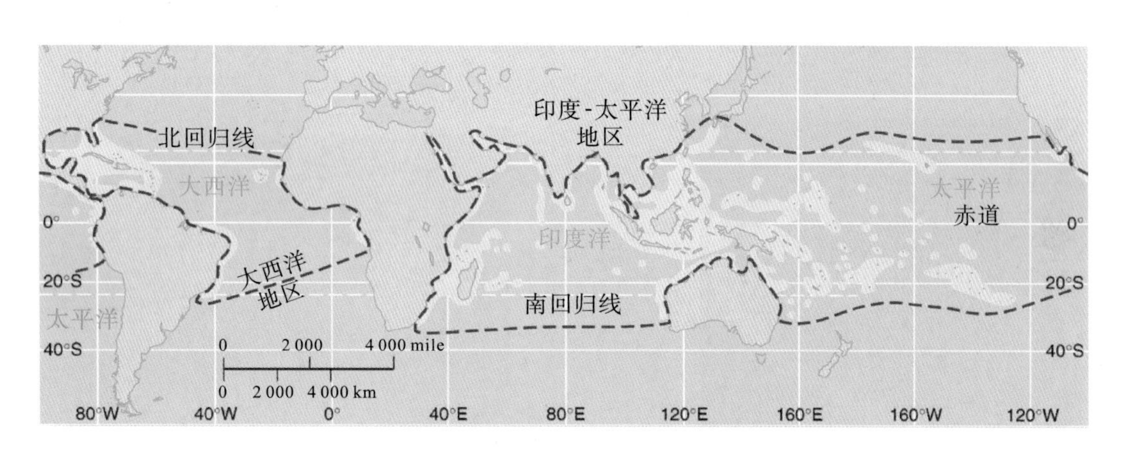

图16.20　活珊瑚群系的世界分布

注：黄色区域为生长繁盛的珊瑚礁和环礁；红色虚线框是珊瑚活动的地理界限。群居珊瑚的分布位于30° N至30° S之间。［改编自：Davies J L. 1973. Geographical Variation in Coastal Development[M]. London: Longman.］

地学报告16.4　海洋酸化对珊瑚的影响

关于海洋的日益酸化及它对珊瑚的影响，早在1991～1993年就有一项研究在生物圈2号中开展过。生物圈2号是一个位于亚利桑那州图森市北部的封闭生境实验室。在生物圈2号中，当CO_2设置为高浓度时，其海洋模型则迅速吸收过量的CO_2，由此模型中的海水酸性变强。由此可推测，当前海洋中的珊瑚会遭受化学侵袭。如今，伴随生物圈1号（地球生物圈）中的CO_2浓度增加，全球海洋正在上演着同样的过程。许多研究已开始关注海洋酸化对动植物的影响。

活珊瑚（离海面近的方向）建在死珊瑚骨骼之上；当然死珊瑚也可能建立在海底火山地形之上，经过多代积累，珊瑚的骨骼堆积形成了珊瑚岩。这就是珊瑚礁（coral reef）的形成过程。因此，珊瑚礁是一种源于生物的沉积岩，而且可以划分为几种不同的形态类型。

1842年，查尔斯·达尔文对珊瑚礁的形成进化做过推测。他指出：当珊瑚礁围绕火山岛发育时，岛屿自身的渐渐下沉与珊瑚的向上生长之间维持着一种均衡。如今，人们已普遍接受了这种看法（图16.21）。注意各进化阶段的珊瑚礁：岸礁（fringing reef，珊瑚岩环状平台）、堡礁（barrier reef，环绕潟湖的珊瑚礁）和环礁（Atoll，圆环状珊瑚礁）。

地球上最大的岸礁位于大西洋西部的巴哈马台地［图16.21（c）］，占地面积约

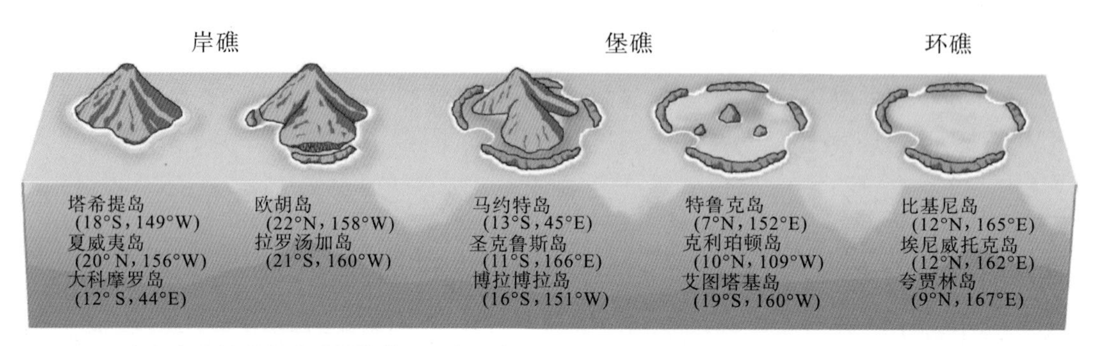

（a）常见的珊瑚群系围绕着下沉火山岛形成的一系列珊瑚礁：岸礁、堡礁和环礁

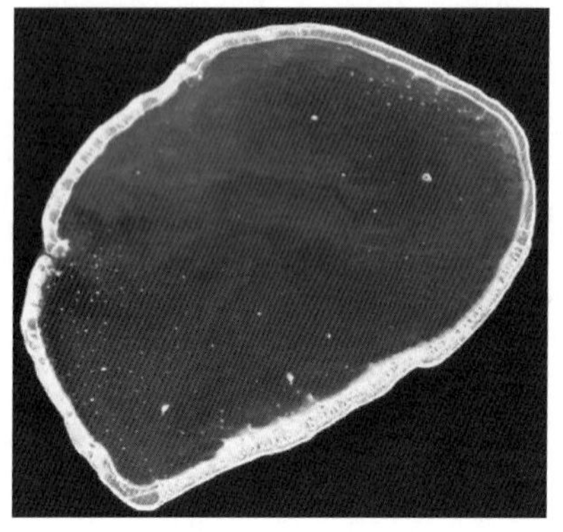

（b）卫星影像上的提克豪环礁，位于法属波利尼西亚
注意：环礁南侧是机场跑道和村庄（15° S，148° 10′W）。

（c）巴哈马群岛：浅色区域为珊瑚礁台地，水深小于10m，而深蓝色为深水区，最深可达4km

图16.21　珊瑚礁的形态

［（a）Stoddart D R. 1971. The Geographical Magazine, 63：610.；（b）EO-1影像，NASA；（c）Terra影像，NASA/GSFC］

判断与思考16.2　珊瑚探索

打开掌握地理学网站，在第16章“目的地”下方，点击“珊瑚礁”链接。浏览网页上的一些链接，你能找到当前或1998年有关珊瑚礁白化或毁坏的信息吗？从报道中看，世界上哪些地方发生过白化现象？本书所述的成因推测，在网页中的“白化热点”或“珊瑚礁联盟”的引文中提到过吗？

9.6万km²。在本书文前由Terra和GOES合成的地球西半球影像中，你能找到巴哈马珊瑚台地的位置吗？世界上最大的堡礁——大堡礁位于澳大利亚昆士兰州海岸，其长度达2 025km、宽度为16～145km，至少包括700个珊瑚岛和珊瑚礁（小珊瑚岛或滨外岛）。

珊瑚白化现象 珊瑚礁可能会经历一种白化（Bleaching）现象。珊瑚白化是指珊瑚把它自身的营养供应者（藻类）驱逐出去，导致色彩丰富的珊瑚完全转变为白色的现象。准确地讲，珊瑚为何驱逐共生伙伴仍是未解之谜，因为珊瑚失去藻类就会死亡。对于这一全球性的现象，科学家们正在跟踪研究。出现白化现象的海域有：加勒比海、印度洋，还有近海地区：澳大利亚、印度尼西亚、日本、肯尼亚、美国佛罗里达州和得克萨斯州及夏威夷等地区。

珊瑚白化的原因可能是局部环境污染、疾病、沉积作用、海水盐度变化和海水日益酸化等，但公认的原因则是海面水温升高，而这又与大气温室效应有关。来自全球珊瑚礁监测网络的一份报告——世界珊瑚礁的状况（2000年）指出：水温升高对珊瑚的威胁要比局部污染或其他环境问题更严重（参见：http://www.coris.iio aa.gov/）。

虽然珊瑚白化现象是一种自然过程，但由于海水变暖，珊瑚白化现象正在以一种前所未有的扩张速率发展，因此可以说，气候变化也关系到活珊瑚群系的健康。截至2000年底，大约有30%的珊瑚礁消失了，其中大部分珊瑚的死亡都与1998年的厄尔尼诺事件有关。2010年科学家报告称：在印尼苏门答腊岛北端亚齐省附近，珊瑚群发生了记录史上速度最快、情况最严重的白化和死亡事件。一些物种几个月内就减少了80%，其原因是这一地区海面水温异常。以前，许多珊瑚也曾受到过其他生态因子的干扰，但是很快就能恢复起来，如2004年的苏门答腊-安达曼海啸事件。

由于海面水温持续增高，预测报告表明珊瑚损失还将继续。2007年IPCC的第四次评估报告，第Ⅱ工作组（SPM，第12页）指出：海洋表面温度增加1～3℃，将会使珊瑚白化事件增多、死亡面积更广。更多信息和网址链接，见http://www.usgs.gov/coralreef.htm；https://gcrmn.net/（全球珊瑚礁监测网络，Global Coral Reef Monitoring Network,GCRMN）。

16.5 湿地、盐沼和红树林沼泽

某些海岸地区具有很高的生物生产力（biological productivity）（植物的生长；鱼类、贝类的产卵地），这是有机物和沉积物累积造成的。如此富饶的海岸湿地环境，其单位面积上的原始植被生产量大大地超过了麦田的产量。因此，海岸沼泽生境可以支撑大量野生动物的栖息。但不幸的是，这些湿地生态系统很脆弱，并且还承受着人类发展的威胁。

湿地（Wetland）通常排水不畅，土壤长时间处于水饱和状态，因而能够维持水生植被（hydrophilous vegetation）（水域或湿土中生长的植物）的生长发育。在地理范围上，湿地不仅沿海岸线分布，而且还包括内陆北部的泥炭沼泽（peat bog，高水位泥炭地）、草原沼穴（Pothole）、柏树沼泽（cypress swamp，水流停滞或缓慢）、河床洼地（Bottomland）和河漫滩平原，以及北极和亚北极周围受多年冻土影响的部分地区。

海岸湿地 海岸湿地一般有两种类型：盐

沼和红树林沼泽。在北半球，**盐沼**（salt marsh）往往形成于30° N纬线以北，**红树林沼泽**（mangrove swamp）则分布于30° N与赤道之间并延伸于东西半球。这种分布的限制因子是寒冷气候，冬季结冰使红树林的幼苗无法生存。在南半球，也有大致相同的纬度限制。

盐沼通常形成于河口、滨外滩和连岸沙嘴的后方，因为这里有淤泥堆积，可为盐生（Halophytic，耐盐的）植物提供生长场所，而植物截获的冲积物又可为盐沼增添沉积物。盐沼区位于潮间带（高、低潮时海水到达的最远范围），伴随高潮位涌入的涨潮流和低潮位退回的落潮流，盐沼区形成了蜿蜒曲折的水道支流（图16.22）。

图16.22　海岸盐沼

注：盐沼是高生产力的生态系统，通常以南北半球30°纬线为界，向两极延伸。图中Gearheart沼泽是阿克塔湿地系统的一部分，位于美国加利福尼亚州北部太平洋海岸。［Bobbé Christopherson］

热带海岸线上堆积的沉积物为红树林、灌木和小乔木提供了生长场所。红树林的支持根一部分暴露在水面以上，另一部分在水面以下，因而为其他各种生物提供了特殊的生境。红树林的支持根不断寻找新的扎根位置，对堆积物有固定作用，当堆积物累积达到一定程度时就会形成岛屿（图16.23）。

（a）红树林岛屿：发达的红树林根系导致沉积物发生堆积，使得波多黎各南部一个岛屿的面积扩张

（b）红树林：夕阳下的红树林景观，可以看到水面以上的红树林根系［摄于美国佛罗里达州森尼贝尔岛丁达林国家野生动物保护区］

（c）红树林水下生态系统：水下的红树林根系，它为这一特殊生态系统中的动植物提供了栖息地

图16.23　红树林

［Bobbé Christopherson］

专题探讨16.1 海岸线规划中的环境方法

海岸线是个充满机会的地方，人们可以在这里建立生态系统保护区、开发娱乐区等，但它也容易遭受海岸过程的影响，因而也是开发受限制的特殊地带。如果对这一资源认识不够，环境分析就会产生偏差，开发者很快就会被经济发展的压力所屈服。

例如，美国马萨诸塞州的科德角（Cape Cod）是一个由冰水沉积物和冰碛沉积物沿海岸形成的沙质狭窄半岛。1961年，半岛的大部分已作为科德角国家海岸保护区的组成部分受到保护，可是科德角仍然受到人类的不断冲击，海岸侵占行为仍在继续。科德角的城市化发展已经成片地侵占了保护区和周边地区，使得土地利用与规划、个人与公共权益交织在一起（图16.24）。

保护区之外的人口定居区很容易遭受海面上升及风暴潮的影响，如地下水遭受海水入侵。由于房屋住宅和商业建筑略高于海平面，垃圾废物排放不得不采用过滤池化粪系统处理。然而，面对未来的海面上升，这些处理系统和大多建筑结构将变得更加脆弱。关于科德角海岸脆弱性方面的报告，见http://pubs.usgs.gov/of/2002/of02-233/。科学家正在研究这种动态环境，可是由于利益者们都在维护自己的利益，所以关于未来的合理规划和想法变得难以实现。

海滩和沙丘，开发建设选择在哪里?

已故的生态学家和景观设计师伊安·麦克哈格（Lan McHarg）1969年在《设计结合自然》（Design with Nature）一书中，对美国新泽西州海岸进行了讨论。他提出：只有正确地认识海岸环境，才能使海岸开发免遭风暴灾害。图16.25是新泽西州海岸从海洋到后湾的规划示意图。让我们漫步穿过这一景观带，来探索它的理想开发模式。记住：有些方法也适用于其他海岸地区。

我们先从水边开始，步行穿过海滩。海滩是防御大海的主要天然屏障，其作用是抵御海水的猛烈冲击。海岸线能够承载旅游娱乐活动需要，但不适合发展建筑，这是因为海岸线在下列情况下会发生移动和变化，如风暴、潮汐、海平面上升等潜在作用。海滩易被污染，需要环境保护措施来治理近岸危险污染物的排放。

接下来，我们继续向内陆方向前进，遇到了第一个沙丘带。它甚至比海滩更敏感、更易受到干扰和侵蚀，因此不能作为通往海滩的步道来承受行人的踩踏。沙丘上的原生植被固沙作用不大。通向海滩的指定通道应该作为重点防护对象，并采取严格的保护措

图16.24 海滩岬上脆弱的定居地，摄于马萨诸塞州的科德角
［Bobbé Christopherson］

图16.25 新泽西州沿岸的海岸环境及其规划

（a）从海洋至海湾之间的区域规划，图中以字母指示所对应的景观照片；（b）在州立海滩公园保护区内，轻型卡车和越野车（SUV）留下的车辙，这些车辆在海滩开发区内是禁止通行的；（c）曾经远离碎浪区的房屋如今已遭到了波浪冲击，人们通过补充沙源来加强防护；（d）在第一个沙丘带建设游乐园是对自然环境的挑战；（e）自然状态下的第一个沙丘带；（f）尚未开发的丘间低地，它位于第一个沙丘带的背侧；（g）铺设的路面及开发景象，这里曾经是刚刚高出高潮水位的丘间低地；（h）湾岸、海湾的开发和商业利用。［（a）伊恩·麦克哈格，结合自然的设计；（b）～（h）Bobbé Christopherson］

施（见图15.6，海滩固沙的两个例子）。

第一个沙丘带之后是丘间低地。这里能够承载相对有限的休闲娱乐和建筑。植物根系可以到达地下淡水含水层，还能起到固沙作用。然而，如果建设过程阻碍了地表水源的补给，自然植被就会死亡，进而造成地表环境的不稳定，或使井水受到海水入侵污染。很显然，对于地下水资源和含水层的补给位置，我们必须在规划中就要充分考虑。对于这一丘间低地，现有的污水处理系统是不可持续的。

丘间低地之后是第二个沙丘带，它是抵御海洋作用的第二道防线。虽然它能够承载某种土地利用方式，但仍易遭受破坏。接下来是背侧沙丘，与前面的各个区带相比，背侧沙丘带较适合用于开发。再向内陆深入便是湾岸和海湾，这里没有经过疏浚或填充，只允许有限地排放经过处理的垃圾和有毒废物，但该区域能够承载密集型的旅游娱乐建设。当然，现实中的情况却常常与细致的评价规划方案相背离。

科学观点与现实状况

1962年，当地政府完成了对新泽西州海岸的集中调研。在这之前，除学术界以外，从未有人对海岸进行过风险分析。这些在课堂或实验室中的科学常识，仍没能引起金融界、开发商及房地产业的关注。其结果是：在新泽西海岸及大西洋、墨西哥湾沿岸大部地区，对海岸脆弱带（第一个沙丘带、丘间地洼地、第二个次级沙丘带）的不合理开发，导致它在风暴期间遭到严重破坏，如：1962年、1992年、2004年、2005年及几乎躲过的2010年风暴。

据科学家估计：美国大西洋和墨西哥湾海岸线的侵蚀还将继续，在某种情况下，未来几十年内侵蚀作用可能会使海岸线后退数十米远。为了保障海岸环境的可持续发展，尤其是在风暴强度增大和海平面上升的时期，社会更应该使经济发展与生态保护协调一致。

据世界资源研究所和联合国环境计划署的估计，从种植农业出现至今天，红树林的损失面积在40%（如喀麦隆和印度尼西亚）到近于80%（如孟加拉国和菲律宾）。在早期的定居建设中，政府常见的做法是清除红树林，因为人们误认为沼泽地会带来疾病和瘟疫。

图16.26　滨外岛上被开发的一块土地

注：在美国新泽西州的巴尼加特灯塔镇，开发活动突然停了下来；这里的长滩岛已被作为巴尼加特灯塔州立公园受到了保护。保护区内的沙物质几乎完全依赖于人工补充。［Bobbé Christopherson］

16.6　人类对海岸环境的影响

河口、湿地、滨外滩和海岸线与现代社会的发展密切相关。河口是人类定居的重要场所，因为河口能够提供天然港口和食物资源，而且排放污水和废物也很便利。社会还依赖着河口的潮汐作用，利用日复一日的潮汐来冲刷稀释废物排放所产生的污染。然而，如果缺少精细的发展规划，河口及海岸环境就很容易遭到滥用和破坏。滨外岛被大规模开发和占据的时代正向我们逼近（图16.26）。

伴随时间推移，滨外岛和海滩会发生位置迁移。在美国纽约长岛东南海岸，汉普顿市的房屋曾经与大海相隔1英里多远，可如今相隔却不到30m。这些房屋可能会因为一场飓风或几次风暴就被摧毁。2010年厄尔飓风就从这些海岸附近通过，造成了当地的沙物质流失。

尽管我们了解海滩和滨外岛会发生迁移，也知道风暴的威力及科学家和政府机构提出的警告，但是海岸开发依旧在进行。社会表象似乎体现的是：海滩和滨外岛是稳固的，或可以利用工程措施实现永久稳固。但实际经验告诉我们，严重侵蚀通常无法防止。对于海岸线的规划，“专题探讨16.1”介绍了一些有关可持续方法的基础知识。

“承担灾难事件中的责任和成本才是环境保护规划和区划的关键”，这似乎是一个合理的结论。我们认为一个理想的体制是征收土地风险税，该体制建立于风险评估基础之上，在灾害频发地点限制政府或个体出资重建的权利，并通过绘制侵蚀风险综合分布图，来减免灾害重演的成本损失。

判断与思考16.3　似乎是一个合理结论，可是……

本章引用了以下陈述：“承担灾难事件中的责任和成本似乎是保护环境规划和区划的关键，这似乎是一个合理结论。”

你认为把这句话作为一项政策宣言如何？怎样推行这种策略？哪些特殊利益集团可能反对推行这种策略？站在市政或企业利益的立场上，预想一下会有怎样的回应？银行或房地产行业呢？对于某一脆弱海岸线区域，你将怎样利用地理信息系统（GIS）（如第1章所述）去调查、评估、列出所有者及其税收状况？

地表系统链接

在前面四章中，学习了以河流、风和波浪为营力的风化、侵蚀、搬运和沉积。本章则转入了海岸系统的输入、作用和输出，还分析了人类对海岸环境的影响和感知能力。接下来，将了解地球上的冰冻圈及冰缘环境下的营力作用：伴随气候变化，地表系统正以最快的速度变化着。

16.7　总结与复习

■ **描述海水的化学组成及海洋的物理结构。**

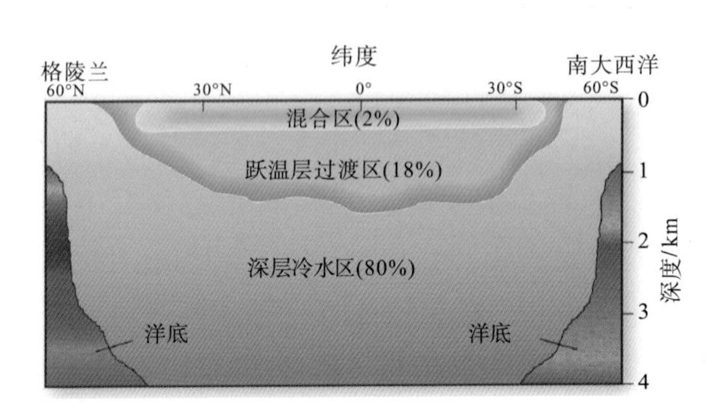

水是一种“万能溶剂”，在自然界发现的92种元素中，它至少能够溶解57种。海水是一种溶液，**盐度**是指固体物的溶解浓度。**盐水**的盐度超过了海水的平均盐度35‰（千分比），**半咸水**盐度低于35‰。海洋按深度划分为狭窄的表层混合层、温跃层过渡带和深冷层。

盐度（525页）

盐水（527页）

半咸水（527页）

1. 描述海水盐度：它的化学组成、含盐量及分布。

2. 分析本章有关海水盐度的纬度分布。为什么赤道地区盐度偏低而亚热带海水盐度却偏高？

3. 与海洋物理结构相关的三个带层是什么？描述各带层中温度、盐度、溶解氧和溶解CO_2的特征。

■ **识别海岸的环境组成，列举海岸系统的自然输入、潮汐和平均海平面。**

海岸环境是指**滨海带**，包括受潮汐、波浪等海水影响的陆地。海岸环境的输入包括太阳能、风、天气和气候的变化、海岸地貌性质及人类活动。

平均海平面（MSL）是某个指定地点上多年逐时潮水水位的平均记录值。MSL在空间上有差异，其影响因子包括：洋流和海浪、潮汐变化、气温和气压差异、风系模式和海水温度变化、重力的微变化、海水体积变化。全球范围的MSL上升是对大气和海洋变暖的一种响应。

潮汐是复杂的海面日周期振荡，全球波幅范围从几厘米至数米高。潮汐是在太阳引力和月球引力共同作用下形成的。大多数沿海地区每天会遇到两次**涨潮**（上升）和两次**落潮**（下降），前后相邻发生的涨潮与落潮，它们的水位差称作潮差。当月球和太阳处于地球的同侧或对侧时，形成**大潮**。大潮产生的潮差最大，**小潮**产生的潮差较小。

滨海带（528页）
平均海平面（MSL）（529页）
潮汐（532页）
涨潮（533页）
落潮（533页）
大潮（533页）
小潮（533页）

4. 描述海岸环境时，有哪些重要术语？

5. 平均海平面的定义是什么？怎样确定？它在世界各地是一个常量还是变量？

6. 潮汐模式是哪些作用力相互作用产生的？

7. 在新月或满月期间，预期的潮汐特征是什么？当月相在1/4或3/4的相位时，潮汐会怎样？什么是涨潮和落潮？

8. 简要说明怎样利用潮汐能来发电。北美有这样的地方吗？如果有的话，简述它们在哪里，是如何运行的。

■ **描述海洋和近岸的波浪运动，解释海岸线平直化、海蚀和海积地貌的成因。**

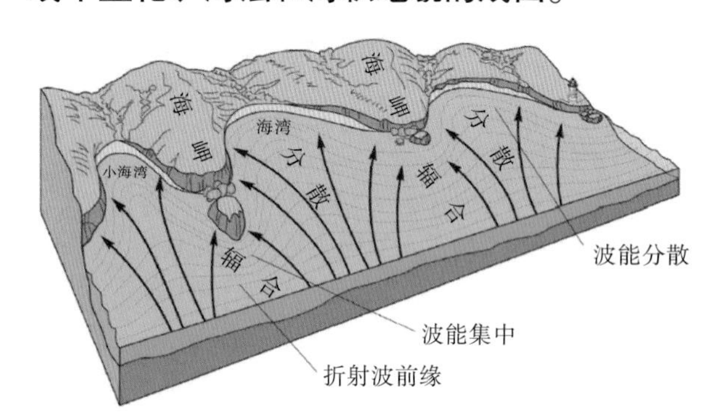

流动空气（风）对海洋表面产生摩擦作用，由此产生的水体波动起伏称作**波浪**。波能在开阔海域通过海水传播，但海水本身仍停留于原地。在开阔海域中发育成熟的、具有平滑浑圆波形的波浪称作**涌浪**。近岸海水变浅使波浪减缓，形成平移波，其能量和海水实际上都向海岸移动。随着波峰增高，波浪变成碎浪。

波浪折射造成波浪能量的重新分配，因此不同区段海岸线的侵蚀潜力也不同。海岬遭受侵蚀，海湾接受沉积物堆积，长此以往海岸会被平直化。当波浪以一定的角度接近海岸时，折射产生平行于海岸的**沿岸流**。沿岸流形成了由沙粒、沉积物、砾石和各种物质构成的沿岸漂移。**海岸物质流**是指物质沿海岸产生的搬运，是一个更综合的术语名词。海滩上往复于海水–陆地之间的颗粒物移动，称作**海滩漂移**。**海啸**是地震或海底滑坡引起的地震海浪，海啸在开放海域的传播速度极快，当其接近海岸时浪高增加，使海岸地区处于风险之中。

在侵蚀海岸的潮间带内，波浪作用形成了从海蚀崖延伸至海中的水平侵蚀台地，这种台地结构称作**海蚀台**或海蚀阶地。沉积海岸通常分布于地势平坦的陆地，沉积物有多种来源。由波浪和洋流形成的典型地貌包括：**连岸沙嘴**（由物质沉积形成的，从海岸向外延伸的一条长脊）、**湾口沙坝**或湾口沙洲（阻断海湾与海洋连接通道使海湾变成内陆**潟湖**的沙嘴）、**陆连岛**（沉积物堆积将离岸岛或海蚀柱与海岸线连接在一起）、**海滩**（沉积物发生运动的海岸陆地，也是波浪和海流的沉积区域）。尽管海岸线随季节发生改变，但海滩有助于海岸线的稳定。

波浪（534页）
涌浪（534页）
碎浪（535页）
波浪折射（536页）
沿岸流（537页）
海岸物质流（537页）
海滩漂移（537页）
海啸（537页）
海蚀台（539页）
连岸沙嘴（540页）
湾口沙坝（540页）
潟湖（540页）
陆连岛（540页）
海滩（541页）

9. 什么是波浪？它是怎样产生的，又是如何穿越海洋的？海水是否会随波浪一起移动？讨论波浪的形成及其传播过程。

10. 当波浪到达不规则海岸线时，描述波浪的折射过程。海岸线为什么会被平直化？

11. 说明海滩漂移、沿岸流和沿岸漂移的构成要素。

12. 海啸（地震海浪）是怎样达到如此快的传播速度的？为何它的英文名称采用日语单词“津波（Tsunami）”？

13. 什么是侵蚀海岸？这类海岸有哪些特征？

14. 什么是沉积海岸？这类海岸的特征是什么？

15. 人们试图怎样改变沿岸物质流？都采用了哪些策略？这些行动的正面和负面影响是什么？

16. 描述海滩的形态、组成、功能和演变。

17. 迈阿密海滩的沙源补充有何成功之处？这一策略可行吗？

■ **描述滨外岛及其作为人类定居地的风险。**

滨外岛链是指在近海形成的、大致与海岸平行的、通常是由沙物质沉积构成的一种狭长的海岸地貌。**滨外滩**是最常见的近岸地貌形态，此外，滨外岛链还有更宽广的形态——**滨外岛**。滨外地貌是不稳定的海岸形态，处于移动状态，尽管它们不适合作为建设用地，但却常被选择作为开发区域。

滨外滩（543页）
滨外岛（543页）

18. 基于本书或其他材料，你认为可以开发滨外岛和滨外滩吗？如果可以，应该在哪

种条件下？如果不可以，原因是什么？

19. 1954年，黑兹尔（Hazel）飓风摧毁了南卡罗来纳州大海滨（Grand Strand），后来居住地被重建，35年后（即1989年）大海滨又遭到了雨果飓风的再次袭击。为什么人类会再次遭受此类灾害？

■ **评估现在的沿海环境：珊瑚、湿地、盐沼和红树林。**

珊瑚是一种简单的无脊椎海洋生物，具有钙质化的坚硬外壳。珊瑚经过多代累积，聚集形成了大型的珊瑚礁构造。珊瑚与藻类形成了一种共生（互利）关系，彼此相互依赖而生存。

湿地是指水分处于饱和状态的土地。它能够支持适应湿润环境的特殊植物生长。湿地不仅沿海岸分布，还包括内陆北部的泥炭沼泽、沼泽及河床洼地。海岸湿地在南北半球均有分布，并以30° 纬线为界，高于这一纬度形成**盐沼**，而在该纬线以下，则沿纬向形成**红树林沼泽**。

珊瑚（546页）
湿地（549页）
红树林沼泽（549页）
盐沼（550页）

20. 珊瑚为何能够建造珊瑚礁和岛屿？

21. 珊瑚的哪一种发展趋势一直困扰着科学家？请描述这种趋势并讨论它的成因。

22. 以南北30° 纬线为界，为什么极地方向上的海岸湿地与赤道方向上的海岸湿地存在差异？描述两者的差别。

■ **构建一个环境敏感模型，评价海岸带的土地利用，以及居住建设情况。**

海岸线是受限制的特殊地带。如果对这一资源认识不够，环境分析就会产生偏差，从而造成海岸生态系统灾害频发，导致人类损失的不断增加。为了维护海岸环境，社会应该将经济发展与生态保护协调一致。

23. 以新泽西州海岸区域为例，说说合理的区域开发需要进行哪种环境分析？在**专题探讨16.1**和图16.25中，针对新泽西州海岸的各个要素，以及海岸的风险、规划和保护建议进行评价。

掌握地理学

访问https://mlm.pearson.com/northamerica/masteringgeography/，它提供的资源包括：数字动画、卫星运行轨道、自学测验、抽题卡、可视词汇表、案例研究、职业链接、教材参考地图、RSS订阅和地表系统电子书；还有许多地理网站链接和丰富有趣的网络资源，可为本章学习提供有力的辅助支撑。

第17章　冰川、冰缘过程及其地貌

图中Chauveau冰川崩解进入到Ayer峡湾，这一点从冰碛沉积物就可以得到印证（摄于79° 40′N）。在不到10年的时间里，这条冰川就把整个峡湾填满了。该峡湾位于挪威斯匹次卑尔根北海岸，也是Raudfjord海湾的一个入口。［Bobbé Christopherson］

重点概念

阅读完本章，你应该能够：

■　**指出**山岳冰川与大陆冰川的区别，**描述**冰原、冰帽和冰盖。

■　**解释**冰川冰的形成过程，**描绘**冰川运动的机制。

■　**描述**大陆冰川、山岳冰川作用塑造的侵蚀和堆积地貌特征。

■　**分析**冰缘过程的空间分布，以及它们与多年冻土、冻土的关系，**解释**当前正在发生的冻融现象。

■　**解释**更新世冰期及其相关的冰期和间冰期，**描述**研究古气候的一些方法。

■　**阐述**两极地区的定义，**列举**正在发生的气候变化及其影响。

当今地表系统

全球变暖对冰架和入水冰川的影响

在格陵兰、加拿大及南极洲的海岸，分布着无数冰架（ice shelf）。尽管它们延伸至海洋，但仍属于大陆冰。这些冰架常分布于隐蔽的峡湾或海湾中，覆盖面积可达数千平方千米，厚度可达1km。这些区域还分布着消融于海水中的入水冰川（tidewater glacier）。全球变暖似乎正在加剧冰架和入水冰川的流动，同时还使它们破裂和变薄的速度加快。这些消融的冰架已不能使海平面再明显升高，因为它们早已完成了海水置换。人们担心的是接地陆冰和溢出冰川的激增，这会导致许多冰架的入海通道被阻隔。

格陵兰岛西北海岸，部分入海的皮特曼冰川正在破裂。2010年8月5日，冰川分离出来的面积达251km^2（图17.1），由此产生的新冰山是半个世纪以来北极形成的最大冰山，它占皮特曼冰川海上所有漂浮冰架的25%。就冰山融化而言，上有暖空气、下有暖海水，因此冰川消融速率加快。科学家们正在研究冰川消融对皮特曼冰川的作用过程。从卫星影像上，我们注意到冰川上分布着大量的融池，融水填满了冰面上的一些裂隙（淡蓝色）。沿着参差不齐的冰川裂隙，新裂隙正在扩大并且不断地向上游延伸，这表明了冰川的前进趋势。这些融池是增温正反馈机制的体现，也是本章将要论述的内容。

加拿大的埃尔斯米尔岛北岸的沃德亨特冰架是北极最大的冰架。4 500年来，该冰架一直保持稳定状态，可是它在2003年开始出现破裂（图17.2）。沃德亨特冰架背后的后生冰架湖，累积了约43m深的淡水。冰架坝体的崩塌，导致这个北半球最大的后生冰架湖一泄而尽。一个独特的淡水和半咸水浮游生物群落由此消失，脆弱的生态系统也因此瓦解。

南极地区也正在发生着类似的冰融事件。2010年，南极洲半岛上一个和美国康涅狄格州面积相当的冰架——威尔金斯冰架崩解了。该冰架在过去的1万年间都保持

图17.1　格陵兰岛入水冰川的分离

注：皮特曼冰川表面的融池、冰裂隙和冰缝；图中至少有5个支冰川。［地球观测–1的影像，NASA/USGS］

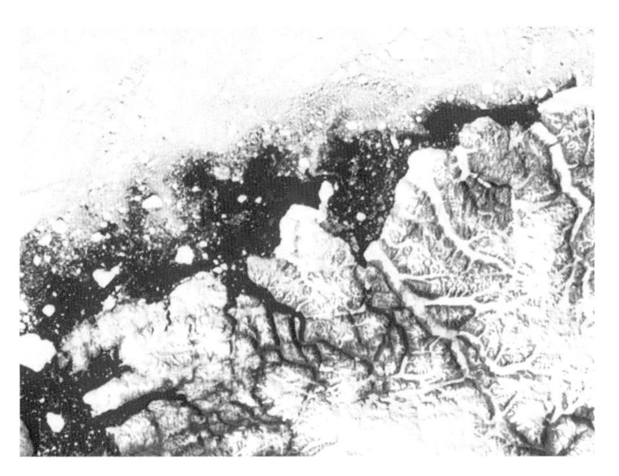

图17.2　加拿大海岸发生的冰体破裂

注：2008年沃德亨特冰架和另外几个冰架发生了崩解，脱离了埃尔斯米尔岛海岸。［Aqua影像，NASA/GSFC］

得很完整，然而在2008年却出现了开裂。该冰架正在消融，这应该归因于当地的气温变化——最近50年间升高了2.5℃。南纬71.5°是迄今为止出现冰架断裂的最低纬度（图17.3）；同北极一样，这里也是由于大气和海水同时增温造成的。

南极半岛西部的松岛冰川（Pine Island Glacier）作为溢出冰川，从南极洲西部冰盖（WAIS）流向阿蒙森海［图17.37（c）］。该冰川流动呈加速趋势，1995～2006年其流速增加了约400%。对于这条宽40km的冰川，其崩解和变薄的速率均超过了以往记录：在过去的10 000年间，冰川厚度每年只削薄几厘米；然而，最近20年冰川每年的削薄厚度都超过了1m。

在两极地区，尤其是南极洲西部冰盖（WAIS）地区，这些位于入海出口的冰川和冰架，挡住了上游接地冰的流动；因此这些接地冰体还没有与海水发生置换，不过它们正在向海洋移动。一旦部分冰架消融，其阻挡作用也就不复存在了。若变暖趋势如同预测的一样，这些冰体就会进入海洋，从而进一步增加全球海平面的上升幅度。

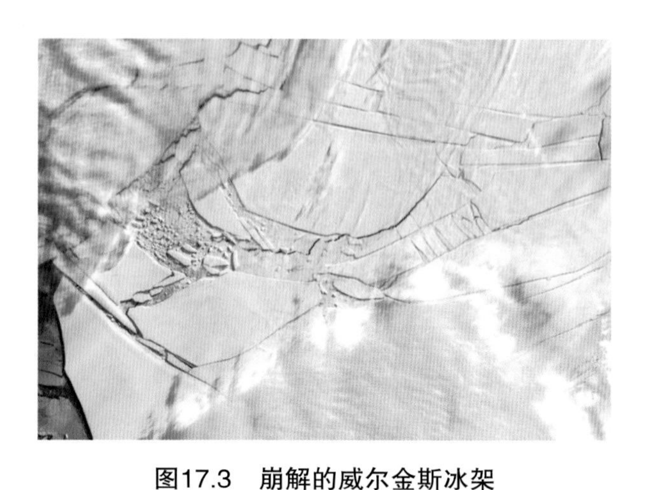

图17.3　崩解的威尔金斯冰架

注：影像摄于2008年，直到2010年该冰川仍在不断破裂。［Terra MODIS影像，NASA/GSFC］

地球上大约77%的淡水都是以固态冰的形式存在，大部分冰体分布于格陵兰岛和南极大陆；其余冰体覆盖于高山之上或填充于高山峡谷之内。全球有超过3 270万km^3的水为固态冰，其中格陵兰岛占238万km^3、南极洲占3 010万km^3、其余各地的冰帽和山岳冰川占18万km^3。

这些沉积的固态冰层中封存了几百万年以来的气候记录，可为未来气候变化研究提供重要线索。冰冻圈是指多年冻结的水圈和地下水，通常分布于高纬和高海拔地区。目前冰冻圈正处于动态变化之中，因为全球的冰川和极地冰川正在融化乃至消失。2007年，北极地区的气温破纪录地高出正常温度5℃，这使北冰洋海冰面积缩小到20世纪的最小值；2008年，表面冰损失量仅次于2007年记录，而2009年和2010年该数据位列第三。

在这一章中：重点论述地球上广泛分布的冰沉积，包括它们的形成、运动及各种蚀积地貌的形成方式。冰川自身就是一种暂时性的地貌，但它的行迹会留下不同的景观特征。冰川未来的命运与全球温度变化、海平面升降密切相关，并最终会影响到全人类。我们将论述过去气候的解译方法——古气候学（Paleoclimatology），探索未来气候的模式和线索。在地球上两大冰盖获取的冰芯中，我们惊奇地发现了一个可以追溯至80万年前的冰芯样本。

下面将讲述多年冻土和冰缘地貌过程中的寒冷环境。地球上大约有25%的陆地面积具有冰缘特征——冻结作用和冻融作用，其中包括具有冰缘特征的残留物及过去的多年冻土地区。最后，本章以北极地区的概述作为本章的结尾。

17.1 冰川

冰川是指分布在两极或高山地区、由大气固态降水积累演变而成、在重力作用下缓慢运动、长期存积的天然冰体不是冻结的湖泊或地下冰，而是由不断增加的积雪在自身的重力作用下重新结晶所形成的冰体。冰川不是静止不动的，而是在自身的巨大重力作用下在缓慢地移动。事实上，冰川是以类似于河流的运动方式缓慢地移动，大冰川由小的支冰川汇聚而成，见图17.4中的卫星影像和航空照片。在格陵兰岛和南极洲，广阔的冰盖正在向海洋缓慢地流动。

如今，这些缓慢流动的冰川和冰盖约占地球陆地面积的11%。在过去的气候寒冷期，大约有30%的陆地面积被冰川冰覆盖；“冰期”期间低纬地区的气温大都低于冰点，因此积雪年复一年地越积越多。

孕育冰川的永久积雪区分布于高纬度地区或高海拔地区。**雪线**（snow line）是指高程最低的常年积雪区下边界，尤指夏季过后的最低积雪高度。赤道上的高山区也能形成冰川，比如：南美洲安第斯山脉、非洲坦桑尼亚的乞力马扎罗山。赤道上的高山雪线高度约为5 000m，中纬度高山雪线的高度为2 700m，如欧洲的阿尔卑斯山脉；在格陵兰岛南部，雪线高度降低至600m。可以访问“全球陆地冰太空观测（Global Land Ice Measurements from Space）”的网址http://www.glims.org/，查阅全球冰川编目；也可以访问“美国国家冰雪数据中心（National Snow and Ice Data Center）”的网址http://nsidc.org/；或“冰冻圈Landsat-7卫星影像（Landsat-7 images of the cryosphere）”的网址http://www.emporia.edu/earthsci/gage/glacier7.htm。

冰川作为一种景观，本身是在不断变化的。冰川基于形态、大小和流动特征，一般分为两类：山岳冰川和大陆冰川。

（a）相邻山岳冰川的汇合，摄于加拿大东北部的埃尔斯米尔岛

（b）无数的冰川正流向格陵兰岛海岸，图为冰碛物显示出的冰川流动

（c）这些耸立于格陵兰冰盖之上的山峰，被称作冰原岛峰，这里的冰雪或许已累积了10万余年，注意图中流动的冰流

图17.4 冰川和冰盖

［（a）NASA/MODIS Terra；（b）和（c）Bobbé Christopherson］

17.1.1　山岳冰川

一般情况下，山脉中的冰川就是**山岳冰川**（或称山地冰川，mountain glacier）。“Alpine glacier”这一名称源于欧洲中部的阿尔卑斯山，那里冰川众多。山岳冰川有几种亚型，常见类型之一是山谷冰川（valley glacier），这种冰川原本是由河流形成的，所以受河谷地形限制。这类冰川的长度短的只有100m，长的可达100km以上。从图17.5高空照片中，至少能够辨认出6～7条这样的山谷冰川。地图上有名称的几条冰川，包括埃尔德里奇冰川和露丝冰川，它们从麦金利山附近的源区流出，填充了沿途山谷。

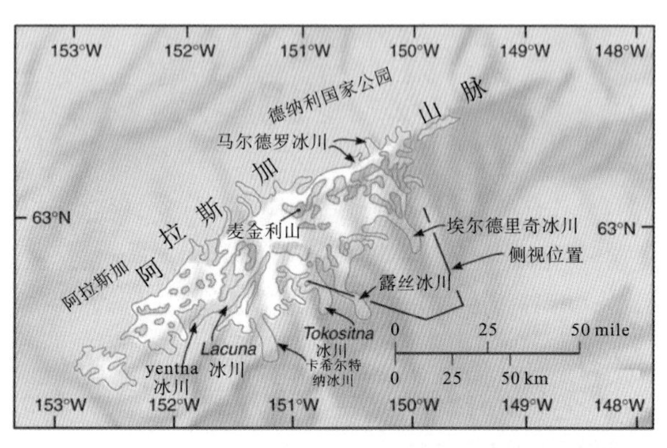

图17.5　阿拉斯加中南部的冰川

注：埃尔德里奇（Eldridge）冰川和露丝（Ruth）冰川的斜红外影像（假彩色），地点是阿拉斯加山脉的迪纳利国家公园。图左上角是麦金利山脉（Mount McKinley），影像摄于18300m高空。［源自：USGS.和EROS数据中心，南达科他州Sioux Falls］

当山谷冰川沿坡面缓慢流动时，冰川之下的山体、峡谷和河谷在冰川侵蚀作用下会发生很大变化。冰川掘蚀作用产生大量岩屑，一部分岩屑通过冰面搬运，形成冰面上的深色条带，最终在其他地方沉积；另一部分碎屑则经冰川内部和底部进行搬运[图17.4（b）]。

大多数山岳冰川发源于山地积雪带，积雪汇聚在一种斗状洼地之中。这种位于山谷沟头的掘蚀地貌就是**冰斗**（Cirque）。冰斗中形成的冰川叫作**冰斗冰川**（cirque glacier）。如图17.4所示，若干条冰斗冰川补给一条山谷冰川。在图17.4（a）和（b）中，请观察主冰川是由多少条山谷冰川构成的？

若干条山谷冰川从山谷中流出，在山麓合并形成了山麓冰川（piedmont glacier），之后向低洼地自由扩展，比如：流入美国阿拉斯加州亚库塔特湾的马拉斯皮纳冰川。入水冰川（tidewater glacier或tidal glacier）是指终止于海水中的冰川，其崩解形成的块状浮冰块称作**冰山**（Iceberg）[图17.6（a）]。冰山通常形成于冰川与海洋、海

地学报告17.1　全球性的冰川消融

全球范围内的冰川正在退缩，其消融量超过以往的任何记录。在过去的50多年中，欧洲阿尔卑斯山有75%左右的冰川不断地退缩，与1850年相比，其冰量损失超过了50%。如果按这种速度，2050年阿尔卑斯山剩下的冰川冰只相当于工业化前冰川冰总量的20%。自1985年以来，在阿拉斯加调查的67条冰川中，有3条冰川的面积每年大约减少52km^2。据预测，落基山脉、内华达山脉、喜马拉雅山脉和安第斯山脉的冰川和积雪区也出现了类似的消融现象。

（a）冰川入海时大块断裂形成的冰山，如格陵兰岛南部的巨大冰山

（b）在布兰斯菲尔德海峡（南极海峡附近），脱离南极大陆的平顶冰川

（c）格陵兰岛东部，这座塔状冰山高出海面约60m，冰山底部延伸到海面以下360m［Bobbé Christopherson］

图17.6　冰山和崩解入海的冰川

湾或峡湾相汇的地方。冰山因融化破裂而重心不稳，因此其本质上是不稳定的。在南极洲威德尔海附近，冰架崩解形成了平顶冰山［图17.6（b）］，平顶冰川中每年沉积的冰层清晰可见。图17.6（c）中，高大的塔状冰山露出海面的体积仅为1/7（约14%），海面以下的为6/7（约86%），这一比率随着冰山的年龄和空气含量差异而不同。

17.1.2　大陆冰川

大陆冰川是指规模上远大于单体山岳冰川的连续冰体，其分布最广的形态是**冰盖**（ice cover）。地球上大多数冰川冰是以冰盖形态存在的，其覆盖面积占格陵兰岛的81%（约175.6万km^2），占南极大陆的90%（约1 420万km^2），仅南极大陆的冰就占全球的92%。图17.7卫星合成影像展示了南极大陆冰盖的全貌。

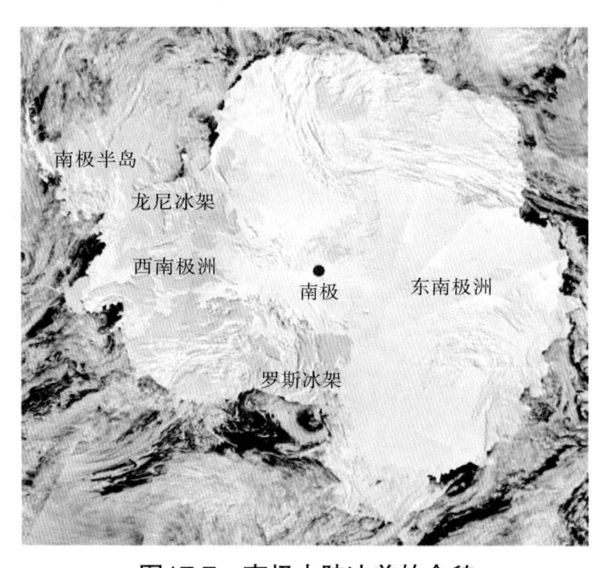

图17.7　南极大陆冰盖的全貌

注：2009年1月Aqua MODIS合成的南极大陆影像——冰川冰占地球的92%（I.S.意为冰架），参见南极洲地图图17.37（c）。［NASA/GSFC Aqua，MODIS影像］

由于南极洲和格陵兰岛上的冰盖质量巨大，以至于冰体下的大部分陆块（地壳均衡理论）在重压之下低于海平面。所有冰盖最厚处

都在3 000m以上，平均厚度约2 000m，除最高峰之外，其余地方都被冰盖掩埋。

另外，与山地位置有关的两类连续分布的冰体，分别是**冰帽**（ice cap）和**冰原**（ice field）。按照定义，冰帽的面积小于5万km^2，形态大致呈圆形，而且冰帽完全掩盖了下伏地貌。在冰岛，这个火山岛上分布着几个冰帽，如东南部的瓦特纳冰帽［图17.8（a）中的轮廓线］，而火山就在这些冰面之下。1996年，冰岛上的格里姆火山喷发了，2004年火山再次喷发，喷发导致冰川融化，形成了大量融水洪流，冰岛人称之为Jökulhlaup。冰岛西南方向的埃亚菲亚德拉火山也于2010年开始喷发。

冰原的面积不是很大，没有穹状的冰盖特征，但它在山区延伸很长。最典型的是位于阿根廷和智利边界的巴塔哥尼亚冰原，它是世界上最大的冰原之一［图17.8（b）］。该冰原的宽度虽然只有90km，但却从46° S绵延至51° S，长度达360km。

冰盖和冰帽向下移动很快。围绕它们边缘形成的固体快速冰流（ice stream）移向海洋或低洼地。这种冰流穿过静止的或缓慢移动的冰体，从格陵兰和南极洲的边缘流出。从冰盖和冰帽流出的溢出冰川（outlet glacier），会受到山谷或隘口的限制。你能在图17.4（c）中找到流经冰原岛峰的冰流吗？

17.2　冰川过程

冰川是沿坡面移动的运动体，其移动速度因质量不同而存在差异。同时，冰川通过移动对景观进行掘蚀。冰川是致密的冰体，这些冰体是雪和水在经过压实、重结晶和积累作用之后所形成的。冰川物质平衡是由冰川冰的净收入和净支出两部分构成的，其决定着冰川的扩张或退缩。在讨论冰川塑造的壮丽景观之前，先看一看冰川冰的形成、冰川物质平衡、冰川运动和它们的侵蚀作用。

（a）冰岛东南部的瓦特纳冰帽（红线轮廓区域），拍摄于2010年4月火山喷发之后，火山灰明显地飘向欧洲南部

（b）阿根廷，巴塔哥尼亚冰原南部

图17.8　冰帽和冰原

［（a）NASA/GSFC，（b）NASA总部］

17.2.1　冰川冰的形成

如果回想一下冰的性质，你会很惊讶的发现：冰既是无机物（具有特定化学组成和晶体结构的天然无机化合物），也是一种岩石（一种或多种矿物集合而成的块体）。冰是一种冻结的流体，类似于火成岩的特征。

此外，层状堆积的冰还具有与沉积岩相似的形态特征。在冰川形成的过程中，冰雪受压力作用经过重结晶转变成了“变质岩”。所以说，冰川冰是一种非同寻常的物质。

冰川的积雪输入主要来自积雪带，即冰川累积带［图17.9（a）和（c）］。典型的雪原位于冰盖、冰帽的最高处，或是位于山谷冰川的源头，但通常位于冰斗之内。同时，雪原还接受来自周围山坡的雪崩补给。

伴随积雪增加，积雪像沉积层一样越积越厚，导致下伏冰体承受的重压力也越来越大。夏季，雨水和积雪融水在雪原上下渗和冻结；到了冬天，残雪开始慢慢转化成冰川冰。随着积雪密度增大，冰晶中的空气间

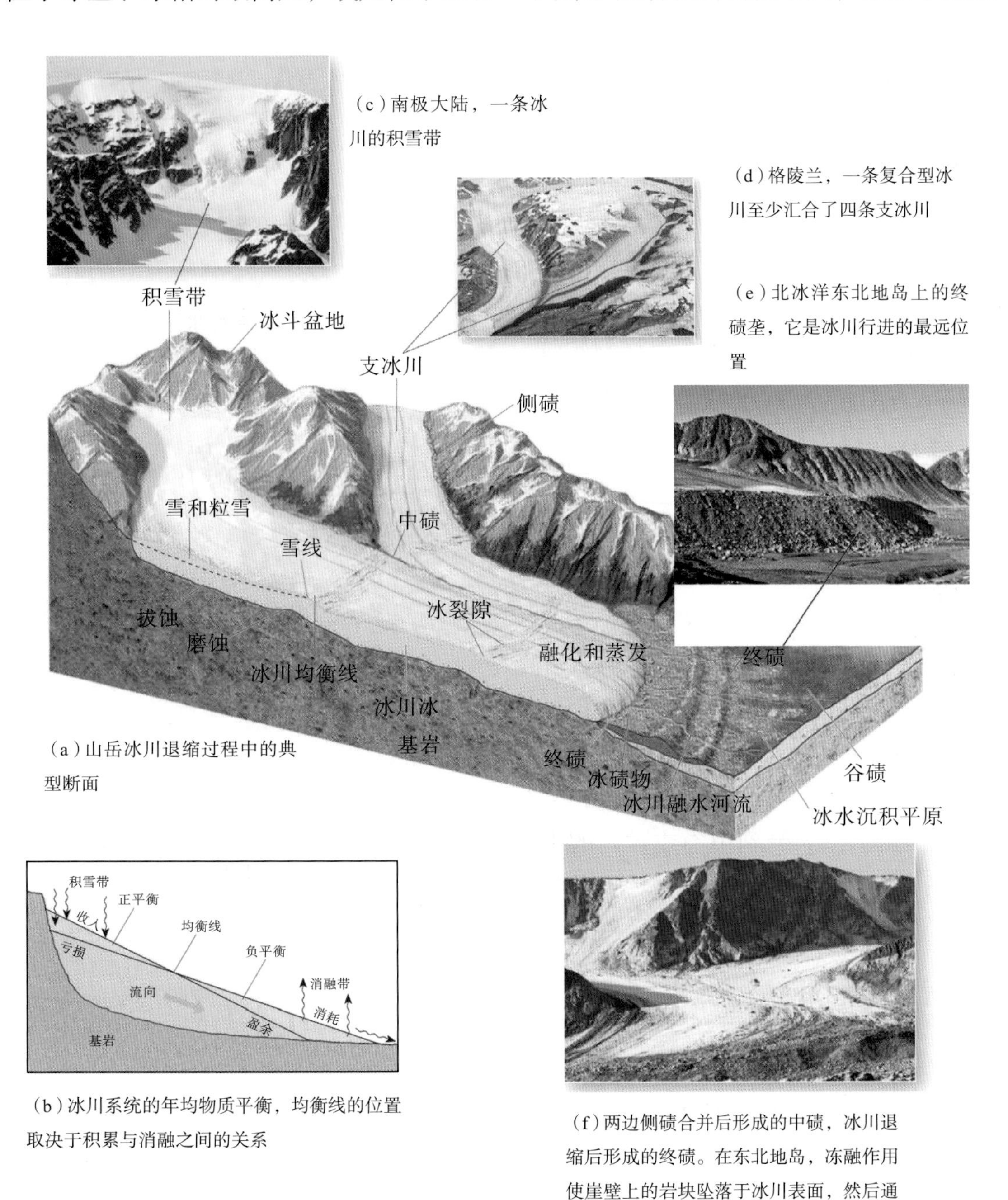

（c）南极大陆，一条冰川的积雪带

（d）格陵兰，一条复合型冰川至少汇合了四条支冰川

（e）北冰洋东北地岛上的终碛垄，它是冰川行进的最远位置

（a）山岳冰川退缩过程中的典型断面

（b）冰川系统的年均物质平衡，均衡线的位置取决于积累与消融之间的关系

（f）两边侧碛合并后形成的中碛，冰川退缩后形成的终碛。在东北地岛，冻融作用使崖壁上的岩块坠落于冰川表面，然后通过这些汇合的冰川进行搬运

图17.9　山岳冰川的退缩与冰物质平衡
［Bobbé Christopherson］

隙被压缩变小；在压力作用下，冰重新结晶后变得更为坚实。积雪在向冰川冰转变阶段中，形成了紧密颗粒状结构的**粒雪**（Firn）。

伴随这一过程，冰雪需耗费多年时间才能形成致密的冰川冰。冰川冰的形成过程与变质岩相类似，即沉积物（雪和粒雪）在压力作用下发生重结晶后形成致密的变质岩（冰川冰）。在南极洲，由于气候干燥（降雪量很小），冰川冰大概需要1 000年才能形成。但在一些湿润气候区，由于降雪补给充分，冰川冰的形成只需几年。

17.2.2　冰川物质平衡

冰川是一个开放的系统，不仅伴有积雪补给，而且还伴有冰、融水和水汽的输出。积累带（accumulation zone）内的降雪和其他水分为上游冰川提供补给［图17.9（b）］。积累带末端是**粒雪线**（firn line），也是终年积雪的下限位置。从冰川的上游至下游末端，冰川消耗（缩减）有以下几个过程：①冰体在冰川表面、内部和基部的消融过程；②冰体的（风）吹蚀过程；③冰体的崩解过程；④冰体的升华过程（第7章中称作冰的直接蒸发）。上述冰体的消耗，概括起来称作冰川**消融作用**（Ablation）。

冰川均衡线（equilibrium line）是指消融速率与积累速率相等时的平衡带［图17.9（a）和（b）］。平衡带通常与粒雪线的位置一致。寒冷时期，若降水充足，冰川的冰物质净收支（净平衡）量为正值——冰川扩大；温暖时期，冰川净收支量为负值，均衡线上移——冰川退缩变小。冰川末端在消融作用下即使处于退缩状态，也会因重力而继续前移。

华盛顿州南瀑布冰川印证全球变化的趋势，该冰川1955～2009年冰物质净损失量很大。冰物质负平衡有时会造成冰川末端一年退缩几十米。观测表明，这条冰川每年都在退缩（1972年例外）。图17.10对比了1979～2003年南瀑布冰川的变化。

与世界其他地区的对比表明，南瀑布冰川的物质平衡：由于温度变化，中低海拔地区的冰川冰正在减少。当前，从全球山岳冰川的损失量来看，山岳冰川消融对海平面上升的贡献率超过25%。

17.2.3　冰川运动

一般认为，冰就是冰箱中具有脆性的冰块，但是冰川冰却有很大不同。事实上，冰川冰具有一定的塑性（柔韧性）。因为就冰川下部而言，上有自身重量，下有地形坡度，因此冰川会产生扭曲变形和流动；与之相比，冰川上部则因冰层脆性而易碎。对于陡坡上的冰川，其流动速度变幅很大，从几乎静止不动到每年移动1～2km。冰川形成区的积雪累积速度对冰川流速至关重要。

地学报告17.2　美国阿拉斯加州的冰物质损失关系到地壳均衡反弹

在阿拉斯加大学费尔班克斯分校，地球物理研究所的研究人员利用全球定位系统（GPS）列阵，对该州东南部现代冰川冰损失造成的地壳静压反弹进行了测量。他们探测到了地球上一些最快的垂直运动速度，平均每年36mm。科学家把这种地壳均衡（静压）反弹归因于该地区的冰川冰消融，因为这减轻了地壳所承受的巨大重量载荷，尤其是从北部的亚库塔特湾和圣伊莱亚斯山，到朱诺市冰川湾，再到内陆通道南侧。

(a) 1979年

(b) 2003年

图17.10　南瀑布冰川相隔24年的对比

注：图中巨大的冰体已从南瀑布冰川上脱落下来，自2003年以来这条冰川的净物质平衡一直为负值。[USGS，Denver]

冰川不是简单地沿山坡滑动的刚性块体物质。山谷冰川的最大运动速度发生于刚性表层之下的冰川内部。伴随冰面下的冰层前移，冰川表面因脆性发生开裂[图17.11(a)]。同时，冰川基底的蠕动和滑动速度与温度及冰层下方水的润滑作用有关。通常，冰川的底部滑动速度要比冰川内部塑性流动慢得多，因此冰川上层的流动速度要比下层快。

冰川下伏地形不均匀可能导致压力变化，使一些底层冰因挤压作用而瞬间融化，然后再重冻结成冰，这就是复冰现象（ice regelation），也就是重结冰作用或重凝结作用。这种融化-再冻结作用把岩屑带入冰川内并混合。因此，在几十米厚的底层冰中（冰川底部以上），岩屑的含量比上方冰层高很多。

流动的山岳冰川或大陆冰川的冰流都可以发育形成垂直节理，即冰裂隙（Crevasse）[图17.11(b)和(c)]。冰裂隙的成因可能是谷坡的摩擦力、冰川通过凸坡时产生的张力或通过凹坡时产生的挤压力。无论山岳冰川还是冰盖，人们穿越这种地区时都会有危险，因为冰裂隙有时被薄雪掩盖。

冰川跃动　尽管大多数情况下冰川的流动是可预见的塑性流动，但是有时冰川却在毫无预兆的情况下突然向前移动，这就是**冰川跃动**（glacier surging）。跃动听起来具有突发性，但在冰川术语中，跃动是指每天移动数十米的冰川运动。例如，格陵兰岛西部海岸的雅各布港冰川就是移动速度最快的冰川之一，每年移动7～12km。

1996～2005年，格陵兰岛的冰川物质损失增加了一倍，这意味着冰川整体发生了跃动。2007年格陵兰岛南部，溢出冰川的年均流速为22.8m，这比1999年的年均流速1.8m快了许多倍。科学家断定，2006～2007年格陵兰岛高海拔地区融雪期延长就是冰川跃动的原因。融水渗入冰川底层，对下伏软质黏土床面起到了润滑作用。此外，当表层暖水从冰川底部流出时，暖水传递的热量对底冰的融化速率也起到了加速作用。

人们正在研究冰川跃动的确切原因。有些跃动是冰川底部积水造成的，其水压有时足以使冰川微微漂浮。冰川跃动时会与冰床脱离接触，而跃动发生时，可以感觉到冰川震动、出现冰川断层。干燥状态下，在冰川拔出（拔出携带）床面岩块的一

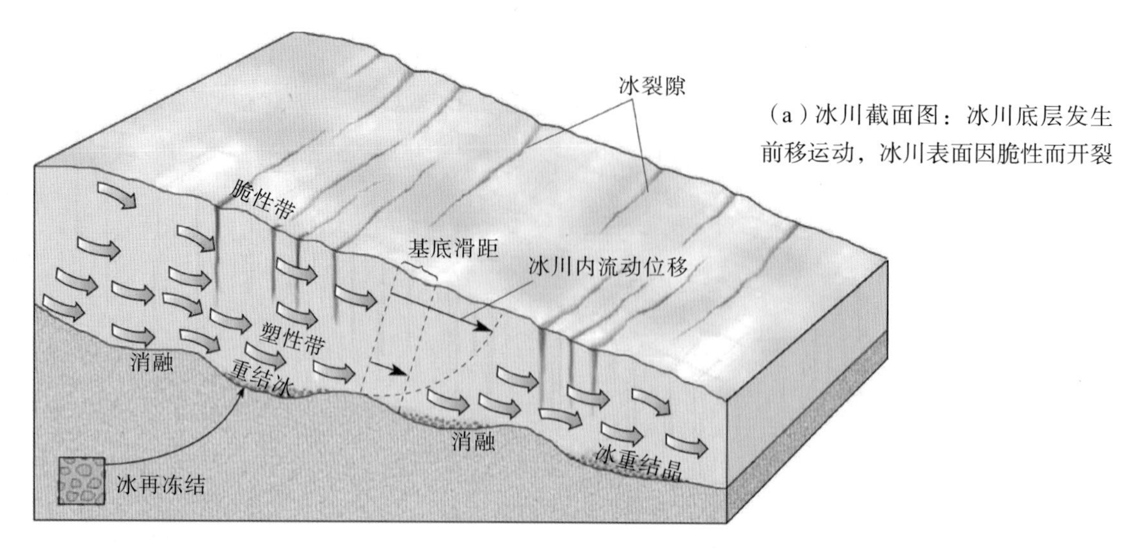

（a）冰川截面图：冰川底层发生前移运动，冰川表面因脆性而开裂

（b）在南极洲的象岛上，冰川表面上的冰裂隙和裂缝证明冰川在前进

（c）冰裂隙导致斯匹次卑尔根冰川表面崎岖不平
注：比例尺可参照水面上的两个船筏

图17.11　冰川运动

刹那，也会发生冰川跃动。另外，水分达到饱和状态的沉积层（如前所述格陵兰岛的软质冰川床面）是一个塑性的变形层，因而难以抵抗冰川移动所产生的巨大剪切力。通过对西南极冰盖中正在加速运动的冰流的冰芯分析，科学家们已经能够确认冰川跃移就是饱水沉积层造成的，尽管积水水压也起到了重要作用。

冰蚀作用　冰川对陆地的侵蚀方式类似于大型挖掘作业：冰川把碎屑物从一个地方搬运到另一个地方堆积起来。冰川在运动途中对岩块进行拔蚀和搬运。碎屑岩块则通过冰川表面或嵌入冰川内部进行搬运。有证据表明：冰川在拔蚀或搬运过程中，岩块实际上是与冰川底层冻结在一起的；岩块一旦嵌入冰体，就会伴随冰川移动对地表产生刨蚀和擦磨，即**磨蚀作用**（Abrasion）。裸岩表面经过磨蚀和凿蚀作用形成的光滑面，在冰川退缩后，露出冰川磨光面。嵌入冰川的大岩块，如同凿子一样对下伏地表进行凿蚀，留下与冰川运动方向相平行的冰川擦痕（图17.12）。

17.3　冰川地貌

冰川侵蚀和沉积形成的独特地貌，使地表景观在冰川到来之前和之后大为不同。你可能认为各种冰川形成的地貌特征是相同的，但是山岳冰川和大陆冰川形成的地貌特征各不相同。首先来看由山岳冰川形成的侵蚀地貌，然后是山岳冰川的沉积地貌，最后了解大陆冰川作用形成的地貌景观和侵蚀特征。

图17.12　岩石在刨蚀作用下形成的磨光面

注：岩石上的磨光面和擦痕是冰川磨蚀和侵蚀的特征，磨光面上覆有冰川漂砾——冰川退缩后留下的岩石。[Bobbé Christopherson]

17.3.1　山岳冰川的侵蚀地貌

山岳冰川塑造的壮观地貌，容易使我们想起加拿大的落基山脉、瑞士的阿尔卑斯山脉和穹窿状的喜马拉雅山脉。1906年，地貌学家威廉·莫里斯·戴维斯（William Morris Davis）以素描图的方式，描绘了山谷冰川的发育阶段，图17.13和图17.14重绘了这幅素描图。下面通过这些图解来了解冰川塑造的地貌形态。

■　图17.13（a），冰川之前的典型下切河谷，山谷明显呈V形。

■　图17.13（b），冰川作用期间，同一地点看到的景观。冰川的侵蚀和搬运，移走了大量风化物（风化底岩）和河谷表层土壤。**冰斗**后壁遭受侵蚀，形成了锋利的山脊，它们是相邻冰斗盆地之间的分水岭，称作**刃脊**（*Arêtes*，源自法语，意为“刀刃”）。刃脊使冰山山脊呈锯齿状。毗邻两个冰斗的侵蚀，会使刃脊不断降低而变成鞍状凹洼地或隘口——**垭口**（Pass）。**角峰**（Horn）是几个冰斗冰川从不同方向对单个峰顶凿蚀的结果，最著名的角峰是瑞士阿尔卑斯山的冰山角峰；当然，世界其他地方也有角峰分布。**冰川后壁裂隙**（Bergschrund）是指沿冰斗后壁张开延伸的裂隙或宽大裂缝，夏季积雪消融后，它们大多都是可见的。

■　如图17.14所示，对比气候变暖、冰川退缩后，同一地点景观的变化。这时，冰川峡谷呈U形，与先前的V形河谷有很大差别。此时，谷坡变陡，山谷走向变直，陡崖上的岩石经过冻融风化变得松散，崩塌后可形成岩屑坡（talus slope）。冰川退缩留下的岩砾称作漂砾（Boulder）。

注意图17.14中山谷冰川的发源地——冰斗，冰斗中形成的山间小湖称作**冰斗湖**（tarn）。同一个冰斗内包含的一系列圆形、阶梯状小湖被称为**串珠湖**[paternoster lakes，因为它们与念珠串（宗教）很像]。串珠湖的成因可能缘于岩石对冰川过程的抗蚀性差异，也可能是冰川沉积的拦蓄作用造成的。

地学报告17.3　格陵兰岛冰盖融化加剧

从系统地开展卫星监测以来，人们发现格陵兰岛冰盖的融冰面积和冰损失量超过了以往任何时候。冰融化导致溢出冰川进入海洋的速度发生改变：其速度是先前估测值的两倍多。据估算：1996年格陵兰岛一年冰损失量约为91km^3；到2007年这个数值上升到251km^3，即每年冰损失量为2 300亿吨。这一数值不仅超过了西南极冰盖的冰损失量（1 320亿吨/年），而且还将持续增加。

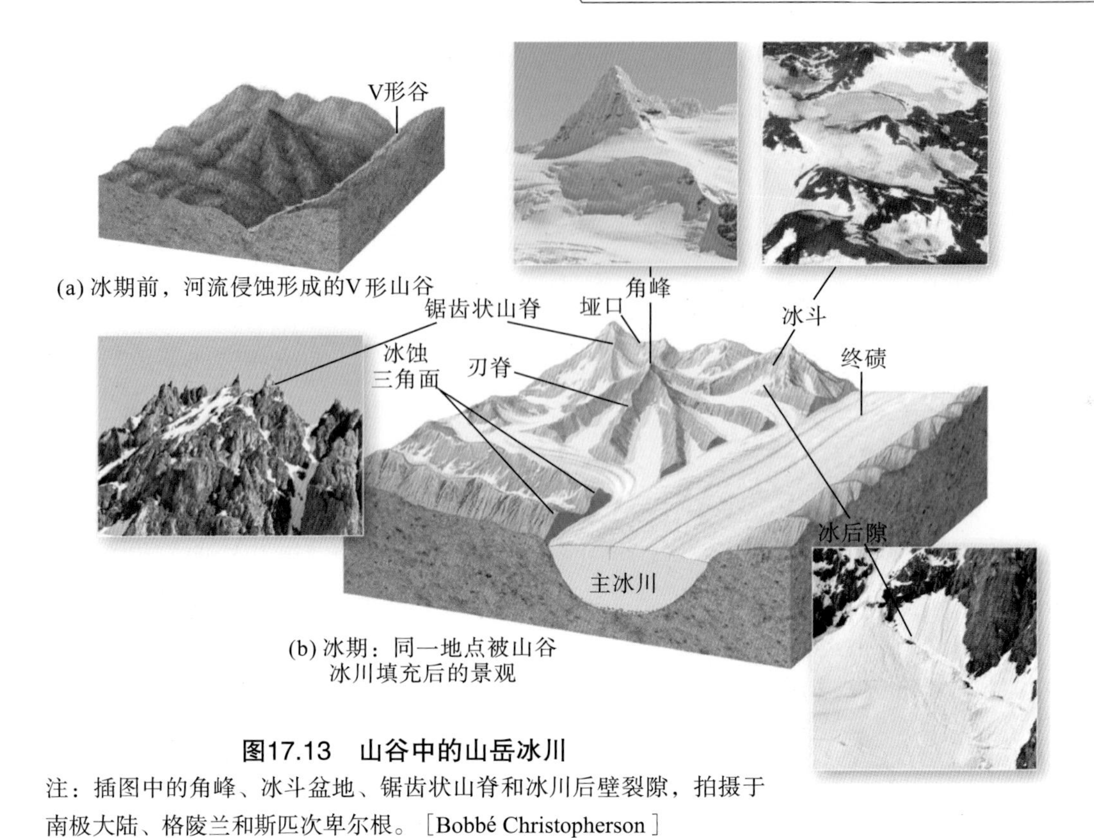

图17.13　山谷中的山岳冰川

注：插图中的角峰、冰斗盆地、锯齿状山脊和冰川后壁裂隙，拍摄于南极大陆、格陵兰和斯匹次卑尔根。［Bobbé Christopherson］

冰川漂砾

角峰

刃脊

垭口

串珠湖

悬谷

冰斗

U形谷

冰期后

悬谷

U形谷

冰斗湖

U形谷，航空照片

悬谷

冰斗湖

U形谷

图17.14　山岳冰川塑造的地貌

注：冰川退缩后露出的新景观。高空照片摄于挪威。［Bobbé Christopherson；作者］

判断与思考17.1　仔细寻找冰川特征

观察图17.15，确定冰川特性。对比图17.4、图17.5和图17.6，再审视图17.15。列表说明你确认的各种冰川地貌，除冰川本身之外，确定照片中有无其他侵蚀地貌。

由于主冰川下切侵蚀很深，所以被支流冰川侵蚀的山谷高高悬挂于主谷上方，形成了悬谷（hanging valley）。许多悬谷形成了很壮观的瀑布。在图17.13和图17.14中，有多少种侵蚀形态（刃脊、垭口、角峰、冰斗、冰斗冰川、锯齿状山脊、U形谷、漂砾、冰斗湖、冰蚀三角面等）？你能在图17.15中辨认出它们吗？

图17.15　山岳冰川的侵蚀地貌

注：对比图17.13和图17.14中的冰川侵蚀地貌类型，在这张格陵兰岛南部照片上，你能找到几种地貌类型？见判断与思考17.1。［Bobbé Christopherson］

在冰川槽谷与海洋相汇处，甚至海平面以下，冰川仍可形成侵蚀景观。当冰川退缩后，充满海水的槽谷就形成了深深的**峡湾**（Fjord）。海水顺着峡湾延伸至内陆，淹没了陡峭的下游山谷（图17.16）。当海平面上升或海岸带下沉时，峡湾淹没的范围会更大。目前，冰川正在沿着阿拉斯加的冰川海岸全线退缩，许多被冰封的新峡湾如今已被打开了。例如，类似著名的峡湾海岸线分布于挪威、格陵兰岛、智利、新西兰南岛、美国阿拉斯加和加拿大不列颠哥伦比亚省。

（a）美丽的峡湾，冰川在入海口处形成的U形谷，一部分已被海水淹没

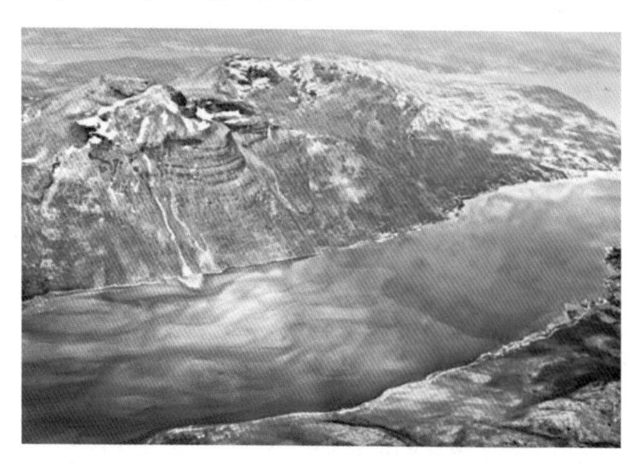

（b）径流带入的沉积物在峡湾中清晰可见

图17.16　挪威的峡湾

［Bobbé Christopherson］

17.3.2　山岳冰川的沉积地貌

前面，已看到了冰川的巨大侵蚀能力及其塑造的壮丽景观。冰川融化时，其搬运的碎屑物在冰川末端堆积形成了一系列独特地貌。如图17.9（a）、（e）和（f）所示，冰川融化之后，冰碛垄上留下了前几次冰川边缘的碎屑物，比如在冰川的末端及两侧。

冰碛（glacial drift）　冰碛是各种冰川沉积物的统称，包含分选和未分选的沉积物。**冰碛物**（Till）是冰川直接沉积留下的未分层和未分选的碎屑物。若冰川融水沉积物通过粒

径分选则为**层状冰碛**（stratified drift）。

在冰川运动过程中，冰川的表面、内部和底部携带的各种岩屑伴随冰川一起运动。当冰川消融后，这些未分选的岩屑就会堆积在地表。这些分选性差的冰碛物不利于农业耕作，但其中的黏土和细粒物却为土壤发育奠定了新的基础。

（a）冰川退缩后留下的侧碛垄，背景是正在退缩的嘎弗冰川（Gaffelbreen）

（b）冰帽冰川与终碛垄已被1 000m宽的海水隔开，使终碛变成了岛屿，地点是北冰洋的伊西斯角

图17.17　山岳冰川的沉积特征

［Bobbé Christopherson］

图17.18　谷缘冰水沉积（谷碛）

注：在加拿大的阿尔伯塔省，沛托冰川出现大幅退缩。注意图片中有谷碛、辫状河道和乳白色的冰川融水。［作者］

冰川退缩后留下的巨砾（有时如同房子大小）、卵石和碎石，对于当地地表组分来说就是“外来者”。这些新来的且搬运特征不显著的“外来者”，被称作冰川漂砾（glacial erratic boulder），它们是冰川早期活动的一种迹象（图17.14）。

冰碛垄（Moraine）　冰碛垄是冰川沉积形成的一种特殊地貌。与山岳冰川有关的几种冰碛垄：有在冰川两侧形成的**侧碛垄**（lateral moraine）［图17.17（a）］；有两条冰川侧碛相汇形成的**中碛垄**（medial moraine）［图17.4和图17.9（e）、（f）］；另外，其他冰碛垄也与山岳冰川、大陆冰川两者都有关系，堆积于冰川最末端的碎屑物叫作**终碛垄**（terminal moraine）。当然终碛垄也可出现或形成于冰川的其他位置。例如，当冰川的积累与消融达到新的均衡点时，冰川停留的位置。在大陆冰川景观中，冰碛垄规模要大得多。地表分布很广的冰碛物形态是**底碛垄**（ground moraine）或冰碛平原（till plain），它们可能会掩盖先前的地表景观，如美国中西部平原。

冰川退缩留下的冰碛垄犹如堤坝一样，拦蓄冰川融水后可形成湖泊。如图17.17（b）所示，大规模堆积的终碛垄形成了一个岛屿，然而9年前它还只是远处小冰帽边缘的一个半岛，如今冰帽至少退缩1km的距离。

山谷冰川支流汇合形成的复式山谷冰川（compound valley glacier），其流动方式不同于河流支流。支冰川汇入复合冰川，是通过扩展变薄与其他冰川侧向合并的，但没有河流那样的混合过程。各支流冰川仍继续保持自己的搬运方式［图17.9（d）、（e）和（f）中的可见暗色条纹］。

上述这些类型的冰碛物既未经分选也没有分层特征。相反，冰川融水形成的河流能够对冰碛物进行有分选性地搬运和沉积，并在终碛下游成层堆积。山谷下游的冰水沉积物称为谷缘冰水沉积（valley train deposit，又称谷碛）。在加拿大阿尔伯塔省，沛托冰川产生的谷碛一直延伸到沛托湖（图17.18），沿途汊流河道呈辫状，由于这种冰水中含有岩石研磨而成的“粉状颗粒物”，所以水体呈乳白色。该河流始终接受冰川融水补给，包括冰川后退期间。在气候变化背景下，自1966年以来沛托冰川（图17.18左侧远景）的消融量增加而积累量减少，造成了巨大的冰量损失，导致冰川退缩。

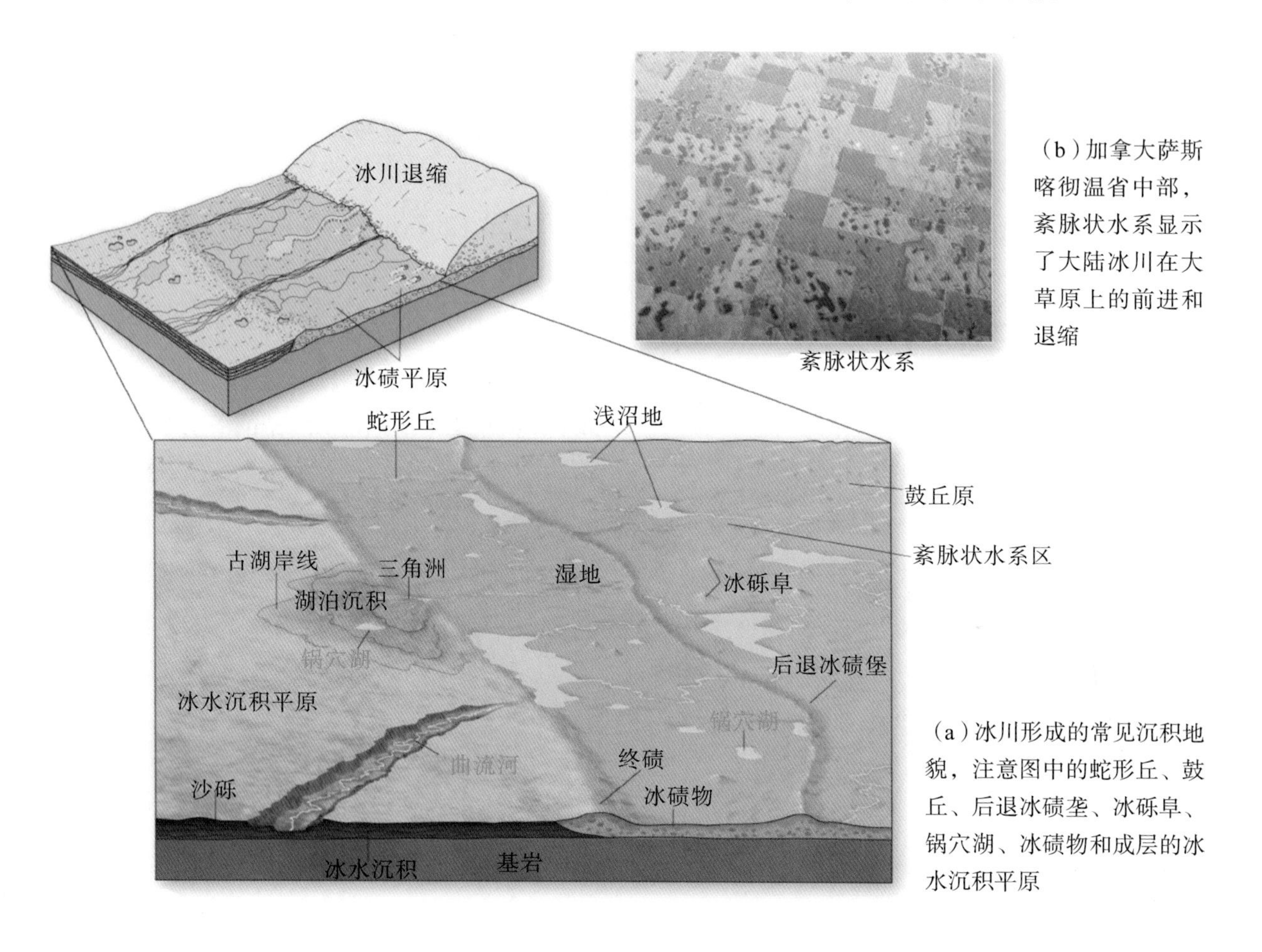

（b）加拿大萨斯喀彻温省中部，衾脉状水系显示了大陆冰川在大草原上的前进和退缩

（a）冰川形成的常见沉积地貌，注意图中的蛇形丘、鼓丘、后退冰碛垄、冰砾阜、锅穴湖、冰碛物和成层的冰水沉积平原

图17.19　大陆冰川的沉积特征

［Bobbé Christopherson］

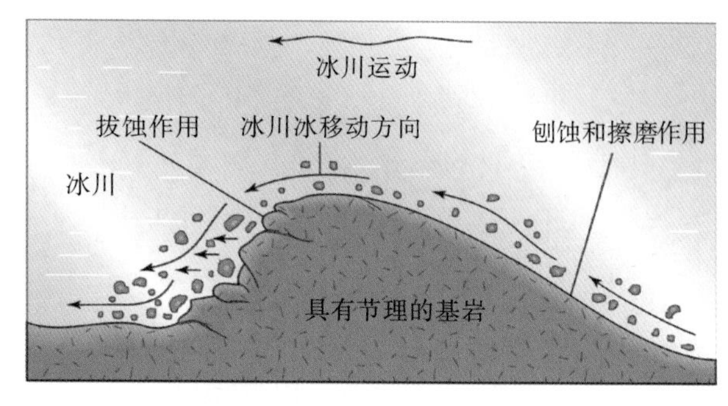

图17.20　冰川侵蚀形成的流线型岩体

注：羊背石形成的伦勃特圆顶石山，地点位于美国加利福尼亚州约塞米蒂国家公园。［作者］

17.3.3　大陆冰原的沉积和侵蚀特征

近代（18 000年前）大陆冰川在北美洲和欧洲的主要作用范围，见图17.29。由于大陆冰川形成的环境——是在开阔的平坦环境下，而非山区，所以冰蚀作用不像山区那样复杂，侧碛垄、中碛垄都很少见。

伴随大陆冰川的退缩，常见的大陆冰川侵蚀和沉积特征如图17.19所示。**冰碛平原**（till plain）位于终碛后方（上游），地表由*未成层的*粗粒冰碛物组成，地形起伏和缓，水系呈紊脉状［图17.19（b）、图14.11］。**冰水沉积平原**（outwash plain）位于冰碛平原范围以外（下游），由*成层冰碛物*组成；地表河道呈辫状，河水受冰川融水补给，河水搬运的沉积物具有分选性，而且常常超负荷。

由粗砂和碎石堆积物构成的蜿蜒窄长丘脊，叫作**蛇形丘**（Esker）。它是由冰川下面的冰隧道或冰墙之间的融水水流形成的。冰川退缩后，堆积下来的沉积物形成了大致平行于冰川走向的陡峭蛇形丘。丘脊沿原冰川下的水道路径分布，可能是不连续的，在某些地方甚至还会出现分叉。很多具有经济价值的沙石材就来自于蛇形丘。

有时单个冰块长宽超过1km，冰川退缩后，其底碛残留于冰水平原或谷底之上。融化这种大冰块可能需要20～30年，期间冰块周围不断有沉积物堆积。当冰块最终融化时，就会形成峭壁洞穴，洞穴中经常充满水，这种洞穴被称作**锅穴**（Kettle）。亨利·戴维·梭罗的名著《*瓦尔登湖*》所描述的，就是美国马萨诸塞州的一个锅穴。

冰砾阜（Kame）是冰水沉积平原上的另一类沉积特征。它是由分选性很差的砂砾堆积而成的高地，呈丘状、瘤状或圆墩状。这些砂砾物质直接来自流水沉积物或冰裂隙和冰凹槽中的融冰沉积。在三角洲或谷坡阶地上也能看到冰砾阜。

冰川作用还可形成两种流线型岩体（小丘）：一种是侵蚀形态的*羊背石*，另一种是沉积形态的*鼓丘*。**羊背石**（*roche moutonnée* 是法语，意为“绵羊岩”）是指不对称的基岩裸露小丘，其迎冰面（上游侧）经受冰川磨蚀作用，坡度较缓且表面光滑；背冰面（下游侧）坡度陡峭、表面崎岖，是由拔蚀作用产生的碎岩组成的（图17.20）。

鼓丘（Drumlin）是一种冰碛堆积，沿大陆冰川的移动方向呈流线形态，上游端呈钝状，下游端呈锥状。在美国纽约州和威斯康星州的部分地区及其他地区，分布着由多个鼓丘构成的*鼓丘群*。鼓丘形状有时像一个倒扣的茶匙。鼓丘的长度达100～5000m，高度达200m。图17.21是纽约州的威廉姆森南部区域的地形图，这里曾历经大陆冰川作用。仔细观察这幅地形图，从中你能辨认出鼓丘吗？该地区大陆冰川的运动方向是什么方向？

17.4　冰缘地貌

1909年，波兰地质学家瓦莱雷·冯·洛辛斯基（Walery Von Lozinski）创造了**冰缘**（Periglacial）这一术语，并用它来描述喀尔巴阡山脉（欧洲中部）中因冻融风化和冻融作用形成的碎石。这些冰缘区约占陆地总面积20%以上（图17.22）。冰缘地貌不是分布在近于永冻的冰盖环境下，就是分布在高海拔且季节性无雪的地区。上述这些环境条件造就了一系列独特的冰缘作用过程，包括多年冻土、冻融和地下冰作用。

在气候学上，这些地区位于*亚北极*和*极地*气候区，尤其是*苔原*气候区。它们分布于高纬地区（苔原和北方针叶林）或低纬高海拔山区（高山环境）。在冰缘地区，物理风化、块体运动（第13章）、气候（第10章）及土壤（第18章）过程占主导地位。

17.4.1　多年冻土

当土壤或岩石的温度连续两年以上低于0℃时，就可发育形成**多年冻土**。冰缘是

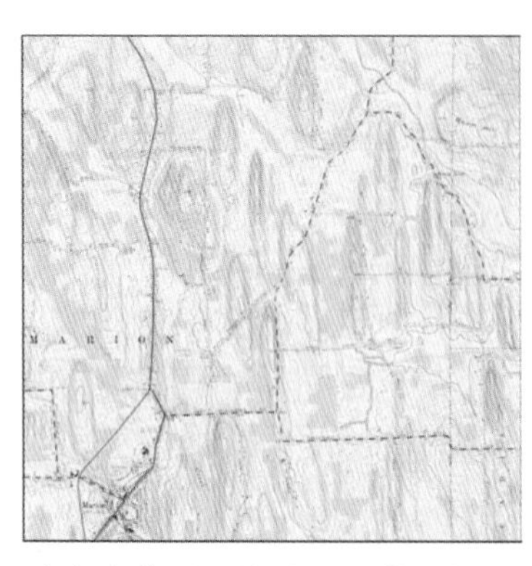

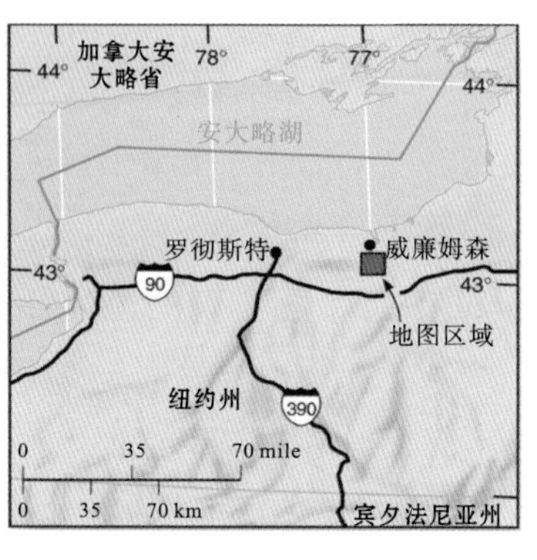

（a）在美国纽约马里恩附近的地形图上，显示出威廉姆森南部分布有大量鼓丘（7.5′系列的矩形地图，原图比例尺为1∶24 000，等高线间距为10英尺）

（b）鼓丘俯瞰图，鼓丘上游端呈圆钝形，下游端轮廓逐渐变细，植被覆盖区呈暗色

图17.21　冰川形成的流线型堆积

［（a）USGS地图；（b）Bobbé Christopherson］

图17.22　多年冻土分布

注：除了美国夏威夷、墨西哥、欧洲及日本的小面积分布区不在范围内，图中给出了北半球多年冻土的分布范围，包括高山多年冻土和北冰洋大陆边缘海底多年冻土，见图例说明。关注加拿大努勒维特地区（以前是加拿大西北地区的一部分）的雷索卢特镇、科珀曼镇（库格路吐克）和亚伯达省的霍奇基斯，图17.23是这些城镇地下多年冻土层的横剖面。［改编于：T L Péwé.1983.Alpine permafrost in the contiguous United States: a review[J]. Arctic and Alpine Research, 15, 2（May）：146. ］

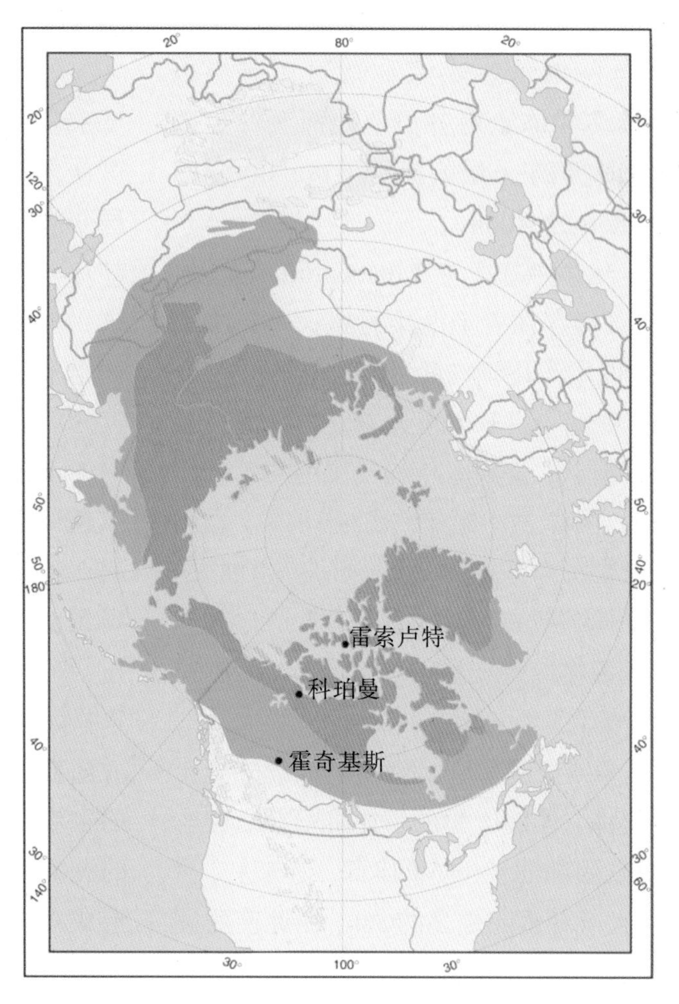

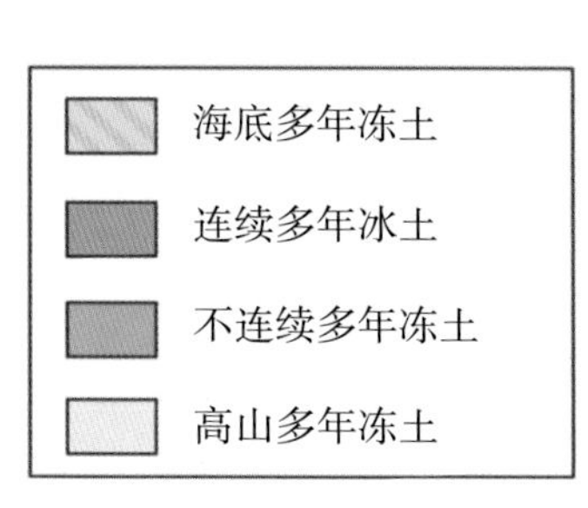

指无冰川覆盖的多年冻土区，俄罗斯的分布面积最广。美国阿拉斯加州地表以下大约有80%的面积为多年冻土。世界上除高寒山区外，加拿大、中国、斯堪的纳维亚半岛、格陵兰岛和南极洲地区，都有多年冻土分布。注意：上述标准仅以土层温度为基准，而与含水量无关。此外，还有两个因素也与多年冻土的形成和环境相关联：前次冰期环境下残留下来的多年冻土；雪被或植被隔热作用对热量损失的抑制作用。

连续或不连续冻土带　无论在水平方向上，还是在垂直方向上，多年冻土区一般都可以分为两大类：连续冻土带和不连续冻土带，两者之间一般存在一个过渡带。

连续多年冻土带（continuous permafrost）分布于多年严寒地区，大致以多年年均气温-7℃的等温线为界向两极延伸（图17.22中的紫色区域）。除深水湖泊和河流以外，连续多年冻土对各类地表都会产生影响。连续多年冻土层的深度可达1 000m以上，平均深度约400m。

不连续多年冻土带（discontinuous permafrost）内存在着不衔接的岛状多年冻土区，随纬度增高逐渐向两极的连续冻土带合并；随纬度减小，多年冻土层分布区逐渐稀少或呈零星状，直到在年均气温为-1℃的等温线附近（图17.22中深蓝色区域）消失。在不连续冻土带分布范围内，由于阳坡（南坡）的土壤温度偏高或有雪被保温作用，所以在这些地方也无多年冻土层。对于南半球，则是北坡温度偏高。

在气候变化背景下，这些不连续冻土带很容易解冻。伴随土壤的解冻和氧化，碳含量是大气2倍的泥炭土（第18章，冰冻土、有机土）向大气释放出更多的CO_2，由此产生强烈的正反馈作用。这是因为解冻造成的碳量损失大于变暖后的碳摄取量，使大气中的CO_2进一步增高。因此，多年冻土解冻所释放的气体成为了温室气体的重要来源之一，这就是一种实时的正反馈机制。

多年冻土的作用　我们已了解了多年冻土的空间分布。下面来学习多年冻土层的作用。按照图17.22中标注的三个地点（位于75° N～55° N），我们绘制了图17.23所示的多年冻土典型剖面。**活动层**（active layer）是指地面与地下多年冻土层之间的季节性冻土层。

活动层受冻融交替作用的日周期和季节周期影响。在北方（加拿大的埃尔斯米尔岛，78° N），活动层的冻融交替影响深度只有10cm，而在冰缘地区南缘（55° N）深度可达2m，在科罗拉多落基山脉（40° N）高山多年冻土区，则可深达15m。

较高的温度可使多年冻土的埋深变深（冻土减少），活动层变厚；而较低的温度可使多年冻土埋深变浅（冻土增加），活动层变薄。尽管活动层的反应有些滞后，但它却是一个受地下能量收支支配的动态开放系统。正如预料的那样：大部分多年冻土层均处于不稳定环境中，并积极调整自己以适应气候环境的不断变化。

自1990年以来，在加拿大及西伯利亚北极地区，气候变暖的记录数据令人难以置信。多年冻土表层正产生着更大的破坏——导致公路、铁路和建筑物被毁。在西伯利亚，一方面在不连续多年冻土区，由于地下水排水通道被打通，许多湖泊已消失；另一方面在连续多年冻土区，却因土壤解冻产生的融水积水诞生了一些新湖泊。加拿大消失的湖泊数以百计，其原因很简单：空气变暖造成水分蒸发过快。通过卫星影像可以观测到这一趋势。

融区(Talik)是指位于不连续冻土体上下或之内的不冻土层，或者是连续冻土区内水体下面的不冻土。融区发生于深水湖底，对于大型深水湖，融区还可能延伸至湖底下面的基岩或不冻土层(图17.23)。融区是活动层与地下水之间的连接体；然而，在连续多年冻土带内，地下水与地表水的连接实质上是被隔断的。这样的话，多年冻土层阻断了含水层与融区之间的联系，造成水源补给问题。

17.4.2　地下冰和冻土现象

多年冻土区冻结的地下水称作地下冰(ground ice)。在含有地下冰的地层中，含水量变幅很大：从几乎不含水分的干燥区域，到含水量近于100%的饱和土壤。冻结进程从能量消耗最大区，沿冻结锋面(freezing front)或冻土边界在地层中推进。土壤中的水一旦冻结，冻融作用(frost action，或冻裂作用)和冰膨胀作用就开启了地貌塑造过程。

液态水结冰时体积会膨胀9%，由此而产生强大的机械力。冻融作用使岩石破裂，产生的角砾岩构成了石海(或砾原，block field)。石海作为北极和高山冰缘景观的组成部分，在山顶和山坡尤为常见。

如果水量充分且被冻结，土壤和岩石就会受到冻胀(frost heaving)作用(垂直移动)和冻冲(frost thrusting)作用(水平移动)。这类作用能把巨砾和岩块推至地表。土层(层状)因冻裂作用而遭到破坏，看起来就像是被搅拌过一样，这个过程称为融冻扰动(Cryoturbation)。冻融作用还可以造成土壤和岩石收缩，张开的裂缝形成冰楔。冰胀作用对土壤产生着巨大压力，尤其是多个

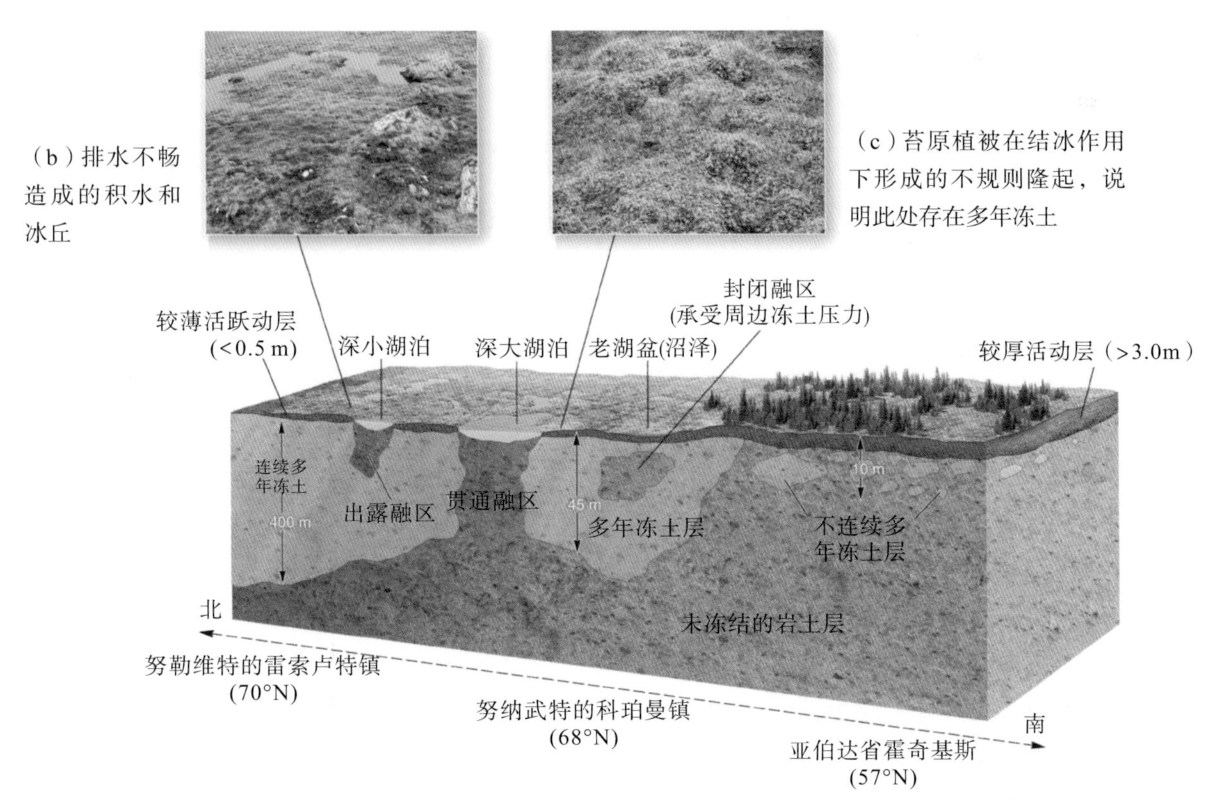

(a)加拿大北部冰缘地区的横断面，显示了多年冻土、活动层、融区和地下冰的典型形态

图17.23　冰缘环境
[Bobbé Christopherson]

冻结锋面之间存在有未冻结土壤水的情况。

在多年冻土裂缝中，水冻结后可形成冰楔（ice wedge）（图17.24）。在含冰量高的土层中，热力收缩可产生一个上宽下尖的锥形裂缝。周而复始的季节冻融过程可使冰楔不断增大，其大小从几毫米增加到5～6m宽、30m深。冰楔每年增宽幅度不大，但若干年后，就会变得十分显著［图17.24（c）］。夏季，冻土活动层融化，虽然看不到冰楔本身，但是通过冰胀形成的沉积隆起很容易判别什么地方有地下冰楔。

一项有趣的研究发现，独特的协同作用造就了**构造土**（patterned ground）。冻融作用中的膨胀收缩过程可使土粒、砾石和碎岩产生移动，冻融过程也是它们的自我组织过程。想象一下：当某一区域的砾石向砾石聚集区移动时，土粒却向土壤聚集区移动，这可能需要好几百年才能形成构造土。此外，构造土还受地形坡度影响——坡度陡时形成条纹图案［图17.25（e）］，坡度缓时则会形成多边土［图17.25（a）、(b)和(c)］。

在图17.25（b）中，以砾石为主构成的多边形内，砾石分布相对集中；而在图17.25（c）中以土粒为中心的多边形内，则土粒分布比较集中，周围夹杂少量的砾石。石圈数量也是影响构造土形状的一个因子：石圈数量少，分选性好，图案就越接近于圆环状；反之，则形成多边形。这意味着这种景观形态是自我形成、自我维护和自我组织的——这是生命系统所具有的特性，这为地球系统今后的研究

（a）苔原上一个裂缝

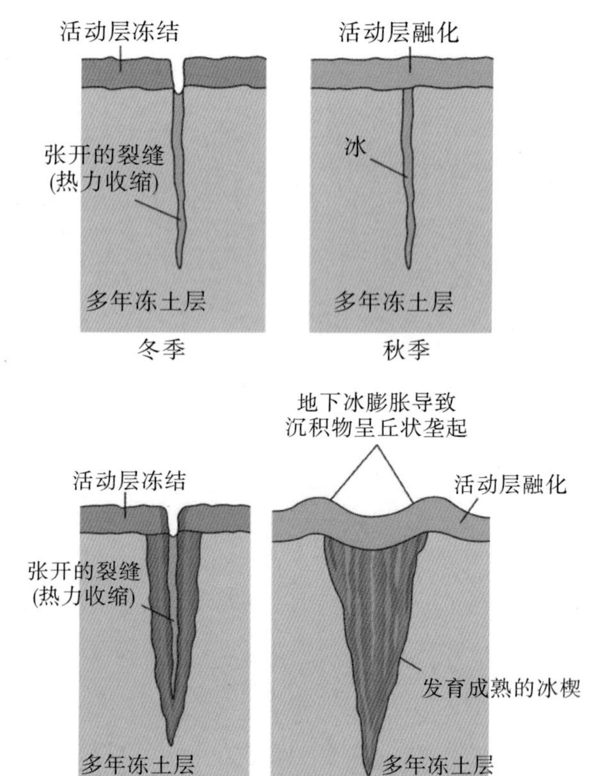

（b）数百年后裂缝演化成为一个冰楔

（c）加拿大北部的冰楔和地下冰

图17.24　冰楔的演化

［（a）Bobbé Christopherson；（b）改编于：Lachenbruch A H. 1962. Mechanics of Thermal Contraction Cracks and Ice-Wedge Polygons in Permafrost[J]. Geological Society of America Bulletin Special Paper, 70(38):69-262.；（c）H.M.French］

提供了一个有趣的思维方法（见：Kessler M A, Werner B T. 2003. Self-organization of sorted patterned ground [J]. Science, 5606（1）: 380-383, 354-355.）。

火星上构造土的多边形地表图案是固态地下水存在的明显证据［图17.25（f）］。1999年火星全球探勘者号（Mars Global Surveyor）拍摄了一幅影像，捕捉到火星北部平原的这种特征。迄今为止，已发现火星上约有600个地点存在这种多边土；2008年凤凰号（Phoenix）火星探测器在火星北极平原中部登陆，这里地表为多边土形态，探测器通过地表钻挖，证实了有地下（水）冰存在。

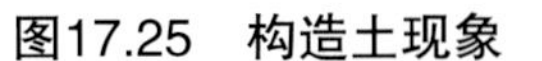

图17.25　构造土现象

［（a）琼·迈尔斯；（b）、（c）、（d）和（e）Bobbé Christopherson；（f）马林空间科学系统］

（a）南极洲东部麦克默多灯塔谷内的多边土（位于干燥谷）

（b）以砾石为主构成的多边形和环形（直径约1m）地表图案，地点位于北冰洋的东北地岛Duvefjord附近

（c）斯匹次卑尔根岛，以土粒为主构成的多边形和环形地表图案

（d）处于发育过程中的过渡形态，地点是熊岛（74° 30′N）

（e）巴伦支岛Sundbukta附近的条纹状多边土

（f）火星北部平原上的多边形地表图案，多边形平均宽度大于100m

地学报告17.4　从油气勘探到多年冻土融化的循环反馈

在阿拉斯加苔原地区，冻土活动层融化导致油气勘探设备作业天数缩短。以前，冻土形成的坚硬地表每年可持续200多天，这种地表能够承受重型钻机和卡车的运行。如今，由于冻土融化使地表软化且不稳定，致使勘探天数一年只有100天。系统论观点认为：勘探是为了获得油气燃料，油气燃烧会增加大气中CO_2含量、增强温室气体、加剧气候变暖；然而温度上升会导致多年冻土融化，由此又减少了油气勘探作业的天数——这正是一个负反馈系统。

坡面过程：融冻泥流和泥石流 在多年冻土和地下冰分布区，土壤排水不畅。土壤活动层和风化层在融化期间（夏季），水分常达到饱和，尽管有时地形只是略有倾斜，但整个土层会从高处向低处流动，这种土流叫作融冻泥流（Solifluction），并在任何气候环境下都可能发生。当土流含有地下冰或多年冻土时，则采用更具体的术语——融冻蠕流（Gelifluction）。对于这种含有地下冰的土流，即使坡度只有1°或2°，每年也可向下流动5cm。

这种坡面土流的累积效果可使起伏地形整体趋于扁平化，同时伴有明显的地表下沉及土流形成的扇形开裂。此外，冰缘块体运动类型，还包括活动层塌陷造成的平移和旋转滑动。它们伴随地下冰的融化而快速流动。冰缘块体运动的过程与第13章讲述的坡面作用力和坡面过程有关。

17.4.3 人类与冰缘地貌

在多年冻土和冻土地区，人们面临着若干相关问题。由于多年冻土层上方的冻土融化，地表经常移动，导致公路和铁路干线常被扭曲变形，公用管线设施受到破坏。此外，直接在冻土层上建造的各种建筑物，也会“融化”于解冻的冻土中，造成建筑物结构下沉（图17.26）。

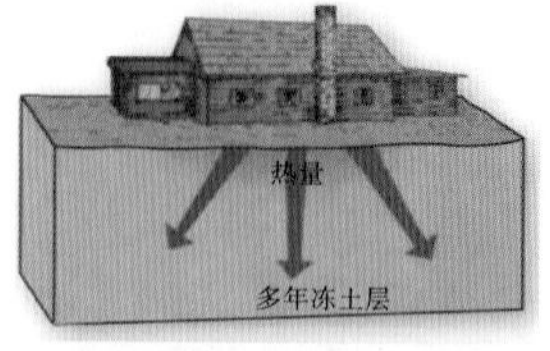

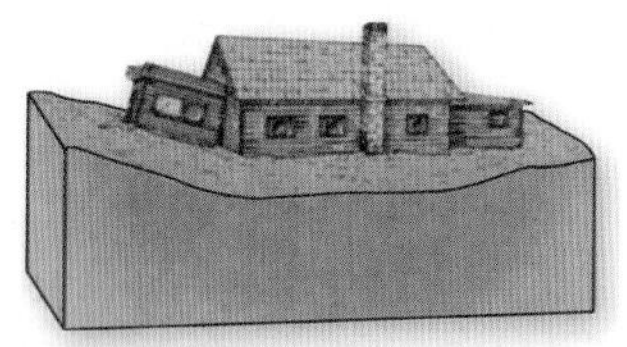

图17.26 多年冻土融化与建筑物塌陷

注：在美国阿拉斯加的费尔班克斯南部，因施工不当和多年冻土融化造成的建筑物塌陷。［改编于：USGS.：照片提供，史蒂夫·麦卡琴；基于：U.S. Geological Survey pamphlet“多年冻土部分”，L.L.Ray编］

在冰缘地区，建筑物必须架离地面，使建筑物的下方有空气流通。气流可以使地面温度按常年周期变化。公用设施（如供水和污水管道）必须通过支架脱离地面并采用“保温管道”，以免遭受活动层的破坏（图17.27）。同样，在长达1 285km的阿拉

（a）在冰缘环境中，需要把建筑物抬高至地面以上；在挪威巴伦支堡的斯匹次卑尔根岛上，一个俄罗斯居民点，通过高架的“保温管道”来保障供水和排水的运行

（b）为了避免多年冻土层受热，跨越阿拉斯加的输油管道高架于钢架之上

图17.27 多年冻土环境中的特殊建筑结构

［（a）Bobbé Christopherson；（b）a96 / ZUMA Press］

斯加石油输油管道中就有675km架设在与地面隔离的钢架上，以避免冻土融化造成管道破裂。地下输油管道则采用冷却系统来保障管道周围多年冻土层的稳定。

17.5　更新世冰期

想象一下，地球上几乎1/3的陆地表面都覆盖于冰盖和冰川之下——加拿大的大部分地区、美国中西部以北地区、英国和欧洲北部及许多山区都被上千米厚的冰层所覆盖。上述这一幕出现于晚新生代更新世的鼎盛时期。此外，在最后一个冰期期间，冰区周边冰缘区域的面积大小相当于现在的两倍。

更新世大约始于165万年前，是地球史上较长的寒冷期之一。这一时期不只发生过一次冰川进退，在欧洲和北美至少发生过18次冰川扩张，并且每次都把前一次冰川扩张留下的痕迹抹去或混淆。很显然，冰川作用可能持续了10万年左右，但冰川退缩很迅速，大概用不了1万年，这些积累的冰川就被融化了。

大冰期（ice age或glacial age）是指持续时间可达数百万年的所有寒冷扩张期（包含多个短暂寒冷时段），地球历史上只有过4次大冰期。一次**大冰期**（ice age）通常指一次广泛的气候寒冷期，包含一个或多个被间冰期间断的**冰期**（glacial stage），而间冰期（interglacial stage）则是指短暂的温暖期。冰期和间冰期的名称都是以当时冰期活动最突出的地点来命名的——比如威斯康星冰期。

确定更新世温度方法之一，就是利用深海岩芯中的化石来判断。具体而言，就是通过浮游生物化石中氧同位素的波动来确定，因为这些微小海洋生物具有钙质外壳。当前，冰川学家认为在伊里诺冰期与威斯康星冰期之间还存在一个桑加蒙（Sangamon）间冰期。它们早于全新世，时间尺度跨越30万年。如图17.28所示，伊里诺冰期实际

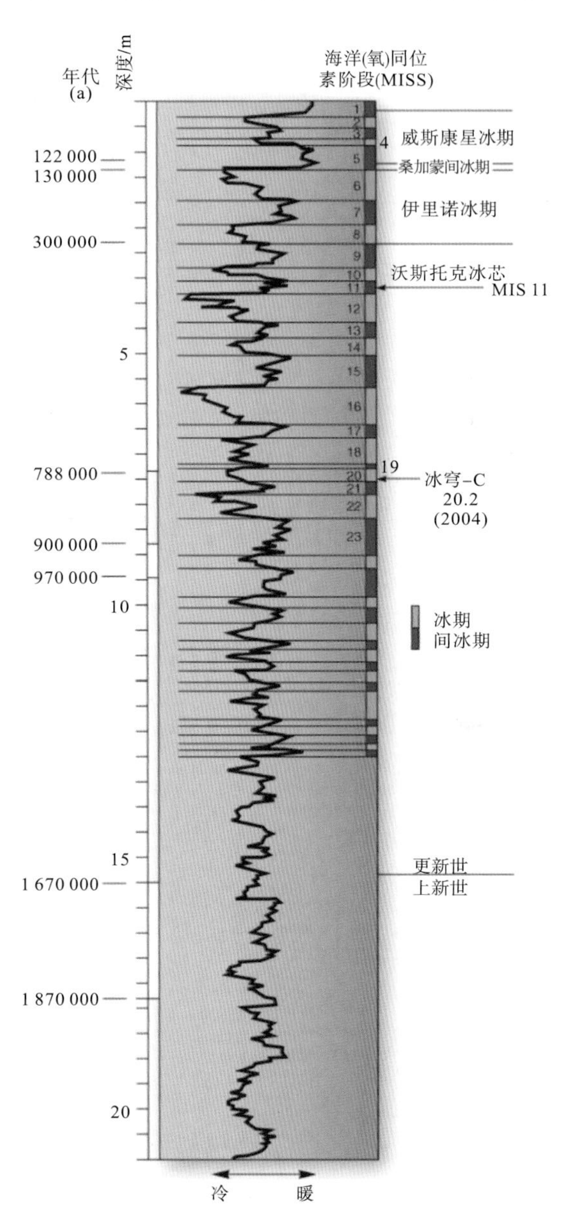

图17.28　过去200万年以来的温度记录

注：图中23个海洋（氧）同位素阶段（MISs）跨度时间尺度达90万年，其中近30万年各阶段都有名称。[改编于：Shackleton N J, Opdyke N D. 1976. Oxygen-isotope and paleomagnetic stratigraphy of Pacific core V28-239: Late Pliocene to Latest Pleistocene[C]//Investigations of Late Quaternary Paleoceanography and Paleoclimatology. Cline R M, Hays J D. Geological Society of America Memoir,145:449-464.]

上包括两个冰期，对应的海洋（氧）同位素阶段（MISs）为6～8阶段，而威斯康星冰期（MISs的2～4阶段）可追溯到1万～3.5万年前。为了避免深海岩芯记录的局部偏差，研究者将氧同位素数据与全球气候变化的其他指标相结合——如冰芯。注意：在图17.28曲线上标注的“MIS 20.2”是冰穹C的冰芯记录，来自东南极高原，其时间跨度长达

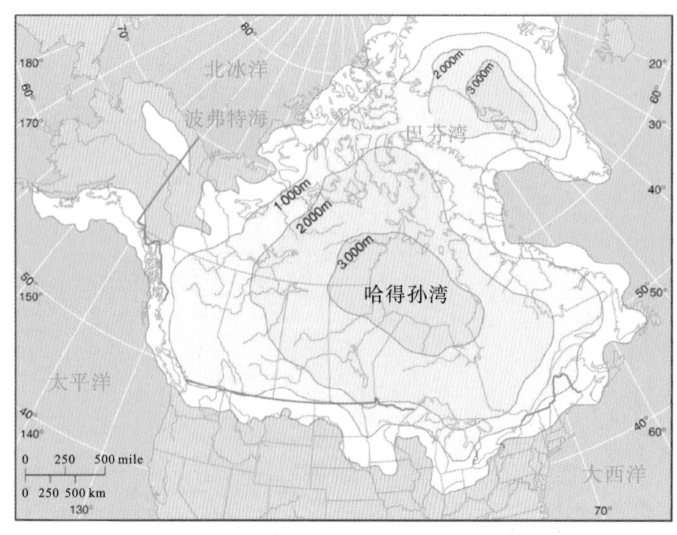

(a) 1.8万年前

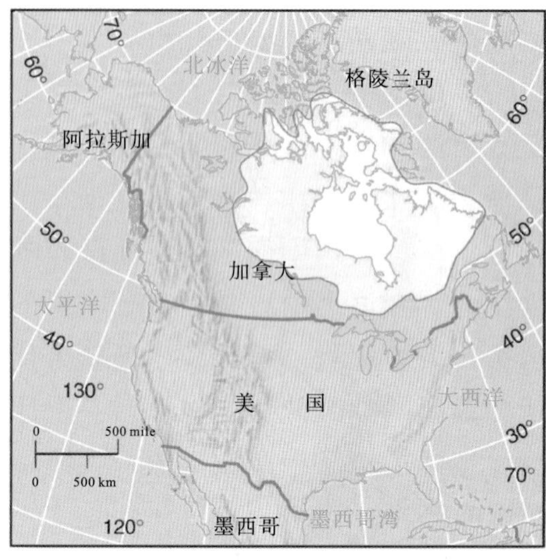

(c) 9 000年前

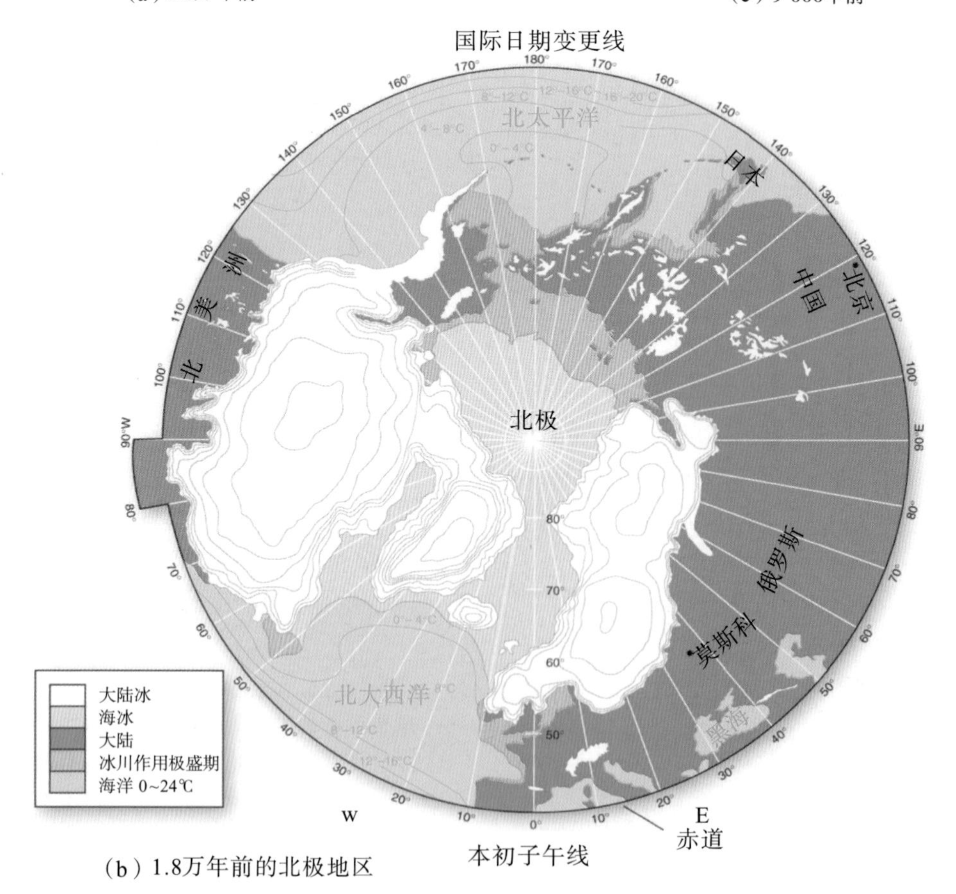

(b) 1.8万年前的北极地区

图17.29　更新世冰川作用范围

注：早期大陆冰川占据的范围较大。注意北美大陆的冰盖深度（单位：m）。[引自：McIntyre A. 1981. CLIMAP (Climate: Long-Range Investigation, Mapping, and Prediction) Project[R]. Lamont-Doherty Earth Observatory.]

80万年。冰期及更新世冰期网页链接，见http://userpages.umbc.edu/～miller/geog111/glacierlinks.htm。

1.8万年前，海洋表面的平均温度为1.4～1.7℃，比当今的温度低。在更新世冰期的最冷期，气温比现在的平均气温低12℃，但温和期的气温与现在气温相差不超过5℃。

17.5.1　地貌景观的变化

如图17.29所示，大约在1.8万年前，加拿大、美国、欧洲和亚洲的部分地区被冰盖所覆盖，冰盖厚度超过2km。在更新世期间，当冰盖范围达到最大时，在北美连续冰体的最南端可抵达俄亥俄河和密苏里河水系。然而，7 000年前这一冰盖消失了。

当山岳冰川和大陆冰原都退去后，显露出来的地貌景观发生了巨大变化：新英格兰的砾质土，加拿大滨临大西洋诸省布满冰川擦痕的地表，美国的爱达荷州与怀俄明州的锯齿状山脊和尖峰、大提顿国家公园，加拿大的落基山脉、内华达山脉，美国和加拿大的五大湖，瑞士的马特洪峰（角峰），以及其他景观地貌。在南半球，新西兰和智利的峡湾及冰体塑造的山脉形态也证明了该冰期的存在。

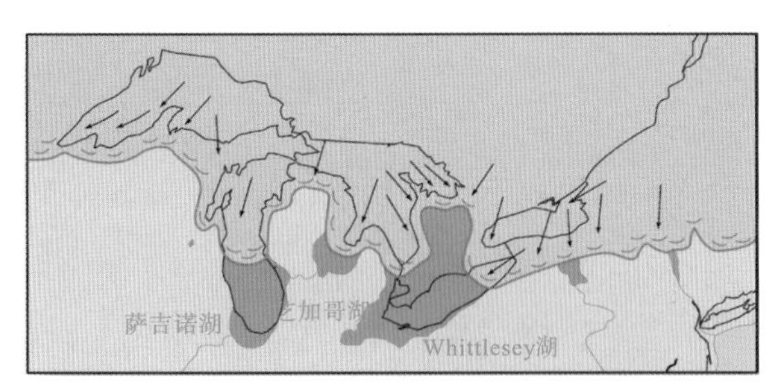

（a）距今13 200年前

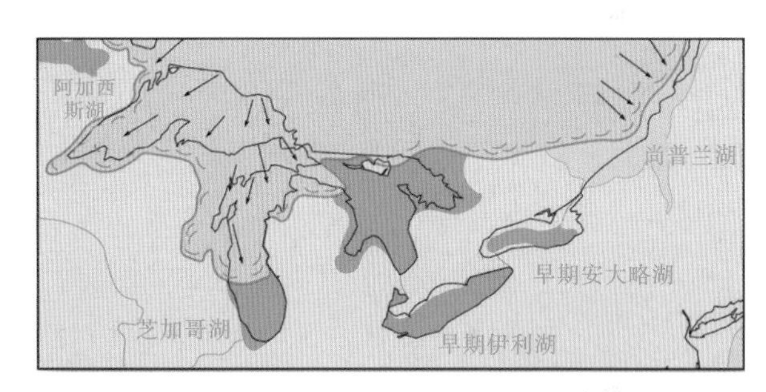

（c）距今11 800年前

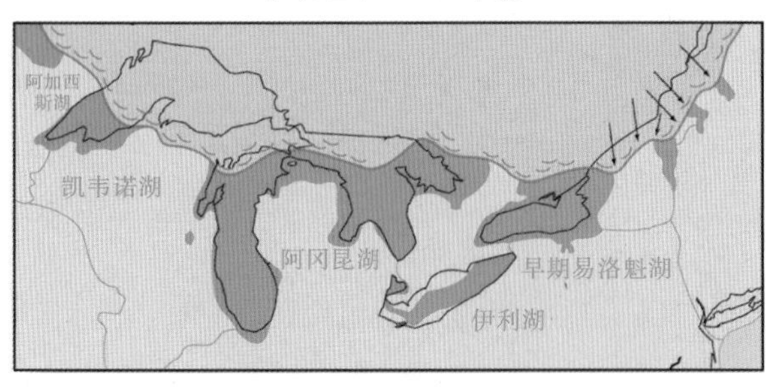

（b）距今12 500年前

（d）距今10 000年前

图17.30　五大湖后期的形成过程

注：四幅简图展示了五大湖在威斯康星冰川退缩过程中的演变。注意（b）和（d）中的水系的变化，时间为距今的年数［引自：Environment Canada, U.S. EPA. 1987. The Great Lakes-An Environmental Atlas and Resource Book[M]. St. Catherine: Brock University, Northwestern University.］。

地学报告17.5　冰川冰对下伏山体的保护

研究者正在研究末次盛冰期冰川冰对下伏地形的影响。冰川底部的温度很重要。在安第斯山脉巴塔哥尼亚的最南端，极寒天气致使冰川冰冻结于岩床上。有证据表明：这可以保护岩床免遭侵蚀及冰川凿蚀，以致南部山体比北部宽、山峰比北部高；而北部山体表面在冰川作用下变得破碎和狭窄。

大陆冰川在五大湖地区反复出现过几次（图17.30）。冰川使河谷扩展加深，造就了湖盆。这一复杂历程形成了当今占地24.4万km²的五大湖，其湖水量约占全球湖水总量的18%。图17.30显示了五大湖后期的形成过程，包括距今1万～1.32万年的两次前进和两个后退。最后一次后退时，大量的冰川融水汇入了因地壳均衡作用而产生的沉陷盆地，即冰川重量压陷后形成的洼地。起初，排水水系经伊利诺伊河流进入密西西比河，再经渥太华河流入圣劳伦斯河，最后流入五大湖东部的哈得孙河。近年来，排水水系仅流经圣劳伦斯河水系。

1.8万年前，海平面大约比现在低100m，这是因为地球上大量液态水冻结于冰川之中。想象一下：当时的纽约海岸线向东延伸了100km；美国阿拉斯加和俄罗斯可以通过陆地穿过白令海峡，实现了陆地相接；英国与法国之间也有一个大陆桥相连接。事实上，海冰向南扩展可抵达北大西洋和太平洋；在南半球，海冰向北的延伸范围要比现在远50%左右。

17.5.2　古湖泊

图17.31描绘了1.2万～3万年前美国西部大型湖泊星罗棋布的分布状况。除了犹他州的大盐湖（见地图上的标注，博纳维尔湖的残余）及一些较小的湖泊之外，现存的只有干涸的湖盆、古湖岸线及湖泊沉积物。这些古老的湖泊就是所谓的**古湖泊**。图17.31中的（b）～（d）是古湖泊的遗址面貌：犹他州的大盐湖、加利福尼亚州的莫诺湖和犹他

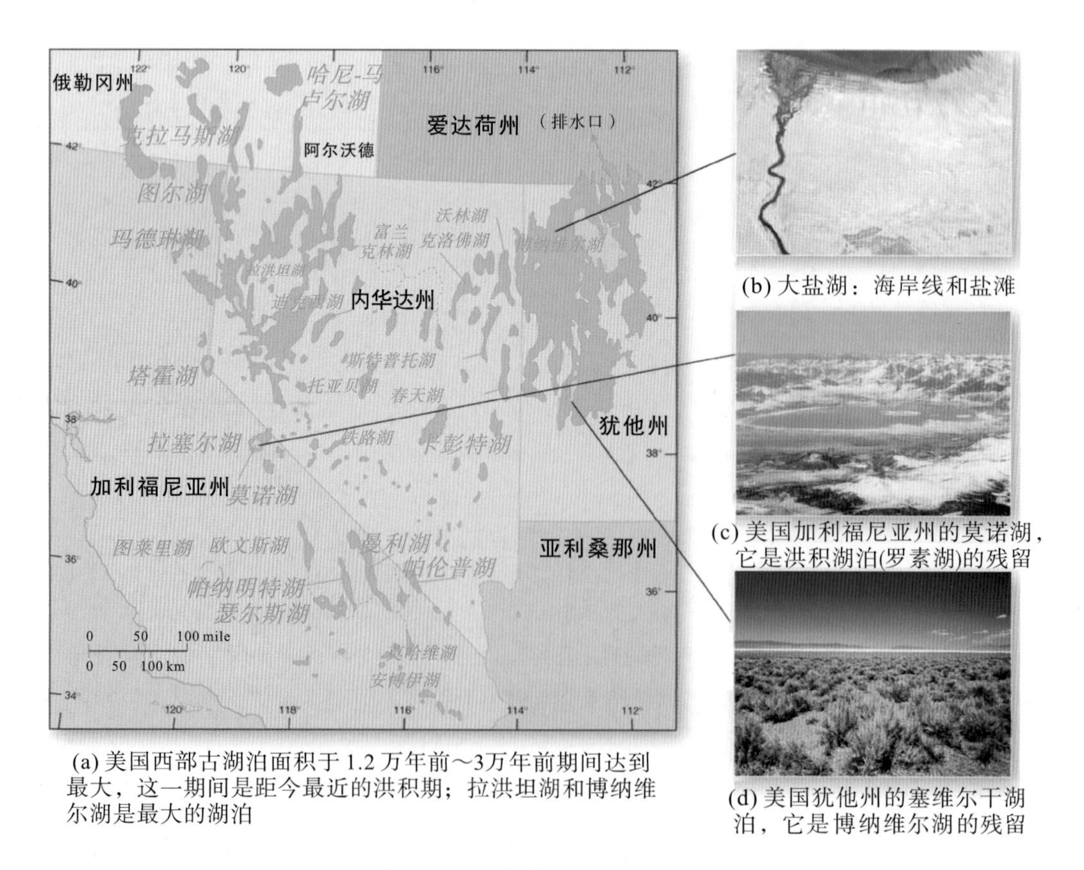

(a) 美国西部古湖泊面积于1.2万年前～3万年前期间达到最大，这一期间是距今最近的洪积期；拉洪坦湖和博纳维尔湖是最大的湖泊

(b) 大盐湖：海岸线和盐滩

(c) 美国加利福尼亚州的莫诺湖，它是洪积湖泊(罗素湖)的残留

(d) 美国犹他州的塞维尔干湖泊，它是博纳维尔湖的残留

图17.31　美国西部的古湖泊

注：这一期间是距今最近的洪积期，［（a）引自：Flint R F. 1957. Glacial and Pleistocene Geology[M].New York: John Wiley and Sons.；（b）、（c）和（d）Bobbé Christopherson］

州的塞维尔干湖泊。

洪积（*Pluvial*，来自拉丁语，意为“雨”）这一术语，是指所有的湿润期，比如更新世。洪积期内，干旱区湖泊水位上升。洪积期间的干旱期称作间洪积期（Interpluvials），常常有标志性的湖相沉积（lacustrine deposit），这些沉积物沿湖岸线形成阶地。

起源于冰川的古湖泊与五大湖的经历一样吗？早期研究者试图通过建立洪积扇与冰期之间的联系来印证它们在更新世期间的经历是否相同。然而，几乎没有实例表明存在这样一种简单的相关关系。例如，在美国西部，按照冰川融水的估算，其体积仅占古湖泊实际水量的一小部分。另外，这些湖泊的形成时间往往早于冰期。因此，它们被认为与潮湿气候或蒸发率偏低的时期相关。

北美、南美、非洲、亚洲和澳大利亚都分布有古湖泊。如今，哈萨克斯坦和俄罗斯南部的里海，其湖面比世界平均海平面低30m，但仍可见古海岸线要比现在湖面高出80m左右。晚更新世，北美最大的两个古湖泊是美国西部盆岭省的博纳维尔湖和拉洪坦湖。这两个湖泊的面积曾是现存面积的8倍和6倍。图17.31（a）给出了这些湖泊及其他古湖泊处于最高水位时的状况，并用淡蓝色表示几个残存至今的现代湖泊。由于许多古湖岸尚未开展野外测绘，大量研究工作有待继续进行。

在犹他州盐湖城附近，大盐湖和犹他州西部的博纳维尔盐滩（Bonneville Salt Flats）是残存的博纳维尔湖。大盐湖是当今世界第四大盐湖，在它面积最大时，该湖泊覆盖面积超过5万km^2、深达300m，其覆盖范围向北延伸至斯内克河流域。如今，它已变成了一个封闭盆地的尾闾湖，除了湖的西侧有一个人工开凿的出水口外，再无其他排水通道；仅在偶尔发生的洪水期，还要通过使用水泵才能调出大盐湖的水量。

最新研究表明：上述湖泊之所以出现在北美地区，这与极地急流的具体变化有关，急流使穿越这一地区的风暴路径产生偏转，从而创造了洪积环境。大陆冰盖对急流位置的改变有显著影响。

17.6 破译过去的气候——古气候学

气候在寒冷期和温暖期之间的波动，造成了冰期和间冰期。气候波动的证据可以从以下几方面获得：格陵兰岛和南极洲的冰芯（**专题探讨17.1**）、海洋中泥质和黏土质层状沉积物、古植物花粉记录、古珊瑚繁殖与海平面的关系。上述物证可通过放射性测年法及其他技术方法来分析。这些研究揭示出了一个很有趣的事实：人类（过去190万年以来的直立人和智人）从未经历过地球上的正常气候（更温和、不极端的气候）——地球46亿年历史长河中的主要气候特征。

显然，地球的气候曾发生过缓慢波动并一直持续了12亿年，且以2亿～3亿年为周期的变化模式较为显著。更新世始于165万年前，目前可能仍处于这一进程中。全新世大约始于1万年前，当时平均温度骤然升高了6℃。我们生活的年代可能代表着更新世的结束，也或许仅是一个温和的间冰期。图17.32详述了过去16万年以来的气候变化。

17.6.1　中世纪暖期和小冰期

公元1001年，莱弗·埃里克松（Leif Eriksson）在探险中无意登上了北美大陆（他或许是首位登上北美大陆的欧洲人）。在中世纪暖期的眷顾下，他和维京人同伴得以航海穿越当时海冰较少的北大西洋，从而定居在冰岛和格陵兰岛。

中世纪温和气候期从公元800年持续至公元1200年，又称为中世纪温暖期（Medieval Warm Period）。在这一时期，葡萄种植已拓展到英格兰的区域，位于现代商品葡萄种植带以北大约500km。燕麦和大麦的种植也扩张至冰岛，小麦向北扩植到了挪威的特隆赫姆。在北美、欧洲和亚洲，天气的暖湿变化，对移民向北迁移也产生了影响。

然而，大约从1200～1350年至1800～1900年期间，发生了小冰期（Little Ice Age）。这使北大西洋出现部分冻结，同时扩张的冰川还封锁了欧洲山区的许多重要通道。在最冷的年份，欧洲的雪线大约降低了200m，造成格陵兰的原人口聚居地被荒弃。伴随种植模式的改变及北部森林的减少，这些地区的人口也发生了变化。1779～1780年冬季，纽约的哈得孙河、东河及整个纽约湾全部冻结成冰；斯塔滕岛与曼哈顿岛之间，人们可以在冰层上散步，甚至拖拉重物。

但在小冰期的700年间，并不一直都是寒冷。通过解读格陵兰岛的冰芯记录，科学家在上述寒冷期内还发现了很多温和年份。更为准确地说，这是一个仅仅持续几十年的、迅速且短暂的气候波动。

从格陵兰岛获取的钻探冰芯揭示了该地区每年的冰雪积累状况，再联系冰芯样本其他特征，就能指示出当时的气温状况。公元500年以来的这种气温记录，如图17.32所示，中世纪温暖期的增温很明显，而小冰期则显得比较混乱，大约于公元1200年、1500年和1800年左右，天气较冷。

17.6.2　气候波动机理

导致气候短期波动的机理是什么？地球为何会在跨越几亿年的长周期变化中发生脉动？关于冰期概念的研究和争论，激烈程度前所未有，主要原因有三：来自格陵兰岛和

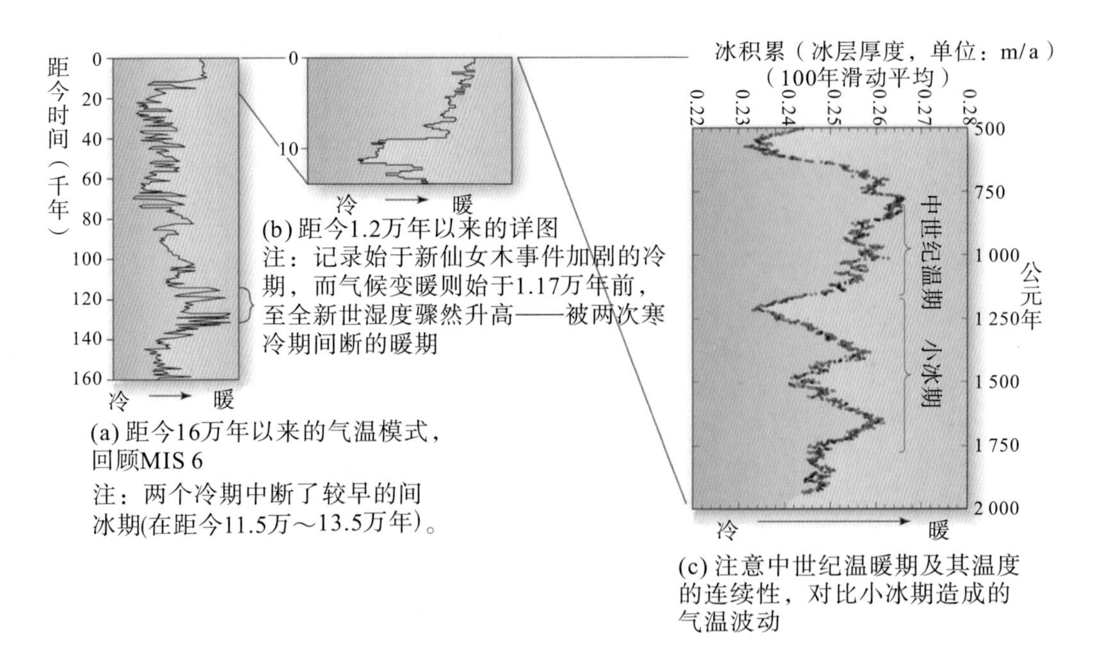

图17.32　基于冰芯确定的过去16万年的气候变化

［(a)和(b)由格陵兰岛冰芯项目(GRIP)提供；(c)引自：Meese D A, Gow A J, Grootes P, et al. 1994. The Accumulation Record from the GISP2 Core as an Indicator of Climate Change Throughout the Holocene[J]. Science, 266(December, 9):1681.］

南极洲有连续年代记录的冰芯，为天气和气候模式、火山喷发物、生物圈发展趋势（见**专题探讨17.1**）提供了新的详细记录；为了认识现在和未来的气候变化，需要凝练出一般气候循环模型并加以完善，为此必须了解大气圈和气候的自然变异；人为导致的全球变暖及它与冰期的关系，也是我们关心的主要问题。

由于过去低温期具有一定的周期模式，所以研究者在自然界中寻找造成这种周期模式的成因。现在已经确定，有许多因子都会对气候长期变化趋势产生影响，这些因子相互作用，构成了一个复杂混合体。下面就让我们一起来了解以下几个因子的作用。

专题探讨17.1　冰芯揭示的地球气候史

欧洲格陵兰岛冰芯计划（Greenland Ice Core Project，GRIP）始于1989年。钻探地点是格陵兰岛冰盖海拔3 200m的最高点附近，以便获得冰层积累最厚地方的历史记录（图17.33）。三年后，钻头触碰到3 030m深的基岩，采集的冰芯历史可上溯至25万年前，其直径为10cm。

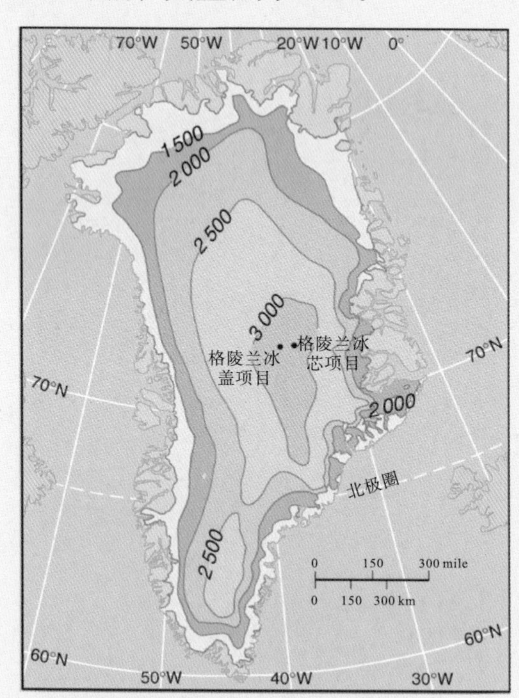

图17.33　格陵兰岛的冰芯位置

注：GRIP采样点位于72.5° N，37.5° W。GISP–2采样点位于72.6° N，38.5° W。［GISP–2，科学管理办公室］

一年后，在最高点以西大约32km处，美国格陵兰岛冰盖项目（GISP-2）又获取了一个直径为13.2cm的冰芯，该项目获得的数据是GRIP的2倍。第二个冰芯的数据使科学家能够弥补第一个冰芯的不足，因为科学家曾在地表2 700m以下，或者说在距今大约11.5万年的地方，遇到了冰褶皱或被扰动的冰层。

科学家在这些冰芯中发现了什么？密封在冰芯里的是过去的降水和气泡记录，其中气泡能反映过去大气中各种气体成分的浓度。尤其引人瞩目的是温室气体，包括CO_2和甲烷。此外，还有大气和积雪的物理化学性质，也被冻存在逐年堆积的冰层中。

此外，污染物也被密封在冰芯中。例如，寒冷期的冰芯中含有从遥远干旱区刮来的高浓度尘粒。冰芯中还保存了珍贵的火山喷发物，就像一本生动的日历。甚至，青铜器时代之始（大约公元前3 000年），也被确切地记录到了冰芯之中。当希腊人及后来的罗马人开始铜冶炼时，产生的烟尘也随风飘到这个遥远的地方。冰芯中的氨含量表明，古代低纬地区曾发生过森林大火。对于冰盖上的每一次降雪，它们的稳定氧同位素比率，是推断过去气温的一项重要参数。

冰穹-C的冰芯

冰穹-C位于南极高原东部，距南极极点约1 750km，距海岸约900km。这里是南极大陆冰盖最厚的地方［具体位置见

图17.37（c），景观见图17.34］，冰层厚度达3 309m，当地地表年均温度为−54.5℃；然而科考队考察期间经历的气温变幅就从他们初来时的−50℃变化到仲夏时的−25℃。沃斯托克站（东方站）距离冰穹-C有560km远，该站以前的冰芯记录已达到40万年。冰穹-C项目是欧洲10国南极冰芯钻探计划（European Project for Ice Coring in Antarctica, EPICA）的一部分。

图17.34　冰穹-C研究站

注：冰穹-C研究站俯瞰（位于75.1° S，123.3° E），帐篷和半永久式建筑区。［英国南极调查局］

钻探冰芯的机械钻头直径为10cm，它可获得高分辨率的冰芯记录，包括古代大气中的气体、火山灰及其他物质。2004年12月，冰芯钻探到3 270.20m深，这一深度可追溯至80万年前的地球气候史（图17.35）。这印证图17.28中的MIS 20.2，其中包含8个冰期和间冰期周期。科学家发现，冰穹-C中的记录证实沃斯托克站的发现，而且还与大西洋深海岩芯中有孔虫外壳（微体化石）的氧同位素有紧密关联。

可以肯定的是：目前大气中的CO_2、甲烷和氧化亚氮的浓度是过去80万年以来的最高值，在这一时间跨度范围内，它们的浓度变幅与气温的高低波动相一致。

在图17.28中找到MIS 11这一阶段，证明了冰穹-C项目的重要性。在MIS 11这段暖期（即距今42.5万～39.5万年前），冰穹-C的冰芯中有很完整的记录。有趣的是，MIS 11暖期的大气CO_2的浓度与工业化前的水平（280ppm）相似，而当时地球轨道的位置也与目前状态相似。据此推断，MIS 11告诉我们的是：下一次冰期，可能在1.6万年以后重返地球。

（a）冰穹-C的冰芯：英国南极调查局的两名工作人员正在小心翼翼地检查冰芯，有1/4的冰芯样品留存于冰穹-C处，以防样品在运回欧洲实验室途中发生意外

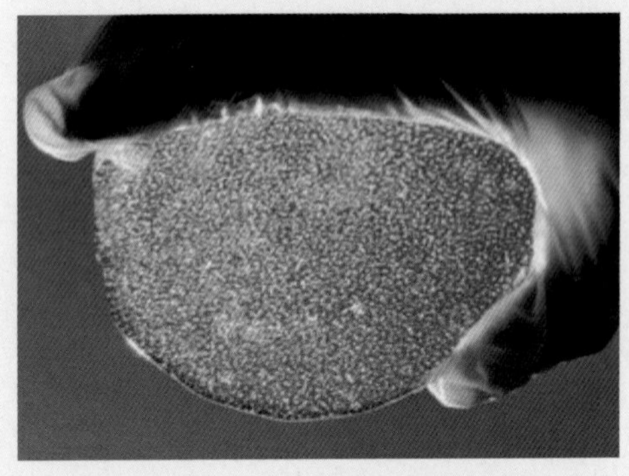

（b）冰芯切片：透过冰芯切片的光线；冰块中包含的古大气成分用于气体分析

(c) 冰川冰中的气泡

图17.35　冰穹-C的冰芯分析

［（a）和（b）英国南极调查局（British Antarctic Survey, BAS, https://www.bas.ac.uk/）；（c）Bobbé Christopherson］

已完成的、正在进行的和计划中的冰芯钻探项目，加在一起将使南极洲的冰芯数量接近30个，这也使得格陵兰岛冰芯数量达到16个。在NOAA的古气候学门户网站中，有冰芯钻探计划的列表和网址链接（http://www.ncdc.noaa.gov/paleo/icgate.html）；俄亥俄州立大学博德极地研究中心网站（http://bprc.osu.edu/Icecore/）提供了有关冰芯古气候学研究组的全球进展信息。

了解过去能帮助我们破译未来的趋势。在认知地球冰冻圈发生了什么的过程中，自然地理学所面临的挑战是对这些空间数据进行分析，找到它们与地球其他系统、人类经济和人类社会之间的联系。

气候和天体的关系　太阳系围绕着遥远的银河系中心旋转，横穿一次银河系平面大约需要3 200万年。当地球黄道面与银河系平面排列达到平行时，地球穿越星际空间时遇到尘埃和气体的几率会增加，这将会对气候产生影响。

米卢廷·米兰科维奇(Milutin Milankovitch, 1879—1958年)是一位研究地球－太阳轨道关系的塞尔维亚天文学家。他提出了一些有可能引起气候变化的原因。米兰科维奇想知道：在漫长的时间里，冰期的发展是否与周期性天文因子有关，这些因子包括地球的公转、自转和地轴倾斜(图17.36)。概括如下所示。

- 地球绕太阳公转的椭圆形轨道不是恒定的。椭圆形态以10万年为周期的变化幅度超过17.7百万km，从一个近似圆形到一个扁平状的椭圆［图17.36（a）］。
- 地轴以2.6万年为周期发生“摇摆”，其运动形态就像是一个旋转即将停下来的陀螺，这种摇摆称作*岁差*（Precession）。在图17.36（b）中可以看到，岁差改变了南、北半球和陆地与太阳之间的方位关系。
- 地球的地轴倾斜角度为23.5°，它以4.1万年为周期在22°～24°变化［图17.36（c）］。
- 在MIS 11时期（图17.28），上述这些天文因子和现今的相同。

在没有现代计算机的情况下，米兰科维奇计算得到了因“地球－太阳”相互作用所形成的9.6万年气候周期。他在冰川作用模型中，假设了天文因素对地表日辐射量影响。

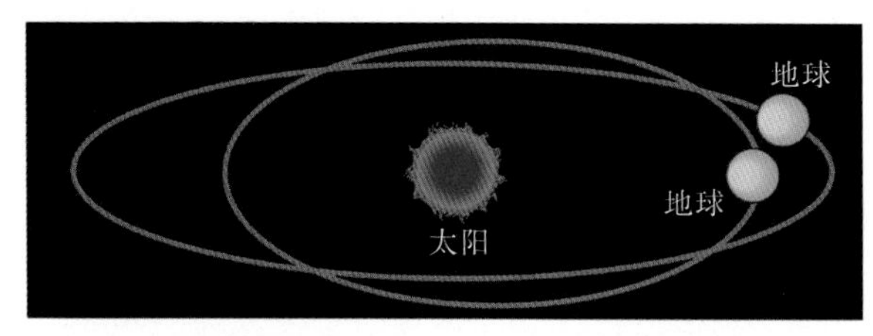

（a）地球的椭圆轨道，以10万年为周期的变化较大，轨道可被拉伸为扁平状的椭圆

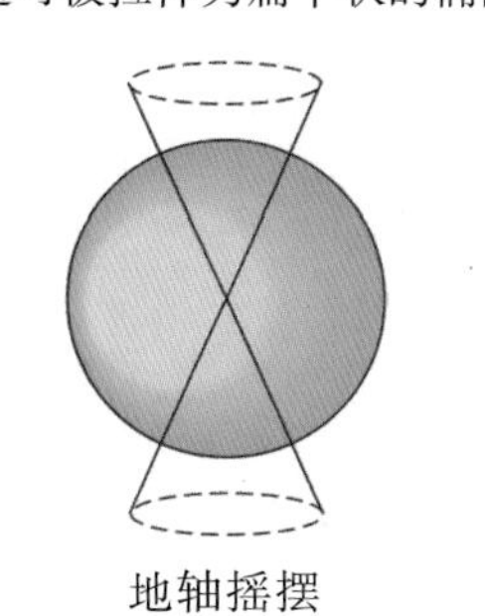

（b）地轴摇摆，周期为2.6万年

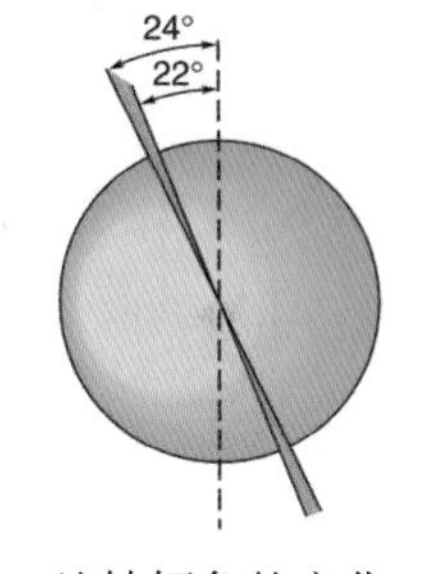

（c）地轴倾角的变化周期为4.1万年

图17.36　对气候大周期可能产生影响的天文因素

直到1958年米卢廷·米兰科维奇去世时，他的想法仍未被科学界接受。如今处于遥感卫星、计算机的时代，全球都在研究如何解译过去的气候。因而，米卢廷·米兰科维奇工作的价值得到了显现：他的工作不仅对气候周期变化成因的研究起到了促进作用，而且还在某种程度上得到了验证。在许多地区都证实确实存在一个大约10万年的气候周期，如格陵兰岛和南极洲的冰芯气候记录、西伯利亚贝加尔湖沉积层中的气候记录。米

卢廷·米兰科维奇给出的周期似乎是冰期–间冰期周期变化的主要起因，尽管还有其他次要因子的作用，如北大西洋的变化、北极的海冰平衡和大气中CO_2浓度的变化。

气候与太阳变化　如果太阳与某些恒星一样，某些年份输出的能量有显著变化，那么这些变化显然会被当作周期性冰期的成因。然而，由于缺少太阳辐射长周期显著变化的证据，这一假设受到质疑。虽然如此，人类对太阳变化的探索仍在继续。参见第10章的图10.35，政府间气候变化专门委员会在第四次评估报告中指出，太阳的变化与大气和海洋的温度升高并无关联。

气候与大地构造　大多数冰期都与板块构造运动有关，因为板块运动导致一些陆块向高寒纬度移动。在第11章和第12章中，本书解释了陆块的形态和移动方向，包括洋盆在地球历史时期的巨大变化。大陆板块从赤道向极地漂移，而极地板块向赤道漂移，从而使地表曝露于逐渐变化的气候环境中。冈瓦纳大陆（泛大陆的南半部分）经历了广泛的冰川作用，致使在非洲、南美洲、印度、南极洲和澳大利亚部分地区的岩石上，至今仍保留着冰川作用的痕迹。例如，撒哈拉地貌景观中就存在着早期冰川活动的痕迹。这些痕迹部分形成于奥陶纪时期，因为4.65亿年前非洲部分地区位于南极附近［图11.18（a）］。

过去十亿年间的造山运动对气候变化也有影响，如地形抬升作用甚至使山顶高于雪线，夏季融雪后山顶仍有积雪。横亘的山脉链对下风方向的天气模式和急流环流产生影响，进而对天气系统有引导作用。冰期期间沙尘天气偏多，这表明冻区之外，天气干燥，荒漠面积广大。

气候与大气因子　大气成分被改变后，也会引起气候变化。一次火山喷发可导致1～2年的低气温天气。低温有利于高纬度地区形成多年雪被。高反照率的雪面能让地球反射更多的太阳辐射，在正反馈系统中可使寒冷加剧。

大气温室气体的波动可触发气温升高或者降低。在格陵兰岛和南极洲冰芯中封存的空气样品中，CO_2浓度为180～290ppm。通常，高浓度的CO_2与每个间冰期或暖期都有关联。在过去的40多年间，大气CO_2浓度增加迅速主要是人为作用的结果，见图10.33（1 000年的记录）和图10.36（10 000年的记录）中的CO_2记录。

气候与海洋环流　海洋环流模式的变化也对气候产生影响。例如，大约形成于300万年前的巴拿马地峡，阻隔了大西洋与太平洋之间的环流通道。洋盆形态、海面温度、海水盐度、上升洋流和下降洋流的流速，都会对气团的形成和温度产生影响。

对于气候的过去、现在和将来，我们的认识正在不断深入。通过学习我们已知道：气候是一个多周期的叠加系统，这个系统被一系列的冷暖相互作用过程所支配，而这一切又都与天文因素、大地构造因子、大气成分变化、海洋环流及人类作用有关。

17.7　南极和北极地区

气候学家利用环境标准来确定北极和南极地区的界限。**北极地区**以7月份10℃的等温线为界［图17.37（a），即图17.37中的绿线］。这条界线与可见的森林界线相一致，即北方森林与苔原的分界线。北冰洋被两种冰体覆盖：*漂浮海冰*（floating sea ice，即冻结的海水）和*冰川冰*（glacier ice，淡水冻结）。这些积冰夏季变薄，有时还会崩解破碎［图17.37（b）］。

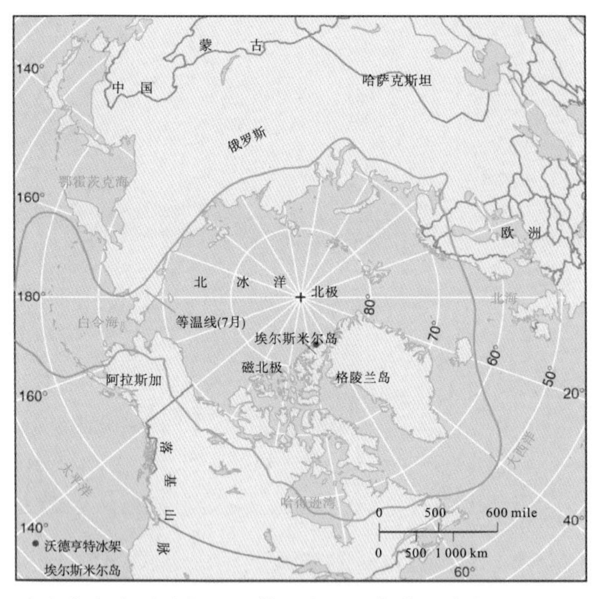

(a)注意盛夏时的10℃等温线，这条等温线勾绘了以浮冰群为主要景观的北极地区

(b)北极地区的海冰，距北极点大约965km远

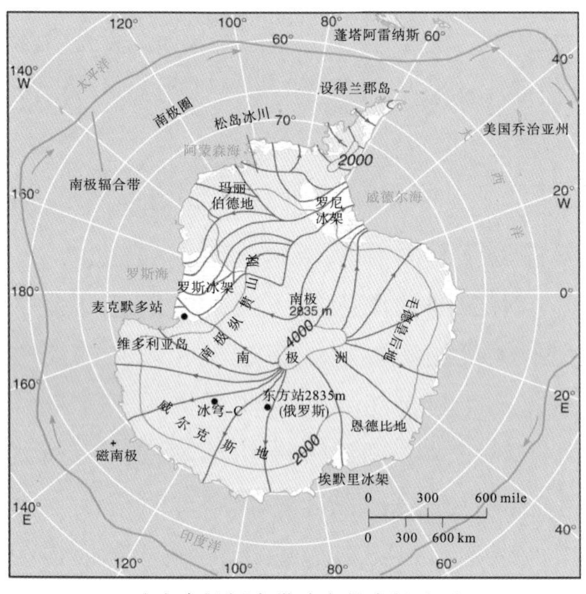

(c)南极辐合带确定的南极地区

注：冰盖上用箭头表示冰的总体移动方向。请注意：冰穹-C和沃斯托克站的位置

(d)摄影者从布朗断崖穿越南极海峡时看到的景观

图17.37　南北极地区

注：照片中的船舶可作为巨大平顶冰山的参照比例。

[Bobbé Christopherson]

判断与思考17.2　南极极点科考站的生活

在掌握地理学网站中，可通过网址链接查阅本章的辅助学习资料，当你阅读1993～1998年“新南极时代”的总结之后，设想一下人类应当对南极承担哪些责任？在南极极点科考站度过冬季的50个人中，有科学家、技术员和后勤人员。Katy McNitt-Jensen是1998年南极站的站长兼记者，这是她第3次南极之行。她的观察记录很有趣。记住：离开科考站的末班飞机是2月中旬，而到达基地的首班飞机是10月中旬，在此期间科考站与外界隔离。对于这种奉献精神，你是如何看待的呢？若是你身处这种自然环境中，你将怎样面对这种孤独和黑暗呢？

就像本书在其他章节中所叙述的那样，1970年以后，由于局部地区变暖，北冰洋几乎有1/2的冰体消失了。2007年更是打破了海冰面积的最小纪录——比2005年的最低纪录值减少了24%。随着北极冰的持续消融，2007年9月传说中的大西洋通往太平洋的西北航道（横穿北极地区）已经变成了不冻海域，而俄罗斯以北的东北航道早在前几年就已不结冰了。

图17.38　南极极点科研基地

注：海拔2 835m的阿蒙森-斯科特南极站，鸟瞰图摄于2008年1月。1975年启用的网格圆顶建筑（左侧）现已退役，右侧建筑是架在3m高塔架之上并于2006年竣工的新科考站，这种结构可以适应积雪、防止地下冰融化。建筑物前方是仪式上的南极点，被南极条约签署国的国旗所环绕，呈半圆状；真正的地理极点位于左侧，详见插图（铜杆和旗帜是极点标志，90° S）。[引自：Ethan Dicks，美国南极项目，美国国家科学基金]

南极地区的范围是通过一条狭窄的南极辐合带来界定的。这条环绕南极大陆外围的窄带，也是南极冷水与低纬暖水的边界。在南半球夏季的2月份，这条边界大致与60° S纬圈附近的10℃等温线相吻合[图17.37（c），绿线]。就南极地区而言，仅海冰覆盖的面积就比北美、格陵兰岛、西欧加在一起的面积还大。更多极地冰的信息，可查阅美国国家冰中心网站（http://www.natice.noaa.gov/），以及加拿大的冰面监控局（Canadian Ice Service）网站（https://www.canada.ca/en/environment-climate-change/services/ice-forecasts-observations/about-ice-service.html）。

被海洋环绕的南极大陆，整体上要比海洋环境下的北极寒冷很多。简单地说，南极洲是一个被巨大冰川所覆盖的大陆。南极大陆内部仍存在区域差异，而且对气候的微小变化反应亦不同，如东南极冰盖和西南极冰盖，这些冰盖一直处于运动之中，见图17.37（c）中箭头所示。

南极洲远离人类干扰，这使它变成了一个优良的实验室。在过去和现在的历程中，人类与自然界的演变证据可被大气和海洋环流输送到这一原始环境中。南极地区的特点是海拔高、冬季寒冷且黑暗、远离污染源，也正是这些条件使它成为了天文和大气的理想观测点（图17.38）。整个冬季（2～10月），南极极点科考站只有50名工作人员，包括科学家和后勤人员；而在短暂夏季，则有130个或更多的人员来这里研究和工作。

极地地区正在发生的变化　回顾第10章的“全球气候变化”和第4章的当今地表系统专栏，其中介绍了高纬地区的气温，以及浮冰群、冰架和冰川正在发生的物理变化。

极地地区融池数量的增加，是地表状态

变化的重要指标之一。因为融池反映的是一种正反馈现象——融池表面颜色较深，能够吸收更多的太阳辐射，导致气温变暖而融化更多的冰，进而形成更多的融池，如此循环加剧。通过Landsat-7卫星及装备于飞机上的摄像机，人们发现分布于冰川、冰山、冰架及格陵兰岛冰盖上的融池数量呈逐年增加趋势。

图17.39（a）是2003年6月在格陵兰岛西部获得的Terra卫星影像，影像东侧分布的是裸岩地表，这说明雪线正向高海拔地区退缩。从影像中可知：融池的数量正在迅速增加，2001～2003年融冰区域（melt zone）内水分达到饱和的土地面积增加了400%。在图17.39（b）中，融池就是冰面上的蓝色小斑点，你可以看到2008年7月格陵兰岛西南部的融池和融水径流。

有时，融水径流融化了沿途的冰盖，冰盖上形成的锅穴或排水通道可延伸至冰川底层［图17.39（c）］。当冰川融水流过黏土质地的基底层时，会产生润滑作用，甚至产生的静水压能把冰层抬起，从而起到加速冰川

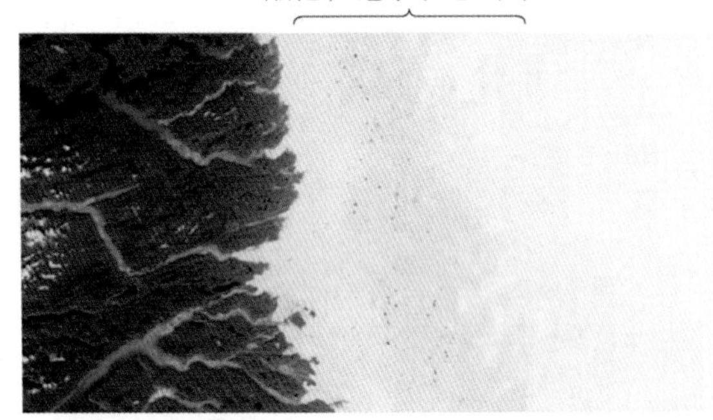

（a）格陵兰岛西部的冰面湖

注：西侧（左边）是岩质地表，分布着冰川和峡湾；东侧（右边）是冰盖；两者之间为融冰区域，观察其分布范围，它的表面由饱和状态的冰以及融池（蓝色斑点）组成

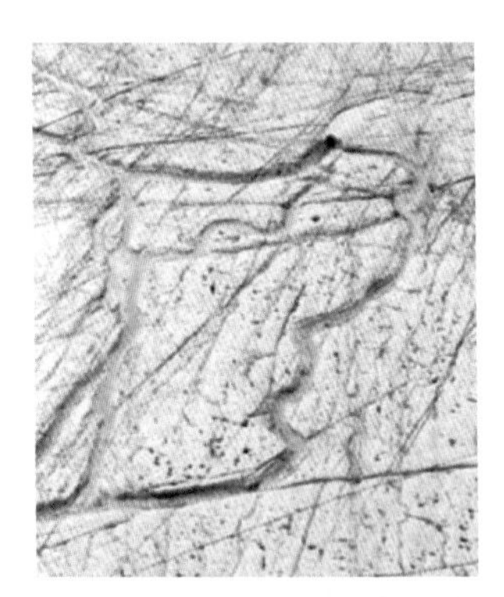

（b）融池中的水和融水，穿过格陵兰岛西南方后汇入锅穴

（c）融水流入的锅穴

（d）锅穴的排水口有时位于冰川表面

（e）表明：融池是气候正反馈作用的指示器

（f）与（e）相同

图17.39　格陵兰岛上不断增加的冰面融池、冰川融水和锅穴

注：北极地区的冰山、冰架和格陵兰岛冰盖上的冰面融池，都在不断地增加。［（a）Terra MODIS影像，NASA/GSFC提供；（b）和（c）来自JPL/NASA；（d）、（e）和（f）来自Bobbé Christopherson］

流速的作用。有时，锅穴通道的排水口是冰川表面或海洋［图17.39（d）］。

围绕南极洲边缘的是巨大的冰架，约占南极地区面积的11%。虽然冰架经常破碎成冰山，但大面积的冰架崩解还是超出了人们的想象。在本章当今地表系统栏目中，你已经了解了威尔金斯冰架近期的一次崩解。1998年在南极半岛东南部的罗尼冰架上，崩解出了一座大小相当于美国特拉华州的冰山。2000年3月罗斯冰架（南极半岛西部，约3027km处）发生了崩解，形成了一座面积两倍于特拉华州（300km × 40km）的冰山（标记为B–15冰山）。

1993年至今，南极洲已经有7座冰架发生了崩解，面积超过8 000km^{2}的冰架消失了，甚至让南极地图都发生了改变。由此露出的岛屿可供环岛航行，同时还形成了数千座冰山。南极半岛东海岸的拉森冰架，多年来一直在缓慢退缩。1995年，拉森冰架–A突然崩解。2002年初，仅仅35天之内，拉森冰架–B就崩解成了冰山（图17.40）。拉森冰架–B至少存在了1.1万年之久，这意味着它是全新世以来发生于地球最南端的冰架崩解事件。另外，与之相邻的南侧冰架——拉森冰架–C，由于冰架底部300m深处的水温比冰点温度高出0.65℃，所以其底部的冰物质也正在减少。由此可知：冰架融化的热量来自上下两侧——海洋和大气的增温，因此冰体减少可能是近50年来海水增温和半岛地区气温升高2.5℃所导致的。对于增温过程的响应，南极半岛正经历着前所未有的植被生长、海冰减少现象。这对企鹅的捕食、筑巢、换羽等活动造成了干扰，而这种物候变化成为了这些动物面临的新问题。

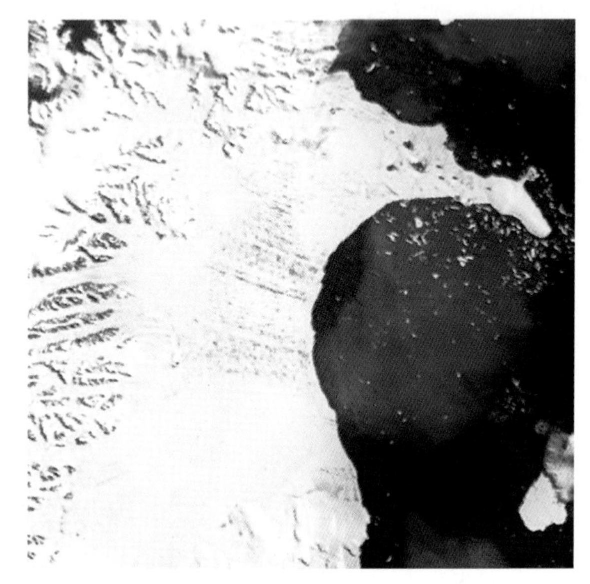

（a）2002年1月31日

（b）2002年3月7日

图17.40　南极洲海岸的冰架崩解

注：2002年1月31日～3月7日，退缩中的拉森冰架–B发生了崩解；注意1月份影像中的融池。

［Terra 影像，NASA］

判断与思考17.3　国际极地年（IPY）成就展

2007年3月～2009年3月间的国际极地年（International Polar Year, IPY）经历了两个极地夏季——这是自1882年首次国际极地年（IPY）以来的第四个国际极地年。这种全球性的跨学科研究、探索和发现，一方面涉及数百个合作项目和5万名科学家；而另一方面寻找生态系统和人类活动之间联系的关键又是系统方法。期间，北极地区开展的研究项目约占65%，南极地区开展的研究项目约占35%。项目的研究成果仍在陆续出版中，这推动了相关的会议和教学科研活动。对于直接经历气候变化的本地居民来说，他们的传统知识同样是研究工作（原住民的真实体验）的一部分。

运用你的判断能力，对国际极地年（IPY）研究成果进行简要探索。首先键入http://www.ipy.org网站，在“什么是IPY？”模块中：①点击“Polar Weeks”，然后沿链接网址的时间次序；②点击“About IPY”来获取相关的背景和迫切议题；③点击“IPY Project Database”，再点击“Browse all Eols”，可获得一些研究项目的详情。全面地查阅要花费很多时间，因而可把上述探究当作一个简单的研究调查。

地表系统链接

本书第Ⅲ篇讲述了地球-大气圈的边界层。在这一篇的末尾部分，我们学习了冰冻圈、冰川过程及其地貌，同时还讨论了山岳冰川及大陆冰川的过去和现在。在地球的地貌景观中至今还保留有过去冰川时期的痕迹。冰芯分析是科学家研究古气候的一种方法，利用冰芯记录可追溯过去80万年以来的气候历史状况。极地地区正在以很快的速度变化着，远比低纬地区快。接下来，将学习本书的第Ⅳ篇——土壤、生态系统和生物群系；这一篇的内容是对本书前三篇的综合，学习重点是生物圈及其分支学科——生物地理学。

17.8　总结与复习

■ **指出山岳冰川与大陆冰川的区别，描述冰原、冰帽和冰盖。**

地球上超过77%的淡水是固态冰。冰体覆盖的面积约占地球表面的11%，而具有冰缘特征的无冰寒区面积又占了20%。**冰川**是指分布在两极或高山地区、由大气固态降水积累演变而成、在重力作用下缓慢运动、长期存积的天然冰体冰川形成于多年积雪区。**雪线**是终年积雪分布的最低海拔，其高度随纬度而变化——赤道附近雪线高，极地方向雪线低。

山区中的冰川称作**山岳冰川**。如果冰川被限制于山谷之中，就称作山谷冰川。冰川的源地是雪原区，通常位于一种被称作**冰斗**的碗状侵蚀洼地“冰斗”内。山岳冰川流入海洋后，崩解形成**冰山**。**大陆冰川**是陆地上大面积的连续冰体，其中面积最大的形态称作**冰盖**；面积较小的、大致呈环状的形态称作**冰帽**；通常分布在山区中，面积最小的形态称作**冰原**。

冰川（561页）
雪线（561页）
山岳冰川（562页）
冰斗（562页）
冰山（562页）
大陆冰川（563页）
冰盖（563页）
冰帽（564页）
冰原（564页）

1. 描述当前地球上主要淡水资源的分布位置。

2. 什么是冰川？冰川区域的气候特征是什么？

3. 山岳冰川与三种大陆冰川有什么差别？哪一种冰川分布于山区？哪些冰川覆盖于南极洲和格陵兰岛？

4. 冰山是如何产生的？根据本章和第7章关于冰的论述，说明冰山的浮力特征。冰山在融化过程中，为什么时常会发生翻转？

■ **解释冰川冰的形成过程，描述冰川运动的机制。**

冰川冰是积雪经过堆积、增厚、受压后，通过重结晶作用形成的。积雪经过**粒雪**（压实的粒状雪）过渡阶段后，还要经过若干年才能转变为致密的冰川冰。

冰川是一个开放的系统。**粒雪线**是当年雪被的最低海拔。冰川补给来源于降雪而损耗于**消融**（冰川上、下表面及其边缘部分的冰损失）。每条冰川都会在积冰和消融过程中达到质量平衡。

冰川沿坡面向下移动时，产生垂直发育的**冰裂隙**。有时，冰川可能因**冰川跃动**而突然发生快速移动。沿冰川底层产生的融水是冰川移动的重要诱因。冰川在移动过程中将拔蚀的岩块和碎屑物与冰体混合在一起，导致岩屑对下伏岩床产生刨蚀和擦磨，即**磨蚀作用**。

粒雪（566页）
冰川冰（566页）
粒雪线（566页）
消融作用（566页）
冰裂隙（567页）
冰川跃动（567页）
磨蚀作用（568页）

5. 从新雪开始，跟踪描述冰川冰的演变过程。

6. 什么是冰川物质平衡？对于这种平衡，冰川的基本输入和输出是什么？

7.冰川跃动的含义是什么？科学家认为产生冰川跃动的原因是什么？

■ **描述大陆冰川和山岳冰川塑造的侵蚀和堆积地貌特征。**

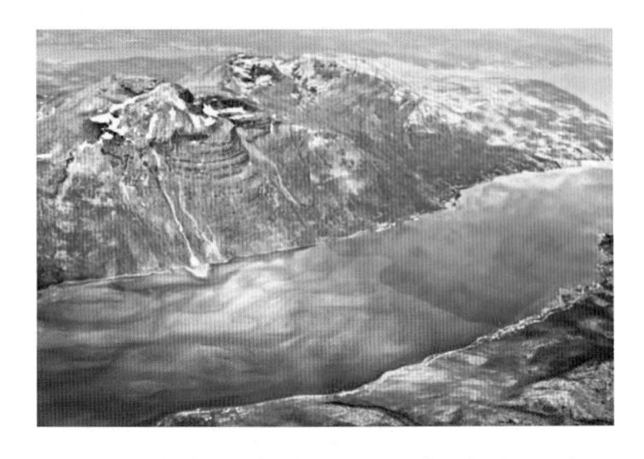

广泛分布于全球的山谷冰川重塑了山区地貌形态，它把V形河谷变成了U形冰川槽谷，还塑造了许多独特的侵蚀和沉积地貌。冰斗侧壁在不断地侵蚀作用下，形成了锋利**刃脊**（锯齿状山脊），并把相邻的冰斗盆地隔开。两个同时遭侵蚀的冰斗，最终会形成一个鞍状**垭口**（山坳）。当数个冰斗冰川从不同侧面同时侵蚀山顶时，可形成像金字塔的峰顶——**角峰**。**冰川后壁裂隙**是指沿冰斗后壁张开的冰裂隙或宽裂缝，夏季雪被消融后，它们大多都是可见的。冰川退缩留下的冰蚀岩盆，积水后可形成**冰斗湖**，当冰斗湖被冰碛物隔开而成串状排列时，就被称作**串珠湖**。冰川退缩后，U形槽谷被海水淹没，伸入至内陆形成了**峡湾**。

所有冰川沉积物，无论冰川携带的还是融水载荷的物质，统称**冰碛**（glacial drift）。经过分选的冰水沉积物就是**层状冰碛**。**冰碛物**（Till）是指冰直接沉积的物质，不具有层状和分选特征。构成特定地形的冰碛称作**冰碛垄**（Moraines）。冰川两侧的冰碛物形成了**侧碛垄**，携带侧碛的冰川汇合后形成**中碛垄**，冰川末端的侵蚀碎屑堆积形成**终碛垄**。

大陆冰川作用塑造的地形特征不同于山岳冰川。**冰碛平原**形成于终碛的上游一侧，冰碛物粒径较粗且无层状特征，地势起伏低缓，水系河道呈紊脉状。由层状冰碛形成的**冰水沉积平原**特征：河道分布形态呈辫状、河水受冰川融水补给；碎屑物经河水超负荷搬运和分选，形成的堆积地形遍布冰水沉积平原。**蛇形丘**是指沿冰川下方融水通道，由粗砂砾堆积而成的、蜿蜒曲折的狭窄丘状脊。冰川退缩时，残留的孤立大冰块被碎屑物所围绕，冰块融化后就形成了具有陡壁的**锅穴**。**冰砾阜**是指由分选性很差的砂砾堆积而成的一种形态为小丘状、瘤状或墩状的地形，这些砂砾物质直接来自流水沉积或冰裂隙中的融冰沉积。

冰川作用可形成两种流线型的丘体：一种是侵蚀形态的**羊背石**，即不对称的基岩山丘，其迎冰面坡度缓和，而下游侧的背冰面陡峭；另一种是冰碛物堆积而成的**鼓丘**，形态沿大陆冰川移动方向呈流线型（钝端是上游侧，锐端是下游）。

刃脊（569页）
垭口（569页）
角峰（569页）
冰川后壁裂隙（569页）
冰斗湖（569页）
串珠湖（569页）
峡湾（571页）
冰碛（571页）
冰碛物（571页）
层状冰碛（572页）
冰碛垄（572页）
侧碛垄（572页）
中碛垄（572页）
终碛垄（572页）
冰碛平原（574页）

冰水沉积平原（574页）
蛇形丘（574页）
锅穴（574页）
冰砾阜（574页）
羊背石（574页）
鼓丘（574页）

8. 冰川侵蚀是怎样进行的？

9. 描述V形河谷演变为U形冰川槽谷的过程。冰川退缩后，你能够看到哪些景观特征？

10. 刃脊、山口、角峰是怎样形成的？简述它们之间的差异。

11. 比较冰碛物与冰水沉积之间的区别。

12. 什么是冰碛垄？大陆冰川和山岳冰川的冰碛堆积的具体形态有哪些？

13. 在冰碛平原中，常见的沉积特征有哪些？

14. 对比羊背石与鼓丘形态、起源及形成过程。

■　**分析冰缘过程的空间分布，以及它们与多年冻土、冻土的关系，解释当前正在发生的冻融现象。**

冰缘一词是用来描述过去和当前冰川边缘地区寒冷气候过程、地貌分布和地形特征的。当岩土温度低于0℃，并持续2年以上，就会发育形成**多年冻土层**。注意这一标准仅以温度为依据，而与水分含量无关。**活动层**是介于地表和地下多年冻土层之间的季节性冻土。**构造土**是冰缘环境下，地表在冻融交替作用下形成的环状、多边形、条带状、网状，以及台阶状的外表形态。

冰缘（574页）
多年冻土（575页）
活动层（576页）
多边土（579页）

15. 地球上冰缘景观分布在哪些（包括高纬度和高海拔地区在内）气候区？

16. 详述两种类型的多年冻土的定义，它们分布区有何差异？它们各自有哪些特征？

17. 描述多年冻土区的活跃层，以及它们在不同纬度上的发育程度。

18. 什么是融区？你认为在哪里能够找到融区？它们发生的深度范围是多少？

19. 多年冻土层和地下冰有什么不同？

20. 描述冰缘地区冻融作用在各种地貌形成中的作用，以构造土为例予以说明。

21. 在冰缘地区搞建设会遇到哪些具体问题？

■　**解释更新世冰期及与它有关的冰期和间冰期，描述研究古气候的一些方法。**

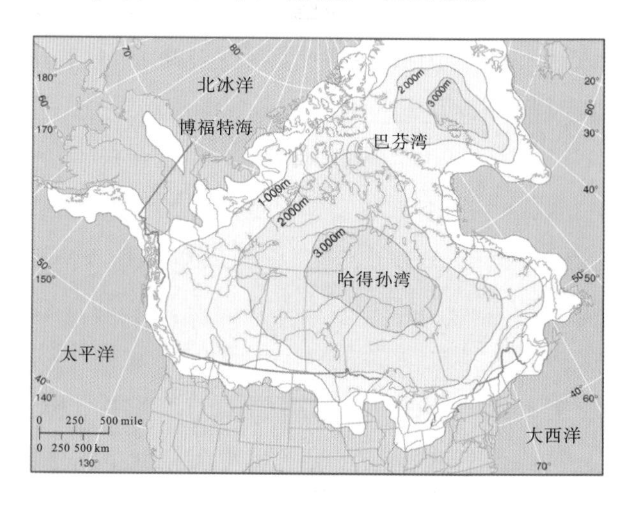

大冰期是指任何寒冷扩张期。在晚新

生代的更新世时期，大冰期特征很明显。这一时期，山岳冰川和大陆冰川面积约占地球陆地总面积的30%，而且至少出现过18次冰期，它们被间冰期的温和天气所间断。冰期之外，由于气候湿润，从而形成了**古湖泊**。从格陵兰岛和南极洲的冰芯、海洋沉积物中，还有从与过去海面有关的珊瑚和岩层中，都可以获得冰期气候的环境证据。研究古气候的学科称作古气候学。

这些低温期所呈现的模式，指示了气候变化周期的成因。这些气候因子变量——天文因子、太阳变化、大地构造因子、大气成分变化、海洋环流等相互结合在一起，共同对气候的长期变化趋势产生影响。当前人类对温度的强迫作用，并未包含在这一自然周期之中。

大冰期（581页）
古湖泊（584页）

22. 什么是古气候学？描述地球过去的气候模式。我们现在正在经历的是常规气候模式吗？科学家们已注意到气候的哪些显著变化趋势？

23. 简述大冰期的定义。最近的冰期是什么时候？解释冰期和间冰期。

24. 总结一下哪些学科涉及冰期的成因，至少列出4个影响气候变化的因子，并解释原因。

25. 解释冰芯在破译古代气候中的作用。它们保存了哪些记录？

■ **阐述两极地区的定义，列出正在发生的气候变化及其影响。**

以7月份的10℃等温线来界定**北极地区**（图17.37的绿色线）。这条线还与林木线一致——北方森林与苔原之间的分界线。**南极地区**是以一条狭窄的南极辐合带来界定的，这条围绕南极大陆的狭窄带，也是南极冷海水与低纬暖海水的边界。该边界大致与南半球夏季2月份10℃等温线相吻合，位于60° S附近。

北极地区（590页）
南极地区（592页）

26. 解释南极、北极地区划分标准有什么联系？北极地区的划分标准与北半球林木线的分界线一致吗？

27. 基于本章所述及本书中的其他相关内容，总结几条两极正在发生的环境变化。学习本章内容之后，哪些环境变化最令你关注？

掌握地理学

访问https://mlm.pearson.com/northamerica/masteringgeography/，它提供的资源包括：数字动画、卫星运行轨道、自学测验、抽题卡、可视词汇表、案例研究、职业链接、教材参考地图、RSS订阅和地表系统电子书；还有许多地理网站链接和丰富有趣的网络资源，可为本章学习提供有力的辅助支撑。

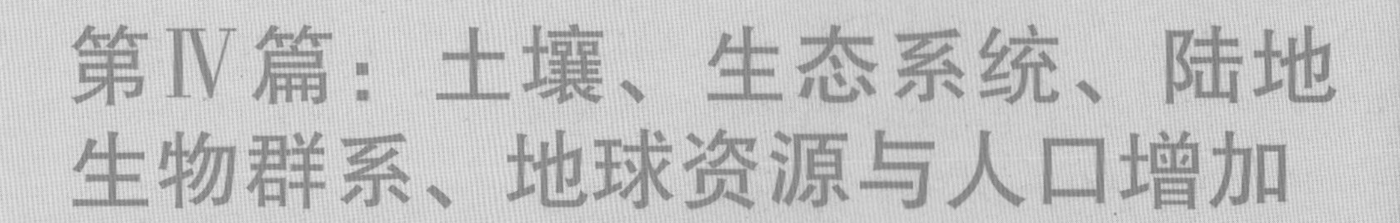

第Ⅳ篇：土壤、生态系统、陆地生物群系、地球资源与人口增加

在南极洲南乔治亚岛东端，南极海豹占据着附近的草甸草原。属于极地海洋气候的南乔治亚岛的冰缘地区是海豹的主要繁殖区。图为南半球秋季4月份。［Bobbé Christopherson］

太阳系中，地球可能是生物圈唯一的家园。地球是一个独特复杂且各组成部分不断相互作用的系统，系统中生物成分（活体）之间的不断作用，维持着生命多样性。阳光通过植物叶片中的叶绿素，被光合作用转化为生物化学能进入生物圈。土壤是岩石圈、植物，以及其他自然系统之间最重要的联系纽带。土壤有助于维持生命，也是本书第Ⅲ篇和第Ⅳ篇的桥梁。

生命系统是一个从生产者到消费者、最后以分解者为终点的营养级系统。土壤、植物、动物，以及非生物成分结合在一起构成了水生系统和陆生系统。今天我们面临的严峻问题，主要是保护生物圈的生物多样性。伴随全球气候系统的变化，土地分布格局、海洋温度、降水、天气现象、平流层臭氧浓度，以及其他许多因素都在发生着变化。我们知道，当今生物圈恢复力正在经历着一场无法重复的实时性试验。生物圈的这些重要问题都将在第Ⅳ篇中讲述。

第18章 土壤地理学

美国堪萨斯州中部的肥沃土地是农业密集型粮食产地。航空照片中包括翻耕地、新收割的麦地、中枢灌区边缘带、小型饲养场和休耕地。你能从照片中分辨出这些区域吗？［Bobbé Christopherson］

重点概念

阅读完这一章，你应该能够：

- **详述**土壤和土壤学的定义，描述单个土体、聚合土体和典型土壤剖面。
- **描述**土壤的形态特征，包括颜色、质地、结构、一致性、孔隙度和土壤水分。
- **解释**土壤的基本化学特性，包括阳离子交换容量，解释它们与土壤肥力的联系。
- **评价**土壤形成的主要因子，包括人为因素。
- **描述**土壤系统分类体系中的12个土纲，说明它们在地球上的一般分布特征。

当今地表系统

高纬度地区土壤的温室气体排放

本书前面讨论了高温对极地地区的影响，你可以回顾第4章和第17章中的当今地表系统及第5章关于全球气温的讨论。海冰、冰架和入水冰川的融化可能产生深远影响，包括改变地表反照率、加速海面上升、改变栖息地环境，进而导致高纬度地区物种减少。

然而，在北极地区还存在另一个过程，即：向大气释放大量温室气体，这会加剧全球变暖。这一过程与冰体无关，而是土壤产生的效应，尤其是多年冻土的融冻效应。

美国土壤系统分类中的冻土（frozen ground）是指北半球高纬度地区多年冻土影响下的土壤。这类土壤所包含的碳量约占全球碳库总量的1/2（图18.1）。据估计，在这些冰缘地区的土壤中碳含量为1.7万亿吨，这一数据是“联合国政府间气候变化专门委员会（Intergovernmental Panel on Climate Change，IPCC)”第四次评估报告（2007年）中的两倍。对于这类土壤，由于其物质分解缓慢，土壤发育也缓慢，因此富含有机质；同时，它们也很脆弱。

高纬度地区的变暖速率是中低纬度地区的两倍多。只要热量收支平衡稍有改变，冻土就会马上浸水变湿。土体一旦发生融化解冻，未完全分解的有机物就开始腐烂，并伴随分解过程增加的呼吸作用，向大气排放出大量的CO_2；此外，还会释放出另一种温室气体——CH_4。

2009年，研究者陈述了系统之间的联系：

> 我们的研究表明，来自泥炭中的碳可使气温上升约1℃，这可造成整个生态系统的呼吸速率加快……。研究发现，储存于北方泥炭土中的碳对全球气候系统具有大规模的正反馈作用*。

2010年欧洲委员会联合研究中心（卢森堡：欧盟，2010年）出版了《北方极地地区周边土壤图集》（Soil Atlas of the Northern Circumpolar Region）（图18.2），有七个国际机构为该图集做出了贡献。该图集作为“国际极地年”的部分成果，对这类土壤进行了全面总结，是研究冰缘环境和冻土土壤的重要参考资料。该图集下载网址：https://esdac.jrc.ec.europa.eu/content/soil-atlas-northern-circumpolar-region。

该图集中，高分辨率绘制的区域性土壤分布利用了地理信息系统技术（GIS和土壤数据库的信息，图集p.117）。该图集尤其侧重气候变化与土壤性质之间的关系，还有气候对土壤特征的总体影响。

这部关于北方土壤和环境的图集为科学界推动IPCC第五次评估报告的准备工作提供了重要资料。图集（p.7和p.12）这样表述：

> 对于北方生态系统和土地资源，人类施加的压力在迅速增加……图集中生动地描绘了极地周边土壤及北方景观的多样性，同时号召公众和政府对这些脆弱地区加强改进保护政策……两极是公认的环境变化“晴雨表”。

* Dorrepaal E, Toet S, Logtestijn R, et al. 2009. Carbon respiration from subsurface peat accelerated by climate warming in the subarctic[J]. Nature, 460 (7255) : 616.

（a）在斯匹茨卑尔根岛短暂的夏季期间，由于活动层融化，冰冻土（Gelisols）和苔原呈现绿色景观

（b）土块翻开时露出了有机纤维成分，其分解速度缓慢

图18.1　多年冻土作用下的土壤
［Bobbé Christopherson］

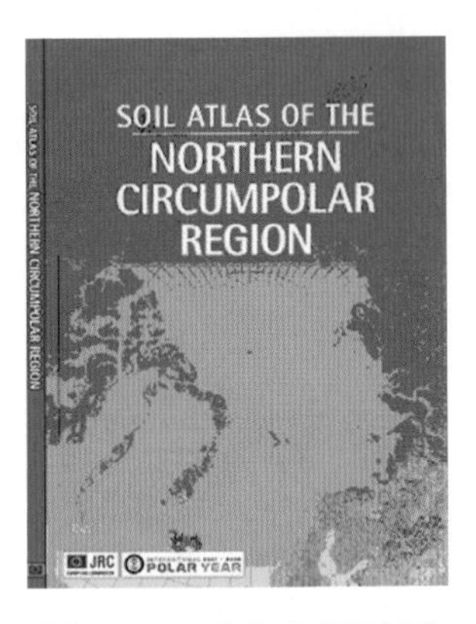

图18.2　《北方极地周边地区土壤图集》

地表大部分都覆盖有土壤层。**土壤**是一种动态的自然体，由含矿物和有机成分的细粒物质构成，能够支持植物生长。土壤系统不仅包含着人类的影响，还养育着人类和动植物。如果你曾管理过花园和庭院植物，或许考虑过土壤肥力和土壤流失，那么你将会对本章的内容很感兴趣。土壤的基本知识是农业和粮食生产的核心。

如果你蹲下来挖一捧土，用手指把它碾压弄碎，那么你手里的就是一些历史产物。它们可能有1.5万年甚至更悠久的历史。这一捧土中可能含有上一次冰期或间冰期的物质或来自远方的独特物质，还包含了物质多次演化的进程。然而，我们利用或滥用这份“遗产资源”的速率大大超过了它的形成速率。土壤不能再生，也不能再创造。

土壤学（Soil Science）是一门跨越多学科的科学，涉及物理学、化学、生物学、矿物学、水文学、分类学、气候学和地图学等学科。自然地理学家感兴趣的是土壤类型的空间分布及成土因子之间的相互作用。自然地理学作为一门综合学科，可加深人们对土壤的认识与理解。土壤发生学（Pedology，ped-源自希腊语*Pedon*，意为“土壤、大地”）研究的是土壤的起源、分类、分布，包括对土壤的描述。土壤生态学（Soil Ecology）侧重于把土壤作为一种介质，是研究其如何更好地维持高等植物生长的一门学科（Edaphos，意为“土壤、土地”）。

土壤学研究的是土壤这种复杂物质在千米甚至厘米空间尺度上的差异性。在很多地方，农业推广部门能够提供具体的土壤信息或对当地土壤进行详细分析。对于美国大多数州及加拿大各省，你都可获得区域土壤调查分布图。

通过互联网可以链接到美国国家农业部（U.S.Department of Agriculture）和自然资源保护局（Natural Resources Conservation Service，NRCS，http://www.nrcs.usda.gov/）或加拿大农业部土壤信息系统（Agriculture Canada’s Soil Information System，https://sis.agr.gc.ca/cansis/）；此外，还可以联系当地高校的相关院系。参见美国土壤调查中心（National Soil Survey Center）网址：http://soils.usda.gov/；更多土壤系统分类网站，见http://soils.ag.uidaho.edu/soilorders/。

在这一章：土壤地理学关注的是形成土壤物质所需的输入和作用，而这些物质具有某种变化特征。本章即从土壤剖面特征（Characteristics）、土壤基本采样和土壤构图单元开始。土壤剖面是一个动态结构，各土层包含的物质和水分彼此之间相互混合和相互交换。土壤性质（Property）包括：质地、结构、孔隙度、干湿度和化学性质——它们聚合在一起构成土壤类型。本章还将讨论自然和人为因素对土壤形成的影响。目前全球关注的焦点是：土壤的流失、侵蚀、滥用及土地转为其他用途的情况。本章简要地概括了土壤系统分类体系、12个主要土纲及它们的空间分布。

18.1　土壤剖面特征

土壤的分类有些类似于气候的分类，因为它们都包含有变量因子的相互作用。在了解土壤分类之前，先来看一下区分土壤差异的物理性质，因为这些性质与气候、海拔和地形的发育阶段相互对应。

18.1.1　土壤剖面

正如一本书不能只看封面，评价土壤也不能只看表面，而要依据土壤剖面。土壤剖面范围是从土壤表面至植物根系最深处、或至风化层和基岩最深处。这种剖面被称作**单个土体**（Pedon），它是一个顶部面积为1～10m²的六边形土柱（图18.3）。从单个土体侧面，可看到土壤剖面的各个土层及字母标注的土层断面。在土壤调查中，单个土体是土壤采样的基本单元。

在一定区域内聚集的许多单个土体构成**聚合土体**（Polypedon），其剖面特征明显不同于周围的聚合土体。聚合土体是土壤的实质“个体”，由它构成了一个区域的可分辨土壤序列；它的最小尺寸约为1m²，而最大尺寸没有明确规定。聚合土体是区域土壤分布图的基本构图单元。

18.1.2　土层

单个土体中呈现的各个层叫作**土层**（soil horizon）。土层大致平行于土体表面，并且与相邻的上下层有显著区别。观察土壤剖面时，土层间的边界通常很明显。例如，在道路的挖掘面上，土层可通过以下特征来辨识：土壤的颜色、质地、结构、土壤结持度（土壤密度或黏结程度）、孔隙度，还有是否包含某矿物、水分和化学过程（图18.4）。土层是土壤分类的建筑构件。

土壤剖面顶层是O土层（有机层），其命名源于有机质的构成；而有机质又来自堆积于地表的动植物残体及其转化形成的腐殖质。**腐殖质**（Humus）不是单一的矿物，而是有机物分解后合成的混合体，通常呈暗黑色。微生物对有机质碎屑进行分解，而一部

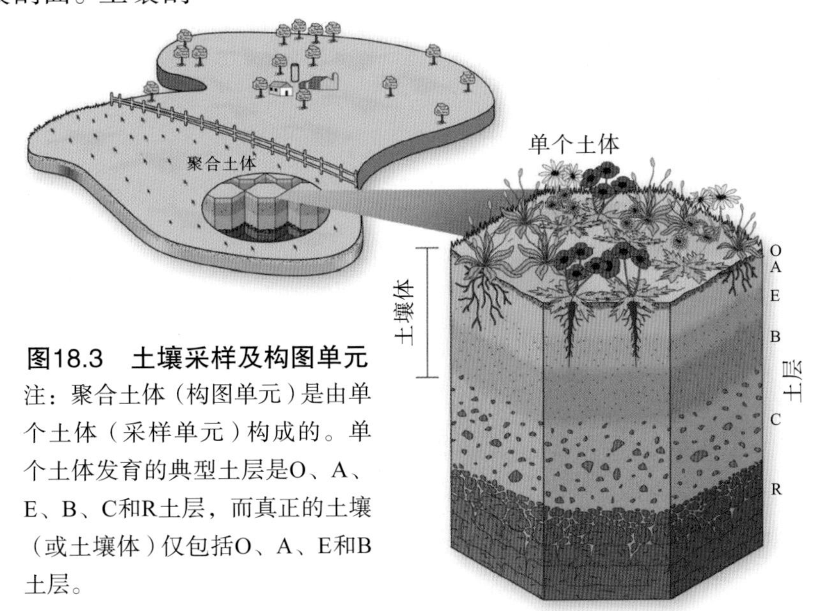

图18.3　土壤采样及构图单元
注：聚合土体（构图单元）是由单个土体（采样单元）构成的。单个土体发育的典型土层是O、A、E、B、C和R土层，而真正的土壤（或土壤体）仅包括O、A、E和B土层。

分则经过了腐殖化（Humification）（制造腐殖质）过程。O土层的有机质含量为20%～30%或更高，有机质的重要性在于它的保水保肥能力及对黏土矿物的互补作用方式。

土壤剖面的最底层是R土层（岩石），由固结的底岩或未固结的（松散的）物质构成。但底岩在物理和化学风化作用下形成风化层时，有可能形成土层的覆盖层。在O土层与R土层之间，A、E、B、C土层中的各种矿物层是区分它们的标志。这些中间土层是由砂、粉砂、黏土及其他风化副产物组成的（见第11章的表11.3，风化土壤粒径的描述）。

A土层（腐殖质聚集层）中，腐殖质和黏土颗粒尤其重要，因为它们是植物与土壤养分的化学纽带。该层富含有机质，颜色要比下面的土层深，而且受人类耕作、放牧或其他利用方式的扰动影响。位于A土层之下的E土层，其组成物质是粗沙、粉沙和抗风化矿物。

在浅色的E土层中，由于硅酸盐黏土、铁铝氧化物浸水溶解后（水的运移）会随水下渗进入更下层，因此该土层内的细粒物质和矿物流失，而沙粒、粉沙则沉积残留下来。这一过程就是**淋溶作用**（Eluviation），E土层又称作**淋溶层**。该层的淋溶速率伴随降水增加而增大。

与A土层和E土层相比，B土层中的黏土、铝和铁含量高。B土层的主要特征是**淀积作用**（illuviation），即一种沉积作用过程（淋溶作用是侵蚀过程），从而被称作淀积层。由于B土层中含有堆积矿物（硅酸盐黏土、铁和铝、碳酸盐岩、石膏）和有机氧化物，因此可能呈淡红或淡黄色。

B土层中，有些矿物质可能是由原地风化过程形成的，而非从别处迁移或运移而来。热带湿润地区，这一土层通常发育较深。同样，A土层中也会发生黏土流失，但这可能是原地破坏引起的，而非淋溶作用。对不同土层间黏土侵蚀和沉积过程的研究，仍是现代土壤学的一个挑战。

图18.4　典型土壤剖面

注：美国南达科他州东南部的软土土体。其母质为冰碛物，土壤排水良好。标尺刻度1之上为暗黑色O土层和A土层；刻度1以下过渡到E土层。在B土层下部和C土层上部能看到明显的碳酸盐结核。［美国土壤科学学会（Soil Science Society of America, Inc.），Marbut收集］

A土层、E土层和B土层合在一起称作**土壤体**（Solum），它是土体中真正意义上的土壤。A、E和B土层的土壤过程表现活跃（见图18.3中的标注）。

土壤体之下是C土层，由风化底岩或风化母质构成，该土层称作母质层（parent material horizon，尽管这个单词有时也指土壤体）。C土层受土壤体的影响不大，而且位于受生物影响的浅土层以下。C土层中植物根系和土壤微生物稀少，黏土含量较小；一般包含碳酸盐、石膏、可溶盐，以及土壤胶结物——铁和硅。在干旱气候区，碳酸钙通常固结成为坚硬的钙积层。

采用美国土壤分类体系的土壤学家利用后缀字母进一步区分各土层的具体状况。举例说明：Ap（被耕作的A土层）、Bt（黏土淀积形成的B土层）、Bf（多年冻土或冻结的B土层）、Bh（淀积的腐殖质，使沙和粉沙颗粒外表呈黑色）。

为了更好地进行耕作土壤的分类——主要特征是受人类活动影响，1995年成立了耕作土壤国际委员会（ICOMANTH，https://web.archive.org/web/20040804003941/http://clic.cses.vt.edu/icomanth/index.htm）。首次纳入NRCS《土壤系统分类要点》（Keys to Soil Taxonomy，2006年第10版，美国农业部自然资源保护局编）的耕作土壤以字母M命名，用来表示土层中包含的人造物质，如混凝土、沥青路面、塑料、橡胶、纺织物等。M表明土壤中存在着限制根系生长的心土层，这对土壤科学研究来说是一个创新，它发挥了土壤学在城乡建设评价或污水排放系统监控等方面的辅助作用。

18.2　土壤性质

土壤是复杂多样的。实地观察土壤剖面有助于辨别土壤性质——颜色、结构和质地等。常常能够看到土壤剖面的地方有：建设工地、挖掘现场，它们或许位于校园内，也可能是高速公路的开掘断面。美国NRCS的《土壤调查手册》（Soil Survey Manual，美国农业部手册，第18号，1993年10月）提供了所有土壤性质的信息。NRCS的《土壤调查实验方法手册》（Soil Survey Laboratory Methods Manual，美国农业部土壤调查报告，第42号，4.0卷，2004年11月）详细记述了土壤分析的具体方法和实践。这两个文件都可从NRCS网站下载。

18.2.1　土壤颜色

土壤颜色很重要，因为它有时能够反映出土壤的物质组成和化学成分。当你观察出露的土壤时，颜色可能是最显著的特性。在美国东南部，土壤呈黄色或红色（富含氧化铁）；在美国部分谷物种植区及乌克兰则是富含有机质的黑色草原土壤；另外，富含硅、铝氧化物的土壤通常呈灰白色。然而，颜色有时也会欺骗你：富含腐殖质的土壤常常呈黑色，但对于暖温带和热带地区的黏土，其中有些有机质含量不足3%，却是世界上最黑的土壤。

为了标准化描述土壤颜色，土壤学中采用蒙赛尔色卡（Munsell color chart）（该方法由艺术家兼教师的阿尔伯特·蒙赛尔于1913年提出）描述土壤颜色。该色卡包含175种颜色，颜色按色调（主要光谱颜色，如红色）、亮度（明暗程度）、色度（颜色的纯度和饱和度，伴随灰度值减小而增大）排列。阿尔伯特·蒙赛尔对每种颜色都进行了命名并赋予表示符号，所以土壤学家可以比较全世界的土壤颜色。对照土壤色卡，可以确定单个土体不同深度的土壤颜色（图18.5）。

图18.5　蒙赛尔色卡册

注：可通过小孔中的土样与色卡上的颜色匹配度来观察土样颜色。土壤颜色系统利用色调、亮度和色度对颜色特征进行评价。［Gretag Macbeth，蒙赛尔色卡］

18.2.2　土壤质地

土壤质地是指土壤颗粒大小的组合状况及不同粒径颗粒所占的质量比例。质地或许是土壤最稳定的属性。土壤粒级（soil separates）就是单个矿物颗粒的粒径范围。直径小于2mm的所有颗粒都是土壤的组成部分，比如粗砂颗粒。不过更大的颗粒物，如小卵石、砾石等，则不属于土壤组成部分（砂粒分级从粗粒、中粒、细粒，直至0.05mm；粉砂粒径下限为0.002mm；黏土颗粒则小于0.002mm）。

土壤质地三角图（图18.6）用来表示土壤中中砂、粉砂、黏土颗粒含量的比例关系。三角形每一个角代表由一种单一粒级土粒组成的土壤（实际上，由单一粒级构成的土壤很少）。地球上的各类土壤都可以绘制在这幅三角图中。

图18.6中包括常见的**壤土**，它是由砂、粉砂与黏土颗粒组成的一种比例均衡的混合物，利于植物生长。农民考虑到水土保持性能及宜耕作等特点，把黏土比例小于30%的砂质壤土看作是理想的土壤（图18.6左下）。土壤质地对于土壤的保水性和输水性很重要。

怎样使用土壤质地三角图？举例说明：美国印第安纳州的迈阿密粉质壤土，土壤样本在三角图中为点1、2、3。点1的样本来自地表附近的A层，点2来自B层，点3来自C层。这些样本的质地分析，参见三角图右侧的表和饼状图（注：地表面主要是粉砂，B层是黏土，C层是砂）。土壤调查手册提供了通过手感估测土壤质地的方法，对于有经验的人来说，这种方法相对准确；而更精确的土壤质地评定，则需通过实验方法——筛分法（土壤筛）和沉降法（把土粒放入水中进行机械离散）来确定。

18.2.3　土壤结构

土壤质地描述的是土壤颗粒大小的组合比例，而土壤结构是指颗粒的排列方式。土壤结构在一定程度上能够改变土壤质地特性。最小的自然颗粒团块叫作土壤结构体（Ped）。土壤结构体的形状决定了土壤的结构类型：团粒状或颗粒状、片状、块状、棱

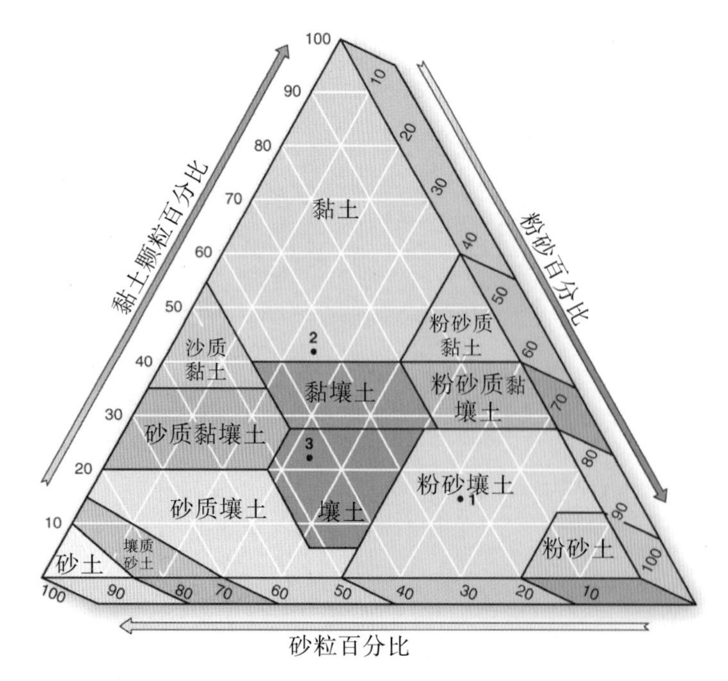

迈阿密粉砂质壤土的土壤结构分析

采样点	砂粒/n	粉砂/%	黏粒/%
1 = A 土层	21.5	63.5	15.0
2 = B 土层	31.5	25.1	43.4
3 = C 土层	42.4	34.1	23.5

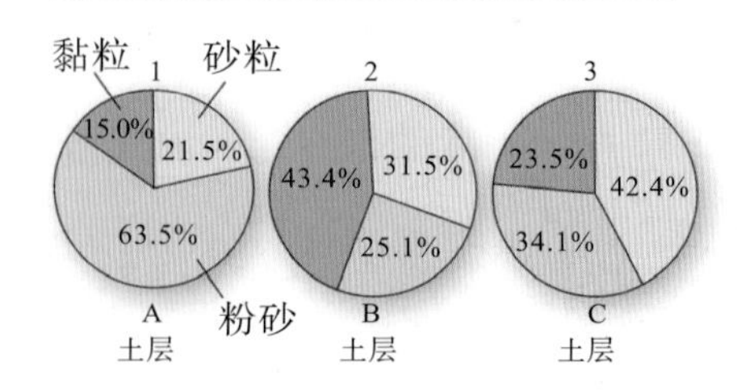

图18.6　土壤质地三角图

注：土壤质地是由砂、粉砂和黏土颗粒含量的比例关系来确定的。例如：点1（A层采样）、点2（B层）、点3（C层）土壤样本来自印第安纳州的迈阿密砂质壤土的三个土层。注意：饼状图和表格中的砂粒、粉砂和黏粒的含量比例。［摘自：USDA-NRCS. 1993. Soil Survey Manual[M]. Agricultural Handbook.］

图18.7　土壤结构类型

注：土壤结构很重要，因为它决定着土壤排水、植物根系生长及土壤输送给植物的养分。图中是单个土体的形状，它对土壤结构具有决定性作用。[美国土壤调查中心，自然资源保护局，U.S.D.A.]

柱状或柱状（图18.7）。

土壤结构体沿脆弱处彼此分离，产生的空隙或孔隙对水分的储存和排出具有重要意义。团粒状结构体具有较大的孔隙空间，且具有较高的透水性。如果不考虑肥力因素，这种土壤结构体要比块状、柱状和片状的结构体有利于植物生长。描述土壤结构的使用的词汇有：好、中等、差等；对应的附着力（土壤结构体之间）则由弱到强。

18.2.4　土壤结持性

在土壤学中，用结持性（Consistence）一词来描述土粒的结合力或黏聚力。结持性是土壤质地（粒径）和结构（土壤结构体的形状）的产物。结持性反映了土壤在不同水分条件下的紧实程度和可塑性能。

■　湿土：当用食指和拇指捻捏时，手指间有黏性，其黏性程度从一个手指有黏附物，到两个指头都有黏附物，再到两个手指难以分开。可塑性是通过捻搓手指之间的土样，以它能否搓成细条来判断。

■　潮土：土壤含水量为田间持水量的1/2（土壤中可利用水量）。结持性从疏松（无黏结的）、易碎（易压成粉末的）到坚实（不能手指压碎）。

■　干土：通常脆硬，结持性从松散、软、硬到坚硬。

土粒有时以某种程度胶结在一起，人们采用弱胶结、强胶结、固结（硬化）来描述土壤胶结强度。胶结物质包括碳酸盐、氧化硅、铁铝氧化物（或盐类）。各土层中的土粒胶结有连续的，也有不连续的，这与结持度有密切关系。

18.2.5　土壤孔隙度

土壤的孔隙度、渗透性、储水性已在第9章讨论过了。土层中的孔隙对土壤水分的运移（纳入、流动和排出）和土壤空气的流通具有决定作用。孔隙度的重要影响因子包括孔隙的大小、连贯性（孔隙是否彼此相互连通）、形状（球状、不规则或管状）、排列方式（垂直的、水平的或随机的），以及孔隙的位置（单个土体内或相互之间）。

土壤孔隙度可通过动物活动和植物根系生长等生物作用得以改善。比如：田鼠或蠕虫的洞穴活动，以及人类对土壤的改造（耕犁、添加腐殖质和砂土、种植土壤改良植物）。在种植作物之前，农民和园丁通过平整土地来提高土壤孔隙度。

18.2.6　土壤水分

回顾第9章的图9.9（土壤水类型及利用）有助于你理解本节内容。当大孔隙中的重力水排出之后，土壤含水量为田间持水量（field capacity），这时土壤中可供植物利用的水量最大，植物的利用效率最高。植物根系的深度决定了植物吸收水分的深度。当土壤水分消耗至田间持水量以下时，植物必须消耗更多的能量才能获得可利用水分，因此土壤水分运移效率开始逐渐下降并呈恶化趋势，直至植物的凋萎点。在凋萎点之后，植物因汲取不到所需水分而死亡。

与其他因子相比，土壤水分状况和当地气候类型对土壤的生物和非生物性质更重要。NRCS土壤系统分类要点及本章后面讨论中所确认的"五种土壤水分状态"，都是基于Thornthwaite的水平衡原则（第9章）来划分的，其变化范围从恒湿（水生体系）至干燥（旱生体系）。

18.2.7　土壤化学

土壤孔隙被空气、水或两者的混合物所填充，因此土壤化学涉及空气和水。土壤孔隙中的主要空气成分是N_2、O_2和CO_2，其中N_2浓度大致与大气中的相同，但O_2含量偏低，CO_2含量偏高，这是土壤生物持续呼吸作用造成的。

在土壤孔隙中，水的存在形态是土壤溶液。溶液是土壤化学反应的介质，它作为养分来源对植物十分关键，同时它也是土壤肥力的基础。水与CO_2反应生成碳酸，水与各种有机物反应生成有机酸。这些酸溶解于碱和盐之中，积极地参与土壤过程。

为了认识土壤溶液的作用，我们先看一个简单的化学反应过程。一个离子就是一个原子或原子团，它携带一个电荷（如Na^+、Cl^-、HCO_3^-）——正电荷或负电荷。例如，NaCl（氯化钠）在溶液中分解为两个离子——阳离子Na^+（正电荷）和阴离子Cl^-（负电荷）。土壤中有些离子带有一个电荷，有些离子带有双电荷，甚至三个电荷（如，硫酸根，SO_4^{2-}；铝离子，Al^{3+}）。

土壤胶体（soil colloid）对离子有吸附作用。黏土颗粒和有机质（腐殖质）带有负电荷，因此会对土壤中任何带有正电荷的离子产生吸引力（图18.8）。这些带正电荷的离子对植物生长很重要。如果没有带负电荷的土壤胶体，土壤溶液中的正离子将被淋溶流失而不能被植物根系利用。

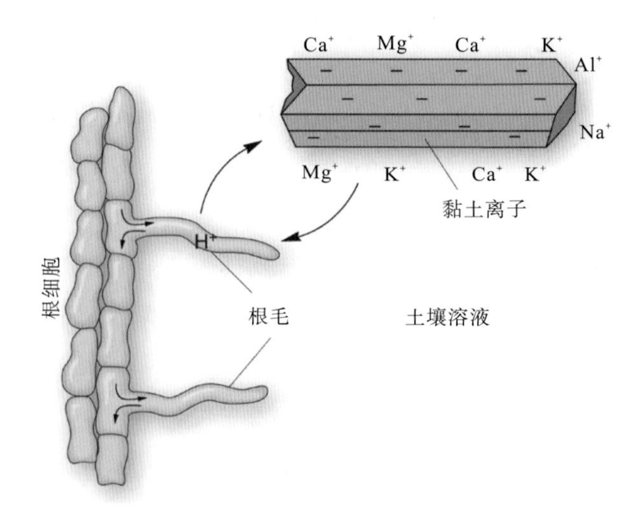

图18.8　土壤胶体与阳离子的交换容量（CEC）
注：典型的土壤胶体，其表面吸附的矿物离子（正、负电荷相互吸引）可被植物根毛吸收。

单个黏土胶体呈薄片状，其平坦表面带有负电荷。它比粉砂和砂粒表面更具化学活性，但是比不上有机胶体。由于吸附作用，金属阳离子附着（不是吸收和“进入”）在胶体的表面。胶体表面与土壤溶液之间发生阳离子交换，这种能力被称为阳离子交换容量（cation-exchange capacity，CEC），CEC是衡量土壤肥力的指标。高的CEC意味着土壤胶体能够从土壤溶液中储存和交换更多的阳离子，这表明土壤肥力高（除非存在复杂因素，如强酸性土壤）。

土壤肥力（soil fertility）是指维持植物生长的能力。因此，当土壤中含有能够保持水分和吸附植物所需元素的有机质和黏土矿物时，土壤是肥沃的。人们花费数十亿美元来培育肥沃土壤；然而，全球范围内的大多数肥沃土壤却正面临着土壤侵蚀加剧的威胁。

18.2.8　土壤酸碱性

一方面，土壤溶液中含有重要的氢离子（H^+），它可促进酸物质的形成，导致土壤成为酸性土壤。另一方面，盐基离子（钙、镁、钾、钠离子）含量高的土壤成为了碱性土壤。这种酸性或碱性采用pH值来表示（图18.9）。

纯水接近于中性，pH值为7。pH值在7以下表示酸性，pH值＞7表示碱性。pH值≤5是强酸性，pH值≥10是强碱性。

现代土壤中的酸性物质主要来自酸沉降（雨、雪、雾、干物质沉降）。实际测得的酸雨pH值小于2，对自然降水而言，这是一个令人难以置信的低值，其酸度如同柠檬汁。土壤溶液的酸性增加，不仅加快了矿物质养分的化学风化，还增大了它们的损耗率。由于大多数作物对pH值很敏感，因此pH值<6的酸性土壤需要采取措施来提高pH值。例如，在土壤中添加富含盐基离子的矿物，一般使用石灰（碳酸钙，$CaCO_3$）。

18.3　土壤形成因子及其管理

土壤是一个包括物理输入和输出的开放系统。成土因子既有被动因子（母质、海拔、地形和时间），也有主动因子（气候、生物及人类活动）。这些因子作为一个系统共同作用于成土过程。接下来，包括在后面的土纲中，我们将讲述这些因子的作用。

18.3.1　自然因子

岩石圈上层的物理和化学风化物为土壤的形成提供了矿物原料。这些被风化的岩石不仅提供了母质矿物，还决定土壤类型的组分、质地和化学性质。黏土矿物是土壤中的主要风化副产物。

世界范围内，气候类型与土壤类型存在着密切的相关关系。气候系统中的湿度、蒸发和温度，决定了土壤中的化学反应、有机质活性和淋溶速率。不仅当前气

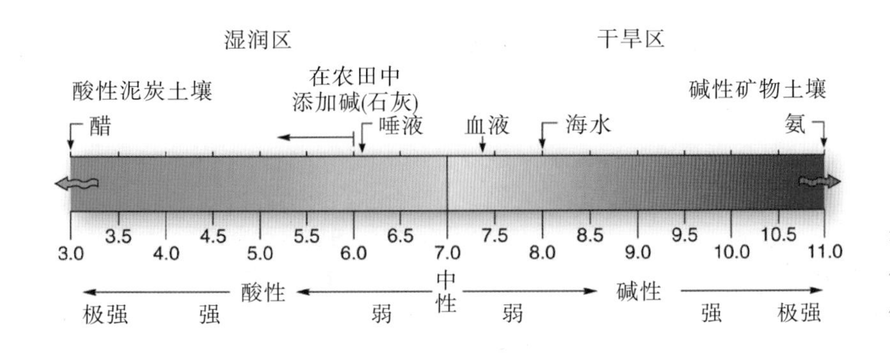

图18.9　pH值

注：以pH值表示酸性（低pH值）和碱性（高pH值）；pH值取值0～14。

候对土壤形成很重要，历史气候在土壤中也留下了许多印迹，这种气候有时长达几千年，其中最引人注目的是冰川产生的效应。包括其他因子贡献在内，冰川作用产生的黄土物质，在风的作用下被输送至几千千米之外，到达并沉积于现在的位置（见第13章）。

地表上的植被、动物和细菌活动不仅决定了土壤中的有机质含量，还决定了生存于土壤中的藻类、真菌、蠕虫和昆虫等生物的活动和繁殖。植物的化学组成对土壤溶液的酸碱性也有影响。例如，阔叶树趋向于增加碱性，而针叶林趋向于增加酸性。因此，当文明步入一个新的地域时，人类就会通过砍伐或耕作措施来改变自然植被，从而导致土壤也会发生同样的改变，但这种改变往往是永久性的。

地形对土壤形成也有影响。重力和侵蚀过程产生物质移动，这会造成陡坡上的土壤发育不完全。平坦地形不利于土壤排水，土壤因积水而变得泥泞。坡向对地面光照很重要，北半球的南坡一年四季均较温暖，因为坡面能接受到更多的太阳光照。此外，坡向对水平衡关系也有影响。比如：北坡气温低，可导致融雪速度慢、土壤水分蒸发速率低；而南坡土壤水分蒸发较快，北坡能为植物提供更多的可利用水分。

土壤发育中已确定的各种自然因子（母质矿物、气候、生物活性、地形）都需要通过时间因子才能发挥作用。在地质历史时期，板块构造使景观格局重新分布，因此土壤形成过程中的成土条件也发生了相应改变。

18.3.2　人为因子

人类活动对土壤有重要影响。一千年前，农民在耕种中学会了坡面种植法——在同一高度上沿等高线环绕山坡开沟或筑堤，而不是沿坡面的上坡或下坡方向。沿等高线种植可以防止水顺坡面直接下流，从而减少土壤侵蚀。农民常常在洪积平原上种植农作物，却居住在附近的高地上。洪水或许应该在某些方面被“赞誉”，因为它给土地带来了水、养分和更多土壤；可是人类社会却渐渐偏离了这些常识性的策略。

就基本农田而言，几厘米厚的土壤可能需要500年才能发育成熟；然而，如果忽略地形因子，在犁耕土地失去植被保护的情况下，同样厚度的土壤在侵蚀作用下一年之内就会流失掉。防洪建筑隔断了洪积平原的沉积物和养分补给来源，导致额外的土壤损失。同时，裸露土壤中有用的阳离子可能完全淋溶丧失，从而失去肥力。

与生物物种不同，土壤不可再生，也不能被重新创造。有35%的农地，其土壤的流失速度快于它们的形成速度——每年流失的土壤超过230亿吨。创纪录水平的土壤损亏和流失程度地区遍及世界各地，如：从美国艾奥瓦州到中国、从秘鲁到埃塞俄比亚，从

地学报告18.1　土壤流失

据美国农业部估计，因管理不善或向非农业用地的转变，美国每年损失的基本农田达202万hm^2。美国和加拿大约有1/2的农田正在面临土壤侵蚀速率过快的现状，可是监测表土流失的国家并不多。世界范围内，约有1/3的可耕地正在遭受侵蚀作用，而且大多数发生在过去的40多年内。土壤退化的原因按严重程度依次为：过度放牧、植被破坏、农业活动、非农用地的转变、过度开采、工业和生物产业的开发利用。

中东到美洲。由于人口和粮食需求的增加，土壤流失对人类社会而言是一种潜在灾难。

短时期内，土壤侵蚀可以通过增施肥料、增加灌溉水量和种植高产植物品种来补偿。如果按中度侵蚀估算，20年后基本农田的潜在生产力将下降20%。一项综合性最强的关于土壤侵蚀的研究列出了土壤养分流失的市场价值及相关影响。据其估算：美国的直接损失（对农田）和间接损失（对河流、社会基础设施、人类健康）每年合计超过了250亿美元，而全球可高达数千亿美元。当然，在农业产业中这是一个有争议的估价。在美国，用于治理土壤侵蚀的费用大约是85亿美元，或每1美元的灾害损失中土壤侵蚀就占30美分（图18.10）。科学家大卫·蒙哥马利（D. R. Montgomery）2007年在“Is agriculture eroding civilization’s foundation?”一文中很好地总结了这种困境：

世界最近数据统计显示，传统农业

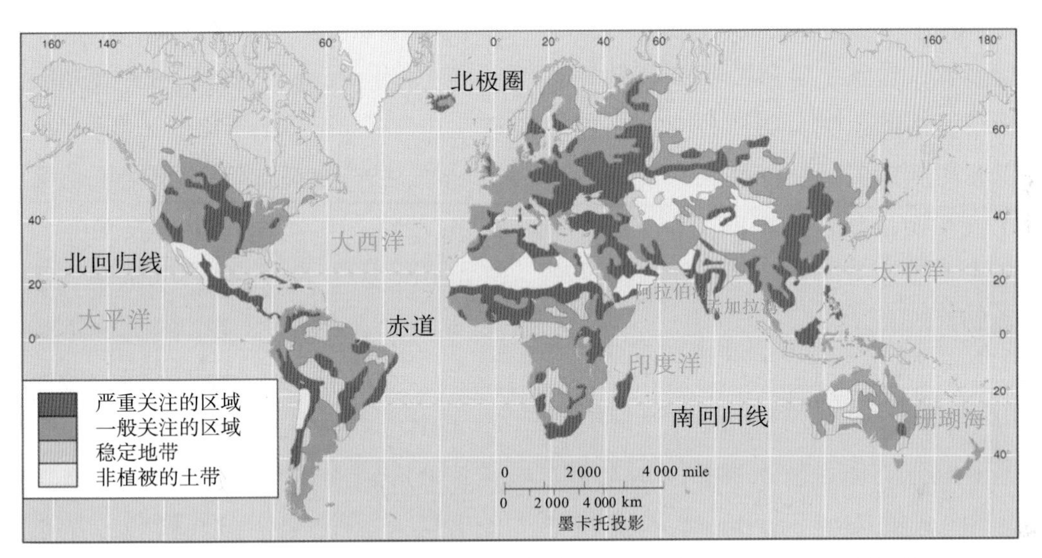

（a）由于人类对土地的误用和滥用，致使全球近12亿公顷的土地出现土壤退化

（b）以美国爱荷华西北部农场地表及沟壑的土壤侵蚀为例，若每公顷土地产生1mm厚的土壤流失，则土壤损失质量约为5t

图18.10　土壤退化

［（a）土壤退化的全球评估，改编于：UNEP，International Soil Reference and Information Centre，Nairobi, Kenya，“人类影响土壤退化现状图”；（b）美国农业部自然资源保护局，土壤调查中心］

判断与思考18.1　土壤流失——我们应该怎么办？

文中讲述了“人为因子”的作用，把土壤流失现象分解为成因、影响及人类可采取的应对行动三个方面，并对如何减缓土壤退化和流失进行了讨论。基于这一分析，建议中给出的响应尺度范围从个别到局部、从地区到州和省，最后到国家层面。结合你考虑的问题和尺度范围，提出最容易实现的解决方案。对于改善国内和国际的土地退化现状，你有什么建议？

中的水土侵蚀速率超过土壤形成和地质侵蚀几个数量级。因此，在即将到来的下个世纪，现代农业及全球社会都将面临这个基本的问题：是否存在一种农业系统既能保持土壤肥力和土壤本身，也能供养增加的人口？*

18.4　土壤分类

土壤的类型成千上万——仅美国和加拿大就有15 000种土壤类型。各种成土因子相互作用且多变，导致了土壤分类的复杂性。世界上仍在使用的土壤分类体系有许多种，不要惊讶，比如：美国、加拿大、英国、澳大利亚、俄罗斯及联合国粮农组织（FAO）都有自己的土壤分类体系，每个体系都反映了自己国家的环境特征。

18.4.1　土壤系统分类

美国土壤分类体系首次发布于1975年，称作**土壤系统分类**（Soil Taxonomy）。除1975年的土壤系统分类之外，本章还包含有土壤系统分类要点的内容，可以从美国自然资源保护局（Natural Resources Conservation Service，NRCS）网站（https://www.nrcs.usda.gov/conservation-basics/natural-resource-concerns/soil/soil-science）免费下载。

在野外实际能看到的是土壤性质及形态（外观、形式和结构），这也是“土壤系统分类体系”的关键。因此，该体系是一个开放的分类体系，随着土壤采集样本的增多，体系也在不断地增补、变化和修改。例如：这一体系最初只有10个土纲，1990年增加了火山土（Andisols）土纲，1998年增加了冻土（寒土和冻土）土纲。这个体系体现了人类与土壤的相互作用，以及人类有意（或无意）影响的重要性。

该分类体系将土壤分为六个等级，创建了等级分类体系统。土系（soil series，最小、最详细的等级）理想情况下只含一个聚合土体，但在野外也可能包含相邻聚合土体的过渡部分。土壤等级从最低到最高，每一等级都由许多同级成员构成，土壤系统分类认定的土系（soil series）15 000个、土族（soil family）6 000个、亚类（Subgroup）1 200个、土类（soil group）230个、亚纲（Suborder）47个、土纲（soil order）12个。

土壤发生学分类体系　采用土壤系统分类体系之前，人们使用**土壤发生学分类体系**（pedogenic regimes）来描述土壤。该体系重点强调的是气候区内土壤形成的具体过程——尽管某一成土过程可能发生于几个土纲或各种气候条件下，可我们只在它常出现的土纲中讨论，这种以气候为基础的分类体系便于认识气候与土壤过程的联系。然而，土壤系统分类认识到基于气候的土壤发生学分类体系存在着极大的不确定性和非一致性。通过以下土纲，讨论土壤发生过程的几个特征：

- **砖红壤化过程**（Laterization）：温暖潮湿气候下的淋溶过程，见图18.13，在氧化土中讨论；
- **盐渍化过程**（Salinization）：强烈蒸散气候下（潜在蒸发速率强烈），土壤盐分的集聚过程，将在后文干旱土部分讨论；
- **钙积化过程**（Calcification）：大陆性气候环境中，碳酸钙的淀积累积过程；如图18.19所示，将在后文黑土和干旱土部分讨论；
- **灰壤化过程**（Podzolization）：寒冷气候环境中，森林土壤的酸化过程，结合

* Montgomery D R. 2007. Is agriculture eroding civilization's foundation?[J]. GSA Today, 17(10): 1–36.

图18.24中的灰土部分进行讨论；

■ **潜育化过程**（Gleization）：腐殖质累积过程，下方包含一个厚的饱水黏土灰层，通常发育于气候寒冷潮湿且排水状况不良的环境中。

18.4.2　土壤诊断层

在土壤系统分类体系中，为了识别一个具体土系，NRCS表述了单个土体中的诊断层。诊断层（diagnostic horizon）反映的是可辨识的物理性质（颜色、质地、结持性、孔隙度、含水性）或一个主要土壤过程（后文将与土壤类型一起探讨）。

在土壤体（A层、E层和B层）中，可以鉴定两个诊断层：诊断表层和诊断亚表层，这两个诊断层是否存在？通常可以作为土壤分类的依据。

■ **诊断表层**（Epipedon，字面意思为“土壤上方”）是指表面诊断层，其表面岩层结构大部分已遭破坏。它的延伸范围向下可以穿过A层，甚至包括部分或整个B层（淀积层）。诊断表层由于所含的有机物、矿物质有时被淋溶，因此呈暗黑色。对于冲积沉积、风成沉积和耕作地区来说，土壤没有诊断表层，因为其成土过程时间短，这些特征尚未形成。

■ **诊断亚表层**（diagnostic subsurface horizon，又称**诊断表下层**）位于地表以下不同深度，可能包括部分A层或B层，甚至两者都包括。

18.4.3　土壤系统分类中的12个土纲

表18.1中列出了土壤系统分类的核心内容——12土纲，而且对应每个土纲都附有描述说明。图18.11给出了它们的世界分布范围。当你阅读本节时，请参考这张表格和这幅地图。因为土壤系统分类体系对每一个土纲的评价都依据它自身的剖面特征，这些特征对于土壤分类而言没有优先次序。然而，对于12个土纲的讨论，不是严格按照纬度次序进行的；如同第10章（气候）和第20章（陆地生物群系）一样，以赤道作为讲述起点。

氧化土　高温高湿和赤道纬度的昼夜等长对这类土壤影响很大。这些暴露于热带气候条件下的长达几千～几十万年的古老景观，得到了高度发育，其土壤矿物质也发生了深刻改变（但印尼某些新火山土壤——火山灰土例外）。氧化土是地球上最成熟的土壤之一，其排水条件好，且土层层次不明显［图18.12（a）］。与氧化土相关的植被覆盖为繁茂的、多样性丰富的热带和赤道雨林。氧化土包括五个亚纲。

氧化土（Oxisol）（热带土壤），该名称源于它们具有一个明显的铁铝氧化物诊断

判断与思考18.2　土壤观测

在校园或居住地附近，选择一个土壤样地。在可能的条件下，参照本章中讲述的土壤剖面特征、性质和形态，尽可能地对该土壤样本进行完整的描述。利用一般土壤分布图或其他可用资源（例如，当地农业推广站、互联网、学校相关院系），能否把该土壤样本大致归纳到某一个土纲？附近哪里有实验室或相关设备能够让你进行土壤测试？利用电话簿或互联网，能否找到管理部门或代理机构为你提供当地的土壤信息和土壤管理建议。

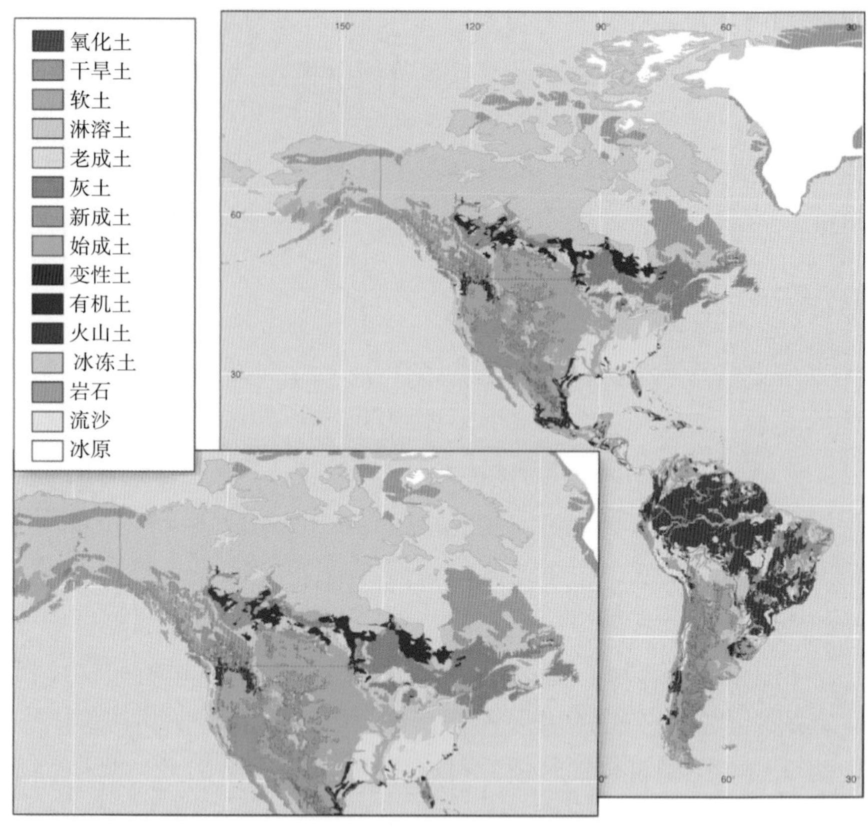

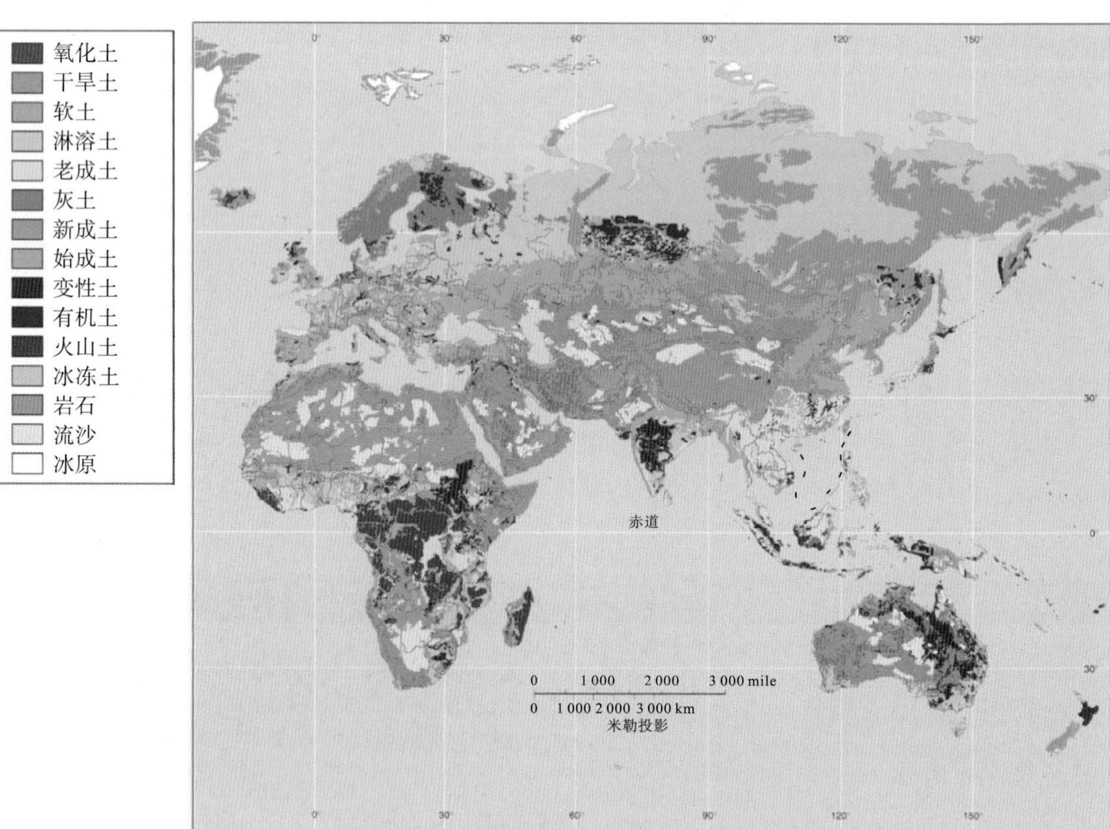

图18.11　土壤系统分类的世界分布图

注：土壤系统分类体系中12个土纲的全球分布图。［改编于：世界土壤资源机构，自然资源保护局，USDA，1999年，2006年］

表18.1　土壤系统分类——土纲

土纲	分布位置和气候	描述
氧化土	热带土壤；炎热、潮湿的地区	铁和铝的风化和淋溶程度达到最大；有连续的聚铁网纹层
干旱土	荒漠土壤；炎热、干燥的地区	母质矿物蚀变有限；气候不活跃；浅色；腐殖质含量低、亚表层有碳酸盐积淀
软土	草原土壤；半干旱、半湿润地区	含有机物，暗黑色显著；腐殖质丰富；盐基饱和；土层结构好，表面易碎
淋溶土	中等风化的森林土壤；潮湿的温带森林	B层富含黏土；盐基饱和度中至高；淀积黏土堆积；不同深度的土层颜色无明显变化
老成土	高度风化的森林土壤；亚热带森林	类似于淋溶土；B层黏土含量高；盐基饱和度一般偏低；亚表层有强风化作用，比淋溶土颜色偏红
灰土	北方针叶林土壤；凉爽湿润的森林	B层为铁/铝淀积的黏土；有腐殖质积累作用；无结构，部分胶结；高度淋溶；强酸性；盐基饱和度低、质地粗
新成土	近期的土壤；剖面未发育；各种气候	发育有限；具有母质矿物的性质；苍白色；腐殖质含量低；特性不明显，干燥时呈硬块状
始成土	弱风化的土壤；湿润地区	发育中等；原始土壤，但具少量诊断特性；在转变或变化的亚表层中可进一步风化
冰冻土	受多年冻土影响的土壤；北半球的高纬地区，南部界限位于林木线附近的高海拔地区	距土壤表面100cm之内的多年冻土；存在融冻搅动或活动层；构造土
火山土	火山活动形成的土壤；火山活动频繁的地区，尤其是太平洋周边	火山母质矿物，尤其是火山灰和火山玻璃；有重要的风化和矿物转变过程；CEC高、有机质含量多；肥力中等
变性土	可膨胀的黏土；亚热带、热带；干燥期充足	干燥时形成大的裂隙；有自我混合作用；膨胀黏土含量>30%；色淡；腐殖质含量低
有机土	有机土壤，潮湿的地方	泥炭或泥沼；有机物含量>20%，黏土厚度>40cm；表面为有机质层，无诊断层

层。由于降水量大，A层中的可溶性物质和土壤成分被淋湿，导致氧化物浓度变高。典型的氧化土呈淡红色（含铁氧化物）或淡黄色（含铝氧化物），质地为风化黏土状，有时呈易碎的粒状结构。高度的淋溶作用把基本阳离子和胶体物质向下运移至淀积层。因此，氧化土中CEC（阳离子交换容量）和土壤肥力很低，但接受冲积土或火山物质补充的区域例外。

在茂密的雨林地区，土壤的无机物养分却很贫瘠，这似乎很意外。因为这种森林系统从土壤有机物到肥力保持都依赖于养分再循环，可当生态系统遭到干扰时，这种养分再循环能力就会迅速丧失。由此，氧化土必然有一个高度风化的诊断亚表层（含有铁铝氧化物），其厚度至少30cm，距地表深度在2m以内（图18.12）。

图18.13说明了砖红壤化过程，这一淋溶过程发生于暖湿的热带和亚热带气候区，而且排水良好的土壤中。氧化土如果经受干湿交替变化，就会发育形成铁质硬磐（ironstone hardpan，位于A层下部和B层的硬化土层——铁质含量高而腐殖质贫瘠的黏土，伴有石英和其他矿物成分），即一

（a）波多黎各中部，高度风化的氧化土剖面

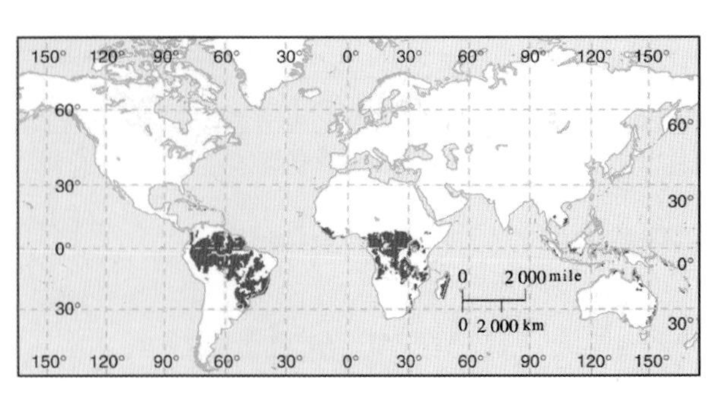

（b）热带土壤全球分布图

（c）波多黎各东部，卢基约山脉和雨林中的热带土壤

图18.12　氧化土

［（a）Marbut采集，美国土壤学会；（c）Bobbé Christopherson］

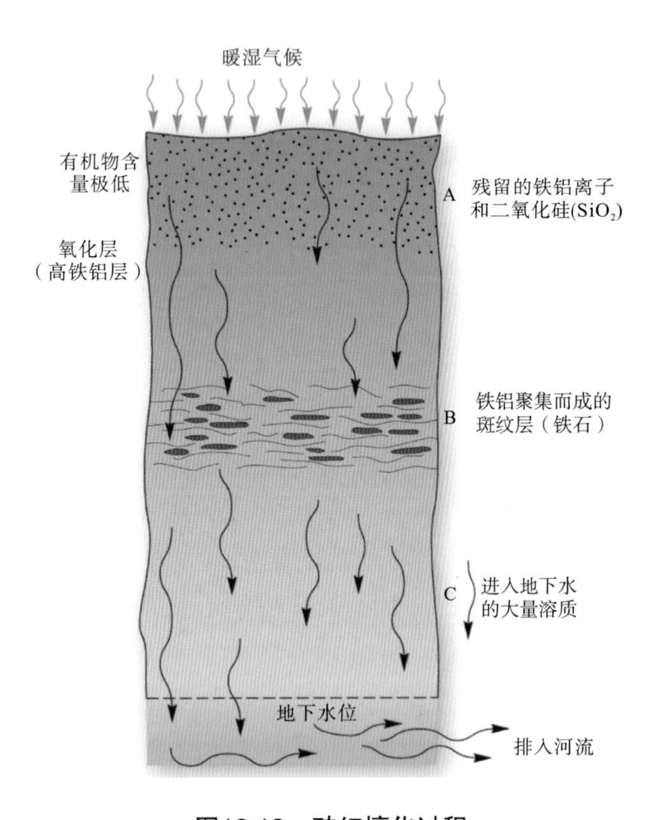

图18.13　砖红壤化过程

注：砖红壤化过程是热带和亚热带气候区的特征。

种聚铁网纹层（Plinthite，源于希腊语*Plinthos*，意为“砖”）。这种形式的土壤也叫作砖红壤（Laterite），可以块状开采出来用作建筑材料（图18.14）。

对于这类土壤，通过精细管理可以进行简单的农业活动。早期的农业耕作模式——刀耕火种，已经适应了这类土壤条件，形成了一种特有的作物轮作制度。可以想象：热带地区中的一片雨林，人们砍倒林木后焚烧，用木棒和锄头来耕地，然后栽植玉米、大豆、南瓜等。植物焚烧后留在土壤中的矿物养分及短效肥料，而后很快就会被耗尽；几年后，土壤肥力因雨水冲刷而消失，此时人们又转移到另一个地方，并重复上述过程。多年的辗转迁移，人们又回到初始的地方，开始再一次的循环。这种耕作方式对土壤的有限肥力具有保护作用，但应为植被留有一定的恢复时间。

如今，这种方法在亚洲、非洲、南美洲的一些地区仍然存在。然而，引种植物的收益使得地方政府在日益增长的人口压力下，大力发展引种植物栽培，导致部分森林成片地转变为牧草地，干扰了原本有序的土地轮作。大片开垦土地背离了先前的轮作模式，产生的土壤侵蚀带来了灾难性后果。氧化土遭到破坏后，土壤流失速率每年超过1 000t/km^2，除土壤损失和雨林毁坏之外，还会造成动植物物种灭绝。当然，以氧化土和雨林为主的地区也是全球环境关注的焦点。

图18.14 氧化土用作建筑材料“砖块”

注：印度人开采聚铁网纹土用于建筑材料。嵌入图是聚铁网纹土“砖块”的特写照片。［Henry D.Foth］

干旱土（Aridisol） **干旱土**是世界干旱地区最大的单一土纲。它是荒漠土壤，约占地球陆地面积的19%（图18.11），其诊断特征是地表附近的土壤颜色浅淡或灰白［图18.15（a）］。

干旱土区域的水平衡特点是土壤水分处于亏缺状态。这毫不奇怪，一般情况下，该区域的土壤水分不能充分满足植物的生长需求。高蒸散、低降水导致土层发育非常浅。通常，这类土壤饱含水分的时间不会超过三个月。由于缺水而植被稀少，因此干旱土缺乏有机物质。降水量低意味着淋溶次数少，

（a）美国亚利桑那州中部的土壤剖面

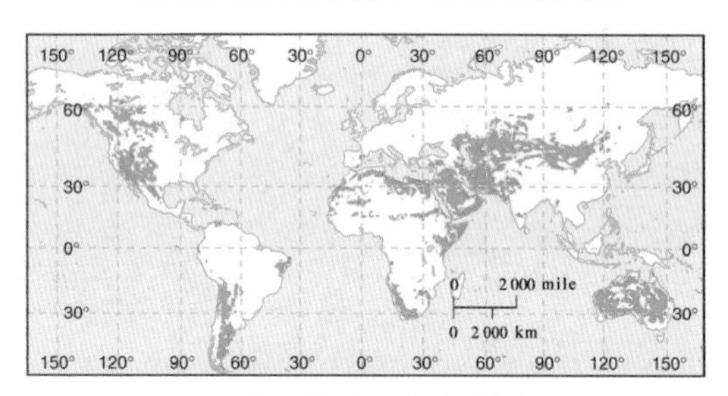

（b）全球荒漠土分布范围

（c）美国加州帝王谷中的干旱土——灌溉种植芦荟

（d）索尔顿湖西南部沙漠中的帝王谷农业复合体

图18.15 干旱土

［（a）美国的土壤学会，Marbut；（c）和（d）Bobbé Christopherson］

可是当干旱土暴露于丰水期时，也很容易产生淋溶，因为干旱土缺乏重要的胶体结构。

干旱土约占地球农业土地的16%，其中灌溉田地上的农业收成约占36%。灌溉田常见的两个问题是盐渍化和内涝，尤其是在干旱区排水条件不好的土地上。盐渍化作用（Salinization）在干旱土中很常见，因为荒漠和半干旱地区的潜在蒸散率很高，这会导致土壤水中的盐分向土壤表层迁移，当水分蒸发变干后，水中盐分沉积下来。如果沉积盐层在土壤表层以下，而附近又有植物根系分布时，植物就会受到伤害甚至死亡。荒漠中的干盐湖盆就是盐渍化的极端例子（见第15章）。

显然，盐渍化使干旱土耕作变得复杂化。引入灌溉水可能引起农田内涝，使土壤排水恶化或土壤盐渍化。自19世纪以来，灌溉农业大幅度增加，当时世界范围内有800万hm^2（8万km^2）的灌溉土地；而如今，灌溉土地已将近2.55亿hm^2（255万km^2），而且这一数字在某些地方甚至还在增长。在世界许多地区，土壤中的高含盐量，已造成农业产量减少甚至停止，如伊拉克的底格里斯河和幼发拉底河沿岸、巴基斯坦境内印度河河谷、南美洲和非洲的部分地区、美国西部等。

尽管如上所述，干旱土若在排水良好、含盐量低的条件下，植被仍生长旺盛。如果投入大量资本用于改善水分、排水和肥力条件，干旱土将拥有更大的农业发展潜力［图18.15（c）和（d）］。不过，干旱土耕作必须要与环境因子保持平衡。20世纪80年代，由于农业污染物排放，美国加利福尼亚州的凯斯特森（Kesterson）野生动物保护区曾一度沦落成为有毒废物的垃圾场。有关凯斯特森的灾难，详见“专题探讨18.1”。

软土　地球上一些最重要的农业土壤属于**软土**（Mollisol，草地土壤）。软土包括7个已确认的亚纲，各自具有不同的肥力。该土纲显著的诊断层是一个具有黑色有机质的表层，厚约25cm（图18.16）。正如“软土”拉丁语的含义（其词根为*Mollis*，意为“软的”），其质地是柔软的（即使在干燥状态下）。软土的土壤结构体呈颗粒状或者说易碎，干燥时排列松散。这类土壤由于富含腐殖质、CEC及盐基离子（钙、镁、钾），因此土壤肥力很高。就土壤水分而言，它们介于湿润和干旱之间。

世界范围内草原上的土壤［干草原（Steppe）和大草原（Prairie）］，即北美大平原、美国华盛顿州的帕卢斯地区、阿根廷的潘帕斯草原，以及中国东北至欧洲这一地区的土壤，都属于这一土纲。上述这些地区，农业活动范围从大规模农业粮食生产到干燥地区的放牧，加上人工施肥和土壤改良，作物高产很普遍，如乌克兰的“肥沃三角洲”、俄罗斯西部和东欧部分地区的土壤也都属于软土。

北美大平原横跨98°经线，与510mm年等降水线相吻合——东部区较湿润、西部区较干燥。历史上，人们把这里的软土作为矮草草原与高草草原的分界标志（图18.19）。

钙积化作用（Calcification）是一些软土和相邻干旱土边缘带的成土特征。钙积化作用就是碳酸钙或碳酸镁在土壤B层或C层中的累积过程。碳酸钙（$CaCO_3$）的钙化作用形成诊断亚表层，其最厚分布区位于干旱区与湿润区的交界处（图18.20）。

当上述这些沉积物胶结或硬化后，就会成为钙积层（calcic horizon）或钙结核（Kunkur）。这种现象在澳大利亚中、西、

(a)美国爱达荷州东部帕卢斯的土壤剖面——钙质黄土土壤

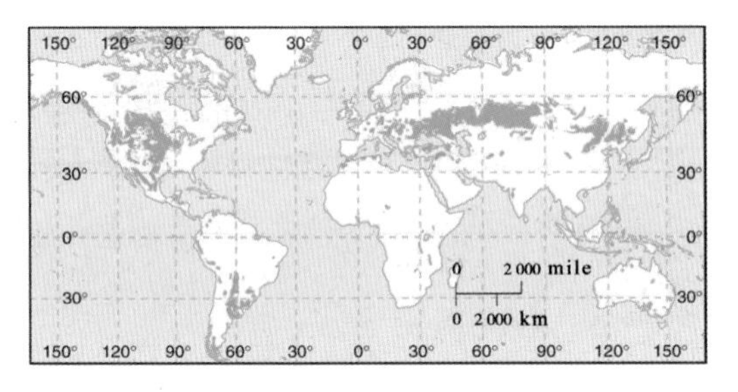

(b)世界草原土壤分布图

(c)美国堪萨斯州中部的软土上成行种植的作物

(d)美国华盛顿州东部帕卢斯的丰收麦田

图18.16　软土

[(a)美国土壤学会，Marbut；(c)和(d)Bobbé Christopherson]

专题探讨18.1　土壤硒污染给凯斯特森造成的灾难

在美国西部，大约有95%的灌溉土地位于98°经线以西，可这一地区却被日益严重的盐渍化和内涝积水问题所困扰。在干旱和半干旱地区，农业废水排放是一个重要问题，因为这里的河流流量不足以稀释和冲走农田废水。农业生产中，人们经常通过大量灌水的办法使农田中的盐分下移(灌水压盐)至作物根区以下。另一种解决办法，就是使农田排渠床面低于土壤耕作层，以此来汇集从土壤中排泄出来的重力水(图 18.17)，之后再把收集的农田废水排泄到其他地方。对于加利福尼亚州中部的圣·华金河谷(San Joaquin)来说，凯斯特森水库湿地中硒浓度的有害标准这一问题引发的争议长达25年。

图18.17　收集农业废水的排水渠

注：受污染的农田排水汇入排水渠，之后被直接排入索尔顿海。在圣·华金河谷，用水泥板铺设的水渠用于收集土壤重力水和农用支渠排水。[作者]

美国西部至少有9个地方正在遭受硒浓度超标带来的污染，圣·华金河谷是其中之一。硒是基岩中的天然微量元素，尤其是在美国西部的白垩纪泥岩中到处可见。硒的毒性作用曾于20世纪80年代被报道过，当时报道的是美国大平原富硒土壤上的牧草对牲畜的影响。加利福尼亚海岸山脉是硒的重要源地，伴随土壤母质矿物的风化，富硒冲积物被冲刷到河谷中，进而形成了干旱土，并在灌溉条件下成为肥沃的土地。由于蒸发强烈，农田中的硒浓度增大，然后被灌溉渠系带入湿地，通过生物富集作用达到了毒性水平。

加利福尼亚州中部，可用作农业废水排放的出口很有限。20世纪70年代后期，在圣·华金河谷西部建成的排水渠长度约128km，而沿途却没有一个排放口（因为缺少整体规划设计）。合作农场大规模连续灌溉，产生的农田排水携带着盐分和硒元素流入位于旧金山圣华金河谷凯斯特森东部的国家野生动物保护区。这种未经环保处理的农田排水滞留于保护区边界附近（图18.18）。

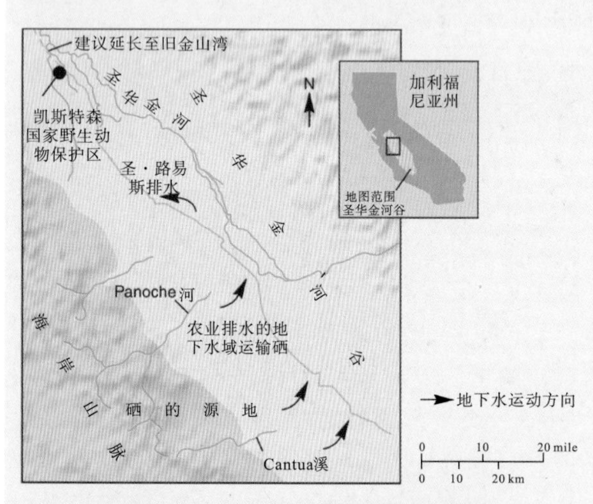

图18.18　凯斯特森的地理位置

注：源于海岸山脉的硒，经过几千年来的地表径流被带入并沉积于下游地区的土壤中，再由农田排水系统汇集到保护区。[USGS]

硒污染的排水仅用三年时间就污染了野生动物保护区，这里成了被正式宣布的有毒垃圾场。就该保护区而言，硒元素最初是由水生生物体（如沼泽植物、浮游生物和昆虫等）带入的，然后进入食物链，接着进入了更高级生物体的食物谱中。美国鱼类和野生动物保护局的科学研究结果显示：硒的毒性导致野生动物死亡或基因异常，受到伤害或消失的鸟类占90%左右（在凯斯特森筑巢和无巢的所有鸟类）。由于该保护区是整个西半球飞鸟的主要迁徙地和中转站，它的污染违反了国际野生动物保护条约中的几项条款。

1986年遵照法院决定，美国联邦政府执行了当时法令：由合作农场内部立即开始回收和封存灌溉水，可是由此带来了农场的内涝和硒污染。凯斯特森区域作为圣·路易斯国家野生动物保护区的组成部分——获得了对硒污染进行重点治理和恢复的优先权。

令人沮丧的是，大型农业企业利益相关者迫使美国联邦政府同意把废水排泄到旧金山湾和海洋。1996年，美国垦务局实施的“草原绕道工程”，其目的就是阻止农田排水流入加利福尼亚中部的湿地和野生动物保护区。现在，农业排水穿过老圣·路易斯排渠排入泥沼泽（Mud Slough）（这是一条穿过圣·路易斯国家野生动物避难所的天然水道），之后汇入圣·华金河，再至圣·华金–萨克拉门托三角洲，最终流入旧金山湾。虽然观测结果表明，硒浓度呈波动下降趋势，可是最初渠系中的硒浓度是增加的，目前生物监测仍在继续。

美国西部有9个地方受到这样威胁，凯斯特森是第一个没能控制住硒污染的地方。野生动物保护区所经历的这场灾难是对人类的一次现实警告——请记住，处于食物链顶端的是人类自己！

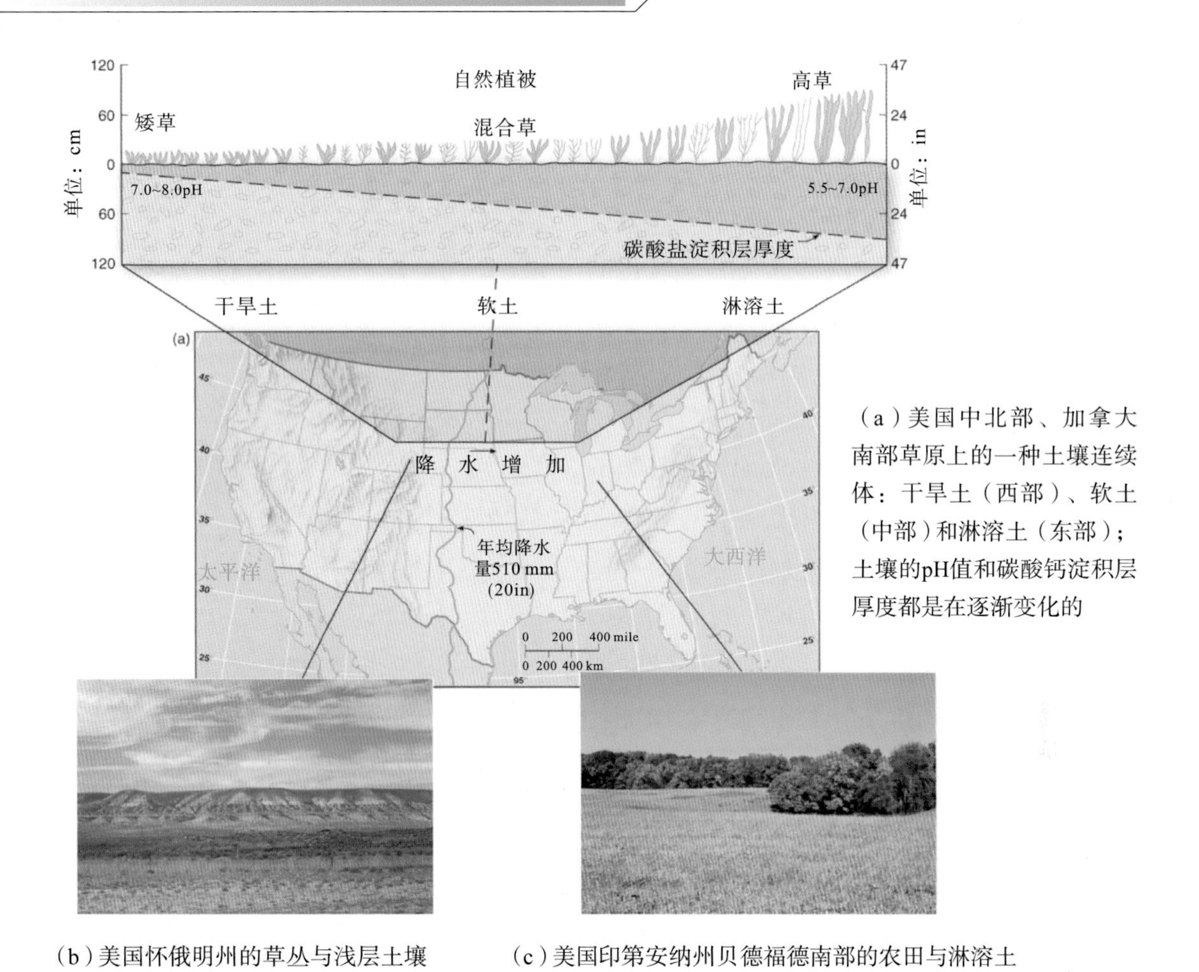

（a）美国中北部、加拿大南部草原上的一种土壤连续体：干旱土（西部）、软土（中部）和淋溶土（东部）；土壤的pH值和碳酸钙淀积层厚度都是在逐渐变化的

（b）美国怀俄明州的草丛与浅层土壤

（c）美国印第安纳州贝德福德南部的农田与淋溶土

图18.19　美国中西部的土壤

［（a）Brady N C. 1990. The Nature and Properties of Soils,（10th Edition）[M]. New York: Macmillan Publishing Company.;（b）作者；（c）Bobbé Christopherson］

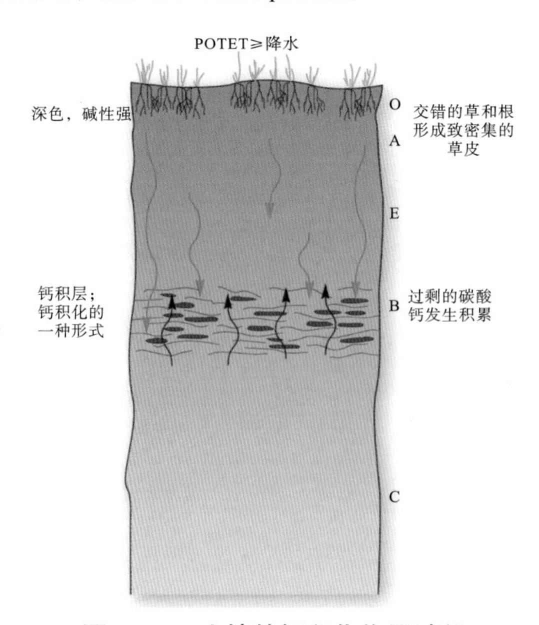

图18.20　土壤的钙积化作用过程

注：干旱土/软土的钙积化过程，发生于潜在蒸散量等于（或大于）降水量的气候区域。

地学报告18.2　边际土地流失对基本农田的压力

自1985年以来，美国加利福尼亚州有60万公顷以上的灌溉干旱土和淋溶土丧失了农业生产力。这标志着几十年的灌溉农业（气候区过渡带）结束了。毫无疑问，灌溉种植面积还会继续大幅减少，这将导致加利福尼亚州和其他潮湿地区的基本农田面积低于美国国家需求的红线以下。

南部，非洲南部的卡拉哈里地区，美国的中西部高原等地区很普遍［钙质化作用和盐渍化作用占优势的土壤，以前称为钙质土（Pedocals）］。

淋溶土　从空间上看，**淋溶土**（中等风化的森林土壤）是分布范围最广的土纲，包含五个亚纲，分布范围从赤道附近至高纬地区。典型淋溶土分布区包括：非洲西部的博罗莫（Boromo）和布基纳法索（the Burkina Faso）、加拿大不列颠哥伦比亚省的纳尔逊堡（Fort Nelson）和美国五大湖附近的一些州及加利福尼亚州中部的谷地。对于大多数淋溶土而言，其颜色从灰棕色到淡红色的原因可能是软土的潮湿变异。由于降水增加，这类土壤表现为中等淋溶程度，亚表层有黏土淀积和黏土层（图18.21）。

淋溶土中，盐基离子储量为中、高水平，土壤肥沃。不过，农业生产力还取决于当地的温湿度条件。在农业活跃地区，人们通常对淋溶土添加适当的石灰和肥料。在美国，一些最好的农田分布于：伊利诺伊州、威斯康星州、明尼苏达州东部，并一直延伸到印第安纳州、密歇根州、俄亥俄州、宾夕法尼亚州和纽约州。这类土地是谷物、饲草和乳制品的产地；这里的土壤具有夏热大陆湿润气候特征，是淋溶土的亚类，被称作“湿淋溶土（Udalfs）”。

淋溶土的另一个亚类——干热淋溶土（Xeralfs）与冬湿夏干的地中海气候模式有关。这些富饶的天然土壤是亚热带水果、坚果的集中种植区，也是全球仅有的几个可种植某些特殊作物的产地。例如，加利福尼亚州的橄榄、葡萄、柑橘类、洋蓟、杏和无花果等［图18.21（c）］。

老成土　美国边远南部分布着**老成土**（Ultisol，高度风化的森林土壤）和它的五

（a）美国爱达荷州北部的黄土剖面

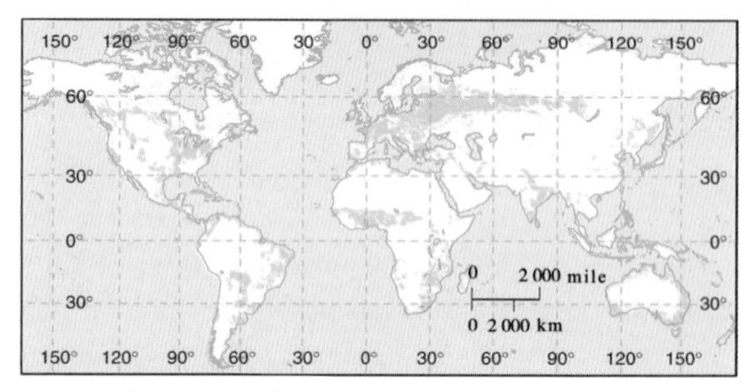

（b）中等风化程度的森林土壤，其世界分布范围

（c）加利福尼亚州北部的橄榄树果园，美国的橄榄产量其实都来自该州

图18.21　淋溶土

［（a）美国土壤学会，Marbut采样；（c）Bobbé Christopherson］

个亚纲的土壤类型。如果淋溶土长时间曝露于湿润环境下，伴随风化程度的加深，可退化变为老成土。老成土A层含有残留的铁铝氧化物，因此这类土壤呈淡红色（图18.22）。

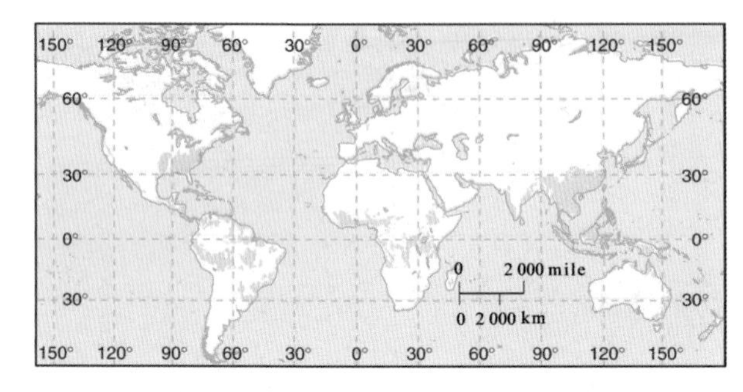

（a）高度风化的森林土壤，其世界分布范围

（b）美国东南部的老成土，种植着山核桃

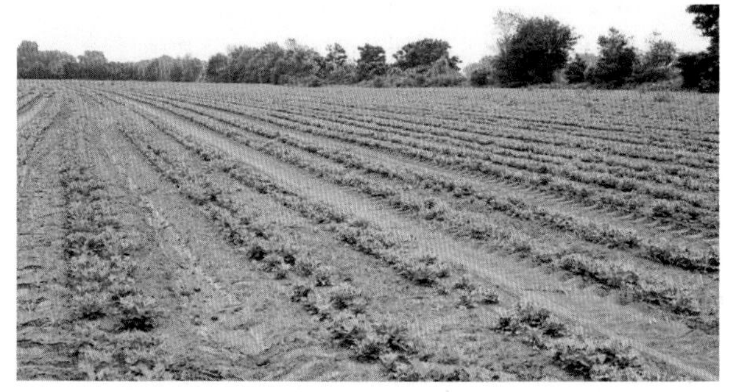

（c）大平原附近，美国佐治亚州中西部的花生种植，其土壤是淡红色的老成土

图18.22　老成土
[Bobbé Christopherson]

老成土分布区的降水偏多，与其他土壤相比，可产生更多的矿物蚀变和淋溶浸出。因此，其盐基离子含量和肥力都偏低。某些农业活动，包括种植对土壤有损耗效应的作物（如棉花和烟草等），由于氮肥大量消耗及土壤暴露侵蚀，还会使这类土壤肥力进一步降低。如果完善管理——恢复氮肥的作物轮作、防治土壤冲刷侵蚀的栽培措施，那么这类土壤会产生良好响应，如种植花生就有利于氮肥恢复。要实现这类土壤的可持续管理，还需要做很多工作。

灰土　**灰土**（Spodosol，北方针叶林土）及其4个亚纲，一般形成于淋溶土以北及以东地区。在北美洲和欧亚大陆北部、丹麦、荷兰、英格兰南部，灰土发育于寒冷和潮湿的森林环境（夏季温和型大陆湿润气候）。在南半球，由于没有类似的气候，还不确认是否存在这类土壤。冷湿环境下，灰土形成于云杉、冷杉和松树组成的常绿林之下，并由砂质母质发育而成；而温和环境下，灰土则形成于混合林或落叶林之下（图18.23）。

灰土的A层缺少腐殖层和黏土。灰壤化过程的特点：A层为沙质，具漂白色，在淋溶作用下，黏土和铁被淋失；B层由有机物和铁铝氧化物淀积组成［图18.23（c）］。土壤表层的有机质来自常绿乔木的枯枝落叶（低碱富酸），它们堆积于土壤中形成酸累积。酸性土壤中的溶液对黏土、铁和铝产生有效淋溶，使它们到达诊断层上部。灰白色是这些亚北极森林土的常见颜色，也是灰壤化作用的特征（图18.24）。

在加拿大的土壤分类体系中，灰土被划分为灰土土类之中，正如在不列颠哥伦比亚省温哥华岛、新斯科舍省和新不伦瑞克省的温带雨林中看到的土壤一样［图18.23（c）和（d）］。

由于灰土的盐基离子含量低，如果进行农业活动，灰土中需要追加氮、磷和钾（碳酸钾）肥，或许也可以采取作物轮作方式。

（a）美国纽约北部的土壤剖面

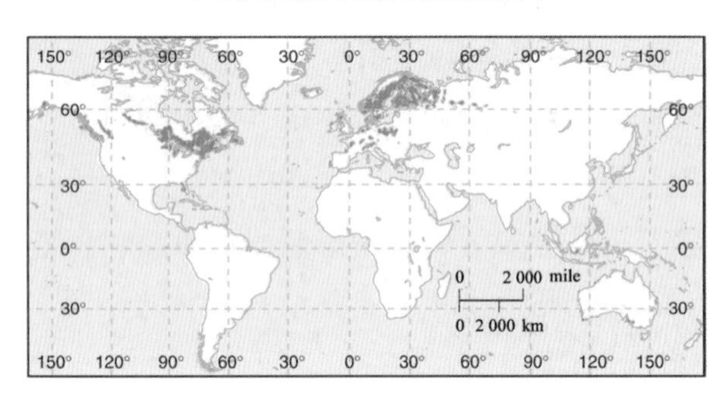

（b）北方针叶林森林土壤的全球分布范围

（c）加拿大温哥华岛中部，冷湿气候环境下特有的温带森林及灰土

（d）加拿大新斯科舍省Lakeville附近，刚翻耕的灰土（或加拿大土壤分类系统中的灰化土）田地上准备种植蔬菜；它们形成于针叶林之下，这片整理过的土地用于作物种植和果树栽培（远处可见）

图18.23　灰土

［（a）美国土壤学会，Marbut采集；（c）和（d）Bobbé Christopherson.］

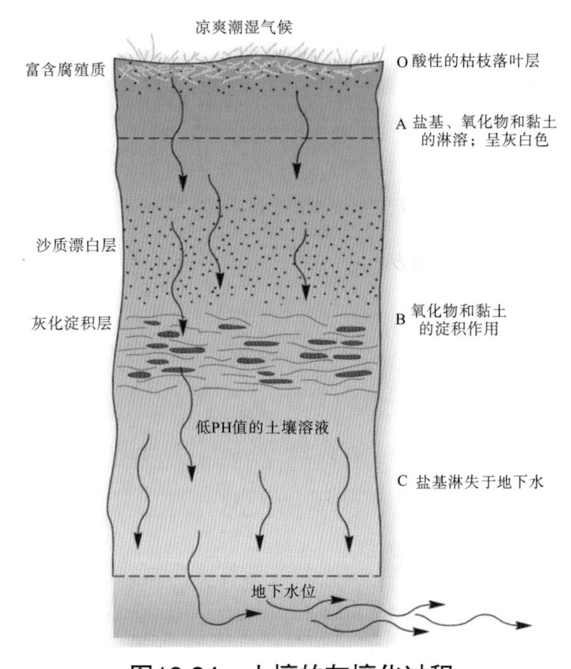

图18.24　土壤的灰壤化过程

注：冷湿润气候区和灰土地区的典型灰壤化过程。

施用土壤改良剂可显著提高作物产量，如施用石灰石可提高酸性土壤的pH值。纽约州的轮作期为6年，每英亩（0.4公顷）的灰土中施用1.8t石灰石可使几种栽培的农作物（玉米、燕麦、小麦和干草）产量增加1/3。

新成土　**新成土**（Entisol，即新近的、未发育的土壤）的土层缺乏垂直发育。尽管新成土不是气候决定的（因为它们分布于全球许多气候区），但其5个亚纲的土壤发育仍基于不同的母质物质和气候条件。新成土是真正的土壤，但它的发育时间还不足以生成通常的土层。

就农业土壤来说，新成土通常很贫瘠，尽管河流淤泥堆积的土壤很肥沃。此外，其他抑制土壤不能完全发育的条件——水分过多或过少、结构不良、风化产生的养分累积不足，对土壤肥力同样也有抑制作用。具有这些特征的土壤分布于活跃坡面、冲积物堆积而成的洪积平原、排水不良的苔原、潮汐泥滩、沙丘和沙质荒漠、冰水沉积平原。图18.25展示的新成土形成于荒漠气候环境中，其母质为页岩。

图18.25　新成土

注：新成土特征，在美国加利福尼亚州安沙-波列哥荒漠，未发育的土壤形成于母质页岩。[Bobbé Christopherson]

始成土　这类土壤尚未达到成熟条件，**始成土**（Inceptisol）（土壤发育较弱）及其6个亚纲土壤自身肥力不足。虽然它们比新成土发育程度高，但仍属于年轻土壤。始成土的土壤类型广泛，所有类型都伴有初始风化迹象，发育不成熟。始成土与湿润土有关，并被看作是淋溶残积层，因为土壤剖面中虽然有缺失成分，但却保留了一些可风化的矿物。该类土壤中没有显著的淀积层。始成土包含了大部分由冰碛物演化形成的耕地和冰水沉积物，如从纽约至阿巴拉契亚山脉，还有湄公河和恒河冲积平原上的冲积土。

冻土　**冻土**（Gelisol）是寒冻土壤，有3个亚纲。它们分布于高纬度地区（加拿大、美国阿拉斯加州、俄罗斯、北极海洋冰岛和南极半岛）和高海拔山区。这些地区的温度在0℃以下，因此土壤不仅发育缓慢，而且土壤长期遭受寒冻干扰。由于气温寒冷，物质分解速度慢，所以冻土可以发育形成有机诊断层（图18.26）。冻土是受多年冻土影响的土壤。以前这类土壤被划为始成土、新成土和有机土土纲。

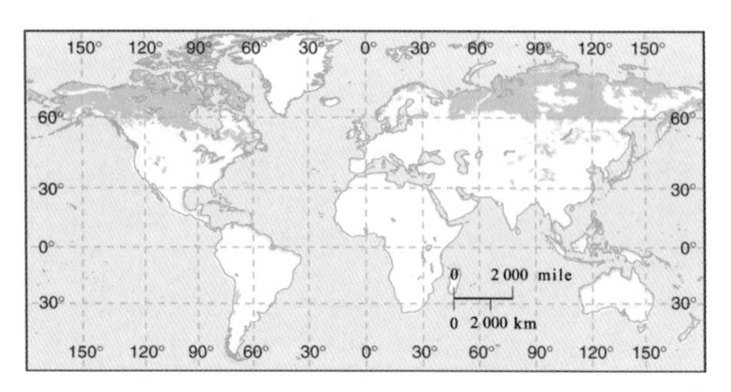

图18.26　冻土的世界分布范围

注：《北方极地区域土壤图集》对这些土壤及其环境进行了分析阐述。

苔原是这类土壤的特征植被，由地衣、苔藓、莎草、矮柳，以及适应严寒和多年冻土环境的植物组成。详见本章当今地表系统。

在活动层的冻融交替过程中，冻土受到融冻搅动影响（Cryoturbation，见17章），土层次序被扰乱，使有机物降至下部土层中，而C层（母质层）物质上升至表层，由此产生了“构造土”现象。

火山灰土　火山活动地区的土壤特征为**火山灰土**（Andisol）（母质为火山物质），它有7个亚纲。火山灰土由火山灰和火山玻璃发育形成。先前的土层常常被反复喷发的火山物质所掩埋。火山土壤的矿物成分独特，因为火山喷发物是它的物质补给。例如，在圣海伦火山北部的土壤发育过程中，先锋物种的恢复与演替（图19.25）。

风化和矿物转化作用对这一土纲的土壤来说很重要。火山玻璃易被风化转变为铝英石（非晶质铝硅酸盐黏土矿物，其作用如同胶体）和铁铝氧化物。火山灰土的特征表现为具有较高的CEC、保水性能和中等肥力，但有时存在磷的有效性问题。在美国夏威夷，肥沃火山土用于种植咖啡、菠萝、澳洲坚果和甘蔗等重要经济作物［图18.27（a）］。火山灰土的分布区域很小，但在“环太平洋火环”边缘地区，这种土壤在当地很重要。

（a）美国夏威夷，肥沃的火山灰土上种植着澳洲坚果林木

（b）冰岛西南的火山灰土是羊群牧草饲料的生产基地

（c）佛得角福戈岛上的玄武岩质土壤，用来种植葡萄，这里成为了当地葡萄酒的原料基地（图中的前景）

图18.27　农业生产与火山灰土
［Bobbé Christopherson］

在冰岛，人们把肥沃的火山灰土用来种植饲料作物和牧草，以此来维持大型的牧羊产业。每年秋天，许多牧场主花费几周时间将羊群聚集起来集中放牧［图18.27（b）］。关于火山灰土肥力的另一个例子是位于大西洋中部且远离非洲海岸的福戈岛，这里的新生火山灰土用于栽培葡萄，因而成为当地早期葡萄酒产业的原料基地［图18.27（c）］。

变性土　重黏土就是**变性土**（Vertisol，膨胀性的黏土）。变性土中含有30%以上的膨胀性黏土（黏土吸收水后，产生显著膨胀），如蒙脱石。这类土壤发生在季节性土壤水平衡差异大的地方，分布范围从潮湿至半干旱气候区，从温暖气候区至高温气候区。在热带和亚热带气候区，土壤受热带稀树草原和草地植被影响经常形成变性土；有时变性土的形成与干湿季节交替有关。尽管这类土壤分布广泛，但个体变性土单元的分布范围还是受到了一定限制。

潮湿的变性土呈黑色，但原因并非是它含有机物，而是含特殊矿物。土壤颜色从棕色到深灰色。这些深层黏土受潮后膨胀、干燥时收缩。在干燥过程中，土壤表面产生裂缝，宽度为2～3cm、深度可达40cm。掉进这些缝隙的松散物质，只有当土壤再次膨胀并使裂缝闭合时才会消失。这样的循环重复多次，就会造成土壤成分在垂直方向上的混合或翻转，从而把下面土层物质带到土壤表层（图18.28）。

黏土吸水变湿后，形成的湿黏土具有可塑性且重量增大，而且只有少许土壤水分可被植物利用；但变性土含有较高盐基离子和养分，因此变性土常常是较好的农业土壤。例如，美国得克萨斯州的沿海平原狭窄地带［图18.28（c）］及印度德干部分地区就有变性土的分布。变性土常常用来种植高粱、玉米和棉花作物。

有机土　积累较厚的有机物质可以形成**有机土**（Histosol），它包含4个亚纲。在中纬度地区适宜条件下，湖水如果被有机物质逐渐取代，那么先成湖底上的沼泽和泥炭层（湖泊演替或沼泽形成，见第19章）就会转化为有机土（图18.29）。此外，有机土还形成于排水不良的小型洼地，因为这里的沉积条件有利于形成水藓泥炭。有机土可以被开采打包作

（a）北美洲的波多黎各（美国自治区）拉哈斯谷地的土壤剖面

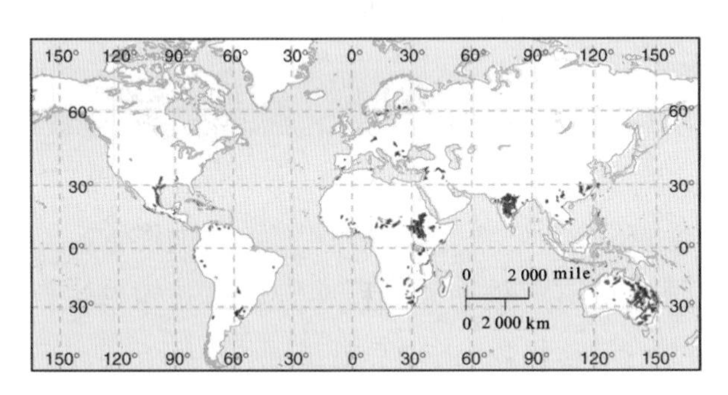

（b）膨胀黏土的世界分布范围

（c）美国得克萨斯州沿海平原上种植着高粱作物的变性土［摄于特雷斯·帕拉西奥斯河附近帕拉西奥斯的东北部］
注：变性土的指示颜色为黑色。

图18.28　变性土

［（a）美国土壤学会，Marbut采样；（c）Bobbé Christopherson］

（a）美国缅因州海岸的泥炭沼泽，摄于波帕姆海滩州立公园附近

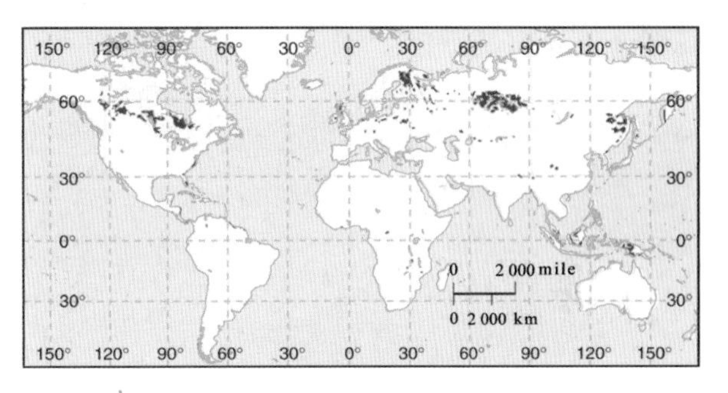

（b）有机土的世界分布范围

（c）苏格兰北部大陆岛上的水苔泥炭土的剖面，干燥后形成的块状泥炭
注：有机土中流出的水呈黑色。

图18.29　有机土

［Bobbé Christopherson］

为商业土壤的改良剂。

人们用铁锹把泥炭成块地挖出，然后晾干。如图18.29（c）所示，泥炭呈纤维质地，它是由生长于地表的水苔形成的；而土壤剖面底部的暗色土层，是泥炭压缩或发生化学反应后形成的，泥炭层厚度可达2m。干燥后的块状泥炭，可燃烧产生热量和烟。泥炭是褐煤自然发育的第一个阶段，也是煤炭形成的中间步骤。想象一下：这类土壤曾广泛地形成于石炭纪（3.59亿～2.99亿年前）植物繁茂的沼泽环境中，它们通过煤化作用才变成煤炭矿藏。

地表系统链接

土壤学是非生物系统（第Ⅰ、Ⅱ和Ⅲ篇）与生物系统（第Ⅳ篇）的连接桥梁。土壤形成过程受到温度、湿度、母质、地形、生物体及人类的影响。因此，本章将能量–大气、水、天气和气候系统及风化过程（土壤颗粒和矿物的来源）联系在一起，作为地球表层的基本覆盖层进行阐述。掌握了土壤学方面的基础知识，接下来我们将学习目标转向地球生态系统基本要素及生命能量系统和生命体组织群落的生物运行规律。

18.5　总结与复习

■　**详述土壤和土壤学的定义，描述单个土体、聚合土体和典型土壤剖面。**

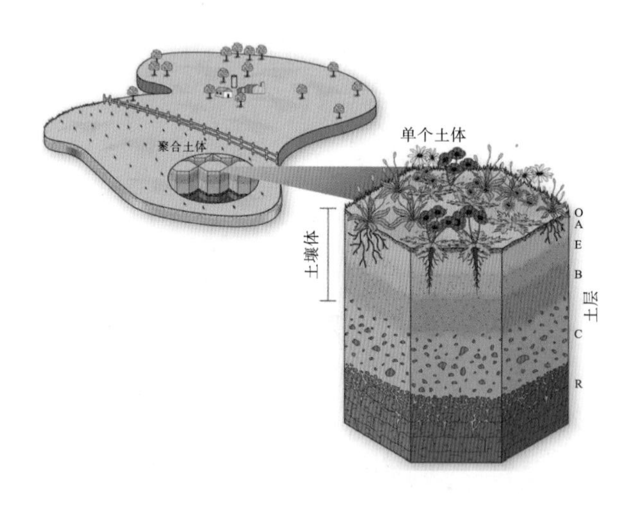

土壤是一个动态的自然体，由包含矿物和有机物成分的细粒矿物构成。**土壤学**是跨学科的一门学科，涉及物理学、化学、生物学、矿物学、水文学、分类学、气候学和制图学等。土壤发生学是研究土壤的起源、分类、分布，包括对土壤描述的学科。土壤生态学侧重把土壤作为一种介质，是研究土壤介质如何更好地维持高等植物生长的一门学科。

在土壤调查中**单个土体**是土壤采样的基本单元。**聚合土体**是区域土壤分布图的基本构图单元，可以包含多个单个土体。单个土体中呈现的可辨层次称作**土层**。不同土层分别被命名为：O土层（包含**腐殖质**，有机物分解和合成的复杂混合体）；A土层（富含腐殖质和黏土，颜色较黑）；E土层（**淋溶层**，细粒和矿物质遭受淋溶而流失）；B土层（**淀积层**，由其他地方迁移来的黏土和矿物淀积而成）；C土层（母质层，风化底岩）；R层（底岩）。A、E和B土层的土壤过程最活跃，它们合在一起称作**土壤体**。

土壤（604页）
土壤学（604页）
单个土体（605页）

聚合土体（605页）
土层（605页）
腐殖质（605页）
淋溶作用（606页）
淀积作用（606页）
土壤体（606页）

1. 土壤是动物和植物生存的基础，因此对地球生态系统来说至关重要。这是为什么？

2. 土壤学、土壤发生学和土壤生态学之间有何区别？

3. 详述聚合土体、单个土体及土壤基本单元的定义。

4. 描述各土层的主要特征。有机物的累积主要发生在哪个土层？腐殖质是在哪里形成的？解释淋溶层与积淀层之间的差异。土壤体是由哪几个土层构成的？

■ **描述土壤的形态特征，包括颜色、质地、结构、结持性、孔隙度和土壤水分。**

利用几种物理性质对土壤进行分类。颜色能够反映土壤的物质组成和化学成分。土壤质地是指矿物颗粒大小及其不同粒径颗粒之间的质量比例。例如，**壤土（loam）**是由砂、粉砂与黏土组成的一种比例均衡的混合物。土壤结构是指土壤自然结构体的排列方式，也是土壤颗粒组合而成的最小自然集合体。土壤颗粒相互之间的黏聚力称为土壤结持性。土壤孔隙度是指土壤空隙的大小、排列、形状和位置。土壤水分是指土壤孔隙中的水分和可供植物利用的水分。

壤土（608页）

5. 在辨别和比较土壤颜色时，采用哪种技术指标？

6. 何谓土壤粒级（soil separate），土壤粒径的变化范围是多少？什么是壤土？在农业生产中，为什么对壤土的评价高？

7. 确定土壤结持度的快捷实用的方法是什么？

8. 总结成熟土壤中常见的5种水分状态。

■ **解释土壤的基本化学特性，包括阳离子交换容量，并解释它们与土壤肥力的联系。**

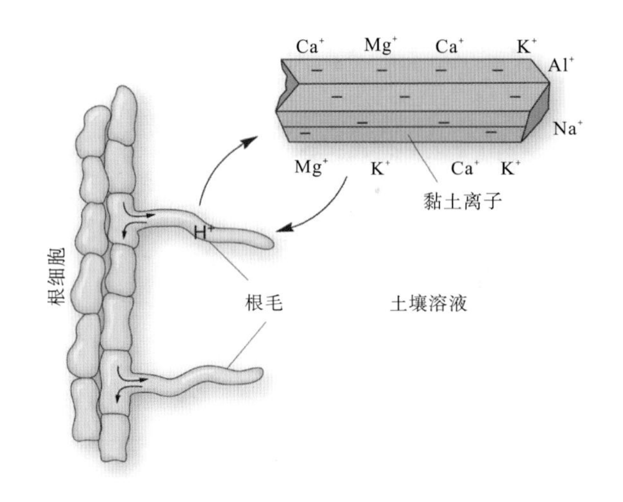

黏土和有机物颗粒形成带有负电荷的**土壤胶体**，它对土壤中带有正电荷的矿物离子具有吸引和吸附作用。胶体与根系之间的离子交换能力，被称为**阳离子交换容量（CEC）**。CEC是衡量**土壤肥力**（土壤维系植物生长的能力）的一种指标。肥沃土壤中含有的有机物和黏土矿物，能够保持水分并吸附植物所需的某些元素。

土壤胶体（610页）
阳离子交换容量（CEC）（611页）

土壤肥力（611页）

9. 什么是土壤胶体？它们与土壤中的阳离子和阴离子有怎样的联系？解释阳离子交换容量。

10. 说明土壤肥力的概念。

■ **评价土壤形成的主要因子，包括人为因素。**

影响土壤形成的环境因子包括：母质、气候、植被、地形和时间。人类活动对全球主要土壤有很大影响，由于土地管理不当造成的土地破坏和用途转移，使农业基本土壤及其肥力受到了威胁。通过现代应用技术、农业改善措施及政府政策，许多水土流失问题是可以防治的。

11. 简述以下因子对土壤形成的贡献和影响：土壤母质、气候、植被、地形、时间和人类活动。

12. 我们为什么关注肥沃土壤的流失？解释其中的原因。对于土壤侵蚀人们曾开展过哪些成本估算？

■ **描述土壤系统分类体系中的12个土纲，说明它们在地球上的一般分布特征。**

美国**土壤系统分类**体系建立于各种诊断层基础之上——与野外看到的实际土层一样，并确定了12个土纲。该体系把土壤划分为6个等级，从小到大依次为：土系、土族、亚类、土类、亚纲、土纲。

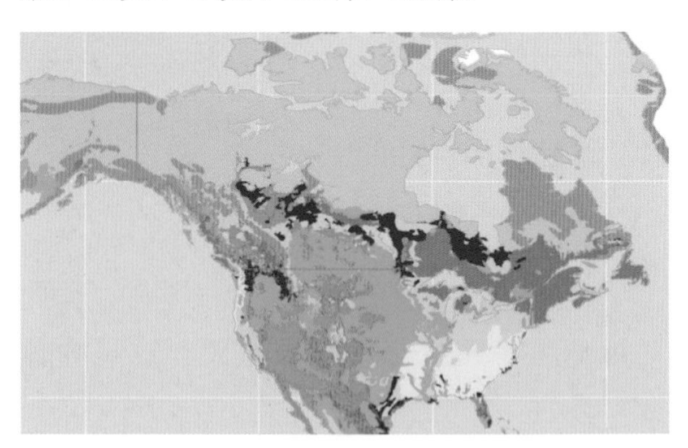

把气候区（并非分类的基础）作为具体成土过程的关键，这种体系被称为**土壤发生学分类体系**。它包括：**砖红壤化过程**（温暖潮湿气候下的淋溶过程）、**盐渍化过程**（干热气候下，地表残留盐分的聚集过程）、**钙积化过程**（大陆干燥气候下，B层和C层中的碳酸盐累积过程）、**灰壤化过程**（寒冷气候下森林土壤的酸化过程）和**潜育化过程**（气候寒冷潮湿且排水不良环境下，腐殖质和黏土的累积过程）。

土壤系统分类体系采用两个诊断层来鉴别土壤：**诊断表层**（地表土壤）、**诊断亚表层**（地表以下不同深度的土壤）。关于12个土纲概况，参见表18.1。这12个土纲分别是：**氧化土**（热带土壤）、**干旱土**（荒漠土壤）、**软土**（草原土壤）、**淋溶土**（中等风化的温带森林土壤）、**老成土**（高度风化的亚热带森林土壤）、**灰土**（北方针叶森林土壤），**新成土**（近期，未发育的土壤）、**始成土**（潮湿地区，发育弱的土壤）、**冰冻土**（多年冻土环境下的寒土）、**火山灰土**（火山物质形成的土壤）、**变性土**（可膨胀的土壤）和**有机土**（有机土壤）。

土壤系统分类（614页）

土壤发生学分类体系（614页）

砖红壤化过程（614页）

13. 土壤系统分类的基础是什么？有多少土纲、亚纲、土类、亚类、土族、土系？

14. 哪两个土纲是最近增加到分类中的？新土纲中有哪些土壤？

15. 详述**诊断表层**和**诊断亚表层**，各举一个简单例子。

16. 描述每个土纲的总体特征，并在世界和美国地图上标注它们的位置。

17. 在过去的耕作实践中，“刀耕火种”作为一种土壤保护方式，它是如何实现作物和土壤轮作的？

18. 描述干旱半干旱区的土壤盐渍化过程，相关的土层发育是什么？

19. 哪一个土纲与世界最富生产力的农业产区有关？

20. 在美国中西部，为什么510mm年等降水线对植物有显著影响？该降水等水线两侧区域的pH值和土壤石灰含量有哪些变化？

21. 描述灰壤化过程与北方针叶林土壤的关联。地表土层有哪些特征？哪些策略能够提高这类土壤质量？

22. 1998年，有哪些先前的始成土构成了新的土纲？说说这些土壤的位置、性质及其形成过程。你认为它们为什么会划归到现在的土纲中？

23. 为什么硒污染问题发生在美国西部的某些地区？解释农业活动的影响。这个问题是否严重？为什么？

掌握地理学

访问https://mlm.pearson.com/northamerica/masteringgeography/，它提供的资源包括：数字动画、卫星运行轨道、自学测验、抽题卡、可视词汇表、案例研究、职业链接、教材参考地图、RSS订阅和地表系统电子书；还有许多地理网站链接和丰富有趣的网络资源，可为本章学习提供有力的辅助支撑。

(a) 波多黎各中部，高度风化的氧化土剖面

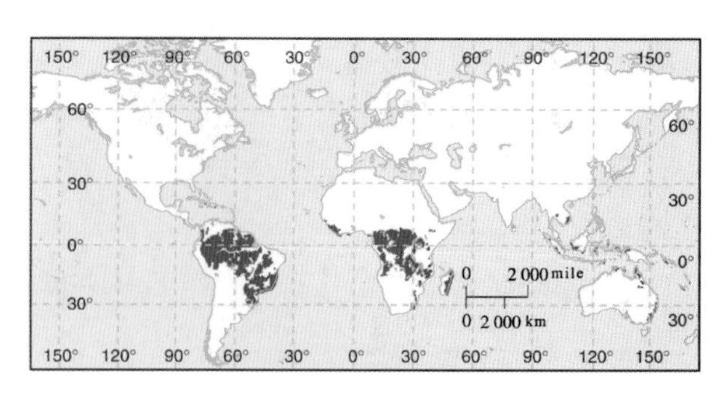

(b) 热带土壤全球分布图

(c) 波多黎各东部，卢基约山脉和雨林中的热带土壤

图18.12　氧化土

[(a) Marbut采集，美国土壤学会；(c) Bobbé Christopherson]

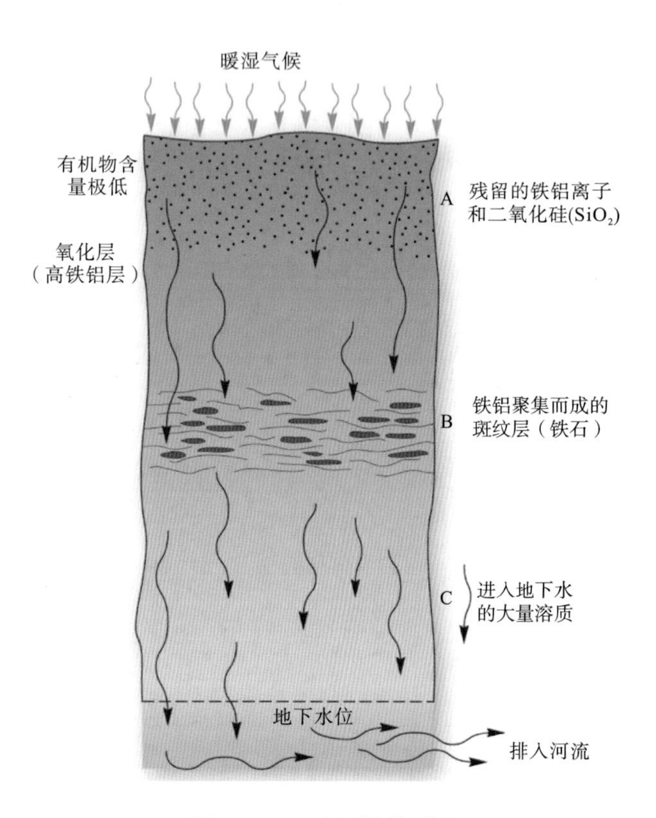

图18.13　砖红壤化过程

注：砖红壤化过程是热带和亚热带气候区的特征。

种聚铁网纹层（Plinthite，源于希腊语*Plinthos*，意为“砖”）。这种形式的土壤也叫作砖红壤（Laterite），可以块状开采出来用作建筑材料（图18.14）。

对于这类土壤，通过精细管理可以进行简单的农业活动。早期的农业耕作模式——刀耕火种，已经适应了这类土壤条件，形成了一种特有的作物轮作制度。可以想象：热带地区中的一片雨林，人们砍倒林木后焚烧，用木棒和锄头来耕地，然后栽植玉米、大豆、南瓜等。植物焚烧后留在土壤中的矿物养分及短效肥料，而后很快就会被耗尽；几年后，土壤肥力因雨水冲刷而消失，此时人们又转移到另一个地方，并重复上述过程。多年的辗转迁移，人们又回到初始的地方，开始再一次的循环。这种耕作方式对土壤的有限肥力具有保护作用，但应为植被留有一定的恢复时间。

如今，这种方法在亚洲、非洲、南美洲的一些地区仍然存在。然而，引种植物的收益使得地方政府在日益增长的人口压力下，大力发展引种植物栽培，导致部分森林成片地转变为牧草地，干扰了原本有序的土地轮作。大片开垦土地背离了先前的轮作模式，产生的土壤侵蚀带来了灾难性后果。氧化土遭到破坏后，土壤流失速率每年超过1 000t/km^2，除土壤损失和雨林毁坏之外，还会造成动植物物种灭绝。当然，以氧化土和雨林为主的地区也是全球环境关注的焦点。

图18.14　氧化土用作建筑材料“砖块”

注：印度人开采聚铁网纹土用于建筑材料。嵌入图是聚铁网纹土“砖块”的特写照片。［Henry D.Foth］

干旱土（Aridisol）　**干旱土**是世界干旱地区最大的单一土纲。它是荒漠土壤，约占地球陆地面积的19%（图18.11），其诊断特征是地表附近的土壤颜色浅淡或灰白［图18.15（a）］。

干旱土区域的水平衡特点是土壤水分处于亏缺状态。这毫不奇怪，一般情况下，该区域的土壤水分不能充分满足植物的生长需求。高蒸散、低降水导致土层发育非常浅。通常，这类土壤饱含水分的时间不会超过三个月。由于缺水而植被稀少，因此干旱土缺乏有机物质。降水量低意味着淋溶次数少，

（a）美国亚利桑那州中部的土壤剖面

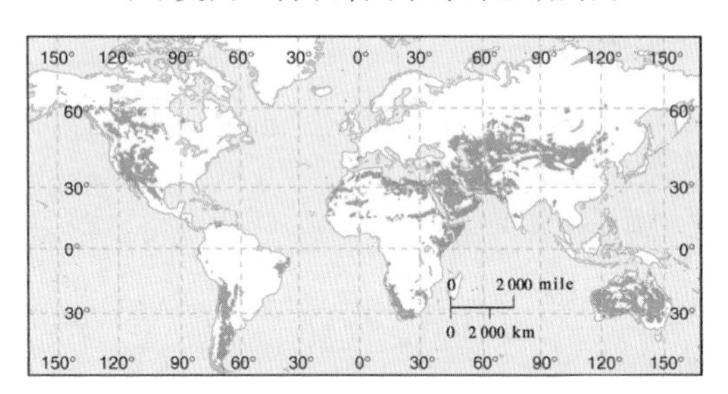

（b）全球荒漠土分布范围

（c）美国加州帝王谷中的干旱土——灌溉种植芦荟

（d）索尔顿湖西南部沙漠中的帝王谷农业复合体

图18.15　干旱土

［（a）美国的土壤学会，Marbut；（c）和（d）Bobbé Christopherson］

加拿大才能见到；而它们当前的分布区域，一部分区域会被草原占据，另外一部分区域会成为混交林。

对于这些物种的迁移范围，基于温度和降水变化的趋势——尤其在夏季，图19.2给出了21世纪内美国伊利诺伊州当前物种的预测“迁徙”范围。到21世纪中叶，美国伊利诺伊州夏季温度和降水预计将变得类似于阿肯色州及路易斯安那州北部；到2090年，伊利诺伊州的气候将变得类似于得克萨斯州和路易斯安那州。到那时，现在栖息于伊利诺伊州的动植物，如果不能快速地适应这种水热平衡变化，那么它们就会向北迁移，转移到耐受限度可承受的区域。到21世纪末，加拿大马尼托巴省中部和安大略省的气候环境预计将会变得类似于伊利诺伊州。

2007年政府间气候变化专门委员会第Ⅱ工作组，在关于气候变化第四次评估报告中指出：伴随气候变暖，温度上升了1.9℃～3.0℃，有30%以上的物种将不再适宜于它们所现在分布的区域，这些物种处于灭绝风险之中。为了生存，这些物种必须适应上升的温度，或者继续向北方及高海拔地区迁移。因此，为了能够反映物种迁移变化，已经使用了20～70年的自然地理学教材，从现在起必须重绘生物群系（Biome）分布图。本章将讨论生态系统及其限制因子，而生物群系则是第20章的学习重点。

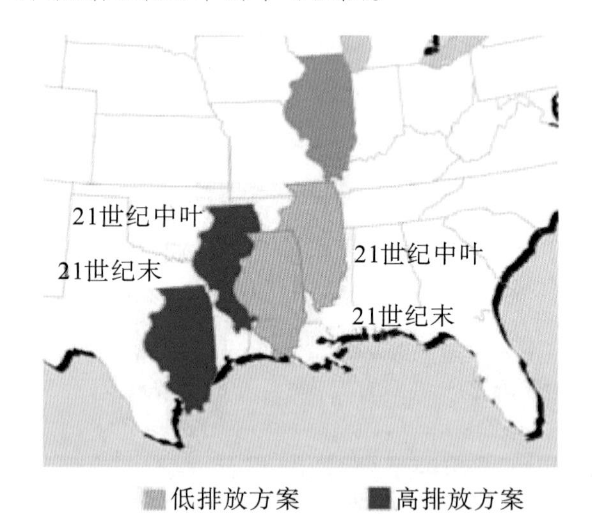

图19.2　美国中西部气候变迁预测

注：截至2090年，对应于两种排放情景所预测的气温、降水变化，未来伊利诺伊州气候状况。［美国全球变化研究计划，2009年（U.S. Global Change Research Program, 2009）］

在生机盎然的地球上，生物多样性是其突出特征之一。大气圈、水圈和岩石圈之间相互作用形成的生物圈环境差异很大，生物多样性则是生物对不同环境的一种响应。此外，生物多样性还是生物之间相互作用的结果。不同物种所采取的生存策略，似乎也是为了维持生物多样性和物种共存。在庞大的自然复合体中，人类作为其中的一部分，正在寻找自己所处的位置，并认识自然界带给人类的启迪。

对人类而言，大自然的外在美体现于它的强大感染力。审美观的内涵范畴很广，从巨大的山地起伏到落日的绚丽余晖，再到鲸呼吸喷出的水柱。其中，每一幕都会带给大多数人以强烈的美学冲击，人们面对大自然的奇特而绚丽的景观，常常伴以感慨和惊叹。*

生物圈，作为生命和生物活动的圈层，其分布范围从洋底一直延伸到距地面大约8km高的大气层中。生物圈中包含有无数个从简单到复杂的生态系统。每个生态系统都占据

* Kellert S R. 1993. The biological basis for human values of nature// Kellert S R, Wilson E O, eds. The Biophilia Hypothesis[M]. Washington, DC: Island Press.

各自的空间区域。**生态系统（Ecosystem）**是一个由动物和植物（活体）及非生命自然环境因子组成，并能自我维持的群聚体。地球生物圈是指介于大气自然边界圈与地壳边界之间所有生态系统的集合体。

对于太阳能量和物质来说，自然生态系统是开放系统；几乎所有的生态系统，其边界都是过渡带,而不是截然分开的界线。不同的生态系统，如森林、海洋、高山、荒漠、海滩、岛屿、湖泊和池塘等，组合在一起构成了更大的生态系统。

生态学（Ecology）是研究生物圈中生物与周围环境，以及生态系统之间相互关系的一门学科。生态学一词，是德国自然主义者恩斯特·海克尔（Ernst Haeckel）于1866年提出来的，这个词源于希腊语（*Oikos*意为“家庭”或“居住地”；*Logos*意为“研究”）。**生物地理学（Biogeography）**是研究动物和植物分布范围、空间模式、物理和生物过程的一门学科，包括对地球上过去和现在的物种丰富度的研究。

地球能否长期作为生物物种生存的栖息地，很大程度上依赖于现代社会对生物地理学的认知程度及对地球上现存活体生物的保护态度，正如40多年前地理学家吉尔伯特·怀特（G. White）等所述：

> 对于由空气、水、矿物构成的巨大连锁系统，它们在滋养地球方面的作用，已到了我们应该加快认知和加倍努力的时候了……。如果不采取有力行动迈向这一目标，那么不同国家在处理由碳、氮、磷、硫等循环改变所造成的环境威胁时，就会严重受阻；这些已证实的或待证实的威胁，会对生态系统，以及人类健康和福祉构成影响。可是，人类又依赖于地球这个生命支撑系统*。

地球上最有影响力的生物营力来自人类活动，这不是妄自尊大，而是事实，因为人类强烈地影响着地球上的每一个生态系统。人类从最初的农业发展、动物饲养和火的使用，就开始了对地球自然系统影响加剧的过程。

本章将探索生态系统、群落、生境和生态位的概念。植物是生物圈中的基本生物成分，它把太阳能转化为可供其他生物利用的能量。本章还将讨论非生物系统的作用，包括生物地球化学循环。本书通过食物链和食物网，阐述了生命生态系统的组织结构。现有的生物多样性，可以看作是过去36亿年来生物进化的产物。生态系统的稳定性和恢复能力，当前生命演替进程中的时空变化，都是本章的重要内容；此外，还涵盖全球气候变化对生态系统及其演替速率的影响。本章最后还对五大湖的环境状况进行了介绍。

19.1　生态系统的组成和循环

一个生态系统是由许多功能独立的可变因素共同构成的复合体，而且伴有复杂的物质流和能量流（图19.3）。对生态系统的认识关键是要理解各系统内部及系统之间的互相连接和相互联系。正如一篇题为“你的行为所产生的后果将会像池塘里的涟漪一样扩散出去”文章中引述的故事一样：墨西哥湾沿岸有风险的油气钻探方案，是由其他地区日益增加的油气资源需求所促成的，其结果是2010年英国石油公司（BP）发生了石油泄漏事件，导致沿岸的巴拉塔里亚湿地和小蓝

---

* White G F, Tolba M K. 1979. Global life support systems[J]. United Nations Environment Programme Information, No. 47(Nairobi, Kenya: United Nations):1.

是在美国西部的白垩纪泥岩中到处可见。硒的毒性作用曾于20世纪80年代被报道过，当时报道的是美国大平原富硒土壤上的牧草对牲畜的影响。加利福尼亚海岸山脉是硒的重要源地，伴随土壤母质矿物的风化，富硒冲积物被冲刷到河谷中，进而形成了干旱土，并在灌溉条件下成为肥沃的土地。由于蒸发强烈，农田中的硒浓度增大，然后被灌溉渠系带入湿地，通过生物富集作用达到了毒性水平。

加利福尼亚州中部，可用作农业废水排放的出口很有限。20世纪70年代后期，在圣·华金河谷西部建成的排水渠长度约128km，而沿途却没有一个排放口（因为缺少整体规划设计）。合作农场大规模连续灌溉，产生的农田排水携带着盐分和硒元素流入位于旧金山圣华金河谷凯斯特森东部的国家野生动物保护区。这种未经环保处理的农田排水滞留于保护区边界附近（图18.18）。

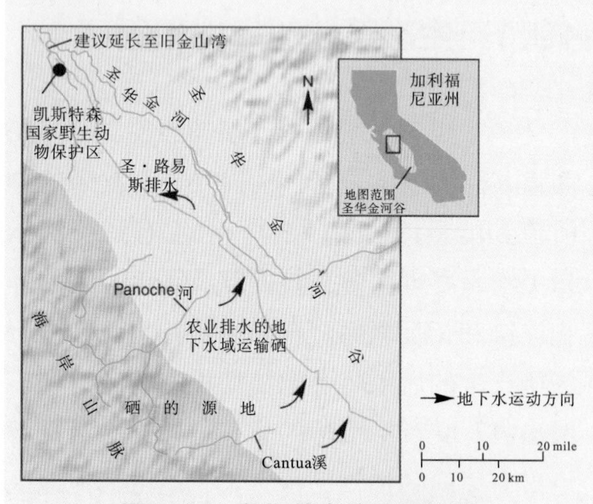

图18.18　凯斯特森的地理位置

注：源于海岸山脉的硒，经过几千年来的地表径流被带入并沉积于下游地区的土壤中，再由农田排水系统汇集到保护区。[USGS]

硒污染的排水仅用三年时间就污染了野生动物保护区，这里成了被正式宣布的有毒垃圾场。就该保护区而言，硒元素最初是由水生生物体（如沼泽植物、浮游生物和昆虫等）带入的，然后进入食物链，接着进入了更高级生物体的食物谱中。美国鱼类和野生动物保护局的科学研究结果显示：硒的毒性导致野生动物死亡或基因异常，受到伤害或消失的鸟类占90%左右（在凯斯特森筑巢和无巢的所有鸟类）。由于该保护区是整个西半球飞鸟的主要迁徙地和中转站，它的污染违反了国际野生动物保护条约中的几项条款。

1986年遵照法院决定，美国联邦政府执行了当时法令：由合作农场内部立即开始回收和封存灌溉水，可是由此带来了农场的内涝和硒污染。凯斯特森区域作为圣·路易斯国家野生动物保护区的组成部分——获得了对硒污染进行重点治理和恢复的优先权。

令人沮丧的是，大型农业企业利益相关者迫使美国联邦政府同意把废水排泄到旧金山湾和海洋。1996年，美国垦务局实施的“草原绕道工程”，其目的就是阻止农田排水流入加利福尼亚中部的湿地和野生动物保护区。现在，农业排水穿过老圣·路易斯排渠排入泥沼泽（Mud Slough）（这是一条穿过圣·路易斯国家野生动物避难所的天然水道），之后汇入圣·华金河，再至圣·华金–萨克拉门托三角洲，最终流入旧金山湾。虽然观测结果表明，硒浓度呈波动下降趋势，可是最初渠系中的硒浓度是增加的，目前生物监测仍在继续。

美国西部有9个地方受到这样威胁，凯斯特森是第一个没能控制住硒污染的地方。野生动物保护区所经历的这场灾难是对人类的一次现实警告——请记住，处于食物链顶端的是人类自己！

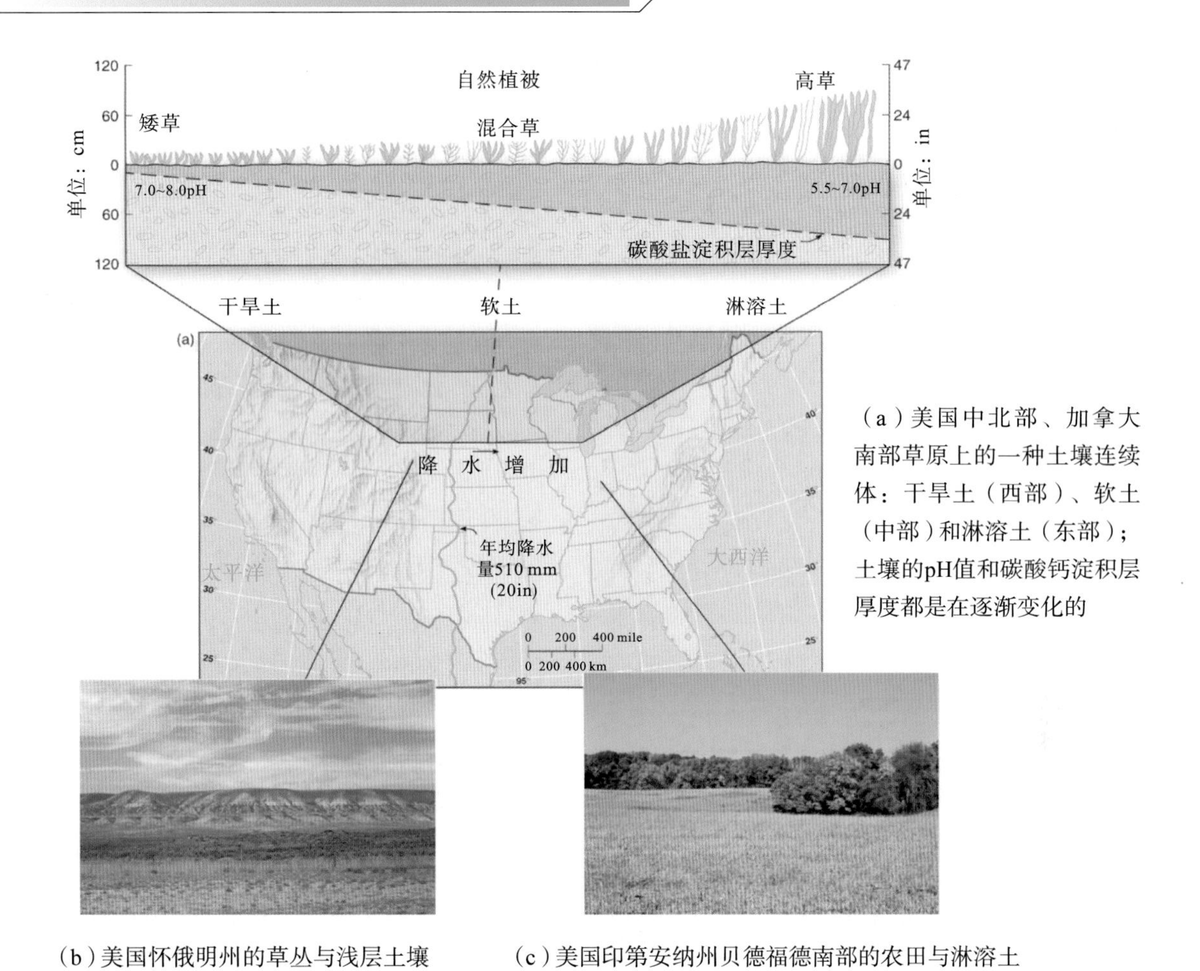

（a）美国中北部、加拿大南部草原上的一种土壤连续体：干旱土（西部）、软土（中部）和淋溶土（东部）；土壤的pH值和碳酸钙淀积层厚度都是在逐渐变化的

（b）美国怀俄明州的草丛与浅层土壤

（c）美国印第安纳州贝德福德南部的农田与淋溶土

图18.19 美国中西部的土壤

［（a）Brady N C. 1990. The Nature and Properties of Soils,（10th Edition）[M]. New York: Macmillan Publishing Company.;（b）作者；（c）Bobbé Christopherson］

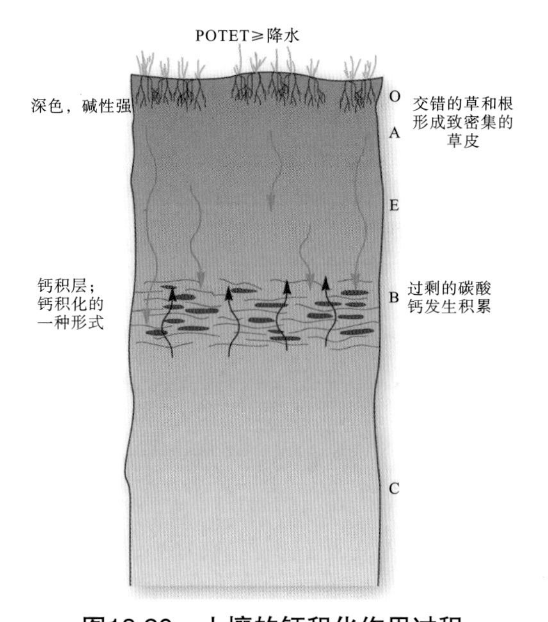

图18.20 土壤的钙积化作用过程

注：干旱土/软土的钙积化过程，发生于潜在蒸散量等于（或大于）降水量的气候区域。

地学报告18.2 边际土地流失对基本农田的压力

自1985年以来，美国加利福尼亚州有60万公顷以上的灌溉干旱土和淋溶土丧失了农业生产力。这标志着几十年的灌溉农业（气候区过渡带）结束了。毫无疑问，灌溉种植面积还会继续大幅减少，这将导致加利福尼亚州和其他潮湿地区的基本农田面积低于美国国家需求的红线以下。

鸟及其巢穴中的粪便为岩石上的地衣、苔藓提供了肥料（图19.5）。这些海鸟捕食鱼类，海岸悬崖是它们的理想筑巢地，还便于羽毛刚满的幼鸟从悬崖飞到海中学习捕食。

图19.5 冰岛北部陡峭的悬崖是三趾鸥特定的栖息地和生态位 [Bobbé Christipherson]

对于一个稳定的群落来说，所有的生态位都是被占据的。竞争排斥原理（competitive exclusion principle）指出在一个稳定的群落里不存在生态位（食物或空间）完全相同的两个物种。因此，两个密切相关的物种可通过空间隔离或个体相互隔离的策略来减少竞争。换言之，任何物种都会采取减少竞争和保障自己繁殖率最大化的行为策略——不夸张地说，物种生存取决于成功繁殖。这种策略引导物种发生改变和适应，以便占据所有的生态位，从而产生更丰富的多样性。

生长于非洲佛得角福戈岛干旱气候环境中的相思树（含羞草科，Mimosaceae），其形态特征之一是具有由树枝演化而来的长刺（图19.6）。这种树必须具备保水特征，比如：它的叶片虽小，但可以改变方向使光照最大化，同时还能使蒸散量降到最小；其倒伞形的树冠能最大程度地接收光照。由于这种树木的所有部分都是可食的（无毒），所以形成了从昆虫（蚂蚁）到动物（长颈鹿）之间的相互依存关系。在非洲、澳大利亚、欧洲和北美，也发现有许多相思树物种。

（a）头顶着水桶的西非妇女正在穿越相思树林，林带有几千米宽

（b）相思树的叶片小、长有硬刺，这有利于抵御干旱气候

图19.6 干旱气候环境中带刺的相思树 [Bobbé Christopherson]

有些物种相互之间是共生（Symbiosis）关系。这就是为什么两个或两个以上的物种，在生存空间上存在重叠关系的缘故。互利共生（Mutualism）是共生关系之一，长期保持这种关系的生物体，各方互相受益。例如，地衣（Lichen）是藻类和真菌共生所形成的［图19.4（c）］。其中，藻类是生产者，为真菌提供食物；而真菌又为藻类提供了物理结构的支撑。地衣是从寄生关系中发展而来的，早期的真菌寄生于藻类细胞中。这种互利共生关系允许两个物种共占一个生态位，它们彼此不能独立生存。当今，这两种生物体已进化成互利共生关系。第16章讨论过珊瑚与藻类的共生关系，它们也是互利共生关系的一个实例［图19.4（d）］。

相比之下，另一类共生关系是寄生关

系（Parasitic），这种关系可能最终导致寄主死亡，从而也破坏寄生者自己的生态位和生境。例如，生活于树木上的槲寄生这种植物，可造成许多种树木死亡。一些科学家质疑：在全球尺度上，人类社会与地球自然系统形成的是一种可持续的互利共生关系？还是一种不可持续的寄生关系？

19.1.2 植物：基本的生物成分

植物是太阳能与生物圈之间关键的生物纽带。本质上说，生物圈中所有成员的命运，包括人类在内，都取决于植物及它将太阳光能成功转化为食物的能力。

根据化石记录，陆生动植物大约在4.3亿年前已变得常见。**维管植物**（vascular plant）发育出了输导组织和真正的根系，用于植物内部的水分和营养输送（维管一词*Vascular*，源于拉丁语，意为“含有导管”，是指传导细胞）。目前，已知的现存植物有27万种，其中大部分是维管植物。还有更多的物种尚待鉴定，这表明还存在着一个未开启的巨大资源库。世界上90%的食物是由大约20种植物提供的，仅小麦、玉米和水稻这三个物种提供的食物就占到了1/2。

植物不仅是造福于人类的新药品和化合物的主要来源，还是维系生态系统健康功能的核心，供养着所有生命。叶片内部产生光化学反应是驱动太阳能的化学工厂。叶脉带来水和营养物供给，同时也带走光合作用生产的糖分（食物）。每片叶子的叶脉都与植物的茎和枝干相连通，最后连接至植物的主要循环系统。

CO_2、水、光和氧气，在每片叶面上流入流出（见第1章，图1.6）。叶片上有无数个气孔，通常大多气孔位于叶片背面，气体通过**气孔**（Stoma）进出叶片内部。每个气孔都被保卫细胞包围着，保卫细胞控制着气孔的开启与闭合；而气孔的开合取决于植物的需求变化。植物体内水分逸出是通过气孔和叶面蒸发进行的，因此有调节植物温度的作用。当叶片水分蒸发时，叶面就会产生负压，以便大气压把植物根系中的水分向上推压，这些水分通过各种导水方式穿过植物体向上输送，如同用吸管喝饮料一样。对于一棵100m高的树木，它的复杂导水方式难以想象！

19.2 光合作用与呼吸作用

光合作用吸收可见光中部分波长的光能，使CO_2和H_2（氢气源于植物中的水分）进行合成。**光合作用**，英文为Photosynthesis，其中photo-是指“阳光”，而-synthesis是指叶片内部制造淀粉和糖类的化学反应。在光合作用过程中，植物释放出氧气，并生产出高能量的食物。

叶内最大的光合结构（细胞器，Organelles）——光反应场所，位于叶片上表层之下。细胞中的细胞器单元是叶绿体（Chloroplasts），每个叶绿体中

判断与思考19.1 互生或寄生？我们是哪一种？

本章引述“一些科学家质疑：在全球尺度上，人类社会与地球自然系统构成的是一种可持续的共生关系，还是一种不可持续的寄生关系？”对于这一陈述，你是什么态度？你怎样看待地球经济发展体制与生命自然系统保护之间的关系？共生，还是寄生？你的观点是什么？

（a）美国纽约北部的土壤剖面

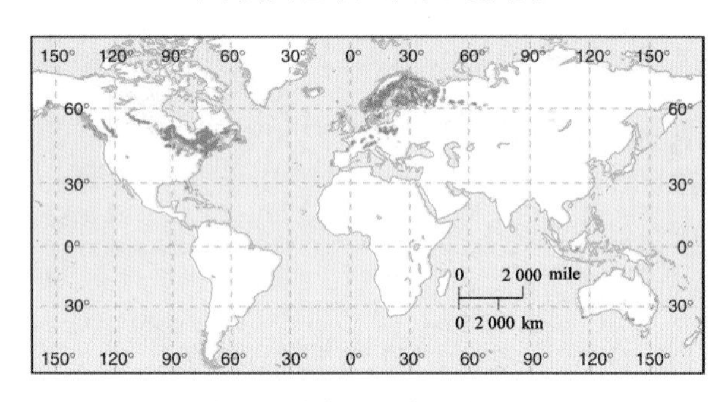

（b）北方针叶林森林土壤的全球分布范围

（c）加拿大温哥华岛中部，冷湿气候环境下特有的温带森林及灰土

（d）加拿大新斯科舍省Lakeville附近，刚翻耕的灰土（或加拿大土壤分类系统中的灰化土）田地上准备种植蔬菜；它们形成于针叶林之下，这片整理过的土地用于作物种植和果树栽培（远处可见）

图18.23 灰土

［（a）美国土壤学会，Marbut采集；（c）和（d）Bobbé Christopherson.］

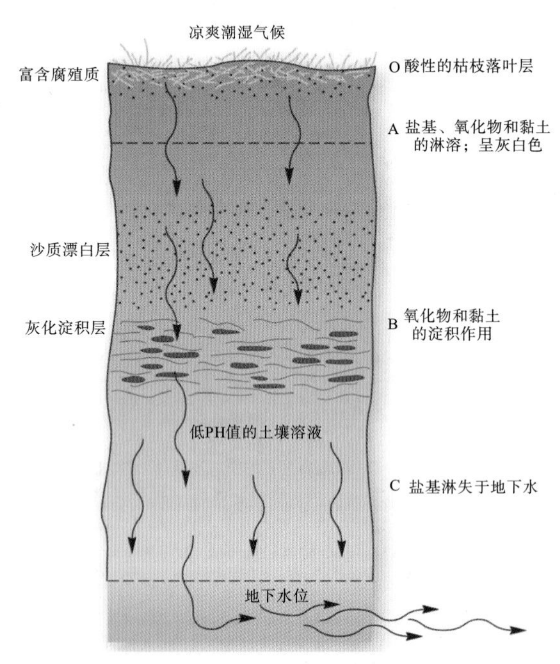

图18.24 土壤的灰壤化过程

注：冷湿润气候区和灰土地区的典型灰壤化过程。

施用土壤改良剂可显著提高作物产量，如施用石灰石可提高酸性土壤的pH值。纽约州的轮作期为6年，每英亩（0.4公顷）的灰土中施用1.8t石灰石可使几种栽培的农作物（玉米、燕麦、小麦和干草）产量增加1/3。

新成土 **新成土**（Entisol，即新近的、未发育的土壤）的土层缺乏垂直发育。尽管新成土不是气候决定的（因为它们分布于全球许多气候区），但其5个亚纲的土壤发育仍基于不同的母质物质和气候条件。新成土是真正的土壤，但它的发育时间还不足以生成通常的土层。

就农业土壤来说，新成土通常很贫瘠，尽管河流淤泥堆积的土壤很肥沃。此外，其他抑制土壤不能完全发育的条件——水分过多或过少、结构不良、风化产生的养分累积不足，对土壤肥力同样也有抑制作用。具有这些特征的土壤分布于活跃坡面、冲积物堆积而成的洪积平原、排水不良的苔原、潮汐泥滩、沙丘和沙质荒漠、冰水沉积平原。图18.25展示的新成土形成于荒漠气候环境中，其母质为页岩。

图18.25　新成土

注：新成土特征，在美国加利福尼亚州安沙-波列哥荒漠，未发育的土壤形成于母质页岩。[Bobbé Christopherson]

始成土　这类土壤尚未达到成熟条件，**始成土**（Inceptisol）（土壤发育较弱）及其6个亚纲土壤自身肥力不足。虽然它们比新成土发育程度高，但仍属于年轻土壤。始成土的土壤类型广泛，所有类型都伴有初始风化迹象，发育不成熟。始成土与湿润土有关，并被看作是淋溶残积层，因为土壤剖面中虽然有缺失成分，但却保留了一些可风化的矿物。该类土壤中没有显著的淀积层。始成土包含了大部分由冰碛物演化形成的耕地和冰水沉积物，如从纽约至阿巴拉契亚山脉，还有湄公河和恒河冲积平原上的冲积土。

冻土　**冻土**（Gelisol）是寒冻土壤，有3个亚纲。它们分布于高纬度地区（加拿大、美国阿拉斯加州、俄罗斯、北极海洋冰岛和南极半岛）和高海拔山区。这些地区的温度在0℃以下，因此土壤不仅发育缓慢，而且土壤长期遭受寒冻干扰。由于气温寒冷，物质分解速度慢，所以冻土可以发育形成有机诊断层（图18.26）。冻土是受多年冻土影响的土壤。以前这类土壤被划为始成土、新成土和有机土土纲。

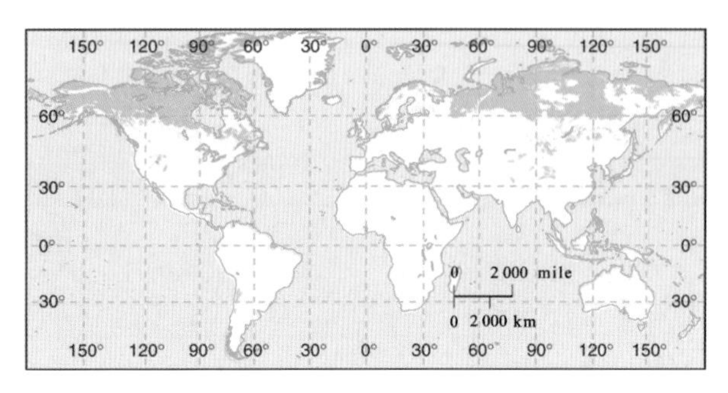

图18.26　冻土的世界分布范围

注：《北方极地区域土壤图集》对这些土壤及其环境进行了分析阐述。

苔原是这类土壤的特征植被，由地衣、苔藓、莎草、矮柳，以及适应严寒和多年冻土环境的植物组成。详见本章当今地表系统。

在活动层的冻融交替过程中，冻土受到融冻搅动影响（Cryoturbation，见17章），土层次序被扰乱，使有机物降至下部土层中，而C层（母质层）物质上升至表层，由此产生了“构造土”现象。

火山灰土　火山活动地区的土壤特征为**火山灰土**（Andisol）（母质为火山物质），它有7个亚纲。火山灰土由火山灰和火山玻璃发育形成。先前的土层常常被反复喷发的火山物质所掩埋。火山土壤的矿物成分独特，因为火山喷发物是它的物质补给。例如，在圣海伦火山北部的土壤发育过程中，先锋物种的恢复与演替（图19.25）。

风化和矿物转化作用对这一土纲的土壤来说很重要。火山玻璃易被风化转变为铝英石（非晶质铝硅酸盐黏土矿物，其作用如同胶体）和铁铝氧化物。火山灰土的特征表现秋季和冬季，固碳速率则减小。对于热带地区，植物生产速率全年都高，光合-呼吸作用的交替周期较快，是荒漠地区及北方苔原地区的许多倍。热带地区一公顷土地上生长茂盛的甘蔗，一年大概可以固碳45吨，而相同面积的荒漠植物只能达到它的1%。

表19.1列出了各类生态系统相应的净初级生产力，以及全球净生物量总量——每年有机物干重达1 700亿吨。请对比各类生态系统，特别是耕地与大多数的天然群落之间的差别。净初级生产力被认为是群落的最重要特征，生产力的空间分布是生物地理学的一项重要研究内容。

表19.1　地球上的净初级生产力和净生物量

生态系统	面积/（10^6km^2）	单位面积的净初级生产力/［g/（m^2·a）］		世界净生物量/（10^9短吨*/a）
		正常范围	平均	
热带雨林	17.0	1 000～3500	2200	37.4
热带季雨林	7.5	1 000～2500	1600	12.0
温带常绿阔叶林	5.0	600～2500	1300	6.5
温带落叶林	7.0	600～2500	1200	8.4
北方针叶林	12.0	400～2000	800	9.6
林地和灌丛	8.5	250～1200	700	6.0
热带稀树草原（萨瓦纳）	15.0	200～2000	900	13.5
温带草原	9.0	200～1500	600	5.4
苔原和高山地区	8.0	10～400	140	1.1
荒漠和半荒漠灌丛	18.0	10～250	90	1.6
极端荒漠、岩石、沙、冰	24.0	0～10	3	0.07
耕地	14.0	100～3500	650	9.1
湿地和沼泽	2.0	800～3500	2000	4.0
湖泊和河川	2.0	100～1500	250	0.5
大陆总计	**149.0**	—	**773**	**115.17**
大洋	332.0	2～400	125	41.5
上升洋流海域	0.4	400～1000	500	0.2
大陆架	26.6	200～600	360	9.6
海藻岩床和珊瑚礁	0.6	500～4000	2500	1.6
河口	1.4	200～3500	1500	2.1
海洋总计	**361.0**	—	**152**	**55.0**
合计	**510.0**	—	**333**	**170.17**

注：* 1吨（公制）= 1.1023短吨（美制）。［源引自：Whittaker R H. 1975. Communitites and ecosystems [M]. Heidelberg：Springer.］

19.2.1 生态系统中的非生物因子

生态系统中最关键的是能量流动及维持生命系统的物质循环（水和养分）。这些非生物成分是生态系统运转的基础。

光、温度、水和气候 太阳为整个生态系统提供能量，所以太阳能量接收模式对生态系统起决定性作用。太阳能量通过光合作用进入生态系统，再从系统中以热能方式耗散出去。在地球表面接收的太阳总能量中，通过植物光合作用以碳水化合物形式固定下来的太阳能量大约只有1%。

生物每日曝露于阳光中的时数就是光周期（Photoperiod）。在赤道附近，全年昼夜平分，各占12小时；离赤道越远，季节性影响就越加显著。植物开花、种子萌发必须适应日照时数的季节变化。有些种子的萌发，要求昼长必须要达到一定时数；而另外一些植物则相反。例如：一品红（*Euphorbia pulcherrima*）需要夜长时数达到14个小时，并且这种夜长日数至少持续两个月才会开花。

帝王（君主）斑蝶（*Danaus plexippus*）从北美东部飞到墨西哥的森林越冬，迁徙距离大约有3 600km。当帝王斑蝶迁徙时，它通过体内的太阳时差定位机能来对迁徙路径进行导航，以保持它的飞行路径指向西南方向。研究人员发现：帝王斑蝶眼部的感受器对紫外线很敏感，这对它的精确导航至关重要。对帝王蝶来说，紫外线就是重要的非生物成分。

其他非生物成分对生态系统过程也很重要。气温和土壤温度决定着化学反应的速率。就温度这一重要因子而言，它的大小、持续时间，以及最大值与最小值的温差模式，都随季节而变化。

水文循环过程和可用水源取决于降水、蒸发速率和它们的季节分布。水质——水中的矿物质含量、盐度、污染程度和毒性也很重要。此外，区域气候对植被分布模式也会产生影响，并最终影响到土壤发育。上述这些因子共同作用，对一个地区的生态系统构成了限制。

图19.10说明了温度、降水量和植被之间的一般关系。在你熟悉的地区，比如：你现在的居住地或学校周边区域，你能确认与该地区温湿环境相适应的典型植被类型吗？

在一般环境背景下，每个生态系统都可形成自己的小气候（Microclimate），它们各自占有具体的位置，如树木阴影导致林下地面光照减弱。松树林可使光照减少20%～40%，桦树林可使光照减少50%～75%。森林中的空气湿度要比林地外高5%左右，气温更温和一些（冬暖夏凉），风力也较弱。

生物带 亚历山大·冯·洪堡（Alexander von Humboldt，1769～1859年）是一位地理学家和探险家。他通过观察发现：相关种类的动植物总是重复出现于相似的非生物环境下。他利用系统分析方法，综合分析了大气、海洋、地质和生态等因子对植被分布的影响。洪堡是一个领先于时代的地球系统科学家，还是一个杰出的地理学家，因为他把自然界和地球系统看作各种现象的空间排列。

洪堡通过对秘鲁境内安第斯山脉的数年研究之后，提出了生物带（life zone）概念，并用它来描述植物群落分布与海拔之间的关系。他在登山时发现：随着海拔的上升，沿途植被的变化与他从赤道向高纬穿行时看到的景观变化很相似［图19.11（a）］。

从低谷到高海拔的每次旅途中，他发现植物的带状分布很明显。每个**生物带**都有与为商业土壤的改良剂。

人们用铁锹把泥炭成块地挖出，然后晾干。如图18.29（c）所示，泥炭呈纤维质地，它是由生长于地表的水苔形成的；而土壤剖面底部的暗色土层，是泥炭压缩或发生化学反应后形成的，泥炭层厚度可达2m。干燥后的块状泥炭，可燃烧产生热量和烟。泥炭是褐煤自然发育的第一个阶段，也是煤炭形成的中间步骤。想象一下：这类土壤曾广泛地形成于石炭纪（3.59亿～2.99亿年前）植物繁茂的沼泽环境中，它们通过煤化作用才变成煤炭矿藏。

地表系统链接

土壤学是非生物系统（第Ⅰ、Ⅱ和Ⅲ篇）与生物系统（第Ⅳ篇）的连接桥梁。土壤形成过程受到温度、湿度、母质、地形、生物体及人类的影响。因此，本章将能量-大气、水、天气和气候系统及风化过程（土壤颗粒和矿物的来源）联系在一起，作为地球表层的基本覆盖层进行阐述。掌握了土壤学方面的基础知识，接下来我们将学习目标转向地球生态系统基本要素及生命能量系统和生命体组织群落的生物运行规律。

18.5　总结与复习

■　**详述土壤和土壤学的定义，描述单个土体、聚合土体和典型土壤剖面。**

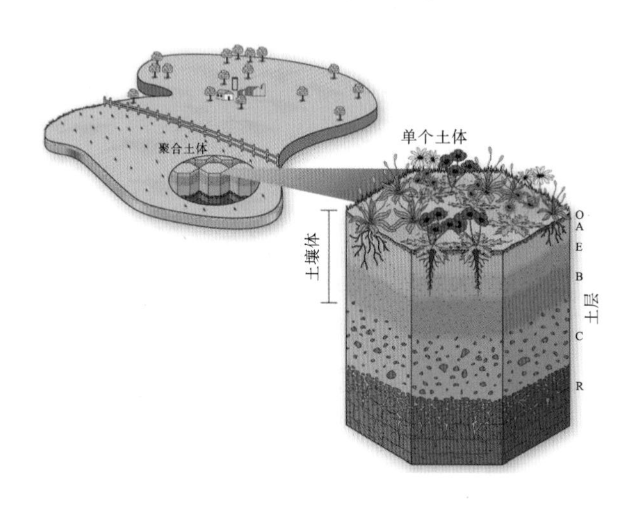

土壤是一个动态的自然体，由包含矿物和有机物成分的细粒矿物构成。**土壤学**是跨学科的一门学科，涉及物理学、化学、生物学、矿物学、水文学、分类学、气候学和制图学等。土壤发生学是研究土壤的起源、分类、分布，包括对土壤描述的学科。土壤生态学侧重把土壤作为一种介质，是研究土壤介质如何更好地维持高等植物生长的一门学科。

在土壤调查中**单个土体**是土壤采样的基本单元。**聚合土体**是区域土壤分布图的基本构图单元，可以包含多个单个土体。单个土体中呈现的可辨层次称作**土层**。不同土层分别被命名为：O土层（包含**腐殖质**，有机物分解和合成的复杂混合体）；A土层（富含腐殖质和黏土，颜色较黑）；E土层（**淋溶层**，细粒和矿物质遭受淋溶而流失）；B土层（**淀积层**，由其他地方迁移来的黏土和矿物淀积而成）；C土层（母质层，风化底岩）；R层（底岩）。A、E和B土层的土壤过程最活跃，它们合在一起称作**土壤体**。

土壤（604页）

土壤学（604页）

单个土体（605页）

聚合土体（605页）
土层（605页）
腐殖质（605页）
淋溶作用（606页）
淀积作用（606页）
土壤体（606页）

1. 土壤是动物和植物生存的基础，因此对地球生态系统来说至关重要。这是为什么？

2. 土壤学、土壤发生学和土壤生态学之间有何区别？

3. 详述聚合土体、单个土体及土壤基本单元的定义。

4. 描述各土层的主要特征。有机物的累积主要发生在哪个土层？腐殖质是在哪里形成的？解释淋溶层与积淀层之间的差异。土壤体是由哪几个土层构成的？

■ **描述土壤的形态特征，包括颜色、质地、结构、结持性、孔隙度和土壤水分。**

利用几种物理性质对土壤进行分类。颜色能够反映土壤的物质组成和化学成分。土壤质地是指矿物颗粒大小及其不同粒径颗粒之间的质量比例。例如，**壤土（loam）**是由砂、粉砂与黏土组成的一种比例均衡的混合物。土壤结构是指土壤自然结构体的排列方式，也是土壤颗粒组合而成的最小自然集合体。土壤颗粒相互之间的黏聚力称为土壤结持性。土壤孔隙度是指土壤空隙的大小、排列、形状和位置。土壤水分是指土壤孔隙中的水分和可供植物利用的水分。

壤土（608页）

5. 在辨别和比较土壤颜色时，采用哪种技术指标？

6. 何谓土壤粒级（soil separate），土壤粒径的变化范围是多少？什么是壤土？在农业生产中，为什么对壤土的评价高？

7. 确定土壤结持度的快捷实用的方法是什么？

8.总结成熟土壤中常见的5种水分状态。

■ **解释土壤的基本化学特性，包括阳离子交换容量，并解释它们与土壤肥力的联系。**

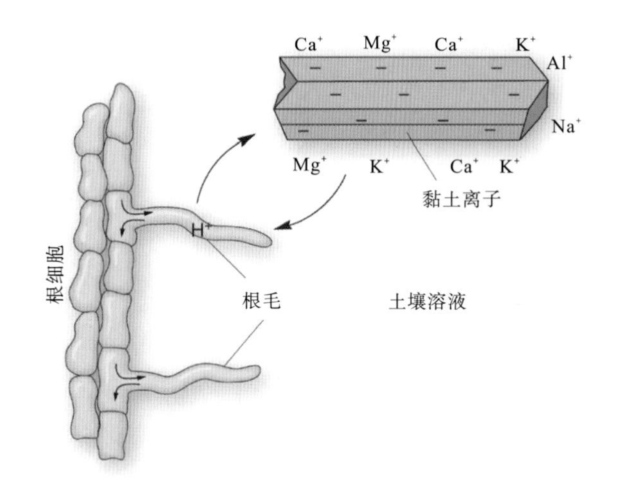

黏土和有机物颗粒形成带有负电荷的**土壤胶体**，它对土壤中带有正电荷的矿物离子具有吸引和吸附作用。胶体与根系之间的离子交换能力，被称为**阳离子交换容量（CEC）**。CEC是衡量**土壤肥力**（土壤维系植物生长的能力）的一种指标。肥沃土壤中含有的有机物和黏土矿物，能够保持水分并吸附植物所需的某些元素。

土壤胶体（610页）
阳离子交换容量（CEC）（611页）

图19.12　碳元素和氧元素的循环

注：光合作用固定的碳，通过生态系统过程开启了它的生态运行过程。生物体的呼吸作用、森林和草原大火、化石燃料的燃烧向大气进行碳排放。人类活动对碳循环影响很大。

淀物中也含有氧元素。

海洋是一个巨大的碳库——储量约为429 000亿吨。然而，这些碳原子被化学键束缚于CO_2、碳酸钙等化合物之中。海洋对CO_2的吸收，最初是浮游植物通过光合作用来进行的；这些CO_2成为生物体的组成成分，固定于某些酸盐矿物中，如石灰岩（$CaCO_3$）。如第16章所述：若海洋从大气中摄取过量CO_2则可造成海水的pH值减小。这种酸性化的海水环境会使浮游生物、珊瑚等有机体难以维持它们的碳酸钙骨骼结构。

大气作为碳循环的中间环节，任一时刻大气中的碳含量大约有7 000亿吨（CO_2气体）。这一数量远远低于化石燃料和油页岩中的碳储量（132 000亿吨，碳氢化合物），以及固定在活体生物和有机质中的碳量（25 000吨，碳水化合物分子）。释放到大气中的CO_2是由动植物呼吸、火山活动，以及工业和交通使用化石燃料所产生的。

由于人类活动不断地向大气中排放大量的碳，使得大气圈好像变成了一个实时的实验室，时刻在进行一项巨大的地球化学试验。现在，人类每年的大气碳排放量是1950年的四倍多，而且化石燃料造成的全球碳排放量仍在持续增加，如2007年大约有82亿吨的碳排入大气；相比之下，1950年的碳排放量为14.7亿吨，1980年的碳排放量为47.4亿吨。自工业革命以来排放的碳，大约有50%未被海洋和生物吸收，而继续留存于大气中，这加剧了地球的温室效应，导致全球变暖加剧。

氮循环　氮气是大气的主要成分，在我们呼吸的每口空气中都含有78.08%的氮气。氮元素还是有机分子的重要组成成分，尤其是蛋白质，因此氮是生命过程的必要元素。图19.13是氮元素循环的简化图解。

固氮菌是生命的关键纽带，它们主要

生活在土壤中，并与某些植物的根系有关。在豆类植物根系上，如草木犀、紫花苜蓿、大豆、豌豆、黄豆和花生等根系上，就有这种细菌。豆科植物根瘤上的固氮菌菌落，可与空气中的氮气发生化学反应形成硝酸盐（NO_3^-）和氨（NH_3）。植物利用这些氮的化合物制造自身的有机物。以这些植物为食的所有生物，摄取的都是这类氮。最终，这些氮经过消费者变成有机废物，并通过反硝化细菌释放到大气中，进入氮的再循环过程。

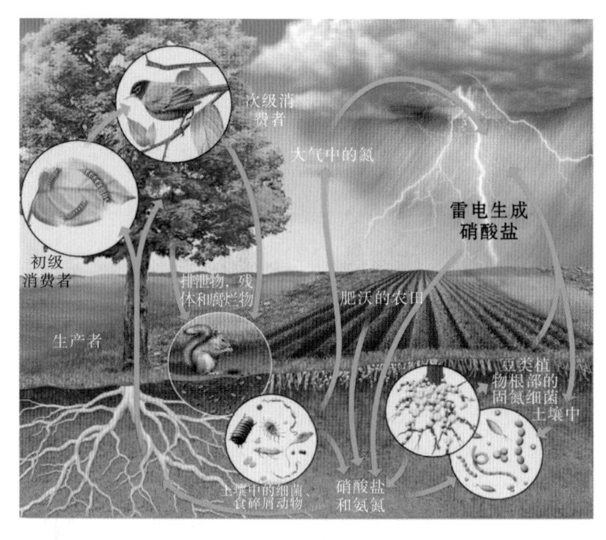

图19.13　氮元素的循环

注：大气是气态氮的储藏库。大气中的氮气主要靠固氮菌的化学作用转化为氨态氮，雷电和森林火灾使氮气形成硝酸盐，化石燃料在大气中燃烧产生的含氮化合物可被降水吸收。植物吸收的含氮化合物用于制造有机物。

为了提高农作物产量，许多农民使用合成无机肥料。无机肥料是化学固氮工厂生产的人工肥料，它不同于能够改良土壤的有机肥料（粪肥和堆肥）。目前，每年通过人工合成肥料固定的氮量已超过了陆地天然固氮量的总和；全世界每周的氮肥产量大约是182万吨，而且合成氮肥的产量每隔8年就会增加一倍。从1970年开始，人工的固氮量就已超过了自然固氮量。

合成氮肥的大量施用，导致地球生态系统中的有效氮剩余量累积，其中部分作为过剩养分从土壤中冲刷至河流里，甚至流入海洋。过量的氮负荷会引发水污染，导致水体中的藻类和浮游植物大量增长、生化需氧量增加、溶解氧降低，最终造成水生生态系统破坏。此外，大气污染中过量的氮化合物成为酸沉降的一部分，进而会改变土壤和水体中的氮循环。

图19.14是墨西哥湾死亡带中心分布区及其卫星影像。该海域位于墨西哥湾路易斯安那州，离岸水域的氧气已耗竭。2008年，得克萨斯州农工大学的研究人员报告指出：死亡带范围已由沿岸扩展至整个墨西哥湾，并以间断的方式扩散至大约离岸32km的地方。

密西西比河携带着大量的农业化肥、农田污水等排泄物流入到墨西哥海湾，导致浮游植物大量繁殖：初级生产力使海水变为绿色。密西西比河水系的径流量约占美国大陆总径流量的41%；夏季，食腐细菌的生化需氧量超过了溶解氧，使水体缺氧（氧耗竭）严重，导致进入这一水域的鱼类死亡。这种缺氧状况，对于海洋生物来说就是限制因子。从2002年起，墨西哥湾沿岸死亡带的面积，每年都在2.2万km^2以上。农业、饲养场和化肥厂的经营者们因为营养物排放和死亡带面积扩大而争论不休。

世界其他一些地区也存在这种类似的联系。全球有400多条河流水系由于营养物的排放，形成了类似的海岸死亡带，使25万km^2的近海海域受到影响。在瑞典和丹麦，为了减少营养物排入河流，两国协力合作使得卡特加特海峡（斯开湾与北海之间）水域的缺氧状况有所改善。此外，随着20世纪90年代苏联的解体及其国营农业的全面衰退，苏联的肥料使用量下降了50%以上。黑海河口三角洲已有几个月的时间摆脱了常年缺氧

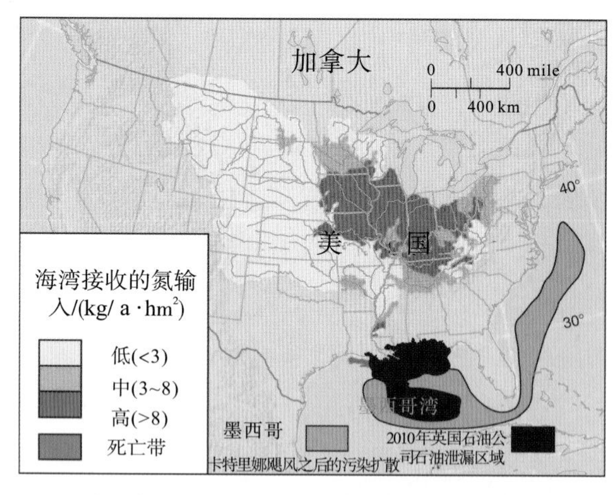

（a）密西西比河水系上游流域的总氮分布图

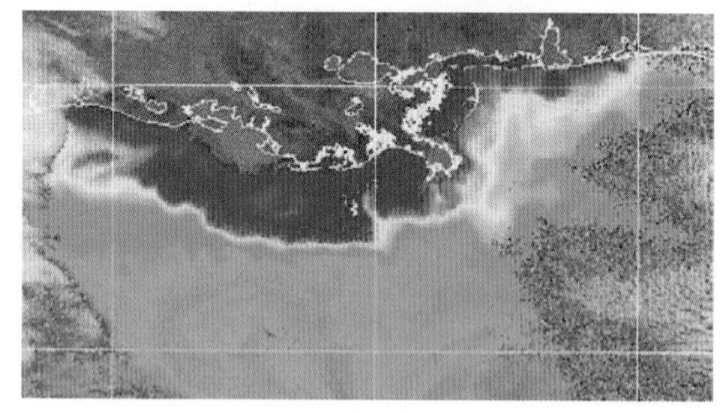

（b）密西西比河流域的营养物注入墨西哥湾，使得近岸海域出现富营养化，导致早春时节浮游植物大量繁殖（红色区域）

（c）截至夏末，缺氧水域（耗氧造成的）占据了所谓的死亡带

注意：卡特里娜飓风造成的羽状污染，以及2010年的石油泄漏污染范围。

图19.14 墨西哥湾死亡带

［(a)R B Alexander，R A Smith，G E Schwarz. 2000. Effect of stream channel size on the delivery of nitrogen to the Gulf of Mexico[J]. Nature, 403（February, 17）:761.；（b）SeaWiFS影像，NASA/GSFC］

状态。

和大多数环境问题一样，对于海洋生态系统，缓解环境问题的成本费用远低于持续破坏后再治理的费用。就墨西哥湾而言，如果上游流域能够减少20%～30%的氮排放，那么死亡带水域的溶解氧就可增加50%。据美国政府估计：就艾奥瓦州、伊利诺伊州和印第安纳州而言，氮肥施用量已超过所需量的20%。若要解决这一问题，首先应该规定施用肥料量不能超过作物需求量（节约农业生产的间接成本），其次还要动手解决流域内饲养场的牲畜排泄物。

伴随2005年卡特里娜飓风的到来，墨西哥湾被排放的污水所充斥，污水中含有废水、化学有毒物质、泄漏的石油、家用杀虫剂、动物粪便和动物尸体及营养物质。这些羽状污染流——当前大部分都已消散，它们的路径从事发地点开始，环绕佛罗里达半岛，然后向北延伸至美国东海岸［图19.14（a）］。除此之外，2010年，由英国、瑞士和开曼群岛经营的“深水地平线（Deepwater Horizon）”钻井平台，在马绍尔群岛管辖区内造成了石油泄漏事件，漏油污染了美国海域，这是美国历史上遭受的最严重的石油污染灾难。更多内容见第21章。

19.2.3 限制因子

在生态系统的物理或化学组分中，那些由于数量不足或过量的因子使得生物活动受到抑制，其中抑制作用最大的因子，叫作**限制因子**（limiting factor）。对于大多数生态系统来说，降水是限制因子；但气温、光照强度和土壤养分也会影响植被的分布模式。例如：以下几种情景中可能出现的限制因子：

- 低温对高海拔地区植物生长的限制；
- 水分缺乏对荒漠中植物生长的限制；

- 水分过多对沼泽中植物生长的限制；
- 盐分浓度变化对水生生态系统的影响；
- 洋面海水缺铁环境对光合生产量的限制；
- 土壤中磷含量低对植物生长的限制；
- 缺乏活性的叶绿素（在海拔6 100m以上地区很普遍）对植物初级生产力的限制。

环境中的每个生物体对于每个限制因子都有不同的耐受范围。如图19.15所示，是两个树种和两种鸟的地理分布范围。海岸红杉林（北美红杉，*Sequoia sempervirens*）的分布仅限于美国加利福尼亚州沿岸的狭窄山脉地带，覆盖面积仅9 100km^2，而且集中在能够接收到夏季平流雾的区域。另一种树木，红枫林（*Acer rubrum*）可以在水分和温差较大的环境下繁茂生长且分布广阔，这表明红枫树对环境变化的耐受范围很宽［图19.15（a）］。

绿头鸭（*Anas platyrhynchos*）和食螺鸢（*Rostrhamus sociabilis*）也表现出不同的耐受性和耐受范围［图19.15（b）］。绿头鸭是泛化种，捕食范围很广而且易于驯养，所以在北美洲大部分地区每年至少有一个季节可以看到它们。相反，食螺鸢是特化种，只捕食一种螺。因此，这种单一的食物源，就变成了食螺鸢的限制因子。注：食螺鸢栖息地狭小，位于佛罗里达州奥基乔比湖附近。

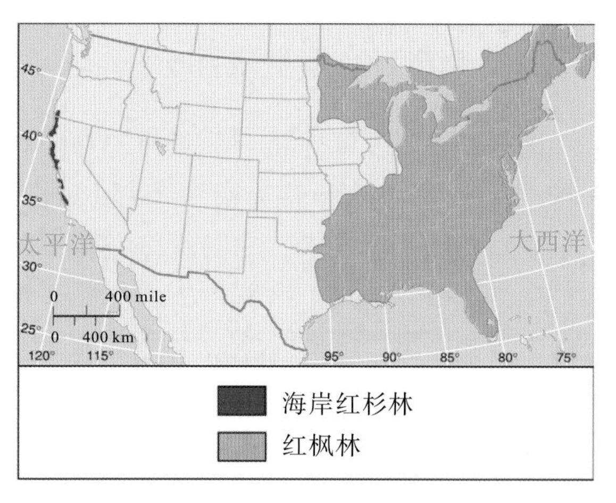

（a）海岸红杉林和红枫的分布范围，表明了限制因子的作用

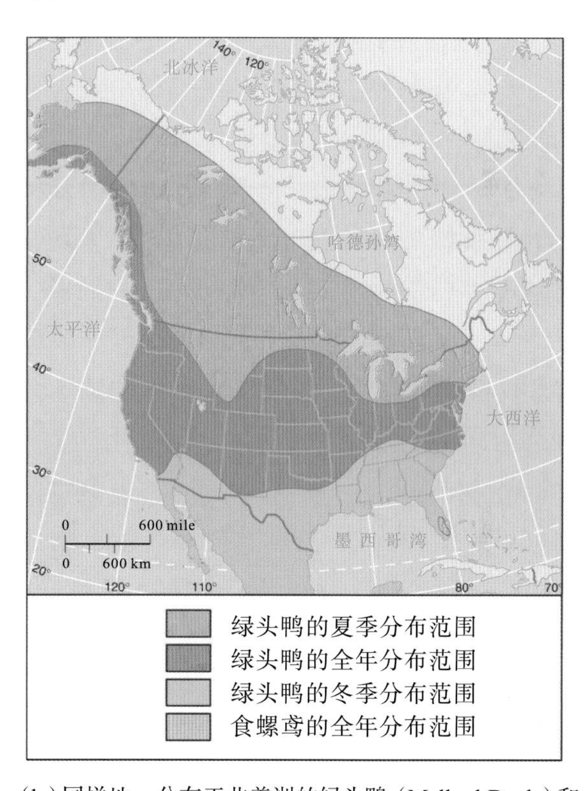

（b）同样地，分布于北美洲的绿头鸭（Mallard Duck）和食螺鸢（Snail Kite）也表明了限制因子的作用（野鸭是泛化种，其食谱广泛；而食螺鸢只捕食一种螺，食物分布成为了食螺鸢的限制因子）

图19.15 限制因子对动植物分布的影响

19.3 生态系统中的生物过程

在生态系统中，能量、大气、水、天气、气候和矿物等非生物成分，构成了生物成分的生命支柱。生态系统的性质取决于系统中的能量流动、物质循环和营养（摄取）关系。伴随能量流在生态系统中的流动，系统可以从太阳获取持续的能量补充；但营养物和矿物质却没有外部来源补充，它们只能依赖生态系统内部或生物圈中的物质循环。下面，就来了解这些生物过程。

19.3.1　生产者、消费者和分解者

能将CO_2作为自身唯一碳源的生物体，叫自养生物（Autotroph）或**生产者**（Producers）。植物是生产者，它们通过光合作用进行化学固碳。依靠生产者作为碳源的生物体称作异养生物（Heterotroph）或称**消费者**（Consumer，靠其他生物供养）。一般来说，动物是消费者（图19.16）。

自养生物是生态系统中的基础生产者，它把获取的太阳能转化为化学能，并与碳元素结合形成新的植物组织和生物量，释放氧气。太阳能通过植物或浮游植物等生产者进入食物链，进而流向高级消费者。

能量流沿**食物链**（food chain）贯穿整个生态系统。在这个过程中，能量流从自我制造养分的生产者开始，经过消费者，最终到达屑食性生物（Detritivor，分解处理食物链中的废物）。如果生物体的基本食物是相同的，那么它们就处于相同的营养级（trophic level）。生态系统通常由**食物网**（food web）构成，而食物网则是由食物链相互连接构成的复杂网络。在食物网中，消费者可以同时参与到几个**食物链**之中；食物网中物种之间既存在强相互作用也存在弱相互作用。

在北极海域，一只髯海豹（*Erignathus barbatus*）正在一座小冰山上休憩［图19.16（b）］。这只髯海豹的体内脂肪含量超过30%，其捕食对象是鱼类和贝类。在图19.16（c）中，一只雄性北极熊（*Ursus maritimus*）正在冰面上拖曳着一只被猎杀的髯海豹。北极熊，这种海洋哺乳动物是北极地区的主要掠食者。在图19.16（d）中，远离陆地数千米之处的浮冰上，一只雌北极熊和它6个月大的幼崽们正在进食被猎杀的海豹。尽管小北极熊还在哺育期，但是它们也与母熊分享猎物。除了猎物的骨骼和内脏，北极熊几乎把海豹全都吃掉了，其残余部分很快也被鸟类打扫干净［注：照片中食肉鸟类分别是北极鸥（Glaucous Gull）和象牙海鸥（Ivory Gull）］。

初级消费者以生产者为食，由于生产者是植物类，因此初级消费者又被称作**食草动物**（Herbivore）或植食者，如图19.17中的磷虾。**食肉动物**（Carnivore）是以食肉为主的次级消费者。以初级和次级消费者为食的是三级消费者，它是食物链中的“顶级食肉者”。例如，南极洲的海豹、逆戟鲸和北极地区的北极熊。北极地区的逆戟鲸是一种海豚科动物，它与其他鲸类一样，主要捕食鱼类。既食用生产者（植物），也食用消费者（肉类）的是**杂食动物**（Omnivore）——其中包括人类。

食腐生物（Detritivore）包括食碎屑动物（detritus feeder）和分解者（Decomposer），它们位于食物链末端的最终环节。食腐生物对有机物进行分解，释放简单的无机化合物和矿物养分，从而实现整个生态系统的更新。碎屑（Detritus）是指死亡生物体的全部残屑，包括残体、落叶和生命过程中的排泄物等。食碎屑动物——蠕虫、螨虫、白蚁、蜈蚣、蜗牛、蟹类和秃鹰等，其行动如同军队一般，对生态系统中的碎屑和排泄物进行分解和消耗。**分解者**（Decomposer）主要是细菌和真菌，它们消化、吸收自身以外的有机碎屑并释放营养物质。微生物分解者通过新陈代谢作用使碎屑物腐烂分解。对食碎屑动物与分解者来说，尽管它们的运作过程不同，但它们在生态系统中发挥的功能是相似的。

19.3.2　食物网实例

图19.17（a）中是海洋中的一个比较复

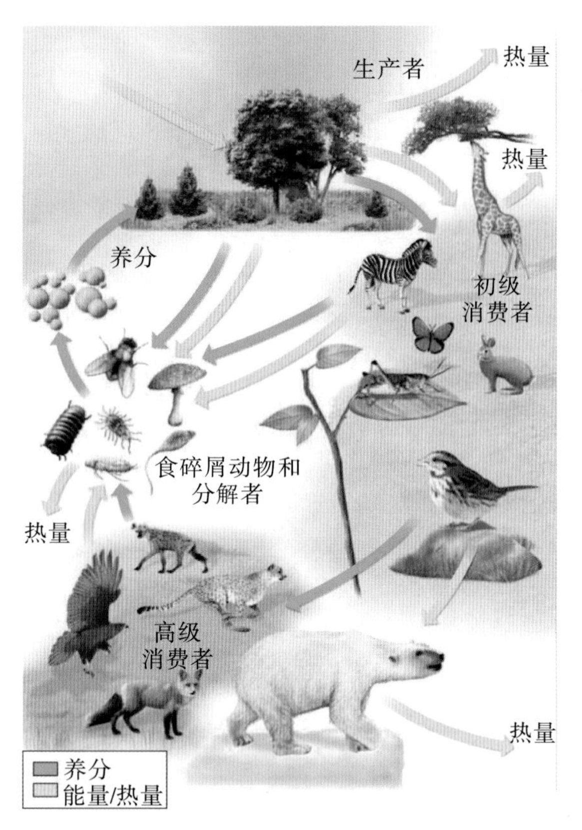

（a）生态系统中的能量流动、物质循环和营养关系（供养）；驱动生态系统运行的能量来自太阳辐射能和植物最初固定的太阳能

（b）北冰洋海域，冰山上的髯海豹

（c）一只独居的雄性北极熊，正在浮冰上拖拽猎物海豹

（d）一只雌北极熊及其幼崽，正在冰山上享用着它捕获的海豹，有几只鸟在旁边打扫着残食

图19.16　能量、营养物质和食物的流动路径

［Bobbé Christopherson］

杂的群落，群落食物网中含有磷虾（一种初级消费者）。磷虾（*Euphausia sp.*，至少有十几个物种）是一种虾状的甲壳类动物。它是南极地区某一生物类群的主要食物来源，这一类群包括鲸、鱼类、海鸟、海豹和乌贼等。这些生物同时出现于很多个食物链中，它们在某些食物链中作为消费者，而在另一些食物链中又作为被消费者。

浮游植物（phytoplankton）通过光合作用对太阳能进行转化，因此它是食物链的开端。磷虾类以浮游植物为食，属于食藻类浮游动物（herbivorous zooplankton）。更高营养级的消费者，又以磷虾为食。磷虾蛋白质含量高、数量丰富，因此捕捞磷虾的渔业加工船越来越多，如日本和俄罗斯的南极捕捞船只。当前，磷虾的捕捞量每年已超过100万吨，它们主要用作鸡、家畜饲料和人类的蛋白质食品。同样，南极洲许多栖息鸟类的生存均依赖于磷虾或以磷虾为食的鱼类。

另一个复杂食物网的例子是北美洲东部的温带落叶林。这一复杂自然过程与磷虾食物网一样，参见图19.18的简化图解。通过上述讨论，请首先找出这个群落中的初级生产者，之后再分别确定初级、次级和三级消费者的位置。发现食腐动物（如蠕虫）的作

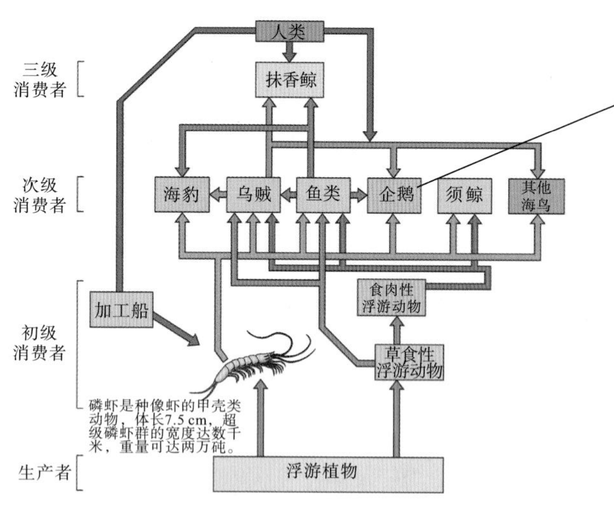

（a）一个南极海域食物网的简化图解：从浮游植物生产者（底端）到各类消费者；位于食物链起点的浮游植物，通过光合作用储存太阳能量；磷虾和食草类浮游动物，以浮游植物为食；磷虾又被下一个营养级的动物所捕食

（b）南极洲岩质海岸上，一群巴布亚企鹅（*Pygoscelis papua*）正在观望海豹（捕猎者）出没的水域；以冰体为捕食基地的阿德利企鹅（*Pygoscelis adeliae*）所面临的威胁最大；帽带企鹅（*Pygoscelis antarctica*）头部上黑白相间的图案是辨识它们的主要标志

（c）南乔治亚岛索尔兹伯里平原上，大约有10万对帝企鹅及其幼企鹅聚集在一起；企鹅的父母们轮流到南大洋中去捕鱼，它们始终排着整齐的队伍行进，当饱腹的企鹅回到小企鹅或企鹅蛋身边，空腹的企鹅又迈向海洋行程；幼企鹅的体型小、呈深棕色

图19.17　一个复杂食物网的例子

[Bobbé Christopherson]

地学报告19.3　食物网的污染；谁在食物网的顶端？

对于食物网的研究，就是研究哪种动物捕食什么，在哪里捕食。当在一个由生产者和消费者构成的生态系统中施用化学杀虫剂时，食物网会对某些化学物质产生富集作用。许多化学物质可以降解或稀释于空气和水中，转化为相对无害的物质。然而，还有一些化学物质却很稳定，而且生存周期长，并可溶解在消费者的脂肪组织中。这些化学物质，在每个高营养级消费者体内不断富集浓缩。巴伦支海的北极熊尽管远离文明社会，但它们体内的某些持久性有机污染物（persistent organic pollutant, POPs）却已达到了可承受的最高浓度；由此可知，这些污染已经进入了洋流和大气圈。

食物网的污染，会对高营养级的生物体内造成有毒物质富集。许多物种都受到了这种威胁。人类位于众多食物链的顶端，所以也会通过食物网这种方式摄取富集的化学物质。这就是所谓的生物扩大效应（biological amplification）或放大效应（Magnification）。

用了吗？细菌在该系统中的作用是分解者，能在图19.18中找到其他分解者吗？

图19.18　温带森林食物网

注：一个温带森林食物网的简化图解。仔细观察这幅示意图，从中找出初级生产者、初级消费者、次级消费者和三级消费者；图中只标出了较强的相互作用，还有许多较弱的相互作用没有表示出来；这些相互作用把自然群落结合在一起，同时也证明了复杂食物网有利于群落稳定的假说。

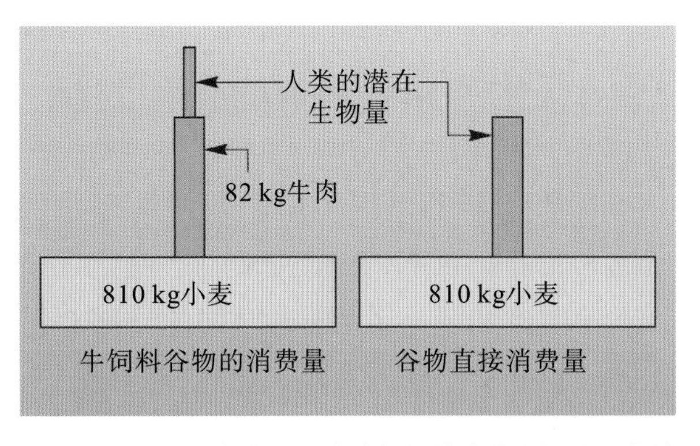

（a）生物量金字塔表明了直接与间接消费之间的巨大效率差异

（b）美国堪萨斯市道奇城外的一个饲养场，这里每天要加工6 500头牲畜，每周有6个工作日

图19.19　生物量有效和无效消费之间的对比

［Bobbé Christopherson］

19.3.3　食物网的效率

世界上任何食物资源的评估都是基于消费者的水平。以人类消费水平为例来说明：如果人们直接食用小麦，那将能够养活更多的人口；然而，如果谷物先是用来喂牛（食草动物），人类再食用牛肉，那么谷物的能量产出就会减少90%（即，从810kg的谷物减少至82kg的肉类），这样的话，相同面积的土地上只能养活很少的人口（图19.19）。

就能量而言，从第一营养级到第二营养级，植物中的营养能量（非热量形式）大约只有10%存留了下来。当人类以肉类代替谷物作为食物时，生物量的传递效率就会降低而损失量大增。生物量在食物链中每前进一步，都会损失更多的能量。我们可以看到杂食地区（如北美洲和欧洲）的食谱中，他们平均消耗的生物量和能量很高。

由于世界粮食问题日益严峻，食物网概念变得更加全球化了。在美国和加拿大，大约有1/2的耕地用来种植饲料作物、饲养牲畜（肉牛、奶牛、猪、鸡、火鸡等）。牲畜饲料用量每年约占谷物和非出口大豆年产量的80%［图19.19（b）］。此外，中、南美洲的一些雨林地带被开垦出来用作牧场，生产的牛肉出口到发达国家的餐厅、便利店、快餐店；由此才使得欧美这种低效率食物利用的饮食习惯得以持续，更别说人们对珍稀资源的破坏。另外，发展中国家生活水平正在不断提高，人们陆续地转变为以肉类为主的饮食模式，这也增加了对畜产品的需求。

19.4　生态系统及其进化和演替

自从地球上出现生命以来，生态系统就远离了静止状态，一直处于动态变化之中（充满生机和活力）。随着时间的推移，植物和动物群落不断地适应和进化，同时也不断地塑造着它们周围的环境，并由此产生了生物的多样性。由于抵抗因子造成的限制和破坏（图19.20），生物群落在繁盛和衰落之间一直存在着某种相互作用。各个生态系统都在不断地调整自己，以适应环境的变化和干扰。对于生态系统稳定性的理解，“变化”这个概念很关键。

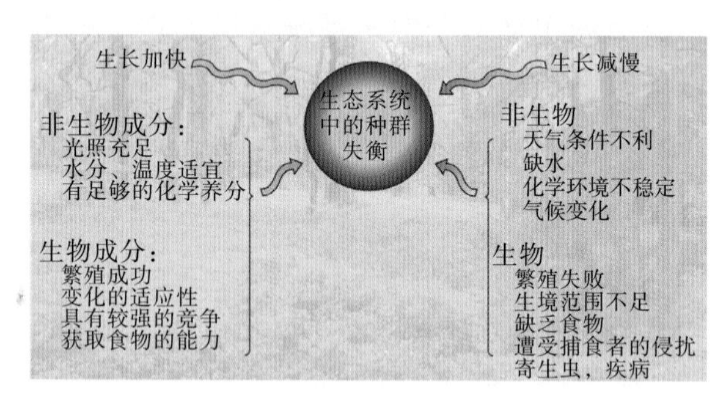

图19.20　生态系统中种群平衡的控制因子

注：一个生态系统的种群数量最终是由潜在的增长因子和抑制因子确定的。[背景照片为苏格兰森林，Bobbé Christipherson]

在自然生态系统中，变化的本质就是从一种平衡状态转变为另一种平衡状态。如图19.20所示，平衡控制因子的变化过程可能是逐渐过渡的形式，也可能是以大灾难极端事件的方式出现，如小行星撞击、火山剧烈喷发等。在生命的进化过程中或在地球系统的物理和化学演变过程中，这种突然的变化会使生态平衡中断。在过去4.5亿年以来发生的5次生物大灭绝事件中，每次事件之后伴随而来的都是生物多样性大爆发，并造成物种异化或产生新的物种，即所谓的物种形成（Speciation）过程。物种大灭绝虽然暂时减少了生物多样性，但也为物种的形成和进化创造了机会。

20世纪的大部分时间里，科学家认为：一个未受干扰的生态系统，无论森林、草地、水体等，最终都会演化到平衡阶段，即一个化学储量和生物量均达到最大值的稳定点。然而，现代研究已确定：生态系统不会发展到某种静止状态。换句话说，“自然平衡”是不存在的；取而代之的看法是：在动态平衡中，物理、化学和生物因子之间的相互作用是永恒的。

19.4.1　生物进化提供了生物多样性

生物多样性（Biodiversity）或生物物种丰富度（不同的生物组合）是生态系统稳定性和活力特征的重要体现。生物多样性包括：物种多样性（物种数目和每个物种的数量）、遗传多样性（一个物种包含的特征基因数目）、生态系统多样性（生态系统、生境和群落，在某一景观尺度上的数目和变异）。据一项研究估计，地球上现存的物种数量有1 360万个，不过科学家们已把它们归类为不到200万个物种。生物多样性的起源在进化论中有论述（关于科学方法的定义，见**专题探讨**1.1）。**进化**（Evolution）是指单细胞生物体不断地适应改进，并经过遗传变异，形成多细胞生物体的过程。生物体的基因组成，连续几代就会被有利于存活和繁殖的环境因子、生理功能和行为而重新塑造。在这种不断持续的过程中，那些有利于物种生存和繁衍的遗传性状，更容易延续下去。物种是指能够通过有性繁殖，产生可育后代的一个种群。按照物种的定义，这意味着一个物种与其他物种之间存在生殖隔离。

每一个遗传性状都被一个基因（Gene）所支配，基因是主要遗传物质——DNA上的一个片段，而DNA（deoxyribonucleic acid，脱氧核糖核酸）又位于细胞核中的染色体上。这些性状——特别是那些区别于其他物种，并成功占据最大生态位或是有利于物种适应环境变化的性状，能够世世代代遗传下去。这种繁殖和适应性的差异，使优胜基因和基因组在“适者生存”的过程中得以遗传下去，这就是所谓的自然选择（natural selection）。生物进化过程代代相传，继承优胜基因、淘汰失败基因。可以这么说，今天的人类就是数十亿年期间生物正向演化和积极选择的结果。

对于某个特定种群的基因库或物种个体拥有的全部基因来说，它们在混合过程中，必然产生突变（Mutation）。突变是一个新基因物质形成遗传流中有新性状插入的过程；突变的起因可能是随机事件，也可能是DNA复制时出现的差错。地理因子对基因突变也起到了一定的作用，因为自然环境会对自然选择产生影响，从而导致物种产生空间分异。例如，一个物种可以通过迁移，让一个新遗传性状扩散到它偏爱的新环境中。可以想象：当物种在低海面时期穿越冰桥或大陆桥迁移时，带来的进化效应。一个物种可能因为天然地理隔离（Vicariance）——比如环境破碎化，而与其他物种相互分隔。大陆漂移为物种迁移设置了自然屏障，从而导致新物种的进化。因此，生物进化过程与地球系统的物理和化学进化过程紧密相连。

物种基因组（Genome）的完整破译或某一生物体全部基因的鉴别，是一次科学胜利。它揭示了每个物种复杂的历史地理过程。这个过程包括：物种的起源地、物种扩散的方式、经历的疾病和创伤。当前人类基因组的分析已指出了我们的起源，同时提供了人类如何进化到现在状态的路径图。

19.4.2 生物多样性与生态系统的稳定性

稳定的生态系统处于不断变化之中。一个具有惯性稳定性（inertial stability）的生态系统，能抵抗某些低水平的扰动。恢复能力（recovery capability）是指生态系统从扰动状态恢复至原始状态的能力。对于一个生态系统来说，它的生物种群可能是稳定的，但不一定具有恢复能力。进一步地说，如果扰动超过极限，即使恢复能力很强的生态系统也无法完全复原。过去4.4亿年间，在导致部分生物灭绝的几次小行星撞击事件中，动植物群落的恢复能力就遭到了摧毁。我们把恢复能力看作是一个生态系统从扰动状态中得以恢复的能力。因此，它的这种能力在某一临界点之前，可以吸收容纳扰动。可是当扰动累积超过临界点后，生态系统则会突然跃至另一种生态关系，从而改变生态进程。

热带雨林是一个可抵御大多数自然扰动的、多样化的稳定生物群落；但其恢复能力却很弱，一旦遭到严重破坏就很难恢复。例如，热带雨林中的采伐迹地（译注：采伐后不久、尚未长起新林的土地），因为大多数养分贮藏于植被中而非土壤里，就恢复得很慢。小气候的改变使得原来的植被物种很难再生长。相比之下，中纬度地带草原的多样性和稳定性偏低，可恢复能力较强——当草原被火焚烧后，由于大量根系存在，植物群落能迅速恢复。

关于生态系统的稳定性和可恢复性，请看下例：如图19.21所示，在美国克雷特莱克的南部–东南部，俄勒冈州南部的一块私有土地上，成片森林消失了，取而代之的是高密度的道路和布局不合理的水土流失缓冲带。这些公路和小道相互交织，使得每个景观斑块中都布满“疤痕”。对比而言，它附近的美国林务局地块上：景观轮廓整洁清晰，河流两岸布设了95m宽的缓冲林带，道路密度降至最小，取消了部分采伐制度，弱化商业行为，采伐制度采取群状选择法等。这一切都与图19.21中的荒芜景观形成了鲜明对照。科学家的目标不是彻底取消木材采伐，而是森林的可持续发展。

（a）清场采伐把稳定的森林群落摧毁了，导致小气候发生剧烈变化

（b）松林采伐迹地和木材运输公路的景象；卫星影像和GIS分析表明：美国西北部的原始森林面积当前大约只剩下了10%

图19.21　人类的不当行为对森林群落的破坏
［（a）Bobbé Christopherson；（b）作者］

20世纪90年代，在美国明尼苏达州开展的草原生态系统田间试验，就是为了证实一个重要的科学假设：对于一个生态系统，如果它的生物多样性越高，那么它的长期稳定性和生产力也越高。例如，旱灾期间，某些植物物种会遭到破坏。然而，在一个多样化的生态系统中，具有较强吸水能力的深根性植物，却仍可茁壮成长。正在进行的试验还表明：多样性高的植物群落能够更有效地保持和利用土壤养分。有关正在进行的“雪松溪生态系统科学保护区”研究详情，见https://www.cedarcreek.umn.edu/about/。

对于天然草原生态系统的研究，堪萨斯州立大学和大自然保护协会管理的原始高草草原工作站（见http://konza.ksu.edu/）正在对堪萨斯州东北部的弗林特山孔扎草原进行长期的生态研究，研究内容包括生物多样性、火的作用及气候变化的影响。

生物多样性在持续减少。无论生物体多么复杂，或自它进化以来生存了多长时间，最终的结局仍是灭绝。著名生物学家爱德华·威尔逊写道：生物多样性必须同时考虑所有物种及其所包含的全部基因；然而全球范围内，生物多样性正陷入上述这种的困境。

尽管在提高或修复生态系统服务功能方面的研究进展还不明显，但在生物多样性的保护方面，人类却取得了一些成功。就生态系统恢复而言，其恢复目标正在扩展：以前的目标是把生态系统恢复到人类干预之前的原始状态；可现在的想法是建立“新型生态系统”，也就是把一些物种及其生境以某种从未出现过的方式组合在一起。在日新月异的世界环境中，为了维持生物多样性和生态系统的功能作用，我们或许应该考虑这些经过人类改造的生态系统。

农业生态系统及其变化　人类通过生物群体改造和生态系统简化建造了农业生态系统，但这降低了生物多样性，它们也因此变得更脆弱、更容易受到干扰。人为制造的单一作物群落（如麦田）很容易受到恶劣天气和病虫害的影响。在一些地区，通过简单的作物套种，就可以增加生态系统的稳定性。这是农业可持续发展的一个重要原则，也是农业生产迈向生态化的一次进步。

（a）美国明尼苏达州中部的苜蓿原料种植基地

（b）美国佐治亚州南部的木浆树种植园

（c）挪威多卡市附近，正在收割的燕麦田

（d）美国加利福尼亚州的圣路易斯-奥比斯波市附近种植的木兰花

（e）加拿大新斯科细亚省，芬迪湾的渔业养殖

图19.22　农业生态系统示例
［Bobbé Christopherson］

现代农业生态系统对能量、杀虫剂、除草剂、人工肥料及灌溉用水等需求量很大。由于作物收获和生物量收割，土壤中的物质循环过程就此也中断了（图19.22）。所以，土壤中净亏损的养分必须通过人工来补偿。随着时间推移，图19.22中所示的种植农业不断地消耗土壤中的养分，因此需要施用化学肥料来补充，此外还要施用除草剂来消除杂草竞争。

伴随气候变化，气温上升导致作物减产及间接成本增加。想象一下：21世纪后半叶，一个农民夏日劳作的情景——那时夏季的平均气温已超过当前极端最热天气！在热带、亚热带、中纬度和亚北极地区，全球各地的农业生态系统、作物和牲畜都将承受这种极端气候带来的压力。

正如本章当今地表系统栏目中所述，气候变化对物种分布产生影响。全球变化正处于快速发展期，在过去需要几百万年才能完成的变化，现在几十年就完成了。在生境恶化的边缘带，我们可以看到物种的消亡和演替。随着气候变化，逃离的物种也许会定居于适宜的新生境地区。当然，小麦、玉米、大豆和其他农作物产区也会发生这种转移。人类社会也不得不适应这些变化。

19.4.3　生态演替

当植物和动物的新群落（通常较为复杂）取代旧群落（通常比较简单）的时候，物种组成就发生了改变，这就是**生态演替**（**ecological succession**）。演替群落对自然环境进行改造，为后续群落提供了有利条件。虽然扰动在不断干扰着演替序列，但演替方向明显地指向成熟阶段。

生态演替常常需要初始扰动，如风暴、严重水灾、火山爆发、毁灭性火灾、昆虫群袭，以及长期过度放牧等农业活动（图19.23）。如果现存的生物遭受干扰或被逐出时，就会产生新的群落。在这种非平衡过渡时期，给物种间相互关系的改变制造了机会；具有自适应边缘的物种，将在光、水、养分、空间、时间、繁衍和生存的竞争中占据优势。

传统观点认为：植物和动物经过几个演替阶段，最终会形成一个可预见的顶级群落（climax community），也就是一个稳定的、能够自我维持的，以及出生、生长和死亡率都已达到平衡的功能群落。然而，当前科学家们已经摒弃了这一观点。当代的保护生物学、生物地理学及生态学普遍认为：自然界一直处于一个不断适应的状态中。成熟群落应当被看作一种动态平衡。对于非平衡状态的群落，有时演替进程可能会与突然改变的自然环境不吻合，这是因为群落的调节过程具有滞后效应。

与其将景观中的生态系统看作是均匀一致的，还不如把它看作群落和生境中的镶嵌体。这就需要研究斑块动态（patch dynamics），也就是对受扰生境内部及其之间相互作用的研究。由于不同斑块处于不同的演替阶段，从而增加了景观的复杂性。实际上，大多数生态系统都是由先前景观中的斑块构成的。从某些方面来看，生物多样性就是这些斑块的动态表现。

陆地与水域的演替形式不同。对于陆地生态系统，其演替特征是对阳光的竞争；而对水域生态系统来说，它的演替特征是渐进变化的养分水平。

判断与思考19.2　观察生态系统扰动

接下来的几天里，当你往返于家、学校、工作地点或其他地方的时候，请注意观察沿途的景观。看看哪些类型的生态系统受到了扰动。想象一下：同一地区，近一个世纪以来或更长时间里未受干扰的生态系统还有多少？这些生态系统和群落，过去可能是什么样子？请予以描述。

（a）美国加利福尼亚河州的洪水泛滥

（b）美国加利福尼亚州的圣巴巴拉地区，被烧毁的森林灌木

（c）2010年在美国明尼苏达州的沃迪纳，树木被龙卷风刮断

（d）美国加利福尼亚箭头湖地区的森林虫害，即松树皮甲虫虫害（橙色）

图19.23　生态系统扰动改变了演替模式
[Bobbé Christopherson]

19.4.4 陆生演替

原生演替（primary succession）——生态系统的起点，是指在裸岩或裸地上（之前没有群落）发生的演替。这些新地表可能产生于：陆地块体运动、冰川退缩露出的裸地、熔岩流冷凝和火山喷发形成的地表、露天矿区、采伐迹地和流动沙丘表面等。例如，美国夏威夷的基拉韦厄火山区域的原生演替，植物就是从冷凝的熔岩流上开始生长的（图19.24）。在陆地生态系统中，演替从**先锋群落**（pioneer community）物种开始；通常始于地衣、苔藓及裸岩上的蕨类。这些早期的定居物种，为向草地、灌木和树木方向演替做过渡准备。

图19.24　原生演替

注：美国夏威夷的基拉韦厄（Kīlauea）火山附近，蕨类植物生长在最近喷出的熔岩流上，这是一种原生演替。［Bobbé Christopherson］

自然界中常见的是次生演替。在前期群落的某些功能还存在的条件下，所发生的演替称作**次生演替**（secondary succession）。当某一地区的自然群落遭到摧毁或破坏后，如果它下面的土壤未被破坏，就会发生次生演替。

伴随演替进程，土壤发育和具有不同生态位需求的动植物组合都要进行适应。伴随群落的成熟，生态位也会进一步扩张。演替作为新群落形成的实际发展过程，是一系列的动态相互作用的结果，有时是不可预测的。演替的方向有时被随机的、无法预测的事件所支配，若这些事件触发了某一阈值，就会导致群落跳跃到一种新的组合关系，这就是*动态生态学*（dynamic ecology）的基础。

次生演替举例。1980年，圣海伦火山爆发，这次事件摧毁了大约38 450公顷的林地（图19.25），由于火山灰和雪被覆盖层的保护，大部分土地上的土壤和幼树等植物得以幸免；火山喷发过后，群落发展很快。而在圣海伦火山附近及火山北部，原群落被巨大滑坡体深埋而彻底毁灭，因此变成了原生演替的场所。

野火和火生态学　火及其产生的效应是重要的生态系统过程和经济过程。自2000年以来，美国和加拿大每年的野火过火面积都超过它们多年平均过火面积的两倍。野火造成的损失似乎每年都在超过上一年的记录——例如，2009年美国发生72 000次野火，过火面积将近2.31万km^2。更多信息，见美国国家消防中心网址：http://www.nifc. gov/fire_info/nfn.htm。

在过去的50年里，火在生态系统中的作用已成为许多科研和实验的主题。如今，火已被看作大多生态系统的自然成分，而非过去所说的自然灾害。实际上，对于许多森林、林下灌草层和地表枯枝落叶层来说，都可以通过可控制的"冷火"来进行有目的的燃烧，并以此来清除可燃物，从而防止灾难性或毁灭性的"热火"火灾。林业专家认识到：如果严格防火，那么大量林下灌草就会不断积累，进而增加了大火灾的隐患。

为了保护财产，现代社会的防火需求可追溯到19世纪欧洲的林业管理。在北美，森林防火是管理者的信条。宽阔的长叶松林带从大西洋海岸平原一直延伸至美国得克萨

2008年的太空照片展示了火山造成的破坏（照片右侧为北方向）［NASA/GSFC提供］

（c）Meta湖摄影点之一（1983年）

（1999年）

（d）Meta湖摄影点之二（1983年）

（1999年）

（a）火山喷发前（1979年）

（e）斯皮里特湖全景照（1983年）

注意：火山喷发19年后地面仍有枯木残留（1999年）

（b）火山喷发后（1980年），生态系统发生了重大改变

（f）被毁坏的森林群落（1983年）

（1999年）

图19.25　圣海伦火山地区群落演替过程

注：相隔15年（1983～1999年）的4组照片表明了次生演替过程十分缓慢。［（a）和1983年照片, 作者；（b）和1999年照片, Bobbé Christopherson］

斯州；人们在对长叶松林带的研究中发现：伴随林木采伐，火成为植被再生过程的一部分。事实上，一些松树物种——如瘤果松，如果它们的种子不经过森林火的焚烧就不会散播。火的热量使松树的球果打开，散出的种子落入地面，这样才可以萌发新植株。此外，经过焚烧的区域，林地恢复迅速；新生长的木质富含蛋白质（含幼龄株物），而且种子产量也因野火激发而提高，从而为动物提供了丰富的食物。

火生态学（Fire Ecology）就是把已被认知的火当作群落演替中的动态因子，仿效自然演替的学科。可控地面火是指为了清除林下丛林积累所采取的有目的地焚烧

(a)美国怀俄明州西北部，黄石国家公园的森林大火

(b)在美国加利福尼亚州的圣塔巴巴拉，野火烧过后的植被恢复

(c)美国蒙大拿州比特鲁特国家森林公园，2000年8月森林大火的蔓延情景，麋鹿站在河流中谋求逃生之计

(d)美国加利福尼亚州南部的圣哈辛托山脉，灌丛植被已适应了野火环境；野火过后，几个月内植被已开始恢复，请注意残枝下面萌发的新枝叶

图19.26　美国西部野火与生态系统恢复

[(a)Joe Peaco/风穴国家公园；(b)、(c)和(d)Bobbé Christopherson]

措施。现在，可控地面火已被普遍看作一种科学的森林管理措施，而且被应用于美国各地。在黄石国家公园，若是自然原因（如闪电）引起的野火，那么就允许它燃烧。但1988年备受关注的黄石大火，政府“任其燃烧”策略，还是受到了林业和旅游业部门的强烈抗议（图19.26）。

在1988年黄石大火的最终报道中，政府联合调查组的总结写道：“这一区域如果杜绝野火，将会导致植被发生重要的非自然变化……，以及造成可燃物质积累，这样做的话，可能会导致不可控的、甚至很危险的火灾”。因此，美国联邦土地管理员和科学家们就此肯定了他们的看法，即火生态学是一个基础合理的理论。

当人们在城市附近寻找一块荒地居住时，就会发现一个日益严重的问题：城市发展侵占了森林，增添的市郊景观制造了新的火灾隐患。不可控野火不仅可以摧毁家园，而且还对公共安全产生威胁。生活在这些地区的人们需要防火，但这些防火措施造成了林下植被堆积，反而增加了火灾风险。2007年，野火摧毁了美国南加州的植物群落，其中野生灌木丛尤为突出；20多次野火摧毁了2 000多座房屋，过火面积超过2 000km^2；强劲的圣安娜风（见第6章的说明）助长了火势，将火源地点的余烬吹刮至几英里远。

自2000年以来，美国西部记录了野火次数与气候变化的联系，并在2006年的*Science*杂志中进行了如下报道：

专题讨论19.1　北美五大湖生态系统

北美五大湖——苏必利尔湖、密歇根湖、休伦湖、伊利湖和安大略湖，它们的水量约占世界所有淡水湖总水量的18%。五大湖在北美历史发展进程中一直占据主导地位。五大湖盆地是最后一次冰期馈赠的礼物，当时这一区域的冰川往复进退（图17.30）。五大湖加在一起的面积为24.4万km^2，比怀俄明州的面积略小，整个流域面积52.8万km^2，大小相当于加拿大的曼尼托巴省。

由五大湖与河流连接构成的国际水运航道，东西跨越长度超过2 771km，有长达1.8万km的岸线，许多人认为它是美国长度位列第五位的岸线（图19.27）。五大湖有30 000多个岛屿，包含各种沿岸环境，主要有沙丘和沙滩、基岩湖岸线、砾石岸滩和毗岸湿地。此外，环湖分布着主要农业区及许多工业中心，还有水运贸易、旅游业等。

苏必利尔湖是五大湖中海拔最高、深度最深、面积最大的湖泊（图19.28）；其湖水经圣玛丽河进入休伦湖。休伦湖与密歇根湖通过麦基诺海峡相连，两者湖面高度相同。之后，湖水流经圣克莱尔和底特律河进入五大湖中最浅的伊利湖。苏必利尔湖的湖水平均滞留时间为191年；相比之下，伊利湖滞留时间最短，仅为2.6年。尼亚加拉河流入安大略湖，再经圣劳伦斯

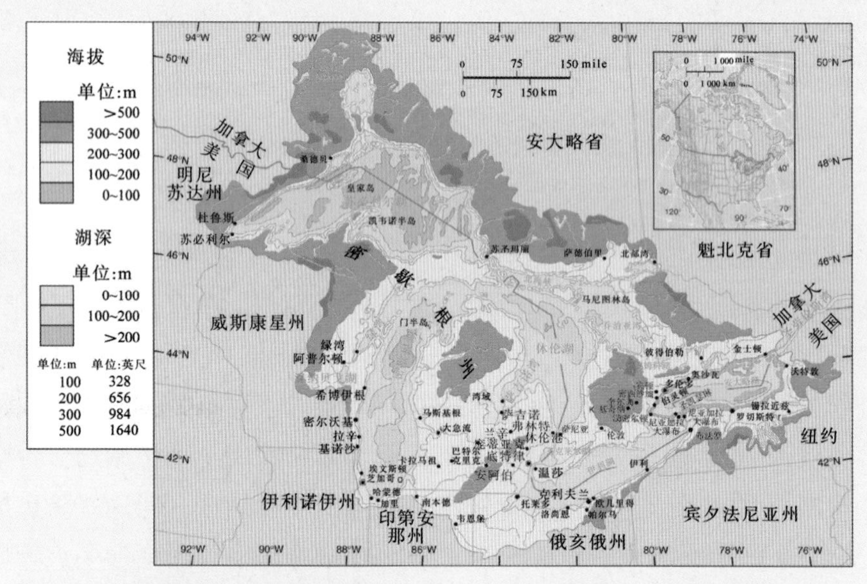

(a) 五大湖海拔、湖深及周边主要城镇；地图上勾绘出了五大湖流域的边界

(b) 五大湖区的卫星影像，罕见的无云天气，摄于2010年8月10日

图19.27　五大湖盆地

[(a) 地图绘制，加拿大环境部，美国环保局和布鲁克大学；(b) Aqua MODIS影像，NASA/GSFC]

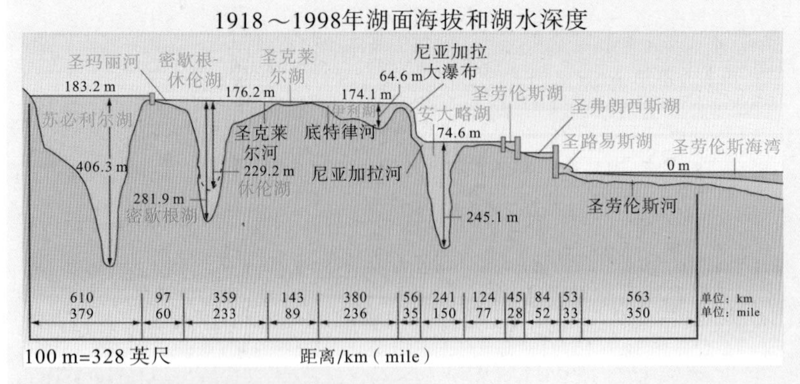

图19.28 五大湖的湖面海拔断面图

注：2010年的湖面水位和平均深度；1985年国际大湖基准面被作为标准基线。[数据引自：加拿大水文局，五大湖流域水利水文数据国际协调委员会]

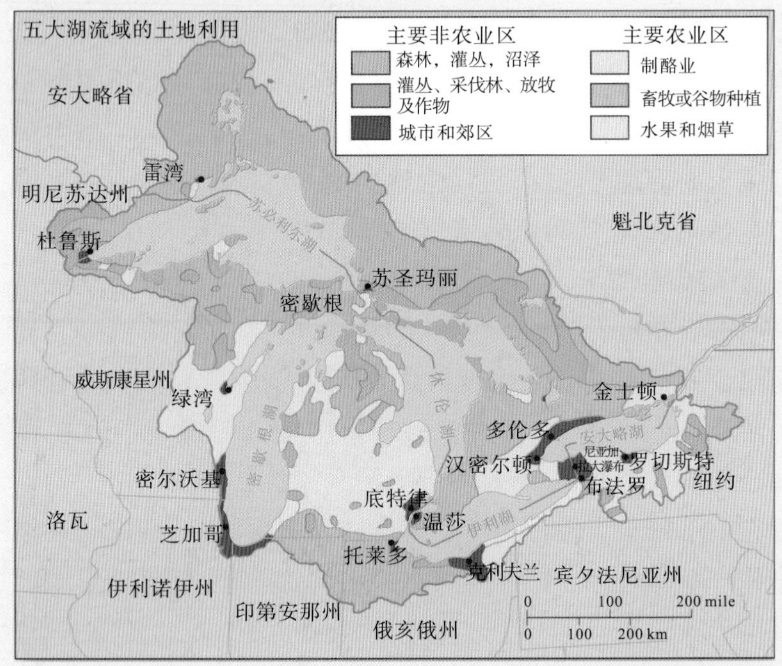

图19.29 五大湖流域盆地的土地利用情况

注：五大湖盆地中的土地利用概况图，农业和非农业用地。[制图，加拿大环境部，美国环保部，布鲁克大学]

河进入圣劳伦斯湾，最终汇入北大西洋。

由于五大湖水系范围很大，因此与其相关的气候、土壤和地形等差异也很大。五大湖北部为寒冷低温气候区，部分区域位于加拿大地盾基岩出露区，这里针叶林广布、土壤呈酸性。五大湖以南地区位于温暖的中温气候带，由冰川沉积形成的肥沃土壤为农业发展提供了广阔基地，农场的现代化和城镇化布局替代了原始的混交林。事实上，五大湖地区未受扰动的原始土地已不存在。

湖泊水位变化

对于五大湖水位测量历史可以追溯到1860年。2010年的区域性干旱使湖泊水位略有下降，各湖泊的水位与平均水位相比都下降了0.3m；2010年末只有安大略湖的水位比平均值高2.54cm左右。夏季，融雪和最大降水之后，五大湖湖泊水位偏高。五大湖湖水水位的年际变化，取决于流域内降水量与蒸发量之间的收支平衡，所以干旱状况使得湖泊水位偏低。

气候变化预示着湖泊水位会降低，因为湖面蒸发量呈增加趋势。通过11个主要气候模型的预测结果表明：湖水水位的下降幅度为0.3～1.5m（最坏的预测值），这可导致圣劳伦斯河的流出水量减少20%～40%。如果再把整个地区人类消耗量和用水需求的增长量加上，这将对湖泊水位造成双重打击。伴随湖岸线的退缩，湿地也将变得更加脆弱，而湿地面积缩小意味着许多物种的生境会消失。

湿地和湖岸生态系统

五大湖湿地与湖水水位密切相关，湖面水位决定着湿地的分布范围、植被组成和生态过程。湿地生态系统沿长达18 000km的湖岸线及相连的河岸，遍及五大湖整个湖区，形成了树沼、草沼、藓沼和泥沼。

湖岸湿地是陆地和水域之间的重要交界带，进入水生生态系统的有机质和矿物营养，在这里储存并循环。许多重要湿地分布于圣路易斯河河口、苏必利尔湖远处西端、威斯康星州门半岛斯特金湾地区、安大略湖东端及其沿岸潟湖群周围。在21世纪内，五大湖区丧失的湿地面积就已超过了2/3，剩余湿地也都面临着开发、疏干和污染的威胁。对于季节性迁徙的鸟类来说，这些湿地作为栖息地对它们十分重要；同时，五大湖区的许多物种——如鱼类和两栖类，它们的繁殖基地也依赖于这些湿地系统。另外，湿地还能过滤污染物、固定土壤和沉积物、抵御波浪侵蚀。

人类对五大湖及其沿岸生态系统提出的要求太多：降低城市和工业污染、消散发电厂的热污染、提供市政饮用水和灌溉水，还要维持独特的多样化生态系统——包括开阔湖区水域、沿岸湖滨湿地、湖积平原（旧湖床）、内陆湿地和土地（森林、草原和荒原中的高地）。

土地利用、人类活动及其影响

图19.29展示了五大湖盆地的土地利用情况。大约10%的美国人口和25%的加拿大人口生活在五大湖区流域。主要农业区和许多工业中心也环五大湖分布。五大湖区的8个州在农业、造纸业、渔业、交通运输业和旅游业等方面，每年的经济总收入达180亿美元。

不同的经济活动对湖泊系统产生了不同的影响。农业排水中的化学物质、营养成分和土壤颗粒影响着湖泊水域及其沿岸周围的水生生态系统。造纸业是污染大户，但是随着污染危害意识的提高，污染防治得到了改进。例如，20世纪70年代的汞污染已得到了遏制，废物处理也采取了更好的措施进行管理。从森林绿化的角度看，人们有时以不可持续的方式对待森林，目前盆地内的森林资源正在萎缩。尽管森林恢复工作推进缓慢，但仍在进展。

伊利湖是五大湖中第一个出现严重人为富营养化的湖泊，它是五大湖中深度最浅、温度最高的湖泊。居住于伊利湖流域的人口约占五大湖盆地总人口的1/3，这使得它成为了接受污水排放的主要场所。多年来，由于污水排放和藻类腐烂，造成湖水生化需氧量增加、溶解氧下降，使湖泊形成了缺氧死亡带。在富营养条件下，该湖泊中的藻类大量繁殖，覆盖了湖滩，湖面变为棕绿色。20世纪50～60年代，被油类污染的凯霍加河水，流经美国俄亥俄州克利夫兰，最后流入伊利湖；沿途河面还发生了几次火灾，其中1969年的火灾引起了公众舆论，人们要求政府采取行动。

20世纪70年代，环境限制法规的实施使排入伊利湖的总磷减少了90%，死亡带逐渐缩小。然而，20世纪90年代，经确认伊利湖又出现了一个显著的死亡带，科学家正在探索死亡带重现的成因。为此科学家提出了猜想：外来物种——斑马贻贝和斑驴贻贝，它们使湖底的缺氧状况复杂化；正如本书第7章所述，气候变化会对湖水成层的影响，气候温暖化迫使湖水成层的时间延长，造成湖底冷水层的隔离时间每年延长几周。

湖泊成层对缺氧死亡带的形成具有重要作用。夏季，与大多数湖泊一样，五大湖的表层水温变暖、湖水密度减小，而冷水在湖底聚集形成冷水层。这时，冷、暖水层之间几乎不发生混合，基于营养物和光照透射的原因，顶层湖水的生产力很高。

通常，秋末来临之际，湖泊表层水冷却下沉，深层水被置换上升，湖水翻转。至隆冬，从湖面至湖底，水温均匀地维持在4℃左右，这时水的密度最大，表层水温接近冰点。然而这种状况正在改变。

总的来说，伴随气候变化，五大湖在变暖。2007年7月，苏必利尔湖的表层水温达到23.9℃。2010年8月，该湖的水温高于正常水温8℃，而密歇根湖是4℃，两者都创造了新纪录。科学家正在分析，温度上升对湖泊生态系统和湖水成层的影响，其中湖水成层会中断正常情况下的湖水翻转——湖水垂直混合。

水生生态系统及其恢复

与其他水生生态系统一样，五大湖是该地区食物链中生产者和消费者的支柱。人类对本地鱼类种群的作用体现在：过度捕捞、外来物种引入、水体富营养化污染、有毒污染物排放及产卵地破坏。自19世纪80年代开始，商业捕捞进入高峰期，并一直延续至20世纪60年代或70年代初期；这时五大湖的污染达到了高峰，而渔业产量却下降至最低水平。

20世纪70年代，美国开始禁止使用诸如多氯联苯（polychlorinated biphenyl，PCBs）和双对氯苯基三氯乙烷（Dichloro diphenyltrichloroe thane，DDT，别名滴滴涕）等有毒化学物质。但是，过去积累的有毒物质在湖泊沉积物和生物体中仍有残留，这些残留物质经过生物放大作用，移向食物链顶端。就五大湖而言，科学家报告指出：在浮游植物、银虹、灰鳟鱼，甚至在高营养级动物体内——如银鸥的蛋壳中，都发现有多氯联苯。

1972年，加拿大和美国签署了《the Great Lakes Water Quality Agreement》，水污染清理正在进行。政府开始强力推进“污染控制计划”的实施，并且联合公民、企业和私营机构共同行动。这些努力使得五大湖中的多氯联苯和DDT浓度不断下降，直到1990年下降速率趋于平缓。现在，人们开始恢复捕捞灰鳟鱼（苏必利尔湖）、鲟鱼、鲱鱼、银白鱼、灰西鲱、加拿大鳟、黄鲈、鼓眼鱼和白鲈。但健康公告偶尔也会警告人们不要食用有问题的鱼类，如对鱼的种类、大小及分布地点进行说明。

采取生态系统方式管理五大湖盆地是生态恢复的关键。这种方法整体考虑了系统中的物理、化学和生物成分。2010年，美国政府拨款4.75亿美元作为五大湖恢复计划的基金。这是五大湖20年来从联邦政府获得的最大投资。它的初步目标是治理五大湖的最大威胁——物种入侵、水体和沉积物的污染。优先区域包括恢复中的湿地及一些重要的栖息地（http://greatlakesrestoration.us/）。

关于五大湖生态系统的更多信息，见加拿大五大湖环境部门的主页（http://www.on.ec.gc.ca/greatlakes/）；美国国家海洋与大气管理局大湖研究实验室网址（见，http://www.glerl.noaa.gov/）；其他信息，参见http://www. seagrant.wisc.edu/outreach/。

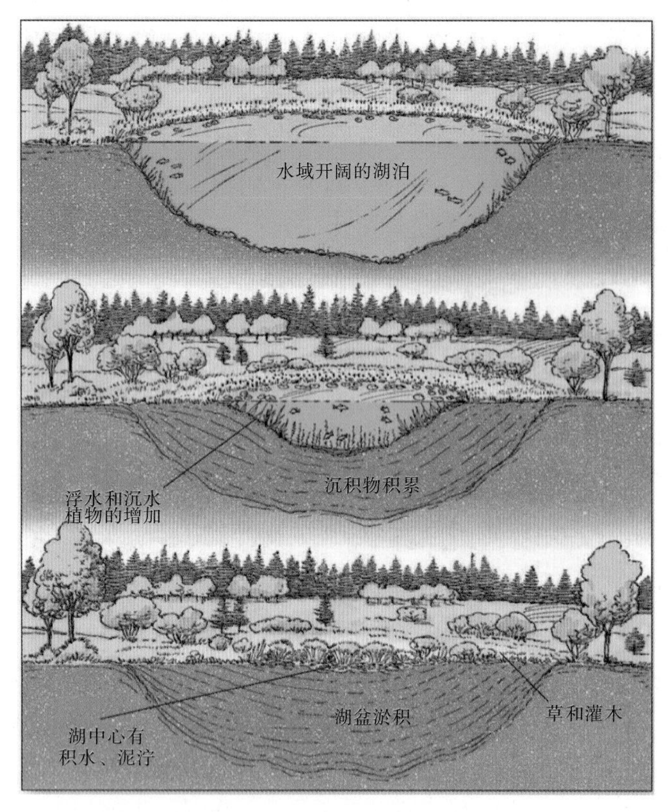

（a）湖泊被有机和无机沉积物逐渐填充，水域面积渐渐缩小；先是形成泥沼，然后是沼泽，最终形成草甸而完成了整个演替

（b）美国印第安纳州的米尔湖

（c）在高山湖泊的演替进程中，有机物含量不断增加

（d）美国加利福尼亚州的里士满（Richmond）自然公园及其露露（Lulu）岛沼泽，它们在8 000年前还是海洋的一部分；弗雷泽河流沉积物形成的滩涂，它为苔藓沼泽的进化奠定了基础；这种沼泽是酸性土壤，步行其上有“震动”感觉；沼泽植物包括：苔藓、滨松、铁杉、蓝莓、沙巴灌木和拉布拉多茶树等

图19.30　湖泊–沼泽–草甸在温和气候条件下的理想化演替模式

[Bobbé Christopherson]

地学报告19.4　湖泊—沼泽演替的另一种模式

研究发现，冰川消失区存在一种与上述湖泊–沼泽演替相反的演替模式。研究指出：人们对水生生态系统演替的认识还远远不够。科学家们对阿拉斯加冰川湾地区的湖泊进行了考察，发现水体呈酸性，有淡化趋势，不具生产力。换句话来说，在过去的1万年来，湖水营养贫瘠。湖泊周围植被和土壤的演替，似乎也与水生生态系统有关。这些研究表明：在凉爽、湿润或温暖雨林等不同气候条件下，冰川退缩景观中的湖泊演替过程也不相同。

春、夏季的高温及融雪季节的提前，导致美国西部野火季节的持续时间不断延长，野火的强度增强……。在这里说明：20世纪80年代中叶大规模的野火活动突然显著增强，大规模野火的发生频率增高。野火的持续时间延长，野火季节更久……，这与春夏气温升高和春季融雪期提前密切相关*。

19.4.5 水生演替

生态系统存在于水域和陆地。湖泊、河口、池塘和海岸线是复合生态系统。刚才讲过的概念——稳定性和恢复能力、生物多样性、群落演替等，同样也适用于开阔水域、海岸线和流域系统。

专题探讨19.1对北美五大湖的生态系统进行了探讨。它们是全球最大的湖泊系统，由美国和加拿大共同管理。

纵观整个地质时期，湖泊或池塘实际上是一种短暂景观。但湖泊和池塘也有演替阶段，水中堆积的营养物和沉积物，可为水生植物的定植和生长奠定基础。这些植物的生长会获取更多的沉积物，使有机碎屑添加到这个系统中（图19.30）。水体中营养物的这种富集过程，叫作**富营养化**（Eutrophication，源自希腊语：*Eutrophos*，意为“营养丰富”）。

潮湿气候条件下，漂浮毡状植被层向湖岸外围延伸，形成沼泽。香蒲等沼泽植物形成湖岸植被，植物死亡后，其部分分解为有机物并堆积于湖盆内；而新增植被环绕残余湖面形成水域边界。植被、土壤和草甸不断地置换湖水，直至填满整个湖盆；之后，柳树或棉白杨树等接踵而至，最终使湖泊演变成森林群落。

湖泊的演替阶段以其营养水平来命名：贫营养型（Oligotrophic）、中营养型（Mesotrophic）和富营养型（Eutrophic）。如果湖泊初级生产力偏高，湖水透明度就会偏低，从而导致光合作用聚集于水面附近。湖泊在富营养型阶段，能量流从光合生产过程到呼吸过程都发生了改变，这一阶段湖水需氧量超过氧气供给。

湖泊营养水平在空间上分异很大：贫营养状况出现于深水区，而富营养状况出现于湖岸、浅湾区，有时还出现于排污渠、农田排水等营养物排放区域附近。即使是大型水体的沿岸区域也会出现富营养化。当人们把污水、农业废水及污染物倾倒于水中之后，水体的营养负荷就会超过生物过程的自然净化能力。其结果是造成了人为富营养化（cultural eutrophication），从而加快了水生生态系统的演替进程。

地表系统链接

地球生物圈是由生物和非生物成分构成的具有显著功能的一个整体，包含大约1 360万个物种的相互作用和相互关联。植物通过光合作用获取太阳能，太阳能由此进入到巨大的食物网（能量和营养）。地球上的生命进化形成了具有生物多样性结构特征的生物体、生物群落和生态系统。这些多样性似乎使它们变得更强壮、更有恢复力。下一章，我们将目光转向生物群系，并综合第2章～第19章的内容，共同描绘我们的地球画像。

* Westerling A L, Hidalgo H G, Cayan D R, et al. 2006. Warming and Earlier Spring Increase Western U. S. Forest Wildfire Activity [J]. Science, 313, 5789 (August, 18) : 940–943.

19.5　总结与复习

■　**掌握生态学、生物地理学和生态系统的概念。**

地球生物圈在太阳系中是独一无二的；**生态系统**是生命依存的根本。生态系统是活体动植物及其非生物自然环境自我维持的集合体。**生态学**是研究生物圈中生物体与其周围环境及生态系统之间相互作用的学科。

生物地理学是研究动植物分布及其形成的各种空间模式。生物地理学家跨年代追溯生物群落，探索板块构造和古动植物的扩散途径。

生态系统（637页）
生态学（637页）
生物地理学（637页）

1. 生物圈和生态系统之间的关系是什么？叙述生态系统的定义，举出一些例子。

2. 生物地理学包括哪些内容？描述它与生态学的关系。

3. 生态系统从哪些方面体现了生命的复杂性？简要概述。

■　**说明什么是群落、生境和生态位。**

群落是特定时间内由相互作用的动植物种群构成的。**生境**是指群落内部某个生物体的具体物理位置——地址。**生态位**是指某一生活型的生物在某个特定群落中的功能或作用——生活型的职能。

群落（638页）
生境（639页）
生态位（639页）

4. 在某个生态系统内给某一群落下一个定义。

5. 什么是生境和生态位？它们与具体的动植物群落有什么联系？

6. 描述自然界中的共生关系和寄生关系。请将这种关系与人类社会做个类比，并予以解释。

■　**解释光合作用、呼吸作用、净光合作用，阐述净初级生产力的世界分布模式。**

伴随植物进化，**维管植物**发育出了输导组织。叶片背面的**气孔**成为了植物与水圈、大气圈之间相互联系的出入通道。植物（初级生产者）进行**光合作用**，这是阳光对**叶绿素**（光敏色素）的激发过程。这个过程制造糖分和氧气，为生物过程提供动力。**呼吸作用**其实就是光合作用的逆过程，即植物通过氧化碳水化合物获得能量的方式。**净初级生产力**是整个群落的净光合作用（光合作用固定的能量减去呼吸消耗的能量）。植物中储存的化学能，就是群落生产的**生物量**，或称生物干物质净重。

维管植物（641页）
气孔（641页）
光合作用（641页）
叶绿素（642页）
呼吸作用（642页）
净初级生产力（643页）
生物量（643页）

7. 给出维管植物的定义。地球上植物物种有多少？

8. 植物是太阳能和生物体之间的连接桥梁，它是怎样发挥这种桥梁作用的？植物光感应细胞中能够形成什么物质？

9. 比较光合作用、呼吸作用和净光合作用（光合作用减去呼吸作用）的概念。生态系统的净初级生产力和生物量积累的重要意义是什么？

10. 简述净初级生产力的全球分布模式。

■　**说明非生物成分在生态系统中的作用，解释生态系统中的营养关系。**

光、温度、水、气体和矿物养分循环，构成了生态系统中支撑生命活动的非生物成分。纬度位置和海拔使地球上的自然环境千差万别。植物随海拔产生的分带，叫作**生物带**，当你穿行于不同海拔之间时，可以看到这种现象。

生命活动依靠**生物地球化学循环**得以维持。生物体就是通过这种循环，从气体和沉积物（矿物养分）中获取其生长和发育的必需物质。环境因子水平的不足或过量，都会抑制生命活动；这些**限制因子**可能是物理因子，也可能是化学因子。

营养级是指一个生态系统中营养供给关系。它代表着能量流和矿物养分循环。**生产者**是指从CO_2中固定自身所需碳量的植物，包括水生生态系统中的浮游植物。**消费者**一般是指动物，包括水生生态系统中的浮游动物，它们依赖于生产者提供碳源。能量流从生产者开始，沿**食物链**流动，贯穿于整个生态系统。生态系统内部的供养关系很复杂，由相互连接的食物链构成了一个复杂**食物网**。

初级消费者是**食草动物**（或称植食者）。**食肉动物**是次级消费者。**杂食动物**是指既摄取生产者也捕食其他消费者的动物——如人类。**食腐动物**是指食碎屑动物和分解者，它们分解有机物，释放简单的无机化合物和矿物养分。食碎屑动物处理碎屑物质，如蠕虫、螨虫、白蚁、蜈蚣等。**分解者**是指细菌和真菌，它们对体外的有机碎屑进行消化和吸收，即分解碎屑物的腐烂过程。在一个生态系统中，生产者、消费者和分解者之间的作用特征，可以通过生物量和种群数量金字塔来表示。

生物带（645页）
生物地球化学循环（647页）
限制因子（650页）
生产者（652页）
消费者（652页）
食物链（652页）
食物网（652页）
食草动物（652页）
食肉动物（652页）
杂食动物（652页）
食腐生物（652页）
分解者（652页）

11. 在陆地生态系统中，有哪些主要非生物成分？

12. 亚历山大·冯·洪堡为何提出生物带的概念？他发现了什么？什么是生物带？解释纬度、海拔与群落类型之间的相互关系。

13. 什么是生物地球化学循环？描述几种重要的循环。

14. 何谓限制因子？它们怎样控制动植物物种的空间分布？

15. 生产者和消费者在生态系统中的作用是什么？

16. 描述生态系统中生产者、消费者和食腐动物之间的关系。什么是生态系统中的营养级？人类在营养系统中处于什么位置？

17. 什么是生物量金字塔？它与食物链有何关联？

■ **阐述生物进化与生物多样性的联系。**

生物多样性（Biodiversity，是Biological和Diversity两个单词的组合），包括物种数目和物种数量、种内遗传多样性（基因特征数目）、生态系统和生境的多样性。生物多样性不仅具有较强的稳定性和恢复能力，同时还具有较高的生产力。现代农业中常常涉及的是非多样性的单一作物，所以很容易遭到破坏。

进化是指单细胞生物体不断地适应、改进，并经过遗传变异，形成多细胞生物体的过程。生物体的基因组成，连续几代就会被有利于存活和繁殖率的环境因子、生理功能和行为而重新塑造，进而能在自然选择中获得优势。

生物多样性（656页）
进化（656页）

18. 为什么生物多样性是高效稳定和可持续的生态系统，列举其中原因。

19. 回顾专题探讨1.1，给出科学方法和科学理论的定义，阐述理论发展的阶段进程。

20. 生态系统稳定性的含义是什么？

21. 对于群落和生物多样性，我们从草原生态系统中学到了什么？

■ **掌握生物演替的定义，概述陆地生态系统与水生生态系统各阶段的生态演替特征。**

生态演替是指旧的动植物群落被新群落所取代的过程，新群落通常更为复杂。在过去的冰期和间冰期气候事件期间，经历过长期的演替过程。**原生演替**发生于没有原始群落痕迹的裸岩和地表。在早期演替阶段，最初占领的群落称作**先锋群落**。**次生演替**发生在具有先前群落功能的场所。生态系统运行是一种动态过程，即演替群落在时空上存在相互重叠，并不是演替进展顺利就可达到限定的稳定状态。

野火是干扰群落演替的外部因子之一。**火生态学**，致力于研究火因子对生态系统维护和演替的自然作用。水生生态系统也发生着群落演替，如湖泊生态系统的富营养化。

生态演替（659页）
原生演替（661页）
先锋群落（661页）
次生演替（661页）
火生态学（661页）

22. 生态演替过程是怎样进行的？当前群落、新群落和先锋群落之间是什么关系？

23. 评价气候变化对自然群落和自然生态系统的影响。比如：气候变化对物种分布（见当今地表系统）或对美国西部野火状况的影响。

24. 联系1988年黄石公园野火，讨论火生态学概念。当时政府专门调查组对其得出的结果是什么？

25. 城市化向荒野扩张，这与野火风险增加有何联系？

26. 概述水体生态演替的过程。什么是人为富营养化？

掌握地理学

访问https://mlm.pearson.com/northamerica/masteringgeography/，它提供的资源包括：数字动画、卫星运行轨道、自学测验、抽题卡、可视词汇表、案例研究、职业链接、教材参考地图、RSS订阅和地表系统电子书；还有许多地理网站链接和丰富有趣的网络资源，可为本章学习提供有力的辅助支撑。

在苏格兰外赫布里底群岛上，一座废墟正在经历着生态风化过程；它曾经是明古莱岛上的一栋房屋，有围墙和花园。［Bobbé Christopherson］

第20章　陆地生物群系

在美国威斯康星州中部，一场暴风雪把一个农场中的落叶阔叶混交林的树叶全部吹落。想象一下：7月份这里曾是树木枝繁叶茂，田野间一片收获的情景。[Bobbé Christopherson]

重点概念

阅读完本章，你应该能够：

- **描述**动植物生物地理大区的概念，**详述**生态过渡带和陆地生态系统的定义。
- **详述**生物群系的定义，**举例**说明植物形态类别是群系内植物群落的基础。
- **阐述**本地物种与外来物种之间的区别，**举例**详述外来物种对群落的威胁。
- **叙述**10个主要陆地生物群系，并在世界地图上找到它们的分布位置。
- **结合**几个生物群系实例，**阐述**人类对它们造成的现实及潜在影响。

当今地表系统

特里斯坦-达库尼亚群岛的物种入侵

本书第6章讲述了一起意外事故：南大西洋中，一个被拖移的石油钻井平台在失去控制后随洋流漂移，最后这个漂流物（巴西国家石油公司的XXI钻机）搁浅在南大西洋特里斯坦-达库尼亚群岛的Trypot湾内，见第6章中特里斯坦岛及钻井平台的照片。

当人们登上搁浅的钻井平台对厨房、食堂和生活区进行检查时，发现了遗留下来的各种食物，但没有发现啮齿动物或陆地物种。在钻井平台被拖拽搬运之前，物主并没有对钻井平台进行清理，因此钻井平台水下部分附着有62种外来海洋物种，这些外来物种构成了一个完整的热带珊瑚礁群落。钻井平台携带着这一群落在大洋中漂流，这为科学家们评估生物潜在入侵提供了一次难得的机会。

物种入侵会对生物多样性造成破坏，尤其是对于被隔离的岛屿生态系统（图20.1）。若外来物种在资源竞争方面战胜了本地物种，那它就变成了物种入侵；同时，外来物种还可能给本地生态系统带来新的捕食者、致病菌或寄生物。

为此，科学家曾无数次地潜入水底，对到达特里斯坦-达库尼亚群岛的外来物种进行调查。科学家对这些入侵物种的潜在风险建立了一个四级评价体系：运输途中死亡的物种——无威胁物种；仅仅附着于钻井平台之上的物种——低威胁物种；钻井平台上可能扩散的物种——中等威胁物种；通过物种繁衍、入侵潜力很强的物种——最高威胁物种（四级）。运输途中死亡的珊瑚，其骨骼为小型动物提供了小型栖息地，如小螃蟹、蠕虫、片脚类及其他甲壳类动物等。此外，石油钻井平台还给这里留下了藤壶壳、小海绵、棕色贻贝和海胆（图20.2）。

（a）天然健康的褐藻森林及其海洋生态系统

（b）岩龙虾是本地物种，通过精心培育可以成为有经济价值的出口产品

图20.1　特里斯坦-达库尼亚群岛的离岸海洋环境
[Sue Scott]

人类第一次知道：在钻井平台漂流过程中，还有伴游来到这里的鳍鱼类，其中银鲷鱼和变色跳岩鳚对本地群落威胁最大。跳岩鳚的繁殖倍增期为15个月；仅在钻井周围的鲷鱼数目就有60多条。此外，人们还发现了瓷蟹类及一个藤壶科（藤壶类）的物种，这两者也被评估为四级入侵物种。

如果搬运钻井平台之前，石油公司在巴西就对钻机平台进行清洗，其花费成本是微不足道的；然而，实际情况是2007年钻井平

（a）珊瑚骨骼和死藤壶壳为其他非本地物种提供的微生境

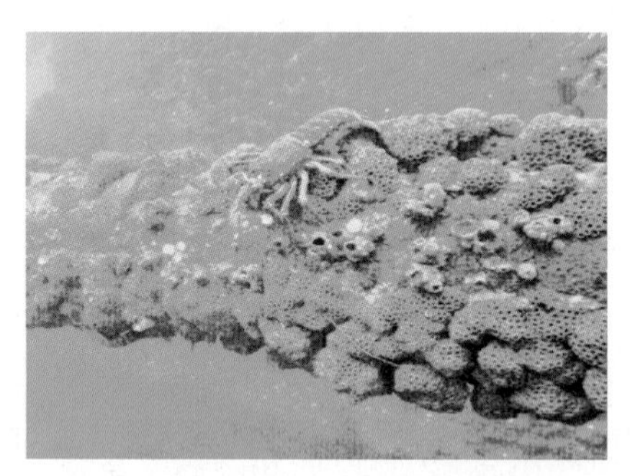

（b）本地物种岩龙虾正在对钻井平台支架及其附着生物体进行侦查

图20.2　石油钻井平台水下部分附着的外来物种
[Sue Scoot]

台被拖至很远的深海海域并加以沉没处理，所花费的成本高达2 000万美元。钻井平台原定的目的地是远东地区新加坡的一个暖水海域，那里的环境与巴西更相近，物种入侵的潜在风险更高。

科研小组声称："研究结果表明，跨越生物地理边界转移遭受生物污染的构筑物，为海洋物种多样性的入侵提供了一个绝好机会"*。对于特里斯坦地区来说，残存下来的外来物种是否会对水生生态环境造成入侵，将来可能产生哪些影响？目前评价还为时太早。特里斯坦的人口仅298人，居民的生计依赖于小型渔业及岩龙虾（一种小龙虾）的出口，物种入侵极有可能毁灭当地的经济。

* Wanless R M, Scott S, Sauer W, et al. 2009. Semi-submersible rigs: a vector transporting entire marine communities around the world[J]. Biological Invasions, 10.1007/s（November, 29）: 9666.

1874年，人们仍认为人类生产活动几乎不受地球环境的限制。但美国外交家兼保护主义者乔治·珀金斯·马尔斯（G.P.Marsh）眼光长远，他已意识到需要对环境进行管理和保护，1874年他在《The Earth as Modified by Human Action》一书中指出：

> 我们现在到处大肆砍伐森林，甚至一些非常偏远的地区也不例外。让我们把当前物质生活中的这种行为恢复到正常比例，并寻找一种方法，使森林、农田、牧场、草地等与滋润大地的降水、雨露、溪水及河流之间维持一种永久和谐关系。*

* Marsh G P. 1874. Physical Geography as Modified by Human Action[M]. New York: Scribner's.

遗憾的是，人们并未重视他的警告。滥伐森林也许是人类对地球最根本的改变。文明的发展和扩张是建立在对森林及其他自然资源消耗的基础之上的。地球上，物理、化学和生物系统的自然过程每年可为全球创造35万亿美元的经济价值。

现在，我们已意识到地球自然系统对人类活动的确具有限制作用。科学家们正在仔细地观测生态系统，并通过复杂的计算机模型对人类进化的环境进行实时模拟，尤其是对环境因子转变模式的模拟（气温和无霜期的变化、降水时间和降水量、空气、水、土壤化学性质、营养物的再分配）。

马尔斯的论断发表距今已有一百多年。如今，人类活动已成为了地球上最具影响力的生物因子，人类对各种尺度的生态系统都有影响。如果再过一百年，地球的环境状况会怎样呢？

在本章中：将探讨地球上的主要生态系统。方便起见，本章将它们归纳为10个生物群系（Biome）。每个生物群系其实都只是一个理想化的集合体，因为自然环境在不断地发生着重大改变。本章讨论中还涉及生物群系的外观、结构及其分布位置，动植物及其相关环境的现状和生物多样性的状态。表20.1对地球自然系统的大部分特征进行了总结，这些内容将在本章逐一呈现。此外，本章还将通过生物群系对区域性的和地方性的自然地理特征进行综合分析。

20.1 生物地理大区

地球生物圈可以基于类似的动植物群落集合体来划分。图20.3是地球上生物地理大区分布图，由这个分布图可知：世界范围内的植物大区与传统的动物大区通常相互重叠。每个生物地理大区包含很多独特的生态系统，使之不同于其他生物地理大区，其中每个生态系统又包含许多生物群落。

生物地理大区（biogeographic realm）是指动植物物种群组进化的地理分布区。正如你在分布图中看到的一样，这些地理大区通常与大陆分布相对应。物种分布受气候和地形屏障的限制，其中海洋是隔离地理大区的主要地形因子。生物地理学（Biogeography）作为一门学科，它的早期起点就是识别那些广义上相互类似的动物群和植物群所在的不同分布区。

图20.4 澳大利亚是一个独特的地理大区

注：澳大利亚的动植物区系构成了一个特殊的群落集合体；图中是一只西部灰袋鼠，它正站立在干涸河流旁的桉树和草丛中。[A.Held/www.agefotostock.com]

澳大利亚的地理大区非常独特。该大区桉属（*Eucalyptus*）植物多达450个物种，有袋类动物有125个物种——如袋鼠，这种动物把幼仔放入育儿袋中，育儿袋是小袋鼠哺乳的地方（图20.4）。此外，这一地理大区因单孔类动物的存在——卵生哺乳动物（如鸭嘴兽）而独特性更为突出。澳大利亚独特的动植物区系是它早期隔离于其他大陆的结果。在生物进化的关键时期，澳大利亚脱离了泛大陆（见第11章），即使在冰期的海面下降期间也未能通过陆桥方式与泛大陆相互连通。然

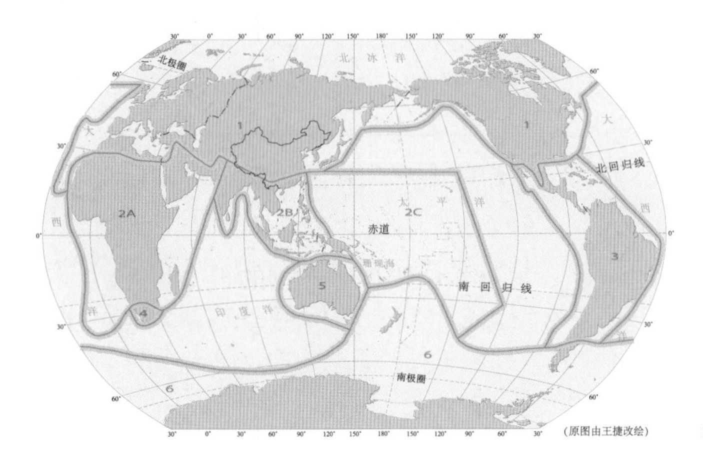

1 北方针叶林
2A 古热带区–非洲
2B 古热带区–印度–马来西亚
2C 古热带区–波利尼西亚
3 新热带区
4 南非区
5 澳大利亚区
6 南极区

图20.3 生物地理大区分布图

注：基于植物大区大致划分的生物地理大区。

而，与澳大利亚相邻却被海洋隔开的新西兰，由于地理位置相对封闭而没有有袋类动物。

20.1.1　过渡地带

阿尔弗雷德·华莱士（Alfred Wallace，1823—1913年）是世界上第一个动物地理学（Zoogeography）学者，他依据印度尼西亚群岛现代动物物种的显著差别，在古热带大区与澳大利亚大区之间划分了一条分界线（图20.3）。他认为深水海峡完全阻断了物种交换，但他后来认识到所谓的边界线实际是一条宽阔的过渡带，即一个地区向另一个地区逐渐过渡的地带。自然系统之间的界线是一个“具有共同特征的地带”，虽然每个生物地理大区与我们讨论的生物群系有显著差异，但是我们应当把这些边界看作由混合物种组成的过渡带，而不是严格定义上的一条边界线。

生态过渡带（Ecotone）是指相邻生态系统之间的边界过渡带。由于生态过渡带是由不同自然因子确定的，所以它们的宽度大小不一，即它们是一个过渡带，而不是一条分割线。不同气候条件分隔开来的相邻生态系统之间通常具有渐变过渡带。然而，对于那些由土壤差异或地形屏障分隔开来的生态系统，它们之间则可能会形成突兀的边界。例如，由滑坡形成的边界过渡带就很突兀，而北美大草原（Prairie）与北方森林之间的生态过渡带，其宽度则达数千米。

与过渡带两侧的群落相比，过渡带内群落环境的变化使得区域内的生物多样性更丰富、种群密度更高。科学家已经确定了过渡带内一些动植物物种对生境变化的耐受范围，这些“边缘”物种往往在过渡带两侧的生境中都能生存。人类影响造成的生态系统破碎化正在使地表景观中的生态过渡带数量越来越多。虽然各个层次的生态系统对气候变化都会做出响应，但生态过渡带的敏感性可能会使它们自身变得更脆弱。

20.1.2　陆地生态系统

陆地生态系统（Terrestrial Ecosystem）

地学报告20.1　大型海洋生态系统的命名与沿岸海域管理

与陆地生态系统一样，淡水和海水中的水生生态系统同样也受到了人类活动的严重影响。尤其是沿岸海域，过度的水产捕捞、海水污染和生境退化导致生态系统持续恶化。对于水生物种的消失（如大西洋乔治沙洲黄金渔场中的鲱鱼）和全球渔获量的整体下降，人类迫切需要通过生态系统方法来认识和管理这些国际海域，而这也正是每个大型海洋生态系统（large marine ecosystem，LMEs）项目的研究目标（见https://celebrating200years.noaa.gov/breakthroughs/ecosystems/welcome.html）。

每一个LMEs就是一个独立海域，它们是具有独特生物、海底地形、洋流和富含营养物的上升环流海域，或是海洋生物重要的捕食海域（包括人类渔业）。当前，全球范围内被确定的LMEs有62个，每个面积都在20万km^{2}以上。例如，已确认的LMEs包括：阿拉斯加湾、加利福尼亚洋流区、墨西哥湾、北美东北大陆架、波罗的海和地中海。各国政府在许多LMEs内部设立了保护区。比如：加利福尼亚海流LEMs中的蒙特里海湾国家海洋保护区、墨西哥湾内LEMs中的佛罗里达群岛海洋保护区（见http://sanctuaries.NOAA.gov/）。

是指由陆生植物和动物及其非生物环境构成的一个能够自我维持的群丛，其特征是具有特定的植物构成类别。植物是生物景观中最显著的组成部分，也是陆地生态系统中最关键的组分。在生态系统的成长、结构和分布中，植物能够反映地球自然系统的状况，包括系统的能量模式、大气组成、气温和风、气团、水质水量及其季节变化、土壤、区域气候、地貌过程及生态系统动态。

植物结构分类依据的是植物的具体特征。植物生活型（Life-form）是以植物个体的外在自然特征或植被的一般形态及结构来命名的。植物生活型包括：

- 乔木（Tree）：有主干的大型木本植物，为多年生植物，高度通常超过3m；
- 藤本植物（Liana）：木质攀缘植物和藤蔓植物；
- 灌木（Shrub）：小型木本植物，茎干在近地面产生分支；
- 草本植物（Herb）：没有木质茎的小型植物，包括草及其他无木质维管的植物；
- 苔藓植物（Bryophyte）：不开花，通过孢子繁殖的植物，包括藓类和苔类；
- 附生植物（Epiphyte）：离开地面，附生于其他植物之上的植物，借助其他植物作为支撑条件；
- 原植体植物（Thallophyte）：缺少真正的叶子、茎或根，包括细菌、真菌、藻类和地衣。

生物群系（Biome）是指一个具有自身优势植物种类和植被结构、大而稳定的陆地生态系统。每个生物群系通常以其优势植被或**植物形态类别**（formation class）来命名，因为这是生物群系中最易识别的单一特征。我们把全球纷繁的植物物种归纳为6大类：森林、稀树草原、草原、灌丛、荒漠和苔原。对于各大类植物，还可以进一步划分为更具体的植物形态类别，如森林可以再划分为雨林、针叶林、阔叶林和季节林。这就引出了本章将要讨论的10个全球陆地生物群系：热带雨林、热带季雨林和灌丛、热带稀树草原、中纬度阔叶林和混交林、针叶林和山地林、温带雨林、地中海灌木林、中纬度草原、荒漠、北极苔原和高山苔原。

由于植物的分布是对环境条件的响应，并能反映气候和土壤的变化，所以第10章中的世界气候图（图10.8）对本章学习很有帮助。尽管生物群系这一概念是从陆地生态系统发展来的，但同样也可以应用于水生生态系统，即极地海洋、温带海洋、热带海洋、海底、海岸线和珊瑚礁群系。

入侵物种 我们讨论的生物群系所涉及的物种都是本地物种，也就是说它们的存在是自然演化的结果。如前所述，这些物种能否栖息于某一区域，取决于它们的进化和自然因素。生物群落、生态系统和生物群系都可能受到非本地物种的影响，而这些非本地物种是人类从其他地方无意或有意引入的，因而被称作外来物种（exotic species）或外来种（Aliens）。当它们进入新的生态系统中之后，其中一些物种因具有破坏性而成为**入侵物种**（invasive species）。

入侵的物种能够接替并占领本地物种的生态位。就一个群落而言，外来物种侵占本地物种所占领的生态位，其失败率大约为90%；只有10%的外来物种能够成功，它们能够改变群落动态并导致本地物种衰退。典型例子有：南、北美洲的非洲“杀人蜂”；关岛的棕树蛇；五大湖地区的葛藤、斑马贻贝和斑驴贻贝；遍及全球温带地区和热带山区的（图20.5）一种常见的多刺常绿

（a）美国华盛顿州瓦洛瓦（Wallowa）的一块告示牌上，列出了边界上的有害杂草名称（常常是有问题的非本土物种），用来唤起当地人的警觉；告示牌写着（译注）："防止杂草入侵；协助瓦洛瓦控制有害杂草/短瓣千屈菜，白瓶子草，荆豆，黑矢车菊—斑点状散播，阔叶大戟，艾菊千里光，苏格兰蓟，粉苞苣"

（b）在美国印第安纳州沙丘湖滨国家公园及密歇根湖附近，入侵植物短瓣千屈菜（近景和左侧中部）

（d）常见荆豆（开黄花的灌木）作为草场隔离带的一种植物，如今也在福克兰岛西点地区生长泛滥

（c）葛藤（Kudzu）最初作为牛饲料从宾夕法尼亚州引入，如今葛藤在美国佐治亚州西部的草地和森林中蔓延开了

（e）斑马贻贝覆盖了五大湖的大部分硬质湖底，它们在淡水环境中能够迅速占领各种地表，包括沙质表面

图20.5　外来物种

[（a）～（d）Bobbé Christopherson；（e）Gordon MacSkimming/age footstock]

灌木——荆豆（*Ulex europaeus*）。关于入侵物种的防治管理，见http://invasions.io.utk.edu/bio_invasions/index.html或http://www.Invasivespecies.gov/。

另一个物种入侵例子是19世纪从欧洲引入的千屈菜（*Lythrum salicaria*）。这是一种观赏植物，同时也具有一定的药用价值。千屈菜种子可能是通过压舱土带到船上的，使这种耐寒的多年生植物从耕地扩散出来，入侵到湿地，进而遍及美国和加拿大的东部地区。它们还穿越美国中西部的北部地区，到达加拿大不列颠哥伦比亚省温哥华岛最西端，替代了野生动物赖以生存的本地植物。这种植物的特性是花期延长、种子产量高，同时可以通过地下茎蔓延繁殖，因此一旦入侵就容易形成密集成片的均一群落[图20.5（b）]。

从大空间尺度上看，物种入侵可以改变整个生物群系的动态。例如，美国加利福尼亚州南部的地中海灌木林，本地植被已适应时常发生的野火，可是外来物种的出现却改变了该群落的演替过程。因为外来物种常常在火烧过的地方生长得比本地物种更快，这使得林下灌丛更茂密，并为日趋频繁的野火提供了更多的薪材，由于本地植被只能适应并不多见的以30～150年为周期的野火，因此频繁的野火使得本地物种处于竞争劣势。科学家已证明这些灌木林区域向草原转变的原因，正是频繁野火。

在美国和加拿大，人类正在探求一种新

型陆地植物群落，这是一种介于草地和森林之间的过渡群落(transition community)，即通过大规模中断和干扰所产生的人为演替阶段：种植非本地树木和草坪，然后施肥、浇水，投入资金来维持这种人工改造的群落；继续维持这种已被过度干扰的群落，即引入放牧的畜群、种植农作物；如果消除人类影响，这些土地上的植被到底能否恢复到自然原始状态。

现在，让我们来一次地球生物群系之旅！请牢记，这是对本书已学过的大气圈、水圈、岩石圈和生物圈知识的综合。它们在这里相互结合，共同发挥着作用。

20.2　陆地主要生物群系

目前，动植物自然群落已几乎不存在了，大多数生物群系因为人类的介入也发生了巨大改变。因此，生物群系分布图上分布的许多“自然植被”，其实反映的是潜在理想化的（ideal potential）成熟植被，体现的是区域环境特征。例如，挪威原来的针叶林和山地林，如今已变成了由次生林、再次生林和农田构成的交错混合景观（图20.6）。这些理想状态是讨论自然生态过程和人类影响程度的基础。

图20.6　人类改造的针叶林景观

注：挪威乡村地区的林地和农场，原为针叶林地区。[Bobbé Christopherson]

通过图20.7来了解一下全球陆地主要生物群系的分布。表20.1对分布图上的生物群系及书中相关信息进行了逐一概括。

20.2.1　热带雨林

地球赤道地区被一条茂盛的生物群系带所环绕，即**热带雨林**(tropical rain forest)。这里的气候特征：全年昼夜平分、日射量大、年均气温25℃左右，且水汽丰沛。这种气候条件下，这里的动植物种群最能体现地球上的生物多样性。

亚马孙地区是世界上最大的热带雨林分布区（又称，Selva）。此外，热带雨林还分布于非洲、印度尼西亚赤道附近地区，马达加斯加和东南亚边缘地带，厄瓜多尔及哥伦比亚的太平洋海岸带，中美洲东海岸及其他一些小块的零散分布区。委内瑞拉西部的云雾森林（cloud forests）就是一片位于高海拔地区的雨林，其气候特征表现为湿度和云量都很高。目前未遭受干扰的雨林分布区已很稀少了。

地球现存的森林大约1/2是雨林，占全球陆地总面积的7%。这一生物群系仍保持着其

判断与思考20.1　现状核查

请参阅本书内封面（文前3）上合成的地球卫星影像。在无云覆盖的影像区域，你可以看到夏季地表的自然本色；而在云覆盖影像区域，可以观察到大气的天气模式。将这张卫星影像图与图20.7进行比较，你能发现两者之间的相互关系吗？再将图20.7的生物群系分布与指示人口密度的夜间灯光亮度分布（文前2）进行比较，你能得出什么结论？

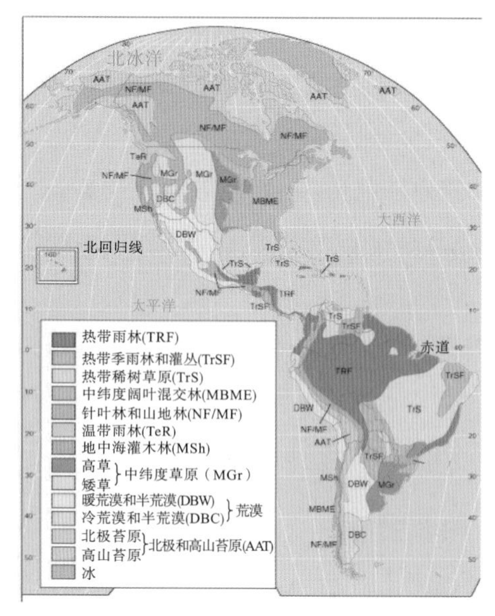

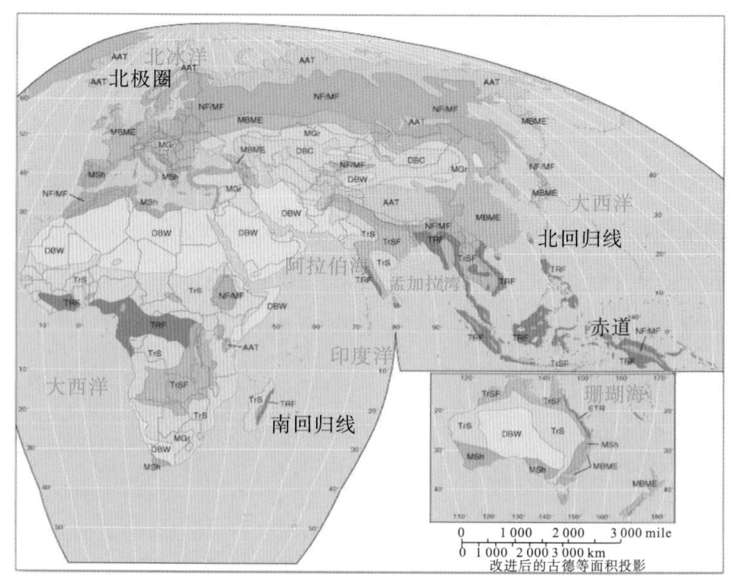

图20.7　全球10个陆地主要生物群系

自然稳定状态，是因为它们长期生存在赤道附近的大陆板块上，未受到冰期的影响。

雨林的林冠分为三层［图20.8（a）］。高层林冠不连续，其特点是高大树木零星分布，树冠高度位于中层林冠层之上。由于高大树木从近乎连续的中层林冠层突兀而出，从而使得高层树冠（Overstory）看起来破碎而不连续。雨林的宽大树叶遮挡了光照，从而形成了一个较暗的下层植被（Understory）和林下地面。林地下层由幼树、蕨类、竹类等构成，而最底层则是阴暗的林下枯枝落叶层和零星空旷地面。

雨林的生态位呈垂直分布而非水平分布，这是它们对光线竞争的结果。雨林的生物量主要集中在林冠层——头顶上方有密集枝叶。雨林树冠中孕育着丰富的动物和植物。藤本植物（Liana）穿绕于树木之间，其缠绕茎直径可达20cm［图20.8（b）］。附生植物（Epiphyte）在这里生长也很繁茂，如兰科、凤梨科和蕨类植物，它们依附于其他植物的支撑结构之上（不提供营养支持），离开地面在空中生长。林下近地面处于静风

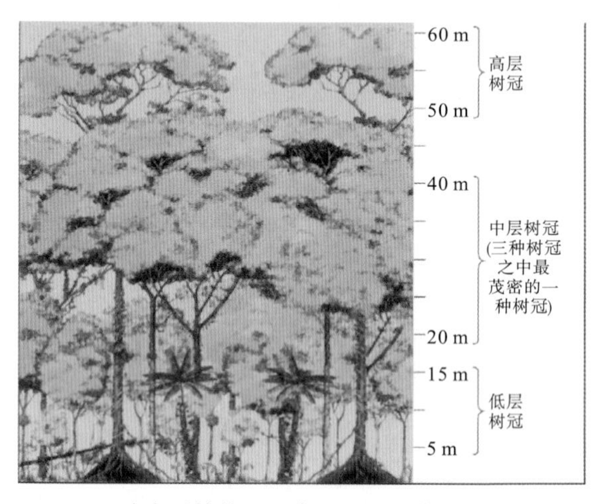

（a）雨林的上、中、下三种林冠层

（b）雨林树冠垂下的藤蔓

图20.8　雨林的三个林冠层

[Bobbé Christopherson]

表20.1 陆地主要生物群系及其特征

生物群系和生态系统（图中符号）	植被特征	土纲（土壤系统分类）	气候型	年降水量/cm	气温	水量平衡
热带雨林（TRF） 常绿阔叶热带雨林	冠层浓密且连续，常绿阔叶树、藤本（藤蔓）植物、附生植物，树蕨、棕榈类	氧化土 老成土（排水良好的高地）	热带	180～400（>6月）	终年温暖（21～30℃；平均25℃）	全年盈余
热带季雨林和灌丛（TrSF） 热带季雨林 热带落叶林 灌木林和荆棘林	热带雨林与草原之间的过渡带，阔叶树（含落叶树）、有落叶林；疏树草地至茂密灌丛，金合欢属和荆棘开阔地林	氧化土 老成土 变性土（印度） 淋溶土	热带季风，热带稀树草原	130～200（旱季4个月内降水天数>40天）	变化的，终年温暖（>18° C）	季节性盈亏
热带稀树草原（TrS） 热带草原荆棘林 灌丛荆棘林	过渡带（热带季雨林、雨林与半干旱热带草原、荒漠），树冠呈平顶状；草丛、灌木丛，野火	淋溶土（干燥，老成土） 老成土 氧化土	热带稀树草原	9～150，季节性	无寒冷天气	常常亏缺，易遭受干旱、野火
中纬度阔叶混交林（MBME） 温带阔叶林 中纬度落叶林 温带针叶林	针阔叶混交林和针叶林，落叶阔叶林（冬季落叶），美国南部和东部的常绿松树占优势，野火	老成土（含淋溶土）	亚热带湿润性（夏暖） 湿润大陆性（夏暖）	75～150	温暖包含冷季	季节性模式为：最大PRECIP和POTET均出现于夏季；无需灌溉
针叶林和山地林（NF/MF） 针叶林(泰加林) 北方针叶林 山地林和高原	松柏科针叶林，主要为常绿松、云杉和冷杉；俄罗斯落叶松（落叶针叶林）	灰化土 有机土 始成土 淋溶土（极地淋溶土：寒冷）	亚北极大陆性湿润（夏凉）	30～100	夏季短、冬季寒冷	POTET低、PRECIP适中；土壤湿润，有时冬季土壤会浸水和冻结；水量不亏缺
温带雨林（TeR） 西海岸森林 海岸红杉林（美国）	迎风坡狭窄边缘带，茂密常绿落叶林；红杉，地球上最高的树木	灰化土 始成土（山地环境）	西海岸海洋性	150～500	夏季温和或冬季温和（随纬度变化）	盈余量大、产生径流
地中海灌木林（MSh） 硬叶灌木 澳大利亚桉树林	适应干旱的矮灌木，倾向于草地、林地和夏旱灌木丛（查帕拉尔群落）	淋溶土（夏旱淋溶土） 软土（夏旱软土）	地中海（夏季干燥）	25～65	夏季干热，冬季凉爽	夏季亏缺，冬季盈余
中纬度草原（MGr） 温带草原 硬叶灌木	高草草原和矮草草原，被人类活动强烈改造；主要粮食产区；平原、南美无树草原、疏树草原	软土 干旱土	亚热带湿润 大陆性湿润（夏季炎热）	25～75	温带大陆型	土壤水分供需平衡；旱区为灌溉农业和旱作农业
暖荒漠和半荒漠（DBW） 亚热带荒漠和灌木林	从裸地逐渐过渡至旱生植物，包括肉质植物、仙人掌、旱生灌木	干旱土 新成土（沙丘）	干旱荒漠	<2	年均气温约18℃，全球最高气温	长期亏缺，降水概率不确定，降水量<1/2POTET

续表

生物群系和生态系统（图中符号）	植被特征	土纲（土壤系统分类）	气候型	年降水量/cm	气温	水量平衡
冷荒漠和半荒漠（DBC） 中纬度荒漠、灌木和草原	寒漠植被，包括矮草和旱生灌木	干旱土 新成土	半干旱草原	2～25	年均气温约18℃	降水量>1/2 POTET
北极苔原和高山苔原（AAT）	无树木；矮灌木、发育受阻的莎草、苔藓、地衣和矮草；高山草甸	冰冻土 有机土新成土（多年冻土）	亚北极苔原（极寒）	15～180	最暖月份>10℃，气温高于冰点仅有2～3个月	年内差异大；夏季排水不畅
冰			冰盖、冰帽			

环境中，导致植物难以实现风媒授粉，因此更依赖昆虫等动物进行授粉或自花授粉。

无论是雨林的航空照片，还是沿河岸看到的茂密植被，甚至是好莱坞影片中虚构的"丛林"影像，都让我们无法想象出雨林地面真实的阴暗环境。透射到林下地面的光照只有林冠层的1%［图20.9（a）］；雨林中恒定的湿度、腐烂果实的霉味、细长的根须、垂落的藤蔓、密不透风的空气与林中动物鸣叫的回音组合构成了一个独特的环境。

雨林中的乔木树干光滑纤细、树皮薄。树干上生出板状侧根支撑着树干［图20.9（b）］。这些具有棱角的板状根围拢形成的开放式空间，成为了动物们的天然栖息地。树干的分支高度较低，通常不及树干高度的1/3。

雨林中，许多树木木质坚硬、密度大（某些树木的密度其实比水的密度还大）；不过，巴尔沙木（又叫"轻木"）等其他几种树木例外，它们的材质很轻。雨林中的树木还有红木（Hongmu）、乌木（Ebony）和檀木（Rosewood）。由于各树种的个体分布很分散，某种树木可能每平方千米只有1～2棵，所以采伐起来非常困难。特定树木的采伐属于选择性伐木作业，而生产纸浆所用的树木则无需任何选择。

雨林中的土壤主要是氧化土，但在这种贫瘠的土壤上却孕育着茂盛的植被，其原因是这些树木已经适应了这种土壤，它们的根系能从腐烂的枯枝落叶层中吸取养分。

（a）热带雨林浓密的树冠，只有很少的光照能到达林下地面

（b）雨林地面上树木的板状侧根和枯枝落叶，背景植物为藤蔓

图20.9　雨林

［Bobbé Christopherson］

在降水量大、气温高的环境下，土壤受高度风化和淋溶作用的影响，因此具有砖红壤化（Laterization）特征；土壤质地为黏土，有时破碎为粒状结构。氧化土缺乏养分和胶体物质，需要投入大量的肥料、农药和机械设备，才能使其具有生产力。

雨林中的动物和昆虫多种多样——从地面的分解者（细菌）到专门生活在树木顶层的动物，这些树上的“居民”被称为树栖（Arboreal，拉丁语意为“树”）动物。树栖动物包括树懒、猴、狐猴（*Lemur catta*）、鹦鹉和蛇等。雨林中还生存着五颜六色的鸟类、树蛙、蜥蜴、蝙蝠和丰富的昆虫群落；其中仅蝴蝶就有500多个物种。地面动物包括猪科动物——非洲的薮猪和巨林猪、亚洲的山猪和须猪、南美洲的西猯（Peccary），此外还有小羚羊（牛科动物）及哺乳类食肉动物（亚洲虎、美洲虎、亚洲豹及非洲豹）。

目前，人类对雨林的破坏已使这些多样性丰富的动植物处于风险之中；同时还破坏了大气中CO_2的再循环系统，并导致潜在的药物和新型食物（许多尚未研究的，甚至未发现的物种）等宝贵资源面临险境。

20.2.2 热带森林砍伐

地球上1/2以上的原始雨林已经消失，它们或被采伐用作木料和薪柴，或被清理出来作为牧场和农田。全世界每年消失的雨林面积相当于美国威斯康星州的面积（16.9万km^2）；此外，在砍伐区相邻的森林边缘带（Edges），也有1/3以上的雨林因主林木的选择性采伐而受到破坏。

夜晚，太空宇航员俯瞰地球上的雨林，能够看到数以千计的地方正在人工“烧荒”；到了白天，这些地方的低层大气中烟雾弥漫。人为“烧荒”开垦土地是为了扩大农业土地，满足国内人口的粮食需求和增加农牧产品出口，如牛肉、香蕉、咖啡、大豆等产品。原始雨林中，可食用的水果种类并不丰富；但是垦殖后的土地可以用来生产香蕉（菜用大蕉）、芒果、菠萝蜜、番石榴和淀粉含量高的根类作物（木薯、薯蓣）。从2004年起，巴西就已是世界上牛肉出口量排位第一、大豆出口量排位第二的最大出口国。

由于雨林中的土壤贫瘠，已开垦土地上的土壤肥力在密集农业生产条件下很快就会被耗尽。如果不依靠人力来维持肥力，开垦的土地很快就会被弃耕，人们转而再去新的土地上“烧荒”开垦。如果雨林中的优势树木遭到了严重破坏，重新恢复可能需要花费100～250年的时间；如果是清场采伐，那么原始林地将会变成藤蔓与蕨类相互缠绕的低矮灌木林，森林恢复将更为缓慢。

图20.10（a）和（b）是巴西西部朗多尼亚州某地区的真彩色卫星影像，拍摄时间分别是2000年和2009年，这些图像使我们大致了解了雨林的破坏过程。图20.10中影像沿着BR364高速公路的新支线，可以清晰地看到雨林被蚕食的状况。每条道路和每个采伐区的边缘带都代表着一大片区域；区域内物种生境由于遭到干扰，种群动态发生改变，因而大面积降低了雨林的固碳效率，由此产生的碳流失最终进入大气圈。因此说，这种沿公路采伐方式甚至比成片清场采伐模式的影响更大。边缘带内炎热、干燥、多风的环境，其影响范围向森林深处可延伸100m。图20.10（c）中，人工“烧荒”之后的一大片雨林地正在等待土地整理和公路开辟。

为了更直观地了解雨林的消失面积，图20.10（d）中以黄色区域来表示相应年间消失的雨林面积。自巴西政府加强了森林保护执法力度之后，雨林采伐速度有所下降：2009～2010年，雨林的损失面积大约降至1.8万km^2，可这仍相当于新泽西州面积的80%。据联合国粮农组织估计：雨林如果继续以这种速度破坏下去，到2050年将会消失殆尽。从各大洲的情况来看，非洲消失的雨林面积已超过50%、亚洲为40%以上、中美洲和南美洲为40%。

雨林保护与开发是一个争议性很大的问题！正如人们所见：巴西开拓新草场可以促进畜牧业增长；截至2010年，巴西畜群已达6 000

（a）2000年的影像

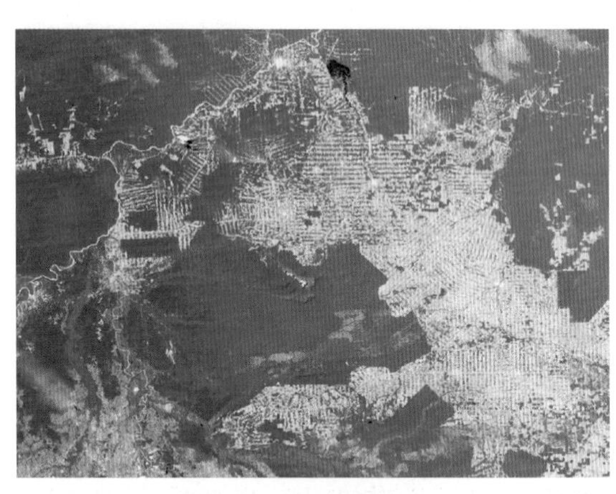

（b）2009年的影像

（c）亚马孙雨林中的“烧荒”情景

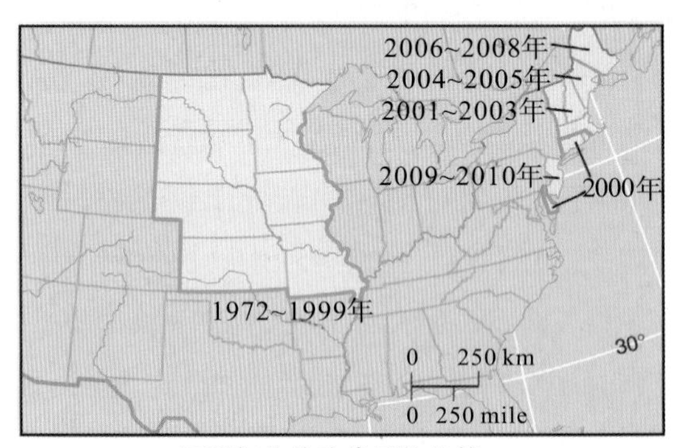

巴西与北美砍伐区的比较

（d）1972～2010年，巴西森林采伐面积与美国土地面积的对比

图20.10　亚马孙地区消失的雨林

注：巴西西部朗多尼亚州的真彩色卫星影像记录了在2000～2009年该区域消失的大面积雨林。森林采伐区域沿BR364主要干道向外扩展，支线道路正在蚕食着雨林区域。沿新道路你可以看到采伐区域及其边缘带的动态变化。[（a）和（b）Terra MODIS，NASA/GSFC；（c）科林·琼斯（Colin Jones）/photolibrary.com]

判断与思考20.2　热带雨林是全球资源还是本地资源？

本章讲述的内容包括：热带雨林采伐、物种灭绝及其状况评估。它们涉及的主要问题是什么？哪些自然资源面临着风险？对于拥有地球自然资源的国家，怎样平衡主权国家的权利？这些问题与全球生物多样性、温室效应有何联系？对于拥有大面积雨林的发展中国家，他们的观点是什么？发达国家及其跨国公司的观点又是什么？有哪些好的行动计划可以用来协调各方利益？

多万头牛，收入达30亿美元。相关资料请浏览：热带雨林联盟网页，http://www.rainforest.org/；世界资源研究所全球森林观察，http://www.globalforestwatch.org/english/index.htm；雨林行动组织，http://www.ran.org/。

专题探讨20.1所述内容看起来似乎更关注减缓物种灭绝速度和保护生物多样性，可是这些问题大都直接归因于热带雨林的破坏和消失。

20.2.3 热带季雨林和灌丛

位于雨林边缘地带的**热带季雨林和灌丛**（tropical seasonal forest and scrub）是一个富于变化的生物群系，该地带降雨量偏低且不稳定。伴随季节变化，当夏季太阳高度角变大时，热带辐合带（ITCZ）给这里带来降水；当太阳高度角在冬季变低时，这一区域则出现季节性缺水，导致一些植物叶片凋落、旱季开花。半落叶（Semi deciduous）就是用来描述这些旱季落叶阔叶树的术语。

在该生物群系的分布区内，有连续4个月的最干旱时期，这期间降雨日数总计不到40天，但夏季有季风性暴雨（见第6章，尤其是图6.22）。热带雨林与热带草原之间的过渡带属于热带季风或热带稀树草原气候。

描述这样一个多样化的群系非常困难，因为在许多地区，人类对天然植被的干扰，已使热带稀树草原与雨林直接相邻。该群系还包含一个从湿润到干旱的渐变过渡带：从季雨林到开旷林地和灌丛林地，再到荆棘林，最后是旱生灌丛林（图20.11）。在南美巴西南部及巴拉圭部分地区，热带落叶林过渡带环绕热带稀树草原区域分布。

季雨林的平均高度在15m，林冠层不连续。季雨林逐渐过渡到果园似的开阔草原、或浓密低矮灌丛地带。开阔草原区域常见的树木是金合欢属植物，其树冠顶部平坦、茎枝通常多刺。这些树木枝条看起来犹如倒置的雨伞（向天空展开），如同热带稀树草原上的树木一样。

（a）在桑布鲁保护区（肯尼亚）及其附近地区，两个群系之间有一个开阔的荆棘林过渡带

（b）肯尼亚的安波塞利国家公园中，马赛长颈鹿正在穿越一片旷野地带

图20.11 肯尼亚的景观

注：荆棘林和稀树草原景观。[（a）Gael Summer；（b）Nigel Pavitt/John Warburton-Lee摄/photolibrary.com]

热带季雨林和灌丛群落还有一些地方性的称谓。例如，在巴西东北巴伊亚州称卡廷加群落（Caatinga），在巴拉圭和阿根廷北部称查科（Chaco），在澳大利亚称布内加鲁灌丛（Brigalow），而南非称作多刺高灌丛（Dornveld）。如图20.7所示，该群系的分布范围：在非洲是从安哥拉东部延伸至赞比亚，再到坦桑尼亚和肯尼亚；在东南亚和印度部分地区则是从缅甸延伸至泰国东北部，还包括印度尼西亚部分地区。

热带季雨林和灌丛群系中的树木很少能被用作木材，但也有例外，如柚木就是很好的家具木料。此外，某些已适应旱季的植物还是蜡和树脂的制作原料，如巴西的棕榈蜡。该群系内的动物有澳大利亚的考拉和凤头鹦鹉，还有大象、大型猫科动物、啮齿类及地栖鸟类。

20.2.4　热带稀树草原

热带稀树草原（tropical savanna，又称**热带萨瓦纳**）是指具有零星乔木和灌木分布的大草原，它是热带森林、热带半干旱草原和荒漠之间的一个过渡群系。该群系中包含大片的无树草原；干燥型的萨瓦纳草原上，生长着不连续的丛生草本植物，其间有裸地露出。萨瓦纳林地上的树木，林冠具平顶型特征，这是对当地光照和水分的响应。

在人类介入之前，热带稀草原树群系覆盖的面积约占地球陆地面积40%以上；但是经过人为大面积改造后——尤其是烧荒之后，该群系面积大幅度减少。热带稀树草原上每年都会发生大火，而且这些大火的发生时间十分关键：如果大火发生在旱季早期，则可以促进树木覆盖度的增加；如果发生在旱季晚期，则会因为火温过高而造成树木和种子的死亡。热带稀树草原上的树木经过长时期适应，已经能够抵御草原上的“冷火”。

林木及平均株高达5m的象草（紫狼尾草，*pennisetum purpureum* schum）一旦深入到这种干燥地带，如果受到保护就能够生存下来；反之，它们的覆盖率就会下降。热带稀树草原上的土壤腐殖质含量远高于热带湿润地区，排水条件也良好，因此很适合作为农牧业的生产基地。该地区常见的农作物是高粱、小麦和花生。

热带稀树草原受热带辐合带移动的影响，全年降水时间不到6个月，其余时间因受副热带高压带的影响而气候干燥。热带稀树草原群系的灌木和乔木大多是旱生的（Xerophytic）或具有抗旱能力，并具有各种耐旱适应性：叶片小而肥厚、树皮粗糙、叶面多毛或具蜡质。

非洲的热带稀树群系面积最大，包括著名的塞伦盖蒂大草原——位于坦桑尼亚、肯尼亚及撒哈拉南部萨赫尔地区；此外，澳大利亚、印度及南非部分地区也是热带稀树草原群系的分布区。这些群落常常采用当地的称谓，例如：委内瑞拉的亚诺斯草原

专题探讨20.1　生物多样性、风险、生物圈保护

18世纪后期，当第一批欧洲移民登上夏威夷群岛时，他们发现了43个鸟类物种。如今已有15个鸟类物种灭绝了，还有19个以上的鸟类物种遭受着威胁或灭绝风险，只剩下1/5的原始物种种群相对比较健康。受禽流感影响，在夏威夷大部分地区，海拔1 220m以下的本地物种已消失。人类对动物、植物及全球的生物多样性影响很大。人类正面临着生物遗传多样性的丧失，即使与地质时期的物种大灭绝相比，这种丧失在地球历史上也是史无前例的。

随着人类对地球生态系统及相关群落认识的加深，我们越能理解它们的生态价值及它们与人类的依存关系。自然生态系统是新食品、化学药品、医学药品的主要来源，也是生物圈的健康指标。

对于特定地区生物圈的研究和保护，国际社会正在努力推进，尤其是联合国环境规划署、世界资源研究所、世界自然保护联盟、世界自然遗产中心、国际重要湿地

公约和大自然保护协会等。这些努力的一个重要组成部分就是划定生物圈保护区，保护重点就是世界保护监测中心及其国际自然及自然资源保护联合会（International Union for Conservation of Nature and Nature Resources，IUCN）列出的全球濒危物种红名单（见http://www.iucnred list.org/）。此外，还有美国鱼类和野生生物管理局（http://www.fws.gov/endangered/）和世界野生生物基金会（http://www.panda.org/）主页中列出的濒危鱼类和野生动物。

受到威胁的物种举例

如第1章及图1.8所述，热带地区67%的丑角蛙物种已灭绝。在北极地区，IUCN于2006年把北极熊（*Ursus maritimus*）列为易灭绝的物种，即濒危物种红名单上被列为"受到威胁"的物种（图20.12）。据美国地质调查局（United States Geological Survey，USGS）2007年9月发布的调查报告：伴随美国阿拉斯加、加拿大和俄罗斯等地区的海冰消融，到2050年甚至更早，世界上的北极熊将减少2/3左右，届时剩下的约7 500只仍需苦苦挣扎。但愿目前采取的社会行动能减缓海冰的消融速率，为物种适应多争取一些时间。

图20.12 北极熊

注：图中是一只脸上黏着雪的雄性北极熊，摄于加拿大的曼尼托巴省。研究表明：由于气候变化和海冰消融，现存的2.3万只北极熊种群在2050年之前将减少67%，那时整个北极地区将只剩下约7 500只北极熊。[Bobbé Christopherson]

非洲的黑犀牛（*Diceros bicornis*）和白犀牛（*Ceratotherium simum*）是具有代表性的濒危物种。犀牛曾经生活于热带稀树草原和林地的大部分地区。如今，它们仅幸存于有重兵把守的保护区内，即便如此，它们仍处于危险之中（图20.13）。1998年世界上幸存的黑犀牛仅剩下2 599只，比1960年的70 000只减少了96%。之后的十年里，统计得到的犀牛总数相对稳定，这主要归功于南非采取的保护措施。IUCN/SSC的非洲犀牛专家组声称：犀牛数量正在慢慢恢复，黑犀牛的数量于2008年上升到4 240只；但西部黑犀牛（一个亚种）的数量并未恢复，反而只剩下最后几只。

图20.13 非洲犀牛

注：携带幼仔的白犀牛（*ceratotherium simum*），摄于肯尼亚南部纳库鲁湖国家公园。[英戈·阿恩特（Ingo Arndt）/naturepl.com/NaturePL]

1984年，北部白犀牛仅存11只，1998年估计增长到了29只（刚果25只，西非科特迪瓦4只）；IUNC认为实际数量可能要多些。然而刚果及加兰巴地区的政治动乱却导致国家公园中这些仅存的白犀牛出现死亡，死亡数目不详。南部白犀牛的数量呈增长趋势，2008年达到1.45万只。

犀牛角售价为每千克2.9万美元，因为它可用来制作一种催情剂（无药物作用的滥用）。这些大型陆地哺乳动物正濒临灭绝，只有动物园中的少数群体能够幸免。犀牛存留下来的基因库很有限，这使它将来的繁殖变得很困难。

表20.2对地球上已知的和估计的物种数目进行了总结。在估计的1 360万个动植物物种中，科学家已经分类的物种只有175万种。这个数字表明地球上的生物多样性要比科学家们过去认为的丰富。这些有待于发现的物种代表着社会未来的潜在资源。尽管动植物物种的估计数目变幅很大，但预计物种数目可能在360万～1 117万。即使按保守估计，全球每年消失的物种也在1 000～30 000种。这意味着在今后100年内，全球现有物种可能有1/2以上会遭到灭绝。

生物圈保护区

对于减缓生物多样性损失及保护这一基础资源，建立正式的自然保护区是一种可行的策略。建立生物圈保护区涉及**岛屿生物地理学**（Island Biogeography）原理。由于岛屿在空间上被隔离且物种数目相对较少，所以岛屿群落成为了一个特殊的研究场所。岛屿类似于一个天然实验室，因为在这里研究单因子影响（比如文明），要比在大面积的陆地区域容易得多。

岛屿研究对大陆生态系统的研究也很有帮助，因为公园或生物圈保护区在很多方面就像是一些被人工边界或改造区隔离开的“岛屿”。事实上，生物圈保护区也的确被设想为一个处于变化环境中的生态岛屿。其目的就是建立一个核心保护区，并以核心区为中心，向外依次设置过渡带缓冲区、实验研究区，从而使区域内的遗传物质不受外界干扰。设置保护区必须考虑的一个重要变量就是因全球变化而改变的气温和降水模式。在气候变化的背景下，一个精心设置的保护区，应该能够使保护物种免受不利气候的影响，避免这些物种遭受灭

表20.2 全球已知物种数目与估计物种数目

活体生物类别	已知物种数	物种估计数目			精度
		高值（10^3）	低值（10^3）	采用估计值（10^3）	
病毒	4 000	1 000	50	400	非常低
细菌	4 000	3 000	50	1 000	非常低
真菌	72 000	27 000	200	1 500	中等
原生动物	40 000	200	60	200	非常低
藻类	40 000	1 000	150	400	非常低
植物	270 000	500	300	320	高
线虫类	25 000	1 000	100	400	低
节肢动物					
甲壳纲	40 000	200	75	150	中等
蛛形纲	75 000	1 000	300	750	中等
昆虫纲	950 000	100 000	2 000	8 000	中等
软体动物	70 000	200	100	200	中等
脊索动物	45 000	55	50	50	高
其他	115 000	800	200	250	中等
总计	1 750 000	111 655	3 635	13 620	非常低

资料来源：United Nations Environment Programme. 1995. Global Biodiversity Assessment [M]. Cambridge: Cambridge University Press.

绝风险。

准确地说，并不是所有的保护区都是理想的生物保护区。虽然保护区是官方选定的，但是有一些保护区只是简单地强加在现有的公园之上，还有一些保护区仍处于规划阶段。那些最好的生物圈保护区，它们从20世纪70年代后期一直持续运营着。例如，美国佛罗里达州的“大沼泽地国家公园”、中国的“长白山保护区”、科特迪瓦（象牙海岸）的“大森林”、加拿大魁北克省的“查理沃克斯生物圈保护区”。大自然保护协会正在积极推进这方面的工作，并为保护区的土地获批做出了贡献。

这些工作的最终目标是：对于当前已确认的194个独特生物地理群落，至少在每个群落中建立一个保护区，目前已实现了1/2左右。到目前为止，已选定的区域有6 930个，覆盖面积6 570万公顷。科学家预言：在未来十年内再选择新的不受干扰的保护区可能不太现实，因为那时原始地区可能已消失。生物圈保护计划由联合国教育科学文化组织（United Nations Educational Scientific and Cultural Organization,UNESCO）的人与生物圈计划（http://www.une sco.org/mab/）负责协调。目前，已有100个国家自发地建立了480多个生物圈保护区。

（Llanos），其覆盖范围包括当地海岸、马拉开波湖东部内陆地区及安第斯山脉；巴西和圭亚那的坎普塞拉多草原（Campo Cerrado）及巴西西南潘塔纳尔草原（Pantanal）。

热带稀树草原是大型陆地哺乳动物的家园（尤其是非洲部分），如斑马、长颈鹿、水牛、瞪羚、角马、羚羊、犀牛和大象。它们是草原上的食草动物（图20.14），其他食肉动物（如狮子、猎豹）都以这些食草动物为食。鸟类包括有鸵鸟、猛雕（最大的鹰）和蛇鹫；此外，还有多种毒蛇和鳄鱼物种。

20.2.5　中纬度阔叶林和混交林

大陆性湿润气候环境下形成的混交林，从夏暖到夏热地区、再从冬冷到冬寒地区都有分布。**中纬度阔叶林和混交林**（midlatitude broadleaf and mixed forest）群系包括几种显著不同的群落，它们分布于北美、欧洲和亚洲。墨西哥湾沿岸是相对茂

地学报告20.2　食品和药品问题

仅小麦、玉米、水稻这三种农作物就占全人类大约50%的粮食产量。在人类历史上大约有7 000种植物可以用作食物，而具有可食用部分的植物物种超过了30 000个。自然界中的潜在食物资源还有待于发现和开发。如果生物的多样性保存于各种生物群系内，它就能为人类未来食物需求提供潜在的缓冲；然而这些物种需要经过识别、登记和保护后，才能达到这一目标。其中，医药资源也是如此。

大自然的生物多样性就像一个满满的“医药箱”。自1959年以来，来源于高等植物的药物就占所有处方药的25%。科学家们已确认3 000种植物具有抗癌特性。例如，马达加斯加的蔓长春花（*Catharanthus roseus*）含有的两种生物碱对两种癌症有疗效。然而，目前经过鉴定的开花植物还不到3%，在没有打开药箱看看里面装些什么之前就把药箱扔掉是违背常理的。

（a）在塞伦盖蒂平原，热带稀树草原景观中的牛羚、斑马及荆棘林

（b）金合欢树荫下的狮子群

图20.14　非洲塞伦盖蒂平原上的动物和植物

[（a）Stephen F.Cunha；（b）Michel和Christine Denis-Huot/Bios/photolibrary.com]

（a）美国艾奥瓦州的阔叶混交林

（b）美国马萨诸塞州瓦尔登湖畔的阔叶混交林

图20.15　阔叶混交林

[Bobbé Christopherson]

盛的常绿阔叶林，向北延伸则是由落叶林和常绿针叶林构成的混交林，地表为沙质土壤，易发生野火。如果在该地区采取防火措施，那么植被很快就会演化为阔叶林。在墨西哥湾东南部及大西洋沿岸平原，松树（长叶松、短叶松、脂松、火炬松）分布占优势。在新英格兰地区及五大湖西部的狭长地带，常绿树木主要是白松、红松和加拿大铁杉，其中混有栎树、山毛榉、山胡桃树、枫树、榆树、栗树等落叶树（图20.15）。

这些混交林中包含有许多名贵木材树种，然而人类活动改变了它们的分布状态。密歇根州和明尼苏达州的本土白松林在1910年之前就被移除了，如今人们看到的是后来的人工造林。在中国北方，由于几个世纪的采伐，这种森林几乎消失。曾在中国生长繁盛，包括栎树、白蜡树、胡桃树、榆树、枫树和桦树等在内的森林树种与北美东部的树种相似。

在各大陆之上，中纬度阔叶林和混交林群系的外貌都很相像。它曾是北美、欧洲、亚洲的亚热带湿润（夏热）和西海岸海洋性气候区（marine west coast）的主要代表性植被。

中纬度阔叶林和混交林群系中的动物类别很丰富，包括多种哺乳类、鸟类、爬行类和两栖类动物。其中，具有代表性的动物（一些是迁移性的）：赤狐、白尾鹿、南美鼯鼠、负鼠、熊，鸟类（包括唐纳雀、北美红雀等）。在北美，该群系以西是草原分布区，以北则因气候寒冷、土壤贫瘠而适宜于松柏树种生长，且与北方针叶林之间存在一个过渡地带。

20.2.6　针叶林和山地林

从加拿大的东海岸和大西洋各省向西延伸至美国阿拉斯加州，再从西伯利亚穿越俄罗斯全境到欧洲平原，以上地区都属于**针叶林**（**needle-leaved forest**）群系，或称作**北方针叶林**（**boreal forest**）（图20.16）的分布范围。北方针叶林过渡到北极和亚北极地区后，分布形态更为开阔而被称作**泰加林**（Taiga）。在南半球，由于缺乏低温潮湿（microthermal humid）的气候环境，所以除几个地方性山地之外，其他地区并不存在这种植物群系。但是针叶**山地林**（montane forest）在全球高海拔地区均有分布。

图20.16 加拿大的北方针叶林（boreal forest，“Boreal”意为“北方”）
[作者]

亚北极气候区植被以树木为主，其中北方针叶林占主要部分。这种森林是由松树、云杉、冷杉和落叶松构成的。这些森林虽然在形态上相似，但是物种个体在北美和欧亚大陆之间却有差异。有趣的是落叶松（*Larix*），它的针叶稀疏且冬季会发生脱落，这或许是落叶松对西伯利亚本土极寒天气的一种抵御策略（见第10章图10.23，上扬斯克的气候图解和照片）。北美地区也有落叶松分布。

在内华达山脉、落基山脉、阿尔卑斯山脉和喜马拉雅山脉，都有类似于低纬度地区的森林群落分布。花旗松和白冷杉生长在美国和加拿大的西部山区。在经济上，这些森林对于林业生产很重要，木材林分布于该生物群系的南部边缘，造纸用的林地则分布于中部和北部地区。当前，关于森林采伐与林业可持续发展之间的争论日趋激烈。

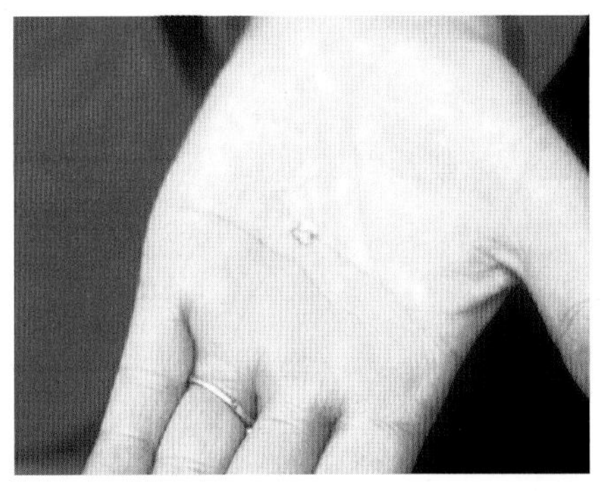

（a）红杉（*Sequoia gigantea*）的一粒种子，每个红杉球果中大约有300多粒种子

（b）树龄大约50年的幼树

（c）美国加利福尼亚州红杉国家公园中的谢尔曼将军树，这棵树的树干可能比一个标准教室还要宽，它的第一个枝杈距地面45m高，树枝直径为2m

图20.17 红杉的种子、幼树和巨树
[作者]

在内华达山脉的山地林中，巨大的红杉天然散布于70个相互隔离的林地中。尽管巨杉最初也是一粒种子［图20.17（a）］，但它却长成了地球上生物量最大的生物。有些巨杉（*Sequoia gigantea*）的直径超过8m，高达83m；世界上最大的一颗巨杉树是美国红杉国家公园的“谢尔曼将军树”［图20.17（c）］，据估计树龄达3 500年；其纤维质树皮厚达半米且缺少树脂，因而能够抵御林火。想象一下：在长达35个世纪的漫长期间里，谢尔曼将军树所经历的电闪雷击和林火！站在这些巨大的树木之间有一种被震撼的感受，让你体会到生物圈的威严。

北方针叶林群系有些分布于多年冻土环境中，这已在第17章讨论过。冻土环境加上发育不良的砾质土壤，使浅根系树木的生长受到了限制。这里的地表冻土活动层，在夏季融化时，可形成苔藓泥沼、积水或排水不畅的有机土。泰加林中的土壤是典型灰土（土壤灰化作用），土壤呈酸性、腐殖质和黏土遭受过淋溶。全球变暖正在改变着高纬度地区的环境：冻土融化加快、多年冻土活动层深度加大。受这些变化影响的森林，有些已因土壤积水而成片死亡。

北方针叶林群系中，代表性的动物有：狼、马鹿、麋、驼鹿（最大的鹿科动物）、熊、猞猁、山狸、狼獾、貂、小型啮齿动物，以及夏季期间的候鸟（图20.18）。鸟类包括鹰和秃鹫、松鸡类、松雀、北美星鸦及猫头鹰等。此外，大约还有50种昆虫很适应松柏树木，因而栖息于该群系中。

图20.18　北方针叶林中的动物

注：冬季被大雪覆盖的针叶林中，一只马鹿（*Cervus canadensis*）正在觅食。[Steven K.Huhtala]

20.2.7　温带雨林

中高纬度地区茂盛的森林属于**温带雨林**（temperate rain forest）群系。在北美，温带雨林仅存在于西北太平洋狭窄边缘带［图20.19（a）］。中国南部也有类似的温带雨林分布，在日本南部、新西兰及智利南部几个地方也有小面积分布。

与赤道和热带雨林的生物多样性相比，温带雨林群系中的大部分森林只有为数不多的几个物种。在美国华盛顿州奥林匹克半岛上，温带雨林是由阔叶、针叶乔木与巨蕨、林下灌木丛组成的混交林；而在半岛西坡，降水量每年接近4 000mm、气温温和适中、有夏季雾、全年受海洋影响，因而形成了潮湿繁茂的植被群落。这里栖息的动物包括：熊、獾、鹿、野猪、狼、短尾猫和狐狸。这里的树木林地也是各种鸟类的家园，包括著名的斑点猫头鹰［图20.19（b）］。

世界上最大的树——北美红杉（*Sequoia sempervirens*）就分布于温带雨林群系中，其地理位置见第19章图19.15。这些树木的树龄可达1 500年以上，树高通常在60～90m，有些树木高度已超过100m。另外一些代表树种——如花旗松、云杉、雪松和铁杉等，构成的原始温带雨林，因森林采伐而减少，残存的森林仅留存于美国俄勒冈州和华盛顿州几个山谷之中。它们的面积不足原始森林的10%，取而代之的是占绝对优势的补植林和次生林。自2000年起，智利开始对这种森林进行大规模采伐和木材加工。目前，

（a）美国华盛顿州西北太平洋地区的吉福德·平肖国家森林是一个古老的温带雨林；林中生长着原始的花旗松、红杉和雪松，其间混杂着落叶乔木、蕨类和苔藓；这种古老的原始森林得以保存下来的只有一小部分

（b）照片中的北美斑点猫头鹰和雏鹰是温带雨林的指示物种

图20.19 温带雨林

[（a）Bobbé Christopherson；（b）Woodfall野生动物图片]

美国的一些公司正在把森林采伐作业区转移到智利湖及阿根廷的巴塔哥尼亚北部地区。

由美国林务局等机构开展的多项研究指出：森林生态系统的生态环境正在恶化，因此采伐管理规划应该把生态系统保护放在首位。人类最终的解决方案必须把经济和生态综合为一个整体，而不是不断地争执和坐视森林面积减少——不能把森林全部砍倒，也不能把所有森林都保护起来。争执的双方应当共同努力，探索一种可持续的林业生产模式。

20.2.8 地中海灌木林

地中海灌木林（Mediterranean shrubland）群系，也称作温带灌木林，它覆盖的区域就是副热带高压中心向极地移动所经过的区域。夏季，伴随太阳高度角增大，副热带高压带向极地移动，阻断了暴雨天气系统对该群系的水量补给。稳定的高气压带造就了典型的地中海气候（夏季干燥），这种气候条件下灌木林易发生野火[见第19章图19.26（d）]。

地中海灌木林群系能够很好地适应频繁发生的野火，因为群系中许多典型的深根性植物遭受野火之后，其根系都具有重新萌发的能力。这里生长的优势灌木，因植株矮小而能够耐受炎热夏季的干旱。植被为硬叶灌木（Sclerophyllous，Sclero意为“硬的”，Phyllous意为“叶片”），灌木层平均高度为1～2m，根系发达、叶片为革质、分枝低矮且不均匀。

地中海灌木林群系的典型植被介于灌丛林（地面覆盖度大于50%）和草地林（地面覆盖度25%～60%）之间。在美国加利福尼亚州，人们把这种常绿矮灌木林称作**查帕拉尔**（Chaparral，源于西班牙语*Chaparro*）（图20.20）。矮灌林包含的物种有熊果树、石楠、美国紫荆、美国滨枣、短叶紫杉、青刚栎、弗吉尼亚栎和可怕的毒栎。

与加利福尼亚查帕拉尔群落相对应的群落，在地中海地区被称为马魁群落（maquis），它包含的树种有弗吉尼亚栎、栓皮栎（软木树）、松树和橄榄树。在加利福尼亚和西班牙，栎树（又称橡树）稀树草原的整体景观具有相似性，见第10章图10.18。智利把这一区域称为玛窦群落（Mattoral）；在澳大利亚西南部称作桉树灌木（mallee scrub）。在澳大利亚，无论在哪一个桉树分布区，大部分桉树物种在形态和结构上都具有硬叶特征。

图20.20　地中海灌木林

注：地中海气候（夏干）条件下，加利福尼亚南部的灌木群落（Chaparral vegetation）。[Bobbé Christophherson]

如第10章中所述，由于亚热带水果、蔬菜、坚果及许多食物类（如洋蓟、橄榄、杏）只产于这一群系中，因此地中海气候对于商品农业来说十分重要。地中海灌木林群系中，大型动物包括食草动物（几种鹿）、捕食者（郊狼、狼和短尾猫）；另外还有许多啮齿类、小型动物及各种鸟类。

20.2.9　中纬度草原

在所有的天然生物群系中，**中纬度草原**（midlatitude grassland）是受人类活动改造强度最大的群系。这些地区通常是世界的"产粮基地"，盛产谷物（小麦和玉米）、大豆，还是畜牧产品基地（猪和牛）。图20.21展示了中纬度草原改造后的状况，人类在这些地区种植饲料和栽培作物。在这些地区，天然林只有落叶阔叶树种，它们沿河流分布或生长在其他限定的区域内。这些区域之所以称作草原，是因为这里在人类干涉之前，草类植物是优势植被：

> 在这项植被研究中，由于草是北美大平原的主要特征，同时也是它的历史标志，所以人们把注意力集中在草上。草是区别北美大平原与荒漠的可见特征。草类生长有它自己的天然生境，这就是位于树木与荒漠之间的过渡区……。北美大平原的历史就是草原的历史*。

在北美，高草草原上的草曾经达到2m高，分布范围向西延伸至98°经线附近；而矮草草原的分布更偏向西边的干旱区。510mm等降水量线大致位于98°经线上。该线以东地区较湿润，以西则较干旱（见第18章图18.19）。

由于气候原因，这些草原上的植物根系深且坚韧，这让第一批到来的欧洲移民吃尽了苦头。1837年，约翰·迪尔（John Deere）引进了"自冲钢犁（self-scouring steel plow）"。这种工具可以把交织在一起的草根层分离开来，从而为农业生产开垦出了大片土地。另外，还有一些创新发明也在该地区的开发和长途运输中起到了关键作用。例如，带刺的铁丝网（无树草原上的围栏）、宾夕法尼亚石油钻井公司开发的水井钻井技术、风车水泵和长途运输铁路。

中纬度草原群系中还残留了几块原始的高草草原和矮草草原。就天然高草草原而言，其覆盖面积已从1亿公顷减少到几块单个面积仅为数百公顷的片区。关于这些高草草原和矮草草原的天然原始分布区见图20.7。

除北美洲之外，阿根廷和乌拉圭的潘帕斯草原及乌克兰草原也是典型的中纬度草原

* Webb W P. 1931. The Great Plains, Needham Heights[M]. Boston: Ginn and Company.

群系。人类对全球各地区草原的开发和侵占程度已达到了临界点。

中纬度草原群系是大型食草动物的家园，如鹿、叉角羚、美洲野牛（后者在美国历史上几乎灭绝，见图20.22）。草原上的蝗虫及其他昆虫以草和农作物为食；还有囊地鼠、草原犬鼠、黄鼠、红头美洲鹫、松鸡、北美草原松鸡。食肉动物——郊狼、几近灭绝的黑足鼬及獾、食肉鸟类——鹰、秃鹫和猫头鹰。

（a）美国得克萨斯州的草场，干草收割后被轧制成草捆

（b）美国的艾奥瓦州，轮作休耕的农田（黑土）

图20.21　北美草原上的农业生产
[Bobbé Christopherson]

图20.22　草原上的美洲野牛
注：美国堪萨斯州的西部，大盆地草原野生动物保护区；嵌入图中的美洲野牛正在退毛。[Bobbé Christopherson]

20.2.10　荒漠

如图20.7所示，**荒漠群系**（Psammo-eremion/ desert biomes）分布面积占全球陆地面积的1/3以上。第15章中学习了荒漠景观，第10章学习了荒漠气候。本节将荒漠划分为两类：形成于副热带高气压区的**暖荒漠**和**半荒漠**（warm desert and semidesert），这里空气干燥、降水量低；分布于高纬地区的**冷荒漠**和**半荒漠**（cold desert and semidesert），副热带高气压对这里的影响全年不足6个月。

在生物如此丰富的地球上，荒漠作为一种独特区域而存在，突显了该群系的适应性。就像荒漠中的人群会因为供应短缺而争斗的行为一样，植物群落也会为了获得水分和优势位置而竞争。有些荒漠植物——如短命植物（ephemerals plant），等待降雨的过程长达数年。一旦发生降水，它们的种子就会快速萌发、生长、开花结果，繁殖出新的种子；然后进入休眠以等待下一次降雨。有些旱生物种的种子，只有当山洪暴发时，伴随下泄洪水冲击产生的翻滚颠簸，才会开裂萌发。当然，洪水也为种子萌发提供了必要的水分。

多年生荒漠植物为了适应荒漠的缺水环境，具有以下独特旱生特征：

■　长而深的主根（如：牧豆树）；

■　枝叶肉质多汁（肥厚多汁、具储水组织，如仙人掌）；

■　根系延伸范围很广，用来提高吸收水分的能力；叶片具蜡质膜和细绒毛，以减少水分散失；叶片早期脱落（如假紫荆树、墨西哥刺木）；

■　叶面反光，可以降低叶面温度；

■ 植物组织有异味，防止动物啃食。

石炭酸灌木（*Larreatri dentata*）萌生的根系分布很广，而且还向周围的土壤中释放毒素，以抵制其他种子的萌发，从而获得更多的水分。按照一种说法：当石炭酸灌木死亡后，周围的植物或萌发种子如果想要占据这块遗弃地，还需等到雨水冲掉这些毒素之后才行。

在热荒漠和冷荒漠中生存的动物都会受到极端条件的限制，包括原本不多的大型动物在内。然而骆驼是个例外，它即使失去占其体重30%的水分也会安然无恙（人类失水10%～12%，便有生命危险）。荒漠大角羊的种群分散，而且生活在人迹罕至的山区或偏远的地区，如大峡谷的岩石露头和悬崖峭壁上，而不是在这些地区的边缘带。因此为了重建大角羊种群，美国几个州正把它们向原始分布区转移。典型的荒漠动物包括：环尾猫、跳囊鼠、蜥蜴、蝎子和蛇。这些动物大都很隐秘，通常只在夜晚温度较低时才活跃起来。此外，还有适应了荒漠环境并能够从中获得食物资源的各种鸟类，如槲鸡、美洲嘲鸫、乌鸦、鹪鹩、鹰、松鸡和夜鹰等。

荒漠群系正在扩张，这在本书第15章的当今地表系统栏目中已讨论过。这种扩张过程就是荒漠化（Desertification）。当前全球范围内的干旱半干旱地区都存在荒漠化现象。

地球上的荒漠可划分为荒漠和半荒漠两大类别：荒漠是指具有广阔裸露地表的区域，而半荒漠是指地表覆盖有各种旱生植物的区域。这两大类别可进一步划分为：暖荒漠（warm desert，主要分布于热带和亚热带）和冷荒漠（cold desert，主要分布于中纬度地区）。

暖荒漠植被的变化范围可从几乎无植被的裸地，到大量丛生的旱生灌木、肉质多浆植物区域，直至荆棘林地。例如，美国亚利桑那州南部的索诺兰荒漠南部地区（图20.23），就属于这种荒漠景观，它以独特的巨型仙人掌（carnegiea gigantea）为特征。若巨型仙人掌不受干扰，它能够长到数米高，寿命可达200年，50～75岁时才会第一次开花。

图20.23　美国索诺兰荒漠景象

注：亚利桑那州图森西部，索诺兰荒漠南部的典型植被（32° N；海拔900m）。[作者]

位于智利、撒哈拉西部、纳米比亚的几个亚热带荒漠，刚好沿海岸分布，并深受离岸冷洋流影响。这些荒漠地区会出现夏雾，雾水为这里的动植物种群提供了必需的水分。

20.2.11　北极苔原和高山苔原

北极苔原（arctic tundra）分布于北美和俄罗斯的最北部，并以北冰洋为其北部边界；而南部边界一般来说以最暖月份的10℃等温线为界。这里全年昼长季节变化很大，从近于连续的白昼（极昼）到连续的黑夜

（极夜）。除阿拉斯加和西伯利亚的一部分区域外，该地区在整个更新世冰期间都被冰体覆盖。从气候变化方面来看，在过去的几十年里，这一地区的温暖化速率要比地球其他地区高两倍，见图10.24和图17.23～图17.27中的照片及相关讨论。关于全球变暖对这一地区的动植物、多年冻土、土著居民，以及城镇、冰川海冰、海水盐度等方面的影响，正是科学探究的热点课题，也是2009年3月国际极地年确定的科学研究主题。

北极苔原群系位于苔原气候区。冬季这里在极寒冷的极地大陆性气团、北极气团和高压稳定反气旋控制下，天气寒冷而漫长；夏季凉爽而短暂，植物生长期仅有60～80天，而且随时可能出现霜冻。在这些平坦无树的地带，植被非常脆弱；在土壤发育不良的冰缘地表之下还有多年冻土层。夏季，仅地表冻土层发生融化，地面由于排水不良而变得泥泞，植物根系只能伸入到地表解冻的深度，通常约1m深。在冰缘地区，地表形态取决于冻融交替作用，这种作用形成了第17章中所讨论的冻土现象。

苔原植被是由低矮的地面草本植物（如莎草、苔藓、北极草甸草、雪地衣），以及一些木本植物（如矮柳）组成的（图20.24）。由于植物的生长期短，一些多年生植物在第一年夏季产生花蕾，到第二年夏季才开花授粉。苔原上栖息的动物有麝牛、北美驯鹿、驯鹿、野兔、雷鸟、旅鼠及其他小型啮齿类动物；而它们又是大型食肉动物的重要食物资源，这些肉食动物包括狼、狐狸、鼬鼠、雪鸮、北极熊，当然还有蚊子。苔原还是大雁、天鹅等水鸟的重要繁殖地。

高山苔原（alpine tundra）与北极苔原相似，苔原之所以能在低纬地区形成是因为这里分布着高海拔的山脉。该群系通常位于林木线以上，在高于林木线以上的区域，树木不能生长。在南北半球，离赤道越近的地方，林木线的海拔也越高。高山苔原群落分布于赤道附近的安第斯山脉、怀特山脉和加州山脉，还有美国和加拿大的落基山脉、阿尔卑斯山脉，非洲的乞力马扎罗山、中东和亚洲的高山区。

（a）苔原上的苔藓，背景是一个羊背石岩体，其形态表明冰川曾经从左向右移动

（b）北极寒冷气候区的苔原上生长着草本、苔藓和矮柳，呈现出翠绿繁茂的景象

图20.24 北极苔原植被

[Bobbé Christopherson]

高山草甸植被是由禾本科植物、一年生草本（小型植物）、低矮灌木（如柳、石楠等）等构成的。高山地区常常多风，因此这里许多植物都有被风“修剪”过的外观形态。多年冻土环境中也分布有高山苔原，这里的典型动物有野山羊、大角羊、马鹿和田

鼠（图20.25）。

由于苔原群系的生产力非常低，所以它也十分脆弱。例如，车辆行驶、水电工程和矿产开发等留下的破坏痕迹，可在苔原上存留数百年。伴随持续的开发活动，该地区还将面临更大的挑战，如石油泄漏、污染等其他破坏。

在阿拉斯加北坡的北极国家野生动物保护区（Alaskan National Wildlife Reserve, ANWR）内，有关石油勘探开发的计划仍在继续。美国地质调查局的一项评估披露：北极保护区内沿岸平原的地下油气资源，可能储藏于许多小型油层内。如果开采这些石油，将会改变保护区的景观。然而建议开采这些化石燃料的政治和企业压力一直连续不断。

这片位于北极圈以北的原始荒野，北端边界是波弗特海，并与加拿大育空领地相邻（图20.26）。保护区内养育着北美驯鹿、北极熊、灰熊、麝牛和狼，大约共有20万只，而且每年有几十万只大型动物迁徙。因此，有些人把它称为“美国的塞伦盖蒂”。在该保护区内，第1002号海岸区占地面积约60万公顷，这里不但拥有潜在的油气资源，而且还是马鹿和北极熊的重要栖息地（见http://energy.usgs.gov/alaska/anwr.html）。当前，是否禁止石油开发的争论仍在进行中（见http://justice.uaa.alaska.edu/rlinks/environment/ak_anwr.html）。

图20.25　高山苔原景象

注：美国科罗拉多州的埃文斯山附近，海拔3 660m的高山苔原上，野山羊正在啃食牧草。[Bobbé Christopherson]

图20.26　北极国家野生动物保护区

注：美国阿拉斯加州的北极国家野生动物保护区，夏季迁徙中的驯鹿群；你认为该区域应该进行石油勘探开发，还是继续作为原野保留区呢？[Nature Picture Library]

地学报告20.3　北美驯鹿群

波丘派恩驯鹿群（Porcupine caribou）是苔原上的一种驯鹿种群，栖息于美国阿拉斯加州、加拿大育空地区及西北领地。大多数鹿群于6月初迁徙到阿拉斯加州的沿海平原上产仔。产仔区域面积虽然不大，但仍有80%～85%的鹿群年复一年来到这里。这些地区禁止石油勘探，因为石油开发会给北极野生动物带来灾难。然而开放保护区的巨大政治压力一直存在，推翻油气勘探禁令的激进运动也很活跃。

判断与思考20.3　气候转变假设分析

现在到了本章结尾时刻，可以做一些练习了。利用图20.7（生物群系）、图10.8（气候）、图10.5和图9.6（降水量）、图8.4（气团），再结合图上的比例尺，请你思考如下假设：如果美国和加拿大的气候区边界向北移动500km；换句话说，把北美区域向南移动500km来模拟气候类型的转变。这种情景下，从得克萨斯州穿过美国中西部到加拿大草原，沿途的气候将会发生怎样的变化。如果是从纽约穿过新西兰到加拿大沿海诸省呢？请你分别阐述你的分析结果。这些生物群系将会发生什么变化？经济将会出现怎样的混乱和再分配问题？对于世界其他地区，比如澳大利亚向南移动500km，想象一下气候变化的结果——气候类型和生态系统将会怎样重新布局。

地表系统链接

本章讲述的10个生物群系把地球上所有的生态系统都概括到具体的分布区内。我们已了解了生物圈的分布模式和生物多样性。然而，真正的问题是生物多样性的保护，还有气候变化对群落、生态系统、生物群系的影响。在研究这些变化时，自然地理学和地球系统科学占有重要地位。下一章是本书内容的一个简短的价值观的总结，即提出相关的关键问题，讨论今后的前进方向。

20.3　总结与复习

■　**描述动植物生物地理大区的概念，详述生态过渡带和陆地生态系统的定义。**

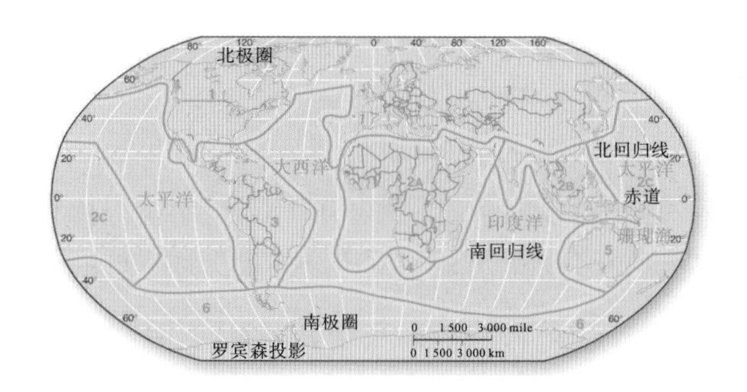

在地球生态系统中，自然环境因子之间的相互作用决定了动植物群落分布及其生物多样性。动植物**生物地理大区**是指物种群组进化的地理区域。这种划分是对各类动植物分布区和陆地生态系统广义分布模式认知的一个开端。**生态过渡带**是指相邻生态系统之间的边界过渡带。**陆地生态系统**是指由动植物及其非生物环境构成的一个能够自我维持的集合体。具体的生活型包括：乔木、藤本、灌木、草本、苔藓、附生植物（离开地面，生长于其他植物之上的植物），以及原植体植物（没有真正的叶、茎、根，包括细菌、真菌、藻类和地衣）。

生物地理大区（677页）
生态过渡带（678页）
陆地生态系统（678页）

1.从本章开篇“1874年……”开始，再阅读一次文中所引用的一段话。对于森林和生态系统的前景，经历了哪些认知过程？未来的方向是可以调控的吗？是可持续吗？请解释。

2.什么是生物地理大区？按照植物类型，怎样对全球植被进一步划分？植物生活型名称有哪些？

3.描述两种生态系统之间的过渡带。生态过渡带有多宽？请解释。

■ **详述生物群系的定义，举例说明植物形态类别是群系内植物群落的基础。**

生物群系是指以特定动植物群落为特征的、大而稳定的生态系统。因为优势植被最容易识别，因此生物群系以优势植被命名：森林、稀树草原、草原、灌丛、荒漠、苔原。生物群系可再划分为许多具体的植被单元，即**植物形态类别**（formation classes）。植被根据结构和外观被定义为：雨林、针叶林、地中海灌木林、北极苔原等。

生物群系（679页）

植物形态类别（formation classes）(679页)

4.给出生物群系的定义，它命名的基础是什么？

5.作为空间分类的基础，植物形态类别(formation classes)与生活型定义有何不同？

■ **阐述本地物种与外来物种之间的区别，举例详述外来物种对群落的威胁。**

人类有意或无意地引入一些其他地方的物种，这些物种可能会对群落、生态系统和生物群系产生影响。这些非本地物种称为外来物种或外来种。有些外来物种可能会对本地生态系统产生破坏，而变成**入侵物种**。

入侵物种（679页）

6.列举书中描述的几个外来物种，阐述它们对天然生态系统的影响。

7.特里斯坦-达库尼亚群岛水域发生了什么事件？为什么这个话题先是在第6章介绍，然后又在本章继续追踪讨论？这两章之间有何联系？特里斯坦海洋生态系统可能会遭受什么经济损失？

■ **叙述10个主要陆地生物群系，并在世界地图上找到它们的分布位置。**

生物群系作为地球上的主要生态系统，每个群系都以其优势植物群落来命名。10个主要的生物群落概括了为数众多的植被形态类别。理想状态下，群系代表的是自然植被成熟阶段的群落。事实上，世界上很少有未被干扰过的生物群系，因为大部分群系都受到了人类活动的改造。许多动植物群落目前正处于加速变化阶段，有可能会在我们这一代发生重大转变。

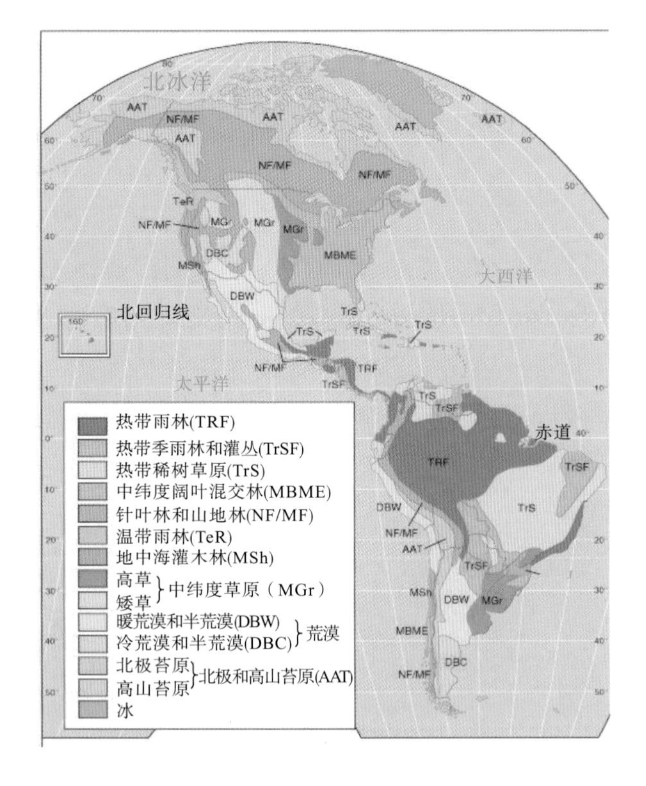

关于全球10个主要陆地生物群系及其植被特征、土纲、气候类型命名、年降水量变幅、温度模式和水量平衡特征的总括，请参照表20.1进行复习。

热带雨林（681页）

热带季雨林和灌丛（687页）

热带稀树草原（热带萨瓦纳）（688页）

中纬度阔叶林和混交林（691页）

针叶林（692页）

北方针叶林（692页）

泰加林（692页）

山地林（693页）

温带雨林（694页）

地中海灌木林（695页）

查帕拉尔（695页）

中纬度草原（696页）

荒漠群系（697页）

暖荒漠和半荒漠（697页）

冷荒漠和半荒漠（697页）

北极苔原（698页）

高山苔原（699页）

8. 在表20.1和图20.7的全球分布图中，任选两个生物群系，首先对每个群系植物特征、土壤、水分、气候及其空间分布的联系进行调查，然后对比二者之间各项特征的差别。

9. 描述赤道和热带雨林。为什么在雨林地面生长的植物很少？为什么采伐特定树种的作业很难开展？

10. 雨林采伐存在哪些问题？雨林面积减少会对生物圈其他组成部分有什么影响？雨林面临着哪些新的威胁？

11. 请解释卡廷加（Caatinga）、查科（Chaco）、布内加鲁（Brigalow）和多刺高灌丛（Dornveld）的含义。

12. 描述火因子及火生态学的作用，以及它对热带稀树草原、中纬度阔叶林和混交林群系有什么作用？

13. 除南半球山区以外，其他地方为什么看不到北方针叶林群系？在北半球，针叶林分布在什么地方？这与气候型有什么关系？

14. 地球上的最高树木存在于哪种生物群系中？以低矮植物、地衣和苔藓为优势植物的群系是哪一种？

15. 在地中海气候（夏干）环境下，哪种植被类型占优势？描述这些植物的适应特征。

16. 就北美草原而言，98度经线有何重要意义？哪些发明让人类具备了开垦草原的能力？

17. 荒漠群系中的植物有哪些独特适应特征？

18. 什么是荒漠化（见第15章和第20章）？阐述荒漠化的影响。

19. 哪种物理风化过程与苔原群系有特殊关系？苔原上有哪些动植物类型？

■　**结合几个生物群系实例，阐述人类对它们造成的现实及潜在影响。**

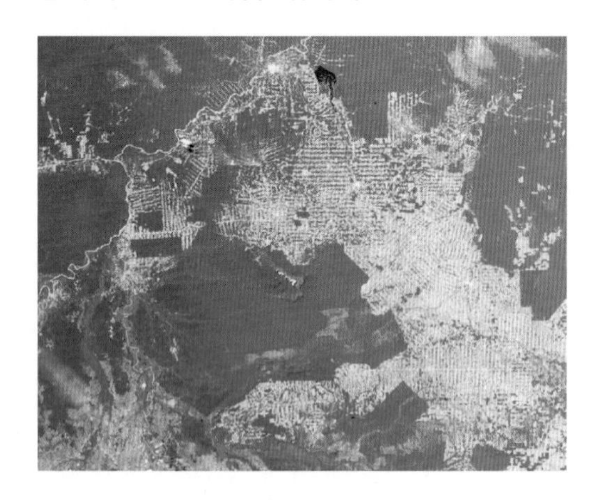

热带雨林正在遭受快速采伐。由于雨林是地球上生物多样性最为丰富的群系，而且对气候系统也十分重要，所以这种砍伐活动倍受公民、科学家和各个国家的关注。针对全球大多数主要生物群系，为了在其仍还存留的典型区域内设立保护区，世界各国正在不断努力。与隔离生态系统密切相关的**岛屿生物地理学**原理，对建立生物圈保护区具有重要意义。岛屿群落由于空间上的独立性和物种数目不多，因而成为特殊的研究场所。

岛屿生物地理学（690页）

20. 岛屿生物地理学与生物圈保护区有什么关系？描述生物圈保护区及其目标？

21. 将图20.7中的陆地群系分布与本书内封面四的合成卫星影像进行比较。你能说出生物圈夏季景象与群系分布之间的关联吗？

22. 你对ANWR有何评价？利用互联网中的可靠资源，了解当前进展状况，如果终止对它的保护，对第1002号区域进行油气资源开发，你有何看法？

23. 作为气候变化影响的例子，在第19章当今地表系统中对美国伊利诺伊州的气温和降水进行了跟踪。你认为这种气候变化对美国及其他国家的生物群系有什么影响？

掌握地理学

访问https://mlm.pearson.com/northamerica/masteringgeography/，它提供的资源包括：数字动画、卫星运行轨道、自学测验、抽题卡、可视词汇表、案例研究、职业链接、教材参考地图、RSS订阅和地表系统电子书；还有许多地理网站链接和丰富有趣的网络资源，可为本章学习提供有力的辅助支撑。

第21章　地球资源与人口增长

波多黎各雨林的高速公路已成为地球上一种以人类作用为主导的地貌单元。

重点概念

阅读完这一章，你应该能够：

- **回答**卡尔·萨根（Carl Sagan）的问题："谁来为地球代言？"
- **描述**人口增长，**推测**人口增长未来的可能趋势。
- **联系**美国和加拿大的能源消费模式，**分析**"沾满油污的水鸟"事件。
- **列举**并讨论21世纪的12个范例。
- **评估**你所在地区的生物圈，**阐明**它与地球系统的联系。

当今地表系统

从太空看地球和人类

纵观历史，人地观念及人类观察地球的视角都在不断发展。毫无疑问，科技使人类有能力去影响地球系统。人们一度认为地球的运行和时钟一样，可以被拆分、控制，然后再组合。

直到20世纪下半叶，人类才认识到地球是一个由相关系统构成的巨大复合体。这个由协同作用形成的整体，其功能要大于各构成要素之和。有种观点甚至认为，地球的运行就像是一个有机体，能够自我维持、自我调节和新陈代谢——“盖亚假说”的一部分。

20世纪50～60年代，人类迎来了太空时代，开始在低轨道上发射卫星和航天器。随着卫星搭载能力的巨大提升，人们提出了1970年前登上月球的目标。科学家和哲学家都开始推测，人类第一次从遥远的太空看到地球景象后，将会产生怎样的影响，社会对此又会有何反应？人们看到地球孤立地处于太空中，会产生怎样的文化冲击？由于重力引力，人类的活动范围被限定于地球表面；然而当我们从遥远的地方看到地球时，可能会不知所措，因为人类没有经验和心理准备。

1968年发射的阿波罗8号进行了绕月之旅。在航行中，宇航员拍摄了地球的照片（图21.1）。从此人类得到了地球的太空照片，另外三个宇航员也讲述了他们的所见和感受。

几个月后，阿波罗9号在太空轨道上对登月系统进行了全面测试。由于美国宇航局（NASA）发现一些工具存在问题，当时正在太空行走的宇航员拉斯蒂·施韦卡特（Rusty Schweickart）不得不停止工作。漂浮中的宇航员在几分钟的等待时间里向下方望去，首先映入眼帘的是地中海，然后是中东地区。在轨道上漂浮的这段时间里，下面“无边无界”的世界给他留下了深刻印象。

图21.1　地球的第一张太空照片

注：1968年12月21～27日，阿波罗8号飞行于地球和月球之间，并在月球轨道上成功地绕月球运行了10圈。宇航员看到了地球从月球表面冉冉升起的景象。［NASA］

回到地球后，拉斯蒂·施韦卡特发表了许多演讲，讲述了他从宇航员或从人类的角度获得的体验。1987年，他在《Discovery》杂志中发表文章写道：

> 飞行于太空中，我开始庆幸自己与地球的紧密联系，以及生命进化过程发生在宇宙中的这一特定角落。我认识到自己其实是一场大型神秘舞会的一部分，这个舞会的结局在很大程度上取决于人类的价值观和行为。

1977年，两艘旅行者号航天器先后发射至外太空，如今它们已远远超出了太阳系的空间范围，但它们仍然在向地球发送遥测信号。在航天器上的相机发送的影像中，“淡蓝色的光点”就是人类生存的地球。

2006年，卡西尼–惠更斯号航天探测器对土星及其多颗卫星进行了探测。科学家通过对探测器的遥控，使它转到土星的背光一侧，拍摄到地球上从未见过的土星光环（图21.2）。影像中，土星左侧光环之内的小亮点（见箭头）便是我们的地球！我们本书中学习的内容，以及试图认知的全部问题都集中在这个小亮点上。

图21.2 从土星上拍摄的地球景象

注：卡西尼–惠更斯号航天探测器一次美妙的抓拍，影像中的地球是一个淡白色小点；拍摄距离大约12.3亿km，拍摄时间（地球时间）2006年9月19日。［NASA/JPL］

2010年5月，美国宇航局发射的围绕水星运行的信使号航天探测器距离地球1.83亿km。信使号航天探测器的广角相机捕捉到了一幅地球和月球的景象，它们由于日照反射而显得分外明亮（图21.3）。

图21.3 水星上拍摄的地球景象

注：信使号航天探测器在水星轨道上看到的地球和月球。［NASA/JPL］

也许你会问，从太空看到的这些地球景象会对我们的社会和文化产生怎样的影响？这些景象能否揭示人类与地球系统的联系？

我们通过自然地理学和地球系统科学一起完成了地球学习之旅。在本书地表系统的学习旅程中，你对地球家园的看法是否有所改变呢？或许你可以找一幅有趣的地球图片，把它打印出来并摆在房间里来提示自己。

我们正处于21世纪的第三个十年里。对人类来说，21世纪将是一个充满风险与挑战的世纪，因为我们正在对地球的生命支撑系统进行一场前所未有的试验。你一生的大部分时间都在21世纪度过，你会做哪些准备和“未来思考”以应对将要发生的一切呢？

自然地理学视角是本书的关键要点。我们研究地球的众多系统：能量、大气圈、风、洋流、水、天气、气候、内力和外力系统、土壤、生态系统和生物群落等。正如本书描述的那样，我们可以从更深入的角度来观察和研究地球。

自2000年11月以来，国际空间站（International Space Station, ISS）一直在350～400km高空（热成层顶部）的地球轨道上运行。该站是16个国家共同完成的科学研究站。这个在地球轨道上运行的人造天体，长44.5m、宽78m、高27.5m（图21.4）、重达

455t，能容纳130多名宇航员和科学家在其$392m^3$的密闭空间中工作（大约相当于一架波音747大型喷气式飞机的体积）。2010年10月11日，国际空间站完成了第68 176圈的轨道运行。

图21.4　地球轨道上的国际空间站远景

注：本图是2010年春季向下看到的国际空间站。国际空间站于2000年11月开始科学工作，它以每小时28 000km的速度运行在地球轨道上，绕地球一圈耗时为91.6分钟，一天可绕地球运行15.7圈。［NASA］

数百个已经完成的或正在进行的科学调查和实验，都是通过ISS独特的太空环境来进行的，以此帮助人类更好地认识地球和生命系统。空间站上所有维持生命的物资都来自地球：水循环和水净化技术满足了大部分供水需求量；氧气由水的电解作用生成或通过压缩氧供给；巨大的太阳能电站保障了电力供应；由于没有植物，我们必须把CO_2从宇航员呼吸的空气中分离出来。详细信息，见http://www.nasa.gov/mission_pages/station/main/index.html。

这种探索启发我们对自己——地球上数量最多的大型动物智人进行审视。已故天文学家卡尔·萨根（C. Sagan）在他1980年出版的专著《Cosmos》及播放的电视节目“宇宙（Cosmos）”中问道：

> 该如何来描述人类对地球应尽的职责？我们听说过超级核大国提出的原则，我们也知道是谁为国家而说话，但谁来为人类说话？谁来为地球说话呢？*

有谁能够真正地为地球说话？我们也许会说：“可能就是我们的自然地理学家，以及一些研究地球并了解全球生态系统运作的科研人员”。然而，有人可能会说，“技术、环境政策及科学之外等方面会对未来的问题予以考虑，而你们的工作仅仅是研究地球的运作过程”，这似乎让我们失去了发言人的角色。

现实中，世界上较发达的国家（MDCs）通过经济上的主导地位成为欠发达国家（LDCs）数十亿人民的代言人，地球上的这种差距是难以理解的。在传统生活模式下，人类的命运可能远离于金融资本。然而，经济之外的现实状况是：西伯利亚这片偏远的土地与阿根廷潘帕斯草原、北美大平原及帕米尔高原之间，是通过地球系统连接在一起的。

从这个意义上看，可以把地球比作一个太空站或宇宙飞船。登上国际空间站的宇航员们，他们每个人的生命和生存都紧密地相互依存。同样，我们人类也通过地球系统相互联系在一起。公共组织日益提升的全球环保意识促使各国政府不断加入到行动中来，公民也更期望环境保护和公共卫生的发展优先于经济利益。

认知地球上不同系统之间的联系是本书要解决的问题。人类现在知道了全球自然和生命系统之间的联系，明白了生命网络中某个地方的运动为何会影响其他地方的变化。阅读各章开篇当今地表系统中跨越本学科的21个案例研究，下面回顾一下这些应用主题的评论（表21.1）。

* Sagan C. 1980. Cosmos[M]. New York: Random House.

表21.1 当今地表系统专栏中的主题回顾

第Ⅰ篇——当今地表系统：
1. 美国四角州地标的精确位置到底在哪？
2. 追逐太阳直射点
3. 人类仿制地球大气
4. 是否应该限制北极航运的发展？
5. 温度变化对圣·基尔达岛索厄羊的影响
6. 洋流带来的入侵物种
第Ⅱ篇——当今地表系统：
7. 湖泊提供了气候变暖的重要信号
8. 锋面上的极端天气
9. 美国西南部的水量平衡与气候变化
10. 大比例尺地图上的波多黎各气候类型
第Ⅲ篇——当今地表系统：
11. 地球磁极的移动
12. 圣·哈辛托断层的关联性
13. 田纳西州发电厂的人为块体运动
14. 华盛顿州艾尔华河大坝的拆除与鲑鱼保护
15. 全球环境问题：荒漠化与政治行动
16. 拉福什缓流区的往昔
17. 全球变暖对冰架和入海冰川的影响
第Ⅳ篇——当今地表系统：
18. 高纬度地区土壤的温室气体排放
19. 气候变化引起的物种迁移
20. 特里斯坦-达库尼亚群岛的物种入侵
21. 从太空看地球和人类

21.1 人口数量

人类的影响无处不在，可以把人类的全部影响看作是一个分数的分母，其分母决定了一个整体可以划分的份数。人口数量及资源需求的增长会加重对地球的影响，这表明地球系统必须进行某种程度的调整，因为地球上剩余的资源量是相对固定的。

1999年，地球上的人口数量超过了60亿，并且以每年83.4百万人口的速度增长，截至2016年新增加了14.18亿人口。如今，地球上的人口已超过了地球漫长历史中的任何时期，他们不均匀地分布在192个国家和地区。事实上新增人口数量全都发生在欠发达地区（LDCs）。2016年，这些地区的人口数量占总人口的83.09%，约有61.64亿人。纵观人口增长的发展历史，再新增10亿人口数量的时间间隔会更短（图21.5）。2012年地球上的人口约为70亿。

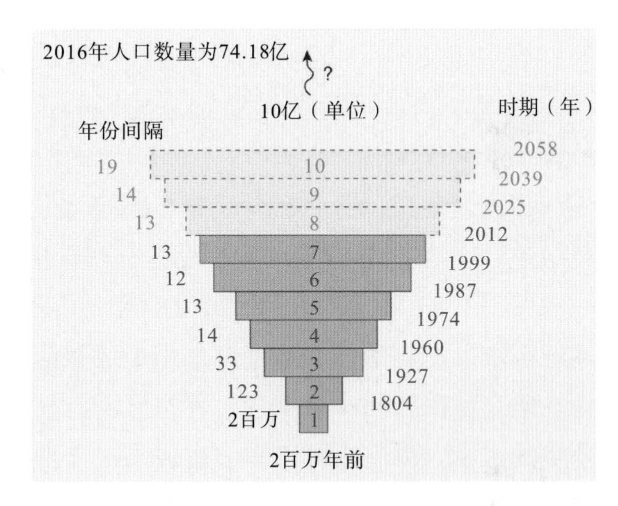

图21.5 人口数量增长

注：每增长10亿人口所需的年数缩短。如果采取政策措施，这种增长速度会在21世纪减缓。人口预测指出2012年人口可达到70亿。

2016年仅仅两个国家的人口就占到地球总人口的36.5%（18.58%在中国，17.92%在印度，合计27.07亿人口）。此外，我们仍处于成长型人口结构的时代，大约年龄在15岁以下的人口占26%（引自：2016年美国人口资料局的数据，参见：http://www.prb.org；以及美国人口普查局的数据，参见：https://www.census.gov/popclock/）。

如果只考虑人口数量，发达国家不存在人口增长问题。事实上，一些欧洲国家呈现的是负增长或近于零增长。然而，发达国家的人口对地球造成的影响更大，带来影响危机。下面这个方程式可以解释这种影响：

$$I=P\times A\times T$$

其中，I是地球所受影响，P是人口数量，A是富裕度（即人均消费量），T是科技或单位产品的环境影响度。

美国和加拿大的人口数量约占世界的5%，但它们创造的生产总值占全球的24.7%以上（2009年，美国和加拿大分别为14.2万亿和1.3万亿美元），同时两国的人均能源消耗量是拉丁美洲的7倍、亚洲的10倍、非洲的20倍。因此说，发达国家对地球系统、自然资源及当前可持续发展状态的影响很关键。

个人“足迹”这一概念是指生态足迹、碳足迹、生活方式足迹。这些足迹考虑了科技水平、个人财富（方程式中的A和T）对地球系统的成本消耗。足迹评估虽被大幅简化，但它可以明确一个概念：你自己对自然环境的影响，你甚至可以作一个评估——假如每个人的生活方式和你一样，那么得需要多少个地球才能维持这样的消费水平？作者每个月都会计算自己的碳足迹并尽可能地把这种影响最小化。互联网中有许多链接可帮助计算出“个人足迹”，列举如下：

http://www.carbonfootprint.com/calculator.html；

http://www.ucsusa.org/publications/greentips/whats-your-carb.html；

http://www.nature.org/initiatives/climatechange/calcula-tor/；

http://www.epa.gov/climatechange/emissions/ind_calcu-lator.html；

http://coolclimate.berkeley.edu/。

21.2　沾满油污的鸟

在野生动物身陷油污的一系列事件中，乍一看，似乎是由技术问题引起的。海洋中运输油轮发生破裂，造成石油泄漏，石油随洋流漂向海岸，污染了沿岸的海域、沙滩，并沾满动物身上。对此，关爱环境的公民开始行动起来，尽最大可能来挽救遭到破坏的环境（图21.6）。事实上，石油泄漏的真正问题远远超过事件本身。就沾满油污的鸟类、能源的供需及正在变化的全球气候而言，它们之间在空间和系统上存在着哪些联系呢？

图21.6　沾满油污的水鸟

注：在阿拉斯加州的威廉王子海峡，由于埃克森·瓦尔迪兹号油轮泄漏，一只北美鸊鷉浑身沾满了油污。［Geoffrey Orth/SIPA出版社］

1989年，一个海面平静、天气晴朗的日子，在美国阿拉斯加海岸以南的威廉王子海峡，由埃克森公司运营的一艘超级单体油轮——埃克森·瓦尔迪兹号撞上了暗礁，泄漏了4 200万升石油。石油泄漏只用了12个小时，然而要把它们彻底清理干净却是永远不可能的。清理费用加上个人赔偿超过了150亿美元。科学家至今仍在寻找残留的有害油污。这次事件的结果是：超过2 400km长的敏感海岸线遭到毁灭性破坏，还有3个国家级公园，以及8个保护区受到了影响（图21.7）。

这次事件导致大量动物死亡：至少有5 000只水獭死亡，约占水獭栖息数量的30%；大约30万只鸟和无数的鱼、贝类、植物及水生微生物被毁灭。幸存的鱼类中还出现了亚致死效应，即突变。太平洋的鲱鱼和麻斑海豹数量仍在明显减少；其他的物种正在恢复之中，如白头鹰和崖海鸦。20多年过去了，岩石下的淤泥和沼泽土中仍有油污残留。

眼下的重要问题之一是清理水鸟身上的油污，这体现着国家和国际社会在地理空间上的长远眼光。然而在寻找解决问题的答案时，漂浮的油污染事件却仍在发生。全世界平均每天发生27个类似事件，一年达10 000件，其中灾难性的事件就有数次。1970年至今，已有50多次与埃克森·瓦尔迪兹号泄油事件规模相当的，甚至规模更大的泄油事件发生。除海洋上的石油泄漏外，每年汽车润滑油的不当处理所产生的影响已超过了所有的油轮泄漏事件影响的总和。

2010年发生了美国有史以来最大的石油泄漏事件，每天有5万～9.5万桶石油从海底油井中喷发出来，并持续了86天；每4天的泄漏量就相当于1989年埃克森事件泄漏的总量。然而，就连泄漏石油的扩散速率前后报告不一致，这与肇事公司为了逃避经济惩罚掩盖泄漏真相的行为有关。深达1 600m的“深水地平线钻井（Deepwater Horizon Well）”是人类尝试的最深钻井之一，目前还有很多技术有待测试或探索。根据图21.7中地图上的阴影区域，请比较一下墨西哥湾和阿拉斯加的泄油事件的影响范围。科学家

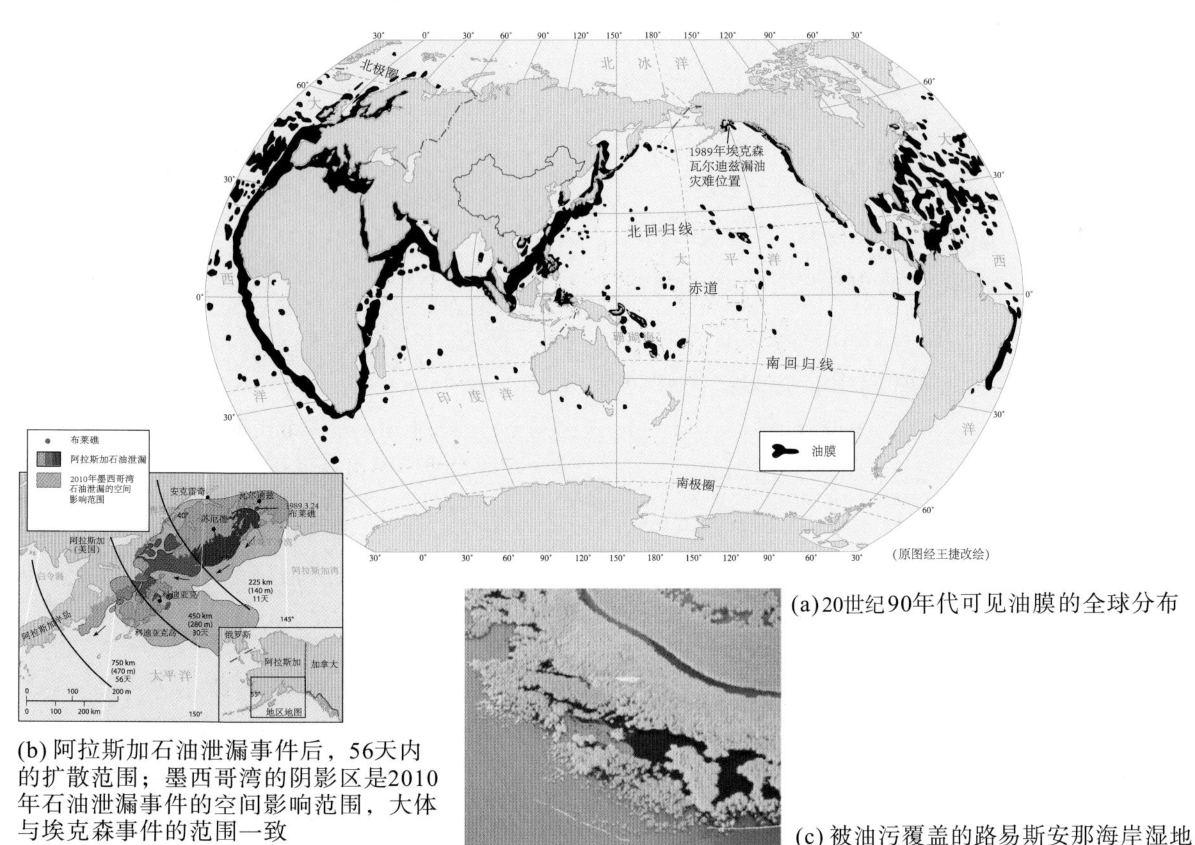

(a)20世纪90年代可见油膜的全球分布

(b) 阿拉斯加石油泄漏事件后，56天内的扩散范围；墨西哥湾的阴影区是2010年石油泄漏事件的空间影响范围，大体与埃克森事件的范围一致

(c) 被油污覆盖的路易斯安那海岸湿地

图21.7 影响全球的石油泄漏事件，1989年埃克森·瓦尔迪兹事件与2010年的灾难

［(a)资料：经济合作与发展组织；(b)和(c)NOAA］

们正在从各方面分析石油泄漏造成的影响，以确定它们在墨西哥湾、湿地和海滩上所产生的生物效应。他们将会发现什么，恐怕还有很多未知数。

全球石油泄漏事件的直接危害是造成野生动物中毒和死亡，但是事件涉及的问题远比鸟类死亡严重。基于本书的系统论方法，我们对于埃克森·瓦尔迪兹号事件和深水地平线钻井事件，提出以下几个基本问题：

■ 为什么问题首先出在油轮上？为什么要用有限的科技去钻探超深井？

■ 为什么向美国大陆出口大量的石油？对石油产品的需求是基于实际需求和高效系统的运行吗？有浪费和低效率现象吗？

■ 美国的人均石油需求量超过了其他任何国家。与其他国家相比，美国交通部门对轿车、卡车、运动型多功能汽车（SUVs）的耗油等级为什么不进行大幅改进？气电混合动力技术效果怎么样？

2007～2008年，随着油气价格的飙升，人们驾车的里程减少了。这是因为司机们调整了驾驶习惯——经济学中称作需求价格弹性原理。这表明节约与效率策略对降低个人需求发挥了作用。奇怪的是，这段时间里媒体或政治领域并不用“节约”一词。自然地理学的任务就是分析这些环境事件的空间属性，包括石油污染事件象征的反面案例，并通过地球系统把它们与全球变化联系起来。

21.3　21世纪的挑战

本书讨论的许多阈值可能会在你的生命历程中出现。许多新闻事件已经发出了变化信号。评估这一时期什么最重要，就是一次重要实践。20多年前，时代周刊把“年度行星”这一特殊称号给予了地球。今天看来，这期周刊对地球系统的分析和“激进”言论是一次有历史价值的讨论（图21.8）。时代周刊用了33个页面对自然地理和人文地理进行了介绍，重要的是还提出了积极的政治策略以供参考。然而，地球只是受到了短暂的关注，我们想知道的是：地球保护意识如何才能融入今天的全球发展计划中？在一个追崇流行文化的时代，还有类似的主题能成为时代周刊的封面吗？

图21.8　时代周刊的地球封面

注：20多年前，由于世界对环境影响的关注，让时代周刊一改60年来始终以杰出人物作为年度人物的风格，把地球作为“年度行星”作为封面。［（C）1989TimePix.；译者注：封面下面白色字体，意为“地球危机”］

为此我们可以得出结论：21世纪，人类似乎应当给自己列出一个需要密切关注的主题列表。这个列表包括：为何我们当前的某种思维不能发挥作用？哪些问题需要采用新方法来解决？范式（Paradigm）是指思考问题的标准方式，即“箱子里”的思考方式。

当我们面对新事物时，应该跳出过去的“箱子”，改变范式思维。在新世纪中，当我们面对这些核心问题（列出的12个主题没有主次之分）开展头脑风暴和讨论时，我希望能把这些范式作为思维变革的基本对象，以便提供更有用的思维框架。自然地理学和地理学科对于21世纪12个主题所涉及（或要求）的范式思维转变具有重要意义。

21世纪的12个范式：

1. 欠发达国家的人口增长；
2. 每个人对地球的影响（生物圈和资源；$I=P\times A\times T$），即个人的生态足迹和碳足迹；
3. 世界人口的供养；
4. 全球及国内财富和资源的分配不均；
5. 妇女和儿童的状况（健康、福利、权利方面）；
6. 全球气候变化（温度、海平面、海洋、海洋化学、天气和气候模式、疾病、生物多样性）；
7. 能源的供给和需求；可再生能源及其需求管理；
8. 生物多样性的损失（栖息地、基因库、物种丰富度）；
9. 空气、地表水（数量和质量）、地下水、海洋和陆地的污染；
10. 原始生态的保护（生态保护，生物多样性热点）；
11. 全球化与多样性文化；
12. 冲突的解决。

21.4　谁来为地球代言？

地理学的思维和教育方法对地球的正面作用不断增强，但人类社会仍在思想上和伦理上存有分歧。生物学家爱德华·奥·威尔逊（Edward O.Wilson）指出了这种分歧：

> 环境快速变化的这一事实，要求一种与其他信仰体系相分离的伦理。那些致力于宗教信仰——相信地球上的生命源于上帝创造的人们，渐渐承认人类正处于毁灭过程中，还有那些认为生物多样性源于自然进化的人们也有同样观点……。两种不同信仰立场的人们似乎最终都持同一种保守立场……。对于这些，最后的分析结果是，它们同属于道德范畴，而不是对结果进行理性分析后的良知发现。持久的环境伦理，其目的不仅是保护物种的健康和自由，而且还在于维护人类灵魂诞生的世界。*

理想的状态是人类共同维持地球系统。现在，你对本章开头提到的萨根问题有何想法？已故的卡尔·萨根问道：“谁来为地球代言？”他自己给出了如下答案：

> 我们对人类的起源开始深思：从恒星组成物质来反思恒星；通过10^{28}个有组织的原子集合来考虑原子的进化，并依赖它们来追踪漫长的时间旅程。因此，我们至少提升了一种意识——人类应忠诚于物种和地球。我们替地球代言。我们活下来的责任不仅仅是为了我们自己，也是为了古老而浩瀚的宇宙，而是因为人类诞生于此。**

*　Wilson E O. 1992. The diversity of life [M]. Cambridge, MA: Harvard University Press.

**　Sagan C. 1980. Cosmos[M]. New York: Random House.

判断与思考21.1 总结回顾

A. 你认为关于未来的科技、政策和思维会在科学课程上发挥哪些作用？

B. 评估人口增长问题：总人口、每个人的影响、未来计划。你认为还有哪些策略同样重要？

C. 根据本章的讨论，哪些全球性因素导致了埃克森·瓦尔迪兹号的油轮泄漏事件或墨西哥湾深水钻井事件的全球性危险？站在全球视角上，描述这类事件的复杂性。在分析中，需要了解供给侧（公司和公用工程）、需求侧（消费者），以及环境与战略因素；可是对于沾满油污的水鸟又怎么办呢？

D. 了解21世纪的12个范式后，对于应该添加或排除的主题或者扩大研究的范围，请你给出相关建议。为了突出你优先关注的问题和认知，可以根据需要重新安排和组织范式的议题，也可按照需求对它们的重要度进行重新排序。

E. 本章指出：对于人类所面临的问题，我们已经知道有很多解决途径，这些措施为什么没能够以更快的步伐来实施呢？

F. 谁来为地球代言？

地表系统链接

本书的作用如同通往自然地理学的桥梁一样，这次学习旅行，能为你导入更多的课程和学习内容。在21世纪剩下的时间里，愿你学习进步、一帆风顺！

愿我们都能认识到地球生态系统中人类空间的重要性，为我们自己，也为子孙后代，扮演好维持生命和地球可持续发展的角色。

掌握地理学

访问https://mlm.pearson.com/northamerica/masteringgeography/，它提供的资源包括：数字动画、卫星运行轨道、自学测验、抽题卡、可视词汇表、案例研究、职业链接、教材参考地图、RSS订阅和地表系统电子书；还有许多地理网站链接和丰富有趣的网络资源，可为本章学习提供有力的辅助支撑。

照片中：一只年轻的雄性北极熊捕食海豹之后，正躺在一块浮冰上降温，因为捕食过程导致其身体过热。［Bobbé Christopherson］

附录A　本书的地图和地形图

书中使用的地图

本书用了几种地图投影方式：包括古德等面积投影、罗宾森（Robinson）投影和米勒（Miller）圆柱投影。选择哪种地图投影取决于具体数据类型的表现效果。**古德等面积投影（Goode's homolosine projection）**是一种不对称的世界地图，由芝加哥大学古德（J.Paul Goode）博士于1923年设计，1925年首次用于Rand McNally古德地图集。古德等面积投影（**图A.1**）是两个椭圆形投影的结合体（等面积正弦投影）。

把两个等面积的投影拼接起来，以改进地图中的陆地形状。在40° N～40° S采用正弦投影，除中央子午线为直线外，其他所有经线绘制为正弦曲线（基于正弦曲线），呈等间距均匀分布。Mollweide投影，也称作相应投影（homolographic projection），被用于40° N～90° N和40° S～90° S，其中中央子午线是一条直线，其余经线为椭圆形弧线，呈非等间距平行分布——越靠近赤道间距越大、越靠近极地方向间距越小。把这两种投影技术相结合，使得面积大小关系得以维持，即使被大洋或大陆中断时，这种投影也能很好地维持空间映射分布。

本书中使用了古德等面积投影。例如，第10章中的世界气候图和区域气候类型图、地形区域图和陆盾分布图（图12.4和图12.5）、世界喀斯特分布图（图13.15）、世界沙区和黄土沉积分布图（图15.12，图15.14），以及第20章第5节中的陆地生物群系分布图。

本书还使用了另一种投影方式——**罗宾森投影（Robinson projection）**。它是1963年由亚瑟·罗宾森（Arthur Robinson）设计的（图A.2）。该投影既不是等面积投影，也不是正形投影，而是介于二者之间的折中方案。地图中南北极线段稍大于赤道线段的1/2，因此高纬处被放大的倍数低于其他椭圆形和圆柱形投影。本书中采用的罗宾森投影地图，包括第1章的纬向地理分带图（图1.15）和日净辐射地图（图2.12），第5章的世界温度分

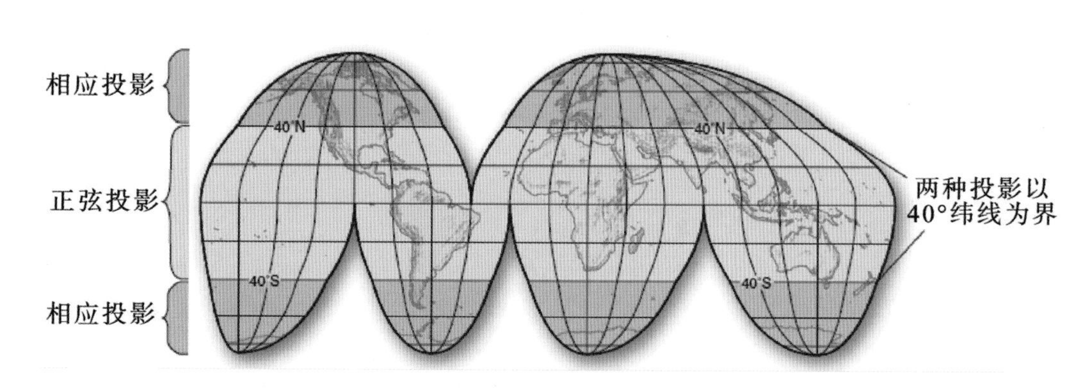

图A.1　古德等面积投影示意图

［芝加哥大学版权所有，芝加哥大学出版社提供］

布图（图5.20），第11章中关于地壳、火山、地震的岩石圈板块分布图（图11.19和图11.22），第21章的全球石油泄漏分布图（图21.7）。

另外，本书还使用了一种折中地图——**米勒圆柱投影地图（Miller cylindrical projection）**（图A.3）。本书中，该投影地图包括：世界时区图（图1.24），第5章的全球温度分布图（图5.15和图5.18），以及两幅全球气压分布图（图6.12），第18章的全球土壤和全球土纲分布图（图18.11）。这种投影方式既不反映实际形状，也不反映实际面积，而是一种折中方案，用来避免墨卡托投影方法产生的形状扭曲，常用于世界地图集。1942年，美国地理学会又提出了奥斯本米勒地图（Osborn Miller's map）投影。

地图测绘、矩形地图和地形图

穿越广阔的北美大陆向西开发，需要通过大地测量来绘制精确的地图以满足社会需求。人们利用这些地图来划分土地、导游、勘探、运输及选择定居点等。1785年，“美国公共土地调查系统”开始测量和绘制美国政府的土地。1836年由美国内政部土地办公室（Land Office）开始负责公共土地测量，直至1946年这一机构才被“土地管理局（The Bureau of Land Management）”取代。实际上，测绘准备和资料记录等任务落实在“美国地质调查局（USGS）”，即内政

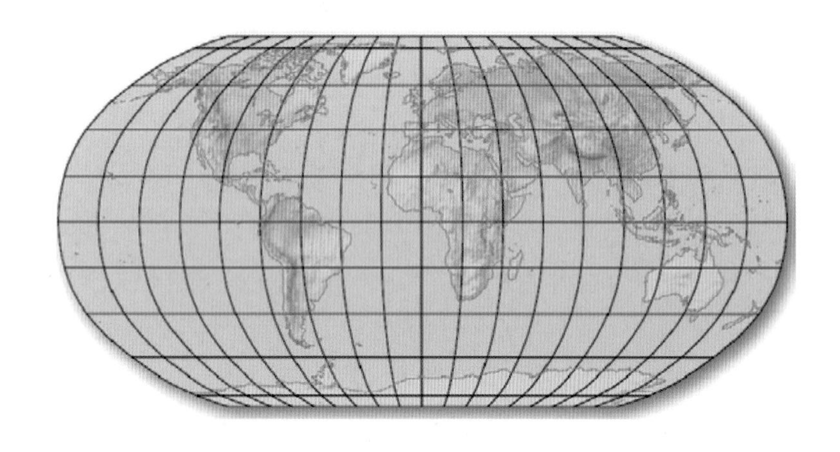

图A.2　罗宾森投影地图
注：采用折中投影绘制的地图，介于等面积投影与真实形状之间。［1963年，由H. Robinson提出］

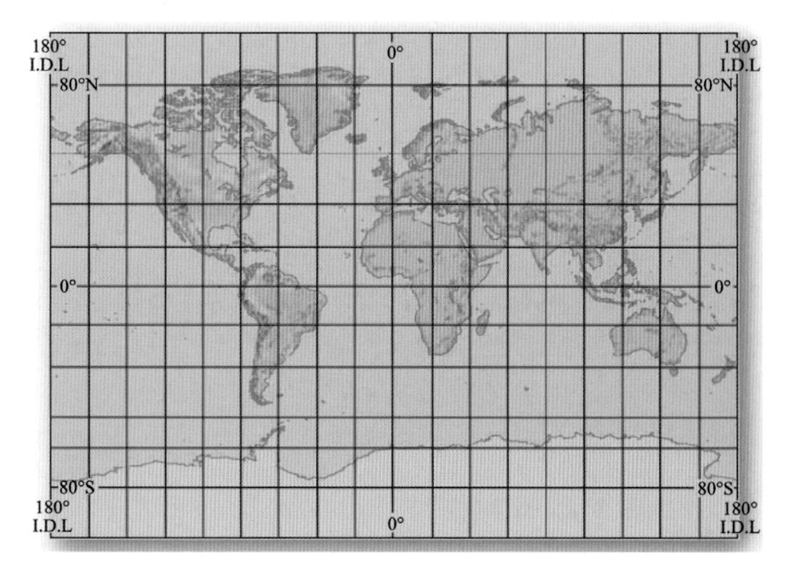

图A.3 米勒圆柱投影地图
注：采用折中方法绘制的地图，介于等面积投影与真实形状之间。［1942年，由美国地理学会的Osborn M. Miller提出］

部的一个分支机构（见http://www.usgs.gov/pubprod/maps.html）。

加拿大是由“国家资源部（National Resources Canada）”来负责国家测绘计划。加拿大绘制的地图包括：基础地图、专题地图、航空图、联邦地形图，还有加拿大国家地图集—— 已更新至第5版（见http://atlas.nrcan.gc.ca/）。

矩形地图

“美国地质调查局（USGS）”利用测量数据绘制了矩形地图（quadrangle map）。这一称谓源于这种地图具有四个直角边。地图中的四个角是纬度平行线与经度子午线的交点，而非行政区边界。矩形地图利用的是“阿尔伯斯等面积投影”方式，属于圆锥投影类型。为了提高这类基本地图的正形性（形状）和尺度精度，人们采用了两个标准纬线圈（记住：第1章的标准线就是投影锥和地球表面接触的纬线圈，其精度最高）。对于美国本土而言（“48° N以南”），标准纬圈为29.5° N和45.5° N纬线［注：图1.25（c）为阿尔伯斯投影］；而对阿拉斯加和夏威夷来说，其标准纬圈线则分别为55° N、65° N、13° N和18° N。

如果以1：24 000的比例尺来绘制一张美国地图，其幅宽将超过200m，这就要求我们必须依据某种规则，把地图分割成方便使用的图幅大小。因此，基于经纬度坐标发展而来的矩形地图应运而生。注意：这些地图并不是精准的矩形，因为越靠近两极，经度线越收敛。当你向北移动时（极地方向），矩形地图的宽度明显变窄。

出版的矩形地图有不同系列，各种比例尺的地图涵盖不同的地表区域。如图A.4所示，每个系列都标注有“角度参数”，变化范围从1° ×2°（比例尺1：250 000）至7.5′ ×7.5′（比例尺1：24 000）。地图各边边长为1/2°（30′）的称作30′ 矩形地图；各边边长为1/4°（15′）的称为15′ 矩形地图（1910～1950年USGS的标准尺度）；而边长为1/8°（7.5′）的地图——7.5′ 矩形地图，则是USGS制作最广泛的地形图，也是1950年以来的标准尺度。这些年来，有关详细地图及大比例尺地图标准的进展，反映了更为精细化的地理数据和测绘新技术。

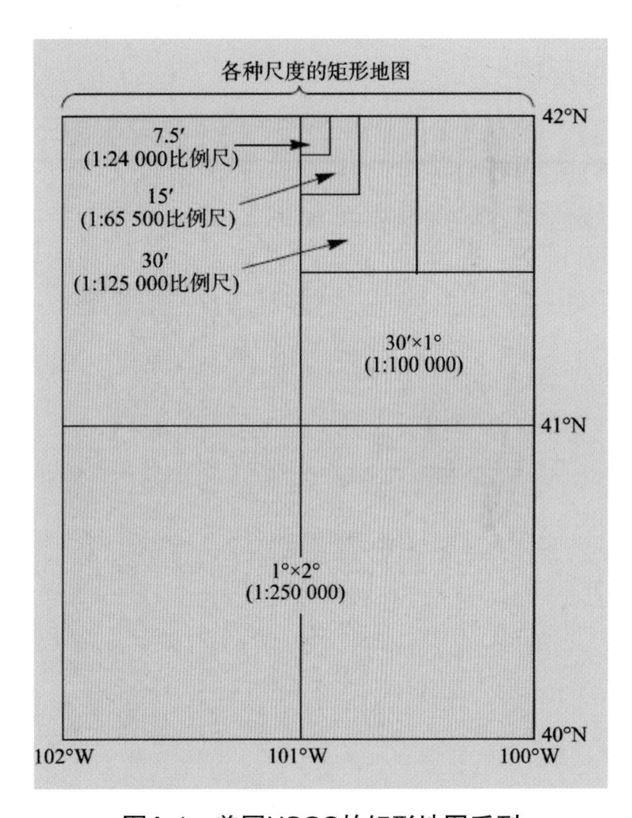

图A.4　美国USGS的矩形地图系列

USGS国家测绘计划已完成了覆盖美国全国（除阿拉斯加州）的7.5′ 地图（大比例尺：1英寸相当于2 000英尺）。这需要53 838幅7.5′ 的矩形地图才能覆盖美国低纬地区的48个州、夏威夷及其周边的美国领土；对于阿拉斯加州，则提供了普通小比例尺的15′ 地形图。

在美国，大多数矩形地图保留着英制单位（英尺和英里）。如果转换为公制单位，则需要对所有地图中的单位进行修订，比例尺1:24 000的地图最终转变为比例尺为1:25 000的地图。然而，USGS仅对少数的矩形地图进行了单位转换，1991年之后就停止了这一计划。在加拿大，全国绘制了1:25万的地图，使用的是公制单位（1.0cm相当于2.5km），其中约有1/2的国土绘制了1:5万的地图（1.0cm相当于0.50km）。

地形图

由USGS制作的地形图是使用最广泛的矩形地图。图A.5就是一幅美国马里兰州坎伯兰地区的矩形地形图。本书中包含许多这类地形图，地形图对景观描绘非常有效。例如，图13.17和图13.18中印第安纳州的岩溶地貌、新奥尔良附近的落水洞，佛罗里达州温特帕克公园；图14.10中的河道排水模式；图14.26中的蜿蜒河道；图15.19中的蒙大拿州冲积扇；图17.21中的纽约州鼓丘地貌。

平面地图（planimetric map）用于标注边界、土地利用、水体，以及具有经济和文化特点的地理位置（纬度/经度）。公路交通图就是一种常见的平面地图。

地形图在平面地图中增加了一个垂直分量，用来呈现地形（地表形态），包括坡面和地势（局部景观的高程差）。这些细微之处利用等高线才能体现（图A.6）。等高线就是一条将同一高程点连接而成的曲线。高程是指高于（或低于）某一垂直基准面（或参考水平面）的高度（或深度），其中基准面通常指平均海平面。等高线间距是指两条相邻等高线之间的垂直高差［图A.6（b），20英尺或6.1m］。

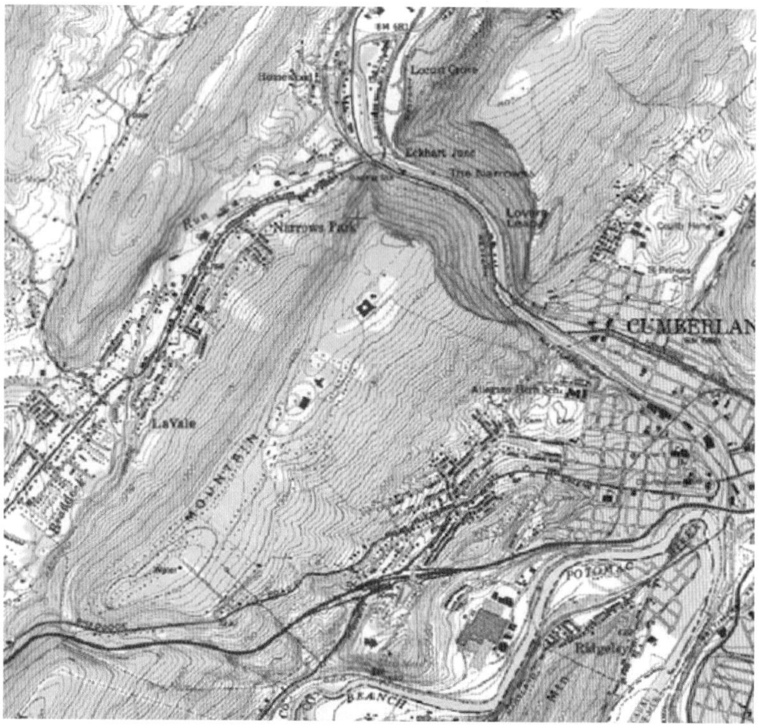

图A.5　阿巴拉契亚山脉的地形图示例

注：美国USGS绘制的7.5'矩形地形图（图中覆盖范围：马里兰州坎伯兰市、宾夕法尼亚州、西弗吉尼亚州）。注意：横穿Haystack山区的峡谷。对于该图，你可以在另一部教材《Applied Physical Geography，8/e》的“实验手册”中，通过Google Earth™平台，从不同角度体验它的3D景观和详细地形。

图A.6（b）地形图展示了一个假设景观，用来说明等高线及其间距怎样描绘坡面和地势——地形的三维特征。线型和间距用来表示坡面；在图A.6（b）中，等高线密集的地方就是陡坡或悬崖。注：在公路干线左侧，等高线密集区就是悬崖；等高线稀疏区表示缓坡——图A.6（b）中河谷右岸，间距宽的等高线。

图A.7给出了地形图中常

用的标准符号，它们作为标准符号和颜色，被USGS应用于所有地形图中：黑色是建筑物，蓝色是水体，棕色代表地形凸起和等高线，粉色是城市化区域，绿色是林地、果园或灌木等。

在地形图的边缘区，包含有大量的概念和内容说明，它们分别是：矩形地图及其相邻地图的名称、地图系列、地图类型、经纬度位置、坐标系统、标题、图例、磁偏角（按磁北极排列）、方位信息、基准面、公路及道路的符号，还有地图的测绘历史和日期等。

地形图可以在美国USGS或加拿大“国家研究委员会地形信息中心（NRC，https://natural-resources.canada.ca/maps-tools-and-publications/maps/22020）”直接购买。为了便于人们筹划户外活动，许多州的地质测绘局、国家和州立公园总部、旅行体育用品商店和书店都销售地形图。

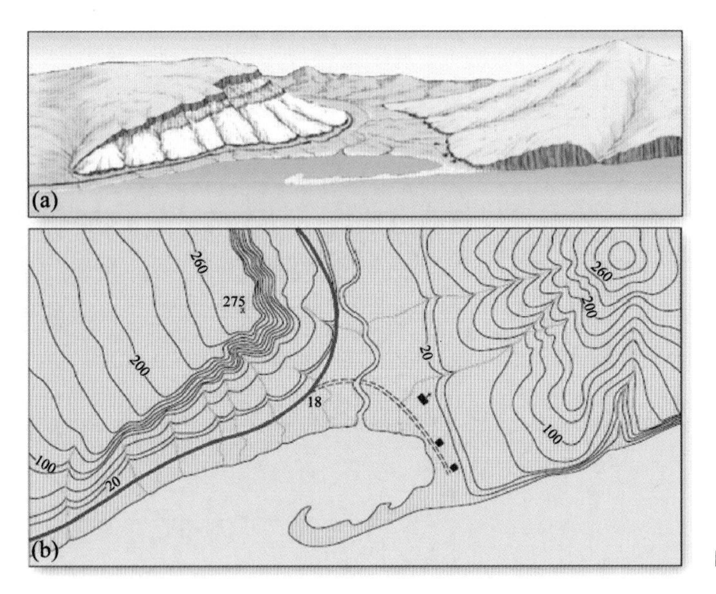

（a）假设景观的透视图

（b）根据假设景观绘制的地形图

图A.6 根据假设景观绘制的地形图

注：地形图的等高线间距为6.1 m（20英尺）。［改编于：USGS.］

控制点和地标

高程控制点

三级以上，有地标碑	BM×16.3
三级以上，有可恢复标志	×120.0
控制断面上的水准点	BM 118.6
高程点	×5.3

等高线

地形

- 插值等高线
- 索引等高线
- 补充特征
- 洼地
- 填方、挖方

等深线

- 插值等深线
- 索引等深线
- 主要等深线
- 主要索引等深线
- 补充等深线

边界线

- 国界
- 州界、地方界
- 县界
- 乡镇界
- 自治市等
- 公园、水库、山脉

地表特征

堤坝（岩）	Levee
泥沙区、沙丘、流动沙丘	Sand
复杂地表	Strip mine
砾石滩、冰碛物	Gravel
尾矿池	Tailings pond

矿区和洞穴

采石场、露天矿区	
砾石、沙、黏土、取土坑	
矿区排土场	Mine dump
尾矿	Tailings

植被

乔木	
灌木	
果园	
葡萄园	
红树林	Mangrove

冰川和多年积雪

- 等值线和边界
- 轮廓线

海岸线

地形图

- 近似平均高潮面
- 不确定或未测量

地形-等深线

- 平均高潮面
- 外观（植被边缘）

海岩特征

浅海滩	Mud
岩礁、珊瑚礁	Reef
裸岩、浪蚀岩	
裸岩群、浪蚀岩群	
船骸	
等深线；深度探测	3
防波堤、导流堤、码头	
护岩堤	

河流、湖泊、运河(渠道)

间歇溪	
间歇河、季节河	
伏流、潜流	
常年流	
常年河流	
小瀑布、小急流	
大瀑布、大急流	
砌石坝	
带有闸门的堤坝	
公路堤坝	
常年湖、间歇湖、池塘	
干涸湖	Dry lake
窄冲沟	
宽冲沟	Wide wash
运河、渡槽、闸门水渠	
井、泉；泉、渗流	

淹没区和沼泽

沼泽（湿地）	
淹没的沼泽（湿地）	
树木沼泽（湿地）	
淹没的树木沼泽（湿地）	
稻田	Rice
遭受水淹的土地	Max pool 431

建筑物及特征

建筑物	
学校、教堂	
建筑区	
操场跑道	
空港	
飞机起降跑道	
井位；风车	
蓄水池	
地下水池	
水文站	
地标物（附有特征标注）	
露营地；野餐区	
小墓地；大墓地	Cem

道路及特征

在暂行地图上，道路未区分一级、二级或限载公路，所有公路全部标注为限载公路：

- 一级公路
- 二级公路
- 限载公路
- 未改进的公路
- 小路
- 双向车道公路
- 双向车道公路（中央隔离带）

铁路及特征

- 标准单轨线；火车站
- 标准复轨线
- 废弃轨道线

输电线及管道

输电线；电线杆（塔）	
电话线	Telephone
地上输油（气）管线	
地下输油（气管线）	Pipeline

图A.7 USGS地图的标准符号

注：USGS地图以英制单位为主，少数为公制单位。［USGS地形图，1969年］

附录B　柯本气候分类系统

柯本气候分类系统是德国气候学家和植物学家弗拉迪米尔·柯本（1846–1940年）设计提出的，由于易于理解而被广泛使用。对于一个经验分类系统，其基础是确定判断标准，然后再在地图上界定绘制各个气候区。“柯本–盖格尔（Köppen-Geiger）气候分类”通过月平均温度、月平均降水和年降水总量来确定其空间范围和边界。但是我们必须记住：这些边界实际上是一个渐变的过渡带。边界线的趋势和整体格局远比其精确位置更重要，尤其是广泛使用的小比例尺世界地图。

花几分钟的时间，请你仔细审阅一下柯本–盖格尔系统及其判断标准，以及每个主要气候类型。虽然改进后的柯本系统有缺点，如未考虑风速、极端温度、降水强度、日照量、云量和净辐射等因子，但是该系统仍十分重要，因为它与现实世界存在合理的相关性，而且判断依据是易获得的标准化数据。

柯本气候的命名

在柯本气候系统中，第10章的图10.5给出了全球陆地的六大气候分布带，图10.5中概括了气候空间分布格局。柯本气候系统采用大写字母（A、B、C、D、E、H）来表示从赤道到两极的气候带。图B.1边缘区的文字是对各种气候类型的说明。

五个气候类型以温度作为分类基准：

A. 热带（赤道地区)；

C. 中温带（地中海、亚热带湿润、西海岸地区）；

D. 低温带（大陆湿润、亚北极地区）；

E. 极地（极地地区）；

H. 高地（与同一纬度上的低地相比，由于气温递减率和水分需求量低，高原的气温低而降水偏多）。

只有一个气候带以水分湿度作为分类基准：

B. 干旱（荒漠和半干旱草原）。

在每个气候类型内，添加小写字母表示温度和湿度条件。例如，热带雨林气候表示为Af；其中A为平均最冷月气温大于18℃；f 表示天气持续潮湿（字母f源于德语feucht，意为湿润），最干旱月份的降水量不低于60mm。当你观察气候图时，你可以看到Af表示的热带雨林气候分布于赤道和赤道雨林地区。

在Dfa气候类型中，D表示最暖月平均气温大于10℃，且至少有1个月的气温低于0℃；f表示每月降水至少达到30mm；a表示夏季最暖月平均气温大于22℃。因此，Dfa气候为低温带中的夏季炎热型大陆湿润气候。

柯本气候系统使用说明

图B.1为柯本气候分类系统指标图及其说明。首先查阅气候类型分类指标，然后查看某一气候类型亚类的颜色图例，再在气候图中观测气候分布区域。还可将其与气候图（图10.8，气候发生因子分布图）进行比较。

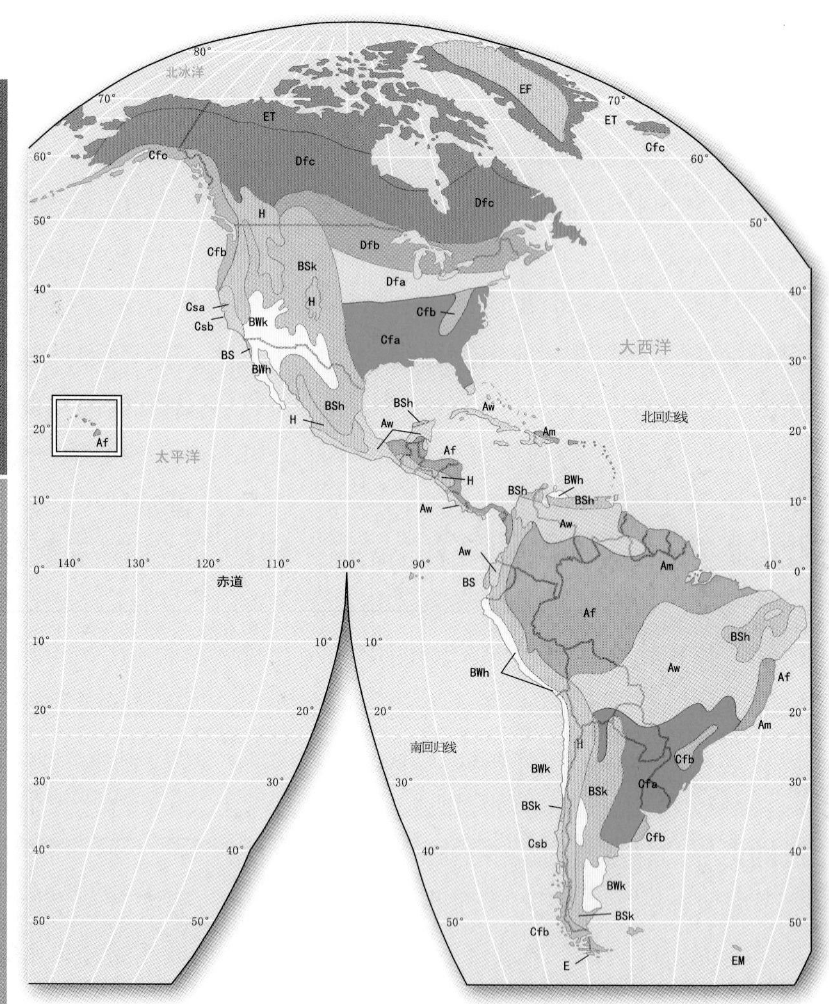

柯本气候分类指标

热带气候 ——A

全年温暖，各月平均气温高于18℃；年供水量大于年耗水供求量。

Af —— 热带雨林：

f=各月降水量>60mm。

Am —— 热带季风：

m=有一个明显的短期旱季，1个月或数个月的降水量< 60mm；其余期间为雨季，过度湿润。1年有6~12个月受ITCZ控制。

Aw —— 热带稀树草原：

w=夏季湿润，冬季干燥；受ITCZ控制时间不超过6个月，冬季水量亏缺。

中温气候 ——C

最暖月份的气温>10℃，最冷月份的气温在0~18℃之间；季节性气候。

Cfa, Cwa —— 亚热带湿润：

a=夏季炎热；最暖月份的气温>22℃。
f=全年都有降水。
w=冬季干旱，夏季最湿月份的降水量是冬季最旱月份的10倍以上。

Cfb, Cfc —— 西海岸海洋气候，夏季温和、凉爽：

f=全年都有降水。
b=最暖月份的气温<22℃，4个月的气温>10℃。
c=1~3个月的气温>10℃。

Csa, Csb —— 地中海夏干气候：

s=夏季明显干旱，降水量为冬季的70%。
a=夏季炎热，最暖月的气温>22℃。
b=夏季温和，最暖月的气温<22℃。

低温气候 —— D

最暖月份的气温>10℃，最冷月份的气温<0℃；从凉爽过渡到寒冷；雪地气候。在南半球，该气候仅出现于高海拔地区。

Dfa, Dwa —— 大陆湿润：

a=夏季炎热，最暖月份的气温>22℃。
f=全年都有降水。
w=冬季干旱。

Dfb, Dwb —— 大陆湿润：

b=夏季温和，最暖月份的气温<22℃。
f=全年都有降水。
w=冬季干旱。

Dfc, Dwc, Dwd —— 亚北极：

夏季凉爽，冬季寒冷。

f = 全年都有降水。
w = 冬季干旱。
c = 1~4 个月的气温>10℃。
b = 最冷月份的气温<-38℃，仅出现于西伯利亚。

干旱与半干旱气候 —— B

在B类气候中，潜在蒸发散量*（自然需水量）均超过降水量（自然供水量）。根据降水时间、降水量和年平均气温可以进一步划分。

干旱气候：

BWh —— 低纬度热荒漠

BWk —— 中纬度冷荒漠

BW＝降水量不到自然需水量的1/2。
h＝年平均气温>18℃。
k＝年平均气温<18℃。

半荒漠：

BSh —— 低纬度热草原

BSk —— 中纬度冷草原

BS= 降水量超过自然需水量的1/2，但达不到1.0。
h= 年平均气温>18℃。
k= 年平均气温<18℃。

极地气候 —— E

最暖月份的气温<10℃，终年寒冷；冰地气候。

ET —— 苔原：

最暖月份的气温0~10℃；降水量超过潜在蒸发散量*；雪被覆盖8~10个月。

EF —— 冰帽：

最暖月份的气温<0℃；降水量超过潜在蒸发散量；分布于极地区域。

EM —— 极地海洋：

全年各月气温均>-7℃，最暖月份的气温>0℃；气温年较差<17℃。

*潜在蒸发散量：是指蒸发和蒸腾作用可能产生的最大耗水量——某一环境下的自然需水量。参见第9章。

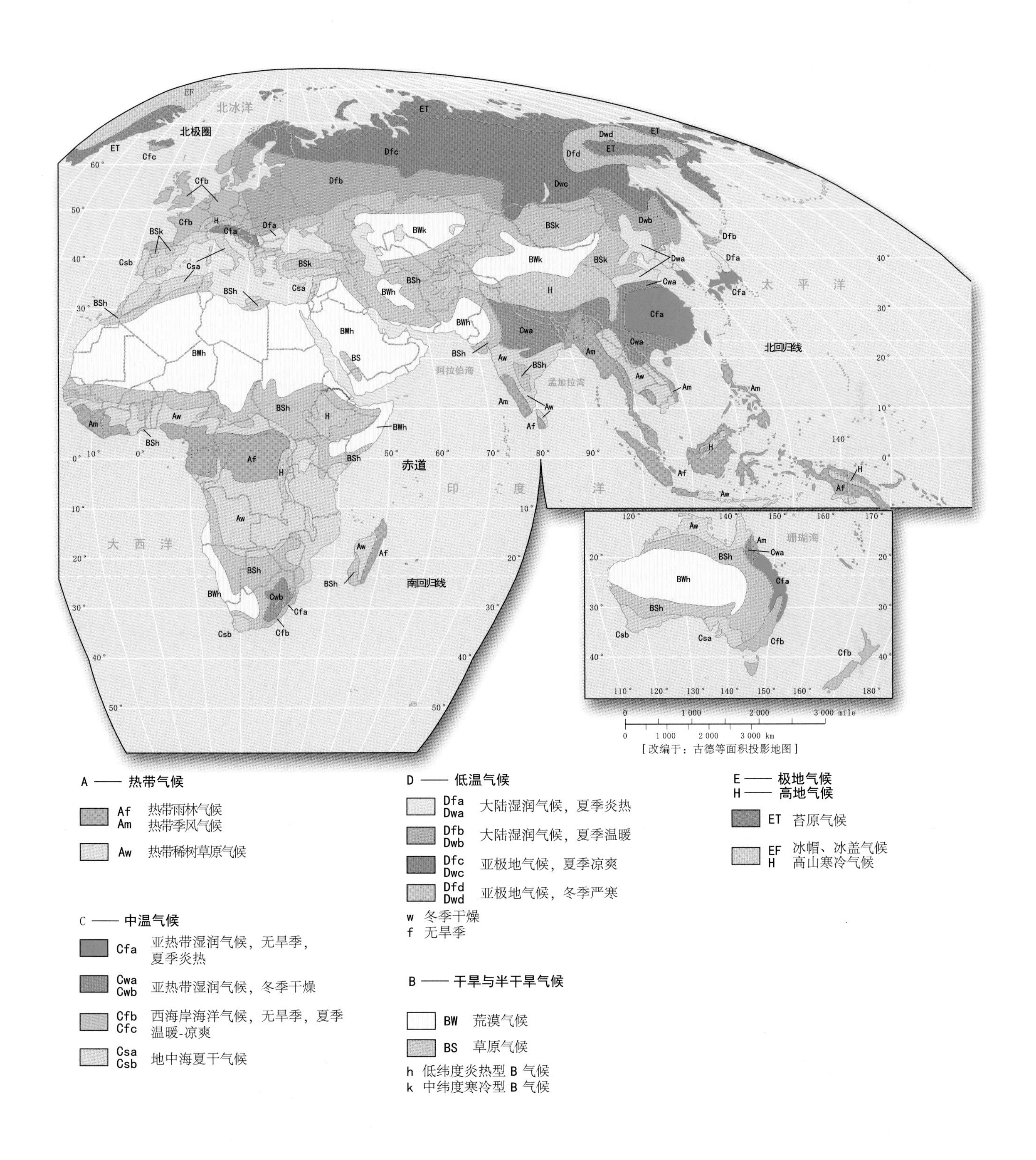

北冰洋
北极圈
太平洋
北回归线
阿拉伯海
孟加拉湾
赤道
印度洋
大西洋
南回归线
珊瑚海
[改编于：古德等面积投影地图]
0 1 000 2 000 3 000 mile
0 1 000 2 000 3 000 km
A —— 热带气候
Af 热带雨林气候
Am 热带季风气候
Aw 热带稀树草原气候
C —— 中温气候
Cfa 亚热带湿润气候，无旱季，夏季炎热
Cwa Cwb 亚热带湿润气候，冬季干燥
Cfb Cfc 西海岸海洋气候，无旱季，夏季温暖-凉爽
Csa Csb 地中海夏干气候
D —— 低温气候
Dfa Dwa 大陆湿润气候，夏季炎热
Dfb Dwb 大陆湿润气候，夏季温暖
Dfc Dwc 亚极地气候，夏季凉爽
Dfd Dwd 亚极地气候，冬季严寒
w 冬季干燥
f 无旱季
B —— 干旱与半干旱气候
BW 荒漠气候
BS 草原气候
h 低纬度炎热型 B 气候
k 中纬度寒冷型 B 气候
E —— 极地气候
H —— 高地气候
ET 苔原气候
EF 冰帽、冰盖气候
H 高山寒冷气候

附录C 常用单位制转换

公制转换为英制

公制	转换系数	英制
长度		
厘米（cm）	0.3937	英寸（in）
米（m）	3.2808	英尺（ft）
米（m）	1.0936	码（Yard）
千米（km）	0.6214	英里（mi）
海里	1.15	法定英里
面积		
平方厘米（cm^2）	0.155	平方英寸（in^2）
平方米（m^2）	10.7639	平方英尺（ft^2）
平方米（m^2）	1.1960	平方码（yd^2）
平方千米（km^2）	0.3831	平方英里（mi^2）
公顷（ha）（10 000m^2）	2.4710	英亩（acre）
体积		
立方厘米（cm^3）	0.06	立方英寸（in^3）
立方米（m^3）	35.30	立方英尺（ft^3）
立方米（m^3）	1.3079	立方码（yd^3）
立方千米（km^3）	0.24	立方英里（mi^3）
升（L）	1.0567	夸脱（qt）美制
升（L）	0.88	夸脱（qt）英制
升（L）	0.26	加仑（gal）美制
升（L）	0.22	加仑（gal）英制
质量		
克（g）	0.03527	盎司（oz）
千克（kg）	2.2046	磅（lb）
公吨（tonne）（t）	1.10	短吨（tn）美制
速度		
米/秒（mps）	2.24	英里/小时（mph）
千米/小时（kmph）	0.62	英里/小时（mph）
节（kn）（海里，mph）	1.15	英里/小时（mph）
温度		
摄氏度（℃）	1.80（+32）	华氏度（℉）
摄氏度（C°）	1.80	华氏度 (F°)
水量单位		
加仑（英制）	1.201	加仑（美制）
加仑（gal）	0.000003	英亩–英尺
加仑（英制）	1.201	加仑（美制）
能量和功率的单位		
1瓦特（W）=1焦耳/秒（J/s）	1W/m^2=2.064卡/cm^2天$^{-1}$	太阳常数：1 372W/m^2
1焦耳=0.239卡	1W/m^2=61.91卡/cm^2月$^{-1}$	2卡/$cm^2$$min^{-1}$
1卡路里=4.186焦耳	1W/m^2=753.4卡/cm^2年$^{-1}$	
1瓦特/m^2=0.001433卡/min	100W/m^2=75千卡/cm^2年$^{-1}$	
697.8W/m^2=1卡/$cm^2$$min^{-1}$		

英制转换为公制

英制	转换系数	公制
长度		
英寸（in）	2.54	厘米（cm）
英尺（ft）	0.3048	米（m）
码（yard）	0.9144	米（m）
英里（mile）	1.6094	千米(km)
法定英里	0.8684	海里
面积		
平方英寸（in^2）	6.45	平方厘米（cm^2）
平方英尺（ft^2）	0.0929	平方米（m^2）
平方码（yd^2）	0.8361	平方米（m^2）
平方英里（mi^2）	2.5900	平方千米（km^2）
英亩（acre）	0.4047	公顷（ha）（10000m^2）
体积		
立方英寸（in^3）	16.39	立方厘米（cm^3）
立方英尺（ft^3）	0.028	立方米（m^3）
立方码（yd^3）	0.765	立方米（m^3）
立方英里（mi^3）	4.17	立方千米（km^3）
夸脱（qt）美制	0.9463	升（L）
夸脱（qt）英制	1.14	升（L）
加仑（gal）美制	3.80	升（L）
加仑（gal）英制	4.55	升（L）
质量		
盎司（oz）	28.3495	克（g）
磅（lb）	0.4536	千克（kg）
短吨（tn）美制	0.91	公吨（tonne）（t）
速度		
英里/小时（mph）	0.448	米/秒（mps）
英里/小时（mph）	1.6094	千米/小时（kmph）
英里/小时（mph）	0.8684	节（kn）（海里，mph）
温度		
华氏度（℉）	0.556（再减去32）	摄氏度（℃）
华氏度（℉）	0.556	摄氏度（℃）
水量单位		
加仑（美制）	0.833	加仑（英制）
英亩–英尺（Acre-feet）	325,872	加仑（gal）

其他符号

时间		符号
年		a
天		d
小时		h
分		min
秒		s

转换倍数		符号
$1,000,000,000=10^9$	giga	G
$1,000,000=10^6$	mega	M
$1,000=10^3$	kilo	k
$100=10^2$	hecto	h
$10=10^1$	deka	da
$1=10^0$		
$0.1=10^{-1}$	deci	d
$0.01=10^{-2}$	centi	c
$0.001=10^{-3}$	milli	m
$0.000001=10^{-6}$	micro	μ

英汉专业术语对照表

专业词汇（对应的各章编号）：词条对应于各章中的用法和定义。

A

Aa（12）渣块状熔岩

熔岩形成的、粗糙的渣块状玄武岩，其边缘参差不齐，且锋利。它是熔岩缓慢流动的，流动过程中伴有气体溢出，最后流入参差不齐的裂隙中凝固形成的壳状岩石。

Abiotic（1）非生物

地球非生命系统的能量和物质。

Ablation（17）消冰作用

由消融、升华、风蚀或冰块崩解所造成的冰川冰损失（参见Deflation/风蚀）。

Abrasion（14, 15, 17）机械磨蚀

在风、河流或冰川运动中，颗粒的滚动、研磨及嵌入冰川冰中的碎岩擦磨作用所导致的机械磨损和岩床侵蚀。

Absorption（4）吸收

辐射在介质中从一种形式到另一种形式的吸收和转化。在此过程中，物质表面吸收辐射增温后，其放射速率和波长也会随之发生改变。

Active layer（17）活动层

季节性冻土区位于地表和多年冻土层之间，其活动周期与冻融的日周期和季节周期一致（见多年冻土/Permafrost，冰缘/Periglacial）。

Actual evapotranspiration（9） ACTET实际蒸散量

实际的蒸发量与蒸腾量之和。在水量平衡中等于潜在蒸散量（POTET）与亏缺量（DEFIC）的差值。

Adiabatic（7）绝热的

气块与周围环境之间不发生热量交换。这种条件下，空气块的温度伴随上升膨胀过程而冷却，或伴随下降压缩过程而升温。

Advection（4）平流

气体或水体从一个地方向另一个地方的水平移动（比较对流/Convection）。

Advection fog（7）平流雾

温暖、潮湿的空气水平移动到较冷的水面上或陆面上，低层空气的温度下降至露点温度所产生的水汽凝结。

Aerosols（3）气溶胶

悬浮于空气中的沙尘、烟尘及污染物等微小颗粒。

Aggradation（14）叠积作用

由物质沉积（淀积）作用产生的地表建造；反义词是“减削冲刷（Degradation）”。水流搬运能力下降，沉积物对河道的填积过程。

Air（3）空气

气体的简单混合物（N_2、O_2、Ar、CO_2和痕量气体），无味、无色、无固定形状，混合充分的自然气体，其特征与单一气体相似。

Air mass（8）气团

水分和温度在水平方向上表现均一的空气团，具有源区特点。

Air pressure（3, 6）气压

气压取决于气体分子的大小、数目和运动；气压施加在空气接触面上；海平面的平均压力为$1kg/cm^3$。正常海平面气压的汞柱（Hg）高度为

760mm或1 013.2mb。气压可用水银柱或空盒气压计测量。

Albedo（4）反照率

地表面的反射性质，以反射日射量占入射日射量的百分比来表示；它是地面颜色、纹理和入射角的函数。

Aleutian low（6）阿留申低压

（参见副极地低压）。

Alfisols（18）淋溶土

土壤系统分类中的一个土纲，也是分布最广的土纲；是中等风化森林土，也是潮湿黑沃土（Mollisols）的一种变型，富含有机物；其生产力取决于气候的具体温湿模式。

Alluvial fan（15）冲积扇

位于峡谷出口处的“扇形”冲积地形上，一般形成于干旱区的间歇性河流（见山麓冲积扇/Bajada）。

Alluvial terraces（14）冲积阶地

河床以上地形台阶的平坦面，伴随河流重新下切侵蚀至河漫滩，由河流冲刷形成；由未固结的冲积物组成（见Alluvium/冲积物）。

Alluvium（14）冲积物、冲积层

一般性描述用语，用来指由流水搬运且沉积于河漫滩、三角洲、河床的分选或半分选的沉积物，如黏土、粉土、沙土、砾石、松散岩屑或矿物碎片等。

Alpine glacier（17）山岳冰川

分布于山区谷地或封闭盆地中的冰川，包括三个亚型：谷地冰川（谷地中）、山麓冰川（在山的基部合并，延伸至周边低地）、入海冰川（流出大陆的冰川，对比大陆冰川）。

Alpine tundra（20）高山苔原

位于高海拔的苔原环境（见Arctic tundra/北极苔原）。

Altitude（2）（太阳）高度角

地平线（水平面）与太阳（或天空中任意点）之间的夹角。

Altocumulus（7）高积云

位于大气中层的几种不同形态的蓬松状云层：呈斑状或波状排列；天空呈“鲭鱼状”，分布有“透镜状”或“荚状”云。

Andisols（18）火山灰土

土壤系统分类的一个土纲，分布于火山活动地区，发源于火山母质。1990年新建的土纲，以前属于始成土和新成土。

Anemometer（6）风速仪

测量风速的装置。

Aneroid barometer（6）无液气压计

一种内部为真空状态的密封盒子，用来测量气压的装置（参见气压/Air pressure）。

Angle of repose（13）休止角

能够阻止坡面上的松散颗粒下滑的坡面陡度——下滑力与抵抗力达到平衡的角度，即休止角，其变化取值为33°～37°。

Antarctic Circle（2）南极圈

南半球是66.5°S纬圈。它是南半球冬季出现极夜和夏季出现极昼（24小时为周期）的最北端。

Antarctic high（6）南极反气旋

集中在南极洲上空的稳定高压区；它是全球温度最低的强大极地干气团的源区。

Antarctic region（17）南极地区

南极地区以南极辐合带为界。辐合带是一个环绕南极大陆并向外延伸的狭窄地带，也是低纬度地区温水与南极冷水的交界带。

Anthropogenic atmosphere（3）人为大气圈

未来的地球大气圈。如此称谓是因为人类将成为影响大气变化的主要因子。

Anticline（12）背斜

上拱形的褶皱岩层，岩层床面从轴线（中脊线）开始向下倾斜（比较向斜/Syncline）。

Anticyclone（6）反气旋

由动力或热力因素形成的高气压区，其下沉气流分散，在北半球按顺时针旋转，在南半球按逆时针旋转（比较气旋/Cyclone）。

Aphelion（2）远日点

地球在椭圆形公转轨道上，距离太阳最远的点。地球在7月4日到达远日点，距离太阳大约152 083 000km；其变化周期为10万年（比较近日点/Perihelion）。

Aquiclude（9）弱透水层

对地下水传导无实际价值的岩体；地下水流速很慢的含水层，与不阻塞水流的半隔水层有关（比较含水层/Aquifer）。

Aquifer（9）含水层

对地下水传导有实用价值的岩体，是透水岩层（比较隔水层/Aquiclude）。

Aquifer recharge area（9）含水层补给区

在地下水系统中，地表水进入透水层对含水层的补给，地表水所对应的区域，称作含水层补给区。

Arctic Circle（2）北极圈

以66.5° N纬圈为南部边界的北半球区域；其昼夜交替周期是冬季夜长24h或夏季昼长24h。

Arctic region（17）北极地区

7月份10℃的等温线是北极地区的南部界限，这与林线（北部森林和苔原）的边界一致。

Arctic tundra（20）北极苔原

位于北美最北端和欧洲、俄罗斯的北部，由低矮的地面草本植物和一些木本植物组成的生物群落（见高山苔原/Alpine tundra）。

Arête（17）刃脊

把两个冰斗盆地隔开的尖锐山脊，在冰川覆盖的群山中，呈现为锯齿状山脊。源于法语“刀刃”一词。

Aridisols（18）干旱土

土壤系统分类中的最大土纲。发育于典型干旱气候区，有机质含量低，以钙化和盐渍化过程为主。

Artesian water（9）承压水

水井或岩层构造中的地下水承受压力，水位抬升高于局域地下水位；无需借助水泵，地下水可能自流（见等测压水面/Potentiometric surface）。

Asthenosphere（11）软流圈

岩石圈下方的上地幔，也是地球内部刚性最软弱的部分，又称可塑层；在高温高压作用下，软流圈流动非常缓慢。

Atmosphere（1）大气圈

围绕地球表面的气体薄膜。它是外太空与生物圈之间的保护层和边界层；一般认为大气圈厚度从地表向上延伸至大约480km。

Aurora（2）极光

电离层中出现的绚丽光辉，发生于高纬度地区。在太阳风作用下，氧气、氮气等原子被激发而形成；在北半球，称为北极光（Aurora borealis），在南半球称作南极光（Aurora australis）。

Autumnal（September） equinox（2）秋分（9月）

每年的9月22～23日，太阳赤纬穿过赤道平行线（0° 纬线），地球上所有地方的昼长与夜长相等。太阳在南极开始逐渐升高，在北极逐渐下沉（比较春分/Vernal ［March］ equinox）。

Available water（9）有效水分

可被植物根系所利用的部分毛管水，是土壤水分中的有效水分（见毛管水/Capillary water）。

Axial parallelism（2）轴向并行

地轴排列方向全年保持一致，即“保持自身相互平行”。因此，地轴从地球北极点出发延伸至太空的轴线总是指向北极星附近。

Axial tilt（2）轴向倾斜

地轴与黄道面（地球绕太阳公转的轨道平面）垂直线之间的倾斜夹角为23.5°。

Axis（2）地轴

地球上一个假想的旋转轴，穿越地理北极和地理南极。

Azores high（6）亚速尔高压

在北半球大西洋东部形成的副热带高压（见百慕大高压/Bermuda high）。与之相关联的海域，海水温暖清澈，生长有大量马尾藻或海湾杂草，具有马尾藻海的特征。

B

Backswamp（14）河漫滩沼泽

河漫滩上的低洼沼泽带；位于与河流相邻一侧

的天然冲积堤岸，另一侧地形更高（见河漫滩/Floodplain，亚祖支流/Yazoo tributary）。

Badland（15）劣地

在半干旱区，脆弱地表物质遭受侵蚀而形成的复杂崎岖地形，通常相对低洼且起伏不平。

Bajada（15）山麓冲积扇

干旱气候条件下，沿山麓形成的冲积扇相互连接而形成的连绵裙状地形；在冲积扇之间，地势起伏缓和（见冲积扇/Alluvial fan）。

Barrier beach（16）滨外滩

狭长的离岸沉积地形，一般由沙物质组成，大致与海岸线平行。与滨外岛和滨外滩链的形成过程相同（见滨外岛/Barrier island）。

Barrier island（16）滨外岛

一般指宽阔的滨外滩（见滨外滩/Barrierbe-ach）。

Barrier spit（16）滨外沙嘴

由于滨外滩或滨外岛上的沙砾物质发生搬运，由此形成的一种长垄（脊）状沉积地形，其一端与陆地连接，另一端横亘于湾口。

Basalt（11）玄武岩

常见的细粒火成喷出岩构成了大部分洋壳、熔岩流及火山体。其侵入体称作辉长岩。

Base level（14）（侵蚀）基准面

一个假设的水准面，若低于该水准面，河流不会发生河谷侵蚀，即产生剥蚀过程的最低水平面。绝对意义上讲，它是指位于陆地景观以下的海平面。

Basin and Range Province（15）盆岭省

美国按地理结构划分的一个大区（又译作地文省）。位于美国西部内陆流域的盆岭省，气候干燥，缺少常年河流；地表景观由一系列地垒和地堑断裂地层构成。

Batholith（11）岩基

暴露于地表的最大深成岩；不规则的侵入岩体；侵入地壳岩层的火成岩，由于冷却缓慢，有大晶体颗粒发育（见火成岩侵入体/Pluton）。

Bay barrier（16）湾口坝

由于沿岸漂流和波浪作用，滨外沙嘴扩张，使海湾与海洋完全隔开而被封闭，从而形成潟湖，有时也称为拦湾坝（见滨外沙嘴/Barrier spit，潟湖/Lagoon）。

Beach（16）海滩

海岸线的组成部分，处于运动状态中的沉积物堆积。

Beach drift（16）海滩漂移物

沿岸流在有效波方向上搬运的物质，如沙子、砾石和贝壳。

Beaufort wind scale（6）蒲福风级

目估的描述性风速等级；1806年由英国海军上将Beaufort设计提出。

Bed load（14）推移质、底移质

在河流床面上，通过拖曳、跳跃或滚动方式搬运的粗粒物质；包括不能保持悬移搬运的大颗粒物（见拖曳力/Traction，跃移质/Saltation）。

Bedrock（13）基岩

土壤下方，基本上未被风化的地壳岩石；这种坚固的岩石有时暴露于地表，而被称为岩石露头（outcrop）。

Bergschrund（17）冰后隙

沿冰斗冰川后崖张开的裂隙或宽大裂缝。夏季，积雪消融后，其形态很显著。

Bermuda high（6）百慕大高压

北大西洋西部形成的副热带高气压（参见亚速尔高气压/Azores high）。

Biodiversity（19）生物多样性

生态学和生物地理学的原理之一：与单一或缺乏多样性的物种种群相比，一个生态系统中的物种种群多样性越高（物种数目、每个物种个体数量、遗传物质），能够分担的风险就越高，从而增加了种群的总体稳定性和生产力，还提高了营养物质的利用率。

Biogeochemical cycle（19）生物地球化学循环

地球上生物（有生命的）系统与非生物（无生命的）系统相互结合构成的关于流动元素（碳、氧、氮、磷、水）的几个物质循环之一；在生物圈和生命过程中，这种物质循环是连续的、可更新的。

Biogeographic realm（20）生物地理大区

生物圈的八个大区，每一个都是相关植物和动物区系进化的核心地区；是地理分类的宏观框架。

Biogeography（19）生物地理学

研究动植物及其相关生态系统的分布，以及它们与地理环境在时间上的关系。

Biomass（19）生物量

地球上生物活体的总质量，或某一景观中单位面积上生物活体的质量；也指某种生态系统中生物活体的重量。

Biome（20）生物群系

大而稳定的陆地生态系统，具有特定的植物群落和植物形态；通常以该地区的优势植被来命名（见陆地生态系统/ Terrestrial ecosystem）。

Biosphere（1）生物圈

生命存在的空间范围。它是由大气圈、岩石圈、水圈共同作用形成的一个把所有生物和自然环境连接起来的复杂网络。

Biotic（1）生物的

有生命的（参见地球生物生命系统）。

Blowout depression，Deflation hollow（15）风蚀洼地

吹蚀作用形成的一种侵蚀盆地，其直径范围可达数百米，地表为松散沉积物（见吹蚀/Deflation）。

Bolson（15）宽浅内陆盆地

干旱地区两个相邻峰脊之间的山坡和盆地。

Boreal forest（20）北方针叶林

（见针叶林/Needleleaf forest）。

Brackish（16）半咸水

盐度小于35‰的海水，如波罗的海（比较盐水/Brine）。

Braided stream（14）辫状河

河网形态之一，其河道纵横交织，一般河水搬运的沉积物超量。当流量变小（水流搬运能力下降）或沉积物搬运负荷增加时，常常形成辫状河道。

Breaker（16）碎浪

在波浪向岸边靠近的过程中，如果波高超过波浪的垂直稳定高度，波浪就会发生破碎，即碎浪。

Brine（16）盐水

盐度超过35‰的海水，如波斯湾（Persian-Gulf）（比较半咸水/Brackish）。

C

Calcification（18）钙积化（过程）

在B和C土层中，碳酸钙或碳酸镁的淀积（沉积）积累过程。

Caldera（12）破火山口

复合式火山口内部的下陷部分，通常陡峭呈圆形，有时为火山湖；在盾状火山中也有发现。

Capillary water（9）毛管水

土壤水分之一，大部分可被植物根系利用；在水的表面张力及土粒对水分的吸附作用下，土壤所具有的持水量（见有效水分/Available water，田间持水量/Field capacity，吸着水/Hygroscopic water，凋萎点/Wilting point）。

Carbonation（13）碳酸化（过程）

一种化学风化过程，即弱碳酸（水和CO_2）与含钙、镁、钾和钠元素的各种矿物（尤其石灰石）发生化学反应，形成碳酸盐的过程。

Carbon monoxide（CO）（3）一氧化碳

化石燃料或其他含碳物质在不完全燃烧情况下所产生的一种碳氧化合物。它是一种无色、无味的气体；由于它与血红蛋白的亲合性可置换血液中的氧，因此对人体有毒。

Carnivore（19）食肉动物

以肉类为主要食物的次级消费者。位于食物链顶级的食肉动物是三级消费者（比较食草动物/Herbivore）。

Cartography（1）(地图)制图学

绘制地图和图表；一门融合了地理学、工程、数学、图形和计算机科学，并兼有艺术特色的专业学科。

Cation-exchange capacity（CEC）（18）阳离子交换容量
土壤胶体的阳离子交换能力，交换过程发生在土壤胶体表面与土壤溶液之间；其电势测量可指示土壤肥力（见土壤胶体/Soil colloid, 土壤肥力/Soil fertility）。

Chaparral（20）查帕拉尔（植物群落）
地中海气候（夏季干燥）下的优势灌木群落，特点是硬叶灌木，以及树干低矮化、茎干坚硬的林木。“Chaparro（查帕拉尔）”一词源于西班牙语，特指美国加利福尼亚州灌丛群落（见地中海灌木林/ Mediterranean shrubland）。

Chemical weathering（13）化学风化
岩石的组成矿物，在化学蚀变作用下发生的分解和蜕变。该过程中，水是必需要素，温度和降水量是关键因子。即使干燥气候条件下，微小尺度上的化学反应也很活跃，包括水解、氧化、碳酸化和溶解过程。

Chinook wind（8）奇努克风
北美使用的术语：在山体背风侧雨影区，发生的温暖、干燥下坡气流；欧洲称之为焚风（Fëbn或Foebn）（见雨影区/rain shadow）。

Chlorofluorocarbons（CFC）（3）氯氟烃
由氯、氟和碳元素形成的合成分子（聚合物）；具有惰性和卓越的热力特性是卤代甲烷之一。当CFCs缓慢地输送至平流层中的臭氧层后，在紫外线辐射下发生反应，它们释放的氯原子作为催化剂，促进破坏臭氧的化学反应。国际条约已禁止制造氯氟烃。

Chlorophyll（19）叶绿素
在植物叶片细胞中，叶绿体（细胞器官）内的光敏色素；它是光合作用的基础。

Cinder cone（12）火山渣锥
由火山碎屑岩和火山渣构成的火山地貌；通常呈小圆锥状，高度一般不超过450m，山顶呈截平状。

Circle of illumination（2）晨昏圈
地球上昼半球与夜半球的分界线；昼夜分界线构成的大圆。

Circum-Pacific belt（12）环太平洋活动带
一个由构造运动与火山活动构成的环绕太平洋的频繁活动带，也称为“火环”。

Cirque（17）冰斗
一种侵蚀地形，位于山岳冰川山谷源头，冰川掘蚀形成的“半圆形剧场”状的洼地。

Cirrus（7）卷云
位于6 000m高空以上的纤细丝状冰晶云；其形状多变，从像羽状、毛状的纤维云层，到面纱状的片云。

Classification（10）分类
一种分类方法，对相关事物的数据和现象进行排序和分组的过程；使信息按某一规则排列分布。

Climate（10）气候
气候是指时间上长期一致的天气状态，包括天气变率；相比而言，天气是指某一时间、某一地点的大气状态。

Climatic region（10）气候区
具有相同气候特征的区域；气候以区域性天气和气团类型为特征。

Climatology（10）气候学
对气候、气候模式及天气长期状态的科学研究，包括：随时间推移，某一地点或某一区域的天气变化和极端天气。此外，还有气候变化对人类社会和文化的影响。

Climograph（10）气候图解
绘有某一观测站气温和降水量观测值的折线图，包括它们的年值、月值、日值及其他天气信息。

Closed system（1）封闭系统
隔离于周围环境，在能量和物质上完全独立的系统；地球就是一个封闭的物质系统（比较开放系统/Open system）。

Cloud（7）云
由微小水滴和冰晶构成的集合体；可按照它的高度和形状进行分类。

Cloud-albedo forcing（4）云反照率作用
云层造成的太阳入射反射，导致反照率（表面反射率）增加。

Cloud-condensation nuclei（7）云凝结核

水汽凝结成水滴所必需的微小颗粒；如海盐、沙尘、烟炱和灰烬。

Cloud-greenhouse forcing（4）云温室作用

云层对温室效应的加强作用。云层吸收长波（红外）辐射，具有保温作用。

Col（17）垭口

由于两个相向冰斗发生溯源侵蚀，从而导致刃脊（脊顶）高度不断降低，由此形成的狭窄鞍状地形或通道。

Cold desert and semidesert（20）冷荒漠和半荒漠

位于高纬度地区（非暖荒漠）的荒漠群系。北美洲的冷荒漠分布于内陆地区和雨影区。

Cold front（8）冷锋

行进中的冷气团前缘；天气图中采用有三角形记号的线条表示，三角尖端指向冷锋的前进方向（比较暖锋/Warm front）。

Community（19）群落

生态系统内部划分的生物亚类；群落是由某一地区动植物群体相互作用形成的。

Composite volcano（12）复合火山

由一系列爆裂式火山喷发所形成的火山；其特征是峭壁、呈圆锥状；有时叫作成层火山（Stratovolcano）（比较盾状火山/Shield volcano）。

Conduction（4）（热）传导

通过某种介质，热量以分子之间的传输方式由暖区缓慢地向冷区转移。

Cone of depression（9）沉降漏斗

水井抽水后，井孔周围地下水水位下降形成的沉降形状；因为抽水会造成水井周围的地下水水位下降。

Confined aquifer（9）承压含水层

不透水岩层或沉积层作为含水层的上下边界（见承压水/Artesian water，非承压含水层/Unconfined aquifer）。

Constant isobaric surface（6）恒等压面

大气层中由气压值相同的点构成的高程曲面，通常采用500 mb等压面。等压面上的等压线表明了上层气流的路径。

Consumer（19）消费者

生态系统中依赖生产者（CO_2是其可利用的唯一碳源）提供营养物质的有机体；也叫异养生物（Heterotroph）（见生产者/Producer）。

Consumptive use（9）消耗性用水

在水量平衡中，某一地点消耗利用的水量，而且在下游地区这一水量不能再次回收获得（比较回收水量/Withdrawal）。

Continental divide（14）大陆分水岭

大陆尺度上使水系相互隔离的山脊或高地。特指北美山脊，它使北美洲的水系分隔为三部分：一部分水系向东汇入大西洋、墨西哥湾；另一部分向北汇入哈得孙湾和北冰洋；还有一部分向西流入太平洋。

Continental drift（11）大陆漂移说

1912年由阿尔弗雷德·魏格纳提出的一个学说。该学说指出：在过去的2.25亿年间，地球大陆从一个被称作泛大陆的超级大陆经过分裂、迁移，最终形成了现在的陆地分布格局（见板块构造学说/Plate tectonics）。

Continental effect（5）大陆效应

区域内海洋的温度调节效应不明显；与海洋观测站相比，气温的日较差和年较差都较大（见海洋效应/Marine effect，水陆热力差异/Land-water heating difference）。

Continental glacier（17）大陆冰川

宽广连续的冰体，覆盖面积大于50 000km^2；目前大多数以冰盖形式分布于格陵兰岛和南极洲（比较山岳冰川/Alpine glacier）。

Continental landmasses（12）大陆陆块

最开阔的地貌类别，包括接近或位于海平面之上的大块地壳，还有沿海岸线分布的大陆架；有时是“大陆台地”的同义词。

Continental shield（12）大陆地盾

一般是指低海拔的古老陆壳核心区；如曝露于

地表的各种陆核（花岗岩核）和古老山体。

Contour lines（附录A）等高线

地形图上的高程等值线，即把所有相同高程点（相对于垂直基准面的标高）连接在一起的线。

Convection（4）对流

空气通过物理位移使热量从一个地方转移到另一个地方；对流与空气的强烈垂直运动有关（比较平流/Advection）。

Convectional lifting（8）对流抬升

空气途经温暖地表上方时，获得浮力而上升，从而开启了绝热过程。

Convergent lifting（8）辐合上升

气流汇合产生冲突，迫使空气向上转移，从而启动了绝热过程。

Coordinated Universal Time（UTC）（1）协调世界时

所有国家的法定参照时间，以前称作格林尼治标准时间；现在采用的是基准原子钟时间，由设在巴黎的国际度量衡局（BIPM）负责收集时间的计算结果；该时间在全球范围播报，并作为所有国家的法定参照时。

Coral（16）珊瑚

一种简单的圆筒状海洋腔肠动物，它分泌的碳酸钙可形成坚硬的外部骨骼。由珊瑚骨骼大量累积所形成的地貌称作珊瑚礁；珊瑚与海藻之间是一种营养共生关系。目前，世界范围内珊瑚呈衰退状态，原因是珊瑚白化现象（藻类缺失）。

Core（11）地核

地球内部最深的部分，约占地球总质量的1/3。地核分化为两个区域：一个是固态铁的内核；另一个是包裹内核的外核，由高密度熔融态的金属铁组成。

Coriolis force（6）科里奥利力、地转偏向力

这种作用力使地球上直线运动的物体（风、洋流、导弹）在路径上发生方向偏转，其大小与地球的旋转速度成正比。在北半球，它使运动物体向右偏转；南半球向左偏转；它在两极为最大值，在赤道为零。

Crater（12）火山口

火山作用形成的环状地表陷穴；火山口建造是由堆积、崩塌或爆发作用形成的；它通常位于火山出口或火山管道处，呈现于火山的顶部或侧翼。

Crevasse（17）冰裂隙

冰川上发育的垂直裂缝，是谷壁之间的摩擦力、凸坡处的张力或凹坡处的挤压力所导致的。

Crust（11）地壳

地表结晶岩层构成的地球外壳；从洋壳至山区，其厚度5～60km，大陆地壳的平均密度为2.7g/cm^3，而大洋地壳的为3.0g/cm^3。

Cryosphere（1, 17）冰冻圈

地球上冻结的水体，包括冰盖、冰帽和冰原、冰川、冰架、海冰及地下冰和冻土（多年冻土）。

Cumulonimbus（7）积雨云

能够产生降水的高耸积云。它是垂向发展并穿越其他云层高度的云；积雨云常常伴有雷电，有时称作“雷暴云砧”。

Cumulus（7）积云

明亮且膨胀的积云状云层，高度可达2 000m。

Cyclogenesis（8）气旋生成

中纬度地区生成波动气旋（通常沿极锋）的大气过程。该过程中落基山脉东坡对中纬度气旋的形成发展起加强作用，南北走向山脉对气旋起阻挡作用，还有北美和亚洲东部海岸也对其施加一定影响（见中纬度气旋/Midlatitude cyclone，极锋/Polar front）。

Cyclone（6）气旋

由动力或热力因素形成的一种低气压区域，其气流具有辐合上升的特点；气流在北半球呈逆时针旋转，在南半球呈顺时针旋转（比较反气旋/Anticyclone；见中纬度气旋/Midlatitude cyclone，热带气旋/Tropical cyclone）。

D

Daylength（2）昼长
曝露于日照中的持续时间，一年中的长短变化取决于纬度高低；它是季节性的重要特征。

Daylight saving time（1）夏令时
在北半球的时间设置上，春季提前1小时，秋季推迟1小时。在美国和加拿大，3月份的第2个星期日时间设置提前1小时，而11月份的第一个星期日时间设置推迟1小时，夏威夷、亚利桑那州和萨斯喀彻温省除外。

Debris avalanche（13）岩屑崩落
崩落和滚落的岩石、岩屑及土壤等物质；其危险性在于崩落物质向下的冲击速度非常惊人。

December solstice（2）冬至
［见冬至点（12月）/Winter（December）solstice］。

Declination（2）赤纬
太阳直射于头顶正上方（垂直）时的纬度；日下点（太阳直射点）在地球纬度上移动的角距离为47°，即每年在北回归线（23.5° N）与南回归线（23.5° S）之间移动。

Decomposers（19）分解者
消化吸收自身以外有机碎屑的细菌和真菌。此外，它们还向生态系统释放营养物质（见食腐动物/Detritivores）。

Deficit（9）（DEFIC）亏缺水量
在水量平衡中，对潜在蒸散量欠缺的（未满足的）水量（POTET或PE）；一种水资源的自然短缺（见潜在蒸散量/Potential evapotranspiration）。

Deflation（15）吹蚀
一种移动和抬升颗粒物的风力侵蚀过程；实际中，气流吹走的是未固结的、干燥的或非黏性沉积物（见风蚀洼地/Blowout depression）。

Delta（14）三角洲
河流在入湖或入海处形成的沉积平原，通常以三角形希腊字母Δ（Delta）来表示。

Denudation（13）剥蚀作用
一般用语，造成景观衰退的所有过程：风化、块体运动、侵蚀和搬运。

Deposition（14）沉积淀积
风化沉积物在气流、水流和冰体搬运过程中所产生的沉降。

Derechos（8）下击暴流族
风速超过26m/s的直线型强风，其穿越的区域伴有雷暴和阵雨带。

Desalination（9）（海水）淡化
在水资源短缺背景下，通过蒸馏法或反渗透法把海水中的有机物、碎屑和盐分去除，生产可饮用水的过程。

Desert biome（20）荒漠群系
由独特的适应于干旱气候的植物和动物所构成的干旱景观。

Desertification（15）荒漠化
全球沙漠扩张主要归因于不良的农业活动（过度放牧、不合理的农业活动）、不适当的土壤墒情管理、土壤的侵蚀和盐碱化、森林砍伐及气候变化；是对相邻生物群系一种半永久性的不良入侵。

Desert pavement（15）荒漠砾石覆盖层
干旱景观中，风蚀和片流作用使地表细小颗粒流失，而残留的卵石和砾石汇集于地表；另一种“沉积物-堆积假说”也解释了一些荒漠砾石覆盖层的成因；一种地貌形态，类似于卵石铺垫的街道（见吹蚀/Deflation片流/Sheetflow）。

Detritivores（19）食腐动物
生态系统中，对生物废物和碎屑进行消费、消化和分解的食碎屑者和分解者。食碎屑者包括：蠕虫、螨虫、白蚁，蜈蚣、蜗牛、螃蟹及秃鹰等；它们通过消费碎屑物和排泄物产生营养物质和简单无机化合物，并为生态系统提供能量支撑（比较分解者/Decomposers）。

Dew-point temperature（7）露点温度
能使一定质量空气达到水汽饱和状态（最大水

汽含量）的温度。在这种温度下，如果继续冷却或增加水汽就会导致水汽凝结。

Diagnostic subsurface horizon（18）诊断亚表土层

表土层之下，一个具有不同深度的土层；可能是A土层和B土层的组成部分；是土壤系统分类的依据，所以在土壤描述中很重要。

Differential weathering（13）差异风化

对应于各种物理化学风化，岩石所表现出来的耐风化差异。

Diffuse radiation（4）漫射辐射

太阳辐射穿过云层和大气后，散射辐射的向下分量。

Discharge（14）流量

单位时间内水流通过某一河流断面的水量，单位为m^3/s。

Dissolved load（14）溶质搬运

水流中以化学溶液形式搬运的物质，这些物质来源于矿物，如石灰石、白云石及可溶性盐类。

Downwelling current（6）下降流

海水汇聚的海域，其余量水推动海水产生下沉；下降流发生的海域包括：赤道洋流西端海域、南极洲边缘海域（比较上升流/Upwelling current）。

Drainage basin（14）流域

水系的基本空间地貌单元；分隔相邻盆地的山脊和高地构成了集水区边界。

Drainage density（14）河网密度

度量一个流域整体运转效率的参数，即：单位面积内河道长度的比率。

Drainage pattern（14）河网形态

某一地区河流排列的几何形状；它取决于坡度、岩石的风化侵蚀差异、气候、水文状况及景观构造条件。

Drawdown（9）水位降落（深）

（见沉降漏斗/Cone of depression）。

Drought（9）干旱、旱情

目前还没有一个简单的水量收支定义；然而它至少有四种形式：气象干旱、农业干旱、水文干旱及社会经济干旱。

Drumlin（17）鼓丘

冰川作用形成的一种沉积地貌，在大陆冰川运动方向上，由冰碛物（无层理、分选差）构成的流线型地貌形态——迎冰面呈钝状，背冰面为锥状，丘顶部为浑圆状。

Dry adiabatic rate（DAR）（7）干绝热气温递减率

不饱和空气块的增温率（气块下降）或冷却率（气块抬升）；比率为10℃/1000m（见绝热的/Adiabatic；比较湿绝热气温递减率/Moist adiabatic rate）。

Dune（15）沙丘

沙粒沉积形成的一种暂时地貌形态，呈堆状、脊状或丘状；广阔的沙丘区称作沙海。

Dust dome（4）尘埃罩

笼罩在大城市上方的污染空气，一般呈穹窿状；在城市下风方向上，常被拉伸成细长羽状。

Dynamic equilibrium（1）动态均衡

在一个系统内部，系统运行的加速或减慢呈现一种变化趋势，而动态平衡是指平均状态下的一种波动变化。

Dynamic equilibrium model（13）动态均衡模型

在构造抬升与侵蚀过程中，发生在地壳物质的抗蚀能力与剥蚀速率之间的动态平衡。有证据表明：景观正在向适应岩石结构、气候、局部地形和海拔的方向发展。

E

Earthquake（12）地震

当断层断裂或火山活动时，瞬间释放的能量以波的形式在地壳中传播。地震震级采用矩震级（以前采用里氏震级）衡量；而地震烈度采用的是麦加利烈度。

Earth systems science（1）地球系统科学

把地球作为一个全面的系统实体，由此产生的一门新兴地球科学。它是指一个由物理、化学和生物系统构成的交集，而这个交集支配着整个地球系统过程。它从系统运转的角度对行星变化进行研究，包括对系统各组成部分的定量认识而不是定性描述。

Ebb tide（16）落潮

潮汐日周期中的低潮（比较涨潮/Flood tide）。

Ecological succession（19）生态演替

新的更复杂的动植物集合，对先前较简单群落的替代过程；由于各物种对环境变化的适应，群落在变化中处于稳定状态。生态系统表现出预期的那种稳定点或演替顶极状态（见原生演替/ Primary succession，次生演替/Secondary succession）。

Ecology（19）生态学

研究生物与环境之间关系及各种生态系统的学科。

Ecosphere（1）生态圈

生物圈的别名。

Ecosystem（19）生态系统

由生物体（动物和植物）与非生物环境（物理和化学）构成的一个可自我调节的统一整体。

Ecotone（20）生态过渡带

相邻生态系统间的边界过渡带。在过渡带内，由于相似的动植物发生资源竞争，因此过渡带宽度是不断变化的（见生态系统/Ecosystem）。

Effusive eruption（12）溢流式喷发

火山喷发类型之一，其喷发物为低黏稠度的玄武岩岩浆；岩浆中气体含量低且容易溢出。熔岩倾泻于地表之上，伴有相对较小的爆炸，但几乎没有火山碎屑岩；这种火山喷发往往形成盾状火山（见盾状火山/Shield volcano，熔岩/Lava， 火山碎屑/Pyroclastics；比较爆裂式喷发/Explosive eruption）。

Elastic-rebound theory（12）弹性回跳理论

一个描述地壳断裂过程的概念：地壳中相互连接的岩块尽管发生了相对移动，可断裂面两侧的断块却被卡住，随着张力的不断积累，岩块间突然破裂并产生明显的滑动，由此引发地震。

Electromagnetic spectrum（2）电磁波谱

把太阳产生的所有辐射能量，按波长长短排列的一个有序系列。

Eluviation（18）淋溶过程

上层土层中矿物和细粒物质的移动和迁移；土体内部的侵蚀过程（比较淋积过程/Illuviation）。

Empirical classification（10）（气候）经验分类法

基于气象统计或其他数据的气候分类法；用以确定一般气候类别（比较成因分类/Genetic classification）。

Endogenic system（11）内源系统

地球内部系统，驱动力源于行星内部放射性热源。地表响应表现为断裂、造山运动、地震和火山活动（比较外力系统/Exogenic system）。

Entisols（18）新成土

土壤系统分类中的一个土纲。其具体特征是没有垂直发育的土层，通常为年轻的或未发育的土壤。多见于活跃坡面、冲积物堆积的冲积平原和排水不良的苔原。

Environmental lapse rate（3）环境气温递减率

局部天气条件下，不同时刻低层大气气温随高度增加而发生的实际递减速率；而与-6.4℃/1 000m的正常气温递减率相比，可能偏高或偏低（比较正常气温递减率/Normal lapse rate）。

Eolian（15）风成作用

风力引起的各种过程，包括风力侵蚀、风力搬运和风成沉积；其英文单词在某些国家拼写为“Aeolian”。

Epipedon（18）诊断表层

形成于地表的诊断土层；不要和土层A混淆；它可能包括全部或部分土层B。

Equal area（1，附录A）等面积（投影）

一种地图投影特性；这种投影法使地图上的图形发生扭曲变形，但图形的面积保持不变（见地图投影/Map projection）。

Equatorial low-pressure trough（6）赤道低气压槽

在赤道附近，热力造成的环绕地球的低气压带，在其控制范围内伴有空气的汇合和上升，也称作热带辐合带（ITCZ）。

Erg desert（15）沙质荒漠

沙漠或由沙质地表构成的广阔沙海。

Erosion（14）侵蚀

由风、水或冰造成的剥蚀作用，对地表物质的溶解或移除。

Esker（17）蛇形丘

冰川下面的通道发育可形成融水河道，而蛇形丘是指沿这种狭窄曲折河道由粗砾石沉积物形成的堆积地貌。

Estuary（14）入海河口，河口湾

河流入海处的河口位置，这里是淡水与海水发生混合，潮汐涨落淹没的地方。

Eustasy（7）海面升降

全球范围的海平面变化。这种海面变化与陆地运动无关，而是海水体积变化造成的。

Evaporation（9）蒸发

自由水分子脱离潮湿表面进入到非饱和空气中的运动；水从液态转为气态的相变过程。

Evaporation fog（7）蒸发雾

冷空气移动到温暖水面（湖面、洋面等）上方时形成的雾；其成因是水面蒸发的水分子进入上层冷空气，因而产生水汽凝结；也称作蒸汽雾或海雾。

Evaporation pan（9）蒸发皿

由一个标准化的盛水器皿构成的气象仪器，盛水器皿中的水被蒸发时，该仪器可自动地计量和添补被消耗的水量；一种蒸发计。

Evapotranspiration（9）蒸散量

蒸发量与蒸腾量的合计耗水量（见潜在蒸散量/Potential evapotranspiration，实际蒸散/Actual evapotranspiration）。

Evolution（19）进化论

一种理论：单细胞有机体经过适应、变异，并通过遗传变化发展到多细胞有机体。一代又一代的基因构成，是由环境因子、生理功能，以及可创造更大生存几率和繁殖速度等行为所塑造的，并通过自然选择进行传递。

Exfoliation dome（13）叶状剥蚀丘

一种穹状风化，特指花岗岩对上覆岩层的移动过程所产生的响应，因为这有利于减缓岩石压力。岩层在产生片层过程中以“片状”或“壳状”方式风化脱落。

Exogenic system（11）外源系统

由太阳辐射能驱动的地球外部表层系统，在太阳能量和重量作用下，空气、水和冰产生运动陆地剥蚀的全部过程（比较内源系统/Endogenic system）。

Exosphere（3）逸散层

在480km高空之上，热成层之外，空气极其稀薄的外大气光晕；可能由氢、氦原子组成，在热成层附近含有一些氧原子和氮分子。

Exotic stream（14）外源河

发源于湿润地区的河流，流经干旱地区再至河口；河流沿途径流量递减，如尼罗河、科罗拉多河等。

Explosive eruption（12）爆裂式喷发

不可预知的剧烈火山喷发；与溢流喷发的岩浆相比，这种喷发方式产生的岩浆，浓厚（黏性大）、黏稠，气体和二氧化硅含量高，容易在火山内形成堵塞，形成复合火山（见复合火山/Composite volcano；比较溢流喷发/Effusive eruption）。

F

Faulting（12）断裂（活动）

地壳中岩块之间产生的位移和破裂过程；通常伴有地震发生。

Feedback loop（1）反馈回路

系统的一部分输出被返回后，又重新再次作为输入信息，进而使系统进一步运行（见负反馈/Negative feedback，正反馈/Positive feedback）。

Field capacity（9）田间持水量

分子力（氢键）克服重力引力所维持的土壤水分，即水分从土壤大孔隙中排出后剩余的土壤水分；它是植物可利用的水分（见有效水分/

Available water，毛管水/Capillary water）。

Fire ecology（19）火生态学

把野火作为群落演替中的自然动态因子所进行的研究。

Firn（17）粒雪

在雪转化为冰川冰的缓慢过程中，形成的过渡型颗粒状雪；夏季存留于积累区内的积雪。

Firn line（17）粒雪线

冰川表面上肉眼可见的雪线，夏天消冰季节位于冬雪残留之处；类似于陆地上的雪线（见消冰作用/Ablation）。

Fjord（17）峡湾

沿海岸被海水淹没的冰川谷或冰川槽。

Flash flood（15）山洪

突然发生的超过河道容量的短暂洪流；在荒漠和半干旱地区，可造成冲蚀。

Flood（14）洪水

沿河流天然河岸，河水出现溢流时的高水位现象。

Floodplain（14）河漫滩平原

沿河床分布的平坦、低洼区域。它是由周期性洪水形成的，并受洪水影响的区域。下伏岩层通常被冲积物所覆盖。

Flood tide（16）涨潮

潮汐日周期中的高潮（比较落潮/Ebb tide）。

Fluvial（14）冲积的、河流的

与河流有关的过程；Fluvial源于拉丁语“*Fluvius*”意为河流或流水。

Fog（7）雾

与地面相接的云，一般呈层状，水平能见度通常小于1km。

Folding（12）褶皱（活动）

在挤压力作用下，岩层发生的弯曲变形。

Food chain（19）食物链

化学能量，从自我制造营养物的生产者（植物）到消费者（动物），最后再到分解者的单向流动路径。

Food web（19）食物网

由相互作用的食物链所构成的复杂网络（见食物链/Food chain）。

Formation class（20）植物形态类别

仅指生物群落中的植物部分，其分类依据是优势植物的大小、形状和结构。

Friction force（6）摩擦力

地表对风所产生的拖曳力；其影响的高度可能达到500m。由于地表摩擦力可减慢风速，因此可以减弱地转偏向力的作用效果。

Frost action（13）冻融作用、冰劈作用、冻裂作用

水冻结时体积增大9%，由此可产生强大的机械力。当岩石裂隙中的水冻结时，如果机械力超过岩石抗张力，就会造成岩石破裂。

Funnel cloud（8）漏斗云

从云底伸出的可见涡旋。这种涡旋可以发展形成龙卷风，而龙卷风是指涡旋完全伸展至地面的漏斗云（见龙卷风/Tornado）。

Fusion（2）（核）聚变

在极端的高温和压力下，带正电荷的氢、氦原子核的强力结合过程；自然界的热核反应发生于宇宙天体之中，如太阳。

G

Gelisols（18）冻土

1998年在土壤系统分类中新增加的一个土纲，用于描述分布于高纬度或高海拔地区具有苔原植被特征的寒土和冻土。

General circulation model（GCM）（10）大气环流模型

基于计算机所建立的一种复杂气候模型，用于演示和预测现实或未来天气及气候状况。美国等一些国家已在运用这种复杂的大气环流模型（三维模型）。

Genetic classification（10）（气候）成因分类法

根据成因划分气候区的一种气候分类；例如，气团相互作用分析法（比较经验分类法/Empirical classification）。

Geodesy（1）大地测量学

通过实地测量、数学方法和遥感技术，确定地球形状及大小的一门学科（见大地水准面/Geoid）。

Geographic information system（GIS）（1）地理信息系统

基于计算机数据处理工具和方法，对地理信息进行收集、处理和分析，并提供全面的互动分析。

Geography（1）地理学

一门空间学科，从空间上对地理区域、自然系统及过程、社会和文化活动的相互依存和相互作用进行研究。地理学教育的五个主题分别是地点、位置、运动、区域和人地关系。

Geoid（1）大地水准面

描述地球形状的术语；字面意思是“地球的形状是地球体”。这里是指理论上的球面，海平面穿透陆地延伸所构成的一个球面；地球不是一个完美的球体。

Geologic cycle（11）地质循环

用于描述岩石圈中进行的巨大循环；包括水文循环、大地构造循环及岩石循环。

Geologic time scale（11）地质年代表

地球历史的时间单位。采用代（Eras）、纪（Periods）和世（Epochs）来表示，并标注出岩层序列及其对应的绝对年龄（放射性同位素测年法等）。

Geomagnetic reversal（11）地磁倒转

地球磁场的磁极变化，没有规律性，即磁场突然消失为零，然后恢复正常，但磁极却发生了逆转。在过去400万年，已记录的磁极逆转有九次。

Geomorphic threshold（13）地貌阈值

地貌变化中的阈值，一旦超过这一阈值就会迅速转变为一套新的地貌关系，伴有景观物质和坡面的重新组合。

Geomorphology（13）地貌学

对地貌的起源、演化、形态、分类及空间分布进行分析和描述的学科。

Geostrophic wind（6）地转风

在不同的气压区之间，由气压梯度力和地转偏向力产生的风，其运动路径平行于等压线（见等压线/Isobar，气压梯度力/Pressure gradient force，地转偏向力/Coriolis force）。

Geothermal energy（11）地热能

地下水受附近地下岩浆的加热作用，存储于蒸汽和热水中的能量。地热能的字面含义是指热量来自地球内部，而地热发电是指地热能发电的具体应用策略，此外还有地热能的直接应用。在冰岛、新西兰、意大利、美国加州北部等地区，人们已开始利用地热能。

Glacial drift（17）冰碛（具体的碎岩块）

冰川沉积物的总称，包括分选的（层状冰碛）和未分选的沉积物（冰碛物）。

Glacial ice（17）冰川冰

硬化的冰，比普通的雪或粒雪的密度大得多。

Glacier（17）冰川

由积雪和重结晶雪形成的大块常年冰，在自身质量和重力作用下发生缓慢流动。冰川冰分布于陆地之上或在近陆海洋中形成漂移的冰架。

Glacier surge（17）冰川跃动

冰川在移动过程中发生的快速、突然、无法预测的向前运动。

Glacio-eustatic（7）冰川性海面升降

地球上储存于冰体中的水发生改变后，对海平面的影响。大量的水存储在冰川和冰盖之中，可使海平面降低（比较海面升降/Eustasy）。

Gleization（18）潜育化（过程）

在寒冷、潮湿的气候条件下，加上排水不畅，所产生的一种腐殖质和黏土积累过程。

Global dimming（4）全球黯化

由于污染、气溶胶和云的影响，使照射到地球表面的阳光减少。

Global Positioning System（GPS）（1）全球定位系统

一种接收卫星无线电信号，并能够准确校准经度、纬度及海拔的手持式仪器。

Goode's homolosine projection（附录A）古德等面积投影

由正弦投影和等比例投影接合在一起形成的等面积投影。

Graben（12）地堑

断层群（或成对断层）产生的下移断块。美国西部内陆盆地的典型特征（比较地垒/Horst；见盆岭省/Basin and Range Province）。

Graded stream（14）均衡河流

河流负荷搬运与景观相互调整所达到的一种理想状态。它是侵蚀、搬运、沉积与负荷容量之间形成的一种动态均衡。

Gradient（14）（河流）比降

从河流源头到河口，河道海拔的降落速率；理想状态下，河道呈凹型坡。

Granite（11）花岗岩

粗颗粒（缓慢冷却）的侵入火成岩；石英占25%，钾、钠长石超过50%；它是大陆地壳的特征。

Gravitational water（9）重力水

毛管水中受重力作用渗透至潜水的盈余水。

Gravity（2）重力引力

由于物体质量所产生的相互作用力，两个物体之间的相互引力大小与各物体的质量成正比。

Great circle（1）大圆

经过地球球心的平面与地球表面相交的任何一个圆。大圆有无穷多个，但平行于纬圈的大圆只有一个，即赤道（比较小圆/Smallcircle）。

Greenhouse effect（4）温室效应

在大气圈中，辐射活性气体（二氧化碳、水蒸气、甲烷和氯氟烃）对长波能量的吸收和释放过程。该过程可延缓红外线向太空的释放，从而延长了长波能量在大气内的滞留时间。红外线辐射及再辐射，造成了对流层下层增温。由于这一过程与温室相似，因此称作温室效应。

Greenwich Mean Time（GMT）（1）格林尼治标准时

以前的世界标准时间，现在报道中称为协调世界时（UTC）（见协调世界时/Coordinated Universal Time）。

Groundwater（9）地下水

土壤-根系带深度以下的水；饮用水的主要来源。

Groundwater mining（9）地下水开采

对含水层进行的超出其流出能力及补给量的抽水；地下水资源的一种过度利用。

Gulf Stream（5）墨西哥湾暖流

从北美东海岸向北移动的一个强大的离岸暖洋流，其水量远至北大西洋。

H

Habitat（19）生境

生物体在生物学上所适应的物理位置。大多数物种都有其特定的生境参数和限制（比较生态位/Niche）。

Hail（8）冰雹

一种降水类型。当云中雨滴在冻结点高度附近上下起伏时，伴随不断地起伏，被冻结雨滴上的水分逐渐增加而形成冰雹，直到冰雹增重至不能再滞留于高空后，才降落到地面。

Hair hygrometer（7）毛发湿度计

测量相对湿度的仪器；测量原理：对应于相对湿度0～100%的变化幅度，人类头发的长度变化为4%。

Heat（3）热

由于物体之间的温度差异，一个物体流向另一个物体的动能流。

Herbivore（19）草食动物

食物网中的初级消费者。它们以生产者（绿色植物，含有光合作用的有机分子）制造的植物材料为食（比较食肉生物/Carnivore）。

Heterosphere（3）非均质层

位于大气圈中间层顶以上的大气层，高度为80～480km；由氧原子和氮分子所组成的稀薄气层；包括电离层。

Histosols（18）有机土

土壤系统分类的一个土纲。它是有机质积累较厚所形成的；如：先前的湖床、泥沼和泥炭层。

Homosphere（3）均质层

从地表至80km高度的大气层，由均匀混合气体组成，包含氮气、氧气、氩气、二氧化碳及痕量气体。

Horn（17）角峰

单体山顶被几个冰斗冰川从不同侧面凿蚀，形成的金字塔状尖峰。

Horst（12）地垒

断层群（或成对的断层）产生的上移断块。美国西部内部山区的典型特征（见地堑/Graben，盆岭省/Basin and Range Province）。

Hot spot（11）大地热点

上涌物质发源于软流圈或地幔深层的独特点位；相对于移动板块，热点位置往往保持稳定；全球范围内已确定的热点大约有100个，如黄石国家公园、夏威夷和冰岛等。

Human－Earth relationships（1）人地关系

地理学中（人地传统）最古老的主题；包括人类居住模式的空间分析、资源利用与开发、风险感知与规划、环境改造与人为景观影响。

Humidity（7）湿度

空气中的水汽含量。空气的水汽容量主要取决于气温和水汽。

Humus（18）腐殖质

在土壤腐殖化过程中，由消费者和分解者制造的有机碎屑混合物；典型的腐殖质形成于地表堆积的动植物残屑。

Hurricane（8）飓风

形成于向内旋转的雨带区，并得到充分加强的热带气旋；这种气旋直径为160～960km，风速超过119 km/h（65节）；该术语专用于大西洋和东太平洋地区（比较台风/Typhoon）。

Hydration（13）水合作用

矿物吸水后所产生的一种化学风化过程。该过程引起矿物膨胀并导致岩石内产生机械应力，而岩粒受机械力作用发生破裂（比较水解作用/Hydrolysis）。

Hydraulic action（14）水力作用

湍流水流造成的侵蚀，这是因为湍流对岩床节理产生挤压和释放作用，还有对岩石的撬动和抬举的能力。

Hydrograph（14）流量过程线

某时段内（分钟、小时、日、年），河流在某一具体断面上的流量（单位：m^3/s）曲线图。图上通常绘有降水输入量，用来显示流量与降水之间的关系。

Hydrologic cycle（9）水文循环

关于水分流动的一种简化模型，用来描述水分以液态、固态冰和水汽形态从一个地方流向另一个地方。水分通过大气而遍及陆地，再以冰和地下水的形式存储于陆地。太阳能为水分循环提供能量。

Hydrology（14）水文学

一门研究水的学科，包括水的全球循环、水的分布及水的特征；尤其是地表水和地下水。

Hydrolysis（13）水解作用

矿物与水发生化学结合反应所产生的一种化学风化过程。它使岩石中硅酸盐矿物发生解体和改变，是一种分解过程（比较水合作用/Hydration）。

Hydrosphere（1）水圈

一个开放的非生物系统，包括地球上各种类型的水。

Hygroscopic water（9）吸湿水

在土壤水分中，一部分水紧紧束缚于土壤颗粒上，它们不能被植物根系所利用，而被称作吸湿水；吸湿水及一些束缚毛管水，即使达到凋萎点之后，也能在土壤中保留（见凋萎点/Wilting point）。

I

Ice age（17）大冰期

自前寒武纪晚期（12.5亿年前）以来，大约以2亿～3亿年为周期重复出现的寒冷期，伴有山岳和大陆冰川扩张；包括距今最近的更新世大冰期，该冰期始于1.65百万年前。

Iceberg（17）冰山

由大块冰体崩解（破裂）而成的漂流浮冰；由于冰山体积的6/7在海面以下，而且呈不规则形状，因而对船舶航行构成威胁。

Ice cap（17）冰帽

巨大的穹状冰川，它虽然掩埋了山峰和局部景观，但面积比冰盖小；通常小于5万km^2。

Ice field（17）冰原

面积最小的冰川形态，冰面之上可看到山脊和山峰；其面积比冰帽和冰盖都要小。

Icelandic low（6）冰岛低压

（见副极地低压中心/Subpolar low-pressure cell）。

Ice sheet（17）冰盖

巨大且连续的大陆冰川。南极和格陵兰岛上的两个冰盖是地球上冰川冰的主体。

Igneous rock（11）火成岩

岩石的基本类型之一;它是熔融态岩浆或熔岩的凝固体和结晶体(比较变质岩/Metamorphic rock，沉积岩/Sedimentary rock）。

Illuviation（18）淀积过程

一种沉积过程；是指上层土层中细粒物质和矿物质的向下迁移和沉淀。淀积过程通常发生于B层，形成黏土、铝、铁、碳酸盐积累，并含有些许腐殖质（比较淋溶过程/Eluviation；见钙积化过程/Calcification）。

Inceptisols（18）始成土

土壤系统分类中的一个土纲。贫瘠且发育微弱的天然土壤；其发育程度虽然高于新成土，但通常仍为年轻土壤。

Industrial smog（3）工业烟雾

伴随燃煤工业产生的空气污染；包括硫氧化物、微颗粒物、二氧化碳等污染物。

Infiltration（9）入渗（水）

水穿透土壤表面进入土壤储水带。

Insolation（2）入射日射，日射量

进入地球系统的太阳辐射。

Interception（9）（降水）截留

由于植被或地表覆盖物，延迟了降水到达地表的时间。

Internal drainage（14）内陆水系

河流水量不能到达海洋，其流量损失于蒸发耗水或地下重力流。在非洲、亚洲、澳大利亚和美国西部，都有这种水系分布。

International Date Line（1）国际日期变更线

180° 经线，本初子午线的对跖经线。1884年设立条约把这条经线正式规定为每天开始的位置。

Intertropical convergence zone（ITCZ）（6）热带辐合带

（见赤道低压槽/Equatorial low-pressure trough）。

Invasive species（20）入侵物种

人类有意或无意地从其他地方带来的或引进的物种。这些非本地物种也叫外来物种。

Ionosphere（3）电离层

大气圈中高度超过80km的大气层；在电离层中，γ射线、X射线和部分紫外线被空气吸收后可转化为长波辐射；此外，电离层受太阳风激发还会产生极光。

Island biogeography（19）岛屿生物地理学

由于岛屿在空间上受到隔离，加之物种数量相对较少的原因，因此岛屿成为群落研究的特殊场所。岛屿就像天然的试验场所，因为岛屿上开展单个因子影响研究（如文明），远比在大陆地区更加容易。

Isobar（6）等压线

由大气压相同的点连接而成的等值线。

Isostasy（11）地壳均衡原理

由于岩石圈（密度较低）、软流圈（密度较高）及浮力之间的相互作用，地壳处于一种均衡状态。伴随地壳运动，地壳因重量增加而下沉，因重量减轻（如冰川融化）而上浮。这种地壳抬升称作均衡反弹。

Isotherm（5）等温线

由温度相同的点连接而成的等值线。

J

Jet contrails（4）喷气飞行云
飞机尾气产生的凝结尾迹，它是由微粒物与水汽形成的高卷云；有时也被称作伪卷云。

Jet stream（6）急流
西风带上层最显著的运动；集中的、无规则的、呈正弦波动的地转风，通常以300km/h的速度运动。

Joint（13）节理
岩石产生的破裂或裂隙，但两侧岩块未发生位移；它使岩石暴露于风化过程中的面积增加了。

June solstice（2）夏至点
（见夏至点（6月）/Summer solstice）。

K

Kame（17）冰砾阜
冰川作用形成的一种沉积形态；在地表裂隙或冰面缺口中，由分选差的砂砾堆积而成的小丘。

Karst topography（13）喀斯特地貌
在地表水系不发育的石灰岩地区，石灰岩由于化学风化而被溶解，由此形成的崎岖不平的独特地形。该名称源于斯洛文尼亚的喀斯特高原（Krš Plateau）。

Katabatic winds（6）下降风、下沉风
从高海拔地区向下流动的重力风。近地表空气层被冷却，密度增大，沿下坡方向流动；世界各地的称谓不同。

Kettle（17）锅穴
冰川退缩后，在冰川底碛、冰水沉积平原或冰川谷底上残留有孤立的冰块，最终冰块融化，而在原地形成了一种凹穴；这种凹穴壁陡峭且常常充满水。

Kinetic energy（3）动能
运动物体所具有的能量；决定于运动物体自身的振动和温度状态。

Köppen–Geiger climate classification（10，附录B）柯本气候分类〔法〕
一种经验分类体系，利用月平均气温、月平均降水量和年降水总量所建立的区域气候命名法。

L

Lagoon（16）潟湖
事实上已被滨外沙坝或滨外沙洲隔开的沿岸海水水域，或是已被环礁环绕和包围的水域。

Landfall（8）（台风）登陆
风暴移动上岸的海岸地点。

Land–sea breeze（6）海陆风
在沿海地区，由于水面和陆面之间的热力差异，海面与相邻内陆之间形成的风；下午刮向岸风（吹向陆地）、夜晚刮离岸风（吹向海洋）。

Landslide（13）滑坡
重力作用下，胶结风化层或包括底岩在内，以块体运动的方式突然沿坡面快速下滑。

Land–water heating difference（5）海陆热力差异
陆地与水体之间在热力性质及程度上的差异，包括它们的热传递、蒸发、混合及比热容。陆地表面的加热和冷却速度快，而被称作具有大陆性；相比之下，水体则产生海洋效应。

Latent heat（7）潜热
水的三相状态（冰、水或水汽）之一所储存的热能。水从一种相态到另一种相态的每一次相变过程中，吸收或所释放的热能。水在融化、汽化和蒸发过程中，热能作为潜热被吸收；反之，水在凝结和冻结过程中，热能作为潜热被释放。

Latent heat of condensation（7）凝结潜热
水汽转化到液态水时释放到环境中的热能。正常海平面气压下，每1克水汽凝结为沸点温度的液态水所释放热量为540cal；20℃下水汽发生凝结释放的热量为585cal。

Latent heat of sublimation（7）升华（凝华）潜热

在“冰-水汽”或“水汽-冰”（无液相发生）的相变过程中，吸收或释放的热量。在正常海平面气压下，水汽转变为固态冰的相变称为凝华。

Latent heat of vaporization（7）汽化潜热

在液态水转化到沸点温度的气态水的相变过程中，水从环境中吸收的热量。在正常海平面气压下，每1g沸点的水相变为气态水时，需要吸收540cal的热能。

Lateral moraine（17）侧碛垄

沿冰川两侧边缘堆积的岩屑物质，冰川在搬运这些岩屑物质过程中，沿途也会产生沉积。

Laterization（18）砖红壤化（过程）

在温暖潮湿的地区，排水良好的条件下，土壤发生的一种成土过程；如：典型的氧化土。充沛的降水使可溶矿物及土壤成分淋失。因此，土壤通常呈微红或淡黄色。

Latitude（1）纬度

以地球球心为起点，赤道面以北（或以南）的角距离。连接相同纬度点的平行弧线，称作纬线或纬圈（比较经度/Longitude）。

Lava（11, 12）熔岩

火山活动中流到地表的岩浆；喷出岩是凝固的岩浆（见岩浆/Magma）。

Life zone（19）生物（垂直）带

随海拔高度变化，动植物群落呈明显的带状分布。每个生物带都具有各自所适应的温度和降水组合。

Lightning（8）闪电

千万伏特高压电荷把空气加热到15 000～30 000℃所造成的闪光。

Limestone（11）石灰岩

最常见的化学沉积岩（非碎屑物），岩化的碳酸钙；在酸性环境下（包括雨水中的碳酸），它们很容易产生化学风化。

Limiting factor（19）限制因子

抑制生物过程最主要的物理或化学因子，原因是不足或过剩。

Lithification（11）岩化作用

沉积物通过压实、胶结和硬化转化为沉积岩的过程。

Lithosphere（1, 11）岩石圈

地壳及部分上地幔顶层，其延伸深度约70km。有些文献也使用该词来指整个地球。

Littoral drift（16）沿岸物质流

沿岸搬运的沙、砾石、沉积物和碎屑物质；更易理解术语——海滩漂移物/Beach drift。

Littoral zone（16）滨海带

特指海岸环境，风暴期间的高水位与风浪作用深度（波浪不能移动海底沉积物）之间的区域。

Loam（18）壤土

组成土壤的砂、粉沙和黏土近于同比例混合，任何一种质地都不占优势；一种理想的农业土壤。

Location（1）位置

地理学的基本主题之一；关于人、地点和事物在地球表面上的绝对和相对方位。

Loess（15）黄土

冰水沉积留存下来的大量细粒黏土和粉沙，经风力远距离搬运后，再次沉降形成的均质、不分层的沉积物，并覆盖了原有的地表景观；中国的黄土源于荒漠地区。

Longitude（1）经度

以地球球心为起点，本初子午线（平面）以东（或以西）的角距离。所有经度相同点的连线，被称作子午线（比较纬度/Latitude）。

Longshore current（16）沿岸流

抵达海岸的波浪（波浪前进方向与海岸走向存在某一夹角）形成的平行于海滨的洋流；它形成于碎浪带，由波浪作用形成的，并伴有大量的泥沙沉积物搬运（见海滩漂移物/Beach drift）。

Lysimeter（9）蒸渗仪

测量潜在及实际蒸发散量的一种气象仪；在田间试验观测中，由于该仪器与田间土壤相互隔离，所以用于测量试验地的水分转移。

M

Magma（11）岩浆

地下呈熔融态的岩石；在巨大压力作用下，以液态、气态形式，侵入地壳岩层中或溢流到地表的熔岩（见熔岩/Lava）。

Magnetosphere（2）地磁圈

像发电机一样运动的地球外核所产生的地球磁力场；它使太阳风发生偏转，流向两极上方的高层大气。

Mangrove swamp（16）红树林沼泽

位于30°N和30°S之间的湿地生态系统；这种独特群落往往由红树植物构成（比较盐沼/Salt marsh）。

Mantle（11）地幔

地壳与地核之间的部分叫作地幔。它约占地球总体积的80%，其密度随深度增加而增大，平均密度为4.5g/cm^3；地幔中富含铁镁氧化物和硅酸盐。

Map（1,附录A）地图

描述某一区域的综合图形，通常是从正上方看到的大幅缩小的部分地表特征（见比例尺/Scale，地图投影/Map projection）。

Map projection（1,附录A）地图投影

以某种方式把地球的球形曲面转换为平面的换算方法，对经纬度格点进行系统化地重新排列。

March equinox（2）春分点

［见春分点（3月）/Vernal（March）equinox］。

Marine effect（5）海洋效应

区域特征受海洋温度调节作用；与陆地测站相比，气温的日较差和年较差都较小（见陆地效应/Continental effect，水陆热力差异/Land-water heating difference）。

Mass movement（13）块体运动

重力造成的物质整体移动；物质从干到湿，移动速度从慢到快，体积从小到大，运动形式从自由落体到渐进式或断续式。

Mass wasting（13）物质坡移

岩石或土体受重力作用沿坡面产生的向下移动；块体运动的一种具体形式。

Meandering stream（14）曲流

均衡河流中常见的具有蜿蜒曲折形态的河流；河流凹岸承受的水流能量高，发生侵蚀，凸岸承受的水流能量低，发生堆积（见均衡河流/Graded stream）。

Mean sea level（MSL）（16）平均海平面

对于某一给定地点，潮位逐时记录的长期平均值，至少要有一个完整的太阴潮汐记录周期。

Medial moraine（17）中碛垄

冰川搬运的岩屑物质，这些岩屑物质是在两条冰川汇合时由侧碛垄汇聚形成的；因此，中碛垄位于汇合后的冰川中部；冰川退缩时，中碛垄表现为沉积特征。

Mediterranean shrubland（20）地中海灌木林

地中海（夏季干燥）气候环境下的主要群系，植被特征是硬叶灌丛，以及树干低矮化、茎干坚硬的林木（见查帕拉尔群落/Chaparral）。

Mercator projection（1,附录A）墨卡托投影

形状保真的一种投影方法（译注：正形投影，也称等角投影）。投影后经线为等间距直线，纬线为垂直于经线的一组平行直线，纬线间隔从赤道向两极逐渐增大（两极为无限延伸），南北纬84°的纬圈长度与赤道纬圈相同。在中纬度和极地地区，该投影方法导致地图上的长度（面积）明显变形，但方向能保持正确(见罗宾森投影等向线，Rhumb line)。

Mercury barometer（6）水银气压计

利用水银柱高度测量气压的一种管状装置；柱管的一端密封，另一端插入盛有水银的开放容器中（见气压/Air pressure）。

Meridian（1）子午线、经线

标示某一经度的弧线（见经度/Longitude）。

Mesocyclone（8）中尺度气旋
在对流层中层高度上，从积雨云内部形成的大规模旋转环流；通常伴有暴雨、大冰雹、暴风和闪电；还可能导致龙卷风。

Mesosphere（3）中间层
大气均质层上层50～80km高度的大气；中间层是按温度标准划分的，其空气非常稀薄。

Metamorphic rock（11）变质岩
岩石的三种基本类型之一；它是火成岩和沉积岩在高温高压作用下经过物理和化学变化之后形成的。岩石组成矿物可能会呈现叶理或非叶理结构（比较火成岩/Igneous rock，沉积岩/Sedimentary rock）。

Meteorology（8）气象学
大气圈的科学研究，包括它的物理特性和运动相关的化学、物理和地质过程；大气系统的复杂联系及天气预报。

Microclimatology（4）小（微）气候学
对地面、近地面或某一高处（地面效果已不显著）局地性气候的研究。

Midlatitude broadleaf and mixed forest（20）中纬度阔叶林和混交林
在夏季温暖和炎热、冬季凉爽和寒冷地区，大陆湿润气候区的生物群系；从南到北，植被由茂密阔叶林过渡到常绿针叶林。

Midlatitude cyclone（8）中纬度气旋
一种系统性的低气压区，由于气流辐合上升所产生的气团相互作用；它随风暴路径而发生迁移。在南北半球的中高纬度地区，这种低气压形成的天气模式占主导地位。

Midlatitude grassland（20）中纬度草原
这里的主要生物群系已大部分被人类改造；如此命名是因为该地区禾草类植物占优势，尽管沿河岸和有限区域内有落叶阔叶林分布；这里是世界的产粮区——谷物和畜牧业。

Mid-ocean ridge（11）大洋中脊
世界范围内延伸长度大于65 000km的海底山脉，其平均宽度超过1 000km，并沿海底扩张中心集中分布（见海底扩张说/Sea-floorspreading）。

Milky Way Galaxy（2）银河系
宇宙空间中，一个扁平的圆盘状星系，估计包含有4 000亿颗恒星；一个包括太阳系在内的棒螺旋星系。

Miller cylindrical projection（附录A）米勒圆柱投影
为了避免墨卡托投影产生的地图严重变形，所使用的一种折中地图投影方法（见地图投影/Map projection）。

Mineral（11）矿物
由一种或几种元素结合而成的天然无机化合物；具有特定的化学分子式和晶体结构。

Mirage（4）海市蜃楼
地平线附近出现的一种景象折射现象；这是因空气层温差（导致密度差异）造成的光线折射。

Model（1）模型
一个系统的简化形式，现实世界中被理想化的某一部分。

Mohorovicic discontinuity, or Moho（11）莫霍洛维奇不连续面（莫霍面）
地壳与岩石圈上地幔之间的分界面；以南斯拉夫地震学家莫霍洛维奇（Mohorovičić）名字来命名；物质和密度急剧变化的带层。

Moist adiabatic rate（MAR）（7）湿绝热气温递减热率
饱和空气块抬升时的冷却率比率为 -6℃/1 000m。随湿度和温度不同，比率变化范围为（-4℃～10℃）/1 000m（见绝热的/Adiabatic；比较干绝热气温递减率/Dry adiabatic rate）。

Moisture droplet（7）云滴
云最初形成时的微小水滴，其直径约为0.02mm，肉眼看不到。

Mollisols（18）软土
土壤系统分类中的一个土纲。它们具有一个松软的诊断表层，偏碱性、富含腐殖质和有机质。世界上一些最重要的农业土壤为软土。

Moment magnitude scale（12）力矩震级

取代里氏震级（振幅大小），划分地震震级的另一种标度。它利用地震矩来划分地震震级，这种方法考虑了断层滑动量、断裂面积大小及断层的物质性质；尤其对大震级地震的评价具有价值。

Monsoon（6）季风

由于气压系统变化，随季节转变的风；这造成了每年的旱涝交替；受季风影响的地区有：印度、东南亚、印度尼西亚、澳大利亚北部及非洲部分地区。Monsoon一词，源于阿拉伯语“Mausim”，意为“季节”。

Montane forest（20）山地林

与山地海拔高度有关的针叶林（见北方针叶林/Needleleaf forest）。

Moraine（17）冰碛垄（冰碛物堆积形成的地形）

位于冰川边缘，未经分选和未分层的沉积堆积（侧碛垄、中碛垄、终碛垄、底碛垄）。

Mountain–valley breeze（6）山谷风

夜间，山上冷空气沿山坡向下流动；白天，谷地暖空气沿山坡向上流动。

Movement（1）运动

地理学的主题之一，包括：种群空间上的迁徙、传播、相互作用和过程。

Mudflow（13）泥流

沿坡面流动的流体，比土流（Earthflows）的含水量更多。

N

Natural levee（14）天然堤

泛滥平原上沿河流两岸发育的低矮长脊；它是洪水沉积物（粗砾和沙子）堆积而成的地形。

Neap tide（16）小潮、低潮

当地球、月球、太阳之间呈直角排列时，太阳和月球对地球的引潮力部分相互抵消，由此形成的低潮位（比较大潮/Spring tide）。

Needleleaf forest（20）针叶林

由松树、云杉、冷杉和落叶松构成的林地，延伸范围从加拿大东海岸向西至阿拉斯加，又从西伯利亚向西横跨俄罗斯全境，再到欧洲平原。它又被称作“泰加林”（俄语“taiga”）或“北方针叶林”；主要分布于低温气候区，包括低纬度地区高海拔的山地林。

Negative feedback（1）负反馈

系统中具有减缓作用或抑制效应的反馈；能够提升系统的自我调节；在生命系统中很常见，远远超过正反馈现象（见反馈回路/Feedback loop; 比较正反馈/Positive feedback）。

Net primary productivity（19）净初级生产力

某一群落的净光合作用（光合作用减去呼吸作用）；它包括生态系统中的全部生长量及对有效化学能（生物量）产生消耗的所有因子。

Net radiation（NET R）（4）净辐射

地球表面得到的全波段净辐射；它是短波入射日射与长波能量释放之间，辐射平衡过程的最终结果。

Niche（19）生态位

在某一给定的群落内部，某一种生活型的基本功能或占领空间；生物体获取食物、空气和水的方式。

Nickpoint（Knickpoint）（14）裂点

在河流纵剖面曲线中，河道梯度急剧变化所产生的折点；如瀑布、急流或跌水。

Nimbostratus（7）雨层云

暗灰色的可产生降水的层状云；其特点是产生温和的细雨。

Nitrogen dioxide（3）二氧化氮

内燃机产生的有毒（有害）的红褐色气体；对植物和人体呼吸道有损害作用；参与光化学反应和酸沉降。

Noctilucent cloud（3）夜光云

高纬度地区日落后，在高空中出现的一种闪烁的稀薄冰晶云带；它形成于大气中间层，其冰晶核来自宇宙和大气粉尘。

Normal fault（12）正断层

岩石断层类型之一。张力应变所产生的岩层断裂，沿倾斜的断层面，两侧岩块间发生了垂向相对位移（比较逆断层/Reverse fault）。

Normal lapse rate（3）正常气温递减率

在低层大气中，气温随高度增加所表现的平均递减速率；平均值-6.4 C° /1 000m（比较环境递减率/Environmental lapse rate）。

O

Occluded front（8）锢囚锋

在气旋环流中，当地表冷锋超越暖锋时，由于冷空气从暖空气下方楔入，使暖空气处于脱离地表的抬升阶段；这一阶段会产生中到大雨。

Ocean basin（12）洋盆

承载全部海水的天然洼地（岩石圈低洼处）。

Omnivore（19）杂食动物

以植食者（生产者）和肉食者（消费者）为食的消费者，如人类（比较消费者/Consumer，生产者/Producer）。

Open system（1）开放系统

系统与周围环境存在相互输入和输出。地球在能量上是一个开放系统（比较封闭的系统/Closed system）。

Orogenesis（12）造山运动

地壳受到大尺度挤压发生变形和抬升时，形成的山脉建造过程；其字面含义为“山脉诞生”。

Orographic lifting（8）地形抬升

当气团移动翻越山脉（地形障碍）时，气流沿山坡被迫抬升的现象。上升空气发生绝热冷却，可以形成云和降水。

Outgassing（7）释气作用

地球内部岩石中所含气体的释放，迫使气体通过地壳裂隙、裂缝及火山活动排放出来；它们是地球上陆源水的来源。

Outwash plain（17）冰水沉积平原

冰川融水形成的沉积区域，其地表为层状冰碛。冰水河流接受融水补给，河道呈辫状，河水超负荷搬运；这种平原分布于距冰碛垄较远的下游区域。

Overland flow（9）坡面漫流

漫过地表流向河道的盈余水。它与降水、壤中流合在一起就是总径流。

Oxbow lake（14）牛轭湖

这种湖泊的前身是曲流的一部分；由于凹岸不断侵蚀，河道在弯曲处通过“裁弯取直”而改道，废弃的弯曲河道则形成了湖泊（见曲流/Meandering stream）。澳大利亚把这种湖泊称为“Billabong”（土著语“死河”）。

Oxidation（13）氧化作用

一种化学风化过程，特指水中的溶解氧与某种金属元素相结合所形成的氧化物。最常见的是岩石或土壤（老成土、氧化土）中的“生锈”现象，即氧化铁形成的红褐色斑点。

Oxisols（18）氧化土

土壤系统分类中的一个土纲。老年的、土层缺失的热带土壤，土壤深度发育具有良好排水条件；其特点是重度风化，阳离子交换容量低，而且肥力贫瘠。

Ozone layer（3）臭氧层

（见臭氧圈/Ozonosphere）。

Ozonosphere（3）臭氧圈

占据整个平流层的臭氧层（高度为20～50km）；大量吸收太阳紫外线并转化为热能的大气层。

P

Pacific high（6）太平洋高压

7月份太平洋上处于支配地位的高气压中心；在北半球1月份开始向南退缩；也称作夏威夷高压。

Pahoehoe（12）绳状熔岩

比渣块状玄武岩熔岩更易流动的一种玄武岩熔岩。它摺叠凝成的薄岩壳，交织盘卷呈“绳状”。Pahoehoe是夏威夷语。

Paleoclimatology（10, 17）古气候学

研究古代气候及其变化成因的学科；古代是指

地质时期和人类历史时期。

Paleolake（17）古湖泊

与过去湿润期有关的古代湖泊，当时注入湖盆的水量多，湖水水位比目前高；例如：博纳维尔湖和拉森湖。

PAN（3）

见硝酸过氧化乙酰/Peroxyacetyl nitrate。

Pangaea（11）泛大陆

距今约225百万年前，由所有陆地板块碰撞所形成的超级大陆；该名称来自魏格纳1912年提出的大陆漂移理论（见板块构造学说/Plate tectonics）。

Parallel（1）纬圈、纬线

平行于赤道圈的纬度线（见纬度/Latitude）。

Parent material（13）母质

松散的有机物和矿物。它是土壤发育的基础。

Particulate matter（PM）（3）微颗粒物

包括尘埃、烟炱、盐末、硫酸盐气溶胶、分散的天然颗粒物及悬浮于大气中的其他颗粒物。

Paternoster lake（17）串珠湖

单个岩盆中沿冰川谷形成的一系列小湖泊；这些小湖泊为圆形，并呈阶梯式排列；这一名称缘于它们看起来像一串念珠（宗教上的）。

Patterned ground（17）构造土

在冰缘环境下，地面冻融作用使岩屑呈多边形排列的地表区域；构造土形状有圆形、多边形、梯形、条纹状和网状。

Pedogenic regime（18）土壤发生学分类

一种与某种气候型紧密相关的具体成土过程；包括砖红壤化、钙积化、盐渍化和灰化等成土过程；但在土壤系统分类体系中，这些并不被作为土壤分类的依据。

Pedon（18）单个土体

从地表至植物最深根系区（或至风化层、基岩）的土壤剖面；它被想象为一个六边形柱体；作为土壤采样的基本单元。

Percolation（9）（水分）渗透

水分渗入土壤或多孔岩层，进入地下水的过程。

Periglacial（17）冰缘

冰川边缘带特征，包括过去和现在的寒冷气候过程及地形地貌。地球陆地表面20%以上具有冰缘特征，还有多年冻土、冻融作用和地下冰。

Perihelion（2）近日点

地球在椭圆公转轨道上距离太阳最近的点，近日点出现在1月3日，距太阳147 255 000km；变化周期为10万年（比较远日点/Aphelion）。

Permafrost（17）多年冻土

在冰缘地区，温度连续两年以上低于0℃的土壤和岩层；判断依据是温度，而非水分（见冰缘/Periglacial）。

Permeability（9）渗透性（透水性）

岩层或土层的透水能力；它取决于透水介质的质地和结构。

Peroxyacetyl nitrate（PAN）（3）硝酸过氧化乙酰

光化学反应形成的污染物，包含一氧化氮（NO）、挥发性有机合成物（VOCs）等。它对人体健康的影响尚不明确，可对植物的破坏作用却很显著。

Phase change（7）相变

冰、水和水汽之间的相互转变；包含潜热的吸收和释放（见潜热/Latent heat）。

Photochemical smog（3）光化学烟雾

紫外线、二氧化氮和碳氢化合物相互作用产生的空气污染；它是由一系列光化学反应所形成的臭氧和PAN，其主要来源是机动车。

Photogrammetry（1）摄影测量学

利用航空影像和遥测技术获取精确测量的学科。通常用于地图的创建和改进。

Photosynthesis（19）光合作用

植物利用太阳能把二氧化碳和水合成自身营养物的过程。在某一波长可见光的作用下，植物内部的二氧化碳与氢相结合；释放氧气，形成富含能量的有机物——糖和淀粉（比较呼吸作用/Respiration）。

Physical geography（1）自然地理学

对于环境中的自然要素及其系统过程，研究其空间依存关系和相互作用的一门学科。这里的环境是指：能量、空气、水、天气、气候、地貌、土壤、动植物、微生物，甚至地球。

Physical weathering（13）物理风化

岩石未经化学变化所发生的破裂和破碎。有时叫机械风化或破碎风化。

Pioneer community（19）先锋群落

一个地区的初始植物群落；通常发生在原生裸地上或生物被毁灭的地表；通常是原生演替的开始，包括裸岩上生长的地衣、苔藓和蕨类。

Place（1）地点

地理学主题之一，重点关注使每一位置具有唯一性的有形或无形特征；地球上没有两个完全相同的地点。

Plane of the ecliptic（2）黄道面

地球轨道面；它是一个平面。

Planetesimal hypothesis（2）小行星假说

一种假说，认为早期原始行星是由星云中的尘埃、气体和冰彗星物质凝聚而成的。如今，在银河系中仍可以观测到该过程。

Planimetric map（附录A）平面图

显示水平方位的一种基本地图，包括地域分界线、土地利用活动；还涉及政策、经济和社会概况等内容。

Plateau basalt（12）高原玄武岩

沿地表狭长裂缝溢出的岩浆，其水平流动形成大面积地表堆积；与火山溢流喷发相关；也称为溢流玄武岩（见玄武岩/Basalt）。

Plate tectonics（11）板块构造学说

该学说是地壳构造过程的基础，涵盖了大陆漂移、海底扩张和地壳运动有关方面的概念模型和理论（见大陆漂移说/Continental drift）。

Playa（15）干盐湖

荒漠低地表面水体蒸发后留下的盐壳分布区，通常位于荒漠腹地或半干旱地区封闭盆地及谷地，包括间歇型干湿交替区。

Pluton（11）火成岩侵入体

地壳中缓慢冷却的火成岩侵入岩块；其形状和大小各异。最大的火成岩侵入体（部分暴露于地表）叫作岩基（见岩基/Batholith）。

Podzolization（18）灰壤化（过程）

寒冷湿润气候条件下的一种成土过程；一种高度淋溶的土壤，由于腐殖质源于酸性树木，其土壤表层具有较强的酸性。

Point bar（14）边滩

河曲向内侧凸出的部分（凸岸），填积沉积物发生再次堆积的地方（比较凹蚀岸/Undercut bank）。

Polar easterlies（6）极地东风带

离开极地地区，干冷且多变的弱风；一种反气旋环流。

Polar front（6）极锋

冷暖气团之间差异显著的地带；位于南北纬度50°～60°。

Polar high-pressure cells（6）极地高压中心

大致位于两极上空，由热力形成的较弱的反气旋气压系统；它所覆盖的南极是地球上温度最低的区域（见南极高压/Antarctic high）。

Polypedon（18）聚合土体

某一地区可辨识的土壤单位，显著特征表现为：可在基础地图单元上区别于周边环境的聚合土体，是由许多单个土体构成的（见单个土体/Pedon）。

Porosity（9）孔隙度

土壤有效孔隙的体积之和；其大小取决于土壤的质地和结构。

Positive feedback（1）正反馈

系统中具有扩大作用或增强效应的反馈（比较负反馈/Negative feedback；见反馈回路/Feedback loop）。

Potential evapotranspiration（9）潜在蒸散量

在水分供应充足的条件下，蒸发量与蒸腾量的总和；它是最适水分条件下的水量损失或水量需求；缩写为POTET（或PE）（比较实际蒸散量/Actual evapotranspiration）。

Potentiometric surface（9）等测压水面

承压含水层的压力水位。其定义是井孔中的上涌水位，源于承压含水层中水的自重压力。这一水压面可延伸至地表面以上，即：高于承压含水层井孔的水位线（见承压水/Artesianwater）。

Precipitation（9）降水

水分供给来源，包括雨、雪、霙（雨夹雪）、冰雹；在水量平衡方程式中记作PRECIP或P。

Pressure gradient force（6）气压梯度力

空气从高压区流向低压区的成因，是由气压差造成的。

Primary succession（19）原生演替

裸地上发生的植物物种演替，裸地形成于块体运动、岩浆流冷却、火山喷发、露天采矿、林木采伐，还有冰川退缩形成的裸地、沙丘及早前群落痕迹已消失的区域。

Prime meridian（1）本初子午线、零子午线

经度为0° 的子午线，人们依据这一经线可测定地表任何位置的经度（东经或西经）；1884年按照国际协定创建于英国格林尼治。

Process（1）过程

按照某一特定次序发生的一系列作用和变化；过程分析是综合现代地理学的核心。

Producer（19）生产者

生态系统中把二氧化碳作为唯一碳源（通过光合作用对碳元素进行化学固定，从而为自身提供营养物质）的有机体（植物），又称自养生物（见消费者/Consumer）。

Pyroclastic（12）火山碎屑岩

源于火山喷发，爆裂式喷射出的岩石碎片；有时通俗地称作“火山灰”。

R

Radiation fog（7）辐射雾

形成于地表辐射冷却，尤其在夜空晴朗的潮湿地区；当地表上空的气层冷却至露点温度时，水汽达到饱和从而形成辐射雾。

Rain gauge（9）雨量计

一种气象仪器；观测降雨的一种标准化装置。

Rain shadow（8）雨影区

与山脉迎风坡相比，背风坡降水大幅减少的区域（见地形抬升/Orographic lifting）。

Reflection（4）反射

在到达地球的太阳辐射中，那部分既未被吸收（转化为热能），也未产生功效，而被直接返回到太空的辐射（见反照率/Albedo）。

Refraction（4）折射

电磁波所产生的弯曲效应，发生于日射进入大气层或其他介质时；这与光透过水晶或棱镜所产生的色谱分离过程相同。

Region（1）区域

地理学主题之一，重点关注地区特征的一致性和内在同质性；包括一个区域的形成和演化及区域之间的关联性。

Regolith（13）风化层

基岩的上覆风化岩（部分风化），无论它们是残留的或是被搬运来的。

Relative humidity（7）相对湿度

相同气温下，空气的实际水汽含量与最大可能水汽含量（容量）之比；以百分数表示（比较水汽压/Vapor pressure，比湿/Specific humidity）。

Relief（12）地势

局地景观中的高程差异；局部地形高程的一种表示方法。

Remote sensing（1）遥感、遥测

相隔一定距离获取被测物体的相关信息，即：与被测物体不发生物理接触——比如：照片、卫星影像和雷达。

Respiration（19）呼吸作用

植物通过碳水化合物氧化过程为自身运转提供能量的过程；其实就是光合作用的逆过程；它向环境释放二氧化碳、水和热量（比较光合作用/ Photosynthesis）。

Reverse fault（12）逆断层

挤压力应变引起的岩层断裂，其中一侧岩块相对于另一侧岩块发生了向上位移；又称作冲断层（比较正断层/Normal fault）。

Revolution（2）地球公转

地球绕太阳每年一次的运转轨道；确定了年度和四季的长度。

Rhumb line（1）等方位线、等角线

保持罗盘方位角恒定不变，投影在地图上的线条；沿线条穿越经线时，可以保持罗盘方位角不变；仅在墨卡托投影中显示为直线。

Richter scale（12）里氏震级

一种没有规定震级限制，采用对数尺度估测地震幅度大小的震级标度；1935年由Charles Richter设定提出的；现在被力矩震级所替代（见力矩震级/Moment magnitude scale）。

Ring of fire（12）火环

（见环太平洋活动带/Circum-Pacific belt）。

Robinson projection（附录A）罗宾森投影

1963年，由亚瑟·罗宾森提出的一种折中椭圆形投影（既不是等面积，也不是真实形状）方法。

Roche moutonnée（17）羊背石

一种冰川侵蚀特征；基岩曝露所形成的一种不对称山丘，其迎冰面在冰川磨蚀作用下呈平滑状，而背冰面形态则陡峭突兀。

Rock（11）岩石

胶结在一起的矿物集合体，有时为单一的块体矿物。

Rock cycle（11）岩石循环

描述火成岩、沉积岩和变质岩这三种岩石相互转化的一种模型；岩石类型可以相互转化。

Rockfall（13）岩崩

悬崖或陡坡上的碎岩所产生的自由落体运动，一般为直线降落或沿坡面跳跃滚落。

Rossby wave（6）罗斯贝波

在中、高纬地区，西风环流上层的水平波状运动。

Rotation（2）地球自转

地球绕地轴的旋转，平均周期为24小时；自转决定了昼夜交替；在北极上方观察，自转为逆时针旋转，在赤道上方观察则是从西向东旋转。

S

Salinity（16）盐度

作为溶质溶解于溶液中的自然元素或化合物的浓度；海水盐度采用重量千分比（‰）表示。

Salinization（18）盐渍化（过程）

在荒漠和半干旱地区，因高潜在蒸发散速率产生的成土过程。土壤水分被提升至表土层，当水分蒸发后，水中溶解的盐分就会形成盐沉积。

Saltation（14, 15）跃移

水流或气流对沙粒（通常大于0.2mm）的一种搬运方式，沿地表弹跳的沙粒，其弹跳轨迹呈非对称状。

Salt marsh（16）盐沼

从30° 纬圈向两极延伸，该地区具有湿地生态系统特征（比较红树林湿地/Mangrove swamp）。

Sand sea（15）沙海

面积广阔的沙地和沙丘；地球上的沙质荒漠（尔格沙漠）（比较尔格沙漠/Erg desert）。

Saturation（7）饱和湿度

给定温度下，空气中含水量达到最大可能水汽含量的湿度状态；而这一温度称作露点温度。

Scale（1）（图形）比例尺

图上的距离长度与实际距离的比值，以分数值、图形比例或文字说明来表述。

Scarification（13）（人为）地表破碎化

人为导致的地表块体运动，如大规模的矿物露天坑采、露天开采。

Scattering（4）散射

大气中的气体、灰尘、冰晶和水汽造成的日射偏转和重新定向；波长越短，散射就越强。因此，低层大气中的天空呈蓝色。

Scientific method（1）科学方法

在客观的系统研究中，采取一种共识的方法，即基于观测、综合概括、公式化及假设检验，最终引领某一理论的发展。

Sea-floor spreading（11）海底扩张说

由海斯和迪茨提出的一种大陆移动机制学说；

它与全球大洋中脊系统的上涌岩浆流有关（见大洋中脊/Mid-ocean ridge）。

Secondary succession（19）次生演替
植物物种演替发生在前期群落基础上并受其影响；虽然演替区域内的天然群落遭到了毁坏或扰动，但下伏土壤却仍保留完整。

Sediment（13）沉积物
由水、冰和空气搬运并沉淀的细粒矿物。

Sedimentary rock（11）沉积岩
岩石的三种基本类型之一；它形成于其他岩石沉积物的压实、胶结和硬化作用（比较火成岩/Igneous rock，变质岩/Metamorphic rock）。

Seismic wave（11）地震波
地震或核爆试验产生的穿过地球而传播的震动波。其传播速度因地球内温度和地层密度不同而变化；因此提供了地球内部结构的间接诊断证据。

Seismograph（12）地震仪
测量地震波能量传播的一种装置，地震波穿过地球内部或沿地壳进行传播。

Sensible heat（3）显热
通过温度计可测量的热量；度量分子运动所聚集的动能。

September equinox（2）秋分
[见秋分点（9月）/Autumnal（September）equinox]。

Sheetflow（14）片流
沿坡面流动的、薄片状的地表漫流；不同于沟槽中的沟流。

Sheeting（13）片状剥蚀
与岩石破裂或碎裂过程相关的一种风化形态，岩石碎裂是压力释放所致；常常与叶状剥蚀过程相关（见叶状剥蚀丘/Exfoliation dome）。

Shield volcano（12）盾状火山
火山喷发（低黏度岩浆）形成的对称山体，其特征是山体缓慢抬升直至峰顶火山口。夏威夷群岛就是典型的盾状火山（比较溢流式喷发/Effusive eruption，复合火山/Composite volcano）。

Sinkhole（13）落水洞
在地下水系作用下，岩溶风化形成的近于圆形的洼地；传统研究中也称作“溶蚀漏斗（Doline）”；地下洞穴洞顶崩塌也可形成落水洞（见喀斯特地貌）。

Sleet（8）雨夹雪
冻雨、雨凇或冰粒。

Sling psychrometer（7）通风干湿计
测量相对湿度的一种气象仪器。由并排安装的干、湿球温度计组成。

Slipface（15）（落沙坡）滑落面
当沙丘高度超过30cm时，背风坡松散堆积物所能维持的稳定坡面，其坡面角度为休止角（30°～34°）。

Slope（13）坡地
弯曲倾斜的地形分界面。

Small circle（1）小圆
地球表面上，未经过地球球心的圆；除赤道之外的所有纬圈（比较大圆/Great circle）。

Snow line（17）雪线
整个夏季，维系冬季积雪残存的临时高程分界线；夏季积雪覆盖的最低海拔高度。

Soil（18）土壤
覆盖于地表之上且有植物生长的动态自然体；它是由细颗粒的矿物和有机物构成的。

Soil colloid（18）土壤胶体
土壤中的微小黏粒和有机颗粒。为吸附矿物离子提供了化学活性位置（见阳离子交换容量/Cation-exchange capacity）。

Soil creep（13）土壤蠕移
由于土壤冻胀、放牧和洞穴动物对单个土粒的抬升和扰动作用，导致表层土壤产生的持续大规模移动。

Soil fertility（18）土壤肥力
土壤支撑植物生产的能力；因为土壤中的有机质和黏土矿物，能够通过吸附作用保存植物所需的水分和元素离子（见阳离子交换容量/Cation-exchange capacity）。

Soil horizons（18）土层

单个土体中所呈现的土壤层次；它们大致平行于地表面，被划分为O、A、E、B、C和R土层。

Soil-moisture recharge（9）土壤水分补给

进入土壤有效储水空间中的水分。

Soil-moisture storage（9）土壤储水量

记作STRGE；存留于土壤中的水分；如同一个储蓄账户，随水分状况而变化，既可以接受存款（土壤水分补给量），也允许取款（土壤水分利用量）。

Soil-moisture utilization（9）土壤水分利用率

植物因需求从土壤中提取的水量；其水分利用效率随土壤储水量的减小而降低。

Soil science（18）土壤学

跨学科的一门土壤学科。土壤发生学（Pedology）关注土壤的起源、分类、分布和描述。土壤生态学（Soil Ecology）则关注于维持高等植物生长的土壤介质。

Soil Taxonomy（18）土壤系统分类

基于野外土壤可测性质的一种土壤分类体系；1975年由美国土壤保护局（United States Soil Conservation Service）所发布；1990年和1998年经美国自然资源保护局再次修订，共有12个土纲。

Soil-water budget（9）土壤水量收支

把降水作为输入项，而蒸散量和重力水作为输出项的一种土壤水平衡计算系统。

Solar constant（2）太阳常数

当地球距太阳为日地平均距离时，在垂直于太阳射线的平面上单位面积每分钟所拦截的日射量。它在热成层顶的全球平均值为1 372W/m^2（1.968cal/cm^2）。

Solar wind（2）太阳风

太阳发射的、从太阳表面向各个方向传送的带电离子气体云。太阳风对地球的影响，包括极光、干扰无线电信号，而且还可能影响天气。

Solum（18）土壤体

单个土体中某一真实的土壤剖面；理想情况下是O、A、E和B土层的组合（见单个土体/Pedon）。

Spatial（1）空间的

某一地区物理空间的性质和特征；或某一空间的占用及其内部运行。地理学是一门空间科学，空间分析是它的基本方法。

Spatial analysis（1）空间分析

对区域或空间的相互作用、格局模式和变化的研究。它是地理学中的一种重要的综合方法。

Specific heat（5）比热

物质因吸收能量而增温；与相同体积的土壤或岩石相比，水的比热大，因此能储存更多热量。

Specific humidity（7）比湿

某一气温下，单位空气质量（kg）内的水汽含量（g）。气温一定时，每千克空气所包含的最大水汽质量称作最大比湿（比较水汽压/Vapor pressure，相对湿度/Relative humidity）。

Speed of light（2）光速

具体而言，光速为299 792km/s；或用光年表示，1光年的距离超过9.4万亿km；按光速计算，太阳光线到达地球所需时间为8分20秒。

Spheroidal weathering（13）球状风化

一种化学风化过程，这种薄片状的风化过程，可使具有尖锐棱角的砾石和岩石呈圆形或球状。

Spodosols（18）灰土（纲）

土壤系统分类中的一个土纲。发生于北方针叶林地区，在寒冷潮湿的森林气候中发育良好；土层A中缺乏腐殖质和黏土，伴随灰土化过程具有较强酸性。

Spring tide（16）大潮、高潮

当月球和太阳位于地球同侧或对侧，并呈直线排列时，海面产生的最高潮位（比较小潮/Neap tide）。

Squall line（8）飑线

与快速推进的冷锋相比，它是一个位置略超前的带状区，这里风速风向急剧变化，而且伴有大风和强降水。

Stability（7）（大气）稳定性

空气块能否保持不动或初始位置是否发生改变

的条件。气块若能够抵制上升位移，则大气处于稳定状态；反之，则为不稳定状态。

Stationary front（8）静止锋

位于不同气团之间，一个水平运动不显著的锋面接触带；在平行移动的锋面两侧，风向相反。

Steady-state equilibrium（1）稳态平衡

系统内的一种状态在此状态下，系统的输入和输出率相等，而且系统内的能量和物质储量近于恒值——接近于某一稳定平均值。

Steppe（10）干草原

一个区域性术语，特指东欧和亚洲广大半干旱地区的草原群系；相当于北美地区的“矮草草原”群系；在非洲被称为“热带稀树大草原（萨瓦纳）”。干草原气候与森林环境相比过于干旱，与荒漠环境相比又太湿润。

Stomata（19）气孔

位于叶片背面，水分和气体可通过的小孔。

Storm surge（8）风暴潮

伴随热带气旋，强风作用下大量海水向内陆涌进。

Storm tracks（8）风暴路径

伴随低气压系统迁移，风暴的季节性移动路径。

Stratified drift（17）层状冰碛

由冰川融水作用堆积形成的、具有分选特征的沉积物；一种具体的冰碛类型（比较冰碛物/Till）。

Stratigraphy（11）地层学

分析岩层的一门学科；包括岩层序列、间隔、地球物理化学性质和岩层的空间分布。

Stratocumulus（7）层积云

一种团块状的灰色低层云，透过云块间隙，可以看到天空，有时出现于黄昏时分。

Stratosphere（3）平流层

位于20～50km高度的均质大气层；温度变化从对流层顶的57℃到平流层顶的0℃。臭氧层包含于平流层内。

Stratus（7）层云

通常指高度低于2 000m的层状云（平坦、水平的）。

Strike-slip fault（12）平移断层

断层沿断层线水平移动，即：某一断层沿相同方向移动；又称作横推断层（transcurrent fault）。这种移动取决于穿过断层看到的相对运动，又被描述为右旋或左旋运动（见转换断层/transform fault）。

Subduction zone（11）俯冲带

由于两个地壳板块相撞，密度大的洋壳俯冲潜入密度小的陆地板块之下，由此产生的深海沟和地震活跃区域。

Sublimation（7）升华凝华

水从固态冰直接蒸发为水汽，或水汽直接冻结为冰（凝华）的过程。

Subpolar low-pressure cell（6）副极地低压中心

大约位于纬度60°的低压区中心，包括北大西洋冰岛附近、北太平洋阿留申群岛附近及南半球。气流为气旋型；该低压中心表现为夏季减弱，冬季加强（见气旋/Cyclone）。

Subsolar point（2）太阳直射点、日下点

地面接收垂直日射的那一时刻，即太阳直射头顶的时刻（见赤纬/Declination）。

Subtropical high-pressure cell（6）亚热带高压中心

位于南北纬20°～35°的几个动态高压区之一；使地球上形成了炎热干燥的荒漠和干旱半干旱地区（见反气旋/Anticyclone）。

Sulfate aerosols（3）硫酸盐气溶胶

大气中的硫化物，主要是硫酸；主要来源是化石燃料燃烧。它对太阳辐射产生散射和反射作用。

Sulfur dioxide（SO_2）（3）二氧化硫

一种具有刺鼻气味的无色气体；产生于化石燃料的燃烧，特别是含有硫杂质的煤炭。二氧化硫通过大气化学反应可形成硫酸，因此是酸沉降的组成成分。

Summer（June）solstice（2）夏至点（6月）

每年6月20日～21日是太阳赤纬位于北回归线23.5° N的时刻。此刻，南极圈以南地区的夜长长达24小时，而北极圈以北地区的昼长为24小时｛比较冬至点（12月）/Winter［December］solstice｝。

Sunrise（2）日出

日轮首次出现在地平线之上的那一时刻。

Sunset（2）日落

日轮完全消失于地平线以下的那一时刻。

Sunspots（2）太阳黑子

太阳表面的磁场干扰现象；其平均周期为11年；相关现象还有：耀斑、日珥和太阳风。

Surface creep（15）地表蠕移

因沙粒太大而无法跃移搬运的一种风沙搬运形式；单个沙粒在其他颗粒的碰撞和冲击中所产生的滑动和滚动。

Surplus（9） SURPL盈余（水量）

水量平衡中超出潜在蒸散量的水量；水量供给超出田间持水量的土壤水分储存量；额外或多余的水量。

Suspended load（14）悬移质

悬浮于流体中的细颗粒物。很细颗粒物一般不会发生沉积，除非流体流速近于静止状态。

Swell（16）涌浪

开阔水域中有一定规则的、起伏缓的平滑波浪；从细小的波纹直至巨浪。

Syncline（12）向斜

下凹型的褶皱岩层，岩层床面向下指向轴线（中脊线）（比较背斜/Anticline）。

System（1）系统

在某一边界范围之内（独立于周围环境），任何一组有序的、相互关联的物质或事物；某一系统内发生的物质储存、循环和能量转化。

T

Taiga（20）泰加林

（见针叶林/Needleleaf forest）。

Talus slope（13）岩屑坡

由沿山麓坡面下滑的角砾岩碎片形成的锥形堆积体。

Tarn（17）小湖，冰斗湖

山地中分布的小湖泊；特指在斗状盆地或冰蚀洼地中形成的小湖泊。

Temperate rain forest（20）温带雨林

中高纬度地区由茂密森林构成的一种主要生物群系；此外，在北美还分布于西北太平洋沿岸的狭窄边缘地带，包括世界上最大的树木。

Temperature（5）温度

大气等介质中显热能量的一种标度；它标示着物质内部单个分子的平均动能。

Temperature inversion（3）逆温（层）

随高度增加，温度正常递减的逆转现象；从地表至数千米高度都可能出现逆温层。它对大气对流、污染物扩散有抑制作用。

Terminal moraine（17）终碛垄

侵蚀岩屑在冰川末端最远处所形成的堆积。

Terrane（12）地体

在地幔对流和板块构造过程中，被拖曳迁移的地壳块。位移地体在历史演变、组成及结构上与接收它们的大陆之间存在显著差异。

Terrestrial ecosystem（20）陆地生态系统

陆地上的一种能够进行自我调节的群落，它们属于特定的植物形态类别；当这些群落规模变大且稳定时，通常以该地区的优势植被来命名，即所谓的生物群系（见生物群系/Biome）。

Thermal equator（5）热赤道

等温图中连接最高平均气温的等值线。

Thermohaline circulation（6）热盐环流

由于温度和盐分在深度上的差异所产生的深海环流；地球上的深海环流。

Thermopause（2, 3）热成层顶

大约位于480km高空的大气区域，概念上的大气顶部。确定太阳常数的大气层高度。

Thermosphere（3）热成层

在80～480km高度的非均质大气层；包含电离层。

Threshold（1）阈值

一个系统不能再维持其特性的那一瞬间；此后，系统将转入一个不同于先前状态的新的运行状态。

Thrust fault（12）冲断层

断层面与水平面之间的夹角为低角度的逆断层；上覆断块移至下层断块之上。

Thunder（8）雷鸣

闪电放电使空气加热而剧烈膨胀，释放的冲击波产生的听觉爆炸声波。

Tide（16）潮汐

由于太阳、月亮和地球之间的天文关系，海面每日产生两次振荡；世界各地的潮汐存在不同程度的差异（见小潮/Neap tide，大潮/Spring tide）。

Till（17）冰碛物

由冰搬运直接形成的沉积物，不具分层和分选性（比较层状冰碛/Stratified drift）。

Till plain（17）冰碛平原

在终碛后方（上游分向），由未分选的冰川沉积物所形成的一种大的且相对平坦的平原。其特点是地势起伏不大、排水不畅。

Tombolo（16）陆连岛

由于海岸沉积沙，离岸岛或海蚀柱与海岸连接在一起所形成的地貌。

Topographic map（附录A）地形图

一种利用等高线描绘自然地势起伏的地图。基于某一高程基准点（如平均海平面），等高线是连接所有相同高程点的连线。

Topography（12）地形

地表的起伏和形态；包括绘制在地图上的地势并用纹理特征来表示地表性质。

Tornado（8）龙卷风

由极端低气压发展形成的、强烈且具有破坏性的气旋型涡旋；通常伴有中尺度气旋形成。

Total runoff（9）总径流量

水流穿越地表之后，流入河道的盈余水量；包括片流、进入河道的降水和潜水径流。

Traction（14）推移

一种沉积搬运方式，河床上粗物质的拖曳搬运（见推移质/Bed load）。

Trade winds（6）信风（贸易风）

在赤道低压槽附近，辐合作用形成的东北风和东南风，还有热带辐合带。

Transform fault（11）转换断层

一种岩石断层；大洋中脊发生断裂运动的狭长地带；它是在没有新地壳产生或消失的情况下发生的相对水平运动；而平移断层呈左旋或右旋运动（见平移断层/Strike-slip fault）。

Transmission（4）透射

穿过空间、大气或水体传播的短波及长波辐射。

Transparency（5）透明度

介质允许光线穿过的性质（空气、水）。

Transpiration（9）蒸腾作用

叶片气孔的水汽逸散；植物水分是根系从土壤储存的水分中汲取的。

Transport（14）搬运

物质的有效移动，这些物质来自空气、水或冰的风化侵蚀过程。

Tropical cyclone（8）热带气旋

热带地区形成的气旋式环流，风速为30～64节（63～118 km/h）；其特点是等压线封闭、呈环状结构，并伴随大量降水（见飓风/Hurricane，台风/Typhoon）。

Tropical rain forest（20）热带雨林

位于23.5° N～23.5° S，由高大常绿阔叶林和各种动植物构成的一种繁茂的生物群系。

Tropical savanna（20）热带稀树草原（热带萨瓦纳）

主要生物群系之一；一种广阔的草原，夹杂有乔木和灌木分布；是一个过渡带：从湿润热带雨林、热带季雨林过渡到干旱半干旱热带草原及荒漠地区。

Tropical seasonal forest and scrub（20）热带季雨林和灌丛
位于热带雨林边缘，一种不稳定的生物群系，其分布区内降水偏少而且不稳定；它是热带雨林与热带草原之间的一个过渡群系。

Tropic of Cancer（2）北回归线
太阳直射点（日下点）每年能到达的最北端纬线，23.5° N｛见南回归线/Tropic of Capricorn，至点（6月）/Summer［June］solstice｝。

Tropic of Capricorn（2）南回归线
太阳直射点（日下点）每年能到达的最南端纬线，23.5° S｛见北回归线/Tropic of Cancer，冬至点（12月）/Winter［December］solstice｝。

Tropopause（3）对流层顶
按温度为-57℃定义的对流层顶部。

Troposphere（3）对流层
生物圈的家园；位于大气均质层底层，约占大气圈总质量的90%；从地表向上延伸至对流层顶，对流层厚度在赤道附近为18km、中纬度为13km、极地处的厚度更小。

True shape（1）真形
一种维持海岸线真实形态的地图属性；这种正形性在航海和航空地图中具有实用价值，但在地图上的面积关系被扭曲了（见地图投影/Map projection；比较等面积/Equal area）。

Tsunami（16）海啸
快速穿越大洋的地震海浪。它是海底突然移动造成的，例如：海底地震、海底滑坡或海底火山喷发。

Typhoon（8）台风
发生于西太平洋上，风速超过119km/h（65节）的热带气旋；除发生的地理位置不同之外，其他特征与飓风相同（比较飓风/Hurricane）。

U

Ultisols（18）老成土（纲）
土壤系统分类中的一个土纲。主要分布于亚热带湿润气候区，以高度风化的森林土壤为特征。淋溶土通过进一步风化和曝露，可退化为颜色偏红的老成土。当老成土用作耕作土壤时，肥力消耗快。

Unconfined aquifer（9）非承压含水层
不受不透水岩层束缚的含水层。饱和含水层上方没有不透水层覆盖，水量补给一般依赖于自上而下的渗透水量（比较承压含水层/Confined aquifer）。

Undercut bank（14）凹蚀岸、掏蚀岸
河曲向外侧延伸的陡峭凹岸；形成于河流的侧向侵蚀作用；有时称作凹岸（Cutbank）（比较边滩/Point bar）。

Uniformitarianism（11）均变论
赫顿和莱尔提出的一个假想的当今环境的自然活动过程，其强度和时间跨度始终保持一致，并且贯穿于整个地质时期。

Upslope fog（7）上坡雾
当湿润空气沿坡面抬升到高海拔位置时，因空气冷却形成的雾（比较谷雾/Valley fog）。

Upwelling current（6）上升流
低温深海区，这里的海水通常营养丰富，海水上升来补偿海面移走的水量。如：发生在南、北美西海岸的上升流（比较下降流/Downwelling current）。

Urban heat island（4）城市热岛
由于太阳辐射与各种地表特性相互作用，导致城市平均温度高于周边乡村的小气候。

V

Valley fog（7）山谷雾
当低温、密度较大的空气滞留于低洼地时，水汽达到饱和所产生的雾气（比较上坡雾/Upslope fog）。

Vapor pressure（7）水汽压
大气压中由水汽分子重力所产生的那部分压力，以毫巴（mb）表示。空气的饱和水汽压，就是露点温度条件下的最大水汽容量。

Vascular plant（19）维管束植物

具有内部流和物质流的一类植物，并能通过自身组织进行输送。地球上，这类植物包含近27万个物种。

Ventifact（15）风棱石

由风蚀刻蚀和风蚀磨光作用形成的一种光滑岩。它是风沙颗粒的一种磨蚀作用形成的。

Vernal（March） equinox（2）春分点（3月）

每年3月20～21日，太阳赤纬穿过赤道平行线（0° 纬度）之时；此时地球上各个地方的昼夜长度相等。太阳在北极开始逐渐上升，在南极逐渐下沉｛比较秋分点（9月）/Autumnal［September］equinox｝。

Vertisols（18）变性土

土壤系统分类中的一个土纲。以膨胀黏土为特征，土壤中膨胀性黏土占30%以上。土壤分布区内，土壤水量平衡因季节而变化。

Volatile organic compounds（VOCs）（3）挥发性有机化合物

由汽油燃烧、表面涂料和火力发电所产生的化合物，包括烃类；它们可与氮氧化物反应，进而参与硝酸过氧化乙酰（PAN）的生成过程。

Volcano（12）火山

位于岩浆通道末端的一种山地地形；岩浆通道源于地壳之下，出口位于地表。岩浆上升并汇集于地下岩浆房，再通过溢流或爆裂式喷发，从而形成了复合式的、盾状的或渣锥状的火山。

W

Warm desert and semidesert（20）暖荒漠和半荒漠

副热带高压中心作用下形成的荒漠群系；特点是空气干燥、降水稀少。

Warm front（8）暖锋

行进中的暖气团前缘，暖气团行进途中推不动缓滞的冷空气，而常常上覆于冷空气上方，使下层冷空气被挤压成楔状。暖锋在天气图中采用半圆形记号的线条表示，记号指向就是暖锋的运动方向（比较冷锋/Cold front）。

Wash（15）干河道

干旱地区突发降水之后，洪流涌入的间歇性干河床。

Waterspout（8）海上龙卷风、水龙卷

海面上的龙卷风；一种伸长的漏斗型环流。

Water table（9）地下水位

地下水的上界面；分界面位于潜水饱水带与包气带之间（见包气带/Zone of aeration, 饱水带/Zone of saturation）。

Wave（16）波浪

太阳能转化为风能，再转为波能所导致的海水起伏；其能量来源于波浪发生区的暴风。

Wave-cut platform（16）海蚀台

位于潮间带的一种平坦或坡度平缓的台状基岩面；是从悬崖基部延伸到海中的一种平台，形成于波浪的切蚀作用。

Wave cyclone（8）气旋波

（见中纬度气旋/Midlatitude cyclone）。

Wavelength（2）波长

波的一种标度，即相邻波峰之间的距离。1秒之内通过一个定点的波数称为波长频率。

Wave refraction（16）波浪折射

波能的弯曲过程；海岬之处波能集中，凹岸和海湾处波能分散；其长期作用可导致海岸变得平直。

Weather（8）天气

气候反映的是大气的长期状态和极端状况；而天气是指大气的短期状态。在天气的影响因子中，可以测量的重要因子包括：温度、气压、相对湿度、风速风向、昼长和太阳角。

Weathering（13）风化

地表及地下岩石的解体、溶解或分解过程。地表或近地表岩石曝露于物理风化和化学风化下的过程。

Westerlies（6）西风带

南北半球亚热带至高纬度之间，占支配地位的地表风和高空风模式。

Western intensification（6）（大洋环流）西向强化

各大洋盆地西缘发生的海水堆积，其堆积高度达15cm。它是信风（贸易风）沿海水通道驱动海水向西汇集所产生的效应。

Wetland（16）湿地

许多海岸和河口地区形成的一种狭窄植被带；具有汇聚有机物、营养物和沉积物能力的一种高生产力生态系统。

Wilting point（9）凋萎点

土壤水分平衡中的一个临界点，在临界点上，土壤水分中仅残留有吸湿水和一些束缚毛管水。土壤中长时间缺少有效水分，会导致植物凋萎甚至死亡。

Wind（6）风

地面上水平运动的空气；其根本成因是地区之间的气压差；湍流、上升气流和下降气流是风的垂直分量；其中风向还受地转偏向力和地表摩擦力的影响。

Wind vane（6）风向标

观测风向的气象仪；风向是指风的来向。

Winter（December） solstice（2）冬至点（12月）

每年12月21～22日是太阳赤纬位于南回归线23.5° S的时刻。此刻，南极圈南部的昼长长达24小时，而北极圈北部的夜长为24小时{比较夏至点（6月）/Summer［June］solstice}。

Withdrawal（9）回收水量

有时也叫离河利用（offstream use）；从自然补给水量中移走的水量，当这部分水量用于各种目的之后，还能返回到补给水量之中。

Y

Yardang（15）雅丹

由风蚀和磨蚀作用形成的流线型岩层构造；其形态呈长条状，排列方向与主要起沙风方向一致。

Yazoo tributary（14）亚祖支流

与河漫滩并行排列的小支流；由于主河道上的天然堤及河道抬高，导致这些支流受阻而不能汇入干流（见后漫滩沼泽/Backswamp）。

Z

Zone of aeration（9）包气带

地下水水位之上的岩土层；岩土层内孔隙中含有空气。

Zone of saturation（9）饱水带

地下水水位以下的岩土层，岩土层内的孔隙全部被水充满。

大盆地	陆地特征
加勒比海	水体特征
阿留申海沟	海底特征

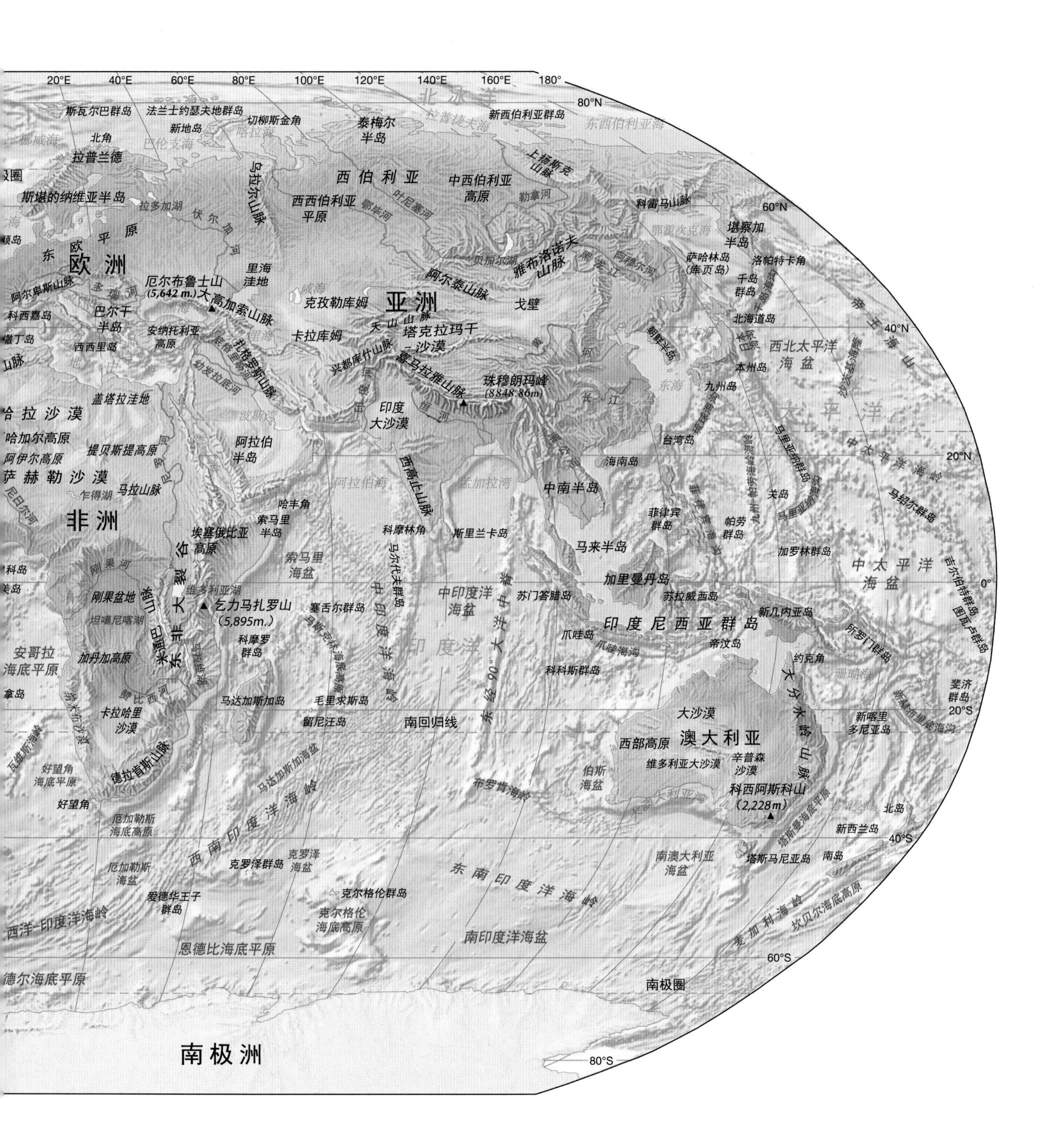

20°E
40°E
60°E
80°E
100°E
120°E
140°E
160°E
180°
80°N
60°N
40°N
20°N
0°
20°S
40°S
60°S
80°S
北冰洋
斯瓦尔巴群岛
法兰士约瑟夫地群岛
切柳斯金角
泰梅尔
半岛
新西伯利亚群岛
拉普捷夫海
东西伯利亚海
挪威海
北角
新地岛
巴伦支海
喀拉海
拉普兰德
上扬斯克
山脉
斯堪的纳维亚半岛
乌拉尔山脉
西伯利亚
中西伯利亚
高原
西西伯利亚
平原
叶尼塞河
勒拿河
鄂毕河
拉多加湖
伏尔加河
东欧平原
科雷马山脉
堪察加
半岛
鄂霍次克海
欧洲
里海
洼地
贝加尔湖
雅布洛诺夫
山脉
萨哈林岛
(库页岛)
洛帕特卡角
厄尔布鲁士山
(5,642 m.)
大高加索山脉
咸海
克孜勒库姆
亚洲
阿尔泰山脉
戈壁
千岛
群岛
阿尔卑斯山脉
多瑙河
科西嘉岛
巴尔干
半岛
天山山脉
塔克拉玛干
沙漠
北海道岛
安纳托利亚
高原
卡拉库姆
朝鲜半岛
日本海
西北太平洋
海盆
西西里岛
扎格罗斯山脉
兴都库什山脉
喜马拉雅山脉
本州岛
幼发拉底河
珠穆朗玛峰
(8848.86m)
东海
九州岛
长江
大平洋
盖塔拉洼地
波斯湾
印度
大沙漠
恒河
撒哈拉沙漠
哈加尔高原
提贝斯提高原
阿拉伯
半岛
台湾岛
阿伊尔高原
海南岛
萨赫勒沙漠
马拉山脉
阿拉伯海
西高止山脉
孟加拉湾
中南半岛
马里亚纳群岛
乍得湖
尼日尔河
关岛
马绍尔群岛
非洲
哈丰角
索马里
半岛
菲律宾
群岛
帕劳
群岛
埃塞俄比亚
高原
科摩林角
斯里兰卡岛
马来半岛
加罗林群岛
刚果河
东非大裂谷
索马里
海盆
中太平洋
海盆
维多利亚湖
马尔代夫群岛
中印度洋
海盆
加里曼丹岛
刚果盆地
乞力马扎罗山
(5,895m.)
苏门答腊岛
苏拉威西岛
吉尔伯特群岛
图瓦卢群岛
坦噶尼喀湖
塞舌尔群岛
中印度洋海岭
新几内亚岛
印度尼西亚群岛
所罗门群岛
爪哇岛
爪哇海
帝汶岛
安哥拉
海底平原
加丹加高原
科摩罗
群岛
印度洋
东经90°大洋中脊
约克角
珊瑚海
科科斯群岛
赞比西河
马达加斯加岛
毛里求斯岛
斐济
群岛
纳米布沙漠
卡拉哈里
沙漠
大沙漠
大分水岭山脉
新喀里
多尼亚岛
留尼汪岛
南回归线
西部高原
澳大利亚
辛普森
沙漠
德拉肯斯山脉
马达加斯加海盆
维多利亚大沙漠
好望角
海底平原
伯斯
海盆
布罗肯海岭
大澳大利亚湾
科西阿斯科山
(2,228m)
好望角
北岛
厄加勒斯
海底高原
新西兰岛
西南印度洋海岭
塔斯曼海底平原
南澳大利亚
海盆
厄加勒斯
海盆
克罗泽群岛
克罗泽
海盆
塔斯马尼亚岛
南岛
东南印度洋海岭
克尔格伦群岛
爱德华王子
群岛
克尔格伦
海底高原
麦加利海岭
坎贝尔海底高原
大西洋-印度洋海岭
恩德比海底平原
南印度洋海盆
德尔海底平原
南极圈
南极洲